ISBN 978-0-666-11866-0
PIBN 11036667

LES
VÉGÉTAUX UTILES
de l'Afrique tropicale française

ÉTUDES SCIENTIFIQUES ET AGRONOMIQUES

PUBLIÉES SOUS LE PATRONAGE DE MM.

EDMOND PERRIER
de l'Institut et de l'Académie de Médecine
Directeur du Muséum d'Histoire Naturelle de Paris

E. ROUME
Gouverneur Général honoraire
Ancien Directeur de l'Asie au Ministère des Colonies

PAR

M. Aug. CHEVALIER
Docteur ès sciences naturelles
Sous-Directeur à l'École des Hautes Études du Muséum
En Mission du Ministère de l'Instruction publique
et du Gouvernement général de l'Afrique Occidentale française

---

LE CACAOYER
dans l'Ouest Africain

PAR

M. Aug. CHEVALIER

PARIS
AUGUSTIN CHALLAMEL, ÉDITEUR
17, RUE JACOB, 17

—

1908

Les Végétaux Utiles de l'Afrique tropicale française

FASCICULE IV

LE CACAOYER

dans l'Ouest Africain

Cliché de M. de Sylva.

Un plant de *Theobroma spærocarpa* A. Chev. âgé de 4 ans,
à la Plantation de Monte-Macaco à San-Thomé

LES
VÉGÉTAUX UTILES
de l'Afrique tropicale française

ÉTUDES SCIENTIFIQUES ET AGRONOMIQUES

PUBLIÉES SOUS LE PATRONAGE DE MM.

EDMOND PERRIER
de l'Institut et de l'Académie de Médecine
Directeur du Muséum d'Histoire Naturelle de Paris

E. ROUME
Gouverneur Général honoraire
Ancien Directeur de l'Asie au Ministère des Colonies

PAR

M. Aug. CHEVALIER

Docteur ès sciences naturelles
Sous-Directeur à l'École des Hautes Études du Muséum
En Mission du Ministère de l'Instruction publique
et du Gouvernement général de l'Afrique Occidentale française

---

LE CACAOYER
dans l'Ouest Africain

PAR

M. Aug. CHEVALIER

PARIS

AUGUSTIN CHALLAMEL, ÉDITEUR

17, RUE JACOB, 17

—

1908

LE CACAOYER

dans l'Ouest africain

INTRODUCTION

La patrie du Cacaoyer et de toutes les espèces du genre *Theobroma* est l'Amérique du Sud. Les premiers pieds ont sans doute été apportés dans l'Ouest africain par les Espagnols et les Portugais au XVIe ou au XVIIe siècle. Ce fut l'époque héroïque où les caravelles de ces deux nations, sillonnant les mers tropicales, transportaient du Nouveau dans l'Ancien Monde, et inversement, tous les végétaux donnant des produits utiles.

Mais cette plante, introduite en Afrique, n'y fut guère qu'un objet de curiosité et n'y donna lieu qu'à une culture très restreinte : le Cacao, ou n'était pas récolté, ou était consommé sur place, car il n'en est pas fait mention dans les statistiques de l'époque.

Jusqu'au milieu du siècle dernier, l'Amérique a gardé le monopole, à peu près exclusif, de la fourniture du Cacao dans le monde.

Aujourd'hui, et depuis quelques années surtout, la situation est complètement changée. Quelques États de l'Amérique du Sud et de l'Amérique Centrale, comme l'Équateur, le Brésil, le Vénézuela, produisent encore du Cacao en grande quantité, mais ils ont trouvé des concurrents redoutables en Afrique occidentale, notamment dans la colonie portugaise de San-Thomé et Principe, la colonie anglaise de la Gold Coast, la colonie espagnole de Fernando-Pô. D'autre part, les Allemands espèrent arriver en quelques années à récolter, dans leur possession du Cameroun, tout le Cacao consommé dans l'Empire germanique.

Si ambitieux que soit leur rêve, il ne semble pas impossible à réaliser dans quelques dizaines d'années.

La France, qui a tant d'intérêts dans l'Ouest africain, ne saurait, sans danger, méconnaître les résultats déjà acquis et les tentatives qui se poursuivent actuellement dans les colonies africaines étrangères. Il est nécessaire qu'elle se tienne au courant de ce grand mouvement qui tend à transporter d'un continent sur l'autre, la production de l'une des denrées coloniales donnant lieu à un commerce des plus élevés.

Elle aurait peu d'efforts à faire pour amener ses colonies du Congo français (Gabon), et de la Côte d'Ivoire (Afrique occidentale française), à suivre ce courant.

Le bassin de la Casamance, certaines parties de la Guinée française et du Dahomey pourraient aussi entrer en concurrence avec les pays qui sont déjà en voie de production.

Il y a d'autant plus d'utilité à orienter notre colonisation vers cette denrée, que le Cacao est loin d'avoir atteint le maximum de la consommation.

Actuellement la production mondiale du Cacao est d'environ 160 000 tonnes par an, représentant une valeur de plus de 300 millions de francs lorsqu'il est transformé en chocolat.

La consommation a doublé depuis 10 ans, et pendant l'année 1904, elle s'est accrue de 16 p. 100 sur l'année précédente (1).

Chaque Français ne consomme encore, actuellement, que 550 grammes de Cacao brut par an, représentant environ 880 grammes de chocolat. Étant donné que cette matière première a une valeur alimentaire très réelle et un emploi en pâtisserie et en confiserie presque illimité, on peut prévoir qu'elle aura des débouchés de plus en plus grands dans l'avenir. En outre, la France pourrait tirer de ses colonies une bonne partie au moins du Cacao qu'elle consomme. Cependant, l'examen de nos statistiques montre, malheureusement, que sur une importation annuelle de plus de 21 000 tonnes, un millier de tonnes à peine du Cacao consommé provient des colonies françaises.

La mise au point de cette question par la monographie que nous publions, intéresse donc tous ceux qui se préoccupent des problèmes de la colonisation française ; elle les intéresse même à un point de vue plus général.

Les succès des Anglais à la Côte d'Or, et des Portugais à San-Thomé sont, avant tout, le résultat des méthodes qui ont été appliquées pendant des années avec une persévérance et

---

(1) La première partie de ce travail est rédigée depuis deux ans, et l'auteur ayant depuis voyagé à travers l'Afrique Occidentale, n'a pas encore eu le temps de rassembler les chiffres se rapportant aux trois dernières années.

un esprit de suite admirables. Il y a donc un enseignement plus général à en tirer, et, au cours de cette étude, nous nous efforcerons de montrer pourquoi des Européens ont réussi dans des entreprises agricoles à San-Thomé, alors que tant d'autres colons échouaient dans nos possessions d'Afrique. Nous verrons enfin comment, à la Gold Coast, des indigènes encouragés par une administration prudente et persévérante, sont arrivés à créer, en moins de quinze années, une richesse agricole nouvelle dont l'embryon n'existait même pas dans le pays.

Au cours de ce travail nous avons suivi le programme que nous nous étions tracé en tête du premier fascicule des *Végétaux Utiles*. Nous nous sommes efforcé de réunir sur place une quantité aussi abondante que possible de renseignements originaux et nous les avons complétés en France par des recherches bibliographiques et des études de laboratoire.

Nous tenons à remercier tous ceux qui nous ont aidé dans cette tâche, et particulièrement MM. ROUME, gouverneur général de l'Afrique Occidentale, FRÉZOULS, ancien gouverneur de la Guinée française, et CLOZEL, gouverneur de la Côte d'Ivoire, qui ont tant facilité nos recherches dans les colonies françaises au cours de la mission que nous avons accomplie en 1905, 1906 et 1907.

Que les gouverneurs des colonies étrangères de l'Ouest Africain, notamment M. le major HERBERT BRYAN, acting governor of Gold Coast, M. THORNBURN, gouverneur intérimaire de Lagos et de la Southern Nigeria, DE PAULA CID, gouverneur de San-Thomé et Principe, reçoivent aussi l'expression de notre respectueuse gratitude pour l'accueil si cordial que nous avons reçu de leur part au cours de notre enquête.

Nous sommes enfin redevables de précieux renseignements techniques à M. JOHNSON, ancien directeur du Jardin d'Aburi, le propagateur de la culture du cacaoyer à la Gold Coast, à M. THOMPSON, directeur des forêts et de l'agriculture à Lagos et à la Nigéria du Sud, aux grands planteurs de cacaoyer de San-Thomé, notamment à M. HENRIQUE DE MENDONÇA, à M. le marquis de VALLE-FLÒR, à M. CÉLESTIN PALANQUE, et, d'une façon générale, à tous les colons installés dans la merveilleuse île portugaise, desquels nous avons reçu pendant six semaines, la plus aimable hospitalité.

Nous n'avons garde d'oublier le regretté J. VILBOUCHEVITCH, directeur du *Journal d'Agriculture tropicale*, qui nous avait aidé avec son obligeance habituelle à réunir des renseignements bibliographiques, HAROLD HAMEL SMITH, le statisticien si documenté sur la question Cacao, enfin notre ami ALMADA NEGREIROS,

a connaissance parfaite   omé nous a été
extrêmement précieuse.

Nous diviserons cette étude en quatre parties :

A)   Iʳᵉ Partie. — *Un chapitre de généralités sur le* **Cacao,**
sa production et sa consommation.

B)   IIᵉ Partie. — *Le* **Cacaoyer** *à San-Thomé.*

En raison de l'importance acquise par la culture du Cacaoyer dans cette petite colonie portugaise, devenue le premier
pays producteur du monde, distançant la République de l'Équateur, et la Trinidad, il nous a paru utile de faire un examen
plus détaillé de ce pays.

C)   IIIᵉ Partie. — *Le* **Cacaoyer** *dans les autres pays de*
l'Afrique occidentale.

Nous examinerons successivement l'Afrique Occidentale
française, la République de Libéria, la Gold Coast, le Lagos, la
Nigéria, le Cameroun, l'île espagnole de Fernando-Pô, le Congo
français et le Congo Indépendant, l'Angola.

D)   IVᵉ Partie. — *Conclusions.*

De toutes les données semées à travers le livre, nous tirerons des données pratiques destinées à renseigner les cultivateurs de Cacaoyer et les fonctionnaires de notre administration
coloniale dont l'action est nécessaire pour faire pénétrer chez
l'indigène une culture qui peut devenir une source de prospérité pour l'Afrique tropicale française.

Nous nous sommes efforcé de présenter les observations
recueillies au cours de nos dernières missions en toute indépendance de jugement, sans idée préconçue.

Cependant nous avons cru devoir passer un certain nombre
.de faits relatifs à la main-d'œuvre au crible de la critique,
convaincu qu'en agronomie coloniale il ne suffit pas d'observer
certains faits et de les appliquer dans les conditions les plus
économiques.

Il faut encore que l'application des données de la science à

INTRODUCTION.

l'exploitation des richesses naturelles du sol se fasse sans qu'il en résulte ni oppression ni spoliation vis-à-vis des peuples primitifs sur lesquels s'étend la domination de la race blanche. Le peuple qui colonise dans ces conditions fait non seulement œuvre utile pour l'époque présente, il s'attache aussi pour l'avenir par des liens beaucoup plus durables que ceux de la conquête les peuples sur lesquels s'étend sa domination.

A ce point de vue, l'œuvre que les Anglais ont accomplie en faisant pénétrer la culture du Cacaoyer chez les indigènes de la Gold Coast est digne de toute l'admiration des peuples civilisés.

AUG. CHEVALIER.

Paris, le 15 janvier 1908.

GÉNÉRALITÉS

Histoire naturelle du Cacaoyer. — Espèces et variétés. — Distribution géographique. — Préparation du Cacao. — Commerce, usages. — Consommation du Cacao par habitant dans les différents pays.

Histoire Naturelle

POSITION BOTANIQUE. — Le genre *Theobroma* dont on connaît actuellement une vingtaine d'espèces réparties dans les trois sections : *Herrania* K. Schum., *Eutheobroma* K. Schum. et *Bubroma* K. Schum., appartient à la famille des Buettnériacées, simple tribu, d'après beaucoup d'auteurs, du groupe des Sterculiacées dont l'un des représentants, le *Sterculia acuminata*, fournit la Noix de Kola.

Cette famille renferme des plantes vivant presque exclusivement dans les régions tropicales. Les *Theobroma* sont spontanés seulement en Amérique centrale et en Amérique méridionale. Le *Theobroma Cacao* L., l'espèce la plus connue est aujourd'hui acclimaté dans toutes les contrées tropicales humides du globe.

MODE DE VÉGÉTATION DU *Theobroma Cacao*. — Le Cacaoyer est un arbre de deuxième grandeur adapté à la vie sociale des végétaux de la forêt tropicale. Planté par individus isolés, exposés à la grande lumière des Tropiques, il devient malade, vit peu de temps et produit rarement des fleurs. Exposé en haut d'un coteau aux grands vents du large, il souffre également : ses feuilles brunissent sur les bords, se dessèchent et tombent.

L'air de la mer qui apporte des efflorescences salines dont certains végétaux s'accommodent, lui est aussi contraire.

Les altitudes situées au-dessus de 600 mètres, où prospère encore le caféier d'Arabie, lui sont défavorables. Il ne résiste pas aux basses températures qui sévissent sur les hauteurs dépassant 1000 mètres d'altitude.

En définitive, ce qu'il faut au Cacaoyer pour prospérer, c'est un sol riche en humus où puissent courir ses racines, recouvert autant que possible de débris végétaux, qui le tiennent constamment frais, c'est une lumière très tamisée baignant ses feuilles, une atmosphère saturée d'humidité pendant une partie de l'année et jamais complètement sèche, une température qui pendant toute l'année, ne s'abaisse pas au-dessous de 20° durant la nuit et ne s'élève pas au-dessus de 30° durant le jour. Ces conditions sont généralement réalisées dans les régions équatoriales et dans les contrées tropicales plus éloignées de la Ligne, mais où s'est conservée la grande forêt, ou bien encore dans les vallées bien abritées situées dans les régions de savanes, vallées qui ont conservé des galeries forestières ou qui peuvent être reboisées facilement. Le climat soudanais où souffle l'harmattan est tout à fait contraire au Cacaoyer.

En revanche, il existe sur les deux continents et dans l'archipel Malais, spécialement au voisinage de l'Équateur, des terres étendues où des conditions climatériques favorables se trouvent réalisées.

Port. — Si une graine de Cacaoyer est placée dans le sol frais, elle germe au bout de quelques jours. Pendant que la racine s'enfonce verticalement dans le sol, la tige simple monte vers le ciel avec de grandes feuilles alternes, étalées dans tous les sens. Les plus jeunes sont teintées d'une belle couleur rose. Après quelques mois, la croissance de cette tige s'arrête : elle a alors de 0^m,40 à 0^m,80 de hauteur.

Quelques bourgeons insérés à l'aisselle des feuilles supérieures s'épanouissent fen rameaux, formant bientôt un faux-verticille de [trois à six branches étalées en parasol ascendant. Les feuilles de ces rameaux, au lieu d'être étalées dans tous les sens, sont distiques, c'est-à-dire étalées dans un seul plan et disposées de telle sorte qu'elles reçoivent le maximum de radiations solaires. Plus tard, ces rameaux émettront des ramifications à leur tour, ramifications ayant les feuilles disposées de la même façon.

Le tronc, qui porte le parasol des branches, s'allonge en même temps qu'il grossit, mais il est rare qu'il s'élève à plus de 1^m,50, souvent même il n'atteint pas 1 mètre. Aussi les choses n'en restent ordinairement pas là.

Dès la troisième ou quatrième année, il naît sur le tronc principal, un peu au-dessous du faux-verticille de rameaux, une pousse grêle (ou parfois plusieurs), pousse qui s'allonge verticalement sans se ramifier, en portant des feuilles alternes non distiques. En grossissant, elle ne tarde pas à se mettre dans le prolongement du tronc principal qu'elle semble continuer. Lorsqu'elle a acquis une longueur de quelques décimètres, son allongement s'arrête et trois à six bourgeons naissent à l'aisselle des feuilles supérieures rapprochées. Les rameaux qui en résultent ne croissent plus verticalement, mais s'étalent, prennent des feuilles distiques et forment ainsi un deuxième étage de branches.

Ce phénomène peut se renouveler plusieurs fois et un Cacaoyer peut ainsi acquérir trois et même quatre étages de verticilles de rameaux, verticilles superposés les uns au-dessus des autres.

Vers la douzième année, un Cacaoyer croissant dans un terrain de bonne qualité et sous un climat favorable, atteint 4 à 7 mètres de hauteur (et parfois 15 mètres, dans son pays d'origine) et cesse de s'élever. Il n'émet plus de rameaux à croissance verticale au sommet de son axe principal; on dit qu'il s'arrête.

Mais il continuera encore pendant de longues années à donner le long de son tronc principal des bourgeons adventifs produisant des rameaux à élongation verticale. De semblables rameaux pourront naître aussi sur les branches secondaires et tertiaires étalées en parasol, et si on les laisse se développer, l'arbre perdra bientôt son port régulier à étages de rameaux superposés qui le caractérise surtout dans le jeune âge. Cette architecture spéciale de verticilles de rameaux superposés les uns au-dessus des autres caractérise un grand nombre d'arbres des forêts tropicales.

Elle s'observe, par exemple, d'une façon très nette dans le Kapok ou Fromager (*Eriodendron anfractuosum*).

Dans le cas du Cacaoyer, lorsqu'un second verticille de rameaux s'est développé, il y a ordinairement arrêt dans la croissance du verticille inférieur. Les branches qui le composent finissent par s'étioler, ne portent plus qu'un nombre restreint de feuilles et de fleurs et souvent même finissent par mourir.

L'opération de la taille du Cacaoyer, qui doit se pratiquer surtout pendant les premières années de la vie du jeune arbre, consiste précisément à diriger la formation de ses verticilles de branches. Si le premier verticille apparaît à peu de distance du sol, il faut laisser partir l'un des gourmands nés au-dessous de la couronne, de manière à prolonger l'axe principal. Lorsque la deuxième couronne est bien formée, on supprime la première couronne par la taille.

Plus tard, si on trouve qu'il est utile de laisser monter encore le Cacaoyer, on procèdera de la même manière et on supprimera le deuxième verticille dès que la troisième couronne terminale sera formée. Il est nuisible pour le Cacoyer de le laisser porter plusieurs verticilles de branches. L'opération de la taille du Cacoyer consiste donc, soit à supprimer les pousses à croissance verticale nées sur le tronc de l'arbre si on ne veut pas que ce tronc s'élève, soit à supprimer les ramaux formant un étage inférieur si on a laissé monter un sion, sion qui, en se développant, a formé une couronne de branches plus élevées.

Enfin, parfois il arrive aussi qu'on supprime une ou deux branches du verticille terminal définitif, de manière à donner à l'arbre une forme plus régulière et pour que les ramifications de dernier ordre, en étant plus écartées, ne se gênent pas mutuellement.

Les premières fleurs du Cacoyer apparaissent ordinairement la troisième ou la quatrième année le long de la tige principale encore munie de son épiderme.

Sur les arbres adultes, les fleurs naissent par petits faisceaux le long du tronc, parfois jusqu'au ras du sol et le long des rameaux âgés. Il est rare qu'il en naisse sur les branches de dernier ordre. Ces inflorescences ne sont autres que des bourgeons adventifs qui avortent et donnent immédiatement des fleurs nées à l'aisselle d'écailles très courtes. On n'observe jamais de fleurs à l'aisselle de véritables feuilles.

Aux fleurs succèdent les fruits, mais une grande quantité avortent, car dans les meilleures conditions, il ne se développe pas plus d'un fruit pour cent fleurs.

Ces fruits sont ordinairement isolés le long du tronc. Parfois cependant, on trouve des faisceaux composés de trois à six fruits.

Ces fruits, verts ou rosés à la base, sont ovoïdes, allongés, munis de dix côtes plus profondes dans le jeune âge. Environ six mois après la floraison, le fruit est mûr. Il a alors pris la forme et la couleur, jaune ou rouge, qui caractérise la variété à laquelle il appartient. Ce fruit se nomme *cabosse,* il a à peu près 15 à 20 centimètres de long et pèse environ 500 grammes.

Si on ouvre le fruit, on trouve sous une écorce épaisse de 1 centimètre, jaune ou rouge à l'extérieur, blanche à l'intérieur, un amas de graines entourées chacune d'une pulpe blanchâtre sucrée. A complète maturité, cet amas n'adhère plus au péricarpe. Les graines débarrassées de la pulpe qui les entoure se montrent ovoïdes aplaties, longues de 20 à 25 millimètres.

Elles possèdent un tégument jaune-ocracé, sous lequel on trouve les cotylédons d'un violet-noirâtre dans toutes les variétés cultivées en Afrique, alors qu'ils sont blancs dans certaines variétés d'Amérique.

Les graines séchées se nomment *fèves* ou *amandes.* Ces fèves sont presque exclusivement constituées par les cotylédons de l'embryon entourés d'un tégument formant une pellicule nommée *coque* par les chocolatiers.

DESCRIPTION BOTANIQUE (1) du *Theobroma Cacao.* — *Arbre* de 4 à 6 mètres de hauteur à l'âge adulte (et à l'état cultivé). Écorce du tronc et des rameaux brune. *Jeunes rameaux* verdâtres, grêles, *glabres* ou légèrement pubérulents au sommet. *Feuilles* alternes pétiolées, coriaces-papyracées, glabres, étalées dans un même plan (sur les rameaux latéraux), à pétiole cylindrique, accompagné à la base de stipules caduques, long de 1 à 3 centimètres, renflé à ses deux extrémités. *Limbe* lancéolé, parfois un peu oblong, légèrement rétréci vers la base qui est arrondie ou faiblement cunéiforme, terminé au sommet par un acumen apiculé; ce limbe de dimension très variable mesure ordinairement de 15 à 35 centimètres de long sur 4 cent. 5 à 12 centimètres de large, mais il peut atteindre 50 centimètres de long sur 18 centimètres de large. *Nervure médiane* légèrement saillante en-dessus, très saillante en-dessous; *nervures secondaires* au nombre de 9 à 12 paires, déprimées en-dessus, saillantes en-dessous. Surface supérieure luisante et d'un vert sombre, surface inférieure plus pâle. *Inflorescences* naissant sur le tronc et sur les rameaux âgés, ordinairement composées de une à cinq fleurs (le plus souvent deux ou trois), partant du même point. *Pédicelles* d'un blanc-rosé au moment de la floraison, grêles, finement pubescents, longs de 15 à 28 millimètres, ensuite accrescents, épaissis, grisâtres, lignifiés, à écorce présentant quelques lenticelles. *Fleurs* d'un blanc-jaunâtre, marquées de rose et de pourpre. Bouton floral long de 8 millimètres au moment de l'épanouissement de la fleur. *Sépales* 5 à préfloraison valvaire, lancéolés-linéaires, subulés, d'un blanc-rosé, longs de 8 à 10 millimètres, larges de 2 millimètres au milieu, plus ou moins réfléchis pendant l'anthèse. *Pétales* 5, formés chacun d'une partie basilaire oblongue, étalée, puis redressée, munie en-dessus de deux lignes saillantes d'un pourpre-noirâtre. Cette partie basilaire est brusquement rétrécie au sommet en une pointe linéaire réfléchie terminée par une petite lame obovale, apiculée, d'un jaune-pâle. *Androcée* composé d'une colonne de 10 étamines, dont 5 fertiles, opposées aux pétales, à filets blanchâtres, terminés chacun par 4 loges disposées en croix, deux supérieures et deux inférieures, déhiscentes chacune en dehors par deux fentes longitudinales. Deux de ces loges représentent une anthère; les 5 étamines stériles (staminodes) dressées, filiformes, finement pubescentes, d'un noir pourpre. *Ovaire* supère, à 5 loges opposées aux pétales et surmonté d'un style à 5 stigmates. Dans chaque loge sont insérés de nombreux *ovules* anatropes transversaux, en deux séries verticales, présentant deux tégu-

(1) Cette description s'applique plus spécialement à la variété dite « creoulo de San-Thomé » de beaucoup la plus répandue dans l'Ouest africain.

ments. Cet ovaire est glabre, d'un vert foncé ou légèrement teinté de rose, à section longitudinale lancéolée, souvent un peu rétrécie dans le quart inférieur. Il présente 10 sillons longitudinaux profonds.

Fruit (baie) ellipsoïde, arrondi à la base, avec un mamelon terminal peu marqué, d'un jaune pâle à maturité, présentant 10 sillons longitudinaux peu marqués, à peine rugueux à sa surface, mesurant en moyenne 15 centimètres de long sur 7 cent. 5 de large. Péricarpe épais de 10 à 15 millimètres, dur, un peu charnu, avec une couche scléreuse interne.

Graines au nombre de 25 à 45, enveloppées d'une pulpe blanchâtre sucrée provenant des cloisons de l'ovaire qui se sont épaissies et gorgées de sucre. Ces graines sont ovoïdes aplaties et mesurent en moyenne 24 millimètres de long, sur 15 millimètres de large et 8 millimètres d'épaisseur. Leur tégument est membraneux, blanchâtre, avec des nervures roses. Albumen réduit à quelques assises de cellules adhérentes au tégument. Cotylédons d'un lilas pâle, divisés en un grand nombre de plis intriqués les uns dans les autres.

AUTRES VARIÉTÉS ET ESPÈCES. — La description précédente se rapporte à la variété culturale du *Theobroma Cacao* L. la plus répandue dans l'Ouest africain. Les autres races cultivées à San-Thomé en diffèrent très peu, même par la forme de leur fruit. Il faut cependant distinguer celle que les Portugais nomment *laranja* et qui est figurée en tête de ce volume; c'est un type bien à part présentant des caractères tellement distincts que nous n'hésitons pas à en faire une espèce nouvelle, car elle ne nous paraît pas rentrer dans aucun des types dénommés jusqu'ici. Elle serait aussi ancienne à San-Thomé que le *creoulo amarello*, c'est-à-dire la variété la plus banale décrite ci-dessus. Elle est restée bien distincte et il n'existe pas d'intermédiaires entre ces deux Cacaoyers. En voici la description :

T. sphærocarpa A. Chev. — *Port* plus ramassé que celui du *T. Cacao. Feuilles* d'un vert sombre, parcheminées et larges, mesurant habituellement de 20 à 25 centimètres de long sur 9 à 11 centimètres de large à acumen court et large. *Fleurs* presque toujours isolées naissant non seulement sur le tronc et les branches principales, mais parfois aussi sur les branches de dernier ordre. Jeunes fruits d'un vert sombre, souvent teintés de rouge, à peu près sphériques, à côtes assez profondes. Fruit mûr d'un jaune clair, court, long seulement de 10 à 12 centimètres, presque sphérique, parfaitement arrondi aux deux extrémités et même parfois un peu déprimé au sommet. Surface lisse, présentant 10 côtes bien marquées à la partie supérieure, mais disparaissant vers le milieu, la moitié inférieure est complètement arrondie sans sillons.

HABITAT. — Assez commun dans les cacaoyères de San-Thomé (cultivé). Patrie inconnue.

OBSERVATION. — On trouvera, dans le chapitre que nous consacrons plus loin aux Cacaoyers de San-Thomé, des détails plus circonstanciés sur cette intéressante espèce.

PREUSS a introduit au Jardin botanique de Victoria (Cameroun) plusieurs autres espèces de Cacaoyers de l'Amérique du Sud. Elles ne nous sont pas connues et nous ne savons comment elles se comportent depuis qu'elles ont été plantées.

Au Jardin botanique d'Aburi (Gold-Coast), JOHNSON cultive quelques plants d'un Cacaoyer qu'il avait reçu du Jardin de Kew (lequel le tenait probablement du Jardin de la Trinidad), sous le nom de *T. pentagonum* Bern. Bien que nous n'ayons pas vu les fruits, mais seulement la plante en fleurs (elle fleurissait pour la première fois à Aburi en juillet 1905), la détermination nous a semblé exacte.

Nous en avons fait la description suivante d'après les spécimens observés dans le Jardin d'Aburi.

T. pentagonum Bernouilli. — Port du *T. Cacao*, jeunes pousses et pétioles *très tomenteux*, à poils blanchâtres ou roussâtres. Feuilles de 18 à 25 centimètres de long sur 7 à 9 centimètres de large, glabres sur les deux faces du limbe, de même forme que dans le *T. Cacao*, mais limbe d'un vert sombre, beaucoup plus papyracé, bombé, à bords plus ou moins incurvés en-dessous, souvent crispés et comme serrulés-dentés à l'extrémité.

Fleurs rarement isolées ou par 2, mais ordinairement groupées par bouquets de 6 à 15 fleurs, chacune portée par un pédicelle inséré directement sur le tronc, sans qu'il existe un pédoncule commun. Pédicelles et boutons floraux verdâtres et non rosés.

HABITAT. — Cultivé au Jardin botanique d'Aburi (Gold-Coast).

OBSERVATION. — Les *T. Cacao* et *T. pentagonum*, cultivés côte à côte à Aburi, présentent dans la fleur les différences suivantes :

	T. Cacao.	*T. pentagonum.*
Bouton floral. .	Long de 8^{mm} au moment de l'épanouissement, rosé.	Long de 6^{mm} au moment de l'épanouissement, vert.
Pédicilles. . . .	Rosés, longs de 15 à 28^{mm}.	Verts, longs de 11 à 15^{mm}.
Sépales.	Blancs ou blancs-rosés, longs de 9^{mm}.	Blancs-verdâtres, longs de 6 à 7^{mm}.
Staminodes. . .	Dressés, longs de 9^{mm}.	Dressés, longs de 6^{mm}.

En outre, cette espèce a un tronc beaucoup plus florifère que le *T. Cacao*. Les inflorescences, formées de 10 à 15 fleurs, ne sont pas rares, tandis que sur le Cacaoyer commun, on ne rencontre que des inflorescences composées de 1 à 5 fleurs.

Il existe encore de grandes imprécisions dans la distinction botanique des diverses espèces et variétés de Cacaoyers.

La description ci-dessus du *Theobroma pentagonum* paraît correspondre à l'espèce envisagée par la plupart des auteurs. On trouve dans la Monographie de PREUSS une planche représentant une plante dénommée *Theobroma pentagonum* et totalement différente de celle que nous avons décrite ci-dessus, notamment par la forme de ses feuilles un peu cordées et élargies à la base et par ses fleurs en cyme pédonculée, dichotome, enfin par ses pétales sans onglet. Les étamines ont aussi 4 loges.

Sous le nom de *Theobroma angustifolium* Moc. et Sessé, PREUSS figure encore un Cacaoyer qui diffère aussi très complètement de ce que les botanistes désignent sous ce dernier nom. Il se rapproche au contraire beaucoup de notre *T. pentagonum* d'Aburi. Les étamines ont aussi 4 loges (alors qu'il doit en exister 6 dans le vrai *T. angustifolium* Moc. et Sessé), enfin les feuilles et les inflorescences ressemblent à notre plante et les pétales ont aussi un long onglet.

Le Cacaoyer d'Aburi ressemble au *T. pentagonum* reproduit en photographie dans le travail de FAUCHÈRE et notre conclusion est que le *T. pentagonum* des colonies anglaises est bien l'espèce de BERNOUILLI, tandis que la détermination de PREUSS est probablement erronée.

RÉCOLTE DES FRUITS ET PRÉPARATION DES FÈVES DE CACAO. — On récolte les fruits nommés vulgairement *cabosses* en sectionnant leur pédoncule au fur et à mesure qu'ils mûrissent ou un peu avant leur complète maturité. On les laisse souvent 2 ou 3 jours en tas avant de les ouvrir. Les graines retirées de l'enveloppe de la cabosse sont ensuite mises à fermenter dans de grands bacs ou de simples caisses. Après la fermentation, les graines sont mises à sécher, soit au soleil, soit à la chaleur artificielle.

Dans certains pays, avant la fermentation, on les lave et parfois on les terre.

Lorsque les fèves de cacao sont bien séchées, il ne reste plus qu'à les trier, de manière à les classer par catégories marchandes.

Elles sont ensuite mises en sacs de 50 à 60 kilogs et expédiées en Europe. Les ports d'arrivée des Cacaos d'Afrique sont : Lisbonne, Liverpool, Hambourg, Barcelone, Marseille, Le Hâvre.

Commerce et usages.

PRODUCTION. — Le Cacao est peut-être de toutes les denrées coloniales, celle sur laquelle on possède le plus de renseignements statistiques et surtout de statistiques ayant un grand degré de précision, grâce aux efforts consciencieux d'une part de la revue *Gordian,* organe technique de la chocolaterie et du commerce des Cacaos, d'autre part de Harold Hamel Smith, le très renseigné directeur de *Tropical Life.*

D'un autre côté, le *Journal d'Agriculture tropicale* a, dans ces derniers temps, soumis à une critique consciencieuse, les renseignements puisés à ces différentes sources, de telle sorte qu'il y a peu de questions qui soient aussi bien élucidées aujourd'hui.

Nous reproduirons donc leurs renseignements presque sans les modifier.

Le tableau ci-après donne, d'après l'enquête publiée dans le *Gordian* du 5 décembre 1904, la marche de la production du Cacao dans les pays qui fournissent cette denrée pour la période des 10 années 1894 à 1903.

D'après la quantité exportée, les pays producteurs se classent donc aujourd'hui dans l'ordre suivant :

Ordre d'importance en 1903.	Pays.	Ordre d'importance en 1894.	Accroissement ou diminution p. 100 1903 contre 1894.
1	Équateur.	1	+ 19
2	San-Thomé.	5	+ 289 3/4
3	Brésil.	3	+ 114 1/4
4	Trinidad.	2	+ 55
5	Vénézuéla	4	+ 79 3/4
6	Saint-Domingue	8	+ 270 3/4
7	Grenade.	6	÷ 57
8	Ceylan	10	+ 82
9	Côte-d'Or	17	+ 2 840 1/2
10	Surinam.	7	— 46 1/2
11	Haïti.	11	+ 117 1/2
12	Cuba.	9	+ 39 1/2
13	Jamaïque.	14	+ 154
14	Indes Néerlandaises. . .	12	+ 101 1/2
15	Martinique.	13	+ 51 3/4
16	Cameroun	16	+ 500
17	Sainte-Lucie	15	÷ 63
	Autres Pays.		

En 10 ans, la production totale du Cacao dans le monde s'est accrue de 83 1/2 p. 100, c'est-à-dire qu'elle a presque doublé.

Comme on peut s'en rendre compte par les tableaux précédents, c'est dans trois pays de l'Ouest africain : la Côte-d'Or, le Cameroun et San-Thomé que l'accroissement a été le plus considérable dans ce laps de temps. Il est déjà certain que ces pays vont, non seulement maintenir le rang qu'ils ont conquis, mais devancer ceux qui les précèdent encore. D'après des statistiques un peu différentes publiées en janvier 1906 par HAROLD HAMEL SMITH dans le *Tropical Life,* San-Thomé aurait déjà conquis le premier rang dans la production mondiale, tandis que les productions de Guayaquil (Équateur) et de Trinidad seraient en diminution, ainsi que le montre le tableau suivant en tonnes :

	1903	1904	1905	Moyenne des 3 années.
San-Thomé.	21.563	20.775	23.187	21.842
Guayaquil	20.755	24.298	18.268	21.107
Trinidad.	12.161	17.225	15.863	15.083

PRODUCTION DES COLONIES FRANÇAISES. — La quantité de Cacao produite par nos colonies françaises est encore très minime. Elle est à peine la vingtième partie de la consommation française. En 1904, elle dépasse légèrement 1000 tonnes, plusieurs propriétaires de San-Thomé arrivent à récolter cette quantité dans une seule plantation.

Exportation des Colonies françaises en 1904
(d'après CHALOT).

Guadeloupe.	625.784 kilos.
Martinique.	318.922 —
Congo français	91.092 —
Madagascar.	19.411 —
Comores.	13.217 —
Guyane	9.246 —
Nouvelle-Calédonie. . .	2.090 —
Réunion.	1.539 —
Côte d'Ivoire	980 -
Indo-Chine.	264 —
TOTAL.	1.082.545 kilos.

Le Cacao provenant de nos colonies bénéficie, à son entrée dans la métropole, d'une détaxe de 0 fr. 52 par kilogramme, c'est ce qui explique qu'il est coté sur les mercuriales françaises beaucoup plus cher que les Cacaos étrangers. .

Actuellement, alors que les cacaos de San-Thomé atteignent le cours de 1 fr. 20 environ (1) le kilo, le cacao du Congo est coté 1 fr. 80. Les cacaos étrangers paient à leur entrée en France un droit de 104 francs, les cacaos français paient seulement 52 francs.

A l'étranger, ces mêmes droits sont moins élevés qu'en France. Dans ces dernières années, ils étaient (d'après JUMELLE) pour 50 kilos : 50 francs en Italie; 44 francs en Espagne; 22 francs en Allemagne; 11 fr. 50 en Angleterre; 7 fr. 50 en Belgique; 0 fr. 75 en Suisse. L'entrée est libre dans les Pays-Bas.

CONSOMMATION. — La consommation mondiale du Cacao va en s'accroissant d'année en année. D'après le *Gordian,* la progression annuelle serait en moyenne de 7 1/4 p. 100 et dans les 10 dernières années elle a varié en réalité, d'une année à l'autre, de 1 1/2 à 12 1/2 p. 100.

« En 1894, écrit VILBOUCHEVITCH, c'est la France qui était à la tête de la chocolaterie universelle; aujourd'hui ce sont les États-Unis, la France est repoussée au 3e rang. L'Allemagne est passée du 4e au 2e. L'Angleterre a rétrogradé de 2 rangs comme la France.

De tous les pays, c'est le Canada qui a augmenté sa consommation dans la proportion la plus forte : plus de 368 p. 100; puis viennent la Norvège (presque 269 p. 100) et les États-Unis (259 p. 100); l'Allemagne, la Suisse, la Belgique, l'Autriche-Hongrie, le Danemark, la Finlande, ont progressé dans des proportions variables, allant de 123 à 185 p. 100.

L'Italie et l'Espagne, qui importent aujourd'hui moins de cacao en fèves qu'elles n'en importaient en 1894, achètent en revanche des quantités de plus en plus grandes de cacao fabriqué. »

USAGES. — Le cacao, comme on le sait, est surtout employé pour la fabrication du *chocolat.* Quelques industriels hollandais, et surtout la maison VAN HOUTEN, ont vulgarisé aussi l'emploi de la *poudre de cacao* pour la fabrication du lait au chocolat d'un emploi courant.

Enfin la pâtisserie et la confiserie en absorbent d'assez grandes quantités.

Le cacao est introduit en Europe en fèves entourées de leur coque. Elles sont ensuite torréfiées en vue de diminuer l'amertume du cacao et de développer l'arôme. Puis elles sont débarrassées de la coque qui représente 15 à 18 p. 100 du poids

---

(1) Ces chiffres s'appliquent à l'année 1906.

total de la graine sèche; enfin elles sont broyées et pulvérisées par des appareils spéciaux et par l'adjonction de sucre on les transforme en chocolat auquel on donne une forme appropriée en le coulant dans des moules à la température de 60°.

Le chocolat ordinaire contient du sucre et du cacao en parties égales; on le parfume ordinairement à la vanille.

Les qualités inférieures et bon marché renferment 55 à 60 p. 100 de sucre pour 40 à 45 p. 100 de cacao. Enfin, des *chocolats très bon marché* sont préparés avec une quantité beaucoup moindre de cacao et présentent une plus grande teneur en sucre. Si cette teneur dépasse 60 p. 100, d'après Paul Zipperer, il n'est plus possible de les mouler et il est nécessaire d'y ajouter du beurre de cacao pur ou une graisse végétale quelconque. De tels chocolats auraient une composition analogue à la suivante :

Cacao.	25 parties.
Sucre.	67 —
Beurre de cacao	7 —
Aromates et vanilline.	1 —

Les *chocolats fondants* qui se consomment aujourd'hui en grande quantité comme bonbons ou chocolat à la main, sont des produits de toute première qualité caractérisés par une teneur un peu plus forte en beurre, obtenue souvent par l'addition de beurre de cacao de bonne qualité.

Pour fabriquer les prâlinés et divers bonbons au chocolat livrés par la confiserie, il faut ajouter jusqu'à 15 p. 100 de beurre de cacao au chocolat ordinaire.

Quant aux *cacaos en poudre*, ils sont obtenus par des procédés assez spéciaux sur lesquels nous ne pouvons nous étendre. On les nomme encore *cacaos solubles* ou *cacaos désagrégés*. Le cacao ne peut être réduit en poudre impalpable que lorsqu'on lui a enlevé une partie de la matière grasse qu'il contient. La partie organique est en même temps très finement désagrégée. C'est par ce débeurrage qu'on obtient aujourd'hui le *Cacao Van Houten* et un grand nombre d'autres spécialités.

Des bons cacaos hollandais de ce genre on retirait autrefois 34 à 40 p. 100 du beurre total, mais la grande cherté qu'a atteint le beurre de cacao fait qu'aujourd'hui on prélève une proportion de substance grasse beaucoup plus grande, proportion qui peut aller jusqu'à 85 p. 100. Une extraction de 66 p. 100 de beurre, c'est-à-dire le tiers du poids de cacao traité est, d'après Zipperer, la meilleure proportion pour obtenir une poudre de cacao bonne et aromatique.

BEURRE DE CACAO. — Le *Beurre de Cacao* représente un produit industriel de haute valeur, atteignant ordinairement le cours de 4 à 4 fr. 50 le kilog. On l'emploie surtout en parfumerie et en pharmacie pour la fabrication de pommades, suppositoires, etc. On l'obtient comme résidu de fabrication de la poudre de cacao.

Dans les fèves entières, il représente 50 à 56 p. 100 du poids total, ce qui forme à peu près la moitié du poids de la fève décortiquée.

Son point de fusion est compris entre 32° et 35° centigrades, son point de solidéfaction entre 21°,5 et 27°.

Nous n'avons pu trouver de statistiques relatives à la consommation mondiale de ce produit, mais elle est certainement de plusieurs milliers de tonnes par an.

D'après HAROLD HAMEL SMITH, les grandes usines de Cadbury, en Angleterre, ont produit, dans les 16 dernières années, les quantités suivantes de beurre de cacao :

Années.	Tonnes.	Années.	Tonnes.
1890.	390	1898.	620
1891.	480	1899.	810
1892.	465	1900.	790
1893.	380	1901.	770
1894.	570	1902.	885
1895.	470	1903.	850
1896.	490	1904.	935
1897.	430	1905.	740

Cela représente un total de 10.075 tonnes pour 16 années, soit 630 tonnes en moyenne par an.

Les quantités de beurre de cacao produit en Hollande par la maison VAN HOUTEN, dans les 9 dernières années, ont été :

Années.	Tonnes.	Années.	Tonnes.
1897.	742	1902.	800
1898.	775	1903.	845
1899.	855	1904.	850
1900.	885	1905.	855
1901.	915		

Soit 7.582 tonnes pour 9 années ou une moyenne de 843 tonnes par an.

Le haut prix qu'atteint ce produit fait qu'on le falsifie souvent, soit avec les acides gras purifiés de l'huile de palme (*cacaoline*) ou avec le beurre de noix de coco et différentes préparations de ce dernier connues sous les noms de *végétaline*, *palmine, beurre végétal, beurre de cacao de Mannheim,* beurre de chocolat, etc.

Il paraît que, depuis quelques années, le beurre de Karité ou *shee-butter,* fourni par le *Butyrospermum Parkii,* remplace le beurre de cacao dans beaucoup d'emplois et il en serait un des meilleurs succédanés. On le substituerait en particulier au beurre de cacao dans les chocolats de bas prix qui demandent l'adjonction d'une matière grasse.

Ces renseignements ne nous ont pas été confirmés et les courtiers de Liverpool, qui reçoivent chaque année de grandes quantités de *shee-butter,* sont peut-être les seuls à être fixés à cet égard.

Coques. — Les coques de cacao sont le seul résidu de la chocolaterie.

Zipperer a trouvé que les coques représentent de 12 à 18 p. 100 du poids des fèves crues, soit en moyenne 15 p. 100.

Comme une addition des coques au chocolat ou à la poudre de cacao, même pour les produits bon marché, est considérée comme falsification, les coques de cacao ne peuvent pas être employées dans la chocolaterie.

On les a vendues jusqu'à présent dans le commerce sous le nom de *thé de cacao* et on a cherché à les rendre plus agréables au goût en les glaçant. Ces coques de cacao candies sont un article de confiserie très apprécié dans l'Allemagne orientale; on en a fait aussi des spécialités pharmaceutiques; on peut en extraire le beurre de cacao (5 p. 100) et la théobromine; enfin, on en fait des tourteaux pour l'alimentation du bétail, vendus, d'après Zipperer, 7 fr. 50 à 9 francs le quintal, et dont la valeur alimentaire est comprise entre celle du bon foin et du son de froment.

Statistiques d'importation. — D'après Harold Hamel Smith, la consommation en cacao des principaux pays en 1903, 1904 et 1905, du 1er janvier au 31 décembre, a été la suivante (en tonnes) :

	1905	1904	1903
États-Unis.	34.621	29.375	25.216
Allemagne.	29.188	26.695	21.310
France.	21.425	21.477	20.333
Hollande.	18.911	20.819	16.449
Grande-Bretagne	20.757	20.230	18.387
Espagne	5.670	5.729	5.897
Autriche-Hongrie.	2.628	2.473	2.002
Belgique.	2.954	2.754	2.720
Totaux	136.154	129.552	112.314

La France importe beaucoup plus de cacao qu'elle n'en consomme ainsi que le montre le tableau ci-joint emprunté à un article publié par CHALOT dans *L'Agriculture pratique des Pays chauds,* Bulletin de janvier 1906, d'après les statistiques officielles.

La première colonne mentionne les quantités de cacao qui ont été apportées par l'étranger ou par nos colonies et qui étaient destinées à la consommation, à l'entrepôt, au transit ou à la réexportation ; la seconde donne le cacao mis en consommation.

Tableau du Cacao importé en France en tonnes :

	Commerce général.	Commerce spécial.
1894.	28.281	14.874
1895.	38.133	15.243
1896.	28.629	15.820
1897.	25.407	16.214
1898.	35.979	17.444
1899.	41.056	17.756
1900.	33.160	17.462
1901.	33.259	17.914
1902.	40.108	19.261
1903.	44.726	20.741
1904.	49.159	21.794

Quelques chiffres de la deuxième colonne diffèrent légèrement de ceux du *Gordian* (de 100 tonnes au maximum).

Consommation du Chocolat par habitant
dans les différents pays

La Hollande est de tous les pays d'Europe celui où chaque habitant consomme la plus grande quantité de chocolat, mais comme il se fait aussi une importante réexportation dont nous n'avons pu avoir les chiffres, il nous a été impossible d'évaluer la quantité consommée, même approximativement.

La France et l'Angleterre viennent immédiatement après, ainsi que le montre le tableau suivant :

Consommation du Cacao par habitant en 1904.

	Cacao consommé en 1889 (1).	Cacao brut.	Cacao débarrassé des coques et des amandes inutilisables (perte 20 p. 100).	Chocola
France.	0.312	0.550	0.440	0.880
Angleterre. . . .	0.155	0.467	0.373	0.746
Allemagne. . . .	0.057	0.443	0.354	0.708
Belgique	»	0.394	0.315	0.630
États-Unis. . . .	»	0.366	0.293	0.586
Espagne	0.403	0.305	0.244	0.488
Norwège	0.053	0.050	0.040	0.080

Nous avons établi ces calculs pour 1904, d'après les données de H. HAMEL SMITH pour le cacao *(Journ. Ag. trop.*, avril 1905), et de JEAN BIROT pour la population *(Statistique annuelle de Géographie comparée*, 1905, Hachette).

(1) Extrait de : E. DE WILDEMAN, *Les plantes tropicales de grande culture* Paris, 1902 (1re édition).

DEUXIÈME PARTIE

LE CACAOYER AUX ILES DE SAN-THOMÉ ET DE PRINCIPE

CHAPITRE PREMIER

Géographie de San-Thomé et principales productions de l'Ile.

Situation, étendue, population (1). — Géographie physique. — Climat. — Histoire de l'île. — Agriculture et commerce. — Répartition des cultures par zônes. — Canne à sucre. — Caféiers, arbres à quinquina, légumes.

L'île de San-Thomé est aujourd'hui, ainsi que nous l'avons dit dans le chapitre précédent, le premier pays du monde pour la production du cacao. Pour que cette petite île ait pris une telle importance, surtout en si peu de temps, il a fallu les conditions essentiellement favorables qui y préexistaient. Il a fallu en outre des circonstances très heureuses que nous expliquerons plus loin.

Grâce à ces conditions, à ces circonstances, et au labeur opiniâtre des Portugais, l'île de San-Thomé est vraiment devenue la plus riche colonie actuelle du monde, proportionnellement à son étendue.

Avant de passer en revue la culture qui a assuré cette prospérité, nous examinerons dans les paragraphes suivants les principales particularités géographiques de l'île.

Situation, étendue, population. — L'île portugaise de San-Thomé se trouve en plein Océan Atlantique, à 15 jours de paque-

---

(1) Nous renvoyons le lecteur, pour plus de détails sur cette question, au travail que nous avons publié récemment : L'île de San-Thomé, *La Géographie*, 1906.

bot de Lisbonne, à 260 kilomètres de la côte du Gabon. La
Ligne équatoriale l'effleure au sud ; bien qu'elle soit dans l'hémisphère boréal, elle appartient climatériquement à la zône
tropicale australe : la saison des pluies s'y fait sentir en même
temps que dans le sud du Congo et que dans l'Angola.

Sa superficie est d'environ 1.000 km. carrés, c'est-à-dire le
double du département de la Seine ; sa plus grande longueur est
de 50 kilomètres et sa plus grande largeur de 30 kilomètres.

La population est évaluée à 38.000 âmes et répartie dans la
Cité de San-Thomé, capitale de l'île, dans 7 villages, enfin dans
les roças ou plantations dispersées à travers l'île. Elle se sub-
divise en 2.500 européens, 11.000 à 12.000 noirs du pays *(Fils
de San-Thomé)* fixés dans la ville et les villages, grossièrement
convertis au catholicisme, peu travailleurs, propres surtout à
faire de petits boutiquiers, 2.000 *Angolares* pêcheurs descendant
de 200 esclaves échoués à la côte en 1540 et établis le long du
rivage et sur la côte occidentale, environ 1.500 *Grégorianos*
ou esclaves libérés en 1876 par le Gouverneur Gregorio José
Ribeiro, population très peu intéressante ; enfin on compte
18.000 à 20.000 individus introduits dans l'île comme travailleurs *(serviçaes)*. Ce sont en grande majorité des noirs provenant de l'Angola. On trouve enfin comme travailleurs engagés
quelques noirs des îles du Cap-Vert, des Ajudas du Dahomey,
des Kroumen de Libéria et de la Côte d'Ivoire, des Cabindas
du Congo, des Coolies de Macao ; enfin à la ville quelques
déportés ou soldats noirs provenant de la Guinée portugaise,
de la Casamance, du Sénégal, etc.

L'île de Principe (ou île des Princes) qui dépend administrativement de la précédente et forme avec elle *la Province de
Saô-Thomé e Principe,* entre aussi pour une [assez grande part
dans la production du cacao. Elle est située à 90 milles de la
précédente ; sa superficie est de 126 km. carrés ; au recensement
de 1900, sa population était de 4.327 habitants, dont 3.175 serviçaes.

Géographie physique. — Peu de pays offrent un aspect aussi
pittoresque que les deux îles de San-Thomé et de Principe.
D'origine volcanique, elles font partie de cette chaîne éruptive
qui s'étend à travers le Golfe de Guinée depuis le pic du Cameroun jusqu'à l'île espagnole d'Annabon. De quelque point de
l'océan qu'on la considère, l'île de San-Thomé apparaît comme
un fantastique chaos de montagnes coupées de ravins, surmontées sur leur crête de quelques pics qui surgissent brutalement
et vont noyer leur cîme sombre et abrupte dans une auréole
de brouillard très épais qui ne dissipe presque jamais.

Toute l'île, d'une nature prodigieusement tourmentée, est drapée dans la merveilleuse végétation équatoriale. Toutefois cette parure végétale est aujourd'hui en grande partie artificielle : ce qui, du rivage, donne l'illusion d'une vaste forêt recouvrant toute l'île, n'est souvent qu'une suite ininterrompue d'arbres fruitiers cultivés ou d'essences forestières diverses intelligemment ménagées au moment du défrichement et abritant sous leur ombrage protecteur des millions de Cacaoyers et de bananiers.

Ce que l'on est tenté de prendre au premier abord pour une forêt sauvage est un grand jardin tropical, d'une richesse incomparable, admirablement tenu, où l'on a groupé, dans un décor peut-être unique au monde, presque tout ce que le règne végétal contient de représentants dont l'homme puisse tirer parti.

Telle est l'impression définitive qui se grave peu à peu dans le souvenir du voyageur qui pénètre dans l'île, quelle que soit la région où il s'aventure. Son admiration se trouve encore accrue à la pensée du labeur qu'il a fallu déployer pour arriver à substituer à la forêt primitive recouvrant un terrain extrêmement accidenté, des plantations aussi méthodiquement entretenues.

Car nul pays ne semblait au premier abord plus impropre à l'agriculture. Les vallons abrupts, les éboulis de roches qui en tant d'endroits recouvrent la terre végétale, tout cela a été peu à peu aménagé

Les pierres ont été retirées du sol et entassées le long des chemins. Les géants de la forêt ont été abattus, les torrents souvent endigués. Sur les flancs dressés de certaines vallées, faisant parfois à peine 30 degrés avec la verticale, et qui semblaient pour toujours inaccessibles à l'homme, le Cacaoyer prospère aujourd'hui. Les Portugais ont réalisé des prodiges d'efforts et d'ingéniosité pour cultiver des terrains aussi escarpés, aussi encombrés d'éboulis de pierres. On se demande ce qu'il faut le plus admirer : ou de la fécondité de ce sol dont la terre végétale est pourtant plutôt rare, ou du travail patient qui a été nécessaire pour vaincre cette nature sauvage.

Aujourd'hui, environ la moitié de l'île de San-Thomé est en culture. Un quart restant, dans le centre et le sud de l'île, encore occupé par les forêts (obos ou florestas) peut encore être mis en plantations, mais le dernier quart, formé par les marais et les dunes du littoral (surtout dans le nord et le nord-est de l'île), par les pics stériles presque inaccessibles de l'intérieur ou par les escarpements de basalte affleurant au-dessus du sol, ne pourra jamais être mis en valeur.

Une des particularités qui ont le plus favorisé la colonisation à San-Thomé est l'abondance des cours d'eau. Il y a peu de pays aussi riches en eau courante. Un dicton populaire attribue à l'île autant de rivières qu'il y a de jours dans l'année.

Ce sont toujours, dans la partie haute de leurs cours, des torrents tumultueux, se précipitant de la montagne en roulant sur d'énormes blocs de lave et de basalte encore à peine arrondis; ils tombent enfin de cascade en cascade avec des mugissements qui s'entendent au loin. La nature offre là des réserves d'énergie mécanique, de houille blanche, presque inépuisables. Déjà dans de nombreuses plantations, ces chutes sont utilisées comme force motrice, à la roça de Boa-Entrada on a installé la lumière électrique, grâce au voisinage d'une de ces cascades.

Quelques rivières parvenues dans la plaine y coulent silencieusement avant d'aller tomber dans la mer. Dans la partie nord-est de l'île, on utilise ces rivières pour faire de l'irrigation. Là, le sol va en s'inclinant assez doucement vers la mer. Au contraire, sur la côte ouest, des falaises de basaltes, toutes déchiquetées, se dressent comme de hautes murailles jusqu'à 100 ou 150 mètres au-dessus du niveau de la mer. Par endroits, un torrent franchit ces falaises et sa nappe s'élance en une cascade dont la blanche écume se mêle en chantant aux eaux bleues de l'Océan.

Il est impossible de décrire combien est grandiose un tel spectacle !

CLIMAT. — Le climat de San-Thomé est nettement insulaire, il est doux, assez humide, la température ne varie guère toute l'année, toutefois malgré son exiguïté, l'île offre trois régions assez différentes par leur climat.

1° Dans le nord et le nord-est de l'île, la saison sèche est de longue durée. En hivernage, il est rare que l'eau tombe plusieurs jours sans arrêt. Aussi n'a-t-on généralement pas besoin de procéder au séchage artificiel du cacao, la chaleur solaire suffit. C'est dans cette zone que sont situées : la ville de San-Thomé, la roça de Boa-Entrada et une partie des propriétés du marquis de Valle-Flor.

Il tombe environ 1 mètre d'eau par an à la ville de San-Thomé et cette quantité serait insuffisante si on n'irriguait pas. Nous avons vu, en effet, de nombreux Cacaoyers morts aux environs de la ville à la suite de la sécheresse prolongée des mois de juillet et d'août 1905. Les Cacaoyers bien ombragés seuls résistent. La quantité de pluie tombée se répartirait ainsi, d'après les observations météorologiques que nous avons sous les yeux, observations faites à la ville de San-Thomé :

Janvier.	Février.	Mars,	Avril,	Mai.	Juin.
99^{mm}	108^{mm}	153^{mm}	149^{mm}	111^{mm}	22^{mm}

Juillet.	Août,	Septembre.	Octobre.	Novembre.	Décembre.
0^m,55	0^m,8	23^{mm}	124^{mm}	160^{mm}	64^{mm}

TOTAL ANNUEL. . . . . 1^m,004.

Comme on le voit, la saison sèche va de la fin de mai à la fin de septembre, la saison des pluies d'octobre à la fin de mai, mais il y a une très grande accalmie en décembre et janvier. Même en saison sèche, le ciel est souvent couvert toute la journée, ce qui protège les Cacaoyers qui, comme on le sait, ont beaucoup à souffrir lorsqu'ils restent longtemps plongés dans un air sec très éclairé.

Les Portugais nomment *gravana* la saison sèche qui va de mai à septembre. Le vent tourne au nord et ne passant pas sur la masse d'eau de l'Océan apporte un air plus sec. C'est surtout pendant cette saison que le Cacaoyer fleurit et développe ses fruits, mais la sécheresse en fait tomber une grande quantité.

Dans cette partie de l'île, on observe des sauts de température plus brusques que vers la pointe sud. La température moyenne de 5 années consécutives au niveau de la mer a été de 25°,2. Voici quelques lectures de thermomètre que nous avons faites à Boa-Entrada (180 mètres d'altitude) qui montrent qu'en août tout au moins, la température présente de faibles oscillations :

20 août 1905	5 h. soir	24°	centigrades
21 —	8 h. matin	21°	—
21	4 h. soir	25°	—
22	10 h. matin	25°	—
22	5 h. soir	24°	
22	9 h. soir	23°	
23	7 h. matin	23°	—
23	2 h. soir	22°	
23	3 h. soir	26°	

2° La région sud et sud-ouest de San-Thomé est beaucoup plus humide. A Port-Alègre, situé à la pointe sud de l'île, et à l'île de Rolas située sous l'Équateur et séparée par un faible détroit de Port Alègre, il pleut pendant tous les mois de l'année. Nous ne pensons pas que la quantité d'eau qui tombe annuellement soit inférieure à 3 mètres.

Là, il est nécessaire de faire alterner constamment la chaleur artificielle et la chaleur solaire pour faire sécher les fèves de cacao.

Sur la côte ouest, et notamment à San-Miguel, il pleut un peu moins, cependant la saison humide s'étend de la fin d'août au 15 juin.

A la roça de Saint-Jean-des-Angolares, située au nord-est du pic Cabombey, l'eau tombe parfois pendant 15 jours consécutifs.

Il paraît que l'abattage des forêts, qui s'opère dans cette partie de l'île, a pour conséquence de faire diminuer d'année en année la quantité d'eau tombée.

3° La région des hautes altitudes possède également un climat très spécial.

Au centre de l'île, le terrain va progressivement en s'élevant jusqu'au sommet du pic dont l'altitude est d'environ 2.000 mètres. A cette altitude, la température est très humide et très douce, elle ne descend jamais au-dessous du zéro et s'élève rarement au-dessus de 15°. Là vivent des plantes appartenant à des genres de la flore d'Europe. De 1.200 à 2.000 mètres, les flancs de la montagne sont ordinairement environnés d'un brouillard épais qui se condense pendant le jour et surtout la nuit. Les troncs d'arbres ainsi que le sol sont couverts d'un épais feutrage de mousses et de lichens, constamment imbibés d'eau. En en faisant l'ascension, on a parfois la sensation de marcher sur des éponges mouillées et l'on rencontre sur les troncs d'arbres des Utriculaires, plantes aquatiques qui, dans nos pays, flottent sur les mares.

A 1.200 mètres, on est dans la zône de prédilection des *Cinchona* introduits en 1864 pour la production des écorces à quinquina. A cette altitude, le brouillard remplit encore constamment le fond des vallées certains jours, et, pendant toutes les nuits, il se fait une condensation abondante sous forme de pluies fines.

La température se maintient encore presque toujours au-dessous de 20° centigrades.

A la dépendance de San-Pédro (altitude 1.150 mètres), nous avons observé, le 30 août 1905, les températures suivantes : de 9 heures du matin à 4 heures du soir 18°, à 5 heures du soir 17°, à 6 heures 16°, à 7 heures 15°, à 9 heures du soir 14° centigrades.

Le Cacaoyer peut difficilement se cultiver au-delà de 700 mètres. C'est à cette altitude que sont situées les habitations de la grande plantation de Monte-Café qu'une distance de 3 heures de voyage à mule sépare de la plantation de Boa-Entrada. Cependant le climat des deux plantations est totalement différent. Dès le mois d'août, il tombe de l'eau à Monte-Café. D'après Masui (se basant probablement sur les observations de Spingler), la quantité d'eau qui tombe annuellement à Monte-Café varie de 1^m,80 à 4 mètres.

D'autre part, on nous a communiqué la feuille météorologique suivante :

Quantité de pluies tombées à Monte-Café (altitude 700 mètres).

Janvier.	Février.	Mars.	Avril.	Mai.	Juin.
104^{mm}	20^{mm}	377^{mm}	405^{mm}	481^{mm}	69^{mm}

Juillet.	Août.	Septembre.	Octobre.	Novembre.	Décembre.
80^{mm}	90^{mm}	223^{mm}	481^{mm}	312^{mm}	138^{mm}

TOTAL ANNUEL. . . . . 2^m,784.

En une seule journée, on a vu, en décembre, tomber 108 millimètres d'eau. Quant à la température, elle est déjà trop basse pour que le Cacaoyer puisse prospérer. La moyenne annuelle de la température serait de 22°. Les températures les plus basses s'observent en mai et juin pendant la période du repos du Cacaoyer. Au commencement de septembre, elle oscillait entre 18° et 21°. De nombreuses averses étaient survenues, alors qu'il n'était pas tombé d'eau à Boa-Entrada.

De plus, presque tous les soirs il y a une condensation abondante et une pluie fine commence à tomber environ une heure avant le coucher du soleil. Enfin les vents si néfastes à la végétation du Cacaoyer sont plus vifs, c'est pourquoi, à cette altitude, l'arbre précieux ne réussit que s'il est très bien abrité.

Notons, en passant, que les cyclones, si désastreux pour l'agriculture tropicale en certaines contrées du globe, sont presque inconnus dans les îles du golfe de Guinée.

HISTOIRE. — L'île de San-Thomé fut découverte par les navigateurs Joao Pedro de Santarem et Pedro d'Escobar, le 21 décembre 1470, jour de la Saint-Thomas (1). Elle n'avait pas

(1) D'après Villaut, l'île aurait déjà été visitée par les Portugais dès le début du xve siècle, par conséquent 50 ou 60 ans avant le voyage de Pedro d'Escobar; et si l'on s'en rapporte au *Voyage d'un pilote*, écrit en 1536, la découverte aurait eu lieu entre 1440 et 1456. (Cf. Binger. *Considérations sur la priorité des découvertes maritimes sur la Côte occidentale d'Afrique aux xive et xve siècles*, in Bull. *Comité de l'Afrique française*, 1900)

d'habitants. Rappelons que les marins normands de Dieppe avaient fréquenté le golfe de Guinée plus d'un siècle plus tôt. En 1520, il y avait déjà un grand nombre de mulâtres portugais dans l'île. Elle fut presque aussitôt après sa découverte attribuée par fiefs ou donations à des gentilshommes de la maison royale de Portugal. En 1493, une partie du territoire passa à ALVARO DE CAMINHA, le promoteur de la colonisation méthodique, faite par des esclaves amenés du continent africain. En 1522, le système des donations fut aboli et des planteurs venus de Madère répandirent, à partir de cette époque, la culture de la *canne à sucre*, mais ce fut surtout, dit-on, des israélites expulsés du Portugal, par un décret du Roi DOM JEAN II, qui se livrèrent avec le plus de succès à cette culture. San-Thomé connut alors une prospérité qui n'a de comparable que celle qu'elle a retrouvée dans ces dernières années. « Vers le milieu du XVIe siècle, écrit ALMADA NEGREIROS, on comptait déjà dans l'île plus de 80 moulins à sucre et une population de 50.000 âmes. »

De cette époque de prospérité datent la plupart des vieux monuments et notamment ces églises en ruines dispersées autour de la baie d'Anna Chaves.

Mais l'invasion des Hollandais, les pillages des corsaires français et anglais portèrent, dès le commencement du XVIIe siècle, un coup terrible aux entreprises agricoles. Les colons portugais émigrèrent alors vers le Brésil en laissant leurs propriétés à l'abandon « et l'île livrée alors à une population d'esclaves et de déportés, tomba dans la plus effroyable anarchie. »

Il n'y a pas plus d'un siècle qu'elle a commencé à se relever et ce nouvel essor a été beaucoup plus lent que le premier.

En 1795, sous l'administration du gouverneur SILVA DE LAGOS, les premiers pieds de caféirs apportés, paraît-il, de la Haute-Éthiopie, sont plantés dans l'île. Peu à peu, la culture du caféier va s'étendre en même temps que diminuent les plantations de canne à sucre.

AGRICULTURE ET COMMERCE. — Vers 1870, la culture du Caféier a atteint son apogée à San-Thomé. Quatre plantations : Agua-Izé, Monte-Café, Bella-Vista et Rio-de-Oro en produisaient alors à elles seules, d'après le Dr FERREIRO RIBEIRO, 1.689.183 kilogs. Jusqu'en 1890, comme nous le verrons dans le chapitre suivant, la quantité de café exporté de San-Thomé a dépassé la quantité de cacao de même provenance.

C'est en 1822 que les premiers plants de Cacaoyers furent apportés à San-Thomé, provenant de l'île Principe, qui les avait vraisemblablement reçus des Espagnols établis à Fernando-Pô.

Leur culture n'attira guère l'attention au début. En 1869, l'île n'exportait encore que 50 tonnes de cacao par an.

C'est seulement dans le dernier quart du XIXᵉ siècle que le commerce de ce produit a pris l'importance que l'on sait, à la suite de l'intelligente initiative de quelques planteurs audacieux, comme le baron d'AGUA-IZÉ, son fils le commandador vicomte de MALANZA, le Dᵣ SAMPAÏO, le marquis de VALLE-FLOR, M. HENRIQUE MONTEIRO DE MENDONÇA, etc. Ce sont, en effet, des initiatives privées et non l'administration portugaise qui ont créé le grand mouvement auquel la colonie portugaise doit toute sa prospérité actuelle.

Depuis cette époque, quelques timides tentatives ont été faites pour doter San-Thomé d'autres cultures riches. Le *quinquina* a été introduit en 1864 par la direction du Jardin botanique de l'Université de Coïmbre. La valeur de l'exportation des écorces atteint en moyenne 100.000 à 150.000 francs par an. C'est une culture complètement négligée aujourd'hui.

Le cocotier, cultivé depuis des siècles dans les îles de l'Atlantique, donne lieu à un commerce très restreint. Il s'exporte en outre pour environ 50.000 francs par an de palmistes (amandes des fruits d'Elæis), provenant de l'île de San-Thomé où l'*Elæis* est très abondant à l'état spontané. L'huile de palme fournie par le même palmier est entièrement consommée sur place. La Vanille, qui aurait été introduite à San-Thomé en 1880, n'est guère cultivée que pour les besoins de l'île, bien qu'elle réussisse parfaitement. L'exportation a été de 1.202 francs seulement en 1898.

Les noix de colas de San-Thomé sont fournies par une variété du groupe du *Cola Ballayi* M. Cornu, spéciale à l'île et probablement spontanée. L'exportation en 1898 a atteint le chiffre de 1.185 francs.

Ce n'est que depuis peu de temps qu'on s'occupe de la culture des plantes à caoutchouc et dans toutes les plantations on est encore dans la période des essais.

Le Ceara (*Manihot Glaziovii*) a été introduit vers 1890 par l'administration. Les pieds les plus anciens s'observent encore dans des terrains vagues près de la Redoute de San-José (Hôpital actuel). Ils n'ont pas donné les rendements qu'on en attendait, aussi le *Ceara*, dont il existe ordinairement quelques centaines de sujets et parfois quelques milliers de plantes dans toutes les principales roças, n'est plus l'objet d'aucune attention.

Le *Ficus elastica* L. et le *Landolphia Dawei* Stapf ont été introduits vers 1893 par le consul Spingler. Il n'en existe encore qu'un nombre très restreint de sujets dans l'île.

L'*Hevea brasiliensis* et le *Castilloa elastica*, arbres à caoutchouc d'Amérique, n'existent dans quelques grandes roças que depuis 5 ou 6 ans. Enfin les premiers arbres à caoutchouc d'Afrique *(Funtumia elastica)* ont été semés seulement en 1905 dans les roças de Boa-Entrada et de Monte-Café. Les graines provenaient du Cameroun.

De toutes ces plantes, il n'existe encore que de simples essais, mais non de véritables plantations. Les statistiques publiées par Almada de Negreiros en 1901 font mention de 5.541 kilogs de caoutchouc évalués 3.175 francs, exportés de San-Thomé en 1898. Il doit y avoir là une confusion, car aucune plantation de l'île n'est encore en état de produire cette quantité et d'autre part les espèces indigènes *Ficus Lamba* A. Chev. et *Funtumia africana* Stapf donnant, du reste, des produits de très peu de valeur, n'ont pas encore fait l'objet d'une exploitation suivie.

Cependant, quelques Portugais enhardis par les magnifiques résultats obtenus par les Anglais à Ceylan et à Malacca, semblent aujourd'hui décidés à donner à la culture des plantes à caoutchouc une partie de leurs efforts. Il est donc possible que dans une vingtaine d'années, le dicton qui a aujourd'hui cours à Ceylan : « le Cacao est de l'argent, mais le Caoutchouc est de l'or », puisse aussi s'appliquer à San-Thomé.

Répartition des cultures par zones. — Il n'est pas possible cependant de faire à travers l'île de San-Thomé n'importe qu'elle culture. Certaines espèces ne réussissent que dans des circonscriptions bien déterminées qui sont, avant tout, sous la dépendance de l'altitude.

La plante qui s'élève le moins haut est le Palmier à huile *(Elæis guinensis)*. Il est surtout très abondant depuis le niveau de la mer jusqu'à 250 mètres ; à partir de 400 mètres, il devient rare ; on en trouve encore quelques exemplaires, mais probablement plantés aux environs de Monte-Café, à 680 mètres. Du reste, ils sont très chétifs et presque stériles. Ce fait est absolument général : dans tous nos voyages à travers le continent africain, nous avons constaté que l'*Elæis* prospérait jusqu'à 300 mètres d'altitude, très loin dans l'intérieur des terres ; au contraire, à 600 mètres d'altitude, même à proximité de la mer, il est introuvable.

Le Cacaoyer monte jusqu'à 700 mètres. Il est principalement bien développé entre 150 et 400 mètres. Cependant, nous avons vu parfois de superbes plantations presque au niveau de la mer (1).

CANNE A SUCRE. — La Canne à sucre se cultive surtout dans les emplacements plats et frais situés aux basses altitudes; c'est une culture qui tend du reste à disparaître. Elle se pratique encore aux roças de Plateau-Café, Pinéra, Monte-Forte, Rio-de-Ouro.

Les cannes sont exclusivement employées à fabriquer du rhum vendu aux indigènes au prix de 1 fr. 20 le litre. On n'en exporte pas.

D'après DE ALMADA NEGREIROS, la production annuelle serait de 45.000 hectolitres. Nous croyons ce chiffre infiniment trop fort, car s'il était exact, il se consommerait 130 litres d'alcool par habitant et par an (2).

CAFÉIER. — Le café de San-Thomé, qui ressemble beaucoup au moka, est de très bonne qualité et comparable aux meilleures sortes du Brésil et aux premières qualités d'autres régions.

Il est presque exclusivement fourni par le *Coffea arabica* L. et cette espèce est cultivée depuis le niveau de la mer jusqu'à 1.400 mètres d'altitude. Même dans les régions basses, elle vient très bien, mais semble produire un peu moins. En outre, comme le Cacaoyer s'accommode de la zóne de faible altitude, on le préfère partout, et le caféier n'est plus qu'une culture accessoire qui se fait presque sans soins, à travers les cacaoyères. Ce n'est que de 700 à 1.200 mètres que le caféier d'Arabie est cultivé en grand, à l'exclusion de toute autre plante de rapport. On le rencontre principalement dans les roças suivantes : Monte-Café, Rio-de-Ouro, Nova-Brasil, Uba-Buda, Agua-Izé. La zóne de prédilection du caféier d'Arabie est comprise à San-Thomé entre 500 et 1.100 mètres d'altitude. Nous avons encore observé quelques plantations à 1.400 mètres (Lagua Amelia), mais à cette altitude les caféiers sont arborescents et ont de 5 à 8 mètres de hauteur; leurs troncs et leurs branches sont couverts, comme les Arbres à quinquina, d'un long chevelu de mousses et de lichens qui pendent; dans ces conditions, ils fleurissent mal et donnent très peu de fruits. Sur les hautes altitudes, à

(1) DE ALMADA NEGREIROS conseille la culture sur les montagnes de San-Thomé du *Theobroma bicolor* Humb. et Bompl. dont il existe, au dire de M. L. CHARPILLON, des cultures à Java à 1.000 mètres et au-dessus. D'après M. E. De Vildeman, la valeur des graines de cette espèce serait nulle pour l'exportation, mais elles seraient très appréciées dans leur pays d'origine (Colombie et Rio Negro).

(2) En 1904, la production en rhum (Aguardente), de toute la colonie d'Angola, a été de 15.116 hectolitres consommés aussi sur place.

San-Pedro (1.100 mètres) et San-Francisco, dépendances de Monte-Café, on cultive de préférence la variété dite *Montanha Azul*, originaire des Montagnes Bleues de la Jamaïque.

Le *Coffea liberica* Bull. s'accommode surtout des altitudes comprises entre le niveau de la mer et 500 mètres. On le cultive encore peu à San-Thomé et presque exclusivement à titre d'essai. D'ailleurs, on apprécie peu au Portugal, où se consomment les cafés de San-Thomé, son gros grain qui ne saurait être mélangé avec le grain fin de l'espèce précédente. A l'altitude de Monte-Café (700 mètres), il vit péniblement et ne rapporte guère (1). Aussi cette roça a renoncé à sa culture après les essais de Spingler et de M. Matheus de Bono Paula. On n'en trouve plus qu'une petite plantation à la dépendance de Novo-Destino.

Quinquina. — Au-dessus de la zòne propice au Caféier d'Arabie, on cultive encore, soit en forêt, soit sur des emplacements défrichés, les *Arbres à quinquina*. On donne la préférence dans les dépendances de Monte-Café aux *Cinchona succi-rubra* et *C. Calisaya*, mais on a aussi introduit les *C. Ledgeriana, C. Josephiana*, etc...

Malgré la qualité du produit, la culture de toutes ces espèces, rapportant peu aujourd'hui, est très négligée et on abat les arbres seulement quand les cours du quinquina s'élèvent subitement en Europe. On exporte en moyenne pour 100.000 à 150.000 francs d'écorces par an, provenant surtout des dépendances de Monte-Café et de Rio-de-Ouro. D'après de Almada Negreiros, il existe actuellement dans l'île plus de 2 millions d'Arbres à quinquina. En 1905, l'exportation d'écorces aurait été d'environ 160 tonnes. Depuis 1890, elle a varié de 80 à 300 tonnes par an.

Les Quinquinas que nous avons vus ont généralement la grosseur de la cuisse et s'élèvent à 12 ou 15 mètres de hauteur; leurs troncs et leurs rameaux disparaissent en partie sous une chevelure épaisse de lichens.

Le *C. Calisaya* se rencontre surtout de 1.000 à 1.200 mètres.

Nous avons observé le *C. succi-rubra* en cinq localités différentes : 1° à la dépendance de San-Pedro, de 1.050 à 1.150 mètres, où les sujets venus en taillis sont réellement très beaux; 2° sur le sentier de San-Pedro à Lagua Amelia (altitude 1.170 mètres), dans de petits coins déboisés de la forêt : là ils ont beaucoup à souffrir des arbres spontanés qui les enserrent;

(1) Cependant, le *Coffea liberica* Bull. a été trouvé à l'état sauvage dans l'Angola, par Welwitsch. à une altitude de 2.000 pieds.

3° à Lagua-Amelia, de 1.320 à 1.450 mètres, les quinquinas y

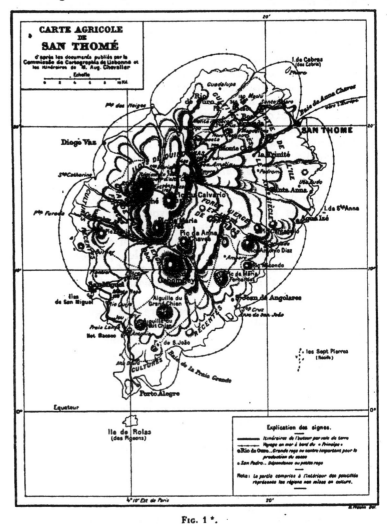

FIG. 1 *.

sont très beaux et se sèment d'eux-mêmes sur les pentes du cratère; 4° au Pic Calvario, de 1.550 à 1.580 mètres, où les

* Carte publiée par la *Société de Géographie de Paris* (*La Géographie*, t. XIII, 1906, p. 259, Masson).

arbres sont aussi de belle venue et où se font des peuplements naturels; 5° enfin, au sommet même du pic de San-Thomé, à l'altitude de 2.025 mètres, où les quinquinas sont rabougris, hauts de quelques mètres et condamnés à rester toujours chétifs. Ils ont à souffrir là, non seulement de tous les vents auxquels ils sont exposés, mais il semble en outre que cette altitude soit trop élevée.

PLANTES DIVERSES. — Il y aurait encore beaucoup d'autres observations intéressantes à noter sur la répartition des plantes cultivées à des altitudes élevées à San-Thomé.

A 700 mètres, le muscadier et la vanille viennent encore parfaitement et cependant on rencontre à côté quelques arbustes des pays tempérés ou subtropicaux tels que le buis, le dahlia, des thuyas, des *Rhododendron*, des lierres, le Thé de Chine, le camellia, des *Hortensia*, des pommiers, le cognassier du Japon (*Eriobotrya japonica*) très abondant et très productif, de 600 à 1.300 mètres. Le Bananier et surtout le Plantain (*Musa paradisiaca*) est beaucoup plus vigoureux, de 400 à 1.400 mètres que dans les régions basses. L'avocatier (*Persea gratissima*) est encore très commun, de 700 à 1.400 mètres, et se naturalise facilement à ces hautes altitudes. Au contraire, les goyaviers *(Psidium)*, si communs dans les plaines basses, et devenus gênants pour l'agriculture par la facilité avec laquelle ils se sèment d'eux-mêmes, ne réussissent plus au-dessus de 800 mètres.

LÉGUMES. — La culture maraîchère des légumes d'Europe se fait dans d'excellentes conditions, de 1.000 à 1.400 mètres (San-Pedro et Lagua-Amelia). Là ils demandent beaucoup moins de soins qu'au niveau de la mer : pas d'abris, pas d'arrosages. On les sème à toutes les époques de l'année. Le chou ordinaire et le navet fleurissent et grainent; le chou de Chine (*Sinapis juncea*) est aussi très cultivé et donne des graines en abondance. La chouchoute (*Sechium edule*) fournit aussi des fruits en grande quantité.

Les légumineuses des pays tempérés et notamment la fève et le pois chiche que les Portugais cultivent sur une assez grande échelle, puis le pois et le haricot donnent des récoltes comparables à celles qu'on obtient en Europe.

De toutes les plantes alimentaires de nos pays, celle qui est cultivée sur la plus grande échelle, est la pomme de terre. C'est une variété à tubercules ronds et à peau jaunâtre, rappelant beaucoup la *pomme de terre des Canaries*. Elle produit de bons tubercules, émet des tiges peu vigoureuses couvertes de feuilles d'un vert pâle, souvent attaquées par des insectes et, en août,

elle se couvre de fleurs d'un violet intense (à Lagua-Amelia, à
1.425 mètres d'altitude). Avec la pomme de terre, on rencontre,
même à cette altitude, les plantes à tubercules des pays chauds :
la colocase et la patate. Chose aussi tout à fait inattendue, on
observe, au milieu de ces plantes potagères de haute altitude,
leur faisant pour ainsi dire cortège, une grande partie des
mauvaises herbes de nos potagers d'Europe : le mouron des
oiseaux (*Stellaria media*), le laiteron (*Sonchus oleraceus*), les
plantains (*Plantago*), le *Poa annua*, le *Cardamine hirsuta*, la
morelle (*Solanum nigrum*).

Nous n'avons pas observé de *vignes* cultivées sur ces hauteurs et on nous a assuré qu'elles ne pouvaient y vivre, sans
doute à cause de l'atmosphère presque constamment humide
et brumeuse. Quelques ceps existent, au contraire, dans les jardins des roças, depuis le niveau de la mer jusqu'à 500 mètres,
mais ils donnent peu de raisin. L'olivier n'est cultivé nulle part.
Enfin le pommier vit bien de 700 à 1.400 mètres. La variété
cultivée est basse, souvent rameuse à partir du sol et donne
des fruits peu savoureux. Elle proviendrait des îles du Cap-
Vert, où des pommiers existent en quantité dans certaines parties de quelques îles. Quelques cerisiers et quelques pêchers
donnant des fruits se rencontrent encore dans cette zône, mais
ils demandent beaucoup de soins culturaux.

Nous pourrions aussi nous étendre sur les nombreuses
espèces et variétés d'arbres fruitiers tropicaux qui vivent à
travers toutes les plantations établies ordinairement depuis le
niveau de la mer jusqu'à l'altitude de 600 mètres, mais nous
croyons avoir montré la variété presque infinie de cultures
qu'il est possible de faire à San-Thomé.

Cette île est, en résumé, un véritable joyau, où sont venus
s'entasser, grâce aux efforts des Portugais, les principaux représentants du règne végétal dont l'homme pouvait tirer parti.
Trois seulement ont toutefois donné lieu, depuis la découverte
de l'île, à un commerce tout à fait considérable.

De 1550 à 1650, c'est la canne à sucre qui triomphe; de
1720 à 1890, le caféier constitue la grande culture de l'île, et
depuis 1890, c'est le Cacaoyer qui est l'âme de la vie économique
de cette merveilleuse petite colonie.

Dans quelques années, ce seront peut-être les Arbres à
caoutchouc qui auront pris la place importante. Nous connaissons quelques colons de San-Thomé qui ont déjà fait de très
sérieux efforts pour doter leurs roças de cette nouvelle culture,
tout en continuant à donner leurs soins les plus assidus au
Cacaoyer.

CHAPITRE II

Evolution de l'Agriculture et du Commerce (1870-1905)

Historique. — Extension du nombre des plantations. — Statistiques anciennes, statistiques actuelles. — Situation commerciale. — Revenus des douanes, mouvement du port.

HISTORIQUE. — La renaissance de l'agriculture à San-Thomé ne date que de 1870. Quelques années plus tôt, le Cacaoyer avait déjà fixé l'attention, et les premiers champs de culture de cet arbre avaient commencé à donner des produits appréciables.

Cependant, on ne comptait encore en 1869, que trois grandes plantations à San-Thomé produisant du cacao, alors que l'île de Principe exportait déjà plus de 150 tonnes de cette denrée par an.

Les résultats obtenus dès ce début furent si encourageants, que les entreprises se multiplièrent avec une très grande rapidité. En 1869, d'après les documents publiés par le Dr FERREIRO RIBEIRO (1), on ne comptait encore que 64 possesseurs de *roças* ou *fazendas*. En 1872, le nombre de ces fermes s'élevait à 153, mais Principe garda pendant quelques années encore le premier rang dans la production. En 1873, on recensait dans cette île 55 exportateurs de cacao, et en 1874, ce chiffre s'était élevé à 77.

Le nombre des plantations a été en s'accroissant considérablement depuis quelques années. En 1898, on comptait à San-Thomé 495 propriétés (roças) inscrites sur le registre foncier. En 1902, le nombre des roças ou grandes plantations appartenant à des Européens, était de 212 (NICHTIGALE) (2). Quelques-unes couvrent une très grande surface et emploient jusqu'à 1.500 travailleurs. Dans l'île Principe, il existe environ 50 ro-

---

(1) *A Provincia S. Thomé e Principe*, Lisboa, 1877.

(2) M. de Almada Negreiros évalue à 60.000 hectares les terrains plantés actuellement en Cacaoyers et répartis en plus de 300 plantations.

ças ; les plus grandes emploient de 300 à 500 travailleurs nègres ou serviçaes.

Le tableau suivant donne le total des exportations pendant les années de début de la culture du Cacaoyer :

Quantités de cacao (en kilogs) exportées de San-Thomé et Principe, de 1869 à 1872.

Années.	Production de San-Thomé.		Production de Principe.	Total des poids
	Poids en kilogs.	Valeur en milreis.	Poids en kilogs.	en kilogs.
1869	44.115	6.027	178.755	222.870
1870	92.858	12.696	»	»
1871	124.623	16.411		»
1872	212.604	27.467		

La production des trois principales roças de San-Thomé, pendant la même période, était la suivante :

Production de cacao (en kilogs) des 3 principales roças de San-Thomé, de 1869 à 1872.

Années.	Agua Izé.	Monte-Café.	Bella-Vista (S. Amaro).	Total.
1869	6.108		1.171	7.279
1870	25.479		2.313	27.792
1871	57.811	45	5.223	63.089
1872	29.643	459	4.184	34.286
Totaux	119.041	504	12.891	132.446

Dans le même laps de temps, il s'exportait, de ces 3 roças et de la roça Rio-de-Ouro, 1.689.183 kilogs de café. Ce produit constituait alors la principale source de richesse des deux îles.

En 1875, l'abolition de l'esclavage, en rendant difficile l'engagement des travailleurs, apporta un ralentissement passager au développement de l'agriculture. Les colons essayèrent la main-d'œuvre fournie par des travailleurs libres, engagés aux îles du Cap-Vert, les uns noirs, les autres métis portugais; on y a aujourd'hui à peu près complètement renoncé. On essaya aussi l'emploi des travailleurs chinois (coolies) engagés à Macao et à Timor. Une très grande mortalité les a décimés; d'autre part; on les a trouvés peu aptes aux travaux de l'agriculture et la plupart des survivants sont aujourd'hui employés à des travaux spéciaux dans les roças ou bien se sont établis petits trafiquants dans la ville de San-Thomé. On arriva enfin au mode de recrutement des travailleurs tel qu'il se pratique encore actuellement à la côte de l'Angola. Tous les *serviçaes* sont engagés, comme nous le verrons dans l'un des chapitres suivants, par un contrat passé sous la surveillance d'un fonctionnaire du Gouvernement. C'est cette combinaison qui a permis l'établissement des grandes roças, principale richesse de l'île.

COMMERCE. — Le mouvement commercial de San-Thomé et Principe qui n'atteignait pas en valeur 1.900.000 francs en 1870, a dépassé le chiffre de 25 millions de francs en 1899, et bien que nous manquions encore de chiffres précis, nous pouvons affirmer qu'il a certainement excédé, en 1905, le chiffre de 40 millions de francs. Le commerce a suivi le mouvement ascensionnel donné par les deux tableaux annexés dont l'un est extrait de l'ouvrage publié par DE ALMADA NEGREIROS à l'occasion de l'Exposition universelle de 1900 et l'autre nous a été obligeamment établi par la direction des Douanes de San-Thomé :

Mouvement commercial général de San-Thomé, de 1868 à 1900.

Années.	Total des importations et exportations (en francs).
1867-1868.	1.686.319
1877-1878.	3.369.827
1887-1888.	4.827.254
1895.	16.628.083
1899.	26.749.468

Années.	IMPORTATIONS GÉNÉRALES		EXPORTATIONS GÉNÉRALES	
	Valeurs (en francs).	Droits de douane.	Valeurs (en francs).	Droits de douane.
1900	10.673.468 90	572.759 90	18.609.341 49	892.282 34
1901	12.290.778 46	726.339 13	21.634.820 24	899.068 52
1902	12.080.426 74	740.837 39	24.270.974 06	1.126.365 30
1903	11.544.694 86	624.700 88	29.151.125 61	1.305.793 82
1904	12.031.885 30	679.088 32	33.054.123 41	1.495.064 09

CACAO

Années.	Quantités (kilogs).	Valeurs (en francs).	Droits de douane.
1900	11.426.397	16.838.900 08	721.667 18
1901	13.571.345	19.999.876 84	857.137 50
1902	14.741.352	21.741.945 47	865.016 58
1903	18.842.793 7	27.758.019 13	1.190.071 17
1904	21.236.108 05	31.342.935 33	1.364.221 55

CAFÉ

Années.	Quantités (kilogs).	Valeurs (en francs).	Droits de douane.
1900	2.004.050	1.582.144 73	168.762 10
1901	1.662.242	1.312.291 31	139.956 06
1902	2.275.277	1.796.271 31	406.554 52
1903	1.290.863 8	1.019.103 »	108.704 31
1904	1.761.993	1.391.649 73	149.433 53
1905	2.560.760	»	»

C'est donc le cacao qui donne lieu à la presque totalité du commerce ainsi que le montre le tableau ci-dessus.

L'exportation du café, a été en diminuant à mesure que s'accroissait la production du cacao, de sorte qu'aujourd'hui l'île n'a plus qu'un seul grand produit commercial, ce qui constitue un danger économique. Quelques portugais, et M. de Almada Negreiros est du nombre, sont à juste titre alarmés par cette situation, aussi cherche-t-on dans quelques roças à étendre la culture des plantes à caoutchouc et c'est là qu'est probablement l'avenir.

Le commerce de Principe va en s'accroissant concurremment à celui de San-Thomé. De 595.000 francs en 1890, il est passé à 2 millions en 1897 et à 2.230.025 francs en 1901, enfin en 1905, il s'élevait à plus de 5 millions de francs.

Le tableau ci-dessus donne la production totale des deux îles, en café et cacao.

Nous ne possédons pas les chiffres de la production actuelle de l'île Principe. Cependant, en consultant différents ouvrages et rapports, nous avons pu retrouver les données suivantes :

En 1869, l'île des Princes produisait environ 150 tonnes de cacao, soit trois fois plus que l'île de San-Thomé.

En 1895, l'île des Princes a produit 1.532 tonnes de cacao.

Enfin, pour 1898, la production du cacao dans cette île est évaluée 1.094.000 francs et pour 1901, 2.194.850 francs.

La situation économique de la province de San-Thomé et Principe paraît donc excellente. Cependant, une grande partie des planteurs qui raisonnent, sont aujourd'hui inquiets pour l'avenir. Dans ce petit pays, comme dans toutes les colonies d'exploitation, les importations sont loin d'équilibrer les exportations; ainsi qu'on peut le constater dans l'un des tableaux précédents, ces dernières sont environ trois fois plus fortes que les importations, chaque année. On peut donc objecter que les deux îles vivent actuellement sur une richesse déjà existante, sans se préoccuper suffisamment de la faire fructifier davantage.

L'administration surtout semble considérer l'île comme un pays d'où on peut tirer indéfiniment des revenus, sans y engager de dépenses pour améliorer ou seulement maintenir la situation.

Les recettes provenant de la douane et de toutes les autres taxes (en particulier l'octroi municipal de la ville de San-Thomé), ont été les suivantes pendant les années précédentes.

Années.	Francs.
1896.	1.140.950
1897.	1.369.825
1898.	1.458.350
1899.	1.664.750
1900.	1.761.450

En 1904, les revenus de la douane se sont élevés à 2.300.000 francs, et, en 1905, ils ont dû atteindre environ 2 millions 1/2.

Les dépenses, au contraire, sont relativement faibles et sont loin de s'être accrues proportionnellement au développement que prenaient l'agriculture et le commerce.

De sorte que, chaque année, le budget se solde par un actif considérable qui va grossir les revenus de la métropole ou plus exactement sert à l'entretien des colonies portugaises moins prospères.

Alors que toutes les colonies Ouest-Africaines créaient, dans ces derniers temps, un outillage économique, San-Thomé la plus prospère de toutes restait, à ce point de vue, stationnaire.

Les travaux publics y sont réduits à leur plus simple expression. La capitale est dans un état de délabrement et de malpropreté qu'on serait loin de prévoir pour le chef-lieu d'une des contrées les plus riches du monde. La plupart des routes qui permettent de pénétrer dans l'intérieur ont été ouvertes par des particuliers.

Pour circuler autour de l'île et se transporter des plantations à la ville, il n'existe qu'un petit bateau à vapeur, d'une malpropreté repoussante, appartenant à une entreprise privée et faisant le voyage seulement une fois par semaine. Il n'y a pas à proprement parler, de service d'hygiène. Certaines grandes roças, ainsi que nous le verrons dans un prochain chapitre, ont accompli des efforts extrêmement louables pour réduire la mortalité, mais combien d'autres ont encore des installations rudimentaires !

Enfin, il se pose en ce moment la question de la construction d'un chemin de fer qui, pénétrant dans l'intérieur de l'île, permettrait de drainer plus facilement les produits agricoles et spécialement le cacao. Plusieurs projets ont été étudiés, mais les planteurs en attendent toujours la réalisation. Dans deux ou trois plantations, il existe une centaine de kilomètres de voies Decauville, sur lesquelles circulent de petites locomotives, mais ces installations sont la propriété des particuliers, qui les ont établies complètement à leurs frais.

Le commerce de San-Thomé et Principe se fait presque exclusivement avec la métropole et par des bateaux de l'*Empreza Nacionale*.

Des droits d'exportation très élevés pour l'étranger protègent le commerce et la navigation portugaise, principalement en ce qui concerne le cacao et le café.

Ces tarifs sont les suivants :

	Par kilog.
Cacao exporté par bateaux portugais pour le Portugal ou les possessions portugaises.	18 reis.
Cacao exporté par bateaux portugais pour des ports étrangers.	37 reis 1/2
— — étrangers pour des ports étrangers.	60 reis.

Pour le café, les droits sont encore plus élevés.

	Par kilog.
Café exporté par bateaux portugais pour le Portugal ou les possessions portugaises.	24 reis.
Café exporté par bateaux portugais pour des ports étrangers. .	45 reis.
— — étrangers pour des ports étrangers. .	67 5

MOUVEMENT DU PORT DE SAN-THOMÉ. — En 1896, les statistiques accusaient 48 bateaux de commerce à vapeur portugais et 22 bateaux de commerce étrangers ayant touché San-Thomé.

En 1901, ces chiffres sont de 63 bateaux à vapeur portugais et 21 étrangers.

En 1905, ce port a vu entrer, d'après M. DE ALMADA NEGREIROS, 122 navires à vapeur et à voiles, jaugeant ensemble 198.605 tonnes; 86 de ces navires appartenaient au Portugal, 13 à l'Angleterre, 12 à l'Espagne, et 11 à l'Allemagne.

Actuellement, les communications régulières avec l'Europe et la côte d'Afrique, ainsi que le transport des marchandises, sont assurés de la façon suivante :

Chaque mois, 3 paquebots de l'*Empreza Nacionale* mettent

le Portugal en communication avec ses principales colonies africaines; ils visitent San-Thomé à l'aller et autant le visitent au retour dans le même laps de temps.

En outre, un paquebot anglais de la Compagnie Elder Dempster et un paquebot allemand de la Compagnie Wœrmann, viennent toucher l'île une fois par mois.

Avant de retourner en Europe, ces paquebots étrangers chargent des marchandises le long de la côte d'Afrique, de sorte qu'ils mettent beaucoup de temps au retour, alors que certains paquebots portugais ne mettent que 13 jours pour faire la traversée de San-Thomé à Lisbonne.

En outre, très rarement, de loin en loin, un bateau espagnol, après avoir touché à Fernando-Pô, vient quelquefois mouiller dans les eaux de San-Thomé.

Aucun bateau marchand français ne visite plus l'île portugaise. Il y a quelques années, les paquebots de la Compagnie des Chargeurs-Réunis y faisaient parfois escale, en revenant du Congo, mais comme ce détour n'était point rémunérateur, ils y ont renoncé et cela est regrettable pour l'avenir de notre commerce. Les liens nombreux de sympathie qui existent entre le Portugal et la France devraient contribuer à étendre les relations commerciales entre ces deux pays et beaucoup de nos colons de l'Ouest africain et de nos commerçants de la métropole retireraient le plus grand profit d'une visite à cette île fortunée.

CHAPITRE III

L'organisation des cultures. Les roças.

Les principaux modes d'exploitation agricole. — Les fermes indigènes. — Les petites exploitations européennes. — Les grandes roças. — Description de la roça Boa Entrada. — Renseignements sur les principales grandes roças.

PRINCIPAUX MODES D'EXPLOITATION AGRICOLE. — Les exploitations qui se livrent à la culture du Cacaoyer à San-Thomé appartiennent à trois catégories :

1° *Exploitations appartenant à des indigènes libres, nommés « Fils de San-Thomé »*. — Ce sont, pour la plupart, des vergers d'une étendue restreinte n'atteignant souvent même pas 5 hectares. On les trouve surtout autour de la ville de San-Thomé, le long de la route de la Trinité et dans le nord-est de l'île. L'indigène vit en famille au milieu de sa plantation, dans une petite maison malpropre et aussi anti-hygiénique que les demeures de tous les noirs de l'Afrique. Outre le Cacaoyer et le Caféier, il cultive les plantes qui sont nécessaires à son alimentation : bananiers, maniocs, patates, colocases, arbres fruitiers divers, condiments, enfin quelques légumes. Il n'a pas de troupeau, mais parfois une grande quantité de volailles qui picorent dans la plantation et la débarrassent certainement d'une partie des insectes nuisibles. Les arbres ne sont ordinairement pas entretenus où le sont très mal. Les Cacaoyers, semés plusieurs au même endroit et avec des écartements très faibles d'une touffe à l'autre (souvent moins de 1m,50), produisent peu et meurent vite. L'indigène ne pratique pas la taille, ne fait pas de fumures, il se contente d'apporter au pied des Cacaoyers les coquilles des cabosses.

Lorsqu'un Cacaoyer meurt ou devient languissant, il le remplace en semant quelques graines à côté, sur un emplacement qu'il a bêché à une profondeur de 15 à 20 centimètres. La fermentation et le séchage du cacao se font d'une façon aussi primitive que chez les noirs de la Gold Coast. Les fèves sont

ordinairement vendues à des trafiquants indigènes et portées
à la ville à dos d'homme (ou plutôt sur la tête).

Malgré un manque presque total de soins, la plupart des
cacaoyères indigènes rapportent environ 600 à 800 kilogs de
cacao à l'hectare par an; elles donnent aussi un peu de café
ainsi que les produits dont l'indigène a besoin pour son alimentation. Le haut rendement tient surtout à ce que le sol sur
lequel sont établis ces petits vergers, est ordinairement d'excellente qualité et cultivé depuis plusieurs siècles.

Dans ces conditions, un certain nombre de *fils de San-Thomé*
ont pu réaliser de petites fortunes. Leurs bénéfices sont d'autant plus élevés, qu'ils n'ont ordinairement pas de *serviçaes* à
rémunérer, le travail étant fait par le cultivateur-propriétaire et
sa famille.

Parfois cependant, le noir propriétaire ne s'occupe pas de sa
plantation, mais il la loue à des exploitants indigènes ou à des
exploitants de roças européennes beaucoup plus grandes, établies dans le voisinage.

2° *Plantations d'une étendue moyenne de 10 à 100 hectares.*
— Elles appartiennent, quelques-unes à des indigènes ou à des
créoles, mais la plupart sont la propriété de Portugais qui les
exploitent eux-mêmes, les louent ou les font exploiter par un
administrateur européen. Certaines de ces *petites roças* sont
des modèles au point de vue de la bonne tenue. On y trouve,
en miniature, l'organisation des grandes fermes dont nous parlerons plus loin. L'exploitant possède ordinairement quelques
bœufs et quelques animaux de trait pour le charriage des produits. Près de l'habitation, se groupent l'aire battue et les tables-
tiroirs pour le séchage, le hangar de fermentation, le magasin,
l'étable, un petit atelier de menuiserie. Le propriétaire (ou son
mandataire) est ordinairement assisté de deux à trois ouvriers
européens qui le secondent ou le remplacent, quand il va en
Europe. En outre, il emploie environ un travailleur indigène
par hectare. Les transports, les manipulations du cacao et les
cultures n'étant pas organisés comme dans les grandes roças,
nécessitent une main-d'œuvre proportionnellement plus abondante.

Aussi, les bénéfices réalisés dans ces plantations sont aujour-
d'hui très restreints, même dans celles qui sont installées depuis
longtemps et qui ont pu amortir leur capital au moment où le
cacao et le café atteignaient des cours élevés.

De petites exploitations analogues qui se créeraient aujour-
d'hui dans des terrains non encore défrichés, arriveraient péniblement à donner des bénéfices dans une dizaine d'années. On

s'est fait trop d'illusions dans ces derniers temps en France, sur ce genre de colonisation, pour que nous n'hésitions pas à dire la vérité si décevante qu'elle soit, pour ceux qui espèrent réaliser des fortunes en quelques années, en faisant de la culture dans nos colonies sur une petite échelle et à l'aide de petits capitaux. Le Portugais, grâce à sa sobriété, à ses besoins très limités, à la facilité avec laquelle il manie le noir, est le mieux armé de tous les peuples d'Europe pour réussir comme colon agricole en Afrique.

Cependant, la plupart de ceux qui exploitent à San-Thomé des propriétés d'étendue inférieure à 100 hectares, arrivent simplement à vivre et ils sont très satisfaits lorsqu'après de longues années d'efforts, ils parviennent à réaliser un pécule qui leur permet de se retirer en Europe avec de modestes revenus.

3° *Grandes fermes européennes ou roças.* — Les établissements que l'on désigne sous les noms de *roças* en langue portugaise ou *fazendas* en langue espagnole, sont de grandes entreprises appartenant les unes à des propriétaires, les autres à des sociétés agricoles. Elles nécessitent une mise de fonds considérable; la plupart représentent un capital de plusieurs millions de francs.

La presque totalité des propriétaires sont des Portugais, et les capitaux engagés sont également en grande partie portugais. Nous ne connaissons que la roça de Monte-Rosa qui appartienne à un français M. CÉLESTIN PALANQUE, et la roça de Porto-Allègre exploitée par un groupe financier lusitano-belge, enfin la plantation de Amparo appartient aussi à une société belge. Toutes les autres roças de San-Thomé et de Principe sont portugaises. Au temps où l'esclavage florissait dans les îles de l'Océan Atlantique, les régions est et nord-est, les seules parties de San-Thomé qui alors fussent mises en valeur, étaient déjà découpées en grandes exploitations. Le travail y était organisé presque comme aujourd'hui, mais au lieu de se rapporter à la culture du Cacaoyer, il consistait dans la culture de la canne à sucre et du caféier. Les grands planteurs actuels ont donc pu s'inspirer d'une expérience séculaire, à laquelle ils ont apporté quantité de perfectionnements.

C'est pourquoi cette culture est aujourd'hui faite suivant des méthodes rationnelles inspirées des progrès de la science moderne.

Quand on quitte la ville de San-Thomé, figée dans son passé, en pleine décrépitude et qu'on passe dans l'une des belles roças comme Boa Entrada, Rio-de-Ouro, Diogo-Vas,

Agua-Izé et quantité d'autres, on croit pénétrer dans un monde tout différent.

Ces plantations, par leur merveilleux aménagement, par les soins avec lesquels les cultures sont entretenues, peuvent être mises en parallèle avec les plus belles exploitations agricoles de l'Europe.

Et ce n'est cependant que depuis quelques années qu'elles ont pris ce prodigieux développement!

En 1870, Agua-Izé et Monte-Café étaient les deux seules grandes plantations de San-Thomé. Tout le sud et le sud-est de l'île étaient inoccupés.

Un mulâtre, Jacintho Carneiro de Souza e Almeida (plus tard vicomte de Malanza), devenu, à la mort de son père, propriétaire d'Agua-Izé, par des contrats passés avec des chefs des Angolares qui vivaient le long de la côte ouest, se rendit peu à peu propriétaire de ces régions.

Vers 1882, endetté, il fut obligé d'abandonner la roça d'Agua-Izé pour 75 contos de reis (1). Six ans après, elle était vendue 1.000 contos et elle produit actuellemet 200.000 arrobas (l'arroba est de 15 kilogs environ) de cacao et de café. Le vicomte de Malanza alla s'installer sur la côte ouest dans l'estuaire de San-Miguel, vers 1884, emmenant avec lui 380 travailleurs d'Agua-Izé. Là, aidé du Dr Antonio Maria de Carvalho, il fit défricher la forêt vierge et installa de nouvelles grandes plan-   . tations de Cacaoyers. Le docteur s'étant séparé de l'entreprenant mulâtre, reçut comme part pour ses services la propriété « Entre-Rios » et 200 contos de ristourne. Mais de Malanza ne tarda pas à contracter de nouvelles dettes et en 1894, il était obligé de vendre San-Miguel pour 200 contos. Il porte alors ses efforts vers la pointe sud de l'île, à Porto-Allègre, qu'il était parvenu aussi à s'approprier (2). Les cultures y furent poussées de telle sorte qu'en 1900, cette grande propriété avait une valeur de plusieurs millions de francs. Menant toujours la vie à grands guides, de Malanza, exploité par des aigrefins, s'endetta de plus en plus et il mourait le 7 mai 1904, après avoir vendu sa dernière propriété à la banque Henri Burnay, de Lisbonne.

La plantation et toutes ses dépendances étaient cédées pour

---

(1) Un conto de reis représente un million de reis, environ 5.000 francs (légalement, le franc vaut 180 reis).

(2) Les Angolares qui occupaient primitivement le rivage ont été dépossédés et actuellement ils ne peuvent bâtir ou établir des cultures sans payer une redevance aux propriétaires des terres sur lesquelles ils sont fixés.   ·

10 millions de francs, mais elles étaient hypothéquées pour 3 millions 1/2 à des financiers belges. C'est ce qui explique pourquoi cette belle propriété, l'une des plus grandes de l'île, est aujourd'hui exploitée par un groupe lusitano-belge.

La mise en valeur progressive du sud de l'île, grâce surtout à l'esprit d'entreprise du vicomte DE MALANZA, a eu comme pendant, dans le nord, la restauration et l'extension des plantations qui étaient en décrépitude : Rio-de-Ouro, Diogo-Vaz, Bella Vista, Boa Esperança, œuvre accomplie par un modeste employé, devenu, à force d'énergie et de labeur, le plus grand roçeiro de San-Thomé, le marquis de VALLE-FLOR, bien connu du monde ·colonial et l'un des plus riches propriétaires du Portugal, possesseur de plusieurs roças à San-Thomé dont une seule, Rio-de-Ouro, est évaluée à plus de 4.000 contos de reis, soit plus de 20 millions de francs.

Nous pourrions citer encore quelques autres plantations qui, en quelques années, ont acquis une très grande valeur. Cependant, le nombre en est restreint et les plantations installées depuis longtemps et qui n'ont pas encore couvert le capital engagé sont nombreuses.

C'est que la création d'une grande plantation est chose coûteuse. D'après MASUI, la valeur moyenne de terres vierges à San-Thomé est de 400 francs l'hectare et les plantations en rapport se vendent 4.000 francs l'hectare.

CONSTITUTION D'UNE GRANDE PLANTATION. — Même réduite à quelques centaines d'hectares complètement plantés en Cacaoyers, une roça — si on veut la tenir au courant des progrès de l'agriculture tropicale, de manière à lutter dans les meilleures conditions, en cas de crise — nécessite une installation très coûteuse. C'est une véritable petite ville avec sa place, ses maisons, ses conduites d'eau, son hôpital, ses ateliers, ses routes de pénétration dans les campagnes environnantes. Elle utilise, en outre, un nombreux personnel européen et une main-d'œuvre indigène que l'on évalue au minimum à un noir pour 2 hectares plantés. D'autres manœuvres sont nécessaires pour l'agrandissement de la plantation et le travail dans les ateliers et dans les magasins.

Nous décrirons rapidement l'une de ces plantations et nous prendrons comme type Boa Entrada, roça que nous connaissons le mieux, y ayant séjourné assez longtemps. Elle est, du reste, un modèle du genre.

Une grande route macadamisée, large de 6 à 8 mètres, accessible à tous les genres de locomotion, conduit de la cité de San-Thomé à la roça qui en est distante de 6 kilomètres.

Pour y parvenir, on traverse une véritable mer de Cacaoyers, au-dessus de laquelle émergent les hauts panaches sombres du palmier à huile. On parvient enfin à une grande éclaircie, large de 2 ou 3 hectares, bordée de murs ou de clôtures plus simples au pied desquelles les Cacaoyers viennent s'arrêter. C'est là que sont les principales installations de la plantation régulièrement groupées à l'intérieur d'une grande cour.

Voici d'abord la maison d'habitation, vaste construction confortablement installée, mais sans luxe inutile. Le rez-de-chaussée sert de remise et de magasins. On y a installé en outre la sellerie, la menuiserie, la buanderie, le dépôt des vins d'Europe, etc.

A l'étage habitent les Européens constituant, ce que l'on pourrait appeler l'état-major de la plantation : l'administrateur, son adjoint et son caissier. Les chambres sont très spacieuses, précédées de larges vérandahs et tenues avec un soin qui contraste avec la malpropreté des maisons de la ville. C'est une surprise aussi agréable qu'inattendue de trouver là, au milieu des champs de cette petite île isolée dans l'Océan, le confort de la vie d'Europe : salle de bains, un grand salon de lecture et de jeux, etc. Nous remarquons, étalés sur la table de lecture, à la disposition des visiteurs, un grand nombre de livres intéressant le planteur. Nous voyons figurer avec plaisir les monographies du Cacaoyer de LECOMTE et CHALOT, de JUMELLE, le *Journal d'Agriculture tropicale,* etc., et ces publications françaises se trouvent en compagnie de plusieurs ouvrages portugais, anglais, allemands, sur le même sujet. Au mur sont accrochés des plans, des cartes, des diagrammes et des tableaux relatifs à la plantation, documents qui ont figuré dans diverses expositions mondiales. Voici aussi dans le bureau, le récepteur du téléphone qui permet de correspondre, d'une part, avec les deux dépendances de la plantation, et d'autre part, avec la ville et les principales plantations avoisinantes.

Le second bâtiment qui attire l'attention est l'hôpital, avec deux grandes salles, l'une pour les hommes, l'autre pour les femmes indigènes. Les malades sont étendus sur de véritables lits et le tout est tenu avec une propreté méticuleuse. Du reste, un infirmier européen, mis hors cadre par la marine portugaise, est affecté constamment à la surveillance de ce service. C'est lui également qui tient le dispensaire pharmaceutique très bien approvisionné. A l'étage supérieur est une salle destinée aux malades européens.

Enfin, lors de notre visite, on installait une grande salle de bains et douches pour les indigènes.

Du reste, au milieu de la cour, existe un grand réservoir cimenté, alimenté constamment par de l'eau courante.

Il sert d'abreuvoir aux animaux domestiques et les indigènes peuvent aussi s'y baigner en rentrant du travail. De l'hôpital dépend encore un petit pavillon assez éloigné du premier et qui sert à isoler les noirs atteints de maladies contagieuses.

Le magasin où se fait le triage des fèves de cacao et de café et leur emballage est un vaste bâtiment construit sur pilotis, long d'une cinquantaine de mètres et large d'une quinzaine. Il est précédé de grandes tables-séchoirs disposées en amphithéâtre, sur lesquelles on étale les fèves de cacao. Si la pluie survient, les tables sont poussées à l'abri sous le parquet du magasin.

Près de là se trouve en outre le hangar où sont abrités les bacs de fermentation, puis à côté, un fermentoir-étuve construit il y a quelques années sur les indications de M. SCHULTE IM HOF.

Enfin, mentionnons encore de grandes aires cimentées servant au séchage des fèves fermentées. Nous reviendrons sur toutes ces installations dans le chapitre relatif à la préparation du cacao.

Dans une autre partie de la cour sont les maisonnettes *(senzalas)* destinées à loger les 600 travailleurs indigènes. Elles forment de longs corps de bâtiments en briques, tenus avec la plus grande propreté. Nous en parlerons dans le chapitre suivant.

Au voisinage sont les écuries et étables où les animaux : chevaux, mulets et bœufs employés pour les transports, sont soumis presque constamment à la stabulation. Les locaux où ils vivent sont aussi bien aménagés que les locaux analogues dans les fermes les mieux tenues de la Normandie ou du nord de la France.

Le sol de ces bâtiments est pavé et un filet d'eau coule constamment au milieu. Les animaux ont une litière de paille du pays qui est enlevée plusieurs fois par semaine et portée dans une fosse située à quelque distance, ce qui permet d'avoir en tout temps du fumier de ferme pour l'entretien des cultures les plus exigeantes.

L'écurie renferme une vingtaine de chevaux ou mulets en très bon état. Les mulets et une partie des chevaux sont importés du Portugal, les autres chevaux viennent des îles du Cap-Vert.

On les nourrit d'herbes coupées dans la plantation, généralement des graminées appartenant aux genres *Panicum* et

Paspalum qui croissent partout dans les chemins et sur les terres cultivées. Ces animaux servent surtout de monture aux employés européens qui ont à circuler dans la plantation. La création de voies Decauville à travers toutes les Cacaoyères, voies sur lesquelles circulent des wagonnets tirés par des mulets, en outre l'installation d'un wharf pour l'embarquement des sacs de cacao et leur transport par baleinières à la ville de San-Thomé où se fait l'embarquement, ont permis de supprimer à peu près complètement le charriage, ce qui a entraîné une réduction du nombre des animaux de trait.

Du reste, presque toute la traction est faite par des bœufs importés d'Angola. Les animaux de race bovine sont au nombre d'une vingtaine. Aux variétés d'origine africaine sont venues s'ajouter quelques vaches laitières achetées en Europe et qui ne semblent pas incommodées par le climat tropical. On les nourrit d'herbes fraîches comme les chevaux, en outre les bœufs font une grande consommation de papayes non complètement mûres, récoltées à travers la plantation, et de fruits de l'arbre à pain d'Afrique *(Treculia africana)*, dont les graines oléagineuses sont pilonnées dans un mortier avant d'être offertes au bétail.

La bergerie renferme de nombreuses chèvres et quelques moutons. Ces animaux se contentent d'une nourriture moins recherchée. Ils font notamment une grande consommation de jeunes rameaux de Jacquier *(Artocarpus integrifolia)* et des pousses d'un *Ficus* sauvage très commun dans le pays.

La porcherie renferme des animaux appartenant à une race depuis longtemps acclimatée dans le pays, très prolifique et pas exigeante. On les alimente avec les résidus de la cuisine, avec des bananes cuites, des papayes, etc. Dans plusieurs roças, ils vaquent librement à travers les cacaoyères qu'ils débarrassent de la vermine et arrivent à suffire ainsi à leur alimentation.

Un poulailler et un colombier très bien conditionnés complètent cette installation grâce à laquelle les Européens sont abondamment pourvus de volailles en toute saison.

Dans plusieurs plantations, les travailleurs indigènes reçoivent eux-mêmes une ration de viande fraîche par semaine.

Il nous resterait à parler encore de divers autres bâtiments qui complètent l'aménagement de la roça. Citons simplement un grand atelier avec turbine et machine à vapeur actionnant une scierie mécanique, diverses machines servant au triage du café et du cacao, et enfin une dynamo permettant d'éclairer à l'électricité la plupart des bâtiments et distribuant aussi le courant à plusieurs lampes à incandescence réparties comme des réverbères dans la cour de la plantation et permettant d'éclairer d'une vive lumière les abords de tous les bâtiments.

Mentionnons enfin une huilerie aménagée pour le traitement des fruits du palmier *Elæis* qui fournit l'huile de palme que les indigènes emploient dans la préparation de leurs aliments.

Du point où sont installées toutes les habitations que nous venons de décrire sommairement, rayonnent dans tous les sens des routes macadamisées, larges de 6 à 8 mètres, installées entièrement aux frais du planteur et aussi bien entretenues que de bons chemins vicinaux d'Europe. Sur ces grandes routes sont installés des rails qui permettent la circulation de wagonnets tirés par un mulet ou poussés par des indigènes. Aux roças de Rio-de-Ouro, de Monte-Café et de Porto-Alègre, la traction est faite aujourd'hui par une petite locomotive à vapeur et ce système va très probablement s'étendre à d'autres grandes roças.

A San-Thomé, à l'encontre de ce qui existe dans tout le reste de l'Afrique, c'est l'initiative privée qui a installé les premiers chemins de fer sans rien demander au gouvernement et ce seul fait suffirait à montrer avec quel esprit de progrès les grands propriétaires de l'île envisagent le développement de leurs cultures.

Dans les roças où les rails Decauville n'ont pas encore été posés, le transport du cacao se fait dans des chariots traînés, soit par des mulets, soit par des bœufs d'Angola, ou bien encore dans des paniers portés sur la tête des indigènes.

C'est aussi par chariots que des roças, qui n'ont pas d'accès à la mer, on transporte les marchandises à la ville de San-Thomé qui sont ensuite embarquées à destination de l'Europe. C'est à l'aide de ce moyen de transport que les récoltes de Monte-Café, par exemple, parviennent au port d'embarquement et les chariots chargés de sacs de cacao et de café forment parfois des files interminables le long de la route de la Trinité. La circulation de ces voitures donne en outre une grande animation toute l'année à la ville même de San-Thomé.

Outre les chemins accessibles aux wagonnets ou aux voitures, il existe encore, dans chaque plantation, un grand nombre de sentiers d'exploitation divisant les cacaoyères en carrés de surface connue et permettant d'en surveiller l'entretien très facilement. De temps en temps, le *roçeiro*, monté sur sa mule, circule à travers ces sentiers et se rend aisément compte de la manière dont il faudra répartir le travail entre ses subordonnés pour tenir toujours la plantation en bon état.

D'ailleurs, les roças très étendues, outre l'établissement
central (*sede*) où se trouvent : l'administration, les magasins,
l'hôpital et la grosse part des travailleurs, comprennent un certain nombre de succursales nommées *dependencias* ayant chacune un chef européen à leur tête, un noyau de travailleurs qui
vivent là en permanence, une salle pour la fermentation, enfin
des séchoirs. Chaque dépendance occupe ordinairement de
100 à 200 travailleurs.

Ce que nous venons de dire montre toute l'importance
qu'ont acquise les grandes roças de San-Thomé. Ce sont bien
elles qui constituent la principale richesse de l'île, les petites
plantations et les vergers indigènes ne fournissent, compara-
tivement, qu'un très faible aliment au commerce d'exportation.
Il nous reste à signaler les plus importantes d'entre elles.

QUELQUES RENSEIGNEMENTS SUR LES PRINCIPALES GRANDES ROÇAS.
— En 1904, au moment où la production totale de cacao à San-
Thomé était de 21.000 tonnes environ (ou 1.400.000 arrobas),
les plantations qui rapportaient le plus étaient les suivantes :

Agua-Izé, produisant 3.000 tonnes de cacao et café par an ;

L'ensemble des propriétés du marquis de Valle-Flor (Rio-de-
Ouro, Diogo-Vaz et Bella-Vista) exportant environ 2.500 tonnes ;

Les roças de Uba-Budu et de Pigniero, chacune 1.500 tonnes de cacao.

Les roças de Porto-Alègre, de Monte-Café, de Boa Entrada,
fournissent environ 1.000 tonnes de cacao (de 800 à 1.200,
suivant les années), Monte-Café produit en outre une grande
quantité de café et un peu d'écorces de quinquina.

Quelques-unes de ces roças méritent une mention toute
spéciale :

Rio-de-Ouro. — Était en 1888 la propriété du Dr MATHEUS DE
SAMPAÏO. Peu de temps après, le marquis de VALLE-FLOR en fit
l'acquisition pour environ 7 millions de francs. On l'évalue
aujourd'hui au triple de cette valeur. Les Portugais la citent
comme la plus importante propriété de l'île. Elle occupe environ 2.000 serviçaes et une centaine d'employés européens. Le
cacao en est la principale production, mais on y cultive aussi
le caféier, les quinquinas et la canne à sucre pour la fabrication
d'une eau-de-vie destinée aux indigènes. L'hôpital, très grandiose, contient de la place pour 250 malades. Il existe, en
outre, dans les parties élevées de la plantation, 11 dépendances
dont quelques-unes possèdent un sanatorium où les Européens
impaludés ou anémiés viennent rétablir leur santé. La propriété du marquis de Valle-Flor s'étend, en effet, jusqu'au sommet du pic de San-Thomé où elle confine à celle de Monte-Café.

Agua-Izé. — L'une des plus vieilles et des plus prospères roças de San-Thomé. Le premier possesseur, le baron d'AGUA-IZÉ, y introduisit en 1822 le Cacaoyer et c'est là qu'a pris naissance la culture qui fait aujourd'hui la prospérité du pays. Elle appartient actuellement à la *Companhia de Ilho de Principe* qui l'a achetée il y a quelques années à la *Banque Ultramar* pour environ 6 millions de francs, mais sa valeur a doublé depuis. L'administrateur, le général CLAUDINO DE SOUSA E FARO, qui s'y trouvait en 1905, résidait en permanence à Agua-Izé avec sa famille. Il a la réputation d'en avoir fait une des plus prospères plantations des colonies portugaises.

Le temps nous a malheureusement manqué pour aller visiter cette remarquable propriété.

D'après MASUI, elle a une étendue de 8.000 hectares, dont 3.000 sont cultivés. En 1899, elle a produit 900 tonnes de cacao, correspondant à 900.000 francs de bénéfice net. Depuis, la production s'est considérablement accrue, mais la diminution du prix de vente de cacao (en 1905) est cause que les revenus n'ont guère augmenté.

Quand MASUI a visité Agua-Izé en 1903, c'était déjà une véritable ville. Elle occupait alors 36 employés européens et 1.000 noirs répartis en 10 dépendances. Aujourd'hui, elle emploie près de 1.500 travailleurs et produit 3.000 tonnes de cacao et café. Elle est en outre sur le point d'introduire 200 familles d'indiens de Macao, qui se livreront à la culture du cocotier pour la production du coprah et l'extraction des fibres des feuilles des palmiers pour leur utilisation en corderie.

Les maisons des Européens sont en pierre et très confortablement installées. Les habitations des serviçaes sont bâties sur le type habituel. « Ce sont, écrit MASUI, de longs bâtiments en maçonnerie, couverts de tuiles, divisés en chambrettes et rappelant les cités ouvrières de Belgique; chaque ménage occupe une de ces chambrettes et dispose d'un petit jardinet.

Boa Entrada. — La description que nous avons donnée plus haut s'appliquait à cette merveilleuse roça, propriété de M. HENRIQUE MONTEIRO DE MENDONÇA. Sa surface totale est de 1.700 hectares. Elle comprend actuellement plus de 600 hectares de Cacaoyers en rapport; de nombreux caféiers exploités existent aussi dans certaines parties, enfin, dès cette année (1906), on doit sortir de la période des essais de culture de plantes à caoutchouc pour en faire des plantations étendues.

Nous avons visité des roças beaucoup plus vastes, mais nous n'en connaissons pas de tenues avec plus de soin, de dirigées avec plus de méthode par l'administrateur M. SILVESTRE et son

collaborateur M. Gaspar Rodrigue; dans aucune certainement
on ne s'est efforcé avec autant d'ardeur de se tenir au courant
de tous les progrès de la science.

M. Schulte im Hof y a établi une étuve pour la fermentation
méthodique du cacao; un agronome français, M. Montet, y a
fait des nombreuses analyses de terre et des expériences sur la
fumure rationnelle du Cacaoyer. Nous-même y avons reçu,
pendant un mois, la plus cordiale hospitalité (août et septembre 1905), et nous avons été tout heureux de trouver, pour les
recherches exposées dans ce livre, un petit laboratoire confortablement installé par les agronomes qui y avaient séjourné
avant nous.

Il est juste de rendre aussi hommage aux généreux efforts
qui ont été faits dans cette plantation pour diminuer la mortalité et améliorer la situation physique et morale de l'indigène.
L'installation de l'hôpital et du pavillon d'isolement pour les
malades contagieux est analogue à celle des établissements
similaires d'Europe. Une coopérative de consommation a été
créée pour les indigènes par le propriétaire. Les noirs employés
trouvent dans le magasin, au prix de revient, sans majoration,
les denrées qu'ils veulent se procurer, à l'exception de l'alcool
dont la consommation est proscrite. Leurs soldes ont été
accrues.

La roça Boa Entrada est dirigée et administrée avec tant
d'intelligence et de méthode que, malgré les améliorations
coûteuses qui y sont apportées d'année en année, elle est une
des plantations donnant les plus beaux bénéfices.

En 1906, M. H. Monteiro de Mendonça a publié une magnifique monographie de sa propriété, illustrée de 32 planches,
montrant les divers aspects de la plantation, et dont nous recommandons la lecture à tous ceux qui voudraient entreprendre
de grandes cultures (1).

Monte-Café. — Bien qu'un peu déchues, par suite de l'état
de délabrement dans lequel elles furent laissées, il y a quelques années, les plantations de Monte-Café sont encore très
belles et des plus intéressantes. Anciennes propriétés des familles Chamiço et Frédéric Beister, qui les avaient acquises
pour 75 contos, elles appartiennent aujourd'hui à une dame
âgée qui en a confié l'administration à M. Matheus de Bono
Paula, un des plus anciens colons de San-Thomé et qui s'y
trouvait encore lors de notre visite; il a été remplacé depuis.

_____

(1) *Africa occidentale portugueza.S. Thomé. A roça* Boa Entrada. Lisboa,
1906.

En 1895, cette roça produisait 270 tonnes de cacao et était estimée plus de 6 millions de francs. Avec ses dépendances de Nova-Destina, Bemposta, Chamiço, San-Pedro, Santa-Catharina (actuellement administré à part), elle constitue la plus vaste propriété de l'île couvrant tout le centre et s'en allant, d'une part, près de la côte est, et d'autre part, jusqu'à la côte ouest. Les plus hauts sommets de l'île : le Pic, le Calvario, le cratère de Lagua Amelia, sont situés sur son étendue. Aussi a-t-on pu y entreprendre les cultures les plus variées, notamment celles du caféier qui est planté là où le Cacaoyer ne peut plus réussir, et des quinquinas qui ont été introduits dans les parties les plus élevées de la montagne.

Mais ces cultures pourraient encore être considérablement étendues, car, à partir de 1.000 mètres d'altitude, la forêt vierge *(obo)* couvre encore la plus grande partie de la surface d'un sol extrêmement accidenté.

Les bâtiments de Monte-Café sont situés à 700 mètres d'altitude. De la plate-forme où sèche le cacao, on jouit d'une merveilleuse vue qui s'étend sur la baie d'Anna de Chaves et sur une partie de l'île.

De très vastes bâtiments sont groupés aux environs.

Nous y avons noté spécialement un immense pavillon-étuve servant de séchoir, construit en 1902 par la maison C. ALVES et Cᵒ, de Lisbonne.

A la dépendance de Novo-Destino, où l'on se rend en chemin de fer à vapeur (fourni par la maison DECAUVILLE), existe une très importante machinerie, pour la préparation du café, provenant de la maison VIERLING, de Rio-de-Janeiro. Elle comprend une locomobile chauffée au bois, avec jeu de transmission pour toutes les machines destinées au traitement du café : décortiqueur, trieur, ventilateur, etc.

A Monte-Café, la grande récolte du cacao a lieu en novembre et décembre, la petite récolte du café en novembre et la grande en février, mars et avril.

On arrive à transporter jusqu'au port d'embarquement, au moment de la pleine période de la préparation, jusqu'à 2,000 sacs de 60 kilogs par semaine, transport s'effectuant par chariots qui font journellement les 16 kilomètres séparant la roça de la ville de San-Thomé.

San-Miguel. — La fazenda de San-Miguel, créée par le vicomte de MALANZA, et en partie aménagée par M. PLANTIER, appartient à la *Companhia de Ilha de San-Thomé* qui, pour son entretien, a employé, depuis de nombreuses années, des sommes considérables non encore récupérées. Elle est située sur la côte sud-ouest de l'île bordée de hautes falaises basaltiques, dans un des sites les plus beaux qu'il soit possible d'imaginer. Aux alentours, la grande forêt étale ses merveilleuses frondaisons et recule d'année en année par suite de l'extension des plantations. Malheureusement, le terrain est très accidenté et difficile à mettre en culture ; en outre, le sol n'est pas partout de bonne qualité ; enfin, ajoutons que l'entretien des Cacaoyers a été très négligé pendant quelques années. Elle occupe actuellement 700 serviçaes et est administrée par M. MARIO LOPEZ DUARTE qui, par son esprit d'initiative, a apporté d'heureuses transformations dans la plantation contenant 2.500 hectares environ. Plus de la moitié de cette surface est encore occupée par la forêt.

Porto-Alègre. — Cette grande propriété (4.300 hectares), située à la pointe sud de l'île de San-Thomé, presque sous l'Équateur, a été créée par le vicomte DE MALANZA qui l'administra jusqu'en 1900. A cette époque, un groupe financier belge, dans lequel se trouvent le colonel THYS et M. A. DELCOMMUNE, après avoir consenti des prêts considérables au propriétaire, obtint la gérance de cette vaste roça et en confia l'administration à M. CASTREUILLE, qui s'est retiré tout récemment. Les cultures ont été très étendues dans ces dernières années et les vieilles plantations remises en état. Plusieurs nouvelles dépendances ont été créées.

Le fondateur de cette fazenda avait constitué, il y a une douzaine d'années, un jardin d'acclimatation (1) où l'on trouve notamment des plantes à caoutchouc : *Costilloa elastica, Ficus elastica, Landolphia Dawei,* qui donnent des espérances.

A la dépréciation de la roça, provenant du demi-abandon dans lequel les cultures furent laissées pendant les dernières années de la gérance de MALANZA, a succédé un commencement de prospérité. Toutefois, plusieurs maladies inquiétantes sur lesquelles nous nous étendrons plus loin, font périr chaque année un nombre considérable de Cacaoyers, et jusqu'à présent, on n'a trouvé que des remèdes très insuffisants.

A l'île des Princes, il convient de citer, d'après la récente publication de M. DE ALMADA NEGREIROS, la roça Porto-Real, propriété de la *Société d'Agriculture coloniale*. Elle occupe un tiers de la superficie totale de l'île. Un chemin de fer à voie étroite relie son siège sis dans la baie de l'ouest à la baie de Saint-Antoine sur la côte opposée ; il dessert la capitale du

(1) Commandador JACINTHO CARNEIRO DE SOUSA E ALMEIDA. Productos agricolas e industriaes da fazenda Porto-Alegre *(Novos vegetaes e novas industrias a introduzir),* Lisboa, 1898.

district. Plus de 60 kilomètres de bonnes routes charretières relient entre elles les dépendances. Elle possède 2.800.000 pieds de Cacaoyers et a produit, en 1905, 500 tonnes de cacao.

L'*Entreprise agricole de l'île Principe* possède, elle aussi, une ferme de 700 hectares, dont 560 plantés en Cacaoyers. Ces arbres sont au nombre de 500.000 et ils ont produit, en 1905, 95 tonnes de cacao. Une partie des Cacaoyers avaient moins de 5 ans et ne rapportaient pas encore ou rapportaient insuffisamment.

Le tableau que nous reproduisons ci-après, emprunté au rapport du consul Nightingale et corrigé par nous, donne la situation des principales roças de San-Thomé sur lesquelles nous avons pu nous procurer des renseignements.

Situation de quelques-unes des principales roças de l'île de San-Thomé pendant l'année 1905.

Noms des roças.	Altitude des roças en mètres.	Superficie en hectares.	Production annuelle de cacao.
Boa Entrada.	0 à 300	1.700	850 tonnes.
San Anna (Agua-Izé) . .	0 à 750	8.600	2.000 —
Saò João d'Angolares *.	85	10.000	250
Porto-Alegre.	0 à 200	4.300	300
Monte-Café	580 à 2.000	4.500	1.000
San-Miguel	0 à 300	2.500	120
San-Nicolau *	930	3.500	150
Caridade *.	490	10.000	130
Pedroma (Salvador Lévy)*	250	8.000	290
Saudade (près Monte-Café) *.	750	5.000	150
Santa-Maria *	1.200 à 1.400	»	»
Java *.	600	6.000	180
Amparo *.	204	5.000	60
Rio-de-Ouro, Diogo-Vaz et Bella-Vista . . .	0 à 2.000	10.000	3.300
Monte-Macaco	200 à 300	300	350

NOTA. — Les roças marquées d'un * sont celles sur lesquelles nous n'avons pu avoir de nouveaux renseignements et pour lesquelles nous avons maintenu les chiffres de NIGHTINGALE sans les contrôler.

Nous pourrions encore nous étendre sur un certain nombre d'autres roças de San-Thomé, que nous avons visitées pendant l'été 1905, mais cette étude nous entraînerait trop loin. Citons seulement : la roça de Monte-Macaco, administrée avec tant de soin lors de notre voyage, par M. DE SYLVA, et qui est en pleine prospérité; la roça Bemfica où nous avons vu des Cacaoyers, âgés de 45 ans, encore en pleine production; la roça de Monte-Rosa située près de San-Miguel, où un français, M. CÉLESTIN PALANQUE, a planté en quelques années 500 hectares de Cacaoyers qui seront bientôt en pleine production; la roça de Santo-Antonio, située au nord-ouest de Porto-Alègre, également en bonne voie.

Dans les chapitres suivants, nous reviendrons sur les particularités les plus intéressantes que nous avons notées dans ces divers établissements.

CHAPITRE IV

L'organisation du travail agricole. La main-d'œuvre.

Emploi d'une journée à San-Thomé dans une roça. — Les Européens. — État sanitaire. — Les diverses corporations qu'on emploie. — La main-d'œuvre indigène. — Rémunération, alimentation, situation sanitaire, améliorations. — Comparaison avec la main-d'œuvre à la Trinidad et à la Guyane hollandaise.

La vie dans les roças de San-Thomé est une vie de labeur continu. Surveillants européens et travailleurs noirs peinent chaque jour du matin au soir et d'un bout à l'autre de l'année. En nulle partie tropicale du globe, à notre époque, autant de besogne n'a été accomplie en un temps si limité et avec si peu de moyens. Il ne faut pas perdre de vue que l'agriculture de la seule île de San-Thomé, qui donne lieu à un commerce d'exportation de plus de 30 millions de francs par an, occupe seulement 25.000 travailleurs noirs et à peine 1 millier d'Européens.

Malheureusement, ce travail ne s'accomplit pas sans qu'il y ait un sacrifice considérable de vies humaines. La mortalité dans les deux îles est véritablement effrayante. Elle s'élève annuellement à 10 p. 100 sur les indigènes employés à San-Thomé et elle atteint parfois 20 p. 100 à l'île de Principe. Nous en rechercherons plus loin les causes et nous y trouverons la confirmation d'une vérité qui n'est plus à démontrer, à savoir que l'homme, à quelque race qu'il appartienne, est, en général, impuissant à produire impunément sous les tropiques un travail analogue à celui qu'il peut accomplir dans les contrées tempérées.

Emploi journalier du temps. — Pour donner un aperçu exact de ce labeur, nous exposerons les occupations d'une journée dans une grande roça.

A 5 heures, chaque matin, retentit la cloche suspendue dans un élégant petit pavillon situé au milieu de la ferme. Tout le monde se lève, les Européens comme les travailleurs indigènes. Les femmes noires préparent en hâte un premier repas qui est absorbé par les *serviçaes* avant de partir au travail.

A 5 h. 1/2 ou 5 h. 3/4 a lieu ce qu'on nomme la *forme*, c'est-à-dire l'appel du matin. Les *serviçaes* descendent dans la cour et s'alignent en groupes commandés par des contre-maîtres indigènes ou des Européens. L'administrateur ou son préposé passe l'inspection des travailleurs et donne ses instructions pour l'emploi du temps dans la journée. Il évacue en outre vers l'hôpital ceux qui se présentent comme malades.

A 6 heures du matin, toutes les équipes de *serviçaes* et tous les chantiers d'ouvriers doivent être au travail.

A 7 h. 1/2, on accorde une demi-heure de repos : dans beaucoup de roças, on fait sur le lieu du travail un repas sommaire nommé *matabicho* (1). Les Européens eux-mêmes prennent à cette heure un repas substantiel, mais les ouvriers européens et les surveillants qui sont dans les ateliers ou dans la plantation ne rentrent pas à leur maison.

A 11 heures ou 11 h. 1/2 retentit un nouveau coup de cloche. Le travail est interrompu pendant une heure ou une. heure et demie pour prendre le repas de midi.

Les *serviçaes* employés près de l'habitation rentrent ; ils doivent rapporter avec eux des fourrages (paille ou fruits) pour la nourriture des troupeaux, ou du bois mort employé comme combustible dans les séchoirs à cacao.

S'ils sont employés trop loin de l'habitation (à plus d'un quart d'heure de distance), on leur porte à manger pour qu'ils ne perdent pas de temps.

A 11 h. 1/2 ou midi, les Européens déjeunent. Dans toutes les grandes roças, il y a toujours deux salles à manger pour les Européens : 1° celle de l'administrateur avec lequel vivent aussi les administrateurs-adjoints, le comptable, le docteur et les invités, car dans les colonies portugaises, on pratique l'hospitalité sur la plus grande échelle et il ne se passe guère de jour sans qu'on ne reçoive dans chaque plantation des visiteurs venus de la ville ou des autres roças ; 2° enfin, la table des ouvriers blancs (maçons, charpentiers, mécaniciens) et des surveillants où figurent ordinairement les mêmes aliments qu'à la première. Ces aliments sont toujours très abondants et choisis. Du reste, le Portugais, même quand il vit dans les colonies, reste un des hommes les plus sobres du monde :

_____

(1) Mot à mot : tue-ver ; *matar* : tuer ; *bicho* : ver.

bien que le vin soit servi sur toutes les tables, beaucoup d'Européens se contentent de boire de l'eau, du reste excellente, puisqu'elle est puisée aux torrents qui descendent des montagnes.

L'apéritif avant le repas et la sieste après sont des choses absolument inconnues à San-Thomé. L'alcool ne paraît sur les tables que quand on a des invités de quelque notoriété. Ce sont des usages que beaucoup de colons français devraient imiter.

Nous avons noté ces habitudes d'apparence insignifiante, mais qui permettent peut-être néanmoins d'expliquer comment l'homme du peuple Portugais qui n'a pas en Europe une réputation de grand travailleur, arrive à San-Thomé à fournir une besogne soutenue d'un bout à l'autre de l'année, malgré l'apathie à laquelle prédispose le climat tropical.

A 1 heure du soir, le travail est repris dans toutes les plantations et continue jusqu'à 5 h. 1/2. A ce moment, un coup de cloche l'interrompt. Les *serviçaes* se mettent à recueillir du bois mort, de l'herbe, des fruits pour le bétail. Chaque travailleur est ainsi obligé de rapporter sa charge en rentrant tous les soirs : c'est ce qu'on nomme *l'obligaçao*.

Dans la plupart des roças, les travailleurs sont en outre tenus de rapporter de temps en temps quelques rats tués au cours de leur travail. Ces animaux sur lesquels nous reviendrons plus loin sont un des principaux fléaux des plantations. Une gratification est accordée pour chaque rat tué dans beaucoup de plantations. Une amende est infligée à ceux qui n'en ont pas détruit une quantité suffisante chaque mois.

A 6 heures ou 6 h. 1/2 du soir, tout le monde doit être rentré. Au dernier coup de cloche, les *serviçaes* se rangent dans la cour à la place assignée. C'est la *forme* du soir. L'administrateur contrôle le travail accompli et réprimande ceux dont la conduite ou le travail ont laissé à désirer. Il peut même user de certains châtiments corporels, mais cela est extrêmement rare. Il écoute également les doléances des travailleurs qui ont à se plaindre de leurs surveillants ou ont des réclamations à adresser. La première qualité d'un administrateur de roça est d'avoir à un haut degré, vis-à-vis des hommes, européens et noirs qu'il emploie, le sentiment de la justice.

Tous les noirs sont naturellement illettrés et il faut avoir recours à divers stratagèmes pour contrôler le travail accompli. Ordinairement, chaque travailleur porte une baguette sur laquelle le surveillant fait des encoches dont le nombre correspond à la quantité de trous qui ont été faits dans la plantation, ou bien au nombre d'arbres sur lesquels la cueillette a été faite, ou encore à la quantité de paniers de cacao égrénés.

Ailleurs, le surveillant donne une plaque de contrôle pour chaque panier de fèves fraîches de cacao, au fur [et à mesure que les paniers sont versés dans les wagonnets ou dans les chariots.

Chaque travailleur doit recueillir au moins 10 paniers par jour dans certaines roças. Tout ce qui est récolté en plus des 10 paniers est payé à raison de 10 reis de gratification par panier.

Dans certaines roças, cette paye se fait chaque soir; la prime pour les rats capturés se distribue aussi le soir ou bien à la fin du mois, au moment de la paye.

Après la forme, les indigènes sont libres, mais on leur interdit de quitter la plantation. Ils ne peuvent habituellement aller dépenser leur solde, ni avec les Angolares, ni avec les petits trafiquants noirs dispersés çà et là. Pourtant, ils le font souvent clandestinement.

A 8 h. 1/2 ou 9 heures sonne l'extinction des feux. Tout bruit doit cesser dans le quartier des indigènes, à moins que ces derniers n'aient obtenu la permission de faire *la batouque,* c'est-à-dire de se distraire par leurs danses favorites ou de commémorer la mémoire d'un de leurs morts.

En définitive, la discipline à laquelle ces travailleurs sont tenus, est beaucoup plus rigoureuse que les règlements imposés dans les colonies françaises, non seulement aux manœuvres de nos chantiers de construction de chemins de fer, mais même aux tirailleurs et aux miliciens sénégalais.

EMPLOI DU TEMPS AUX DIVERSES PÉRIODES DE L'ANNÉE. — Le travail dont nous venons de parler se poursuit toute l'année sans interruption. Il est seulement suspendu l'après-midi les dimanches et jours fériés (3 ou 4 au plus par an), et encore une partie de cette demi-journée hebdomadaire se passe dans les magasins pour recevoir les rations de la semaine.

Les noirs occupés dans les ateliers : mécaniciens, maçons, charrons, menuisiers, selliers, forgerons, ont des occupations régulières toute l'année. Au contraire, dans les plantations, la besogne varie d'une saison à l'autre.

La forte récolte des cabosses de cacao va de septembre ou octobre à janvier. C'est l'époque où tout le monde est surmené. Quelques jours de retard dans la récolte des cabosses mûres suffisent pour que celles-ci soient avariées. Comme c'est aussi l'époque des pluies, il faut apporter les plus grands soins à la dessiccation; même si on fait alterner le séchage au soleil et le séchage artificiel, il faut que les tables-séchoirs se trouvent débarrassées le plus vite possible pour éviter l'encombrement. Les étuves sont alors chauffées jour et nuit et des équipes de travailleurs ne cessent de remuer les fèves placées sur les tables, afin que la dessication se fasse également partout.

En mars et avril, il n'y a presque plus de cabosses à récolter. C'est un temps d'accalmie qu'on emploie à nettoyer les plantations, tailler les arbres, enlever la mousse et les épïphytes qui envahissent les troncs de Cacaoyers, abattre les arbres-abris devenus gênants, etc.

Parfois aussi certaines équipes sont occupées à des travaux spéciaux : construction de chemins, de digues, de rigoles d'irrigation, ou simplement au tressage de petits paniers en feuilles de palmiers qui, remplis de terre, serviront à faire germer des plants de Cacaoyers destinés à remplacer ceux qui sont morts.

Pendant la saison sèche, de juin à septembre, on creuse des fosses pour replanter, on défriche de nouvelles portions de forêt pour étendre la plantation, on refait les routes.

En résumé, tous les travaux destinés à entretenir et étendre les plantations sont accomplis d'une façon méthodique et à l'époque de l'année la plus favorable. Rien n'est confié au hasard.

SITUATION DES EUROPÉENS EMPLOYÉS DANS LES PLANTATIONS. — Les propriétaires des grandes roças de San-Thomé résident au Portugal, mais la plupart viennent, à intervalles plus ou moins réguliers, se rendre compte des améliorations accomplies dans leurs propriétés. Presque tous d'ailleurs ont été administrateurs ou même simples employés pendant de longues années à San-Thomé. Ils ont une grande expérience du pays où sont leurs intérêts, et, même en résidant en Europe, ils peuvent dans d'excellentes conditions diriger les opérations.

A la tête de chaque plantation est un *administrateur,* dirigeant sur place l'entreprise et auquel on laisse ordinairement une très grande initiative. Il est l'âme de la plantation qui lui doit souvent toute sa prospérité. Aussi quand on a un bon administrateur on n'hésite pas à lui donner de très forts appointements. Nous connaissons une petite propriété dont l'administrateur recevait, lors de notre visite, plus de 70.000 francs par an, soit le tiers du revenu de la plantation. Ce chiffre, toutefois est exceptionnel.

En général, l'administrateur d'une grande roça a des appointements qui varient de 15.000 à 30.000 francs par an, et il n'a aucune dépense personnelle à faire sur place. Il peut recevoir en outre des gratifications d'autant plus élevées que la production est plus grande. Le séjour dans l'île est ordinairement de 3 ans, et si l'administrateur l'accomplit, il a droit à un congé de 6 mois en Europe à solde entière.

L'administrateur est ordinairement secondé par un adjoint payé de 6.000 à 12.000 francs par an et qui le remplace lorsqu'il prend son congé.

Enfin, dans toute grande plantation, on trouve en outre un comptable qui reçoit de 5.000 à 8.000 francs d'appointements. Quant aux employés de bureau et aux chefs de dépendances, ils sont payés de 3.000 à 4.000 francs par an.

Les surveillants blancs et les ouvriers européens ont' une solde annuelle 1.800 à 3.000 francs qui leur est payée par mois et sur laquelle ils doivent se vêtir, mais ils n'ont pas d'autres frais. Il y a ordinairement un surveillant européen par 100 hectares cultivés.

Cinq ou six grandes plantations seulement ont un cadre d'ouvriers d'atelier européens : maçons, menuisiers, etc., en permanence, mais on peut s'en procurer à la ville où se trouvent quelques centaines d'européens émigrés menant une existence souvent très miséreuse.

Du reste les surveillants portugais employés dans toutes les plantations sont engagés à la ville de San-Thomé. Le jour où le patron n'est pas content de leurs services, il les congédie sans payer le rapatriement en Europe. Dans certaines roças seulement on envoie se reposer en Europe, en payant le voyage et en maintenant la solde pendant 3 ou 6 mois, les employés dont on est satisfait et qui ont accompli un séjour de 3 ans au moins dans la plantation. Malgré ces congés, la mortalité qui sévit sur ces employés du cadre inférieur est souvent très grande, surtout dans le nord-est de l'île. Dans les dépendances élevées au-dessus de 500 mètres, tous les Européens se portent généralement bien, aussi envoie-t-on parfois dans les sanotoria d'altitude, qui existent par exemple à Rio-de-Ouro, les européens trop fatigués.

LA VIE DES EUROPÉENS DANS LES PLANTATIONS. — M. MASUI, a décrit avec beaucoup d'exactitude la vie que mènent les agriculteurs portugais à San-Thomé :

On désigne, écrit-il, les plantations sous le nom de *roças* ; une *roça* de moyenne étendue comprend 400 à 500 hectares de terre, c'est le champ d'action d'un *administrateur*. Lorsque les propriétés sont très importantes, il y a un directeur sous les ordres de l'administrateur pour chaque

lot de 500 hectares environ, et le directeur habite une dépendance de la
sede, ferme principale.

Les roças sont disséminées tout le long de la côte et à l'intérieur, jusqu'aux points les plus élevés, comme Monte-Café. Chaque roça vit de sa
vie propre ; les communications étant souvent fort difficiles, il n'en saurait
être autrement. Les administrateurs ont un correspondant en ville qui
s'occupe de les ravitailler. Les installations des fermes sont, en général,
simples et bien comprises ; les européens et les noirs disposent de bons
logements ; les séchoirs, les usines pour décortiquer le café, sont largement
aménagés.

On ne remarque aucun luxe inutile, et peut-être même, les agréments
de la vie sont-ils par trop négligés.

Pour les constructions on emploie généralement le bois provenant
de la forêt ; les cités des *serviçaes* sont faites en maçonnerie, dans
la crainte du feu ; le Portugal fournit les mobiliers, les Etats-Unis, les
machines.

Les ravitaillements des Blancs, peu considérables, viennent d'Europe ;
ils sont complétés par les produits de la basse-cour et de la bergerie ; les
ravitaillements des noirs viennent en partie d'Europe ; le riz, le poisson et
la farine de maïs sont expédiés de l'Angola ; l'Amérique du Sud envoie les
viandes salées.

L'existence que mène la planteur est très familiale ; plusieurs administrateurs de plantations ont avec eux leurs ménages et vivent en commun
avec leur personnel supérieur.

Dès l'aube, tous les *roçeiros,* agriculteurs, patrons et employés, guètrés
et coiffés du grand *sombrero*, enfourchent leurs mules et vont surveiller les
travaux, s'éloignant parfois de plusieurs kilomètres de la ferme ; ils restent
souvent jusqu'au soir dans les plantations, ne rentrant même pas pour
le déjeuner de midi. La journée finie, on se retrouve au dîner, et la
soirée s'achève, dans le plus grand calme, à rêver à la fraîcheur de la nuit,
tout en écoutant quelque air de mandoline rappelant les sérénades du pays.

Malgré l'uniforme monotonie de cette vie d'exil, les planteurs semblent
s'y complaire, ils vont rarement à la ville et seulement quand ils y sont
appelés par leurs occupations ; ils passent ainsi de longues années, atten-
dant, pour revoir la mère-patrie, qu'ils aient acquis le droit au repos. Une
différence capitale existe entre le recrutement du personnel blanc inférieur
ici et dans d'autres colonies ; tandis qu'au Congo, par exemple, tous les
agents sont engagés en Europe et font un *terme* au service d'une entreprise,
les planteurs de San-Thomé trouvent à engager leurs employés sur place ;
l'absence de contrat entre patrons et employés est tout à l'avantage des
deux parties, l'employé faisant son possible pour conserver sa place, et le
patron tâchant de le retenir en le payant davantage, s'il est content de ses
services.

Ces anciens colonisateurs ne craignant pas de s'expatrier pour chercher
une situation que leur pays pauvre ne pourrait leur assurer, ont acquis des
qualités précieuses au point de vue colonial ; ils sont sobres, et, sans être
fort travailleurs, ils ont souci de leurs devoirs et s'appliquent avec
conscience et régularité à remplir leurs fonctions.

RECRUTEMENT DES TRAVAILLEURS INDIGÈNES. — La question du recrutement de la main-d'œuvre indigène est celle qui préoccupe le plus à l'heure actuelle les planteurs de San-Thomé. « Si les cultures ne recouvrent pas encore toute l'île, cela est dû probablement, écrit le consul NIGHTINGALE, au procédé actuel de recrutement de la main-d'œuvre, et les difficultés continueront, nous n'en doutons pas, jusqu'à ce qu'on ait adopté d'autres procédés ».

Substitution d'un autre système à celui actuellement en vigueur, tel est le problème qui se pose actuellement aux coloniaux portugais. Il n'est pas douteux qu'ils arriveront à le résoudre comme ils en ont résolu beaucoup d'autres, et ils parviendront raisonnablement à concilier leurs propres intérêts avec les progrès de la civilisation et l'émancipation totale de la race noire dans toute l'étendue du domaine portugais africain.

Le système de recrutement des travailleurs indigènes a été, dans ces derniers temps, l'objet de vives attaques en Angleterre. On l'a nommé assez inexactement du reste *esclavage moderne*.

Un groupe philanthropique anglais, l'*Aborigene's Protection Society*, a même porté la question sur le terrain diplomatique, en même temps qu'il envoyait un publiciste faire des observations sur place. Son rapport n'a pas été encore publié à notre connaissance.

La presque totalité des travailleurs (*serviçaes* en langue portugaise, *Contracted labourers* en langue anglaise) viennent de l'Angola, vaste possession portugaise située au sud du Congo. Ces travailleurs sont recrutés de la façon suivante dans les ports de Benguela, Novo-Redondo et Loanda :

Certains trafiquants indigènes, sortes de chefs caravaniers, amènent de l'intérieur des districts les plus reculés de l'Angola et même, paraît-il, de Kassaï et du Katanga situés dans le Congo Indépendant, de longues files d'indigènes qu'ils ont recrutés on ne sait trop comment.

D'après la version du consul anglais ce seraient des esclaves ou des prisonniers de guerre achetés au loin dans les districts non encore complètement occupés par les européens ; d'après DE ALMADA NEGREIROS, « ce sont ordinairement des malfaiteurs, condamnés à l'esclavage par leurs chefs despotiques ». Il n'y a d'ailleurs qu'une simple nuance entre ces deux versions.

Les caravaniers arrivent ordinairement à la côte d'Angola chargés de caoutchouc. La vente faite, le chef vient offrir à certains intermédiaires de leur laisser, moyennant rémunération, une partie des hommes et des femmes qui, n'ayant pas

de charges de marchandises à remporter dans l'intérieur, lui
sont désormais inutiles.

Un contrat est passé en présence d'un fonctionnaire de l'administration coloniale aux termes duquel le *serviçal* (ou plus
exactement le chef qui l'a conduit) loue ses services pour une
durée de cinq années à l'intermédiaire agissant comme mandataire du planteur de San-Thomé. Le loueur remet une somme
convenue au chef de la caravane.

Les agents recrutés, écrit MASUI, créent à chaque travailleur une feuille
matricule sur laquelle on inscrit un nom de père et de mère et un lieu de
naissance, improvisés, nécessairement, car ces malheureux esclaves, depuis leur naissance savent-ils où ils ont vu le jour et à qui ils doivent leur
triste existence ?

Les indigènes ainsi engagés sont embarqués par les soins
de l'Administration sur un paquebot de l'*Empreza nacionale*
allant à San-Thomé, et dès leur arrivée dans l'île ils sont expédiés à la roça pour le compte de laquelle ils ont été engagés.
Le *roçeiro* doit verser pour le prix de l'engagement une somme
d'environ 120.000 reis, soit 650 à 700 francs, et il n'a pas à se
préoccuper de la répartition qui en est faite, mais il est bien
évident que la plus grosse part passe entre les mains du trafi-
quant noir qui a amené les porteurs à la côte.

Arrivés à San-Thomé, poursuit MASUI, il en est qui meurent épuisés
par leur calvaire, d'autres tentent de fuir et vont périr dans la forêt. Ils
sont bien traités pourtant ; chaque nouveau travailleur mâle est placé sous
la conduite d'un *parrain*, ancien ouvrier lui apprenant son métier, ayant
surtout pour mission de combattre la nostalgie, fréquente au début de
l'exil ; chaque femme a de même une *marraine ;* en général, il y a autant
d'hommes que de femmes.

La vie des serviçaes. — Venus contre leur gré dans un pays
totalement différent du leur, astreints toute l'année à un travail
soutenu dont ils n'avaient pas la moindre notion auparavant, les
engagés d'Angola s'adaptent péniblement à la nouvelle situation qui leur est faite, malgré les bons traitements qui leur sont
prodigués par les Portugais et la nourriture très variée qu'ils
reçoivent ainsi que l'abri confortable qu'ils trouvent dans leur
nouvelle demeure. Beaucoup se résignent pourtant à la longue
à ce nouveau genre de vie, et lorsqu'arrive l'expiration de leur
contrat, ils demandent à rester et ils terminent leur vie en de-
meurant indéfiniment sur la même plantation. Le travail auquel
ils sont astreints n'est pas pénible, mais il est très prolongé.

D'autres s'enfuient, et après avoir fait plusieurs fois le tour de l'île sans trouver d'issue pour partir, ils reviennent chez leur maître où vont s'établir dans les montagnes.

Ils y sont aujourd'hui près d'un millier de fugitifs, formant plusieurs villages et vivant des rapines qu'ils commettent la nuit dans les plantations.

Enfin il en est certains qui, malgré leur résignation apparente, restent toujours pris par la notalgie de leur pays, et ce sont ceux-là surtout que déciment les maladies. La grande mortalité qui sévit sur les noirs employés dans les plantations a surtout, selon nous, pour cause originelle cette nostalgie plus ou moins mal déguisée. Un proverbe bien connu, dit « Il y a une porte pour entrer à San-Thomé, mais il n'y en a pas pour en sortir ».

MASUI a jugé avec beaucoup d'optimisme la situation morale faite aux serviçaes employés dans les roças :

Les serviçaes, dit-il, touchent un salaire allant de 2 fr. 50 à 5 fr. par mois et davantage suivant leur ancienneté : ils peuvent ainsi s'offrir quelques fantaisies.

Les enfants sont choyés ; jeunes, ils sont placés dans des crèches créées dans chaque propriété, plus tard, ils travailleront à leur tour et, instruits par l'exemple, ne pourront manquer de faire de bons agriculteurs.

Les serviçaes ont une vie de travail, mais, pour toujours soustraits à leur misérable vie d'aventure, ils ont une famille, un intérieur, et sont assurés de soins constants. Quelle différence n'y a-t-il pas entre ces hommes et ceux qui restent au village, condamnés au célibat, traités en bêtes de somme, mal nourris et exploités par un chef âpre et égoïste ?

Il est hors de doute que le premier engagement de 5 ans n'est pas spontané, mais s'il fallait consulter les intéressés, ils resteraient tels qu'ils sont, tant leur volonté est déprimée et tant ils ont crainte de l'inconnu qui s'ouvre devant eux. Rebut de la Société nègre, ce sont des êtres incapables de jouir de la liberté tels que nous la concevons et puisqu'ils doivent avoir un maître, ne vaut-il pas mieux que ce soit un colon au lieu d'un chef cruel échappant à tout contrôle du gouvernement ? Admettons même que le planteur soit dépourvu de sentiments humanitaires, comme chaque homme lui revient vendu à San-Thomé à raison de 600 à 800 francs, il sera intéressé à le bien traiter.

Si l'on se place au point de vue uniquement moral, c'est une véritable mission philanthropique que remplit l'État portugais en favorisant le rachat de ces esclaves des mains de leurs bourreaux ; le travail régulier et rémunéré n'est-il pas le premier échelon de la régénération de cette race déshéritée, le seul, à mon avis, que l'on puisse sagement lui faire franchir de longtemps !

Nous ne partageons nullement l'enthousiasme du voyageur belge pour cet état de choses. Le travail imposé par contrainte n'améliore point la situation du travailleur et profite rarement d'une façon durable à l'employeur qui a tout intérêt à se servir d'immigrants volontaires. La colonisation par le travail forcé est la pire des colonisations !

Du reste à San-Thomé, bien que les Portugais aient employé à l'égard de leurs employés *la méthode douce* et nous voulons dire par là que les noirs, loin d'être malmenés, y sont traités avec beaucoup de justice, — la vie du noir des roças ne s'est pas très améliorée.

Nous n'en rendons du reste nullement responsables les planteurs portugais. Il faut prendre le noir de ces contrées pour ce qu'il vaut, et ce n'est pas par sentiment que nous portons ce jugement. Vêtu de lambeaux d'étoffes, mangeant une nourriture grossière dans laquelle les barbottages de boue (car les indigènes d'Angola sont presque toujours géophages), tiennent une grande place, alors qu'il pourrait avoir une alimentation choisie puisqu'il reçoit une large ration et qu'il peut puiser librement dans les plantations certains autres vivres, le serviçal a en somme une existence pénible, et les 10 heures de travail qu'il accomplit chaque jour ne lui profitent pas à grand chose.

Il diffère considérablement à cet égard des travailleurs libres de la Gold Coast ou de Lagos exploitant le Cacaoyer pour leur propre compte, mais il est douteux que son niveau soit suffisamment élevé pour être capable d'efforts analogues.

La condition de la femme du serviçal de San-Thomé s'est peu améliorée : si elle devient mère, dès que ses couches sont faites, elle prend part de nouveau aux travaux du dehors avec son enfant sur le dos, ou bien celui-ci est confié à de vieilles femmes qui restent à la maison pour que la mère puisse aller aux champs. C'est à cette institution qu'on donne le nom de *crèches*.

L'accoutumance au travail d'ailleurs n'existe pas. Dès que cesse la surveillance, l'engagé redevient ordinairement apathique et paresseux. Il faut un contrôle de tous les instants ou une tâche bien précise, tracée à l'avance, qui doit être accomplie en un temps déterminé pour pouvoir tirer du noir, comme on le fait à San-Thomé, un travail productif. Le sentiment de l'épargne a-t-il été au moins contracté par le *serviçal ?* Non. Sa maigre solde sitôt gagnée est souvent dépensée en puérilités. A la fin de son engagement il n'a réalisé aucune économie. Il est obligé de se rengager de nouveau ou de retourner dans son pays aussi misérable qu'à son départ. On ne le laisse pas libre alors de se fixer à San-Thomé à moins qu'il ne justifie de moyens d'existence. Le gouvernement portugais s'est du reste ému de cette situation : il vient de fixer un taux minimum au-dessous duquel on

ne·peut engager les *serviçaes* et il retient lui-même une partie
de cette solde, de manière à constituer à chacun une sorte de
pécule qui, à l'achèvement de son contrat lui permettra d'avoir
une certaine aisance.

Il n'est pas douteux que lorqu'ils seront en possession de
ces économies, beaucoup de noirs ne renouvelleront pas leur
contrat, de sorte que les planteurs portugais, malgré leur grande
expérience qui leur permet de tirer du noir sans violence un
travail très productif, se trouveront en présence de grandes difficultés, à moins qu'ils ne recourent alors à un autre système
de main-d'œuvre.

Certaines plantations comme Boa Entrada, Rio-de-Ouro, etc.
ont pourtant fait de très méritants efforts pour améliorer la situation de leurs employés indigènes, on a principalement cherché à diminuer la mortalité. L'habitation de l'indigène est devenue confortable. La pauvre paillotte faite avec quelques morceaux de bois et des roseaux, couverte en feuilles de bananiers
a presque complètement disparu de toutes les roças. A Boa
Entreda on a consenti dans ces derniers temps de grands sacrifices pécuniaires pour améliorer le sort des indigènes. A Rio-de-
Ouro, d'après de Almada Negreiros, on donne à chaque travailleur
parvenu à la vieillesse une parcelle de 2 à 4 hectares en propriété
complète. « Le serviçal y récolte le cacao, le café, etc., et vend
ces denrées à son profit et à celui de sa famille en pleine
indépendance. Il a sa basse-cour, son *home*. A sa mort il lègue
sa fortune aux siens et ceux-ci continuent à jouir de ses
biens. » C'est sans doute une innovation tout à fait exceptionnelle.

Habitation et nourriture des serviçaes. Solde. — Dans la
plupart des roças on a construit en planches, en plaques de tôle
ou même en briques, de longs bâtiments de 5 à 6 mètres de hauteur, de 4 mètres à 5 mètres de largeur et surélevés de 1 mètre
au-dessus du sol. Des murs de séparation distants de 4 mètres
les uns des autres, partagent ces bâtiments en un grand nombre
de chambres dont chacune a une porte et une petite fenêtre.
Les indigènes vivent deux par deux dans ces chambres, ou, s'ils
sont mariés, l'homme, la femme et les enfants cohabitent dans un
même appartement.

A Boa Entrada, dans chaque chambre sont deux lits, sortes
de tables élevées au-dessus du sol avec une couverture par
indigène, enfin quelques ustensiles de ménage et même un
siège. La cuisine se fait toujours au dehors, ordinairement sous
un grand hangar affecté à cet usage. Si l'indigène est marié
c'est sa femme qui s'occupe de la préparation des aliments lors-

qu'elle rentre de la plantation ; les célibataires vivent ordinairement en « popote », par groupes et quelques serviçaes sont
parfois affectés au service de la cuisson des aliments et de la
préparation de l'huile de palme employée à la cuisine. Dans la
plupart des roças, la ration de vivres est distribuée le dimanche pour le reste de la semaine ; dans d'autres on la distribue tous les deux jours.

La quantité et la qualité des vivres qu'on donne varient naturellement d'une plantation à l'autre. La ration consiste ordinairement en riz, farine de maïs, poisson séché et viande salée
ou séchée. Le dimanche elle est parfois augmentée de haricots
et de légumes divers, de sardines à l'huile ou de viande fraîche
de porc. Il existe toutefois des roças où le travailleur ne rencontre qu'un bien-être médiocre, et d'autres au contraire où il
trouve des vivres en abondance. Dans certains roças on fait entrer les bananes dans la ration, dans d'autres, le *serviçal,*
outre la ration de vivres importés, a la liberté des prélever à sa
guise des bananes dans la plantation.

A Boa Entrada, tous les dimanches dans l'après-midi, les
serviçaes se présentent au magasin, avec une petite caissette
divisée en trois compartiments. Dans l'une on leur donne le riz
décortiqué, dans l'autre la farine de maïs, enfin, dans la troisième, une bouteille d'huile de palme, des poissons secs et de
la viande séchée provenant de la République Argentine.

A San-Miguel, chaque travailleur reçoit par semaine :

2 Kilogs de viande séchée ;
2 kilogs de poisson sec (coûtant à Mossamédès 0 fr. 30 le kilog et revenant rendu à San-Thomé à 0 fr. 70 ;)
2 kilogs de riz ;
1 kilog de haricots ou de pois chiches ;
1/2 litre d'huile de palme ;
Du sel à discrétion.

Il peut, en outre, prélever dans la plantation, autant qu'il le
désire, des fruits du bananier-plantain, des bananes sucrées et
des fruits divers, s'il y en a dans la saison : mangues, papayes,
ananas, avocats, fruits de l'arbre à pain, du *Treculia,* châtaignes de la Guyane, etc.

La solde des *serviçaes* varie suivant leur ancienneté et l'emploi qu'ils remplissent. Autrefois, elle était pour la grande
majorité de 600 reis seulement, soit 3 francs par mois, mais
elle a dû être élevée dans les dernières années et la plupart

des engagés reçoivent à présent 1.000 à 1.500 reis par mois,
soit 5 à 8 francs. Il existe des roças où l'on arrive à donner
une paye mensuelle de 10 à 12 fr. 50. Quant aux *capitas* ou
chefs d'équipe, ainsi qu'aux maçons, charpentiers, ils ont une
solde double.

. La paye se fait ordinairement le premier dimanche qui suit
la fin du mois : elle se fait en monnaie de billon. Outre sa
solde fixe, le serviçal peut recevoir des gratifications pour les
rats qu'il a tués (0 fr. 10 par rat) ou les travaux supplémentaires
qu'il a accomplis.

Le noir d'Angola dépense toujours la solde qu'il reçoit au
fur et à mesure du gain et il semble qu'on a fait jusqu'à présent
bien peu de chose pour développer chez lui l'esprit de prévoyance. La solde est dépensée dans la roça même où le *serviçal* est employé et il n'a pas le loisir (ou il le fait à la dérobée
pendant la nuit) d'aller s'approvisionner chez de petits trafiquants *angolares* ou *fils de San-Thomé,* quand il en existe
d'installés aux environs.

Dans toute exploitation, on trouve une sorte de magasin-
cantine nommé *loja*, où le travailleur peut acheter les vivres
et boissons supplémentaires ou bien les tissus et futilités diverses qu'il recherche.

Les denrées les plus prisées dans la *loja* sont : du vin
importé du Portugal, de l'alcool fabriqué avec la canne à sucre
cultivée dans le pays, du tabac, des pipes, de la viande fraîche
de porc, des poissons volants séchés par les angolares. Parfois
on fait même venir au travailleur les objets qu'il demande sur
le vu d'un catalogue : ceintures, montres, couteaux, accor-
déons, etc. Ordinairement, toutes les marchandises mises en
vente dans la *loja* sont majorées de 20 à 25 p. 100 du prix de
revient.

A Boa Entrada, en même temps qu'on supprimait la vente
de l'alcool, on cessait de prélever des bénéfices sur les diverses
autres denrées dont la vente était maintenue : elles se trouvaient ainsi mises en vente sans majoration sur le prix de
revient, c'est-à-dire à un prix très réduit. Cette mesure fort
louable a eu le résultat suivant bien peu encourageant : les
achats clandestins d'alcool chez les petits trafiquants voisins se
sont accrus, tandis que la vente dans le magasin de la plantation diminuait dans de grandes proportions.

Parmi les autres produits que certains *roçeiros* vendent à
leurs manœuvres, il faut citer le vin de palme fourni par l'*Elæis
guinensis*, mis en vente au prix de 0 fr. 10 la bouteille dans
quelques roças. Dans d'autres plantations, les bananes-plantain

sont aussi vendues. Il en est de même de quelques denrées alimentaires de la plantation, telles que le manioc, les patates, les taros.

Cependant, dans certaines roças, le *serviçal* a la liberté de cultiver ce qu'il veut dans un terrain déterminé (*quinté*) et les produits de ces cultures : haricots, piments, gombo, maïs, canne à sucre, lui appartiennent.

HYGIÈNE ET MORTALITÉ. — A part de rares exceptions dignes des plus grands éloges, on a fait encore bien peu de chose pour améliorer l'hygiène des travailleurs dans les plantations. On a exécuté surtout les travaux les plus urgents : constructions d'hôpitaux, de cités ouvrières, etc., mais la mortalité n'a guère diminué et cela tient, à notre avis, à ce que les conditions de vie sont restées détestables. Les indigènes des deux sexes travaillent 10 heures par jour, ce qui est excessif dans les contrées tropicales. En outre, quel que soit le temps, ils vont aux champs, toujours vêtus aussi primitivement. Ils restent parfois des journées entières sous la pluie et, en rentrant le soir à la maison, ils ne sont pas toujours certains de trouver un *brasero* pour se réchauffer.

La vie familiale n'existe guère qu'en apparence, puisque la femme comme l'homme travaille aux champs.

Les mères portent aux champs les petits, écrit DE ALMADA NEGREIROS, les ballotant et les blessant même quelquefois, car, pour qu'ils ne les gênent pas dans leur travail, elles les attachent sur leur dos d'une façon brutale avec des draps et des ceintures. Si les enfants restent à la maison leur garde est confiée à une ou plusieurs femmes incapables d'apporter à ces petits l'attachement maternel. En outre, la superstition dont tous les noirs ont une grande dose, porte les négresses à imposer à leurs enfants de véritables supplices pour leur éviter le *fetiço* (ensorcellement). C'est là encore une des causes fréquentes de la mortalité des enfants dans ce pays.

Cette mortalité infantile est véritablement effrayante. De l'avis de M. DE ALMADA NEGREIROS, elle s'élève à plus de 80 p. 100, et de fait, dans toutes les roças que nous avons visitées, les enfants qui dépassent 7 ou 8 ans sont très rares. A partir de cet âge, d'ailleurs, ils travaillent dans la plantation et nous ne connaissons aucune tentative faite en vue de leur donner une première instruction.

La mortalité chez les adultes est aussi très grande. Elle sévit principalement sur les nouveaux venus. Sur l'ensemble

des travailleurs, elle est d'environ 10 p. 100 par an, dans l'île
de San-Thomé, et de 20 p. 100 dans l'île de Principe.

Nous manquons de chiffres précis pour les années récentes,
mais pour 1900, le consul NIGHTINGALE a publié les chiffres
donnés dans le tableau ci-dessous :

Situation sanitaire de différentes roças pendant l'année 1900
(d'après NIGHTINGALE).

Noms des roças.	Nombre d'employés.	Nombre des entrées à l'hôpital.	Nombre des sorties.	Nombre des décès.	Pourcentage des mortalités.	Total du pourcentage.
San-Anna (Agua-Izé). . . .	1.023	1.984	1.911	88	8.11	
Saô João d'Angolares. . .	702	.512	408	92	13.10	
Porto-Alègre. .	605	461	400	22	3.63	
Monte-Café. . .	585	640	611	19	3.24	
San-Miguel. . .	564	430	406	41	7.26	6.67
San-Nicolau. . .	425	1.190	1.186	14	3.29	°/o
Caridade . . .	337	330	319	20	5.93	
Pedroma . . .	285	917	877	31	10.87	
Saudade. . . .	283	1.115	1.078	13	4.59	
Java.	231	623	606	6	2.60	
Amparo. . . .	207	167	133	9	4.34	

Nous ignorons à quelle source M. Nightingale a puisé ces
chiffres. Plusieurs planteurs dignes de foi nous ont déclaré que
certains devaient être exagérés.

Même en faisant cette réserve on voit qu'il reste beaucoup à réaliser pour arriver à faire de ces émigrants plus ou
moins forcés une population sédentaire, souche d'un nouveau
peuplement de travailleurs et ainsi, suivant le beau rêve de · DE
ALMADA NEGREIROS, *faire de la nouvelle génération des hommes
plus robustes, qui deviendraient le soutien de la prospérité de la
colonie.*

Actuellement, la province est obligée de se réapprovision-
ner chaque année de 5.000 à 6.000 de ces travailleurs par suite
de la grande mortalité qui frappe ces derniers.

En novembre 1900, d'après NIGHTINGALE, le recensement des
serviçaes était le suivant :

	Hommes.	Femmes.	Total.
San-Thomé.	10.633	8.578	19.211
Principe.	1.740	1.435	3.175

Le nombre de ces *serviçaes* entrés en 1901 à San-Thomé et Principe, est le suivant:

Hommes. . . .	2.616
Femmes	2.136
TOTAL. .	4.752

A Principe, la mortalité a été de 20,67 p. 100, du 12 novembre 1900 au 12 novembre 1901, ainsi qu'en témoigne le tableau suivant :

Travailleurs existant en novembre 1900.	3.607	serviçaes.
Il est entré durant l'année.	586	—
TOTAL.	4.193	serviçaes.
Mais il est mort, dans le même laps de temps. . .	867	—
Le 12 novembre 1901, il ne restait plus que. . . .	3.326	serviçaes.

On n'a pas de renseignements très précis sur la mortalité actuelle à San-Thomé, mais elle est encore très élevée. Le tableau ci-dessus, donnait une moyenne de 6,67 p. 100, mais remarquons qu'il a été établi seulement pour quelques grandes roças ayant une véritable organisation sanitaire.

- Les principales maladies qui font le plus de victimes sont : la dyssenterie, le tétanos, le paludisme, le béribéri, la pneumonie et surtout l'anémie.

A Principe, la principale cause des décès est la terrible maladie du sommeil. Son existence coïncide avec la présence d'une *Glossina* (mouche *tsé-tsé*) dans l'île, alors qu'à San-Thomé où la maladie du sommeil ne sévit que sur ceux qui l'avaient déjà lors de leur émigration, on n'observe pas de glossines.

- Lorsqu'un indigène est reconnu malade, il entre à l'hôpital de la *roça* où il est soigné avec beaucoup d'attention.

- Ces hôpitaux sont ordinairement bien tenus, bien approvisionnés en produits pharmaceutiques, et fréquemment visités par des médecins civils ou des médecins de marine en congé, médecins appointés par les planteurs.

- Un médecin donne ordinairement ses soins à tout un secteur de roças, et il les visite alternativement tout au long de la semaine.

TRAVAILLEURS AUTRES QUE LES SERVIÇAES D'ANGOLA. — Dans

quelques roças, on utilise, du reste dans une faible proportion, quelques travailleurs d'autres provenances.

Au premier rang, il faut placer les Angolares, pêcheurs fixés le long de la côte sud-est de San-Thomé, descendants d'esclaves qui firent naufrage en 1540. Aujourd'hui, ils doivent payer une redevance aux planteurs possesseurs du sol sur lequel se trouvent leurs villages. D'un esprit très indépendant, les Angolares n'ont pu se plier à la discipline des roças, mais pour s'acquitter de leur redevance ou se procurer divers avantages, ils consentent à faire certains travaux à forfait. Ce sont d'excellents marins, et on leur confie souvent la flottille dechaque roça avec laquelle ils font les transports à la ville et vice-versâ. Ils fournissent aussi du poisson aux roçeiros. Enfin ce sont d'excellents abatteurs de bois, et on leur donne quelquefois des défrichements à faire à forfait. Ils sont en outre très habiles à scier le bois, et on les charge aussi de débiter les planches qui serviront aux constructions.

Les autres natifs de l'île (*fils de San-Thomé*), descendants pour la plupart d'anciens esclaves libérés, ont peu de goût pour l'agriculture; beaucoup sont des paresseux, ne vivant guère que de rapines, et, dans les roças situées au voisinage de la ville et des villages, les planteurs sont obligés d'entretenir un personnel de gardes assez nombreux pour empêcher leurs gênants voisins de venir voler le cacao pour aller le vendre ensuite aux petits trafiquants de la ville.

Il ne faut donc guère compter sur le travail de ces indigènes, et en effet, on les emploie très peu dans les roças.

Au commencement de cette étude, nous avons dit un mot des Dahoméens, Kroumen, Cabindas et Coolies qui vivent encore dans la colonie portugaise, mais ils sont en si petit nombre qu'il n'y a point à y revenir.

COMPARAISON AVEC LA MAIN-D'ŒUVRE DANS D'AUTRES PAYS A CACAO. — L'entretien de chaque serviçal coûte environ 1 fr. 50 par jour (chiffre donné par DE ALMADA NEGREIROS). Dans ce chiffre sont naturellement compris les frais provenant de l'engagement, la solde, la nourriture, l'habillement, enfin la perte pécuniaire qu'éprouve le planteur par suite de la grande mortalité sur les serviçaes nouvellement introduits, qui meurent très souvent avant d'avoir amorti la dépense résultant de leur engagement.

D'après nos calculs, un manœuvre *bien payé* qui n'a pas encore terminé son contrat de 5 ans, revient à environ 40 fr. par mois au planteur, cette somme étant repartie de la façon suivante :

Engagement et pertes résultant de la grande mortalité. .	16 francs.
Solde mensuelle.	12 —
Nourriture et vêtements.	12 —
TOTAL.	40 francs.

. Pourrait-on avoir une main-d'œuvre à meilleur compte ?

Pour répondre à cette question, et pour émettre une hypo-thèse, il faut procéder par comparaison avec les autres pays producteurs de cacao.

M. FAUCHÈRE a rapporté de sa récente mission en Amérique et aux Antilles, de très intéressants renseignements sur cette question de la main-d'œuvre.

A la Trinidad, les travaux se font tantôt à la tâche, tantôt à la journée.

Les coolies hindous qui sont fournis par le Gouvernement de l'île, sont engagés pour 5 ans. Le planteur leur doit le logement et les soins médi-caux ; il s'engage en plus, à leur fournir du travail rétribué à raison de 1 fr. 25 par journée de neuf heures. Le plus souvent cependant, les Hin-dous travaillent, comme les ouvriers libres, à la tâche.

Les immigrants sont surveillés et défendus par le « Protector » qui s'assure, quand il le veut, en inspectant la comptabilité des planteurs, que ses pupilles sont payés à des prix sensiblement égaux à ceux fixés comme minima, dans les contrats, où, comme je l'ai dit précédemment, le prix de la journée pour un homme est arrêté à 1 fr. 25.

Les châtiments corporels sont rigoureusement interdits, les directeurs ou gérants de plantations qui se livreraient à des voies de fait sur leurs coolies, seraient condamnés et ne pourraient plus, par la suite, être em-ployés sur une plantation occupant des ouvriers hindous.

Il faut dire aussi que le code est très rigoureux pour les immigrants ne remplissant pas les clauses de leurs contrats.

Un règlement spécial connu sous le nom d' « Immigration Ordonnance » précise dans tous ses détails la question de l'immigration.

Ainsi comprise, l'introduction de la main-d'œuvre étrangère donne à Trinidad, des résultats remarquables, et elle a permis à cette île d'arriver au degré de prospérité où elle est.

L'Hindou, engagé pour 5 ans, a l'immense avantage de fournir au plan-teur une main-d'œuvre régulière. Au courant de toutes les habitudes de la maison, le noir habitant le pays est certainement meilleur ouvrier, il abat plus de besogne en un temps donné, mais il lui répugne de travailler ré-gulièrement, et les planteurs ne peuvent guère compter sur lui que pour donner des coups de main, lorsque le travail donne et que les ouvriers régulièrement engagés ne sont plus assez nombreux pour assurer le service.

Cependant on trouve, parmi les noirs et les métis de Trinidad, des sujets travailleurs, qui, s'ils ne se soumettent pas volontiers à la discipline à laquelle sont astreints les ouvriers travaillant à la journée, cherchent cependant à gagner leur vie en travaillant et se chargent volontiers d'établir, à la tâche, les nouvelles plantations ; de là, est né le système de culture connu à Trinidad sous le nom de *Contractor System* (1).

Aux termes du contrat, l'employé doit effectuer les défrichements, la plantation, le remplacement des Cacaoyers qui disparaissent, l'entretien du terrain cultivé, il a le plein bénéfice de toutes les denrées croissant sur ledit terrain et, à la fin du contrat, le propriétaire lui paie une somme convenue par pied de Cacaoyer existant.

Dès que le contrat a été signé, l'entrepreneur se rend sur le terrain, s'y bâtit une habitation et commence la culture.

C'est généralement après 5 ans que le propriétaire reprend le contrat des mains du contractant, qu'il désintéresse ordinairement à raison de un shelling (1 fr. 25) par Cacaoyer rapportant, c'est-à-dire par plant ayant crû normalement et repris la première année ; 0 fr. 60 par plant fleurissant mais n'ayant pas encore produit, et 0 fr. 30 par petit plant.

Les plants d'Érythrines sont généralement comptés comme des Cacaoyers rapportant.

Les avantages et les inconvénients de ce système ont été très discutés.

On reproche aux cultures intercalaires faites par l'entrepreneur d'épuiser beaucoup le sol ; on accuse celui-ci de planter des espèces de Cacaoyer grossières et rapportant vite. A dire vrai, je ne vois pas bien la justesse de ces reproches. En cultivant le sol, le contractant est obligé de le remuer, et il n'est pas douteux que c'est là une condition d'amélioration qui manque presque toujours aux terrains cultivés des régions tropicales. En ce qui concerne le choix des espèces, la confusion est telle à Trinidad que les planteurs eux-mêmes ignorent à peu près complètement quelles sont les meilleures et les plus mauvaises ; seule la forme *calabacillo* est reconnue comme notoirement inférieure ; le contractant n'aurait aucun avantage à la cultiver, car elle produit peu et donne des produits très mauvais. Il est du reste facile au propriétaire de choisir lui-même l'espèce qu'il désire cultiver et de forcer l'entrepreneur à la planter.

Si ce système a quelques inconvénients, il a de sérieux avantages à Trinidad. Il permet aux planteurs peu fortunés d'agrandir leurs plantations, car pendant les cinq premières années un capital restreint est suffisant.

Au moment où le contrat doit être repris à l'entrepreneur, la banque consent très facilement des prêts d'argent aux planteurs, si les cultures ont été régulièrement établies, pour leur permettre de désintéresser le contractant (2).

(1) FAUCHÈRE, *Culture pratique du Cacaoyer*, p. 138.
(2) FAUCHÈRE, *loc. cit.*, p. 143.

Dans la Guyane hollandaise, les conditions de travail sont un peu différentes. D'après M. Fauchère, la main-d'œuvre est fournie à peu près exclusivement par des émigrants hindous et javanais, introduits par les soins du gouvernement de la colonie, pour une période de cinq années. Les frais d'introduction, fixés par un arrêté du gouverneur de Surinam, s'élèvent à 559 francs par ouvrier adulte. Chaque année les planteurs versent en outre à la caisse d'immigration un impôt de 5 florins par homme adulte, et 2 florins 1/2 par femme adulte travaillant sans contrat. Le coolie doit 313 journées de travail par an (la journée de travail est de 7 heures dans les champs, et de 9 heures dans les bâtiments). La première catégorie de travailleurs renfermant les hommes de 16 ans et au-dessus, gagne 1 fr. 25 par journée de 7 heures, cette somme étant toujours payée en espèces.

Sans doute, écrit Fauchère, le prix de 1 fr. 25 pour la journée de 7 heures, plus le logement, semble un salaire très élevé, mais il faut tenir compte de la régularité du travail ; c'est un avantage énorme, c'est une nécessité absolue d'avoir une main-d'œuvre stable sur laquelle on puisse compter sans cesse, pour établir et entretenir de sérieuses plantations.

On peut, sans crainte d'être taxé de faiblesse à l'égard des races inférieures ou considérées comme telles, reconnaître que les coolies employés en Guyane hollandaise, qui travaillent sous ce dur climat, restant sept heures durant sous une pluie torrentielle, et cela presque chaque jour, ne volent pas le prix de leur journée. C'est du reste, grâce à ces Hindous et Javanais qui restent 5 ans, 10 ans et même plus sur la même plantation, fournissant régulièrement leurs 300 et quelques journées de travail par année, que les planteurs hollandais doivent de vivre aussi facilement sous le climat de Surinam qui est incontestablement l'un des plus durs.

A l'achèvement de leur contrat, les coolies, s'ils veulent reprendre du service chez le même planteur, reçoivent de celui-ci une prime assez élevée, fixée par le gouvernement local. Si, au contraire, ils désirent rester libres, afin de s'établir dans la colonie, en renonçant à leur droit au rapatriement, on leur donne des terres et des primes en argent.

En définitive, il semble que c'est encore à San-Thomé où la main-d'œuvre revient au meilleur marché, mais nous avons montré plus haut combien est défectueux le système de recrutement. Le gouvernement portugais sera sans doute amené à modifier un jour ce système, et lorsque le *roçeiro* ne pourra plus utiliser qu'une main-d'œuvre librement consentie par le noir, il aura, au début tout au moins, des frais plus considérables mais nous pensons que lorsque les premières difficultés seront surmontées, il sera encore dans de bonnes conditions pour maintenir et étendre la production du cacao dans des taux rémunérateurs.

Nous avons vu sur place la merveilleuse activité des colons portugais à San-Thomé, nous avons foi dans leur réussite, et nous sommes convaincus qu'ils parviendront à solutionner cette question de la main-d'œuvre, comme ils ont déjà résolu d'autres problèmes coloniaux difficiles.

CHAPITRE V

Sol. — Fumure et défrichements.

Les sols tropicaux en général. — Composition des terres à cacao. — Les besoins du Cacaoyer. — La fumure : Fumiers et engrais chimiques. — Le défrichement. — Drainage et irrigation. — Écartement des Cacaoyers.

Les terres de la zône tropicale ne sont, en général, pas plus fertiles que celles des pays tempérés. Là où la forêt est demeurée, le ruissellement n'a pas eu les résultats désastreux que l'on observe dans les régions déboisées telles que le Soudan, où, souvent presque toute la terre végétale a été entraînée par les pluies vers les vallées ou vers la mer. Mais dans la forêt elle-même, où les puissantes racines des arbres et les rhizômes entremêlés des végétaux du sous-bois retiennent pourtant la terre, l'humus produit au cours des siècles est loin d'atteindre habituellement l'importance que l'on pourrait imaginer à la vue de la puissance de la végétation. La violence des pluies est telle que chaque année les terres sont soumises à un véritable lavage qui entraîne dans les cours d'eau une partie des éléments fertilisants du sol ainsi que les débris végétaux qui le recouvrent.

Dans presque toutes les grandes forêts du Congo, de la Côte d'Ivoire, de la Nigéria ou même à San-Thomé, l'épaisseur de la couche de terre végétale noire excède rarement 30 ou 40 centimètres et souvent même elle n'est que de 10 à 20 centimètres.

Au-dessous, on trouve une terre généralement très pauvre, souvent constituée par de l'argile presque pure, où pénètrent encore quelques grosses racines soutenant les arbres, racines qui s'y ramifient faiblement et y puisent sans doute très peu de substances minérales.

En réalité, la plus grande partie des espèces d'arbres de la forêt africaine déploient tout leur feutrage de racines et de radicelles dans la couche superficielle et c'est là où elles absorbent les matières minérales ou azotées nécessaires à la vie de la plante. Beaucoup d'espèces n'envoient même pas de pivot dans la couche plus profonde qui constitue pour le végétal un milieu inerte, absolument stérile.

Il résulte de cette constatation les faits principaux suivants : c'est presque exclusivement la couche superficielle de terre végétale, qui fournit à l'arbre de la forêt les substances dissoutes nécessaires à sa nutrition. Plus cette couche sera épaisse, plus ordinairement l'arbre spontané ou la plante ligneuse cultivée seront dans de bonnes conditions pour se développer et produire des fruits. Parfois, la couche sous-jacente sera assez meuble pour que certaines racines puissent s'y enfoncer : l'absorption, dans ce cas, se fera sur une masse de terre beaucoup plus forte.

Le Cacaoyer étant un arbre à racine principale pivotante (son pivot s'enfonce souvent à plus de 2 mètres de profondeur), ne peut vivre que dans les terrains présentant outre une bonne épaisseur de terre noire superficielle, une couche sous-jacente non complètement compacte. Ainsi les terrains où l'on trouve, au-dessous d'une mince couche de terre, de véritables tables de pierre ou de gros blocs de roche, ou simplement des argiles compactes, ne pourront convenir à sa culture.

Cependant, par des travaux d'aménagement, on pourra remédier, dans une assez grande mesure, au défaut provenant de la nature même du terrain que l'on veut planter.

Si la couche superficielle est trop mince et pas suffisamment riche en éléments fertilisants, on y suppléera en apportant des engrais. Si la couche profonde n'est pas assez meuble pour que le pivot du Cacaoyer puisse s'enfoncer normalement, on remédiera à cet état de choses en creusant des fosses étendues d'où l'on extraira l'argile ou les gros blocs de roche que l'on remplacera par un sol apporté, enlevé à la surface des terrains environnants. Si la fosse est suffisamment grande, le Cacaoyer vivra très bien, car ses racines pourront s'étendre dans un sol artificiel approprié, absolument comme le font les racines des arbustes que l'on cultive dans des caisses d'orangerie. Mais ces modifications nécessiteront un travail considérable et dans les pays où la main-d'œuvre est trop chère, la culture du Cacaoyer ne sera plus pratique.

En définitive, la connaissance des terres qui conviennent à

la culture du Cacaoyer est très importante, car s'il est presque toujours possible de faire vivre artificiellement cet arbre dans les régions dont le climat est convenable, c'est-à-dire dans les *régions tropicales forestières de faible altitude,* cette culture ne sera rémunératrice qu'à la condition que la préparation du terrain ne nécessite pas trop de travaux.

LE TERRAIN A SAN-THOMÉ. — L'île de San-Thomé a une origine volcanique; tous ses terrains sont de provenance exclusivement éruptive, la contexture est formée de basaltes, de trachytes et de phonolites. Toutes ces roches ont une composition basique. Leurs éléments contiennent en assez forte proportion de l'acide phosphorique, de la potasse et un peu de chaux, mais ces éléments existent dans des roches très dures qui se désagrègent lentement sous l'action des agents atmosphériques. En outre, des roches en particules plus ténues, telles que les cendres volcaniques, peuvent aussi avoir été apportées à la surface sous forme de nappes sur lesquelles les agents naturels ont beaucoup plus d'action. C'est probablement là l'origine des tuffeaux très calcaires que nous avons observés en assez grande quantité au haut du cratère de Lagua Amélia.

En tout cas, c'est le lent et parfois brutal travail de désagrégation des roches volcaniques qui a donné naissance aux terres fertiles de San-Thomé.

LA TERRE DE SAN-THOMÉ. CONSTITUTION PHYSIQUE. — La décomposition des roches a tout d'abord produit des argiles. Cependant, il est inexact de regarder le terrain de San-Thomé comme argileux. Sans doute, dans beaucoup de vallées, on trouve l'argile jaune ou rouge à une faible profondeur, mais dans presque tous les endroits où on cultive le Cacaoyer, l'argile se mêle au sable dans d'assez grandes proportions : ce sont des terres fortes, mais non des argiles au sens absolu du mot. Nulle part, nous n'avons observé ces grandes masses argileuses si fréquentes au Congo et à la Côte d'Ivoire et sur lesquelles il est presque impossible de faire vivre le Cacaoyer.

Il existe en outre à San-Thomé divers endroits où la terre est très normale et atteint une épaisseur de plusieurs mètres, mélangée parfois d'humus jusqu'à un mètre de profondeur. Dans ces terrains, disposés en côteaux bien abrités, le Cacaoyer ne peut manquer de prospérer, car la terre contient les éléments chimiques nécessaires au Cacaoyer en quantité suffisante.

Dans beaucoup de régions de l'île, le plus grand obstacle

à la culture est l'abondance dans le sol de gros blocs de roche éboulés des hauteurs et souvent très peu distants les uns des autres. Lorsque le pivot de l'arbuste vient buter contre ces blocs, la plante subit un arrêt dans son développement et la présence de ces grosses pierres dans le sol occasionne souvent la mort des arbres. Si l'on établit une Cacaoyère dans un endroit où ces blocs sont abondants, il est indispensable de les extraire en creusant des fosses et en les transportant ensuite aussi loin que possible. Ce travail est souvent très dispendieux et l'indigène qui opère dans ces terrains ne peut pas parfois creuser plus de 5 fosses par jour.

Les sols sablonneux sont rares à San-Thomé ; on les trouve parfois au voisinage de la mer, notamment dans le nord de l'île et autour de la ville. Le Cacaoyer y prospère lorsque la couche de terre végétale est suffisamment épaisse.

Il existe quelques terrains salés à proximité du rivage et à l'estuaire des rivières. Si l'eau saumâtre y séjourne, les jeunes Cacaoyers plantés ne tardent pas à mourir ; au contraire nous avons vu en belle végétation, près de San-Miguel, des arbres plantés presque de niveau avec la mer et souvent atteints par l'eau salée au moment des hautes marées.

Les brises de la mer qui apportent un enduit salé à la surface des feuilles sont très néfastes et c'est contre elles surtout qu'il faut protéger les Cacaoyers par des cordons protecteurs d'arbres en fourrés épais servant d'abris.

COMPOSITION CHIMIQUE DU SOL. — L'analyse chimique des terres tropicales ne peut fournir qu'une simple indication sur leur degré de fertilité. Cela est surtout vrai dans les pays tropicaux où des terres qui, à l'analyse chimique, semblent pauvres en azote, en acide phosphorique et en potasse, sont parfois très fertiles.

On a voulu expliquer cette anomalie en affirmant que les méthodes qu'emploient nos agronomes pour analyser les sols en Europe ne peuvent pas s'appliquer aux terres tropicales. Nous n'en voyons pas bien la raison. Assurément, on ne peut comparer le résultat de ces analyses à celles de nos terres à blé, par exemple, chaque espèce végétale ayant un pouvoir d'absorption qui lui est propre.

Une espèce pourra arriver à enlever à un sol pauvre en potasse des quantités relativement élevées de cette substance, alors qu'une autre espèce, qui n'a pas les mêmes besoins, vivant dans un sol riche en potasse, en prendra cependant une quantité très faible.

Les principaux éléments qui existent dans les cendres de cacao sont la potasse, l'acide phosphorique et le sulfate de magnésie.

On admet généralement, d'après les agronomes les plus autorisés, qu'une tonne de cacao marchand demande au sol :

Acide phosphorique.   .   .   .   **10 kilogs.**
Potasse.   .   .   .   .   **60   —**

Ces substances doivent donc exister en quantité suffisamment élevée dans les Cacaoyères, mais il pourra cependant arriver qu'un sol en pente qui les contient en faible quantité portera des Cacaoyers prospères, et cette anomalie apparente s'explique par le ruissellement des eaux de pluies qui, après avoir dissous ces éléments, viendront baigner le sol où s'étalent les radicelles par lesquelles la plante opère l'absorption.

C'est sans doute pour cette raison qu'à San-Thomé, pays extrêmement accidenté, puisqu'on cultive parfois le Cacaoyer sur des pentes inclinées à 60°, la composition physique du sol est jugée avoir beaucoup plus d'importance que la composition chimique.

Cette composition chimique peut du reste varier énormément en des points rapprochés, comme le montrent les tableaux ci-après, de sorte que les analyses du terrain où l'on veut cultiver le Cacaoyer ne fournissent que des indications très vagues, à moins d'avoir porté sur un très grand nombre d'échantillons.

Le premier de ces tableaux est le résultat des recherches faites en 1904 par M. Montet, ingénieur-agronome, dans la roça de Boa Entrada, au nord de l'île.

Les échantillons de terre ont été analysés sur place dans un petit laboratoire très bien installé.

Le second tableau contient les analyses faites par M. Hébert du Laboratoire de Chimie de l'École Centrale de Paris, dont la compétence est bien connue. Les échantillons de terres qui ont servi aux analyses de ce second tableau ont été recueillis par nous en septembre 1905, les premiers en saison sèche dans le domaine de Boa Entrada auquel s'applique aussi le premier tableau, les autres à la fazenda de San-Miguel, au sud-ouest de l'île, au moment où la saison des pluies débutait.

*Analyses des terres (faites sur place) des plantations de la roça Boa Entrada,
par M. Montet, ingénieur-agronome (1904).*

Éléments recherchés.	AGUA CASADA		BOA ENTRADA			
	Campo.	Nouvelles plantations.	Santa Catharina.	Derrière le nouvel hôpital.	Morro Sacli.	Volta da Jaca.
Poids d'un litre de terre en kilogs .	1.300	1.180	1.120	1.082	0.886	0.912
▬ p. 100						
Cailloux. . .	15.50	0.10	2.60	0.01	4.85	0.00
Graviers. .	16.00	0.00	1.80	1.89	11.33	11.23
Terre fine.	68.50	99.90	96.60	98.10	78.82	78.82
▬ p. 100						
Eau . . .	10.54	11.30	8.60	10.52	21.86	21.38
Humus. .	1.50	2.80	1.60	1.65	2.60	2.90
Sable. . .	52.50	37.90	46.20	50.12	48.10	45.51
Argile . .	28.60	37.50	35.20	35.77	13.90	46.09
▬ p. 100						
Chaux utile	0.275	0.275	0.367	0.275	0.312	traces.
Azote. . .	0.075	0.220	0.205	0.097	0.181	0.067
Potasse. .	0.109	0.165	0.153	0.123	0.208	0.097
Acide phosphoriq.	0.097	0.093	0.071	0.456	0 527	0.443
Matières organ...	1.080	2.340	6.800	1.730	1.760	1.810

	MACLU		RIO-DE-OURO		
	Maclu.	Conde.	Vallon de Baxo.	Vallon de Melo.	Vallon de Cima.
Poids d'un litre de terre en kilogs.	0.885	0.895	1.124	1.121	1.104
▬ p. 100					
Cailloux. . . .	0.00	0.01	5.46	0.10	1.56
Graviers. . . .	3.05	3.89	5.44	0.36	4.10
Terre fine. . . .	96.95	96.09	89.90	99.54	81.30
▬ p. 100					
Eau.	25.20	23.60	10.960	13.300	19.560
Humus	2.90	2.70	2.50	2.30	1.60
Sable.	29.07	32.78	41.41	29.73	35.06
Argile.	41.43	37.42	48.10	41.86	46.30
▬ p. 100					
Chaux utile. . .	0.820	0.091	0.550	0.645	0.183
Azote.	0.170	0.104	0.164	0.071	0.083
Potasse	0.201	0.177	0.199	0.154	0.115
Acide phosphoriq.	0.409	0.456	0.425	0.344	0.295
Matières organiq.	1.930	1.960	1.490	1.020	1.240

Terres de San-Thomé.
(Analyses de M. Hébert.)

Echantillons	Par kil. de terre brute		Analyse Physique				Analyse Chimique					
			Par kil. de terre fine				Par kil. de terre fine			Par kil. de terre brute		
	Cailloux	Terre fine et sèche	Sable	Argile	Calcaire	Humus	Azote total	Acide phosphorique	Potasse	Azote total	Acide phosphorique	Potasse
Boa Entrada .	0	1.000	954	18	traces	peu	0,56	6,30	0,11	0,56	6,30	0,11
—	30	970	774	210	id.	un peu	1,34	1,63	4,34	1,30	1,58	4,21
San - Miguel .	un peu calcaires 360 siliceux	640	810	30	7,80	beau- coup	4,34	9,19	1,04	2,77	5,88	0,66
—	7 un peu calcaires	993	738	260	traces	peu	0,84	1,02	0,47	0,83	1,01	0,46
Provenance incertaine.	310 siliceux	690	880	46	traces	peu	0,47	1,33	2,88	0,32	0,92	1,98

Comme il est aisé de le remarquer, ces terres de San-Thomé, ont une forte teneur en éléments utiles à la végétation et à la production des fruits. La potasse, l'azote et l'acide phosphorique que le Cacaoyer prélève chaque année en grande quantité, existent dans une assez forte proportion.

Elles peuvent soutenir la comparaison avec les terres des autres régions du globe où on cultive le Cacaoyer, ainsi que le montre le tableau suivant que nous reproduisons d'après l'ouvrage de Lecomte et Chalot :

Composition de quelques terres plantées en Cacaoyers.

	Potasse p. 100.	Acide phosph. p. 100	Azote p. 100	Chaux p. 100
Grenade (Hart).	0.41	0.24	1.37	5 34
Saint-Vincent (Hart)	0.83	0.42	0.75	· 48.00
— —	1.78	1.14	2.05	50.00
Guadeloupe (Boname) . . · .	1.11	1.24	»	1.73
Martinique (Rouf)	1.11	2.43	2.11	13.00
Trinidad (Hart).	1.83	1.33	1.31	1.28
— —	2.67	1.17	1.40	1.24
Grenade —	3.43	1.84	2.71	23.79
Vénézuela —	3.92	1.47	0.71	5.94
Réunion.	5.80	4.00	3.00	3.50
Nicaragua (Hart)	6.19	2.93	2.28	22.50
Surinam —	10.40	1.10	2.70	4.00
— —	10.70	1.40	3.00	5.00

Cependant si riches qu'elles soient au point de vue chimique, elles n'ont en somme qu'une teneur très ordinaire en éléments utiles aux plantes, comparées aux terres des pays tempérés.

La végétation des pays tropicaux doit son exubérance à l'humidité, à la chaleur et à la lumière des tropiques, mais le sol fournit parcimonieusement à la plante les éléments qu'elle ne trouve pas dans l'air : azote et sels minéraux. En outre, ces derniers demeurent toujours presque à la même place, car, lorsqu'un arbre de la forêt meurt, il se décompose et ses éléments minéraux alimentent de nouveau les espèces végétales qui continuent à vivre sur le même emplacement.

Actuellement dans une Cacaoyère bien entretenue et dont le sol est d'une fertilité moyenne, comme à San-Thomé, les *Theobroma* peuvent pendant une ou deux générations (50 années) trouver dans la terre la potasse et l'acide phosphorique qui entrent dans leur composition, si l'on a soin chaque année de répartir aussi régulièrement que possible à travers la plantation l'enveloppe du fruit ou coque de la cabosse qui contient ces éléments en grande quantité.

D'ailleurs le Cacaoyer, avec sa racine pivotante qui pénètre parfois à plus de 2 mètres de profondeur et ses racines superficielles qui s'étendent parfois à une distance de 3^m,50 du tronc, peut absorber, sur une masse de terre assez volumineuse, le sels ments absorbables. Ces sels en dissolution peuvent en outre être renouvelés partiellement chaque année par apport, au moment des grandes pluies, surtout si le sol est en pente, ce qui existe dans la plupart des plantations. La décomposition des roches basaltiques lavées et superficiellement désagrégées par les eaux torrentielles, très riches en potasse et en acide phosphorique, renouvelle chaque année, au moment de la saison des pluies, la teneur du sol en ces éléments.

C'est pour cela qu'on ne peut pas appliquer le même coefficient de fertilité à des terres de même composition *à un moment donné* mais prises dans des situations de latitude et d'altitude très différentes. Contrairement à l'opinion de M. A. Couturier (1), nous ne pensons pas qu'il soit nécessaire d'appliquer à l'analyse chimique des sols tropicaux des méthodes différentes de celles qui sont appliquées à l'étude des terres d'Europe, mais, du fait qu'une terre donne un coefficient de fertilité inférieur à la normale (on a fixé à 1 gramme pour 1.000 pour l'Europe, la teneur utile de chacun des trois éléments: azote, potasse

_____

(1) A. COUTURIER. *Les difficultés d'appréciation de la fertilité des sols tropicaux. Journal d'Agr. trop.*, août 1905, p. 236.

et acide phosphorique), on ne doit pas nécessairement en conclure que sol soit improductif : il faut aussi tenir compte des conditions locales et de l'appétence spéciale de chaque plante.

En Afrique, la terre vierge est souvent moins riche que celle d'une forêt d'Europe qu'on défriche pour la première fois, et si on veut l'utiliser pour des cultures exigeantes, celle du Cacaoyer, par exemple, il faut la travailler et souvent lui fournir les éléments qu'elle ne possède pas en quantité suffisante, à moins, comme à San-Thomé, que la composition minéralogique du terrain, la climatologie et la topographie de la plantation, permettent l'apport périodique de ces éléments par le ruissellement. Nous reviendrons plus loin sur ce sujet à propos des engrais chimiques.

ENGRAIS NATURELS. — La fumure du Cacaoyer est une opération dont l'utilité n'est plus discutée à San-Thomé.

Elle se pratique dans toutes les roças, et elle consiste principalement dans le remplissage des fosses sur l'emplacement desquelles seront semées les graines ; ce remplissage se fait avec des débris végétaux, du fumier, de l'humus, des cendres, de vieilles cabosses, etc.

« Il y a 30 ans, me disait un planteur expérimenté, quand on avait le choix du terrain et que les terres n'étaient pas fatiguées comme elles le sont aujourd'hui, il suffisait de gratter le sol et d'y semer, presque au hasard, sans aucun engrais, les graines du Cacaoyer pour voir se développer en quelques années des arbres magnifiques qui rapportaient beaucoup. Certaines petites plantations faites dans ces sols privilégiés subsistent et sont encore en pleine production. Tous les terrains de première qualité sont depuis longtemps en culture, et dans les nouvelles parties vierges que nous utilisons pour étendre nos plantations nous irions à un échec certain si nous n'apportions le plus grand soin au creusement des fosses que nous bourrons autant que nous le pouvons de toutes les matières qui peuvent servir au développement de l'arbre ».

La fumure est reconnue nécessaire, même pour les terres autrefois très fertiles qui ont été en s'appauvrissant par une production intense répétée chaque année, de sorte qu'au fur et à mesure qu'un Cacaoyer meurt dans ces plantations on le remplace en creusant à côté une fosse profonde dans laquelle on met des engrais, comme on le fait dans les terrains récemment défrichés.

Cet apport d'engrais au début de la vie du Cacaoyer, lui permet surtout de prendre un développement rapide. La brusque élongation qui en résulte amène la formation d'une tige prin-

cipale robuste qui ne tardera pas à devenir un tronc vigoureux
terminé par une belle couronne de rameaux qui se couvriront
de fleurs dès la troisième année, de sorte qu'un Càcaoyer bien
fumé pourra déjà donner un rendement sérieux à la sixième
année, et même parfois avant.

La planche placée en tête de cet ouvrage représente un
jeune pied de *Theobroma sphærocarpa* âgé de 4 ans à peine, haut
de plus de trois mètres et sur lequel nous avons compté
80 fruits en août pesant certainement dans l'ensemble plus de
25 kilogs, et représentant environ 3 kilogs de cacao. Cet arbre s'était développé à la roça de Monte-Macaco, près de la
maison d'habitation et au bord d'un ruisseau dans lequel s'écoulait une partie des eaux ayant lavé le fumier et les écuries.

Lorsque les Cacaoyers sont adultes on se contente de remuer
chaque année la terre au pied des arbres et d'accumuler à la
surface, près du tronc, des feuilles mortes, de vieux troncs de
bananiers, l'écorce des cabosses, enfin les mauvaises herbes
que l'on a soin de sarcler au moins deux fois par an à travers
toute la plantation et même le long des sentiers. Ce sarclage se
fait toujours avec le grand couteau des colonies connu sous le
nom de *machète* ou coupe-coupe. Les herbes sont réunies en
tas à l'aide de petites fourches en bois et quand elles sont
mortes on les porte au pied des Cacaoyers.

Toutes ces matières sont en somme un maigre aliment; les
substances mises dans les fosses au moment de l'établissement
de la plantation méritent seules qu'on les examine en détail.

Débris végétaux. — Derrière les communs des roças, il existe
ordinairement un endroit où l'on accumule les détritus de
toutes sortes, mais surtout les débris de fruits et de légumes provenant des cuisines, les cacaos trop avariés, les herbes provenant du sarclage des jardins, les déchets qui restent quand on
fait le tri du cacao et du café, etc. Tout cet ensemble finit par
faire un compost très riche en azote et il est avantageusement
employé au moment où l'on remplit les fosses.

Fumier de ferme. — Les animaux domestiques, principalement les mulets et les bœufs, presque constamment soumis
à la stabulation, avec une litière composée de paille du
pays, produisent un engrais auquel on attache le plus
grand prix. Cependant il est ordinairement très mal conservé,
exposé aux intempéries; pendant l'hivernage, il est fréquemment lavé par les pluies, et le purin est entraîné dans les ruisseaux. C'est pourquoi il n'atteint pas toute la valeur qu'il pourrait avoir, et il existe souvent en si faible quantité qu'on ne
l'emploie que pour la fumure des jardins potagers. Pourtant

tous les planteurs sont d'accord pour déclarer qu'il est extrêmement utile au Cacaoyer et on a vu des arbres languissants, improductifs, se mettre à pousser et à produire à la suite d'un apport d'engrais au pied.

HUMUS. — Lorsque le terrain où l'on veut établir une plantation est pauvre, on creuse à cet effet des fosses profondes, ayant au moins un mètre cube de volume et on rejette les terres extraites. Comme il faudrait de l'engrais en trop grande quantité pour faire le remplissage, on gratte à la surface la terre noire pour la mettre dans le trou. Parfois on va chercher ces terres riches en humus à de grandes distances, au bord des rivières. Cela est très dispendieux, et ces transports ne peuvent se faire que pendant la morte saison. On peut comprendre encore sous la rubrique humus le terreau provenant de la décomposition des troncs d'arbres abattus qui sont en peu de temps réduits en poussière impalpable, riche en matières azotées. Malheureusement cette décomposition se fait par l'intervention des termites qui sont, comme nous le verrons plus loin, des ennemis redoutables pour les Cacaoyers.

CENDRES. — Dans les roças on brûle beaucoup de bois, non seulement dans les cuisines, mais surtout dans les séchoirs ; les cendres sont mises en tas au fur et à mesure de leur production et portées au pied des arbres ou bien utilisées au moment où on fait la plantation, mais souvent elles restent longtemps dehors, exposées à la pluie et perdent ainsi une partie de leurs sels.

CABOSSES. — Nulle part, même dans des fermes indigènes on ne perd la coquille du cacao qui reste après l'extraction des graines. Ces coquilles sont laissées en tas plus ou moins gros au bord des chemins et transportées plus tard au pied des arbres, ou bien versées en grande quantité dans les fosses. Elles se décomposent assez lentement et parfois elles attirent les termites à proximité des Cacaoyers, mais elles ont l'avantage de restituer au sol une grande partie des sels qui ont été enlevés par la récolte. C'est ainsi que, d'après BONAME, chaque tonne de cacao marchand récolté, prélève dans le sol 112 kil. 200 de matières minérales dont 57 kil. 500 de potasse. En utilisant les cabosses de cette récolte on lui restitue 87 kil. 840 de matières minérales, dont 47 kil. 842 de potasse. La matière végétale en se décomposant produit aussi de l'humus.

Si les éléments azotés ne font pas défaut au sol, pour utiliser immédiatement les sels contenus dans les cabosses, on brûle ces dernières dans les foyers et c'est le résidu en cendre que l'on transporte au pied des arbres. La cendre éloigne les termites au lieu que les cabosses en décomposition les attirent. En outre, si les fruitss ont atteints de maladies cryptogamiques, on s'expose à propager ces maladies en répandant les cabosses à travers la plantation.

PLANTES COUPÉES. — L'entretien des cultures nécessite l'abattage constant d'arbres dont l'ombrage devient gênant, l'ablation d'une partie des troncs de bananiers dont les touffes prennent trop d'importance, le sectionnement· d'une partie des feuilles des palmiers *Elæis*. Tous les résidus provenant de ces opérations : les brindilles de rameaux détachées au moment de la chute des arbres, les feuilles des palmiers et des bananiers, sont ordinairement accumulés en tas au pied de chaque touffe de Cacaoyer.

AMÉLIORATIONS A APPORTER A L'EMPLOI DES FUMIERS NATURELS. — En 1903, M. H. MONTEIRO DE MENDONÇA confia à M. MONTET la mission d'aller étudier à la plantation de Boa Entrada la composition du sol et de rechercher les procédés de fumure rationnels à employer. M. DE MENDONÇA a eu l'extrême obligeance de nous communiquer le rapport manuscrit de M. MONTET, et nous a autorisé à y puiser les renseignements suivants:

FUMIER. — La façon dont il est souvent traité, même dans les exploitations coloniales les mieux tenues, diminue considérablement sa valeur. Les alternatives de soleil brûlant et de pluies torrentielles lui enlèvent la majeure partie de ses qualités fertilisantes; en outre, la terre où on le jette ordinairement en vrac en profite seule.

Dans une exploitation comprenant 20 animaux de race chevaline et autant de race bovine, M. MONTET estime qu'on produit journellement 4 mètres cubes de fumier, ce qui donne un total annuel de 1.460 mètres cubes de fumier frais, ou, par suite d'une perte des 2/5 due au tassement, 874 mètres cubes pesant environ 750 kilogs le mètre cube.

On peut donc utiliser chaque année un stock de 655.500 kil. d'un engrais de premier ordre, ce qui rend possible la fumure de 80.000 Cacaoyers.

Ces 655.550 kilogs de fumier représentent :

Azote 2 p. 100. . . . . 13.110 kilogs.
Acide phosphorique 1.80 p. 100 . .   11.799 —
Potasse 1,95 p. 100 . . . . . .   12.782 —

En prenant comme moyenne le chiffre de 60 kilogs de potasse nécessaire pour produire une tonne de cacao marchand, on constate que toute la potasse du fumier examiné pourrait assurer le rendement théorique de 208.330 kilogs de cacao. Mais si nous tenons compte de ce que, d'une part, cette quantité de potasse ne sera pas uniquement absorbée par la fructification, mais aussi par la végétation totale de l'arbre, et d'autre part, si nous admettons les inévitables déperditions dues à des causes diverses, nous pourrons ramener ce chiffre théorique de 208.330 kil. au chiffre modeste et vraisemblable dans la pratique de 100.000 kilogs de cacao marchand en sus de la production annuelle.

En outre, cet apport permettra à la terre d'accumuler des éléments fertilisants qui constituent une réserve pour l'avenir.

Pour la conservation rationnelle de ce fumier, M. MONTET proposait la création de 4 plates-formes dallées, mesurant chacune 10 mètres de côté, soit 100 mètres carrés. Des rigoles en pente comme les aires elles-mêmes amèneraient le purin et les eaux d'égouttement à une fosse de 25 mètres cubes, maçonnée en pierres ou en briques et à fond affectant la forme d'un V largement ouvert, pour que toutes les matières solides ne s'éparpillent pas sur toute la surface et soient plus facilement retirées par la pompe, les crochets ou les écopes. C'est aussi dans cette fosse que viendraient se réunir les urines, partie la plus énergique du fumier et les eaux provenant du lavage journalier de l'écurie-bouverie complètement dallée. Une condui'e souterraine assurerait cette adduction. Une pompe à chapelet élèverait les liquides de la fosse afin de les distribuer aux tas de fumier dont elles maintiendraient l'humidité. L'épandange du purin à la surface des tas devrait se faire, soit avec des seaux, soit avec des canalisations de bambou ou des planches étroites rassemblées en gouttière et portées sur des chevalets en X mobiles et très simples.

M. MONTET conseille de recouvrir les tas de fumier par un toit surélevé afin d'éviter un lavage à fond de la masse par les pluies en saison d'hivernage et pour diminuer l'évaporation en saison sèche. En outre quand un tas est terminé, c'est-à-dire quand il atteint environ 1^m,50 de hauteur, il est bon de le recouvrir d'une épaisseur de terre de 15 à 20 centimètres, ce qui a l'avantage de fixer l'ammoniaque qui se dégage des réactions intimes de la masse.

On utilisera les fumiers au début de la saison des pluies et on emploira les produits les plus consommés pour les sols meubles, mais il faudra les renouveler assez souvent.

Pour les sols très argileux on utilisera les produits à demi-

consommés, ou demi-longs, c'est-à-dire âgés à San-Thomé de
un mois à un mois et demi, ou bien ceux situés au-dessus des
tas, quand ceux-ci sont plus anciens.

Le fumier est apporté des étables aux plates-formes à l'aide
de wagonnets : on doit confectionner les tas aussi soigneusement que possible, et, par un bon tassement, on doit chercher à
éviter le plus possible la circulation de l'air.

Dans le cas où les engrais chimiques phosphatés seront reconnus utiles aux terres, on aura intérêt, d'après M. Montet à
mélanger les phosphates, dans l'écurie même, à la litière du
bétail. Grâce au piétinement constant des animaux, le mélange
des matières fertilisantes est ainsi plus parfait. En emportant le
fumier on emporte les phosphates et ce qui reste est entraîné
vers la fosse à purin.

Au contraire la chaux ne devra jamais être mélangée au fumier. Elle activerait trop les phénomènes de combustion et
augmenterait considérablement les déperditions d'ammoniaque.

Comme dernière recommandation, M. Montet conseille de
ne pas laisser dans la litière les feuilles du palmier *Elæis* qui
sont d'une décomposition trop lente.

Dans les pays tropicaux, les pluies agissent en enfonçant
dans le sol les engrais. En les plaçant dans une cuvette autour
de l'arbre, il est prudent de les recouvrir d'une légère couche
de terre. Plus ils seront fins, pulvérulents ou déchiquetés,
mieux ils seront incorporés. M. Montet conseille, même dans
des terres plus ou moins argileuses, comme à Boa Entrada, d'employer du fumier fait et bien consommé. « A cela deux avantages : 1° Assimilation assurée sans nécessité de fouiller le sol ;
2° Pour un même volume de fumier donné, on apporte aux
arbres une provision d'éléments nutritifs beaucoup plus
grande ».

Partout où le sol présente une pente supérieure à 40°, il n'y
a aucun avantage à apporter des fumures ou des engrais, quelle
que soit leur nature, car les pluies les entraîneraient inévitablement vers le bas.

Composts. — « Les composts, écrit M. Montet, n'ont pas la
richesse des fumiers, cependant l'appoint nutritif qu'ils sont
susceptibles d'apporter, les modifications physiques du sol qu'ils
permettent selon leur composition, variable à l'infini, en font des
auxiliaires précieux ».

Pour leur confection, il propose l'emploi de tous les résidus
des récoltes des roças : En première ligne les pailles de café
(péricarpe séparé par la décortication des cérises) et surtout les
cabosses du cacao qui seront concassées à l'aide d'une broyeuse.

A ces débris végétaux on mélangera de la terre, de la chaux ou des phosphates, ou même une certaine proportion de sable calcaire qui abonde sur le littoral.

En outre on devra porter aux composts les balayures de toutes sortes : le sang des bœufs abattus, la poulaitte et la colombine des poulaillers, les détritus des cuisines, les cadavres des animaux morts qui seront recouverts d'une épaisse couche de chaux vive, etc. Les vidanges pourraient faire aussi d'excellents composts.

« Toutes les matières devant entrer dans la composition des composts seront mélangées à de la terre, par couches alternées. Chacune d'elles sera recouverte légèrement de chaux vive. Quand le tas aura atteint une hauteur de un mètre environ, on laissera s'opérer, pendant un mois environ, les réactions et on en fera un autre en face. Ce temps écoulé, on recoupe et on démolit le tas avec des houes de façon à bien mélanger les couches.

On peut encore ajouter de la chaux. Le tout ayant été remanié et trituré, on referme le tas qu'on laisse au repos pendant deux mois environ. Il sera bon d'arroser de temps à autre avec du purin ; l'engrais ne pourra qu'y gagner. La chaux facilitera la décomposition des matières organiques et leur nitrification, sans que, grâce au pouvoir absorbant de la terre en mélange, on ait à craindre de grandes déperditions d'ammoniaque. La chaux revenant à un prix élevé à San-Thomé, l'apport de sable calcaire y suppléera dans une certaine mesure ; mais la chaux vive sera indispensable pour recouvrir les corps et débris d'animaux morts. »

CENDRES. — M. MONTET a trouvé aux cendres de bois de Boa Entrada la composition suivante :

Potasse.	14	p. 100
Acide phosphorique. . .	7,5	p. 100
Chaux.	31	p. 100

Il conseille de ne pas les employer sans les avoir tamisées. On les utilisera, soit mélangées aux composts, et dans ce cas elles agiront surtout par leur calcaire, soit directement, et elles constituent un engrais potassique assez actif si elles ont été conservées à l'abri de la pluie. Il est bon de les recueillir dans des caisses ou des sacs et de les garder le plus possible à l'abri de l'humidité.

On emploiera environ 400 à 500 gr. de cendres pour chaque

Cacaoyer et on les déposera dans une cuvette creusée autour du tronc.

CHAUX. — M. MONTET conseille d'employer, à la place de chaux, les sables marins formés de débris de coquilles de mollusques et de dépouilles d'oursins que la mer rejette sans cesse sur certaines plages de San-Thomé ; 300 kilogs de ces coquillages, brûlés dans des fours *ad hoc* donnent environ 100 kilogs de chaux mélangée à d'autres substances. Dans les petites exploitations on peut se contenter de pilonner les coquilles et après les avoir ainsi pulvérisées on les fera entrer dans les composts. « En quantité légère, la chaux facilite la perméabilité ; elle allège les sols argileux, les aère ; c'est ainsi que par les sables marins entrant dans les composts, elle pourra heureusement modifier certains terrains dont la teneur en argile est trop forte, et elle facilitera une meilleure assimilation des engrais qui leur seront confiés. Enfin, elle agit sur le sol et sur ces mêmes engrais, en mettant rapidement la potasse en liberté, ce qui ne peut qu'être profitable au Cacaoyer ».

LES ENGRAIS CHIMIQUES APPLIQUÉS A LA FUMURE DU CACAOYER. — On a crû longtemps, ainsi que nous le rappelions plus haut, que les terres des pays tropicaux étaient d'une fertilité inépuisable et qu'on pouvait cultiver indéfiniment une plante exigeante au même endroit.

La pratique et les expériences scientifiques ont montré, dans ces dernières années, que pour donner des rendements rémunérateurs, les cultures tropicales, tout comme les cultures des pays tempérés, exigeaient l'emploi des amendements et des engrais.

Dans deux notes publiées dans le *Journal d'Agriculture tropicale* et rassemblées en une brochure spéciale, M. A. COUTURIER, ingénieur-agronome (1), réunit les résultats obtenus par M. BONAME de l'île Maurice, M. HART de la Trinidad, enfin les analyses du Professeur WOHLTMANN, relatives à la composition chimique de différents cacaos.

Il résulte des travaux de BONAME, que chaque tonne de cacao marchand correspondant à 8.130 kilogs de fruits tels qu'on les récolte, enlève au sol 112 kilogs de matières minérales, dont 57 kil. 5 de potasse, et 9 kilogs seulement d'acide phosphorique contre 20 kilogs d'azote. Plus récemment, WOHLTMANN trouvait 1,14 p. 100 de potasse dans les fèves de cacao de Samoa, soit, pour un hectare planté de 500 arbres, une exportation annuelle

(1) *Fumure du Cacao*. Bureau d'Etudes sur les Engrais. Paris, sans date. Les articles du *Journal d'Agriculture tropicale* sont de 1903.

moyenne d'environ 11 kil. 500, en ne tenant compte que de semences. On sait que la plupart du temps les cabosses vides sont mises dans la plantation et elles restituent ainsi au sol les éléments qu'elles ont enlevés.

Un autre agronome, M. COCHRAN a déterminé la composition de toutes les parties (tiges, rameaux, feuilles, fruits) des Cacaoyers cultivés à Ceylan et appartenant à la variété *Forastero*. Le résultat de ses analyses a été de montrer que toutes les parties du Cacaoyer sont caractérisées par leur grande richesse en potasse qui égale, dans les cendres de cabosses, le dosage du sulfate de potasse employé comme engrais.

« Elles sont aussi plus riches, écrit M. COUTURIER, que les cendres de bois produites par la plantation. La cendre des graines renferme plus d'un tiers d'acide phosphorique de plus que la poudre d'os.

Il semble donc indispensable que le sol d'une plantation de Cacaoyers renferme la potasse, l'acide phosphorique et l'azote dans une assez grande proportion. Si ces éléments n'existent qu'en faible quantité et si l'on ne dispose pas des engrais naturels et surtout du fumier de ferme en abondance, il sera indispensable d'avoir recours aux engrais chimiques. Mais il ne faut les employer qu'avec prudence.

On manque encore de données positives à ce sujet. M. COUTURIER a proposé les doses suivantes qui seraient fournies chaque année par arbre, à partir de la mise en place.

	CACAOYERS AGÉS DE :		
	1 à 3 ans.	3 à 6 ans.	6 à 12 ans.
Chlorure de potassium. .	100 à 150 gr.	200 à 300 gr.	300 à 450 gr.
Superphosphate.	160 à 240 gr.	320 à 380 gr.	480 à 720 gr.
Sulfate d'ammoniaque. . .	80 à 120 gr.	160 à 240 gr.	240 à 360 gr.

Les renseignements fournis par l'analyse du sol étant insuffisants pour déterminer si la terre d'une plantation contient assez d'éléments utiles, au lieu d'employer les engrais chimiques au hasard, et alors souvent en pure perte, il est très utile de faire préalablement des essais d'engrais chimiques.

D'après les données de M. A. COUTURIER ces essais doivent être faits sur un terrain aussi uniforme que possible au point de vue de sa composition et de son état de fertilité. Ce terrain sera plat, ou sinon les parcelles seront disposées dans le sens de la plus grande pente, afin qu'aucune d'elles ne soit ni au-dessus ni au-dessous d'une autre.

Au moment de la plantation on ne mettra en place que des plants du même âge, de la même force et de la même variété. Le terrain sera, par exemple, divisé en 12 parcelles, plantées de 20 Cacaoyers chacune, deux de ces parcelles correspondant à un essai différent.

On appliquera les engrais de la façon suivante :

Parcelle. 1. — Pas d'engrais.

— 2. — Engrais complet. . . . . { Chlorure de potassium.
Superphosphate.
Sulfate d'ammoniaque.

— 3. — Engrais sans potasse. . . . . . { Superphosphate.
Sulfate d'ammoniaque.

— 4. — Engrais sans acide phosphorique. . { Chlorure de potassium.
Sulfate d'ammoniaque.

— 5. — Engrais sans azote. . . . . . { Chlorure de potassium.
Superphosphate.

— 6. — Engrais complet, à dose plus forte. { Chlorure de potassium.
Superphosphate.
Sulfate d'ammoniaque.

Les parcelles étant établies en double, chacune des fumures étudiées est appliquée sur 40 arbres, les données ci-dessus permettent de calculer facilement combien de superphosphate, etc., sont nécessaires pour chacune de ces doubles parcelles ; on pèse soigneusement les quantités voulues de chacun des engrais et on les mélange bien intimement; ensuite on les répartit régulièrement à chacun des 40 arbres en se servant de petites mesures en fer blanc (des boîtes à conserve vides, par exemple).

On applique les engrais *un peu avant la saison des pluies* ; on creuse, à la pioche, un fossé circulaire à 0^m,50 ou 1 mètre de la tige autour des arbres; on y répand le mélange d'engrais que l'on recouvre aussitôt de terre.

M. Montet, en 1904, a fait à Boa Entrada, des expériences de fumure en se conformant aux indications ci-dessus.

Les essais, portèrent sur des Cacaoyers âgés de 4 ans et produisant déjà. Les engrais expérimentés furent les suivants:

A) Engrais obtenus sur place:

    1° Fumiers ; 2° Composts ; 3° Cendres.

B) Engrais importés d'Europe.

    1° Phosphate de chaux; 2° Chaux éteinte; 3° Noir animal; .
    4° Chlorure de potassium ; Sulfate de potassium.

Les doses suivantes d'engrais artificiels furent données à chaque arbre :

Phosphate	400	grammes.
Cendres.	400	—
Chaux.	250	—
Chlorure de potassium. .	250	—
Sulfate	250	—

Un an après, lorsque nous avons visité les parcelles, on n'observait encore aucun résultat. Les Cacaoyers qui n'avaient rien reçu étaient tout aussi vigoureux que ceux qui avaient été fumés avec n'importe quel mélange. La végétation de toutes ces jeunes plantes était magnifique. Il serait néanmoins téméraire de conclure que les engrais ont été totalement inutiles et que ceux qui restent en terre ne seront pas utilisés par la suite.

D'ailleurs, on ne saurait trop le répéter, les plantations de San-Thomé bénéficient d'une situation toute spéciale, par suite de la nature volcanique et montagneuse de l'île. Les pluies, chaque année, apportent à la terre du bas les éléments dont ils se sont chargés sur les hauteurs, de sorte qu'au fur et à mesure que les récoltes successives prélèvent de la potasse et de l'acide phosphorique, ces substances, qui existent en grande quantité dans les roches basaltiques, réapparaissent de nouveau par suite de l'apport résultant du lavage des eaux.

DÉFRICHEMENT. — Presque toutes les cacaoyères établies dans ces dernières années ont été faites sur des terrains occupés auparavant par la forêt vierge. Cette forêt est plus ou moins dense, mais elle n'est jamais aussi inextricable que la grande forêt du Congo ou de la Côte d'Ivoire. Cela tient en grande partie à ce que les lianes y font à peu près défaut.

Grâce à cette particularité, l'abattage des arbres marche assez vite. Dans la fazenda de San-Miguel, où la forêt couvre encore de grands espaces, 40 *serviçaes* travaillant 10 heures par jour, défrichent 100 hectares en 30 jours. Il faudrait donc 12 ouvriers pour défricher un hectare en un jour, à condition naturellement qu'il ne se rencontre pas des arbres géants, tels que les gigantesques *Eriodendron* qui atteignent parfois jusqu'à 4 mètres de diamètre. Voici en quoi consiste ce défrichement : on coupe tous les buissons au ras du sol, les arbres sont coupés à 0^m,80 au-dessus de la base. Ce travail va très vite, tant sont expérimentés les serviçaes qui l'accomplissent. Nous avons vu deux noirs abattre, sous nos yeux, un arbre de 1^m,80 de circonférence en 10 minutes; des arbres de 0^m,30 de diamètre

tombent en quelques instants. On n'extirpe |jamais aucune
souche, ce serait trop long. Du reste il paraît qu'elles meurent
au bout de deux ou trois années si l'on a soin d'enlever leurs
repousses trois fois par an.

Autrefois on n'abattait pas les arbres géants, on se servait
de leur ombrage pour abriter les Cacaoyers, mais on a reconnu
qu'ils étaient très nuisibles, et aujourd'hui on n'hésite pas à les
couper dans les vieilles plantations, au risque de détruire une
partie des Cacaoyers sur lesquels tombe leur cîme gigantesque.

Le défrichement doit se faire autant que possible en saison
sèche. Les bois utilisables, le *Chlorophora excelsa*, le *Carapa
Gogo* A. Chev., etc., sont débités en planches, les autres fendus
pour faire du bois de chauffage, ou simplement laissés sur
place jusqu'à ce qu'ils se décomposent en terreau.

CREUSEMENT DES FOSSES. — Que les graines soient semées en
place, ou qu'on fasse le repiquage des jeunes Cacaoyers venus
en pots ou en pépinières, dans les deux cas, on établit des fosses de même profondeur.

Ordinairement on fait un piquetage préalable. Les trous sont
placés autant que possible en lignes régulières et parfois en
quinconce. Dans les nouvelles plantations on les espace de
3^m,50 à 4 mètres. Autrefois on les plaçait à environ 2 mètres les
uns des autres : ce trop grand rapprochement est manifestement
préjudiciable à la production.

Sur des lignes alternant avec les fosses à Cacaoyers on
creuse celles qui sont destinées à recevoir les plants des bananiers qui doivent être mis en terre au moins 6 mois avant les
Cacaoyers.

La profondeur des fosses est très variable suivant la valeur
des terres à planter. Dans les très bons sols, bien meubles et
ne contenant pas des gros blocs de pierre, on leur donne ordinairement 70 à 80 centimètres de profondeur et une largeur de
40 à 50 centimètres au haut. Dans les terrains de valeur moyenne
la fosse doit déplacer environ 1 mètre cube de terre. Enfin lorsque
le sol renferme de gros blocs de pierre ou est très argileux, il
n'est point rare qu'on aille jusqu'à deux mètres de profondeur.
Dans ce cas la préparation des fosses est très laborieuse. Dans
les terrains offrant une très grande pente et présentant de gros
blocs de pierre à extirper, un serviçal n'arrive pas à creuser
plus de 3 à 4 fosses par jour. Quand on est obligé de creuser à
deux mètres de profondeur ou d'enlever un mètre cube de terre,
il n'est pas possible d'obtenir qu'un ouvrier fasse au-delà de
6 fosses par jour, et en un an environ 1.800 fosses. En somme,
on ne peut planter au maximum, chaque année, lorsque le tra-

vail est bien fait, qu'un hectare par indigène travaillant exclusivement à cette besogne.

Il faut éviter que le fond de la fosse soit imperméable.

Dans ce but M. C. PALANQUE fait creuser les trous plusieurs mois avant de faire la plantation et les laisse ouverts. Si l'eau séjourne au fond du trou, lorsque survient une pluie, il faut creuser plus profondément.

Le bananier n'a pas besoin d'un grand espace comme le Cacaoyer pour étendre ses racines, mais il est aussi exigeant au point de vue de la fumure. Aussi, lorsqu'en creusant les fosses on rencontre à mi-profondeur une grande dalle de basalte qui serait trop difficile à extirper, on interrompt le travail et la fosse en question recevra un œilleton de bananier environné de fumier, à la place d'un jeune Cacaoyer. On essaie alors de creuser à côté une fosse de profondeur normale pour y mettre le Cacaoyer. C'est pour cette raison que les plantations de Cacaoyers ne sont presque jamais régulières, même dès leur début.

On met ordinairement au fond de la cavité qui recevra les plants de Cacaoyers des débris végétaux de toutes sortes : feuilles mortes, vieilles coquilles de cabosses, etc., puis de la terre aussi bonne que possible, rapportée d'ailleurs quand cela est nécessaire. Au haut on met du fumier de ferme en quantité aussi grande qu'on peut s'en procurer. Il faut que pendant les deux ou trois premières années de sa vie, le Cacaoyer puisse enfoncer ses racines dans cette couche d'engrais ; c'est ce qui lui permet, suivant l'expression des planteurs, de *bien partir*.

La fosse étant remplie et les graines ou les jeunes plants mis en place, le sol devra présenter sur l'emplacement un bombement assez grand. Il ira en effet en s'affaissant à mesure que se consommeront les cabosses et les débris végétaux, et il devra plus tard être bien de niveau avec le terrain environnant.

Il faut faire exception lorsqu'on se trouve dans une région relativement sèche et en pente, par exemple dans le nord de l'île ; il est bon, dans ces régions, qu'après l'affaissement le sol reste creusé d'une cuvette au pied du Cacaoyer, de manière que l'eau chargée de substances dissoutes vienne spécialement baigner les racines de l'arbre.

DRAINAGE ET IRRIGATION. — Dans les endroits où le sol est constamment humide, ou bien lorsque, par suite de l'inondation des rivières, l'eau séjourne plusieurs semaines consécutives, il faut creuser des fossés ou des drains souterrains pour l'écoulement du trop-plein ou encore construire de petites digues pour empêcher l'inondation de s'étendre.

Si l'on dispose de vastes terrains, on ne s'aventure pas à planter ceux qui sont marécageux parce que les travaux d'assèchement sont trop coûteux, et du reste il est rare que le Cacaoyer réussisse dans ces terrains, même après leur aménagement.

L'irrigation ne se pratique que dans le nord de l'île et autour de la ville de San-Thomé. Des prises d'eau sont faites sur les rivières nombreuses qui descendent de la montagne, et de petites rigoles distribuent le précieux liquide à travers les cacaoyères pendant la durée de la saison sèche.

Parfois on fait passer l'eau du flanc d'une vallée sur le côté opposé en la faisant circuler dans des canalisations formées de planches étroites rassemblées en gouttière et soutenues par des supports en bois. L'eau est ensuite distribuée par petits filets au pied de chaque Cacaoyer.

ESPACEMENT DES CACAOYERS. — Dans une cacaoyère en rapport, les arbres producteurs sont toujours disposés d'une façon irrégulière, de sorte que la surveillance en est très difficile et le contrôle de la récolte, au fur et à mesure que se fait la maturité des cabosses, presque impossible.

Il n'y a jamais d'écart normal régulier entre les arbres de la plantation. Ici on trouvera un Cacaoyer écarté de 5 mètres au moins de l'arbre le plus rapproché, et à quelque distance on verra les Cacaoyers serrés à moins de 2 mètres les uns des autres. Nous avons vu des cacaoyères où les arbres étaient seulement écartés de un mètre, et encore on comptait deux ou trois Cacaoyers par touffe. Il est certain qu'à cette distance ils se gênent mutuellement et rapportent beaucoup moins. L'écartement que nous avons observé le plus fréquemment varie de 2 mètres à 3^m,50. Dans ce cas, nous croyons que le rapprochement est encore exagéré, et la récolte doit être moins grande, mais la perte est compensée par une économie notable dans la main-d'œuvre nécessaire au nettoyage de la plantation où les arbres sont plus serrés.

Dans la partie sud et sud-ouest de l'île, région humide, M. MARIO estime qu'il faut planter à 4 mètres d'intervalle et c'est avec cet écart que les nouvelles plantations sont établies. Les anciens Cacaoyers de San-Miguel sont placés seulement à 2 mètres les uns des autres. Il n'est pas douteux qu'ils souffrent ainsi : la lumière et l'air ne circulent pas suffisamment en dessous; les feuilles des branches inférieures jaunissent rapidement. En outre les plantes épiphytes et les mousses se développent abondamment sur les troncs de Cacaoyers lorsque l'ombrage est épais.

Au nord de l'île il est au contraire nécessaire de rapprocher davantage les Cacaoyers pour atténuer l'action desséchante du soleil pendant la *gravana*. Chaque touffe se compose ordinairement de deux et même de trois arbres. Actuellement encore dans toutes les nouvelles plantations on place toujours au moins deux Cacaoyers par fosse.

Lorsqu'un Cacaoyer adulte est usé ou malade, sans attendre sa disparition, on plante à quelques décimètres un ou plusieurs remplaçants, et l'on ne supprime l'ancien que lorsque les derniers sont en état de rapporter.

Cette méthode nous semble défectueuse, en ce sens que les jeunes Cacaoyers sont gênés dans leur croissance par les anciens et ils peuvent prendre ainsi une mauvaise direction.

Dans le paragraphe relatif aux procédés de culture, nous reviendrons sur cette question de l'écartement des Cacaoyers et de leurs arbres abris.

CHAPITRE VI

Procédés de culture.

Ensemencement. — Plantation. — Installation des pépinières. — Remplacement des Cacaoyers morts. — Ombrage. — Influence de l'altitude. — La taille. — Émondage. — Rajeunissement. — Entretien des cacaoyères. — Greffage — Rendement. — Durée d'un Cacaoyer. — Récolte. — Ouverture des cabosses.

Le terrain étant préparé pour recevoir les Cacaoyers, il faut procéder à la plantation, soit en mettant en place des graines, soit en transplantant des jeunes sujets. A San-Thomé, le Cacaoyer se sème le plus souvent en place; les fosses sont ordinairement creusées à la saison sèche; leur profondeur et leur largeur atteignent fréquemment 50 centimètres et souvent davantage. On ramène au fond les bonnes terres de surface et on recouvre également la partie superficielle de terre noire enlevée à la surface avoisinante. On évite d'obtenir un bombement du terrain au point où seront semés les Cacaoyers, car la motte serait rapidement entraînée et les jeunes plants déracinés.

ENSEMENCEMENT. — Le semis se fait à l'arrivée des pluies, en octobre ou novembre.

Le choix des graines pour la multiplication a une grande importance. A la roça de Monte-Rosa, on choisit les plus beaux fruits sur des Cacaoyers adultes très sains et très productifs. On cueille ces fruits dès qu'ils sont mûrs. On en extrait aussitôt les graines et l'on ne retient que les plus belles, celles qui se trouvent dans la partie médiane, une vingtaine au maximum par fruit. Ces graines sont mises presqu'aussitôt en terre dans un terrain frais et très riche en matières organiques, si on constitue une pépinière, ou sur l'emplacement des fosses fraîchement remplies, si l'ensemencement se fait à demeure.

Certains planteurs se contentent de mettre trois graines aux sommets d'un triangle ayant 10 à 15 centimètres de côté.

Beaucoup plus fréquemment on sème un plus grand nombre de **graines** (ordinairement une dizaine) sur toute la surface de l'emplacement de la fosse dont la terre est remuée au moment de l'ensemencement.

Les graines sont mises en terre, l'extrémité la plus large correspondant à la radicule en bas, l'autre extrémité venant affleurer presque à la surface du sol.

On ramène ensuite la terre végétale avec les mains, de manière à recouvrir les graines de deux à trois centimètres.

Beaucoup de colons recommandent de recouvrir la terre de feuilles de bananiers ou d'herbes sèches pendant la durée de la germination, de manière à éviter la dessiccation de la surface du sol et empêcher les fortes pluies de déterrer les graines. Cela ne se pratique généralement pas à San-Thomé, mais s'il survient une sécheresse persistante ou au contraire une forte pluie, il est nécessaire de visiter en détail chaque emplacement ensemencé de manière à remédier aux accidents survenus, soit en remettant en terre les graines ramenées à la surface, soit en arrosant légèrement jusqu'à ce que la plantule apparaisse.

La germination d'ailleurs est rapide et survient 8 à 15 jours après le semis.

Jusqu'à ce qu'ils aient atteint 30 à 40 centimètres de haut les jeunes Cacaoyers demandent une grande surveillance.

Il faut d'abord enlever les mauvaises herbes au fur et à mesure de leur développement.

S'il y a des termites dans la plantation, il faut apporter un soin tout spécial à les combattre en enlevant tous les débris de plantes qui pourraient leur servir d'aliment et les attirer ; si ces insectes ont commencé à construire des galeries en terre, le long des tiges des jeunes Cacaoyers, on enlève chaque semaine ces galeries.

On veillera aussi à ce que les végétaux conservés comme porte-ombre, les *Elæis*, par exemple, ne viennent pas gêner la croissance de la plantation par leurs feuilles retombantes.

PLANTATION. — Les indigènes laissent habituellement en place tous les jeunes Cacaoyers qui viennent à se développer; j'ai vu souvent 5 ou 6 Cacaoyers sur une suface de un mètre carré. C'est une pratique très défectueuse, car il n'est pas douteux que les arbres se gênent mutuellement et donnent un rendement plus faible que s'il n'y avait qu'une ou deux plantes. J'ai aussi constaté au moment de la sécheresse que lorsqu'il y avait plusieurs plants côte à côte ils souffraient beaucoup plus de l'absence d'humidité que quand il n'y avait que des pieds isolés. Cela s'explique très facilement par ce fait que le système radiculaire et la surface foliaire de transpiration étant beaucoup plus développés dans une colonie de plusieurs individus vivant côte à côte que sur un seul individu, l'eau contenue dans le sol se trouve plus vite absorbée et évaporée. Ces groupements ont d'autant plus à souffrir que les fosses sont elles-mêmes très rapprochées.

Dans les plantations indigènes il n'est pas rare de voir des groupes de deux ou trois Cacaoyers dont les troncs se touchent presque et sont distants de un mètre seulement des groupes voisins; les arbres vivant dans ces conditions ont un tronc grêle, élancé, s'élevant jusqu'à 2^m,50, à 3^m,50 de haut sans rameaux. Ils produisent naturellement très peu et sont épuisés de bonne heure, je ne pense pas qu'on puisse récolter annuellement plus de 3 à 5 fruits par pied, et ces fruits sont souvent moitié plus petits que ceux développés sur des arbres venant dans des conditions normales. A l'âge de 15 ou 20 ans ces arbres deviennent languissants, à peu près stériles et il faut les remplacer.

Dans les anciennes plantations d'européens les arbres mis en terre au hasard sont aussi beaucoup trop rapprochés en général. En faisant des observations comparatives dans les nombreuses petites roças situées à proximité de la ville, dans un sol très fertile, j'ai compté qu'en moyenne les touffes de Cacaoyers étaient espacées de 1^m,50 les unes des autres, la moitié des touffes étaient composées de deux Cacaoyers et l'autre moitié d'arbustes isolés. S'il n'y avait eu que des Cacaoyers cela aurait donc donné 4.500 touffes à l'hectare; mais en réalité les porte-ombre (bananiers et arbres divers) occupent aussi d'assez grands emplacements tout en étant très rapprochés des Cacaoyers, de sorte qu'il faut réduire ce nombre à 3.000 touffes, représentant, d'après ce que nous avons dit plus haut, 4.500 Cacaoyers.

D'après l'évaluation approximative que j'ai faite, je ne pense pas qu'on puisse compter, dans les bonnes terres irriguées, sur un rendement moyen de plus de 7 cabosses par an et pararbuste pour ces Cacaoyers serrés, car si quelques plants, situés au bord des chemins et sur la lisière des plantations, sont très productifs, d'autres sont à peu près stériles.

La production annuelle arrive à être ainsi de 27.000 à 31.000 cabosses à l'hectare, ce qui représenterait le joli rendement de 1.300 à 1.500 kilogs de cacao si ces cabosses étaient normales, mais elles sont ordinairement moitié plus petites que dans les Cacaoyères bien aérées; elles ne produisent donc en réalité que 650 à 750 kilogs de cacao marchand.

Dans les terres moyennes ou les terres non irriguées, la récolte faite, même dans des plantations soignées, mais dont les arbres sont rapprochés comme ci-dessus, ne doit pas dépasser 400 à 500 kilogs à l'hectare. Dans les nouvelles plantations de Boa Entrada (Agua Casada), les Cacaoyers sont espacés de 3ᵐ,50, comptons 4 mètres à cause de l'emplacement de ses porte-ombre, il existe ainsi 625 plants à l'hectare. Ces arbres admirablement entretenus, sont excessivement productifs, ainsi qu'on en jugera par les constatations suivantes, faites en septembre 1905 :

Les Cacaoyers de 4 ans portaient de 3 à 5 grosses cabosses.
    —   5 ans   —   8 à 12   —
             6 ans   —   15 à 18   —
            10 ans   —   30 à 35   —

Comme ces cabosses ne constituent que la grande récolte et qu'il naît encore d'autres fruits dans le courant de l'année, on peut évaluer ainsi le rendement annuel :

Cacaoyers de 4 ans. . . . . . 6 cabosses par an.
    —   5 ans. 15   —
    —   6 ans. 25   —
    —   10 ans. 45   —

A partir de 12 ans le rendement est de 50 à 60 fruits par an, soit un revenu de 1.500 à 1.800 kilogs à l'hectare.

Il est bien entendu que ces chiffres s'appliquent, non à l'ensemble de la plantation, mais aux endroits les plus favorisés.

D'après ces calculs, on voit qu'il est préférable de faire une plantation non serrée, le rendement étant bien plus élevé.

En outre, une plantation de 4.500 arbres à l'hectare demande infiniment plus de soins qu'une plantation qui en contient seulement 625 sur la même surface ; si ces soins viennent à manquer ou sont donnés à de longs intervalles, les arbres rapprochés arrivent à ne presque plus produire ou donnent des fruits très petits et la récolte annuelle peut alors tomber à 300 kilogs de cacao à l'hectare, ainsi que cela arrive dans certaines plantations indigènes.

Je pense, comme le Dʳ Preuss, et c'est l'avis de tous les planteurs de San-Thomé, qu'on peut garder 2 plants s'ils sont vigoureux à chaque emplacement. En écartant les plants de 3 à 4 mètres, on arrivera à avoir 1.200 à 1.500 Cacaoyers à l'hectare, mais il ne faut absolument pas que ce nombre soit dépassé.

Avec ce chiffre, si la terre est de bonne qualité, irriguée, et si les arbres sont accouplés, conduits et taillés de telle sorte que les branches ne se pénètrent pas, mais divergent dans tous les sens, il est absolument certain, d'après les observations que nous avons pu faire, que la récolte sera notablement supérieure à ce qu'elle eut été si le même terrain n'avait contenu que 625 Cacaoyers à l'hectare.

Aujourd'hui la plupart des planteurs européens conservent 2 ou 3 plants côte à côte, qui, lorsque les graines ont été semées tout près les unes des autres, arrivent à souder leurs troncs à la sortie du sol, donnant ainsi l'illusion d'un seul pied de Cacaoyer ramifié dès la base ; plus souvent les pieds restent distincts.

J'ai vu des plantations où 2 et même 3 Cacaoyers sont ainsi rapprochés et ne semblent pas se gêner. *Leur végétation est même très vigoureuse dans les bons terrains.* Le tronc de chacun est aussi fort et porte autant de fruits que des arbres isolés vivant à côté, je n'ai observé naturellement ces faits que dans les endroits ou la terre était excellente et bien arrosée, par exemple à proximité des canaux d'irrigation.

INSTALLATIONS DES PÉPINIÈRES. — L'usage se répand aujourd'hui d'élever les jeunes Cacaoyers en pépinière. On l'établit dans un endroit ombragé et dont la terre est très de bonne qualité, le plus souvent à proximité des habitations. Les graines sont semées à des intervalles de 20 à 30 centimètres.

Dans certains établissements on sème dans des paniers tressés avec des feuilles de palmiers, remplis de bonne terre et abrités sous un groupe épais de vieux Cacaoyers (fig. 2), mais ce procédé n'est applicable que dans les petites roças ou dans les plantations déjà installées ou l'on doit seulement remplacer les arbustes qui meurent chaque année.

Nous avons recueilli auprès de M. CÉLESTIN PALANQUE, qui depuis près de 30 ans se livre avec une ardeur inlassable à la culture du Cacaoyer à San-Thomé, des renseignements pratiques d'une très grande importance.

Dans sa plantation, les Cacaoyers sont espacés de 3 à 4 mètres et toujours groupés par touffes de deux arbres. Tantôt on sème en place, tantôt on repique. Pour le repiquage, il emploie des plants élevés en pépinière. Le bris de l'extrémité du pivot de la racine, au moment de l'arrachage est sans inconvénients. Il faut repiquer les Cacaoyers aussi jeunes que possible. Il est préférable qu'ils n'aient encore que deux feuilles. La méthode employée par la plupart des planteurs qui repiquent les plants âgés de 12 à 18 mois et hauts de 40 à 50 centimètres serait donc défectueuse.

La dimension des trous pour la plantation varie suivant la nature du terrain. Dans les sols pierreux, M. PALANQUE n'hésite pas à creuser des fosses de 1^m,50, et on va même parfois jusqu'à 2 mètres. Le diamètre moyen des fosses est de 1 mètre.

On met au fond de la fosse du fumier de ferme, puis des herbes à demi pourries, ensuite de la terre de surface, enfin tout au haut du terreau provenant de la décomposition des vieux arbres tombés dans la forêt. Au début le jeune Cacaoyer vit de ce terreau et il s'en trouve très bien. C'est seulement pendant

(*Cliché de M. de Sylva.*)

FIG. 2. — L'élevage des jeunes Cacaoyers dans des paniers tressés.

la deuxième année que ses racines s'enfoncent plus avant. Les blocs de lave et de basalte sont éloignés le plus loin possible de la fosse.

Le Cacaoyer a besoin de beaucoup de soins, mais il ne faut pas les exagérer, sans quoi l'on dépense au-delà de ce que peut rapporter la plantation. Ainsi M. PALANQUE n'est point partisan des plantations régulières. Il faut s'en rapporter aux contremaîtres nègres qui n'ont point la notion de la ligne droite : une plantation établie régulièrement cesse de l'être dès la deuxième année, car il faut remplacer les jeunes arbres qui meurent. Et les indigènes qui font le remplacement ne mettent ordinairement pas le deuxième semis exactement sur l'emplacement du premier Cacaoyer.

Du reste, dès qu'un pied, quel que soit son âge, est menacé de mort, on creuse un trou à côté et on met des remplaçants, sans détruire le premier arbuste qui peut reprendre de la vigueur. La symétrie est ainsi détruite.

Il y a intérêt à établir la plantation en quinconce au début pour la facilité de la cueillette et du contrôle du travail, mais après quelques années d'entretien cette disposition est totalement transformée.

Quand une équipe de travailleurs fait le nettoyage d'une cacaoyère, il est bon de mettre à sa suite deux indigènes ayant pour fonction de planter des jeunes Cacaoyers partout où il en manque.

M. PALANQUE recommande encore de planter les jeunes Cacaoyers en saison sèche. Le travail est ainsi effectué à un moment où l'on n'est pas bousculé, et il peut être mieux surveillé. Cela permet aussi de gagner une année dans la récolte.

REMPLACEMENT DES CACAOYERS MORTS. — On doit remplacer constamment dans une plantation les Cacaoyers qui sont morts ou ceux qui sont mal venus, de manière qu'il n'y ait jamais de vides dans la cacaoyère.

Il est recommandé de ne pas enterrer les arbustes sur l'emplacement des Cacaoyers qui sont morts ou ont dépéri.

Jusqu'à l'âge de 10 ans une cacaoyère demande une grande surveillance pour remplacer les pieds qui périssent. La première année, 30 p. 100 des pieds meurent ou ne poussent pas. La deuxième année, il meurt encore 15 p. 100 de ce qui reste, la troisième année, 6 p. 100, enfin la quatrième annnée, 2 p. 100.

Si on remplace chaque année les manquants au fur et à mesure de leur disparition, ce n'est que la dixième année que la cacaoyère sera remplie d'arbres en état de rapporter.

L'OMBRAGE. — Le Cacaoyer a besoin d'une lumière atténuée, mais l'intensité de l'éclairage doit varier suivant le climat et la saison. De là découle la nécessité d'ombrager le Cacaoyer à l'aide d'essences diverses suivant les régions. Il faut rechercher, autant que possible, comme porte-ombre, les essences qui donnent des produits utiles et qui se couvrent d'un ombrage plus épais à la saison sèche, période pendant laquelle le *Theobroma* a plus particulièrement besoin d'abri.

A San-Thomé, tous les roçeiros sont d'accord sur la nécessité de ne planter les jeunes Cacaoyers que dans un terrain déjà couvert de jeunes bananiers. Ces derniers se plantent 5 à 6 mois avant les Cacaoyers. On emploie indistinctement les Bananiers

Prata *(Musa sapientum)* ou les Bananiers Pâo *(Musa paradisiaca)*. Ce dernier a l'avantage de fournir des fruits très recherchés
par les serviçaes ; le premier est moins envahissant, et à un certain âge, gêne moins les arbustes qu'il doit abriter. Ces bananiers se plantent le plus souvent au hasard, rarement en rangées
à raison de une souche pour 2 fosses de Cacaoyers. On ne met
ordinairement pas d'engrais au pied des bananiers, mais seulement des herbes et des feuilles mortes. Les fosses sont aussi
beaucoup moins profondes que pour le Cacaoyer.

Le rejeton mis en terre constitue vite une touffe qui est très
utile, sinon indispensable à l'abri des jeunes *Theobroma* pendant les 4 premières années. A partir de ce moment-là, le
Cacaoyer, qui s'est élevé à 2 ou 3 mètres, commence à lutter
contre les bananiers. Les travailleurs, au moment du nettoyage
de la·plantation, tranchent avec leur coupe-coupe, les troncs de
Musa les plus encombrants ; les rejets qui naissent à la base
deviennent de plus en plus chétifs, l'ombrage des Cacaoyers
ne laissant plus pénétrer assez de lumière. Au bout de 7 ou 8
ans, les souches des bananiers ont ordinairement disparu étouffés, sans qu'on ait eu besoin de les arracher.

Dans les jeunes cacaoyères, outre les bananiers, on plante
ordinairement des taros ou choux caraïbes, des patates, des
piments, des ananas, etc.

A partir d'un certain âge, les bananiers disparaissent de la
plantation, et dès lors, l'abri est fourni exclusivement par les
arbres d'ombrage.

Ces arbres sont extrêmement variés. Il est rare qu'on les
plante. Ce sont presque toujours des espèces qui faisaient partie
de la flore spontanée de la forêt primitive, ou, par exception,
des arbres fruitiers exotiques, aujourd'hui naturalisés dans
toute l'île. Au moment du défrichement de la forêt vierge les
premiers colons ont judicieusement réservé les arbres d'une
certaine dimension. Dans ces terrains, partout extrêmement
accidentés, leurs racines ont joué un grand rôle en retenant la
terre. Ces arbres sont excessivement variés. Il en existe plus
de cent espèces.

Nous citerons les plus importants avec les noms que leur
donnent les créoles de San-Thomé et les colons portugais :

Zanthoxylum macrophyllum Oliv.	Marapiao.
Symphonia sp	Oleo Barao.
Musanga Smithii R. Br.	Gofer.
Corynanthe paniculata Welw	Mangue d'Obo.
Funtumia africana Stapf	Pau visco.

Uapaca sp.	Nespera d'Obo.
Carapa sp.	Gogo.
Mimusops sp.	Azeitona.
Myristica (Pycnanthus) Kombo Warb	Vermelho.
Celtis integrifolia Lamk.	Viro on Capitango.
Ficus sp.	Figo porco.
guttifère	Oba.
Treculia africana Decne	Izaquente.
Pachylobus edulis Don.	Safou.
Eriodendron anfractuosum DC.	Oca.
Hasskarlia didymostemoñ Baill	Pau branco.
Dracaena arborea Link.	Pau sabào.
Dialium guineense Willd.	Salamba.
Tamarindus indica L.	Tamarindo.
Chlorophora excelsa Benth. et *Chl. tenuifolia* Engl.	Amoureira.
Santiriopsis balsamifera Engler	Pau oleo.

Beaucoup de ces arbres ne sont pas encore déterminés scientifiquement, par exemple, le Cabole, l'Ipe, le Cao paixâo, le Pau praito, le Pau ferro.

Quelques-unes de ces essences donnent d'excellents bois de charpente et de menuiserie utilisés dans l'île. Tels sont l'Amoureira, le Gogo, le Marapiao, le Nespera d'Obo, le Vermelho, l'Oba.

Mais ce qui domine, c'est le Palmier à huile (*Elæis guinensis*), le *Demdem* des colons portugais, et par toute l'île ce palmier joue, au moins le long des vallées, un rôle utile vis-à-vis des Cacaoyers. Son énorme faisceau de racines maintient constamment un peu d'humidité, enfin, si les sujets ne sont pas trop serrés (1), l'ombrage qu'il donne est très favorable à l'arbuste cultivé.

En outre, ses fruits sont extrêmement précieux puisqu'ils donnent une huile de première utilité pour les serviçaes de la plantation (2).

Après le palmier *Elæis*, deux arbres spontanés qui nous ont paru très précieux, dans le nord-est de l'île, pour fournir de l'ombrage, sont deux légumineuses mimosées, le Muandim vermelho ou Sucupira *(Penthaclethra macrophylla)* Benth. ou Owala du Gabon et le Lubà *(Parkia intermedia)* ou Nété de San-Thomé. Leurs rameaux très étalés, couverts de grandes feuilles très finement découpées, laissent filtrer suffisamment de lumière pour que les végétaux abrités ne soient point étiolés.

(1) L'écart moyen des palmiers doit être d'une dizaine de mètres.
(2) En nulle partie de l'Afrique tropicale nous n'avons vu les Palmiers à huile aussi bien entretenus qu'à San-Thomé. Il n'est pas rare de les voir produire des régimes pesant chacun 20 kilogs.

En outre, tout au long de l'année, les folioles et les fleurs se répandent à la surface du sol et fournissent un aliment azoté très appréciable.

Dans les plantations les plus anciennes, les arbres de la forêt ont été souvent laissés en quantité trop grande, et on a dû en supprimer beaucoup par la suite en les abattant, mais l'abattage cause de grands dégats dans les cacaoyères adultes.

Quant aux arbres fruitiers introduits, ils existent en grand nombre à travers les plantations. Les plus répandus sont les manguiers (*Mangueira*), les Corosoliers (*Sap-sap*), les Anacardes-Pommes-Acajou (*Cajueiro*), les Jambosiers (*Jambeiro*), les Avocatiers (*Avocate*), les Jacquiers (*Jaca*), les Colatiers (*Cola*), les arbres à pain (*Fructa Pão*), les Spondias (*Guegue*); au-dessus de 700 mètres, les Cognassiers du Japon (*Eriobotrya iaponica*).

La plupart du temps on ne s'occupe pas de arbres et ils se multiplient d'eux-mêmes; en certaines parties des roças ils sont très serrés; sur l'emplacement des forêts récemment défrichées ils sont plus rares.

Les Jacquiers et les Manguiers, très répandus dans certaines plantations, ne sont guère prisés. On leur reproche de donner un abri trop épais et d'avoir des racines très épuisantes; en outre le Jacquier a des racines rampantes qui drageonnent fréquemment, de sorte que, si l'on n'y prend garde, il a vite fait d'envahir une plantation.

L'Avocatier au contraire est excessivement apprécié, principalement dans le sud-ouest. Les feuilles, malgré leur grande dimension, sont clairsemées et disposées à l'extrémité des rameaux de sorte qu'elles laissent passer une assez grande quantité de lumière. Les grosses graines sont aisées à répandre, et elles germent très facilement à la surface du sol. Au bout de cinq ans, des jeunes avocatiers étalent déjà leur parasol de branches au-dessus des arbustes qu'ils doivent protéger.

C'est, d'après nos observations, un arbre de la plus grande utilité dans les cacaoyères, principalement dans celles qui n'ont pas été suffisamment ombragées au début et auxquelles on veut constituer un abri rapide.

Nous devons noter à San-Thomé l'absence complète des *Erythrina*, bien connus dans les Indes néerlandaises sous le nom de *Dadap, Immortelle* ou Mère du Cacaoyer, et qui sont considérés par beaucoup de planteurs de la Trinidad et de Surinam comme les meilleurs arbres d'ombrage. Ils ont été essayés dans quelques roças il y a plusieurs années, m'a-t-on assuré, mais leur emploi ne s'est pas généralisé.

Il y aurait également lieu de parler des arbres à caoutchouc (Ceara, *Castilloa* et *Hevea*) dont la multiplication à travers les plantations tendait à se répandre en 1905. Nous reviendrons dans le dernier chapitre de cette deuxième partie sur cette question.

On peut sans aucun doute avoir recours à un grand nombre d'espèces végétales pour ombrager les cacaoyères, mais quelles que soient les espèces employées, il est indispensable de proportionner leur densité aux besoins du Cacaoyer dans la région où on se trouve. Il n'y a aucune règle à suivre au sujet de l'écartement de ces arbres. En certains endroits des Avocatiers rapprochés de 10 en 10 mètres ne gênent pas les Cacaoyers, en d'autres un écart de 20 mètres sera indispensable. Il appartient au planteur de se rendre compte, par des expériences comparatives, des règles à adopter à cet égard.

D'autre part nous sommes convaincus que les porte-ombre sont indispensables aux Cacaoyers dans tout l'Ouest africain où il existe des saisons sèches d'assez longue durée.

M. Van Hall et après lui M. E. de Wildeman qui a commenté son travail, pensent que le Cacaoyer comme le Caféier peuvent être cultivés très bien sans ombrage.

D'après ces auteurs « le Cacaoyer et le Caféier donnent de plus forts rendements quand ils sont privés d'ombrage, et ils commencent à produire beaucoup plus tôt; la durée de la production est, il est vrai, raccourcie, mais cela n'est pas défavorable; l'ombrage du sol par contre est très favorable ». Il faut, si l'on désire cultiver sans ombrage, apporter des matières capables de donner de l'humus, conserver au sol sa structure et abriter les plantes. Par l'apport d'engrais de ferme on pourra remplacer l'humus constitué par les feuilles; par un travail approprié on maintiendra sa structure, enfin par des arbres plantés sur le bord de la plantation on constituera des brise-vents.

M. E. de Wildeman, qui s'est efforcé de faire connaître les idées de M. Van Hall dans les pays de langue française, conclut en résumant ainsi la question :

« Le Cacaoyer peut très bien être cultivé en plein soleil; il donne même dans ces conditions une production plus forte. La valeur des arbres d'ombrage réside dans l'amélioration de la structure du sol, qu'ils amènent par le maintien d'une température fraîche, en empêchant la désorganisation rapide de l'humus, en apportant de l'humus par les feuilles, en augmentant la mobilité du sol par le système radiculaire et en enrichissant le sol en azote. Les arbres d'ombrage rendent également des services comme abris contre le vent ». Et le savant belge termine en disant que l'on peut cultiver le Cacaoyer sans ombrage comme dans la Nouvelle-Grenade « en apportant des engrais à forte dose et en travaillant le sol ou en faisant des cultures intercalaires parmi lesquelles les légumineuses sont à conseiller. De cette manière la culture du Cacaoyer sera une culture plus intensive, exigeant plus de frais d'entretien, mais donnant également un meilleur rapport ».

Il existe peu de pays au monde où la fumure du Cacaoyer soit pratiquée avec autant de discernement que dans certaines roças de San-Thomé. Malgré cette pratique, nous ne conseillons à aucun planteur de supprimer l'ombrage ni pour les jeunes Cacaoyers, ni quand ils sont adultes.

Si cette opération peut se faire sans danger et même être lucrative dans certains pays, nous sommes convaincus qu'en cultivant le Cacaoyer sans porte-ombre dans l'Ouest africain on irait à un échec certain. Le caféier (surtout le Libéria) peut s'en passer fort bien, mais pas le Cacaoyer.

Un mot sur les brise-vents. Ils sont en certains endroits, spécialement au bord de la mer, de la plus grande utilité. J'ai visité des plantations situées sur la côte ouest de San-Thomé dont les Cacaoyers n'ont commencé à produire des fruits que lorsque des cordons épais d'arbres divers les ont protégés de brises marines. A San-Miguel ces brise-vents ont été constitués à l'aide de deux plantes faciles à multiplier par drageons et croissant très rapidement : l'Arbre à Pain et un Bambou exotique, naturalisé depuis très longtemps dans l'Ouest africain. On a utilisé aussi un Vaquois très répandu au bord de la mer, le *Pandanus thomensis* Henriques (*Pau Esteira* des Portugais).

Dans d'autres roças, j'ai vu employer avec succès, pour arriver au même résultat, le Lilas du Japon *(Melia Azedarah)* qui se sème très facilement et forme en 4 ou 5 ans des fourrés épais.

INFLUENCE DE L'ALTITUDE. — A quelques exceptions près on ne cultive pas le Cacaoyer à San-Thomé au-dessus de 650 mètres d'altitude. Plus haut l'arbre peut encore réussir dans les bons terrains et produire de gros fruits, mais les amandes sont toujours de très petite taille, et leur mélange avec les graines des arbres de basse altitude diminue la qualité marchande du cacao.

Autrefois on avait effectué des plantations à la roça de Monte-Café jusqu'à 800 mètres, mais devant les résultats négatifs on a dû peu à peu les remplacer par des caféiers d'Arabie.

Lors de notre voyage, quelques-uns de ces *Theobroma* avaient persisté en divers points.

Le rendement diminue à partir de 450 mètres. A 700 mètres d'altitude les 4/5 des pieds qui ont persisté appartiennent à la variété *creoulo vermelho*, et le *creoulo amarello* ne' forme plus que 1/5 des peuplements. A cette altitude, les deux variétés donnent encore de bons résultats si elles sont bien entretenues et cultivées en un terrain de bonne qualité.

Aux dépendances de Chamiço et de Bemposta, situées à 800 mètres d'altitude et même jusqu'à 900 mètres, on observe encore quelques exemplaires de Cacaoyers dans les jardins et autour des habitations, c'est-à-dire dans les lieux fertiles et bien abrités.

Mais ces plantations sont tout à fait exceptionnelles, et nous avons observé, sur un mamelon situé à 720 mètres d'altitude près de l'habitation même de Monte-Café, des Cacaoyers très rabougris, ne portant que peu de fruits de fort petite taille (10 à 15 centimètres au maximum de longueur). Un peu plus haut, sur la route de Bemposta, de jeunes sujets de la même plante, âgés de 2 ans, ne mesuraient encore que 0^m,60 à 0^m,80 de haut et possédaient chacun une couronne de rameaux très réduits.

En résumé, nous pensons qu'il faut renoncer à consacrer à la culture du Cacaoyer les terrains situés au-dessus de 500 mètres d'altitude.

Au fur et à mesure qu'on s'élève, l'ombrage devient moins nécessaire, et, à partir de 500 mètres, il semble plutôt nuisible.

La taille. — L'utilité de la taille des Cacaoyers a parfois été discutée. A San-Thomé elle est pratiquée dans toutes les plantations sérieuses et la fécondité des arbres ainsi soignés contraste ordinairement avec la faible production des Cacaoyers appartenant aux indigènes, situés dans les mêmes terrains, mais qui ne sont pas taillés.

C'est du reste une opération fort délicate qu'on ne confie pas aux ouvriers noirs. Pendant qu'une équipe de serviçaes travaille au nettoyage d'un secteur de la plantation, le surveillant, muni d'un couteau à lame en serpette analogue à ceux qu'emploient nos jardiniers pour tailler les poiriers et les pommiers, supprime toutes les branches qui entravent la croissance normale de l'arbuste. Nous avons déjà écrit à la page 8 en quoi consiste l'opération.

Dès la première ou la deuxième année de leur croissance, les jeunes Cacaoyers ont besoin d'être surveillés : des sujets ont été étêtés par les animaux ou simplement par accident. Plusieurs repousses naissent, mais on ne doit en laisser monter

qu'une seule. ·La ramification des Cacaoyers doit être dirigée principalement entre la troisième et la huitième année.
A huit ans, un arbre est définitivement formé et sa production, par la suite, dépend en grande partie du port qu'il a pris.

Il est rare qu'un Cacaoyer s'élève trop et qu'il soit nécessaire de l'étêter pour l'amener à produire sa couronne à une
hauteur normale. C'est le contraire qui s'observe généralement
à San-Thomé.

Beaucoup de jeunes arbres produisent leur couronne à une

Cliché communiqué par M. II. de Mendonça.

Fig. 3. — Le transport des cabosses récoltées au bord du sentier de la plantation.

hauteur inférieure à 60 centimètres, et cette couronne est
manifestement trop rapprochée du sol. Pour remédier à ce
défaut, dans certaines roças, on laisse monter un gourmand qui,
parvenu à une certaine hauteur, produit un nouvel étage de
rameaux latéraux. Pour ne pas diminuer la récolte, on maintient
l'étage inférieur qui porte des fruits, et c'est seulement lorsque
les rameaux de l'étage supérieur sont eux-mêmes en état de
produire des fleurs et des fruits, c'est-à-dire la deuxième ou
la troisième année après leur apparition, qu'on supprime les
rameaux inférieurs. On les sectionne bien franchement au ras
de leur insertion sur le tronc principal, sans endommager

l'écorce de ce dernier. On a soin de recouvrir ensuite d'un
enduit de poix ou de goudron la plaie, résultat du sectionnement des branches, de manière à empêcher la pénétration
des parasites.

En répétant l'opération qui vient d'être décrite, on peut
encore élever la couronne, mais en général il n'y a pas intérêt
à le faire.

A San-Thomé, les Cacaoyers les plus productifs ont leur
couronne insérée entre 0^m,60 et 1^m,20 au-dessus du sol (fig. 3).
Nous avons vu des arbres dont le tronc principal avait plus de
3 mètres de long et était chargé de fruits, mais dans ce cas, les
branches en étaient presque dépourvues. Un agronome qui
s'est occupé de cette question dans un autre pays, M. L. KINDT,
n'est pas lui-même partisan de laisser monter le Cacaoyer à
une grande hauteur, parce que cela réduit la longueur des rameaux qui ne portent plus de fruits, et cela diminue le nombre
des feuilles. Il cite le cas d'un Cacaoyer dont on avait élevé le
tronc à 4^m,50 en supprimant par deux fois le verticille et en
laissant partir un rejet latéral. La nouvelle couronne latérale
demeura très réduite. Les branches disposées à angle droit
étaient très courtes, et ne portaient que quelques feuilles.
« La première récolte fut perdue par suite de la taille ; la
seconde fut très peu satisfaisante : les fruits ne se formaient
que sur le tronc et pas sur les branches. La particularité la plus
curieuse fut que les cabosses développées sur cet arbre, mû-
rissaient plus tôt que sur les Cacaoyers normaux et qu'elles
renfermaient très peu de pulpe. La troisième récolte fut presque
nulle. Les arbres restèrent pendant longtemps sans feuilles et
dépérirent petit à petit. Il fallut les remplacer ».

Un autre inconvénient signalé par KINDT est le suivant :
Chaque fois qu'un rejet latéral devient terminal, il se dispose
en baïonnette, son point de départ est très fragile. Il peut être
facilement arraché par les vents violents et même par les
récolteurs de cabosses.

A la formation de la couronne s'arrête ordinairement l'opération de la taille. Cependant dans certains cas, lorsque les
rameaux du verticille sont trop rapprochés et au nombre de
5 ou 6, on en supprime 1 ou 2 parmi les moins vigoureux.

Les branches tertiaires, nées sur les rameaux de la couronne,
ne sont jamais taillées à San-Thomé. Le roçeiro estime qu'il
faudrait trop de temps et qu'il n'en retirerait pas suffisamment
d'avantages. M. FAUCHÈRE assure qu'à la Trinidad, on supprime
celles de ces branches qui sont en trop, et en première ligne,
celles qui se trouvent trop près de la base, et qui formeraient

fouillis dans l'intérieur de la cime. On conserve ordinairement les premières ramifications du second degré, à 30 ou 35 centimètres du point où le tronc se divise. Si ces branches secondaires poussent en très grand nombre, on en supprime quelques-unes, de façon que celles qui sont situées sur le même côté de la ramification primaire se trouvent séparées par des intervalles de 25 à 30 centimètres. Dans une grande plantation la taille, poussée à ce degré, serait longue et dispendieuse, et les résultats à en espérer nous paraissent trop problématiques pour que nous la recommandions.

Emondage. — Les Cacaoyers privés de soins pendant quelque temps, se garnissent le long de leur tronc, et parfois sur les branches latérales, de sions qui acquièrent fréquemment un développement tel qu'ils modifient très vite l'architecture de l'arbuste. Ces gourmands, si on les laisse, épuisent très rapidement la plante. Il faut les enlever dès qu'on les aperçoit, et le roçeiro zélé ne circule jamais à travers sa plantation, même quand il fait une promenade d'agrément, sans avoir son couteau ouvert à la main, de manière à supprimer tous les sions qui s'offrent à ses regards. Certains *serviçaes* plus adroits que les autres ont aussi la mission de supprimer ces gourmands dès qu'ils les aperçoivent. Ils doivent en outre enlever les branches mortes. Pour remédier au dépérissement de certains Cacaoyers, on est parfois amené à supprimer certains gros rameaux encore vivants, mais ces opérations doivent être pratiquées avec la plus grande circonspection et par des Européens expérimentés.

Rajeunissement. — Si le Cacaoyer continue à péricliter, et si sa vie est menacée, on parvient parfois à le sauver en sectionnant le tronc au ras du sol, et en enduisant ensuite de goudron la section.

Au bout de quelques semaines des pousses partent du collet. On les supprime toutes, sauf la plus vigoureuse qui pourra reformer un nouveau Cacaoyer en 3 ou 4 ans.

On doit avoir recours à cette méthode principalement pour les Cacaoyers âgés qui ne produisent plus que quelques fruits chaque année et dont les branches extrêmes commencent à se dessécher.

Entretien des cacaoyères. — Dans les régions humides, à la fazenda de San-Miguel, par exemple, on nettoie la cacaoyère en enlevant les mauvaises herbes trois fois par an, deux fois pendant la saison des pluies et une fois pendant la saison sèche. Dans les régions où les pluies sont rares pendant une longue période, notamment à Boa Entrada, il est recommandé

de n'opérer le nettoyage que deux fois seulement : en saison
sèche on ne doit pas arracher les quelques rares herbes qui
croissent à travers la plantation pour ne pas augmenter la dessiccation du sol.

Nous pensons qu'il serait même très utile de planter vers la
fin de la saison des pluies des plantes herbacées, notamment
des *catjangs*, des *doliques*, des *taros*, enfin des *patates* qui
auront pour conséquence d'entretenir une certaine fraîcheur sur
le sol.

L'arrachage des herbes se fait avec la machète dont sont
armés tous les travailleurs. Ils sectionnent les racines en
appuyant les tiges contre le sol à l'aide d'une petite fourche en
bois. L'opération est assez rapide.

Toutes les mauvaises herbes provenant de ce sarclage, ainsi
que les feuilles mortes, sont groupées en petits tas au pied
des Cacaoyers, et leur décomposition contribue à enrichir le
sol en humus.

Dans les parties les plus humides de l'île, spécialement
dans l'ouest, les troncs des Cacaoyers sont souvent envahis
par des épiphytes qui peuvent entraver la floraison. Ce sont
des mousses, des lichens, parfois des algues et des fougères.

L'émoussage se fait en janvier et février, après la cueillette
des fruits et avant la floraison.

On gratte la mousse et les lichens avec des couteaux en
bois ; on enlève les grandes plantes à la main.

Dans certaines roças on frotte aussi les branches avec des
toiles de sacs usés. L'usage des brosses ne s'est pas généralisé.
On sait que dans certains pays il existe des brosses en fils
métalliques pour l'enlèvement des épiphytes. Tout récemment
M. HAROLD HAMEL SMITH a fait breveter une brosse en soies
rigides fabriquées avec des fibres de *piassava*.

Quel que soit le procédé employé, l'émoussage doit être fait
avec les plus grandes précautions, afin de ne pas blesser l'é-
corce de la plante et surtout de ne pas briser les bourgeons d'où
doivent sortir les fleurs quelques semaines après l'opération.

GREFFAGE. — A ma connaissance aucune expérience de
greffage de Cacaoyers n'a encore été tentée à San-Thomé, et
pourtant il y aurait le plus grand intérêt à multiplier par ce
procédé les variétés à grand rendement, comme le *laranja*
ou le *trinidad*, et les variétés de qualité supérieure comme
le *guayaquil* en les greffant sur le *creoulo* beaucoup plus
rustique, étant acclimaté depuis plus longtemps.

Les expériences de greffage pratiquées dans l'Amérique du
sud et aux Antilles ont donné de bons résultats.

M. J.-H. Hart, dès 1898, avait réussi à greffer par approche des Cacaoyers à la Trinidad.

A la Martinique, M. Thierry a pratiqué aussi la greffe par approche sur jeunes plants au-dessous des cotylédons, mais il donne la préférence à la greffe de jeunes rameaux détachés, pratiquée également sur de jeunes plantes. Les porte-greffes sont semés en pots et utilisés après la sortie des premières feuilles au-dessus des cotylédons. On prélève les greffons et on fait l'opération le matin. « On ne se sert que des extrémités des branches qui ne sont pas encore fortement lignifiées ; on les reconnaît à la couleur de la feuille, et le greffon est cueilli un peu après que les jeunes feuilles ont perdu leur aspect soyeux pour prendre la teinte verte. On coupe tout de suite, presque entièrement, tous les limbes en ne laissant sur les pétioles qu'un lambeau de 2 centimètres environ. Chaque greffon est taillé en double biseau sur la moitié à peu près de sa largeur, la dimension totale étant de 4 à 7 centimètres, selon l'écartement des entrenœuds ; il suffit de laisser un ou deux yéux en plus du bourgeon terminal. Le greffon taillé est introduit dans la fente que l'on fait sur le sujet, de la longueur du biseau de ce greffon, en la commençant à l'aisselle d'un cotylédon et en la dirigeant de haut en bas. On ligature ; et le sujet est mis à l'étouffée sous un abri vitré où l'humidité est maintenue comme pour les caféiers ».

Nous n'en sommes encore à l'heure actuelle qu'à la phase des expériences de jardins d'essais, mais il n'est pas impossible que ce procédé de multiplication se généralise, puisqu'il a l'extrême avantage de conserver à l'état pur les variétés les plus précieuses.

Rendement. — Le Cacaoyer est une plante très capricieuse dans sa fructification. Certains arbres produisent des quantités de fruits tous les ans, d'autres cultivés à proximité se reposent certaines années (1). Certains Cacaoyers vigoureux produiront peu, alors que d'autres d'apparence chétive seront couverts de fruits. Souvent un arbre renversé par le vent continuera à produire pendant des années en restant couché contre le sol. Un tel accident suffira parfois pour rendre productif un arbuste demeuré jusque-là stérile.

Le Cacaoyer commence à produire des fruits dès la quatrième année. Nous avons donné page 109 la production moyenne d'année en année jusqu'à la dixième année. La pleine production a lieu entre la douzième et la trentième année. Dans

_____

(1) Ainsi que le constate Olivieri, l'arbre est moins productif une année sur deux.

les très belles cultures, par exemple autour des habitations, on peut avoir annuellement une moyenne de 40 à 60 fruits par arbre, soit 1.700 kilogs à l'hectare.

Il m'est arrivé de compter sur certains beaux arbres exceptionnellement bien développés, jusqu'à 150 et 200 fruits en même temps (soit 8 kilogs de cacao sec) et plusieurs roçeiros n'ont dit avoir vu quelques Cacaoyers qui donnent 300 ou 400 fruits en un an.

Nous n'avons pas besoin d'ajouter que ce sont des chiffres optima, et le planteur qui obtient dans l'ensemble de ses plantations de 20 à 30 cabosses par arbre et par an, correspondant à un kilog ou 1 kil. 1/2 de fèves sèches (1) doit s'estimer très heureux. Les Cacaoyères bien entretenues qui produisent une tonne de cacao à l'hectare sont même l'exception, et nous croyons que M. Masui est près de la vérité quand il évalue à 600 ou 700 kilogs de graines préparées le rendement d'un hectare.

Les chiffres donnés par divers auteurs pour plusieurs autres pays sont un peu différents. Ainsi, M. Chalot, pour le Congo français, évalue le rendement de cacao sec à 13 0/0 du poids des cabosses fraîches, et le poids moyen d'une cabosse est de 500 grammes. Un arbre donnant 20 fruits fournit donc 1 kil. 300 de fèves sèches. Le chiffre de 2 kilogs de graines sèches par pied que donne cet auteur ne saurait certainement s'appliquer à des plantations étendues. Fauchère, de sa laborieuse enquête à la Trinidad et dans l'Amérique du Sud, rapporte des chiffres qui montrent que la production varie par arbre de 0 kil. 735 à 3 kilogs. Une production de 850 kilogs de cacao marchand à l'hectare constitue, dans la Guyanne hollandaise, un excellent rendement. C'est ce qu'on obtient aussi dans les plus belles roças de San-Thomé, et nos colons de l'Ouest africain qui obtiendraient ce rendement sur de grandes étendues pourraient s'estimer heureux.

Durée d'un Cacaoyer. — Nous avons vu à Boa Entrada des arbres âgés de 25 ans en pleine production, et nous croyons qu'ils peuvent produire encore 15 ans au moins. Dans les mauvais terrains, le Cacaoyer vit moins longtemps, et nous avons

(1) 1.000 cabosses fraîches de la variété *creoulo* cultivée à San-Thomé pèsent 475 kilogs et donnent 89 kilogs de graines fraîches (soit 18.7 p. 100). Ces graines fermentées et séchées se réduisent à 54 kilogs (soit 11 p. 100 du poids des cabosses). Il résulte de là qu'une cabosse représente en moyenne 54 grammes de cacao marchand. On compte environ 20 fruits pour obtenir un kilog. de fèves marchandes.

observé à San-Miguel un grand nombre de sujets qu'il fallait remplacer et qui étaient plantés depuis moins de 15 ans.

RÉCOLTE. — La grande période de maturation des cabosses comprend les mois d'octobre et novembre; une récolte moins importante se fait en mars et avril.

On s'aperçoit que les cabosses de la variété *creoulo* sont mûres lorsque la couleur passe du vert-jaunâtre au jaune citron.

Ce sont les serviçaes les plus expérimentés qui se livrent à

Cliché communiqué par M. H. de Mendonça.

FIG. 4. — La cueillette des cabosses dans une roça, à San-Thomé.

la cueillette. Il faut toujours détacher les cabosses mûres sans endommager l'écorce de l'arbre.

Les fruits insérés à la portée de la main sont cueillis à l'aide du couteau-serpette servant aussi à la taille des gourmands (fig. 4). Pour ceux qui sont insérés au haut de l'arbre, on se sert d'un outil spécial, sorte de couteau à plusieurs tranchants, dont l'un, droit, a sa lame à l'extrémité élargie en éventail; sur l'un des côtés se trouve en saillie une lame étroite recourbée en serpette. L'instrument est emmanché au bout d'une sorte de canne à pêche longue de 3 à 4 mètres.

Les travailleurs affectés à la cueillette sont ordinairement divisés en deux équipes. La première se compose des récolteurs munis des couteaux et des gaules dont nous venons de parler avec lesquels ils détachent les fruits qui tombent sur le sol.

Ils doivent aussi enlever les fruits noirs avariés qui adhèrent au tronc, ainsi que les coques vidées par les rats La seconde équipe, comprend des manœuvres qui ramassent les cabosses tombées à terre et les réunissent par petits tas, chaque tas correspondant à une dizaine d'arbres voisins.

Cliché communiqué par M. H. de Mendonça.

Fig. 5. — Le cassage des cabosses et l'extraction des graines.

Lorsqu'un grand nombre de ces tas sont disséminés à travers un secteur de la plantation, d'autres serviçaes passent avec des sacs et les ramassent de manière à les accumuler ensuite en un gros monceau, au bord de la route la plus voisine. Les cabosses y restent ordinairement deux ou trois jours avant que l'on procède à l'extraction des amandes.

OUVERTURE DES CABOSSES. — L'ouverture des cabosses ne doit jamais tarder plus d'une semaine après que la cueillette a été faite, sans quoi les graines s'avarieraient et la fermentation pourrait être défectueuse. L'écossage se fait toujours à la main (fig. 5). Les noirs se servent d'un couteau grossier non pointu. Le travail se fait avec une grande dextérité en tenant la cabosse de la main gauche et en coupant en travers et obliquement une partie de la coquille. En imprimant une sorte de torsion brusque au couteau, on détermine la rupture transversale de la cabosse sans que la lame pénètre dans l'intérieur, ce qui pourrait endommager quelques graines.

Les fruits passent alors aux femmes chargées de retirer les graines avec leurs doigts; après les avoir débarrassées des filaments pulpeux et de tous les autres débris, elles jettent ces graines sur des feuilles de bananier;· ensuite elles les versent dans des paniers ou dans des caisses qui, à leur tour, sont vidées dans des chariots ou dans des wagonnets que l'on conduit, sitôt remplis, à la *sede,* c'est-à-dire aux bâtiments de la roça où s'effectueront de véritables manipulations industrielles destinées à préparer le cacao avant son expédition en Europe.

CHAPITRE VII

Les variétés cultivées.

.

La variation et la naturalisation. — L'hybridité. — Creoulo et vermelho. — Laranja. — Variétés introduites : Guayaquil, Soconusco, Surinam, Trinidad, Vénézuéla. — Supériorité du creoulo et du laranja.

Le Cacaoyer présente, comme la plupart des plantes domestiquées par l'homme, un très grand nombre de variétés culturales. Ces variétés ne sont pour la plupart que de simples variations plus ou moins héréditaires, avec des caractères qualitatifs très apparents aux yeux, mais sans caractères quantitatifs différentiels susceptibles d'être définis.

Elles ne peuvent ordinairement être maintenues par semis avec leurs caractères précis; pour les conserver il faudrait employer la greffe, et encore il serait sans doute indispensable de cultiver le porte-greffe dans un milieu identique à celui où vit la plante d'où est issu le greffon, c'est-à-dire sous un même climat, dans un sol identique et avec un ombrage analogue.

Ces conditions peuvent très rarement se rencontrer dans la nature, aussi presque tous les végétaux transportés loin de leur patrie acquièrent des caractères qui les différencient légèrement des parents d'où ils sont issus.

La variation. — En ce qui concerne le Cacaoyer, le phénomène qui s'observe est excessivement curieux. Tous les individus introduits dans un pays, descendant de variétés souvent fort différentes et de provenances diverses, acquièrent, au bout de quelques générations des caractères propres tendant à constituer une variété unique ou un petit nombre de variétés ayant des caractères spéciaux qui les différencient des premiers parents introduits d'où il sont issus. Il se constitue ainsi, dans chaque colonie où on cultive le Cacaoyer — qu'on nous permette l'expression — une ou plusieurs variétés créoles qui diffèrent d'autant plus des créoles des autres pays, que le sol, le climat et les conditions biologiques sont plus différentes. Cette variation des types introduits dans un pays tendant vers la production de quelques variétés spéciales à ce pays, constitue ce que l'on nomme le phénomène de l'*acclimatation*.

Dans l'île de San-Thomé il existe deux ou trois variétés créoles bien distinctes, et toutes les races de Cacaoyers introduites depuis de nombreuses années ont produit des descendants qui tendent à s'en rapprocher au bout d'une ou deux générations.

On a voulu faire intervenir l'hybridité pour expliquer cette variation. Le croisement, s'il se produit parfois, est plutôt rare pour plusieurs raisons :

1° L'agencement des pièces de la fleur du Cacaoyer se prête fort mal à la fécondation croisée.

2° La variation apparaît sur l'individu même qui est introduit. Plusieurs roçeiros nous ont fait observer qu'un Cacaoyer de la variété Trinidad ne produit pas chaque année des fruits absolument identiques. A mesure qu'il vieillit, les fruits qu'il porte ont des caractères qui l'éloignent du type auquel il appartenait, et le rapprochent de la vieille variété *creoulo*, et ses descendants s'en rapprochent encore davantage.

3° Lorsqu'un cultivateur veut constituer dans ses cacaoyères des plantations d'une variété, il groupe autant que possible les sujets de cette variété dans un terrain spécial, de sorte que le transport du pollen est rendu difficile.

Quand on dit qu'une variété introduite *dégénère* pour se rapprocher d'un type courant, cela signifie donc qu'elle modifie plus ou moins ses caractères *par adaptation*, mais cela n'implique nullement qu'il y ait eu fécondation croisée.

On peut constater en outre que l'acheminement des nouvelles variétés vers un type uniforme est beaucoup plus rapide de la part des sujets abandonnés à eux-mêmes et privés de soins culturaux que lorsqu'il s'agit de plantes bien entretenues.

Le meilleur moyen de conserver à une variété de Cacaoyer ses caractères essentiels est donc d'entretenir par la fumure de la plantation et par une taille judicieuse les arbres toujours en bon état.

VARIÉTÉ CREOULO. — La variété qui existe en plus grande quantité, non seulement à San-Thomé et à Principe, mais aussi dans tout l'Ouest africain, est celle que les Portugais nomment *creoulo* (Cacaoyer créole de San-Thomé), et qu'il ne faut pas confondre avec le *criollo* de Trinidad et du Venezuela.

Elle serait, d'après DE ALMADA NEGREIROS, originaire de Bahia au Brésil. C'est en 1822 que les premiers semis furent effectués à Agua-Izé.

Nous croyons que le Cacaoyer était depuis longtemps cultivé dans les colonies espagnoles de l'Ouest africain, et c'est de là qu'il s'est répandu de proche en proche dans les autres colonies.

On sait que les graines de cacao perdent très vite leur pouvoir germatif. C'étaient donc des plants et non des graines que les premiers colons durent introduire d'Amérique en Afrique. Ce *creoulo*, qui est la seule forme actuellement cultivée sur une vaste échelle en Afrique Occidentale, a peu varié, et il se présente sous un aspect uniforme de la Guinée française au Congo, sur un espace de 8° en latitude. A San-Thomé il n'a pas été modifié par l'altitude et ses caractères sont sensiblement les mêmes au bord de la mer et à Monte-Café (700 mètres).

Il n'est pas possible de le distinguer autrement que par ses fruits qui sont d'un jaune-citron à maturité, longs de 15 à 18 centimètres, ovoïdes-allongés, généralement un peu étranglés vers la base, et par suite nettement pyriformes, munis au sommet d'un mamelon obtus très net.

Leur surface, pourvue de 10 sillons longitudinaux moyennement accusés, est lisse ou un peu rugueuse.

Avant maturité, ces fruits sont complètement verts ou légèrement teintés de rose à la base, le fond des sillons étant toujours plus pâle. Ils prennent peu à peu une teinte vert-jaunâtre, puis jaune.

Observations sur le « creoulo » de Boa Entrada.

	Poids de la cabosse.	Nombre de graines.	Poids total des graines.	Diamètre transv. de la cabosse.	Diamètre longit. de la cabosse.	Épaisseur du péricarpe.	Poids moyen d'une graine.	Rapport du poids total des graines fraîches au poids de la cabosse.
	gr.		gr.	cm.	cm.	mm.	gr.	p. 100.
1re cabosse . .	266	45	105	8	15,5	8 à 12	2,23	39,5
2e —	307	45	95	7,5	14	8 à 11	1,93	31
3e —	227	36	75	6,5	12,5	6 à 9	1,65	33
4e —	335	44	98	7,5	15	8 à 11	1,90	29
5e —	353	44	99	7,5	14,5	10 à 13	2,01	28
6e —	362	44	102	8	14,5	10 à 12	2,11	28
7e —	335	35	82	7,5	13,5	9 à 10	2,22	24,5
8e —	287	44	94	6,5	13,5	8 à 10	1,88	32,7
9e —	293	44	78	7,5	16	8 à 11	1,73	26,6
10e —	242	44	79	7	12,5	7 à 9	1,72	32,6

· La principale qualité de cette variété est d'avoir des fruits à péricarpe mince, bien remplis de nombreuses graines. L'aspect de ces graines, qui mesurent ordinairement à l'état frais, 21 millimètres de long, 11 à 13 millimètres de large, et 7 à 8 millimètres d'épaisseur, n'est pas extrêmement séduisant pour le commerce en raison de leur section transversale très aplatie, mais la faible épaisseur des lobes cotylédonnaires leur permet de fermenter rapidement.

Nous donnons dans le tableau de la page précédente des chiffres qui serviront de caractéristiques à cette variété, mieux que de longues descriptions.

Les moyennes tirées de ces observations, faites en 1905 sur des fruits cueillis au hasard, donnent les chiffres suivants :

Le poids moyen d'une cabosse est de 300 grammes ; le nombre des graines est de 42 par cabosse, pesant 80 gr. 7 ; le rendement moyen en graines fraîches est de 26,8 p. 100 du poids total ; le poids moyen d'une graine fraîche est 1 gr. 90, et 1 gr. 19 lorsqu'elle est privée du tégument et de son revêtement pulpeux.

D'autre part, en effectuant des pesées sur de nombreux lots de graines séchées au soleil nous avons trouvé que le poids moyen d'une graine sèche est de 1 gr. 10 (soit 58 p. 100 du poids frais) et de 1 gramme lorsqu'elle est privée de son tégument (coque).

Pour obtenir un kilog de cacao marchand il faut donc 909 fèves produites par 21 cabosses 3/4.

Nous avons observé dans les dépendances élevées de Monte-Café une sous-variété du *creoulo* dont le péricarpe est complètement rouge à maturité au lieu d'être jaune. C'est le *colorado* ou *vermelho* des colons portugais, alors que la première variété se nomme *creoulo amarillo*. Aucun autre caractère en dehors de la couleur ne distingue ces deux sortes qui son également estimées par les planteurs.

Le *creoulo amarillo* du sud et du sud-ouest de l'île diffère légèrement de celui du nord et du nord-est.

Les fruits sont plus gros et plus denses, mais le péricarpe est plus épais. La base est légèrement piriforme, tandis que le sommet est terminé par un mamelon obtus et court.

A maturité la couleur est constamment d'un jaune d'or, mais dans le jeune âge elle est tantôt verte, tantôt entièrement pourpre, enfin parfois l'extrémité est verte et la base pourprée.

M. CÉLESTIN PALANQUE nous a fait observer que les Cacaoyers à fruits pourpres dans le jeune âge sont presque toujours plus robustes et plus productifs que les Cacaoyers à fruits jeunes entièrement verts.

Le *creoulo amarillo* du sud-ouest est sensiblement moins riche en théobromine que celui de Boa Entrada, comme l'ont montré les analyses de M. Houdas, mais il donne des fruits plus gros et des graines bien plus denses.

Nous n'avons pu faire dans cette région des pesées aussi nombreuses qu'à Boa Entrada, mais nous avons noté, sur des fruits de choix,.des particularités qui montrent les résultats intéressants auxquels on pourrait arriver par la sélection.

L'une des cabosses longue de 17 centimètres et de 9 centimètres de diamètre, pesait 580 grammes et contenait 50 graines ayant un poids total de 130 grammes; le poids moyen d'une graine était donc de 2 gr. 60, et le rapport du poids des graines fraîches au poids total de la cabosse 22 p. 100.

Une autre cabosse pesait 595 grammes et contenait 43 graines ayant un poids total de 126 grammes; le poids moyen d'une graine était donc de 2 gr. 93, et le rapport du poids des graines fraîches au poids total de la cabosse 21 p. 100.

Certaines graines atteignaient le poids élevé de 3 gr. 10.

D'après des chiffres obtenus sur un assez grand nombre de pesées, le poids moyen des belles fèves (triées et séchées artificiellement) à San-Miguel, est de 1 gr. 37 et il est de 1 gr. 42 à Monte-Rosa.

Enfin, pour nous rendre compte de la déperdition causée par la fermentation et le séchage, nous avons fait les constatations suivantes :

Poids de 100 graines fraîches non triées.	277 gr.
Poids des mêmes graines après 2 jours de fermentation. . .	253 gr.
— — après 3 jours de fermentation. . .	249 gr.
— — séchées artificiellement.	129 gr.

Pour obtenir 1 kilog de cacao marchand, il faut donc 775 fèves sèches, et si l'on compte une moyenne de 38 graines par cabosse, il faudra 20 fruits pour produire 1 kilog de cacao brut tel qu'il est livré aux chocolatiers.

La deuxième forme de Cacaoyer est celle que nous avons décrite en tête de cet ouvrage sous le nom de *Theobroma sphærocarpa*. Les Portugais l'ont nommée *Cacau laranja* ou encore *Carupano* (d'après de Almada Negreiros) ou bien *Cacau amarello redondo*. Elle.est très facile à reconnaître à ses petits fruits jaunes à maturité, munis de côtes, mais de forme générale sphérique. Nous n'avons jamais rencontré d'intermédiaire la reliant soit au *creoulo* ordinaire, soit aux autres variétés du *Theobroma Cacao* décrites plus loin. Nous ne l'avons jamais observée à fruits rouges, bien que le consul NIGHTINGALE signale aussi un *Cacau vermelho redondo*.

Cette plante que l'on dit originaire du Vénézuela (JUMELLE, DE ALMADA NEGREIROS) est aujourd'hui assez répandue dans les plantations du nord de l'île où elle a été introduite depuis très longtemps. D'anciens roçeiros se souviennent qu'elle était déjà fréquente dans les plantations il y a 25 ans. Dans les domaines où elle est plus abondante, elle constitue à peine 1/10 du nombre des Cacaoyers plantés, et elle manquerait encore totalement dans les roças du sud.

Les roçeiros ne sont pas tous d'accord sur sa valeur. Les uns considèrent le *laranja* comme une mauvaise espèce susceptible de déprécier la qualité marchande du cacao de San-Thomé si elle se propageait, car on lui reproche ses graines trop petites et assez amères.

Les autres prétendent que cultivés en bon terrain, et soignés les *laranjas* donnent des graines égalant le *creoulo*, et comme l'espèce est beaucoup plus productive ils n'hésitent pas à en étendre la culture.

Le *Theobroma sphærocarpa*, cultivé en bon terrain, donne en effet des rendements très élevés.

Les fruits naissent non seulement sur le tronc et sur les branches principales, mais souvent aussi sur les rameaux de dernier degré. La figure placée en tête de ce fascicule représente un *Cacau laranja* âgé de 4 ans qui portait plus de 100 fruits d'un poids moyen de 250 grammes chacun, ce qui représente plus de 3 kilogs de cacao marchand. Le rapport du poids des graines fraîches au poids total des cabosses est en effet beaucoup plus élevé dans cette sorte que dans le *creoulo*, et les variétés qui s'en rapprochent.

Le tableau suivant fournit des données montrant la supériorité du *laranja* comme rendement.

Étude sur les cacaos de Boa Entrada (septembre 1905).

CACAO JAUNE ROND (LARANJA).

1º **Cabosse** fraîchement cueillie, mesurant 9 centimètres de diamètre en longueur sur 8 cm. 7 transversalement, pèse. . 375 gr.

Poids du péricarpe seul (mesurant 14 centimètres d'épaisseur à hauteur des côtes et 12 centimètres à hauteur des sillons). 260 gr.

Poids des 38 graines contenues, entourées de leur pulpe humide. 97 gr.

Poids moyen d'une graine. . . . . 2 gr. 552

Rapport du poids des graines fraîches avec leur pulpe au poids
    total de la cabosse. . . . .   27 p. 100
Dimensions des graines avec leur tégument : $23^{mm} \times 14^{mm} \times 7^{mm}$
    et $23^{mm} \times 15^{mm} \times 7^{mm}$.

2° **Cabosse** fraîchement cueillie, mesurant 9 cm. 5 de diamètre
    longueur, et 8 cm. 7 transversalement, pèse . . . . .   360 gr.
Poids du péricarpe seul (d'épaisseur $14^{mm} \times 10^{mm}$) et des débris.   265 gr.
Poids des 40 graines contenues entourées de leur pulpe humide.   95 gr.
Poids moyen d'une graine. . . . .   2 gr. 37
Rapport du poids des graines fraîches au poids total de la cabosse.   26,3 p. 100
Dimensions des graines avec leur tégument : $23^{mm} \times 16^{mm}$
    $\times 8^{mm}$ et $23^{mm} \times 15^{mm} \times 7^{mm}$.
Poids de 10 graines fraîches avec le tégument et la pulpe. . .   23 gr. 50
Poids de 10 graines fraîches sans le tégument et la pulpe. . .   16 gr.
Rapport du poids de l'amande décortiquée au poids de l'amande
    entière et recouverte de pulpe. . . . .   68 p. 100

3° **Cabosse** fraîchement cueillie, mesurant 9 centimètres de
    diamètre longitudinal et 8 cm. 5 transversalement, pèse .   337 gr.
Poids du péricarpe seul (d'épaisseur de 14 millimètres et
    11 millimètres) et des débris internes. . . . .   234 gr.
Poids de 44 graines fraîches entourées de leur pulpe. . . .   103 gr.
Poids moyen d'une graine. . . . .   2 gr. 341
Rapport du poids des graines fraîches au poids total de la cabosse.   30 p. 100
Dimensions des graines avec leur tégument : $23^{mm} \times 15^{mm}$
    $\times 6^{mm}$ et $23^{mm} \times 14^{mm} \times 7^{mm}$.
Poids de 10 graines fraîches avec leur tégument et la pulpe . .   24 gr.
Poids de 10 graines fraîches sans tégument ni pulpe. . . . .   15 gr.
Rapport du poids de l'amande décortiquée fraîche au poids de
    l'amande entière recouverte de pulpe. . . . .   62 p. 100

4° **Cabosse** fraîchement cueillie, mesurant 6 cm. 3 de diamètre
    longitudinal et 6 cm. 1 transversalement, pèse. . . . .   95 gr.
Poids du péricarpe seul et débris, etc. . . . .   68 gr.
Poids des 35 graines fraîches entourées de leur pulpe. . . .   27 gr.
Poids moyen d'une graine (ces graines dites cacao-krokoto sont
    molles avec des vides entre les lobes des cotylédons). . .   0 gr. 771
Rapport du poids des graines fraîches au poids total de la cabosse.   24,4 p. 100
Dimensions des graines fraîches avec leur tégument : $15^{mm} \times 11^{mm}$
    $\times 5^{mm}$ et $17^{mm} \times 13^{mm} \times 6^{mm}$.
Poids de 10 graines fraîches avec tégument et pulpe. . . . .   9 gr.
Poids des amandes sans tégument ni pulpe. . . . . . .   5 gr. 5
Rapport du poids de l'amande décortiquée fraîche au poids de
    l'amande entière recouverte de pulpe. . . . .   61 p. 100

Le fruit qui vient d'être décrit est très petit; on en observe de pareils
quand le Cacaoyer pousse dans un mauvais terrain ou quand il est chargé
d'une trop grande quantité de fruits. Comme en le voit, le rapport des amandes
au poids de la cabosse est encore élevé, mais la petitesse des graines oblige
de les classer dans la deuxième catégorie.

Pour terminer, il nous reste à dire quelques mots des Cacaoyers d'Amérique du groupe *forastero* dont l'introduction est
plus ou moins récente à San-Thomé.

Nous pensons que la plupart proviennent d'introductions faites par la roça Monte-Café, grâce à de jeunes plants envoyés en 1882 en serres Ward par la Maison Christy de Londres.

Tous se rapprochent beaucoup du *creoulo*, et ainsi que nous l'avons observé en tête de ce chapitre, s'ils ne sont pas l'objet de soins attentifs, ils dégénèrent très vite et tendent à devenir des *creoulo* à fruits jaunes ou à fruits rouges, ou de coloration intermédiaire suivant la coloration originelle des variétés d'où ils dérivent.

1° L'une des variétés les plus stables et les plus prisées, est la *Guayaquil* que nous avons vu cultiver à Monte-Café et à Monte-Rosa.

Les cabosses sont massives, peu rugueuses, rouges ou en partie rouges, et en partie jaunes. Leur forme rappelle le *creoulo*, mais les graines diffèrent totalement. Celles-ci sont grosses et lourdes; la section transversale est presque circulaire et la section longitudinale largement elliptique; les cotylédons sont violacés.

Une cabosse normale de *Guayaquil* que nous avons examinée à Monte-Rosa, mesurait 13 cent. 5 de long sur 9 cent. 5 de diamètre transversal. Épaisseur du péricarpe 16 à 18 millimètres (très massif). Elle contenait seulement 23 graines pesant 88 grammes. Le rapport du poids des graines au poids total de la cabosse est donc 18 p. 100, et le poids moyen d'une graine fraîche, 3 gr. 83. Après fermentation et séchage leur poids est encore de 1 gr. 85.

Bien que la cabosse contienne peu de graines, M. C. PALANQUE n'hésite pas à placer cette sorte au premier rang des variétés à cultiver, parce qu'elle est très fructifère et le cacao qu'elle donne est de première qualité.

2° Le *Soconusco* cultivé à Monte-Café (sur une petite échelle) est peu recommandable. Il donne des cabosses rouges, très grandes, non rugueuses et à péricarpe très épais. Il contient peu de graines, et celles-ci ont la forme et la couleur du *creoulo*.

3° Le *Surinam*, cultivé à la même roça, donne des cabosses jaunes, non pyriformes, très allongées, presque lisses et presque sans côtes, atteignant ordinairement 20 centimètres de long. Produit peu et donne des graines analogues au *creoulo*.

4° Le *Trinidad* est assez répandu à travers toute l'île mais il a perdu une grande partie de ses caractères, et l'on rencontre aujourd'hui tous les intermédiaires entre ce *forastero* et le *creoulo vermelho*.

A maturité, la cabosse est assez fortement rugueuse, d'un

beau rouge vermeil, parfois d'un pourpre foncé près du pédoncule.

Elle est ovoïde, allongée, sans rétrécissement pyriforme à la base; au sommet elle se termine par un mamelon axial allongé. La longueur totale du fruit dépasse souvent 20 centimètres. Les côtes sont assez profondes. A Boa Entrada l'arbre en question produit plus que le *creoulo*. Nous avons vu des sujets, âgés de 5 ans, portant déjà une vingtaine de beaux fruits. A Porto-Alègre nous avons observé deux sous-variétés, l'une à fruits rouges presque sans ruguosités, l'autre à cabosses rouges, grêles, très allongées, et à côtes très verruqueuses. Sur quelques individus la couleur est légèrement jaune-orange d'un côté, au fond des sillons. Les graines sont souvent triangulaires en section transversale.

Le péricarpe, dont l'épaisseur varie de 10 à 13 millimètres, est un peu plus mince que dans le *creoulo*.

Un fruit moyen examiné à San-Miguel pesait 465 grammes et renfermait 47 graines pesant 148 grammes à l'état frais. Le rapport du poids des graines au poids brut de la cabosse est donc de 32 p. 100.

Une autre forme observée à Boa Entrada, à fruits en partie rouges, en partie jaunes, longs de 19 centimètres et larges de 9 centimètres au milieu, nous a donné comme poids moyen d'une cabosse 670 grammes. Un fruit renfermait 45 graines d'un poids total de 140 grammes, ce qui donne comme poids moyen d'une graine fraîche 3 gr. 11, et comme rapport du poids des graines au poids des cabosses, 21 p. 100.

A Monte-Rosa, ou ces *Trinidad* sont assez répandus, nous avons trouvé pour un sujet à fruits d'un rouge pur, ayant par conséquent peu varié, les chiffres suivants:

Dimensions de la cabosse : 18 centimètres de long sur 8 centimètres de diamètre transversal. Epaisseur du péricarpe : 15 à 16 centimètres. Poids total : 508 grammes. Renferme 37 graines pesant 97 grammes.

Le poids moyen d'une graine est donc de 2 gr. 62, et le rapport du poids des graines fraîches au poids total de la cabosse est 19 p. 100.

Une autre forme déjà en grande partie transformée en *creoulo,* presque entièrement jaune à maturité avec des marbrures rouges nous a donné :

Dimensions de la cabosse, 16 centimètres de long sur 9 centimètres de diamètre transversal. Renferme 43 graines pesant 115 grammes. Poids total 620 grammes.

Le poids moyen d'une graine est donc de 2 gr. 67, et le rapport du poids des graines fraîches au poids total de la cabosse est 18 p. 100. Les graines séchées pesaient en moyenne 1 gr. 70.

M. C. PALANQUE ne trouve pas cette variété bien supérieure au *creoulo*, et elle demande plus de soins.

5° La variété *Venezuela* des roçeiros tend également à se répandre et elle varie de manière à se rapprocher du *creoulo amarillo*. Comme qualité M. C. PALANQUE la place immédiatement après le *Guayaquil*.

Les fruits souvent nombreux et volumineux sont d'un jaune clair à maturité, gros à la base, souvent très allongés; le mamelon est tantôt droit bien axial, tantôt il est déjeté sur le côté comme dans les bonnes variétés du Vénézuela. La forme des cabosses se rapproche beaucoup de celle du *Criollo amarello* du Vénézuela, figuré par PREUSS (Pl. I, fig. 3 de la traduction) dans son ouvrage sur le Cacaoyer. Mais PREUSS lui attribue des amandes tout à fait blanches, rondes et grosses, alors qu'elles sont constamment violettes, aplaties, allongées dans la forme cultivée à San-Thomé, qui, par ce caractère se rapproche beaucoup du *creoulo amarillo*. La base est ordinairement un peu atténuée, mais non étranglée. Les côtes sont fort saillantes, parfois presque lisses, d'autres fois fortement rugueuses. Le péricarpe est moins épais que dans le *creoulo*. Deux cabosses normales examinées à Monte-Rosa, nous ont fourni les données suivantes :

Cabosse A. Dimensions : 20 centimètres de long sur 10 centimètres de diamètre transversal. Poids total, 820 grammes.

Renferme 42 graines pesant 124 grammes.

Le poids moyen d'une graine est donc de 2 gr. 95 et le rapport du poids des graines fraîches au poids total de la cabosse est de 15 p. 100.

Cabosse B. Dimensions : 20 centimètres de long sur 9 centimètres de diamètre transversal. Poids total, 662 grammes. Renferme 45 graines pesant 133 grammes.

Le poids moyen d'une graine est donc de 2 gr. 95, et le rapport du poids des graines fraîches au poids total de la cabosse est de 18 p. 100. Le poids moyen des graines séchées, est de 1 gr. 60.

En résumé, à l'heure actuelle, de nombreuses variétés américaines sont introduites à travers les Cacaoyères de San-Thomé. D'après les chiffres que nous avons donnés plus haut elles produisent des fruits plus beaux et surtout des graines plus lourdes que le vieux *creoulo*. Cependant beaucoup de roçeiros affirment qu'aucune n'est aussi fructifère que le *creoulo* ou le *laranja*, de sorte que la quantité des cabosses compense

leur faible dimension. En outre, dans les variétés d'introduction récente, le rapport du poids des graines au poids total des
cabosses n'est que de 15 à 20 p. 100, alors qu'il est de 25 à
35 p. 100 dans le *creoulo*, et de 25 à 30 p. 100 dans le *laranja*.
On s'en tient donc généralement à la culture de ces deux anciennes variétés.

CHAPITRE VIII

Traitement industriel du Cacao.

Terrage. — Lavage. — Fermentation. — Le *Saccharomyces Theobromæ.* — Durée de la fermentation dans les diverses roças. — Séchage. — Résultat du séchage. — Transport. — Valeur et composition des fèves de cacao de San-Thomé.

Les fèves de cacao, au sortir des cabosses et avant d'être livrés au commerce de la chocolaterie, subissent un assez grand nombre de traitements, mais tous ne sont pas indispensables pour obtenir un bon produit marchand.

La fermentation et le séchage méthodique se pratiquent aujourd'hui d'une manière générale à San-Thomé ; au contraire, le terrage et le lavage, manipulations exposées dans les deux paragraphes suivants, n'ont pas, jusqu'à présent, retenu l'attention des roçeiros.

Terrage. — L'opération du terrage ne se pratique qu'au Vénézuela. Elle a pour but d'enduire les graines d'une mince couche d'argile imprégnée d'oxyde de fer hydraté, afin d'empêcher les insectes d'attaquer les graines et aussi pour donner au cacao une belle couleur rouge et du brillant ; ainsi traitées, les fèves ont un aspect qui séduit davantage l'acheteur, la teinture cache aussi les moisissures qui se forment si facilement, ainsi que les taches noires des graines. Enfin le poids du cacao s'accroît d'une façon sensible. La teinture constitue donc un avantage pour les planteurs à différents points de vue.

Le Dr Preuss qui a visité le Vénézuela, et auquel sont empruntés ces renseignements, décrit ainsi l'opération :

« La fermentation se fait d'une façon primitive et ne dure qu'un jour. Le cacao est teint aussitôt après. On répand à cet effet sur ce cacao une certaine quantité de terre rouge comme on en trouve dans toutes les plantations sur les flancs des montagnes, et on secoue le cacao dans un drap jusqu'à ce que la terre soit bien répartie. On l'expose ensuite au soleil pour sécher définitivement. On procède parfois aussi à la teinture en plongeant le cacao frais, déposé dans des paniers, dans de l'eau mêlée de terre rouge et en l'étendant ensuite sur des aires. On se sert parfois aussi d'une machine pour réduire la terre en poudre. »

Jusqu'à présent aucun planteur, à notre connaissance, n'a essayé de pratiquer cette opération en Afrique.

Le piétinement du cacao qui donne aux graines de *Trinidad* leur aspect lisse et poli, est lui-même inconnu.

LAVAGE. — Le lavage des fèves de cacao dans l'eau ordinaire est une opération qui se pratique aussitôt après la fermentation. Il ne se fait d'une manière générale que dans certains pays : à Ceylan, au Guatémala, à Salvador. Le lavage après avoir été essayé à San-Thomé a été abandonné par tout le monde ; et de fait, il n'a pas raison d'être dans un pays ou la dessiccation est facile.

Le lavage ne se conçoit en effet que pour empêcher le développement des moisissures qui surviennent quand on ne peut pas sécher les fèves assez vite.

Le cacao non lavé sèche beaucoup plus lentement que l'autre et est aussi beaucoup plus exposé à moisir.

Le premier inconvénient du lavage pour le planteur, est qu'il fait perdre aux fèves une fraction de leur poids qui peut aller jusqu'à 15 p. 100 pour les cacaos dont la pulpe est épaisse. On prétend aussi que le lavage enlève au cacao une partie de son arôme, et l'aspect plus séduisant qu'il acquiert à l'extérieur ne compense pas la dépréciation qui en résulte ailleurs.

Le lavage n'est en somme utile que lorsque la moisissure envahit les graines aussitôt après la fermentation et avant le séchage, par suite de la grande humidité de l'air.

Dans ce cas, il est nécessaire de laver le produit et selon JUMELLE « beaucoup de planteurs conseillent de préférence l'eau acidulée avec du jus de citron (1/4 de jus pour 3/4 d'eau). On restitue ainsi aux cacaos moisis, qu'ils se soient altérés pendant la fermentation ou pendant le séchage, la couleur qu'ils ont perdue. »

D'autres colons préfèrent se débarrasser de la pulpe en frottant les graines avec de la cendre.

Mais, nous le répétons, à San-Thomé il n'est jamais nécessaire de recourir à ces moyens.

FERMENTATION DU CACAO. — Cette opération, déjà décrite avec précision il y a plus de 130 ans par AUBLET dans ses études sur la flore de la Guyane, était restée jusqu'à ces dernières années en grande partie inexpliquée. On savait seulement que la valeur du cacao et la bonne qualité du chocolat dépendent très souvent de la façon plus ou moins soignée dont a été conduite l'opération qui a pour résultat de tuer le germe de la graine, de brunir les tissus de l'amande et de séparer cette amande du tégument, puis de colorer le tégument primitivement rouge-brique en une teinte chocolat ou muscade, enfin d'améliorer le goût et l'odeur de l'amande qui, suivant l'expression de Dr Chittenden, est pour ainsi dire « cuite dans son jus ».

Ce n'est que dans ces derniers temps qu'on a examiné en détail les phénomènes qui s'accomplissaient pendant cette opération. M. J.-H. Hart, directeur du Service Botanique de la Trinidad, fut le premier à faire des analyses précises et à émettre des hypothèses pour l'explication scientifique du phénomène.

Pour lui, la fermentation du cacao est une fermentation alcoolique, une sorte de *maltage,* mais un maltage s'accomplissant sans qu'il y ait germination de la graine, comme dans le maltage de l'orge. Il est le résultat de l'action sur la graine d'une diastase provenant de la pulpe extérieure au tégument de la graine. Cette diastase aurait pour conséquence de transformer l'amidon des cotylédons en sucre.

Un peu d'albumine et une partie variable de matières azotées sont détruites ; il est probable que l'albumine est d'abord transformée en amides et autres combinaisons simples qui sont soumises par la suite à d'autres modifications.

Une partie des hydrocarbures, autres que le sucre, est invertie et s'écoule à l'état de glucose, puis est soumise à une fermentation alcoolique et acétique.

Pendant ces modifications, une partie des matières astringentes qui donnent le goût âcre à la fève crue se sont également transformées et ont produit une amélioration notable du goût.

De petites quantités de matières minérales sont également évaquées avec les liquides se formant par la fermentation. Il y a aussi une petite diminution de cellulose qui provient probablement, soit d'une perte épidermique pendant le séchage, soit d'une modification interne par suite de l'hydrolise pendant la fermentation.

Des analyses plus précises de Jeaman et Harrison démontrèrent que pendant la fermentation presque toutes les matières qui entrent dans la constitution de l'amande, y compris le glucose, la théobromine et la caféine subissent des pertes.

Au contraire, la pictine et les acides libres (acides acétique et tartrique) se présentent en plus grande quantité.

Ce n'est pas le glucose, comme le pensait Hart, qui a donné à l'amande fermentée sa saveur douce, puisque sa proportion a diminué, mais il faut admettre, avec Saussine et Jumelle, que les matières astringentes ont réellement été éliminées, soit par décomposition, soit par entraînement au dehors de l'amande à l'état de dissolution dans l'alcool provenant de la décomposition du sucre.

C'est à un biologiste allemand, Axel Preyer (1), que revient l'honneur d'avoir démontré en 1900 que la fermentation du cacao est due à l'action d'un champignon spécial, le *Saccharomyces Theobromæ* Preyer, qui, en présence de substances sucrées de la pulpe entourant la graine de cacao, se comporte comme la *levure de bière* ordinaire en présence du sucre de glucose.

« Les enzymes provenant de l'action de ce champignon, écrit le Dr Zipperer, amènent aussi ces modifications chimiques que nous pouvons observer sur les fèves de cacao fermentées, attendu que les enzymes, par suite de la porosité nouvelle des cotylédons, peuvent pénétrer à l'intérieur du parenchyme des graines. Les grandes transformations chimiques qui amènent l'amélioration de l'odeur et du goût sont analogues, à notre avis, à celles indiquées par Kunz-Krause dans le traitement du thé (2).

On pourrait penser d'après cela que par suite de l'action des enzymes sur les groupes aromatogènes et indifférents au point de vue organoleptique des groupements moléculaires aromatifères sont formés. Ces dédoublements extramoléculaires qui n'entrent en jeu que pendant la vie de la plante, sont très répandus dans le monde végétal ».

Ce sont justement ces dédoublements qui produisent le benjoin, le beaume du Pérou, et qui se présentent pendant la préparation de la vanille, comme l'a exposé Henri Lecomte. Preyer a montré aussi que certaines bactéries, en particulier celles qui donnent des fermentations acides sont nuisibles à la bonne fermentation du Cacao, car elles donnent un goût désagréable à l'amande.

Les recherches de Preyer permettent de prévoir qu'il sera bientôt possible de conduire la fermentation du cacao d'une façon vraiment scientifique en employant la levure pure artificiellement sélectionnée, et en se mettant à l'abri de toute fermentation accessoire.

On a dès maintenant pu déterminer les conditions les plus

---

(1) *Tropenpflanger*, 1901, n° 4.
(2) Kunz-Krause. *Bericht. d. Deutsch. Chem. Gesellch.*, 1901, p. 3.

favorables au développement du *Saccharomyces Theobromæ*.

La durée de son action pour amener une fermentation optima du cacao diffère suivant la variété de *Theobroma* expérimentée et suivant le degré de maturité des fruits, mais en général « c'est à une température de 28 à 35° centigrades combinée à une admission d'air qui permet à la fermentation de s'effectuer lentement en 5 à 6 jours, qu'il se trouve dans les meilleures conditions de développement ».

Le *Saccharomyces Theobromæ* existe certainement à l'état

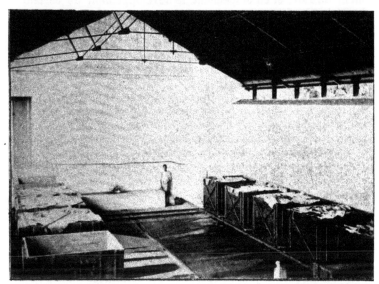

Cliché de M. de Sylva.

Fig. 6. — Les cuves pour la fermentation à la roça de Monte-Macaco.

spontané dans les Cacaoyères : quand on parcourt une plantation au moment de la maturation des fruits, on perçoit d'une façon très intense l'odeur si caractéristique des cacaos en fermentation et dans les fruits ouverts par les rats (et restés parfois adhérents en si grand nombre sur les arbres), elle est aussi pénétrante que dans les remises des roças renfermant les cuves où s'effectue la fermentation.

On perçoit aussi l'odeur d'acide acétique qui se dégage en grande quantité de ces fèves par suite de la multiplication de la bactérie de cette fermentation, qui, comme on le sait vit à l'état naturel mélangée aux levures les plus diverses sur pres-

que tous les fruits sucrés et mûrs. Sous l'action d'une température favorable le *Saccharomyces* et les bactéries ne tardent pas
à se multiplier lorsqu'on entasse les graines environnées de leur
pulpe dans les cuves de fermentation.

Le sucre, comme nous l'avons dit, est transformé en alcool
et en vinaigre et un dégagement d'acide carbonique se produit.

Tous les dispositifs pour la fermentation doivent donc tendre
à maintenir constamment la température optima pour le développement du *Saccharomyces,* tout en assurant le renouvelle-
ment de l'air, et en empêchant le développement de certaines
bactéries ou de certains champignons, comme les moisissures,
dont l'action est très nuisible à la bonne qualité de cacao.

Beaucoup de procédés sont employés pour assurer cette
fermentation. Il en est de très simples comme celui que nous
décrirons dans un prochain chapitre et qui est employé par
les noirs de la Gold-Coast.

Il en est de très compliqués, comme le procédé Strickland
en usage à Grenade et à la Trinidad, qui consiste à employer
un appareil composé de plusieurs bassins à doubles parois avec
des ouvertures et des tubes permettant d'aérer et d'empêcher
la température de s'élever au-dessus de 43° centigrades.

A San-Thomé, la méthode employée est beaucoup moins com-
pliquée; ce n'est d'ailleurs que depuis un petit nombre d'années
qu'on fait fermenter les graines, mais le procédé s'est généralisé
immédiatement, et même les indigènes, ne possédant que
quelques hectares de plantations, pratiquent aujourd'hui la
fermentation. Ils mettent les graines dans des bacs ayant les
formes les plus diverses, parfois même dans de vieilles pirogues
hors d'usage, et recouvrent le tout de feuilles de bananiers.
Au bout de 2 ou 3 jours l'opération est terminée.

Les grandes roças ont aujourd'hui des installations plus
perfectionnées, cependant de toutes les opérations auxquelles
on soumet le cacao depuis sa récolte jusqu'à son chargement
sur les navires, c'est peut-être la seule qui réclame encore des
perfectionnements.

A la roça de Boa Entrada on procède de la façon suivante :

Les amandes, extraites des cabosses dans la plantation
même, sont transportées à l'établissement central sur des
wagonnets.

Là, elles sont versées dans de grandes cuves installées elles
aussi sur des wagonnets, de manière à pouvoir être déplacées
à volonté et transportées, soit en plein air dans la cour, soit sous
le hangar-abri.

Ces cuves ayant la forme d'un parallélipède droit, mesurent

1^m,35 de long, 1^m,60 de large et 1^m,10 de profondeur. Elles sont entièrement en bois avec des planches épaisses de 3 centimètres, goudronnées à l'extérieur, bien nettoyées à l'intérieur après chaque opération. On verse les amandes fraîches dans ces caisses; il faut autant que possible que chaque caisse soit remplie jusqu'aux bords. On la recouvre d'un couvercle bien ajusté, mais ne venant pas comprimer les graines, ainsi que cela se pratique ailleurs.

Les amandes restent dans cet état 5 ou 6 jours sans être ni changées de cuve ni remuées; parfois on s'assure que la température ne s'élève pas trop, mais on n'a pas l'habitude d'introduire de thermomètre.

Les caisses remplies sont amenées sous le hangar ouvert de tous côtés, surmonté seulement d'une toiture.

Elles restent là pendant toute la durée de la fermentation.

Dès le deuxième jour il se dégage des cuves, quand on soulève le couvercle, une forte odeur d'acide acétique; la température s'élève alors fortement et il serait certainement préférable, quand on le peut, de transvaser les fèves d'un bac dans un autre.

Pendant la saison des pluies, la fermentation est terminée au bout du quatrième ou du cinquième jour; pendant la saison sèche elle s'accomplit en 6 jours seulement.

A ce moment on ouvre l'une des parois latérales de la caisse, la paroi latérale opposée peut aussi se soulever à la hauteur qu'on veut, ce qui permet de retirer très facilement et très rapidement les amandes; on commence par celles du fond de la caisse; on les reçoit dans des paniers tressés avec des fibres d'*Elæis* et on les porte aussitôt sur les séchoirs.

Les caisses sont ensuite nettoyées et préparées pour une nouvelle opération.

Le local où s'effectue cette opération est tenu constamment dans un état d'extrême propreté. Là figure 6 montre un de ces bâtiments à la roça Monte-Macaco.

Dans toutes les roças qui ont des dépendances, on fait ordinairement fermenter et sécher les graines dans les dépendances mêmes, afin de ne pas encombrer la maison principale. A Porto-Alègre, on emploie pour la fermentation de grands bacs fixes en bois, longs de 3 mètres et profonds de 1^m,50 environ; on ne met rien dans le premier bac, de sorte qu'à la fin du deuxième jour, quand on veut changer les fèves de place, il suffit de verser les fèves dans le premier qui est vide, puis celles du troisième dans le deuxième, et ainsi de suite.

La fermentation dure de 3 à 5 jours.

A Monte-Café, les cuves de fermentation sont des bacs à faces latérales en trapèze, le grand côté étant à la partie supérieure. Ces bacs en bois sont hauts de 1 mètre et peuvent contenir environ deux mètres cubes de graines; on les ferme, soit par un couvercle, soit en les recouvrant de feuilles de bananiers. Les quatre faces latérales sont percées de nombreux trous de 5 à 7 millimètres de diamètre, laissant écouler les liquides résultant de la fermentation.

Le troisième jour on retire les amandes, on les remue et on les verse dans un deuxième bac identique au premier. La durée totale de la fermentation est de 6 jours au moins.

A la roça de San-Antonio (Praia Lança ou Praia Mussacava), la fermentation se fait en 5 jours dans de grandes cuves hautes de 1^m,30 et larges de 2 mètres, allant en se rétrécissant de haut en bas; on transvase à la fin du troisième jour. A San-Miguel la fermentation se fait en 5 et parfois en 6 jours. A la fin du deuxième jour les fèves dégagent une odeur de levure de bière très prononcée; à la fin du troisième jour une odeur acétique lui succède.

C'est alors que les fèves sont transvasées dans une deuxième cuve après avoir été remuées dans tous les sens. Elles restent encore 2 jours dans cette seconde cuve.

A Monte-Rosa, la fermentation se fait habituellement en 4 jours, il est rare qu'elle dure 6 jours. A la fin du deuxième jour, on change les amandes de cuve, on les remue bien pour égaliser la fermentation, car souvent, dans le centre de la cuve, la pulpe est restée blanchâtre et il n'y a pas eu fermentation. Si la fermentation a mal marché, on va parfois chercher un panier d'amandes fermentées dans une autre roça, et on les mélange avec les cuves qui ne fermentent pas.

Pour la fermentation M. PALANQUE utilise une chambre de serviçaes, parquetée en bois et divisée en compartiments.

L'une des faces latérales est formée par la paroi en planches de la maison et on a ménagé à la partie inférieure de cette face une ouverture fermée par une simple toile métallique à travers laquelle s'écoule le jus de la fermentation.

Lorsque l'opération est terminée, les amandes ont pris une belle teinte rouge-brique. Si elle a été trop poussée, elles sont noirâtres et leur qualité est diminuée.

Il est nécessaire de conduire soigneusement l'opération pour que le degré optima de fermentation ne soit pas dépassé; c'est pourquoi la surveillance très vigilante d'un européen est nécessaire, et c'est, de toutes les manipulations que subit le cacao, la plus délicate.

Séchage. — Aussitôt après la fermentation les graines sont mises à sécher. Dans les parties élevées de San-Thomé et au sud de l'île où il pleut une grande partie de l'année, on est obligé d'avoir recours à un procédé de séchage mixte. On substitue à la chaleur du soleil la chaleur artificielle quand la pluie vient à tomber.

Au nord de l'île, par exemple sur le domaine de Boa Entrada, le séchage à l'air suffit pendant toute l'année. On utilise simultanément une grande aire cimentée qui sert de cour à la

Cliché communiqué par M. H. de Mendonça.

Fig. 7. — L'aire et les tables-tiroirs pour le séchage du cacao à la roça Boa Entrada.

roça, et des tables en bois mobiles disposées en amphithéâtre. L'aire est pavée en grandes dalles de pierres du pays, les intervalles sont bien cimentées. Elle couvre une superficie de plus de 50 ares.

Les tables-tiroirs sont adossées à la façade du magasin de triage surélevé de 5 à 6 mètres au-dessus du sol (Fig. 7). En cas de pluie, elles glissent sur des rails et sont amenées sous le parquet de ce magasin qui leur sert d'abri. Les séchoirs mobiles sont au nombre de 8 rangées disposées deux par deux sur quatre rangs d'amphithéâtre. Chaque rang est distant en hauteur du précédent de 55 centimètres environ, et le rang le plus inférieur est situé à 1^m,10 au-dessus du sol.

Ces tables, au nombre de 160, ont 2ᵐ,70 de long, 2ᵐ,05 de large, et elles sont entourées d'une bordure de 10 centimètres de hauteur. Elles se meuvent par de petites roues métalliques glissant sur des rails, et, à la première alerte de pluie, elles sont très rapidement poussées sous le magasin-abri, où elles viennent former 4 rangées de tiroirs superposés.

Les graines toutes humides, sortant des cuves de fermentation, sont d'abord apportées sur l'aire en pierre et étalées de manière à former une très mince couche. On les laisse en cet état 2 ou 3 heures pour leur permettre de s'égoutter ; elles dégagent alors une très forte odeur d'acide acétique.

Le soleil échauffant très fortement les dalles en pierre, il est bon de ne pas prolonger longtemps l'exposition pendant le premier jour pour que les fèves ne subissent pas un boursouflement. On les réunit donc en petits tas et on les rentre dans la soirée, ou bien on les transporte sur les tables en bois, si elles ne sont pas occupées par d'autres graines. Ordinairement on met les fèves sur les tiroirs lorsque leur dessiccation est déjà avancée. Ces tiroirs sont munis, comme nous l'avons dit, d'un rebord de 10 centimètres, mais on ne les charge jamais jusqu'à cette hauteur. La couche des fèves n'a, le plus souvent, que 3 à 4 centimètres d'épaisseur, et encore on les remue à la main à plusieurs reprises dans la journée.

Tous les soirs, à la tombée de la nuit, les tiroirs sont rentrés et on les sort de nouveau chaque jour, dès 6 heures du matin.

Le séchage dure habituellement 5 à 6 jours à Boa Entrada.

Il paraît que le cacao bien fermenté sèche plus vite que le cacao mal préparé.

A la roça de San-Miguel, où le séchage se fait tantôt par le soleil, tantôt par la chaleur artificielle, nous avons eu des renseignements intéressants sur la durée de l'opération.

Au soleil, si la température est élevée (23° à 25° centigrades) et sèche, il faut 30 heures d'exposition, mais il est préférable de faire durer l'opération 40 heures, ce qui représente 4 journées si l'exposition est de 10 heures, ou 5 journées si elle est de 8 heures. Les fèves restent étalées sur l'aire toute la journée et on ne les réunit jamais en petits tas comme à Boa Entrada.

Le séchage artificiel doit durer 30 heures également.

Les fèves séchées ainsi sont un peu plus légères que les fèves séchées au soleil pendant le même temps. En effectuant la dessiccation lentement on conserve paraît-il au cacao toutes ses qualités.

Dans certaines roças, pour éviter l'encombrement, on sèche artificiellement le cacao en 24 heures. Les tables-séchoirs sont alors portées à une haute température et des serviçaes remuent constamment les fèves avec des râteaux pour les empêcher de brûler. Ce séchage rapide aurait l'inconvénient de réduire davantage le poids, et les fèves auraient aussi un aspect moins séduisant.

A Monte-Café, le séchage des amandes s'effectue dans une grande salle-étuve construite en 1902 par la Maison Alves et Cie, de Lisbonne. Le foyer est alimenté avec du bois, et les tables supportant les graines sont disposées les unes au-dessus des autres immédiatement en contact avec les conduites d'air chaud. Un dispositif spécial permet d'élever ou d'abaisser la température en très peu de temps. On la maintient à 50° et même parfois à 60° pendant les premières heures du séchage, si l'on craint le développement des moisissures. On la laisse ensuite descendre à 35°, qui est la température la plus normale pour effectuer le séchage. L'opération dure habituellement 30 heures. A Monte-Café on m'a confirmé aussi que les graines séchées artificiellement sont moins lourdes que celles séchées au soleil. Mais en raison de l'altitude élevée de cette roça les pluies tombent journellement et rendent le séchage au soleil impossible, sauf pendant les mois de juin, juillet et août.

RÉSULTATS DU SÉCHAGE. — On reconnaît que le séchage est terminé quand la coque se brise facilement sous la pression des doigts et que l'amande se casse nettement sous la dent.

La couleur de la coque, qui était d'un rouge-brique clair en sortant du bac de fermentation, est devenue d'un rouge-brun terne et paraît comme saupoudrée de poussière blanche (par suite de la présence des moisissures arrêtées dans leur développement); à l'intérieur elle est plus pâle.

L'amande a pris une teinte brun-chocolat, sauf au centre où elle conserve une légère coloration lie-de-vin. La radicule est devenue noire et cassante.

La surface extérieure des cotylédons est parfois vernissée, et ce vernis est très amer; au contraire l'ensemble de la fève a acquis une saveur douce, agréable; enfin il s'est creusé des vides entre les fentes cotylédonnaires et au centre de l'amande.

TRIAGE. — Après la dessiccation les fèves sont mises en tas dans un local bien abrité : A Boa Entrada ce magasin mesure environ 70 mètres de long sur 10[m],50 de large. Il est situé au-dessus de la remise des tables-séchoirs; le toit est à 6 à 8 mètres du parquet; la charpente est en fer. Les fèves sont triées à la main, classées par catégories commerciales.

Dans certaines grandes roças on possède généralement des machines pour faire le triage. Ces machines permettent seulement de séparer les fèves des poussières et de les grouper par dimensions.

La roça de Monte-Café possède plusieurs de ces trieurs. Celui qui nous a paru le plus ingénieux est actionné à la main. Les impuretés sont rejetées d'un côté et les graines sortent classées en deux catégories, d'après leur grosseur, mais il est nécessaire de faire trier ensuite, par des manœuvres, les graines avariées, de sorte que le triage mécanique réduit peu la durée du travail.

Le local où s'effectue cette opération, et qui sert aussi de magasin pour le café et les écorces de quinquina, est situé au-dessus de la chambre-étuve, de sorte que sa température est toujours sèche et maintenue entre 28° et 30° centigrades.

Le triage mécanique a l'inconvénient de laisser des graines d'aspect défectueux et mal préparées mélangées aux graines de qualité supérieure. Aussi préfère-t-on faire effectuer le triage à la main par des enfants, des convalescents ou des impotents. A Boa Entrada, on répartit les fèves en 3 catégories.

La première catégorie, comprenant environ les 4/5 de la ré-colte, est fournie par les bonnes fèves normalement fermentées. Elle est expédiée en Europe avec le nom de la roça sur les sacs. L'aspect des fèves est rouge mat. La deuxième catégorie comprend les graines fermentées, mais de petites dimensions, ou encore celles qui sont un peu avariées ou qui présentent un aspect défavorable. Enfin la troisième catégorie ne renferme que des graines qui n'ont pas fermenté. Ce sont tantôt des graines recueillies sous les arbres à la suite des déprédations causées par les rats, tantôt des graines noircies trouvées dans des cabosses à demi-desséchées et oubliées sur les arbres. Dans ce dernier cas, les graines adhèrent à une masse noire compacte d'où il faut les détacher une à une en rejetant celles qui sont trop endommagées.

C'est également dans cette catégorie qu'on place les fèves fermentées moisies. Les sacs qui servent à l'expédition sont en jute. On emballe environ 70 kilogs de cacao par sac.

TRANSPORT. — Les sacs marqués, ficelés et cachetés, sont transportés sur des wagonnets au bord de la mer où la plupart des roças possèdent un wharf auquel peut accoster le petit bateau à vapeur faisant chaque semaine le tour de l'île.

A la ville de San-Thomé elles sont embarquées sur les pa-quebots portugais et expédiées le plus rapidement possible à Lisbonne.

Le transport du cacao et du café de la plantation de Monte-Café à la ville de San-Thomé, distante d'une douzaine de kilomètres, se fait chaque jour à l'aide de chars traînés par des mules importées du Portugal ou des bœufs provenant de l'Angola et accouplés à l'attelage.

Au moment de la grande récolte (novembre et décembre) douze carrioles circulent ainsi chaque jour sur la route de Trinidad, et il arrive qu'un seul paquebot embarque 2.000 sacs de 70 kilogs, soit 140 tonnes de provenance de Monte-Café.

L'Administration portugaise a fait étudier dernièrement un projet de chemin de fer électrique devant relier la capitale de la colonie à la Trinidad. Il diminuerait beaucoup les frais de transport à travers l'île et beaucoup de planteurs en souhaitent la construction.

VALEUR ET COMPOSITION DES FÈVES DE CACAO DE SAN-THOMÉ. — Il y a une dizaine d'années le cacao de San-Thomé était peu estimé sur les marchés d'Europe, et sa cote sur les mercuriales était très inférieure.

Depuis, les roçeiros ont réalisé de très grands progrès dans la fermentation et le séchage, et les fèves produites par certaines roças pourront bientôt rivaliser avec le cacao de l'Amérique du Sud, les sortes du Vénézuela et de Trinidad étant toutefois exceptées, en raison de leur qualité supérieure.

Nous devons à l'obligeance de M. HOUDAS, chef de laboratoire à l'École Supérieure de Pharmacie de Paris, l'analyse du cacao commercial de San-Thomé, rapporté par nous de deux des principales roças : San-Miguel et Boa Entrada. Les résultats de cette analyse sont les suivants :

	BOA ENTRADA			SAN-MIGUEL		
	Coques.	Amandes.	Mélange.	Coques.	Amandes.	Mélange.
Pertes à 110°. . . .	10,61	6,96	7,40	12,15	7,30	7,83
Cendres.	6,75	2,74	3,23	7,25	3,72	4,10
Azote total. . . .	15,24	13,31	13,53	15,70	13,73	13,94
Matières grasses. .	2,75	49,80	44,15	2,89	50,21	45,00
Théobromine. . .	0,68	1,44	1,36	0,62	1,37	1,28
Amidon.	»	5,95	5,23	»	6,25	5,56
Cellulose	16,21	3,28	4,83	15,93	3,13	4,53

Ainsi que l'indique ce tableau, les fèves de Boa Entrada sont plus riches en théobromine que celles de San-Miguel, et cela doit s'expliquer par la composition du sol qui est de meilleure qualité à Boa Entrada.

CHAPITRE IX

Les Ennemis et les Maladies du Cacaoyer.

Singes, rats, écureuils. — Destruction des rats. — Les termites, leur destruction. — Les fourmis. — Les borers. — Mœurs du *Zeuzera*. — La punaise du cacao. — Les coccides: — Parasites végétaux. — Les *Loranthus*. — Parasites des feuilles et des racines. — Le *pourridié*. — Noircissement des cabosses. — Mauvaises fermentations. — Le Cacau Macho.

ANIMAUX

Quelques animaux commettent des déprédations importantes dans les cacaoyères.

MAMMIFÈRES. — Les chèvres ont l'habitude de brouter et d'arracher l'écorce des *Theobroma* dont elles sont friandes. On doit toujours les tenir éloignées des plantations.

Un singe très fréquent au sud de l'île ainsi qu'autour du Pic et du Cabombey, le *Cercopithecus Mona* Schreib., *Macaco* des Portugais créoles, cause des dégâts si sérieux qu'en certains endroits on est obligé d'entretenir des équipes de chasseurs pour le tuer ou le mettre en fuite.

Ce singe arrache les cabosses, les emporte sur un arbre et les ouvre avec ses dents pour extraire les graines une à une afin de sucer la pulpe sucrée qui les entoure. Il rejette ensuite les amandes sur le sol.

Mais ce sont les rats qui causent certainement les dégâts les plus considérables. Ceux de San-Thomé appartiendraient aux deux espèces vulgaires *Mus Ratus* et *Mus décumanus* (1); le Hamster *(Cricetomys gambianus)*, signalé par W. BUSSE comme commettant des déprédations dans les cacaoyères du Cameroun, existe aussi dans l'île portugaise.

Ces rongeurs occasionnent à San-Thomé des dégâts que

---

(1) Renseignement relevé dans le *Journal d'Agriculture tropicale*, probablement erroné.

M. DE ALMADA NEGREIROS évalue au cinquième de la récolte, soit 3 millions de francs par an (1).

Différents moyens ont été proposés pour exterminer ces animaux. On a d'abord songé à introduire un mammifère grand mangeur de rats, la Mangouste ou Ichneumon *(Herpestes)*, mais les planteurs redoutent que cet animal se multiplie comme à la Martinique et qu'il devienne un fléau pour l'agriculture.

Après avoir exterminé les rats, il s'attaquerait sans doute à certains produits végétaux et en particulier aux cabosses de cacao. Du reste est-on bien certain qu'il ferait disparaître les rats? Dans l'Afrique Occidentale continentale, il existe plusieurs espèces d'*Herpestes* vivant à l'état sauvage, ce qui n'empêche pas les rats de pulluler en certains endroits.

A la Trinidad, on paie aujourd'hui une prime de 1 schilling par Mangouste tuée, tant cet animal est devenu redoutable pour l'agriculture.

A Maurice, on a tenté d'introduire des Hiboux de Madagascar pour lutter contre la multiplication des rongeurs. A San-Thomé, où vivent plusieurs rapaces nocturnes, il ne semble pas que ces oiseaux détruisent beaucoup de rats.

Il y a quelques années, les roçeiros avaient espéré de bons résultats de l'infection contagieuse des rats, infection découverte par le D' LŒFFLER en 1892, et transmise artificiellement par le sérum DANYSZ préparé par l'Institut Pasteur de Paris.

Plusieurs essais de contamination furent faits à San-Thomé vers 1898, à l'aide de tubes de cultures envoyées par l'Institut Pasteur de Lisbonne, mais ces expériences ne donnèrent pas de résultats appréciables, soit que le sérum eût perdu sa virulence, soit qu'il fût sans action sur les espèces des rats vivant à San-Thomé.

On sait en effet que les essais poursuivis par l'Institut Pasteur visaient seulement la destruction, non des véritables rats, mais des campagnols de France.

Il serait peut-être prudent, avant de se prononcer à ce sujet, de faire de nouvelles expériences de contamination avec du sérum fabriqué sur place et non avec du sérum apporté d'Europe.

Enfin on peut tuer les rats par des produits chimiques toxiques. D'après M. BONAME (2), tous les poisons sont généralement efficaces, que ce soit l'arsenic, le phosphore, la strychnine,

---

(1) Le chiffre de 10 millions de francs par an, donné par M. MONTET *(Journal d'Agriculture tropicale,* 1907. p. 106), est très exagéré.
(2) *Journal d'Agriculture tropicale,* 1903, p. 47.

etc., et l'essentiel est de mélanger la substance toxique à une préparation qui soit assez appétissante pour tenter les rongeurs; mais comme ils sont très défiants, il est utile de modifier de temps à autre la mixture ainsi que le poison employés. On a remarqué en effet qu'ils ne tardent pas à délaisser les appâts longtemps employés pour attaquer de préférence de nouvelles substances, parce que, dit-on, ils s'habituent au poison, mais plus probablement parce que leur instinct les pousse à s'en défier.

Sur les bateaux et dans les grandes villes, on détruit aujourd'hui les rats à l'aide de gaz sulfureux produit par divers appareils. Ce procédé pourrait être très utilement employé dans les bâtiments de certaines roças où ces animaux foisonnent, mais il n'est pas applicable aux plantations, et c'est encore par la chasse que font aux rats les indigènes et certains chiens dressés qu'on en détruira la plus grande quantité.

Nous pensons qu'on obtiendrait des résultats très appréciables par l'emploi de fox-terriers. Un certain nombre de roças (notamment Rio-de-Ouro, Ponte Furada) possèdent de véritables meutes de fox-terriers. Cette race de chiens introduite à la roça de Boa Entrada où elle a déjà rendu de réels services, résiste assez bien au climat de l'île. Elle s'y reproduit même, et les descendants, nés dans l'île, conservent l'aptitude des parents pour la chasse au rats. Cependant, pour éviter une dégénérescence fatale et rapide, on est obligé de recourir à des croisements fréquents entre fox-terriers de diverses roças bien séparées les unes des autres. L'administrateur et les surveillants européens, dans chaque tournée qu'ils font journellement à travers la plantation, emmènent avec eux les chiens qui dépistent constamment aux abords de la route suivie, les rats qu'ils étranglent ensuite.

Mais ce sont surtout les manœuvres attachés aux plantations qui font toute l'année une guerre acharnée aux rongeurs.

Dans diverses roças de San-Thomé, certains serviçaes sont spécialement chargés du piégeage; dans d'autres roças, tous les travailleurs doivent, sous peine d'amende, capturer un certain nombre de rats par mois (ordinairement une dizaine). S'ils dépassent ce chiffre, ils reçoivent une prime proportionnelle au nombre de queues présentées en plus de la quantité exigée (ordinairement 0 fr. 05, ou 10 reis par queue de rat).

Les queues sont comptées à la *forme* du soir et aussitôt brûlées ou enterrées pour qu'il n'y ait pas de fraude.

Pendant leur travail dans la plantation, les noirs épient les animaux qui s'enfuient soit à la surface du sol, soit des arbres et ils cherchent à les assommer à coups de *catane* ou machète. D'autres tendent des sortes de petits pièges nommés *mutambu*, faits avec des fils de fer ou des fibres de palmier formant nœud-coulant, et apprêtés avec un peu d'amande de coco. Les indigènes mangent les animaux capturés après avoir enlevé la queue qui est réservée pour toucher la prime. A Boa Entrada on capture ainsi 16.000 rats par an.

Pour l'ensemble de l'île, M. DE ALMADA NEGREIROS évalue à un million le nombre de rats détruits chaque année.

Parmi les animaux qui s'attaquent aux fruits du Cacaoyer, nous devons citer un autre rongeur ressemblant à l'ecureuil et appartenant comme lui au genre *Sciurus*. Il brise les cabosses pour en grignotter les amandes.

Le perroquet gris (*Psittacus erythracus* L.) perfore aussi les fruits avec son robuste bec pour manger les graines.

Tous ces animaux, et en particulier les rats, qui se repaissent exclusivement de la pulpe sucrée entourant la graine de cacao, laissent tomber sur le sol une grande quantité d'amandes. Des équipes spéciales de serviçaes les recueillent, mais la majeure partie de ces graines sont avariées : certaines ont commencé à germer, d'autres sont à demi desséchées.

Ordinairement on ne les fait pas fermenter et on les sèche à part pour les expédier en Europe comme graines de dernière qualité (*cacau dos ratos*). Ce sont généralement des jeunes garçons qu'on emploie à la récolte de ce cacao des rats.

TERMITES. — Les termites sont les animaux qui commettent le plus de dégâts dans les cacaoyères de San-Thomé après les rats. La roça Porto-Alègre, au sud de l'île, a particulièrement souffert de leurs déprédations.

Ces insectes, comme l'on sait, pullulent dans toutes les parties chaudes du globe, et ils sont partout un fléau pour l'agriculture tropicale. Chaque région a en général ses espèces spéciales.

A San-Thomé nous en avons observé deux espèces confondues par les planteurs sous le nom vulgaire de *Sélélé*. Nous avons rapporté des exemplaires à divers stades de ces deux espèces au Laboratoire d'Entomologie du Muséum d'Histoire naturelle de Paris qui en a confié l'étude à un spécialiste belge, M. J. DESNEUX.

La plus fréquente est une espèce nouvelle qu'il a nommée *Termes theobromæ*. Nous devons à l'obligeance de M. R. DU BUYSSON, préparateur au Muséum, communication de la diagnose de cet insecte :

Termes theobromæ, J. Desneux *(Ann. Société Entom. de Belgique,*
T. XLIX, 1905, p. 355).

Soldat : Longueur totale, environ 5^{mm},5; tête avec les mandibules, de
2^{mm},3; a près de 2^{mm},5; mandibules seules environ 0^{mm},8.

Tête rectangulaire allongée, à côtés parallèles; rétrécie assez brusquement en avant de l'insertion des antennes, d'un jaune brunâtre assez clair.
Pas de fontanelle.

Antennes de 13 articles; le 3e nettement plus petit que les adjacents,
annulaire; les suivants croissant vers l'apex; le dernier plus long que le
précédent, atténué au sommet.

Labre ovalaire-triangulaire, n'atteignant pas le tiers des mandibules.

Mandibules d'un rouge-brun très foncé, un peu plus courtes que la
moitié de la tête, peu courbées, leur bord interne finement, mais irrégulièrement denté en lame de scie.

Pronotum plus étroit que la tête, en forme de selle, le lobe antérieur
relevé, échancré en son milieu.

Méso et métanotum ovalaires.

Pattes assez courtes. Abdomen jaune-grisâtre.

Ouvrier : Longueur, environ 4^{mm},5. Antennes de 13 articles, le 3e très
petit annulaire. Epistome peu proéminent. Le bord antérieur du pronotum
à peine sensiblement échancré en son milieu.

Tête d'un jaune-brun assez clair; thorax et abdomen d'un jaune-grisâtre.

Hab. : Ile de San-Thomé. A. Chevalier, 1905 (Muséum de Paris).

Observation. — Cette espèce appartient à un groupe dont plusieurs
représentants africains sont déjà connus et qui s'en distinguent assez
aisément par leurs *soldats : T. fuscolabialis* Sj. a la tête et les mandibules
sensiblement plus grandes; *T. subtilis* Wsm. également et possède de
plus une fontanelle; *T. parvus* Hav. est plus petit; *T. Sikoræ* Wsm. de
la tête plus grand et les mandibules à peine dentées en lame de scie.

Le long du tronc de la plupart des Cacaoyers vieux ou
jeunes, même dans les cacaoyères les mieux entretenues de l'île,
on observe de petites galeries en terre, mesurant quelques
millimètres de diamètre, et montant ordinairement jusqu'à la
première où à la deuxième fourche du Cacaoyer. Souvent ces
galeries sont en partie dissimulées sous des écailles du périderme (écorce extérieure morte) sous les petits coussinets d'une
espèce d'hépathique ou sous les plaques d'un lichen crustacé
verdâtre qui semble avoir une préférence marquée pour ce
genre de station.

Si l'on éventre ces galeries, sur les arbres sains on constate
qu'elles sont le plus souvent inhabitées. Les termites ayant ex-

ploré le tronc ont constaté qu'il n'y avait aucune anfractuosité et aucune substance organique leur permettant de s'établir à demeure sur l'arbre. Ils redescendent par le canal en terre qu'ils ont construit pour venir, et ils vont chercher un autre habitat. Souvent, ces canaux abandonnés sont habités par une petite fourmi noire qui vit sur les pédoncules des fruits, et dont nous parlerons plus loin. Parfois aussi d'autres petits insectes s'y réfugient, aussi il est utile de brosser, à la période de repos, le tronc des Cacaoyers pour faire disparaître ces galeries en terre.

Lorsque le *Termes theobromæ* dans ses pérégrinations le long du tronc d'un arbre rencontre un fragment du tronc mort par suite d'une lésion, par exemple à la fourche du tronc sur l'emplacement d'une branche anciennement coupée, dont le moignon, au lieu de se cicatriser, a déterminé la pourriture et la décomposition du bois sur cet emplacement, il s'établit à demeure et y construit une habitation.

De nombreuses larves montent le long de la galerie, et la colonie s'accroît très rapidement. Dès lors, une lutte commence entre le *Termes* et le Cacaoyer. Les termites rongent le bois mort jusqu'aux tissus vivants. Dans certaines parties de la blessure l'arbre parvient à cicatriser les régions atteintes, l'activité de la zone cambiale augmentant sous l'influence de cette irritation ; dans d'autres parties, la nécrose du bois progresse vers le cœur et les insectes commencent leur marche en dedans du tronc de l'arbre, s'attaquant à toutes les parties mortes et faisant eux-mêmes progresser cette nécrose des tissus ligneux pouvant déterminer la mort de la plante. Les autres termites de la colonie s'établissent solidement au pied du Cacaoyer, y construisent des termitières de 1 ou 2 décimètres de hauteur, et allant parfois jusqu'à un mètre, reposant sur le sol et appuyées sur la base du tronc de l'arbre. C'est de cette construction, située à la base, que sortent les insectes ailés qui s'envolent en grand nombre en septembre, au début de la saison des pluies, pendant que les larves transportent une quantité de terre molle le long des galeries extérieures pour édifier, dans l'infractuosité creusée à l'intérieur du tronc de nouvelles constructions.

Mais un autre termite plus dangereux encore vit également dans l'intérieur des troncs de Cacaoyers. Il creuse d'innombrables galeries à travers le bois et ne tarde pas à faire mourir l'arbre si on n'y apporte remède. Tandis que la larve du *T. theobromæ* n'a que $3^{mm},5$ de long et le corps très grêle, la larve de cette seconde espèce mesure 8 millimètres, elle est d'un blanc-brunâtre et l'abdomen est renflé.

Elle appartient au genre *Calotermes*. Nous n'avons pas rencontré les soldats ni les ouvriers, de sorte que M. Desneux n'a pu la déterminer spécifiquement.

Cette espèce occasionne de grands dégâts à la roça de Porto-Alègre. C'est toujours *de haut en bas* qu'elle attaque les troncs des Cacaoyers, et souvent un arbre dont la tige principale est presque complètement anéantie dans le haut, est au contraire indemne à la base.

La présence des *termites* dans l'intérieur du tronc d'un Cacaoyer est révélée par les petites déjections de sciure de bois qui parsèment la surface extérieure de l'écorce, partout où les insectes ont élu domicile.

Ordinairement on parvient à sauver la plante en entaillant à coups de machète toute la partie envahie de manière à détacher la masse de bois mort renfermant les innombrables galeries des insectes. On recouvre ensuite la plaie d'une épaisse couche de coaltar. Cette mesure est parfois insuffisante, car des insectes peuvent rester dans les parties profondes non atteintes par les couteaux, et ils continuent leurs dégâts.

On pourrait, à la rigueur, les tuer par des injections de crésyl ou de sulfure de carbone, mais ce sont des opérations longues et délicates. Le mieux serait de faire la chasse aux termites avant qu'ils aient envahi la plantation, en détruisant toutes les termitières et en tuant les insectes, si possible, par des injections, dans ces termitières, de sulfure de carbone ou d'autres gaz toxiques (1).

Fourmis. — La fourmi rousse *(Œcophylla smaragdina* Fab.), qui pullule dans toute l'Afrique tropicale, est commune dans les cacaoyères de San-Thomé. Elle vit sur les arbres et construit son nid en agglutinant ensemble, à l'aide de soies analogues à des fils d'araignées, les bords des feuilles vivantes rapprochées qui restent attachées sur leurs branches et continuent à vivre.

Dans beaucoup de points, la plupart des Cacaoyers portent ainsi des boules vertes de la grosseur du poing.

Au moindre choc, les fourmis se précipitent sur les rameaux et les feuilles avoisinantes.

---

(1) Au Transvaal, M. C.-B. Simpson a employé récemment avec succès, pour détruire les termites, un appareil composé d'un foyer et d'une pompe à air. Lorsque le fourneau est bien allumé, on répand directement sur le foyer une poudre formée de 1 partie de soufre et 9 parties d'arsenic blanc intimement mélangées. Les gaz toxiques sont chassés au moyen de la pompe dans un tuyau qui se termine par une lance en fer, que l'on introduit dans la termitière.

L'espèce est carnassière et n'occasionne aucun dégât sur les Cacaoyers qu'elle débarrasse plutôt de divers insectes, mais ses morsures, heureusement peu douloureuses, rendent parfois pénible la taille des arbustes envahis.

Une autre espèce de fourmi, vivant sur les Cacaoyers, celle-ci noire et de petite taille, appartient au genre *Pheïdole*.

Elle se tient principalement sur les branches et sur les pédoncules des cabosses. Elle se construit de petits abris avec des particules de débris végétaux étroitement appliqués contre le pédoncule ou sur la base de la cabosse, abris qui ont la couleur de l'écorce gercée.

Nous ne pensons pas qu'elle soit davantage nuisible, mais elle vit aux dépens des pucerons qui se tiennent sur le tronc des Cacaoyers et à la base des cabosses.

BORERS. — Les colons anglais donnent le nom de *borers* (perceurs) aux insectes dont les larves vivent à l'intérieur des branches de certains arbres dans lesquels elles percent des galeries souvent très longues et qui causent de sérieux dégâts dans les plantations de caféiers et de Cacaoyers. Ces insectes appartiennent à de nombreux groupes. L'un d'eux a été étudié en détail, au cours d'une mission à San-Thomé, par notre ami CH. GRAVIER qui a réussi à surprendre les mœurs très curieuses de cet insecte.

Ce *borer* est la larve d'un papillon du genre *Zeuzera*, probablement le *Z. Coffeæ* Nietner, ou une espèce très voisine.

Certains Cacaoyers, écrit GRAVIER, présentent des branches complètement mortes, alors que le reste de l'arbre demeure vigoureux; dans l'axe des parties mortifiées, on trouve presque toujours, au fond de la galerie qu'elle a creusée, la larve d'un Papillon du genre *Zeuzera*. Les dégâts causés par les galeries qui peuvent avoir 12 millimètres de diamètre et une cinquantaine de centimètres de longueur, amènent rapidement la mort dans la région où ils se produisent. Lorsqu'il s'agit d'un arbre adulte, celui-ci reste affaibli mais peut parfaitement résister dans ses parties saines, si elles échappent aux déprédations du parasite. Mais lorsque le Cacaoyer est jeune, qu'il a moins de 3 ans, il est clair que la mort apparaît à brève échéance. Il est à noter que les feuilles se flétrissent lentement et se dessèchent en restant fixées à l'arbre, tandis que, dans certaines affections, elles se détachent. Il en est ainsi, en particulier, dans le cas des piqûres faites par des punaises du genre *Helopeltis*.

La présence de la larve est décelée par ses excréments d'un brun plus ou moins rouge à l'état frais, d'un jaune rougeâtre à l'état sec, qui s'amoncellent à l'entrée de la galerie ou au niveau des trous accessoires pratiqués dans celle-ci, ou au pied de l'arbre, quand il s'agit d'un sujet jeune et d'une chenille de grande taille. Lorsque celle-ci a achevé son développement, elle prépare l'orifice de sortie pour le papillon et se transforme en nymphe. La nymphe, longue de 20 à 35 millimètres, de teinte plus foncée que la larve, avec les extrémités antérieure et postérieure presque noires, porte sur la tête une sorte de gouge qui lui sert à perforer l'obturateur formé par les matières que la femelle accumule à l'ouverture de sa galerie au moment de la nymphose. Le papillon, qui est nocture, est mis en liberté quelque temps après (1).

M. Ch. Gravier a pu observer la pénétration de la chenille dans les tiges du Cacaoyer :

Nous choisîmes plusieurs larves parmi les plus grandes de celles qui vivent dans les capsules attaquées, et nous les posâmes sur un jeune rameau intact ; l'une d'elles, plus vigoureuse que les autres, attira surtout notre attention. Après avoir erré pendant quelque temps au-dessus et au-dessous de la feuille où elle devait se fixer, elle finit par s'arrêter immédiatement au-dessous du pétiole. La pénétration se fait toujours en un point de moindre résistance. On vit alors la partie antérieure du corps effectuer une longue série de mouvements oscillatoires et en même temps, le corps s'envelopper de fils très ténus sécrétés par la larve et comparables à ceux des toiles d'araignée. Il se constitue ainsi une sorte de cage à claire-voie qui sert d'abri et de point d'appui à la chenille pendant le travail du forage. Les matériaux résultant de l'opération, analogues à la sciure de bois, sont retenus par cette toile et obstruent le trou, ce qui protège la larve contre ses ennemis pendant qu'elle poursuit son œuvre de pénétration.

Placée sur le rameau à 3 heures du soir, la jeune larve en question avait, le lendemain matin à 9 heures, creusé dans le tissu mou de la base du pétiole, un trou assez grand pour la loger entièrement, repliée sur elle-même ; elle était complètement recouverte par les matériaux provenant du forage. Le second jour, elle avait gagné la moelle gorgée de suc, où elle pouvait cheminer plus aisément en continuant son évolution.

Par une expérience analogue faite au même endroit, j'ai pu m'assurer du fait que la larve, après avoir épuisé une branche, peut passer à une autre, comme l'a indiqué Zehntner pour le *Zeuzera Coffeæ*. Il est même fort probable qu'elle peut, au besoin, aller contaminer un autre arbre (2).

Le même auteur conseille d'employer les procédés suivants pour détruire l'insecte :

Lorsqu'on découvre le mal à son début, on peut obturer l'orifice d'entrée de la larve et, plus efficacement, tuer celle-ci en injectant un insec-

(1) Ch. Gravier. *Sur quelques parasites des Cacaoyers à San-Thomé (Bull. du Muséum,* 1907, nº 3, p. 214).

(2) Ch. Gravier. *Observations biologiques sur la larve d'un papillon qui attaque les Cacaoyers à San-Thomé (Bull. du Muséum,* 1907, nº 2, p. 139).

tiride approprié. Il est plus simple et plus facile de couper la branche ou la partie malade et de la brûler, de façon à détruire les larves. La section doit être faite nettement et recouverte immédiatement de coaltar pour empêcher l'invasion d'autres parasites. Si l'arbre est d'une taille assez grande, l'ablation de la partie malade le débarrasse d'un membre inutile et ne peut l'empêcher de poursuivre son développement. On devra anéantir sur place, par le feu autant que possible, les capsules contaminées, pour arrêter la formation des papillons, propagateurs du mal. Avec quelque attention de la part des agriculteurs, on peut ·circonscrire les dommages dus au parasite dont il vient d'être question et qui a lui-même des ennemis naturels. Zehntner a signalé notamment comme attaquant la chenille du *Zeuzera Coffeæ* un Ichneumon, puis une mouche qui ne diffère pas beaucoup de la mouche domestique et un champignon qui est probablement une entomophthorée.

Il existe certainement d'autres sortes de *borers* dans les cacaoyères de San-Thomé, mais ces insectes y sont en petit nombre et les larves ne se mettent en général dans le bois que quand les arbres deviennent languissants. Ainsi presque tous les Cacaoyers atteints de *pourridié* observés par nous à Porto-Alègre, et dont les feuilles étaient déjà à demi-desséchées, avaient leur bois creusé de nombreuses galeries d'insectes, mais ces galeries n'étaient certainement pas la cause déterminante de la mort des arbres.

Parmi les insectes qui vivent dans le bois du Cacaoyer, le Dr PREUSS signale au Cameroun des larves de longicornes qui sont vraisemblablement celles du *Tragocephala senatoria*.

PUNAISES. — Dans la même colonie, le Dr W. BUSSE a observé un insecte qui attaque le Cacaoyer à l'extérieur, c'est la punaise de l'écorce *Deimatostages contumax* Kuhlgatz. Nous croyons l'avoir remarqué à San-Thomé.

Nous y avons vu aussi une punaise qui attaque la surface des cabosses déjà développées, mais elle ne pénètre pas profondément.

Suivant BUSSE, pour détruire les punaises, l'aspersion au lysol est efficace, mais il est peut-être préférable de faire des injections de sulfocarbonate de potassium en profondeur autour de l'arbre. Il faudrait de 300 à 600 grammes de cette substance dissous dans 1 à 2 litres d'eau par arbre.

COCCIDES. — Enfin, plusieurs espèces de Coccides vivent également sur les Cacaoyers de San-Thomé. Ch. GRAVIER, s'en est spécialement occupé.

« Quelques rares Cacaoyers, dit-il, sont presque entièrement couverts par des coccides de la tribu des Diaspides (SIGNORET). Dans l'espèce en question, les boucliers sont opaques et tous

de forme arrondie, les dépouilles sont fixées au centre. La
femelle, de couleur jaunâtre, a le corps plus ou moins circulaire
chez les jeunes, fortement retréci en arrière et presque triangulaire chez les individus plus âgés, avec les deux petites
languettes terminales. Les arbres attaqués sont isolés et ne
paraissent pas trop souffrir de la présence de ces Coccides qui,
en couvrant le tronc et les branches principales, ne peuvent
cependant qu'être nuisibles (1). »

A Diogo-Vaz, le même auteur a observé d'autres coccides
sur les feuilles des Cacaoyers, au bord des nervures. « Ils ne
paraissent pas être très funestes aux feuilles qui étaient parfaitement vertes au moment de l'observation. C'était encore une
Diaspide avec un bouclier aplati et des dépouilles fixées latéralement, bien différente d'aspect des précédentes. »

Enfin, GRAVIER a observé sur des fruits parvenus à l'état de
maturité « des coccides sans bouclier, un peu mobiles, à segments bien distincts, se recouvrant d'une matière cireuse
blanche, et dont certains individus sont allongés et fusiformes.
Le feutrage blanchâtre qu'elles constituent s'étend particulièrement sur le pédoncule et dans les dépressions séparant les
côtes de la capsule en prenant l'aspect de certaines moisissures.
Les fruits, peut-être récemment recouverts de ces parasites,
n'avaient rien perdu de leurs qualités (2). »

Nous avons recueilli nous-même sur les fruits des Cacaoyers
à San-Thomé, les coccides auxquelles GRAVIER fait allusion
dans la deuxième partie de son travail. M. DU BUYSSON, le zélé
zoologiste-du Laboratoire d'entomologie du Muséum, a eu l'o-
bligeance de les communiquer à un spécialiste, M. COCKERELL
de Boulder, Colorado (États-Unis).

D'après ce naturaliste, elles appartiennent au genre *Pseudococcus (Dactylopius* auctorum) et vraisemblablement à l'espèce
qui est si commune sur les citrons et les oranges, *P. citri* Risso.

Ces animaux étaient fortement parasités par les larves d'un
diptère appartenant probablement au genre *Leucopis*.

Le *Pseudococcus* dont il s'agit secrète une grande quantité de cire blanche qui enveloppe parfois presque complètement
les fruits sur lesquels il vit. La surface de respiration et d'absorption des cabosses est ainsi très réduite. Aussi les fruits
qui parviennent malgré cela à maturité ont une petite taille et
renferment des graines peu denses.

CH. S. BANKS a recommandé pour la destruction des coccides

(1) *Bull. du Muséum,* 1907, p. 216.
(2) CH. GRAVIER, *loc. cit.,* p. 217.

LORANTHUS. — En enlevant constamment sur les arbres supports les *Loranthus*, ces plantes parasites qui vivent sur les branches à la façon du gui et dont les graines sont apportées par les oiseaux, les roçeiros sont parvenus à les extirper presque partout de leurs plantations. Nous n'en avons observé que de rares touffes çà et là, principalement dans le centre de l'île, au voisinage des *obas*.

Ainsi que nous l'avons exposé plus haut, on ne trouve que très rarement des épiphytes sur les Cacaoyers cultivés à San-Thomé. Les troncs sont parfois garnis de mousses, d'hépathiques ou de lichens qu'il faut enlever soigneusement pour faciliter la sortie des fleurs.

PARASITES DES FEUILLES. — On observe assez souvent des fumagines, champignons inférieurs qui recouvrent la surface supérieure du limbe, comme si elle vait été enduite d'une couche de noir de fumée.

Sur les feuilles âgées vivent fréquemment aussi deux algues dont nous devons la détermination à notre ami, M. PAUL HARIOT, assistant du Laboratoire de cryptogamie du Muséum de Paris ; l'une est le *Cephaleuros virescens* O. Kunze, l'autre le *Phycopeltis flabelligera* de Toni) Hansg.

Enfin on rencontre parfois un lichen du genre *Strigula* et une hépathique indéterminée. Tous ces cryptogames vivent sur les feuilles âgées, devenues très coriaces, et dont la fonction chlorophyllienne ne doit plus être guère active. Ils occasionnent donc peu de dommages à la vie de la plante.

PARASITES DES RACINES. — Nous avons observé dans le sud de l'île un certain nombre de Cacaoyers qui mouraient brusquement sans lésion apparente visible à l'extérieur. En les déterrant on constatait par l'examen des racines les causes du dépérissement

Tantôt il tient à des conditions physiques : le trou trop étroit où plongent les racines est entouré de pierres ou d'argiles imperméables, les racines s'y entassent à l'état de moignons comme feraient celles d'un arbuste cultivé dans un petit pot à fleurs ; dès qu'elles ont épuisé les éléments nutritifs contenus dans cet espace restreint, les plantes meurent.

Tantôt c'est un mycélium de champignon qui tue la plante. Ce mycelium pénètre sous l'écorce des racines déjà âgées par quelque lésion, et, de là, il développe des lames blanches suivant les rayons médullaires, lames dentées sur les bords ou découpées en forme de feuilles de fougères. Il s'enfonce ainsi jusqu'à la moelle de l'arbuste en envahissant tous les tissus parenchymateux. Le Cacaoyer ainsi atteint meurt brusquement.

Ce champignon, dont l'appareil sporifère n'a pas encore été étudié, a un genre de vie qui ressemble beaucoup à celui de l'*Armillaria mellea* qui occasionne en Europe la maladie connue sous le nom de *pourridié*, et qui sévit sur divers arbres fruitiers, mais il serait prématuré d'identifier les deux champignons.

Le *pourridié* du Cacaoyer sévit surtout dans les plantations mal entretenues. Un des meilleurs moyens de l'éviter sera de tenir la plantation toujours bien nettoyée.

On aura soin de déterrer les arbres atteints et de brûler les racines. On creusera les fosses pour les nouveaux plants sur un emplacement différent de celui où est mort l'arbuste.

PARASITES DES CABOSSES. — Dès le début de leur développement un grand nombre de fruits se dessèchent sur l'arbre puis noircissent en restant adhérents. Ce phénomène est purement accidentel : le Cacaoyer se débarrasse ainsi de l'excédent des ovaires fécondés, car il n'a pas de réserves en quantité suffisante pour subvenir à la nutrition de ces fruits jusqu'à complet développement de l'embryon.

Tous les Cacaoyers portent de ces fruits noirs desséchés : ils tombent à la longue ; en faisant la cueillette on doit enlever ceux qui restent adhérents.

Le *brunissement des cabosses adultes*, très fréquent dans le sud et le sud-ouest de l'île, tient à une cause toute différente. Il est dû à l'invasion de la cabosse par un ou plusieurs champignons. La maladie débute par un brunissement de l'écorce du fruit. Le tissu devient mou et prend un aspect analogue à celui d'une pomme pourrie, et cette infection gagne rapidement la cabosse tout entière qui noircit et se couvre d'une multitude de petites verrues.

M. W. BUSSE attribue cette maladie, qui sévit aussi au Cameroun, à deux organismes, un *Phytophtora* et un *Colletotrichum*. Nous avons rapporté de San-Thomé une grande quantité de fruits atteints conservés à sec et dans le formol. Ils ont été remis au Laboratoire de Cryptogamie du Muséum. MM. HARIOT et PATOUILLARD ont reconnu sur presque toutes les cabosses atteintes le *Botryodiplodia theobromæ* Pat. décrit en 1892 par

PATOUILLARD, d'après des spécimens provenant de San-Ingo de Colorado à l'Équateur (1). Il est probable que organisme n'intervient que lorsque le *Phylophtora* a déjà envahi l'hôte, mais il n'en contribue pas moins à précipiter la décomposition des graines qui, au bout de très peu de temps, sont irrémédiablement perdues.

Sur quelques-unes des cabosses noires que nous avions remises au Laboratoire de Cryptogamie de l'École Supérieure de Pharmacie, M. L. Lutz a trouvé encore un nouveau champignon infectieux, le *Macrosporium verrucosum* Lutz (2, mais il est très probable qu'il ne se développe que lorsque les fruits sont déjà très malades.

CACAU KROKOTO. — Dans le sud et le sud-ouest de l'île environ 1/10 des cabosses sont atteintes, certaines années, de la maladie du *noir*. Les planteurs essayent de tirer parti des fruits les moins avariés qui sont recueillis à part. Ils donnent le nom de *krokoto* (cacao en pierre) aux amandes contenues à l'intérieur du péricarpe parce que ces graines, en partie desséchées et sans pulpe, forment une masse compacte comme un caillou au milieu du fruit.

Il paraît, d'après M. CÉLESTIN PALANQUE, que le *Cacau krokoto* est aussi produit par certaines petites cabosses qui se flétrissent sans l'intervention d'un parasite, un peu avant l'arrivée à complète maturité, parce qu'elles sont nées sur des gourmands ou de jeunes pousses qui n'ont pas encore acquis assez de vigueur pour suffire à la nutrition du fruit. Dans ce cas, il jaunit comme s'il était normal.

Les amandes de *krokoto* sont épluchées à la main et lavées dans un baquet d'eau ; les plus mauvaises sont rejetées ; les meilleures ont peu de valeur : elles sont très légères et ont perdu une grande partie de leurs substances de réserve. Presque partout on les fait sécher à part, sans passer par les cuves de fermentation, et elles sont ensuite livrées au commerce comme qualité de dernier ordre. Dans quelques roças on trie les graines de *krokoto* les plus belles, aussitôt après le lavage et on les mélange à la qualité normale pour les faire fermenter. Cette pratique doit être proscrite d'une façon absolue par les planteurs soucieux de leurs intérêts. Ces graines contaminées apportent dans les cuves les germes de quantité d'organismes

(1) N. PATOUILLARD et G. DE LAGERHEIM. *Champignons de l'Équateur*, II, in *Bull. Soc. Mycol. de France*, VIII, 1892, p. 136.

(2) LUTZ. *Trois champignons nouveaux de l'Afrique occidentale*, in *Bull. Soc. Bot. France*, t. 53, p. XLVIII (1906).

dont la multiplication produit certainement une fermentation anormale et défectueuse.

MAUVAISES FERMENTATIONS. — La nature des champignons inférieurs et des bactéries, qui sont les agents de la fermentation du cacao nous semble en effet avoir une très grande importance.

Le *Saccharomyces theobromæ* n'est pas le seul agent organique qui se développe dans les cuves où fermentent les fèves de cacao. Un grand nombre d'autres organismes entrent en jeu, et, si certains ne sont pas nuisibles à la fermentation rationnelle, d'autres ont certainement une action défavorable.

Dès 1897, DELACROIX signalait l'*Aspergillus Delacroixii* Sacc. et Syd. (*A. olivaceus* Delacroix) moisissure qui se développe en Colombie sur le cacao entre les cotylédons, aussitôt après la fermentation et dont le mycelium pénètre dans les nombreux sinus de l'embryon. Elle communique un mauvais goût aux amandes et occasionne une altération connue dans le commerce sous le nom de *maladie du vice propre*. Son apparition est certainement liée à une fermentation et à un séchage défectueux.

Pendant notre séjour à San-Thomé nous avons ensemencé sur des tubes stérilisés, en prenant toutes les précautions requises, les organismes vivant sur les fèves de cacao, au milieu d'une cuve à fermentation, aussitôt après l'achèvement de l'opération. Nous avons rapporté ces tubes à notre ami L. LUTZ qui en a fait un laborieux examen. Les cultures obtenues en faisant de nouveaux ensemencements à l'aide des organismes vivant dans ces tubes, lui ont permis d'isoler, outre la levure déjà signalée, diverses bactéries et plusieurs champignons, notamment le *Sterigmatocystis nigra*, le *Pseudo-Absidia vulgaris* Bainier, enfin un nouveau champignon, le *Fusarium theobromæ* Lutz, dont les filaments mycéliens ont la curieuse propriété de produire des gouttelettes d'huile.

Ces mycophytes vivent certainement à l'état normal dans les récipients à fermentation, et ils doivent certainement avoir une action que nous ignorons sur le cacao.

Dès qu'on constate que la fermentation s'effectue dans de mauvaises conditions, il ne faut pas hésiter à l'interrompre et faire sécher de suite les fèves pour arrêter les dégâts encore plus grands qui pourraient en résulter. Il faut laver ensuite très soigneusement, à l'aide d'une brosse, le récipient où s'effectuait l'opération défectueuse, afin que les cuvées suivantes ne soient pas influencées.

Dans certaines roças, lorsqu'on constate une fermentation défectueuse, on va chercher dans d'autres établissements voisins, où elle s'effectue normalement, quelques paniers de fèves ayant commencé déjà à fermenter ; on les mélange dans les cuves où l'on veut rétablir la fermentation normale, et l'on obtient généralement le résultat désiré. Les roçeiros font ainsi, sans s'en douter, une application de la science pastorienne.

CACAU MACHO (CACAOYER MALE). — Les Portugais donnent ce nom à un état tératologique du Cacaoyer fort rare, et qui paraît causé par une bactérie. C'est beaucoup plus un cas biologique curieux qu'une maladie.

Ces Cacaoyers mâles sont constamment stériles, malgré une floraison abondante qui se prolonge *toute l'année*. Le port de l'arbre est normal, parfois même il présente de très belles dimensions, s'accroît régulièrement chaque année, émet des pousses vigoureuses et se couvre de feuilles n'offrant aucune anomalie. Mais toutes les tiges, depuis la base du tronc principal jusqu'à l'extrémité des rameaux de la grosseur du doigt, sont couvertes de nombreux renflements dont les plus gros, situés à la base du tronc, ont la dimension du poing, tandis que les plus petits, situés sur les derniers rameaux, n'ont que la taille d'une noisette. Les renflements sont distants de quelques centimètres les uns des autres, de sorte que le Cacaoyer est entièrement couvert de ces loupes. Quand on les examine de plus près, on constate qu'elles sont hérissées de quantité de petites excroissances coralloïdes analogues à celles que produisent les champignons du genre *Frankia* sur les racines des aunes et des myricacées, et au milieu desquelles s'insèrent des fleurs en grand nombre. Les excroissances qui ont à peine 1 millimètre de dimension indiquent elles-mêmes l'emplacement où s'insérèrent d'autres fleurs tombées. Les fleurs ont une dimension presque double des fleurs normales.

Examinées à la loupe, elles présentent un androcée et un gynécée bien constitués ; cependant elles tombent toujours aussitôt après la floraison, sans que l'ovaire subisse le moindre accroissement.

Cette anomalie est du reste très rare et ne se propage pas.

C'est à peine si on rencontre un Cacaoyer la présentant pour 10.000 arbres normaux.

Des Cacaoyers stériles analogues se rencontrent à la Gold-Coast.

CHAPITRE X

Avenir.

La situation agricole de San-Thomé et de Principe est des plus prospères.

Les terres actuellement cultivées en Cacaoyers couvrent une surface de 35.000 à 45.000 hectares (1), et cette surface pourrait encore être accrue de 25.000 hectares environ.

Il serait fort difficile de déterminer la valeur des terrains cultivés : le chiffre de 180.000.000 de milreis (2) correspondant à un milliard de francs que l'on a donné récemment comme représentant la valeur des exploitations agricoles de l'île, est infiniment trop élevé, et nous pensons qu'il peut-être raisonnablement ramené à 150 millions de francs.

Nous évaluons à 10 ou 15 millions le revenu annuel net des plantations de San-Thomé. Il faut en effet des 35 millions de francs représentant la valeur des exportations, défalquer les frais suivants :

Valeur des marchandises importées dans l'île et frais de transport.	10 millions de francs.	
Solde du personnel européen (3).	3	—
Taxes et droits de douane.	2	— 1/2
Louage des nouveaux serviçaes en Angola.	4	— 1/2
TOTAL.	20 millions de francs.	

Par la mise en valeur des terres encore incultes, du reste

(1) Le chiffre de 800.000 hectares, donné par plusieurs publications récentes, provient sans nul doute d'un lapsus. M. DE ALMADA NEGREIROS évalue les terres cultivées à 60.000 hectares.

(2) *Journal d'Agriculture tropicale*, 1906, p. 366.

(3) Nous ne mentionnons pas la solde du personnel indigène, puisqu'elle est intégralement consacrée à l'achat de marchandises importées et elle retourne ainsi presque entièrement dans la caisse du roçeiro.

peu nombreuses, et surtout par l'amélioration des procédés de culture sur certaines roças, nous ne serions pas surpris de voir la production en cacao des deux iles fortunées encore doubler et atteindre un jour le chiffre formidable de 50.000 tonnes, mais ce chiffre est un maximum qui ne saurait probablement être dépassé, et les autres possessions africaines du Portugal ont sans doute des saisons sèches de trop longue durée pour pouvoir se prêter à la culture du Cacaoyer.

Ce maximum de production ne sera d'ailleurs pas atteint prochainement.

Arrêtés par les difficultés qu'ils éprouvent pour se procurer une main-d'œuvre coûteuse, et dont le mode de recrutement n'est cependant pas à l'abri des critiques, la plupart des roçeiros n'accroissent plus le nombre de leurs serviçaes. Nous sommes convaincus que ce malaise sera passager. L'immense colonie d'Angola, avec ses 12 millions d'habitants (1), pourra devenir une pépinière de travailleurs libres lorsque le chemin de fer en construction du Benguella au Katanga, permettra une organisation et une mise en valeur de ces immenses territoires en grande partie insoumis.

D'autre part, les progrès de la médecine tropicale parviendront sans doute à diminuer la mortalité effrayante qui sévit sur les travailleurs employés dans les roças et qui grève considérablement le budget des grandes plantations.

De ce côté, une œuvre très grande reste à accomplir, et les efforts du marquis DE VALLE-FLOR et de M. H. MONTEIRO DE MENDONÇA qui consacrent chaque année des sommes importantes à l'amélioration du sort de leurs employés, ne seront pas inutiles. La figure 8 représente une cité pour travailleurs indigènes dont l'installation est des plus confortables.

Mais du côté de la culture, il reste aussi beaucoup de perfectionnements à apporter, principalement en ce qui concerne la sélection des races cultivées. Les deux formes acclimatées depuis longtemps, le *laranja* et surtout le *creoulo*, présentent des qualités de rendement et de résistance aux maladies remarquables, et l'on doit surtout s'efforcer d'améliorer la qualité du cacao qu'elles produisent et accroître encore, si possible, leur production par une sélection méthodique et par des expériences de greffage et d'hybridation qui conduiraient sans doute à des données importantes dont on pourrait faire ensuite l'application en grand.

Le propriétaire d'une des roças de l'île nous faisait observer

(1) A. DE ALMADA NEGREIROS. *Les Colonies portugaises*, 1908, p. 39.

un jour que de semblables entreprises occasionneraient des
frais importants et que la culture scientifique, telle que certains
savants la préconisent, coûterait beaucoup plus qu'elle ne rapporterait.

Ce n'est pas ainsi que nous envisageons la question. Nous
avons évalué plus haut à 10 millions le revenu que laisse annuellement aux propriétaires des roças l'exploitation du cacao
et du café.

Sur ce revenu, il leur serait facile de prélever chaque année
1/2 p. 100, soit 50.000 francs pour l'entretien d'une station
agronomique commune, analogue à celles que les syndicats de
planteurs de café ou de canne à sucre de Java ont créées à leurs
frais. Les résultats qu'une telle station obtiendrait sur des
champs d'expérience *cultivés scientifiquement*, trouveraient
ensuite leur application dans les roças, chaque fois que ces
résultats auraient une portée pratique, et on substituerait ainsi
aux tâtonnements laborieux auxquels chaque plantation doit
aujourd'hui se livrer, des méthodes plus rationnelles et sans
doute moins onéreuses.

Ce n'est pas seulement en ce qui concerne la culture qu'il
reste beaucoup de problèmes à résoudre. Nous avons montré au
chapitre VIII combien il serait désirable d'améliorer les procédés de fermentation, et, pour cette partie aussi, une station
d'essais rendrait de grands services.

Enfin, la question des cultures intercalaires soulève à l'heure
actuelle quantité de problèmes du plus haut intérêt. Il semble
bien démontré que certaines plantes à caoutchouc peuvent
vivre dans les cacaoyères et remplacer les arbres d'ombrage
habituels dont on ne tire qu'un maigre profit. A Ceylan, les
Hevea sont aujourd'hui cultivés parmi les Cacaoyers et, de ce
fait, les revenus des plantations se trouvent accrus dans de
sérieuses proportions.

On ne sait pas encore s'il sera possible de faire les mêmes
plantations intercalaires à San-Thomé. Les *Hevea* cultivés à Boa
Entrada, et que nous avons observés en 1905 alors qu'ils n'a-
vaient que 5 ans, s'étaient démesurément allongés; ils donnaient
un ombrage très insuffisant et leur développement était loin
d'être aussi avancé que celui d'autres *Hevea* observés par nous
sur le continent africain.

Il y a quelques années, on avait fondé beaucoup d'espérances sur le Maniçoba (*Manihot Gloziovii*) et la plupart des
roças en plantèrent parmi les Cacaoyers. Ces arbres étaient
déjà adultes lors de notre voyage, mais on n'y attachait aucune
importance. Ils donnaient peu de caoutchouc et, après quelques

saignées, ces Maniçoba étaient atteints de vétusté (tronc creux, bois dévoré par les insectes, beaucoup de branches mortes). On vient de décrire d'autres espèces de *Manihot* à caoutchouc qui donneront peut-être de meilleurs résultats (1).

Les *Castilloa elastica* cultivés à Boa Entrada sont, de tous les arbres à caoutchouc essayés à San-Thomé, ceux qui nous ont produit la meilleure impression.

Des plants âgés de 7 ans avaient déjà atteint 10 ou 15 mètres e haut, ils portaient une épaisse ramure et fournissaient, en

Cliché communiqué par M. H. de Mendonça.

Fig. 8. — Roça de Boa Entrada. Au fond de la cour, habitations des serviçaes.

une seule saignée, 70 à 120 grammes de caoutchouc, et M. HENRIQUE MONTERO DE MENDONÇA nous a fait connaître par la suite que les arbres que nous avions expérimentés ont réparé très vite leurs blessures.

Enfin dans les parties élevées de l'île et même au bord de la mer, on aurait sans doute profit à planter, près de chaque arbre

(1) Voir *Journal d'Agriculture tropicale*, 1908, p. 65. Depuis quelques années nous avons réuni un dossier considérable sur la culture des plantes à caoutchouc en Afrique occidentale, mais cette question ne nous paraît pas encore assez au point pour faire l'objet d'une monographie.

servant d'ombrage aux Cacaoyers, une touffe de *Landolphia Dawei* Stapf. Nous avons signalé en 1906 les excellents rendements de cette liane cultivée à Monte-Café et à Porto-Alègre. Des pieds âgés de 12 ans peuvent donner en 2 ou 3 saignées annuelles une moyenne de 500 grammes de caoutchouc sec par an, caoutchouc de première qualité (1). Il faudrait sans doute éviter que ces lianes étalent leurs rameaux sur les Cacaoyers.

Les quelques faits que nous venons de rapporter montrent toute l'importance des questions agricoles qui se posent actuellement à San-Thomé et à Principe.

---

(1) Aug. Chevalier. *Histoire d'une liane à caoutchouc (Landolphia Dawei Stapf)*, in-8, 20 p., in *Bull. Soc. Bot. de France*, séance du 12 janvier 1906.

TROISIÈME PARTIE

LE CACAOYER DANS LES AUTRES PARTIES DE L'AFRIQUE OCCIDENTALE

CHAPITRE I

Le Cacaoyer au nord du Golfe de Guinée.

Sénégal — Haut-Sénégal et Moyen-Niger. — Guinée française. — Sierra-Leone. Libéria. — Côte d'Ivoire.

Sénégal.

Le Cacaoyer est au nombre des végétaux dont la culture fut tentée au Sénégal, dans la période de 1818 à 1828. Avec de l'eau distribuée par arrosage artificiel et de l'ombrage également artificiel, on parvint, au dire de PERROTTET, à faire fleurir ces arbres et ce fut déjà un beau résultat. Le Sénégal est situé en effet tout à fait en dehors de la zône où peut prospérer la plante qui nous occupe. Sous cette latitude, même en pleine mer, aux îles du Cap-Vert, les Portugais n'ont pas réussi à en obtenir des résultats, alors qu'ils tirent de la culture du caféier de sérieux revenus.

Le bassin de la basse Casamance, qui dépend administrativement du Sénégal, se prêterait mieux à des essais. Les pluies y sont fréquentes pendant 6 mois, et le couvert forestier est fort épais, au moins à proximité des cours d'eau et des bas-fonds marécageux. Les expériences qui ont été faites en vue de cette culture sont insignifiantes.

En 1900, nous avons observé quelques Cacaoyers au jardin du poste de Sedhiou et dans des plantations particulières, à Mangacounda. Leur aspect était fort chétif, mais ces arbustes n'avaient été l'objet d'aucun soin depuis plusieurs années.

Nous pensons que cette riche région, qui fournit déjà chaque année une grande quantité de caoutchouc à l'exportation, pourrait aussi produire du cacao, notamment dans les districts habités par les Diolas, les Floups, les Bayottes et les Balantes.

Haut-Sénégal et Moyen-Niger.

Lors de notre visite dans les diverses régions du Soudan en 1898-1899, aucun essai de semis de Cacaoyer n'avait encore été tenté. Le climat de la colonie est du reste entièrement défavorable à cette culture. Des arbustes bien entretenus pourraient probablement prospérer dans les galeries forestières le long des rivières, au sud des cercles de Bammako, Bougouni, Sikasso, Bobo-Dioulasso, là où une certaine fraîcheur se maintient toute l'année grâce au couvert des arbres. Mais ces galeries ne couvrent qu'une suface très restreinte, et il faut conserver les arbres qui constituent cette végétation forestière avant de songer à y faire des plantations.

Guinée française.

La Guinée est la plus septentrionale de nos colonies africaines où la culture qui fait l'objet de cette étude puisse prospérer, mais seulement dans certains districts restreints et dans certaines conditions.

Nous devons éliminer le plateau du Fouta-Djalon et ses contreforts ainsi que tous les cercles de la Haute-Guinée qui ont un climat nettement soudanais.

Peut-être le Cacaoyer trouverait-il un terrain propice à son développement dans les cercles du Kissi et de Beyla, dont plusieurs cantons avoisinant la frontière libérienne sont fort boisés, au dire des explorateurs. Nous croyons qu'aucun essai d'acclimation n'a encore été tenté dans ces régions.

A Faranna (540 mètres d'altitude) nous avons vu en 1905, dans le jardin du poste, quelques Cacaoyers (trois ou quatre au plus) qui ne manquaient pas de vigueur. Ils étaient exposés au soleil; on les arrosait souvent.

L'un d'eux avait fleuri abondamment, mais pas un fruit n'était développé. En outre, une grosse sauterelle avait dévoré presque toutes les feuilles, de sorte qu'il n'était pas possible de tirer une conclusion de cette expérience restreinte.

La Guinée maritime semble réaliser une grande partie des

conditions qu'exige le Cacaoyer pour prospérer, notamment dans les cantons où on cultive le colatier : chutes d'eau abondantes (il tombe environ 5 mètres d'eau par an à Conakry et 2 mètres seulement à quelques kilomètres dans l'intérieur), ciel souvent couvert, sol assez riche. (Voir les analyses de M. AMMANN dans YVES HENRY *Bananes et Ananas*), présence de nombreux arbres d'ombrage préexistant dans beaucoup d'endroits non encore déboisés.

Un seul facteur, très. important il est vrai, est défavorable, c'est l'absence totale des pluies pendant 5 mois (de novembre à mai), mais il serait sans doute possible de remédier à cet état de choses grâce à l'irrigation facilitée en beaucoup d'endroits par la forte pente du terrain et l'existence de nombreux petits cours d'eau permanents.

Au jardin de Camayenne de très intéressants essais ont été faits par M. TEISSONNIER sur ce sujet. Des Cacaoyers de la variété *creoulo de San-Thomé* cultivés à travers le jardin, entretenus avec soin, mais non arrosés à la saison sèche, sont dans un état de dépérissement très marqué. Beaucoup de rameaux sont complètement désséchés et de nombreux gourmands naissent constamment sur le tronc et sur les branches principales, au-dessous des parties mortes ou mourantes. Leurs feuilles jaunissent presque aussitôt épanouies. Enfin ils sont tout à fait improductifs. Chaque année ils fleurissent abondamment, puis, lorsque les jeunes fruits sont parvenus à un certain âge ils noircissent et se déssèchent complètement, tout en restant adhérents aux branches-supports.

Tout près de l'habitation du directeur du jardin, il existe un petit lot de Cacaoyers dont la vigueur et la fertilité contrastent avec ceux dont nous venons de parler. Ces Cacaoyers sont plantés à l'ombre de manguiers et d'autres arbres fruitiers dont l'ombrage abrite une grande quantité de jeunes plantes cultivées en pots pour la multiplication. Chaque jour ces plantes reçoivent des arrosages copieux, l'eau ruisselle sur le sol et vient baigner les racines des Cacaoyers. Si l'on ajoute que parfois l'eau est additionnée de sels chimiques utiles à la vie des plantes, on s'expliquera facilement la belle végétation de ces Cacaoyers.

Non seulement les branches et le feuillage de ces sujets sont en parfait état, les fruits sont en outre très nombreux, aussi beaux que ceux des plus belles plantations de San-Thomé et ils arrivent à complète maturité pendant la saison sèche. Au mois de septembre 1907 nous avons compté 50 fruits sur plusieurs arbustes.

A la même époque M. Teissonnier nous a fait faire une constatation dont tous les planteurs de l'Ouest africain pourraient tirer un utile enseignement : à travers le jardin de Camayenne, les Cacaoyers qui vivent sans recevoir jamais aucun arrosage, mais sont entourés de Palmiers à huile, montrent une vigueur et une fertilité presque comparable aux Cacaoyers arrosés et ombragés dont nous venons de parler, et leur végétation est beaucoup plus vigoureuse que celle des arbustes dispersés à travers le jardin. Ce caractère n'est du reste pas spécial aux Cacaoyers; nous avons constaté aussi que les *Funtumia* et les Colatiers qui sont cultivés *au pied même* des palmiers *Elæis* sont beaucoup plus robustes que ceux dispersés à travers la plantation. Nous croyons que ce phénomène biologique tient à la particularité suivante : le Palmier possède une infinité de racines serrées les unes contre les autres, formant une masse de plus de 1 mètre cube, retenant de nombreuses particules de terre, mais surtout une grande quantité d'eau. La souche du palmier constitue une sorte d'éponge qui emmagasine beaucoup d'eau au moment des pluies et qui ne rend ce liquide que peu à peu, au fur et à mesure que le sol se dessèche. C'est ce qui explique la fraîcheur du sol environnant le palmier, et les plantes qui vivent dans l'entourage en profitent naturellement.

Les quelques essais insignifiants de culture du Cacaoyer tentés jusqu'à présent en Guinée française n'ont pas réussi, mais il ne faut pas nécessairement en conclure que le Cacaoyer ne convient pas à cette colonie.

Nous croyons au contraire qu'avec un emploi judicieux de la main-d'œuvre qui ne fait heureusement pas défaut en Guinée, une entreprise européenne montée sur une grande échelle pourrait, en cultivant le Cacaoyer (et aussi le Palmier à huile et le Colatier) avec irrigation artificielle pratiquée en grand, et avec des arbres d'ombrage appropriés, arriver à des résultats rémunérateurs dans les cantons maritimes de la colonie.

Sierra-Leone.

Le Cacaoyer a été planté à diverses reprises dans la colonie anglaise de Sierra-Leone, mais il n'a jamais donné de brillants résultats. Actuellement, le cacao ne figure pas sur les statistiques d'exportation de la colonie. La culture est surtout à encourager dans la partie orientale côtière et dans les îles Scherbro.

République de Libéria.

Par sa situation géographique et son climat, cette contrée est admirablement partagée pour produire le cacao. Il existait déjà de petites plantations de l'arbuste fournissant ce produit au cap des Palmes en 1842, lors du voyage de Théodore Vogel, botaniste de l'expédition anglaise au Bas-Niger. Le Cacaoyer s'est lentement disséminé le long de la côte libérienne par la suite. Aujourd'hui, d'après les renseignements publiés par Sir H. Harry Johnston (1), on le trouve surtout près de l'embouchure de la rivière Saint-Paul et spécialement aux environs de Monrovia, mais il n'existe encore que de toutes petites plantations familiales ordinairement négligées. Il y a quelques années, on exportait plusieurs tonnes de cacao par an et un capitaine de navire marchand de la Compagnie Elder-Dempster nous a assuré en avoir chargé à diverses reprises dans les eaux de Monrovia. Actuellement, le commerce du cacao est totalement mort dans la République nègre, mais Sir H. Harry Johnston pense que la culture du Cacaoyer est appelée à un réel avenir. Déjà de nombreux Américo-Libériens, qui tiraient autrefois profit du Caféier de Libéria, cherchent à substituer à sa culture qui n'est plus rémunératrice, celle du Cacaoyer beaucoup plus avantageuse. Les 50.000 vrais Libériens qui peuplent la République et qui vivent presque tous dans l'oisiveté la plus complète, malgré leur demi-éducation américaine, pourraient s'adonner à cette culture et réussir, puisque des indigènes plus primitifs et moins prétentieux ont obtenu des résultats brillants dans l'Aquapim.

Toutefois, étant donné le caractère apathique des Libériens, il est fort douteux que Libéria devienne de sitôt un sérieux concurrent sans l'intervention des Européens.

Côte d'Ivoire.

Avant d'être érigée en colonie française (1892), la Côte d'Ivoire avait déjà été choisie par divers colons pour l'établissement des plantations de Cacaoyers. Dans la partie occidentale, à proximité de la frontière libérienne, des missionnaires américains, installés dans la République nègre, étaient venus jusque

(1) H. Harry Johnston, *Liberia*, p. 442 et p. 582.

sur la rive gauche du Cavally aux environs de Grabo et de Bliéron, et ils avaient apporté avec eux les cultures de la région de Monrovia et notamment celle du Caféier et du Cacaoyer.

Dans la partie orientale, sur les bords de la lagune Aby, la maison VERDIER qui avait commercé pendant plus de 30 ans dans la contrée, établit de son côté vers 1880 une grande plantation de Caféiers et de Cacaoyers à Elima où elle était entrée en possession d'un terrain d'une centaine d'hectares, après entente avec le chef du pays.

Nous avons eu la possibilité de visiter, en 1907, les deux régions où se trouvent ces plantations.

Il n'existe plus actuellement de mission protestante dans la partie ouest de la Côte d'Ivoire, mais à Grabo même, autour du poste, on voit encore quelques centaines de Cacaoyers en assez mauvais état qui auraient été plantés il y a une quinzaine d'années par les missionnaires; toutefois, une partie de ces arbres sont de culture plus récente et ont dû être mis en terre par les militaires qui occupèrent les premiers la région et fondèrent le poste de Fort-Dromard en 1898. En outre, dans toute la vallée du bas Cavally, depuis la côte jusqu'à 50 kilomètres de la mer, tous les villages indigènes (peuplés de Kroumen) possèdent autour des cases quelques Cacaoyers superbes dont les habitants ne tirent aucun parti et dont ils ne s'occupent pas. Il y a quelques années, les Kroumen de la région étaient embarqués fréquemment à bord des paquebots qui allaient à San-Thomé et à Fernando-Pô; plusieurs s'engageaient comme travailleurs dans les plantations de ces îles. Ils revenaient au bout de quelque temps dans leur pays et rapportaient avec eux des fèves fraîches de cacao qu'ils semaient soigneusement autour de leurs habitations. C'est là l'origine des arbres actuellement inexploités qui entourent la plupart des villages kroumen. Nous reviendrons plus loin sur ces plantations.

La concession d'Elima, fondée par les frères VERDIER et qui appartient aujourd'hui à la *Compagnie de Kong*, est presque entièrement recouverte de Caféiers de Libéria cultivés sans abris. Elle produit de 50 à 80 tonnes de café par an. Nous n'y avons vu que quelques Cacaoyers dont la végétation était languissante. L'absence complète d'ombrage dans l'endroit où vivent ces arbres et vraisemblablement aussi l'extrême pauvreté du sol trop sablonneux, sont les principales causes de ce dépérissement. On a eu grand tort, à notre avis, de préférer la culture du Caféier à celle du Cacaoyer. Le long de la lagune Aby, à proximité même d'Elima, existe une forêt dont le sol est recouvert d'humus et qui conviendrait parfaitement à la culture qui nous intéresse.

A partir de 1897 de nouveaux essais furent tentés pour cultiver le Cacaoyer dans diverses régions de la Côte d'Ivoire.

Le Rapport d'ensemble sur le budget de la côte d'Ivoire pour 1898, dû au Chef du service de l'Agriculture, M. JOLLY, mentionne les entreprises qui existaient à cette époque :

Des plantations de cacao et de café assez nombreuses, mais de petite étendue, existent le long du Cavally; elles appartiennent en majorité à des Libériens. A Prollo sur le Cavally, une Société a planté 2.500 pieds de cacao. A Impérié près Bonoua existe une plantation de 150 hectares de cacao et café. La *Compagnie Coloniale de la Côte de Guinée* possède à Dabou 600 hectares de concession; elle a déjà planté 5.000 pieds de plantes à caoutchouc et elle s'occupe de planter des Cacaoyers. La Mission catholique de Dabou cultive 10 hectares en Caféiers et Cacaoyers. La plantation de Mbato sur la lagune Potou comprend 50 hectares plantés en cacao et café.

La concession de Rock-Bereby comprend 16.000 pieds de Caféiers. Enfin la plantation d'Elima a produit 40 tonnes de café.

Toutes les plantations mentionnées dans ce rapport, sauf celle d'Elima qui ne cultive pas le Cacaoyer ont aujourd'hui disparu. La plupart n'ont eu du reste qu'une existence éphémère, mais elles ont toutes laissé des traces instructives et nous les avons visitées avec profit en 1905 et 1907.

La plus intéressante est certainement celle de Prollo sur la rive gauche de Cavally, à 10 kilomètres environ de son embouchure. Cette plantation, créée en 1898, était l'œuvre de M. ADRIEN FRAISSINET qui y consacra d'importants capitaux. Sur les 1.500 hectares concédés, il parvint à en défricher seulement une dizaine et il dut plus tard les céder pour une somme infime à M. CHARLES BORDE. Nous avons visité en août 1907 la plantation de Prollo.

Elle renferme surtout des caféiers de Libéria, des *Manihot* de Ceara, quelques très vigoureux *Hevea* âgés de 8 ans. On y trouve enfin plusieurs milliers de Cacaoyers, dont 2.000 à 3.000 en état de rapporter. Ceux qui vivent à proximité de l'habitation, dans des terrains anciennement cultivés, sous l'ombrage des Ceara, des Arbres à pain et de quelques essences forestières du pays, sont de toute beauté, plus vigoureux que ceux que nous avons observés à la Côte d'Or, d'aussi belle venue que ceux qui se rencontrent dans les parties les plus favorisées de l'île de San-

Thomé. Cependant la plantation est restée plus de 3 ans sans entretien, et les soins qu'elle reçoit actuellement sont médiocres. Les arbres portant 40 à 50 cabosses n'étaient pas rares en août 1905, et plusieurs en supportaient au-delà de 75. C'est une preuve que le terrain et le climat de la région conviennent au Cacaoyer. La récolte sur pied à Prollo, en août 1907, pouvait être évaluée à 2 tonnes de cacao sec, mais nous craignons que les cabosses n'aient pu être récoltées par suite de l'absence de main-d'œuvre sur la plantation. Du reste ce fait n'est pas particulier au Bas-Cavally. Depuis 1903, les statistiques coloniales accusent chaque année une sortie de cacao de la Côte d'Ivoire qui varie de 200 à 500 kilogs. Ce chiffre si minime représente à peine la dizième partie du Cacao qui pourrait déjà être récolté, mais généralement on abandonne les fruits sur les arbres et on les laisse pourrir ou dévorer par les animaux. Et ce chiffre de production même nous paraît bien minime, car si les crédits consacrés par des particuliers à la culture du cacao à la Côte d'Ivoire, il y a quelques années, avaient été employés avec plus de prudence et de discernement, ce n'est pas à 5 tonnes que devrait s'élever aujourd'hui la production de la Côte d'Ivoire, mais à plusieurs centaines de tonnes.

Des gros sacrifices pécuniaires consentis de 1898 à 1902 par la *Compagnie Coloniale de la Côte de Guinée* pour établir des plantations à Dabou et à Accrédiou sur la rivière Agnieby, il ne reste plus que de faibles traces aujourd'hui, du moins en ce qui concerne le Cacaoyer.

Ces arbustes plantés à Dabou ont péri, les uns parce qu'ils étaient cultivés dans une savane complètement déboisée et dont le sol argileux et aride ne laisse croître que certaines graminées, les autres étaient dans un bas-fond que baignaient au moment des grandes pluies les eaux de la Lagune. La base des arbres était alors inondée. Les caoutchoutiers *Hevea* se sont très bien trouvés de ce genre de vie, les Cacaoyers, au contraire, n'ont pu s'y adapter et sont morts, et les quelques-uns qui subsistent ne valent guère mieux.

A Accrédiou, la plantation fut installée en pleine forêt vierge sur un sol granitique recouvert d'une couche de terre végétale assez épaisse. Les Cacaoyers auraient dû se trouver là dans des conditions parfaites pour leur développement. Malheureusement le terrain où on les cultivait n'avait pas été déboisé; on s'était contenté d'ouvrir de petites tranchées écartées de 4 ou 5 mètres dans la forêt en supprimant seulement les arbustes sur une largeur de 2 mètres. Tous les arbres restaient debout et leur couvert a étouffé les Cacaoyers.

Quelques petites plantations, commencées il y a quelques années à proximité de Grand-Bassam, notamment à Mbato et à Akandié sur la lagune Potou, à Impérié et Mbonoi sur le bas Comoé, ont été complètement négligées après de bons débuts. La plantation de Mbato renfermait encore un millier de Cacaoyers en 1905. Ils étaient âgés de 8 ans environ, cultivés sans ombrage artificiel, mais abrités par des plantes de la forêt laissées en place au moment du défrichement, spécialement des *Elæis* et des *Musanga Smithii* R. Br.

La plantation DOMERGUE à Impérié, qui comprenait déjà en 1898, 10 hectares consacrés à la culture du Cacaoyer (d'après le Dr BARROT) semble avoir été beaucoup mieux comprise, et, en juin 1905, on y observait encore une vingtaine d'hectares de caféiers de Libéria en parfait état et quelques milliers de Cacaoyers qui avaient fort bien réussi dans les endroits abrités.

L'échec de ces diverses entreprises ne nous a point étonné ; conçues sans avoir été suffisamment étudiées, manquant de direction technique suffisamment compétente, elles furent en outre « souvent conduites avec peu de sollicitude et abandonnées en chemin ou confiées à des employés peu dévoués, facilement découragés par les difficultés d'une vie nouvelle et d'un travail dont ils n'avaient pas l'expérience (1). »

Au total il n'existe pas plus de 25.000 Cacaoyers dans toute la colonie, et la dizième partie seulement de ces arbres est en bon état.

En réalité, toutes les plantations abandonnées ou encore existantes représentent des tentatives bien timides si on les compare aux efforts accomplis dans ces derniers temps au Cameroun et surtout à la Gold Coast où, dans un seul district, pendant cinq années successives (1898-1904) 6 millions de plants étaient mis en culture !

Cependant la Côte d'Ivoire possède des conditions climatériques à peu près identiques à celles de la Côte d'Or : une température uniforme (dans la forêt) qui varie jour et nuit entre 21° et 30° ; un ciel presque constamment couvert, même pendant les saisons sèches ; 150 à 200 jours de pluies (dans l'intérieur) avec une chute d'eau annuelle d'environ 2 mètres ; un état hygrométrique constamment très élevé, variant entre 90 et 98. L'harmattan, vent desséchant du nord-est est très rare, alors que souvent au vent humide du sud-ouest souffle, du moins à proximité de la mer, apportant les nuages formés au large du Golfe de Guinée (le *Pot aux noirs* des marins, c'est-à-dire la région

(1) LAMBERT, *La Côte d'Ivoire*, 1906, p. 655.

où des nuages très épais crèvent fréquemment en grains). Ces nuages se résolvent ensuite en pluies, et ces chutes d'eau ne sont pas des tornades brusques et rapides, mais la pluie tombe ordinairement pendant certains mois plusieurs heures par jour et elle peut ainsi imprégner complètement le sol.

En somme le climat est chaud, humide et uniforme, et c'est ce qu'il faut au Cacaoyer pour prospérer.

La flore spontanée présente, pour la culture du Cacaoyer, les mêmes conditions favorables. La grande forêt vierge commence aussitôt après le cordon littoral des lagunes et elle s'étend jusqu'à 350 kilomètres dans l'intérieur (vers le Cavally). Elle renferme plusieurs centaines d'espèces d'arbres, dont un grand nombre peuvent être employés pour l'ombrage. Aussi presque partout on pourrait protéger le Cacaoyer sans plantations artificielles d'abris: Il suffirait de réserver dans la forêt, au moment des défrichements, un certain nombre d'arbres choisis parmi les plus robustes, les plus utiles et les mieux appropriés.

Le sol laisse un peu à désirer, mais nous ne pensons pas qu'il soit plus mauvais que dans les autres régions de l'Afrique tropicale. Sous une nappe d'humus variant de $0^m,03$ à $0^m,15$, on trouve une couche de terre faiblement noirâtre qui n'a le plus souvent que $0^m,20$ à $0^m,30$ d'épaisseur.

Plus profondément existe une terre jaunâtre, épaisse de 1 à 3 mètres, contenant de petits galets de quartz de la grosseur d'une noisette ; cette terre est un mélange de sable et d'argile, sans calcaire, par conséquent très silicieuse. Puis on passe aux argiles compactes (latérites) jaunes ou rougeâtres, formés par la décomposition sur place de schistes relevés, traversés par une infinité de filons et filonnets de quartz.

En d'autres endroits le sous-sol est granitique, mais la décomposition de cette roche produit aussi des argiles ou des terres fortes, rarement des arènes.

La couche d'argile est parfois pénétrée par quelques grosses racines des arbres de la forêt ; ce fait est rare, mais toujours la végétation spontanée étend une multitude de racines dans la terre végétale superficielle. Ces racines rampent presque à fleur de sol et s'enchevêtrent dans tous les sens. C'est sans aucun doute la pauvreté du sous-sol qui permet d'expliquer ce fait si étrange que la plupart des arbres de la forêt africaine ont des racines presque toutes superficielles.

Le Cacaoyer, qui est un arbre exigeant sur la valeur du terrain et qui cependant a besoin d'enfoncer son pivot assez profondément, devra donc être planté dans des fosses profondes qui seront ensuite remplies de terreau rapporté.

Il existe très fréquemment dans la forêt de la Côte d'Ivoire des cuvettes ordinairement occupées par des palmiers *Raphia*, et dont le sol est très riche en humus sur une grande profondeur.

On évitera ce genre de station pour y planter des *Theobroma*, car l'eau qui s'accumule dans les cuvettes à la saison des pluies tuerait inévitablement les arbres. Au contraire les pentes inclinées vers ces cuvettes pourraient recevoir des plantations, et il devient alors facile de rapporter l'humus de la dépression dans les fosses établies à proximité.

Dans les diverses parties de la forêt, qui couvre comme l'on sait 120.000 hectares à la Côte d'Ivoire, il serait sans doute possible de trouver des emplacements pour y établir de grandes plantations de cacao, mais il existe cependant des régions qui nous paraissent plus recommandables les unes que les autres.

La partie sud de l'Attié, située entre la lagune Potou et Alépé, présente, principalement à proximité du Comoé et de la rivière Mé, des terrains vallonés qui nous ont paru très appropriés à ce genre de culture. Il en est de même des rives du Comoé depuis Malamalasso, jusqu'au-dessus de Mbasso, dans l'Indénié.

Dans le Sanwi, les environs de la rivière Bia, entre Yaou et Aboisso, présentent aussi une série de côteaux souvent très fortement inclinés où le Cacaoyer trouverait sans aucun doute des conditions très favorables à son développement.

C'est vers l'ouest de la colonie, dans le bassin du Cavally que nous avons observé les terrains les plus appropriés à cette culture, spécialement dans les environs de Grabo (Mont Copé), Fort-Binger, et le long de la rivière Hana.

On trouve dans ces parages des terrains étendus, inoccupés par les indigènes, bien abrités par la grande forêt et présentant des pentes fertiles. Le sol, grâce à la présence à une faible profondeur de blocs de granit ou de gneiss, est assez perméable. Enfin il existe dans tout le bas Cavally de petits vergers indigènes où le planteur pourrait se procurer facilement dans les débuts les graines de cacao nécessaires à l'établissement de ses plantations.

De nos études poursuivies dans les diverses régions de la Côte d'Ivoire pendant près d'une année, nous tirerons les conclusions suivantes :

La culture du Cacaoyer peut y prospérer sans aucun doute.

Quelques grandes entreprises européennes pourraient certainement se procurer dans des conditions pas trop onéreuses la main-d'œuvre nécessaire, soit sur le littoral, soit dans les régions soudanaises, et nous croyons fermement que de telles entreprises laisseraient de sérieux bénéfices à ceux qui les tenteraient *honnêtement* et *intelligemment* et *sur une grande échelle.*

Quant à la culture par l'indigène, il n'est guère douteux qu'elle sera, mais dans un avenir encore éloigné, une source de prospérité pour la colonie. A l'heure actuelle ce pays est trop riche en ressources naturelles (caoutchouc, produits du palmier à huile, bois d'ébénisterie, kola) et l'indigène trouve dans leur exploitation des bénéfices trop faciles pour que nous puissions supposer qu'il se mettra de sitôt à faire des cultures en vue de l'exportation. Mais lorsque ces ressources seront en grande partie épuisées, par suite de leur exploitation intense et irraisonnée, l'indigène éprouvera certainement le besoin de demander à l'agriculture des rendements pour remplacer les produits spontanés du sol. Le Cacaoyer nous apparaît comme une des cultures les plus appropriées au pays et une des plus rémunératrices pour l'indigène. C'est pourquoi notre administration doit encourager cette culture dès maintenant, et elle doit s'efforcer d'introduire sans retard quelques pieds de Cacaoyers dans tous les villages de la zône forestière, comme cela existe déjà dans le bas Cavally.

CHAPITRE II

La culture du Cacaoyer à la Gold Coast.

Géographie et climatologie. — Statistiques. — Historique. — Rôle du Jardin d'Aburi. — Plantations indigènes. — Procédés de culture. — Préparation du cacao. — Commerce et expédition en Europe. — Soins donnés au Cacaoyer à la station d'Aburi. — Fermentation. — Lutte contre les maladies. — Avenir.

En 1905, nous avons passé trois semaines à la Gold Coast en vue d'étudier la production du cacao. Les Cacaoyers, cultivés dans cette colonie anglaise exclusivement par les indigènes, produisent une quantité considérable de cacao, qui s'est élevée en 1907 à près de 10.000 tonnes. La valeur de la production dépasse aujourd'hui beaucoup le total des prix des exportations en huile et amandes de palme de la Gold Coast, produits qui constituèrent naguère le principal aliment du commerce ouest-africain.

Les premières exportations de cacao ont débuté il y a moins de 20 ans, l'extension des cultures a marché à pas de géant et de nouvelles plantations se créent encore tous les jours. Ce développement si rapide d'une culture indigène n'est pas sans inquiéter certains européens qui constatent avec regret une diminution considérable de la main-d'œuvre disponible. Les noirs parvenant à satisfaire tous les besoins de la vie par la vente du cacao, ne tiennent plus à s'engager comme travailleurs chez les européens installés à la côte ou dans les mines d'or de l'intérieur. L'administration anglaise et les missionnaires de Bâle, installés depuis longtemps dans le pays, y voient au contraire un état de civilisation plus élevé et l'acheminement des indigènes vers la vie familiale et vers des conditions d'existence meilleures.

GÉOGRAPHIE ET CLIMATOLOGIE. — La plupart des cacaoyères sont situées dans la région d'Aquapim, à une trentaine de kilomètres au nord d'Accra. Dans toute la partie orientale de la

colonie anglaise, la culture n'est possible qu'à partir d'une
dizaine de kilomètres de la côte, par suite de l'existence d'une
bordure littorale sablonneuse ou caillouteuse, très aride, où les
pluies sont rares et la végétation très clairsemée, contrée qui
rappelle par son aspect les parties les plus pauvres de la Sénégambie. Au-delà de cette zône s'étend vers le Soudan un pays
très boisé, occupé presque partout par la grande forêt vierge
et accidenté çà et là par des collines dont les plus hautes
atteignent à peine 500 mètres d'élévation au-dessus de la mer.

C'est dans une partie montueuse de cette forêt, partie em-
brassant la province d'Aquapim avec le village d'Aburi comme
centre, qu'a pris naissance, vers 1880, la culture du Cacaoyer.

Depuis 2 ou 3 ans elle se répand très rapidement à travers
la bande comprise entre le 5° et le 7° degré de latitude nord,
c'est-à-dire dans la même zône que celle où vit le colatier à
l'état sauvage. Localisée d'abord au district d'Aquapim, la culture s'est ensuite étendue aux provinces de Krobo, Akim et
Kwahu et au pays Fanti situé à quelque distance de la côte
entre Accra et Cape-Coast.

La culture par les indigènes semble devoir s'étendre encore
considérablement, non seulement vers le nord, mais aussi vers
l'ouest. D'importants envois de graines ont été faits récemment
dans le district de Tarkwa, et vers le Wassau, l'Appollonie et
jusqu'à Koumassie. Dans cette dernière localité, le Gouvernement de la colonie, à la demande du roi des Achantis, a installé
récemment un jardin d'essais qui doit contribuer à répandre
la culture du Cacaoyer dans l'intérieur.

A Axim même, non loin de notre Côte d'Ivoire, il existe
quelques plantations indigènes.

Le climat de toute la zône forestière paraît convenir à merveille au Cacaoyer. La température toute l'année se maintient
entre 20° et 30° centigrades, et elle varie très peu aux diverses
heures de la journée. Le 20 juillet 1905, nous avons fait les
observations suivantes à Aburi :

6 heures matin. . . . . 19°,5	2 heures soir . . . . . 22°
8 — . . . . . 20°	3 — . . . . . 22°
9 — . . . . . 20°	7 — . . . . . 21°
11 — . . . . . 21°	9 — . . . . . 20°
1 heure soir. . . . . . 22°	

Les températures sont exprimées en degrés centigrades.

Pendant les nuits une rosée abondante se dépose sur le sol

et l'eau ruisselle des arbres le matin. En outre, un brouillard épais, qui ne se lève qu'à 8 h. 1/2 du matin, enveloppe les collines d'Aburi et les régions environnantes presque toute l'année.

Cette humidité constante de l'atmosphère, remplace très avantageusement l'insuffisance des pluies pendant la saison sèche pour la végétation du Cacaoyer.

A Aburi il tombe en effet peu d'eau chaque année.

De 1899 à 1904, la hauteur annuelle des pluies a varié de 0^m,93 (en 1900) à 1^m,41 (en 1901). En 1904, elle a été de 1^m,06.

Mais durant les mois les moins favorisés surviennent toujours quelques pluies, ce qui dispense d'arroser. En 1904, les 2 mois les plus pluvieux ont été juin et novembre, et les 2 mois les plus secs janvier et février.

De septembre à février, période de récolte du cacao, il tombe peu d'eau (sauf en octobre et novembre) ce qui facilite la dessiccation des graines.

En revanche les Cacaoyers mal abrités souffrent souvent de la sécheresse et du harmattan qui souffle en janvier et février. Presque toutes les fleurs qui s'épanouissent à cette époque avortent. Enfin lorsque les fruits sont déjà avancés, s'il survient une période de sécheresse, tous les jeunes fruits en voie de développement se rident, se dessèchent, noircissent, et finalement au retour des pluies, des moisissures se développent à leur surface. Le fruit est complètement perdu.

Statistiques. — De 1893 à 1907, l'exportation du cacao a suivi le mouvement ascensionnel suivant :

Statistiques des exportations de cacao de la Gold Coast.

	Tonnes.	Francs.
1893.	1.5	2.350
1894.	9	13.675
1895.	13	11.775
1896.	39	56.900
1897.	71	79.400
1898.	189	240.400
1899.	324	401.600
1900.	544	682.000
1901.	995	1.070.925
1902.	2.431	2.373.600
1903.	2.312	2.156.200
1904.	5.187	5.000.600
1905.	5.129	»
1906.	9.064	..
1907.	9.850	

Historique. — Les premiers plants des Cacaoyers furent

introduits à la Gold Coast par l'Administration du Jardin royal de Kew en 1857, mais ils moururent sans avoir donné de résultats.

En 1860 et en 1870 de nouveaux essais d'introduction furent tentés à Manpong près Acropong par des missionnaires, mais ils n'eurent pas plus de succès.

En 1879, les premiers pieds de Cacaoyers d'où sont issus la plupart des sujets cultivés dans l'Aquapim furent semés à Manpong par un indigène d'Accra qui avait travaillé comme manœuvre au Cameroun (ou à Fernando-Po ?) et en avait rapporté un fruit avec lui. Ce premier planteur eut des imitateurs dans ses voisins, et les statistiques accusèrent pour la première fois une exportation de cacao, en 1890, évaluée à 250 francs. En 1892 elle n'était encore que de 2 sacs de 50 kilogs.

Cette introduction d'un végétal utile n'aurait sans doute eu aucune portée économique si un colonial éminent, un de ces hommes comme l'Angleterre en a tant produit, Sir WILLIAM BRANDFORD GRIFFITH, qui remplit pendant 15 années, de 1880 à 1895, les fonctions de Gouverneur de la Côte d'Or, n'avait compris aussitôt tout l'intérêt que présentait pour l'avenir du pays, le développement d'une semblable culture. Sir WILLIAM GRIFFITH n'épargna aucune peine pour répandre le Cacaoyer chez les indigènes. Des graines furent distribuées gratuitement et en grande quantité par les soins des agents de l'administration anglaise et par les missionnaires de la *Basel Mission* qui furent d'actifs collaborateurs de l'administration dans cette tâche. Le Gouvernement ne se contenta pas de pourvoir aux ensemencements : il acheta aux indigènes les premières récoltes dont le commerce, toujours lent à accepter des produits nouveaux, ne se souciait point.

Enfin en 1892, Sir WILLIAM GRIFFITH fondait la Station botanique d'Aburi, au centre de la région où étaient nées les premières plantations.

Cet établissement, à la tête duquel fut placé, en 1898, M. W. H. JOHNSON, ancien élève-jardinier du Jardin de Kew, eut une action décisive sur le développement de l'agriculture.

RÔLE DU JARDIN D'ABURI. — La station botanique installée sur les collines d'Aburi, à 400 mètres d'altitude, ne devait être à l'origine qu'un parc avec des cultures d'agrément entourant une sorte de sanatorium, où plutôt une maison de campagne où les fonctionnaires fatigués pouvaient venir goûter quelques semaines de repos. En 1892, elle devint une station expérimentale agricole, et les premiers essais entrepris furent relatifs à la culture du Cacaoyer. En 1905 on voyait encore dans le Jardin un certain nombre de *Theobroma* datant de cette époque.

M. W. H. Johnson a rempli pendant 8 ans, de 1898 à 1906, les fonctions de curator du Jardin d'Aburi et a apporté tous ses efforts à la vulgarisation de la culture qui nous intéresse.

La plantation modèle du Jardin botanique fut portée à une douzaine d'ares plantés en Cacaoyers, dont les premiers pieds commencèrent à rapporter des fruits vers 1895.

Pendant plusieurs années, les graines furent distribuées gratuitement ou moyennant une très modeste redevance aux indigènes.

Constatant la réussite de la nouvelle culture dans l'enclos du gouvernement, les noirs, très avisés, demandèrent l'autorisation d'établir leurs plantations au contact même du Jardin botanique. L'administration n'y mit point d'obstacles, et tout le terrain avoisinant le Jardin et le sanatorium de la Gold Coast fut ainsi laissé à la disposition des indigènes. Aujourd'hui encore les plantations les plus prospères de Cacaoyers de cette colonie sont séparées par un simple fil métallique, facile à enjamber, des plantations entretenues par le service de l'agriculture, et toutes ces plantations indigènes, dont les plus grandes ont tout au plus une douzaine d'acres d'étendue, sont à tout moment visitées par les agents de culture.

Nous avons vu, en 1905, M. Johnson s'intéresser lui-même très vivement, pendant que nous parcourions ensemble les environs d'Aburi, aux questions que lui posaient les propriétaires des vergers que nous visitions : tantôt on lui demandait des renseignements sur la manière de tailler les arbres; ailleurs on lui montrait des Cacaoyers en train de dépérir pour en connaître la cause, ou bien on le consultait sur les arbres-arbris qu'il fallait employer. Pendant notre séjour à Aburi, un instituteur laïque d'Accra vint y passer 15 jours avec ses écoliers : l'instituteur et les jeunes noirs reçurent chaque jour une leçon suivie d'une démonstration dans le Jardin botanique, et ces démonstrations, faites par M. Johnson, portèrent exclusivement sur la culture des plantes à caoutchouc, du Cacaoyer, du caféier et des cotonniers.

Depuis deux ou trois ans, la culture du Cacaoyer, d'abord localisée au pays d'Aquapim, a pris une extension considérable; mais loin de ralentir leurs efforts, les Anglais continuent encore à s'occuper de la question avec une grande activité; des écoles primaires sont créées par le Gouvernement et par la *Basel Mission* dans tous les grands villages. Dans plusieurs de ces écoles il existe de petits jardins scolaires où l'enfant noir est initié à la culture. Ce sont souvent des instituteurs indigènes qui donnent cet enseignement et généralement ils s'en acquittent avec zèle. Depuis 1899, on a publié à l'Imprimerie du Gouvernement de la Gold Coast, une série de petites brochures tirées à un très grand nombre d'exemplaires et distribuées gratuitement aux indigènes. Celle sur le cacao, rédigée par M. JOHNSON, remonte à 1899. Devant les résultats encourageants obtenus par ce procédé de propagande, on a été plus loin. On a pensé que les indigènes s'attacheraient encore davantage à suivre les conseils donnés par un noir et dans leur propre langue. On a donc fait traduire par un chef indigène en langue fanti, et en l'adaptant au pays, la notice de M. JOHNSON, et elle a été ainsi distribuée à des milliers d'exemplaires. On pense que les enfants des écoles, en lisant cette brochure en langue indigène devant les illettrés, seront compris par un nombre plus grand de noirs que si elle était rédigée en langue anglaise.

Enfin, dans ces derniers temps, on a créé à Tarkwa, sur le chemin de fer de Coumassie, dans une région très éloignée d'Aburi, une seconde plantation expérimentale. Elle renferme principalement des Cacaoyers et des plantes à caoutchouc et les terrains cultivés comprenaient déjà 278 acres plantés en juillet 1905, 2 ans 1/2 après la fondation de cette plantation. Aucun de nos jardins coloniaux français ne pourrait actuellement montrer de plantation aussi étendue. Un certain nombre de chefs indigènes suivent les expériences entreprises. Le chef des Achantis a proposé dernièrement d'installer aux environs de Coumassie une troisième station pour la propagation des plantes à caoutchouc et du Cacaoyer, et son offre a été acceptée avec empressement.

Au centre de la colonie, la culture du Cacaoyer s'étend aujourd'hui de plus en plus dans les districts fertiles au nord de Winnebah et de Saltpond, et l'on cite des villages dont les habitants sont à peine entrés en relation avec les fonctionnaires anglais et qui, cependant, se livrent à la précieuse culture avec activité, de sorte que si les maladies qui commencent à atteindre les Cacaoyers de la Gold Coast ne se propagent pas, la production de cette denrée va s'accroître d'ici quelques années dans des proportions considérables.

Il faut bien avouer que les procédés de culture pratiqués par les noirs sont grossiers, les arbres ne sont pas soignés et meurent très vite; en outre, la fermentation et le séchage sont faits d'une façon très rudimentaire.

Il existe un contraste frappant entre ces vergers et les plantations européennes si soignées de l'île de San-Thomé, où la culture se fait aussi méthodiquement que celle des céréales en Europe.

Mais les Anglais ont pensé qu'en demandant à l'indigène de faire bien au début, on risquait de n'arriver à aucun résultat. Leur méthode est d'implanter la culture, et c'est seulement lorsqu'elle est bien établie dans le pays qu'ils songent à l'améliorer. C'est ainsi qu'on est en train d'habituer les indigènes à laver les fèves de cacao avant de les sécher, ce qui constituerait déjà un perfectionnement.

PLANTATIONS INDIGÈNES. — Au cours de notre voyage, nous avons pu visiter, en compagnie de M. W. H. JOHNSON, plusieurs plantations indigènes. Les plus grandes n'ont pas cinq hectares d'étendue. La plupart de celles des environs d'Aburi appartiennent à des noirs protestants ayant un vernis de civilisation *(civilisated natives)* qui les cultivent eux-mêmes avec leur famille sans avoir recours à des serviteurs permanents ou a des employés temporaires. Dans tous les villages de l'Aquapim, loin des centres européanisés, les indigènes non encore influencés par la civilisation se livrent aussi à la culture des Cacaoyers, et chaque famille possède près de sa case d'habitation des vergers plus ou moins étendus.

La culture encouragée par l'Administration et par les commerçants qui achètent souvent le cacao sur place, va ainsi en s'étendant d'année en année.

PROCÉDÉS DE CULTURE. — La seule variété cultivée appartient au type *creoulo* de San-Thomé et Fernando-Pô. Les fleurs sont groupées sur le tronc par petits paquets de 1 à 4 fleurs, mais le plus souvent de deux seulement. Le fruit ovoïde-allongé est toujours jaune à maturité. Il mesure ordinairement 15 centimètres de longueur, 7^{cm},5 de largeur au milieu ; les plus beaux atteignent 20 centimètres de long. Ils contiennent de 35 à 40 graines très aplaties et allongées.

Les feuilles dans les plantations mal entretenues, sont d'assez petite taille, elles jaunissent et tombent en partie à la saison sèche.

Cette variété semble beaucoup moins productive qu'à San-Thomé, et cela tient sans doute à ce que les plantations sont beaucoup moins bien entretenues. En juillet 1905 les Cacaoyers portant plus de 15 fruits étaient l'exception.

Les Cacaoyers sont rarement semés en place. L'ensemencement est fait dans un petit coin de terre, riche en humus et situé aux environs de l'habitation. Lorsque les plants ont de 30 à 50 centimètres de hauteur, on les repique en creusant une fosse dont la profondeur n'excède guère les dimensions des racines. On ne met pas d'engrais ni de débris végétaux au pied, de sorte que l'arbuste a une végétation toujours chétive, à moins qu'il ne soit planté à côté des cases.

Les bananiers sont utilisés d'une manière générale pour ombrager les jeunes plantations. Le plus souvent on laisse aussi à travers les cacaoyères tous les gros arbres de la forêt primitive. Certaines essences, munies de grosses racines superficielles et notamment le fromager (*Eriodendron anfractuosum*) ne sont pas sans nuire beaucoup. Ailleurs on a enlevé tous les arbres et on n'a rien planté à la place. Les Cacaoyers vivant dans ces conditions ont une partie de leurs feuilles jaunies et la plupart des fruits sont desséchés et noircis.

Sur les collines d'Aburi, l'ombrage nous a paru sinon indispensable, du moins très utile. Nous avons rencontré dans certaines plantations indigènes de magnifiques Cacaoyers vivant à l'ombre de grands arbres de la forêt conservés au moment du défrichement, tels que les Rokko (*Chlorophora excelsa*), le *Cola cordifolia*, le *Piptadenia africana*, divers *Albizzia*. Le *Cola cordifolia* dont les grandes feuilles tombent chaque année et s'ajoutent aux feuilles mortes des Cacaoyers pour couvrir la terre, nous semble très précieux, encore qu'il soit préférable de donner la préférence, quand on plante, à des arbres utiles tels que le Colatier, le *Funtumia elastica*, l'*Hevea*.

Nous pensons que l'ombrage des grands arbres répartis d'une façon discrète dans une plantation de Cacaoyers leur est toujours utile. Il est même nécessaire dans les contrées où la saison sèche est de longue durée et où la lumière solaire est rarement tamisée par des nuages. C'est seulement dans les sols trop pauvres que les grands arbres sont nuisibles : leur chevelu absorbe une grande partie des réserves minérales, mais cet inconvénient ne se présente pas quand la terre est couverte d'une couche d'humus suffisamment épaisse.

Nous avons noté, comme à San-Thomé, l'existence de nombreux palmiers à huile à travers les cacaoyères indigènes, mais les noirs ne les entretiennent pas. Leur tronc massif porte de vieux pétioles desséchés abritant de nombreux végétaux épiphytes qui gênent beaucoup les Cacaoyers voisins.

Les indigènes plantent les Cacaoyers sans ordre et souvent à une faible distance les uns des autres.

Il est très rare qu'on les taille, et cette opération ne commence à se pratiquer qu'aux alentours du Jardin d'Aburi par les noirs civilisés qui poussent au suprême degré l'instinct d'imitation. A ce propos M. Johnson nous rapporta une observation bien curieuse. Jusqu'en 1904 on s'était servi pour cueillir les cabosses de couteaux ordinaires à un seul tranchant. Le curator de la station reçut à cette époque de la Trinidad quelques couteaux à double lame analogues à ceux décrits dans la deuxième partie de ce travail, il les montra aux indigènes, et quelques mois plus tard, beaucoup de noirs avaient adopté ce nouvel instrument de cueillette, les forgerons du pays s'étant mis à en fabriquer.

Les plantations adultes sont ordinairement très mal entretenues, et il est rare qu'on arrache les mauvaises herbes. Fréquemment même les gourmands ne sont pas coupés. C'est ce qui explique l'épuisement rapide des arbres. Des Cacaoyers âgés de moins 12 ans sont déjà languissants ; ceux qui vivent aux alentours des cases, dans un sol meuble très riche en azote, sont les seuls qui demeurent longtemps vigoureux.

Préparation du cacao. — Mais c'est surtout la fermentation et le séchage des graines qui laissent à désirer.

La principale récolte a lieu pendant les mois de novembre et décembre. Les cabosses aussitôt coupées sont ouvertes à l'aide d'une pierre sur laquelle on les frappe. Les graines sont alors jetées dans une caisse quelconque et y restent plusieurs jours. Cependant l'usage de les laver commence à se répandre dans certains villages. Les graines lavées ont un aspect plus séduisant et sont cotées un peu plus cher par les commerçants du pays.

Pour la fermentation on procède d'une façon très primitive. On se sert de caisses en bois grossièrement fabriquées par les charpentiers du pays. Leur profondeur excède rarement 25 centimètres ; cependant elle peut aller jusqu'à 40 centimètres. Quant aux autres dimensions elles sont très variables, suivant la quantité d'amandes qu'on a à traiter. Nous en avons vu chez un indigène qui avaient environ 3 mètres de long, 1 mètre de large et $0^m,25$ de profondeur. Elles étaient placées dans une cave sur des cailloux, légèrement inclinées.

Très souvent les noirs emploient de simples caisses vides ayant servi à l'emballage des marchandises importées dans la colonie et on donne la préférence à la petite caisse à gin qui mesure environ 45 centimètres de long et de large. Par suite de la faible étendue de chaque plantation indigène, ces petites caisses suffisent pour traiter la quantité minime de graines récoltées pendant une semaine dans un verger familial.

Quel que soit le récipient employé, on procède toujours de la manière suivante :

On recouvre le fond et les parois de la caisse d'un lit de feuilles non humides de bananier. On la remplit de graines fraîches qu'on recouvre aussi en dessus de feuilles de bananier. On place sur le tout des planchettes formant une sorte de couvercle qui vient appuyer sur les graines faisant saillie, et on charge le couvercle de gros blocs de pierre, de manière à comprimer la masse. Les caisses sont placées dans les cases ou au rez-de-chaussée des habitations plus confortables des noirs d'Aburi.

La fermentation dure 4 jours, pour les graines lavées, et 6 jours pour les graines non lavées.

Le liquide qui s'écoule est parfois recueilli par les indigènes pour faire du vinaigre. Lorsque la fermentation est bien conduite, il peut même être bu frais et constitue une boisson suffisamment alcoolique pour enivrer.

Les graines de cacao sont ensuite soumises à la dessiccation : on les expose au soleil pendant autant de jours que cela est nécessaire en les étalant sur des nattes fabriquées dans le pays à l'aide des lanières du pétiole des *Raphia* indigènes.

Le séchage artificiel n'est jamais pratiqué et il n'est pas indispensable, car les pluies surviennent rarement plusieurs jours de suite.

La méthode rudimentaire de préparation que nous venons d'exposer n'est pratiquée que par un petit nombre d'indigènes. La plupart des noirs se contentent de mettre les graines fraîches en petits tas plus ou moins abrités sous les cases ; on les remue de temps en temps jusqu'à ce que la dessiccation soit à peu près complète. Il ne se produit ainsi aucune fermentation où, si elle apparaît, c'est une fermentation très insuffisante, accompagnée de moisissures. Aussi, dans la plupart des cas, les graines acquièrent un aspect et une odeur très préjudiciables, et c'est pour cette raison qu'elles sont cotées sur les marchés d'Europe, par rapport aux cacaos de San-Thomé, environ 1/3 en moins.

Jusqu'à présent les efforts de l'administration et du commerce pour améliorer ces procédés primitifs de préparation ont donné peu de résultats.

Les cacaos séchés sont triés à l'aide d'un simple crible à main. Les graines les plus petites, avariées, passent à travers la trame et sont rejetées. Les autres sont mises dans des sacs, dans des filets ou dans de simples calebasses et portées à la maison de commerce voisine, où chez le traitant indigène.

Nous avons constaté que le triage des graines était loin d'être parfait et qu'on trouvait parfois jusqu'à 25 p. 100 de **graines** moisies à moitié vides et sans valeur. Ce sont certainement ces impuretés qui sont la principale cause de la faible valeur du cacao de la Gold Coast.

COMMERCE ET EXPÉDITION EN EUROPE. — Aussitôt préparé, le cacao est vendu au détail dans les factoreries de la région. Les commerçants l'achètent par très petites quantités à la fois. La plupart des lots apportés représentent à peine un poids de 4 ou 5 kilogs et souvent beaucoup moins. L'achat se fait contre de la monnaie anglaise. Le prix varie d'un mois à l'autre suivant les cours, et cela désoriente un peu les indigènes. Une partie des comptoirs européens se livrant à ces achats sont installés au village d'Aymésah, à 10 kilomètres environ d'Aburi, sur la route d'Accra. Ils appartiennent aux maisons Fischer, Swanzy, Alleman W.-Africa Trading C°, Basel-Mission, African Association, etc.

Dans les magasins de ces maisons, le cacao subit souvent un second séchage. Lorsqu'il est enfin débarrassé de toute humidité, on l'emballe dans de grands tonneaux longs de 1^m,10 et de 1 mètre de diamètre pouvant contenir environ une tonne de marchandises. Ce sont les mêmes qui servent à expédier l'huile de palme en Europe.

Ces barriques sont ensuite roulées par les manœuvres des maisons de commerce vers Accra, en suivant la grande route de l'Aquapim, route parfaitement entretenue par un service régulier de cantonniers relevant de l'administration. La pente de la route vers la mer est assez grande pour que 3 ou 4 indigènes suffisent presque toujours pour pousser une barrique remplie de graines. La presque totalité du cacao de la Gold Coast est embarquée au port d'Accra sur des cargo-boats anglais et allemands.

Il en sort un peu par le port d'Adda à l'embouchure de la Volta; enfin les ports de Winneba, Saltpond et Cape-Coast commencent à en drainer une certaine quantité. De rares bateaux français viennent encore de loin en loin charger à Accra quelques tonnes de cacao et les débarquent à Marseille d'où elles sont dirigées sur la Suisse.

SOINS DONNÉS AUX CACAOYERS A LA STATION BOTANIQUE D'ABURI. — Si les Cacaoyers du Jardin botanique d'Aburi sont plus vigoureux que ceux des indigènes, cela tient, sans aucun doute, aux soins qu'ils reçoivent.

Les semis sont faits en pots, sous des galeries garnies à 1^m,50 au-dessus du sol avec des feuilles de palmiers. Des passiflores (barbadines) grimpent sur ces galeries et augmentent l'épaisseur de l'écran qui protège les plantes contre l'ardeur des rayons solaires.

Les graines sont semées dans des vases formés de tubes de bambous, fabriqués dans le pays à l'aide des tiges du *Bambusa arundinacea*, très fréquemment cultivé à la Gold Coast et naturalisé.

Les jeunes arbustes sont mis en place la première ou la deuxième année. On les plante dans des fosses de 50 centimètres environ de profondeur, entre des rangs de bananiers, et on les écarte de 4^m,50 à 6^m,50 les uns des autres. Chez les indigènes civilisés, l'écartement varie de 3 à 4 mètres. [M. Johnson est partisan de planter les Cacaoyers serrés et de les éclaircir ensuite. On peut par exemple planter à 3 mètres d'intervalle et lorsque les Cacaoyers arrivent à l'âge de 7 ou 8 ans, on supprime les moins vigoureux en les coupant au ras du sol, de manière à laisser croître une jeune pousse qui pourra plus tard remplacer les Cacaoyers voisins s'ils dépérissent.

Les fosses sont remplies d'humus superficiel. L'établissement ne possédant pas de troupeau ne peut faire usage d'engrais. En 1905, on cherchait à fabriquer des composts avec les tiges d'une variété américaine de *Vigna sinensis* à tiges rampantes. D'après les recherches effectuées en diverses stations agronomiques, cette plante enrichirait le sol en nitrates.

Pendant les 3 ou 4 années qui suivent la mise en place des Cacaoyers, la terre est souvent remuée et sarclée, et on entretient toujours des cultures vivières intercalaires : maïs, manioc, taro (*coco* en anglais) qui, loin d'entraver la croissance du Cacaoyer, lui sont plutôt favorables car elles empêchent le dessèchement de la surface du sol. Les indigènes donnent aujourd'hui partout la préférence à une sorte de taro à très grandes feuilles non peltées, appartenant au genre *Xanthosoma* et d'origine américaine. Cette plante épuise moins le terrain que le manioc et elle n'a plus besoin d'être multipliée quand elle a été mise en terre une première fois, car lorsqu'on l'arrache, il reste toujours dans le sol de petits tubercules qui propagent indéfiniment la plante. Enfin lorsque les Cacaoyers sont devenus adultes, les taros qui restent dans la plantation sont étouffés par l'ombre et disparaissent.

La culture des taros dans les nouvelles cacaoyères fournit un appoint important à l'alimentation des habitants de l'Aquapim et de la ville d'Accra.

Les bananiers plantés entre les jeunes Cacaoyers rendent aussi des services. Au Jardin botanique d'Aburi on utilise des variétés locales du *Musa sapientum* à hautes tiges. Dans une plantation indigène voisine nous avons remarqué aussi quelques touffes du *Musa Cavendishii (M. sinensis)*, mais leurs feuilles étaient trop basses et gênaient les Cacaoyers. Certains indigènes donnent la préférence au *Musa paradisiaca* (Plantain ou Bananier-Cochon). Les tiges de cette plante s'élèvent jusqu'à 4 mètres de hauteur et portent à leur extrémité un panache de grandes feuilles médiocrement étalées qui, à cette hauteur, ne gênent plus les Cacaoyers.

Quelle que soit la variété de bananier que l'on cultive, il importe de dégarnir souvent chaque touffe en ne laissant subsister qu'une tige adulte et un jeune bourgeon de remplacement. Le rendement des bananiers n'en sera que plus abondant et on évitera l'encombrement et l'épuisement du sol, conséquences de la formation d'une touffe de bananiers composée de nombreuses tiges. Les feuilles mortes et les troncs coupés sont laissés sur le sol et contribuent à enrichir la terre en éléments utiles au Cacaoyer.

M. JOHNSON est partisan du déboisement complet des terrains destinés à la culture des Cacaoyers. On plante ensuite de jeunes arbres à croissance plus rapide que le précieux arbuste et qui l'abriteront lorsque le bananier n'en sera plus capable. A la station d'Aburi on a fait usage, tout d'abord, de l'*Erythrina umbrosa*, mais en 1905 on donnait la préférence au *Pithecolobium Saman*, dont la culture avait mieux réussi.

Nous avons aussi observé par places le *Cedrela odorata*, une des essences de l'Amérique du Sud fournissant l'Acajou et dont il existe une avenue splendide dans le Jardin botanique. Ces arbres sont écartés les uns des autres de 15 à 20 mètres. Sur les bords de la plantation on a placé des *Funtumia elastica*, des avocatiers, des *Hevea*, des colatiers qui arrêtent le vent.

Au bout de 5 ou 6 ans, un Cacaoyer atteint 3 ou 4 mètres de hauteur. Les arbres âgés de 12 ou 15 ans ont leur croissance terminale arrêtée et s'élèvent seulement à 5 mètres de hauteur. La dimension des plus gros troncs du Jardin, prise à $0^m,50$ au-dessus du sol, varie de $0^m,35$ à $0^m,50$ de circonférence.

Dans le Jardin d'Aburi et dans quelques plantations indigènes voisines on taille les Cacaoyers, mais les indigènes chargés de cette opération endommagent souvent les arbres.

On laisse les Cacaoyers former la couronne, tantôt à $0^m,60$ ou $0^m,80$ au-dessus du sol, tantôt à $1^m,40$ ou $1^m,70$. M. JOHNSON a constaté que dans les deux cas on obtenait à peu près le même rendement, aussi préfère-t-il laisser monter le tronc principal à $1^m,50$ environ afin de pouvoir tailler l'arbre et récolter les fruits plus facilement. Nous avons vu exceptionnellement quelques Cacaoyers qui s'élevaient à $2^m,50$ ou 3 mètres sans rameaux et qui portaient cependant des fruits au ras du sol.

A partir de la huitième année, les cacaoyères demandent peu d'entretien. Il suffit d'éclaircir les touffes de bananiers et d'élaguer les arbres porte-ombre qui seraient trop envahissants.

Parfois aussi on remue le sol sur un rayon de un mètre autour de chaque pied, et on apporte sur cet emplacement des balayures, des débris de bananiers coupés, des morceaux de cabosses, des herbes mortes provenant du sarclage du Jardin; en un mot, on s'efforce de maintenir le sol constamment meuble. Grâce à ces soins on arrive à obtenir à la Station botañique un rendement annuel de 4 livres 1/2 (environ 2 kilogs₂) par arbre âgé de 10 à 15 ans, alors que les indigènes obtiennent à peine 1 kilog. En outre les Cacaoyers conservent toute leur vigueur, tandis qu'ils ont parfois besoin d'être remplacés avant la douzième année chez les indigènes.

La Station d'Aburi poursuit d'autres essais sur la culture du Cacaoyer. Elle a introduit il y a quelques années, par l'intermédiaire du Jardin de Kew, quelques plants de *Theobroma pentagonum* (1) qui ont commencé à donner des fruits plus beaux que ceux de la variété commune.

Dès 1904, M. JOHNSON avait essayé de greffer cette espèce sur le *T. Cacao*. Cet essai n'avait pas réussi. L'expérience fut renouvelée au commencement de juillet 1905, époque la plus favorable pour le greffage à la Gold Coast; nous ignorons si elle a donné des résultats.

L'opération du rajeunissement, pratiquée sur une assez grande échelle, a pleinement réussi. Des Cacaoyers âgés d'une douzaine d'années et atteints déjà de décrépitude, ont été coupés au ras du sol. La surface de section a été ensuite enduite de goudron et, au bout de quelques semaines, sont sortis des rameaux vigoureux qui pourront constituer de nouveaux arbustes sains.

D'autres essais ont été faits au sujet de la taille, et nous avons constaté que les manœuvres indigènes chargés de ce travail parvenaient rarement à couper les rameaux au ras du tronc. La taille est une opération délicate, et un européen expérimenté est seul qualifié pour l'effectuer.

En raison de l'exiguïté du terrain de la Station d'Aburi, on n'a pu conserver que 5 ares plantés en Cacaoyers, mais la Station de Tarkwa, qui dispose de vastes terrains inoccupés, a pu planter en Cacaoyers un terrain d'une cinquantaine d'acres, et on aura ainsi des espaces suffisamment étendus pour solutionner

_____

(1) Voir la description, p. 13.

les problèmes relatifs à la fumure, à l'ombrage et à l'écartement des arbres.

En un mot l'administration anglaise s'est efforcée d'organiser un ensemble d'expériences qui l'éclaireront sur les meilleurs procédés de culture à conseiller aux indigènes.

D'autres questions encore plus importantes que la culture sollicitent actuellement l'attention des pouvoirs publics. Nous voulons parler de la fermentation du cacao et de la lutte contre les ennemis nombreux qui ont envahi les cacaoyères indigènes.

FERMENTATION. — Les maisons de Liverpool, qui achètent la plus grande partie des cacaos de la Gold Coast, se sont inquiétées à diverses reprises de la mauvaise qualité du cacao embarqué à Accra. Le Service de l'Agriculture de la colonie a donc été conduit à faire une propagande très active pour amener les indigènes à laver toujours les graines, mais il ne paraît guère possible pour le moment d'obtenir, des peuplades primitives de l'Ouest africain, qu'ils soumettent le cacao à une fermentation rationnelle. A notre avis, un excellent moyen de remédier à cet état de choses serait d'installer dans chaque comptoir commercial des cuves à fermentation et des séchoirs analogues à ceux qui existent dans les roças de San-Thomé. Les indigènes vendraient leur cacao à l'état frais aussitôt après l'ouverture des cabosses, et la préparation des amandes serait alors effectuée sous la surveillance d'agents européens. Il en résulterait certainement une amélioration très notable de la marchandise, par suite, une augmentation de prix et le cacao de cette provenance ne risquerait plus d'être refusé sur les marchés d'Europe.

LUTTE CONTRE LES MALADIES. — Une grande partie des Cacaoyers des vergers indigènes sont envahis par des *Loranthus* qui font sécher rapidement les branches des arbres-supports.

Ces plantes parasites sont abondantes sur les arbres spontanés des forêts environnantes et il n'est pas possible de les détruire à cause de leur fréquence, mais en supprimant ces végétaux lorsqu'ils commencent à apparaître sur les Cacaoyers, alors qu'ils n'ont encore que quelques feuilles, on arrêterait les dégâts qu'ils pourraient causer.

Les larves d'un ou de plusieurs insectes *(borers)* encore indéterminés, creusent souvent des galeries dans les troncs et les rameaux du *Theobroma*, et ces ennemis sont d'autant plus fréquents que les plantations sont plus mal entretenues. L'une de ces larves s'attaque même aux jeunes fruits nouvellement fécondés et les dévore. C'est le fléau le plus redoutable pour les Cacaoyers, de l'avis de tous les noirs.

M. Johnson pense qu'on peut tuer les larves par des badigeonnages fréquents avec la bouillie bordelaise.

Nous avons connu un indigène d'Aburi, M. Clarke, qui préférait couper toutes les branches atteintes et fendait le bois de manière à découvrir la larve qu'il tuait aussitôt. Cela peut se faire facilement dans une plantation de faible étendue, comme le sont toutes celles de la Gold Coast.

Les volailles et les porcs qui vagabondent dans la plupart des vergers indigènes sont de grands destructeurs d'insectes.

La fourmi rousse (*Œcophylla smaragdina*), très abondante dans tous les buissons, est regardée par les indigènes comme une précieuse auxiliaire pour la destruction des pucerons et des coccides vivant sur les jeunes rameaux et sur les pédoncules. Nous croyons plutôt qu'elle recueille surtout le sucre ou la cire qu'ils produisent, mais une étude plus aprofondie mériterait d'être faite par un zoologiste. Les pucerons sont en effet très nuisibles à la production du cacao ; parfois ils sont si nombreux qu'ils forment une véritable gaine entourant les pédoncules.

Les coccides abondent également et déterminent des extravasions de sève nuisibles à la plante.

Le plus grand danger menaçant la production du cacao à la Gold Coast est le développement à profusion des ennemis que nous venons de signaler, développement d'autant plus facile que les arbustes sont très mal soignés par les indigènes.

Si la propagation de ces maladies peut être enrayée, la production du cacao à la Gold Coast augmentera encore d'ici quelques années dans de très grandes proportions, car le pays est assez peuplé (1.338.000 habitants dans toute l'étendue de la colonie, d'après le recensement de 1901). L'extension de cette culture indigène, comme celle de l'arachide au Sénégal et au Soudan français, n'a d'autres limites, à notre avis, que le nombre des habitants et l'étendue restreinte de leurs besoins.

CHAPITRE III

La culture du Cacaoyer autour du Golfe de Guinée.

Togo. — Dahomey. — Lagos. — Southern Nigeria. — Cameroun.
Fernando-Pô. — Rio-Benito.

Togo.

La culture du Cacaoyer a été tentée par plusieurs maisons
de commerce allemandes et quelques *Theobroma* ont été cultivés à la station agricole de Misahöhe. Ces essais n'ont pas
donné de résultats, car la quantité de cacao exportée par cette
colonie est nulle ou insignifiante.

Dahomey.

Notre colonie du Dahomey ne produit pas de cacao, et c'est
cependant une des régions où il serait très facile d'initier
l'indigène à cette culture. Le climat n'est peut-être pas très
approprié, cependant la zône où croissent les palmiers à huile
pourrait aussi bien convenir que les régions analogues de Lagos
qui exportent déjà plusieurs centaines de tonnes de cacao
par an.

D'après les renseignements que nous devons à l'obligeance
de M. G. FRANÇOIS, une seule petite plantation de Cacaoyers
existe au Dahomey, à la mission de Zagnado, sur la rivière
Ouémé. Les arbres y réussissaient bien et les fèves produites
étaient utilisées par les missionnaires pour fabriquer leur
chocolat il y a quelques années.

Près des villages de Ouidah, de Porto-Novo, de Paraison, etc.,
divers indigènes possèdent, aux abords de leurs cases, quelques pieds de Cacaoyers, mais ils n'en tirent aucun parti.

Lagos.

La culture du Cacaoyer par les indigènes s'est implantée à Lagos depuis plusieurs années et l'on observe aujourd'hui d'assez nombreuses petites plantations analogues à celles de la Gold Coast dans la région parcourue par le chemin de fer entre Ebute-Metta et Abéokuta.

Les arbustes sont, le plus souvent, plantés à l'ombre des palmiers *Elæis* qui forment, comme l'on sait, la principale richesse de cette contrée.

« Le village d'Okenla, écrit M. Punch, situé sur le territoire oriental d'Egba, est le mieux tenu de toute la contrée, et les habitants ont tous des plantations de Caféiers et de Cacaoyers » *(Government Gazette Lagos*, octobre 1902, p. 657).

Depuis 1894, l'exportation a suivi le mouvement ascensionnel suivant :

	Tonnes.	Francs.
1890.	6	»
1894.	18	23.231
1895.	22	20.788
1896.	13	11.047
1897.	45	38.205
1898.	36	39.468
1899.	70	85.278
1900.	114	147.833
1901.	102	126.051
1902.	172	188.253
1903.	152	167.606
1904.	367	347.306
1905.	301	»

Nous n'avons pas pu nous procurer les chiffres pour les deux dernières années, mais nous savons que la production a été en s'étendant et elle ne doit pas être éloignée de 400 tonnes pour l'année courante.

Comme à la Gold Coast, le Gouvernement anglais encouragea dès le début l'extension de cette culture.

Des semis destinés à être cédés aux indigènes furent établis au Jardin d'Ebutte-Metta et à la Station botanique d'Oloke-Meji. Lors de notre voyage, en 1905, près de 50.000 pieds avaient déjà été élevés ou distribués dans ces deux localités.

Dans le *Government Gazette*, n° 41 de septembre 1903, M. E.-W. Foster, curator de la station botanique d'Oloke-Meji, publiait une notice succincte sur la culture et la préparation du cacao pour le marché.

Enfin, par une ordonnance de janvier 1904, Sir William

Mac Gregor, alors gouverneur de Lagos, créait une Chambre d'agriculture qui devait spécialement s'occuper de l'extension de la culture du cotonnier, du maïs et du Cacaoyer.

Nigeria du Sud.

Toute la région du Delta du Niger, occupée par la grande forêt vierge semble convenir à merveille pour la culture du Cacaoyer, et le gouvernement de la colonie a encouragé les plantations de cet arbuste par les indigènes de préférence aux plantations de caféiers. Des plantations modèles furent constituées aux stations agricoles de Onitscha, Abutshi et de Old-Calabar, et chaque année elles ont fourni des graines qui ont permis d'obtenir de nombreux plants distribués aux indigènes.

Cependant la ferme modèle d'Onitscha, établie par la *Royal Niger Cⁱᵉ*, qui renfermait déjà d'assez nombreux Cacaoyers en 1904, a été reconnue comme inappropriée à cette culture par M. H. N. Thompson, le sympathique directeur de l'agriculture et des forêts de la Southern Nigeria. On l'a plus particulièrement affectée à des expériences sur le maïs et les cotonniers.

Old-Calabar reste la seule plantation s'occupant du cacao. Lorsque nous avons visité ce jardin, en 1905, il renfermait quelques *Theobroma* fructifères et des plantes assez nombreuses en pépinières.

À la station botanique et dans les jardins avoisinant les bâtiments de l'Administration on comptait seulement quelques centaines de pieds âgés de 5 à 6 ans.

Tous appartenaient à la variété *creoulo de San-Thomé* à fruits jaunes à maturité, ovales-pyriformes et de petite taille.

Ces arbres étaient en général en mauvais état; la plupart étaient couverts de branches mortes et avaient peu de fruits en voie de développement. M. Thompson attribuait cette mauvaise végétation au sol sablonneux très médiocre.

Les pluies qui excèdent 4 mètres par an, semblent en outre excessives.

D'après M. John C. Leslie quelques Cacaoyers existent dans les villages des districts d'Akwete et d'Aba et ils réussissent très bien sur les terrains riches en détritus (*Government Gazette*, fév. 1905, p. 78). De même on a signalé des Cacaoyers cultivés dans les villages près d'Itu sur la Cross-River (*Government Gazette*, juin 1905, p. 312).

En 1904, l'exportation de la colonie a été de 165 tonnes évaluées 124.225 francs. Depuis, elle s'est vraisemblablement accrue.

Cameroun.

Lorsque les Allemands occupèrent le Cameroun en 1884, il existait déjà dans ce pays quelques plants de Cacaoyers apportés de San-Thomé ou de Fernando-Pô par des indigènes ou, selon Preuss, par des missionnaires baptistes. On ne trouvait alors que l'*Amelonado* ordinaire de toute la côte d'Afrique ou *creoulo de San-Thomé* à fruit un peu allongé, dont l'écorce est jaune à maturité.

En 1886, une première cacaoyère de 16 hectares fut établie par un Européen sur les bords du Bimbia, et en 1896 il existait déjà 4 ou 5 plantations importantes comprenant 450 hectares et plus de 300.000 pieds.

Actuellement, il existe certainement plusieurs millions de Cacaoyers au Cameroun. L'exportation des fruits à destination de l'Allemagne, qui était de 227 quintaux en 1894 et 1.162 quintaux en 1895, atteint actuellement de 1.000 à 1.200 tonnes par an.

Nous nous étendrons peu sur la culture du Cacaoyer au Cameroun. La principale raison est qu'au cours de notre enquête de 1905 nous n'avons pu séjourner que quelques jours dans l'ancien chef-lieu Duala qui n'est pas un centre de culture, et la présence d'un paquebot se rendant directement à San-Thomé nous fit renoncer à un voyage projeté à Victoria, malgré tout l'attrait qu'avait cette région pour nos études. Nous n'avons donc d'autre documentation sur la question que ce que nous avons pu relever dans plusieurs publications allemandes.

Les personnes que le sujet intéresse trouveront, en parcourant la collection du *Tropenpflanzer*, l'excellente revue d'agriculture tropicale dirigée par MM. les professeurs O. War-burg et Wolltmann, d'abondants renseignements que nous résumerons.

Quand on relit les divers rapports publiés sur ce sujet de 1897 à 1907, on constate que les coloniaux allemands étaient très enthousiastes au début. Comme les résultats n'ont point toujours répondu à leurs espérances, quelques-uns se sont laissés aller à des découragements injustifiés selon nous.

Les exportations de cacao n'ont point, il est vrai, donné, durant ces dernières années, les chiffres élevés qu'on avait escompté. Des maladies graves ont considérablement réduit la production de quelques plantations; d'autres difficultés sont survenues et les statistiques des dernières années montrent que l'exportation est stationnaire.

Cependant, des résultats très satisfaisants ont déjà été

obtenus. En 1894 il n'y avait, dans le district septentrional, qu'une seule plantation. Il s'y trouve aujourd'hui neuf sociétés de plantations, réunissant un capital de 15 millions de marks et possédant 70.000 hectares, dont 10.000 sont déjà plantés.

La plus importante de ces sociétés, la Compagnie des plantations de Bibundi, devait exporter en 1907 environ 750 tonnes de cacao.

Elle en avait récolté près de 600 tonnes en 1906 et elle avait pu distribuer à ses actionnaires un dividende de 6 p. 100 après 10 années d'exploitation.

A côté de cette grande entreprise il en existe d'autres plus modestes, par exemple la plantation de Moliwe qui, en 1905, possédait déjà 212 hectares plantés de 158.650 Cacaoyers.

Devant l'extension des maladies attaquant le Cacaoyer, on plante aujourd'hui de préférence des arbres à caoutchouc dans la plupart des établissements, mais les prix de plus en plus élevés atteints par le cacao, ramèneront certainement les allemands à cette culture.

Il y a eu un admirable enchaînement d'efforts pour développer les plantations de Cacaoyers, non seulement de la part de l'administration, mais plus encore peut-être de la part de l'initiative privée, principalement du Comité technique de la Société coloniale allemande.

C'est sur cette continuité d'efforts, qui devrait être un enseignement pour les coloniaux français, que nous voulons surtout attirer l'attention.

Qu'on relise le *Tropenpflanzer* depuis sa fondation, en 1897 ; on verra qu'il ne s'est guère écoulé d'année sans qu'une mission scientifique ait été chargée d'élucider quelque problème concernant cette culture, et la plus large publicité a été donnée aux résultats acquis afin que les planteurs en fassent leur profit. C'est par cette méthode scientifique et par d'autres moyens multiples qu'on est parvenu à émouvoir l'opinion publique. Nous avons même vu distribuer en primes gratuites, par certains commerçants, des bonbons au chocolat présentés au public allemand comme fabriqués avec le cacao du Cameroun.

Cette propagande a eu des résultats, puisque l'Allemagne, qui est venue 30 ans après nous dans le golfe de Guinée, exporte déjà plus d'un millier de tonnes de cacao par an, alors que nous en exportons à peine une centaine du Gabon.

Les méthodes qui ont été appliquées pour implanter la culture du Cacaoyer au Cameroun, pour l'étendre et pour la perfectionner, sont les suivantes :

1° Ce fut d'abord la création de la station botanique de Victoria dirigée, dès les débuts, par M. Paul Preuss.

On cultivait déjà à cette époque au Cameroun la variété courante de Cacaoyer répandue sur la côte occidentale d'Afrique, le *creoulo de San-Thomé.*

La station de Victoria s'attacha tout d'abord à introduire les meilleures variétés de tous les pays du monde en faisant appel aux fonctionnaires de l'Empire installés dans les principaux centres de l'Amérique du Sud. Un agent consulaire allemand, chargé de l'administration des plantations de Monte-Café à San-Thomé, M. Spingler, expédia aussi à Preuss des graines de toutes les sortes expérimentées dans l'île portugaise. En 1898, le Jardin de Victoria était en possession d'une vingtaine de variétés diverses de Cacaoyers. Mais on remarqua bientôt qu'en général ces variétés ne correspondaient pas aux types dont elles portaient l'appellation. Recueillies par des personnes souvent inexpérimentées en agriculture tropicale, elles ne pouvaient être considérées comme constituant une sélection sérieuse parmi les innombrables races de Cacaoyers.

Le Comité technique de la section coloniale confia à M. Preuss une mission pour aller étudier dans les divers pays de l'Amérique centrale et de l'Amérique du Sud, les principales variétés, les procédés de culture et les meilleures méthodes de préparation du cacao. Il était accompagné d'un jardinier qui rapporta des plants vivants des variétés intéressantes.

Les résultats de cette enquête furent consignés dans un important rapport publié peu de temps après : D' Paul Preuss : Expedition nach Central und Südamerika 1899-1900, in-8, 450 pages. Édition du *Kolonial Wirtscheftlichés Komitee,* Berlin 1901.

Le cacao comprend les pages 167 à 277. Cette partie a été traduite en français : D' Paul Preuss : Le cacao, sa culture et sa préparation (*Bulletin de la Société d'études coloniales de Belgique,* 1902, et tirage à part, Challamel, 1902).

Puis M. P. Preuss revint au Cameroun pour surveiller la culture des plantes rapportées par la mission et pour faire l'application des méthodes de préparation du cacao qu'il avait observées au cours de son voyage. Il y resta jusqu'en 1904.

Il ne semble pas qu'on soit encore bien fixé aujourd'hui sur les variétés qu'il convient de cultiver. Dans ces dernières années on a donné la préférence aux *forasteros* de *Trinidad* et particulièrement aux *Cundeamor* typiques à fruits allongés rugueux. Mais nous nous demandons si ces variétés, d'introduction récente, présenteront les mêmes caractères de résistance aux maladies que le *creoulo de San-Thomé*, introduit plus anciennement et qui a fait ses preuves depuis plus de 50 années à la côte occidentale d'Afrique.

2° La propagation des maladies des plantes est une difficulté entravant le développement des végétaux cultivés, aussi bien dans les pays tropicaux que dans les pays tempérés. Le développement d'un insecte nuisible peut anéantir complètement une culture jusqu'alors prospère : cela a failli arriver pour la vigne en France il y a une vingtaine d'années.

Les Cacaoyers du Cameroun ont été, depuis quelque temps aussi, très éprouvés par les maladies. La *brunissure du cacao* dont il a été question dans la seconde partie de cet ouvrage a causé de véritables désastres dans plusieurs plantations. Pour examiner l'étendue du fléau et rechercher les remèdes à y apporter, le *Kolonial Wirtschaftliches Komitee*, qui avait déjà organisé la mission Preuss pour l'étude du Cacaoyer en Amérique, confiait, en 1904, à M. le Dr Walter Busse, une nouvelle mission afin de déterminer les maladies sévissant sur les plantes cultivées au Togo et au Cameroun. Les résultats de cette expédition ont été publiés il y a deux ans : Dr Walter Busse : *Bericht über die Pflanzenpathologische Expedition nach Kamerun und Togo*, 1904-1905. (Extrait du *Tropenpflanzer*, 1906.) Zur Kakaocultur in Kamerun, p. 4-24. •

M. W. Busse a proposé divers remèdes sur lesquels nous avons appelé l'attention dans le chapitre IX de la 2e partie. Il est d'autant plus urgent de les appliquer que les dégâts se sont encore étendus depuis 1905.

3°.Les Allemands se sont attachés à la solution d'un troisième problème : l'amélioration de la qualité du cacao du Cameroun.

Les fèves de cette provenance présentent une acidité très marquée et elles sont encore aujourd'hui peu appréciées des chocolatiers allemands.

« Il faudra, écrit le Dr Zipperer, de nombreuses années de culture pour que leur goût et leur arôme puissent atteindre ceux des cacaos américains. C'est pourquoi ces cacaos actuellement ne peuvent servir que comme coupure, et il ne serait pas à recommander de mélanger plus de 6 à 8 p. 100 de ces cacaos aux cacaos américains. » C'est, d'après M. Jumelle, principalement au cacao d'Ariba qu'on les mélange pour obtenir un bon chocolat.

Le Dr Preuss estime que le cacao du Cameroun a déjà été très amélioré au point de vue de la qualité; il est persuadé que dans l'état actuel, il est encore très améliorable.

L'introduction des méthodes de fermentations plus rationnelles permettrait de diminuer considérablement le goût sauvage et amer et de faire disparaître l'odeur aigre si préjudiciable
au cacao actuellement importé à Hambourg. On obtiendrait
ainsi par ces méthodes un cacao de qualité secondaire très
appréciable.

Du reste, le même auteur pense que les variétés originaires
du Venezuela, du Mexique et du Guatemala, qui fournissent les
meilleurs cacaos du monde (le *Criollo* par exemple), et qui ont
été introduits par les soins du Jardin botanique de Victoria,
pourront être multipliés au Cameroun en conservant leurs
qualités.

Nous pensons que l'amélioration du ' cacao sera surtout
obtenue par la transformation des procédés de séchage et de
préparation. Le lavage du cacao se pratique assez souvent,
mais, ainsi que le remarque M. H. HAMEL SMITH, le producteur
sacrifie peut-être trop l'aspect extérieur à la qualité. Au Cameroun, il tombe chaque année de grandes quantités de pluies et
les procédés appliqués à San-Thomé et au Congo ne conviennent certainement pas à la colonie allemande. Le Dʳ KOEPPEN
faisait remarquer dernièrement que les levures de la fermentation vivent à l'état presque pur dans les cuves où fermente
le cacao à San-Thomé, tandis qu'elles sont associées à une
grande quantité de bactéries dans les fermentations de
Victoria.

En 1903, M. PREUSS avait reçu par PREYER des cultures
pures de *Saccharomyces theobromæ*, de Java, et il chercha à
utiliser cette levure pour améliorer la fermentation au Cameroun. Il est fort douteux qu'il ait obtenu des résultats, car il faudrait modifier complètement la technique de préparation du
cacao et l'industrie dans les pays tropicaux est encore trop
primitive pour qu'on en arrive là de sitôt.

Le successeur de PREUSS à la Station de Victoria, le Dʳ STRUNCK,
s'est efforcé d'améliorer les procédés de séchage qui ont autant d'importance que la fermentation pour la qualité du cacao.
En février 1905, il a publié sur ce sujet, dans le *Tropenpflanzer*,
un intéressant article traduit plus tard en français (1). Selon
lui, le meilleur appareil de séchage pour toutes les petites
plantations produisant moins de 50 tonnes de cacao est l'appareil RYDER de la maison MAYFARTH. Il faudrait 4 ou 5 appareils
pour une exploitation ayant 50 tonnes à traiter par an.

---

(1) F. MAIN. *Les séchoirs à cacao au Cameroun (Journal d'Agriculture tropicale*, déc. 1905, p. 358).

Si la production est plus grande, ces machines ne suffisent plus. Il faut alors recommander la construction d'un bâtiment à claies mobiles avec quatre étages de claies superposées. Elles peuvent être tirées à l'air sur des rails pour profiter des rayons du soleil ; quand survient la pluie on les rentre dans une chambre chauffée à l'aide d'un foyer spécial construit par un technicien expérimenté.

Un perfectionnement qui ne paraît pas encore avoir été réalisé serait un système de chauffage installé de telle sorte que l'air froid du dehors soit d'abord conduit par des carneaux sous les tuyaux de chauffage au contact desquels il s'échaufferait. En outre, des ventilateurs aspireraient l'air chargé d'humidité après son passage sur la masse de cacao à sécher et le rejetteraient au dehors.

Les quelques grandes entreprises qui existent au Cameroun ont la possibilité de faire ces installations, mais pour les petits planteurs, et surtout pour les cultivateurs indigènes, la situation est toute différente. Du reste, les coloniaux allemands n'ont pas foi dans l'avenir de ces petites plantations. On leur reproche d'être mal entretenues et de contribuer ainsi à la propagation des maladies du Cacaoyer.

Le district d'Elobi, au sud de Duala, est à peu près le seul où existent des plantations indigènes. L'exportation de ce district était de 4 tonnes en 1903.

Quant aux plantations européennes, elles sont pour la plupart établies aux environs de Bibundi, Victoria et Buea, autour du mont Cameroun qui est, comme l'on sait, d'origine volcanique. La sortie du cacao se fait surtout par Victoria.

Preuss évaluait à 100.000 hectares la surface qui pouvait être cultivée de suite dans les monts Cameroun et les montagnes de Bafarami. La culture est donc susceptible d'un très grand développement et nous croyons que le discrédit qui existe à l'heure actuelle sur les plantations de cette colonie allemande ne sera qu'un malaise passager.

Fernando-Pô.

L'introduction du Cacaoyer à l'île Fernando-Pô remonte vraisemblablement au xvie ou au xviie siècle. Les Espagnols, à cette époque, étaient les maîtres du marché du cacao et leurs galiotes sillonnaient l'Océan Atlantique depuis les îles Canaries et le golfe de Guinée jusqu'à l'Amérique centrale et méridionale. Ils venaient prendre à la côte d'Afrique les esclaves indispensables pour les cultures de la canne à sucre et du Cacaoyer qui florissaient entre leurs mains au Mexique, au Venezuela et à Cuba .

La culture du Cacaoyer n'a pas pris, jusqu'à la fin du xix" siècle, un grand développement à Fernando-Pò, mais il est probable que c'est de cette ile que partirent les graines destinées à l'introduction du Cacaoyer sur le continent même et aux îles portugaises de San-Thomé.

Aujourd'hui encore, on ne cultive qu'une partie peu étendue de l'île, située le long du littoral ; l'intérieur, à peine exploité, est occupé par la grande forêt habitée par des indigènes vivant principalement de bananes et des produits du palmier à huile.

Quelques-uns, plus civilisés, se sont installés près de la côte et font un peu de cacao ; mais cette culture est surtout entre les mains des Espagnols, des Portugais et de quelques firmes allemandes ou anglaises. Il n'existe aucune plantation d'étendue comparable aux grandes roças de San-Thomé. Malgré cela il s'est exporté en 1904, d'après un rapport du gouverneur de l'île, 2.250.000 kilogs de cacao à destination de Barcelone et exclusivement par des bateaux espagnols.

On possède peu de renseignements sur la façon dont se fait la culture et la préparation du cacao dans cette colonie.

En 1906, le Dʳ Kœppen, chimiste de la station agricole de Victoria, au Cameroun, est allé recueillir quelques renseignements sur place, mais les notes consignées dans son rapport sont laconiques (1). D'une manière générale, la culture et la préparation se font comme à San-Thomé. La fermentation s'effectue dans des caisses en bois percées, reposant sur le sol, et elle dure de 5 à 6 jours. Le cacao ainsi préparé a un goût aigre comme celui du Cameroun. La seule maladie qui occasionne des dégâts sérieux est la *pourriture brune* des cabosses. Les plantations les plus importantes sont situées sur la côte ouest, notamment près de Conception, où existe la firme anglaise de John Holt, avec de très beaux Cacaoyers

Le terrain de Fernando-Pò est volcanique et a de grandes analogies avec celui du massif du Cameroun, situé presque sous la même latitude.

Les pluies y sont aussi abondantes qu'à Victoria et quand elles s'arrêtent, en décembre et janvier, l'atmosphère reste

(1) Bericht über die Dienstreise des Dʳ Kœppen... nach Fernando-Poo und Sao-Thomé zum studium der Kakaoaufbereitungs methoden. *Tropenflanzer*, 1907, p. 566-572.

extrêmement humide. Le séchage du cacao doit donc se faire
sur des séchoirs artificiels.

Les petites plantations indigènes qui ne possèdent pas
d'installations de ce genre produisent nécessairement du cacao
fréquemment moisi et de qualité secondaire.

Dans les plantations européennes, on commence à récolter
dès la 4ᵉ année; dans la 5ᵉ année, le capital engagé commence
à rapporter un intérêt raisonnable, et dans la 7ᵉ année tout le
capital peut être remboursé (Rapport du Gouverneur).

Le recrutement de la main-d'œuvre pour l'extension des
plantations est l'une des grandes difficultés à résoudre.

Autrefois, les sujets anglais d'Accra et de Lagos venaient
en assez grand nombre s'engager ordinairement pour 2 années,
mais les gouvernements de la Gold Coast et de Lagos ont
entravé cet exode ; ces travailleurs déjà exercés à la culture ne
pouvant plus aller contracter d'engagements se sont mis à
cultiver le cacao pour leur propre compte dans les colonies
anglaises, et c'est grâce à eux que la culture du Cacaoyer s'est
répandue si vite dans ces colonies.

Les Espagnols et les Portugais emploient surtout aujour-
d'hui des Kroumen recrutés sur la côte de Liberia et qui, au
bout de 2 années, doivent être rapatriés dans leur pays d'origine.

On commence aussi à recruter des Bubis, autochtones de
l'île Fernando-Pô qui, jusqu'à ces derniers temps, avaient
presque toujours vécu loin des Européens, et dont le nombre
ne dépasse pas 24.000.

Enfin le Gouvernement de l'île se préoccupe dès maintenant
d'envoyer au Rio-Muni et au Rio-Benito des agents recruteurs,
et il espère trouver dans cette partie de l'Afrique les travailleurs nécessaires à la mise en valeur de l'île de Fernando-Pô.

C'est vraisemblablement l'exemple du recrutement en Angola par les planteurs de San-Thomé qui a incité les Espagnols
à entrer dans cette voie nouvelle.

Guinée espagnole.

Cette colonie est également très favorable à la culture du
Cacaoyer dans les vallées du rio Muni et du rio Benito.

Dans tous les villages indigènes, parfois en pleine forêt,
sur l'emplacement des cultures abandonnées, on rencontre fréquemment quelques Cacaoyers qui, sans soins, ont pris un
grand développement.

Les fruits ne sont ordinairement pas récoltés, mais se dessèchent sur l'arbre ou sont mangés par les animaux.

Le Cacaoyer, introduit par les Espagnols, à une époque immémoriale, est donc presque naturalisé.

Les 4 ou 5 maisons de commerce allemandes et anglaises, ainsi que l'unique maison espagnole, établies dans le pays, commencent seulement à acheter aux indigènes les graines séchées (non fermentées dit-on) que ceux-ci veulent bien apporter.

CHAPITRE IV

La culture du Cacaoyer au sud du golfe de Guinée.

Congo français. — État indépendant du Congo. — Congo portugais et Angola.

Congo français.

Par sa situation géographique, son climat et sa végétation spontanée, la partie occidentale du Congo français qui constitue le Gabon semble être un pays de prédilection pour la culture du Cacaoyer. C'est d'ailleurs la seule de nos possessions africaines où l'exploitation de ce produit soit sortie du stade des tâtonnements.

Quelques déboires survenus récemment à plusieurs planteurs ne sauraient décourager les entreprises : tous les échecs constatés tiennent généralement au manque de discernement dans le choix du terrain, au mauvais entretien des Cacaoyers plantés souvent dans des fosses trop peu profondes, enfin, dans beaucoup de cas, à l'insuffisance des porte-ombres que l'on a parfois supprimés trop brusquement.

L'introduction du précieux arbuste est presque aussi ancienne que l'installation de notre protectorat au Gabon.

En 1842, BOUET-WILLAUMEZ, alors lieutenant de vaisseau, passait avec le chef principal du Gabon un traité concédant à la France le droit de s'établir dans la contrée. Durant les années qui suivirent, des navires français, avant d'aborder dans l'estuaire, relâchaient souvent à l'Ile du Prince (1) et à Fernando-Pó où prospéraient déjà des Cacaoyers cultivés.

Les officiers de marine qui constituaient la division navale de la Côte occidentale d'Afrique transportèrent des graines de

(1) La France avait alors un dépôt de charbon à l'Ile du Prince.

ces îles dans les jardins du nouvel établissement français. En 1849, le lieutenant HECQUARD constatait l'acclimatement de cet arbuste qui, en même temps « que le caféier et le cotonnier, *donnait les plus heureux résultats* » (1).

« Pourquoi, ajoute le même auteur, ce que quelques individus ont obtenu dans de petites proportions, l'esprit d'entreprise, fécondé par quelques capitaux, ne l'obtiendrait-il point sur une grande échelle ? » Et HECQUARD, visitant à cette époque l'Ile du Prince, s'enthousiasme à la vue des Cacaoyers et des Caféiers qui y sont cultivés « en pleine prospérité ». Il est surtout frappé d'admiration par la culture du caféier qui croît en abondance et presque sans travail. « Ces nouvelles plantations datent de 1800; celle du cacao vint plus tard et ce ne fut qu'en 1830 que M. CARNERO l'entreprit sérieusement. Depuis cette époque, ces deux cultures se développèrent avec un succès sans égal. En 1842, l'exportation du café dépassait 8.000 arrobas et celle du cacao plus de 1.000. *En vérité, lorsqu'on voit de tels résultats et qu'on songe que notre comptoir du Gabon est placé dans des conditions semblables, peut-être même plus favorables, car les fièvres y sont moins fréquentes, ne doit-on pas regretter qu'on n'y fasse aucune tentative sérieuse, ne fût-ce que pour en obtenir le café, qui y viendrait si bien et à si peu de frais.* »

A plus de cinquante années d'intervalle, on pourrait répéter mot pour mot les regrets de l'explorateur des sources du Sénégal.

L'Ile du Prince produit aujourd'hui 4.000 à 5.000 tonnes de cacao; le Gabon en produit à peine 100 tonnes et il a fallu un demi-siècle pour arriver à ce résultat! Les tentatives de culture ont été nombreuses, mais rarement un esprit de suite a été mis en œuvre pour enchaîner les efforts afin d'en tirer des résultats sérieux.

Les missionnaires catholiques du Saint-Esprit furent les premiers à cultiver l'utile arbuste d'une façon méthodique dans leurs établissements échelonnés le long de la côte gabonaise.

Le P. DUPARQUET, pendant ses séjours au Fernand-Vaz et à Landana (Congo portugais), fut un des principaux propagateurs de cette culture. Quelques missionnaires apprirent même à fabriquer du chocolat pour leur usage par l'adjonction de sucre à la pâte de cacao.

Lorsque le P. KLAINE vint à Libreville en 1864, quelques

(1) H. HECQUARD. *Voyage sur les côtes et dans l'intérieur de l'Afrique occidentale*, 1853, p. 30.

Cacaoyers existaient déjà çà et là dans les principaux villages des bords de l'estuaire du Gabon.

L'ère de ses grandes chevauchées d'exploration à peine terminée, SAVORGNAN DE BRAZZA, comprenant tout l'intérêt que présenterait pour la colonisation la dissémination du Cacaoyer à travers le Congo français, se préoccupa d'en répandre les graines chez les indigènes. Dès sa nomination de commissaire général du Congo, en 1886, il chargea plusieurs agents de l'administration d'initier dans leur circonscription les Gabonais à cette culture. Dans le bassin du Como, par exemple, le commandant de la marine, M. BLAIZE, obtint de sérieux résultats dans cet ordre d'idées. On fit venir encore des graines de Fernando-Pô. Dès 1899, nous a appris M. l'administrateur DE PAUWEL, on trouvait de petits bosquets de ces arbres dans les villages situés à proximité de la rivière et même parfois sur l'emplacement des anciennes cultures, souvent en pleine forêt. Mais les encouragements furent surtout profitables dans les territoires du nord, arrosés par les rivières Campo, Bénito et Mouni, qui ont formé plus tard la Guinée espagnole, et où l'action de notre administration s'étendait avant la délimitation. Il existait là, dès 1899, environ 5.000 très beaux Cacaoyers, au dire des missionnaires.

Le Jardin d'essai de Libreville, fondé en 1887 par PIERRE, devait bientôt devenir, grâce à l'impulsion que donna M. CHALOT aux recherches sur la culture du Cacaoyer, le principal organe de dissémination de cette précieuse culture.

En 1889, une Compagnie commerciale hollandaise avait fait établir la première plantation au Cayo près de la rivière Loémé, à proximité de la frontière du Congo portugais. Plusieurs milliers de Cacaoyers furent plantés et devinrent des arbres très beaux qui périclitèrent par la suite, faute de soins.

Trois ans plus tard, M. H. ROUSSELOT installait une autre plantation à Achouka sur l'Ogoué, à mi-chemin entre Cap-Lopez et N'Djolé.

Mais c'est à l'île des Perroquets, dans l'estuaire du Gabon, que devait être créée, en 1892, la première plantation un peu importante dont la belle réussite a été par la suite le plus précieux encouragement pour la culture du Cacaoyer au Gabon.

Entreprise par M. JEANSELME, à l'aide de M. BELLIÈRE comme agent de début, la plantation de l'île des Perroquets occupe la plus grande partie de l'île de ce nom, soit environ 37 hectares.

En 1902, nous avons voyagé avec M. VECTEN, agent de la plantation, successeur de M. BELLIÈRE, qui nous a fourni à son sujet les renseignements suivants :

Le terrain de l'île n'est pas extrêmement riche, mais il est en dos d'âne et élevé de plusieurs mètres au-dessus du niveau de la mer, de sorte que les racines ne peuvent atteindre la couche salée.

Le terrain a été planté au fur et à mesure que se faisaient les défrichements. La plantation est faite exclusivement avec le Cacaoyer créole de San-Thomé et en bordure existent quelques pieds de vanille. Elle est divisée en vingt carrés et l'entretien se fait rangée par rangée avec des équipes indigènes sous le contrôle d'un européen qui doit exercer une surveillance continuelle. La concession emploie environ 50 travailleurs indigènes dont le prix de revient est de 500 francs par individu et par an. Chaque hectare de terrain cultivé exigerait pour son entretien un indigène tout au long de l'année. On a planté dans les terrains fertiles 625 pieds à l'hectare et dans les terrains médiocres 900 pieds. On ne laisse rapporter les arbres qu'à partir de la 5e année. Les rendements successifs sont :

5 ans.	10 cabosses.
6 ans.	15 —
7 ans.	25 —
10 ans.	60 —

Le poids moyen des graines séchées contenues dans une cabosse était de 40 grammes. C'était donc un rendement par arbre adulte de 2 kil. 400 de cacao marchand.

La moyenne des rendements à l'hectare aurait été de 2.500 kilogs. En 1904, toute l'île était déjà en pleine production. Les précédentes récoltes avaient amorti les frais de premier établissement et les rendements annuels, tout en couvrant les frais d'entretien, laissaient une trentaine de mille francs de bénéfices au propriétaire.

Ces renseignements nous parurent, dès cette époque, extrêmement optimistes et malheureusement les événements survenus par la suite l'ont démontré. Beaucoup de Cacaoyers de la plantation ont souffert dans ces derniers temps ; il a fallu en remplacer un grand nombre et même pour les arbres restés en bon état, les rendements ont été très inférieurs à ce que l'on avait prévu. Les principales causes de ce dépérissement auraient été la trop faible profondeur des fosses où furent plantés les Cacaoyers et l'insuffisance de l'ombrage que l'on a supprimé trop brusquement.

Quoi qu'il en soit, la cacaoyère de l'île des Perroquets fut considérée, dans la période 1898 à 1903, comme une plantation modèle et les résultats brillants qu'elle donna encouragèrent un grand nombre de planteurs congolais à se livrer à la culture du Cacaoyer.

Une statistique officielle évaluait à 200.000 le nombre des Cacaoyers plantés au 1er janvier 1899 dans le Congo français, et une autre statistique accusait 540.000 pieds en 1901.

Ces chiffres étaient certainement exagérés. Lors de notre passage au Gabon, en janvier 1904, nous avons évalué, d'après des renseignements recueillis à différentes sources, le nombre des Cacaoyers plantés alors à 250.000, dont 100.000 environ le long de la rivière Como et dans l'estuaire du Gabon, et 40.000 à 50.000 à Mayumba (plantations de la Mission catholique et de la Compagnie du Congo occidental).

Depuis cette époque les plantations anciennes se sont étendues et de nouvelles se sont créées. Nous pensons que M. Dybowski était dans la vérité lorsqu'il évaluait, en 1906, à 500.000 pieds le nombre des Cacaoyers qui existaient alors dans les 40 plantations européennes du Congo français.

A cette époque M. Ch. Chalot, ancien directeur du Jardin de Libreville, et son successeur, M. Luc, ont publié, dans le *Bulletin du Jardin Colonial de Nogent-sur-Marne*, une étude sur le Cacaoyer au Congo français (1).

Ce travail renferme, dans un petit nombre de pages, un ensemble de notions très utiles au planteur de Cacaoyers installé au Congo. Il est le résultat d'une longue expérience acquise à Libreville et il devrait se trouver entre les mains de tous les colons de l'Ouest africain.

Dans les lignes suivantes nous résumons les principales données de cet ouvrage en y joignant nos propres observations :

VARIÉTÉS CULTIVÉES. — La seule variété cultivée en grand dans toutes les plantations du Congo est le *creoulo de San-Thomé* à fruits jaunes. Les graines ont été importées des colonies portugaises de San-Thomé et Principe, de l'île espagnole de Fernando-Pô, où prélevées sur les Cacaoyers cultivés au Gabon même par les indigènes, avant l'installation des postes français. Cette variété se recommande, comme le font remarquer Chalot et Luc, « par sa rusticité et son abondante fructification ».

Il existe dans l'Amérique du Sud d'autres variétés qui

---

(1) A été publié ensuite en tirage à part : Chalot et Luc, *Le Cacaoyer au Congo français*, 1 vol. de 58 pages in-8 et 1 carte, Paris, Augustin Challamel, 1906.

donnent des produits de plus grande valeur. M. CHALOT a cherché à introduire quelques-unes de ces variétés en allant les chercher au Jardin de Victoria (Cameroun), où M. PREUSS les cultivait.

Ces variétés ne correspondaient déjà plus aux types américains. La plupart avaient été envoyées à Victoria par M. SPINGLER, agent consulaire allemand à San-Thomé, administrateur de la plantation de Monte-Café où existe depuis longtemps une collection de nombreuses variétés plus ou moins modifiées par adaptation au climat et au sol. Les formes apportées à Libreville se sont elles-mêmes transformées, au dire de MM. CHALOT et LUC, de sorte que les races dénommées *Trinidad, Guayaquil, Caracas, Forastero, Soconusco*, ne correspondent nullement aux variétés désignées sous ces noms dans les pays d'origine. Les arbres de cette collection commençaient à porter des fruits lorsque nous avons visité le Gabon en 1902, mais ils n'étaient représentés que par 6 individus pour chaque variété.

Sur l'initiative de M. CH. NOUFFLARD, une station expérimentale fut créée à Agonenzork sur le Como en 1904 pour multiplier ces Cacaoyers sur une plus grande échelle, afin de déterminer les races qu'il y avait intérêt à répandre. En se basant sur les résultats déjà obtenus au Jardin de Libreville, MM. LUC et CHALOT ont recommandé la culture des variétés dénommées par eux *Guayaquil, Trinidad* et *Soconusco*, races qui ne correspondent pas, comme nous l'avons dit plus haut, à celles qui sont désignées sous ces noms dans l'Amérique du Sud.

Le *Soconusco* qui a un fruit violet, puis grenat et grenat-orangé clair à maturité, se recommanderait par la résistance de l'arbre, son port très vigoureux, enfin par la fructification très abondante et régulière.

Les variétés étudiées sont au nombre d'une vingtaine. Les auteurs ont publié une description sommaire de ces variétés avec un croquis représentant la coupe longitudinale des fruits et des graines; ils ont donné en outre, dans un tableau, le poids moyen des cabosses et des graines sèches contenues dans chaque fruit, enfin leur valeur d'après l'estimation de la chocolaterie MEUNIER. Ces chiffres sont un peu prématurés, puisqu'ils ont été établis d'après un nombre très restreint d'observations faites sur des Cacaoyers encore à la première génération, par conséquent mal adaptés au climat du Gabon. Il n'en est pas moins certain qu'il y a là une indication intéressante et il reste acquis qu'il serait possible de répandre dans les cultures congolaises des variétés supérieures à certains égards à celle qui est actuellement cultivée. Aussi doit-on regretter vivement l'abandon momentané de la station expérimentale du Como trois ans après sa création, c'est-à-dire avant qu'elle ait pu donner le moindre résultat.

CLIMATOLOGIE. — L'équateur, qui effleure le sud de l'île de San-Thomé, coupe également notre colonie du Gabon entre Libreville et Cap-Lopez. L'équateur météorologique, c'est-à-dire la ligne suivant laquelle se fait la différenciation des saisons de l'hémisphère boréal et de l'hémisphère austral, passe au Cameroun, de sorte que tout le Gabon, comme l'île de San-Thomé, possède le climat équatorial austral.

« Au Gabon, la petite saison des pluies commence dans le courant du mois de septembre. En décembre ou janvier il peut y avoir un ralentissement ou même une interruption de courte durée dans la chute des pluies ; c'est ce qu'on appelle *la petite saison sèche*. En janvier ou février, les pluies reprennent avec plus d'intensité et accentuent leur fréquence et leur violence jusqu'en mai. *La saison sèche* commence habituellement dans les premiers jours de juin et dure jusqu'en septembre. Suivant les années, *la saison des pluies* commence plus ou moins tôt, de même que la saison sèche est plus ou moins longue (1). »

D'après les observations faites à Libreville en 1899 par M. AUTHIER, pharmacien des colonies, rapportées par les mêmes auteurs, les constatations météorologiques ont été les suivantes :

Quantité de pluie tombée dans l'année : $2^m,396$.

Les 4 mois les plus secs ont été : mai 7 millimètres; juin 0 millimètre; juillet 15 millimètres; août 89 millimètres; les 3 mois les plus pluvieux sont : mars 391 millimètres; avril 558 millimètres; octobre 327 millimètres.

Le nombre de jours de pluie dans l'année a été de 164.

La moyenne de l'humidité, à 8 heures du matin, est de 88 p. 100.

Enfin la moyenne des températures en degrés centigrades a été de $21°,65$ pour les minima et $30°,03$ pour les maxima, soit une moyenne annuelle de $25°,84$.

Tous ces chiffres permettent de conclure que le Cacaoyer trouve là des conditions essentiellement favorables à son développement.

NATURE DU SOL. — Le sous-sol au Gabon est presque partout formé par des roches cristallines anciennes recouvertes d'une

(1) CHALOT et LUC, *loc. cit.*, p. 18.

argile rouge compacte en couches plus ou moins épaisses, provenant de la décomposition sur place des roches sous-jacentes et constituant ce qu'on appelle aujourd'hui la latérite (*sensu-stricto* de CHAUTARD).

Au-dessus de cette argile, parfois mélangée de sable, existe une couche de terre végétale ordinairement mince. Cette terre ne vaut assurément pas celle qui provient de la décomposition des roches éruptives de San-Thomé.

Cependant, si l'on sait choisir un emplacement convenable, nous croyons qu'il est possible de trouver au Gabon des terrains considérables et très propices à la culture du Cacaoyer. Il faut, autant que possible, les rechercher à proximité de la mer ou d'un cours d'eau permettant d'évacuer le produit.

MM. CHALOT et LUC recommandent avec raison de choisir toujours un sol recouvert par la forêt vierge, « les terrains de plaine étant en général très pauvres. »

Éviter surtout les terrains bas où l'eau est à une faible profondeur ou même affleure à la surface au moment de la saison des pluies. « Choisir une terre de composition moyenne argilo-sablonneuse, à sous-sol perméable, et éviter les parties trop humides, les terrains trop bas, de même que les plateaux trop accidentés. »

Pour notre part, nous croyons qu'un côteau bien en pente, même rocailleux, présente des avantages très sérieux. L'eau n'y est jamais stagnante et s'il existe un ruisseau à la partie supérieure de ce côteau, il devient très facile de faire de l'irrigation à la saison sèche.

Il est naturellement indispensable de creuser de nombreuses fosses sur l'emplacement prospecté, afin de déterminer la profondeur et la nature du sol, et l'on écartera toujours les terrains formés par des roches continues ou des argiles compactes affleurant à une faible profondeur de la surface.

Du reste, quel que soit le terrain choisi au Congo, il est toujours nécessaire de creuser des fosses profondes.

ÉTABLISSEMENT DE LA PLANTATION. — Le déboisement se fera en saison sèche. L'arrachage des souches est une opération longue et coûteuse qui ne devra être faite que dans des cas exceptionnels. On plantera ensuite des lignes de jalons référant l'emplacement des trous à creuser. MM. CHALOT et LUC recommandent la plantation en quinconce et l'écartement 4 mètres sur 4 mètres comme une bonne moyenne pour les sols de la colonie, mais ils font remarquer que l'écartement de 4 mètres sur 3 mètres a été adopté aussi par quelques planteurs.

À notre avis, ce qui a le plus d'importance est la dimension de ces trous, et nous croyons que la principale cause des échecs survenus dans les plantations congolaises est l'exiguïté de ces fosses. Quand on constate au Congo que les Cacaoyers meurent après 3 ou 4 ans de belle végétation ou deviennent rachitiques, huit fois sur dix cela tient à ce que les fosses où l'on a planté sont trop peu profondes. Dans les terrains pauvres où l'argile compacte est si fréquente, les racines du Cacaoyer se trouvent emprisonnées dans le trou qu'on leur a creusé comme les racines d'un pied d'une plante à fleurs le sont dans le pot où on les cultive. C'est seulement à un âge avancé que le Cacaoyer épaissira et étendra les racines supplémentaires nées au sommet du pivot et près du collet, racines qui ramperont près de la surface du sol et s'en iront chercher au loin les éléments qui manquent dans le sous-sol.

Mais avant que ces racines de surface se soient étendues au loin, il faut que le jeune végétal trouve dans la cuvette où on l'a planté ces mêmes éléments. Lorsqu'il les a épuisés et que ses racines viennent se coller contre les parois de la fosse sans pouvoir en sortir, il souffre, et bientôt il meurt.

Les directeurs du Jardin de Libreville préconisent des fosses de $0^m,60$ de profondeur et de $0^m,60$ de largeur, mais ils font remarquer que dans les sols compacts les dimensions devront être augmentées.

D'après les observations que nous avons faites à San-Thomé, nous pensons qu'on devrait toujours planter le Cacaoyer dans des trous ayant au moins 1 mètre de profondeur et autant de diamètre, et même il est des cas où il faudrait aller jusqu'à $1^m,50$ de profondeur comme nous l'avons vu à la fazenda de San-Miguel. Le temps passé à creuser ces trous profonds sera considérable, mais le colon en sera grandement dédommagé par la vigueur de sa plantation, si surtout il a eu la précaution de remplir le trou en grande partie par de la terre noire de surface, des débris végétaux et si possible des engrais.

Le remplissage des trous avec de la terre végétale sans mélange avec la mauvaise terre du fond, comme le préconisent MM. Chalot et Luc, est une excellente chose, mais les planteurs congolais devront s'efforcer de faire mieux. Dans l'île de San-Thomé comme nous l'avons vu, il n'est pas de plantation dans laquelle on ne fasse pas aujourd'hui usage des engrais et des amendements. Non seulement on apporte des substances fertilisantes au pied des Cacaoyers adultes et qui paraissent s'épuiser, mais, dès l'époque de la plantation on place près du jeune Cacaoyer ou dans la fosse destinée à son ensemencement des feuilles mortes, de la terre noire provenant de la surface du sol de la forêt, des cabosses pourries et souvent aussi des engrais de ferme.

Enfin quel que soit le mode de plantation adopté, que les graines soient semées directement en place ou que les jeunes plants soient repiqués, la fosse creusée à l'emplacement définitif devra toujours avoir une grande profondeur.

SEMIS ET REPIQUAGE. — Presque partout au Gabon on peut se procurer aujourd'hui de belles cabosses destinées à fournir la semence. Pendant des années encore le planteur multipliera le *creoulo de San-Thomé*, seule variété commune dans la colonie. Du reste, tant que les recherches que le Service de l'agriculture avait entamées, et qui ont été si brusquement interrompues, n'auront pas donné des résultats précis et définitifs, le planteur aura intérêt à multiplier le *creoulo* dont la rusticité et la productivité sont bien reconnues et qui lui permet en outre d'obtenir un produit marchand bien uniforme.

Peu de planteurs sèment les graines en place. A propos de San-Thomé, nous avons parlé des avantages et des inconvénients de cette méthode. MM. CHALOT et LUC recommandent les semis en pépinières en espaçant les graines de 20 à 25 centimètres en tous sens.

La largeur de 1^m,20 pour les planches est suffisante et facilite le sarclage des jeunes plants avec les 30 centimètres de sentier réservés. La distance de 25 centimètres entre les graines donne, avec les dimensions indiquées pour les sentiers, 1.200 plants à l'are.

Le terrain où se font les semis doit être aussi compact et aussi uniforme que possible.

Les jeunes Cacaoyers ont besoin d'être abrités contre la lumière. Si la pépinière n'est pas faite à l'ombre des arbres de la forêt ou de Cacaoyers déjà existants, on couvre les plants avec des abris reposant sur des piquets fourchus, ces abris étant formés de feuilles de bananiers ou de feuilles de palmiers. Si l'abri recouvre toute la pépinière il doit être surélevé de 1^m,80 ou 2 mètres pour que les travailleurs puissent circuler facilement au-dessous. Lorsque les plants ont 2 mois de semis, on enlève graduellement les feuilles de la couverture pour habituer peu à peu les Cacaoyers au soleil, sans toutefois les y exposer complètement.

Enfin les mêmes auteurs préconisent les semis dans des paniers tressés avec des lanières de feuilles de palmiers. D'après eux, il y aurait avantage à laisser développer les jeunes plants dans ces paniers placés sur le sol suffisamment longtemps pour que le pivot sorte du récipient et s'enfonce dans la terre.

Pour retirer le panier, il faut alors sectionner le pivot qui dépasse, et comme il reste des racines développées au-dessus, la reprise est assurée et le Cacaoyer développe immédiatement des racines latérales. « Dans les transplantations du Cacaoyer ce n'est pas le sectionnement des racines qu'il faut éviter, mais bien le transport des racines nues des jeunes plantes (1) ».

On peut creuser les trous pour la plantation du Cacaoyer des mois à l'avance. Le remplissage des trous ne devra être fait que quelques jours avant la plantation et par un temps pluvieux.

« Si les pépinières ont été établies pendant le courant de la saison sèche, et si les bananiers ont été plantés de très bonne heure, on pourra commencer la mise en place des Cacaoyers dans le courant du mois de novembre et la continuer jusque vers janvier et février. A ce moment nous pensons qu'il faudrait arrêter la plantation pour la reprendre l'année suivante dès le mois d'octobre (2) ».

Les rejetons de bananiers servant à abriter les Cacaoyers devront avoir été plantés environ 3 mois avant la mise en place des Cacaoyers.

OMBRAGE. — La question de l'ombrage du Cacaoyer au Congo, comme partout ailleurs, a une très grande importance.

Tout en reconnaissant qu'il n'y a aucun inconvénient à laisser debout certains arbres écartés de 15 à 20 mètres les uns des autres au moment de la préparation du terrain, MM. CHALOT et LUC sont partisans d'un déboisement complet avant la mise en terre des Cacaoyers. Nous croyons qu'il faut faire quelques réserves. Dans la forêt congolaise, là précisément où se plaît le Cacaoyer, les essences utiles à l'homme sont nombreuses. On rencontre d'abord le Palmier à huile de première importance et qui croît presque partout. Il est démontré qu'à la saison sèche le gros faisceau de racines de ce palmier retient l'humidité : le sol s'assèche moins vite que là où la surface est nue. D'autre part le panache peu important de ce palmier donne une ombre peu étendue, favorable au Cacaoyer. Pour ces différentes raisons on conservera les Palmiers à huile (*Elæis*) dans toutes les cacaoyères où ils existent; on devra même les introduire dans celles qui en sont dépourvues. On en supprimera

(1) Nous ne sommes pas de l'avis des auteurs à ce sujet. Tout sectionnement de racine, toute blessure déterminent fatalement une nécrose des tissus voisins. Dès lors, c'est la porte ouverte aux maladies causées par les invasions de champignons dans le bois mort, et notamment, par ce mycelium ressemblant au *pourridié* préjudiciable à certains arbres d'Europe et qui tue aussi les Cacaoyers à la roça de Porto-Alègre.

(2) CHALOT et LUC, *loc. cit.*, p. 36.

une partie dans les endroits où ils sont trop denses, cas très fréquents au Gabon.

D'autres essences communes dans la forêt méritent aussi d'être conservées : les colatiers *(Cola Ballayi)*, les arbres à pain d'Afrique *(Treculia africana)*, le Nsafou *(Pachylobus edulis)*, les Acajous *(Khaya* et *Entandrophragma)*, les Okoumé *(Boswellia Klainei)*, et certains arbres donnant des graines oléagineuses : Owala *(Pentaclethra macrophylla)*, Lami *(Pentadesma butyracea)*, arbre à suif *(Allamblackia* sp.), Djavé *(Mimusops Djave)*, Moabi *(Mimusops Pierreana)*, Muscadier d'Afrique *(Pycnanthus Kombo)*. On supprimera seulement certains de ces arbres de manière que les écarts entre eux soient de 15 à 20 mètres, les palmiers à huile n'entrant pas en ligne de compte.

Les très jeunes Cacaoyers seront toujours ombragés par des bananiers. Cela doit être une règle absolue. On plante les rejetons de bananiers 3 à 6 mois avant la mise en place des Cacaoyers pour que leur feuillage soit assez développé, afin de protéger les jeunes plants. Des bananiers de deux et trois mois, surtout dans les terrains pauvres où ils croissent lentement, seraient trop peu vigoureux pour ombrager suffisamment. On plantera, soit le bananier donnant un fruit de dessert (Bananes d'Argent, Bananes Toto, etc.), soit le grand bananier à fruits servant à l'alimentation des indigènes (Banane-Plantain ou Banane-Cochon).

Ce dernier, qui ne réussit que dans les bons terrains un peu frais, fournira un précieux appoint pour la nourriture des employés de la plantation. Les rangs de bananiers alternent avec les rangs de Cacaoyers. Au bout de quelques années, lorsqu'ils ne sont plus utiles, les bananiers meurent ordinairement étouffés par les Cacaoyers plus élevés. Ceux qui persistent et qui ont des troncs trop encombrants sont supprimés à l'aide d'une machète.

Outre les bananiers on plante tous les 15 ou 20 mètres là où on a déboisé des arbres qui serviront plus tard à ombrager l'ensemble de la plantation. Ils doivent être choisis de manière que leurs branches dominent la cime des Cacaoyers; on doit employer, pour le Congo, des arbres à feuillage peu épais, laissant bien filtrer la lumière. Nous recommandons tout spécialement l'avocatier, le Nsafou, l'*Hevea brasiliensis* (Caoutchouc de Para). Le *Funtumia elastica* et le mangotier au feuillage trop épais ne doivent être plantés que sur la lisière, pour protéger les plantes contre le vent. Dans l'intérieur de la plantation on peut aussi employer l'*Owala*. Le port de cet arbre avec ses longs rameaux, le rend particulièrement précieux pour cet usage. Il faut dans tous les cas rejeter diverses essences qui ont été parfois préconisées : le grand dragonnier indigène (*Dracæna*), le Kombo-kombo (*Musanga Smithii*), si communs sur l'emplacement des anciennes cultures, le Papayer, le Ceara. Les rameaux où les troncs de ces essences sont trop fragiles, et à chaque tormade, on risque d'avoir des Cacaoyers endommagés. En résumé, l'ombrage sagement réparti est indispensable à la bonne conservation des Cacaoyers, et les planteurs qui ont méconnu ce principe ont toujours eu à le regretter.

DÉVELOPPEMENT DES CACAOYERS. — La première couronne se forme un an environ après la mise en place des Cacaoyers. Tantôt, font observer MM. CHALOT et LUC, elle apparaît à 50 cent. au-dessus du sol chez les plants ayant souffert, d'autres fois seulement à 1^m,50 et même plus haut sur les plantes très vigoureuses. Les mêmes auteurs préconisent, suivant la vigueur de l'arbre, une couronne de 3, 4 ou 5 branches formée à environ 1^m,20 au-dessus du sol. Les premières fleurs apparaissent dès la deuxième ou la troisième année; la quatrième année, on récolte des fruits en nombre appréciable; après la sixième année, l'arbuste est en plein rapport.

Au Gabon, la petite récolte a lieu en mars et avril et la grande en août et septembre. « Il faut éviter, autant qu'on le peut, de laisser cueillir des fruits non mûrs à point, car les graines qu'ils renferment se rident et communiquent de l'acidité ou un mauvais goût à toutes celles qui sont mises à fermenter avec elles. Si, au contraire, les cabosses sont laissées trop longtemps sur les Cacaoyers, les graines qu'elles renferment peuvent subir un commencement de germination, ce qui déprécie le produit une fois préparé. »

PRÉPARATION. — Les auteurs dont nous résumons le travail ne croient pas qu'au Congo il soit nécessaire de recourir au séchage artificiel pour les graines de cacao, les journées de soleil, pendant la saison des pluies, étant assez nombreuses pour permettre le séchage naturel. Ce conseil ne peut évidemment s'appliquer qu'à de petites exploitations, les seules qui existent à l'heure actuelle, mais des plantations de quelques centaines d'hectares risqueraient de voir une partie de leurs récoltes compromise, si la pluie se prolongeait plusieurs jours de suite, ce qui n'est pas rare dans les contrées équatoriales.

Pour notre part, nous estimons qu'une entreprise, même de quelques dizaines d'hectares, doit posséder des châssis étagés avec glissières que l'on peut à volonté retirer au soleil ou rentrer dans une pièce aérée et bien chauffée à l'aide de conduites d'air chaud dans les périodes de trop longue humidité. L'établissement de ces aires mobiles pour le séchage des graines sera du reste peu onéreux si on utilise les bois indigènes abondants dans la forêt congolaise.

MM. CHALOT et LUC évaluent le rendement moyen de chaque Cacaoyer dans une plantation à 2 kilogrammes de graines sèches à partir de la sixième année. Ce chiffre est extraordinairement élevé, puisqu'il suppose un rendement moyen de 70 cabosses, ce qui ne s'observe jamais sur une grande étendue, même dans les plus belles plantations de San-Thomé. En partant de cette donnée, les mêmes auteurs arrivent à attribuer à chaque hectare de Cacaoyers un revenu de 2.250 francs, et comme ils évaluent les frais d'entretien à 300 francs, le revenu brut annuel serait de 1.950 francs.

Nous considérons cette évaluation comme ne répondant pas à la réalité, et si elle était réduite de moitié, nous serions tentés de la regarder comme beaucoup plus vraisemblable. Du reste, même à ce taux, le revenu sera encore très raisonnable pour le planteur dont la santé pourra se plier de longues années aux rigueurs du climat tropical. Le temps des mirages destinés à attirer l'Européen sous les tropiques est heureusement passé.

Du reste, à notre avis, si de petites plantations de quelques dizaines d'hectares sont appelées à laisser des bénéfices à ceux qui les entreprendront (et à l'heure actuelle nous n'en sommes pas absolument convaincus), à plus forte raison de puissantes sociétés disposant de capitaux élevés judicieusement employés à la culture du Cacaoyer sur un vaste terrain et à la préparation du cacao (fermentation et séchage) par les procédés modernes, auraient les plus sérieuses chances de réussite.

Cependant, les sociétés concessionnaires du Congo qui devraient avoir comme principale raison d'être la mise en valeur des territoires concédés, se sont, pour la plupart, obstinées jusqu'à ce jour à négliger les entreprises de culture, alors que des plantations de Cacaoyers pouvaient, du moins dans la région côtière, assurer au capital engagé une juste rémunération. Les quelques sociétés qui ont fait des plantations de Cacaoyers les ont établies dans des conditions si modestes que leur production est inférieure à celle des petites plantations de la zone réservée aux environs de Libreville. La plupart donnent comme excuse de leur abstention les difficultés de recrutement de la main-d'œuvre indigène et son inconstance.

L'extension de la culture du Cacaoyer par les indigènes est aussi très souhaitable. Nous savons que l'administration locale s'est attelée à ce problème et il est certain que les efforts tentés dans ce sens par M. CH. NOUFFLARD, lieutenant-gouverneur

p. i. du Gabon, seront continués. Suivant son initiative, l'administration a commencé dès 1905 à acheter aux indigènes les
fruits produits par les quelques Cacaoyers qui existent autour
des cases des Gabonais. Au taux de 0 fr. 05 par fruit, cette
mesure n'est point onéreuse pour le budget local et les Européens apprennent ainsi aux indigènes à attacher du prix à un
arbre qu'ils croyaient jusque-là sans valeur (1).

Les colons et les indigènes ont encore de grands efforts à
faire pour que le Gabon devienne, comme la Gold Coast, un
pays à cacao, mais les résultats déjà obtenus sont assez encourageants. Les plantations européennes ont été établies exclusivement dans la région littorale du Gabon, spécialement
autour de Libreville et plus haut, le long du Como, le long de
l'Ogooué jusqu'à Lambaréné, puis aux environs de Fernand-
Vaz, de Setté-Cama et de Mayumba, enfin le long du Kouilou
jusqu'à Kakamoéka. L'exportation de cacao est passée de
8 tonnes en 1897, à 50 en 1905, et 91 en 1904; depuis elle se
maintient autour de ce chiffre.

Ce n'est pas encore un résultat très brillant, quand on le
compare à ceux obtenus à San-Thomé et à Principe, à la Gold
Coast, au Cameroun, même à Fernando-Pô, au Lagos et dans
l'État Indépendant du Congo, mais c'est cependant un début
de bon augure, et l'Administration locale, nous n'en doutons
pas, apportera désormais toute sa sollicitude à cette culture
dont SAVORGNAN DE BRAZZA, le fondateur du Congo français, fut
l'initiateur.

Le Cacaoyer au Congo Indépendant.

Dans sa publication récente sur *les Plantes de grande culture*, M. E. DE WILDEMAN nous apprend que « c'est à un agronome allemand TEUSZ que l'on doit l'introduction du Cacaoyer
en 1884 dans l'État Indépendant du Congo ; les graines avaient
été semées dans la région du Stanley-Pool et, en 1887, M. LIE-
BRECHT ayant retrouvé les plantes semées par TEUSZ, en propa-

---

(1) L'Administration ne fera jamais trop de sacrifices pour encourager les
plantations. Il fut question il y a peu de temps, pour créer des ressources
financières au Congo, d'imposer chaque pied de Cacaoyer adulte d'un droit de
0 fr. 035 par arbre et par an. Une telle mesure aurait pour conséquence d'arrêter l'essor de cette culture si intéressante pour l'avenir de notre colonie.
Dans un sens opposé, nous ne sommes point partisan d'accorder des primes
aux planteurs coloniaux. Il y a sans doute d'autres moyens de les encourager
et il importe tout d'abord de ne leur créer aucune entrave.

gea les graines. Depuis, l'État Indépendant du Congo s'est fortement occupé de la culture de cette plante. » La production est montée de 4 tonnes en 1901, à 402 tonnes en 1906, devançant considérablement la production de notre Gabon. Ce n'est plus seulement la région du Bas-Congo qui fournit cette précieuse denrée, mais les Cacaoyers comme les Caféiers importés ont pénétré dans le bassin intérieur, et chaque poste belge cultive aujourd'hui au moins quelques Cacaoyers.

ÉMILE LAURENT, au cours de sa mémorable mission à travers l'État Indépendant du Congo en 1903 et 1904, n'a pas toujours enregistré, il est vrai, des brillants résultats concernant la culture de cette plante.

C'est ainsi que dans son carnet de route, il note à la mission de Gangu ou Moll-Sainte-Marie, 100.000 Cacaoyers. « Dans la vallée, la croissance des Cacaoyers est fort belle, les plants ont des tiges de 1 mètre à 1ᵐ,50 de haut qui portent déjà de larges couronnes; ceux âgés de 4 ans produisent des fruits. Ces Cacaoyers ont été plantés dans la forêt primitive, dont on a conservé les plus beaux arbres, et en particulier les *Elæis* (1) ». Mais LAURENT a remarqué que dans la vallée où les Cacaoyers poussent vigoureusement, certains plants ont les feuilles de plusieurs de leurs rameaux desséchées et il en est même dont toute la couronne est malade; l'écorce est alors souvent crevassée et l'on y trouve des pustules blanches formées probablement par le parasite. « On ne remarque cependant pas de chancre proprement dit, et la maladie est plus rare sur les plants croissant sur les côteaux où leur végétation est du reste plus maigre. Dans les vallées, le sol est limoneux ou sablo-limoneux et en général fertile; sur les côteaux et les plateaux, il est formé par une argile rougeâtre compacte qui se fendille à la saison sèche. Cette terre, très consistante, convient naturellement peu pour le Cacaoyer qui demande un sol meuble dans lequel sa racine pivotante puisse pénétrer facilement; il faudrait donc planter le Cacaoyer dans les vallées et à la base des côteaux et réserver le sommet des collines et les plateaux pour les cultures vivrières telles que le manioc, ou essayer dans ces régions la plantation du *Manihot Glaziovii* ou de lianes à caoutchouc. »

C'est surtout, croyons-nous, dans la grande plaine forestière, située au centre du bassin du Congo, sur l'emplacement de l'ancienne mer intérieure, que le Cacaoyer trouverait des conditions favorables à son développement. L'altitude moyenne,

(1) Mission LAURENT, *Carnet de route*, p. 34.

comprise entre 300 mètres et 400 mètres du plateau forestier, n'est pas trop élevée pour la végétation de cette plante qui vit bien jusqu'à 600 mètres sous l'équateur. Des essais d'acclimatement ont été depuis longtemps tentés au jardin d'essai d'Eala. Le *Catalogue* de ce jardin, publié en 1905, annonçait, parmi les végétaux cultivés : le *Theobroma pentagona* et le *T. Cacao* proprement dit avec les variétés Caracas, Criollo, Guatémala, San-Thomé et Venezuela. Cependant Émile Laurent constatait, en décembre 1903, que les cultures de Cacaoyers n'étaient guère prospères au Jardin d'Eala. « Beaucoup de pieds laissent tomber leurs feuilles ; quand on les déchausse, on trouve au collet de la racine le corpophore d'un champignon, dont le mycelium est peut-être cause de la mort des plantes (1). »

En certains points de l'intérieur du Congo, par exemple à Bikoro, le même voyageur regrette que le déboisement sur l'emplacement des Cacaoyers ait été poussé trop loin. Nous partageons son opinion. En Afrique tropicale nous avons souvent constaté que fréquemment les Européens tombent en deux excès contraires : les uns se contentent d'éliminer les broussailles du sous-bois pour y faire des cultures, et conservent tout le couvert forestier qui ne laisse filtrer qu'une quantité insuffisante de lumière ; les autres rasent complètement toute végétation et le Cacaoyer, dès son jeune âge, se trouve exposé à des radiations trop vives. Dans les deux cas il dépérit. Il est donc bon de se tenir dans une juste moyenne. Laurent s'élève en outre contre la taille mal conduite des Cacaoyers. « Si le recépage peut avoir du bon dans certains cas, il ne faut l'opérer qu'à bon escient ; la taille du Cacaoyer est nécessaire, mais il ne faut pas oublier que le Cacaoyer est un arbre équivalent à nos arbres fruitiers européens, que cette taille doit être préparée de longue date et que si elle n'a pas été faite dès le début, on ne peut espérer arriver, en une fois, à mettre les plantes en bel aspect (2). »

A la suite de son voyage dans les régions du lac Léopold II et du Kasaï, Laurent conclut que la culture en grand du Cacaoyer n'est pas à recommander dans ces régions *à cause de la nature silicieuse du sol et de la longueur de la saison sèche* (3). Le savant explorateur s'est avancé beaucoup en émettant ces deux affirmations. Nous connaissons des terrains où l'analyse chimique ne relève pas trace de calcaire et où cependant le Ca-

(1) Mission Laurent, *Carnet de route*, p. 153.
(2) Mission Laurent, *loc. cit.*, p. 132.
(3) Mission Laurent, *loc cit.*, p. 127.

caoyer réussit parfaitement, et d'autre part à la Gold Coast où le cacao donne de si remarquables rendements entre les mains des indigènes, la saison sèche est encore de plus longue durée que dans l'intérieur du Congo. C'est pourquoi nous continuons à croire, comme M. DE WILDEMAN, que « la question du Cacaoyer est pourtant intéressante au Congo ».

La seule cause sérieuse qui pourra entraver la culture est l'extrême pauvreté de la main-d'œuvre actuellement décimée par la misère physiologique et la maladie du sommeil. La contrainte des indigènes au travail, du moins telle qu'elle se pratique actuellement, et l'expédition des travailleurs dans de lointains districts, ont eu ces conséquences désastreuses pour l'avenir, et nous redoutons vivement que le dépeuplement de ces riches contrées aille en s'accentuant d'année en année.

Congo Portugais et Angola.

Au Congo portugais, il n'existe que quelques arbres isolés dans certaines plantations de caféiers. L'exportation est nulle.

Quelques efforts sont faits actuellement pour répandre cette culture dans l'Angola proprement dit, principalement dans le district de Loanda, mais l'exportation annuelle qui, d'après les statistiques portugaises, était de 1.117 kilos de cacao valant 256 milreis en 1903, pour tout l'Angola, atteint à peine quelques tonnes aujourd'hui.

D'après DE ALMADA NEGREIROS, les premières cultures de Cacaoyers dans l'Angola remontent à 1863, mais aucune n'a pris de l'extension. L'Angola n'est pas encore une colonie agricole; les produits de cueillette (caoutchouc et produits du palmier à huile), constituent la principale richesse à l'heure actuelle, en dehors, toutefois, du café que les provinces de Benguella et Loanda produisent en grande quantité (pour 3.663.515 milreis en 1904).

QUATRIÈME PARTIE

CONCLUSIONS

Conseils pour développer la culture du Cacaoyer dans les colonies françaises de l'Ouest africain.

Si l'on rapproche les documents présentés en détail dans les trois premières parties de ce travail, on constate que la production actuelle du cacao dans les diverses colonies de l'Ouest africain est la suivante :

Colonies portugaises.	23.000 tonnes.
Colonies anglaises.	11.000 —
Colonies espagnoles	3.000 —
Colonies allemandes	1.200 —
État Indépendant du Congo.	400 —
Colonies françaises	100 —
République de Libéria.	0 —
TOTAL.	38.700 tonnes.

L'Ouest africain produit donc, à l'heure actuelle, près de 40.000 tonnes de cacao par an, un peu plus du quart de la consommation mondiale, et cette proportion ira certainement en s'accroissant d'année en année.

La France qui possède un domaine si étendu, qui gouverne, dans les contrées les plus favorables à la culture qui nous occupe, plus de 5 millions de nègres, vient au dernier rang des pays producteurs.

Et cependant il y aura bientôt un siècle que des Français ont songé pour la première fois à cultiver le Cacaoyer en Afrique. Soixante années se sont écoulées aussi depuis l'époque où un explorateur français, le lieutenant HECQUARD, après avoir visité nos établissements du Gabon, s'enthousiasmait à la vue des plantations de Caféiers et de Cacaoyers de l'Ile du Prince et *affirmait avec raison que notre comptoir du Gabon est placé dans des conditions semblables, peut-être même plus favorables pour réussir ces cultures.*

Trente ans plus tard, notre Administration congolaise commençait à encourager la culture du Cacaoyer au Gabon, et en 1895 seulement, les premiers sacs de cacao étaient exportés de cette colonie. Aujourd'hui, à 12 années d'intervalle, malgré les avantages accordés par l'État aux Compagnies concessionnaires du Congo, on exporte à peine 2.000 sacs de cacao par an pour tout le Congo français, c'est-à-dire moins que ce qui est considéré à San-Thomé comme la production d'*une petite plantation.* Cependant l'Article premier du *Cahier des charges* pour l'exploitation et la mise en valeur des terres concédées, *stipule comme premier but à poursuivre l'exploitation agricole* (1). Il est profondément regrettable que ce but soit aujourd'hui complètement perdu de vue dans la plupart des concessions et passe tout à fait à l'arrière-plan dans les autres.

A la Côte d'Ivoire, qui est aussi un pays très favorable à la culture du Cacaoyer, ce qui a été fait est encore beaucoup plus rudimentaire.

En résumé, la France qui importe environ 50.000 tonnes de cacao par an, pour en réexporter environ 22.000, en récolte seulement 1.000 dans ses possessions. Nos colonies de l'Ouest africain (Afrique occidentale et Congo), qui pourraient produire au-delà de la consommation nationale, fournissent à peine 100 tonnes.

L'Angleterre et l'Allemagne ont abordé la culture du Cacaoyer en Afrique bien des années après nous et voici que l'exportation de leurs colonies atteint déjà un chiffre très élevé !

Notre infériorité sur cette question paraît d'autant plus grande qu'à d'autres égards nous avons obtenu depuis 10 ans, dans nos colonies, et spécialement en Afrique occidentale française, des résultats très supérieurs aux autres pays, en ce qui concerne la politique indigène, le développement des voies de communication et même l'exploitation des produits forestiers.

L'enquête dans les colonies étrangères de l'Ouest africain que nous avait confiée en 1905 le Gouvernement de la métropole et le Gouvernement général de l'Afrique occidentale française, pour en étudier la situation agricole, resterait sans portée si nous n'adressions ici un appel pressant à nos compatriotes

---

(1) L'article est ainsi libellé : « La concession qui fait l'objet du présent Cahier des charges a pour but l'exploitation agricole, forestière et industrielle des terres domaniales situées dans le territoire défini par le décret de concession..... »

afin qu'ils s'occupent plus activement d'une branche de notre activité nationale beaucoup trop négligée.

Il n'est peut-être pas inutile de rappeler que dans tout l'Ouest africain français (Afrique occidentale et Congo), il existe seulement, à l'heure actuelle, deux plantations déjà en rapport d'une étendue excédant chacune 35 hectares (1).

En ce qui concerne la culture du Cacaoyer, notre infériorité est flagrante et au fur et à mesure qu'augmentent les besoins de l'industrie chocolatière si développée en France, c'est à des producteurs étrangers que notre commerce est obligé de recourir. Nos agriculteurs-colons auraient donc un débouché certain pour leur production, quelle qu'en soit l'importance.

Nous l'avons montré dans les chapitres précédents, notre domination s'étend aujourd'hui sur des territoires très favorables à l'établissement de cette culture. Non seulement le climat de territoires étendus lui convient parfaitement, mais il existe aussi des conditions économiques très favorables pour qu'elle donne des résultats rémunérateurs.

Que faut-il en effet pour que la culture qui nous occupe puisse prospérer lorsque les conditions climatériques indispensables existent? 1° Des terres vierges étendues ; 2° des facilités de transport ; 3° de la main-d'œuvre indigène.

Terres vierges.

Toutes les terres situées dans les conditions de climat requises conviennent à la culture du Cacaoyer si elles sont profondes, saines et riches en humus et si elles portent une forêt composée de grands et vigoureux arbres. M. FAUCHÈRE rapporte que tous les planteurs qu'il a interrogés à la Trinidad, au Brésil et à la Guyane, considèrent la dernière condition comme un critérium et ils ne voudraient sous aucun prétexte planter le Cacaoyer sur une terre vierge simplement recouverte de broussailles ou d'une maigre végétation arborescente.

Des terrains étendus, réalisant les conditions énumérées plus haut, existent en de nombreux points de la Côte d'Ivoire et du Congo français et ils sont actuellement vacants. La forêt vierge, citée par FAUCHÈRE comme constituant le principal caractère permettant de distinguer une terre favorable à la culture du Cacaoyer, couvre plus de 100.000 kilomètres carrés à la Côte d'Ivoire et deux ou trois fois autant au Congo.

(1) L'une est la plantation d'Élima à la Côte d'Ivoire, qui produit du café, et l'autre la plantation de l'Ile aux Perroquets au Gabon, qui produit du cacao.

La valeur du sol dans ces colonies est par contre souvent médiocre, mais le planteur n'aura pas de peine à trouver sur ces territoires immenses, en faisant une prospection préalable, l'emplacement approprié à l'établissement de sa plantation. Si l'emplacement est bien choisi, il sera inutile de l'étendre sur plusieurs kilomètres en longueur et en largeur.

C'est une erreur trop répandue en France dans la masse du peuple et exploitée par des spéculateurs, de croire qu'une concession territoriale pour des entreprises agricoles a d'autant plus de chance de réussite qu'elle est plus étendue. Cette croyance est fondée seulement quand il s'agit des grandes concessions congolaises qui ont le monopole de l'exploitation des produits forestiers dans l'étendue des territoires qui leur ont été concédés. Du reste, la prospérité des concessions les plus vastes tient beaucoup plus à la population indigène nombreuse vivant sur le territoire concédé qu'à son étendue elle-même, car l'indigène habitant de ces régions est la principale richesse naturelle, nous serions tenté de dire la seule richesse de ces territoires. Sans lui le concessionnaire ne peut rien faire !

Toute autre est la situation d'une concession agricole qui n'a de valeur que celle que lui donne son possesseur. Pour la mettre en valeur, il faut des capitaux très élevés, d'autant plus élevés qu'on veut l'étendre davantage! Pour la mise en état d'un terrain vierge, il n'est pas exagéré de compter l'emploi d'un capital de 2.000 francs par hectare avant que ce terrain soit en état de rapporter.

Nous savons ce qu'il a fallu de capitaux, ainsi que d'énergie et d'esprit de suite de la part des Portugais pour faire de San-Thomé l'admirable jardin rempli de Cacaoyers qu'est cette île à l'heure actuelle. Cependant, elle a une étendue inférieure à deux fois celle du département de la Seine et nous connaissons une plantation d'une superficie inférieure à 1.000 hectares qui rapporte près d'un demi-million de francs par an.

Même à proximité de l'Océan dans nos colonies de la Côte d'Ivoire et du Gabon, il serait possible à l'Administration, sans léser les indigènes, de découper une grande quantité de concessions d'une étendue analogue pour les attribuer aux colons et aux sociétés offrant des garanties suffisantes.

Moyens de transport.

Le cacao n'est pas une denrée encombrante, mais il doit être embarqué aussitôt préparé. Les bateaux des Compagnies de navigation avec leur organisation actuelle sont très suffisants pour transporter, aux époques convenables, les produits des cultures, même au cas où celles-ci prendraient un développement aussi étendu qu'à San-Thomé.

Au contraire, le transport du cacao dans une plantation, depuis le lieu de récolte jusqu'à l'endroit où s'effectuent la fermentation et le séchage des fèves, et de ce lieu jusqu'au port d'embarquement pour l'Europe, constitue un problème des plus difficiles à résoudre dans nos colonies de l'Ouest africain. Aussi nous conseillons à tous les colons d'installer leurs plantations aussi près que possible de la mer, des lagunes littorales, d'un cours d'eau navigable, ou d'un chemin de fer (et à l'heure actuelle, il n'existe d'autre chemin de fer dans un pays propre à la culture du Cacaoyer que celui de la Côte d'Ivoire compris entre Abidjean et la rivière Nzi).

On ne peut songer, en effet, à utiliser la traction animale comme à San-Thomé, puisque les chevaux, les mulets, les bœufs porteurs ne peuvent vivre dans les régions forestières de la Côte d'Ivoire et du Gabon, par suite de la présence des mouches tsé-tsé (glossines) qui propagent, comme on le sait, les maladies à trypanosomes, mortelles pour la plupart des animaux domestiques. A Dabou, on est parvenu à acclimater quelques baudets qui, à défaut des chevaux, rendraient des services dans les plantations de la zone forestière. Mais ces animaux constitueraient un moyen de transport très insuffisant. Les petits planteurs doivent donc se résoudre à faire transporter le cacao avant et après sa préparation, soit à dos d'homme, ou mieux sur de petits wagonnets roulant sur des rails Decauville et poussés par des manœuvres. Une telle installation comme l'on sait n'est pas très dispendieuse.

Une entreprise à gros capitaux devrait envisager dès les débuts la création à travers les sentiers de la plantation, de voies ferrées étroites avec petites locomotives, comme il en existe aux plantations de Rio-de-Ouro, Monte-Café, Porto-Alègre à San-Thomé. Les dépenses nécessitées par ces installations sont largement compensées par les économies de main-d'œuvre qui en résultent.

Quant aux transports dans les rivières et les lagunes, depuis l'embarcadère de chaque plantation jusqu'aux ports d'embarquement, les petits bateaux à vapeur et les baleinières dont dispose le commerce dans l'état actuel des choses, constituent des moyens d'évacuation suffisants, même pour les exploitations étendues qui viendraient à se développer. On sait que dans l'île de San-Thomé, la plupart des plantations dirigent leur cacao vers le port, par un petit bateau à vapeur qui fait le tour de l'île seulement une fois par semaine. Or, un service analogue existe déjà dans les lagunes de la Côte d'Ivoire, et un autre ne tardera sans doute pas à être constitué dans l'estuaire du Gabon et sur la rivière Como pour le ravitaillement des différentes plantations installées aux abords de cette rivière.

Main-d'œuvre.

La difficulté de recrutement de la main-d'œuvre en Afrique tropicale est, au dire de beaucoup de coloniaux sincères, le principal obstacle entravant le développement des entreprises agricoles.

Le lecteur nous permettra d'avoir une opinion différente, établie sur une expérience vieille de dix années, expérience résultant d'un contact journalier avec de nombreux indigènes, porteurs, manœuvres, domestiques, pendant nos diverses pérignations à travers l'Afrique tropicale. Cette question importante doit être envisagée à part, suivant qu'il s'agit de l'Afrique Occidentale française ou du Congo français : ces deux contrées sont en effet à un état d'évolution tout à fait différent pour des motifs que nous n'avons pas à apprécier dans cette étude.

Afrique Occidentale française. — Il y a dix ans un colon n'aurait pu trouver en Afrique occidentale, même en les rémunérant honnêtement, ni porteurs, ni manœuvres agricoles, sans l'intervention de l'administration obligée d'imposer, dans l'intérêt public, de véritables réquisitions. Notre occupation a amené une transformation complète de la mentalité indigène. Un sociologue, à juste titre estimé, M. Georges Deherme, le constatait tout récemment (1). « En parcourant, écrit-il, ces régions tranquilles, naguère dévastées, en traversant ces populations confiantes et calmes, naguère épouvantées ou menaçantes, je me suis persuadé que notre action coloniale n'est pas vaine. Peu à peu la société noire se transforme, la division du travail s'accentue. Et cette évolution s'opère lentement, par l'introduction des marchandises européennes, les premiers salaires distribués, la monnaie qui circule, l'obligation de payer l'impôt qui servira à entretenir, à accroître l'outillage économique de la colonie. Elle se manifeste dès maintenant par ce fait considérable d'une main-d'œuvre libre et disponible.... La meilleure preuve de la valeur de cette main-d'œuvre, c'est le trafic qui s'en est fait durant des siècles et le

(1) G. Deherme, L'Afrique Occidentale Française, action politique, action économique, action sociale. Paris, Bloud, 1908

haut prix que l'esclave atteignait aux Antilles. Mais il faut le dire, c'est une main-d'œuvre non formée, entendons non formée pour le travail libre (1) ».

L'exécution du vaste programme de travaux publics conçu par M. ROUME nécessite l'emploi sur les chantiers des cinq colonies de l'Afrique Occidentale d'une quantité d'indigènes que nous évaluons à 40.000 environ par an. La plupart de ces manœuvres ne sont pas venus, la première fois, de leur plein gré. Rémunérés en argent, d'une manière très large, pour le travail qu'ils accomplissaient, ils se sont trouvés à l'achèvement de leur contrat, c'est-à-dire au bout de quelques mois, en possession d'un pécule relativement élevé. Ces noirs sont revenus dans leurs villages avec de petites fortunes, mais comme ils n'ont pas l'instinct de la prévoyance, leurs salaires ont été aussitôt employés à la satisfaction de besoins de luxe qu'ils n'avaient pas auparavant. De tels besoins s'en vont difficilement, aussi l'indigène qu'on avait conduit aux travaux de terrassement du chemin de fer, un peu par contrainte, revient ensuite librement, lorsqu'il a dépensé son pécule, offrir son travail, soit sur le chantier où il avait débuté, soit aux entreprises privées, afin de reconstituer des économies qu'il dépense de la même manière.

Il en résulte dans les grands centres du Sénégal et du Soudan, à Dakar, Saint-Louis, Kayes, Bammako, Segou, Djenné, Kankan, la présence d'une main-d'œuvre disponible, assez nombreuse en certaines saisons. « Il se présente plus de manœuvres, de porteurs et de laptots qu'on n'en peut occuper (2). »

. Sans doute cette main-d'œuvre est encore très fruste. Son rendement est inférieur. M. G. DEHERME estime que deux noirs, dans le même temps, ne font pas la tâche d'un seul blanc. « Le noir est lent, distrait, négligent ; il ne coordonne pas ses mouvements dont il ne cherche pas à s'expliquer le pourquoi, de là une grande perte de temps, des malfaçons. Il se lasse vite (3). » C'est donc une main-d'œuvre qui revient à assez cher, bien que les salaires soient en général modiques.

En ce qui concerne la Côte d'Ivoire que nous venons de parcourir pendant une année dans ses diverses régions, et où la culture du Cacaoyer, par des entreprises européennes, aura les plus sérieuses chances de réussite, nous avons pu faire les constatations suivantes :

On peut recruter comme travailleurs deux éléments très dif-

(1) G. DEHERME, loc. cit., p. 269.
(2) G. DEHERME, loc. cit., p. 269.
(3) G. DEHERME, loc. cit.. p. 270.

férents : d'une part les Apolloniens et surtout les Kroumen de zône littorale ; d'autre part les Bambaras et les Sénonfos du Soudan, qui descendent aujourd'hui jusqu'à la Côte, en petit nombre il est vrai, pour y chercher du travail, mais qu'on peut aller embaucher chez eux. On ne saurait encore compter sur les populations de la forêt en contact avec notre administration depuis trop peu de temps et qui ont des besoins insuffisamment développés.

Ces manœuvres peuvent fournir un travail assez sérieux d'une durée de 9 à 10 h. par jour, s'ils sont encadrés de bons contre-maîtres appartenant à leur race et de caste supérieure, ce qui leur permet d'exercer un véritable ascendant sur les travailleurs. Il faut, en moyenne, un surveillant européen pour 50 travail-leurs indigènes. Ce surveillant réussira d'autant mieux à atta-cher les indigènes à la plantation et en obtenir un travail abon-dant qu'il saura se faire estimer d'eux par la fermeté alliée à la bienveillance. Les pires des défauts de l'Européen en Afrique noire sont l'inertie ou la brutalité. Quand un petit planteur qui consent à payer suffisamment des manœuvres n'en trouve pas malgré tout, on peut assurer sans crainte de se tromper, qu'il a l'un ou l'autre de ces défauts ou les deux en même temps. « Tant vaut le surveillant blanc, tant valent les travailleurs noirs, peut-on dire en modifiant l'adage bien connu. »

Nous pensons qu'il serait possible de trouver déjà pour la culture du Cacaoyer dans cette colonie, plusieurs milliers de travailleurs volontaires, non pas brusquement — cela n'est pas indispensable — mais par étapes successives.

La plantation de caféiers d'Élima qui en utilise une centaine n'a jamais éprouvé aucune difficulté à ce sujet. Ce sont pour la plupart des Bambaras venus de la région de Bobo-Dioulasso et Sikasso. Un certain nombre ont amené leurs femmes et vivent en famille. De temps en temps, quelques-uns demandent à retourner dans leur village, mais il est rare qu'ils ne reviennent pas au bout de quelques mois reprendre un nouvel engagement et ils amènent souvent avec eux d'autres noirs demandant aussi à être enrôlés. L'offre dépasse ainsi la demande.

Les manœuvres à la Côte d'Ivoire reçoivent une solde de 25 à 30 francs par mois et la ration journalière de riz en plus. Le planteur aura tout intérêt à ne pas lésiner sur cette ration et même à l'augmenter de poisson sec ou salé et d'huile de palme. L'indigène bien nourri ne marchande pas le travail supplémentaire qu'on lui demande souvent.

Les surveillants noirs reçoivent une solde mensuelle de 40 à 50 francs. Elle peut aller jusqu'à 80 ou 100 francs s'ils sont lettrés et capables de fournir un travail de bureau *(clarks)*.

Nous pensons qu'une entreprise mixte qui s'occuperait à la fois de la culture du Cacaoyer (et accessoirement des plantes à caoutchouc et des colatiers) et de l'exploitation des bois de la forêt avoisinant la plantation, serait placée dans d'excellentes conditions pour utiliser tout au long de l'année les manœuvres qu'elle se serait attachés. La morte-saison pour les cultures (décembre à avril) coïncide en effet avec l'époque d'abattage des arbres.

Congo français. — Au Congo français, il semble y avoir véritablement pénurie de main-d'œuvre, et la principale raison est qu'on n'a pas essayé d'en former. Là où il y a des habitants, ce résultat peut, croyons-nous, être obtenu. Partout où il y a des Européens, ceux-ci trouvent des boys pour leur service. Partout où on fera des plantations, on trouvera des travailleurs à condition de les payer en espèces et de leur laisser la liberté de dépenser ces espèces à leur guise.

Cette main-d'œuvre n'est certainement pas disponible et toute formée à l'heure actuelle, mais nous avons la conviction qu'elle se constituera peu à peu lorsqu'on voudra s'en occuper.

Il faudra sans doute pour cela que le Congo passe par les mêmes étapes que l'Afrique occidentale.

La levée de manœuvres par les soins de l'Administration pour la construction d'un chemin de fer que nous espérons prochaine, aura déjà ce premier résultat de faire comprendre à nos administrés la nécessité du travail. Ce travail, même imposé au début, s'il est honnêtement rémunéré, leur procurera une somme de jouissances (principalement celle de ne pas souffrir de la faim) auxquelles ils ne sont pas habitués actuellement, mais qui deviendront pour eux par la suite une nécessité.

C'est pour cela, à notre avis, que l'exécution des grands travaux publics dans nos colonies a une double portée civilisatrice : d'abord, elle dote les colonies d'un outillage économique indispensable à leur mise en valeur, ensuite par le travail payé imposé aux indigènes sur les chantiers de terrassement, elle procure à ceux-ci un bien-être inconnu jusqu'alors et leur ouvre de nouvelles perspectives pour l'avenir. Aussi, au fur et à mesure qu'avanceront les travaux de construction de cette voie, nous verrons les noirs qui auront été employés momentanément à cette construction par prestation, chercher ensuite du travail auprès des Européens ; d'autres se livreront à la culture pour leur propre compte.

Même dans l'état actuel des choses, on peut aisément trouver au Gabon les manœuvres nécessaires aux premières entreprises agricoles si on veut les engager régulièrement et les employer d'une façon permanente. C'est du moins l'avis de M. le gouverneur Ch. Noufflard, et il était mieux placé que personne pour être renseigné à ce sujet.

« Ainsi envisagée, dit-il, la main-d'œuvre nécessaire aux planteurs peut être facilement fournie. Avec 1.500 ou 2.000 travailleurs, nous avons actuellement de quoi suffire à tous les besoins des entreprises agricoles des colons européens et leur recrutement est chose très faisable. à la condition toutefois de s'en occuper.

« Le planteur des environs de Libreville, de la Côte nord ou de l'Ogooué, peut bien avoir recours aux indigènes qui l'entourent, c'est-à-dire aux Pahouins pour certaines opérations, pour défricher par exemple le terrain de sa future plantation. Mais les Pahouins qui sont d'admirables forestiers sont encore d'humeur très versatile et trop indépendante pour qu'il soit possible de recruter parmi eux en toute sécurité la main-d'œuvre permanente dont un colon a besoin pour faire face aux mille soins de sa jeune plantation ; il lui faut faire venir de Loango ou de Mayumba des individus accoutumés depuis longtemps à travailler pour les européens. Le planteur isolé éprouve des difficultés à faire venir les 15 ou 20 travailleurs qui lui sont nécessaires, mais l'Administration peut faire disparaître ces difficultés si elle arrive à syndiquer les planteurs, si elle les amène à se grouper pour avoir un représentant sur place qui, au lieu d'envoyer 10 ou 15 travailleurs, en enverra 300 ou 400 à répartir entre les différentes plantations, ce qui sera une grosse économie au point de vue du recrutement de la main-d'œuvre. Ce Syndicat serait également favorable aux intérêts des engagés, notamment au point de vue du paiement en argent de leurs salaires. Actuellement, ces paiements leur sont faits par l'intermédiaire de certaines maisons de la côte auxquelles les planteurs sont obligés de recourir ; et les salaires versés en argent entre leurs mains sont convertis en paiements en marchandises, ce qui lèse à la fois les intérêts des engagés et ceux des engagistes (1). »

Ajoutons que le prix d'un manœuvre au Gabon est de 15 à 20 francs par mois et la nourriture en plus.

Petites et grandes plantations européennes.

Deux catégories de colons ou deux genres de groupements

_____

(1) Ch. Noufflard, _Le Gabon_, conférence faite à l'Office Colonial en 1908.

peuvent entreprendre la culture du Cacaoyer en Afrique occidentale.

Les uns disposent d'un capital minime et ne peuvent se livrer à la culture que sur une petite échelle ; les autres peuvent y consacrer des sommes élevées et par suite ont la possibilité d'entreprendre des plantations étendues. La situation de ceux-ci et de ceux-là sera très différente et il nous paraît nécessaire d'examiner à part les deux cas qui peuvent se présenter.

PETITS PLANTEURS. — Sous cette rubrique, nous rangeons les planteurs qui disposent d'un capital inférieur à 50.000 francs. Quelques-uns même sont des colons qui ont depuis plusieurs années l'expérience de la vie africaine, mais manquent complètement de ressources. Certains sont d'anciens agents de l'Administration ou des employés de grandes maisons de commerce les ayant quittées pour des motifs divers. Nous sommes extrêmement pessimiste à l'égard de ces planteurs. Sans capitaux, on ne peut rien entreprendre de sérieux en Afrique tropicale. Du reste, ceux qui ont déjà échoué dans diverses entreprises coloniales, se trouveront aux prises avec de plus grandes difficultés en tentant des cultures tropicales pour lesquelles ils n'ont ni les connaissances techniques, ni l'obstination qui permet parfois de résister aux découragements du début et, parfois aussi, de vaincre.

Un jeune colon de santé robuste disposant de quelques dizaines de mille francs, ayant une bonne dose d'énergie et aimant la vie coloniale, parviendra très probablement à surmonter ces difficultés. Dans les débuts, pour vivre sans grands frais, il fera bien de tenir « une boutique », c'est-à-dire un petit comptoir commercial dont les bénéfices, si minimes qu'ils soient, l'aideront à étendre la plantation. Cependant, s'il néglige la culture pour le commerce, il risque d'échouer tout à fait. Sa plantation établie lui reviendra à 2.000 francs l'hectare au minimum avant de rapporter et quand elle sera en plein rendement, il en retirera seulement quelques centaines de francs de bénéfice net mettons 500 francs en moyenne, en nous basant sur ce que nous avons vu à San-Thomé. C'est en somme une opération modeste, beaucoup plus modeste que celle prévue par les devis alléchants, mais ne reposant sur aucune base, devis à l'aide desquels on cherche à attirer, nous ne savons pas pourquoi, trop de malheureux vers les colonies. Cependant, quelle est l'opération qui donnerait de semblables résultats en Europe ? Notre colon, s'il a des goûts modestes, aura quand même réalisé une petite fortune au bout d'une vingtaine d'années et il aura la satisfaction d'avoir mené une existence très indépendante, cette vie coloniale qui séduit presque tous les jeunes qui y goûtent !

En outre, s'il en a l'envergure, il est très probable que ce même colon ne se renfermera pas dans son programme du début. Dès que le succès couronnera ses premiers efforts, il lui sera facile de trouver les capitaux lui permettant d'étendre son opération et il pourra dès lors se livrer à la culture en grand et donner ainsi toute la mesure de ses forces et de son intelligence.

GRANDES PLANTATIONS. — Nous croyons fermement en effet que ce sont les plantations faites sur une vaste échelle et avec de gros capitaux qui ont les plus sérieuses chances de succès dans nos colonies. On nous objectera que plusieurs tentatives de ce genre ont échoué en Afrique occidentale il y a une dizaine d'années. Ces tentatives étaient-elles bien sérieuses et les hommes qui les avaient conçues et entreprises étaient-ils bien compétents ?

Nous ne le pensons pas.

Du reste en France, nous ignorions à peu près tout de l'Agriculture tropicale il y a 10 ans. On voulait entreprendre les cultures les plus extraordinaires et parfois dans les régions de l'Afrique tropicale les moins favorisées. On n'avait pas de main-d'œuvre et on manquait de renseignements sur les cultures.

Nous avons aujourd'hui en main des peuplades nombreuses aptes au travail et nous possédons des données sur la climatologie, la valeur des terres et les possibilités culturales. L'exemple des entreprises agricoles analogues actuellement florissantes dans plusieurs colonies étrangères voisines des nôtres, notamment à San-Thomé, doit aussi nous servir d'enseignement et nous conseillons à tous ceux qui veulent entreprendre des cultures dans nos colonies d'aller les visiter tout d'abord.

La plus grosse difficulté à vaincre aujourd'hui pour la constitution d'une grande plantation est celle du recrutement du personnel : non seulement des manœuvres indigènes qu'on trouvera toujours, mais surtout de surveillants européens, aptes à commander ces manœuvres et d'agents de culture compétents pour diriger les travaux. Nous ne parlons point du directeur qui sera l'âme de la plantation et dont les aptitudes physiques et morales ont la plus haute importance. Le magnifique essor de San-Thomé est dû en grande partie à la valeur des administrateurs des grandes plantations auxquels les propriétaires assurent une situation indépendante et des traitements très élevés.

Est-il besoin de dire que les frais d'administration en ·
Europe doivent être réduits au strict minimum ? Ce n'est pas
dans les bureaux en France qu'il importe d'avoir des hommes
de valeur; ils doivent être surtout dans les colonies, sur les
plantations mêmes.

Une grande entreprise qui aurait trouvé ce personnel de
choix et qui disposerait de capitaux importants réaliserait certainement des bénéfices élevés en quelques années.

Nous ne pouvons nous étendre sur les capitaux indispensables pour la création de semblables plantations, ni sur leur
affectation. Toutefois, pour un capital de un million de francs,
nous serions assez partisan de l'emploi suivant :

Réserve pour étendre la plantation après la quatrième année :
500 000 francs.

Capital à employer pendant les quatre premières années :
500.000 francs.

Sur cette somme, on consacrera 100.000 francs aux constructions habitations et remises) et à l'achat du premier matériel
nécessaire au traitement du cacao.

Les 400.000 francs restant serviront à payer le personnel
indigène et européen qui devra avoir planté dès la quatrième
année 200 hectares, c'est-à-dire environ 150.000 à 200.000 Cacaoyers, dont 50 hectares dès la première année.

Cette première partie donnera déjà un rendement appréciable dès la cinquième année, et, à partir de cette date on con-
sacrerait les 500.000 francs encore inemployés ainsi que les
bénéfices réalisés à l'extension de la plantation qui pourrait
acquérir ainsi une étendue de 500 hectares vers la dixième
année.

Plantations indigènes.

A côté des plantations européennes, il y a place pour des
plantations indigènes dans nos colonies de l'Ouest africain. Les
régions littorales de la Côte d'Ivoire, le bas Dahomey, les environs de l'estuaire du Gabon, sont habités par des populations
aussi aptes à la culture du Cacaoyer que les noirs de la Gold
Coast. Dans ces diverses régions, il faut amener chaque famille
indigène à planter près du village un petit verger de Cacaoyers.
Des essais de ce genre existent déjà dans le bas Cavally et
autour de Libreville, mais ils sont bien modestes et notre
Administration doit s'efforcer de les généraliser. L'établissement de ces cultures créera la propriété foncière indigène. Le
décret du 24 juillet 1906 a organisé le régime de la propriété

foncière dans les colonies relevant du Gouvernement général
de l'Afrique occidentale française et rend possible aujourd'hui
l'inscription au livre foncier de toute terre possédée. En atta-
chant ainsi l'indigène au sol qu'il a mis en valeur, nous déve-
lopperons chez lui l'esprit de prévoyance, le goût et l'habitude
du travail, nous en ferons un être infiniment plus élevé dans
l'échelle sociale qu'il ne l'est actuellement. Nous en ferons
ainsi un puissant instrument de production pour le plus grand
profit de notre commerce national.

Programme d'action.

Il existe aujourd'hui dans presque toutes nos colonies des
inspections d'agriculture et des jardins d'essais.

Malgré toute leur bonne volonté, ces services ne peuvent
guère influencer l'indigène, mais en fournissant à tous les
postes occupés par des fonctionnaires de l'Administration des
plants pour constituer des pépinières, ils mettront ceux-ci en
état de contribuer au développement de l'agriculture indigène.

L'administrateur, l'officier qui commande un cercle militaire, ou simplement l'adjoint des affaires indigènes chargé de
l'administration d'un secteur, se trouvent tous les jours en
contact avec les indigènes. Ils ont les chefs en main ; ils en
sont écoutés et toute les recommandations qu'ils adressent
peuvent avoir une portée considérable. Dans cette question de
la multiplication du Cacaoyer chez l'indigène, ils peuvent jouer
un rôle très important. Par leur action, cette culture peut être
implantée en quelques années sur toute l'étendue d'un territoire. Il suffit qu'ils cultivent dans le jardin de chaque poste un
petit verger de Cacaoyers. Dès la quatrième année, ces arbustes
fourniront des graines en quantité qu'on distribuera aux indigènes. Le noir, si sceptique lorsqu'on lui recommande la culture des arbres à caoutchouc, se mettra très vite à la culture
du Cacaoyer, car l'arbuste fournit un rendement rémunérateur
en quelques années, et la cueillette des fruits ne sacrifie pas
l'arbre comme cela peut arriver dans la saignée des plantes à
caoutchouc. La seule difficulté est d'assurer la vente du cacao
récolté, mais nous n'avons qu'à imiter l'Administration anglaise
de la Gold Coast qui servit d'intermédiaire pendant quelques
années entre l'indigène et les commerçants encore peu fami-
liarisés avec cette denrée nouvelle.

Nous serons amplement récompensé du travail que nous a imposé la mise au point de cette monographie si elle peut décider quelques-uns de nos compatriotes à entreprendre la culture du Cacaoyer dans nos colonies de l'Ouest africain ou si elle suggère à quelques-uns de nos administrateurs le désir de s'appliquer à implanter cette culture chez les indigènes sur lesquels s'étend leur autorité.

Nous aurons ainsi contribué à amener ceux-ci et ceux-là à faire œuvre de bons Français et c'est notre seule ambition.

FIN

TABLE DES MATIÈRES

Pages

Introduction. 1

PREMIÈRE PARTIE

Généralités. 7

DEUXIÈME PARTIE

Le Cacaoyer aux îles de San-Thomé et de Principe.

Chap.   I. Géographie de San-Thomé et principales productions de
l'île 23
—   II. Évolution de l'Agriculture et du Commerce (1870-1905). . 38
—   III. L'organisation des cultures. Les roças. 45
—   IV. L'organisation du travail agricole. La main-d'œuvre. . . 61
—   V. Sol. Fumure et défrichements. 83
—   VI. Procédés de culture. 106
—   VII. Les variétés cultivées 128
—   VIII. Traitement industriel du Cacao. 139
—   IX. Les Ennemis et les Maladies du Cacaoyer. 152
—   X. Avenir. 168

TROISIÈME PARTIE

Le Cacaoyer dans les autres parties de l'Afrique occidentale.

Chap.   I. Le Cacaoyer au nord du Golfe de Guinée. 173
—   II. La culture du Cacaoyer à la Gold Coast. 185
—   III. La culture du Cacaoyer autour du Golfe de Guinée. . . 201
—   IV. La culture du Cacaoyer au sud du Golfe de Guinée. . . 213

QUATRIÈME PARTIE

Conclusions. 231

TABLE DES ILLUSTRATIONS

Pages

Un plant de *Theobroma spærocarpa* A. Chev., âgé de 4 ans, à la Plantation de Monte-Macaco à San-Thomé. . . . . FRONTISPICE.

FIG. 1. — Carte agricole de San-Thomé. 35

FIG. 2. — L'élevage des jeunes Cacaoyers dans des paniers tressés. . . 111

FIG. 3. — Le transport des cabosses récoltées au bord du sentier de la plantation. 119

FIG. 4. — La cueillette des cabosses dans une roça, à San-Thomé. . . 125

FIG. 5. — Le cassage des cabosses et l'extraction des graines. 126

FIG. 6. — Les cuves pour la fermentation à la roça de Monte-Macaco. . 143

FIG. 7. — L'aire et les tables-tiroirs pour le séchage du cacao à la roça de Boa Entrada. 147

FIG. 8. — Roça de Boa Entrada. Au fond de la cour, habitations des serviçaes.. 171

Typ. J. JOUVENCEL, 23, rue Paul-Bert, Alfort.

LES VÉGÉTAUX UTILES

DE

L'AFRIQUE TROPICALE FRANÇAISE

—————

FASCICULE V.

Fascicule V.   Janvier 1909.

LES VÉGÉTAUX UTILES

DE

L'AFRIQUE TROPICALE FRANÇAISE

ÉTUDES SCIENTIFIQUES ET AGRONOMIQUES

PUBLIÉES SOUS LE PATRONAGE DE MM.

EDMOND PERRIER
De l'Institut et de l'Académie de Médecine
Directeur du Muséum d'Histoire naturelle
de Paris

E. ROUME
Ancien Directeur de l'Asie au Ministère des Colonies
Gouverneur général
de l'Afrique occidentale française

DIRIGÉES PAR

M. Aug. CHEVALIER

Docteur ès-sciences naturelles
Sous-Directeur de l'École des Hautes-Études du Muséum
En Mission du Ministère de l'Instruction publique et du Gouvernement général
de l'Afrique occidentale française.

Fascicule V.

PREMIÈRE ÉTUDE

SUR LES

BOIS DE LA COTE D'IVOIRE

par Aug. CHEVALIER.

PARIS
A. CHALLAMEL, ÉDITEUR, 17, RUE JACOB
—
1909

INTRODUCTION

En annonçant le 15 janvier 1905, en tête du fasc. I des *Végétaux utiles*, la publication prochaine d'une monographie des Bois d'exportation de la côte occidentale d'Afrique, nous étions loin de supposer que, moins de trois années plus tard, la question des Bois exotiques allait acquérir dans tous les grands pays de l'Europe une importance de premier ordre. On s'est aperçu principalement en France, — un peu tard malheureusement — que le système d'exploitation intensive des bois de nos pays tel qu'on le pratique actuellement par suite des besoins de plus en plus grands de diverses industries, nous acheminait vers l'anéantissement à bref délai de toutes nos forêts européennes.

Un cri d'alarme a été poussé par les personnalités les plus éclairées de notre pays ; le Parlement même s'est ému et des lois sont en préparation pour sauver le peu qui reste de la grande sylve qui à l'époque romaine encore couvrait la plus grande partie de la Gaule. Chaque année on signale des désastres dans nos montagnes causés par la déforestation qui entraîne la ruine des pays agricoles autrefois productifs.

Dans beaucoup d'endroits on se préoccupe de reboiser, en certaines localités on s'est même déjà attelé à cette tâche considérable, mais d'une utilité telle qu'on l'entreprendra certainement un jour ou l'autre dans la plupart de nos départements. Pourtant de nombreuses années s'écouleront avant que les nouveaux boisements puissent être exploités méthodiquement et comme l'industrie fait une consommation de bois de plus en plus grande chaque année, nous serons obligés de nous approvisionner ailleurs.

Déjà, du reste, nous avons été obligés de recourir, même pour les sortes les plus banales, à la production étrangère. Les pays qui nous avaient fourni les sortes communes, pin, sapin, chêne, pitchpin, c'est-à-dire la Suède et la Norwège, la Hongrie, l'Amérique se sont eux-mêmes appauvris considérablement en bois, les cours se sont élevés et tout fait prévoir que d'ici très peu d'années, ces pays ne pourront plus suffire à la consommation.

L'Europe n'a d'autre ressource que d'aller chercher les matières premières indispensables dans les contrées lointaines, dans ces immenses forêts tropicales, desquelles ALEXANDRE DE HUMBOLDT disait il y a plus de 70 ans : « Une quantité prodigieuse de familles végétales s'y trouvent condensées... C'est un territoire impénétrable où l'on ne peut pas même se frayer une route avec la hache, entre des arbres de huit à douze pieds de diamètre... Les plantes frutescentes occupent tous les intervalles... Tout ce qui recouvre le sol est ligneux » (1).

L'Angleterre tire dès maintenant des forêts des Indes orientales des quantités abondantes de bois précieux, mais l'Inde elle-même absorbe une grande partie de sa production.

On a songé depuis longtemps à demander aux immenses forêts brésiliennes des produits analogues, mais toutes les tentatives d'exploitation ont échoué. Ce vaste pays qui pourrait produire autant de denrées coloniales que toute l'Europe peut en consommer, manque de main d'œuvre. La culture du café et du cacao et la récolte du caoutchouc occupent toute l'activité des habitants.

L'Afrique est le continent qui a attiré l'attention en dernier lieu pour la production des bois. Lui aussi possède des forêts vierges immenses qui viennent mourir au bord de la mer et quinze jours de navigation à peine séparent ces rivages des ports européens. Les forêts s'étendent depuis l'Océan jusqu'au cœur de l'Afrique; elles sont traversées par des fleuves nombreux, par un nombre incalculable de rivières et tous ces cours d'eau peuvent facilement être utilisés pour amener les bois de l'intérieur jusqu'aux villes de la côte. La main d'œuvre sans être abondante ne fait pas défaut. Les contrées boisées sont habitées par des peuplades dont la plupart des hommes sont de véritables bûcherons.

(1) Alexandre DE HUMBOLDT. — Tableaux de la nature. I. p. 286.

Des causes nombreuses ont retardé jusqu'à ces dernières années l'exploitation des richesses des forêts africaines.

La première est la grande insécurité qui a existé dans ces régions : la forêt est l'habitat des peuplades de l'Afrique les plus primitives, les moins accessibles à la civilisation. Vivant sans cohésion les unes avec les autres, enserrées au milieu de la puissante sylve qui les protège de toutes parts et leur offre un refuge en cas d'attaque, ces peuplades n'ont pas pu jusqu'à présent et ne seront probablement jamais en état d'être administrées comme les races qui vivent en pays de savanes, par exemple les Soudanais. Depuis peu de temps, sous l'action d'une administration prudente et patiente, ces peuplades sont peu à peu venues à nous. Si quelques provinces sont encore indépendantes, les habitants n'en laissent pas moins pénétrer des colporteurs indigènes, voire même parfois des coupeurs de bois européens sur leur territoire et le jour où on pourra circuler en toute sécurité dans les parties jadis les plus fermées de la forêt n'est sans doute pas éloigné.

Une autre cause encore plus sérieuse a retardé la mise en valeur de nos colonies forestières, c'est-à-dire du Gabon et de la Côte-d'Ivoire. C'est la mauvaise réputation injustifiée du climat. Il est certain que les régions boisées tropicales sont plus insalubres que les plateaux découverts de l'intérieur. Cependant nous avons l'exemple du Brésil qui montre que l'européen peut vivre même dans les zônes forestières.

Enfin *la fièvre de l'or* a fait aussi beaucoup de mal, il y a quelques années, à la Côte d'Ivoire ainsi que dans la colonie anglaise voisine, la Gold Coast. Dans ces pays, des entreprises européennes ont voulu exploiter les placers connus des indigènes de temps immémorial : il en est résulté une nombreuse affluence de travailleurs noirs vers les chantiers des mines d'or qui ont ainsi accaparé la main d'œuvre au détriment de l'exploitation forestière.

Cependant la vraie mine d'or de la Côte d'Ivoire est son immense forêt vierge couvrant plus de 100.000 kilomètres carrés, recélant dans son étendue non seulement les arbres aux bois précieux, qui font l'objet de cette monographie, mais encore des arbres et des lianes à caoutchouc, des kolatiers, des palmiers à huile, des palmiers raphias et quantités d'autres richesses naturelles.

Le premier inventaire des bois que nous publions aujourd'hui est loin d'être complet. A la veille de retourner en Afrique tropicale, nous avons pensé que nous ne pouvions pas nous atteler à une nouvelle tâche sans donner un aperçu des résultats de nos dernières recherches.

Ce travail n'est donc qu'une première contribution à une étude beaucoup plus importante que nous espérons entreprendre quand nous serons en possession de nouveaux documents.

Nous exprimons notre vive gratitude à ceux qui nous ont donné la possibilité d'accomplir ces recherches.

Nous avons surtout de grandes obligations vis-à-vis de M. F.-J. CLOZEL, ancien gouverneur de la Côte d'Ivoire, qui ne nous a en aucune circonstance ménagé son bienveillant appui, pour l'accomplissement de la tâche difficile que M. ROUME nous avait confiée à la demande même de M. CLOZEL.

Nous remercions aussi tous ceux qui furent ses collaborateurs, les administrateurs et fonctionnaires des affaires indigènes de la Côte d'Ivoire, le capitaine THOMASSET, directeur du chemin de fer ; le capitaine SCHIFFER, commandant le territoire du Sassandra ; M. JOLLY, directeur du Jardin d'essais de Bingerville.

Nous remercions aussi tous ceux qui ,par leur obligeance ou leur collaboration précieuse, nous ont permis de faire une détermination scientifique rapide, mais précise, des arbres fournissant des bois à la Côte d'Ivoire. Il nous est particulièrement agréable de citer M. Henri LECOMTE, directeur de l'Herbier du Muséum de Paris, et ses collaborateurs, le Dr BEILLE, professeur à la Faculté de Médecine et Pharmacie de Bordeaux, M. le colonel PRAIN, directeur du Jardin de Kew et son collaborateur le Dr O. STAPF, qui nous a beaucoup aidé pour les déterminations, M. le professeur ENGLER, directeur du Jardin et du Musée botanique de Berlin et M. le Dr HARMS du même Musée, enfin M. E. DE WILDEMAN, conservateur au jardin botanique de l'État à Bruxelles.   Aug. CHEVALIER.

Paris, le 6 novembre 1908.

PREMIÈRE PARTIE.

Historique et procédés d'études de la forêt et des bois.

CHAPITRE PREMIER.

Historique des travaux antérieurs à la mission.

Avant d'exposer les travaux de la mission forestière que nous avons dirigée, nous devons préciser dans ce chapitre, par suite de quelles circonstances, la Côte d'Ivoire, l'un des plus beaux domaines de notre apanage colonial en Afrique, est devenue terre française et comment sa forêt a été découverte et étudiée.

Pendant des siècles nos marins normands et plus tard les armateurs de la Rochelle allèrent commercer le long de la côte du golfe de Guinée. L'or, l'ivoire, les épices et plus tard les esclaves furent les grands produits qu'ils rapportèrent de leurs expéditions.

Le commerce des bois en Afrique est probablement presque aussi ancien que la découverte de la côte occidentale de ce continent par les Normands et les Portugais. « Avant l'établissement de la traite des esclaves, écrit un auteur ancien (1), les avantages du commerce d'Afrique étaient immenses ; on en

(1) CUNY. — Découvertes en Afrique, 1909, I, p. 146.

tirait de l'or, de l'ivoire, de la cire, de la gomme, des plumes
d'autruche, *des bois de teintare*, qu'on achetait avec des
verroteries, des draps grossiers, des eaux-de-vie et quelques
objets de quincaillerie en cuivre et en fer. Mais dès que les
plantations d'Amérique eurent atteint un certain degrédedéve-
loppement, les produits de commerce en Afrique ont diminué
sensiblement. On a négligé l'importation des matières premières
et souvent par des vues mal entendues. des denrées précieuses
sont restées sur la côte sans trouver de débit.

C'est seulement en 1842, que le Gouvernement français se
décida à faire occuper la côte en chargeant le commandant
Bouet-Villaumez de fonder les ports de Dabou, Grand-Bassam
et Assinie. Mais les pays de l'intérieur n'avaient encore
attiré personne : on ne connaissait pas la forêt.

Cependant, en 1849, un lieutenant de sphahis en mission,
Hecquard, essaya de la traverser. Parvenu aux rapides de
Kotokrou sur le Comoë, à 70 kilomètres en amont de son
embouchure, il dut rebrousser chemin. C'est à peine s'il soupçonna
l'importance et les richesses de la forêt qu'il avait traversée et il
leur ne consacra que deux lignes dans le récit de son exploration :

« On trouve, écrit-il, dans les forêts qui bordent ces rivières
des bois de couleur parmi lesquels j'ai remarqué des *santals*
et des bois de construction tels que les *tecks*, les *gonatiers* (1),
etc., etc. (2). »

Comme produits commerciaux du pays, le même auteur cite
seulement l'ivoire, l'or et l'huile de palme, ce qui démontre clairement qu'aucun bois ne s'exportait encore de cette région en 1850.

Il en était tout autrement au Gabon : « Le commerce qui se
fait au Gabon, dit le même auteur, consiste dans l'échange de
nos marchandises contre l'ivoire, les *bois d'ébène*, de *santal*,
la gomme copal, l'écaille, *et d'excellents bois de construction
qui servent de fret aux navires qui viennent traiter l'or sur
la côte* (3).

(1) On donne ce nom dans le Sénégal, où avait vécu l'auteur, à l'*Acacia
arabica* L. Cet arbre de la zône des savanes n'existe pas à la Côte d'Ivoire,
mais beaucoup de légumineuses ont un feuillage et un bois analogues.

(2) Hecquard.— Voyage en Afrique, p. 76.

(3) Hecquard. l. c., p. 29.

Vers 1875, un seul négociant français, M. Verdier, originaire de la Rochelle, entretenait des comptoirs commerciaux à la Côte d'Ivoire et le Gouvernement français lui avait confié les fonctions de résident de France. Il ne traitait guère d'autres produits commerciaux en dehors de l'huile de palme et des palmistes, de l'or et de l'ivoire. Il eut pourtant le grand mérite de faire commencer, vers 1880, une plantation de caféiers de Libéria, qui subsiste encore aujourd'hui et produit de 50 à 70 tonnes de café par an. Un de ses agents, M. Picard, originaire de la Réunion, remarqua vers la même époque un bois commun dans le pays qui lui parut ressembler à l'acajou. C'était le *Dukuma*. Il en expédia une bille en Europe, elle fut appréciée et des demandes de bois analogue arrivèrent à la maison Verdier.

C'est ainsi que fut découvert l'acajou sur la Côte de Guinée, d'après le récit que nous a fait M. Picard lui-même.

A ce moment, personne ne soupçonnait encore l'étendue de la forêt.

Un autre agent de la maison Verdier, Treich-Laplène, allait bientôt la faire connaître en même temps que le lieutenant Binger. Ce dernier, en 1887 et 1888, accomplissait au Soudan la belle exploration que l'on sait. En 1888 le bruit de sa mort se répandit en Europe. M. Verdier envoya à sa recherche Treich-Laplène qui traversa la forêt dans toute sa largeur et joignit M. Binger à Kong. Les deux explorateurs revinrent ensemble à la Côte d'Ivoire, recoupant de nouveau la forêt en passant par le Djimini, l'Anno, l'Indénié et le Bettié. La relation de M. Binger, publiée deux ans après, révéla aux géographes l'existence de cette immense forêt, large de 300 kilomètres, d'une exubérance analogue à celle du bassin du Congo, que l'expédition de Stanley, à la recherche d'Emin-Pacha, avait fait connaître au monde civilisé.

Dix années s'écoulèrent encore avant que la même forêt de la Côte d'Ivoire fut traversée par des Européens, dans sa partie occidentale confinant à la République du Libéria. En 1899, l'administrateur M. Hostains, accompagné du lieutenant D'Ollone, partit de Beriby sur la côte et remonta jusqu'au Soudan. La forêt dans cette partie atteint 350 kilomètres de large et est encore plus puissante que la masse orientale tra-

versée d'abord par TREICH-LAPLÈNE. Les deux groupes forestiers sont séparés par une large bande de brousse soudanaise
qui s'avance vers la côte en formant un V, largement ouvert
vers le Soudan. Cette brousse, qui est probablement le résultat
d'un commencement de déforestation provoqué par l'homme,
constitue ce que l'on nomme *la trouée du Baoulé*.

Toutes les parties de la forêt de la Côte d'Ivoire, depuis
1900, ont été parcourues par de nombreux fonctionnaires coloniaux, par des officiers et des explorateurs, de sorte que ses
limites sont aujourd'hui bien fixées. Il reste encore quelques
provinces à visiter, principalement dans les bassins du Cavally
et du Sassandra, mais elles ne tarderont probablement pas à
leur tour à s'ouvrir à notre pénétration, de sorte que cette
grande forêt vierge peut être considérée aujourd'hui comme
connue au point de vue géographique. L'inventaire scientifique
de la flore et des ressources végétales de cette forêt restait au
contraire entièrement à faire.

Nous étions dans la plus profonde ignorance non seulement
sur les arbres dont le bois pouvait avoir une valeur commerciale,
mais au point de vue de la végétation de la côte même, nous
n'avions aucun renseignement. La littérature botanique nous a
fourni seulement une petite note de deux pages, publiées par M.
HUA, sur des collections botaniques rapportées de la Côte-d'Ivoire
par M. POBÉGUIN (1). Elle énumère une cinquantaine d'espèces.
Le nom de deux ou trois arbres seulement figure dans la liste.
On sait que M. POBÉGUIN avait résidé à la Côte-d'Ivoire en
1895 et 1896 comme administrateur colonial. Un autre fonctionnaire de la colonie, M. JOLLY, pendant qu'il était chargé du
jardin de Dabou, avait aussi fait parvenir au botaniste PIERRE,
de 1896 à 1900, des plantes de cette région. Malheureusement
la description de quelques espèces seulement a été publiée.

Sur la flore forestière des pays limitrophes, la Gold-Coast
et la République de Libéria, on ne possède pas de renseignements beaucoup plus étendus. L'énumération des espèces récoltées à la Gold-Coast se trouve dans *Flora of tropical Africa*.
Récemment M. le Dr O. STAPF a rassemblé dans une publi-

(1) HUA (H.).— Sur les collections botaniques faites à la Côte d'Ivoire par M.
POBÉGUIN. *Bull. Muséum*, 1897, n° 6, p. 246.

cation spéciale tout ce qu'on savait sur la République de Libéria (1). C'est un travail très consciencieux et qui nous a été de la plus grande utilité, mais en le parcourant on est frappé du petit nombre d'arbres qui y sont énumérés par rapport au chiffre relativement élevé de plantes herbacées, d'arbustes et de lianes qui y sont cités. On explique facilement cette anomalie par la difficulté qu'éprouvent les explorateurs pour se procurer des spécimens d'arbres qui vont parfois fleurir à plus de 30 mètres de hauteur, hors de toute atteinte. Il a fallu les circonstances tout à fait exceptionnelles dans lesquelles nous avons accompli notre mission, pour que nous ayons pu rapporter un ensemble complet de documents (bois, écorces, herbiers) se rapportant à près de deux cents espèces d'arbres, et des échantillons d'herbiers pour 150 autres espèces. Nous sommes donc dès maintenant en possession de documents se rapportant à 350 arbres différents spontanés dans la forêt de la Côte d'Ivoire et sur la valeur commerciale, et les possibilités d'utilisation de 150 d'entre eux nous possédons déjà des renseignements assez précis qui seront complétés par la suite.

Notre historique serait incomplet si nous n'exposions aussi comment l'attention publique a été attirée sur les bois de la Côte d'Ivoire.

En 1890, c'est-à-dire une dizaine d'années après les premières exportations de la maison VERDIER, le commerce de l'acajou avait déjà pris une grande extension à la Côte d'Ivoire.

La valeur de l'acajou sortie de cette colonie en 1893 est déjà de 571.000 francs (2), et en 1898 elle passait à 1.485.000 francs. La notice de PIERRE MILLE donne pour la même période le tonnage des quantités de bois sorties de la colonie (3) :

Année	1891	3.221 tonnes
—	1894	5.427 —
—	1895	1.017 —
—	1896	8.096 —
—	1897	18.556 —
—	1898	12.718 —
—	1899	6.714 —

(1) In H. HARRY JOHNSTON, Libéria, t. II, 1906.

(2) Exposition Universelle de 1900. Notice de la Compagnie française de l'Afrique occidentale, p. 74.

(3) PIERRE MILLE. — Exposition Universelle de 1900. La Côte d'Ivoire, p. 23.

La grande production de 1897, occasionnée probablement par une crue abondante des rivières permettant l'évacuation des billes abattues les années précédentes, fut malheureusement suivie en 1898 et 1899 d'un fléchissement très important et le chiffre des exportations de 1897 n'a jamais été atteint depuis.

En même temps que l'acajou, deux autres produits naturels de la Côte d'Ivoire, le caoutchouc et l'huile de palme affluaient en plus grande quantité vers les comptoirs de la côte. C'est ce qui décida le Gouvernement à confier au capitaine Houdaille, la direction d'une mission, ayant pour objectif l'étude d'un chemin de fer, destiné à relier la côte au Soudan et à permettre l'exploitation des produits de la forêt.

Les recherches de cette mission se poursuivirent en 1898 et 1899. Elle rapporta un projet de tracé partant d'Alépé et aboutissant au Nzi, en traversant l'Attié et une partie du Morenou. Ce projet fut écarté et en 1903 une seconde mission étudia le tracé actuel partant d'Abidjan et aboutissant à Erymakouguié pour le premier secteur. On sait que cette ligne, qui provisoirement sera peut-être arrêtée à la vallée du Nzi, est en grande partie construite et vient d'être mise en exploitation jusqu'au kilomètre 140, par conséquent jusqu'à la limite nord de la forêt.

La première mission Houdaille n'avait pas seulement fait l'étude topographique des régions où devait passer le chemin de fer, elle avait aussi noté la richesse en bois exploitables de tous les pays traversés et ses travaux sur ce sujet eurent un très grand retentissement en France.

Malheureusement la mission n'avait aucun botaniste parmi ses membres. Le capitaine Houdaille se contenta de mettre un numéro d'ordre sur les échantillons de bois qu'il avait rapportés. Les essais très intéressants auxquels ils furent soumis sont sans valeur aujourd'hui, puisqu'il n'est plus possible de savoir à quelles espèces d'arbres se rapportent les données recueillies et que nous résumerons très brièvement.

Les travaux de la mission relatifs aux bois de la Côte d'Ivoire, publiés en 1900 dans la *Revue des cultures coloniales*, tome VI,

ont été élaborés par HOUDAILLE lui-même et par le lieutenant
MACAIRE (1).

Ce dernier auteur divise les arbres exploitables de la Côte
d'Ivoire en deux catégories :

1° Ceux dont la circonférence est comprise entre $0^m 80$ et
$1^m 60$;

2° Ceux dont la circonférence est supérieure à $1^m 60$.

Le volume équarri d'un arbre dont la circonférence à hauteur
d'homme est C, peut sensiblement s'exprimer par la formule
$V = 1/5\ C^3$.

Donc : volume d'un arbre ayant $0^m 80$ de circonférence
$= 0^{m3} 103$.

Volume d'un arbre ayant $1^m 60$ de circonférence $= 0^{m3} 819$.

Le cube moyen des arbres de la première catégorie de la
forêt est environ $0^{m3} 300$.

Le cube moyen des arbres de la deuxième catégorie est
$2^{m3} 400$ par arbre, mais il y en a qui peuvent donner 10 à 12^{m3}
de bois.

La richesse forestière moyenne est de 50 mètres cubes de
bois à l'hectare, ce qui met la valeur de l'hectare dans la forêt
à 2.500 francs, en comptant le stère à 50 fr. seulement.

La région de Kodioso est la plus riche en arbres.

A ce travail sont joints deux graphiques donnant, par région,
la richesse en mètres cubes et la richesse en arbres.

Les éléments constitutifs intéressants de la forêt sont les
suivants :

1° Diverses sortes d'acajou faux, connues sous les noms
Ocouma, Macoré, Baia. Ces bois d'une dûreté moyenne, d'une
structure fibreuse qui n'est pas très fine, d'une couleur rose
quand ils sont frachement coupés, brun clair après dessication ;
ils ont des densités variables qui sont la raison de leur plus
ou moins grande vogue.

La partie nord de la forêt (Morenou-Indénié) semble renfermer de l'ébène.

(1) MACAIRE.— La richesse forestière de la Côte d'Ivoire (*Revue cult. col.*),
t. VI, 20 janvier 1900, p. 33-42.

(2) HOUDAILLE.— Etude sur les propriétés et l'exploitation des bois de la Côte
d'Ivoire, l. c., p. 131-136.

2° Des *arbres à traverses* ; cet arbre avec une écorce verte a une dûreté exceptionnelle ; son tronc est creusé de sillons verticaux rapprochés ; le bois, au dire des indigènes, n'est pas attaqué par les termites ;

3° Le *Kolatier*, bois rose, dur, utilisable en ébénisterie, croît surtout au-dessous de 6° de latitude nord ;

4° *Rônier mâle*, grande dûreté, joli aspect, commun surtout près des Lagunes et des rivières. Employé pour pilotis, potaux télégraphiques, traverses de chemin de fer, etc. ;

5° Palissandre, commun dans l'intérieur.

Le commandant HOUDAILLE a publié de son côté des observations intéressantes sur la forêt de la Côte d'Ivoire (1).

D'après ces observations, un hectare de forêt abattu entre Allépé et Memni a fourni 16 essences dont 14 à bois utilisables.

HOUDAILLE n'en donne ni le nom indigène ni le nom scientifique, mais il les numérote de 1 à 14.

Leur densité varie de 0,28 (liège) à 1,12 (0,97 étant la densité du chêne). Deux ou trois mois après l'abattage, la densité est plus forte de 20 à 30 % en plus de ce qu'elle est pour les bois secs.

Deux espèces ont une résistance supérieure à celle du chêne.

10 essences sur 14 remplissent les conditions requises pour être employées en ébénisterie, charpente, menuiserie et pavage.

La construction du chemin de fer nécessite l'établissement d'une tranchée de 100 mètres de large sur 300 kilomètres de long. On a prévu qu'il faudrait abattre 3.000 arbres par kilomètre et l'ouverture de la ligne doit fournir 150.000 mètres cubes de bois équarri à vives arêtes. HOUDAILLE comptait sur ce revenu pour amortir une petite partie des dépenses nécessitées par la construction du chemin de fer. Par la suite, ces prévisions n'ont pas été réalisées.

Pour les 14 espèces de bois de la Côte d'Ivoire, HOUDAILLE compte :

4 espèces, bois de mauvaise qualité...	20 %, soit 10 m³	par hectare
3 — ébénisterie...............	30 %, soit 15 m³	—
4 — charpente et pavage.......	20 %, soit 10 m³	—
3 — planches et madriers.......	30 %, soit 15 m³	—

(1) HOUDAILLE. — Etude sur les propriétés et l'exploitation des bois de la Côte d'Ivoire (*Revue cult. col.*, 4ᵉ année, t. VI, 5 mars 1900, p. 131-136).

Débitage des bois abattus, on compte...	20 à 25 fr.	par mètre cube
Transport sur 150 kil. de chemin de fer..	10 à 15 —	—
Prix de vente du mètre cube des bois d'ébénisterie........................	90 à 120 —	—
Prix de vente du mètre cube des bois de menuiserie.........................	30 à 50 —	—
Prix de vente du mètre cube des bois de charpente..........................	70 à 90 —	—

Le revenu net serait de 650 francs à l'hectare.

Le défrichement de la bande du chemin de fer pourrait donc produire 900.000 francs. L'auteur n'avait pas prévu les difficultés d'écoulement : en réalité le chemin de fer n'a pas pu tirer parti, même pour ses propres besoins, des bois abattus.

La forêt se reforme vite, ajoute HOUDAILLE, après 3 ans d'abandon des cultures dans un jardin, on constate que certains arbres ont déjà 15 mètres de hauteur.

L'acajou pâle (le seul exploité à la Côte d'Ivoire) a, d'après HOUDAILLE, les caractéristiques suivantes : densité, 0,54 (huit mois après l'abattage) ; résistance à la rupture (en kilogrammes par millimètre carré), 5 kil. 200 ; coefficient d'élasticité, 660.

Une autre sorte sur laquelle HOUDAILLE attire l'attention est son bois n° 13.

Il a la structure du palissandre (le vrai palissandre est originaire du Brésil) ; densité, 1,12 ; résistance à la rupture, 18 kil. 2 ; coefficient d'élasticité, 820.

Les travaux de la mission HOUDAILLE qui auraient dû attirer les capitaux français vers l'exploitation forestière de la Côte d'Ivoire ne produisirent pas les résultats espérés. Une scierie mécanique s'installa pourtant à Abidjan en même temps que l'on commençait les travaux du chemins de fer, et elle subsiste encore aujourd'hui, mais ce furent les prospections minières pour l'exploitation des gîtes aurifères de la Côte d'Ivoire qui retinrent toute l'attention du public.

D'autre part, une terrible épidémie de fièvre jaune s'était abattue entre temps sur notre colonie et avait fait oublier bien des projets de mise en valeur.

Le 15 juin 1904, le *Journal du Commerce des Bois*, annonça un projet de constitution d'une *Société d'exploitation des Bois précieux et des scieries ouest-africaines,* au capital de 500.000 francs, ayant pour but l'exploitation des richesses forestières de la Côte d'Ivoire. Ce projet fut bientôt abandonné. En 1905, on exploitait presque exclusivement les acajous et cette exploitation était faite seulement par les indigènes et par quelques européens fixés depuis plusieurs années dans le pays.

Dans l'ouvrage, *La Côte d'Ivoire,* publiée à l'occasion de l'*Exposition coloniale de Marseille,* M. MARCHAND s'exprime ainsi sur cette question : « Dans la plupart des rivières du cercle des Lagunes, et un peu sur la ligne des chemins de fer, de nombreux indigènes s'occupent de la coupe des bois, soit pour leur compte personnel, soit pour le compte d'européens, dont les installations principales sont à Grand-Bassam.

« La rivière Mé, les lagunes Potou et Ono, la rivière Agniéby sont les points les plus exploités. On tire en moyenne de ces régions 3.000 billes, représentant à peu près 10.000 mètres cubes de bois.

« Ces exploitants ne se bornent pas à couper de l'acajou, ils coupent également des bois durs, certaines espèces de palissandre, du téké, du bois de santal, etc. (1).

« Les exploitants européens ont à lutter contre les exploitants indigènes qui peuvent obtenir du bois à bien meilleur compte, aussi beaucoup d'entre eux n'exploitent-ils pas eux-mêmes, mais ouvrent des crédits assez élevés à des traitants noirs, qui coupent et équarrissent des bois et les livrent à Grand-Bassam. Des arrêtés locaux réglementent la coupe des bois ; malgré cela la forêt commence à s'épuiser dans les endroits facilement exploitables et l'exploitation forestière va devenir de plus en plus difficile et de moins en moins rénumératrice.

« L'acajou n'aura pas toujours la vogue actuelle, les marchés européens commencent à être encombrés, une grande partie des exploitations actuelles sont condamnées à disparaître. Une exploitation raisonné des richesses forestières de la Côte d'Ivoire est seule capable de subsister.

« L'européen devra exploiter lui-même ; surveiller les coupes, joindre à son exploitation une scierie qui débitera les bois qui

(1) Chaque année, il n'est embarqué que quelques billes seulement de ces essences (AUG. CHEVALIER).

pourront être utilisés sur place pour la construction ou l'ameublement et n'expédier en France que les billes vraiment belles, et dont la vente pourra rapporter un bénéfice assez grand pour couvrir largement les frais généraux de l'entreprise ».

Comme on le voit par cette citation, on n'envisageait pas encore la possibilité d'exporter des bois ordinaires, par exemple ceux pouvant être employés pour la charpente et la menuiserie. Ce furent quelques commerçants et industriels de la métropole qui entrevirent après examen des bois de la mission HOUDAILLE, présentés à l'*Exposition Universelle de 1900*, le parti que l'on pourrait tirer même des bois réputés les plus ordinaires.

L'*Exposition coloniale de Marseille en 1906*, fournit à ces industriels l'occasion de revoir de nouveaux bois de la Côte d'Ivoire, exposés par l'Administration ; d'autre part, quelques billes de la Côte d'Afrique utilisables en charpente et menuiserie avaient déjà été apportées sur le marché du Hâvre. Elles avaient été travaillées par plusieurs maisons de Paris et avaient été trouvées intéressantes.

L'industrie du bois en France avait donc déjà obtenu quelques renseignements sur ce qu'il était possible de tirer de la forêt de la Côte d'Ivoire lorsque commencèrent les travaux de notre mission.

CHAPITRE II.

Les travaux de la mission forestière (1905 1907).

Les connaissances acquises sur les essences forestières de la Côte d'Ivoire se limitaient à ce que nous avons exposé au chapitre précédent, lorsque M. CLOZEL prit le gouvernement de cette colonie en 1903.

Connaissant la forêt pour l'avoir fréquemment parcourue (1), M. CLOZEL voulut bien, après notre retour de la Mission du du Tchad, demander à M. ROUME de nous confier une mission pour recenser les nombreuses espèces d'arbres qui peuplent la colonie dont il avait la haute administration.

En mai et juin 1905, un premier séjour de quelques semaines dans la colonie me permit de préciser l'importance de la tâche qu'il fallait accomplir et, dès mon retour en France, je pus proposer au Gouvernement général de l'Afrique occidentale française un projet de mission de longue durée pour faire l'inventaire forestier de l'Afrique occidentale.

Mon court séjour de 1905 à la Côte d'Ivoire, en pleine saison des pluies ne me permit pas de rapporter beaucoup de renseignements sur la forêt et je ne fis que l'apercevoir en quelques points d'accès facile : le long de la voie ferrée qui pénétrait seulement au kilomètre 35, à Dabou et sur les rives de l'Agniéby jusqu'à Accrédiou, enfin sur les rives de la lagune Ebrié et de la lagune Potou.

Je pus recueillir, dès cette époque, une assez grande quantité d'échantillons botaniques et déterminer déjà un certain nombre d'espèces végétales constituant la forêt.

(1) CLOZEL.— Dix ans à la Côte d'Ivoire. Challamel, 1906.

Je constatai notamment que l'acajou était fourni par un *Khaya*, genre auquel appartient aussi le *cailcédrat* du Sénégal. Mais c'était une espèce nouvelle bien différente de celle qui existe dans la zone des savanes. Elle se trouve décrite pour la première fois dans le présent fascicule, mais elle a été déjà mentionnée par nous dans le *Journal d'Agriculture tropicale* de 1905, p. 324, par M. JUMELLE en 1907 (1), enfin dans notre rapport sur les *Forêts coloniales* présenté au Congrès colonial de Marseille en 1906, mais dont la publication a été faite seulement en 1908 (2).

Au cours de cette première prospection, je remarquai combien il serait intéressant de profiter des travaux d'avancement du chemin de fer à travers la forêt pour faire l'inventaire des arbres de la région. Tous les botanistes qui ont parcouru des forêts vierges tropicales savent combien il est difficile de se procurer des éléments d'étude, c'est-à-dire des rameaux avec feuilles et fleurs pour des arbres ayant un tronc souvent géant et étalant leurs premières branches à 30 mètres de hauteur.

Des quantités d'espèces d'arbres des forêts brésiliennes ont échappé pour cette raison aux recherches sagaces d'ALEXANDRE DE HUMBOLDT et de MARTIUS et n'ont été découvertes que bien des années après leurs célèbres voyages.

L'abattage, en vue de l'établissement du chemin de fer, d'une bande de forêt vierge large de 80 mètres et qui se poursuit dans les terrains les plus divers, franchissant au hasard les marais et les collines, est pour le naturaliste une aubaine très précieuse dont je voulus à tout prix profiter. Chaque jour, en effet, on coupait plusieurs centaines d'arbres sur le chantier de déboisement à l'avancée des travaux du chemin de fer. Des espèces, dont il était impossible d'apercevoir les fleurs ou les fruits qui s'épanouissent ou mûrissent seulement au-dessus de la voûte sombre composée de plusieurs étages de végétation, étaient ainsi ramenés au ras du sol, entraînant dans leur chûte quantité d'arbres plus modestes, des lianes dont les sarments ont envahi

(1) JUMELLE. — Ressources agricoles et forestières des colonies françaises, p. 111.

(2) Compte rendu des Travaux du Congrès colonial de Marseille, t. IV, p. 423.

la cîme des plus hauts arbres, des orchidées et des fougères épiphytes appliquées sur les troncs les plus âgés. Parfois un arbre entraîne dans sa chûte un autre arbre tout entier appartenant au genre *Ficus*, arbre qui a pris naissance par la germination d'une graine dans la fourche du premier. Ce *Ficus* constitue ainsi un second étage greffé sur l'arbre-support et qui parvient parfois à l'état d'arbre lui-même couvert de fructifications avant que ses racines aériennes descendant le long du tronc de son hôte aient réussi à atteindre le sol. L'abattage de la forêt vierge permet d'observer quantité d'autres faits biologiques du plus haut intérêt, qui, sans cette occasion, échapperaient aux observateurs les plus attentifs.

Ne pouvant rester que deux ou trois jours à l'endroit où se faisaient ces déboisements, je laissai sur les lieux un préparateur indigène avec la consigne de recueillir chaque jour des rameaux de tous les arbres en fleurs qu'on abattrait. Quelques sous-officiers du génie qui avaient la surveillance du chantier voulurent bien guider le bambara Bandiougou à qui incombait cette besogne, et c'est grâce à leur zèle que je pus recevoir au Muséum, quelques mois plus tard, un herbier composé d'environ 300 numéros qui me permirent de connaître, avant de retourner en Afrique, une partie des essences sur lesquelles allaient porter mes investigations de 1906-1907.

Avant de rentrer en France, j'avais visité les colonies anglaises de Lagos et la Nigéria du Sud, les seules colonies de l'Ouest africain où existe depuis 1902 un Service forestier. Avec une très cordiale obligeance, M. THOMPSON, directeur de ce service forestier, et très documenté sur l'exploitation des forêts en Birmanie, me mit au courant de ses travaux et des résultats qu'il avait déjà obtenus.

En sa compagnie, je visitai le jardin et la réserve forestière d'Olokoméji (à Lagos, entre Abéokuta et Ibadan) où l'on me montra quelques-uns des arbres qui semblaient susceptibles d'être exploités.

Je me rendis ensuite à l'île portugaise de San-Thomé spécialement pour étudier le cacao, mais là aussi je pus avoir des renseignements sur la manière d'exploiter les bois indigènes. L'île de San-Thomé est en effet le seul pays de l'Afrique occidentale qui n'importe pas ou presque pas de bois d'Europe ; on tire parti des bois de cette île pour les constructions d'habitations presque toutes en bois, pour l'ameublement, pour la fabrication des voitures.

Une vingtaine d'espèces d'arbres existant pour la plupart dans nos colonies sont ainsi utilisées.

Rentré en France à la fin de l'année 1905, je m'occupai de grouper tous les spécimens recueillis au cours de cette première mission et j'entrai en rapport avec les personnes qui pouvaient le plus utilement guider mes recherches futures.

Au Jardin royal de Kew, j'eus la bonne fortune de rencontrer Sir DIETRICH BRANDIS, enlevé quelques mois plus tard à la science. Ce savant fut l'organisateur du service des Forêts de l'Empire des Indes, il en fut longtemps le directeur et il était certainement l'homme qui connaissait le mieux les bois tropicaux. Avec une bienveillance que je n'oublierai point, Sir BRANDIS me mit au-courant des procédés qu'il avait suivis pour faire l'inventaire et l'étude des forêts asiatiques et pour élaborer sa *Flore forestière de l'Inde* qu'il venait de terminer.¹

Au mois de septembre 1906, comme rapporteur de la section des forêts coloniales au Congrès colonial de Marseille, je me trouvai aussi en possession de précieux documents présentés au Congrès par de nombreux coloniaux et forestiers de notre pays.

J'étais ainsi préparé au travail que j'allais entreprendre lorsque M. ROUME me confia en novembre 1906 une nouvelle mission pour faire l'inventaire des ressources forestières de la Côte d'Ivoire.

J'arrivai donc dans la colonie en décembre, accompagné de M. F. FLEURY qui devait me rendre de très grands services en surveillant l'abattage des arbres choisis par moi à travers la forêt et en préparant les collections de toutes sortes.

Nos recherches commencèrent dans les premiers jours de décembre à l'avancée des travaux du chemin de fer, au lieu dit Bouroukrou, kilomètre 92. Une équipe composée de quelques centaines d'indigènes dirigés par un sous-officier du génie européen, M. LŒILLET, coupait chaque jour une bande de forêt longue d'une centaine de mètres et large de 80 mètres sur l'emplacement que devait suivre la voie ferrée. Les arbres les plus variés se trouvaient ainsi abattus chaque jour au hasard du tracé suivi.

Notre ami, M. le capitaine THOMASSET, directeur des travaux du chemin de fer avait eu l'obligeance de prier les officiers et sous-officiers chargés de la construction de la voie de nous prêter leur complet appui, de sorte que nous nous trouvions dans les conditions les plus favorables pour commencer nos travaux.

Pour réunir les matériaux étudiés dans ce travail, nous avons procédé de la manière suivante :

Chaque jour, un examen détaillé des arbres qui devaient être abattus le lendemain, permettait de retenir un certain nombre d'exemplaires choisis parmi les plus beaux et parmi ceux qui appartiennent à des espèces pour lesquelles nous n'avions pas encore collectionné d'échantillons. Nous avons eu souvent des déconvenues, et tel arbre supposé nouveau avant son abattage d'après le port, l'aspect de l'écorce et l'examen des rameaux feuillés (ce dernier examen fait à l'aide de la jumelle de théâtre) se montre parfois tout à fait identique, lorsqu'il est abattu et qu'on peut l'examiner de près à des spécimens déjà étudiés précédemment.

Malgré ces contre-temps, nous avons pu en un mois (décembre 1906-janvier 1907) faire des prélèvements sur une centaine d'arbres représentant environ 75 espèces. Ces prélèvements ayant été faits sur une surface comprenant à peine 3 hectares contigus suffisent à montrer combien les diverses essences ligneuses sont entremêlées dans la forêt tropicale. C'est une preuve qu'il existe une grande variété de sortes de bois, même sur une surface restreinte prise au hasard à travers cette forêt.

Chaque jour, nous ne pouvions examiner que quatre arbres au maximum, à cause du grand nombre d'échantillons d'étude à à prélever. Il nous fallait donc repérer leur situation avec soin pour qu'aucune confusion ne vint le lendemain incommoder nos recherches.

Dès qu'un arbre désigné par sa taille pour nos études était renversé, notre premier souci était de rechercher ses rameaux portant, si possible, des fleurs ou des fruits. C'est seulement à l'aide de ces matériaux qu'il fut plus tard possible de donner une appellation scientifique à l'arbre en question et d'en faire une description botanique permettant de le reconnaître.

Cette recherche des rameaux feuillés d'un arbre abattu dans la forêt tropicale est des plus délicates et si l'on n'y apporte la plus grande attention, on risque de très fâcheuses confusions. Chaque individu a, en effet, ses branches mélangées aux arbres voisins ; de plus, il est ordinairement enveloppé de nombreuses lianes ligneuses dont les dernières ramifications ressemblent à des rameaux d'espèces arborescentes. Tout arbre coupé au milieu de la forêt entraîne donc dans sa chute des rameaux et des branches assez grosses appartenant parfois à vingt espèces différentes. La cîme de l'arbre de l'arbre abattu gît sur le sol ordinairement en morceaux entremêlés aux lianes et aux branches des arbres voisins mutilés.

Pour recueillir avec certitude les échantillons botaniques d'un arbre abattu, il est donc nécessaire de rechercher un rameau feuillé qui adhère encore à la branche-support et on suit ensuite cette branche pour voir si elle se raccorde avec le tronc abattu.

Cette besogne est rendue très difficile par les lianes et les palmiers épineux entremêlés en tous sens et formant des masses compactes de végétation où il est difficile de pénétrer. Enfin plusieurs espèces de fourmis et de grosses araignées aux morsures très douloureuses, troublées dans leur repos par la chute de l'arbre qui les portait courent dans tous les sens sur le tronc et les rameaux gisant sur le sol et il faut à tout prix chercher à les éviter.

Dès que les rameaux feuillés sont découverts, nous en prélevons un assez grand nombre pour les dessécher et les mettre en herbier. Ils sont destinés à l'étude et seront ensuite distribués aux principaux musées botaniques d'Europe. Il est très rare de trouver des conditions aussi favorables que celles que nous avons eues pour recueillir des spécimens d'herbier se rapportant aux arbres de la forêt tropicale africaine ; c'est pourquoi, chaque fois qu'un arbre en fleurs était abattu, nous faisions d'amples provisions de spécimens botaniques pour les grands établissements scientifiques. En outre, lorsque nous en avions le temps, nous faisions l'analyse des fleurs fraîches et nous en conservions des croquis. La plupart des descriptions qui se trouvent à la 3ᵉ partie de ce mémoire ont été rédigées sur place avec des matériaux frais.

On se demandera peut-être pourquoi nous avons consacré tant de temps à des recherches de science pure qui n'étaient pas le but principal de notre mission. Il est facile de répondre que sans la détermination rigoureusement exacte d'un arbre, il est impossible de retrouver plus tard son analogue ; au contraire, avec une détermination scientifique, on a toujours d'une façon précise les données suffisantes pour reconnaître avec certitude l'arbre présentant telle ou telle qualité pour l'industrie. Les gouvernements de tous les grands pays du monde ont pour cette raison publié des atlas réprésentant les caractères botaniques des arbres ayant quelque valeur forestière.

Il reste à recueillir les échantillons de bois sur le tronc principal pour l'étude spéciale du bois et la préparation des planchettes destinées à être présentées à l'examen des industriels et commerçants de la métropole.

Nous les avons toujours pris dans le tronc, aussi près que possible de la base, mais toujours au-dessus des ailes qui le relient aux racines. Ce détail a son importance, car nous savons que la densité du bois d'un arbre varie suivant que ce bois provient de la base du tronc, de son sommet ou d'une branche, enfin suivant la profondeur où il a été pris.

Les échantillons que nous avons recueillis sur chaque arbre sont de trois sortes :

1° *Échantillons A.* — Dans la partie du cœur, on prélève un ou deux parallélipipèdes rectangles droits, longs de 25 cm., larges de 15 cm. et épais de 5 cm. Ils sont pris tangentiellement et non radialement, de manière à bien montrer l'aspect que le bois aurait s'il était scié en planches.

Ces échantillons sont débités par les indigènes à l'aide de la hache et équarris grossièrement au coupe-coupe (sabre d'abattis) que l'indigène est très habile à manier, alors qu'il ne sait pas se servir de nos outils.

Ces échantillons, envoyés en France, ont été ensuite travaillés à la varlope par un aide habile, M. Fouassier, et polis à l'aide de papier de verre pour en obtenir les planchettes régulières présentées au public dans notre Laboratoire du Muséum. Ce sont ces mêmes échantillons qui, pesés et cubés, nous ont permis d'obtenir la densité du bois à l'état sec.

2° *Echantillons B.*— A la même hauteur que pour les échantillons A, on enlève une lame superficielle longue de 25 cm., large de 15 cm. et épaisse de 5 cm. à 10 cm., suivant la plus ou moins grande épaisseur de l'arbre.

Cette lame doit montrer : a) l'*écorce* ; b) l'*aubier* ; c) en dedans un peu de *bois de cœur.* Cet échantillon doit servir seulement à l'étude. Un examen micrographique de l'anatomie de l'écorce et du bois permettra de fixer ultérieurement les caractères distinctifs de chaque espèce. Enfin l'aspect extérieur de l'écorce permet de caractériser certaines espèces et les indigènes n'ont souvent pas d'autres moyens pour reconnaître les arbres de la forêt africaine.

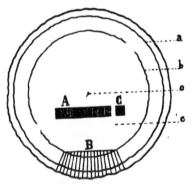

Figure 1. — Coupe schématique transversale d'une bille de bois étudiée par la mission forestière ; A, échantillon pour faire une planchette ; B. échantillon d'écorce et d'aubier ; C. petit échantillon pour l'étude ; *a*, écorce ; *b*, aubier ; *c*, bois de cœur ; *o*, centre de la bille.

3° *Echantillons C.* — Egalement dans le bois de cœur, et à côté des échantillons A, nous avons prélevé de petits parallélipipèdes longs de 20 à 25 cm., larges et épais de 5 cm. à 8 cm. Dans notre esprit, ces échantillons étaient destinés à des essais sur l'élasticité et la résistance du bois. Ils ont été trouvés insuffisants pour ces essais ; par contre, il nous ont permis de remettre à plusieurs industriels de France employant le bois pour divers usages, de petits échantillons qui leur ont servi à faire un examen plus attentif des sortes que nous avions rapportées. La figure ci-dessus montre la position transversale des divers échantillons par rapport au tronc dans lequel ils ont été taillés.

Dès leur prélèvement, tous ces échantillons ont été repérés non par un nom (ce dernier, très souvent, ne nous était pas connu dès l'abattage), mais par un numéro d'ordre répété sur les échantillons de bois, d'écorce et d'herbier, enfin sur une fiche dont il sera question plus loin. Un même numéro correspond donc à tous les échantillons provenant d'un même arbre, mais dès que les échantillons sont prélevés sur plusieurs arbres, quand bien même ces arbres seraient de la même espèce et proviendraient de la même localité, nous avons employé un numéro différent pour chaque individu afin d'éviter toute confusion.

Nos échantillons, quelques semaines après leur préparation dans la forêt, furent expédiés au Muséum et notre dévoué collaborateur, M. H. COURTET, les soumit aussitôt à l'expertise de personnes compétentes et nota soigneusement toutes les observations relatives à chacun des numéros envoyés. Pour certaines espèces paraissant propres à la sculpture, il fut prélevé sur les échantillons C de petits morceaux que travaillèrent des ouvriers spécialistes. De même pour les bois légers et riches en fibres, il fut remis des fragments à quelques industriels pour un examen préliminaire en vue de leur utilisation pour la fabrication de la pâte à papier.

Deux registres ont été ouverts à notre Laboratoire où ont été consignés tous les renseignements ainsi obtenus.

Du reste, dès l'abattage, il fut constitué pour chaque numéro une fiche tenue constamment à jour et sur laquelle sont mentionnés :

1° Nom scientifique lorsqu'il est connu et noms indigènes de l'arbre ;

2° Lieu et date de l'abattage ;

3° Port et dimension de l'arbre ;

4° Couleur et aspect du bois et de l'écorce à l'état frais ;

5° Utilisation qu'en font les indigènes ;

6° Degré de fréquence dans la forêt, difficultés d'abattage, etc ;

7° Description botanique quand il y a lieu.

Enfin, en France, cette fiche a été complétée par les renseignements suivants :

a) Utilisation possible du bois et, quand elle est connue, valeur approximative ;

b) Densité quelques mois après l'abattage et 18 mois plus tard|;

c) Couleur définitive du bois. La coloration du bois sec n'est pas ordinairement celle qu'il avait aussitôt après l'abattage ;

d) Défauts que présentent le bois en se desséchant. Nous avons, par exemple, noté les espèces qui se *fendent* plus facilement, celles qui *s'échauffent*, etc.

Toutes nos fiches ne sont pas aussi complètes les unes que les autres. Pour les bois qui nous ont paru les plus intéressants, nous avons rassemblé des renseignements aussi complets que possible.

Pour les autres, nous n'avons encore que des renseignements insuffisants.

Après avoir fait un examen d'ensemble des bois sur le chantier de déboisement du chemin de fer, notre exploration se poursuivit pendant 8 mois dans les principales régions forestières de la colonie situées à moins de 150 kilomètres de la mer. Notre but était de déterminer le degré de fréquence dans ces diverses régions des essences que nous avions déjà eu l'occasion d'étudier et aussi de rechercher d'autres espèces de bois manquant dans la région du chemin de fer. Nous avions constamment avec nous une équipe d'une dizaine de bûcherons pour l'abattage des arbres et un charpentier indigène chargé de l'équarrissage des échantillons prélevés. Notre campagne fût extrêmement fructueuse puisqu'elle nous procura encore une centaine d'espèces que nous n'avions pas recueillies au chantier de Bouroukrou.

Pendant toute la durée de la mission nous avons recueilli ainsi des échantillons sur 225 arbres, chiffre qui ne représente qu'une proportion minime de ceux que nous avons dû abattre. Ces prélèvements nous ont permis de rapporter des matériaux d'études assez complets pour environ 175 essences différentes. On trouvera, dans la troisième partie de ce travail, la détermination scientifique de ces espèces et un ensemble des renseignements les concernant.

CHAPITRE III.

La forêt vierge et sa composition.

La forêt de la Côte d'Ivoire est une des plus puissantes qui existent au monde.

Occupant les 2/3 de cette colonie et s'étendant sur une bande de 250 à 300 kilomètres de largeur elle se poursuit à l'ouest sur la République de Libéria, qu'elle couvre presque entièrement, et à l'est elle s'étend sur une partie de la colonie anglaise de la Gold Coast.

Elle est interrompue au Togo, au Dahomey et au Lagos et se trouve ainsi disjointe de la grande sylve équatoriale qui se prolonge au nord jusqu'à la Nigéria du Sud.

Son aspect imposant a frappé tous les explorateurs, tous les coloniaux qui l'ont vue.

Elle est plus majestueuse que la forêt congolaise ; plus épaisse que la forêt de Birmanie, presque aussi impénétrable que la forêt brésilienne.

« Comme cette forêt de la Côte d'Ivoire est grandiose et mystérieuse, dit BINGER. Elle est tellement imposante que la vue d'un sentier à peine ébauché, qui coupe le vôtre vous cause une joie infinie (1) ».

L'impression du capitaine D'OLLONE n'est pas moins saisissante :

« Sur toute la longueur du golfe de Guinée, écrit-il, s'étend l'immense forêt équatoriale. Elle commence non pas à quelques kilomètres de la mer, mais sur la plage même, et elle s'avance au nord à plusieurs centaines de kilomètres. D'une densité de végétation extraordinaire, fouillis inextricable d'arbres immen-

(1) BINGER. — Du Niger au golfe de Guinée, II, p. 268.

ses, de buissons, de lianes enchevêtrées, cette forêt est un obstacle absolu à la marche ; les fleuves qui la traversent n'étant pas navigables, on ne peut y pénétrer qu'en utilisant des sentiers déjà tracés par les indigènes » (1).

« Large de plus de 250 kilomètres, écrit à son tour CLOZEL, elle s'étend de la côte jusqu'à Dadiassi, près de Bondoukou. Forêts semblables à celle du poète des *Conquérants de l'Or*, qui,

> Variées de feuillage et variées d'essence,
> Déployaient la grandeur de leur magnificence ;
> Et du nord au midi, du levant au ponant,
> Couvrant tout le rivage et tout le continent,
> Partout où l'œil pouvait s'étendre, la ramure
> Se prolongeait avec un éternel murmure.
> Pareil au bruit des mers...

« Seules dans l'Indénié, de minuscules clairières, emplacements de villages ou de plantations, trouent ce rideau impénétrable » (2).

L'infortuné poète PIERRE D'ESPAGNAT, qui mourut en 1901 de la fièvre jaune à la Côte d'Ivoire, est un de ceux qui ont décrit avec le plus de talent la beauté impressionnante de la forêt de l'Indénié :

« Les rives de la Comoé sont l'enchantement des yeux et le paradis de la nature tropicale. Des arbres d'innombrables essences, des fouillis sans pareils de lianes, de végétations étouffées lançant dans un effort rival leurs rameaux vigoureux, leurs branches gonflées de sève, vers l'air et la lumière ; des cocotiers qui inclinent vers la fraîcheur de l'eau, sous leurs têtes étoilées, leurs grappes de noix vertes ; les rôniers qui jaillissent en fusées, les palmiers à huile surmontant leur rigidité grêle d'un luxuriant panache ; çà et là des lianes rotans, coudées vers le sol, pointent au ciel leurs aiguilles mauvaises, lisses et fourbies comme des paratonnerres. Des palmiers nains jettent dans cette confusion la régularité agréable de leurs éventails ; des cascades de verdures, de frondaisons en dômes, en obélisques, en aigrettes, s'élancent, retombent, escaladent les cimes des arbres pour se précipiter en nappes, en torrents, jusque dans la rivière.

(1) D'OLLONE. — De la Côte d'Ivoire au Soudan et à la Guinée, 1901, p. 2.
(2) CLOZEL. — Dix ans à la Côte d'Ivoire, p. 22.

« Tandis que, par dessus cette orgie de festons, de toisons virides, solennels dans leur isolement, les sommets sans pareils du *Bombax* et des végétaux géants, ses frères, aux styles, aux propriétés inconnues, dominent, d'espace en espace, le peuple moutonnant des verdures (1).

« Il y a là surtout un étroit sentier rampant à travers des verdures géantes, qu'une folie semble tordre et secouer au-dessus du passant. Nulle phrase ne saurait décrire, nul pinceau rendre ces enchevêtrements de haies, de végétaux écrasés, de branches contournées, violentées, se relevant quand même, pour former çà et là un dais fastueux à la piste enténébrée (2).

«... Depuis Alépé, nous écarquillons les yeux sur cette splendeur grandissante, sur ce renchérissement invraisemblable. Des jets d'arbres rectilignes élancés à cent pieds, des écroulements de rameaux, des entrelacements, des spirales, une fraîcheur, une grâce merveilleuses ; le fouillis s'étouffe, et se tasse et s'écrase ; nulle part le pied humain ne se poserait en sûreté ; c'est une apparence de solidité, une boursouflure continue de toisons virides. Où est le sol là-dessous ? Et les racines, cependant, le trouvent à tâtons, dans l'ombre et le fouillent comme des vers, tandis que le moutonnement furieux s'élance, à l'escalade, à l'abordage des cimes et du ciel.

« Ah ! le spectacle féérique, jamais lassant, toujours le même, toujours renouvelé ! Je voyais dans ces forêts vierges, dans ces bondissements de verdures montant les unes sur les autres et jouant des coudes vers l'azur, toute la flore de fable et d'orgie sortie du magique crayon de DORÉ ! Aurions-nous crû, au temps où nous épellions les contes de PERRAULT, que les bois aux têtes chevelues, pleins d'une ombre solennelle et terrible où le maître dessinateur s'est plû à égarer les pas inquiets du Petit-Poucet, se fussent jamais rencontrés autre part qu'en son rêve ? Et c'est pourtant l'impression saisissante que donne la contemplation de ces futaies séculaires. Mille tableaux discrets, enchanteurs, formidables. Celui-ci entre autres, dont je me plais à me ressouvenir : un taillis de trente mètres de hauteur arrondissant en dôme la toison crespelée de ses frondes. La pente d'une colline

(1) P. D'ESPAGNAT. — Jours de Guinée. p. 55.
(2) P. D'ESPAGNAT. — *L. c.*, p. 59.

montait de la berge vers le clair-obscur violet que ces arbres, en se rejoignant par leur faîte, surmontaient comme un arceau immense... ».

On ne trouve pas de descriptions plus vivantes de la forêt tropicale dans les ouvrages classiques que le savant ALEXANDRE DE HUMBOLDT a consacrés aux forêts de l'Amérique tropicale.

Ces forêts ont du reste de très grandes analogies avec les forêts de l'Afrique tropicale. Si la composition botanique en est très différente l'aspect est le même :

« Les arbres y sont d'une hauteur et d'une grosseur prodigieuses. Sous le feuillage touffu et d'un vert foncé, il règne constamment un demi jour, une sorte d'obscurité dont nos forêts de pins, de chênes et de hêtres ne nous offrent pas d'exemple. On dirait que malgré la température élevée, l'air ne peut dissoudre la quantité d'eau qu'exhalent la surface du sol, le feuillage des arbres et leur tronc.... A l'odeur aromatique que répandent les fleurs, les fruits et le bois même, se mêle celle que nous sentons en automne dans les temps brumeux » (1).

De toutes les colonies fédérées de l'Afrique occidentale française, la Côte d'Ivoire est incontestablement la plus jeune. C'est aussi la moins connue au point de vue géographique. De nombreux itinéraires, il est vrai, ont sillonné la plupart des régions et de ce côté il ne reste pas grand chose à découvrir ; mais au point de vue de la géographie physique et de la géographie économique tout est à faire. L'inventaire des mille richesses naturelles de ce pays est encore à ébaucher.

La forêt vierge qui forme la parure et la richesse de cette contrée, est le principal obstacle à ces études. Ce n'est qu'après avoir passé des mois à parcourir ces bois immenses et ininterrompus que le voyageur arrive peu à peu à enchaîner les faits observés. Le règne végétal atteint ici son plus merveilleux épanouissement : tout lui est subordonné. L'homme est rivé au village qu'il habite. C'est à peine si des sentiers, très peu apparents, réunissent les points habités les uns aux autres. Il faut apporter la plus grande attention pour ne pas s'écarter de ces sentiers rarement suivis par l'homme ; à tout instant ils sont masqués

_____

(1) A. DE HUMBOLDT. — Voyage aux régions équinoxiales du Nouveau Continent, III, p. 208.

par des avalanches de lianes, barrés par des troncs d'arbres
tombés en travers, coupés en tous sens par des pistes d'animaux
sauvages et spécialement de singes, pistes ressemblant étran-
gement à celles qu'a tracées l'homme. Celui-ci, comme les
animaux, tire des arbres de la forêt presque tout ce qu'il lui
faut pour se nourrir, se vêtir, se construire des cases.

L'agriculture y est réduite à sa plus simple expression.
L'indigène de la forêt cultive un grand nombre de plantes
utiles (bananiers, maniocs, ignames, taros, et du riz vers
Libéria), mais toujours en petite quantité ; du reste, le terrain
défriché, après avoir été abandonné très peu de temps, est
réenvahi par certains arbres spontanés et cela n'est guère fait
pour encourager l'habitant au travail. Aussi toutes les peuplades
de la forêt ont fort peu évolué.

Le règne animal lui-même est tellement effacé par la végétation qu'on a cru longtemps que la faune des forêts tropicales
africaines était bien moins riche que celle des savanes soudanaises, par exemple. Nous pensons qu'il n'en est rien : il y a
autant d'espèces, la plupart spéciales, et parfois beaucoup plus
d'individus que dans les plaines découvertes. Il suffit d'abattre
un gros arbre en plein milieu de la forêt, pour voir une quantité
d'insectes (spécialement des fourmis) troublés dans leur vie,
fuir de tous côtés. La plupart de ces animaux présentent du
reste un mimétisme très prononcé, ce qui empêche de les aper
cevoir.

La constitution géologique elle-même est difficile à étudier,
car les roches ne sont que très rarement visibles. Les ravine-
ments sont extrêment rares. Le sol de la forêt de la Côte
d'Ivoire est généralement plat (il y a cependant des exceptions
dont nous parlerons plus loin) et c'est seulement dans la nappe
superficielle d'argile jaune ou ocracée, couverte d'une mince
couche d'humus, que l'on observe de très nombreuses dépressions s'anastomosant souvent les unes aux autres et qui se
remplissent d'une eau boueuse à la saison des pluies.

Quant aux cours d'eau de petite importance, ils sont très difficiles ou impossibles à relever ; le lit majeur est ordinairement
bordé d'un manteau presque impénétrable de palmiers grimpants épineux, et il s'abouche avec quantité de lits secondaires

et de culs-de-sac qui se remplissent d'eau à la saison des pluies ; le liquide s'étale aussi sur les parties environnantes, transformant ainsi après chaque grande pluie et pendant plusieurs jours les abords de rivières en bas-fonds inondés et en marécages. Grâce à ces ampoules, l'eau s'avance lentement vers les cours d'eau plus importants.

La plupart de ces rivières moyennes ont un cours encore imprécis ; elles décrivent des méandres nombreux, et, comme on ne rencontre aucune éclaircie dans la forêt pour apercevoir la direction générale et que, d'autre part, il n'existe que de très rares sentiers coupant les cours d'eau où l'on peut circuler en pirogue, il arrive que le topographe ne peut recueillir en forêt que de très vagues points de repère pour figurer la direction de ces rivières. Enfin les plus petites sont asséchées dès la fin de l'hivernage et leur lit souvent n'est pas très apparent. C'est sans doute pour ces diverses raisons que la cartographie des régions forestières de l'Afrique tropicale est beaucoup moins avancée que celle des pays de brousse du même continent.

Les bords de la forêt de la Côte d'Ivoire sont aujourd'hui nettement délimités. Elle est en réalité moins vaste qu'on ne l'avait cru tout d'abord. Nous pensons qu'elle mesure environ 120.000 kilomètres carrés d'étendue (1). Au nord, elle s'étend jusque vers le 8° de lat. N. dans le haut Cavally, vers le 7°30' dans le bassin du Comoé. Au centre de la colonie, elle est réduite par une grande échancrure en V, limitée par la Bandama et son affluent le Nzi. Du reste ses bornes sont partout indécises. Cette forêt est suivie par une brousse très boisée présentant de larges galeries forestières le long des cours d'eau ; puis les arbres de cette brousse se font plus tortueux et moins nombreux et l'on passe ainsi par une série de transitions à la brousse soudanaise proprement dite, brûlée annuellement et dévastée à la saison sèche par les incendies d'herbe et les feux de brousse qui ne sévissent jamais dans la véritable forêt tropicale.

Vers le sud, la forêt vient mourir au bord même des lagunes,

(1) Rappelons par comparaison qu'en France les forêts couvrent 95.000 kilomètres carrés et en Norvège 200.000 kilomètres carrés.

ou, quand il n'y en pas, au bord de la mer, à moins qu'une plage, couverte d'un gazon ras ou de buissons rabougris, forme un ruban large d'une centaine de mètres au plus.

Il convient toutefois de mentionner à proximité des lagunes, notamment aux environs des villages de! Dabou, Bingerville, Mbonoi, Mossou, Assinie, etc., l'existence de véritables savanes présentant çà et là quelques petits bosquets et ayant une étendue qui va parfois à plusieurs centaines d'hectares. Ces grandes prairies verdoyantes non marécageuses reposent sur un sol argilo-sablonneux stérile. Leur flore rappelle beaucoup celle du bas Dahomey et de Lagos. Comme herbes, quatre ou cinq espèces d'*Andropogon* dominent et ces graminées sont incendiés chaque année. Nous ne croyons pas que la grande forêt ait jamais occupé ces terrains et il nous semble bien certain que l'homme ne les a pas défrichés, car ils ne se prêtent à aucune culture. L'origine de ces savanes des lagunes de la Côte d'Ivoire nous paraît donc des plus mystérieuses.

Composition de la forêt vierge. — La végétation arborescente s'étend d'une façon continue sur les 120.000 kilomètres carrés que nous avons assignés comme étendue à la forêt. Il va sans dire qu'elle se poursuit à travers la République de Libéria d'un côté et à travers la Gold Coast de l'autre.

Tous les arbres sont reliés les uns aux autres par d'épais rideaux de lianes qui donnent ainsi au dessus de la voûte l'aspect d'une immense mer verte moutonnée. Cette voûte s'élève à 30 ou 35 mètres de hauteur en moyenne, mais çà et là, émergent des arbres ayant jusqu'à 40, 50 et 60 mètres de hauteur.

Sous la voûte des grands arbres on trouve ordinairement un étage inférieur d'arbres plus petits à demi étiolés. Enfin, à quelques mètres au-dessus du sol, les arbustes, les lianes herbacées forment un troisième étage, sinon aussi imposant que le premier, du moins aussi compact, de sorte que la lumière qui parvient jusqu'au sol est excessivement atténuée. Aussi on n'observe point à la surface de la terre de la forêt vierge ce manteau verdoyant de mousses, de fougères, de graminées. parfois de bruyères qui tapisse nos bois d'Europe. A l'exception des Zingibéracées géantes qui foisonnent dans les endroits un peu éclairés, le sol de la grande forêt est généralement nu ou garni çà et là de quelques petites plantes rampantes adaptées à ce genre de vie (surtout des *Geophila* et quelques Acanthacées) aux feuilles souvent violacées et disposées de manière à recueillir le maximum de radiations lumineuses. Les feuilles mortes sont rares à la surface du sol. Presque aussitôt tombées elles sont attaquées par des termites ou envahies par des mycéliums de champignons et bientôt détruites. L'un des mycéliums qui couvre à la saison des pluies tous les débris végétaux morts est phosphorescent, de sorte que le sol de la forêt répand la nuit une pâle clarté (1).

Le nombre des espèces botaniques (phanérogames) qui peuplent le pays (2) est d'environ 1.500 à 2.000.

L'étude de l'herbier très important que nous avons recueilli n'est pas encore assez avancée pour que nous puissions faire un exposé précis de la flore.

Cependant on peut grouper les espèces dans les catégories suivantes :

Grands arbres (de 20 à 50 m. de haut).........	300 à	400	espèces.
Arbustes et petits arbres (de 5 à 15 m. de haut)	300	400	—
Grandes lianes ligneuses....................	100	150	—
Lianes herbacées et plantes grimpantes	150 .	175	—
Plantes herbacées terrestres.................	200	300	—
Plantes herbacées aquatiques et de marais	50	75	—
Plantes épiphytes...........................	100	200	—
Parasites (*Loranthus*, etc.)...............	10	15	—
Plantes herbacées vivant dans les cultures.....	100	150	—
Plantes cultivées ou naturalisées	40	50	—
Totaux.........	1.350 à	1.915	espèces.

Les palmiers ne sont pas très répandus comme espèces, mais les individus abondent. C'est à tort que l'on a signalé le cocotier comme un palmier de la forêt. Il n'est pas spontané en Afrique occidentale et il a été répandu le long de la mer par

1) Ce phénomène de phosphorescence avait déjà été constaté par d'OLLONE dans le bas Cavally, au village de Néka (*De la Côte d'Ivoire au Soudan et à la Guinée*, 1901, p. 50). Il est très général et nous l'avons observé presque toutes les nuits pendant la saison des pluies.

2) Nous exceptons les savanes des lagunes et la grande brousse du nord de la forêt.

les Portugais, il y a quelques siècles : il n'existe qu'à proximité des villages et jamais en forêt. Nous considérons le Palmier à huile (*Elæis guineensis*) comme une plante domestiquée dont nous ignorons l'origine qui est certainement africaine. Il est fréquent en beaucoup d'endroits, mais on le rencontre exclusivement autour des villages, dans les terrains cultivés, et, lorsqu'il croît en forêt, c'est toujours sur l'emplacement de cultures ou de villages abandonnés.

Au contraire, les *Raphia* sont bien des palmiers de la forêt vierge. Une espèce de grande taille croît en grande quantité dans les parties marécageuses peu boisées. Enfin citons les palmiers-lianes ou rotins (*Calamus, Oncocalamus*, etc.), très abondants et tous épineux, qui sont un des principaux obstacles à la circulation dans les sous-bois.

Produits de la forêt. — L'homme n'utilise encore qu'une faible partie des ressources forestières de la Côte d'Ivoire. Le palmier *Elæis* fournit l'huile de palme (5.000 à 6.000 tonnes par an pour l'exportation, et il s'en consomme sur place une quantité presque égale) et les amandes de palme (3.000 à 4.000 tonnes). Le caoutchouc est aujourd'hui le principal produit d'exportation de la colonie. Les statistiques indiquent une sortie annuelle d'environ 1.500 tonnes. La zone des savanes au nord en fournit 600 tonnes et la forêt 900 tonnes (chiffres approximatifs). Le caoutchouc de la forêt est retiré d'un arbre, le *Funtumia elastica* Stapf, arbre commun dans une zone occupant un degré et demi de large et éloignée de 80 à 100 kilomètres de la côte (voir fig. 57).

L'arbre résiste rarement aux saignées des indigènes, mais il se répand naturellement par ses graines munies d'aigrettes et transportées par le vent. Des lianes fréquentes en forêt produisent aussi la précieuse gomme, mais elles sont encore peu exploitées. Les deux espèces forestières qui se recommandent par la qualité du produit sont le *Landolphia owariensis* P. B. et le *Clitandra elastica* A. Chev.

Les bois d'ébénisterie, de menuiserie et de charpente auxquels est consacrée cette monographie constituent la principale source de richesse pour l'avenir. Jusqu'à ce jour, on s'est contenté d'exploiter l'acajou et ce commerce a pris naissance en

Afrique occidentale il y a vingt ans seulement. Actuellement, cette contrée exporte 75.000 tonnes par an, c'est-à-dire la moitié de l'acajou consommé dans le monde chaque année, et la Côte d'Ivoire, à elle seule, fournit annuellement environ 15.000 tonnes.

Après les bois, un des produits de la forêt appelé à un grand avenir est la noix de kola. Ces noix constituent les amandes du fruit de l'arbre nommé *Cola vera* K. Schum. Il en existe plusieurs variétés, mais la plus prisée vit incontestablement à l'état sauvage dans la forêt de la Côte d'Ivoire. Ces arbres ont été domestiqués par les principales peuplades forestières, de de sorte qu'on rencontre les kolatiers en densité beaucoup plus grande autour de chaque village sur la lisière nord de la forêt, principalement sur la frontière du Libéria, chez les Bétés du Sassandra, chez les Los ou Gouros du Bandama, enfin dans l'Anno.

Au sud du 6° de lat. N. on ne trouve plus que des kolatiers sauvages.

La forêt renferme encore un grand nombre d'arbres à graines oléagineuses, des palmiers fournissant du rafia et des fibres de piassava, des copaliers.

Caractères des principales régions forestières.

Région traversée par le chemin de fer et vallée de l'Agniéby. — Au nord de la lagune Ebrié et jusqu'au 6° de lat. N., s'étend un pays peu peuplé dont les habitants constituent le groupe des Abès, qui sont vraisemblablement parmi les plus anciens autochtones de la forêt. En général de petite taille, de médiocre intelligence, très sédentaires, de mœurs frustes, les Abès constituent une des races les plus primitives de la Côte d'Ivoire ; leurs villages composés de cases rectangulaires basses avec des murs en planches de *Mussanga*, bois tendre et facile à travailler, sont fort miséreux là où ne s'est pas fait sentir l'influence des conquérants Agnis. Cette région, traversée par les 100 premiers kilomètres de la voie, est à coup sûr à l'heure actuelle la partie la plus pauvre de la colonie.

Vers le kilomètre 120, dans la région de Tranou, apparaissent des savanes dans la forêt ; enfin, après le Nzi elle disparaît, et, la grande brousse lui succède.

La rivière Agniéby, qui coupe le chemin de fer au kilomètre 82 et tombe dans la Lagune Ebrié près de Dabou, traverse un pays plus peuplé, mais où la forêt vierge a subsisté en dehors de l'abord des villages. Depuis une dizaine d'années, c'est surtout sur ses rives qu'opèrent les coupeurs de billes d'acajou ; avant la construction du chemin de fer, ils avaient remonté la rivière jusqu'à une centaine de kilomètres de son embouchure. Les crues, très irrégulières, ne permettent pas tous les ans l'évacuation des arbres abattus, de sorte qu'un grand nombre de troncs pourris encombrent aujourd'hui les sentiers joignant les villages les uns aux autres.

Attié, région du Bas Comoé, Indénié et Sanwi. — Pour voir la forêt vierge dans toute sa splendeur, il faut se rendre dans l'Attié. Entre Memni et Alépé elle se présente sous l'aspect de véritables futaies formées d'arbres de grande taille, entre lesquels on peut circuler facilement, car les buissons du sous-bois sont relativement clairsemés et les palmiers-lianes y sont rares. L'intérieur de l'Attié est encore presque complètement inexploré ; c'est vraisemblablement un pays riche, si l'on en juge par les environs d'Alépé où la traite des palmistes et de l'huile de palme se fait sur une grande échelle.

Alépé est le point terminus de la navigation à vapeur sur le Comoé. Jusqu'à Mbasso, à 15 kilomètres de Zaranou, et, sans doute beaucoup plus haut, le fleuve déroule son cours au milieu d'une infinité de barrages de rochers ; il baigne une région qui a dû être autrefois très cultivée si l'on en juge par la flore appauvrie des rives.

L'Indénié est célèbre par ses alluvions aurifères ; l'exploitation fut autrefois active, ainsi qu'en témoigne l'abondance des fosses qui trouent le sol de la forêt. Les indigènes ont renoncé à la recherche de l'or ; ils trouvent plus de profit à l'exploitation du caoutchouc de *Funtumia* très abondant. Aujourd'hui une importante route de caravanes sur laquelle circulent à la saison sèche des milliers de Dioulas, d'Agnis et d'Apolloniens, traverse la forêt dans toute sa largeur et réunit Bondoukou à Aboisso, important marché installé sur la rivière Bia où l'on traite 600 tonnes de caoutchouc par an.

Fréquemment des vapeurs font le service sur la lagune Aby et mettent en rapport Aboisso avec Assinie qui n'est plus qu'un point de transit pour l'embarquement du caoutchouc et de l'acajou.

Sassandra et Cavally. — La partie occidentale de la Côte d'Ivoire est actuellement la moins explorée. Trois itinéraires seulement ont coupé la forêt du nord au sud, celui de MM. HOSTAINS et d'OLLONE, celui de M. l'administrateur G. THOMANN (Sassandra), refait plus tard par M. le lieutenant PIERRE et le Dr COMBE, enfin tout récemment le double itinéraire de M. l'administrateur JOULIA (Cavally et frontière libérienne). M. le capitaine SCHIFFER, depuis vingt mois, a circulé à travers presque tous les cantons du Sassandra et la géographie tirera certainement le plus grand profit de ses voyages lorsqu'il pourra mettre à jour les documents qu'il a recueillis. Nous avons eu la bonne fortune de voyager pendant trois semaines avec ce vaillant officier, entre le moyen Sassandra et le moyen Cavally, effectuant pour la première fois la jonction de ces deux fleuves. Soubré, est le point du Sassandra où se concentre actuellement le commerce du caoutchouc de *Funtumia* très abondant jusqu'à Daloa (Fort-Lecœur). Partis de Soubré le 26 juin, nous avons atteint Kéeta, le premier village Bakoué situé au bord du Cavally le 8 juillet ; nous avons mis ainsi douze jours pour effectuer un parcours de moins de 100 kilomètres, à travers une forêt absolument vierge, n'ayant d'autres habitants que les singes, les éléphants et les sangliers. Il est impossible de décrire ce qu'est un tel voyage pendant la saison des pluies. Dans toutes les dépressions où vit le *Raphia* l'eau s'est accumulée et on marche à travers une boue noire encombrée de racines, en franchissant parfois moins d'un kilomètre par heure ; les moindres ruisseaux asséchés dès la fin de l'hivernage sont en cette saison des torrents impétueux coulant entre les troncs d'arbres et leurs eaux qu'il faut franchir s'étalent à des centaines de mètres, masquant le sentier au milieux des palmiers épineux. Ces bourbiers sont le paradis du petit hippopotame de Libéria

(*Hippopotamus liberiensis*) fréquent en cette région, mais rarement visible. On ne voit ni Palmiers à huile ni *Funtumia* dans cette zone inhabitée ; en revanche le colatier et le Caféier nain (*Coffea humilis* A. Chev.) bien spontanés y sont fréquents. Les arbres à caoutchouc réapparaissent dans la vallée du Cavally et y sont communs jusqu'au nouveau poste de Fort-Binger situé sur la rivière Hana.

Avant de revenir à la côte en longeant la frontière libérienne, il nous fut possible de faire la première ascension du mont Niénokoué dont le capitaine d'OLLONE n'avait pu s'approcher. C'est une énorme masse de granite qui se dresse brusquement au bord de la rivière Hana, à plus de 400 mètres de hauteur au-dessus du pays environnant. De toutes parts ses parois s'élèvent presque verticalement et on ne peut accéder au sommet que du côté de la rivière ; là, il existe une pente raide entièrement couverte d'une grande herbe de la famille des Cypéracées, croissant par grosses mottes rivées à la roche et formant une prairie continue jusqu'au sommet où elle recouvre ainsi tous les espaces rocheux. La partie culminante du mont Niénokoué est un plateau de plusieurs kilomètres d'étendue ; la végétation n'appartient plus au type forêt, mais elle se compose de savanes et de grande brousse. Sur les bords de l'escarpement de ce plateau, nous découvrons un tableau féerique. A nos pieds se déroule la forêt ; son vaste manteau moutonné, taché de blanc là où certaines lianes sont en fleurs, s'expose aux regards jusqu'à 40 ou 50 kilomètres de distance. Quelques pitons et plateaux violacés, analogues probablement à celui sur lequel nous nous trouvons, pointent à l'horizon vers le nord et le nord-ouest, et, ce sont les seuls accidents qui tranchent sur la monotonie de la forêt vierge, qui apparaît là dans toute son immense et superbe majesté.

CHAPITRE IV.

L'appauvrissement de la forêt et les régions exploitables.

Si fournies que soient les forêts vierges, si grande que soit la poussée de la végétation dans les pays tropicaux humides, ces forêts ne sont point inépuisables.

Elles disparaissent de la surface du globe exactement comme les forêts des pays tempérés et là encore c'est l'homme qui est le grand dévastateur, et c'est la cognée, c'est-à-dire l'abattage radical qui est la seul cause de disparition des forêts d'un pays.

Il n'est pas douteux que la forêt vierge africaine s'est étendue bien au de là de ses limites actuelles, les galeries forestières que l'on trouve dans les ravins où coulent des rivières torren-tielles et celles que l'on voit sur les flancs de certaines collines, galeries renfermant des espèces botaniques identiques à celles qu'on trouve dans la forêt proprement dite, sont les derniers témoins de cette grande extension ancienne.

Contrairement à une opinion très souvent admise, ce n'est pas le feu de la brousse qui a fait reculer la forêt tropicale. La brousse ne se développe que là où la forêt a été abattue, et c'est la brousse seule qui peut brûler, car elle est constituée par des graminées et d'autres plantes dont les parties aériennes se dessèchent à certaines époques et peuvent brûler avec la plus grande facilité.

Au contraire, dans la forêt vierge, l'incendie des herbes ne sévit jamais. Si on met le feu au pied d'un arbre, ce seul arbre a son tronc brûlé, les autres arbres les plus voisins ne sont pas endommagés. Dans les sous-bois de la forêt tropicale il n'y a

ni herbes, ni feuilles sèches, ni résineux permettant la propa
gation du feu. Là où la forêt n'existe plus et où l'on trouve
cependant des traces de son existence ancienne, il est incontes-
table que l'homme l'a fait disparaître en coupant des arbres
pour établir des cultures.

A l'époque historique on connait des exemples remarquables
de forêts tropicales supprimées par les défrichements.

Dès le milieu du XVIII° siècle, le gouverneur POIVRE déplorait
déjà les ravages occasionnés par la déforestation à l'Ile de
France et précurseur de ce qui a été fait par la suite en Europe, il invitait les habitants à faire du reboisement : « La
nature avait tout fait pour l'Ile de France, les hommes y ont
tout détruit. Les forêts magnifiques qui couvraient le sol, ébran-
laient autrefois par leurs mouvements les nuages passagers et
les déterminaient à se résoudre en une pluie féconde ; les terres
qui sont encore en friche, n'ont pas cessé d'éprouver les mêmes
faveurs de la nature ; mais les plaines qui furent les premières
défrichées, et qui le furent par le feu, sans aucune réserve de
bois, pour conserver au moins l'abri aux récoltes et une communication avec les forêts, sont aujourd'hui d'une aridité sur-
prenante, et par conséquent beaucoup moins fertiles : les rivières mêmes, considérablement diminuées, ne suffisent pas toute
l'année à abreuver leurs rives altérées : le ciel en leur refusant
les pluies, abondantes ailleurs, semble y venger les outrages
faits à la nature et à la raison (1) ». Et dans un discours resté
célèbre, POIVRE encourageait les habitants à défricher « avec la
plus grande économie de bois » en ménageant des réserves sur
la bordure des plantations et il conseillait de replanter des bois
dans les terres anciennement dévastées par le feu.

En beaucoup de parties du continent africain, les populations
indigènes ont également dévasté ou anéanti la forêt primitive
pour faire leurs cultures. A la Côte d'Ivoire le mal est moins
grand parce que la population est très clairsemée et peut être
aussi par ce que des nuages formés dans le golfe de Guinée
viennent une grande partie de l'année crever entre la mer et les
plateaux soudanais, entretenant ainsi une constante humidité
très favorable à la végétation.

(1) Pierre POIVRE. — Voyages d'un philosophe, p. 123.

Cependant il ne faut pas se dissimuler que le mal existe déjà et beaucoup de territoires de cette colonie considérés comme occupés par la forêt primitive, sont en réalité recouverts d'une forêt très pauvre en essences utilisables, forêt qui s'est reconstituée sur l'emplacement des anciennes cultures indigènes.

Nous croyons qu'il n'est pas exagéré de regarder la moitié de la surface de la prétendue forêt vierge comme occupée par cette forêt de nouvelle formation, beaucoup moins riche en bois.

La vraie forêt vierge ne couvrirait donc que 60.000 kilomètres carrés à la Côte d'Ivoire, sur les 120.000 qu'elle paraît occuper.

C'est une erreur très accréditée chez beaucoup de coloniaux de la Côte d'Ivoire de croire que la forêt est inépuisable. On peut la détruire en certains points pour faire des cultures, elle se reforme dit-on avec la même composition. Dans son étude sur le Cercle de Khorogo, M. DELAFOSSE exprime cette opinion en ces termes :

« Lorsqu'un terrain a été déboisé et défriché en vue de cul-« tures et qu'ensuite il est abandonné à lui-même, il reprend « toujours l'aspect qu'il avait avant le défrichement ; si c'est « un lambeau de forêt dense, il redevient forêt dense... » (1). »

Quelques années plus tôt, le commandant HOUDAILLE avait écrit avec plus d'optimisme encore :

« Lorsqu'on aura extrait annuellement de la Côte d'Ivoire « 300.000 mètres cubes de bois ce qui représente le charge-« ment complet de 200 navires, on n'aura enlevé que la millième « partie de la richesse forestière comprise entre la Bandama et « la Côte d'Or anglaise.

« On peut donc pendant 100 ans mettre la forêt en coupe « réglée sans que l'aspect du pays soit modifié ».

Ces affirmations ne reposent sur aucune base scientifique et la vérité est malheureusement toute autre.

Tous ceux qui se sont occupés d'études forestières savent avec quelle rapidité nos forêts d'Europe s'appauvrissent lorsque l'homme puise dedans d'une façon désordonnée s'il n'intervient point ensuite pour rétablir l'équilibre qu'il a fait disparaître.

(1) La Côte d'Ivoire, p. 341.

Ce phénomène bien connu pour les forêts des pays tempérés, se reproduit avec une intensité encore plus grande dans les forêts tropicales. Les peuplements naturels de la forêt vierge constituent des sortes d'associations d'espèces végétales très diverses vivant côte à côte et qui sont parvenues à éliminer par leur groupement une foule d'autres végétaux qui existent toujours çà et là à travers la forêt.

Dès que l'homme pratique des trouées dans la forêt, l'équilibre est détruit. Les germinations de graines apportées par le vent, par les eaux de ruissellement ou par les animaux, et qui mouraient auparavant étouffées par l'épaisse voûte forestière, se développent en grande quantité sur les emplacements qui se sont trouvés subitement exposés à la lumière.

La lutte pour la vie que soutiennent ces plantes ne se présente plus dans les mêmes conditions. Ce sont les individus qui arrivent à s'élever le plus haut en le moins de temps qui étoufferont les autres et les élimineront complètement. Or, les arbres qui s'accroissent le plus rapidement sont ceux qui ont le bois le plus tendre et qui en général, sont les moins utiles à l'homme. En très peu de temps, certains arbres à bois mou et inutilisable, tels que les *fromagers*, les *Bombax*, les *Anthocleista*, les *Funtumia* et surtout le *Mussanga* ou *parasolier*, cet arbre à feuilles digitées, très décoratif mais presque sans utilité, ont réoccupé les espaces déboisés et en 7 ou 8 ans atteignent déjà 25 mètres de haut. Les clairières se trouvent ainsi effacées et la forêt semble avoir reconquis sa place.

Cette nouvelle forêt reconstituée naturellement sur tous les emplacements des anciennes cultures et d'anciens villages est tout aussi épaisses, tout aussi élevée que la forêt vierge et un observateur non familiarisé avec les essences qui entrent dans la composition de ces boisements, n'y ferait pas de différence. Cependant sa composition n'est plus du tout la même. Les essences qui s'implantent si facilement sur un terrain déboisé puis abandonné à lui-même, ont toutes un bois mou sans valeur et les essences de valeur ne sont même plus représentées par des jeunes plants permettant de reconstituer la grande forêt dans des périodes lointaines.

Les espaces, où la forêt primitive a disparu et est réoccupée par une forêt bien moins riche en espèces d'arbres, tiennent déjà une très grande place qu'il n'est pas exagéré d'évaluer à la moitié de l'étendue totale de la forêt. Des cantons entiers dans l'Indénié et dans la vallée du Comoé, presque tout le bas Cavally jusqu'à Grabo, les abords de tous les villages de la forêt sur un rayon assez vaste ont déjà perdu leur forêt primitive et n'ont plus que la forêt qui a repoussé après les abattages pratiqués par l'homme, forêt très pauvre en essences utilisables. Et d'année en année, l'indigène déboise davantage pour étendre ses cultures.

Voici par exemple ce qui se passe dans le Bas-Cavally : là le riz est la base de la nourriture des indigènes. En tenant compte de la quantité énorme qui est perdue sur pied ou mangée par les rats, il faut évaluer à 500 kilog. la récolte nécessaire pour faire vivre un individu pendant une année. Par suite de la culture défectueuse, le riz dans ce pays est peu productif.

Nous pensons qu'il faut cultiver environ un hectare pour récolter 500 kilog. Or, pour faire leurs cultures, les indigènes procèdent de la façon suivante : ils défrichent un coin de la forêt qui a été cultivé autrefois, par conséquent qui n'est plus vierge. La récolte faite ils abandonnent ce terrain devenu fétiche disent-ils, en réalité épuisé, pour une période de 15 ans au moins, c'est-à-dire jusqu'à ce que de grands arbres aient repoussé sur l'emplacement.

Pour aucun motif on ne passera outre à cette règle ; celui qui l'enfreindrait serait sacrilège. L'année suivante on ira donc chercher un terrain ailleurs et ainsi de suite. Ce n'est qu'après une longue période qu'on reviendra au premier terrain et pour y faire une seule récolte encore.

Un vieillard Tépo, pour nous dire qu'il était très vieux, nous raconta qu'il avait vu faire le riz quatre fois au même endroit dans sa vie. Il pouvait avoir en effet 70 ans. Voilà donc des terrains qui ne donnent que 6 à 8 récoltes dans un siècle.

Dans ces conditions un village comptant seulement 200 habitants, en admettant que le nombre des habitants reste toujours stationnaire, doit cultiver de temps immémorial et à longues périodes, environ 3.000 hectares, c'est-à-dire 30 kilomètres carrés. Ce chiffre n'est certainement pas exagéré, car autour des villages comptant ce nombre d'habitants la forêt primitive est détruite sur un rayon de 5 à 7 kilomètres.

Et comme, en outre, à la suite de guerres et d'exodes, les villages se sont fréquemment déplacés, la forêt vierge a singulièrement diminué et elle ne s'observe pour ainsi dire plus que sur les terrains trop pierreux ou trop inondés à la saison des pluies pour être cultivés, ou dans certains districts comme ceux compris entre les fleuves Sassandra et Cavally, qui n'ont probablement jamais été habités.

La forêt vierge ira ainsi en s'appauvrissant d'année en année, tant que les indigènes continueront à déplacer leurs cultures aussi fréquemment.

Le remède est dans l'amélioration de leurs procédés de cultures, amélioration qui leur donnera des récoltes plus fortes pour un plus petit espace cultivé et qui s'accomplira progressivement sous l'action de la civilisation.

Mais le remède ne sera sans doute pas suffisant et si notre administration n'intervient pas un jour pour délimiter des terrains (réserves forestières), qui seront soustraits aux dévastations des indigènes et au contraire entretenues de manière à donner la prédominance aux essences précieuses, il est certain que la forêt continuera à subsister, mais elle ne contiendra presque plus d'arbres utilisables.

Ce n'est pas seulement contre les déprédations causées par l'extension des cultures indigènes qu'il faut protéger la forêt, c'est aussi contre l'exploitation désordonnée à laquelle se livrent les coupeurs d'acajou, européens comme indigènes. Jusqu'à l'année 1907, ces exploitants se sont livrés à un véritable pillage (le mot n'est pas exagéré) de la forêt de la colonie, c'est-à-dire du domaine public.

Quiconque avait quelques capitaux ou seulement des manœuvres pour le paiement desquels on escomptait parfois la vente future du bois, se livrait n'importe où et selon sa fantaisie à l'abattage de ces magnifiques troncs millénaires de *Khaya*.

Il les débitait en tronçons de 4 à 5 mètres, les marquait à son chiffre commercial et allait en couper d'autres plus loin. Lorsqu'arrivait la saison des pluies, le coupeur de billes n'avait souvent plus les ressources nécessaires pour faire traîner ces bois à la rivière la plus voisine. Ou bien encore il s'apercevait que les cours d'eau, sur lesquels il avait compté, étaient trop insignifiants pour être utilisés et les billes, dans les deux cas, restaient abandonnées dans la forêt et au bout de quelque temps elles n'avaient plus aucune valeur. On doit surtout reprocher à ces coupeurs de billes d'avoir péché par imprévoyance et ils furent ordinairement les premières victimes de leurs erreurs. Tout autre fût la conduite de certains gros exploitants d'acajou, qui envoyèrent des équipes de coupeurs de bois dans des régions déterminées, avec l'ordre d'abattre tous les acajous qu'ils rencontraient.

Les coupeurs rapportaient ensuite un échantillon de chacun des arbres renversés et ce n'est que lorsque le bois était reconnu comme figuré, c'est-à-dire comme ayant une grande valeur, qu'on se décidait à prendre les mesures pour le faire traîner à la rivière la plus proche. La plus grande partie des troncs renversés restaient ainsi sans utilisation.

Tous ces abattages pratiqués avec une telle insouciance ont beaucoup appauvri la forêt en acajou, surtout dans les régions littorales, c'est-à-dire celles qui sont les plus facilement exploitables. Au cours de nos itinéraires nous avons aperçu presque partout des billes de ce bois précieux, abandonnées en très grand nombre et aujourd'hui irrémédiablement perdues : le long du chemin de fer, au bord des Lagunes, sur presque tout le cours de l'Agniéby, dans le Sanwi, dans le Bas-Sassandra et tout le long de la côte occidentale de Bliéron à Bériby.

Il n'est pas exagéré d'affirmer que l'acajou exporté depuis une douzaine d'années et dont il est facile d'évaluer la valeur d'après les statistiques de la douane, représente à peine l'équivalent de ce qui a été abandonné après avoir été abattu en pure perte.

Il n'est guère douteux que si l'Administration faisait surveiller par un corps de forestiers, l'exploitation des bois du domaine public, ainsi que cela se pratique en Algérie et en France, elle aurait la possibilité — tout en couvrant ses frais à l'aide d'une minime redevance demandée aux exploitants — d'apporter d'année en année des améliorations à l'exploitation actuelle et elle pourrait ainsi assurer le peuplement normal des

régions forestières mises en coupe réglée. Elle pourrait aussi
se réserver l'exploitation dans une zône déterminée d'étendue
limitée, zône où nos ingénieurs forestiers feraient de la coupe
méthodique et du reboisement. Les bois provenant de ces abattages seraient naturellement vendus dans la colonie en adju-
dication, après qu'ils auraient été amenés au bord des voies
d'évacuation : rivières ou chemin de fer.

Le principal avantage d'une telle organisation serait la constitution d'un corps sérieux de forestiers indigènes et de bûcherons, qui pourraient être mis ensuite à la disposition des
particuliers se livrant pour leur propre compte à l'exploitation
des bois. Ce serait un établissement dans le genre du *School
Circle*, de Dhera Dùm, dans les Indes orientales, où se recru-
tent aujourd'hui la plupart des forestiers de l'Empire des Indes,
ainsi que les agents indigènes subalternes placés sous leurs
ordres. C'est en somme une sorte d'école forestière essentiellement pratique, à laquelle est annexé un groupe de forêts
avoisinantes, dont l'exploitation est dirigée par les professeurs
eux-mêmes et sert de champ d'études aux jeunes forestiers. Il
comprend 564.016 acres de forêt (plus de 2.250 kilomètres
carrés, soit $\frac{1}{50}$ de la forêt de la Côte d'Ivoire), et il donne un
revenu annuel d'environ 600.000 francs.

C'est là qu'ont été formés une partie des 400 ingénieurs forestiers des Indes et les très nombreux gardes indigènes qui les
secondent. Une réserve ainsi aménagée et exploitée en Afrique
occidentale réduirait peu le champ où peut s'exercer l'initiative
privée et elle aurait le grand avantage de ménager l'avenir.

Quant à l'affermage de l'exploitation forestière à des particuliers, sous certaines conditions, il se pratique sans difficultés
dans l'Inde, à Java, à la Guyane hollandaise et même en
certains pays de l'Europe, et nous ne voyons pas pourquoi il
ne pourrait pas être pratiqué dans nos colonies pour l'exploitation des forêts du domaine public. L'abattage des arbres dans
les pays que nous avons cités est surveillé par des agents de
l'Etat, qui marquent préalablement les arbres en état d'être
coupés. Le fermier paie ensuite une redevance proportionnelle
au nombre et à la qualité des arbres abattus, et de cette façon,

le service forestier peut faire planter de jeunes arbres à la place de ceux qui ont été enlevés. Les forêts de *teck* de la Birmanie sont ainsi mis en coupe régulière et certains peuplements artificiels de ce pays sont déjà âgés d'une quarantaine d'années et pourront être exploités dans un temps peu éloigné.

Un tel système a été inauguré dans la Nigéria du Sud il y a quelques années. Il fonctionnait déjà en 1905 lorsque nous avons visité cette colonie et tout le monde s'en montrait satisfait. Chaque arbre d'ébénisterie était abattu après avoir été marqué par un agent de l'Administration ; le fermier versait une somme de 12 fr. 50 par arbre, somme qui était employée à planter des jeunes arbres, non sur l'emplacement où avait été enlevé le bois, mais sur des réserves spécialement aménagées.

Quoiqu'il en soit il est bon de se préoccuper dès maintenaut de l'appauvrissement lent mais certain de la forêt de l'Ouest africain. Il n'est évidemment pas utile de la conserver partout où elle existe, mais il y aurait lieu d'aménager sans retard des réserves où les abattages se feront méthodiquement et où l'on mettrait à la place des arbres enlevés, des semis destinés à reconstituer la forêt, en ne plantant naturellement que les essences utiles.

Un tel service forestier s'il était bien dirigé, au lieu d'imposer des charges au budget local de la colonie, devrait donner des excédents par la vente du bois abattu dans la réserve. Enfin, il aurait l'avantage d'être une sorte d'exploitation modèle où les particuliers seraient mis au courant de procédés de coupe et de vidange moins rudimentaires que ceux qui existent actuellement.

L'argument de M. HOUDAILLE prétendant qu'on peut exploiter la forêt de la Côte d'Ivoire pendant un siècle sans l'appauvrir est exclusivement mathématique.

Si l'on admet le chiffre de MACAIRE, c'est-à-dire un rendement en bois de 50 ^{mc} à l'hectare, qui ne nous paraît pas exagéré, même pour la forêt de nouvelle formation, c'est à 600 millions de stères qu'il faut évaluer la quantité de bois qui existe actuellement sur pied, et il est en effet certain qu'en sortant 300.000 ^{mc} on en retirerait seulement la deux millième partie. Mais comment appliquer un raisonnement mathématique à une chose aussi variable que la composition d'une forêt tropicale ? D'autre part, dans cette immense sylve, la plupart des régions ne sont pas exploitables par suite de leur éloignement des cours d'eau flottables ou d'autres voies d'évacuation. Enfin, le rendement d'une forêt qui ne contient que 50 stères de bois utilisable à l'hectare et qui met de 60 à 150 ans pour produire des arbres adultes n'est pas suffisant pour qu'on puisse couvrir cette forêt d'une infinité de voies ferrées destinées seulement à l'évacuation du bois.

A moins de perfectionnement dans les procédés de transport, qu'il est impossible de soupçonner aujourd'hui, il faut donc admettre qu'une très grande partie de la forêt de la Côte d'Ivoire échappera pendant longtemps à l'exploitation industrielle. Nous ne devons donc nous occuper pour le moment que des régions de la forêt où il existe des possibilités d'exploitation.

Or ces régions ne sont pas extraordinairement étendues et leur ensemble, à notre avis, représente tout au plus la dixième partie de la forêt. Même dans cette surface de 12.000 kilomètres carrés, tous les arbres sont loin d'être exploitables. Certaines essences trouvant leur emploi dans la menuiserie courante ou dans la fabrication de la pâte à papier ne peuvent être convenablement exploités que dans des régions d'accès très facile et à la condition que le fret maritime soit abaissé dans des proportions qu'il n'est guère possible de soupçonner aujourd'hui.

Actuellement, on ne peut aller chercher même les bois d'ébénisterie à plus de 2 kilomètres des rivières ou du chemin de fer, de sorte que la zone à exploiter se limite, en somme, à un étroit ruban au bord des lagunes et de chaque côté des rivières qui débouchent à la mer, ainsi que le long de leurs affluents, pourvu que ceux-ci soient peu éloignés de la mer. Aucune rivière ne nous semble pour le moment exploitable à plus de 150 kilom. de l'Océan.

On sait qu'il ne faut pas compter sur la traction animale, puisqu'aucun équidé ne peut vivre dans la forêt africaine.

Il en résulte que le champ où l'on peut exploiter les bois ordinaires, c'est-à-dire ceux qui sont utilisables pour la charpente et la menuiserie, est, en somme, très limité : il ne doit pas s'écarter beaucoup de la mer, des lagunes, du chemin de fer ou du cours inférieur des grandes rivières.

La simple inspection de la carte annexée à cette étude permet de déterminer les régions qui se prêtent le mieux à l'exploitation. Nous signalerons tout particulièrement les bords du chemin de fer, de la rivière Bia, du Comoé, de l'Agniéby, du Bandama, du Sassandra, du San-Pédro, de la rivière de Tabou. Pour les bois valant plus de 100 francs la tonne, on peut certainement remonter aussi le long des affluents de ces rivières, mais il ne faudrait cependant pas exagérer l'étendue des territoires qui peuvent être exploités.

Du reste, même réduite aux proportions que nous avons indiquées plus haut, la partie de la forêt de la Côte d'Ivoire est encore très suffisante pour occuper l'activité de nombreux européens et pour alimenter un commerce d'exportation 10 fois plus élevé qu'il n'est actuellement.

Mais, pour arriver à des résultats intéressants, il est indispensable de substituer au procédé actuel de la *râfle des bois* de grande valeur, l'exploitation méthodique du plus grand nombre possible de bois, même des plus communs, en mettant en coupe réglée les parties accessibles et en reboisant ensuite à l'aide des essences qui ont le plus de valeur les parties de la forêt qui auront été dépouillées.

DEUXIÈME PARTIE.

L'Exploitation actuelle.

CHAPITRE PREMIER.

La consommation des bois en France.

La consommation des bois va chaque année en s'accroissant dans tous les pays du monde. L'emploi de plus en plus grand du fer dans les constructions ne l'a pas diminuée, les bois ayant trouvé depuis 30 années quantité de débouchés nouveaux.

Même dans les pays comme les Etats-Unis, qui semblaient renfermer des ressources inépuisables, on entrevoit un appauvrissement très prochain. Le service forestier de ce pays a publié récemment sur ce sujet des renseignements très intéressants. De 1880 à 1900, tandis que la population augmentait de 52 %, la consommation du bois s'élevait de 94 %. Elle était de 11^{mc}324 par tête d'habitant, lorsque la moyenne, pour l'Europe, est seulement de 1^{mc}698. De 1880 à 1900, la production des bois a passé de 510 millions de mètres cubes à 990 millions. Pour 1905, la valeur de cette production était estimée à 5 milliards cinq cents millions de francs.

Nous sommes loin, en France, de ces chiffres formidables.

La consommation va cependant en s'accroissant aussi d'année en année. On l'évalue actuellement à 250 millions de francs par an (valeur du bois brut), et nos forêts, en grande partie épuisées sont loin de suffire à la consommation nationale.

La France est tributaire de l'étranger pour les 2/3 de sa consommation, le 1/3 étant fourni par nos forêts.

Nous importons chaque année pour plus de 150 millions de bois ou de pâte à papier.

D'après M. GILLET, ces importations se répartissent, par pays, de la manière suivante :

Pays	Sortes de Bois.	Valeur en francs.
Suède et Norwège, Amérique.	Sapin	100 à 120 millions.
	Sapin, pitchpin. tulipier, chêne, acajou	50 millions.
Autriche-Hongrie,	Chêne et sapin	25 millions.
Russie,	Sapin	20 millions.
Colonies anglaises.	Teck et acajou	8 à 10 millions.

Ces chiffres diffèrent un peu de ceux qui sont fournis par le *Tableau général du Commerce et de la Navigation* de la Direction générale des Douanes pour 1905.

M. H. COURTET a relevé les chiffres de ces statistiques et les a présentés méthodiquement dans les tableaux ci-après :

Tableau A. — BOIS DE CONSTRUCTION.

Consommation en 1905 provenant de l'importation étrangère.

CHÊNE.

Tonne à 100 fr. —	Brut..	1.427 T =	162.700 fr.
— 100 fr. —	Traverses pour chemins de fer..........	45 T =	4.500 fr.
— 125 fr. —	Equarri ou scié à 80 m/m d'épaisseur au plus.......	5.349 T =	668.625 fr.
— 160 fr. —	Scié de 80 m/m à 35 m/m d'épaisseur.......	14.578 T =	2.332.680 fr.
— 175 fr. —	Scié de 35 m/m d'épaisseur et au-dessous........	26.722 T =	4.676.350 fr.
		48.116 T	7.823.855 fr.

NOYER.

Tonne à 200 fr. —	Brut..	1.325 T =	265.000 fr.
— 225 fr. —	Equarri ou scié à 80 m/m d'épaisseur au plus.....	586 T =	131.850 fr.
— 260 fr. —	Scié de 80 m/m à 35 m/m d'épaisseur........	641 T =	166.660 fr.
— 275 fr. —	Scié de 35 m/m d'épaisseur et au-dessous........	1.853 T =	509.575 fr.
		4.406 T	1 073.085 fr.

AUTRES BOIS.

Tonne à 75 fr. —	Brut..	38.077 T =	2.855.775 fr.
— 75 fr. —	Traverses pour chemin de fer..........	2.312 T =	173.400 fr.
— 100 fr. —	Equarri ou scié à 80 m/m d'épaisseur au plus......	91.529 T =	9.152.900 fr.
— 105 fr. —	Scié de 80 m/m à 35 m/m d'épaisseur.......	553.648 T =	58.182.515 fr.
— 110 fr. —	Scié de 35 m/m d'épaisseur et au-dessous........	394.255 T =	43.368.050 fr.
		1.079.816 T	113.682 640 fr.

122.579.580 fr.

La valeur des matières premières mentionnées dans ce tableau se ramène à 86 millions, si l'on ne tient pas compte de la plus-value acquise par les bois débités en planches et en traverses.

Il est aisé de s'en rendre compte par le tableau suivant :

CHÊNE............	48.116 т	à	100 fr. brut =	4.811.600 fr.
NOYER............	4.405 т	à	200 fr. brut =	811.000 fr.
AUTRES BOIS...	1.073.816 т	à	75 fr. brut =	80.986.200 fr.
	1.132.337 т			86.678.800 fr.

La valeur indiquée est le prix à l'arrivée dans le port ou les bureaux frontières de France, déductions faites des droits de douanes et des taxes intérieures, ainsi que des escomptes et usances adoptées par le commerce.

Tableau B. — BOIS D'ÉBÉNISTERIE EXOTIQUES.

Consommation en 1905.

BUIS. — Tonne à 130 francs.

Provenant de :	Tonnes.		Francs.	
Etranger...................	2.183	=	283.790	290.160 fr.
Côte occidentale d'Afrique ..	49	=	6.370	

ACAJOU. — Tonne à 180 francs.

Etranger...................	12.499	=	2.249.820	3.164.040 fr.
Côte occidentale d'Afrique..	5.070	=	914.220	
Autres colonies............	9			

AUTRES BOIS. — Tonne à 200 francs.

Etranger...................	11.362	=	2.272.400	3.258.600 fr.
Côte occidentale d'Afrique..	4.289	=	986.200	
Autres colonies............	643			

AUTRES BOIS. — Tonne à 250 francs.

Etranger...................	3.225	=	806.250	860.500 fr.
Colonies françaises........	217	=	54.250	
	39.545			7.573.300 fr.

Soit, en présentant ces chiffres d'une manière différente :

	Etranger		Côte occidentale d'Afrique		Autres colonies	
	Tonnes	Francs	Tonnes	Francs	Tonnes	Francs
BUIS à 130 fr.....	2.183	283.790	49	6.370	»	»
ACAJOU à 180 fr.	12.499	2.249.820	5.070	912.600	9	1.620
AUTRES à 200 fr.	11.362	2.272.400	4.288	857.600	643	128.600
AUTRES à 250 fr.	3.225	806.250	»	»	217	54.250
	29.269		9.407		869	
		5.612.260		1.776.570		184.470

7.573.300 fr.

Etranger .... 29.269 т
Côte occidentale d'Afrique 9.407 т
Autres colonies .... 869 т
_____
39.545 т

Tableau C. — PATE DE CELLULOSE (Pâte à papier).

Consommation en 1905 provenant de l'étranger.

Pâte mécanique .... 130.417.505 kgrs = 15.650.101 fr.
Pâte chimique.................... 92.269.598 kgrs = 21.222.008 fr.
_____
222.687.103 kgrs 36.872.109 fr.

En 1905, nous avons donc importé en France :

	Tonnes	Valeur en francs
Bois de construction	1.079.816	122.579.580
Bois d'ébénisterie (bois exotiques)..........	39.545	7.573.300
Totaux..............	1.119.361	130.152.880

A ces chiffres, il faut ajouter 222.687 tonnes de pâte à papier valant 36.872.109 fr., de sorte que nos importations totales se sont élevées à 167 millions de francs.

Les diverses sortes de bois dont nous avons le plus besoin en France sont les suivantes :

Sapin de diverses catégories, les sortes les plus communes étant employées pour la fabrication de la pâte à papier et valant seulement 15 fr. la tonne ; les sortes susceptibles d'être débitées en planches atteignent une valeur beaucoup plus grande. Il s'en fait une consommation considérable en France. Nous n'avons malheureusement aucun résineux dans nos colonies pouvant le remplacer.

Pin. — La menuiserie utilise aussi ce bois en quantité. Le *pin des Landes* trouve son emploi le plus courant dans le pavage des rues. La ville de Paris, à elle seule, en emploie près de 20.000 mètres cubes par an. Le prix du pin des Landes, livré en madriers sur wagons à l'usine du quai de Javel, transport à la charge de l'expéditeur, octroi et déchargement non compris, oscille aux environs de 50 francs le mètre cube. D'après M. Louis MAZEROLLE, ingénieur chargé de la fabrication des pavés, c'est un excellent bois de pavage ; sa durée est variable suivant l'importance de la circulation; dans les voies très fréquentées, il dure 6 à 8 ans ; dans les voies secondaires, de 8 à 12 ans ; en moyenne générale, sa durée d'existence est de 8 années. Ainsi que nous le verrons dans un prochain chapitre, certains bois de l'Afrique occidentale ont déjà été employés pour le pavage.

Pitchpin. — Ce bois nous vient des Etats-Unis. Il s'en fait une grande consommation, mais aucun de nos bois coloniaux n'est parvenu jusqu'à présent à le remplacer.

Les divers bois de France : le hêtre, le charme, le frêne, le tilleul, l'orme, l'acacia ont une valeur qui varie, pris en forêt, de 25 à 60 francs le mètre cube. Beaucoup de bois des forêts africaines leur ressemblent beaucoup, mais l'avenir seul dira s'ils pourront leur être substitués et si les prix de transport seront suffisamment bas pour qu'il y ait avantage à recourir à ces bois.

Chêne. — Notre industrie a principalement besoin du bois de chêne. Ainsi que nous l'avons vu plus haut, nous en importons de très grandes quantités d'Autriche-Hongrie et d'Amérique, et les réserves de chêne existant en Europe s'appauvrissent d'année en année. On sait que les belles pièces de ce bois ont une valeur qui oscille autour de 100 francs le mètre cube à l'état brut. Il existe à la Côte d'Ivoire des sortes de bois tout à fait similaires comme dureté et comme aspect, et c'est surtout cette catégorie de bois que nos colons auront intérêt à exploiter.

Les grandes compagnies de chemins de fer qui font une consommation très élevée de ces bois, apprécient surtout les pièces de grande dimension mesurant jusqu'à 12 m. et 15 m. de longueur.

Teck.— Quant au bois de *teck*, on sait qu'il provient surtout des forêts de Birmanie et de Java. Il atteint le prix de 200 à 300 francs la tonne. Les bois similaires du teck existant dans nos colonies et qui pourraient lui être substitués sont donc très intéressants.

Il en est de même du *noyer* évalué au prix moyen de 200 francs la tonne à l'état brut.

Si importants que soient les bois d'ébénisterie désignés dans les statistiques sous le nom de *bois exotiques* ou encore *bois des îles*, ils ne tiennent qu'une place secondaire dans notre commerce métropolitain. La France en importe seulement 40.000 à 50.000 tonnes par an, valant de 7 à 8 millions de francs.

On aura un aperçu des sortes qui sont importés chez nous par le tableau suivant que nous empruntons encore à COURTET (*Dépêche coloniale*, 21 juin 1907) ; COURTET l'avait extrait lui-même de la *Revue statistique de la Navigalion, du Commerce et de l'Industrie* publiée par la Chambre de commerce du Hâvre et qui donne les importations de *Bois exotiques* effectuées par ce port pendant quatre années :

Importations exprimées en tonnes de 1.000 kilogr.

	1903 Tonnes	1904 Tonnes	1905 Tonnes	1906 Tonnes
Acajou	8.079	15.747	19.717	17.718
Palissandre	2.252	1.693	781	255
Cédra, Tuxpan, Mexique et autres	715	743	680	2.249
Citron ou Espénille	267	439	256	226
Gaïac	666	552	1.110	1.271
Cèdre à crayons	1.304	696	1.000	544
Erable	287	346	379	569
Noyer	843	441	296	506
Buis	1.539	2.002	1.492	2.074
Bois de rose	38	22	15	35
Ebène	2.814	2.384	1.172	3.022
Divers	6.485	8.773	6.847	10.666
Totaux	24.789	33.838	33.695	39.135

L'importation par le port du Hàvre en 1905 a donc été de 33.695 tonnes pour une importation totale en France de 43.989 tonnes, ce qui montre que notre grand port normand reçoit les trois quarts de l'importation des bois exotiques.

« Cette constatation, ajoute Courtet, n'est pas la seule qui ressorte des chiffres ci-dessus ; il y en a une autre sur laquelle il faut particulièrement attirer l'attention de nos colonies forestières comme la Côte d'Ivoire et le Congo, c'est que sur 43.989 tonnes importées, les trois quarts de cette importation nous viennent de l'étranger et l'autre quart seulement nous vient de nos colonies. Sur ce qui nous vient de nos colonies, les neuf dixièmes de l'importation proviennent de la Côte occidentale d'Afrique et l'autre dixième provient de nos autres colonies.

D'où vient cet état de choses ?

Il est évident que nos colonies ne peuvent nous fournir tous les bois énumérés dans la liste ci-dessus. Pour certains d'entre eux nous serons toujours tributaires de l'étranger, et si pour les autres nous n'en recevons pas dàvantage, c'est parce qu'ils sont mal connus sur les marchés français ou parce qu'ils sont mal ou peu exploités dans les colonies qui pourraient nous les fournir ». C'est, par exemple, le cas de l'acajou. C'est aussi le cas de l'*ébène* du Congo qui est particulièrement estimé par notre industrie ; il est en général mieux coté sur le marché que les ébènes de Ceylan et de Calabar et il en est ainsi de quelques autres bois.

Une catégorie de bois fait totalement défaut dans les exportations du Gabon et de la Côte d'Ivoire. Ce sont les bois d'œuvre courants, c'est-à-dire ceux qui sont susceptibles de remplacer nos bois indigènes de menuiserie et de charpente.

L'Ouest africain possède pourtant quantité d'essences qui peuvent remplacer le chêne, le pin, le pitchpin, le peuplier, le hêtre, mais jusqu'à présent leur exploitation a été totalement délaissée. Ce sont cependant des bois très intéressants au point de vue commercial, puisque nous en importons pour plus de 100 millions de francs par an.

Non seulement l'Afrique occidentale n'exporte pas ses bois d'œuvre, mais sur place même on ne les utilise pas. Les Travaux

publics des diverses colonies et les maisons de commercè
importent pour plus de un million de bois chaque année en
Afrique Occidentale française, ainsi qu'il est facile de le constater par le tableau publié ci-après.

IMPORTATIONS DES BOIS D'ŒUVRE EN AFRIQUE OCCIDENTALE FRANÇAISE.

	Sénégal, Haut-Sénégal et Niger		Guinée française		Côte d'Ivoire		Dahomey	
	stères	valeur	stères	valeur	stères	valeur	stères	valeur
1904								
Bois à construire.— Chêne, frêne..	62	8.192 »	» »	»	» »	»	»	»
— bruts ou sciés.— Pin, sapin......	8.293	503.904 »	» »	»	» »	»	»	»
— Pitchpin........	3.906	275.945 »	» »	»	» »	»	»	»
		788.041 »						
Bois à construire............	» »	» »	» »	64.965 »	» »	329.686 »	324	64.788 »
— de Pin.........	» »	» »	» »	51.043 »				
— Planches........	» »	» »	» »	17.757 »				
				133.735 »				
Bois à construire équarris ou sciés.	» »	» »	» »	» »	» »	» »		
Bois de pin ou sapin............	» »	» »	» »	» »	» »	» »	324	64.788 »
— pitchpin............	» »	» »	» »	» »	» »	» -	14	3.500 »
								68.288 »
1905								
Bois à construire.— Chêne, frêne..	248	14.309 »						
— bruts ou sciés.— Pin, sapin..	9.195	570.132 »						
— Pitchpin....	3.116	233.722 »						
		818.163 »						
Bois à construire équarris ou sciés: de pin..........	» »	» »	1.014.179 k.	152.127 »	417.814 k.	95.578 »	332	66.500 »
— planches......	» »	» »	» »	» »	» »	» »		
Bois à construire équarris ou sciés.	» »	» »						
Bois de pin et sapin............	» »	» »	» »	» »	» »	» »	332	66.500 »
— pitchpin............	» »	» »	» »	» »	» »	» »	62	15.500 »
								82.000 »

En résumé, les valeurs des bois importés en 1904 et 1905 donnent les totaux suivants :

	1904	1905
Sénégal	788.041 »	818.163 »
Guinée	133.735 »	152.127 »
Côte d'Ivoire..........	329.686 »	95.578 »
Dahomey.............	68.288 »	82.000 »
	1.319.750 »	1.147.868 »

A quelles causes tient cet état de chose ? D'abord à l'absence, dans nos colonies, d'exploitations forestières organisées sur une grande échelle, avec un matériel industriel approprié, qui permette de débiter sur place dans les conditions économiques les plus sérieuses, la plupart des bois ordinaires si nombreux dans les forêts africaines. Enfin, la cherté du fret rend presque impossible l'exportation des bois valant moins de cinquante francs la tonne.

TARIF DE LA COMPAGNIE DES CHARGEURS RÉUNIS.

Fret de retour par tonneau de 1.000 kilog., payable au poids brut délivré à destination du Hâvre et de Dunkerque sur connaissement direct.

(*Tarif de Mars 1908*).

	Grand-Bassam et Assinie	Cap Lopez Libreville	Mayumba Matadi
Bois d'ébène et bois rouge (bûches de petite dimension pour la teinture).....................	27 50	27 50	32 50
Bois de santal et d'ébénisterie, Acajou, etc., jusqu'à 2.000 kilogs	40 »	40 »	45 »

Il sera perçu un surfret de :

5 francs par 1.000 kilog., pour les billes de 2.001	à 3.000 kilogs		
10 —	—	3.001	à 4.000 —
15	—	4.001	à 5.000 —
20	—	—	5.001	à 6.000 —

La Compagnie laisse à ses capitaines la faculté de refuser ou d'accepter les billes de plus de 1.000 kilogs.

Pour les billes ne dépassant pas 2.000 kilog., augmentation de :
5 francs par tonneau en cas de connaissement direct pour Bordeaux.

| 10 | — | — | — | Anvers. |
| 15 | — | — | — | Rotterdam, |

Amsterdam, Londres, Liverpool, Hambourg.

Pour les billes de 2.001 à 3.000 kilog., augmentation de :
7 fr. 50 par tonneau en cas de connaissement direct pour Bordeaux.

| 12 fr. 50 | — | — | — | Anvers. |
| 17 fr. 50 | — | — | — | Rotterdam, |

Amsterdam, Londres, Liverpool, Hambourg.

Avec faculté de transbordement pour toute destination au Hâvre.

Les frais d'embarquement, de débarquement (comprenant le désarrimage) et de pesage, sont au compte de la marchandise. Tout connaissement à option donnera lieu à un surfret de 5 francs par unité de taxe perçu, même si l'option n'est pas déclarée. La déclaration d'option doit être faite aussitôt l'arrivée du navire au premier port indiqué sur le connaissement. Il n'est pas accordé d'option pour les billes de plus de 3.000 kilogs.

Il nous a paru intéressant de publier le dernier tarif de la *Compagnie des Chargeurs Réunis* ; on verra que le prix minimum pour le transport d'une tonne debois de l'Afrique occidentale au Hâvre est de 40 francs. Une ristourne qui peut aller, croyons-nous, jusqu'à 20 p. 100 est accordée par la *Compagnie* à la fin de l'année aux exploitants qui ont expédié en Europe une quantité suffisante de billes. Ce tarif pèse sur la vente des bois qui n'ont pas une valeur élevée. Il nous semble difficile qu'il puisse être abaissé beaucoup de si tôt, en raison des difficultés et de la lenteur des embarquements de billes, la barre étant un grand obstacle pour ces opérations.

Des voiliers pourraient assurément effectuer les transports dans des conditions moins onéreuses, mais les difficultés resteront toujours les mêmes à la Côte d'Ivoire, tant que cette colonie ne possèdera pas un point d'accès sérieux, c'est-à-dire un bon port.

CHAPITRE II.

___

Les bois d'exportation des Colonies françaises et principalement de l'Afrique occidentale.

___

Nous n'entrerons pas ici dans des détails étendus sur les bôis qui s'exportent de nos colonies non africaines.

Ces Colonies ne donnent lieu qu'à un commerce relativement minime : Madagascar et l'Indo-Chine sont les seules qui aient fait quelques progrès à ce point de vue.

On sait que les forêts de Madagascar sont localisées dans la région orientale de l'île, Les principaux ports de chargement de bois sont Majunga et Tamatave. En 1905, la quantité exportée de toute l'île a été de 1.366 tonnes de 1.000 kilogrammes, estimées 217.090 francs. Le bois le plus important est le *lopingo* des Sakalaves ou *ébène* de Madagascar (*Diospyros Perrieri* Jumelle). Les Sakalaves ont emprunté ce terme aux commerçants de Zanzibar, l'ébène de la côte orientale d'Afrique qui est le *Dalbergia melanoxylon* G. et Perr. étant appelé *M'pingo* en Soaheli.

D'après H. Jumelle (1), qui a fait une étude spéciale des arbres de Madagascar. le *palissandre* de cette colonie est fourni par le *Dalbergia boinensis* Jum. (nommé *Manipika* par les Sakalaves) et par le *Dalbergia Perrieri* Jum., nommé *Manari* dans la même langue.

Quant à l'*Hazomena*, qui s'exporte en petite quantité, c'est une sorte d'acajou (*Khaya madagascariensis* Jum. et Perrier).

Le commerce des bois en Indo-Chine est encore peu important. Il existe cependant dans cette vaste contrée des sortes

___

(1) Voir un excellent résumé de la question dans : Jumelle. Les ressources agricoles et forestières des colonies françaises. p. 221-225.

très précieuses, par exemple, le *santal* de Cochinchine qui est le *Dysoxylum Loureiri*, les *lim* qui appartiennent au genre *Baryxylon*, des ébènes, etc. Enfin au Laos on rencontre quelques peuplements de *teck.*

La production forestière est en croissance comme le prouve la note suivante, que publiait le *Journal du commerce des Bois*, n° du 1er janvier 1908 :

« D'après le rapport des douanes et régies sur le commerce de l'Indo-Chine, les bois divers, bois à brûler et charbon de bois se sont élevés en 1906 à 11.058.794 kilogrammes, ayant une valeur globale de 1.021.323 francs. Ces chiffres méritent de fixer l'attention, car notre colonie passait jusqu'à présent pour suffire seulement à ses propres besoins.

« Si on examine le détail des envois, on constate l'importance déjà prise par le « lim » : 292.000 kilogrammes sur la France et 700.000 kilogrammes vers les ports de Chine. A signaler ensuite ; le bois à brûler, 1.750.000 kilogrammes environ ; le charbon de bois, 3.740.000 kilogrammes environ plus de 100.000 kilogrammes d'écorce de palétuviers ; 450.000 kilogrammes de bambous et 3.866.000 kilogrammes de rotins, total non négligeable.

« Il ne faut pas perdre de vue que, concurremment à cette exportation et au bois brûlé sur place, sans qu'il soit perçu de redevance forestière ou de taxe de flottage (ce qui constitue certainement un nombre de tonnes considérable dont il est impossible de fixer le chiffre même approximatif), il y a le commerce intérieur de l'Union qui peut s'apprécier à l'aide des vérifications des transactions forestières, qui ont porté pour 1906 sur un total de 888.290 mètres cubes de bois effectivement sorti de la forêt, représentant une valeur de 8.360.900 francs dont il convient de déduire : les délivrances gratuites (1.039.590 fr.), la valeur des bois exportés (1 021.323 francs), ce qui laisse un chiffre de plus de 6.300.000 francs pour le mouvement commercial intérieur de l'Union indo-chinoise.

La Côte d'Ivoire et le Gabon ont pris une grande avance sur toutes nos autres colonies pour l'exploitation forestière et ce mouvement a embrassé aussi les possessions étrangères avoisinantes, riches aussi en forêts.

La quantité de bois actuellement exportés des colonies françaises, anglaises, allemandes et espagnoles de l'Ouest africain, atteint chaque année le chiffre approximatif de 100.000 tonnes de 1.000 kilogrammes.

Sur ce total les acajous et bois similaires forment les 3/4 au moins de l'exportation.

Quelques autres bois d'ébénisterie du continent africain ont fait aussi leur apparition sur les marchés européens. Ils proviennent principalement de la Nigéria du Sud, du Cameroun et du Gabon.

Nous passerons en revue dans ce chapitre les principaux bois de l'Afrique occidentale qui ont été à diverses époques exploités pour l'exportation et ceux qui commencent seulement à attirer l'attention du commerce.

Le premier bois africain que nos marins apportèrent en Europe est un bois de teinture, connu des Anglais sous le nom de *Camwood*, et qui a été supplanté plus tard par le *bois de Campêche* d'origine américaine ayant presque les mêmes propriétés. Le *Camwood* est fourni par une légumineuse le *Baphia nitida* Afz., commune à la côte occidentale d'Afrique depuis Sierra-Léone jusqu'à la Nigéria.

Plus au sud existe un autre *Baphia* (*B. pubescens* Hook. f.) qui donne aussi, dit-on, une teinture analogue.

Lorsque le *Baphia* vient d'être coupé il possède un bois blanc, et ce bois reste toujours blanc si on le laisse sécher exposé à l'air libre. Au contraire si le bois est enterré dans le sol ou placé dans les rivières et les marais de la forêt, il ne tarde pas à se transformer : la surface extérieure prend un aspect d'un noir pourpre vitreux et l'intérieur devient d'un rouge vif.

Ce bois rouge est usité par la plupart des peuplades de la forêt pour faire des tatouages sur le visage et les bras au moment de certaines cérémonies ou dans certaines circonstances de la vie. Tous les indigènes de la Côte d'Ivoire conservent dans leur cases des réserves de bois rouge, cassé en petits morceaux. Cette substance pilée et jetée dans l'eau la colore en rouge. Les premiers européens qui arrivèrent en Afrique durent être frappés d'étonnement à la vue de cette substance curieuse ; ils en rapportèrent en Europe et comme l'industrie des colorants chimiques n'était pas encore née, cette teinture eût alors une très grande vogue.

Pendant le XVIII° et jusqu'au milieu du XIX° siècle, le *Camwood* s'est importé en Europe (surtout de Sierra-Léone) en assez grande quantité. Aujourd'hui c'est un commerce complètement mort, bien que le *Baphia nitida* soit toujours commun le long de la mer et dans la forêt, notamment à la Côte d'Ivoire.

La seconde sorte de bois de l'Afrique occidentale que l'on ait songé à exploiter est l'*Acajou du Sénégal* ou *cailcédrat* fourni par le *Khaya senegalensis* A. Juss.

En 1816 et 1817, il s'en exportait de la presqu'île du Cap Vert et cet acajou payait 400 fr. de droits par 1.000 kilogr.

Quelques années plus tard, les Anglais commencèrent à tirer aussi parti de ce bois pour l'exportation sur les rives de la basse Gambie et il n'y a pas bien longtemps encore que le cailcédrat figurait sur les statistiques de cette colonie.

Dans la première moitié du XIX° siècle, on apporta aussi quelques petites billes du *Santal du Sénégal* qui est une légumineuse, le *Pterocarpus erinaceus,* arbre de savane trop clairsemé dans la brousse pour se prêter à une exploitation suivie.

Vers 1840, la Gambie exportait aussi les troncs d'une euphorbiacée à bois dur, l'*Oldfieldia africana* qui fut surnommé le *Teck d'Afrique*. L'arbre fut abattu en si grande quantité qu'il n'en est pas resté dans les régions côtières. Il est cependant commun dans la forêt de la Côte d'Ivoire, mais on ne l'exploite pas.

Vers 1850, les bateaux français allaient déjà chercher comme fret au Gabon un bois qui était connu sous le nom de *Santal d'Afrique*. Nous n'avons pu savoir si cette essence était le *Pterocarpus* ou *bois corail* qui jouissait encore d'une grande faveur il y a quelques années dans le commerce du Gabon.

C'est vers 1880 que commencèrent les premières exportations d'*acajou* à la Côte d'Ivoire et à la Gold Coast. Il était fourni comme aujourd'hui par un *Khaya*. Tout ce qui concerne ce bois a été réuni dans un chapitre spécial auquel nous renvoyons le lecteur.

Depuis 25 ans, à la Côte d'Ivoire, on s'est contenté d'exploiter exclusivement une seule essence, l'acajou provenant du *Khaya ivorensis*. Au Gabon, au contraire, on a tiré parti de plusieurs essences.

Cependant dans les deux pays, comme nous l'avons montré plus haut, si l'exploitation est restée rudimentaire, l'exportation qui avait atteint un chiffre très élevé en quelques années est presque stationnaire depuis quelque temps.

Dans le tableau suivant nous donnons l'exportation pour les 10 dernières années (1).

Exportation des bois (en tonnes de 1.000 kilogs).

	Côte d'Ivoire	Congo français
1897	18.589	5.511
1898	12.718	2.886
1899	6.714	5.733
1900	13.433	5.746
1901	10.714	5.571
1902	10.475	8.723
1903	13.538	13.800
1904	11.777	14.371
1905	9.621	16.936
1906	10.513	11.757

Le chiffre de 11.757 tonnes pour le Gabon en 1906, qui a été donné par M. H. COURTET, diffère complètement de celui qui est donné dans le tableau ci-après (32.226 tonnes) lequel a été extrait par nous de la publication officielle du commerce des colonies. Nous ne savons lequel des deux chiffres est le vrai.

Nous croyons pour notre part que l'exportation des bois du Gabon oscille autour de 15.000 tonnes par an, exactement comme à la Côte d'Ivoire.

Si le Gabon a réellement produit 32.000 tonnes de bois en 1906, cela a été une année exceptionnelle et c'est une des causes qui expliquerait l'avilissement des prix de vente de l'okoumé.

Le tableau qui suit donne la valeur des exportations faites par les deux colonies dans les divers pays :

(1) Les statistiques pour 1907 ne sont pas encore publiées.

Valeur des exportations de bois (en francs).

ANNÉES	Côte d'Ivoire			
	France	Angleterre	Allemagne	Total
1904......................	57.972	488.258	43.541	589.771
1905......................	70.878	469.884	10.671	551.433
1906......................	74.736	577.339	25.587	677.662

ANNÉES	Gabon				
	France	Angleterre	Allemagne	autres pays	Total
1904.............	1.676.209	325.957	151.382		1.676.209
1905.............	2.193.034	820.397	179.950		2.193.034
1906.............	3.934.886	907.723	764.950	304.700	3.934.886

On remarquera en examinant ce tableau qu'une grande partie du bois de la Côte d'Ivoire est exportée sur l'Angleterre, alors que les bois du Congo arrivent surtout en France.

L'explication est simple. La Côte d'Ivoire produit exclusivement des acajous de choix qui se vendent beaucoup mieux à Liverpool qu'au Hâvre. Au contraire, le Gabon exporte surtout de l'*okoumé* qui ne se vendrait pas à Liverpool, tandis qu'il s'écoule souvent au Hâvre comme acajou de bas prix.

Les évaluations données dans ce tableau sont tout à fait fausses pour le Gabon et ne sauraient être comparées aux évaluations de la Côte d'Ivoire, où l'on estime l'acajou seulement 65 fr. la tonne de 1.000 kilog., alors qu'on l'estime 160 fr. sur les statistiques du Gabon. L'okoumé, qui vaut à peine 50 fr. la tonne, en France est évalué 100 fr. Il semble que les statisticiens du Congo ont faussé à plaisir les chiffres pour égarer l'opinion publique. Nous ne saurions trop protester contre ces procédés. Tout le monde sait que le Gabon renferme des richesses forestières et des bois de grande valeur, mais pourquoi les estimer sur statistiques le double ou le triple de ce qu'ils valent en Europe? On pourrait croire d'après ces chiffres que le Gabon exporte pour 6 fois plus de bois que la Côte d'Ivoire, alors que les valeurs des exportations des deux colonies s'équilibrent à peu près.

Le tableau suivant montre comment se répartissent les bois exportés par les deux colonies dont nous nous occupons :

Sortes et quantités de bois exportées en 1906 (en tonnes).

Sortes	Gabon	Côte d'Ivoire.
Ebène	776	»
Acajou...............	6.792	10.511
Okoumé	24.259	»
Bois rouge...........	399	1,5
Bois de teinture........	»	»
Bois jaune...........	»	»
Autres...............	1.960	»
Totaux.......	32.226	10.512,5

L'*ébène*, mentionné dans le tableau ci-dessus, était évalué dans les statistiques de 1906 à 200 francs la tonne de 1.000 kilogs. Autrefois il s'en exportait de Lagos. Aujourd'hui il est fourni par la Nigéria du Sud, le Cameroun et le Gabon. Dans ce dernier pays, l'exploitation est entre les mains des indigènes, qui l'apportent aux factoreries sous forme de billons de 1 m 50 de long et les plus gros sont débités en planches par les charpentiers sénégalais avant d'être exportés.

Son origine botanique est encore mal connue. On admet sans preuves qu'il est produit par une ou plusieurs espèces de *Diospyros*. WELWITSCH a en effet observé une espèce de ce genre qui a du bois noir et vit dans l'Angola. Les deux espèces de *Diospyros* que nous avons observées en Afrique occidentale, *D. Mespiliformis* et *D. Sanza-minika* A. Chev., ont un bois complètement blanc. Il est vrai que cette dernière présente parfois des accidents (nécroses), caractérisés par de petites plages de bois qui est devenu d'un noir d'ébène et d'autre part le bois normal débité et exposé à l'air brunit à la longue. Nous nous demandons donc si la coloration noire de certains ébènes n'apparaît pas après la mort de l'arbre, exactement comme cela se produit pour le rougissement du bois de *Baphia*.

JUMELLE cite encore comme producteur de l'ébène d'Afrique une ébénacée, le *Maba buxifolia* Pers., espèce que nous avons fréquemment observée le long de la mer, le plus souvent à l'état d'arbuste, mais parfois aussi formant un petit arbre (par exemple à Sassandra). Le temps nous a toujours manqué pour couper quelques-uns de ces arbres et rechercher si le cœur du bois était noir. Nous ne serions pas éloigné de croire que c'est en effet une des sources de l'ébène de l'Ouest africain, car ce *Maba* vit exclusivement au bord de la mer et les indigènes nous ont fréquemment assuré que c'était dans les régions maritimes seulement qu'on trouvait le *bois noir* à la Côte d'Ivoire.

Quoi qu'il en soit, le véritable ébène n'est pas encore connu à la Côte d'Ivoire, et les seules essences que nous ayons observées ayant le cœur du bois de coloration plus ou moins brune, sont des *Gardenia* et certaines légumineuses dont il sera question dans la troisième partie de cet ouvrage.

Les bois d'*Okoumé* constituent plus des 3/4 des bois exportés par le Gabon. La Côte d'Ivoire n'en exporte pas, bien qu'il y existe au moins deux espèces assez répandues appartenant au genre *Canarium*. L'apellation d'*Okoumé* est un terme générique qui désigne plusieurs sortes de bois de coloration plus claire que l'Acajou et d'une densité moyenne. Ceux qui sont fournis par des genres de la famille des Burseracées (*Canarium, Pachylobus, Aucoumea*) sont un peu résineux à la péryphérie du bois par suite de la présence des canaux sécréteurs. Les exploitants du Gabon distinguent des *Okoumés mâles* et des *Okoumés femelles*, des *Okoumés blancs* et des *Okoumés rouges*.

Le plus exploité et celui qui atteint les plus grandes dimensions est l'Okoumé femelle, connu des botanistes sous le nom de *Aucoumea Klaineana* Pierre = *Boswellia Klaineana* Pierre (olim).

Ce bois, qui se vendait bien autrefois sur le marché du Hàvre, ne s'écoule plus qu'à des prix inférieurs par suite de l'encombrement du marché. On l'emploie parfois dans l'ébénisterie, mais il trouve surtout son application dans la menuiserie courante pour remplacer le bois de sapin et dans la fabrication

des boîtes à cigares. L'okoumé revenait à 12 francs la tonne,
dans l'Ogoué, en 1902. Si on ajoute à ce chiffre le prix variable
du transport en rivière et le prix du transport sur mer jusqu'au
Hâvre qui est de 40 francs, on voit qu'il laisse un bénéfice très
faible à l'exploitant qui le vend environ 60 francs la tonne (1).

Sous le nom de *bois rouge* on désigne, tant au Gabon
qu'à la Côte d'Ivoire, des catégories très diverses de bois.

Il faut d'abord comprendre les bois rouge-brun, très durs,
dont la densité aussitôt après l'abattage est supérieure à 1. Ce
sont donc des bois qui ne flottent pas et sont par suite très
difficiles à exporter. On a essayé sans succès d'en faire des
pavés ; on pourrait sans doute les employer à la fabrication des
traverses de chemins de fer. Dans cette catégorie rentrent les
bois de fer fournis par certaines espèces de la famille des *Sapotacées* (genres *Mimusops, Sideroxylon*, etc.), certaines légumineuses (*Cynometra*), les *Lophira*, les palétuviers (*Rhizophora*).
Pour le moment ils sont sans grand intérêt à cause des grandes
difficultés que présenterait leur embarquement.

Une deuxième catégorie comprend les bois rouges durs mais
susceptibles de flotter après quelques mois d'abattage. Ce sont
eux qu'on exporte habituellement et qui sont connus parfois
dans le commerce sous le nom de *N'Duka*. Leur bois est d'un
rose clair à l'état sec. On les a comparés au bois du *poirier*
pour la couleur et la texture du grain. Un des plus communs
au Gabon est le *moabi* ou *maniki* (*Mimusops Pierreana*
Engler), qui est produit par une sapotacée (2). Enfin, la Côte
d'Ivoire possède le *Dumoria Heckeli* A. Chev., sur lequel nous
avons attiré l'attention il y a peu de temps (3) et dont le
bois, sur lequel nous reviendrons, présente un très grand intérêt
commercial.

La troisième catégorie comprend des bois qui sont d'un rouge
très vif, mais moins durs et qui ont été aussi regardés parfois
comme des bois de teinture. Le plus connu est le *padouk africain*, encore désigné dans le commerce sous le nom de *bois de*

(1) Les prix de vente de l'*Oukaumé* se sont avilis dans ces derniers temps et, en
1908, il ne pouvait supporter les frais de transport.

(2) Voir sur cet arbre. *Végétaux utiles de l'Afrique tropicale*, fasc. II, p. 171.

(3) *Comptes-rendus de l'Académie des Sciences*, 22 juillet 1907.

corail, dont la couleur est d'un rouge éclatant et les veinures d'un effet très décoratif, mais il devient violet en vieillissant. Il s'en exportait autrefois une grande quantité du Gabon, mais son cours est actuellement tombé et il n'en vient presque plus sur nos marchés. On n'en connaît pas encore bien l'origine, mais on suppose que c'est du bois d'un *Pterocarpus*. Plusieurs espèces de ce genre à bois tinctorial ont été signalées en Afrique tropicale, citons le *P. tinctorius* Welw., de l'Angola. *P. Dekindtianus* Harms, du Cameroun et *P. Cabræ* De Wild., qui est un des *Ngula*, du Gabon. En 1904, le Gabon a exporté une tonne de bois de teinture en bûches évalué 120 francs la tonne. Les indigènes le nomment *Igo* ou *Oïgo* en Mpongoué. Nous n'avons pas rencontré de bois analogue à la Côte d'Ivoire. On sait que le vrai bois de *padouk* vient de Birmanie.

Sous le nom de *bois jaune* on désigne des bois se travaillant très facilement, moyennement dûrs et que le Gabon envoie d'une façon intermittente sur nos marchés.

L'un des plus fréquents a le grain très fin et est coloré d'un jaune intense, on le nomme *Bilinga* en langue Mpongoué. Il provient d'une rubiacée appartenant au genre *Sarcocephalus*, qui a été désignée sous trois noms spécifiques différents et qui ne constitue très probablement qu'une seule espèce, le *Sarcocephalus Trillesii* Pierre, qui a vraisemblablement pour synonymes *S. Diederichii* De Wild. et *S. Pobeguini* Hua. D'après De Wildeman, c'est avec ce bois qu'on a fait les ornements et la charpente interne du Musée colonial belge de Tervueren.

D'autres bois jaunes de teinte plus claire connus dans le commerce sous le nom d'*Acacias d'Afrique*, sont aussi de temps en temps exportés du Gabon. Ce sont vraisemblablement ces bois jaunes qui figurent sur les statistiques du Gabon, de 1904, pour le chiffre élevé de 2.978 tonnes estimées 132 francs la tonne.

Ces bois, qui rappellent comme aspect et couleur celui du *robinier*, sont fournis par de nombreuses légumineuses africaines appartenant aux genres *Piptadenia*, *Pentaclethra*, *Albizzia*, très fréquentes dans tout l'Ouest africain.

Le Gabon a encore expédié au Hâvre, mais en quantités très faibles, diverses autres sortes de bois mentionnées sous la rubrique « divers » ou « autres » dans les statistiques.

La Côte d'Ivoire, à l'encontre du Congo, n'a pas fait d'exportation en dehors de l'acajou. De temps en temps quelques billes de cèdre ou santal (*Trichilia*), de Bois satiné (*Terminalia*), de teck d'Afrique (*Chlorophora*), de Bahia (*Nauclea*), sont parvenues en France, mais il n'en est pas fait mention sur les statistiques d'exportation.

CHAPITRE III.

L'exploitation de l'Acajou en Afrique occidentale.

De tous les bois d'ébénisterie originaires des pays tropicaux, l'Acajou tient la première place dans la consommation mondiale.

En 1905, les importations totales de ce bois en Europe ont été de 132.948 tonnes. Sur cette quantité, l'Afrique occidentale a fourni 70.700 tonnes, c'est-à-dire environ la moitié de l'Acajou utilisé dans le monde civilisé. Nous laissons en dehors de nos évaluations la consommation très grande de ces bois qui est faite dans les pays même d'origine. En Afrique tropicale seulement, plusieurs millions d'hommes, pour se transporter dans les nombreuses rivières de la forêt, creusent la plupart de leurs pirogues dans les troncs gigantesques des arbres à Acajou.

La France en consomme seulement 9.000 tonnes ; l'Angleterre en utilise une quantité beaucoup plus grande, mais les Etats-Unis surtout absorbent la plus grande partie de la production. On sait qu'une grande partie des Acajous d'Afrique importés à Liverpool sont ensuite réexpédiés en Amérique.

Origine botanique. — Sous le nom d'acajou, on désigne des bois ayant des origines botaniques très variées. Leurs nuances du reste sont extrêmement diverses et varient depuis le ton gris et mat du chêne jusqu'au ton rouge foncé du bois de corail du Gabon. Il y a même des acajous qui sont de couleur excessivement claire et se distinguent des bois blancs seulement par les petites mouchetures innombrables dont l'ensemble donne des nuances très séduisantes et souvent de dessins très variés, ce qui permet de les distinguer immédiatement de nos bois d'Europe qui n'ont jamais ces teintes chatoyantes.

Une famille botanique est cependant particulièrement riche en espèces produisant ce bois, c'est celle des *Méliacées*. Les plus beaux acajous, quelle que soit leur provenance géographique, sont des bois de méliacées.

Les deux espèces d'arbres qui ont été pendant longtemps la seule source connue de l'acajou importé en Europe, sont le *Swietenia Mahagoni* Jacq., de l'Amérique centrale, et le *Cedrela odorata* L., de l'Inde orientale.

L'étude des bois de l'Afrique tropicale a montré que les plus beaux acajous africains provenaient aussi de représentants de la famille des Méliacées. Presque toutes les espèces des genres *Khaya* et *Entandrophragma* ont un bois qui est de l'acajou et les arbres de ces deux genres, du premier surtout, sont exploités à l'exclusion de tous les autres de la même famille qui compte pourtant d'assez nombreux représentants en Afrique.

Cependant certaines espèces des genres *Carapa* et *Trichilia* peuvent produire des bois aussi beaux, mais leurs troncs sont ordinairement de trop petite dimension pour qu'on songe à les couper.

Dans quelques autres familles botaniques, notamment parmi les sterculiacées, les guttifères, les légumineuses, les sapotacées, on trouve aussi quelques espèces susceptibles de fournir des bois plus ou moins similaires de l'acajou, mais ils ne sont pas exploités. Il en sera question dans la troisième partie de ce travail.

Espèces d'Afrique. — Presque chaque région a son espèce productrice.

L'acajou du Sénégal est fourni par le *Khaya senegalensis* A. L. Jussieu, bois connu sous les noms de *cailcédrat*, *diala* (bambara). On le trouve encore dans les bassins du Niger, du Tchad et du Nil et jusque dans l'Afrique orientale allemande. Près de la côte, il existe au Sénégal, en Casamance, en Gambie anglaise, en Guinée portugaise et en Guinée française (rare). Il a été autrefois exploité, mais il ne l'est plus.

Depuis la République de Libéria jusqu'à la Gold Coast existe à travers la forêt le *Khaya ivorensis* A. Chev., qui est l'une des espèces les plus exploitées et produisant les plus beaux acajous. On trouvera plus loin de nombreux renseignements à son sujet. Dans ces mêmes régions on trouve en outre les sortes connues sous le nom de *tiama* et qui sont fournies par deux espèces d'*Entandrophragma*, *E. septentrionalis* A. Chev. et *E. macrophylla* A. Chev.

On manque de renseignements sur les essences qui donnent de l'acajou au Tago, au Dahomey et au Lagos. Ces pays du reste exportent très peu de bois. A la Nigéria du Sud, on exploite deux espèces de *Khaya* et un *Entandrophragma* encore inédits, dont nous avons vu les spécimens dans l'herbier de Kew. Le dernier est connu sous le nom d'*Ikwapobo*, au Benin, et de *Asoré*, aux environs de Calabar.

Au Cameroun, les Allemands exportent le bois du *Khaya euryphylla* Harms.

Au Gabon et particulièrement dans les rivières Como et Ogoué, on tire l'acajou du *Khaya Klainii* Pierre mss. et très probablement aussi de l'*Entandrophragma Pierrei* A. Chev. Dans ce pays on donne le nom d'*Ibéka* (m'pongoué) à l'acajou vrai et un autre acajou très ordinaire serait fourni par l'*Obéga* (m'pongoué). Enfin on appelle *Niové* (m'pongoué) ou *Ncougi* (loango) un bois également similaire de l'acajou.

A l'île de San-Thomé, c'est une espèce encore inédite, le *Carapa Gogo* A. Chev. qui fournit l'acajou connu sous le nom de *Gogo* par les Portugais.

Dans l'Angola, on exploiterait surtout comme acajou le *Khaya anthotheca* C. DC., qui a été retrouvé dans ces dernières années en plein Ouganda et dans la vallée de la Semliki, au pied du Ruwenzori (1).

Enfin dans l'Oubangui, les indigènes creusent leurs pirogues dans les troncs d'un très bel acajou, le *K grandifoliola* C. DC.

Provenance. — Les acajous les plus renommés autrefois étaient ceux de Honduras, de St-Domingue et de Cuba. Aujour-

(1) DAWE.— Rapport botanique sur l'Ouganda. Londres. 1906.

d'hui les acajous d'Afrique tiennent le premier rang, au point
de vue de la qualité et des quantités importées.

Les principaux pays de production, outre la Côte d'Ivoire,
sont la Gold Coast et la Nigéria du Sud.

Acajou d'Afrique.

Dans un récent article, le *Journal du Commerce des bois*
appelait l'attention sur l'acajou d'Afrique en ces termes : |

« Il a conquis aujourd'hui tous les grands marchés d'Europe
et des Etats-Unis. Lorsqu'il fit son apparition, vers 1895, on
manifesta d'abord une certaine suspicion ; puis ses qualités
furent peu à peu reconnues et aujourd'hui, au point de vue de
la quantité, il tient le premier rang sur tous les *acajous* du
monde. Il rivalise dès maintenant avec l'acajou de Cuba et,
comme il peut donner des planches plus longues et plus larges,
il a trouvé, particulièrement aux Etats-Unis, de grands débouchés.

« La grande quantité d'acajou qui existe dans les forêts de
l'Afrique occidentale, a rendu le marché de Liverpool, le
premier marché du monde au point de vue ébénisterie, indépendant des productions des Indes occidentales, et il devient de
plus en plus évident que c'est à cette nouvelle source que nous
devrons rechercher à l'avenir nos importations d'acajou.

« Les forêts du Honduras britannique ont à peu près disparu.
Les arrivages du Mexique, de Cuba, de Panama, de Nicaragua
et de Colombie diminuent aussi d'année en année. Au contraire,
dès 1903, l'Afrique occidentale fournissait la quantité sans
précédent de 18 millions de pieds cubiques, presque le
double de l'année précédente. En 1905, ce chiffre a un peu
baissé.»

Les sortes commerciales africaines.

On distingue deux sortes d'acajou de luxe : l'*acajou frisé*
et l'*acajou figuré*. Celui-ci présente des ondulations irrégulières en coupe longitudinale ; celui-là des dessins plus ou
moins irréguliers avec des reflets moirés d'un effet superbe.

D'après tous les chercheurs, la variété commune et les deux

6

variétés de choix ne se distinguent en rien lorsqu'on observe le tronc non débité. Elles sont produites par la même essence (le *Khaya ivorensis*) et il faut abattre l'arbre pour se rendre compte de la sorte commerciale à laquelle on a affaire. D'ailleurs, les billes d'acajou frisé et figuré ne se rencontrent jamais que dans la proportion de un à trois pour cent au maximum dans un lot de troncs d'arbres abattus au hasard. M. D. LEMBLAIN, en 1904, n'en avait trouvé qu'*un* sur trois cent quarante. Lorsqu'un arbre est figuré, il l'est dans toutes ses parties, tronc, racines et même dans les branches de dernier ordre. On dit que les indigènes d'Assinie donnent un coup de hache aux troncs d'acajou pour mettre à nu le vieux bois et reconnaître si ce tronc est figuré ou frisé et si, par suite, il vaut la peine d'être abattu lorsqu'il se trouve à plusieurs kilomètres d'une rivière.

M. D. LEMBLAIN a constaté que l'acajou figuré croissait ordinairement sur les hauteurs, et il pense que les ornementations naissant dans les fibres proviennent probablement de ce fait que la croissance a été plus lente ; l'arbre est devenu plus rabougri et des rayons plus nombreux et plus rapprochés en sont résultés.

Dans l'acajou ordinaire provenant d'une même espèce botanique (*K. ivorensis*), on trouve aussi de très nombreuses variétés qui font que le bois n'a pas une valeur uniforme, mais le prix d'achat varie énormément, suivant la beauté du dessin, la coloration plus ou moins vive, la présence ou l'absence de défauts dans le bois. Lorsqu'on parcourt les mercuriales de bois établies d'après les ventes d'acajou réalisées à Liverpool, on constate que, ces dernières années, les sortes provenant de l'Ouest africain se vendaient de 2 d. à 9 schellings 6 d. le pied superficiel (1), c'est-à-dire de 0 fr. 20 à 12 fr. le pied superficiel. Un pied superficiel équivaut à 2 ^{dmc} 320, par conséquent le prix du stère varierait de 86 francs à 5.160 francs.

Les billes dont le stère atteint cette dernière valeur sont extrêmement rares. C'est à peine s'il en parvient quelques-unes chaque année sur le marché ; par contre, celles qui réalisent des prix

_____

(1) Le pied superficiel mesure un pied anglais en longueur et en largeur et un pouce (2 cm. 5) d'épaisseur.

de vente compris entre 80 francs et 150 francs le stère sont la très grande majorité.

Le **prix est**, en somme, excessivement variable dépend de la qualité, du degré de rareté sur les marchés, enfin il varie suivant que le bois répond plus ou moins au goût de l'acheteur, car ici la mode intervient pour une large part.

Il existe des acajous qui, vendus au Havre, valent moins que le chêne, c'est-à-dire moins de 100 fr. la tonne et couvrent à peine les frais d'abattage et de transport ; certains *acajous figurés* se sont au contraire vendus à Liverpool jusqu'à 2.000 francs la tonne, parfois davantage. On nous a cité le cas d'un tronc provenant d'Assinie (Côte d'Ivoire) qui fournit, il y a quelques années, deux billes qui se vendirent respectivement 30.000 et 40.000 francs pour faire des placages. Ce sont naturellement des prix exceptionnels, mais les acajous valant 500 francs la tonne ne sont pas très rares.

Histoire.

Il y a cinquante ans, des transactions d'acajou d'une réelle importance se faisaient à la Gambie et à Sierra Léone.

En 1887, d'après Sir ALFRED MOLONEY, ce commerce avait cessé ou se confondait avec l'importation des bois d'ébène et de teinture.

De 1878 à 1885, le commerce des bois en Afrique occidentale est insignifiant :

Années	Quantité (Tonnes)	Valeur (Liv. st.)
1878..............	Néant	Néant
1880..............	1.733	14.892
1882..............	1.458	10.750
1883..............	1.441	11.100
1885..............	1.395	9.980

En 1889, l'exportation totale de l'acajou d'origine africaine n'était que de 68.000 pieds et en 1890 elle ne dépassait pas pas 259.000 pieds cubiques, soit environ 7.000 tonnes.

Aujourd'hui, c'est un des commerces les plus importants de l'Afrique occidentale française et anglaise.

D'énormes quantités de billes sont embarquées de la Côte
d'Or, du Lagos et de la Côte d'Ivoire et les exportations d'acajou du Protectorat de la Côte du Niger, qui commencèrent en
août 1899, se sont élevées, dans la seule année 1899-1900, à
23.983 pieds superficiels.

« Ce commerce est pratiqué par deux catégories d'importateurs : d'une part, les négociants européens établis sur la côte,
qui tantôt emploient les travailleurs indigènes à couper les
arbres de la forêt, tantôt leur achètent le bois directement ; et,
d'autre part, les marchands indigènes eux-mêmes qui, s'ils en
reçoivent mandat, font des envois à destination d'Europe,» (1).

Côte d'Ivoire.

Nous avons donné dans les chapitres précédents les chiffres
d'exportation de cette colonie. Comme nous l'avons exposé dans
la première partie, l'exploitation de l'acajou a débuté vers 1885.
En 1890, l'exportation était encore faible. En 1901, elle atteignait 10.697 tonnes représentant 14.000 ^{mc} environ, d'une valeur marchande de plus de 4 millions de francs (LOUIS PAUTRAT).

Aujourd'hui, les principaux ports d'embarquement sont :
Assinie, Grand-Bassam, Abidjan, Jacqueville et Grand-Lahou.

Gold Coast.

L'exploitation de l'acajou a commencé vers 1889. Comme
partout ailleurs en Afrique occidentale, elle a été laissée entièrement entre les mains des indigènes qui ont très rapidement
abattu tous les arbres de diamètre suffisant qui se trouvaient
à proximité des rivières flottables. Les exportations se sont
accrues très rapidement, elles ont été les suivantes :

1895	28.245	livres sterlings
1896	52.234	—
1897	90.509	
1898	110.311	
1899	87.076	

Mais ensuite comme pour le caoutchouc et pour la même
raison (l'affluence des indigènes vers les chantiers de mines

(1) E. MOREL, problèmes de l'Ouest africain (trad. DUCHÊNE).

d'or), l'exploitation est tombée, en 1902, à 2.236.118 pieds superficiels, après avoir atteint 15.258.998 en 1897.

En 1903, l'exploitation est passée à 7.385.984 pieds superficiels, en 1904 à 16.012.560. Cet accroissement provient surtout de ce que de nouvelles régions ont été ouvertes pour le chemin de fer et de ce que les Compagnies minières ont introduit des procédés perfectionnés dans l'exploitation des forêts, comme par exemple l'emploi de treuils à vapeur qui permettent de tirer à de grandes distances, à l'aide de câbles, les billes de bois. Cependant voici que l'exportation de 1905 est retombée à 8.363.362 pieds, qui figurent il est vrai pour 2.110.725 francs, alors que les 16.012.560 pieds de 1904 ne se sont vendus que 1.357.375 francs.

L'exportation se serait acccrue encore considérablement dans ces derniers temps. La surface forestière de cette colonie est évaluée à 14.000.000 milles carrés. Les principaux ports d'embarquement du bois de cette colonie sont Axim, Tewin Rivers, Sekondi, Chama.

Lagos.

Les bois sont amenés par flottage jusqu'à Forcados et là embarqués. Les exportations ont été en :

1885..........	néant.
1896..........	275 livres sterlings
1897..........	8.271 —
1898..........	12.944
1899..........	34.737

Nigéria du Sud.

Les bois sont embarqués par les ports de Benin et Sapelli.

Sud du Golfe de Guinée.

Les principaux ports visités par les paquebots anglais qui chargent des billes d'acajou sont Botica-Point, Libreville, Elobey, Mayumba.

Congo belge.

Quelques billes sont parfois embarquées à Boma.

Distribution des Acajous à travers la forêt de la Côte d'Ivoire.

Les *Khaya* sont répartis d'une façon irrégulière à travers la forêt et en général groupés par lots. Il n'en existe point dans la zône comprise entre la lagune d'Abidjan et Aniama, c'est-à-dire sur une zone côtière de vingt-cinq kilomètres, dans la région traversée par le chemin de fer de la Côte d'Ivoire. Du vingt-cinquième au trente-cinquième kilomètres on commence à en rencontrer quelques-uns, du trente-cinquième au quarantième kilomètres ils sont plus communs, mais il ne faut cependant pas exagérer leur nombre. C'est ainsi que le long de la trouée faite pour la construction du chemin de fer, dans la zone visible (très restreinte, il est vrai), à droite et à gauche du tracé, nous avons compté seulement une cinquantaine de pieds exploitables, sur un parcours de cinq kilomètres, soit un arbre tous les cent mètres.

Près de la rivière Djibi qui se jette dans la lagune Potou, M. LEMBLAIN a trouvé six cents arbres sur un parcours de quatre kilomètres. Au chantier de Kapiékrou, exploité par M. COUSIN en 1907, nous avons compté plusieurs centaines de *Khaya* abattus sur une surface de quelques hectares seulement, mais une telle densité est tout à fait exceptionnelle.

Certains abatteurs de bois assurent que les arbres à acajou suivent certaines traînées, larges seulement de quelques centaines de mètres, traînées allongées parallèlement au rivage de la mer.

Une telle distribution serait bien étrange. Nous avons plutôt constaté que les arbres à acajou comme les *Tiama*, se rencontrent de préférence sur les coteaux un peu en pente, à sol pauvre, et la principale raison de cette distribution est que ces terrains n'ont jamais été défrichés par les indigènes.

Le lieutenant MACAIRE a évalué le volume des bois à exploiter en forêt à 50 m^3 par hectare, sur lesquels il existe d'après HOUDAILLE, 30 % de bois d'ébénisterie, par conséquent 15 m^3 à l'hectare représentés spécialement par de l'acajou. C'est en se basant sur ces chiffres que MACAIRE évalue la richesse forestière de la Côte d'Ivoire à 2.500 francs l'hectare et HOUDAILLE à 650 francs seulement.

M. Houdaille tire de son étude la conclusion suivante :
Lorsqu'on aura extrait annuellement de la Côte d'Ivoire
300.000 mètres cubes de bois, ce qui représente le chargement
complet de plus de 200 navires, on n'aura enlevé que la millième
partie de la richesse forestière comprise entre le Bandama et
la Côte d'Or anglaise. On peut donc, pendant cent ans, mettre
la forêt en coupe réglée sans que l'aspect du pays soit modi-
fiés.

Ce raisonnement tout mathématique repose sur une base
très imprécise, car on ne peut dire que les diverses essences
d'arbres et spécialement l'acajou se rencontrent également dans
toutes les parties de la forêt ; nous savons même qu'il en est
autrement. En outre, comme nous le verrons, les acajous et les
autres bois ne peuvent être exploités que dans une zone
restreinte avoisinant les rivières, les lagunes et le chemin de
fer. Par cette dernière voie d'évacuation on ne pourra prendre
les billes pas bien au-delà du centième kilomètre, en raison
de la cherté des transports (environ 0 fr. 07 par tonne kilomé-
trique).

D'autre part, on ne peut drainer actuellement les billes
équarries que dans une zone large d'un kilomètre au maximum
à droite et à gauche du railway ou des rivières. La région
d'Assinie fait exception parce qu'on n'y prend que des billes
de choix ; leur prix de vente permet d'aller les chercher parfois
jusqu'à sept ou huit kilomètres du bord des rivières et parfois
même plus loin.

A la Côte d'Or, le chemin de fer de Sekondi à Coumassie
prend des billes jusqu'à Dunkwa, situé à environ cent milles
de la côte, bien au-delà d'Obouassi, station où l'on couche le
premier jour à mi-route entre la Côte et Coumassie.

Exploitation.

Il y a quelques années, les maisons de commerce de la côte
se servaient de *pisteurs* indigènes qui leur signalaient les arbres
à acajou remarqués dans la forêt. C'étaient des Abés, des Apolloniens ou des Agnis. L'Européen ou son employé indigène
passaient ensuite pour marquer les arbres qui devaient être

abattus. On payait au pisteur 1 franc par arbre qu'il avait signalé.

L'abattage d'un pied d'acajou coûte en moyenne 4 francs à la tâche, mais en outre « il arrive parfois que les coupeurs sont obligés de payer une redevance au chef du village voisin pour chaque arbre qui est abattu » (Dr BARRET).

L'abattage des arbres se pratique parfois à 1 mètre du sol, mais le plus souvent à 3 ou 4 mètres, les épaississements qui sont à la base du tronc rendant l'opération trop laborieuse.

Dans ce dernier cas, un échafaudage, sorte de plateforme horizontale, formée de bâtons supportés par des perches, est dressé contre l'arbre et les coupeurs s'y installent.

L'abattage se fait toujours à la hache. On commence par attaquer les ailes les plus saillantes de la base du tronc, et l'on s'efforce d'orienter la chute de l'arbre dans la direction où il pourra être plus facilement travaillé et sorti de la forêt. Mais très souvent, en raison de la régularité du tronc parfaitement cylindrique, il tombe alors qu'il ne reste plus qu'une lame insignifiante de bois non coupée et sa chute a lieu dans une direction quelconque. Comme les acajous sont mêlés à d'autres essences souvent très rapprochées et de grandes dimensions, les branches s'entremêlent et le tronc reste fréquemment suspendu obliquement ; il est alors très difficile, sinon impossible, de le dégager sans abattre les arbres sur lesquels il s'appuie. D'autres fois, le tronc d'acajou s'abat avec un bruit effroyable, brisant et renversant des arbres plus gros que des chênes adultes. Ceux-ci, dans leur chute, en renversent d'autres, et il n'est pas rare de rencontrer en forêt des trouées de 100 mètres de longueur déterminées par la coupe d'un seul pied.

Lorsque deux acajous sont voisins, les indigènes peuvent abréger le travail de l'abattage en faisant tomber le plus gros sur le second à moitié coupé qui est renversé par la chute du premier.

Cinq indigènes, en trois ou quatre heures, arrivent ordinairement à culbuter un tronc de deux mètres de diamètre.

Les troncs sont ensuite débités en tronçons de 4 à 6 mètres de long et plus tard équarris.

Le travail que peut produire une équipe d'abatteurs de bois

dans la forêt de la Côte d'Ivoire dépend de la quantité de facteurs.

Certaines peuplades ont plus d'aptitudes que d'autres pour le métier de bûcherons. Les Apolloniens, et parfois aussi les Kroumen font d'excellents manœuvres. Les Abés, qui sont pourtant des forestiers, et les Soudanais, gens de savane, feraient de très mauvais abatteurs. Les coupeurs d'acajou fournissent aussi un travail en rapport avec le prix et les gratifications qu'ils reçoivent de l'employeur, en rapport aussi avec la surveillance dont ils sont l'objet. Nous avons connu des équipes qui produisaient moitié plus que d'autres plus nombreuses mais non surveillées ou mal dirigées. Par contre, nous avons vu une équipe travaillant à la tâche, composée de 5 ou 6 manœuvres, qui arrivait en une matinée, à renverser 5 ou 6 acajous. Il est vrai que ces abatteurs se faisaient fréquemment aider par les autochtones.

Les équipes de bûcherons sont très rarement recrutées dans l'endroit où on les emploie ; elles sont amenées souvent de régions éloignées de 100 ou 200 kilomètres du chantier et elles reprennent leur liberté après quelques semaines de travail seulement, rarement après plusieurs mois.

En résumé, on peut très difficilement donner des chiffres sur la durée de l'abattage. Cette durée dépend de la disposition des troncs, de leur dimension, de la dureté du bois qui varie beaucoup pour une même essence. Nous avons vu, sur le chantier du chemin de fer, une équipe d'une douzaine de bûcherons mettre deux jours pour abattre un *Entandrophragma*. Par contre, un *Triplochiton* de 2 mètres de diamètre était renversé en quelques heures.

Généralement, l'abattage des arbres se fait à la saison sèche, c'est-à-dire en janvier et en février.

Dimensions des acajous.

La taille des *Khaya* exploités est très variable. Certains pieds ont jusqu'à 2 m. 50 de diamètre au-dessus des ailes de la base et leur tronc, très droit, peut s'élever jusqu'à 25 mètres ou 30 mètres sans branches. Celles-ci sont parfois si grosses qu'on peut en tirer des billons exportables. Mais le plus souvent on ne peut pas tirer plus de 3 à billes de 4 mètres à 5 mètres d'un tronc.

La fourche est aussi très recherchée dans l'industrie pour faire des travaux d'une seule pièce, aussi on ne manque jamais de la ménager quand elle présente de belles dimensions.

Dans ces dernières années, l'administration a proscrit avec raison l'abattage des acajous dont le diamètre du tronc est inférieur à 75 centimètres. Cette mesure est d'autant plus justifiée que les arbres de cette taille, encore jeunes, ont un bois d'une coloration claire ; il est dédaigné de l'acheteur et déprécie souvent les lots où il se trouve.

Le prix du transport des billes est si élevé qu'on laisse souvent les troncs abattus sur place lorsqu'on estime que le bois n'a pas beaucoup de valeur par suite de sa teinte pâle et de l'absence de veines.

A Assinie, on ne prend plus guère que des billes de choix et on abat parfois quatre ou cinq pieds avant d'en avoir un qui puisse être transporté.

Cependant la rencontre des billes figurées est si rare qu'on ne peut compter sur elles. Les exploitants installés en Afrique ne les reconnaissent pas, et telle bille qu'on avait cru figurée, s'est vendue à vil prix. Quelques coupeurs de billes ont pris l'habitude de vendre sur échantillons qui sont envoyés à Liverpool, et c'est seulement lorsque le bois est reconnu comme ayant de la valeur que la bille est traînée aux rivières. C'est ainsi que certains exploitants de la lagune Potou ou de la région d'Assinie (dans le Sanwi) transportent des billes par les sentiers sur un parcours qui peut aller jusqu'à douze kilomètres, lorsque ces billes ontété estimées à une très grande valeur.

Installation d'un chantier pour l'abattage.

Les coupeurs de billes font de temps à autre des tournées à travers la forêt dans les régions avoisinant les rivières pour choisir un emplacement où les *Dukuma* sont en quantité suffisante pour être exploités avantageusement.

Ce lieu étant déterminé, à la fin de la saison des pluies, l'Européen envoie sur place quelques manœuvres commandés par un chef d'équipe. Les indigènes abattent la forêt et brûlent le bois sur une surface de quelques ares qui sera l'emplacement du futur campement. Des cases installées d'une façon aussi peu hygiénique que possible sont vite construites. C'est là qu'habiteront non seulement les travailleurs noirs, mais aussi l'Européen qui dirige les travaux. La vie que mène ce dernier, s'il veut réussir, est des plus pénibles. Il reste parfois des mois isolé dans la forêt, passant toute la journée sur le chantier au milieu de ses manœuvres. Un certain nombre d'exploitants ne peuvent s'astreindre à cette tâche : ils séjournent une grande partie du temps dans les villes de la côte et abandonnent à quelques indigènes plus ou moins sérieux la surveillance du chantier.

Le nombre des coupeurs européens exploitant l'acajou à la Côte d'Ivoire est actuellement d'une dizaine seulement ; les chantiers commandés par des indigènes sont la grande majorité.

Les cases étant bâties en hâte, les manœuvres ouvrent une voie permettant d'accéder à la rivière la plus proche, rivière sur laquelle les billes seront flottées. En même temps les pisteurs vont reconnaître les acajous qui sont dans les environs. Il n'est pas toujours facile de les apercevoir ; les branches s'épanouissent souvent hors de portée de la vue et les noirs ne sont pas botanistes pour reconnaître à l'inspection d'une feuille tombée l'arbre d'où elle provient. Le plus souvent, ils entaillent l'écorce : beaucoup d'espèces très différentes présentent des écorces d'aspect semblable, mais l'écorce de l'acajou, comme celle de son congénère le cailcédrat, a une saveur amère très caractéristique qui ne trompe jamais. Des pistes sont tracées dans la forêt entre le camp et les arbres marqués ; bientôt des chemins forestiers garnis de traverses dans les dépressions sont tracés pour le trainage des billes et les coupeurs commencent leur besogne.

On doit laisser le moins longtemps possible les troncs abattus avant de les tronçonner et de les équarrir, la présence de l'écorce pouvant attirer les insectes perceurs de bois.

L'équarrissage se fait à l'herminette que les indigènes nomment *soma*.

L'abattage se fait à l'aide d'une hache d'importation américaine que l'on peut se procurer dans les principales factoreries de la colonie.

Trainage.

Lorsque le tronc a été débité en tronçons, les indigènes trainent les billes ou logs jusqu'à la rivière voisine. Pour cela on ouvre des chemins dans la forêt, puis on roule les tronçons sur des traverses de bois couvrant le chemin, soit au moyen de leviers soit en tirant à la corde par secousses. Les billes non équarries glissent sur les rondins et parviennent ainsi lentement au bord du cours d'eau.

L'équarrissage se fait ordinairement à cet endroit. Les très grosses billes sont équarries sur place pour les réduire de leur poids mort. Tous les acajous actuellement exportés sont équarris. Pour les bois en grume, les Compagnies de navigation établissent le cubage non d'après le volume du cylindre, mais d'après celui d'une bille à section carrée ayant comme côté le diamètre de ce cylindre.

Il y a donc tout intérêt à équarrir les billes, bien que ce travail souvent mal fait par les indigènes réduise souvent le diamètre de moitié.

Flottage.

Sur certains cours d'eau le flottage des billes a lieu toute l'année, mais ces rivières privilégiées deviennent de plus en plus rares, les bois exploitables tendant à s'épuiser sur leurs rives. C'est donc surtout par de petits cours d'eau où ne passe qu'un filet insignifiant pendant une partie de l'année que s'effectue l'acheminement des billes vers les fleuves.et vers les lagunes. Cette descente se fait presque exclusivement au moment de la haute crue, c'est-à-dire du 15 mai à la fin de juin.

Certaines années, la montée des eaux n'est pas suffisante pour faire flotter les billes équarries. On en a vu rester quatre ans avant de pouvoir descéndre. Pendant les années de fortes crues les billes parviennent en très grande quantité à la côte, de sorte que les statistiques d'exportation subissent des fluctuations importantes d'une année à l'autre. En beaucoup de localités aujourd'hui, on fait des barrages à la saison des pluies à l'aide d'écluses successives ; on utilise ainsi les moindres fossés de la forêt.

Ailleurs on tire parti des terrains inondés. Certaines grandes artères fluviales comme le Comoé ou l'Agniéby étendent leurs eaux à travers la forêt à deux ou trois kilomètres du lit principal, suivant certaines dépressions. Lorsque cela est nécessaire, on aide au flottage des billes en les poussant dans l'eau ou sur la vase molle. Elles parviennent ainsi lentement à la nappe principale où elles peuvent flotter librement, et c'est alors seulement qu'elles sont réunies en trains.

Dans les rivières étroites comme l'Agniéby, les billes, après avoir été équarries, sont numérotées et marquées aux initiales du propriétaire, puis on les laisse descendre librement suivant le cours d'eau et elles sont arrêtées seulement un peu en amont de l'embouchure des rivières par des manœuvres au service de chaque exploitant. Elles parviennent en effet le plus souvent pêle-mêle et c'est seulement à l'entrée de la Lagune Ebrié que chaque propriétaire groupe tous les logs (1) portant sa marque. Parfois il se forme dans les petites rivières de véritables barrages, produits par l'accumulation des logs, en un point où existe un obstacle. Il faut, à l'aide de perches, détruire ces barrages et remettre les billes dans le courant de l'eau.

Les billes, à leur arrivée sur les grandes voies navigables, sont groupées en trains ou *drums* qui ont parfois jusqu'à cinquante metres de long. Nous avons vu en 1905 sur la lagune Potou, deux de ces trains, l'un composé de trente huit billes l'autre de vingt-deux. Il en existe, paraît-il, de plus considérables.

En tête du convoi, qui longe ordinairement les rives, se trouve une pirogue indigène ou une baleinière. Le train descend lentement, entraîné par le courant, et poussé à la perche par les indigènes installés sur les billes, accompagnés souvent de leur famille et approvisionnés de vivre pour toute la durée du voyage, qui peut se prolonger pendant une semaine entière. On emporte les aliments qui sont cuits dans la pirogue on même sur les

_____

(1) Ce nom anglais est donné aux billes équarries.

billes, en faisant le feu sur une plaque de tôle, et on édifie une véritable paillote au beau milieu du train de bois, pour s'abriter des pluies et pour dormir la nuit. Rien n'est plus pittoresque que ces convois descendant le long des rivières et sur la Lagune de la Côte d'Ivoire.

Les billes portent une marque qui permet de les reconnaître lorsque le train se disloque. Il arrive parfois aussi qu'une bille se détache, s'en va à la dérive et reste plusieurs années dans la rivière ou les lagunes, égarée au milieu des palétuviers et des arbres du bord. Quand on la retrouve, quelquefois plusieurs années plus tard, elle est souvent attaquée par les *tarets* et a perdu toute valeur, elle appartient alors non au propriétaire mais à celui qui la recueille.

La tâche qu'accomplissent les tireurs de billes dans la forêt, pour les amener aux rivières, est extrêmement dure et pénible. En outre, le convoyage des *drums* en lagune est aussi des plus périlleux, les noyades sont assez fréquentes. Enfin quelquefois, par suite de l'obscurité ou par l'imprudence des convoyeurs, le train de bois arrivé près de la mer, est entraîné par le courant au-delà de l'embouchure des rivières. Il est impossible de l'arrêter et le train est irrémédiablement perdu, la barre ne permettant plus d'approcher du rivage. Ces accidents sont heureusement très rares.

On cite à la Côte d'Ivoire le cas d'un de ces convois de bois qui avait été entraîné, il y a quelques années, de Grand-Bassam vers la haute mer avec plusieurs indigènes installés dessus. Ils avaient erré une huitaine de jours en mer loin de la terre, mourant de faim. Ils se trouvèrent enfin en vue de la côte entre Assinie et Axim, c'est-à-dire à plus de cinquante kilomètres de leur point de départ. L'un de ces noirs se jeta résolument à la nage, traversa la barre et put, épuisé, atteindre la rive. Une baleinière partit aussitôt au secours de ses camarades et les ramena, mais il fallut abandonner le train de bois. Il est rare que les convois partis en mer trouvent cette planche de salut.

Le travail comporte parfois chez les peuples primitifs d'Afrique des accidents aussi terribles que chez nous, et, à ce que nous venons de raconter, nous pourrions ajouter que plus d'une fois chaque année le tronc centenaire de l'acajou qu'on exploite, se venge de la cognée en écrasant les bûcherons dans sa chute.

Evacuation par Chemins de fer.

L'utilisation du chemin de fer de la Côte d'Ivoire pour le transport des billes d'acajou est toute récente. En janvier 1907 commencèrent les premiers abattages, d'abord vers le kilomètre 40, puis vers le kilomètre 64, enfin au pont de l'Agniéby (kilomètre 82). L'évacuation des premières billes se fit quelques mois plus tard. L'administration a fait tout récemment des lotissements de 5 kilomètres de longueur et de profondeur limitées par la voie ferrée. Moyennant l'exécution de certaines clauses, les exploitants ont le monopole exclusif de l'abattage de l'acajou dans le lot qui leur a été attribué. Le gouvernement de la colonie espère ainsi accroître l'exploitation des bois et surtout la rendre plus méthodique.

Des mesures analogues ont été prises depuis 1904 par les Anglais, le long du chemin de fer de la Gold Coast. D'importants arrivages ont lieu par le chemin de fer, sur lequel les billes voyagent équarries. On charge les acajous tout le long de la ligne, on va donc les chercher à plus de cent milles de la côte, à la station limite d'Obouassi. La station de Dunkwa (Dankoua) en charge une grande quantité. Sur tout ce parcours, le prix du transport est le même, quel que soit la distance à parcourir, et on ne peut charger beaucoup plus de huit tonnes par wagon.

Les logs chargés à plus de 100 kilomètres de la mer ont, dit-on, peu de valeur ; on reproche au bois d'être trop pâle ; les acajous figurés ne s'y rencontrent jamais. Il paraît que ces bois de l'intérieur n'appartiendraient pas à la famille des Méliacées, mais proviendraient principalement d'une légumineuse, l'*Afzelia africana*. C'est un point que nous n'avons pu élucider.

Tous les dimanches un train spécial parcourt la ligne et s'arrête partout où il y a des logs à charger.

Entre Sekondi et Tarkwa nous avons observé d'assez nombreux dépôts, souvent tous les deux ou trois kilomètres.

Un sentier d'exploitation, tracé sous la voûte de la forêt, large de trois à quatre mètres, avec des traverses en bois ordinaire, permet de traîner les billes débitées et équarries jusqu'aux bords de la voie. Là, elles sont chargées sur les wagons et placées sur deux rangs. Nous avons compté de quatre à quinze billes par wagon, mais le nombre de huit est le plus fréquent.

Le bois est amené à quai pour être embarqué par flottage sur les bateaux de la Compagnie Elder-Dempster. Après le déchargement, les propriétaires viennent reconnaître leurs billes et placent de nouvelles marques. Il survient rarement des contestations.

A la Côte d'Or, l'exploitation des logs se fait exclusivement par des maisons européennes qui traitent directement avec les exploitants indigènes ; ceux-ci se chargent de l'abattage et du traînage jusqu'à la voie du chemin de fer. Dans d'autres régions l'européen fait directement l'exploitation à l'aide de manœuvres payés. Les indigènes sont payés en moyenne de 1 fr. 10 à à 3 francs par bille et on traite en bloc pour un nombre déterminé de billes ; par exemple, un commerçant achète quinze logs à un traitant alors que les logs ne sont pas abattus. On paie au moins une partie du prix d'achat à l'avance.

« Le commerce des bois, écrit BAILLAUD (1), présente à la Gold Coast une grande analogie avec celui du caoutchouc au point de vue de ses fluctuations. L'exploitation de l'Acajou a commencé vers 1889. Comme partout ailleurs, en Afrique occidentale française, elle a été laissée, entièrement entre les mains des indigènes, qui ont très rapidement abattu tous les arbres de diamètre suffisant qui se trouvaient à proximité des rivières flottables. En 1897, la quantité de pieds superficiels exportés avait atteint 15.258.998, mais très rapidement comme pour le caoutchouc et pour les mêmes raisons, ce chiffre est tombé en 1902 à 2.226.118. Cependant, en 1903, l'exportation est passée à 7.385.984 pieds, et en 1904 à 16.012.560. Cela vient surtout de ce que de nouvelles régions ont été ouvertes par le chemin de fer et de ce que les Compagnies minières ont introduit des procédés perfectionnés dans l'exploitation des forêts, comme par exemple l'emploi de treuils à vapeur qui permettent de

(1) E. BAILLAUD. — Situation économique de l'Afrique occidentale anglaise et française, Paris (1907), p. 36 (Extrait de la *Revue coloniale*).

tirer à de grandes distances à l'aide de cables les billes de bois.
Cependant voici que l'exportation de 1905 est retombée à
8.363.362 pieds, qui figurent, il est vrai, à l'exportation pour
2.110.725 francs, alors que les 16.012.560 de 1904 n'y figurent que pour 1.357.375 francs.

« Mais nous avons vu que l'on ne peut tirer nulle conclusion
de cette anomalie du fait de la façon fantaisiste dont sont
établies le plus souvent les mercuriales. Une exploitation ratio-
nelle comme celle qui a été inaugurée aux environs du chemin
de fer, pourra seule donner à cette exploitation la stabilité qui
lui manque. »

Dans la Southern Nigeria, le Mahogany exporté pour l'ébénisterie provient de concessions exploitées par des *firmes*
européennes, notamment dans la Western Division, dans les
districts de Benin et de Sapele. De nombreuses concessions
pour cette exploitation ont déjà été données par le *Forestry
Department*. Il convient de remarquer que la propriété indigène du terrain est entièrement sauvegardée et que la concession garantit seulement le droit de couper les arbres. Effectivement « affermage de l'exploitation du bois » serait donc une
meilleure expression que « concession ». L'abattage comporte
un droit de 10 schellings payé à l'administration et dont le
montant sert à l'entretien du service forestier. Dans les pays
de protectorat les sommes sont encaissées par les chefs indigènes (par exemple dans le territoire du roi d'Abeokuta).

Ils reçoivent intégralement des coupeurs 10 schellings pour
chaque arbre abattu et tout le travail est payé sur des bases
qui résultent d'un mutuel arrangement.

Le travail dans la Nigéria du Sud est commandé par les chefs
indigènes, mais un grand nombre de travailleurs libres viennent
à présent louer leur travail aux européens pour un taux variant
de 0 fr. 90 à 1 fr. 25 par jour. Une part utile du droit prélevé
par l'Administration est employée par le Département forestier
pour prospecter et pour publier des notices sur les produits
naturels des forêts et pour pourvoir à la propagation des plantes
à caoutchouc, des arbres à acajou et des autres essences de
valeur. En 1904, 214 plantations avaient déjà été faites, contenant environ 227.000 jeunes arbres à caoutchouc et 53.800

jeunes acajous qui étaient destinés à être replantés pour remplacer ceux qui sont exportés. D'après M. Thompson, directeur des forêts de la Nigéria du Sud et Lagos, un acajou mettrait 150 ans pour se développer et atteindre environ un mètre de diamètre.

Malgré cette longue durée d'attente, le Service forestier de l'Afrique anglaise n'a pas hésité à établir des peuplements artificiels, en se basant sur ce qui a été fait dans les Indes orientales où tant de tecks qui ont été plantés depuis cinquante années, ont déjà atteint une réelle valeur industrielle (1).

Manutention des billes aux ports d'embarquement.

C'est principalement dans le courant de juin ou de juillet que les billes charriées par les rivières et les lagunes de la côte ou bien amenées par les chemins de fer, parviennent près du rivage.

Une langue de terre sablonneuse sur laquelle sont édifiés les villages de Grand-Lahou, Jacqueville, Grand-Bassam, Assinie, sépare, comme on le sait, les lagunes de la mer. Des passes dangereuses, dont la barre interdit l'entrée, font ça et là communiquer l'eau des lagunes avec la mer, mais on ne peut les utiliser pour l'embarquement. On doit donc d'abord retirer les bois de l'eau des lagunes, en utilisant pour cela des grues ou encore simplement en tirant les billes avec des câbles très forts.

Les billes sont ensuite chargées sur des wagonnets qui les transportent au point d'embarquement.

A Jacqueville, elles doivent être transportées ainsi sur un parcours de trois à quatre kilomètres. A Grand-Bassam, cent mètres à peine séparent le bord de la lagune du wharf d'embarquement.

C'est à ce point que nous avons été plus particulièrement à même d'observer la dernière toilette que subissent les acajous

(1) On sait que le bois de Teck de l'Inde est fourni par une borraginée, le *Tectona grandis*. En 1900, la Birmanie en exportait déjà 78.000 tonnes, valant 15 millions de francs. Ce bois qui s'emploie en menuiserie fine et en ébénisterie, est surtout employé dans les constructions navales de l'Etat. L'acclimatation de cet arbre, tentée dans quelques jardins forestiers de Lagos, a très bien réussi.

avant d'être exportés en Europe. Les tronçons sont remis sur
chantier et leur équarrissage est rafraîchi par des équipes
d'ouvriers noirs. Souvent on ramène les billes à des dimensions
plus réduites pour diminuer le fret. Les parties endommagées
ou fendues sont enlevées à la hache, l'ensemble conservé est
façonné en parallélipipède rectangle plus régulier. Les billes
trop avariées sont mises au rebut et employées comme bois de
chauffage.

Chargement des billes.

Avant de pousser les billes au bord de la mer, on visse aux
extrémités sur deux faces opposées, deux larges anneaux qui
serviront à passer le câble destiné à amener les acajous près
du steamer.

Supposons les billes amenées à l'extrémité du wharf de
Grand-Bassam. Le câble qui doit servir à les tirer est solidement fixé à l'arrière du paquebot par une de ses extrémités,
tandis que l'autre est apportée au wharf par une baleinière. On
introduit le cable dans un des anneaux de la première bille, puis
on la laisse glisser à la mer. On procède de même pour la
bille suivante et on continue jusqu'à ce que une vingtaine de
troncs aient été descendus. On constitue ainsi un nouveau train
de bois qu'il est très difficile d'amener à proximité du steamer,
car on a à lutter contre les vagues très fortes, bien qu'on soit
en dehors de la barre.

Plusieurs indigènes restent sur les bords de ce radeau, le
corps à moitié plongé dans l'eau afin d'empêcher le câble de
s'enrouler autour des billes, ce qui l'userait très rapidement et
amènerait sa rupture. Cet accident arrive bien quelquefois. Les
billes s'en vont alors à la dérive et des baleinières vont les recueillir, mais il s'en perd ainsi chaque année un assez grand nombre,
qui, après avoir été charriées pendant longtemps par les flots,
sont finalement rejetées dans certaines criques dont la barre
interdit l'accès et où par suite il est impossible d'aller les chercher. On cite une crique des environs d'Assinie qui s'est ainsi
remplie de billes, dont on ne peut songer à tirer parti.

Pour tous les points de la côte où il n'y a pas de wharf

l'opération de l'embarquement est encore plus difficile, car il faut faire franchir la barre aux logs. Voici comment on procède : on jette d'abord les billes à la mer, puis, quand elles flottent on passe le câble dans les anneaux. La traction du câble doit être faite avec lenteur de manière à ne pas briser la corde. Par les temps de mauvaise mer, il est à peu près impossible de faire des chargements de bois en certains points, par exemple à Assinie.

La dernière opération consiste à embarquer les logs. Ils sont d'abord amenés à tribord, puis des indigènes descendent sur les billes et le corps aux deux tiers plongé dans l'eau pendant plusieurs heures, ils retirent le câble passé dans l'anneau après avoir noué solidement une grosse corde autour de la bille. Cette corde, mue par la grue à vapeur du paquebot, hisse la bille à bord et, par un balancement rapide, on la fait descendre à fond de cale. L'opération continue jusqu'à ce que toutes les billes aient été embarquées.

La rapidité de l'embarquement est très variable suivant l'état de la mer, la force de la barre et la distance du rivage à laquelle est amené le cargo. En certaines escales et par temps calme, on peut charger trois cents billes dans une journée (1). En d'autres points, on parvient difficilement à en charger soixante.

On ne doit pas être trop surpris lorsque les compagnies de navigation déclarent qu'il leur est impossible de réduire le prix du fret. Pour ces embarquements, les steamers doivent louer d'importantes équipes de *kroumen* (travailleurs indigènes de la Côte d'Ivoire), payés au minimum 1 fr. 25 par jour, non comprise la ration d'une valeur de 0 fr. 25.

Nous avons pu observer de près toutes les opérations relatives à l'embarquement du bois d'acajou, en voyageant à bord d'un cargo-boat de la Compagnie Elder-Dempster, *Le Bonny*, qui chargeait des billes sur la Côte d'Ivoire et la Côte d'Or en juin et juillet 1905.

Ce sont les cargos de cette Compagnie et ceux de la Compagnie Woermann qui chargent, à destination de Liverpool et

(1) Ce chiffre nous paraît très élevé bien qu'il nous ait été donné par plusieurs capitaines.

de Hambourg, la plus grande partie de l'acajou exporté de la Côte occidentale d'Afrique. Les billes figurées sont toujours réexpédiées de Liverpool ou de Hambourg aux Etats-Unis, et là elles seraient employées presque exclusivement à faire du placage pour ameublements de luxe.

Utilisation en Afrique.

Outre son emploi en Europe, l'acajou est aussi utilisé en Afrique pour faire des pirogues indigènes. Certaines de ces embarcations présentent jusqu'à 15 mètres de longueur et 1 m. 30 de largeur. Elles peuvent durer 10 ans à condition qu'on les entretienne et qu'on les préserve des tarets dans les rivières.

Dans certains postes de l'intérieur du continent, on tire parti des beaux *Khaya* pour faire des constructions. Nous avons habité sur le Cavally, au village de Taté, une vaste maison à un étage qui était entièrement construite en acajou de prix. Les indigènes en font aussi des meubles grossiers, des sièges. des manches d'outils.

Vente en Europe.

Liverpool, Le Havre, Hambourg, Marseille et Bordeaux absorbent les 9/10 de l'acajou importé d'Afrique ; une certaine quantité est réembarquée dans ces ports pour les Etats-Unis.

Les arrivages des acajous africains dans les ports d'Europe se répartissent de la manière suivante :

Angleterre : 49.850 tonnes (dont 42.654 pour le seul port de Liverpool).

Allemagne : 13.281 tonnes.

France : 7.398 tonnes.

L'Allemagne est le seul pays de l'Europe où la consommation de l'acajou soit en accroissement.

En 1905, l'Allemagne a consommé 17.970 billes d'acajou contre 16.930 en 1904. Le Gabon a fourni au port de Hambourg près d'un tiers de la consommation : 5.378 billes (1). Les

---

(1) Il est probable que la plus grande partie de ces billes n'étaient pas du véritable acajou, mais de l'*okoumé*.

autres ports d'embarquement d'Afrique pour Hambourg ont
été :

Axim..................	242	billes.
Lagos	463	—
Grand-Bassam	226	—
Benin	829	—
Sapeli	1.707	—

Sur un total de 133.000 tonnes d'acajou importés en Europe
en 1905, 16 millions de pieds superficiels (environ 36.800
tonnes) ont été écoulés par voie des enchères publiques
à Liverpool. Chaque année, la vente de cet acajou attire à
Liverpool une foule d'acheteurs, non seulement de toutes les
parties de l'Angleterre, mais de toute l'Europe et même des
Etats-Unis, ces derniers faisant l'acquisition des billes de plus
belle qualité.

En 1905, les importations d'acajou par Liverpool furent de
19.970.000 pieds superficiels dont 84 % ou 17 millions provenant
de l'Afrique occidentale, notamment Benin, Lagos, Assinie,
Axim et Cap-Lopez. La grande variété des sortes qui sont importées donne aux acheteurs la certitude de trouver tout ce
dont ils ont besoin dans les ventes publiques périodiques qui
créent une compétition assurant aux exportateurs les meilleurs
résultats possibles.

Le marché du Havre acquiert aussi une importance de plus
en plus grande pour l'importation des acajous.

En 1903, le port, sur une importation totale d'acajou de
11.261 billes pesant 8.056 tonnes, a reçu d'Afrique occidentale
4.904 billes pesant 4.859 tonnes.

Les importations d'acajou d'Afrique occidentale ont été les
suivantes :

1901		1902		1903	
Billes	Tonnes	Billes	Tonnes	Billes	Tonnes
2.392	3.059	2.964	3.574	4.904	4.859

En 1905, l'importation totale a été de 15.913 tonnes dont
3.573 de l'Afrique occidentale, le Mexique a fourni 7.000 tonnes
et Cuba 5.000 tonnes.

L'importation d'Afrique subit donc une marche ascendante,

et dès 1903 l'acajou d'Afrique arrivant au Havre était en augmentation sur celui de toutes les autres provenances.

Les réimportations pour l'Amérique qui partent de Liverpool sont en décroissance, surtout depuis la crise générale qui sévit sur le commerce de ce pays.

En Europe aussi, le pouvoir d'achat des bois exotiques semble subir une crise qui aurait pour conséquence la réduction de l'exportation.

A la Côte d'Or, le fléchissement de la production est déjà ancien : il est dû à l'accaparement des travailleurs par les mines d'or, les constructions du chemin de fer et les anciennes colonnes contre les Achantis. Plusieurs milliers d'indigène ont de la sorte été distraits, de 1900 à 1904, de l'abattage.

C'est cependant le commerce des bois qui a fait, depuis dix ans, la prospérité d'Axim.

Des indigènes y ont gagné de grosses fortunes en très peu de temps. J'ai causé avec un Sierra-Léonais qui, en huit ans, a réalisé une véritable fortune et a acquis une villa magnifique à la lisère des mines que l'on décorerait du nom de « château », en Europe.

Quelques sujets indigènes possèdent à Assinie des demeures aussi somptueuses.

Le commerce de l'acajou était en voie de diminution lors de notre voyage de 1905. Les mines ont gâté le taux auquel on payait les *krouboys*, et ceux-ci préfèrent ne pas travailler plutôt que de s'engager à un taux moindre que celui auquel on les rémunérait autrefois.

D'autre part, les exploitants noirs eux-mêmes se plaignent d'être dupés par les courtiers de Liverpool, leurs intermédiaires pour le placement. En effet, il n'y a aucun moyen de reconnaître les billes de valeur qui sont très rares et dont la vente dépend uniquement de la mode des bois et des goûts de l'acheteur; il en résulte que les exploitants accusent leurs intermédiaires de les frustrer de la plupart des majorations des prix de vente des belles billes qu'ils placent. Tout le bois, en définitive, leur est payé au prix de l'acajou ordinaire qui n'est pas suffisamment rémunérateur. D'autre part, il faut aller chercher le bois assez

loin, par la petite rivière qui débouche à la mer près d'Axim.
Cette ville présente de grandes commodités pour l'embarquement des billes par suite de l'absence de barre et de la présence
du petit bassin formé par les rochers environnant la côte. Les
billes, mises à la mer et reliées par un câble, peuvent flotter
des semaines dans le bassin jusqu'à ce que se présente un
bateau en état de les embarquer.

Nous avons constaté, le long de la plage, la présence d'un
grand nombre de vieilles billes dont le bois est presque entièrement décomposé. On ne le recueille même pas comme bois de
chauffage. Ces logs sont certainement des épaves rejetées à la
côte souvent après des mois de flottaison et apportées sans
doute par la mer de points de la même côte moins favorisés au
point de vue de l'embarquement.

Une grande partie des exploitants de bois d'Axim sont étrangers au pays : les patrons sont souvent des Sierra-Léonais, les
employés sont des kroumen ou des noirs d'Assinie.

A la Côte d'Ivoire, les missions de prospection aurifère, en
1900-1902, ont eu de même leur répercussion sur l'importation
des bois. A partir de 1905, le commerce avait repris un nouvel
essor et la mévente du bois en 1907-1908 est venue apporter une
nouvelle perturbation dans les affaires.

La crise des bois en Afrique occidentale.

On ne peut nier que le commerce des bois d'ébénisterie de
de la Côte occidentale d'Afrique se trouve actuellement dans le
marasme.

Les causes de cette crise sont nombreuses, mais la plus
sérieuse est probablement la suivante :

Depuis quelques années, le marché mondial a été inondé
d'acajous et la production a dépassé de beaucoup les besoins
de la consommation. Au fur et à mesure que les cours bais-
saient, l'acajou trouvait de nouveaux emplois dans la menuiserie fine ; mais il est arrivé un moment où les cours étaient si
bas que le bois qui nous occupe ne laissait plus de bénéfices
aux exploitants. Ces derniers sont, en réalité, victimes d'une
situation qu'ils ont eux-mêmes créée. Si, au lieu d'inonder le

marché d'un stock considérable d'acajou, ils s'étaient contentés de faire des envois restreints de cette essence, l'acajou d'Afrique aurait conservé son cours élevé, puisque c'est lui qui sert d'étalon pour la vente des autres bois d'ébénisterie. Tout en exploitant l'acajou sur une échelle raisonnable et très rémunératrice, ils auraient pu expédier en Europe des bois de charpente et menuiserie similaires du teck, du chêne, des bois blancs, etc., et ces envois n'auraient influencé en rien le marché des bois exotiques, puisque les sortes que nous venons de citer ont des débouchés illimités en Europe.

Au lieu de cela, nos colons et nos indigènes, sur l'encouragement des européens, ont abattu les acajous sans compter. Le stock des arbres coupés et débités en billes équarries est si considérable, qu'un grand nombre de ces billes n'ont même pas pu être sorties de la forêt. Elles sont à tout jamais perdues et les exportations sont grevées du prix de revient de ces billes inutilisables.

Ce qui a manqué à nos colonies de l'Ouest africain jusqu'à présent, c'est une exploitation rationnelle, tirant parti non seulement d'une seule essence, mais du plus grand nombre d'espèces utilisables, quand bien même certaines espèces ne laisseraient qu'un très modeste bénéfice.

Le taux élevé du fret est certainement aussi un obstacle au développement du commerce des bois.

La principale objection formulée contre les armateurs tient à la façon dont on pratique le système connu sous le nom d'*échelle mobile*. Actuellement, les billes dont le poids dépasse deux tonnes, sont soumises à un tarif déjà relevé et le relèvement est plus fort encore pour les billes de trois tonnes et au-dessus. Cette progression pourrait, à la rigueur, se défendre, si la qualité du bois augmentait en raison directe de son volume ; mais il arrive que le prix moyen de vente pour une bille d'une tonne est sensiblement le même que pour une bille de deux, trois ou quatre tonnes.

Pour qu'il en soit autrement, il faut que la bille la plus lourde soit ce qu'on appelle bien *veinée*, c'est-à-dire que les cercles concentriques formés par les fibres soient bien dessinés les uns au-dessus des autres. Pour que le bois soit d'une valeur supérieure à la moyenne, il faut que ce dessin soit très prononcé et très franc ; c'est ce qui donne au bois ces variétés de nuances recherchées du public. Lorsqu'une bille présente cette qualité, elle atteint toute espèce de prix, selon le caprice de l'acheteur, et la question du fret est alors insignifiante. Mais le plus souvent ces conditions ne se rencontrent pas et le taux élevé du fret sur les billes les plus lourdes pèse de tout son poids sur le commerce et peut même, quand les cours sont faibles sur les marchés d'Europe, aller jusqu'à rendre impossible tout bénéfice sur la vente (1).

MOREL désirerait voir inculquer aux indigènes, « à la fois sous les auspices des fonctionnaires et des commerçants, les notions nécessaires pour qu'ils sachent choisir les arbres les plus propres à être abattus. On éviterait ainsi l'envoi en Europe d'une grande quantité de bois sans valeur ou trop verts encore, destinés parfois à encombrer le marché et à avilir les prix, non sans avoir endommagé les forêts africaines ». A notre avis, le remède n'est pas là. Il faut faire l'exploitation de la forêt sur la plus grande échelle possible, de manière à tirer parti du plus grand nombre d'essences. Et il est absolument nécessaire que ces essences soient connues non seulement des savants, mais aussi de l'industriel qui achète des bois et du colon qui les abat et les expédie. S'il y a, comme nous le supposons, cent espèces utilisables dans l'Ouest africain, que tous ceux qui ont intérêt à le faire apprennent à connaître ces espèces, de manière qu'on expédie en Europe, dans une juste proportion, les bois d'œuvre aussi bien que les bois d'ébénisterie ou les bois de fantaisie. Et nous demandons surtout que les lots vendus soient biens uniformes, que dans un lot d'acajou ordinaire il n'y ait pas d'autres sortes. De cette manière, le vendeur saura ce que vaut sa marchandise et l'industriel saura ce qu'il achète.

Actuellement, le coupeur de bois, en Afrique, ne connait jamais le prix qu'obtiendra sa bille quand il l'expédie en Angleterre. On est parfois tout surpris d'apprendre qu'une bille qu'on avait regardée, au moment de l'exportation, comme *acajou figuré* et sur laquelle on escomptait de gros bénéfices, s'est

E. MOREL. — Problèmes de l'Ouest africain, p. 203.

vendue seulement quelques centaines de francs sans arriver à couvrir les débours. Les frais d'exploitation et de transport sont en effet très élevés. Pour les rivières débouchant dans la lagune Potou, il n'est pas rare qu'ils atteignent de 500 à 600 francs pour une bille.

Autrefois, les indigènes exploitaient de grosses billes qui avaient de $1^m 20$ à $1^m 30$ d'équarrissage et de 9 à 12^m de longueur. Pour en faire le transport à la rivière, il ne fallait pas moins de 100 à 120 hommes par jour et par bille, payés à la journée, en moyenne 1 sh. (1 fr. 25). Lorsque la bille était à plusieurs kilomètres de la rivière, on voit combien était dispendieux ce traînage. Même sur les chemins de traînage installés à l'avance, on arrivait à franchir seulement 1 kilomètre par jour ; rarement on allait plus vite.

Les frais de transport sur les rivières et les lagunes sont sont aussi élevés.

Le fret, comme nous l'avons dit, n'est pas proportionnel au volume, mais croît très rapidement à partir de 3 tonnes. Brut, on estime qu'une bille ordinaire rendue à Grand Bassam ou à Assinie revient à 35 ou 40 francs le mètre cube. Elle paie 40 fr. par 1000 kilogs pour le fret à destination du Havre. Elle revient donc à 80 fr. au moins le m^3 rendue au port où elle sera vendue ou réexportée avec de nouveaux débours. Il faut enfin compter les frais de wharf, d'entrepôt, de commission.

Les coupeurs qui arrivent à réaliser 10 fr. à 20 fr. de bénéfice net par m^3 d'acajou ordinaire exporté, doivent en somme s'estimer heureux.

Il faut donc exporter un très grand nombre de billes chaque année pour réaliser de petits bénéfices.

TROISIÈME PARTIE.

Etude spéciale des arbres les plus remarquables de la forêt de la Côte d'Ivoire.

Nous nous proposons d'exposer dans cette partie, qui constitue la section la plus importante du présent ouvrage, les résultats scientifiques et pratiques de nos recherches sur la flore forestière et sur les bois utilisables de la forêt de la Côte d'Ivoire.

Le forestier et le naturaliste trouveront dans l'énumération qui va suivre des données qui leur seront, pensons-nous, de quelque utilité pour reconnaître, dans le chaos de la forêt vierge, les espèces les plus intéressantes à divers points de vue.

Pourtant cette énumération est très incomplète et le temps nous a en outre manqué pour rédiger la description botanique de beaucoup des espèces citées. Nous espérons pouvoir compléter ce travail dans l'avenir, lorsque toutes les espèces d'arbres de l'Afrique occidentale auront été recensées.

Dans ce fascicule, nous avons surtout cherché à décrire avec le plus de précision possible les arbres qui offrent dès maintenant le plus grand intérêt au point de vue commercial. Beaucoup de ces essences importantes étaient ignorées, même des botanistes avant notre récent voyage et elles sont décrites ici pour la première fois.

Tous les renseignements qui suivent sont de première source et ont été plusieurs fois contrôlés. Chaque espèce est désignée sous son nom scientifique et nos déterminations ont presque toujours été contrôlées par des spécialistes. Les espèces ont été groupées suivant l'ordre alphabétique, dans leurs familles respectives. Nous avons toujours laissé les genres aberrants dans les familles où les avaient placées BENTHAM et HOOKER. Les familles ont été, elles aussi, rangées par ordre alphabétique. Nous savons qu'un tel classement laisse beaucoup à désirer au point de vue scientifique, mais, par contre, il a l'avantage de rendre plus rapides les recherches à travers l'ouvrage. Du reste, le nombre de ces groupes est restreint, puisque toutes nos espèces se répartissent dans 30 familles seulement. Sous la rubrique **Espèces indéterminées**, nous avons groupé les espèces dont nous n'avons pu encore faire la détermination botanique. Ces espèces indéterminées sont placées après l'énumération alphabétique des familles.

Enfin, à la fin de cette troisième partie, nous donnons la liste des bois étudiés par ordre de récoltes. C'est en quelque sorte un résumé de l'énumération par famille.

Pour chaque espèce, nous avons donné autant que possible tous les renseignements utiles au botaniste et au forestier en les groupant méthodiquement dans l'ordre suivant :

1° Nom scientifique ;

2° Principaux synonymes scientifiques, quand il en existe ;

3° Noms vernaculaires, c'est-à-dire noms usités par les principales peuplades de la Côte d'Ivoire. Pour la transcription de ces noms, nous avons adopté l'alphabet généralement employé pour les langues africaines. Dans cet alphabet les lettres *u* et *w* ont le son *ou*, la lettre *ü* se prononce comme l'*u* français ; toutes les lettres se prononcent, l'*h* est généralement aspiré ; l'*e* est muet ou presque muet quand il ne porte pas d'accent. Bien que nous ayons apporté une grande circonspection pour recueillir ces noms auprès des indigènes, nous n'osons pas affirmer qu'ils correspondent tous exactement aux espèces auxquels on les a rapportés. Nous avons vu fréquemment des indigènes d'une même peuplade, parlant la même langue, donner des noms différents à la même espèce d'arbre et par contre, nous avons vu souvent *un indigène* donner le même nom à des arbres très différents. Parfois cette anomalie tient à

ce que ces arbres ont aux yeux des indigènes des propriétés
analogues, mais parfois aussi elle est le résultat de l'ignorance
et de la mauvaise foi des indigènes qu'on consulte : ils ne
veulent pas paraître ignorer l'arbre qu'on leur montre et ils lui
donnent le premier nom qui se présente à leur esprit. En général
certains hommes des peuplades de la forêt vierge connaissent
fort bien les arbres de leur région, mais il est difficile au voyageur qui ne fait que passer de découvrir ces hommes et de leur
inspirer assez de confiance pour qu'ils lui livrent les renseignements désirés. Nos administrateurs qui commandent les
divers cercles de la forêt vierge sont au contraire admirablement
placés pour obtenir ces renseignements et pour faire préciser
par des individus de diverses peuplades, vivant autour d'eux,
les noms indigènes des arbres les plus importants qui les entourent.

Il leur suffirait de faire sécher ensuite un rameau feuillé de
l'arbre en question et de nous le faire parvenir en y joignant
la fiche mentionnant les noms dans les différentes langues.
Nous pourrions ainsi établir très vite un répertoire des appellations des arbres dans les différents dialectes, répertoire qui
serait de la plus grande utilité aux européens qui s'occupent de
l'exploitation de la forêt. Une grande partie des noms que nous
avons cités doivent être contrôlés avant d'être admis définitivement.

Aux noms indigènes nous avons joint quelques appellations
françaises, anglaises, portugaises, bambaras, etc., généralement
admises par les colons pour désigner certains bois fréquents.

4° A la suite des noms nous donnons une description sommaire de l'aspect de l'arbre et du bois : taille, ramification,
couleur et caractères du bois et de l'écorce, enfin la densité du
bois sec, 20 mois après l'abattage, pour chacun des spécimens
que nous avons recueillis. Pour avoir la densité du bois en
forêt quelques semaines après son abattage, il suffit ordinairement de prendre le tiers de la densité que nous avons donnée
et d'additionner ces deux chiffres.

Tous ces renseignements sont de première utilité pour le
forestier, mais il ne sont pas suffisants pour reconnaître chaque
espèce d'arbre.

5° Au paragraphe **Habitat**, nous indiquons les régions où l'arbre a été observé par nous et quand il y a lieu les mois pendant lesquels il fleurit ou mûrit ses fruits.

6° Sous la rubrique **Usages**, nous énumérons les propriétés et l'emploi du bois, d'après différents industriels qui ont examiné nos échantillons à Paris. Un examen plus sérieux des bois trouvés intéressants sera fait ultérieurement à l'aide de billons plus importants, que nous ferons parvenir en France pour être travaillés.

Nous avons mentionné aussi accessoirement les autres particularités de certains arbres utiles, par exemple, celle de fournir des graines oléagineuses, des substances médicinales, etc. Pour le *Funtumia elastica*, ce précieux arbre à caoutchouc, nous avons donné des renseignements circonstanciés, recueillis aussi au cours de notre dernière mission.

7° Pour la plupart des arbres énumérés, nous avons donné une description botanique détaillée. Presque toujours nos descriptions ont été faites à la Côte d'Ivoire même, sur le vu des échantillons que nous parvenions à nous procurer dans la forêt en abattant les arbres. Les échantillons types qui nous ont servi pour ces descriptions sont aujourd'hui à notre laboratoire du Muséum ; des doubles sont à l'Herbier du Muséum, à l'Ecole de Pharmacie, à l'Herbier de Kew, à l'Herbier du Jardin botanique de Berlin, etc.

8° Enfin chaque fois que cela nous a semblé utile, nous avons fait suivre la description de remarques ordinairement relatives à la botanique.

L'étude que nous publions est encore très imparfaite et doit être considérée comme provisoire. Nous espérons cependant qu'elle épargnera à ceux qui s'intéressent à la forêt africaine, une grande partie des recherches laborieuses que nous avons dû faire nous-même pour l'élaborer, soit en Afrique même, soit dans notre Laboratoire ou dans les herbiers de Paris et de Kew.

Avant cette monographie, aucun essai, même rudimentaire, n'avait encore été fait sur cette question, qui a pourtant la plus haute importance : avant de songer à faire connaître nos bois coloniaux, il était indispensable de décrire les arbres qui les produisent, et c'est ce que nous avons cherché à faire dans les pages suivantes.

ANACARDIACÉES.

(10 espèces).

Famille comptant de nombreux représentants dans la forêt africaine. La plupart sont de beaux arbres, à écorce odorante sécrétant une gomme résine. Tantôt le bois est tendre, blanchâtre et propre seulement à la menuiserie, tantôt il est plus dur, bien coloré, avec de jolis dessins et imite certains bois précieux, tel que l'acajou.

Les seules espèces suivantes ont été abattues par nous pour l'examen du bois.

Hæmatostaphis Barteri Hook. f.

Noms vernac. — Vi (abé), Esanhé, Esangūé (attié).

Arbre de 20 mètres de haut, à tronc de 0 m. 30 à m. 50 de diamètre, long de 15 mètres, sans branches.

Bois et aubier non différenciés, de couleur blanche, légèrement rosée, dur.

$$D = 0,881$$

Ecorce mince, grisâtre, cendrée, s'enlevant en petites plaquettes.

Hab. — Makouguié (n° 16.170, janvier, en fruits).

Commun le long du chemin de fer et à travers toute la forêt.

Description :

Jeunes pousses grisâtres-ferrugineuses. Feuilles imparifoliées, grandes, à 5-7 ou 9 lobes, les folioles supérieures beaucoup plus grandes ; feuilles parfois parifoliolées par avortement de la foliole terminale, de 25 cm. à 50 cm. de long. Pétiole subtriquètre, plan en dessus, convexe en dessous, long de 4 cm. à 10 cm., blanchâtre, ligneux. Folioles ovales, asymétriques, arrondies ou parfois cunéiformes à la base, faiblement acuminées au sommet, obtuses, coriaces, papyracées, entières, glabres, de 14 cm. à 15 cm. de long, sur 6 cm. à 10 cm. de large ; de 8 à 12 paires de nervures

8

secondaires moyennement ascendantes. Fruits insérés sur de petits racèmes de 3 cm. à 5 cm. de long, simples isolés ou par fascicules de 2 à 5 à l'aisselle d'une feuille ; rachis tomenteux-ferrugineux. Pédicelles fructifères de 2 mm. de long. Fruits sphériques, indéhiscents de la taille d'une grosse cerise (12 mm. à 15 mm. de diamètre), rouges à maturité, contenant sous un exocarpe mince une seule graine entourée d'une pulpe jaune abricot, mince, comestible. Graine ovoïde de 12 mm. à 15 mm. de long sur 8 mm. de large, à sillon ventral, contenant à l'intérieur un repli du tégument.

Lannea acidissima A. Chev.

Noms vernac. — Ngolo ngoloti (abé), Durgo, Duruko, Duko (bondoukou), Tchiko (attié), Kakoro (fanti), Boré-poré (agni).

Arbre de 25 à 35 mètres de haut, à tronc de 0 m. 50 à 1 m. 20 de diamètre, long de 20 mètres sans branches.

Bois blanc, légèrement rosé à l'état frais, devenant gris en séchant.

D. pour 16133 = 0,564   D. pour 16264 = 0,601
D. pour 16319 = 0,651

Ecorce blanchâtre, crevassée, marquée de nombreuses dépressions circulaires ou elliptiques-allongées, de la dimension d'une pièce de 5 francs.

Hab. — Bouroukrou (n° 16133, janvier), Mbasso (n° 16264, mars), Assinie (n° 16319, avril) et dans le Sassandra. Assez commun dans toute la forêt.

Description :

Jeunes rameaux à écorce verdâtre, luisante, très glabre, parsemée de petits lenticelles blanchâtres peu nombreux ; très jeunes feuilles (non encore épanouies) et bourgeon terminal avec quelques poils ferrugineux très fugaces, ensuite glabres.

Feuilles alternes, composées imparipennées, pétiolées, à 5 ou 7 folioles, longues de 20 cm. à 40 cm. Pétiole cylindrique verdâtre, sans glandes, long de 6 à 12 cm., non renflé à la base. Folioles latérales, toujours opposées 2 à 2, les inférieures pétiolées, les supérieures sessiles articulées sans renflement, sans glandes à leur base. Pétiolule de 3 mm. à 7 mm. de long, plan en dessus. Folioles entières, obovales ou ovales-elliptiques, brusquement acuminées, aigues au sommet, un peu atténuées à la base ; nervure médiane cylindrique verte, très saillante en dessous, nervures latérales 6 à 8 paires ascendantes, peu saillantes ; nervilles parfois d'un brun roux ; foliole terminale portée sur un assez long pétiolule, ordinairement plus grande que les autres.

Lannea sp.

Noms vernac. — Bembé (bambara), Ebruké (attié).

Arbre de 20 à 25 mètres de haut, à tronc de 0 m. 30 à 0 m. 40 de diamètre, rameux à partir de 15 mètres de hauteur.

Bois à aubier gris-rougeâtre, cœur rougeâtre.

$$D. = 0,724$$

Ecorce grise avec des taches cendrées, très rugueuse.

Hab. — Makouié (n° 16168, janvier, stérile).

Spondias lutea L.

Syn. — *Spondias aurantiaca* Schum. et Thonn.

Noms vernac. — Ningo (bambara), Ngua (abé), Haperrié (mbonoi).

Arbre de 10 à 15 mètres de haut, mais s'élevant aussi jusqu'à 25 mètres, tronc de 0 m. 30 à 0 m. 50 de diamètre.

Bois blanc, demi-tendre à reflets, à l'état frais, devenant gris en vieillissant, non utilisable.

$$D. = 0,438$$

Ecorce blanche profondément entaillée de sillons profonds, irréguliers, alternant avec des crêtes très rugueuses. Le fruit jaune (*Monbin* des colons) est comestible.

Hab. -- Voguié (n° 16177, janvier), Comoé, Sassandra. — Naturalisé autour des villages et sur l'emplacement des anciennes cultures.

ANONACÉES.

Famille représentée en Afrique par de nombreux arbres et surtout des arbustes et des lianes.

Nous avons examiné le bois seulement d'un petit nombre d'espèces. Dans presque toutes les espèces il est blanc, tendre et ne parait pas susceptible d'exportation. L'une des espèces énumérées ci-après donne une belle teinture jaune d'or soluble dans l'alcool.

Cleistopholis patens (Benth.) Engler et Diels.

Syn. — *Oxymitra patens* Bentham.

Noms vernac. — Eutié (agni), Bofu (fanti), Kotopuan (attié).
Arbre de 25 à 30 mètres de haut, à tronc de 40 cm. de diamètre, long de 15 à 20 mètres sans branches.
Bois blanc, très léger pouvant faire de bons flotteurs.

$$D. = 0,290.$$

Ecorce grise, non fendillée mais avec des cannelures superficielles, très odoriférante à l'état frais.

Hab. — Zaranou dans l'Indénié (n° 16280, en fleurs 20 mars).
Çà et là à travers la forêt; chemin de fer, entre le Sassandra et le Cavally.
A été signalé aussi dans le Bas-Niger, le Gabon, le Cameroun.

Description :

Feuilles coriaces ovales-oblongues ou elliptiques, parfois étroites et allongées, acuminées, cunéiformes et aigues à la base, luisantes, de 12 à 18 cm, de long sur 3 à 4 cm. de large. Fleurs d'un jaune–verdâtre, sur des pédicelles grêles de 2 cm. à 2 cm. 5 de long. Carpelles environ 10, fruits très courtement stipités. Globuleux, à une loge contenant 1 ou 2 graines.

Enantia chlorantha Oliv.

Noms vernac. — Mbawé (abé), Esûro (attié).
Arbre de 8 à 20 mètres de haut, tronc de 0 m. 20 à 0 m. 25 de diamètre, et de 5 à 8 mètres de haut sans branches.
Bois d'un jaune garance.

$$D. = 0,576$$

Ecorce lisse, grise.

Us. — Employé par les Abé pour teindre les tissus de coton et de raphia en couleur garance.

Hab. — Bouroukrou (n° 16111, fruits mûrs en janvier). Commun à travers la forêt dans les diverses régions de la colonie.

Description :

Raméaux bruns ; jeunes pousses pubescentes, couvertes de poils brunsroussâtres. Feuilles papyracées, oblongues-lancéolées, longues de 10 cm. à 20 cm. sur 4 cm. à 8 cm. 5 de large, à bords plus ou moins ondulés et incurvés en dessus, terminées au sommet par un acumen aigu, atténuées à la base, presque glabres, même à l'état jeune sauf sur les nervures. Surface supérieure d'un vert sombre, luisante, à nervure médiane un peu déprimée, couverte de poils roussâtres courts ; surface inférieure d'un vert glaucescent, parsemée, même à l'état adulte, de poils ferrugineux apprimés sur la nervure médiane et les nervures secondaires. Celles-ci sont au nombre de 8 à 12 paires, ascendantes, légèrement saillantes en dessous, à peine visibles en dessus. Pétiole pubérulent, sillonné en dessus, long de 5 mm. à 8 mm. Fleurs isolées, insérées à l'extrémité des rameaux ou latérales opposées aux feuilles, portées sur de courts pédicelles pubescents roussâtres. Bractées ovales, très pubérulentes, caduques. Calice à lobes, rapprochés, formant une pyramide triangulaire très aiguë, couverts extérieurement de poils roux ferrugineux. Fruit formé de nombreux carpelles, chacun étant porté par un pédoncule inséré sur un épaississement sphérique, long de 3 cm. 5 à 4 cm. 5, d'abord vert, puis jaunâtre, enfin d'un rouge sang à maturité. Carpelles bacciformes, ovoïdes-allongés, arrondis aux deux extrémités, long de 25 mm. sur 12 à 15 mm. de diamètre, d'un noir luisant à maturité, charnus, contenant chacun une seule graine. Graine d'un brun marron, cylindro-ovoïde, longue de 20 à 22 mm., sur 8 à 10 mm. de diamètre.

Monodora Myristica (Gœrt.) Dun.

Syn. — *Anona Myristica* Gærtn. — *Monodora Myristica* Dun. — *Xylopia undulata* Pal. Beauv. — *Monodora borealis* Scott Elliot.

Noms vernac. — Efuen (agni), Mbong (attié), Hané (ébrié).

Arbre de 25 à 30 mètres de haut, tronc de 0 m. 30 à 0 m. 50 de diamètre, s'élevant à 20 mètres sans branches ; branches étalées horizontalement.

Feuilles glaucescentes.

Bois blanchâtre, tendre, bien maillé, avec reflets.

$$D. = 0,517.$$

Ecorce grise, à surface légèrement scoriacée longitudinalement.

Hab. — Montézo dans l'Attié (n° 16227, fleurs en février). Commun dans l'Attié, l'Indénié et le Sanwi.

Description :

Jeunes rameaux et feuilles complètement glabres. Feuilles ovales allongées à peine acuminées, d'un vert pâle et comme vernissées en dessus, d'un vert très glauque en dessous, distiques comme dans le genre *Myristica*, très grandes ; dimensions moyennes 18 à 20 cm. de long, sur 7 à 8 cm. de large, pouvant atteindre 45 cm. de long, sur 18 cm. de large. Fleurs très grandes portées sur de longs pédoncules pendants, grêles de 15 à 20 cm. de long, toujours ovales, avec une grande bractée ondulée d'un rouge brun. Fleurs à parfum agréable peu sensible le jour, mais très appréciable la nuit, d'un blanc jaunâtre, avec des macules rouges qui s'étendent sur presque toute la fleur. Les 3 pétales extérieurs ont jusqu'à 8 em. de long, ils sont pendants; les 3 intérieurs, très longuement ovales, ne présentent pas d'appendice. Fruit sphérique, vert, de la grosseur d'une orange, renfermant de nombreuses graines.

Pachypodanthium Staudtii Engl. et Diels

Syn. — *Uvaria Staudtii* Engler et Diels.

Arbre de 25 à 30 mètres de haut, tronc de 0 m. 50 à 0 m. 75 de diamètre, de 15 à 20 mètres sans branches ; celles-ei sont étalées.

Bois rappelant la couleur du bois de noyer.

$$D. = 0,837.$$

Ecorce grise, finement fendillée, à odeur très forte rappelant la térébenthine.

Hab. — Lagune Potou (n° 16224, 23 février 1907), paraît rare dans l'Attié, rare toutefois à Alépé, ainsi que dans le Sassandra et le Cavally.

Stenanthera hamata (Benth.) Engl. et Diels.

Syn. — *Oxymitra hamata* Benth.

Noms vernac. — T'Sainfi (attié), Surua, (agni).

Petit arbre de 15 à 20 mètres de haut, tronc de 0 m. 20 à 0 m. 25 de diamètre.

Bois blanc-jaunâtre.

Ecorce grise, peu rugueuse avec des carènes en lozange à sa surface et se présentant sous forme de ménisques sur la section transversale.

Carpelles sphériques nombreux, d'un gris jaunâtre, ressemblant comme forme à ceux d'*Enantia chlorantha* Oliv.

Hab. — Aboisso (n° 16306, 1-4 avril 1907).

Xylopia æthiopica A. Rich.

Syn. — *Unona æthiopica* Dun. — *Uvaria æthiopica* Guill. et Perr. — *Habzelia æthiopica* A. DC. — *Xylopia undulata* Pal. Beauv.

Noms vernac. — Fondé (attié), Efomu (agni), Poivre d'Ethiopie (colons), Ndiar (wolof).

Arbre de 10 à 20 mètres de haut avec souvent de nombreuses racines adventives (comme dans le palétuvier), se détachant de 1 à 1 m. 50 au-dessus du sol. Parfois aussi le tronc est couché horizontalement et suspendu à 1 ou 2 mètres au-dessus du sol par de nombreuses racines supportant le tronc.

Du tronc principal couché, il se détache un ou plusieurs troncs dressés, s'élevant jusqu'à 10 ou 15 mètres au-dessus du sol.

Bois blanchâtre, léger, bien maillé.

$$D. = 0,323.$$

Ecorce cendrée, grise, non fendillée, presque lisse, odorante à l'état frais.

Hab. — Assinie (n° 16321, en fleurs 10 avril 1907), Bliéron, etc. Répandu le long de la mer, depuis le Cap-Vert, jusqu'au Congo.

Xylopia parviflora (Guill. et Perr.) Vallot.

(Fl. seneg., p. 60).

Syn. — *Uvaria parviflora* Guill. et Perr. — *Cælocline parviflora* A. DC. — *Xylopia longipetala* de Wild. et Th. Dur. — *Xylopia acutiflora* Benth.

Arbre ou arbuste de 15 mètres de haut, tronc de 0 m. 30 à 0 m. 50 de diamètre. Rameaux très étalés dans tous les sens, branches très ramifiées.

Bois dur, à aubier blanchâtre. cœur jaunâtre.

$$D. = 0,889.$$

Ecorce brune, fibreuse, se déchirant en lanière dans le sens de la longeur.

Hab. — Bouroukrou (n° 16118, janvier 1907). Commun le long du chemin de fer, dans l'Attié, l'Indénié et le Sassandra, etc.

Description :

Extrémités des jeunes rameaux glabres. Feuilles oblongues-elliptiques, très obtuses, de 7 à 8 cm. de long, sur 3 à 3 cm. 5 de large, glabres d'un vert sombre et luisantes en dessus. Fleurs isolées, blanc-verdâtre avant l'épanouissement. Pédicelles de 3 à 5 mm. de long. Corolle mesurant avant l'épanouissement de 9 à 10 mm. de long.

Observations :

Le *Xylopia* de la Côte d'Ivoire, dont nous venons de donner une courte description, n'est peut être pas identique à l'espèce de Sénégambie. ENGLER et DIELS ont décrit un *X. Ellistii* de Sierra-Léone, qui a de grands rapports avec notre plante.

APOCYNÉES.

(6 espèces).

Famille très largement représentée en Afrique tropicale, par des arbustes, des lianes et quelques arbres à latex. Précieuse surtout parce qu'elle renferme les essences fournissant le caoutchouc d'Afrique. Le bois est ordinairement blanc, tendre et de peu de valeur. Les espèces atteignant la taille de véritables arbres sont rares.

Alstonia congensis (Engler)

Syn. — *Alstonia scholaris* A. Chev. non R. Br.

Noms vernac. — Lerué, Leroï (bondoukou), Emien (agni), Kokué (attié).

Arbre de 25 à 35 mètres de haut, à tronc cylindrique de 40 à 70 centimètres de diamètre et s'élevant jusqu'à 15 à 20 mètres sans se ramifier.

$$D. = 0,391.$$

Bois blanc légèrement jaunâtre, léger, bien uniforme comme structure.

Ecorce grisâtre-cendrée écailleuse, laissent échapper quand on la coupe un latex blanc abondant que boivent souvent les indigènes et qui coagule en donnant une matière résineuse qui durcit rapidement.

Us. — Semble avoir de la valeur comme bois de menuiserie. Pourrait être utilisé en ébénisterie pour contre-placages et intérieur de meubles. Inutilisable en sculpture, ne saurait en aucun cas remplacer le tilleul. Pourrait peut-être servir à la grosse décoration. Les indigènes en font des plats, de la vaisselle.

Hab. — Bouroukrou (n° 16.114 janvier). — Assez répandu en Afrique Occidentale depuis la Gambie jusqu'au Congo. Dans la forêt de la Côte d'Ivoire, l'arbre est commun, ·mais se rencontre toujours en exemplaires disséminés.

Conopharyngia crassa (Benth), Stapf.

Syn. — *Conopharyngia Jollyana* Pierre in Stapf.

Noms vernac. — Akotompo, Atsim (fanti), Pakié-pakié, Kuakié-kuakié (agni), Choha (attié), Apukur (mbonoi).

Arbre de 10 à 20 mètres de haut, à tronc de 0 m. 15 à 0 m. 25 de diamètre, à latex blanc donnant un coagulum gluant.

Bois blanc-jaunâtre, à grain fin.

D. pour 16208 (bois de cœur) = 0,636.
D. pour 16314 = 0,302.

Ecorce d'un gris-roux, un peu rugeuse, s'enlevant par petites plaquettes. Reconnaissable à ses fruits composés de deux grosses boules accolées, riches en latex.

Hab. — Dabou (n° 16208, février). — Assinie (n° 16314, avril en fleurs), dans le Sassandra et le Cavally, commun le long du chemin de fer.

Description :

Rameaux verts, épais, glabres. Feuilles elliptiques-oblongues, non ou à peine acuminées au sommet, obtuses arrondies, légèrement cunéiformes à la base, subcharnues, de 20 à 25 cm. sur 10 à 15 cm. de large, de 9 à 12 paires de nervures secondaires parallèles (ordinairement 10). Pétiole épais de 8 à 10 mm. Fleurs très odorantes en panicules terminales de 15 à 20 fleurs. Pédoncule de 8 à 10 cm. Calice de 5 à 6 mm. de long, à lobes ovales arrondis. Tube de la corolle long de 33 à 38 mm. tordu, très renflé en gourde dans la moitié inférieure, rétréci dans la moitié supérieure, verdâtre. Intérieur du tube d'un blanc-jaunâtre au sommet, glabre. Lobes de la corolle étalés, puis pendants, oblongs obtus, chiffonnés sur les bords, d'un blanc pur, long de 18 à 25 mm.. Anthères sagittées, longues de 12 mm., insérées à 12 ou 15 mm. de la base. Ovaire oblong long de 6 à 7 mm. d'un blanc-verdâtre. Style glabre de 1 cm. de long, stigmate de 3 mm. de long, glanduleux, finement fimbrié sur les bords, avec une marge en soucoupe à sa base. Méricarpes subsphériques de 8 à 10 cm. de diamètre, contenant avant maturité une grande quantité d'un latex blanc, gluant, déhiscents à maturité et devenant d'un vert jaunâtre, composés d'un péricarpe blanchâtre, épais de 15 à 25 mm., blanchâtre en dedans, avec une pulpe très peu abondante contenant une grande quantité de petites graines oblongues roussâtres, longues de 8 mm., larges de 4 mm., présentant un sillon profond sur la face ventrale et des cannelures longitudinales sur la face dorsale. Albumen mou, blanchâtre, renfermant un petit embryon de 5 à 6 mm. de long, formé de 2 cotylédons plans, cordés et d'une longue radicule obtuse.

Funtumia africana Stapf.

Syn. — *Kickxia africana* Stapf.

Noms vernac. — Pésin (attié), Pri (attié de la lagune Potou), Manan (= caoutchouc) Wala (bondoukou).

Arbre de 18 à 25 mètres de haut, à tronc de 0m. 20 à 0 m. 50 de diamètre.

Bois blanc, tendre.

D. = 0,488.

Ecorce grise non fendillée, finement rugueuse.

Us. — Les indigènes emploient ce bois pour faire des calebasses, plats, etc.

Hab. — Aboisso (n° 16305, avril), dans l'Indénié et le Cavally.

Description :

Rameaux grêles, parfois pendants, à écorce d'un brun noirâtre, les très jeunes verdâtres, glabres, comprimés aux nœuds. Feuilles oblongues ou lancéolées-oblongues, (ovales elliptiques sur les rameaux stériles), brusquement acuminées, à acumen court, obtus déjeté en dessous, de 12 à 20 cm. de long, sur 4 à 9 cm de large, ondulées sur les bords incurvés en dessous, coriaces et facilement cassantes (charnues) sur les rameaux âgés. Surface supérieure d'un vert très sombre, l'inférieure pâle ; base cunéiforme ou arrondie, un peu décurrente sur le pétiole. Nervures secondaires 7 à 10 de chaque côté, pennées, en disposition opposée ou subopposée, très apparentes et saillantes en dessous à l'état frais ; limbe d'un vert mat et totalement glabre en dessus, glabre en dessous sauf aux aisselles de la nervure médiane avec les nervures secondaires où existent des pinceaux de poils étalés, mais jamais de petites acarodomaties arrondies (sur les feuilles des rameaux florifères). Pétiole de 4 à 8 mm. de long. plane convexe. Cymes insérées à l'aisselle des feuilles, denses, très florifères (jusqu'à 20 et 30 fleurs par cymes) à rachis verdâtres, glabres. Pedoncule de 4 à 6 mm. de long. Pédicelles de 2 à 5 mm.. Bractées ovales-obtuses de 1 mm. de long. Fleurs d'un jaune fauve, très odorantes, longues de 16 à 18 mm. dans le bouton floral près de s'épanouir ; celui-ci est cylindrique allongé. Calice ovoïde subglobuleux, long de 3 à 3 mm. 5 à sépales ovales-arrondis très imbriqués, présentant 3 à 4 petites glandes en dedans, à la base. Corolle d'une longueur totale de 15 à 18 mm. (dans le bouton) ; tube de 8 à 9 mm. de long, d'un jaune verdâtre, glabre en dehors, étranglé à 3 mm. de la base, un peu urcéolé au-dessus ; lobes linéaires, d'un jaune très pâle, glabres, longs de 8 à 10 mm., larges de 3 à 3 mm. 5 au milieu, à peine éperonnés à la base et jamais ciliés ; tube et lobes d'une consistance charnue ; corolle marcescente se desséchant et persistant sur le jeune fruit ; intérieur du tube très finement papilleux, immédiatement au dessus des filets staminaux et au dessous, spécialement le long des coussinets ; entrée de la gorge rétrécie, glabre. Etamines insérées vers le milieu du tube, formant un cône staminal long de 3 mm. 5 à 4 mm., entièrement inclus dans le tube staminal. Disque formé de 5 lobes dressés, distincts, jaunâtres, longs de 1 mm., ovales, crénelés au sommet ou simplement émarginés, un peu plus courts que l'ovaire ; celui-ci mesure 1 mm. 25 à 1 mm. 5 de long, il est finement tomenteux surtout à la surface supérieure ; il est nettement 5-lobé (par la compression des segments du disque), l'un des méricarpes étant 3-lobé et l'autre 2-lobé. Style long de 3 ou 3 mm. 5, glabre, avec quelques poils fins à sa base, marqué dans toute sa longueur de deux sillons opposés. Follicules divariqués, linéaires, très pointus au sommet, faiblement carénés sur les côtés ; graines de 15 à 16 mm. de long ; aigrette de 3 cm. à 4 cm. 5 de long, nue à la base ; poils de 6 cm. de long.

Funtumia elastica Stapf.

Syn. — *Kickxia elastica* Preuss.

Noms vernac. — Efurumundu (agni), Ofuntum (apallonien), Pé chi (attié), Po yu dua (fanti), Twi (néyau), Uruba su (bété), Bebéti (moyen Cavally), Dorosé popûlû (plapo).

Arbre de 25 mètres de haut, à tronc de 0 m. 30 à 0 m. 40 de diamètre, ayant 10 à 15 mètres sans branches.

Bois blanc-jaunâtre, aubier et cœur non différenciés.

$$D. = 0,467.$$

Ecorce grisâtre, un peu rugueuse, non fendillée.

Hab. — Zaranou (n° 16282 mars). Assez commun dans l'Indé-nié et le Sanwi. Très commun dans le moyen Sassandra : çà et là dans le Cavally.

Description :

Jeunes rameaux d'un vert pâle, glabres, souvent vernissés aux nœuds par une sécrétion glanduleuse. Feuilles coriaces à demi charnues et facilement cassantes quand elles sont fraîches et insérées sur des rameaux florifères âgés, rarement oblongues, plus souvent lancéolées-oblongues, acuminées, très atténuées à la base, de 12 à 23 cm. de long sur 3 à 8 cm. de large, ondulées, à bords toujours incurvés en dessous, complètement glabres, présentant toujours de petites acarodomaties rondes et ciliées dans l'angle de la nervure médiane et des nervures secondaires à la face inférieure ; ces acarodomaties se traduisent en dessus par de petits soulèvements arrondis, surface supérieure d'un vert sombre, l'inférieure d'un vert plus clair. Nervures secondaires, pennées, en disposition alterne, 7 à 10 de chaque côté de la nervure médiane, très apparentes et saillantes en dessous à l'état frais. Pétiole plan convexe de 5 à 10 mm. de

long recouvert souvent d'écaille blanchâtres (vernis gommeux désséché !).
Pas de stipules, mais de nombreuses glandes dans l'axe des feuilles et de
la tige, glandes sécrétant une oléo-résine qui se concrète sous la forme de
petites lames brunâtres résineuses, remplissant souvent toute l'aisselle
supérieure du pétiole.

Cymes florifères, latérales, insérées à l'aisselle des feuilles supérieures.
très florifères, denses, portées sur un court pédoncule long de 6 à 10 mm,
bifurqué dans le haut. Bractées petites, larges, ovales, obtuses ou subai-
guës, longues de 2 à 3 mm.. Pédicelles épais, longs de 2 à 4 mm. Calice
subcoriace, campanulé, long de 5 mm. à 5 mm. 5. Sépales très larges,
vert-blanchâtres, ovales-arrondis, glandes intracalyculaires au nombre
de 2 ou 3 en dedans et à la base de chaque sépale, lamellaires, ovales,
ordinairement lobées au sommet, longues d'un demi-millimètre.

Corolle d'un blanc légèrement jaunâtre, odorante, à parfum agréable, à
bouton conique, long de 10 à 12 mm. au moment de l'épanouissement ;
tube long de 8 à 9 mm., glabre au dehors, au dedans, très finement papil-
leuse velue, sauf à l'extrême base et au sommet ; le tiers inférieur (caché
par le calice) est rétréci, verdâtre, glanduleux et porte au dessous de la
partie élargie 5 dépressions ovales glanduleuses ; la partie supérieure du
tube a la forme d'un tronc de cône, elle est d'abord blanc-verdâtre, puis
blanc-jaunâtre après l'épanouissement, consistance épaisse charnue ;
lobes ovales-asymétriques longs de 3 à 4 mm., large de 2 mm. à la base,
obtus, chevauchant les uns sur les autres et éperonnés auriculés à la base
d'un seul côté, l'autre côté largement arrondi et un peu décurrent est
ordinairement finement cilié à sa base ; entrée de la gorge très rétrécie ;
le tube atteint sa plus grande largeur au milieu où il mesure 5 mm. de
diamètre extérieurement, la base a seulement 2 mm. 5 de diamètre. Etamines 5, insérées au milieu du tube de la corolle à filets très courts, épais-
finement papilleux, pubescents, à anthères lancéolées-sagittées très pu,
bescentes au dehors du cône, acuminées conniventes en un cône long de
4 mm. inclus, appendice supérieur des étamines très poilu, subulé, longuement cilié, égalant la partie pollinifère hastée ; connectif épais, convexe, glanduleux avec au sommet une languette blanche glanduleuse
venant se souder avec le stigmate au dessous d'un coussin très finement
pubescent, sans démarcation apparente avec le filet et allant d'un filet à
l'autre. Disque formé de 5 lobes dressés distincts, jaunâtre, ovales, longs
de 1 mm. environ, crénelés au sommet, dépassant très légèrement l'ovaire.
Carpelles libres, verdâtres, glabres, environnés par les 5 segments du
disque non adnés, tronqués au sommet et surmontés par un style filiforme blanchâtre long de 2 mm. Stigmate capité terminé par un apiculum
avec 5 sillons latéraux entre lesquels viennent se souder les prolongement glanduleux du pied du connectif de chaque étamine. Ovules nombreux multisériés (STAPF.). Follicules oblongs, allongés, divariqués, longs
chacun de 10 à 13 cm., larges de 3 cm. 5 à 4 cm., épais de 2 à 2 cm. 5,
arrondis et très obtus au sommet qui mesure près de 1 à 1 cm 5. de

large, glabres, ligneux à maturité, obscurément carénés sur les côtés, prenant une teinte noire au dehors et blanc jaunâtre au dedans lorsque le follicule parvenu à maturité s'ouvre pour mettre les graines en liberté. celles-ci sont fusiformes longues de 12 à 14 mm., anguleuses à tégument roussâtre très finement papilleux, arête longue de 3 à 5 cm. non plumeuse dans la moitié supérieure, à poils blancs atteignant jusqu'à 5 cm. de long.

Remarque I :

Les deux espèces de *Funtumia* mentionnées ci-dessus se distiguent par de nombreux caractères que nous avons notés sur le vif et que nous mettons en parallèle dans le tableau suivant :

F. Africana.	*F. elastica.*
Feuilles des rameaux stériles largement ovales-elliptiques, glabres, mais présentant des touffes de poils à l'aisselle des nervures secondaires.	Feuilles des rameaux stériles étroites lancéolées–oblongues, complètement glabres en dessous même à l'aisselle des nervures secondaires.
Pas d'acarodomaties dans l'aisselle de ces nervures.	Acarodomaties rondes, ciliées aux bords.
Bractées florales de 1 mm. de long.	Bractées florales de 2 à 3 mm. de long.
Bouton floral (fleur près de s'épanouir) cylindrique, long de 16 à 18 mm..	Bouton floral conique court, long de 10 à 12 mm. (parfois jusqu'à 14 mm.).
Lobes de la corolle ovales-asymétriques, longs de 8 à 10 mm..	Lobes de la corolle linéaires ou lancéolés, longs de 3 mm. à 5 mm..
Tube de la corolle étranglé à 3 mm. de la base.	Tube de la corolle non étranglé, élargi au milieu.
Lobes du disque un peu plus courts que l'ovaire.	Lobes du disque dépassant légèrement l'ovaire.
Ovaire finement pubescent.	Ovaire glabre.
Follicules linéaires très pointus au sommet.	Follicules oblongs-allongés, arrondis et très obtus au sommet.
Le latex en se coagulant donne une pâte très gluante (*Viscine*).	Le latex en se coagulant donne une pâte nerveuse élastique (*caoutchouc*).

Observation II :

Le *Funtumia elastica* comme producteur de caoutchouc.

Il n'y a pas plus de cinq années que l'on sait d'une façon certaine que le *Funtumia elastica*, une des plus précieuses sources de caoutchouc africain, existe réellement à la Côte d'Ivoire. Pourtant il était déjà exploité depuis plusieurs années dans l'Indénié et le Danwi. La gomme s'écoulait alors vers le territoire anglais de la Gold-Coast. La mission de délimitation de cette frontière dirigée par M. DELAFOSSE, au cours de ses opérations, constata, en 1901, l'existence d'arbres à caoutchouc exploités par les indigènes.

Plus tard en 1904, le ·capitaine BINQUEY reconnut leur présence dans le cercle de Bondoukou et jusque dans le Bini sur la rive gauche du Comoé ; enfin vers la même époque, dans ses rapports, le capitaine SCHIFFER signalait le même arbre à caoutchouc dans le Mango ou Anno, sur la rive droite du Comoé. Au commencement de 1905. M. DUTHEIL DE LA ROCHÈRE apporta du Baoulé à Conakry, les premières graines de cet arbre qui furent semées au jardin de Camayenne. C'est de cette date peu éloignée qu'ont commencé les premiers essais de culture du *Funtumia* en Afrique Occidentale française.

Après 1905, on a appris successivement l'existence du *Fun. tumia elastica* dans la plupart des cercles de la Côte d'Ivoire. Il faut cependant excepter le cercles des Lagunes ; dans toute la partie traversée par le chemin de fer, dans celle arrosée par la rivière Agniéby, enfin dans l'Attié, nous n'avons pu malgré des recherches réitérées découvrir le *F. elastica*, alors que le *F. africana* est très abondant dans ces divers cantons.

On a cru longtemps qu'une partie du caoutchouc des régions bordant le Golfe de Guinée était fournie par diverses espèces arborescentes du genre *Ficus* et notamment par le *Ficus Vogelii* Benth. Aujourd'hui on peut affirmer qu'aucun *Ficus* n'est utilisé pour la production du caoutchouc de l'Afrique Occidentale. Le latex de quelques espèces de *Ficus* entre très rarement dans la composition de certains lumps, et il ne sert qu'à les adultérer. Le *Ficus Vogelii* lui même donne une gomme de mauvaise qualité qui n'a jamais été cotée plus de 4 fr. 50 le kilog. Du reste il n'existe que par individus isolés et comme domestiqués dans les villages plus ou moins rapprochés du littoral de la Côte d'Ivoire. Les indigènes ne saignent que très exceptionnellement cette essence pour retirer un mauvais caoutchouc que la plupart des maisons de commerce refusent d'acheter.

En définitive, un seul arbre, largement répandu en forêt, est exploité pour la préparation du caoutchouc, c'est le *Funtumia elastica*. Son congénère, le *F. africana*, encore plus répandu, ne donne qu'un produit gluant employé, dit-on, parfois en mélange avec la caoutchouc de *F. elastica* pour le falsifier.

Nous n'avons pas encore parlé de lianes à caoutchouc dispersées aussi en assez grande quantité à travers la forêt de la Côte d'Ivoire. Le produit qu'elles donnent est très différent du caoutchouc fourni par le *Funtumia* et sans avoir la valeur du caoutchouc du Soudan et de la Guinée, il atteint cependant une cote très supérieure au lump.

Au lieu de se récolter presque exclusivement en saison sèche, comme cela se pratique dans la Haute Côte d'Ivoire, pour le caoutchouc de *Landolphia Heudelotii* A. DC., plante spéciale aux savanes, le caoutchouc dans la forêt se récolte presque toute l'année. Pendant la saison sèche, allant de février à mai, la cueillette du latex semble subir un ralentissement dû au travail que les indigènes doivent consacrer pendant cette période à leurs plantations (entretien des bananeraies, plantation des ignames, ensemencement du riz). Le caoutchouc, récolté en saison des pluies, sèche très difficilement surtout s'il est coagulé en grosses masses, ce qui est le cas habituel.

Enfin il n'est pas douteux que les peuplades de la forêt apportent moins de soins que les peuples soudanais à la récolte du latex et à sa coagulation et il ne peut pas en être autrement ; leur état social est beaucoup plus primitif, certains cantons forestiers qui se livrent depuis longtemps à la fabrication du caoutchouc ont à peine pris contact avec notre administration. Et même dans les pays où est établie notre influence depuis plus longtemps, notre action sur les indigènes est beaucoup plus difficile à exercer en raison précisément du caractère primitif de ces peuplades et des multiples difficultés que la forêt vierge oppose à notre pénétration.

Cette forêt est cependant pour tous les produits naturels sauvages de l'Afrique Occidentale française, et spécialement pour le caoutchouc, la partie la plus riche de notre domaine, par conséquent celle pour laquelle nous devons chercher à prendre des mesures de protection le plus rapidement possible.

En ce qui concerne le caoutchouc, l'exploitation de la forêt est à peine commencée surtout dans la partie ouest de la Colonie. Nous pensons donc que la production ira en s'accroissant encore pendant d'assez nombreuses années. Avant de prendre des mesures de protection pour cette zône, il importe de bien préciser la situation actuelle et l'état de nos connaissances sur les végétaux qui fournissent le précieux produit.

Le *Funtumia elastica* porte à la Côte d'Ivoire les noms suivants (1) : *Ofuntum* (apollonien), *Ireh* (colons), *Pé* (attié), *Efurumundu* (agni), *Amané dua* (fanti), *Twi*, *Twé* (néyau), *Uruba su* (bété), *Frundum* (nom recueilli dans l'Indénié par M. L. NICOLAS).

D'après le même auteur, on nomme *Poyo* le caoutchouc qui en provient.

M. DELAFOSSE nomme l'arbre *Ouennzré* en langue agni (Baoulé), je n'ai jamais entendu cette appellation.

Il faut se garder de confondre l'arbre avec le *Funtumia africana* qui croît dans les mêmes régions et porte souvent les mêmes noms indigènes. Cependant les noirs ajoutent habituellement la particule *femelle* dans leur langue au nom pour le *F. elastica* et la particule *mâle* pour l'autre, autrement dit : *Funtumia elastica* = *F. femelle*; *F. africana* = *F. mâle*.

Nous avons donné ci-dessus une description détaillée des deux espèces et le moyen de les distinguer.

Dans les bonnes terres et dans les parties profondes de la forêt, l'arbre atteint de 30 à 35 mètres de hauteur et sa largeur à 1 mètre au dessus du sol peut arriver jusqu'à 0 m. 50 à 0 m. 60 de diamètre, mais c'est une dimension exceptionnelle. Les exemplaires de 25 à 30 mètres de haut et de 0 m. 25 à 0 m. 40 de diamètre sont beaucoup plus courants. Le tronc de l'arbre est droit et au sommet il porte seulement une petite couronne de rameaux. La floraison a lieu presque toute l'année.

La principale période de maturation des fruits va de février à mai. Lorsque le fruit est parvenu à maturité, il s'entrouvre tout en restant adhérent à l'arbre et laisse échapper des graines

(1) Transcription d'après l'alphabet de M. DELAFOSSE.

ressemblant à des grains d'avoine très allongés surmontés d'une longue arête de 3 à 5 centimètres de long, plumeuse dans sa moitié supérieure et munie de longs poils blancs comme l'aigrette des chardons.

Pour recueillir ces graines, il faut faire monter les indigènes dans les arbres, cueillir les follicules renfermant les graines au moment où elles commencent à jaunir. On les fait ensuite sécher au soleil. Il faut alors 8 à 10 jours pour qu'elles s'entrouvrent d'elles-mêmes et pour que la graine soit parvenue à complète maturité. Si on veut expédier ces graines à distance, il faut les faire sécher complètement, à l'abri du soleil, dans un endroit sec et aéré.

M. le capitaine Schiffer qui a fait récolter en 1907 environ 500.000 graines dans le Sassandra en quelques jours, fait enlever à la main l'arête aigrettée et place les graines sèches dans des caisses en fer blanc (caisses avec lesquelles on expédie de la farine dans les postes). On remplit la caisse et on la soude complètement ensuite. M. Jolly, directeur du jardin d'essai de Bingerville expédie ensuite les graines aux postes dans des bouteilles en verre hermétiquement fermées. Une bouteille de 1 litre renferme 7.800 graines privées des aigrettes. Leurs propriétés germinatives sont de peu de durée, aussi il faut les semer le plus vite possible ; cependant, si elles sont tenues à l'abri de l'air, elles germent encore très bien après 6 ou 8 mois de récolte.

Il est très difficile d'être renseigné sur le degré de fréquence du *Funtumia elastica* dans un canton forestier déterminé. Ce qui est certain c'est qu'il ne forme jamais de peuplements continus. Dans toutes les forêts tropicales, comme l'a constaté depuis longtemps Alexandre de Humboldt, on ne voit jamais les nombreux individus d'une espèce donner au paysage une physionomie uniforme comme dans nos forêts d'Europe, mais néanmoins beaucoup d'arbres appartenant aux familles les plus diverses ont par le port de leur tronc ou par leur feuillage une allure assez semblable qui donne aux forêts tropicales une certaine apparence d'homogénéité. Cette observation s'applique d'une façon absolue au *Funtumia elastica* dans la forêt de la Côte d'Ivoire. Ce n'est pas seulement avec le *Funtumia afri-*

cana, arbre sans valeur auquel il ressemble beaucoup, qu'il faut se garder de le confondre, mais à quantité d'autres arbres qui ont le même aspect.

Du reste, toutes les personnes qui se sont occupées de la prospection botanique dans une forêt tropicale savent la circonspection qu'il faut apporter pour découvrir une espèce déterminée dans le chaos fantastique de cette flore désordonnée formée d'espèces très variées d'arbres entremêlés plus ou moins analogues, souvent enlacés de toutes parts par des lianes immenses. Ceux qui voudraient se faire une opinion sur la rareté ou la fréquence des arbres à caoutchouc ou des lianes dans la forêt doivent donc enquêter avec la plus grande réserve. Les habitants de la forêt eux-mêmes ne peuvent nous renseigner. Le long des sentiers et dans les rares sous-bois où l'on peut circuler la vue n'embrasse qu'un champ très restreint, il faut se contenter d'examiner les arbres qui sont au bord même du tracé que l'on suit et l'aspect du tronc ne suffit jamais pour reconnaître le *Funtumia elastica*. S'il n'existe pas au pied de l'arbre des fleurs tombées qui sont très carastéristiques, il est nécessaire d'entailler un peu l'écorce pour voir si un latex blanc s'écoule et dans ce cas, en pétrissant le latex entre les doigts, constater s'il donne une substance gluante. Autant il est facile de reconnaite la densité des plantes à caoutchouc dans les savanes, autant cela est difficile en pleine forêt.

Nous avons parcouru des pays où existe le *Funtumia elastica* (moyen Comoé, Indénié, Sanwi, bas Sassandra), et recherché ces arbres d'une façon toute spéciale dans la forêt et cependant nous sommes dans l'impossibilité de dire s'ils sont fréquents ou clairsemés.

Le plus souvent nous ne les avons remarqués que quand ils portaient le long de leur tronc, les incisions faites par les indigènes et ce n'est que tout à fait exceptionnellement que nous avons vu des *Funtumia elastica* encore vierges de saignées.

Il faut donc accepter avec une grande réserve les rapports d'administrateurs signalant dans telle ou telle région l'abondance des plantes à caoutchouc, de même qu'il ne faut pas, du fait que nous n'avons pas rencontré le *Funtumia elastica* dans une région, conclure qu'il n'existe pas.

Les indigènes des différentes régions de la Côte d'Ivoire procèdent de différentes manières pour retirer le caoutchouc du *Funtumia.*

Le procédé le plus ancien, le plus barbare, qui se pratique encore dans certaines régions, malgré les injonctions de nos administrateurs, consiste à abattre l'arbre en le coupant à quelques décimètres au dessus du sol.

Le tronc de l'arbre ne se couche pas complètement sur le sol, car il est soutenu par ses rameaux ou par les arbustes qu'il entraîne dans sa chûte, et il reste suspendu plus ou moins horizontalement à quelques décimètres au-dessus du sol. Parfois même le tronc complètement coupé ne tombe pas, il reste soutenu par les arbres voisins dont les branches s'enchevêtrent avec les siennes ou par les lianes que le maintiennent verticalement, comme le feraient plusieurs câbles fixés dans l'arbre et attachés au sol en divers endroits. Les exploitants doivent alors couper les arbres ou les lianes pour faire tomber à terre l'arbre qu'il s'agit de saigner. Ces abattages prennent un certain temps.

Pour saigner, on se contente de caler le pied ; cela permet aux exploitants de caoutchouc (les *poyofués,* comme on les appelle en langue *agni* ou en langue *achanti*) de pratiquer des incisions circulaires sans avoir besoin de coucher le tronc sur des pierres ou des morceaux de bois, comme on l'a écrit. Ces incisions sont de profondes rainures allant jusqu'au bois et espacées de 30 en 30 centimètres.

Au-dessous on place des récipients (calebasses ou canaris) pour recevoir le latex qui s'écoule.

Le procédé aujourd'hui le plus répandu et le plus rationnel et qu'il faut par tous les moyens propager, semble avoir été introduit dans notre colonie par les Achantis de la Gold-Coast. Les poyofués, à l'exemple de ce qui se pratique dans l'Amérique centrale pour la saignée du *Castilloa elastica,* grimpent le long du tronc de l'arbre, en s'aidant d'un cerceau tressé en lanières de palmiers, jusqu'à la première fourche ou même plus haut. Ils creusent alors avec une sorte de gouge une longue incision rectiligne de haut en bas. A la base, ils placent une petite gouttière faite avec des feuilles de marantacées et qui permet au latex de s'écouler dans un récipient placé sur le sol au pied de l'arbre ; ce récipient est souvent une bouteille à gin. Ensuite, ils font le long de la rainure et de part et d'autre une série de lignes redressées à 45 degrés, parallèles à droite et parallèles à gauche et écartées de 15 à 20 centimètres les unes des autres. L'ensemble des incisions a alors la forme d'une grande arête de poisson.

On pourrait faire aux poyofués les recommandations suivantes :

1° Commencer l'incision rectiligne de bas en haut jusqu'à hauteur d'homme de matière que le premier latex qui s'écoule ne soit point perdu. C'est ensuite seulement que les récolteurs devraient grimper dans l'arbre pour commencer dans le haut du tronc une entaille verticale qui rejoindrait ensuite la première ;

2° Les arêtes de droite et de gauche ne doivent pas converger au même point sur l'incision rectiligne, c'est-à-dire former un V, sans quoi il se produit une plaie trop large et trop difficile à cicatriser au point de convergence. Il faut procéder de manière que ces arêtes tombent alternativement sur la gouttière médiane ;

3° Ecarter les gouttières latérales de 30 en 30 centimètres. L'arbre souffrira moins et on pourra récolter une quantité de latex presque égale ;

4° Eviter que les incisions latérales se rejoignent sur la face opposée à la grande rainure ; sans cette précaution, la circulation de la sève devient très difficile. Il serait désirable que, sur cette face opposée, un tiers environ du cylindre cortical demeure exempt de blessure. Lorsque la cicatrisation de l'arbre sera à peu près complète, c'est sur cette face encore vierge qu'on pratiquera l'opération de saignée ;

5° Arrêter l'incision longitudinale à 20 ou 30 centimètres au-dessus du sol. •Nous expliquerons plus loin l'utilité de cette précaution ;

6° Eviter que le latex s'écoule sur le sol ; si néanmoins un accident survient, on recueillera à part le latex tombé par terre et fatalement mélangé d'impuretés ;

7° Le tronc du *Funtumia* est rarement couvert de mousses

et d'autres épiphytes ; cependant, pour obtenir un latex très propre, il y aurait lieu, avant de faire les incisions, de brosser fortement le tronc à l'aide d'une brosse métallique comme celle dont se servent certains cultivateurs de cacaoyers pour enlever la mousse.

Ces prescriptions, nous en sommes convaincu par l'expérience des indigènes, sont inapplicables. C'est seulement le jour où il existera des plantations en état d'être exploitées qu'il sera possible d'agir dans le sens indiqué.

La seule chose à laquelle nos administrateurs doivent veiller d'une façon stricte, c'est qu'on n'abatte pas les *Funtumia* et qu'on ne recommence à les saigner que quand ils seront complètement cicatrisés.

Dans l'Indénié et le Sanwi, les arbres sont saignés à des intervalles si rapprochés qu'ils résistent rarement à la deuxième opération. Au bord de la route de Iaranou à Aboisso on rencontre une certaine quantité de ces arbres morts sur pied à la suite des mutilations subies. Il faut également prescrire formellement de ne pas faire descendre la grande incision rectiligne jusqu'au ras du sol. J'ai remarqué en effet que très souvent, lorsque l'incision atteint le sol, les larves de termites se répandent tout le long des gouttières, et y transportent de la terre pour y construire des galeries dans lesquelles elles circulent. Les allées et venues des termites dans ces galeries déterminent une nécrose de l'aubier avoisinant et la cicatrisation des plaies ne se produit plus.

Dans les plantations, si l'on adopte le mode de saignée en arête de poisson, il sera utile d'enduire la base de chaque arbre saigné d'une couche de goudron.

Il nous reste à dire un mot d'un troisième procédé de récolte que certains poyofués pratiquent quelquefois à la Côte d'Ivoire, mais rarement. C'est une arête de poisson en hélice à spires très distantes, le plus souvent les incisions latérales vont rejoindre les tours de spirale plus élevés situés à la face opposée.

Au Congo, où ce procédé est de pratique fréquente, les indigènes se servent pour inciser, d'un instrument demi-cylindrique dans le genre des gouges de charpentier et muni d'un large manche.

Nos maisons de commerce qui font le trafic du caoutchouc auraient intérêt à mettre à la disposition des poyofués un outil aussi pratique que possible et n'endommageant point l'aubier des arbres incisés. Il suffirait des gouges ordinaires un peu modifiées.

La question de coagulation du latex de *Funtumia* a une très grande importance.

Les procédés de coagulation du latex varient d'une région à l'autre.

Le plus défectueux est sans conteste celui qui aboutit à la fabrication des lumps, grosses masses de 10 à 30 kilogs formées d'un caoutchouc noir extérieurement, blanc-laiteux en section, contenant à l'intérieur, de nombreuses inclusions liquides et de petites cellules remplies de terre, d'écorce et autres débris. Une partie du sérum demeure inclus à l'intérieur de ces grosses masses de caoutchouc et comme ce sérum est riche en matières albuminoïdes, il s'y produit une fermentation putride avec dégagement de produits ammoniacaux répandant une forte odeur d'urine. C'est cette particularité qui avait fait croire tout d'abord que ce latex était coagulé avec de l'urine et avait fait introduire dans l'arrêté du 1er février 1907 du Gouvernement général de l'Afrique occidentale française, l'article ainsi libellé: « la circulation des caoutchoucs préparés avec des liquides fermentescibles d'origine animale sera interdite à partir du 1er janvier 1907 ». Non seulement l'urine n'est jamais employée pour coaguler le latex de *Funtumia*, mais elle ne saurait réussir à le coaguler ainsi que nous en avons fait l'expérience.

La façon de procéder des indigènes (apolloniens, agnis, achantis) est la suivante:

Le latex de *Funtumia* recueilli en assez grande quantité est versé dans un trou creusé dans la terre, sans aucune adjonction de liquide coagulant.

Peu à peu le liquide s'épaissit par suite de l'évaporation et de l'infiltration à travers le sol, d'une partie du sérum. Il faut environ un mois pour que l'opération soit terminée. A ce moment la surface externe du bloc de caoutchouc ainsi formé paraît sèche, mais il reste de nombreuses inclusions liquides dans l'intérieur, inclusions qui augmentent sans profit le poids de la masse ; elles ont déjà commencé à fermenter et le bloc répand une odeur nauséabonde qui ira encore en s'exagérant.

M. L. Nicolas (1) écrit qu'outre le latex de *Funtumia elas-tica*, les poyofoués de l'Indénié versent aussi en mélange le latex de *Funtumia africana* et le latex d'un *Ficus* nommé par les indigènes *Diangoué*. Cette fraude n'est pas fréquente, mais elle se pratique incontestablement, car j'ai rencontré aux environs de Zaranou des arbres dont le latex donnait un coagulum gluant et qui avaient été saignés en arête de poisson comme les bons *Funtumia*.

Une autre fraude pratiquée par certains apolloniens consiste à ajouter au latex le mycélium provenant du sclérote d'un gros champignon nommé Fré par les Kroumens. Ils prétendent qu'ils augmentent l'élasticité du coagulum.

Dans le Cercle de Bondoukou, les indigènes font un caoutchouc lump un peu supérieur et L. Nicolas, qui a traversé cette région que nous n'avons pas visitée, rapporte une observation qui montre bien que l'odeur fétide n'est pas due à l'urine : « Les indigènes creusent dans la terre de petites fosses rectangulaires dont les parois fortement damées ont été rendues imperméables au moyen d'un enduit composé de cendres et d'excréments de bœufs. On verse dans ces fosses tout le latex recueilli et on laisse la coagulation se faire naturellement. Par ce procédé on obtient des plaques de caoutchouc de couleur noire et d'odeur nauséabonde pesant parfois 25 kilogs.

La coagulation spontanée commençant par les couches extérieures, l'eau et les matières végétales se trouvent emprisonnées dans l'intérieur, s'y décomposent et donnent au caoutchouc cette odeur nauséabonde si caractéristique ».

Dans le bassin de la Sassandra, c'est par la cuisson du latex non additionné d'eau que se fait la coagulation.

On met le latex par petites portions dans des marmites ou des tessons de canaris qu'on chauffe en remuant avec une baguette en bois pour empêcher l'adhérence du caoutchouc aux parois. Lorsque la gomme est prise, on la retire avec la baguette et après refroidissement on pétrit cette masse entre les mains.

On obtient ainsi des boules pesant de 35 gr. à 55 gr. après dessication, on les transperce aussitôt préparées avec un couteau
pour faire écouler le sérum qui pourrait rester dans l'intérieur.
Ces boules encore toutes humides sont enterrées dans des silos,
souvent à l'intérieur des cases et on les conserve assez longtemps avant de les vendre. C'est ainsi que sont obtenus les
cakes des Gouros et des Bétés.

Ces *cakes* sont de petites boules irrégulières, leur face extérieure est rugueuse, noirâtre et terreuse. L'intérieur est blanchâtre, brun à la périphérie. Les inclusions de terre et d'écorce
sont encore assez nombreuses, mais les cellules remplies de sérum fermentescible ne se rencontrent que très exceptionnellement. Aussi le caoutchouc n'a jamais une odeur fétide aussi
prononcée que les lumps. De plus il est bien nerveux et rarement atteint de stickage (c'est-à-dire gluant à la surface). Aussi
sur les marchés de la Côte, on le paye 2 fr. de plus que lump
par kilog., il est vrai qu'il est beaucoup plus sec.

Ce caoutchouc, de même que toutes les autres sortes de la
Côte d'Ivoire, s'expédie en Europe dans de grandes barriques
(ponchons) pouvant contenir environ une demi-tonne. Lorsque
les cakes sont bien desséchés et emballés soigneusement, les
boules s'agglomèrent les unes aux autres, mais ne se fusion-
nent pas en une seule masse. Dans le cas contraire, elles se sou-
dent souvent en un seul bloc et ce caoutchouc arrive sur le marché de Liverpool avec l'aspect du lump. Il est facile cependant
de reconnaître qu'il n'a pas été fabriqué de la même manière, il
est moins fétide et plus riche en caoutchouc pur.

Ce serait donc déjà une sérieuse amélioration d'obtenir des
indigènes que tout le caoutchouc de *Funtumia* soit façonné de
cette manière. Les petites boules des cakes peuvent du reste
être coupées facilement. Ce procédé de vérification de l'intérieur
des boules se pratiquait déjà, en 1907, dans le cercle du Sassandra et il est ainsi possible de constater les fraudes, tandis
que cela est extrêmement difficile pour les lumps.

Il existe enfin un troisième procédé de coagulation du latex
de *Funtumia*, pratiqué au Cameroun et au Congo, mais non à
la Côte d'Ivoire. Il consiste à placer le latex dans de grandes
jarres en terre qu'on laisse à l'abri sous des cases jusqu'à ce

que le caoutchouc coagulé librement à l'air monte à la surface.

On l'enlève au fur et à mesure de sa formation comme si l'on
écrémait du lait ordinaire. Il faut ainsi un mois pour séparer
tout le caoutchouc du sérum. Nous conseillons de bien exprimer
le liquide des plaques ainsi obtenues et de les laver ensuite à
grande eau, afin de les débarrasser du liquide fermentescible
qui les baigne.

SCHLECHTER, qui a été le premier à s'occuper de l'étude du
Funtumia au Cameroun et à Lagos, a cru remarquer que la
première peau qui se forme sur le latex abandonné à lui-même,
est faite d'un caoutchouc résineux. Il se demande donc s'il n'y
aurait pas avantage à le recueillir à part comme seconde qualité.

Pour terminer, nous examinerons les méthodes essayées par
divers Européens, méthodes qui donnent du caoutchouc de plus
belle qualité et que nous devrions chercher à vulgariser chez
les indigènes.

Le plus simple consiste à faire bouillir à petit feu le latex
dilué dans cinq fois son volume d'eau environ. Il faut agiter
constamment le liquide avec une petite palette de manière que
le caoutchouc, au fur et à mesure qu'il se forme, ne vienne pas
s'agglutiner aux parois de la marmite ce qui le détériore. Aussi
il nous semble très préférable de faire chauffer une pleine
marmite d'eau et lorsque le liquide commence à entrer en
ébullition, on verse peu à peu au centre de la marmite le latex
passé à travers un linge ; en même temps on remue le liquide
avec une baguette fendue à son extrémité ce qui permet d'ag-
glomérer plus facilement le caoutchouc. La même marmite d'eau
peut servir à coaguler une très grande quantité de caoutchouc
si on ne verse le latex qu'au fur et à mesure qu'on retire le
coagulum. La coagulation de 100 cm³ de latex versés dans une
marmite d'eau bouillante se fait en 3 ou 4 minutes.

Les décoctions de certaines plantes riches en tanin et en
oxalate de potasse, telles que les tiges de *Costus* ou les feuilles
de *Bauhinia reticulata* permettent de coaguler le latex à une
température un peu inférieure à 100°, mais nous ne recommandons pas leur emploi, car ces solutions donnent au caoutchouc
une coloration noire qui le déprécie un peu commercialement.

100 cm³ de latex de *Funtumia* pur produisent 55 à 65 grammes de caoutchouc frais, ne pesant plus que 28 à 38 grammes à complète dessication. C'est donc un rendement net d'environ $\frac{1}{3}$ du poids du latex.

Sitôt le caoutchouc obtenu, il faut le façonner.

Les indigènes du Sassandra en font de petits gâteaux (cakes) en tous points supérieurs aux lumps, mais qui laissent cependant encore à désirer. Il serait très désirable que le caoutchouc de *Funtumia* soit toujours présenté en plaques ; mais tant que ce caoutchouc sera exclusivement un produit de récolte forestière, notre action sur les indigènes sera des plus difficile à exercer et par des mesures draconiennes on risquerait soit d'anéantir complètement un commerce qui fait la prospérité de notre colonie, soit de faire fuir vers une colonie étrangère limitrophe le produit récolté sur notre propre territoire.

Nous devons apporter tous nos efforts pour apprendre aux indigènes à faire cette sorte de caoutchouc et nos administrateurs y arriveront surtout par la persuasion en montrant à leurs administrés l'intérêt que cela présente pour eux-mêmes. Du reste cette fabrication est excessivement simple.

Aussitôt que le caoutchouc est coagulé et pendant qu'il est encore chaud et très plastique, on le retire rapidement du récipient par petites masses de 50 grammes de caoutchouc (poids net) au maximum et on le transporte sur une plaque de tôle, de fer blanc ou sur une simple planche, ensuite avec un rouleau en bois ou une simple bouteille, on aplatit cette masse soit en plaque épaisse de 5 à 8 millimètres, soit en une crêpe très mince et translucide quand elle est étirée. On lave ensuite ces plaques dans l'eau pure. Il ne reste plus qu'à les faire sècher *à l'abri du soleil* ; on y arrive en les suspendant dans un endroit aéré, aussi obscur que possible, par exemple à l'intérieur d'une case.

Si on voulait activer la dessication pour porter le caoutchouc plus tôt à la factorerie, on y parviendrait en suspendant les plaques au-dessus d'un feu doux, mais à une certaine distance. Ce feu, si on y ajoute des branches vertes ou des feuilles fraîches de palmier à huile, produira de la fumée qui brunira le caoutchouc et lui fera prendre une patine ordinairement prisée par le commerce.

C'est le seul enfumage qu'il y ait lieu de conseiller et encore il ne paraît pas utile pour assurer la conservation du caoutchouc jusqu'à son arrivée en Europe. Tous les essais de coagulation des latex de *Funtumia* comme des latex de *Landolphia* par l'enfumage ont donné de mauvais résultats ou même des résultats négatifs. Le caoutchouc de *Funtumia*, préparé en crêpes comme il a été dit, sans enfumage, a été reconnu par plusieurs experts auxquels nous l'avons soumis comme ayant la valeur des plus beaux caoutchoucs d'*Hevea*. De plus, d'après des essais anciens faits par la Maison MICHELIN, ce caoutchouc conserverait toute son élasticité beaucoup plus longtemps que le caoutchouc d'*Hevea*.

Nous avons dit plus haut qu'il était très difficile, sinon impossible de connaître la densité des peuplements de *Funtumia* dans la forêt de la Côte d'Ivoire. Il est aussi très difficile de les surveiller, et dans les parties profondes de la forêt, loin de tout village et de toute plantation; l'indigène aura toujours la possibilité d'abattre les arbres pour en retirer le maximum de rendement.

Les *Funtumia* saignés en arêtes de poisson suivant le procédé indigène sont appelés à disparaître par suite de ces opérations répétées. M. L. NICOLAS constate qu'un *Funtumia*, dans le Bondoukou, ne résiste ordinairement pas à une deuxième saignée. Nous pensons, pour notre part, qu'il peut résister quelques années si l'on prend quelques précautions, mais malgré tout, c'est un arbre condamné à plus ou moins brève échéance. La disparition du caoutchoutier n'est certainement pas encore prochaine, car il existe dans la forêt des régions entières qui n'ont pas été attaquées ; il est cependant urgent d'envisager l'avenir dans un pays où le caoutchouc constitue la plus grosse part de l'exportation.

Deux moyens se présentent pour prévenir la disparition des *Funtumia*, ou tout au moins pour empêcher ces arbres de se raréfier. C'est :

1° *D'en faire des plantations* ;

2° *D'aider à la formation de peuplements forestiers naturels constitués par cette essence.*

Nous voulons surtout appeler l'attention sur la facilité avec laquelle se forment des peuplements de *Funtumia* dans la grande forêt, ou sur les mesures qu'il y aurait à prendre pour aider à la formation de ces peuplements et les protéger ensuite.

Les feux de brousse si préjudiciables à la végétation arborescente dans les savanes du Soudan ne sévissent jamais dans la grande forêt tropicale. Dans la forêt, l'homme seul est le grand destructeur des arbres qu'il coupe, non seulement pour ses usages, mais surtout pour l'établissement de ses plantations. Le terrain affecté à ces plantations ne l'est point d'une façon permanente.

En quelques années, le sol vierge est épuisé par les cultures (bananiers, manioc, ignames, riz). Les indigènes abandonnent alors ces vieilles plantations et vont dans quelque autre coin vierge de la forêt abattre tous les arbres, afin d'établir de nouvelles cultures. Et ils procèdent ainsi depuis des siècles, élargissant peu à peu le cercle qui s'étend autour du village et même au bout d'un certain temps (6 ou 7 ans) ils déplacent toujours leur village et font une véritable exode pour aller chercher dans les parties les plus profondes de la forêt des terres aussi riches que possible.

Si l'on recense en détail les essences qui peuplent l'emplacement des vieilles plantations, on constate que les espèces d'arbres sont toujours en nombre très limité et ce sont toujours les mêmes que l'on retrouve sur ce terrain : ce sont des fromagers *Eriodendron*), des parasoliers (*Mussanga*), certains *Ficus*, des *Myrianthus*, c'est-à-dire des arbres dont les graines munies d'aigrettes ou simplement très fines sont facilement transportées par les agents atmosphériques ou par les animaux.

Le capitaine SCHIFFER a constaté que le *Funtumia elastica* était précisément un de ces arbres qui se sèment très facilement d'eux-mêmes, sur l'emplacement des vieilles plantations, le vent transportant les graines aigrettées à d'assez grandes distances.

Dans les régions de la Sassandra où le Funtumia existe en forêt, on constate que les jeunes *Funtumia* apparaissent en quantité soit dans les plantations abandonnées, soit dans les plantations encore exploitées. Sur un espace relativement restreint, autour de Dalsa (Fort-Lecœur), M. Schiffer a observé dans les anciennes plantations plusieurs milliers de *Funtumia elastica* dont certains pieds étaient déjà en état d'être exploités.

Cette constatation dont nous avons reconnu la justesse a une très grande importance ; elle indique le procédé très facile à suivre et demandant peu d'efforts pour aménager des boisements naturels de *Funtumia* en forêt. Il suffit que nos administrateurs amènent peu à peu les indigènes à affeeter à ces boisements leurs vieilles plantations. Non seulement ils laisseraient la nature opérer elle-même, mais encore ils répandraient d'autres graines de *Funtumia* sur ces emplacements.

Ensuite ils favoriseraient le développement des jeunes plants en supprimant tous les arbres inutiles et surtout les fromagers et les parasoliers dont la végétation puissante arrive peu à peu à éliminer par concurrence vitale les arbres moins robustes et en particulier les *Funtumia* qui pour la plupart disparaissent après quelques années, sans doute étouffés. On laisserait seulement subsister en leur compagnie, les Kolatiers qui sont la grande richesse du nord de la Sassandra et un nombre raisonnable de pieds d'Elæis (palmier à huile). On constituerait ainsi des boisements mi-naturels, mi-artificiels avec les trois végétaux les plus utiles de la Côte d'Ivoire, le *Funtumia*, le Kolaliere le Palmier à huile.

Ces boisements pour leur création et leur entretien demanderont aux indigènes propriétaires des terrains déjà défrichés un travail très restreint. En outre, ils présentent une telle importance économique pour l'avenir de notre colonie qu'ils valent la peine qu'on fasse des efforts pour amener leur constitution. En même temps qu'on créerait des richesses nouvelles, on arrêterait l'épuisement progressif de la forêt, si gros de conséquences désastreuses.

Aujourd'hui l'*Hevea* est le seul arbre à caoutchouc qui soit cultivé en grand, notamment à Ceylan et dans les Sait Settlements, et c'est lui qui paraît rallier la faveur de tous les planteurs coloniaux, à l'exclusion de toutes les autres plantes à caoutchouc dont la culture tend à être abandonnée. Nous croyons qu'il n'y a pas encore lieu de condamner la culture du *Funtumia elastica* et si nous parvenons à trouver un procédé de saignée qui ne compromette pas la vie de l'arbre, l'arbre à caoutchouc d'Afrique pourra, croyons nous, soutenir la lutte avec l'*Hevea* américain.

Picralima Elliotii Stapf.

Kew Bulletin, 1908, p. 303.

Syn. — *Polyadoa Elliotii* Stapf.

Noms vernac. — Hainfain (attié), Kakana (agni).

Petit arbre de 6 à 12 mètres de haut, tronc de 0 m. 10 à 0 m. 20 de diamètre.

Bois jaune, très dur, à grain dense, rappelant un peu le buis.

D. = 0,910.

Ecorce grise, laissant écouler du latex blanc.

Hab. — Aboisso (n° 16310, avril), répandu à travers la forêt.

Description :

Jeunes rameaux verts, glaucescents, souvent pruineux à leur surface, légèrement aplatis. Feuilles lancéolées ou lancéolées-oblongues, parfois elliptiques, brusquement acuminées obtuses au sommet, cunéiformes à la base, longues de 8 à 12 cm., sur 3 à 5 cm. de large, membraneuses papyracées, d'un vert clair, surface supérieure luisante, l'inférieure d'un vert très pâle. Nervure médiane d'un blanc jaunâtre, légèrement saillante en dessus, fortement saillante en dessous, dans la moitié inférieure ; nervures secondaires 14 à 18 paires très fines parallèles, à peine visibles en dessus, plus apparentes en dessous, écartées au milieu de 6 à 10 mm. les unes des autres ; nervilles tertiaires parallèles aux précédentes. Pétiole de 5 à 10 mm. de long. Inflorescences terminales, parfois latérales, subsessiles, glaucescentes.

Corymbes de 5 à 20 fleurs, blanches, odorantes, très fugaces, subsessiles ou à pédoncules de 10 mm. de long. Pédicelles très courts de 2 à 5 mm. Calice vert, campanulé, de 1 à 1 mm. 5 de long ; sépales ovales-obtus. Tube de la corolle de 4 à 5 mm. de long ; lobes de 8 mm. de long et de 2 mm. de large, obtus au sommet, tirebouchonnés. Anthères de 1 mm. de long.

Fruits composés de deux méricarpes subsphériques légèrement déprimés au sommet par la présence d'un sillon élargi, faiblement subtriquètres à la base, lisses et d'un jaune-abricot à maturité, avec parfois des marbrures et des points verdâtres, de 4 à 5 cm. de diamètre ; chaque méricarpe renferme 12 à 15 graines. Péricarpe épais, blanchâtre, très riche en latex avant maturité, épais de 12 à 14 mm., très fibreux sans sclérites. Face interne jaunâtre, envoyant des prolongements alvéolaires entre chaque graine ; la cavité n'a que 3 à 3 cm. 5 de long, sur 2 cm. de haut. Graines oblongues mesurant 15 à 20 mm. de long sur 8 à 12 mm. d'épaisseur, graines enveloppées extérieurement d'un mucus translucide mince (sorte d'arille ?) recouvrant un tégument d'un jaune-safran membraneux. Albumen épais, blanc, charnu, renfermant entre ses deux lames un embryon blanchâtre, moitié plus court que l'albumen, formé de deux cotylédons plans, elliptiques de 5 mm. de long et d'une radicule obtuse de 4 mm. de long,

Rauwolfia vomitoria Afzel.

Noms vernac. — Gonguonkiur (mbonoi), Embi-siembi (agni).

Arbre de 10 à 12 mètres de haut, à tronc de 0 m. 20 à 0 m. 25 de diamètre.

Bois blanc, à grain fin à l'état frais, devient de couleur rose en vieillissant.

$$D. = 0,361.$$

Ecorce grise un peu rugueuse, laissant écouler un latex blanc.

Hab. — Dabou, (n° 16202, février), répandu dans la forêt. Très commun dans l'Afrique occidentale.

BIGNONIACÉES

(une espèce).

Famille renfermant en Afrique occidentale quelques arbustes et seulement 3 ou 4 espèces d'arbres dont la suivante. Les fleurs sont très ornementales, mais le bois est sans valeur.

Spathodea campanulata Pal. Beauv.

Noms vernac. : Kokomayur (mbonoi), Tulipier du Gabon (colons).

Arbre de 30 à 35 mètres de haut, à tronc de 0 m. 60 à 0 m. 85 de diamètre, 25 mètres sans branches.

Bois blanc, tendre, pouvant probablement être employé pour la fabrication de la pâte à papier.

D. = 0,363

Ecorce blanchâtre, marquée de dépressions.

Hab. : Dabou (n° 16.216, février) et dans le Cavally.

BURSÉRACÉES

(trois espèces).

Famille ne renfermant que quelques espèces d'arbres en Afrique occidentale. L'écorce de la plupart laisse exsuder une résine dont le parfum rappelle plus ou moins l'encens, ce dernier produit est fourni par des congénères de l'Afrique orientale et de l'Arabie. L'espèce suivante donne un bois que le Gabon exporte en grande quantité.

Canarium occidentalis A. Chev.

Noms vernac. : Ségna (attié), Yatu (plapo), Krendja Haigüé (agni), Okumé de la Côte d'Ivoire (colons).

Gros arbre s'élevant à 40 mètres de haut, tronc de 0 m. 80 à 1 mètre de diamètre, s'élevant jusqu'à 25 ou 30 mètres sans rameaux.

Bois, aubier blanchâtre avec reflets, le cœur est de couleur rosé, ayant tout à fait l'aspect du bois de Khaya ordinaire.

D = 0,625

Ecorce blanchâtre laissant exsuder une oléo-résine jaunâtre très odorante, se concrétant ensuite sous forme d'une résine

10

jaune-soufre qui dégage en brûlant une odeur d'encens. Avec cette résine facilement fusible, les indigènes réparent leurs poteries.

Us. : Un bois analogue fourni par l'*Aucoumea* de la même famille est très exploité au Congo, et il est utlisé en ébénisterie pour faire les derrières de meubles, tiroirs, étagères, contre-placages. On l'utilise également pour la fabrication des boîtes de cigares, en essayant de remplacer le cédrat qui coûte plus cher.

Il n'est utilisé en ébénisterie que parce qu'il coûte très bon marché, il ne vaut au Hâvre que 5 fr. 50 les 100 kilogs et dès qu'il excède ce prix il ne se vend que difficilement ; en lui accordant une densité approximative de 0 k. 800 en grume, il ne vaudrait donc que 44 francs le mètre cube ; on s'explique difficilement, à ce prix, comment il peut être exploité au Congo.

Il est même tombé dans ces derniers temps à 25 francs la tonne de 1.000 kilogs (vendu en grumes). On cherche à l'utiliser actuellement pour la fabrication des caisses d'emballage.

S'emploie d'une façon courante en Allemagne pour faire des meubles très bon marché.

Cet arbre fournit le copal blanc, d'un blond très pâle de la Côte d'Ivoire. Cette gomme-résine est refusée par le commerce ; elle se nomme *Khiala* (plapo).

Hab. : Alépé (n° 16.236, mars, sur le point de fleurir), commun le long du chemin de fer, dans l'Attié, l'Indénié et le Sanwi. Il existe à la Côte d'Ivoire deux autres espèces voisines dont nous n'avons pu étudier le bois. Ce sont les *Canarium Schweinfurthii* Engler et *C. Chevalieri* Guillaumin.

Description :

Jeunes rameaux pubescents ferrugineux. Feuilles composées, impari-pennées, alternes, réunies au sommet des rameaux, comprenant 7 à 12 paires de folioles et une foliole impaire, de 40 à 60 centimètres de long. Folioles d'un vert clair, ovales ou ovales lancéolées, longuement acumi-nées et très aiguës au sommet, arrondies ou un peu cordées à la base, longues de 8 à 18 centimètres sur 4 à 6 centimètres de large ; 14 à 30 paires de nervures secondaires pennées, étalées presque horizontalement. Surface supérieure luisante glabre, plus ou moins rugueuse, surface inférieure d'un vert pâle, couverte d'une courte pubescence roussâtre sur la nervure médiane, parfois complètement glabre à l'état adulte. Petiolule de 4 à 8 millimètres, également tomenteux ferrugineux. Pétiole de 6 à 8 centimètres très dilaté à la base, se continuant insensiblement par le rachis qui est comme lui tomenteux ferrugineux dans le jeune âge. Inflorescences en panicules ascendantes, plus courtes que les feuilles axillantes, isolées à l'aisselle de chaque feuille, à pédoncule de 8 à 12 centimètres, tomenteux ferrugineux comprimé, portant au sommet des bractées ovales, obtuses, longues de 15 millimètres, larges de 5 millimètres, à l'aisselle desquelles s'insèrent les rachis secondaires. Fleurs.....

Porphyranthus Zenkeri Engler.

Noms vernac. : Akwankusuma (fanti), Akuana (agni), Tébo (attié).

Arbre de 20 à 25 mètres de haut, à tronc de 0 m. 30 à 0 m. 60 de diamètre.

Bois d'un jaune-clair, à grain fin, assez dur, rappelant le buis.

$$\text{D. pour } 16129 = 0{,}684 \qquad \text{D. pour } 16313 = 0{,}611$$

Ecorce grise-cendrée, finement rugueuse.

Hab. : Bouroukrou (n° 16129, janvier), Assinie (n° 16313, avril).

BIXACEÉS

Petite famille renfermant seulement quelques arbres propres à l'Afrique occidentale, de faibles dimensions et tous sans utilisation.

Scotellia coriacea A. Chev.

Noms vernac. : Bakaza (attié), Aburuhi (fanti).

Arbre de 25 mètres de haut, à tronc de 0 m. 30 à 0 m. 40 de diamètre, tronc rugueux, bosselé et présentant des cannelures jusqu'au sommet.

Bois jaune-pâle, rappelant par sa couleur le buis.

$$D. = 0,713$$

Ecorce grisâtre.

Hab. : Alépé (n° 16231, mars).

Remarque.

Espèce nouvelle, non encore décrite, voisine de la suivante.

Scotellia kamerunensis Gilg.

Noms vernac. : Eddé (mbonoi), Akosica (abé).

Arbre de 30 mètres de haut, à tronc de 0 m. 60 à 0 m. 80 de diamètre, s'élevant très haut sans branches.
Bois blanc-jaunâtre, aubier et cœur non différenciés.

$$D. = 0,658$$

Ecorce blanchâtre, non fendillée, mais parsemée de larges dépressions.

Hab. : Kapiekrou (n° 16182, janvier).

CAPPARIDÉES.

Famille riche en espèces africaines, mais comptant seulement deux arbres à la Côte d'Ivoire, le *Cratæva religiosa* Forst. et le suivant, tous les deux à bois inutilisable.

Bucholzia macrophylla Engler.

Noms vernac. — Amizi (agni), Mon (attié), Akotompo (fanti), Dô (trépo).
Arbre de 10 à 20 mètres de haut, à tronc de 0 m. 20 à 0 m. 40 de diamètre.
Bois blanc-jaunâtre tendre.

$$D. = 0,577.$$

Ecorce grisâtre, lisse.

Hab. — Alépé (n° 16238, mars). Commun sur le chemin de fer, dans l'Agniéby, dans l'Attié, dans le Sassandra et le Cavally·

Description :

Jeunes rameaux épais verdâtres. Feuilles alternes, réunies en bouquet au sommet des rameaux, longuement pétiolées, avec une paire de très petites stipules à la base. Limbe entier, coriace, oblong ou elliptique lancéolé, cunéiforme à la base, brièvement apiculé au sommet, long de 14 à 20 cm., sur 5 à 6 cm. 5 de large. Nervure médiane très saillante en dessus ; nervures secondaires 9 à 12, parallèles, très visibles, réunies par des arceaux longeant les bords : surface supérieure d'un vert clair, luisante, l'inférieure d'un vert jaunâtre. Pétiole cylindrique, rigide, épaissi aux deux extrémités, long de 3 à 12 cm. Fleurs en panicules terminales feuillées de 15 à 20 cm. de long, formées de grappes simples ou composées à la base à fleurs assez lâches, d'un vert jaunâtre. Pédicelles courts, de 5 à 8 mm. de long, ordinairement insérés à l'aisselle de 3 très petites bractées brunes scarieuses de 1 mm. à peine de long. Calice à 4 sépales d'un jaune-verdâtre, ovales, arrondis au sommet, longs de 4 à 5 mm. réfléchis au moment de la floraison, appendice du torus suburcéolé, haut de 2 mm., d'un pourpre-noirâtre, finement denticulé sur les bords. Etamines à filets très grêles, verdâtres puis jaunâtres, longs de 15 à 20 mm. Anthères oblongues, d'un pourpre noirâtre, arquées, longues de 2 mm. Ovaire linéaire-oblong, d'un pourpre-noirâtre, porté sur un gynophore dépassant longuement les étamines. Fruit jaune-verdâtre à maturité, gros comme le poing, longuement stipité, contenant de grosses graines à goût de piment très prononcé (*Kola pimenté* des colons),

COMBRÉTACÉES

(4 espèces).

Famille renfermant un très grand nombre d'arbustes, et de lianes et quelques arbres principalement dans les genres *Terminalia* et *Combretum*. Le bois est ordinairement blanc ou jaunâtre et facile à travailler. L'une des espèces énumérées ci-après donne lieu à une exportation à la Gold-Coast.

Anogeissus sp.

Noms vernac. — Krékété (bambara), Kakaléka (bondoukou). Arbre de 30 mètres de haut, à tronc de 0 m. 60 à 0 m. 75 de diamètre.

Bois blanc-jaunâtre à l'état frais, devient jaune en vieillissant, moyennement dur.

$$D. = 0,781.$$

Ecorce grise, finement rugueuse, sans plaquettes ni fibres.

Hab. — Gare de Makouié (n° 15165, janvier).

Combretodendron viridiflora A. Chev.

Noms vernac. — Kati (abé), Esivé (mbonoi).

Arbre de 20 à 30 mètres de haut, à tronc de 0 m. 70 à 0 m. 90 de diamètre.

Bois rouge-pâle au cœur, à aubier blanc.

$$D. = 741.$$

Ecorce blanche, jaune à l'intérieur.

Us. — Trop lourd et trop dur, ne saurait passer pour de l'acajou, pas assez dur et trop poreux pour l'outillage en bois.

Hab. — Bouroukrou (n° 16102, janvier). Assez commun le long du chemin de fer, dans l'Attié et le Sanwi.

Description :

Rameaux d'un blanc cendré, très noueux, terminés au sommet par des faisceaux de 3 à 5 branches portant des feuilles seulement à leur extrémité. Jeunes pousses et axes des inflorescences très finement pubescents. Feuilles d'un vert sombre, coriaces, un peu ondulées et relevées en gouttière, réunies au sommet des rameaux, alternes mais rapprochées les unes des autres, brièvement pétiolées, obovales, arrondies au sommet ou très brièvement acuminées et obtuses, rarement émarginées, cunéiformes à la base, entièrement ou faiblement crénelées dans la moitié supérieure, limbe entièrement glabre sauf à la partie inférieure qui dans le jeune âge est très finement ciliée, dépourvu de poils glanduleux en écusson, surface supérieure d'un vert sombre, luisante, surface inférieure d'un vert plus clair. Nervure médiane, fortement saillante et aiguë en dessous, presque plane en dessus. Nervures secondaires au nombre de 5 à 7 paires, arquées au sommet, présentant à leur intersection avec la nervure médiane un petit renflement convexe se traduisant en dessous par un crypte cilié sur les bords. Pétiole plan en dessus, convexe en dessous, avec une légère bordure latérale provenant de la décurrence du limbe très finement pubérulent dans le jeune âge, ensuite glabre. Inflorescences en panicules groupées au sommet des rameaux formées de 3 à 5 épis courts, pauciflores dressés à rachis pubescents ainsi que les pédicelles, ceux-ci sont très courts, arqués d'un côté et épaissis au sommet. Pédoncules et pédicelles finement pubescents. Bractées petites très fugaces. Fleurs verdâtres. Calice à tube soudé à l'ovaire glabre, long de 5 mm. à peine, muni de 4 ailes d'un vert foncé, décurrentes sur le pédicelle et alternes avec les lobes du calice, ciliées ; lobes ovales arrondis de 2 mm. 5 de long et de large, glabres, sauf les bords ciliés, imbriqués et opposés deux à deux. Corolle à 4 pétales imbriqués, ovales-arrondis, très concaves, de 5 mm. de large et de 5 à 6 mm. de long, glabre, sauf le sommet qui présente quelques poils glanduleux d'un vert-jaunâtre avec des nervilles assez apparentes sur les 2 côtés. Disque épais glanduleux, n'arrivant pas à la hauteur de la partie supérieure du tube du calice, vert-jaunâtre, glabre, glanduleux. Etamines très nombreuses (plus de 50) jaunâtres, à filets jeunes, longs, grêles, tous soudés en *une lame unique* haute de 2 mm. et entourant le style. Anthères à 2 loges, les filets les plus internes ne portant pas d'anthères. Ovules 12 répartis des deux côtés d'une lame placentaire blanche formant une cloison complète divisant la chambre ovarienne en 2 loges. Fruits très grands pendants, glabres, portés sur un long pédoncule glabre, munis de 4 ailes formant deux à deux un angle aigu, demi cordées au sommet et dépassant longuement le calice persistant, arrondies à la base et légèrement décurrentes sur le pédicelle, un peu ondulées sur les bords, d'un vert-jaunâtre, parfois légèrement rosées sur les bords.

Observation :

Le genre *Combretodendron*, cité pour la première fois ici, diffère surtout du genre *Combretum* par son ovaire à deux loges séparées par un septum mou sur lequel s'insèrent dans chaque chambre 9 à 12 ovules dressés, portés sur un long funicule. Tous ces ovules avortent sauf un, le plus élevé qui devient pendant dans la chambre ovarienne et donne un graine allongée.

Terminalia altissima

Noms vernac. — Fram (bondoukou), Pé (abé), Fraké (agni), bien différent du Framiré !

Arbre de 25 à 40 mètres de haut, à tronc de; 0 m. 60 à 1 m. 20 de diamètre, long de 20 mètres sans branches. Rameaux étalés.

Bois blanc, tirant sur la couleur du chêne, moyennement dur, avec des veines brunes.

D. pour 16104 = 0,704   D. pour 16138 = 0,690.

Écorce grise tachetée de blanc, assez lisse.

Us. — Assez semblable au chêne de Hongrie, pourrait remplacer ce bois très employé dans l'industrie.

Pourrait aussi être employé par les compagnies de chemin de fer.

Hab. — Bouroukrou (n° 16104-16138, janvier). Commun dans l'Indénié, dans le Sanwi, le long de la ligne du chemin de fer, dans le Sassandra.

Voisin du *Terminalia superba* Engler.

Description :

Feuilles alternes, glabres, longues de 12 à 18 cm., larges de 5 à 7 cm. 5, à très long pétiole mesurant 5 à 7 cm. 5 (ordinairement le tiers de la longueur totale de la feuille), limbe très coriace, obovale ou parfois deltoïde, entier, un peu ondulé sur les bords, ordinairement brièvement acuminé au sommet, à acumen court aigu, rejeté sur le côté, sommet parfois arrondi ou émarginé, à base cunéiforme, non complètement symétrique par rapport à la nervure médiane, ordinairement la base du limbe descend le long du pétiole plus bas d'un côté que de l'autre côté. Nervure médiane et nervures secondaires fortement saillantes en dessous, un peu saillantes en dessus, nervures secondaires 6 à 8 paires. Surface supérieure luisante et comme vernissée, surface inférieure d'un vert mat. Pétiole long, rigide, grêle, lignifié, cylindrique dans la moitié inférieure, plan en dessus et très convexe en dessous dans la moitié contiguë au limbe.

Fleurs en longues grappes simples.

Fruits beaucoup plus larges que longs.

Terminalia ivorensis

Noms vernac. — Caūri (nbonoi) Mboti (attié), Anhidja (bondoukou), Framiné (agni), Buna (attié), Féla (bambara du Sud), Satined wood (anglais), Bois satiné (colons).

Arbre de 30 à 40 mètres de haut, à tronc de 0 m. 70 à 1 mètre de diamètre à la base, élancé, portant la couronne de rameaux à une très grande hauteur.

Bois d'un beau jaune-safran avec des reflets.

D. pour 16153 = 0,641   D. pour 16308 (jeune arbre) = 0,306

Ecorce blanchâtre, s'enlevant en petites plaquettes longitudinales. Avec l'écorce on fait une teinture jaune.

Us. — Pourrait être utilisé en ébénisterie comme bois de fantaisie et servir aussi pour faire des plafonds de voiture de chemin de fer.

Hab. — Makouié (n° 16153, janvier). Aboisso (n° 16308, avril), dans l'Indénié et le Cavally.

Description :

Feuilles et inflorescences réunies à l'extrémité des rameaux. Jeunes rameaux pubescents roussâtres. Feuilles alternes ou subverticillées, obovales ou oblongues, très coriaces, longuement cunéiformes à la base, arrondies ou brièvement acuminées-aiguës au sommet, légèrement pubescentes roussâtres dans le jeune âge, surtout sur la nervure médiane, longues de 6 à 15 cm., larges de 3 à 6 cm. Pétiole de 5 à 8 mm., pubescent. Inflorescences en longues grappes insérées à l'aisselle des feuilles, longues de 6 à 9 cm. non compris les pédoncules grêles, longs de 3 à 4 cm., finement pubescents argentés ainsi que le rachis de l'inflorescence. Bractées nulles. Fleurs blanches, isolées, portées sur des pédicelles blancs pubescents, longs de 3 mm. au moment de la floraison. Bouton floral longuement ovoïde-apiculé. Fleurs inférieures hermaphrodites, les supérieures mâles. Calice de 6 à 8 mm. de diamètre, profondément divisé en 5 (parfois 6), lobes ovales acuminés, subulés, blancs, pubescents au dehors, cotonneux en dedans. Corolle réduite à d'épaisses touffes de poils blancs. Étamines 10, blanchâtres, dépassant légèrement le style, à filets glabres. Ovaire pubescent, argenté, style conique, subulé de 4 mm. de long, hérissé à sa base, glabre au sommet.

Fruit elliptique très allongé ou linéaire, 3,5 à 4 fois plus long que large, ayant 6 à 7 cm. de long sur 2 cm. de large, avec des ailes étroites, entières, à bords légèrement ondulés, très coriaces et jaunâtres à maturité; ces fruits sont obtus ou un peu émarginés au sommet, légèrement cunéiformes à la base, très finement pubescents sur les deux faces; la partie renfermant la graine est ovoïde très allongée, un peu carénée sur les deux faces, formée d'une noix mince très dure. Pédicelle fructifère pubescent.

DIPTÉROCARPÉES.

Ne comprend à la Côte d'Ivoire que l'espèce suivante dont on a fait la famille des Lophiracées, formée d'un seul genre et de deux espèces dont l'une la *Lophira alata* habite les Sava-

nes du Soudan et produit des graines oléagineuses (méné).
L'espèce suivante est spéciale à la région forestière et remarquable surtout par son bois très dur employé parfois pour le
chauffage des machines sur les bateaux dans les Lagunes.

Lophira procera

Noms vernac. — Nokûé (attié), Esoré (agni).

Arbre de 20 à 30 mètres de haut, tronc de 0 m. 55 à 0 m. 60 de
diamètre.

Bois rouge-brun, avec des rayons figurés, très dur, s'enlevant par éclats, inattaquable aux insectes. A la Côte d'Ivoire
on en fait des charpentes imputrescibles.

$$D. = 1,110.$$

Ecorce lisse, s'enlevant en petites plaquettes superficielles.

Hab. — Bouroukrou (n° 16120, janvier). Floraison en décembre ; les fruits mûrissent de la fin de février à la fin de mars.
Très commun dans toute la forêt.

Description :

Feuilles presque sessiles, très grandes, glabres, oblongues, cunéiformes à la base.

Fleurs plus grandes que dans *Lophira alata* Banks. Rachis de la panicule fructifère glabre, dressé, long de 8 à 10 cm., à rameaux latéraux
alternes, ascendants, longs de 10 à 30 mm., les inférieurs les plus longs.
Pédicelles de 8 à 12 mm. de long, articulés à 4 mm. du calice. Lobes du
calice accrescents, glabres, 2 d'entre eux atteignant une très grande dimension au moment de la maturation, les 3 autres sont ovales arrondis
au sommet, long de 7 à 15 mm. sur 5 à 7 mm. de large à la base, le plus
grand lobe est lancéolé-linéaire, arrondi et très obtus au sommet ; long de
10 cm., large de 2 cm. au milieu, rétréci en languette courte à la base,
très coriace et finement nervié, vert-blanchâtre, l'autre grand lobe a la
même consistance et la même longueur, mais mesure seulement 5 cm. de
long sur 12 mm. de large.

Fruit ovoïde très allongé de 3 à 3 cm. 5 de long sur 8 à 9 mm, de diamètre au milieu, un peu rétréci à la base, sommet longuement atténué en
pointe bifide. Péricarpe mince-cartilagineux, à surface d'un vert ferrugineux par la présence de fines écailles qui le recouvrent. Toujours une
seule graine, insérée au fond du fruit à funicule nul et remplissant complètement la cavité ; le tégument mince, grisâtre, adhère complètement à

la paroi interne du péricarpe. Pas d'albumen mais deux gros cotylédons blanc-verdâtres, plan-convexes, charnus, très huileux, à saveur très amère. Radicule arrondie-obtuse, faisant saillie de 1 mm. du côté du hile. Les ailes du fruit (lobes du calice) prennent à maturité une teinte jaunâtre.

ÉBÉNACÉES.

(1 espèce).

Famille fournissant la plupart des Ebènes commerciaux. Elle ne renferme qu'un petit nombre de représentants arborescents en Afrique occidentale. Toutefois l'un deux produit l'Ebène du Gabon, nous ne l'avons pas encore rencontré à la Côte d'Ivoire. L'espèce suivante a le bois blanc, mais présente souvent au cœur de petites marbrures d'un noir de jais, semblant indiquer que dans certaines conditions le bois peut devenir un ébène. Toutefois aucun des arbres que nous avons abattu n'avait le cœur complètement noir.

Diospyros Sanza-Minika A. Chev.

Noms vernac. — Sanza-Minika, Asun séka (agni), Nguobi (attié), Kusibiru (attié).

Arbre de 15 à 20 mètres de haut, à tronc de 0 m. 30 à 0 m. 60 de diamètre.

Peut aussi s'élever à 30 ou 35 mètres de haut et avoir un diamètre de 60 cm. à 1 mètre.

Bois blanc à l'état frais, de couleur brune en vieillissant, à grain fin, dur, susceptible de prendre un beau poli, cœur et aubier non différencié.

$$D. = 0{,}973.$$

Ecorce grise ou noirâtre, fendillée profondément, excessivement dure.

Hab. — Zaranou (n° 16284, en fruits : mars), dans le Sanwi et dans le Cavally. Fleurit en août.

Description :

Rameaux formant une tête arrondie bien feuillée. Jeunes pousses gla-
brescentes ou parsemées de quelques poils apprimés, rameaux plus âgés
bruns, glabres, sans lenticelles apparents. Très jeunes feuilles d'un vert
très pâle, rougeâtres, légèrement pubescentes en dessous, surtout sur la
nervure médiane (poils clairsemés, apprimés). Feuilles alternes, distiques.
lancéolées-oblongues, arrondies ou cunéiformes à la base, insensiblement
acuminées, aigües au sommet, longues de 12 à 20 cm., larges de 3 à 6 cm..
coriaces-parcheminées, glabres à l'état adulte, sauf sur la nervure médiane et à la base du limbe (en dessous) où existent parfois quelques
poils apprimés. Surface supérieure d'un vert sombre, luisante, l'inférieure
pâle, glaucescente. Nervure médiane déprimée en dessus, saillante en
dessous. Nervures secondaires 9 à 12, fines, légèrement saillantes en dessous. ainsi que les réticules des nervures tertiaires. Pétiole grêle, glabre,
canaliculé en dessus, long de 6 à 10 mm.

Inflorescences par petit bouquets de 3 à 5 fleurs subsessiles, insérées
le long des rameaux âgés et rarement par paquets sur des branches feuillées. Fleurs femelles à calice brun cupuliforme coriace, long de 3 mm..
de 5 mm. de diamètre à la partie supérieure, très largement divisé en 4
ou 5 lobes arrondis ou tronqués, à poils bruns-roussâtres apprimés en
dedans et en dehors. Corolle longue de 12 mm., élargie à la base, terminée
en pointe au sommet avant l'anthèse, divisée dans le tiers supérieur en 3
lobes aigüs, couverte sur toute la surface extérieure de poils brillants, argentés à la base, bruns au sommet, très apprimés ; surface intérieure
glabre. Appendices staminoïdes 5, longs de 6 mm., grêles, glabres, insérés à la base de la corolle. Pistil ovoïde, légèrement stipité, long de 4 mm.
au moment de la floraison, blanchâtre, très pubescent, surmonté de 5
styles longs de 2 mm., très pubescents, ovaire divisé en 6 à 8 loges uniovulées. Fruits isolés le long des branches déjà âgées, portés sur des pédoncules épaissis, longs de 4 à 5 mm. et de 8 à 10 mm. de diamètre, cylindriques ou légèrement tétragones, longs de 3,5 à 4 cm. 5 et de 2 cm. 5 de
diamètre, couverts de poils roussâtres ou bruns quand ils sont jeunes et
jusqu'à un âge avancé. Péricarpe scléreux, épais de 2 mm. Graines de 4
à 7 par fruit, cylindriques arrondies aux deux extrémités, longues de
2 cm. 5, de 7 mm. de diamètre, un peu aplaties, à tégument roussâtre.
finement papilleux. Le calice fructifère est verdâtre glabrescent à 5 lobes
tronqués, il est pubescent en dedans.

Observation :

Nous pensons que le bois de cet arbre placé dans certaines conditions
peut noircir et se transformer en ébène. Nous avons constaté que certaines
petites plages au cœur du bois étaient souvent noires et brillantes en section. La production de l'ébène serait donc dans certains arbres le résultat
d'une nécrose comme la transformation des bois de *Baphia* en bois de
teinture rouge.

Les *Sanka-Minika* sont bien reconnaissables en forêt par leur écorce fendillée, de couleur noirâtre comme si elle avait été charbonnée et d'une dureté telle qu'elle est difficilement entaillée par la hache. Lorsque l'arbre meurt sur pied, l'écorce persiste longtemps après la disparition du bois et comme elle se continue sur les racines, l'emplacement des troncs disparus est marqué par un cylindre creux à parois résistantes qui s'enfonce dans le sol à plus d'un mètre de profondeur.

EUPHORBIACÉES

(10 espèces).

Une des familles les plus importantes de l'Afrique tropicale par la quantité d'espèces arborescentes qu'elle renferme. Les bois varient énormément de qualités suivant les genres. Il y en a de tendres, de durs, de blancs, de colorés. Certains rappellent le buis. Plusieurs seront probablement recherchés par le commerce lorsqu'ils seront mieux connus. L'un d'eux l'*Oldfieldia africana* Hook, que nous n'avons pas encore retrouvé, fût autrefois exporté de la Gambie comme succédané du Bois de Teck.

Alchornea sp.

Noms vernac. : Bonyuromé (mbonoi), Aguaya (ébrié), Tata iro (adioukrou).

Arbre de 40 mètres de haut, à tronc de 0 m. 80 à 1 m. 20 de diamètre.

Bois blanc-gris, légèrement teinté de rouge, assez léger.

$$D. = 0,516$$

Ecorce grisâtre en plaquettes très minces et longitudinales. Latex blanc dans l'écorce et dans les fruits.

Hab. : Mbaho (n° 16190, février).

Baccaurea Bonneti Beille.

Noms vernac. : Habi zacûé (attié), Kuatiécualé (agni).

Arbuste de 5 à 15 mètres de haut, à tronc de 0 m. 15 à 0 m. 20 de diamètre.

Bois blanc, à grain fin, sans aucune valeur.

Ecorce blanchâtre, finement écailleuse.

La décoction d'écorce est employée comme abortive par les Agnis.

Hab. : Aboisso (n° 16297, avril).

Commun à travers la forêt.

Bridelia speciosa Müll. Arg.

Nom vernac. : Chikûé (attié).

Arbre de 25 à 30 mètres de haut, à tronc de 0 m. 40 à 0 m. 50 de diamètre.

Bois d'un blanc-grisâtre ou jaunâtre, un peu marbré de taches gris-rougeâtre, à grain fin.

$$D. = 0,577$$

Ecorce d'un gris-cendré, légèrement fendillée, à tranche rougeâtre.

Hab. : Aboisso (n° 16302, avril), dans l'Attié, dans l'Indénié.

Hasskarlia didymostemon H. Bn.

Noms vernac. : Echirua (agni), Nguépé (attié).

Arbre de 20 à 25 mètres de haut, à tronc de 0 m. 30 à 0 m. 40 de diamètre et de 10 à 15 mètres sans branches.

Rameaux très étalés.

Bois à aubier blanc, rosé au cœur, demi-dur.

D. pour 16219 = 0,473.   D. pour 16268 = 0,548.

Ecorce blanche, mince, sans plaquettes, laisse écouler un latex aqueux, teinté de rouille.

Usages : Pourrait être utilisé pour remplacer le tulipier comme contre-placage.

Hab. : Bingerville (n° 16219, février), Zaranou (n° 16268, mars),le long du chemin de fer, dans l'Agniéby et le Sassandra. Très commun.

Macaranga Heudelotii H. Bn.

Noms vernac. : Abo (attié), Ekua (agni), Eson (fanti).

Arbre de 20 à 35 mètres de haut, à tronc de 0 m. 30 à 0 m. 35 de diamètre, s'élevant de 15 à 20 mètres sans rameaux, à racines adventives se détachant de la base du tronc, profondément cannelé jusqu'à mi-hauteur.

Bois d'un blanc légèrement brun, léger et tendre.

D. pour 16197 = 0,477.　　　D. pour 16279 = 0,409.

Ecorce grisâtre, finement rugueuse, non fendillée.

Hab. : Dabou (n° 16197, février), Zaranou (Indénié) (n° 16279, mars), et commun le long du chemin de fer.

Mæsobotrya Stapfiana Beille.

Voisin de *M. floribunda* Pax.

Noms vernac. : Sénan (attié), Emuinquim (fanti), Assa bogûié (agni).

Arbre de 25 mètres de haut, à tronc de 0 m. 40 à 0 m. 50 de diamètre, long de 4 à 15 mètres sans branches.

Bois blanc-jaunâtre, tendre, se travaillant très bien.

D. = 0,651

Ecorce d'un gris-rougeâtre, finement fibrilleuse.

Hab. : Malamalasso (n° 16249, mars). Très commun dans certaines vallées, vu dans l'Agniéby et l'Attié. C'est l'un des rares arbres de la forêt de la Côte d'Ivoire formant des peuplements étendus à l'exclusion des autres essences.

Description :

Plante dioïque.

Rameaux ascendants, très touffus, à port de *l'apaca*. Feuilles alternes, simples, glabres, entières, réunies au sommet des rameaux, très grandes. Pétiole de 4 à 5 centimètres de long, cylindrique, renflé aux deux extrémités ; limbe formant un angle de 120 degré avec le pétiole, très coriace, oblong, arrondi au sommet, cunéiforme à la base. long de 25 à 30 centimètres, large de 9 à 13 centimètres. Nervure médiane très saillante en dessous. Nervures secondaires pennées, parallèles, très saillantes, au nombre de 10 à 14 paires réunies entre elles par des trabécules transverses également parallèles. Fleurs mâles jaunâtres en longues grappes isolées ou groupées par 2 ou 3 à l'aisselle des feuilles. Grappes pendantes, longues de 5 à 10 centimètres ; rachis grêle, glabre. Fleurs par petits fascicules de 1 à 3 fleurs enveloppés avant l'anthèse par des bractées imbriquées ovales, glabres, vert-jaunâtre, longues de 1 mm. 5 et formant calicule. Chaque fleur mâle portée sur un pédicelle très grêle qui dépasse légèrement les bractées, se compose d'un périanthe jaune-verdâtre, à 5 lobes oblongs, réfléchis, parfois un peu ciliés sur les bords ; en dedans cinq étamines à filets très grêles, élargis à la base, à anthères elliptiques arrondies. En dedans des étamines existent cinq petits mamelons (staminodes ?)

Oldfieldia africana Benth. et Hook.

Noms vernaç. : Fu (attié), Etūi (agni), African teak (anglais).
Arbre de 35 mètres de haut, à tronc de 0 m. 60 à 0 m. 80.
Bois d'un rouge brun, excessivement lourd et dur.

$$D. = 0,951$$

Ecorce d'un gris-rougeâtre s'enlevant par petites plaquettes.

Hab. : Malamalasso (n° 16250, mars). Commun dans le Sanwi, dans le Sassandra et le Cavally.

Description :

Arbre dioïque,

Jeunes rameaux couverts d'un pubérulum roussâtre-ferrugineux, très court. Feuilles composées digitées, réunies au sommet des rameaux avec

3 à 7 folioles pétiolulées, le plus souvent 5 ; longueur totale des feuilles de 12 à 15 centimètres. Pétiole très grêle, cylindrique, long de 3 cm. 5 à 8 centimètres, pubescent ferrugineux dans le jeune âge, ensuite glabre. Folioles ovales allongées ou oblongues-lancéolées, atténuées aux deux extrémités, obtuses au sommet, toujours glabres en-dessus, légèrement pubérulentes-ferrugineuses en-dessous, principalement sur la nervure médiane dans le jeune âge, ensuite complètement glabres, entières, très coriaces, de 8 à 10 centimètres de long sur 3 à 3 cm. 5 de large. Pétiolules de 4 à 6 millimètres de long. Fleurs mâles en cymes dressées, dichotomes ou trichotomes, longues de 3 à 5 centimètres, couvertes d'une fine pubescence ferrugineuse. Périanthe nul. Étamines portées par 4 à 6 sur de petits coussinets ferrugineux en dehors, blancs tomenteux sur le disque situé en dedans des étamines; plusieurs de ces coussinets sont souvent coalescents entre eux. Étamines longues de 1 mm. à 1 mm. 5, à filets très grêles portant chacun une anthère à deux loges parallèles ovoïdes-subglobuleuses, déhiscentes longitudinalement et parallèlement. Fleurs femelles .... Capsule grosse, triloculaire.

Ricinodendron africanus Müll. Arg.

Noms vernac. : Poposi (ébrié et mbonoi), Haipi (agni, bondoukou), Hobo, Hapi (abé), Nbob (adioukrou), Tsain (attié), Sosaû (fanti).

Arbre de 30 à 40 mètres de haut, à tronc de 1 m. à 1 m. 50 de diamètre, s'élevant jusqu'à 20 mètres sans branches.

Bois blanc à fibres compactes, mais tendre.

D. pour 16162 = 0,346.   D. pour 16185 = 0,318.

D. pour 16269 = 0,327.

Ecorce grisâtre foncée s'enlevant en grosses plaquettes, comme celle du chêne.

Usage : Bois très léger pouvant être employé pour la fabrication de la pâte à papier. Les graines fournissent une graisse alimentaire.

Hab. : Erymakouié (n° 16152, janvier), entre Attéou et Mbago, commun dans l'Agniéby (n° 16185, février), Zaranou (Indenié) (n° 16269, mars). Très commun dans toute la forêt, sur l'emplacement des cultures abandonnées.

Uapaca benguelensis Müll. Arg.

Noms vernac. — Sannaba (mbonoi), Rikio (abé), Cosomon (bambara), Niondobi (bondoukou), Chêne d'Afrique (colons).

Arbre de 30 à 35 mètres de haut, à tronc de 0 m. 75 à 1 mètre de diamètre, rameux dès une faible hauteur.

Bois dur, rougeâtre-clair, bien maillé.

$$D. = 0,689.$$

Ecorce presque lisse, finement fendillée.

Us. — Inutilisable en ébénisterie, mais très propre pour la menuiserie pour remplacer le chêne.

Hab. — Erymakouié (n° 16163, janvier) et dans le Sassandra.

Uapaca Bingervillensis Beille.

Noms vernac. — Rikio (abé), Kayo (bondoukou), Na (attié), Elékhua (agni), Orobo (mbonoi).

Arbre de 30 mètres de haut, à tronc de 0 m. 40 à 0 m. 75 de diamètre, irrégulier, parfois court et penché, atteignant plus de 1 mètre de diamètre. Se ramifie souvent à une faible hauteur, mais à tronc principal pouvant aussi aller jusqu'à 20 mètres de haut.

Bois dur, rougeâtre, à grain fin, avec des ondulations rappelant l'acajou.

D. pour 16121 = 0,847. D. pour 16135 = 0,752.
D. pour 16199 = 0,681. D. pour 16295 = 0,714.

Ecorce grise, très fendillée.

Us. — Ce bois pourrait être employé en menuiserie comme succédané du Chêne.

Hab. — Bouroukrou (n°ˢ 16121, 16135, janvier), Dabou (n° 16199, février), Aboisso (n° 16295, avril). Commun dans toute la forêt.

GUTTIFÈRES OU CLUSIACÉES

(5 espèces).

Famille assez répandue en Afrique tropicale. Elle comprend des arbres au port ordinairement élancé et au tronc très droit. La plupart des espèces se font remarquer par une oléo-résine jaunâtre secrétée par des canaux résinifères qui existent dans toutes les parties parenchymateuses; lorsqu'ils sont sectionnés un liquide jaune sirupeux s'écoule de l'incision. Les bois sont ordinairement faciles à travailler et conviendraient pour la charpente ou la menuiserie.

Allamblackia parviflora A. Chev.

Noms vernac. — Wohotélimon (abé), Wotobé, Ewotébo (mbonoi), Alabénun (agni), Akumasé (fanti), Bissaboko (attié).

Arbre de 30 à 35 mètres de haut, à tronc de 0 m. 50 à 0 m. 60 de diamètre, couronné au sommet par un petit bouquet de rameaux feuillés.

Bois d'un jaune pâle rosé, demi-dur.

D. pour 16161 = 0,675   D. pour 16239 = 0,697.

Ecorce d'un gris-rougeâtre, striée longitudinalement.

Us. — Les graines fournissent une matière grasse alimentaire (*Suif végétal*).

Hab. — Erymakouié (n° 16161, en fleurs et en fruits mûrs, janvier), Alépé (n° 16239, en fleurs : mars), commun dans l'Attié.

Description :

Plante dioïque. Feuilles opposées, pétiolées, entières, coriaces, lancéolées, très allongées, longuement et insensiblement acuminées, aiguës au sommet, arrondies ou atténuées à la base, longues de 24 à 28 cm., sur 5 à 6 cm. de large, celles avoisinant l'inflorescence n'ayant souvent que 12 à 15 cm. de long, sur 3 à 4 cm. de large. Nervure médiane proéminente aiguë en dessous ; nervures latérales très nombreuses, parallèles entre elles, invisibles sur la surface supérieure qui est d'un vert sombre, peu proéminentes en dessous. Pétiole subcylindrique, plan en dessus, court, de 12 à 15 mm. de long. Fleurs en grappe simple, pauciflore terminale, sessile, de 6 à 8cm. de long, parfois feuillée à la base ; les fleurs sont opposées deux à deux, isolées à l'aisselle de chaque bractée, d'un blanc verdâtre, teintées de rose au moment de la floraison. Pédicelle floral charnu, épaissi au dessus du calice, de 3 cm. de long et épais de 3mm. Sépales coriaces, orbiculaires concaves, les intérieurs beaucoup plus petits que les extérieurs, verdâtres, de 8 à 15mm. de diamètre. Pétales orbiculaires, coriaces, d'un blanc-rose ou jaunâtre, longs de 18 mm., larges de 15 mm. dépassant légèrement les sépales, un peu convolutés au sommet.

Fleurs femelles : fausses phalanges staminales verdâtres, courtes, de 2 à 3mm. de haut, entourant la base de l'ovaire ; de 10 à 12 mm. de haut sur 7 à 8 mm. de large à la base, celui-ci est verdâtre en forme de tronc de cône avec 5 sillons longitudinaux, correspondant aux 5 loges, chaque loge contenant 2 lames placentaires longitudinales insérées le long de la colonne centrale et rapprochées de la paroi latérale, chaque lame porte 5 à 8 ovules (soit 10 à 16 par loge) ; ovules campylotropes, étalés puis recourbés vers le bas, à micropyle inférieur, style nul, surmonté d'un stigmate brun, pelté, épais, entier ou faiblement 5-lobé sur les bords, présentant au centre 5 petites fentes rayonnant d'un petit pertuis central, résineux à sa surface.

Fleur mâle : 5 fausses phalanges staminales (staminodes ?) alternes avec les 5 pétales, très courtes, subtriquètres, hautes et larges de 3 mm., tronquées au sommet, sillonnées sur les côtés, d'un jaune-verdâtre. Etamines portées sur 5 phalanges cunéiformes-spatulées, alternes avec les pétales, d'un blanc-jaunâtre, très charnues, longues de 15 à 17 mm., larges en haut de 12 mm. Anthères très petites, de 0 mm. 5 de diamètre, subarrondies jaunâtres, à loges, portées sur un très court filet et insérées en très grand nombre sur toute la partie élargie de la phalange, à la face interne.

Disque central (rudiment de l'ovaire) petit, d'un jaune-verdâtre, à 5 lobes aigus, alternes avec les phalanges et formant une masse allongée·

Fruit très gros cylindrique, de forme rappelant le fruit de *Kigelia*, long de 40 cm, sur 12 cm. de diamètre au milieu, indéhiscent à parois très épaisses légèrement charnues à chair jaunâtre, divisé en 5 loges, à exocarpe gris formé de petites aréoles avec une étoile au centre de chaque aréole, fruit de 40 à 50 cm. de long.

Graines 6 à 12 par loge, ovoïdes allongées, à parois d'un brun roux avec une arille blanche conique au sommet, graines de 3 à 4 cm. de long sur 15 à 18 mm. de large.

Garolnia polyantha Oliv.

Noms vernac. — Mamié Kini (agni).

Arbre de 25 à 30 mètres de haut, à tronc de 0m, 40 à 0m. 65 de diamètre.

Bois d'un rouge-brun, demi-dur.

$$D. = 0,888.$$

Ecorce grise finement rugueuse, laisse exsuder une résine jaune.

Hab. — Aboisso (n° 16309, avril), et dans l'Indénié.

Description :

Feuilles opposées, longues de 10 à 15 cm., larges de 2,5 à 5 cm., à pétiole long de 12 à 20 mm., coudé à la base, le quart inférieur étant dressé et les trois quarts supérieurs étalés ; limbe très coriace, oblong-elliptique, canéiforme à la base, brièvement acuminé parfois apiculé au sommet . Nervure médiane saillante en dessus et en dessous ; nervures secondaires fines, nombreuses, celles du milieu distantes de 8 à 10 mm. les unes des autres, sépales extérieurs persistant à la base des fruits, ovales-arrondis longs de 2 à 3 mm. Pédicelles fructifères glabres, de 10 à 45 mm. de long. Fruits globuleux, de 20 à 25 mm. de diamètre, contenant une ou deux grosses graines vertes, ovoïdes, longues de 18 à 22 mm. sur 12 à 15 mm. de large.

Ochrocarpus africanus Oliv.

Syn. — *Mammea africana*, G. Don.

Noms vernac. — Quélipe, Kelipe (bondoukou). **Abricotier d'Afrique** (colons).

Arbre de 25 à 35 mètres de haut, à tronc de 0 m. 60 à 1 m. 20 de diamètre, ayant des accotements à la base s'élevant jusqu'à 1 m. 20 du sol. Rameaux étalés.

Bois rouge-sang, moyennement dur.

$$D. \text{ pour } 16115 = 0,695 \qquad D. \text{ pour } 16223^1 = 0,721$$
$$D. \text{ pour } 16223^2 = 0,825.$$

Ecorce grise lisse, avec écailles blanches, laisse exsuder une résine jaune. Ecorce interne rouge-brun et aubier d'un rose-pâle.

Us. — Trop lourd et trop dur pour l'ébénisterie, mais peut être employé en menuiserie.

La graine de cet arbre est employée par les bondoukou pour faire de la graisse. Le fruit de la grosseur des deux poings contient une pulpe jaunâtre comestible entourant trois gros noyaux.

Hab. — Bouroukrou (n° 16115, en fruits mûrs : janvier), Lagune Potóu (n° 16223, février). Commun dans tout l'Attié, dans l'Indénié, le Sassandra, etc.

Pentadesma leucantha A. Chev.

Noms vernac. — Piché aboko (attié), Allahbanunu (agni).

Arbre de 25 à 30 mètres de haut, à tronc de 0 m. 30 à 0 m. 60 de diamètre.

Bois blanc-rougeâtre à l'état frais, devenant brun en vieillissant, très dur, aubier et cœur non différenciés.

D. = 0,850.

Ecorce grisâtre écailleuse, laissant exsuder une résine jaune.

Us. — Ce bois ressemble au green-hearth, intéressant si les tarets ne le piquent pas.

Hab. — Aboisso (n° 16290, avril), et Ahiamé (sanwi).

Description :

Feuilles coriaces ou membraneuses, allongées-oblongues, atténuées et aiguës aux deux extrémités, de 18 à 22 cm. de long, sur 5 à 6 cm. 5 de large ; nervure médiane saillante des deux côtés ; nervures secondaires parallèles, très nombreuses et très fines. Pétiole de 10 mm. de long. Fleurs grandes, au nombre de 3 à 5 à l'extrémité des rameaux, portées sur des pédoncules recourbés, longs de 2 à 3 cm. 5, épais de 6 à 8 mm., articulés près de la base, d'un vert-jaunâtre, inodores, longues de 6 à 7 cm. quand elles sont épanouies, parfaitement ovoïdes un peu avant leur complet épanouissement et alors longues de 5 cm. sur 3 cm. de large, contenant un suc jaunâtre en abondance. Sépales extérieurs concaves, longs de 4 à 5 cm. 5, concolores aux pétales, persistants. Pétales 5 ou 6, ovales, longs de 5 cm. environ, très concaves dressés, arrondis au sommet. Phalanges staminales persistantes dépassant légèrement les pétales. Fruits charnus, très gros, indéhiscents, sphéro-ovoïdes, pointus au sommet, contenant sous un péricarpe gris assez épais, une pulpe gris-jaunâtre et de 5 à 10 graines. Graines ovoïdes, grosses, rugueuses, longues de 5 cm. sur 3 cm. de large, grisâtres, sans albumen : embryon indivis.

Symphonia globulifera L. f. var. gabonensis (Pierre) Vesque.

Noms vernac. — Arquané (mbonoi).

Arbre de 35 à 40 mètres de haut, à tronc de 0 m. 75 à 0 m.80 de diamètre.

Bois jaune-brun, rappelant le *Chlorophora*, ou le chêne de belle qualité, assez dur.

D. = 0,519.

Ecorce d'un gris-cendré, s'enlevant par de petites plaquettes légères, laissant exsuder une résine jaune, devenant ensuite rouge.

Us. — Très beau bois, pouvant être employé en ébénisterie et menuiserie.

Hab. — Dabou (n° 16198, février). Çà et là le long du che-min de fer et à proximité des Lagunes.

Description :

Feuilles lancéolées, coriaces, insensiblement acuminées obtuses, cunéi-formes à la base, de 8 à 12 cm. de long, sur 2,5 à 3 cm, de large. Fleurs en ombelles terminales de 6 à 12 fleurs. Boutons roses, globuleux de 8 à 12 mm. de diamètre. Calice à 5 lobes courts arrondis obtus, d'un vert noi-râtre. Pétales arrondis, roses sur la partie extérieure dans le bouton, d'un pourpre noirâtre sur la partie recouverte par le pétale voisin dans la pré-floraison. Etamines 20, en 5 phalanges, 4 par phalanges, roses. Disque vert, cupuliforme.

HUMIRIACÉES.

Petite famille qui ne possède en Afrique aucun autre repré-sentant connu en dehors de l'espèce suivante qui existe aussi au Gabon.

Saccoglottis gabonensis Urban.

Syn. — *Aubrya gabonensis* H. Bn.

Noms vernac. — Amuan (fanti).

Arbre de 25 à 30 mètres de haut, à tronc de 0 m. 25 à 0 m. 65 de diamètre, et de 10 à 15 mètres de hauteur sans branches.

Bois rouge-pâle, sans figuration, cœur un peu plus foncé, dur et dense.

$$D. = 0,955.$$

Ecorce gris-rougeâtre, profondément crevassée, entaillée, scoriacée, très épaisse.

Hab. — Dabou (n° 16195, février), Bingerville. Commun sur le chemin de fer.

Description ;

Jeunes branches très rameuses, étalées en éventail, grisâtres avec de fins lenticelles blancs, vertes à l'extrémité. Feuilles alternes, simples, exstipulées, brièvement pétiolées, très coriaces, oblongues-elliptiques ou lancéolées, longuement atténuées en pointe subobtuse ou avec un court acumen, insensiblement atténuées en pétiole à la base, à bords faiblement crénelés-serrulés, souvent pliés en gouttières par le milieu et à bords relevés, la pointe décombante. Feuilles longues de 9 à 14 cm., larges de 5 cm. Nervure médiane saillante des deux côtés ; nervilles bien réticulées, apparentes des deux côtés. Pétiole de 2 à 4 mm. de long. Panicules florales de 3 à 6 cm. de large. Pédoncule de 0,5 à 1 cm. 5 de long.

Fleurs en cymes latérales et terminales corymbiformes, ordinairement fourchues, brièvement pédonculées ou sessiles, plus courtes que les feuilles. Pédoncules et rachis de l'inflorescence très finement pubescents. Pédicelles très courts ou nuls. Fleurs d'un blanc-verdâtre, à parfum nauséeux. Calice à 5 sépales, imbriqués, suborbiculaires, courts, finement pubescents, ciliolés sur les bords, longs de 1 mm. 5. Corolle à 5 pétales valvaires-subimbriqués en préfloraison, ensuite étalés en étoile, lancéolés-linéaires, aigüs au sommet, 4 à 6 fois plus longs que les sépales (7 mm. de long, sur 1,5 à 2 mm. de large), finement pubescents en dessous. Etamines 10, à filets ayant respectivement 3 et 4 mm. de long, aplatis, dressés, soudés par leur base, les parties libres alternativement courtes et longues de sorte que les anthères s'étagent à deux niveaux. Le connectif des étamines courtes se prolonge au dessus de l'anthère en pointe filiforme, celui des étamines longues dépasse très légèrement le sommet de l'anthère et à son extrémité arrondie. Anthères de 1,5 à 2 mm., jaunâtres. Ovaire de 1 mm. de diamètre, glabre, ovoïde, subarrondi au sommet avec 5 petites crêtes terminales venant s'appuyer à la base du style et formant un disque adné, glanduleux. Cavité divisée en 5 loges uniovulées ; une seule fertile. Style verdâtre, filiforme, de 3 mm. de long. Stigmate cunéiforme.

Fruit ovoïde subglobuleux, indéhiscent, verdâtre à maturité, entouré à sa base du calice persistant et surmonté par la base du style autour de laquelle rayonnent les 5 crêtes persistantes du disque, ce fruit mesure de 2 cm. 5 de diamètre et de 2,5 à 2 cm. 8 de haut. Chambre du péricarpe de 3 à 4 mm. de diamètre. Au-dessous de l'exocarpe parenchymateux, on trouve un endocarpe ligneux contenant une dizaine de petites cavités arrondies permettant au fruit de flotter à la surface des eaux ce qui facilite son charriage par les rivières et en facilite la dissémination.

LÉGUMINEUSES.

(24 espèces).

Famille la plus richement représentée dans les pays tropicaux. Environ un cinquième des arbres ou arbustes de l'Afrique tropicale doivent lui être rapportés. Les bois présentent, suivant les genres et les espèces, des variations infinies. Il en est de blancs, de rouges, de bruns, d'entièrement noirs au cœur et rappelant l'ébène. Il en existe qui sont aussi légers et mous que le liège et d'autres qui méritent par leur dureté l'appellation de *bois de fer*. Les 30 espèces énumérées ci-après ne représentent qu'une très faible partie des Légumineuses existant à la Côte d'Ivoire.

Albizzia fastigiata E. Meyer.

Syn. — *Mimosa adianthifolia* Schum. et Thonn.

Noms vernac. — San (attié), Kuanguan (agni), Piampian (fanti).

Arbre de 20 à 25 mètres de haut, à tronc de 0 m. 30 à 0 m. 50 de diamètre et de 12 à 15 mètres sans branches.

Bois d'un blanc-jaunâtre, avec des bandes de parenchyme ligneux brun-rougâtre.

$$D. = 0,625$$

Ecorce grisâtre cendrée, finement rugueuse, laissant exsuder de la gomme.

Hab. — Zaranou (n° 16266, mars).

Albizzia ferruginea Benth.

Syn. — *Inga ferruginea* G. et P. ; *Albizzia malacophylla* Walp.

Arbre de 25 à 30 mètres de haut, à tronc de 0 m. 35 à 0 m. 40 de diamètre, et s'élevant à 15 mètres sans branches ; rameaux étalés en parasol.

Bois jaune-clair, finement strié, rappelant le bois d'acacia.

$$D. = 0,589$$

Ecorce grise rugueuse.

Hab. — Bingerville (n° 16218, février).

Description :

Jeunes pousses, pédoncules, feuilles et fruits couverts d'une fine pubescence roussâtre-ferrugineuse. Feuilles de 20 à 35 cm. de long, bipinnées. Pinnules 5 à 8-juguées, folioles 9-14-juguées. Pétiole de 4 à 7 cm. de long, subcylindrique ferrugineux avec une glande circulaire à la base du pétiole et en dessus. Rachis primaire analogue au pétiole mais plus grêle, long de 8 à 15 cm. présentant une petite glande sessile à hauteur de la dernière paire de rachis secondaires et parfois une seconde glande à hauteur de l'avant dernière paire, terminé au sommet par une très petite écaille lancéolée de 2 à 3 mm. de long (foliole avortée). Rachis secondaires pubescents, roussâtres, sans glandes ni stipules. Folioles sessiles, oblongue quadrangulaires à nervures médianes oblongues mucronulées au sommet, de 12 à 15 mm. de long sur 6 à 7 mm. de large, d'abord d'un vert-jaunâtre et finement pubescentes sur les deux faces, plus tard luisantes en dessus et presque glabres, plus pâles en dessous. Nervure médiane oblique, très saillante en dessous. Une seconde nervure naît au sommet du pétiole et remonte tout le long du bord droit de la foliole. Stipules ovales ou ovales-allongés de 6 à 7 mm. de long sur 3 à 4 mm. de large, obtuses ou aiguës au sommet, velues-ferrugineuses, caduques. Fleurs en capitules, insérés à l'aisselle des feuilles supérieures. Pédoncules grêles, de 15 à 20 cm. de long, ferrugineux ; bractées lancéolées de 3 mm. de long sur 1 mm. de large, ferrugineuses ; pédicelles nuls. Calice à lobes valvaires, pubescents ferrugineux. Corolle et étamines ?

Le fruit est une gousse déhiscente, très aplatie, longue de 10 à 14 cm., large de 18 à 20 mm., pubescente-ferrugineuse sur les deux faces même à maturité, très atténuée à la base, arrondie au sommet et terminée brusquement par un court apiculum, contenant 8 à 12 graines discoïdes, très aplaties, de 5 à 6 mm. de diamètre et 1 mm. d'épaisseur ; tégument brun présentant au milieu sur les deux faces un petit disque plus pâle.

Albizzia gigantea A. Chev.

Noms vernac. — Turu dogo, Bosolo (bondoukou).
Arbre de 35 à 40 mètres de haut, à tronc de 0 m. 80 à 1 m. de diamètre.

Bois blanchâtre dans l'aubier, cœur d'un brun foncé avec des petites raies plus foncées de parenchyme ligneux. Beau bois rappelant un peu le chêne.

$$D. = 0,598$$

Ecorce grisâtre-cendrée, profondément fendillée, s'en allant en plaquettes.

Hab. — Bouroukrou (n° 16151, janvier).

Description :

Jeunes rameaux verts, striés longitudinalement, couverts d'un pubérulum roussâtre. Feuilles alternes bipinnées, pétiolées, stipulées, à stipules très petites, linéaires, subulées, longues de 20 à 30 cm. Pétiole de 4 à 5 cm. 5 de long, pubescent, renflé à sa base et présentant à 1 cm. de celle-ci *une glande circulaire* insérée à la face supérieure. Rachis pubescent muni d'une glande près de son extrémité supérieure, portant 4 à 5 paires de rachis secondaires supposés donnant insertion à 5 à 8 paires de folioles ; les rachis secondaires portent un peu au dessus de leur base une paire de stipules linéaires caduques et à l'extrémité une petite glande saillante. Folioles ovales ou elliptiques, tronquées à la base, arrondies au sommet et brusquement aiguës, longues de 20 à 25 mm., larges de 10 à 14 mm., subsessiles, *pubescentes sur les deux faces,* nervure médiane et nervilles secondaires saillantes en dessous. Fleurs ? et fruits ?

Observation :

Bien que manquant de documents pour faire une description complète de cette espèce, nous avons cru qu'il était utile de la signaler en raison des caractères très spéciaux du bois et des feuilles.

Albizzia rhombifolia Benth.

Noms vernac. — Kũé (attié), Kuré (agni), Pranpran (fanti).
Arbre de 25 à 35 mètres de haut, à tronc de 0 m. 60 à 1 m. de diamètre, avec des accotements à la base jusqu'à 1 m. 50 du

sol, et s'élevant jusqu'à 20 mètres sans branches. Rameaux étalés en parasol.

Bois d'un jaune-rougeâtre, avec des bandes alternatives plus
claires, aubier d'un blanc-jaunâtre, épais.

$$\text{D. pour } 16113 = 0,713 \qquad \text{D. pour } 16175 = 0,589$$
$$\text{D. pour } 16277 = 0,787.$$

Ecorce grise, finement cailleuse, à peine fendillée, avec des
petites crêtes annulaires transversales.

Hab. — Bouroukrou (n° 16113, janvier), Voguié, dans l'Agniéby
(n° 16175, janvier), Zaranou (n° 16277, mars).

Afzelia microcarpa A. Chev.

Noms vernac. — Asémigniri (mbonoi).

Arbre de 35 mètres de haut, à tronc de 0 m. 60 à 0 m. 80 de
diamètre.

Bois rouge-brun, avec des veines plus foncées.

$$\text{D.} = 0,672$$

Ecorce grise-roussâtre, avec taches blanches, un peu rugueuse.

Hab. — Dabou (n° 16207, février).

Remarque. — Espèce nouvelle, non décrite.

Aphanocalyx ? sp.

Noms vernac. — Ta ceribé (mbonoi), Arabmétu (adioukrou).
Bois rouge (colons).

Arbre de 35 à 40 mètres de haut, à tronc de 0 m. 60 à 1 m. de
diamètre. Rameaux très étalés perdant leurs feuilles après la
grande saison des pluies, et les reprenant en décembre-janvier.
Les jeunes feuilles sont rougeâtres et les arbres à distance paraissent d'un rouge sang.

Bois rouge-brun, excessivement dense et dur.

$$\text{D.} = 1,004$$

Aubier blanc-jaunâtre avec dessins.

Ecorce grise-cendrée, presque lisse, laissant exsuder de la gomme rouge.

Hab. — Accrédiou (n° 16193, février). Commun dans la région des Lagunes.

Baphia nitida Afzel.

Syn. — *Podalyria hæmatoxylon* Schum et Thon. ; *Carpolobia versicolor* G. Don.

Noms vernac. — Ekuro (fanti), Tré (attié), Camwood (anglais), Esémé (mbonoi), Essin (agni).

Arbre de 5 à 15 mètres de haut, à tronc de 0 m. 10 à 0 m. 25 de diamètre.

Bois blanc-jaunâtre, dur, rappelant le buis.

$$D. = 0,981$$

Ecorce d'un gris roussâtre, lisse et mince.

Us. — Peut être employé pour la fabrication des moyeux. Après un séjour prolongé dans l'eau ou dans la terre, le bois prend une couleur rouge-brun. Sous cet aspect, il a été longtemps exporté comme bois de campêche.

Hab. — Makouié (n° 16160, janvier). Très commun dans toute la forêt.

Berlinia acuminata Soland.

Noms vernac. — Béguan (attié), Gûégûiro Wa baka ? (agni).

Arbre de 20 à 30 mètres de haut, à tronc de 0 m. 40 à 0 m.80 de diamètre.

Bois rouge-brun, avec des lignes alternatives plus foncées.

$$D. = 0,670$$

Ecorce grisâtre s'enlevant par plaquettes très minces et fibrilleuses.

Hab. — Aboisso (n° 16300, avril). Commun dans toute la forêt.

Description :

Extrémités des rameaux épaisses, tomenteuses ou rousses-pubérulentes. Feuilles composées paripennées (exceptionnellement certaines feuilles ont une folioles terminale) ayant 3 à 6 paires de folioles, le plus souvent 4 paires. Pétiole cylindrique long de 2 à 3 cm., rachis de 6 à 15 cm., roux ferrugineux ainsi que le pétiole. Folioles très coriaces, lancéolées-oblongues ou ovales, rarement obovales elliptiques, insensiblement et brièvement acuminées obtuses au sommet, cunéiformes ou arrondies à la base, longues de 10 à 18 cm., larges de 4 à 6 cm., glabres, 12 à 15 paires de nervures secondaires ascendantes. Pétiolule de 4 à 6 mm. de long. Stipules caduques. Inflorescences en grappes simples, longues de 20 à 25 cm. Fleurs blanches très odorantes. Bractées ovales, concaves, caduques, longues de 12 à 17 mm., larges de 10 à 12 mm., finement tomenteuses en dedans. Pédicelles de 2 à 4 cm. de long, un peu comprimés-ailés, finement tomenteux. Bractéoles involucrales 2, membraneuses un peu coriaces, obovales ou oblongues, de 4 à 5 cm. de long, d'un vert pâle au dehors, blanchâtres en dedans, finement pubérulentes des deux côtés. Calice légèrement pubérulent ou presque glabre; tube de 6 à 12 mm. de long; lobes 5, lancéolés-linéaires, ou oblongs-allongés, arrondis ou aigus au sommet, de 20 à 35 mm. de long. Pétale postérieur blanc pur, long de 6 à 9 cm. finement pubérulent en dessous sur l'onglet qui est d'un vert très pâle : lame atteignant jusqu'à 7 cm. de large pliée en gouttière au milieu, elliptique, profondément émarginée à l'extrémité, nerviée en éventail, plissée sur les bords, brusquement rétrécie en onglet cunéiforme, un peu auriculé à la base ; les quatre autres pétales sont de même forme que le pétale postérieur, mais plus petits (6 cm. de long), (lame de 4 cm. 5 de long). Étamines 10, toutes fertiles, *à filets hérissés-pubescents à la base*, longues de 7 à 8 cm. Ovaire oblong aplati, presque sessile, mais à gynophore soudé à la paroi postérieure du tube du calice, entièrement pubescent dans toute sa longueur, très allongé (5 à 6 cm.) dans les fleurs de la base qui avortent, court et épais dans les fleurs du sommet de la grappe, les seules qui donnent des fruits. Style un peu plus long que les étamines, pubescent hérissé à sa base.

Fruit aplati, très long, roussâtre pubérulent.

Berlinia sp.

Arbre de 20 à 25 mètres de hauteur, à tronc de 0 m. 40 à 0 m. 40 de diamètre.

Bois rouge sang, avec des lignes longitudinales brunes, fibres entremêlées.

$$D. = 0,707.$$

Ecorce grise-roussâtre, formant des dessins circulaires, un peu rugeuse, et très mince.

Us. — Pourrait être utilisé en ébénisterie, ressemble à l'acajou, appelé par certains marchands de bois, « acajou du Tosan ».

Hab. — Alépé (n° 16245, mars).

Cynometra Vogelli Hook. f.

Nom vernac. — Tiupé (attié).

Arbre de 30 mètres de haut, à tronc de 0 m. 40 à 0 m. 60 de diamètre.

Bois rouge-brun, très dense et très dur.

$$D. = 0,997$$

Ecorce grise, lisse.

Hab. — Bettié (n° 16259, mars). Commun le long des cours d'eau.

Description :

Jeunes branches cendrées, avec nombreux lenticelles blanchâtres saillants ; jeunes pousses glabres. Feuilles composées à 1 ou deux paires de folioles (ordinairement les feuilles de l'extrémité des rameaux sont conjuguées et celles de la base bijuguées). Folioles oblongues ou lancéolées, très obliques, sessiles ou à pétiolule de 0 mm. 5 à peine de long, très coriaces, brièvement acuminées, obtuses, à acumen émarginé, un peu atténuées à la base, longues de 5 à 7 cm., sur 2 à 2 cm. 5 de large, glabres, luisantes en dessus, à nervilles formant un fin réticulum en dessous. Pétiole de 5 mm. de long, épais, paraissant formé de petits disques superposés, pubescent dans le jeune âge. Rachis (lorsqu'il y a 2 paires de folioles), long de 1,5 à 2 cm., grêle, pubescent.

Fleurs...

Fruits isolés à l'aisselle des feuilles, portés sur des pédoncules épais, ligneux, articulés un peu au dessous du fruit, longs de 2 à 2 cm. 5, dressés ; fruit ovoïde épais, subtriquètre, long et large de 2 cm. 5, épais de 2 cm. indéhiscent, fortement rugueux, à surface toute mamelonnée, d'un gris cendré. Une seule graine avec la forme d'une grosse fève, longue de 2 cm.5, large de 2 cm., épaisse de 8 à 18 mm., à hile situé dans l'axe, à la pointe de la loge du fruit. Pas d'albumen, mais deux gros cotylédons épais, charnus.

Cynometra ? an Cryptosepalum ?

Noms vernao. — Patapara (agni), Kiukuésin (attié).

Arbre de 15 à 20 mètres de haut, à tronc de 0 m. 30 à 0 m. 40 de diamètre.

Bois de cœur d'un rouge-brun, avec reflets, très dur.

$$D. = 0,947$$

Aubier large, d'un blanc-roussâtre à grain fin.

Ecorce d'un gris-roussâtre, finement rugueux, non fendillé.

Hab. — Zaranou (n° 16283, mars).

Daniella oblong Oliv.

Noms vernac. — Frakuan (attié), Kuangua (agni), Bugûink kabo (diola de Casamance).

Arbre gigantesque, l'un des plus grands de l'Afrique occidentale, celui que nous avons abattu avait un tronc cylindrique de 1 m. 55 de diamètre à 1 mètre au-dessus du sol, parfaitement sain, même au cœur.

Tronc cylindrique, sans accotements ailés à la base.

Hauteur de 40 à 45 mètres, tronc de 1 m. 50 à 1 m. 60 de diamètre, s'élevant jusqu'à 30 mètres sans branches.

Bois blanc-jaunâtre, se travaillant bien.

$$D. = 0,521$$

Ecorce gris-rougeâtre, épaisse, répandant une odeur d'encens.

Us. — Pourrait être employé en menuiserie.

Hab. — Alépé (n° 16240, mars) et dans le Sanwi.

Description :

Jeunes pousses glabres, à écorce brune, terminées par de longs bourgeons pointus d'un brun bleuâtre avec une mince pruine cireuse, mar-

quées par des cicatrices annulaires. Feuilles composées, paripennées,
glabres, longues de 20 à 25 cm., caduques tombant à la fin de l'hivernage
et se renouvelant au moment de la floraison, composées de 7-10 paires de
folioles, le rachis se terminant par un très fin acicule de 2 à 3 mm. de
long. Pétiole court, de 1 à 1 cm. 5 avant la première paire de folioles, très
renflé à la base. Rachis de 10 à 22 cm., grèle, brun, lignifié comme le pétiole. Folioles portées sur des pétiolules de 3 à 5 mm. de long, oblongues,
arrondies à la base, *insensiblement et assez longuement acuminées aiguës*,
très coriaces, luisantes en dessus, réticulées en dessous, avec de nombreuses glandes, formant des points translucides visibles en dessous et
par transparence, teintées de rouge vineux dans leur jeunesse et ondulées,
devenant ensuite d'un beau vert brillant, longues de 5 à 6 cm., sur 2,5 à
2 cm. 7 de large. Folioles et rachis des feuilles *entièrement glabres* même
dans l'extrême jeunesse.

Inflorescences à pédicelles un peu rougeâtres et très tomenteux. Fleurs
inodores, avec un réceptacle blanc-verdâtre, parfois rougeâtre ; les 4 sépales sont d'un blanc-rosé.

Dialium Dinklagei Harms.

Arbre de 25 à 30 mètres de haut, à tronc de 0 m. 35 à 0 m. 40
de diamètre, s'élevant jusqu'à 15 mètres sans rameaux.

Cœur rouge-brun ou noirâtre, dur, à aubier blanc-jaunâtre,
très épais.

$$D. = 0,807$$

Ecorce grisâtre, lisse, mince, laissant exsuder une résine
rouge.

Us. — Le cœur n'est pas assez foncé pour remplacer l'ébène.

Hab. — Dabou (n° 16206, février). Assez fréquent dans les
régions côtières.

Dialium guineense Willd.

Noms vernac. — Warié (agni), Fé (attié).

Arbre de 30 à 35 mètres de haut, à tronc de 0 m. 60 à 0 m. 80
de diamètre.

Bois rouge-brun, très dense et dur.

$$D. = 1,015$$

Ecorce d'un gris-blanchâtre, s'enlevant par petites plaquettes, et très mince.

Hab. — Bettié (n° 16256, mars). Çà et là dans la forêt.

Erythrophlæum ivorense A. Chev.

Noms vernac. — Améréré (agni).

Arbre de 30 à 35 mètres de haut, à tronc de 0 m. 60 à 0 m. 80 de diamètre.

Bois rouge-brun à jolis reflets, fibres tourmentées.

$$D. = 0,901$$

Ecorce d'un gris-cendré, presque lisse, aubier épais, d'un blanc-rougeâtre.

Us. — Ressemble au « bois du Lim » de l'Annam. Beaucoup trop dur pour être travaillé, fibres très tourmentés. Bois genre Fougère. Peut être employé pour la fabrication des moyeux.

Hab. — Bingenille (n° 16220, février).

Description :

Feuilles bipennées. Pétiole de 6 à 10 cm., lignifié ; rachis de 12 à 14 cm. de long, portant 2 à 3 paires de rachis secondaires opposés, ceux-ci étalés à angle droit, longs de 14 à 25 cm., portant 4 à 6 paires de folioles luisantes en dessous, ovales ou lancéolées, longuement acuminées, très glabres, alternes le long du rachis. Pétiolule de 4 à 5 mm.

Gousse de 8 à 9 cm. de long sur 3 à 3 cm. 5 de large, renfermant de 3 à 5 graines brunes, longues de 12 à 14 mm., épaisses de 3 à 4 mm. sous un enduit. Valves membraneuses, très minces, fermées ou à peine entrouvertes lorsque le fruit parvient à maturité.

Observation :

Au dire des indigènes, l'écorce de cet arbre n'est pas toxique. Les Agnis nomment l'arbre *Améréré*, alors que l'*Erythrophlæum guineense* Don est l'*Erúi*.

On sait que ce dernier est le bois rouge employé comme poison d'épreuve par quantités de peuplades.

Erythrophlæum guineense G. Don.

Syn. — *Fillæa suaveolens* G. et P.

Noms vernac. — Aronhé (mbonoi), Téli (bambara), Erûi (agni).

Arbre de 35 mètres de haut, à tronc de 1 mètre de diamètre et s'élevant jusqu'à 20 mètres sans branches, à rameaux très étalés, presque sans feuilles.

Bois d'un brun-rougeâtre, à fibres très tourmentés, très lourd et difficile à travailler.

$$D. = 0,821$$

Ecorce grise, s'enlevant par petites plaquettes, rugueuse. Ecorce interne rouge, aubier blanc-rougeâtre.

Us. — Peut être employé pour la fabrication des moyeux, à cause de ses fibres très tourmentés. On utilise ce bois à Conakry pour faire des meubles de fantaisie.

Hab. — Makouié (n° 16173, janvier, en fruits). Commun dans la forêt.

Observation :

A cette espèce, il faut joindre la suivante rencontrée par nous dans le Sassandra.

Erythrophlæum purpurascens A. Chev. — Rameaux à écorce roussâtre ; jeunes pousses présentant une courte pubescence rousse promptement caduque. Feuilles bipinnées, complètement glabres, longues de 20 à 30 centimètres. Pétiole grêle, renflé à la base, canaliculé en dessus vers le haut, long de 5 à 6 centimètres ; rachis de 5 à 6 centimètres portant deux paires de rachis secondaires subopposés, longs de 5 à 6 centimètres. Folioles de 5 à 6 par rachis secondaire, dont une terminale, ovales, atténuées et obtuses à l'extrémité, ordinairement un peu émarginées, arrondies à la base, longues de 4 à 6 centimètres, larges de 2 cm. 5 à 3 centimètres, entièrement glabres (sauf à la base de la nervure médiane en-dessous), d'un vert sombre et luisantes en-dessus, glaucescentes en-dessous. Nervure médiane très déprimée en-dessus, très saillante en-dessous. Pétiolule de 2 à 3 millimètres, un peu décurrent, hérissé de poils roussâtres. Nervures secondaires très fines, saillantes des deux côtés, au nombre de 7 à 9 paires.

Inflorescence grande, de 15 à 25 centimètres de long, en panicule termi
nale à rachis secondaires spiciformes, grêles, légèrement pubescents
longs da 5 à 8 centimètres, ascendents, portant des fleurs un peu odorantes. Bractées très petites, longues de 1 millimètre, ovales ou lancéolées,
velues. Pédicelle très grêle, rougeâtre, glabre ou avec quelques poils, de
1 mm. 5 à 2 millimètres de long. Calice de 1 millimètre de long à 5 lobes
ovales arrondis, glabres ou légèrement velus. Pétales 5, oblongs-aigus,
longs de 2 mm. 5 *entièrement glabres*, verdâtres extérieurement, *d'un
pourpre noirâtre à l'intérieur*. Etamines 10, rougeâtres, à filets un peu
plus courts que le style. Ovaire oblong, verdâtre, *complètement glabre*,
long de 1 mm. 5 à 2 millimètres, contenant 5 à 8 ovules. Style rougeâtre,
glabre, très grêle, long de 3 millimètres.

Cette espèce est très distincte de *E. guineensis* Don. par la forme des
folioles non acuminées, la couleur des fleurs, la glabrescence de la corolle
et de l'ovaire, la forme du style.

Lonchocarpus sericeus H. B. K.

Syn. — *Robinia sericea* Poir. ; *R. violacea* Beauv. ; *R.
argentiflora* Schum. et Thonn.

Noms vernac. — Ekopa (agni), Akuosi Amba (fanti), Acacia
du Gabon (colons).

Arbre de 20 à 30 mètres de haut, tronc de 0 m. 40 à 0 m. 60
de diamètre et de 8 à 15 mètres de long.

Bois jaune, comme marbré, légèrement chagriné.

$$D. = 0,973.$$

Ecorce grisâtre, fendillée.

Us. — Très joli bois, rappelant le Gaïac, pourrait s'employer
pour faire les coussins des voitures automobiles et des chemins
de fer. Très intéressant parce que les dessins sont très tourmentés. Pris d'une certaine façon, on pourrait l'essayer pour
faire le dessin en fougère.

Hab. — Assinie (n° 16322, avril), Lagune de Bingerville,
Sassandra et Cavally.

Macrolobium Palisoti Benth.

Nom vernac. — Palissandre d'Afrique.

Arbre de 25 à 30 mètres de haut, à tronc de 0 m. 60 à 0 m. 80
de diamètre.

Bois brun avec tàches pàles entremêlées, se travaillant bien, ferme et demi-dur.

$$D. = 0,781.$$

Ecorce d'un gris-roussâtre, mince, s'enlevant par petites plaquettes.

Us. — Ce bois peut fort bien passer pour du Palissandre de Madagascar ; il ressemble aussi beaucoup au chêne tigré de la Nouvelle-Calédonie. Peut être utilisé en ébénisterie.

Hab. — Alépé (n° 16244, mars), on le trouve çà et là dans l'Attié, l'Indénié et le Sanwi.

Milletia sp.

Noms vernac.— Ekimi (mbonoi), Bakahéhessi (agni), Vandakůé (attié).

Arbre de 30 à 40 mètres de haut, à tronc de 0 m. 60 à 1 mètre de diamètre.

Bois blanc-jaunâtre, avec de jolies zébrures profondes, formant des lignes longitudinales d'un jaune-rougeâtre, demi-dur.

$$D. \text{ pour } 16169 = 0,781. \qquad D. \text{ pour } 16230 = 0,792$$
$$D. \text{ pour } 16292 = 0,816.$$

Ecorce d'un gris-rougeâtre, très rugueuse, s'enlevant par plaquettes, laissant exsuder une gomme rouge.

Hab. — Makouié (n° 16169, janvier), Alépé (n° 16230, mars), Aboisso (n° 16292, avril), assez commun dans la forêt.

Parkia agboensis A. Chev.

Noms vernac. — Asama (mbonoi), Lo (abé), Dogo (bondoukou).

Arbre de 35 à 40 mètres de haut, à tronc de 0 m. 75 à 1 mètre de diamètre, et s'élevant jusqu'à 20 mètres sans branches. Rameaux étalés.

Bois blanc, bien veiné, demi-léger, cœur et aubier non différenciés.

$$D. = 0,466.$$

Ecorce grise, s'enlevant par plaquettes irrégulières.

Hab. — Makouié (n° 16154, janvier), commun le long des rivières et au bord des lagunes.

Pentaclethra macrophylla Benth.

Noms vernac. — Owala (gabonais).

Arbre de 25 à 30 mètres de haut, à tronc de 0 m. 60 de diamètre.

Bois jaune à reflets rougeâtres, se travaillant très bien.

$$D. = 0,528.$$

Ecorce grise, irrégulièrement fendillée.

Us. — Peut être utilisé en ébénisterie comme bois de fantaisie, est déjà exporté du Congo, sous le nom de Bois jaune du Gabon, acacia du Congo. Pourrait être employé dans la construction des voitures de chemin de fer.

Hab. — Bouroukrou (n° 16116, janvier), commun le long du chemin de fer et çà et là dans la forêt.

Piptadenia africana Hook. f.

Noms vernac. — Nainvi (bondoukou), Kuangua iniama (agni), G, Bon (attié).

Arbre de 25 à 30 mètres de haut, à tronc de 0 m. 30 à 0 m,60 de diamètre.

Bois blanc-rosé, avec plages d'un jaune très clair, cœur un peu bruni.

D. pour 16117 = 0,736.　　　　D. pour 16304 = 0,529.

Ecorce d'un roux-cendré, finement fendillée.

Hab. — Bouroukrou (n° 16117, janvier), Aboisso (n° 16304, avril), très commun le long du chemin de fer et dans le Sanwi.

Piptadenia Chevalieri Harms.

Nom vernac. — Lô (attié).

Arbre de 20 mètres de haut, à tronc de 0 m. 30 à 0 m. 40 de diamètre.

Bois d'un jaune-rosé, avec plages alternantes, cœur plus foncé d'un rouge clair rappelant le *Khaya*.

D. = 0,522.

Ecorce d'un gris-rougeàtre, fortement fendillée.

Hab. — Aboisso (n° 16303, avril), çà et là dans la forêt ; observé aussi dans le Sassandra ; fleurs en juin.

Description :

Jeunes rameaux, rachis florifères et rachis foliaires entièrement couverts *d'une pubescence veloutée d'un brun ferrugineux*, luisante. Feuilles de 25 à 30 centimètres de long, à stipules caduques, bipinnés, n'ayan toujours qu'*une seule paire de rachis secondaires*. Petiole épais, long de 10 à 15 millimètres donnant à son sommet insertion à une seule paire de rachis secondaires, longs de 12 à 18 centimètres, renflés à la base, cylindriques, grêles, portant à leur face supérieure 2 ou 3 petites glandes sessiles, arrondies, situées à hauteur de l'insertion des 2 ou 3 dernières paires de folioles. Folioles 8 à 10, *opposées deux à deux*, très coriaces, oblongues-lancéolées, longuement et étroitement acuminées-subulées (acumen de 20 à 25 millimètres de long), arrondies à la base, rarement un peu cunéiformes, longues de 8 à 16 centimètres sur 3 à 5 centimètres de large, entièrement glabres sur les 2 faces, luisantes en-dessus, d'un vert plus pâle en-dessous ; nervure médiane très déprimée en-dessus, très saillante en-dessous. Pétiolule de 3 à 5 millimètres de long, finement pubérulent, nervures secondaires 5 à 7 paires, nervilles formant des réticules très fins, bien visibles en-dessous. Inflorescences en longs épis simples, isolés ou rarement groupés par deux au sommet des rameaux, à à l'aisselle des dernières feuilles. Epis cylindriques, longs de 12 à 15 centimètres, portés sur des pédoncules aplatis de 15 à 20 millimètres de long, rachis roussâtre, finement hérissé donnant insertion à un grand nombre de *fleurs sessiles*, sans bractées. Calice campanulé roussâtre ferrugineux, long de 2 mm. 5, à 5 petites dents aiguës. Pétales lancéolés-aigus, *coalescents dans la moitié inférieure*, couverts de poils roussâtres à l'extérieur, longs de 3 mm. 5, dépassant longuement le calice. Etamines 10, ordinairement incluses, à filets longs, grêles, glabres tortillés à l'intérieur de la corolle. Anthères petites dorsifixes, ordinairement surmontées après leur déhiscence par une polinie arrondie stipitée. Ovaire hérissé de longs poils blancs ; ovules 8 à 10 (!), à stigmate tantôt sessile, tantôt porté sur un long style glabre, grêle. Le fruit est une longue gousse à valves épaisses très ligneuses, d'un noir velouté à l'extérieur à base stipitée.

Observation :

Cette plante constitue vraisemblablement un genre distinct par ses feuilles à une seule paire de rachis, ses fleurs sessiles en longs épis sessiles enfin par sa corolle gamopétale.

Pterocarpus esculentus Schum. et Thonn.

Noms vernac.— Assihaoto (agni), Totohoté (attié).
Arbre de 30 à 35 mètres de haut, à tronc de 0 m. 50 à 0 m. 70 de diamètre.
Bois blanc-jaunâtre, tendre, aubier et cœur non différenciés.

$$D. = 0,509.$$

Ecorce cendrée-blanchâtre.

Hab.— Béttié (n° 16257, mars), commun dans toute la forêt.

Tetrapleura Thonningii Benth.

Syn. — *Adenanthera tetraptera* Schum. et Thonn.
Arbre de 25 mètres de haut, à tronc de 0 m. 50 à 0 m. 70 de diamètre.
Bois d'un jaune-rouge foncé, bien marbré, demi-tendre.

$$D. = 0,536.$$

Ecorce grise presque lisse, découpée en petites plaquettes régulières.

Us.— Pourrait probablement être utilisé comme imitation de placage de chêne, pour l'intérieur des meubles. Il faudrait alors qu'il ait au moins 0 m. 50 d'équarrissage et que le prix ne soit pas trop élevé.

Hab.— Bouroukrou (n° 16122, janvier), commun à travers la forêt.

LILIACÉES.

Famille très largement représentée en Afrique tropicale, mais n'ayant comme représentants arbustes que quelques *Dracæna* et les Bambous d'Abyssinie.

Dracæna Perrottetii Baker.

Noms vernac. — Nkiébé (mbonoi), Adjondé (ébrié), Main (adioukrou).

Arbre de 20 à 25 mètres de haut, à tronc de 0 m. 40 à 0 m.50 de diamètre.

Bois blanc-jaunâtre, fibreux et très léger, sans valeur.

$$D. = 0,243$$

Ecorce blanchâtre, s'enlevant en plaquettes un peu rugueuse.

Hab. — Mbago (agniély, n° 16188, février) et Bouroukrou, sur le chemin de fer. Commun dans la forêt.

LINÉES.

Petite famille sans intérêt au point de vue forestier.

Phyllocosmus africanus Klotsch.

Arbre de 20 à 25 mètrès de haut, à tronc de 0 m. 50 à 0 m.60 de diamètre.

Bois rouge-foncé, dur et dense.

$$D. = 1,038$$

Ecorce grisâtre, finement rugueuse, mince, se détachant facilement.

Hab. — Entre Montézo et Alépé (n° 16243, février, Sassandra. Peu commun dans la forêt.

Description :

Jeunes rameaux glabres. Feuilles fermes, elliptiques-oblongues, stipulées, cunéiformes à la base, acuminées, à acumen obtus ou subaigu, présentant 5 à 8 paires de petites dents glanduleuses d'un vert sombre et
luisantes en dessus, pâles en dessous, longues de 8 à 13 cm., sur 3 à 5 cm.5
de large. Pétiole de 5 à 8 mm. Stipules ovales, glabres, denticulées, de
2 mm. de long.

Fleurs odorantes, blanches, en grappes grêles, fasciculées à l'aisselle
des feuilles, plus courtes que celles-ci ou les égalant, rarement isolées;
rachis finement pubescents, longs de 4 à 8 cm.; pédicelles grêles, blancs,
pubérulents, longs de 2 à 3 mm., sépales 5, blancs, ovales un peu inégaux,
glabres, soudés à la base, longs de 1 mm. 5. Pétales 5, arrondis, deux ou
trois fois plus longs que les sépales. Etamines 5, dépassant longuement
la corolle. Ovaire à 3-5 loges. Capsule à 1 ou 2 graines.

LOGANIACÉES.

(1 espèce).

Famille assez largement représentée en Afrique tropicale,
mais elle est sans intérêt au point de vue forestier. La plupart
des espèces sont des arbustes, des lianes et seulement quelques arbres.

Anthocleista nobilis G. Don.

Noms vernac. — Buro-buro (mbonoi).

Arbre de 30 à 35 mètres de haut, à tronc de 0 m. 40 à 0 m. 45
de diamètre, épineux sur les branches.

Bois blanc légèrement jaunâtre, très léger.

D. pour 16156 = 0,365   D. pour 16196 = 0,418

Ecorce grisâtre, creusée de petits sillons, non fendillée.

Us. — Peut être employé pour la fabrication de la pâte à
papier.

Hab. — Makouié (n° 16156, janvier), Dabou (n° 16196, février) et dans le Sanwi.

MALVACÉES.

(2 espèces).

Ne renferme que quelques représentants arborescents, fromagers, baobabs, etc. Leur bois est en général mou et sans valeur.

Bombax buonopozense Pal. Beauv.

Arbre de 25 à 30 mètres de haut, à tronc de 0 m. 50 à 0 m. 60 de diamètre.

Bois à aubier blanc, épais ; cœur d'un rouge pâle, demi-tendre.

$$D. = 0,483$$

Ecorce grise, parsemée de grosses épines espacées.

Hab. — Bouroukrou (n° 16124, janvier).

Bombax buonopozense Pal. Beauv.
var. cristata A. Chev.

Arbre de 15 mètres de haut, à tronc de 0 m. 20 à 0 m. 30 de diamètre.

Bois blanc-jaunâtre, à aubier et cœur non différenciés, très tendre.

Ecorce fibreuse, d'un gris-roussâtre, présentant de longues crêtes épaisses, au lieu d'épines comme dans les autres Bombax.

Hab. — Bouroukrou (n° 16124 bis, janvier).

Eriodendron guineense Schum. et Thonn.

Noms vernac. — Tonko (bondoukou), Nguéhié (attié), Egna (agni), Cotton-brée (anglais), Fromager (colons).

Arbre de 40 à 50 mètres de haut, à tronc de 2 à 2 m. 50 de diamètre, avec des épaississements ailés à la base allant jusqu'à 3 ou 4 mètres sur le tronc à partir du sol, à très grandes racines rampant à la surface du sol et s'étendant parfois sur plus de 40 mètres de longueur.

Bois mou, blanc-jaunâtre, très léger.

$$D. = 0,281$$

Ecorce rugueuse, s'enlevant par plaquettes, avec des grosses épines.

Us. — Ne peut être employé pour la fabrication de la pâte à papier à cause de sa teinte grise. N'a pas de valeur.

Hab. — Bouroukrou (n° 16109). Commun dans toute la forêt.

Description :

Feuilles pétiolées, digitées, glabres, alternes. Pétiole de 6 à 18 cm. de long, grêle un peu élargi à la base, terminé au sommet par un petit disque demi-orbiculaire, sur lequel s'insèrent de 5 à 7 folioles digitées, portées par un pétiolule canaliculé en dessus, long de 4 à 6 mm. Folioles longuement lancéolées, acuminées, cunéiformes à la base, non ondulées, lisses des deux côtés, d'un vert glauque en dessous, de 10 à 18 cm. de long, sur 2,5 à 4 cm. de large.

Inflorescences en ombelles au sommet des rameaux, à pédicelles longs de 2,5 à 3 cm. Calice en forme de coupe ou urcéolé, long de 10 à 12 mm., glabre à l'extérieur, villeux et brillant à l'intérieur, terminé au sommet par 5 lobes très courts arrondis. Corolle longue de 3 à 3 cm. 5, à pétales dressés, soudés sur une longueur de 3 à 4 mm. à la base, oblongs-obtus, s'enroulant en dedans lorsque la fleur commence à se dessécher, d'un blanc-jaune crème, très villeux en dehors, glabres en dedans, sauf au sommet. Coupe staminale courte, émettant 5 filets staminaux dépassant un peu les pétales et terminés chacun par 3 anthères sinueuses. Ovaire subsphérique, glabre, adné à la base du tube calicinal, divisé en 5 loges contenant de nombreux ovules portés sur de courts funicules. Style grêle terminé par un stigmate capité.

Fruit de petite taille cylindrique, à extrémité aiguë.

Observation :

Cet arbre, l'un des géants du règne végétal en Afrique occidentale a été longtemps confondu avec l'*Eriodendron anfractuosum*, toute autre espèce de l'Inde et de l'Archipel malais, qui fournit la bourre connue sous le nom de *Kapok*.

MÉLASTOMACÉES.

(1 espèce).

Famille renfermant surtout des plantes herbacées avec des fleurs éclatantes. On ne connait en Afrique tropicale que quelques représentants arborescents de petite taille dont le bois est du reste sans valeur.

Memecylon polyanthemos Hook. f.

Noms vernac. — Taisin (attié), Tai (agni).
Arbre de 20 mètres de haut, à tronc de 0 m. 50 à 0 m. 60 de diamètre.
Bois jaune-brun, dur.

$$D. = 1,029$$

Ecorce gris-rougeâtre, finement fendillée.
Hab. — Aboisso (n° 16299, avril), dans l'Agniéby, entre le Sassandra et le Cavally.

MÉLIACÉES.

(10 espèces).

Les plus beaux acajous du globe sont produits par divers genres de cette famille qui, en Afrique tropicale, compte de nombreux représentants. Il en reste encore un assez grand nombre à examiner, mais les dix espèces que nous avons déjà étudiées sont presque toutes fort intéressantes par leur bois et méritent au plus haut point de fixer l'attention de l'ébénisterie.

Bingeria africana (Welw.) A. Chev.

Syn. — *Guarea africana* Welw.; C. DC.
Noms vernac. — Hagué (agni), Hakué (attié).

Arbre de 25 mètres de haut, à tronc de 0 m. 50 à 0 m. 75 de diamètre, haut de 15 mètres sans branches.

Bois blanc, avec des reflets moirés surtout quand il est frais.

$$D. = 0,588$$

Ecorce d'un gris cendré, finement fendillée, blanchâtre à l'intérieur, utilisée par les indigènes pour narcotiser le poisson.

Us. — Demandé pour la menuiserie.

Hab. — Paraît rare dans la forêt. Observé seulement à Aboisso sur la rivière Bia (n° 16298).

Description :

Jeunes pousses couvertes de fines écailles rousses ferrugineuses. Feuilles composées, espacées le long des rameaux, grandes, longues de 50 à 60 cm. Pétiole de 6 à 8 cm. de long, d'abord parsemé d'une pubescence ferrugineuse clairsemée, ensuite glabre, lignifié, très épaissi à la base. Rachis long de 20 à 35 cm., pubescent-ferrugineux à l'état jeune, ensuite glabre, canaliculé par la décurrence des pétiolules ; ceux-ci sont roussâtres-ferrugineux, glabres à l'état adulte, canaliculés en dessus, longs de 3 à 5 mm. Folioles coriaces, ordinairement 17 ou 19, lancéolées très allongées, arrondies à la base, insensiblement ou brusquement terminées au sommet par un petit acumen desséché dès le plus jeune âge (comme dans les *Entandrophragma*), longues de 15 à 18 cm., sur 4 à 4 cm. 5 de large, totalement glabres sauf quelques poils roussâtres caducs sur le quart inférieur de la nervure médiane en dessous du limbe.

Surface supérieure luisante, d'un vert sombre. Nervure médiane sans acarodomaties. Nervures secondaires 15 à 20 paires très fines et à peine apparentes, réunies par des arceaux rapprochés des bords.

Inflorescences en panicules dressées, plus ou moins pyramidales moyennement denses, longues de 10 à 20 cm. Pédoncule de 15 à 25 mm., finement écailleux, d'un roux-ferrugineux, ainsi que tous les axes inflorescents.

Fleurs groupées par petits racèmes de 5 à 10 fleurs, d'un jaune-crème, à parfum suave, portées sur des pédicelles de 3 à 6 mm. de long, articulés un peu au dessous du calice, finement pubérulents ferrugineux. Bractées lancéolées-linéaires, très aiguës, de 1,5 à 2 mm. de long, finement tomenteuses-ferrugineuses.

Calice cupuliforme, à bord entier ou possédant 5 dents très petites, haut de 2 mm., large de 4 mm., tomenteux-roussâtre au dehors, glabre en dedans. Corolle cylindrique, puis élargie au sommet, longue de 15 à 16 mm. y compris le tube de 10 mm., très pubescente au dehors. Lobes 5, oblongs-aigus, rapprochés et dressés, de manière à cacher le tube staminal, longs de 5 à 6 mm. Celui-ci est cylindrique, jaune-crème, entièrement adné au tube de la corolle et le dépasse de 4 mm.; il est pubescent en dedans dans sa moitié inférieure ; en haut, il est glabre et porte 10 anthères ovales, longues de 2 mm., complètement sessiles ; leur sommet affleure au bord supérieur du tube ; ce bord est un peu plissé, entier ou à peine crénelé. Ovaire conique, pubescent, se continuant insensiblement par un style épais, pubescent-blanchâtre, à poils apprimés, dépassant très légèrement le tube staminal et se terminant par un large stigmate discoïde.

Fruit inconnu.

Observation :

Nous avons formé de cette espèce un genre nouveau, dédié à l'explorateur de la boucle du Niger et de la forêt de la Côte d'Ivoire.

Le genre *Bingeria* est bien distinct du genre *Guarea* par son tube staminal soudé à la corolle gamopétale.

Carapa microcarpa A. Chev.

Noms vernac. — Kobi (bambara), Dona (abé), Kulipia (bondoukou).

Arbre de 20 à 25 mètres de haut, à tronc de 0 m. 30 à 0 m. 60 de diamètre, de 5 à 15 mètres sans rameaux.

Bois rouge-pâle, à cœur rouge-brun, assez dense et se travaillant bien.

$$D. = 0,843$$

Ecorce grise-roussâtre, lisse et mince.

Hab. — Bouroukrou (n° 16157, janvier). Assez commun le long du chemin de fer.

Description :

Jeunes rameaux épais de 12 à 15 mm., à écorce brune-ferrugineuse, a épiderme s'enlevant sous forme de petites lames pelliculaires sous lesquelles apparaissent les lenticelles ferrugineux, arrondis, très saillants et rapprochés les uns des autres. Feuilles alternes, très grandes, *parifoliées*. très étalées, réunies au sommet des rameaux, d'une longueur totale de 0,60 à 1 mètre. Pétiole de 5 à 10 cm. de long (jusqu'à la première paire de folioles), très renflé à la base, puis parfaitement cylindrique, lignifié de bonne heure, recouvert d'un revêtement subéreux d'un brun-roussâtre avec de nombreux lenticelles très fins. Rachis lignifié, cylindrique et recouvert d'une couche de tissu subéreux ferrugineux avec des lenticelles comme le pétiole, long de 40 à 60 cm. et donnant insertion à 7, 8 ou 9 paires de folioles subopposées ou alternes, mais assez rapprochés deux a deux. Pétiolules cylindriques, non renflés à la base, longs de 5 à 8 mm., de 3 mm. de diamètre, bruns, ferrugineux sans lenticelles. Folioles de la 4ᵉ paire à partir de la base oblongues-elliptiques, terminées par un court acumen obtus, arrondies à la base de 15 à 16 cm. de long, sur 7 à 7 cm.5 de large, à 6 ou 7 paires de nervures secondaires, les folioles de la première paire sont plus petites, obovales, un peu cunéiformes à la base, de 9 à 10 cm. de long sur 4 à 5 cm. de large avec 5 paires de nervures secondaires ; les folioles de la paire supérieure sont au contraire beaucoup plus grandes, lancéolées-oblongues, terminées par un acumen parfois aigu, et un peu cunéiformes à la base, longues de 18 à 32 cm. et larges de 5 à 10 cm. avec 8 à 10 paires de nervures secondaires. Toutes les folioles sont entières, à bords souvent un peu ondulés, coriaces parcheminées, entièrement glabres, d'un vert sombre en dessus, plus pâles en dessous. Nervure médiane glabre, ayant une crête aiguë en section, se subérisant et devenant brune de bonne heure. Nervures secondaires subopposées, parallèles, très ascendantes, toujours vertes et glabres. Nervilles formant un fin réticulum, visible seulement en dessous.

Fleurs... Ovaire toujours à 5 loges ; ovules 4-8 par loge à placentation axiale, insérés sur deux lignes du placenta. suspendues par un assez long funicule.

Fruit sphéro-ovoïde, à péricarpe ligneux, épais de 3 à 5 mm., largement tronqué au sommet, puis terminé par un mamelon obtus. de 5 à 6 mm. de long, muni de 5 sillons présentant latéralement 5 grosses crêtes rugueuses-obtuses, correspondant à la partie médiane de chaque valve, mesurant de 6 à 7 cm. de long, sur 5 à 5 cm. 5 de large, un peu tronqué a la base, présentant 5 gibbosités correspondant aux crêtes du milieu des valves. L'intérieur du fruit présente une colonne placentaire blanchâtre parenchymateuse molle de laquelle se détachent les 5 septa blancs très minces s'épaississant seulement près de leur raccordement avec la colonne centrale. Funicules blancs, très épaissis à la base. Valves du fruit larges de 3 à 3 cm. 5 au milieu, grisâtres, cordées, avec un fin pointillé brun sur la crête, d'un pourpre noirâtre sur les bords. Graines 2 à 4 par loge, polyédriques-arrondies, aplaties sur les deux faces placées en contact, à tégument ligneux, de couleur ferrugineuse et rugueux à sa surface, ayant comme plus grande dimension 2,5 à 3 cm. ; l'intérieur de la graine est formé d'un très gros albumen (?) amylacé et huileux, blanc, parenchymateux, recouvert d'une pellicule jaunâtre à sa surface. Embryon placé près du hile, massif non différencié en radicule et cotylédons se continuant insensiblement avec l'albumen (?).

Carapa velutina C. DC.

Noms vernac. — Sorowa (agni), Bibi abé (attié), Akumassé (fanti).

Arbre de 25 à 30 mètres de haut, à tronc de 0 m. 30 à 0 m. 60 de diamètre, régulier, cylindrique, s'élevant jusqu'à 15 mètres sans branches, non muni à la base d'épaississements ailés.

Bois rouge-pâle dans l'aubier, cœur rouge-brun, bien maillé, se travaillant très bien.

$$D. = 0,822$$

Ecorce grisâtre, mince, ferrugineuse.

Us. — Pourrait être utilisé comme acajou, quoique étant de petite dimension pour être exploité.

Hab. — Alépé (n° 16233, mars). Commun dans la belle forêt de l'Attié, principalement près de Petit-Alépé sur le bas Comoé.

Description :

Jeunes rameaux épais, gris-ferrugineux, glabres, couverts de très bonne heure de lenticelles. Feuilles glabres, très grandes, de 0,60 à 1 m. 20 cm., *paripennées*, à 9 ou 10 paires de folioles. la foliole terminale réduite à une petite écaille, caduque, longue de 3 à 10 mm. Pétiole cylindrique, de 15 à 20 cm. de long, très épais à la base, lignifié et couvert de lenticelles dès le jeune âge, se continuant insensiblement avec le rachis. Folioles opposées ou subopposées, les inférieures ovales-elliptiques de 8 à 12 cm. de long, sur 6 à 7 cm. de large, de plus en plus grandes et allongées jusqu'à la paire supérieure dont les folioles oblongues atteignent jusqu'à 35 cm. de long et 10 à 12 cm. de large ; toutes arrondies à la base ou faiblement atténuées, arrondies au sommet, puis brusquement terminées par un court acumen très aigu *desséché* (comme dans les *Entandrophragma*). Pétiolules épaissis, lignifiés, roussâtres, de 6 à 10 mm. de long.

Inflorescences en panicules très grandes, longues de 50 à 80 cm., insérées à l'aisselle des feuilles supérieures, rameaux latéraux légèrement ascendants, les inférieurs ayant jusqu'à 30 cm. de long, les supérieurs très courts, le rachis principal se terminant en très longue grappe sur laquelle s'insèrent directement les bouquets tertiaires ; rachis glabre, cylindrique, légèrement aplati, d'un brun-verdâtre, avec de nombreux lenticelles brun-ferrugineux. Fleurs par petits bouquets de 3 à 6 fleurs très odorantes à pédicelles glabres, longues de 1 à 3 mm. ; le bouton près de s'épanouir est arrondi, de 5 mm. de diamètre. Calice à 5 lobes d'un brun pourpré, arrondis, de 1 mm. de long, glabres légèrement scarieux sur les bords. Pétales 5 imbriqués dans le bouton, ovales ou subarrondis, très concaves, d'un blanc-verdâtre, amincis et scarieux sur les bords, longs de 5 mm., larges de 3 à 4 mm. Tube staminal urcéolé, de même longueur ou dépassant légèrement les pétales d'un blanc pur. à 10 dents très courtes de 1 mm. a peine, arrondies ou subséquadratées, non émarginées. Etamines 10, incluses, à anthères d'un blanc-jaunâtre, arrondies, portées sur un filet extrêmement court, inséré dans l'échancure comprise entre les dents du tube staminal. Ovaire à 5 loges, complètement enveloppé en dehors par un disque glanduleux, adné à l'ovaire, mais indépendant du tube staminal, d'un rouge brique creusé de petits cryptes sur les côtés, concave en dessus et présentant 10 petites crêtes formant autant de dissépiments allant du bord supérieur un peu lobé du disque au pied du style ; celui-ci long de 3 mm. présente deux parties, une base épaissie glanduleuse, creusée de 5 fossettes et une partie supérieure plus grêle portant un stigmate discoïde, large de 1 mm. 5.

Fruit inconnu.

Observation :

Cette plante a été rapportée par M. CASIMIR DE CANDOLLE à son *C. velutina*, bien que les inflorescences soient complètement glabres.

Nous l'avions nommée dans nos notes *C. gummifera* C. DC., les rameaux, même à l'état jeune laissant presque toujours exsuder une gomme blonde.

Charia indeniensis A. Chev.

Noms vernac. — Zacoba (agni, attié).

Arbre de 25 à 30 mètres de haut, à tronc droit de 15 à 20 mètres sans branches, muni d'épaississements aliformes à la base jusqu'à 1 m. 50 de hauteur, de 0 m. 50 à 0 m. 70 de diamètre au-dessus de ces épaississements.

Bois blanc-jaunâtre, veiné de rose.

$$D. = 0,750$$

Ecorce d'un gris-roussâtre. rugueuse, peu épaisse.

Hab. — Bettié (n° 16255, mars).

Description :

Jeunes pousses vertes, glabres. Feuilles imparipennées, grandes, longuement pétiolées, réunies en bouquets au sommet des rameaux, glabres. longues de 40 à 50 cm. Pétiole subcylindrique, presque plan-convexe en dessus, de 10 à 15 cm. de long ; rachis de 20 à 30 cm. Folioles : 5 paires, rarement 4 paires, opposées ou subopposées et une terminale : les inférieures ovales, les supérieures ovales-allongées ou lancéolées. acuminées. aigues au sommet (acumen de 5 mm. de long apiculé), largement arron-

dies, un peu asymétriques à la base, longues de 7 à 12 cm., larges de 3 à
5 cm. Nervure médiane très saillante en dessous, un peu carénée. Nervures secondaires pennées au nombre de 12 ou 13 paires. Pétiolules de
3 à 4 cm. de long, un peu décurrents sur le rachis ; pétiolule de la foliole
terminale de 2 à 3 cm. de long.

Fleurs en longues panicules grêles de 30 à 40 cm. de long (pédoncule
compris) isolées à l'aiselle des feuilles. Pédoncules et rachis glabres ou
un peu pubescents seulement à l'extrémité. Pédoncule de 5 à 8 cm. de
long. Les fleurs sont portées sur de petits racèmes à rameaux longs de
10 à 15 mm., pubescents. Pédicelles de 0 mm. 5 à 1 m. de long, pubescents.
Calice pubescent. cupuliforme, long de 1 mm., de 3 mm. de diamètre, à 5
dents arrondies obtuses à peine marquées. Corolle à 5 pétales, dressés
en tube, lancéolés-oblongs, obtus de 5 mm. de long, sur 1 mm. 5 de large. finement pubescents au dedans et au dehors. Tube staminal long de
4 mm., pubescent au dedans et au dehors sauf dans le quart inférieur,
blanchâtre, cylindrique sans dents terminales, 10 anthères sessiles, très
finement pubescentes, d'un brun-jaunâtre, lancéolées, longues de 1 mm. à
peine. Disque étroit, adné à la base de l'ovaire, indépendant du tube staminal. Ovaire conique se continuant insensiblement avec le style, les deux
atteignent seulement 4 mm. de longueur. Style terminé par un manchon
vert, court, glanduleux. surmonté aussitôt d'un stigmate irrégulièrement
5-lobé, chaque lobe souvent un peu échancré. Ovaire, 5 loges uniovulées.
Fruit inconnu.

Observation :

Cette plante a été examinée par M. Casimir de Candolle qui a reconnu
qu'elle constituait bien une nouvelle espèce de *Charia*.

Entandrophragma ferruginea A. Chev.

Noms Vernac. — Lokobo (attié). Ne pas confondre avec *Lokobua* qui est le nom du *Khaya*. — Tiama-tiama (agni), mais
ce nom s'applique à tous les *Entandrophragma*.

Arbre de 50 mètres de haut, avec un tronc de 35 mètres sans
branches, muni d'épaississements ailés à la base sur une hauteur de 3 à 4 mètres, mesurant 1 mètre de diamètre à 5 mètres
de hauteur et encore 75 cm. à 35 mètres de haut. Rameaux
étalés.

Bois roux-foncé, tout à fait analogue comme teinte à celui de
E. rufa A. Chev. Aubier clair.

D. = 0,547.

Ecorce gris-cendrée, rougeâtre sur la tranche.

Us. — Pourrait être employé en menuiserie, mais non en ébénisterie. Trop léger pour être substitué au Teck.

Hab. — Moyen Comoé, Mbassa (en fruits mûrs: avril, n° 16261).

Description :

Rameaux épais, cylindriques, couverts de larges cicatrices foliaires, portant des feuilles seulement à leur extrémité. Jeunes pousses pubescentes ferrugineuses.

Feuilles longues de 20 à 30 cm., à pétiole et rachis ligneux pubescents-ferrugineux, portant de 6 à 9 paires de folioles opposées, très coriaces. Pétiole de 8 à 12 cm. de long, aplati en dessus, très élargi à la base. Folioles glabres, de 5 à 10 cm. de long, sur 2,5 à 4 cm. de large, elliptiques ou lancéolées, arrondies ou cunéiformes à la base, arrondies au sommet et non acuminées ; lorsque l'acumen existe, il est large, très court et obtus. Surface supérieure luisante. Nervure médiane ligneuse, très saillante, pubescente-ferrugineuse sur ses flancs. Nervures secondaires très saillantes, parallèles, nombreuses (10 à 20 paires). Pétiolule de 2 à 4 mm.

Fleurs...

Fruits petits, portés sur des pédoncules de 5 à 20 cm. de long, par grappes de 1 à 3 fruits dressés. Ceux-ci sont cylindriques, atténués et arrondis aux deux extrémités, non apiculés au sommet, longs de 9 à 12 cm., sur 3 à 3 cm.5 de diamètre.

Columelle à 5 faces assez fortement concave, longue de 8,5 à 11 cm. 5, donnant insertion à 4 ou 5 graines par loge. Valves linéaires lancéolées, aiguës aux deux extrémités, ligneuses, peu épaisses, d'un brun-roussâtre en dehors, longues de 9 à 12 cm., larges seulement de 2 à 2 cm. 5 au milieu. Graines d'un roux clair, de 7 cm. de long, aile comprise. Celle-ci est large de 2 cm. dans toute sa longueur et a le sommet arrondi.

Entandrophragma macrophylla A. Chev.

Noms vernac. — Tiama-tiama (apollonien), Lokoba (attié), Baka-biringui (abé), mot à mot : le roi de la forêt.

Arbre de 30 à 40 mètres de haut, mais pouvant atteindre aussi 50 à 60 mètres, à tronc énorme muni d'épaississements ailés à la base s'élevant jusqu'à 2 et 3 mètres de hauteur, de 0,80 à 2 m. 50 de diamètre au-dessus des ailes.

Bois d'un rouge-clair, teinte rappelant l'acajou. Aubier mince, blanchâtre, légèrement rosé.

D. du bois pour 16146 = 0,509

D. pour 16181 (plus jeune) = 0,677

Ecorce grisâtre, rugueuse, avec des écailles plus claires, non fendillée, rouge à l'intérieur, sauf la partie en contact avec l'aubier qui est jaunâtre.

Us. — Le bois peut être vendu comme acajou; il est même parfois plus beau que le bois de *Khaya ivorensis*. On lui reproche seulement d'avoir une couleur éteinte. Certaines billes comme dans les *Khaya* sont *frisées* ou *figurées*.

Hab. — Çà et là à travers la forêt, est parfois plus répandu que *Khaya*; mais les exemplaires de grande taille sont rares et ceux qui sont jeunes (moins de 75 cm. de diam.) ont une teinte trop claire pour être abattus.

Description :

Jeunes rameaux épais de 20 à 30 mm. de diam. à écorce d'un gris-ferrugineux à l'extérieur, glabre avec des grandes cicatrices foliaires et de nombreux lenticelles roussâtres, arrondis, saillants. Ecorce d'un blanc-jaunâtre en section. moelle épaisse, blanchâtre. Le rameau se termine par un panache de grandes feuilles à l'aiselle desquelles s'insèrent les inflorescences. Au-dessus des panicules le rameau se continue, portant des feuilles plus jeunes.

Feuilles très grandes, de 70 cm. à 1 mètre au moment de la floraison, très étalées, non insérées en bouquet dense au sommet des rameaux, mais espacées sur une longueur de 40 à 60 cm. au moment de la floraison, alternes, pétiolées, à insertions un peu écartées les unes des autres.

Pétiole verdâtre, avec de nombreux lenticelles ferrugineux, renflé à la base et s'insérant par un écusson large de 12 à 15 mm., un peu moins haut mais finissant par s'allonger beaucoup par suite d'une croissance intercalaire intense, qui continue jusqu'à près la floraison.

Ce pétiole est long de 15 à 30 cm., il se prolonge par un long rachis qui comme lui se lignifie de bonne heure. Dans le jeune âge, il a comme le rachis sa surface couverte de très fines écailles roussâtres; ensuite il se lignifie et acquiert un revêtement subéreux grisâtre, avec des lenticelles Il est subcylindrique avec 2 lignes saillantes sur les côtés, surface supérieure plan-convexe.

Le rachis parifolié (ou exceptionnellement imparifolié par avortement) est cylindrique avec une petite ligne saillante sur le milieu de la surface supérieure et allant d'une extrémité à l'autre. Sa surface et glabre, d'un vert-glauque à l'état jeune, devenant ensuite grisâtre subéreux, avec des lenticelles.

Il donne insertion à 10 à 12 paires de folioles opposées ou subopposées régulièrement espacées, s'insérant assez près de la ligne supérieure du rachis.

Folioles coriaces, un peu ondulées sur les bords, molles à l'état jeune, pétiolulées, à pétiolule renflé, un peu canaliculé en dessus, long de 3 à 6 mm., verdâtre, ou blanchâtre par la présence de très fines écailles.

Limbe elliptique-allongé, parfois ovale pour les folioles de la base du rachis, long de 14 à 20 cm. sur 7 à 8 cm. de large ; exceptionnellement n'ayant que 10 à 12 cm. sur 4 à 5 cm. dans les folioles de la base, asymétrique par rapport à la nervure médiane, le côté situé vers la base du rachis, toujours plus étroit.

Il est arrondi au sommet puis brusquement terminé par un acumen à bords incurvés en dessus, long de 3 à 6 mm.

Base arrondie, puis légèrement décurrente sur le pétiolule.

Surface supérieure toujours glabre, d'un vert clair lorsque les feuilles sont jeunes, ensuite d'un vert sombre, luisante, la nervure médiane et les nervures latérales se détachent en vert blanchâtre.

Surface inférieure plus pâle, *d'abord entièrement glabre sauf sur la nervure médiane, ensuite produisant des poils fauves étalés, le long des nervures secondaires.*

Nervure médiane très saillante en dessous avec une crête médiane aiguë très pubescente ainsi que les 9 à 12 paires de nervures secondaires insérées en disposition pennée.

Pas de nervures tertiaires, mais un fin reticulum de nervilles non saillantes.

Inflorescences en grandes panicules très lâches, de 40 à 75 cm. de long (pédoncule compris) insérées à l'aisselle des feuilles supérieures.

Pédoncule de 12 à 15 cm. de long, un peu aplati, glabre, en partie lignifié dès l'époque de la floraison et couvert de petits lenticelles bruns.

Axes secondaires de l'inflorescence subopposés 2 à 2, très écartés et insérés sur le rachis médian presque à angle droit, ceux du milieu de la panicule longs de 15 cm. environ, grêles, un peu pubescents. Bractées ovales, aiguës, très petites, pubescentes. Axes tertiaires longs de 3 à 5 cm., pubescents.

Pédicelles pubescents, longs de 1 ou 2 mm. au plus, isolés ou groupés par 2 ou 3.

Fleurs petites, d'un vert-jaunâtre, à odeur nauséeuse très pénétrante rappelant celle de *Orchis conopea*. Pédicelles grêles, courts, pubescents, verdâtres. Calice verdâtre, pubescent, long de 1 à 1 mm. 5, fendu jusqu'au milieu de sa longueur en 5 lobes ovales, souvent tronqués au sommet, parfois aigus, légèrement ciliés. Corolle à 5 pétales jaune-verdâtres, imbriqués convolutés avant la floraison, très légèrement lavés de rouge sur les bords au dehors, oblongs, arrondis au sommet, longs de 5 mm., larges de 2 mm., glabres, pointillés de blanc au sommet, étalés en étoile au moment de l'anthèse.

Tube staminal jaune-verdâtre, urcéolé ou en forme de tronc de cône, tronqué au sommet, sans dents ou à 10 dents tronquées excessivement courtes, très légèrement échancrées au milieu. Ce tube est glabre ou très légèrement pubescent au sommet, long de 3 mm., large de 3 mm. à la base et de 2 mm. au sommet. Au sommet s'insèrent 10 étamines brunâtres à anthères longues de 1 mm. à peine portées sur des filets très courts, longs de 1/3 de mm. à peine et insérés au milieu de l'échancrure de chaque dent ; connectif disciforme brun. A sa base, le tube staminal est soudé à l'ovaire sur 1 mm. de hauteur, par 10 septa correspondant aux 10 étamines et constituant un disque.

Ovaire ovoïde allongé, insensiblement atténué en style, long de 5 mm. (style et stigmate compris), divisé vers le milieu de sa hauteur en 5 petites loges, jaune-verdâtre, sauf la base correspondant aux septa qui est d'un jaune orangé et constitue un disque nectarifère adné. Style court, verdâtre ; stigmate vert, discoïde, glanduleux. Ovules 3 à 6 par loges, portés par des funicules insérés sur la colonne centrale et sur deux rangs.

Pédoncules fructifères ligneux, très rugueux par la présence de lenticelles, longs de 5 à 25 cm., de 3 à 5 mm. de diamètre, portant un ou deux fruits dressés.

Capsules cylindriques, pointues au sommet, à pointe aiguë, obtuses à la base, longues de 15 à 18 cm., formé de 5 valves qui se détachent à la base (au dessus du pédoncule) et restent soudées au sommet, en formant un capuchon conique à cinq branches qui se détache, laissant persister sur l'arbre la columelle portant les graines mûres.

Columelle longue de 13 à 17 cm., épaisse de 2,5 à 3 cm. 5, ayant la forme d'un prisme pentagonal, plus atténué au sommet qu'à la base, à angles fortement ailés et ondulés sur les bords, à faces très concaves, creusées dans les 2/3 de leur longueur à partir du sommet de 4 à 6 fossettes dans lesquelles s'insèrent les graines occupant presque toute la largeur de la fossette et ayant de 12 à 15 mm. de largeur. Elles s'insèrent alternativement à droite et à gauche de sorte que les hiles sont placés sur deux rangs sur chaque face de la columelle ; les graines sont imbriquées, terminées à leur extrémité par une longue aile et pendantes de sorte que ces graines ont l'aile dirigée de haut en bas. La columelle est entièrement d'un noir luisant finement rugueuse et atténuée obtuse au sommet. Le funicule est une lame aplatie, coudée ayant la forme d'une dent de scie.

Graines disciformes ou subquadrangulaires, aplaties d'un côté et convexes du côté appuyé sur la columelle, attachées au funicule par un hile linéaire occupant presque toute la largeur de la graine, larges de 15 à 18 mm., terminée à l'opposé du hile par une aile très allongée, roussâtre, finement ponctuée, arrondie à son extrémité, longue de 4,5 à 6 cm., large de 15 mm. en son milieu.

Remarque :

Nous avons décrit cette espèce en détail, en raison de l'intérêt économique qui s'y rattache et des incertitudes qui existaient encore sur les caractères botaniques de ce genre remarquable.

Le genre *Entandrophragma* fut créé en 1894 par Casimir DE CANDOLLE pour un arbre de l'Angola que WELWITSCH avait rapporté au genre américain *Swietenia*.

HARMS en reproduisit les caractères dans ENGLER et PRANTL, *Pflanzen familien*, III, 4, p. 273 (1896) et la même année il décrivit une nouvelle espèce (*E. Candollei*).

Louis PIERRE ayant reçu du Gabon vers la même époque des fruits d'une plante analogue crut y voir un genre nouveau qu'il nomma *Leioptyx* sur son Herbier et sur les dessins autographiés inédits distribués à quelques grands herbiers.

Sur le point de publier, dans le *Bulletin de la Société linnéenne de Paris*, la description de ce nouveau genre, PIERRE fut informé par M. HUA de l'identité du *Leioptyx* avec le genre *Entandrophragma*.

PIERRE reconnut le bien fondé de cette remarque ainsi qu'en témoignent des lettres épinglées dans l'herbier du Museum. Il ne publia pas la description du *Leioptyx*.

Dans ses notes il fait seulement cette observation publiée par E. DE WILDEMAN : « Pourrait être l'*Entandrophragma*, mais les fruits et les graines ne correspondent pas à la description de M. HARMS. L'embryon confine au hile, la partie ailée est le sommet de la graine ».

Malgré cette observation, M. DE WILDEMAN a cru prudent, en l'absence de fleurs sur son échantillon, de publier la description du genre *Leioptyx* et il a fait l'espèce *L. congoensis* Pierre de laquelle il sera question plus loin.

Nos observations ont confirmé pleinement la manière de voir de M. HUA. Le genre *Leioptyx*, établi sur des fruits, semble faire double emploi avec le genre *Entandrophragma*.

Notre n° 16146 (*E. macrophylla*) nous a donné à la fois des fleurs et des fruits provenant du même arbre abattu sous nos yeux. Les fleurs sont celles des *Entandrophragma* ; le fruit est analogue à celui d'un *Leioptyx*. Ce nom doit donc disparaitre de la nomenclature. Du reste, M. Casimir DE CANDOLLE, le spécialiste des Méliacées, auquel nous avions communiqué des échantillons des trois espèces *E. septentrionalis*, *E. macrophylla*, *E. ferruginea*, nous a confirmé que ces trois plantes étaient bien trois espèces d'*Entandrophragma* distinctes des autres espèces connues. Et il ajoutait : « J'ai été extrêmement étonné en voyant que les capsules de votre *E. septentrionalis* de Tabou s'ouvrent de bas en haut, ce qui n'a lieu chez aucune autre Méliacée. Cela constitue un caractère distinctif nouveau et des plus importants pour ce genre ».

Dans nos *Entandrophragma* en fruits de la Côte d'Ivoire (*E. septentrionalis*, *E. macrophylla*, *E. ferruginea*), les graines sont ainsi constituées :

Sous un tégument externe, parcheminé, prolongé en aile, à l'opposé du hile large, on trouve une mince membrane (tégument interne) enveloppant l'embryon. Celui-ci se compose de deux cotylédons épais, charnus, huileux, ovales, montrant la radicule à la partie la plus rétrécie de l'embryon, sur celui des côtés de la graine le plus aplati, assez loin du hile. Dans le *Leiioptyx* de M. DE WILDEMAN et sans doute aussi dans celui de PIERRE, le sommet de l'embryon a subi une courbure encore plus accentuée qui a amené la radicule à confiner au hile. C'est ce caractère qui avait frappé PIERRE, et qu'il opposait à la description de HARMS.

Un autre caractère, que nous avons constaté à l'aide des échantillons que nous a obligeamment communiqués M. E. DE WILDEMAN, sépare encore les *Leioptyx* de nos *Entandrophragma*. Dans les premiers, les graines adhèrent au funicule soudé à la columelle, par un hile petit, arrondi ou étroit, mais n'ayant que 4 à 5 mm. de plus grande dimension. Dans les *Entandrophragma*, de la Côte d'Ivoire, l'adhérence se fait par un hile allongé linéaire, ayant presque la longueur de la base de la graine, c'est-à-dire 12 à 15 mm.

Entandrophragma rufa A. Chev.

Noms vernac. — Makua (mbonoi) ? Kaigüigo (bondoukou), Cedrat (colons).

Arbre de 40 mètres de haut, à tronc mesurant 1 m. 40 de diamètre à 1 mètre au-dessus du sol et encore 0 m. 70 à 20 mètres de hauteur. Rameaux étalés, rappelant les *Khaya* par leur disposition.

Bois roussâtre, à grain fin rappelant l'acajou, mais de teinte beaucoup plus foncée. Aubier de couleur plus claire.

$$D. = 0,844$$

Ecorce d'un brun-roux, s'enlevant en plaquettes.

Us. — Très beau bois pouvant remplacer le Teck dans beaucoup d'industries (constructions, carrosserie, etc.). Ne peut être substitué à l'acajou dans l'industrie.

Hab. — Çà et là dans la forêt, parait assez rare. Chemin de fer (n° 16166).

Description :

Jeunes rameaux pubescents-ferrugineux, ainsi que les pétioles et les rachis des feuilles.

Feuilles composées, parifoliolées à 5 à 9 paires de folioles (ordinairement 7 paires) pétiolulées, longues de 25 à 30 cm. (pétiole compris). Pétiole de 4 à 7 cm., plan en dessus, convexe en dessous. Rachis roussâtre, tomenteux, canaliculé en dessus. Folioles subopposées, d'un vert pâle, lancéolées oblongues, asymétriques, de 6 à 9 cm. de long, sur 2,5 à 3 cm. de large, cunéiformes à la base, les inférieures parfois arrondies, plus ou moins insensiblement acuminées, aiguës au sommet, glabres à l'état adulte, sauf sur les nervures qui continuent à rester un peu ferrugineuses-tomenteuses sur les deux faces ; 7 à 8 paires de nervures secondaires très ascendentes, souvent bifurquées avant d'arriver au bord de la feuille. Pétiolule de 2 à 3 mm. de long, articulé à la base.

Fleurs et fruits...

Remarque I :

C'est par comparaison des feuilles que nous rapportons cet arbre au genre *Entandrophragma*.

Elles présentent les plus grandes analogies avec celles de *E. congoensis* (Pierre) A. Chev., qui en diffèrent seulement par un plus grand nombre de folioles et par leur glabréité complète. On devra peut-être fusionner ces deux espèces lorsqu'on sera en possession de documents plus complets.

Remarque II :

A côté de *E. rufa* A. Chev., se place encore une autre espèce nouvelle dont nous n'avons malheureusement pas rapporté le bois. Nous croyons pourtant utile d'en donner la diagnose :

Entandrophragma macrocarpa.

Arbre de 30 à 50 mètres de haut, à rameaux roussâtres pubescents. Feuilles composées portant 7 à 12 paires de folioles subopposées, pétiolulées.

Les feuilles ont une longueur totale de 30 à 40 cm., avec un pétiole grêle de 6 à 15 cm., peu élargi à la base. Rachis légèrement pubescent roussâtre. Folioles peu coriaces, ovales lancéolées ou oblongues, arrondies à la base, parfois tronquées ou même un peu cordées, rarement cunéiformes, brièvement acuminées et obtusiuscules au sommet, longues de 7 à 10 cm., sur 3 à 4 cm. de large, luisantes en dessus et un peu déprimées suivant la nervure médiane ; celle-ci est saillante en-dessous et présente sur ses flancs quelques poils roux, principalement à l'aisselle des nervures secondaires.

Fruits gros, très robustes, cylindriques-fusiformes, atténués aux deux extrémités mais non apiculés, long de 20 à 25 cm.

Columelle longue de 18 à 23 cm., allant en s'élargissant de la base au sommet, avec 5 arêtes faiblement ailées, donnant insertion à 5 ou 6 graines sur chaque côté.

Valves ligneuses très épaisses (6 à 8 mm. d'épaisseur), lancéolées-allongées, aiguës au sommet, à surface extérieure roussâtre très verruqueuse.

Hab. — Guidéko, dans la moyenne Sassandra (Côte d'Ivoire), (n° 16390, fruits en mai 1907).

Cette espèce diffère de *E. rufa* par des feuilles plus grandes, plus longuement pétiolées, ses folioles arrondies à la base, non acuminées.

E. congoensis (De Wildeman), s'en distingue par un fruit moitié plus petit avec des valves extérieurement noires et lisses, une columelle plus spongieuse, plus largement ailée aux angles.

Nous devons faire remarquer que le *Leioptyx congoensis* de De Wildeman n'est nullement identique à la plante du même nom de Pierre, dont la description n'a pas été publiée, mais dont le fruit a été figuré par De Wildeman (Planche 76, *loc. cit.*, fig. 2 à 7, et fig. 9). Nous proposons pour cette espèce l'appellation *E. Pierrei* A. Chev.

Elle a le fruit et la columelle longs de 20 à 23 cm., aigus au sommet. Dans la plante du Congo belge pour laquelle nous réservons le nom de *E. congoensis*, la columelle est nettement tronquée et ailée au sommet, elle n'a que 12 à 13 cm. de longueur et le fruit desséché 15 à 16 cm. (au lieu de 21 cm. comme l'indique la description de De Wildeman). En outre, les graines sont entièrement glaucescentes, particularité que nous n'avons pas observée sur aucune autre espèce du genre.

Remarque III :

Notre collection possède encore deux autres espèces d'*Entandrophragma*, qui sont probablement des espèces inédites (nᵒˢ 16132 et 16140). Malheureusement les éléments nous manquent pour les décrire. Nous ne possédons en effet, relativement à ces arbres, que des échantillons de bois et d'écorces et des jeunes pousses feuillées stériles.

Ces espèces possèdent des bois bien colorés à teinte chatoyante rappelant ceux de *E. macrophylla* et *E. septentrionalis*.

Il résulte de l'étude que nous venons de faire que la plupart des espèces du genre *Entandrophragma* fournissent des bois d'acajou au moins aussi beaux que les *Khaya*. Actuellement on connait neuf espèces dans ce genre intéressant :

Espèces du genre Entandrophragma C. DC.

E. angolense C. DC., in Bull. Herb. Boissier, II (1894), p. 582 et 583 = *Swietenia angolensis* Welw. Apont. p. 587. — Angola.

E. Candollei Harms, in Notizbl. Bot. Gart., Berlin, I (1896), p. 181. — Cameroun.

E. Candolleana Wildem et Th. Dur., in Ann. Mus. Congo, sér. II, 1 (1899), p. 14. — Congo belge.

E. congoensi A. Chev. (= *Leioptyx congoensis* De Wildem. in Flore Bas et Moyen Congo, II, p. 259, pro parte, non Pierre Mss.). — Congo français.

E. Pierrei A. Chev. — Congo français à Ogoné.

E. macrophylla A. Chev. — Côte d'Ivoire.

E. septentrionalis — —

E. rufa — —

E. ferruginea — —

E. macrocarpa — —

Entandrophragma septentrionalis A. Chev.

Noms vernac. — Kéïwgo (bondoukou). Nom donné aussi aux *Khaya*. Bàka biringoui (abé), Tiama-tiama (apollonien). Acajou frisé.

Très gros arbre, élevé de 40 mètres, à tronc présentant des épaississements aliformes à la base sur 2 mètres de hauteur, ayant encore 1 à 2 mètres de diamètre au dessus de ces contre-forts, s'élevant jusqu'à 25 mètres sans branches.

Bois de couleur rougeâtre, rappelant l'acajou.

D. pour 16126 = 0,517   D. pour 16145 = 0,606
D. pour 16158 = 0,526

Ecorce d'un gris cendré, très épaisse, extérieurement fendillée et s'enlevant par petites plaquettes, rouge à l'intérieur, laissant souvent exsuder de la résine.

Us. — Beau bois pouvant être substitué à l'acajou. Quelques billes sont parfois embarquées à la Côte d'Afrique et si elles sont figurées, elles peuvent même atteindre une valeur supérieure à l'acajou de Khaya.

Hab. — Assez fréquent à travers la forêt, depuis le Cavally jusqu'à l'Indénié et le Sanwi.

Description :

Jeunes rameaux de 15 à 20 mm. de diamètre, grisâtres, glabres, parsemés des cicatrices des feuilles tombées et de gros lenticelles, surmontés d'un bouquet de feuilles surmonté d'un bourgeon terminal qui produit les inflorescences ainsi que de jeunes feuilles velues glanduleuses.

Feuilles ascendantes, très rapprochées, longues de 40 à 60 cm. au moment de la floraison mais pouvant s'allonger encore beaucoup par croissance intercalaire. Pétiole glaucescent, très renflé à la base, ligneux, long de 9 à 12 cm., glabre, couvert dans le jeune âge de très fines écailles roussâtres, subcylindrique avec deux lignes saillantes sur les côtés, à surface supérieure plan-convexe. Rachis ligneux, cylindrique, avec une petite ligne saillante sur le milieu de la face supérieure, glabre ; d'un vert glaucescent, portant de 10 à 14 paires de folioles opposées ou subopposées.

Folioles coriaces, entières, à pétiolule renflé, un peu canaliculé en dessus, long de 3 à 5 mm., blanchâtre par la présence de très fines écailles qui le recouvrent entièrement dans le jeune âge.

Limbe des folioles elliptique-allongé ou oblong, arrondi à la base brusquement terminé au sommet par une pointe cucullée, desséchée de bonne heure, long de 10 à 12 cm. sur 3,8 à 4 cm. 5.

Surface supérieure luisante, d'un vert sombre, glabre, à nervure médiane déprimée ; surface inférieure plus pâle, également glabre, sauf deux lignes de poils étalés sur la nervure médiane de chaque côté de sa crête.

Inflorescences en panicules latérales, insérées près du sommet des rameaux, ramifiées à trois degrés, longues de 20 cm. bien avant la floraison. Pédoncule un peu aplati, *finement pubescent*, ainsi que les rameaux de l'inflorescence et les pédicelles. Bractées ovales, aigues, très petites, légèrement pubescentes. Calice pubescent-glanduleux à 5 lobes ovales ciliés.

Fruits mûrs portés sur des pédoncules longs de 5 à 12 cm., épais de 5 mm., dressés, simples ou ramifiés, rugueux par la présence de nombreux lenticelles un peu renflés au dessous des capsules.

Capsules noires, à maturité, cylindriques, atténuées aux deux extrémités, acuminées obtuses au sommet, longues de 17 à 20 cm., mesurant 3,5 à 4 cm. de large.

Valves lancéolées-linéaires, atténuées aux deux extrémités, un peu tronquées à la base et plus pointues vers le haut où elles adhèrent entre elles, longues de 17 à 20 cm. sur 2,5 à 3 cm. de largeur au milieu et épaisses de 3 mm.

Columelle pentagonale, atténuée aux deux extrémités, d'un noir mat. longue de 16 à 18 cm., épaisse de 3 à 3 cm. 5, à angles un peu ailés, à faces légèrement concaves, creusées dans les 2/3 de leur longueur, de 3 à 6 fosses où sont logées les graines.

Graines elliptiques de 15 à 18 mm. de large, surmontées d'une aile membraneuse longue de 5 à 7 cm., large de 12 mm. environ, arrondie au sommet.

Observation :

Espèce voisine de *E. macrophylla* dont elle diffère par des feuilles et des folioles beaucoup plus petites, des nervures secondaires glabres même en dessous, les fruits plus grands et les angles de la columelle moins nettement ailés.

Entandrophragma sp.

Arbre de 25 à 30 mètres de haut, tronc de 0m. 40 à 0 m. 60 de diamètre (adulte ?).

Bois rougeâtre à grain fin rappelant l'acajou, mais beaucoup plus dense.

D. pour 16132 = 0,753   D. pour 16140 = 0,618

Ecorce grise, un peu rugueuse.

Us. — Bois trop dense pour être employé en ébénisterie, mais pouvant vraisemblablement être substitué au teck, si les arbres adultes atteignent des dimensions suffisantes.

Observations :

Cette espèce diffère de toutes les autres, par ses folioles largement ovales. hérissées de quelques poils roussâtres sur les nervures.

Kahya ivorensis A. Chev.

Noms vernac. — Dukuma-Dugura (agni), Dubiri (apollonien), Lokobua (attié). Biribu (bariba), Humpé (ébrié), Ekuié, Ecguéhié (abé), Kéguigo (apollonien). Acajou d'Afrique.

Arbre de 25 à 50 mètres de haut. Tronc de 20 à 30 mètres sans rameaux, mesurant de 0 m. 60 à 2 mètres de diamètre, présentant à la base jusqu'à une hauteur de 2 à 3 mètres, de puissants épaississements aliformes.

Bois d'un rouge clair, beaucoup plus pâle lorsque l'arbre est jeune, prenant parfois un aspect foncé en devenant adulte, à bandes de parenchyme ligneux plus ou moins abondantes, plus ou moins entremêlées et plus ou moins tourmentées ce qui produit les innombrables nuances que l'on observe dans les acajous commerciaux.

Ecorce grisâtre, épaisse, non fendillée, mais avec de nombreuses dépressions plus ou moins arrondies, rouge à l'intérieur et de saveur très amère, odorante lorsqu'on la sectionne à l'état frais, laissant fréquemment exsuder une gomme blonde en bandes allongées, de saveur également amère.

Us. — Voir les chapitres que nous avons consacrés à l'acajou en tête de cet ouvrage. Les indigènes en font fréquemment des pirogues.

Hab. — Répandu par pieds isolés dans la forêt vierge couvrant le Libéria, la Côte d'Ivoire et la Gold Coast. Bien que nous ayons observé cette essence dans les diverses régions de la forêt, elle est plus fréquente en certains parages et en quelques endroits. elle est assez répandue, pour qu'on trouve un acajou tous les 40 ou 50 mètres en moyenne.

L'acajou des autres colonies de l'Ouest africain est vraisemblablement fourni par d'autres espèces de *Khaya.*

Description :

Plante glabre dans toutes ses parties (rameaux, feuilles et inflorescences). Jeunes rameaux légèrement anguleux, d'un vert clair ou d'un gris verdâtre.

Feuilles nombreuses, réunies en couronne au sommet des rameaux. tombant fréquemment toutes ou en partie vers le milieu de la saison sèche, alternes, péripennées par avortement de la foliole terminale réduite à une petite écaille rougeâtre, comprenant 3 à 6 paires de folioles, opposées, longues de 15 à 20 cm. pétiole compris (les feuilles des jeunes pousses sont beaucoup plus grandes).

Pétioles cylindriques, renflés à la base, non articulés, rigides, subligneux, glaucescents à la base à l'état jeune.

Folioles entières, plus ou moins ondulées, coriaces papyracées, 7 à 10cm. de long, sur 3,5 à 4 cm. de large, d'un vert clair à l'état jeune, devenant ensuite d'un vert sombre, portées sur un pétiolule grêle, court, de 6 à 10 mm., ovales-elliptiques, arrondies à la base, brusquement terminées par un acumen très étroit, plus ou moins long (4 à 6 mm. ordinairement) parfois nul, obtusiuscule, souvent rejeté de côté ; 7 à 9 paires de nervures latérales.

Fleurs en grappes dressées pauciflores, longues de 15 à 20 cm. dépassant un peu les feuilles axillantes. Rameaux des inflorescences étalés-dressés, très espacés, formant par leur ensemble une panicule pyramidale.

Pédicelles d'un vert pâle, très courts.

Fleurs entièrement blanches, inodores, urcéolées, de 5 mm. de diamètre presque toujours pentamères ; on trouve exceptionnellement quelques fleurs tetramères sur certaines inflorescences portant des fleurs en majeure partie pentamères.

Calice à 5 sépales d'un blanc verdâtre, arrondis, très courts, légèrement fimbriés sur les bords. Pétales blancs, 5, arrondis, dressés, cucullés concaves. Couronne staminifère urcéolée-cylindrique, dépassant les pétales de 1 mm. Etamines 10, jaunâtres, à anthères sessiles, très petites. Ovaire disciforme, glabre, ovoïde, à 5 loges, surmonté d'un style épaissi à la base, brusquement terminé par stigmate disciforme d'un jaune très pâle, s'élevant au niveau des anthères.

Fruits capsulaires, à pédoncule et péricarpe ligneux-cendrés.

Pédoncules dressés, longs de 10 à 25 cm., ne portant ordinairement qu'un seul fruit par inflorescence, grisâtres, finement striés longitudinalement et parsemés de nombreux petits lenticelles plus clairs, présentant au sommet un renflement peu marqué sur lequel s'insère le pédicelle proprement dit du fruit, pédicelle long de 10 à 15 mm. sur 5 à 6 mm. d'épaisseur.

Capsule subsphérique un peu plus large que haute, de 5,5 à 6 cm. de diamètre longitudinal, sur 6 à 7 cm. de diamètre transversal, déhiscente en 5 valves (très rarement 4) qui se décollent par le haut et restent toujours adhérentes entre elles vers la base donnant insertion en son milieu à la columelle.

Ces valves complètement lignifiées, cendrées à la surface, sont épaisses de 2,5 à 3 mm. Au moment de la déhiscence du fruit, elles s'étalent plus ou moins en étoile à 5 lobes ovales, aigus au sommet, longs de 7 à 7 cm.5 sur 3,5 à 4 cm. de large.

A l'intérieur de la capsule se trouve un gros placenta parenchymateux axial (columelle) à section pentagonale, se prolongeant aux angles par des septa minces (ailes) allant joindre les bords des 5 valves et constituant ainsi 5 loges complètes.

Dans chaque loge, les graines sont au nombre de 10 à 14. Elles s'insèrent dans chaque loge sur deux lignes placées à droite et à gauche d'une raie située sur la columelle et partageant le placenta en 2 parties égales. Les hiles sont petits, elliptiques-allongés, de 2 à 4 mm. de plus grand diamètre.

Graines imbriquées sur les bords, insérées les unes au-dessus des autres dans chaque loge, molles parenchymateuses lorsqu'elles sont fraîches, d'abord rousses puis brunes, blanches et ailées sur les bords, surtout de chaque côté du hile, elliptiques ou subquadrangulaires, longues de 2,5 à 3 cm., hautes de 2 à 2 cm. 5, épaisses au milieu de 1 à 1 mm. 5 seulement.

Les ailes étroites membraneuses sont une dépendance du tégument et des bords de l'albumen non résorbés.

Sous un tégument mince, parenchymateux subpapyracé, orné extérieurement de très fines ponctuations, on trouve un albumen blanc, parenchymateux, aplati, qui lui adhère intimement, puis à l'intérieur un embryon massif très aplati, ayant la forme d'un disque elliptique de 20 mm. de large sur 12 mm. de haut.

Dans cette masse disciforme, blanche, parenchymateuse on n'observe pas de cotylédons différenciés, mais une petite radicule située latéralement. Nous n'avons pas observé de graine complètement mûre et nous ignorons si l'albumen est complètement résorbé à maturité.

Remarque I :

Les abatteurs apolloniens et quelques coupeurs européens distinguent couramment quatre sortes marchandes d'acajou dans la colonie : 1° le *finga* ou *founga*, acajou figuré ; 2° le *sienlog* ; 3° le *flawlog* ; 4° le *mbossa*. Ces noms s'appliquent suivant la teinte à des bois fournis sans aucun doute par le *Khaya ivorensis*, mais inversement chacun de ces noms peut être appliqué non seulement à une variété de bois de Khaya, mais aussi à un bois provenant d'une essence botanique différente mais ayant un bois presque semblable comme coloration et comme grain.

Certains *Khaya ivorensis* atteignent une taille considérable. Au chantier de M. Cousin, à Kapiéiron (Agniéby), nous avons mesuré un de ces arbres abattu qui avait du sol à la cime 54 mètres. Le tronc mesurait 1 m. 80 de diamètre à 3 mètres du sol.

Un autre arbre abattu avait un tronc de 2 m. 50 de diamètre au dessus des ailes.

Il ne s'élevait qu'à une faible hauteur, mais son tronc produisait plusieurs grosses branches dont chacune avait la taille d'un de nos plus grands chênes.

Les acajous à bois figuré sont rares. Ils sont identiques, aux point de vue botanique, aux *Khaya* qui produisent l'acajou ordinaire. Dans l'espace de trois années, M. Cousin a trouvé seulement deux acajous figurés sur plus de 1.000 arbres abattus.

L'un d'eux s'est vendu 6 schellings le pied cubique, soit 3.225 francs le mètre cube.

Une bille de cinq mètres cubes valait donc 16.000 francs.

On a cité un acajou figuré, abattu il y a quelques années, qui avait rapporté à Liverpool 70.000 francs.

Un acajou ordinaire de belle taille, débité en trois billes équarries, de 4 mètres cubes chacune, se vend en moyenne pour l'ensemble des trois billes de 1.000 à 1.200 francs.

Remarque II :

Outre l'espèce décrite ci dessus, nous croyons avoir remarqué à la Côte d'Ivoire encore deux autres espèces de *Khaya*, mais les documents nous manquent pour en donner une description complète.

Le nombre des espèces de *Khaya* actuellement connues est de sept. En voici l'énumération :

K. senegalensis Juss. - Sénégambie, Soudan central, région du Haut Nil, Afrique orientale.

K. anthotheca C. DC. — Angola et Ouganda.

K. euryphylla Harms. — Cameroun.

K. grandifoliata C. DC. — Haut Oubangui et Haut-Chari.

K. madagascariensis Jumelle. — Madagascar.

K. klainei Pierre Mss., in Herb. Mus., Paris. — Gabon.

K. ivorensis A. Chev. — Libéria, Côte d'Ivoire, Gold Coast.

Notre *K. ivorensis* est assez voisin du *K. euryphylla*, mais d'après M. HARMS, auquel nous l'avons communiqué, il en diffère très nettement, cette dernière espèce ayant les feuilles plus obovales et plus élargies au sommet.

M. Casimir DE CANDOLLE le rapproche du *K. Klainei.*

Ce dernier en différerait seulement parce qu'il a parfois des fleurs à quatre pétales et quatre sépales.

Pynærtia occidentalis A. Chev.

Noms vernac. — Kassékui (mbonoi), Haindé (agni).

Arbre de 30 à 35 mètres de haut, à tronc de 0 m. 50 à 0 m. 75 de diamètre, s'élevant à 20 mètres sans rameaux. Branches grisâtres cendrées, très ramifiées.

Bois d'un blanc-jaunâtre un peu gris, à grain fin, rappelant le bois de buis comme aspect. Cœur non différencié.

D. pour 16209 =⊃ 0,931   D. pour 16209 bis **=** 0,961

Ecorce grisâtre, rugueuse, finement fendillée.

Us. — Pourrait peut-être remplacer le buis dans le tournage. mais inutilisable en menuiserie.

Hab. — Çà et là dans la région des lagunes : Dabou (n° 16209).
Bingerville (16209 bis).

Description :

Jeunes pousses pubescentes-verdâtres, à poils promptement caducs.
Feuilles simples verticillées par 3, stipulées, très légèrement pubescentes en dessous dans le jeune âge, ensuite glabres sauf sur le pétiole.
Limbe oblong, obtus au sommet, cunéiforme très aigu à la base. Nervure
médiane très saillante en dessous, jaunâtre ; nervures secondaires 8 à 10
paires peu apparentes, surface supérieure vert sombre, luisante ; surface
inférieure vert-jaunâtre, un peu réticulée. Dimension 6 à 8 cm. de long sur
3 à 3cm. 5 de large.

Pétiole de 5 mm. de long, subcylindrique, constamment pubérulent.

Stipules linéaires de 5 à 6 mm., longtemps persistantes, pubescentes,
présentant en dedans et près du bord de très petites glandes rougeâtres.

Inflorescences axillaires à l'aisselle des feuilles supérieures, grêles,
pendantes, peu rameuses, pauciflores (1 à 4 fleurs), longues de 3 à 4 cm.
Fleurs ?

Fruits portés sur des pédoncules de 2 à 2 cm. 5, glabres ; pédicelles de
5 mm., tomenteux, même au moment de la maturation.

Calice campanuliforme persistant, accrescent, blanchâtre, tomenteux en
dedans et en dehors, subligneux, de 2 à 2 cm. 5 de diamètre au moment
de la maturation des fruits, à lobes étalés et recourbés en dehors, longs
de 6 mm.

Fruit obovo-cylindrique, arrondi aux deux extrémités, légèrement déprimé au sommet, long de 3 cm. sur 16 à 18 mm. de diamètre au milieu,
couvert même à maturité d'un tomentum blanc-jaunâtre épais, s'ouvrant
en 5 valves ligneuses, minces. Chaque loge contient 1 ou 2 graines subtriquètres d'un roux-verdâtre, de 10 mm. de long sur 4 mm. de large, surmontées d'une aile oblongue membraneuse, de 15 à 18 mm. de long, sur
6 à 7 mm. de large.

Remarque I :

Ce curieux arbre appartient sans aucun doute au genre
Pynaertia créé récemment par E. DE WILDEMAN pour une
plante du centre du Congo (*P. calaensis*) (1).

M. E. DE WILDEMAN, ayant eu en sa possession des exemplaires seulement en fleurs, n'a pu donner qu'une diagnose incomplète du genre, diagnose qui doit être complétée de la manière suivante :

(1) E. DE WILDEMAN. — Flore du bas et du moyen Congo. II, p.262,CI et Pl.
84 (août 1908).

Pynærtia De Wild.

Feuilles verticillées stipulées. Calice persistant accrescent.

Fruit capsulaire obovo-cylindrique, arrondi aux deux extrémités, s'ouvrant de haut en bas en 5 valves ligneuses qui se détachent de la columelle à la base.

Le fruit est partagé en 5 cloisons dont les bords internes ne sont soudés au milieu que dans le tiers inférieur où sont localisées la columelle et les graines, la partie supérieure non divisée en septa étant occupée par les ailes des graines. Columelle courte, pentagonale. ailée aux angles, terminée au sommet par 5 pointes libres.

Chaque graine est surmontée d'une aile membraneuse elliptique atténuée et arrondie aux deux extrémités.

La graine renferme sous le tégument un albumen blanc, charnu formant deux lames de chaque côté de l'embryon. Celui-ci est droit avec un radicule opposée au hile et comprend deux larges cotylédons foliacées blancs-verdâtres.

M. E. DE WILDEMAN n'ayant pas vu le fruit et la graine du *Pynærtia*, pensait qu'il se plaçait dans le voisinage du genre *Turræa*. L'organisation du fruit et de la graine montrent que ses affinités sont plutôt avec les *Cedrelaceæ* Mais la présence de feuilles verticillées et stipulées, fait unique jusqu'à présent dans la famille des Méliaceæ, ainsi que la disposition si spéciale des septa du fruit, permettent d'en faire une sous-famille des Méliaceæ pour laquelle nous proposons le nom de *Pynærtiæ*.

Remarque II :

Le *Pynærtia occidentalis* A. Chev. est très distinct du *P. calæensis* De Wild. par ses inflorescences pauciflores et par ses feuilles cunéiformes, très aigues à la base, alors qu'elles sont arrondies dans l'espèce congolaise.

Trichilia acutifoliata A. Chev.

Arbre de 20 mètres de haut, à tronc de 0 m. 55 de diamètre, cylindrique dès la base.

Bois rouge-foncé, dur, et un peu lourd.

$$D. = 0,747.$$

Ecorce grise, bactelée de blanc, à peine fendillée, aubier rouge.

Us. — Trop lourd et trop dense pour l'ébénisterie, pas assez dur et trop poreux pour l'outillage en bois.

Hab. — Bouroukrou (n° 16112, janvier).

Remarque :

Espèce non encore décrite.

Tachilia Candollei A. Chev.

Noms vernac. — Fé (attié), Ténuba, Tanuba (agni), Tanua (indénié).

Arbre de 35 mètres de haut, à tronc de 0 m. 35 à m. 70 de diamètre, de 15 mètres sans branches, à rameaux très étalés.

Bois d'un blanc-rosé, avec de petites veines.

$$D. = 0,568.$$

Ecorce grise, rugueuse, non fendillée, mince.

Hab. — Mbasso (n° 16262, mars) en fleurs, celles-ci odorantes.

Remarque :

Espèce non encore décrite.

Trichilia cedrata A. Chev.

Noms vernac. — Mbossé (agni), Mbossa (apollonien), Anokué (mbonoi), Nguanahé (abé), Cèdre d'Afrique (colons), Santal d'Afrique (quelques colons).

Arbre de 25 à 35 mètres de haut, à tronc de 0 m. 60 à 1 m. de diamètre (parfois 1 m. 50), long de 20 mètres sans branches, très étroit.

Bois d'un blanc-rosé, à grain fin, ressemblant à de l'acajou clair, répandant quand il vient d'être travaillé une forte odeur de bois de cèdre. Aubier blanc.

$$\text{D. pour } 16125 = 0,608, \qquad \text{D. } 16127 = 0,575$$
$$\text{D. pour } 16171 = 0,636.$$

Écorce blanchâtre ou gris-cendré, un peu écailleuse.

Us. — Bois un peu pâle pour être vendu pour de l'acajou. Trouverait cependant son emploi en ébénisterie. Son odeur de bois de cèdre pourrait le faire rechercher pour la fabrication de certains meubles de fantaisie.

Serait aussi apprécié en carrosserie et dans la construction des voitures de chemin de fer. Les marchands de bois le cotent comme intermédiaire entre l'acajou et l'okoumé.

Hab. — Très commun à travers toute la forêt où il forme des peuplements parfois assez serrés, mais les gros arbres sout relativement rares. S'exporte parfois de la côte occidentale d'Afrique en mélange avec les véritables acajous.

Description :

Jeunes rameaux épais, anguleux, couverts d'un tomentum très fin, d'un blanc-roussâtre. Feuilles très grandes, longues de 30 à 60 cm., composées de 4 à 10 paires de folioles, terminées au sommet par une foliole impaire, plus grande que les autres, parfois avortée. Pétiole de 3 à 10 cm. de long, épais, subligneux, canaliculé en dessus à la base, finement pubescent dans le jeune âge.

Folioles ovales-lancéolées, arrondies ou cunéiformes à la base, insensiblement et longuement accuminées au sommet, obtuses, les supérieures les plus grandes atteignant jusqu'à 30 et 40 cm. de long, sur 8 à 12 cm. de large, mesurant ordinairement 15 à 20 cm. sur 5 à 6 cm. de large, ondulées sur les bords, conidies portées sur un pétiolule glabre ou pubescent, long de 8 à 15 mm.

Surface supérieure et inférieure glabres, l'inférieure présentant des nervures secondaires saillantes, équidistantes au nombre de 10 à 20 paires.

Fleurs en grappes simples, longues de 2 à 4 cm., insérées à l'aisselle des feuilles supérieures, à rachis pubérulent ferrugineux.

Fleurs tétramères, petites, calice à lobes arrondis, pubescents-ferrugineux à l'extérieur et à l'intérieur, corolle et étamines ? ; ovaire très pubescent-ferrugineux surmonté d'un style glabre portant un stigmate en écusson 4-lobé.

Capsules sphériques de 3 à 4 cm. de diamètre, brusquement stipitées à la base, finement pubescentes-ferrugineuses à maturité s'ouvrant de haut en bas en 4 (rarement 5) valves soudées à la base, minces, doublées à l'intérieur d'un endocarpe mince, renfermant chacune une graine pisiforme non ailée.

Observation :

Les échantillons que nous avons recueillis étaient privés de fleurs et l'un d'eux portait des fruits en mauvais état à demi-desséchés. Nous avons pu donner une description des fleurs, du reste très incomplète, grâce à un spécimen de cette plante conservé dans l'Herbier de Kew et recueilli à Ebute Metta, Lagos (Millen, 1893, n° 76).

MYRISTICACÉES.

Famille comprenant quelques genres seulement. Les deux seuls représentants arborescents connus en Afrique occidentale française sont décrites ci-après.

Cælocaryum oxycarpum Stapf.

Noms vernac. — Kiukona-won (mbonoi).

Arbre de 30 mètres de haut, à tronc de 0 m. 50 à 0 m. 80 de diamètre, de 15 à 20 mètres sans rameaux.

Bois blanc-rougeâtre rougissant quand il vient d'être coupé, tendre.

$$D. = 0,391.$$

Ecorce grisâtre s'enlevant par longues plaquettes fibrilleuses longitudinalement, laissant exsuder un suc aqueux.

Us.— Peut être employé pour l'ébénisterie.

Hab.— Dabou (n° 16213, février).

Description :

Jeunes rameaux d'un vert-brun, recouverts au sommet ainsi que les bourgeons d'un pubérulum ferrugineux. Feuilles alternes, subdistiques, glabres, d'un vert sombre, entières oblongues ou oblongues lancéolées, insensiblement acuminées, obtuses au sommet, cunéiformes ou parfois arrondies à la base, très coriaces, à bords incurvés en-dessous, de 12 à 20 centimètres de long sur 5 à 8 cm. 5 de large. Nervure médiane très saillante en-dessous, un peu saillante en-dessus, présentant dans le jeune âge des poils ferrugineux courts ; nervures secondaires saillantes en dessus seulement au nombre de 8 à 9 paires. Pétiole couvert de très courts poils ferrugineux, profondément canaliculé en-dessus. Fleurs dioïques formant de petites grappes dressées latérales à l'aisselle des feuilles, longues de 3 à 7 centimètres, à pétiole pédoncule et rachis grêle un peu ferrugineux. Pédoncules de 1 à 2 centimètres. Fleurs mâles portées sur des rachis secondaires de 5 millimètres à la base, ou sessiles au sommet des inflorescences, entourées d'une petite collerette sur laquelle s'insèrent un grand nombre de petites fleurs d'un jaune-verdâtre parsemées d'un pubérulum ferrugineux et portées sur de très courts pédicelles.

Pycnanthus Kombo Warb.

Syn.— *Myristica Kombo* H. Baillon.

Noms vernac.— Hétéré (bondoukou), Edua (apollonien), Wa lébé (abé), **Etama** (agni), **Anakūé** (mbonoi).

Arbre de 30 à 35 mètres de haut, à tronc de 0 m. 40 à 0 m. 60 de diamètre.

Bois d'un gris rosé, avec des lignes pointillées longitudinales plus foncées, demi-dur (couleur de noyer pisseux).

$$D. = 0,473.$$

Ecorce d'un gris-roussâtre, s'enlevant par plaquettes, épaisse.

Us. — Peut être employé en menuiserie et pourrait probablement être substitué au noyer dans certains usages.

Hab. — Bouroukrou (n° 16101, janvier), assez commun dans la forêt.

MYRTACÉES.

(2 espèces).

Famille comptant en Afrique peu d'espèces d'arbres, mais surtout des arbustes. Bois ordinairement peu apprécié.

Eugenia (Syzygium), Rowlandi Sprague.

Noms vernac. — Asafra, Esafra (mbonoi),

Arbre de 30 mètres de haut, à tronc de 0 m. 50 à 0 m. 60 de diamètre.

Bois blanc-grisâtre, bien veiné, demi-dur.

$$D. = 0,711.$$

Ecorce blanche, finement fendillée, épaisse.

Hab. — Dabou (n° 16201, février), dans le Sanwi, et sur le chemin de fer.

OLACINÉES.

(3 espèces).

Famille représentée par de nombreux arbustes en Afrique occidentale. Les espèces d'arbres sont en petite quantité. La plupart ont leurs graines riches en substances oléagineuses.

Coula edulis H. Bn.

Noms vernac. — Bogūé (agni), Atsan (attié), Akion (ébrié).

Arbre de 15 à 20 mètres de haut, à tronc de 0 m. 50 à 0 m. 60 de diamètre, à rameaux étalés et pendants.

Bois rouge-brun, un peu plus clair au cœur, très dur et dense.

$$D. = 1,097.$$

Ecorce grise-cendrée, très légèrement fendillée, s'enlevant par petites plaquettes minces.

Hab. — Entre Byanouan et Soubiré (n° 16260, mars). Commun dans toute la forêt.

Description :

Jeunes rameaux et feuilles couverts d'un pubérulum roussâtre fugace. Feuilles distiques, lancéolées, acuminées, entières, coriaces, d'un vert sombre, ponctuées, glanduleuses, de 16 à 20 centimètres de long sur 5 à 7 centimètres de large. Fleurs en petites grappes de 15 à 25 millimètres de long, ferrugineuses. Pédicelles de 2 millimètres de long. Calice cupulifère à angles à peine apparents verts-roussâtre. Corolle à 4 ou 5 pétales libres ou presque, campanulée, à sépales verdâtres pubescents, longs de 2 mm. à 2 mm. 5, ovales aigus au sommet. Etamines en nombre triple des pétales, une grande étamine alterne avec les sépales et 2 étamines plus courtes sont opposées. Ovaire aplati environné d'un disque rougeâtre adné. Le fruit est une noix indéhiscente, de la taille d'une grosse noisette contenant une amande comestible.

Leptaulus daphnoides Benth.

Noms vernac. — Eborodumuen (agni), Parandédi (attié).

Arbre de 25 à 30 mètres de haut, à tronc de 0 m. 40 à 0 m. 50 de diamètre.

Bois d'un blanc-brunâtre, dur, ressemblant au buis.

$$D. = 0,829.$$

Ecorce grise, un peu rugueuse.

Hab.— Malamalasso (n° 16251, mars). Çà et là en forêt.

Description :

Jeunes rameaux verts, grêles, glabres, ainsi que les feuilles et les inflorescences. Feuilles alternes, oblongues-lancéolées, longuement acuminées obtuses, à base cunéiforme, rarement arrondie. de 6 cm. 5 à 9 centimètres de long, sur 2 cm. 5 à 3 cm. 5 de large, très coriaces, un peu pliées en gouttière au milieu, luisantes en-dessus ; nervure médiane un peu déprimée en dessus, non saillante en-dessous, nervures secondaires : 4 à 5 paires très visibles formant des arceaux loin du bord. Pétiole de 4 à 7 millimètres de long, un peu canaliculé en-dessus. Fleurs nombreuses, en petites cymes ombelliformes à l'aisselle des feuilles ; pédoncule de 2 à 3 mm. de long ; pédicelles grêles, longs de 1 à 3 mm. très finement pubescents. Fleurs blanches, fugaces, à parfum suave, longues de 12 mm., grêles. Calice verdâtre, finement pubescent, long de 1 mm. ou 1 mm. 5, fendu jusqu'au milieu en 5 lobes ovales, aigus. Corolle gamopétale, cylindrique, à tube long de 10 à 11 millimètres légèrement élargi à la base ; lobes 5, très petits, longs de 1 millimètre, à peine étalés, ovales aigus ; étamines 5, blanches, à filets nuls, à anthères très petites, insérées à la gorge du tube de la corolle et alternant avec les lobes. Ovaire glabre, ovoïde, allongé, à une seule loge, terminé par un long style grêle, blanc, arrivant à la gorge de la corolle. Jeune fruit vert lisse, de 18 millimètres de long, ovoïde, allongé, très asymétrique, à une seule loge, ovule suspendu (L'ovaire est souvent troué au moment de la floraison par la piqûre d'un insecte dont la larve habite la cavité ovarienne).

Octocnema affinis Pierre.

Noms vernac. — M'Guangua (attié).

Arbre de 20 à 25 mètres de haut, à tronc de 0 m. 30 à 0 m. 35.

Bois jaune-pâle, moyennement dur.

$$D. = 0,696.$$

Ecorce grisâtre, s'enlevant par petites plaquettes, lisse.

Hab. — Alépé (n° 16246, mars).

Ongokea Klaineana Pierre.

Nom vernac. — Sô (abé).

Arbre de 25 mètres de haut, à tronc de 0 m. 45 à 0 m. 50 de diamètre.

Bois jaunâtre, moyennement dur.

$$D. = 0,789.$$

Ecorce gris-cendré, en petites plaquettes, rappelant l'écorce de *Tetrapleura*.

Hab. — Bouroukrou (n° 16128, janvier), Sassandra.

Rhaptopetalum Tieghemi A. Chev.

Noms vernac. — Moropié (adioukrou), Djo arbi (mbonoï, Mosangui (attié).

Arbre de 35 à 40 mètres de haut, à tronc de 0 m. 60 à 1 mètre de diamètre, cylindrique, ayant 15 à 20 mètres sans branches, sans ailes à la base. Branches formant une petite tête arrondie, épaisse, très feuillée, d'un vert sombre.

Bois d'un jaune-rosé, dur.

$$D. = 0,847.$$

Ecorce grisâtre, non fendillée, mais s'enlevant par petites plaquettes.

Hab. — Accrédiou (Agniéby, n° 16192, février), commun dans la région du chemin de fer, dans l'Attié et l'Indénié, dans le Sassandra et le Cavally.

Description :

Jeunes rameaux verts, glabres, grêles, un peu anguleux par la décurrence des pétioles. Feuilles alternes, brièvement pétiolées, entières, coriaces, elliptiques–oblongues, acuminées obtuses au sommet, cunéiformes à la base, longues de 5 à 8 cm. et larges de 2 à 3 cm., entièrement glabres ; surface supérieure luisante avec la nervure médiane un peu saillante ; nervures secondaires : 5 à 6 paires, peu visibles, non saillantes. Pétiole de 1 à 3 cm. de long. Fleurs en très courts racèmes de 3 à 5 fleurs (une ou deux arrivent à donner des fruits) insérés à l'aisselle des feuilles. Pédoncule commun nul, rachis court, aplati, portant de petites bractées ovales de 1 mm. de long, finement ferrugineuses. Pédicelle glabre, d'un vert-blanchâtre, de 1 à 3 mm. de long. Calice cupuliforme de 0 mm. 5 à 0 mm. 75 de long, irrégulièrement crénelé sur les bords, glabre, non acrescent. Pétales 3, d'un vert blanchâtre ou brunâtres, se déchirant irrégulièrement dans le sens de la longueur au moment de l'épanouissement, ovales, longs de 5 à 6 mm. Etamines nombreuses (une trentaine), à filets adnés à la base des pétales, courts. Ovaire ovoïde, glabre à 5 loges, surmonté d'un court style, terminé par un stigmate non différencié. Ovules 2 à 6 dans chaque loge, attachés en haut et suspendus. Fruit oblong, pointu au sommet, avec 6 lignes saillantes allant de l'extrémité jusqu'au quart inférieur, d'une longueur totale de 18 à 20 mm. et de 8 à 10 mm. de diamètre au milieu. Péricarpe cartilagineux, mince, contenant une seule graine ovoïde-elliptique, couverte à l'extérieur de nombreuses papilles cunéiformes serrées les unes contre les autres (tégument ?). Le fruit, rouge à maturité, est porté par un pédoncule de de 8 à 12 mm. ; articulé au milieu, avec le calice discoïde, persistant, non acrescent.

Strombosia pustulata Oliv.

Noms vernac. — Patabua (bondoukou), M'pohé, Poïé (abé), Fognian (mbonoi).

Arbre de 25 à 30 mètres de haut, à tronc de 0 m. 40 à 0 m. 80 de diamètre, ramifié à 20 mètres.

Bois blanc-jaunâtre, à grain fin, qui par sa dûreté et sa couleur rappelle le buis. Dégageant lorsqu'il est fraîchement coupé une odeur fétide rappelant les excréments humains.

D. = 0,778.

Ecorce grisâtre non fendillée, un peu rugueuse, sans plaquette, creusée d'entailles assez minces, jaunâtre sur la tranche.

Hab. — Bouroukrou (n° 16103, janvier), dans l'Agniéby, Lagune Potou, Sassandra.

Description :

Jeunes rameaux étalés dans un plan, distiques, grisâtres, les plus jeunes d'un vert olive, glabres. Feuilles alternes, glabres, même à l'état jeune, pétiolées, entières, souvent pliées en gouttière et jamais planes. Pétiole de 6 à 10 mm. de long, glabre. Limbe ovale, ou ovale elliptique, arrondi à la base, sommet obtus, non ou à peine accuminé de 6 à 10 cm. de long sur sur 2 cm. 5 à 4 cm. de large, luisant sur les deux faces, d'un vert sombre en-dessus. Nervure médiane saillante en-dessous, nervures secondaires à peine saillantes, peu visibles, réticules non apparents. Fleurs formant de petits glomérules excessivement courts à l'aisselle des feuilles. Les fruits sont de petites boules vertes portées sur un pédicelle de 4 mm. à 5 mm. de long, insérées au-dessus de la cicatrice d'une feuille tombée. Ils sont indéhiscents de 4 mm. à 6 mm. de diamètre, formés d'un péricarpe mou et d'une noix osseuse interne, à leur sommet ils présentent une petite dépression circulaire bordée de 4 lobes obtus très courts (calice persistant).

OLÉACÉES.

(1 espèce).

Petite famille comptant comme principal représentant d'Europe l'olivier. En Afrique tropicale, on ne rencontre guère que des arbustes appartenant la plupart au genre *Jasmin*. La plante suivante seule est un petit arbre.

Linociera Mannii Solereder.

Noms vernac. — Akorûé (indénié), Agua egbua (agni), Akodiombi, Zakuébiombi (attié), Akokotsua (fanti).

Arbre de 8 à 15 mètres de haut, de 0 m. 10 à 0 m. 15 de de diamètre.

Bois blanc, sans aucune valeur.

Ecorce grise, finement fendillée, mince.

Hab. — Zaranou (n° 16285, mars).

PALMIERS.

Il existe dans la forêt, outre le Palmier à huile (*Elæis*) qui est la principale richesse de la Côte d'Ivoire, de nombreux palmiers rotings, des raphia, etc. Le seul palmier indigène dont le bois soit utilisable est le suivant :

Borassus flabellifer L. var. æthiopum Warb.

Syn. — *Borassus flabelliformis* Murr., *B. æthiopum* Mart.

Noms vernac. — Rônier (colons), Makubé (fanti), Ekubé (agni), Dendo (attir).

Palmier dioïque, à tronc élancé, atteignant 20 mètres de haut, présentant souvent de nombreux étranglements moniliformes et a en moyenne 0 m. 30 à 0 m. 35 de diamètre.

Le pied mâle seul donne un bois noir, dur, inattaquable dans la mer et souvent employé pour faire des appontements de wharfs. Le tronc femelle n'est pas un bois à proprement parler, mais c'est une masse de fibres placées les unes contre les autres, molles et peu résistantes.

Hab. — Ces palmiers n'existent jamais dans la forêt, mais on en trouve quelques exemplaires près des villages du Pays abé, de l'Attié, de l'Indénié et du Sanvi. Ils paraissent spontanés dans les savanes littorales de Dabou, Bingerville, Assinie. Ils sont très communs dans les villages du Baoulé.

RHIZOPHORACÉES

Ne comprend guère que des arbres vivant au bord de la mer, à écorces riches en tannin et à bois très dur.

Rhizophora racemosa G. F. Meyer.

Noms vernac. — Palétuvier rouge (colons), Ntagué hié (attié), Endé (agni), Koghia béra (fanti).

Arbre de 15 à 20 mètres de haut, à 0 m. 20 à 0 m. 30 de diamètre, tortueux.

Bois d'un blanc rougeâtre dur.

$$D. = 1,093.$$

Ecorce blanchâtre, finement rugueuse, peu épaisse.

Us. — On ne tire pas parti des palétuviers à la Côte d'Ivoire, le tronc atteint du reste rarement plus de 0 m. 30 de diamètre et 10 mètres de long.

Il est souvent tortueux.

Le long des Lagunes, spécialement entre Grand-Bassam et à Bingerville, les palétuviers enchevêtrés les uns dans les autres s'élèvent jusqu'à 20 mètres de haut, mais l'exploitation en serait rendue très difficile, en raison de l'enchevêtrement des troncs et des racines plongeant dans l'eau ou dans des marais vaseux impénétrables.

Hab. — Assinie (n° 16311 avril), commun le long des lagunes, souvent mélangé à l'espèce *R. Mangle* qui atteint des dimensions moindres.

ROSACÉES.

Chrysobalanus ellipticus Roland.

Noms vernac. — Hanfuru (agni).

Arbre de 20 à 25 mètres de haut, à tronc de 0 m. 40 à 0m.60 de diamètre, et s'élevant de 8 à 12 mètres sans branches, presque toujours penché et tortueux.

Bois rouge-brun, dur.

$$D. = 1,147$$

Ecorce d'un gris-roussâtre, s'enlevant par petites plaquettes minces..

Hab. — Assinie (n° 16323, avril).

Parinarium robustum Oliv.

Noms vernac. — Aroba (mbonoi).

Arbre de 20 à 25 mètres de haut, à tronc de 0 m. 40 à 0 m. 50 de diamètre, se ramifiant à 4 ou 5 mètres de haut, branches très étalées.

Bois blanc-rosé, à vaisseaux peu apparents, dur.

$$D. = 0,957.$$

Ecorce grisâtre-cendrée, finement rugueuse, s'enlevant par écailles, laissant exsuder un peu de gomme rougeâtre.

Hab. — Dabou (n° 16205, février). Çà et là dans la forêt.

Description :

Jeunes rameaux *un peu pubescents* à très petits lenticelles blancs, nombreux. Feuilles coriaces, un peu parcheminées, longues de 8 à 12 cm., larges de 4,5 à 5 cm., entières, oblancéolées, ou oblongues, pétiolées, un peu cunéiformes à la base, acuminées au sommet, à acumen obtus court ; surface supérieure glabre, surface inférieure blanche ou légèrement ocracée par la présence d'un pubérulum court, appliqué ; nervures secondaires au nombre de 5 à 7 paires. Pétiole grêle de 4 à 8 mm. de long, muni d'une paire de glandes sessiles à la base du limbe.

Fleurs d'un blanc légèrement jaunâtre, à odeur de *spiræa ulmaria*, en larges panicules corymbiformes terminales, très ramifiées.

Pédicelles grêles, de 3 à 4 mm. de long, tomenteux, présentant à la base des bractéoles caduques ; tube du calice d'un blanc tomenteux roussâtre, surmonté de 5 lobes de 4 à 5 mm. de long, arrondis très obtus, chevauchant les uns sur les autres. Pétales 0 ou 1, rudimentaire et blanc quand il existe.

Etamines $\pm$ 25, soudées à la base en un anneau complet ou parfois non fermé. Carpelles 3, pubescents, ovaire jeune velu.

Fruit jeune, glabre, biloculaire, tapissé à l'intérieur de poils blancs étalés, renfermant dans chaque loge un ovule suspendu au sommet de chaque loge.

Fruit adulte ?...

Parinarium tenuifolium A. Chev.

Noms vernac. — Catésima (mbonoi), Simua (attié).

Arbre de 25 à 30 mètres de haut, à tronc de 0 m. 60 à 0 m. 80 de diamètre.

Bois rouge-brun, à vaisseaux peu apparents, dur.

$$D. = 0,788.$$

Ecorce d'un gris-blanchâtre, lisse, peu épaisse.

Hab. — Dabou (n° 16204, février).

Description :

Voisin du *P. excelsum* Sab. dont il diffère par ses feuilles petites, lancéolées, très atténuées aux deux extrémités, de 5 à 8 cm. de long, sur 2 à 3 cm. de large ; nervures secondaires 15 à 20 de chaque côté.

Inflorescence formant une large panicule étalée dans un plan, flabelliforme, pauciflore.

Fleurs très petites (4 mm. de long au maximum), blanc-jaunâtre. Calice campanulé surmonté de 5 dents lancéolées aigues égalant le tube.

Pétales 5, caducs, blancs, ou très légèrement teintés de violet, obovales ou oblongs, dressés, de 2 mm. de long.

Fruit grisâtre, aréolé à sa surface, subsphérique ou un peu pyriforme à la base, légèrement déprimé autour du pédoncule, de 4 à 7 cm. de diamètre ; autour de chaque noyau existe une couche de pulpe d'abord vert-blanchâtre, ensuite vert-jaunâtre un peu charnue, à saveur rappelant le beurre d'avocat, comestible.

RUBIACÉES.

(6 espèces).

Famille tenant une grande place dans la flore de l'Afrique tropicale, renfermant une très grande quantité d'espèces d'arbustes et un assez fort contingent d'espèces d'arbres. Un petit nombre seulement a pu être étudié jusqu'à présent au point de vue bois. Plusieurs méritent de retenir l'attention.

Gardenia viscidissima S. Moore.

Arbre de 15 à 20 mètres de haut, à tronc de 0 m. 30 à 0 m. 50 de diamètre.

Bois blanc-jaunâtre dans l'aubier, noirâtre au cœur, mais pas suffisamment foncé pour remplacer l'ébène.

$$D = 0,658$$

Ecorce grisâtre, épaisse, très rugueuse, s'enlevant par écailles.

Hab. -- Dabou (n° 16210, février).

Description :

Jeunes rameaux d'un vert-blanchâtre, glabres, souvent résinifères.

Feuilles très grandes, réunies au sommet des rameaux. Stipules larges, obtuses ou émarginées, connées dans la plus grande partie de leur largeur. Pétiole de 5 à 10 mm. de long, large de 4 à 5 mm., glabre, couvert d'un enduit résinifère.

Limbe obovale ou oblong, brièvement acuminé obtus au sommet, cunéiforme à la base, de 20 à 40 cm. de long, sur 9 à 18 cm. de large, présentant une grosse glande concave en dessous, à la base et de chaque côté du pétiole ; nervure médiane très saillante en dessous présentant souvent des touffes de petits poils à l'aisselle des nervures secondaires, celles-ci au nombre de 25 à 30 sont parallèles, équidistantes, très saillantes en dessous, médiocrement ascendantes et venant près du bord du limbe ; surface supérieure vernissée et d'un vert clair, surface inférieure vert-pâle, très rugueuse.

Inflorescences latérales, uniflores, à pédoncule excessivement court.

Fruit ovoïde, de 5 à 8 cm. de long, sur 4 à 6 cm. de large, divisé longitudinalement par 3 sillons peu apparents, correspondant aux cloisons placentaires, surmonté d'un calice accrescent de 2,5 à 3 cm. de long, à tube cylindrique glabre, recouvert d'un enduit blanchâtre, à 5 lobes dressés ou étalés au sommet, longs de 1 cm. environ, aigus au sommet et pliés en en gouttière. La cavité du fruit est incomplètement divisée en 3 loges par des lames placentaires très ramifiées donnant insertion à une infinité de graines aplaties ou subtriquètres à surface finement chagrinée de 4 mm. de long sur 3 mm. de large.

Grumilea venosa Benth.

Noms vernac. — Tchiat Kottsé (attié), Aburésé baka (agni).

Arbre de 8 à 15 mètres de haut, à tronc de 0 m. 12 à 0 m. 25 de diamètre.

Bois blanchâtre à l'état frais, devenant d'un blanc très rosé en veillissant.

$$D. = 0,691.$$

Ecorce d'un brun-gris, finement fendillée.

Hab. — Assinie (n° 16315, avril).

Mitragyné macrophylla Hiern.

Syn. — *Nauclea stipulosa* DC., *N. stipulacea* G. Don.; *N. macrophylla* Perr. et Lepr.

Noms vernac. — Bahia (agni), Sofo (attié).

Arbre de 30 à 35 mètres de haut, à tronc de 0 m. 80 à 1 mètre de diamètre, cylindrique et s'élevant jusqu'à 20 mètres sans branches. '

Bois jaune-clair, légèrement rosé, avec reflets et veines peu apparents. Aubier et cœur non différenciés.

1er échantillon : D. = 0.559   2e échantillon : D. = 0,574

Ecorce blanchâtre, fendillée longitudinalement, très épaisse, s'enlevant par plaquettes.

Us. — Utilisé en ébénisterie, sous le nom de bois de Bahia ou tilleul d'Afrique.

Hab. — Alépé (n° 16234, mars). Commun au bord des rivières et des lagunes.

Morinda citrifolia L.

Syn. — *Morinda quadrangularis* G. Don., *M. macrophylla* Desf., *Psychotria ? chrysortiza* Thonn.

Noms vernac. — Sangongo (bambara), Alongua (bondoukou).

Arbre de 15 à 30 mètres de haut, à tronc de 0 m. 20 à 0 m. 60 de diamètre, long de 8 à 15 mètres sans branches.

Bois jaune-clair.

D. pour 16143 = 0,632   D. pour 16324 = 0,593

Ecorce grise-cendrée, à surface très écailleuse.

Hab. — Bouroukrou (n° 16143, janvier), Bingerville (n° 16324, avril). Commun dans la forêt.

Pseudocinchona africana A. Chev.

Noms vernac. — Kiumba (bondoukou), Mbrahu (abé).

Arbre de 15 à 20 mètres de haut, à tronc de 0 m. 15 à 0 m. 20 de diamètre.

Bois blanc-jaunâtre, dense, aubier et cœur non différenciés, se fendant facilement. Prend une teinte rougeâtre lorsqu'il est frais et qu'on vient de le travailler.

$$D. = 0,816.$$

Ecorce d'un blanc-grisâtre, presque lisse, rouge à l'intérieur, épaisse de 5 m/m. environ.

Us. — Lorsqu'ils sont atteints de fièvre, les abés et les bondoukous boivent une tisane faite avec l'écorce de l'arbre.

Hab. — Bouroukrou (n° 16141, janvier).

Description :

Jeunes rameaux, feuilles et inflorescences glabres : stipules lancéolées linéaires vert-rougeâtres, caduques, de 12 mm. de long sur 3 mm. de large à la base. Feuilles opposées, pétiolées, à limbe papyracé, oblongues-lancéolées, très atténuées aux deux extrémités longues de 15 à 20 cm., sur 5,5 à 7 cm. de large, terminées au sommet par un long acumen de 10 à 12 mm., obtusiuscules, cunéiformes à la base, avec 7 à 8 paires de nervures latérales très saillantes en dessous, présentant ordinairement des acarodomaties à leur aisselle avec la nervure médiane. Pétiole grêle, de 10 à 20 cm. de long. Fleurs en panicules terminales, à rachis secondaires et tertiaires opposés le long d'un axe médian et formant une inflorescence pyramidale de 5 à 10 cm. de long. Calice à 4 lobes très petits. Corolle à tube urcéolé-subtétragone à 4 replis alternes avec les 4 lobes de la corolle, très petits, blanchâtres. Etamines 4, à anthères portées sur un court filet inséré à la base du tube de la corolle. Stigmate capité. Capsule à maturité, oblongue obtuse au sommet, surmontée du calice persistant, atténuée aigue à la base, longue de 7 à 8 mm., large de 2 mm. 5, s'ouvrant en 2 valves ; chaque valve renferme un septa en son milieu. Graines nombreuses dans chaque valve, d'un brun roussâtre, oblongues, longues de 0 mm. 75, larges de 0 mm. 5, présentant à chacune de leur extrémité une aile roussâtre, scarieuse ; la longueur totale d'une graine avec ses ailes est de 4 à 5 mm., les ailes sont aiguës subulées à chaque extrémité, elles sont d'un blanc scarieux légèrement roussâtre.

Observation :

Le genre *Pseudocinchona* A. Chev. se place à côté des genres *Corymanthe* Welw. et *Pausinystalia* Pierre. Du premier il se distingue par ses étamines et son style inclus, du second par sa capsule loculicide, enfin des deux par ses fleurs tétramères.

Ces arbres africains appartiennent à la tribu des *Cinchonées* qui renferme le genre *Cinchona* (Quinquina).

Comme chez ceux-ci, les écorces renferment des alcaloïdes spéciaux grâce auxquels les plantes jouissent de propriétés fébrifuges ou excitantes bien connues des indigènes.

Le *Pseudocinchona africana* A. Chev. est employé comme fébrifuge par les Abés.

Les *Pausinystalia* du Cameroun et du Gabon renferment la *Yohimbine*, alcaloïde étudié par THOMPS et SPIEGEL et qui posséderait des propriétés aphrodisiaques. MM. BEILLE et DUPOUY ont retrouvé le même alcaloïde dans une espèce de *Pausinystalia* du Congo français (1).

Deux alcaloïdes nouveaux viennent d'être isolés dans l'écorce du *Pseudocinchona africana* A. Chev., dont le capitaine SCHIFFER nous avait envoyé plus de 300 kilos et dont l'étude avait été confiée à M. le professeur PERROT.

Elles seront prochainement l'objet d'une étude spéciale.

Sarcophalus esculentus Afzel.

Syn. — Cephalina esculenta Schum. et Thonn., *Nauclea latifolia* Smith.

Noms vernac. — Tétéré (mbonoi).

Petit arbre de 5 à 7 mètres de haut, à tronc de 0 m. 15 à 0 m. 20 de diamètre.

Aubier et cœur non différenciés ; bois jaune-clair avec marbrures plus foncées.

$$D. = 676.$$

(1) DUPOUY et BEILLE. — Une écorce à Vohimbine du Congo français : *Pausinystalia Trillesii* Pierre, in *Bull. Soc. Pharm.*, Bordeaux, juin 1905.

Ecorce grise, très profondément fendillée, s'enlevant par grandes plaquettes.

Us. — Un bois jaune analogue est exporté du Congo, sous le nom de *Viku*, mais a peu de valeur.

Hab. — Dabou (n° 16203, février).

Description :

Jeunes rameaux glabres ou très finement pubescents aux nœuds, verdâtres ou rougeâtres avec de fins lenticelles espacés. Stipules vertes ou rougeâtres, ovales-deltoïdes, aigues au sommet, *ordinairement ailées* sur le dos, longues de 5 mm. Pétiole subcylindrique, *très finement pubérulent,* long de 15 à 20 mm. Limbe ovale-elliptique très large à la base, brièvement acuminé, obtus au sommet ou arrondi, long de 12 à 20 cm., sur 10 à 13 cm. de large ; surface supérieure vert sombre, glabre et luisante en dessus, l'inférieure plus pâle, *glabre, présentant seulement des poils à l'aisselle de la nervure médiane et des nervures secondaires,* celles-ci : 7 à 9 paires arquées vers le bord.

Fleurs en boules terminales, très odorantes, jaunâtres, portées sur des pédoncules très courts ou de 4 cm. de long, très finement pubescents ; boules de 5 à 6 cm. de diamètre. Réceptacle de 2 à 3 cm. de diamètre, finement aréolé, pubescent, chaque aréole correspond à une fleur ; celle-ci comprend un ovaire enfoncé dans le parenchyme, un calice à 4 ou 5 lobes courts (1 mm.), ciliés sur les bords, ordinairement aigus. Parfois le sépale se prolonge par un appendice cilié sur les bords, spatulé au sommet, long de 3 mm. Corolle longue de 12 à 17 mm., jaunâtre, blanche à la base infundibuliforme, glabre extérieurement, velue en dedans à la base des étamines ; lobes ovales arrondis ; ciliés sur les bords, longs de 2 mm. Style blanchâtre, grêle, longuement exert, terminé par un long stigmate oblong, rétréci à la base et granuleux.

Fruit de la grosseur d'une petite pomme, charnu, camestible, d'un jaune-rougeâtre à maturité.

Sarcocephalus Pobeguini Hua.

Noms vernac. — Ndébéré (attié), Ekusamba (fanti), Zerongo (bambara), Boisima (agni).

Arbre de 30 à 35 mètres de haut, à tronc de 0 m. 50 à 0 m. 80 de diamètre, et s'élevant de 20 à 25 mètres sans branches.

Bois jaune-foncé, avec fibres entrecroisées, à jolis reflets, dense.

D. pour 16235 = 0,767   D. pour 16301 = 0,785.

Ecorce grisâtre, fibrilleuse, s'enlevant par écailles.

Us. — Bois magnifique pouvant être employé pour faire les plafonds des voitures de chemin de fer, et pour le tournage.

Hab. — Alépé (n° 16235, mars), Aboisso (n° 16301, avril), vu en grande quantité à Bettié.

RUTACÉES.

(2 espèces).

Petite famille renfermant le genre Citrus (orangers et citronniers). En Afrique tropicale elle est représentée par 2 ou 3 genres avec quelques espèces arborescentes à bois ordinairement jaunâtre et à grain fin.

Fagara macrophylla (Oliv.) Engler.

Syn. — *Zanthoxylum ? macrophyllum* Oliv.

Noms vernac. — Hanwgo (bondoukrou), Kengüé (mbonoi).

Arbre de 30 à 35 mètres de haut, à tronc de 0 m. 35 à 0 m. 60 de diamètre, ramifié seulement à la cime. Tronc épineux sur toute la longueur, muni de grosses dents supportant une petite épine noire très pénétrante jusqu'à 1 m. 50 de haut.

Bois blanc-jaunâtre, jaune-paille au cœur, très dur.

D. pour 16159 = 0,992   D. pour 16159 bis = 0,776
(bois d'aubier).

Hab. — Makouié (n° 16159-16159 bis, janvier). Assez commun dans la forêt.

Description :

Feuilles de 1 m. 20 à 1 m. 75 de long, subdressées, groupées au sommet des rameaux, composées, imparifoliées, de 20 à 25 paires de folioles. Pétiole de 15 à 20 cm. de long, cylindrique, très épaissi à la base. Rachis cylindrique, très épineux en dessous et sur les côtés, à épines irrégulièrement espacées, glabre, contenant à l'intérieur une mœlle abondante. Folioles de 25 à 30 cm. de long, glabres, pétiolulées, entières, inermes, ou celles de la base portant un petit aiguillon droit à la base de la nervure médiane ; nervures secondaires 14 à 20 pennées, peu arquées, glandes odorantes visibles en dessous ; nervure médiane souvent rosée. Pétiolule articulé au rachis, cylindrique, long de 8 à 10 mm., très finement pubescent, inerme, présentant à son sommet une ou deux paires de grosses glandes. Feuilles jeunes, rosées à l'extrémité, à croissance intercalaire se prolongeant très longtemps, les folioles inférieures ont déjà leurs nervures lignifiées alors que les terminales sont encore excessivement petites et rapprochées. Dans les feuilles adultes le rachis est souvent évidé et habité par une grosse larve, qui détermine en certaines places une abondante sécrétion de gomme blonde sans saveur.

Fleurs et fruits...

Zanthoxylum parvifolium A. Chev.

Noms vernac. — K'anton (fanti), Hendjé, Hengüé (agni), M'Bon (attié).

Arbre de 15 à 20 mètres de haut, à tronc de 0 m. 20 à 0 m. 30 de diamètre, de 5 à 10 mètres sans branches.

Bois d'un blanc-jaunâtre, à grain assez fin, un peu résineux et odorant.

Ecorce cendrée, muni de grosses dents, hautes de 4 à 5 cm. avec une épine noire au sommet.

Hab. — Mbasso (n° 16263, mars).

SAMYDACÉES.

Famille renfermant quelques espèces produisant des bois sans importances.

Homalium africanum Benth.

Noms vernac. — Akoïma (agni), Akonibia (fanti).

Arbre de 20 à 25 mètres de haut ; tronc de 0 m. 40 à 0 m. 45 de diamètre.

Bois d'un jaune-brun, pâle, dur et dense.

D. = 0,992.

Ecorce grise, mince, assez lisse.

Hab. — Aboisso (n° 16316, fleurs en avril).

Homalium molle Stapf.

Arbre de 15 à 20 mètres de haut, à tronc de 0 m. 20 à 0 m. 25 de diamètre.

Bois blanc assez dur, à grain fin.

$$D. = 0,797.$$

Ecorce grise, rugueuse, sans plaquettes, sécrétant de la gomme dans les parties où le tronc est envahi par la larve d'un insecte.

Hab. — Makouié (n° 16167, fleurs en janvier).

SAPINDACÉES.

Famille comprenant en Afrique tropicale un assez grand nombre d'arbustes et d'arbres. Une faible partie a été jusqu'à présent étudiée. Les bois ne méritent pas de retenir l'attention à l'exception de l'avant dernier.

Blighia sapida Kœnig.

Syn. — *Cupania edulis* Schum. et Thonn.

Noms vernac. — Finzan (bambara), Sugo (bondoukou).

Arbre de 25 mètres de haut, à tronc de 0 m. 50 à 0 m. 60 de diamètre.

Bois d'un jaune-rougeâtre, avec des reflets d'un gris-rosé, demi-dur.

$$D. = 0,817.$$

Ecorce grisâtre, finement rugueuse, légèrement et finement fendillée, sans plaquettes.

Hab. — Makouié (n° 16148, janvier), dans l'Agniéby et dans l'Indénié.

Cette espèce est très commune dans la forêt ainsi que sa congénère le *B. unijugata* Baker.

Deinbollia indeniensis A. Chev.

Noms vernac. — Kaûsa (indénié), Ekosuba, Zéma Kérenya (agni), Ngua, Abô (attié).

Arbre de 10 à 15 mètres de haut, à tronc de 0 m. 15 à 0 m. 20 de diamètre.

Bois blanc-rosé, rappelant un peu l'acajou ordinaire, tendre.

Ecorce d'un gris-cendré, écailleuse, s'enlevant par plaquettes minces.

Hab. — Zaranou (n° 16274, mars).

Description :

Tiges florifères de 2 cm. à 2 cm. 5 de diamètre; écorce blanchâtre-cendrée avec de nombreux petits lenticelles blancs, arrondis, très saillants, jeunes tiges finement roussâtres-ferrugineuses. Pétiole cylindrique, très renflé à la base, grisâtre, lignifié avec de nombreux lenticelles très petits, long de 18 cm. à 20 cm. Rachis de 50 cm. Folioles 10 à 14 paripennées, alternes, jamais les deux folioles terminales ne sont opposées, pétiolulées, coriaces, parcheminées, glabres sauf à la base de la nervure médiane, très brièvement acuminées, à acumen court, large, émarginé au sommet à la base arrondie ou un peu cunéiforme, longues de 35 cm. à 40 cm. sur 17 cm. à 18 cm. de large ; nervure médiane, très saillante en-dessous, carénée et aigue en-dessus ; nervures secondaires, environs 9 paires. Pétiolule très épaissi de 1 cm. de long environ.

Fleurs en longs racèmes rameux de 15 cm. à 20 cm., fasciculés à l'aisselle des feuilles ou sur les troncs âgés, les fleurs presque sessiles, nombreuses, groupées par petits fascicules de 3 à 7 fleurs. Rachis glabres ou légèrement pubérulents-ferrugineux. Pédicelles très courts, ferrugineux-pubescents. Bractées ovales, pubescentes de 1 mm. de long.

Fleurs blanches, odorantes, urcéolées, longues de 4 mm. à 5 mm.; sépales très imbriqués, concaves, surtout les 3 extérieurs, longs de 2 mm. 5, blancs-verdâtres, légèrement pubescents-ferrugineux au dehors. Pétales 5, dépassant les sépales de 2 mm. environ, les extérieurs arrondis, les intérieurs ovales-spathulés ciliés sur les bords, avec une membrane sacculiforme naissant sur l'onglet et ciliée frangée sur le bord. Fl. ♂ : Etamines 13 ou 14 longues de 4 mm. 5, dépassant légèrement les pétales à filets blanc, ciliés-barbelés, ovaire réduit à une touffe de poils. Fleurs hermaphrodites : Etamines en même nombre que dans les fleurs ♂, mais un peu plus petites. Ovaire avec 2 lobes arrondis, très pubescents roussâtres; entre les 2 lobes se trouve le style court glabre blanchâtre. Fruit sphérique, de la taille d'une cerise, crustacé, orange à maturité, renfermant une seule graine arrondie, entourée d'une pulpe comestible.

Placodiscus pseudostipularis Radk.

Noms vernac. — Paradakué (attié).

Arbre de 15 mètres de haut, à tronc de 0 m. 20 de diamètre, de 4 à 7 mètres sans branches.

Bois blanchâtre, demi-dur, sans valeur.

Ecorce grise, un peu rugueuse.

Hab. — Alépé (n° 16242).

Assez commun à travers la forêt, mais de trop petite dimension pour être utilisé.

SAPOTACÉES.

Les arbres de cette famille assez nombreux en Afrique occidentale, sont parmi les plus beaux qui existent dans la forêt vierge. Les bois, ordinairement colorés, sont parfois d'une grande dûreté, ce qui a valu à certains le nom de Bois de Fer. Celui du *Dumoria Heckeli* A. Chev. est exploité à la Côte d'Or comme acajou.

Chrysophyllum africanum A. DC.

Syn. — *Chrysophyllum macrophyllum* Sabine et G Don, *Gambeya africana* (DC.) Pierre.

Arbre de 25 à 30 mètres de haut, à tronc de 0 m. 50 à 0 m. 70 de diamètre.

Bois blanc-jaunâtre à grain très fin, prenant un très beau poli, et bien de fil.

$$D. = 0,590.$$

Ecorce grise, lisse, très mince.

Us. — Bois se travaillant à merveille, on peut faire de la sculpture très fine. Il est propre à l'ameublement, soit laqué, doré ou ciré. Bois homogène et léger qui trouverait son emploi pour faire des voitures de chemin de fer.

Hab. — Bouroukrou (n° 16119, janvier), n'est pas très commun.

Chrysophyllum obovatum Sabine.

Noms vernac. — Anandjo, Ananyo (mbonoi), Ananguéri (abé).

Arbre de 30 mètres de haut, à tronc de 0 m. 50 à 0 m. 70 de diamètre, et de 20 mètres sans branches.

Bois blanc-rougeâtre, dur et dense, cœur et aubier non différenciés.

$$D. = 0,994.$$

Ecorce blanc-grisâtre, très mince, finement écailleuse et un fibrilleuse.

Hab.— Capiekrou (n° 16180, janvier).

Dumoria Heckeli A. Chev.

Syn. — *Tieghemella ? Heckeli* Pierre.

Noms vernac. — Dumori (agni), Makaru, makoré (apollonien), Garésu (bété), Butusu (néonolé), Mbabu (attié).

Arbre de 30 à 40 mètres de haut, à tronc de 0 m. 70 à 1 m. 30.

Bois rouge-clair, demi-dur, se travaillant très bien, d'une densité presque égale à 1 quand il vient d'être abattu, présentant d'assez jolies mouchetures.

$$D. = 0,716.$$

Ecorce gris-roussâtre, rouge à l'intérieur, profondément crevassée longitudinalement, laissant échapper du latex blanc quand on la sectionne.

Us. — Ce bois appartient au groupe des Duka du Congo, importés sur les marchés. On reproche à ces bois fournis par des essences diverses d'avoir des teintes variées. Le *Dumoria* est uniforme comme coloris. Il serait très apprécié et très original pour faire la carosserie d'automobile et les voitures de chemin de fer.

Hab.— Bettié (n° 16253, mars), commun dans l'Attié, l'Indénié, le Sanwi, la région de Dabou, les bassins du Sassandra et du Cavally.

Description :

Jeunes rameaux grêles d'un gris-cendré sur les parties âgées, verts et glabres quand ils sont en jeunes pousses, groupés par trois. Ces rameaux sont de deux sortes : les uns terminaux sont les plus gros, et mesurent de 4 mm. à 5 mm. de diamètre ; ils portent des cicatrices foliaires rapprochées ; les autres, ordinairement latéraux, n'ont que 3 mm. de diamètre. Ils sont plus grêles et ont les entre nœuds plus espacés. Les uns et les autres portent des fleurs.

Feuilles alternes, sans stipules, réunies en bouquet à l'extrémité des rameaux, pétiolées, papyracées mais non coriaces, très glabres, oblongues lancéolées, atténuées aux deux extrémités, arrondies ou légèrement émarginées au sommet, cunéiformes et très aiguës à la base, longues de 7 cm. à 12 cm., pour le limbe seulement, larges de 2 cm. 5 à 4 cm. ; surface supérieure luisante et saillante des deux côtés, mais surtout en-dessous ; nervures secondaires très fines, peu visibles, presque parallèles, écartées de 5 mm. à 7 mm. au milieu, au nombre de 15 à 20 paires ; nervilles formant un réticule très fin visible surtout en-dessus. Pétiole long de 2 cm. à 3 cm., grêle, à diamètre décroissant depuis la base jusqu'à la naissance du limbe, légèrement canaliculé en-dessus dans la moitié supérieure.

Fleurs groupées à l'aisselle des feuilles, portées sur des pédicelles accrescents longs de 2 cm., un peu épaissis aux deux extrémités, glabre ou avec quelques poils apprimés fugaces.

Calice campanulé, long de 5 mm. à 6 mm., presque glabre à l'extérieur, caduc, circumcissile vers la base du tube, la base seule persistant sous forme d'un réceptacle tronqué supportant le fruit. Lobes externes 4, ovales-deltoïdes, aigus au sommet, épais, verdâtres, longs de 4 mm. à 5 mm., larges de 4 mm. à la base, glabres ou à poils fugaces au-dehors, finement blancs-tomenteux à l'extérieur ; lobes internes 4, alternes avec les précédents et insérés sur le sinus de deux sépales externes voisins, ovales, aigus, minces, pétaloïdes et d'un blanc scarieux, longs de 3 mm. à 4 mm., larges de 2 mm. 5 à 3 mm., finement tomenteux sur les deux faces.

Corolle rotacée, de 10 mm. à 12 mm. de diamètre en-dessus, d'un blanc verdâtre, légèrement odorante. Tube de 5 mm. de diamètre à la base, puis élargi, long de 2 mm. à 3 mm., surmonté de 16 segments dont 8 internes et 8 externes, tous semblables et égaux, rapprochés et étroitement imbriqués, très arqués au-dehors, longs de 5 mm. quand ils sont déployés, ovales-lancéolés, la partie terminale ondulée-chiffonnée, un peu denticulée sur les bords. En-dedans de cette couronne existe un troisième rang interne composé de 8 lobes, spatulés, arrondis au sommet, rétrécis en onglets linéaires, blancs, glabres et opposés aux étamines.

Androcée composé de 8 étamines, à filets longs de 1 mm., insérés au haut du tube de la corolle, élargis à la base, blancs et glabres ; anthères de 1 mm. 5 de long, oblongues, extrorses.

Ovaire conique, finement pubescent blanchâtre, à poils très courts, 8-loculaire, chaque loge étant 1-ovulée. Style pubescent, court. Ovule pendant, inséré vers le milieu de la loge, anatrope, à micropyle rapproché du hile. Jeunes fruits glabres de très bonne heure, sauf à la base, sphériques ou un peu plus larges que hauts, porté par un réceptacle élargi, présentant au sommet une cicatrice circulaire correspondant à la partie tombée du calice, surmonté au sommet par la pointe persistante et pubescente du style.

A maturité le pédoncule fructifère est épaissi, d'un gris cendré, de 5 mm. à 6 mm. de diamètre et long de 2 cm. à 3 cm. Il supporte un fruit très gros, subsphérique, un peu renflé du côté du pédoncule et légèrement atténué en mamelon à l'extrémité opposée, mesurant de 12 cm. à 13 cm. de long sur 8 cm. à 10 cm. de diamètre transversal (taille d'une grosse pomme). Le poids d'un fruit frais entier et mûr varie de 175 gr. à 360 gr.

A complète maturité l'exocarpe formé d'une mince pellicule membraneuse prend une teinte jaune-verdâtre. Le mésocarpe épais de 2 cm. 5 à 3 cm. 5 devient pulpeux, prend une teinte jaune abricot ; la chair très aqueuse dégage une odeur nauséeuse rappelant celle des fruits très mûrs du *Butyrospermum*. Sa saveur est amère et non sucrée comme celle du *Butyrospermum*.

Le nombre des graines contenues dans un fruit varie de un à trois : les 2/3 des fruits renferment une graine ; on compte environ 1/3 de fruits à deux graines, enfin très rarement trois graines.

Les graines (coque comprise) pèsent de 25 à 55 grammes ; elles sont ovoïdes-allongées et mesurent de 7 cm. à 7 cm. 5 de long sur 3 cm. à 3 cm. 5 de large ; la face placentaire est large, aplatie, blanchâtre et scoriacée-rugueuse, elle s'étend sur toute la longueur de la graine ; la face opposée est très convexe, carénée au milieu, lisse et roussâtre à l'extérieur.

La coque est ligneuse, très dure, épaisse de 3 mm. à 5 mm. Sa cavité qui embrasse étroitement la graine est ovoïde, régulière, lisse, creusée à une extrémité d'un puits de 5 mm. à 6 mm. de profondeur et de 4 mm. de diamètre, dans laquelle s'enfonce la radicule faisant saillie au-dessous des cotylédons.

Le tégument interne est une mince membrane fibrilleuse roussâtre entourant l'amande. Celle-ci est ovoïde, à l'état frais longue de 5 cm., large de 2 cm. 5 à 2 cm. 8 et épaisse de 2 cm. à 2 cm. 2 ; elle pèse de 15 à 20 grammes. Elle est formée de deux gros cotylédons charnus, plan-convexes, riches en matières grasses ; la radicule longue de 6 mm., arrondie au sommet, fait saillie au-dessous des cotylédons.

Les graines germent en mars, très peu de temps après la chute du fruit. La pulpe pourrit très rapidement et la coque s'ouvre en deux valves, ce qui permet à l'embryon d'enterrer sa radicule et d'allonger sa tigelle. Lorsque la jeune plante épanouit ses premières feuilles, l'axe hypocotylé supporte les cotylédons à 12 cm. ou 15 cm. au-dessus du sol. Les premières feuilles diffèrent complètement des feuilles adultes. Elles sont alternes, très écartées, la première s'insérant de 7 cm. à 12 cm. des cotylédons. Le pétiole est long de 1 cm. et plan en-dessus. Limbe largement obovale, long de 10 cm. à 12 cm., brusquement et longuement acuminé au sommet, très cunéiforme à la base, avec une nervure médiane très saillante sur les deux faces et 9 à 10 paires de nervures secondaires parallèles, alternes avec des nervilles tertiaires plus fines mais très visibles.

La forme des feuilles des germinations rappelle donc les feuilles adultes du *Mimusops Djave* (de Lanessan) Engler.

Observation :

L'arbre que nous venons de décrire se rapproche beaucoup des *Mimusops*, des sections *Baillonella* ou *Tieghemella* de Pierre (1).

Cependant il en diffère complètement par son calice caduc. Nous avons décrit le genre et l'espèce dans les *Comptes-rendus des séances de l'Académie des Sciences*, séance du 22 juillet 1907.

Le *Dumoria Heckeli* n'est pas seulement intéressant par son bois. L'amande assez semblable à celle du Karité fournit un beurre végétal estimé, consommé en assez grande quantité par les peuplades de la forêt de la Côte d'Ivoire.

Les fruits arrivent à maturité en février et mars. Les premières tornades les font tomber. La pulpe est alors à demi-écrasée. Les femmes et les enfants recueillent ces fruits dans de grands paniers et les apportent au village. La coquille de chaque noix est brisée entre des pierres et les amandes réduites en morceaux sont mises à sécher sur des nattes. Chaque jour on les expose au soleil et le soir on les rentre dans les cases.

Peu à peu les fragments d'amande se dessèchent et brunissent en même temps qu'à la chaleur solaire, la graisse commence à suinter à la surface. Au bout de quelques semaines, ces fragments à demi desséchés et dont la cellulose est en partie décomposée, sont mis dans un mortier à bananes et pilonnés jusqu'à ce qu'ils soient transformés en pâte très tenue.

(1) Voir *Végétaux utiles de l'Afrique tropicale*, fasc. II, p. 160.

On jette alors cette pâte dans une marmite, on y ajoute un peu d'eau et on chauffe à une chaleur douce jusqu'à ébullition prolongée.

La matière grasse vient peu à peu surnager à la surface : on la décante et on la coule dans des bouteilles en verre, bouteilles qui ont contenu le gin consommé dans le pays.

La graisse de *Makoré* est jaunâtre, à demi fluide, par conséquent moins concrète que celle du Karité.

Elle est comestible et n'a pas de saveur nauséeuse comme le beurre de Karité, du moins quand elle vient d'être préparée. Les Agnis, les Attiés, les Bétés en font usage pour fabriquer leur savon et pour préparer leurs aliments et ils la préfèrent à l'huile de palme, mais ils trouvent la récolte des fruits et la préparation trop lentes, de sorte qu'une grande quantité de graines sont abandonnées chaque année dans la forêt.

Le poids moyen d'une amande sèche est de 15 gr., représentant environ 8 gr. de matière grasse.

Un arbre adulte produit environ 3.000 fruits par an représentant 4.000 graines ou 30 kilogs de matières grasse. En évaluant le kilog. à 0 fr. 20, cela représente un rendement de 6 fr. par an.

Malheureusement les arbres qui donnent ce rendement sont archicentenaires et très clairsemés dans la forêt. Ceux qui ont moins de 30 mètres de hauteur ne produisent pas encore de fruits.

Malacantha robusta A. Chev.

Noms vernac. — Anainguéri (abé), Awamé (agni), Alokwo-tûmon (attié).

Arbre de 35 à 40 mètres de haut, à tronc de 1 m. à 1 m. 50 de diamètre, et de 25 mètres sans branches.

Bois blanc-jaunâtre, bien veiné et de fil, demi-dur.

$$D. = 0,509$$

Ecorce grisâtre avec de grandes taches blanches, rugueuse.

Us. — Pourrait être employé en menuiserie.

Hab. — Bouroukrou (n° 16134, janvier). Très commun dans l'Indénié et le Sanwi.

Description :

Jeunes rameaux roussâtres-tomenteux, terminés par des bourgeons épais, très pubescents.

Feuilles à pétiole court, tomenteux ; limbe membraneux, obovale, très obtus au sommet, arrondi ou un peu cunéiforme à la base ; surface supérieure d'un vert-mat, glabre, velue seulement au fond du sillon correspondant à la dépression de la nervure médiane ; surface inférieure très velue de toutes parts, ferrugineuse sur les nervures et blanche tomenteuse entre celles-ci, nervures secondaires 12 à 16 paires, étalées, presque droites.

Fleurs sessiles par petits glomérules à l'aisselle des feuilles. Pédoncule fructifère cylindrique, long de 7 à 8 mm., tomenteux. Calice un peu accrescent, persistant à 5 sépales ovales, arrondis-obtus au sommet, longs de 3 à 4 mm., sur 1,5 à 2 mm. de large à la base, pubescents au dehors et en dedans. Fruit sphéro-ovoïde, pubescent jusqu'à complète maturité. d'abord d'un jaune-verdâtre, puis rouge-cerise quand il est mûr, long de 15 à 22 mm., ayant un diamètre transversal de 12 à 15 mm,; au dessous de l'exocarpe existe une mince pulpe charnue épaisse de 2,5 à 3 mm., blanchâtre, un peu sucrée à saveur rappelant la pêche. Graine isolée. ovoïde allongée, noirâtre, luisante sur une face, la face placentaire presque aussi grande et blanchâtre, rugueuse, également arrondie aux deux extrémités, mesurant 15 mm. de long sur 10 mm. de diamètre transversal. Cotylédons blancs, charnus.

Mimusops olitandrifolia A. Chev.

Noms vernac. — Bohamamua (attié), Kako, iron wood (fanti), Bois de fer (colons).

Arbre de 35 mètres de haut, à tronc de 0 m. 60 à 0 m. 80 de diamètre.

Bois rouge-brun, excessivement dur.

$$D. = 1,172.$$

Ecorce grisâtre, lisse, avec des dépressions circulaires, épaisse, et la tranche est rouge.

Hab. — Malamalasso (n° 16247, mars).

Description ;

Rameaux très ramifiés, fasciculés par 3 ; ramules grêles, vertes, très glabres. Feuilles entièrement glabres, groupées par 3 à 5 au sommet des rameaux et aux nœuds florifères, à stipules linéaires subulées, très vite caduques, longues de 5 mm. Limbe ovale lancéolé, cunéiforme à la base, insensiblement atténué au sommet en court acumen obtus, long de 7 à 15 cm. sur 3 à 4 cm. 5 de large ; surface supérieure luisante, à nervure médiane très saillante ; l'inférieure d'un vert pâle, à nervure médiane seule saillante, nervures secondaires 9-10 paires réunies en arceaux près des bords ; alternant avec des nervures tertiaires presque aussi fortes. Pétiole grêle canaliculé en dessus, long de 10 à 25 mm.

Fleurs en ombelles denses, sessiles, insérées au sommet des rameaux et aux fourches d'où partent les rameaux de dernier ordre.

Pédicelles grêles, finement tomenteux, longs de 12 à 13 mm. un peu avant la floraison. Calice tomenteux, à petits lobes ovales, longs de 1 mm. 5 Corolle à 5 pétales blancs, alternant avec les sépales, oblongs, très petits, soudés à la base ; 5 étamines opposées aux pétales ; 5 staminodes alternes avec eux ; ovaire 5 loges.

Mimusops lacera Baker.

Noms vernac. — Ntaguaya (attié), Isonguin (agni).

Arbre de 25 à 30 mètres de haut, à tronc de 0 m. 60 à 0 m. 70 de diamètre.

Bois rouge-sang, très dur et très dense.

$$D. = 1,045.$$

Ecorce fendillée longitudinalement, d'un gris-roussâtre, s'enlevant par plaquettes.

Hab. — Bettié (n° 16254, mars) et dans le Sassandra.

Description :

Jeunes rameaux grêles, grisâtres, très rameux à l'extrémité ; jeunes pousses couvertes d'une pubescence brune-ferrugineuse, courte et très apprimée. Feuilles pétiolées, exstipulées, entières, très coriaces, parcheminées, groupées au sommet des rameaux ; limbe obovale-oblong, très élargi au sommet arrondi ou légèrement émarginé, cunéiforme à la base, long de 7 à 12 cm., sur 3,5 à 6 cm. de large, d'un vert mat et sombre en dessus, d'un blanc parfois légèrement ferrugineux en dessous, par la présence d'un pubérulum apprimé. Nervure médiane très saillante en dessous, marquée en dessus par un sillon profond. Nervures secondaires fines et nombreuses, parallèles, légèrement ascendantes, réunies par de fins arceaux longeant de très près le bord du limbe. Pétiole de 2 à 2 cm. 5, pubescent blanchâtre, canaliculé en dessus.

Fleurs en ombelles sessiles, moyennement fournies (3 à 6 fleurs à l'aisselle des feuilles). Pédicelles grêles, étalés à angle droit, pubescents ferrugineux, longs de 5 à 8 mm. Calice d'un gris-ferrugineux, à pubescence apprimée, coriace, subcampanulé, long de 5 mm. ; tube court, renflé, lobes 6, 3 intérieurs et 3 extérieurs, lancéolés, les intérieurs un peu plus petits et blanchâtres. Corolle à tube court à 15 (ou 18 ?) segments linéaires de 4 mm. de long réfléchis.

Anthères 5 (ou 6 ?) oblongues apiculées, alternant avec autant de staminodes. Ovaire subglobuleux, blanchâtre. Style grêle, long de 6 à 7 mm., dépassant les lobes du calice de 3 mm.

Fruit inconnu.

Mimusops micrantha A. Chev.

Noms vernac. — Adan (attié), Diangué (agni).

Arbre de 20 à 25 mètres de haut, à tronc de 0 m. 20 à 0 m. 40 de diamètre, et de 10 mètres sans branches.

Bois d'un rouge-pâle, dur.

$$D. = 1,102$$

Ecorce gris-cendré, fendillée très légèrement longitudinalement, contenant un peu de latex blanc. Nombreuses petites fleurs blanchâtres fixées sur l'écorce déjà âgée des branches.

Hab. — Lagune Potou (n° 16226, février), Aboisso (n° 16307, avril).

Omphalocarpum Ahia A. Chev.

Noms vernac. — Ahia (attié), Kétibu (agni), Guéha (ébrié).

Arbre de 35 à 40 mètres de haut, à tronc de 0 m. 70 à 0 m. 80 de diamètre, long de 20 à 25 mètres sans branches.

Bois blanc-rosé, bien veiné.

$$D. = 0,568$$

Ecorce grise, rugueuse, non fendillée, contenant du latex blanc.

Hab. — Songan (n° 16287, mars). Paraît rare.

Description :

Feuilles très grandes, groupées au sommet des rameaux, alternes, glabres. Pétiole très court de 1 à 1 cm. 5 de long. Limbe de 40 cm. sur 18 cm. de large aux deux tiers de sa hauteur, oblong, très aigu à la base, arrondi ou émarginé au sommet, bords ondulés ; nervures secondaires 18 à 19 paires, très saillantes en dessous. Fruit ovoïde-globuleux, déprimé près du pédoncule, haut de 13 à 15 cm, sur 18 à 20 cm. de diamètre transversal, avec une cavité ovo-rhomboïdale au centre (cette cavité mesure 7 cm. de haut sur 5 cm. de large). Lobes acrescents du calice longs de 15 à 20 mm. Le fruit mur est vert très dur, et présente des plaques grisâtres à la surface, le sommet est applati, légèrement mamelonné. Une zone de sclérotes très durs et formant de gros nodules existe depuis l'exocarpe jusqu'à une profondeur de 2,5 à 3 cm. La pulpe est d'un blanc jaunâtre, ferme, elle a une saveur acide rappelant la pomme de reinette.

Graines peu nombreuses (une dizaine au maximum) ; parfois 2 côte à côte dans une loge noyées dans une pulpe blanche molle. Graines ovoïdes, aplaties, d'un noir luisant, terminées par un bec à chaque extrémité, longues de 6 à 6 cm. 2, sur 2,8 à 3 cm. 2 de large. La chambre intérieure du fruit a une paroi blanche et lisse, le fruit fraîchement coupé laisse exsuder en grande quantité un latex blanc qui se coagule à l'air, en donnant une substance très gluante blanchâtre, diaphane élastique à l'état frais.

Omphalocarpum anocentrum
Pierre in Engler

Noms vernac. — Ayaya, Guéia (ébrié), Tilri (adioukrou), Kiagua (mbonoi), Bérétué ? (agni).

Arbre de 15 mètres de haut, à tronc de 0 m. 20 de diamètre, et de 3 à 4 mètres sans branches. Rameaux dressés, fastigiés.

Bois rougeâtre, assez dur, aubier et cœur non différencié.

D. pour 16221 = 0,574.

Ecorce grisâtre, laissant exsuder un latex blanc en petite quantité.

Hab. — Accrédiou (n° 16194, février). Commun le long du chemin de fer dans l'Attié, et le Sanwi, Lagune Potou (n° 16221, février).

Pachystela cinerea (Engler) Pierre.

Syn. — *Chrysophyllum cinereum* Engler, *Pachystela conferta* Radlk., *Bumelia Afzelius.*

Noms vernac. — Kerengué (mbonoi), Kaka (abé), Mfantu (attié), Aborobié (agni).

Arbre de 15 à 25 mètres de haut, à tronc de 0 m. 30 à 0 m. 40 de diamètre, rameaux bas et étalés.

Bois jaune-rougeâtre, à cœur un peu foncé, demi-dur et bien maillé.

D. pour 16200 = 0,818   D. pour 16258 = 0,852.

Ecorce grise, non fendillée, légèrement rugueuse.

Hab. — Dabou (n° 16200, février), Bettié (n° 16258, mars). Commun le long du chemin de fer et dans le Sanwi.

SIMARUBÉES.

Famille ne renfermant que quelques représentants en Afrique occidentale.

Hannoa Klalneana Pierre.

Noms vernac. — Hété baké (mbonoi), Haiefai? (abé), Neubé? (attié).

Arbre de 35 mètres de haut, à tronc de 0 m. 80 à 1 m. de diamètre, et s'élevant jusqu'à 20 mètres sans branches.

Bois blanc, très léger et tendre, fibreux, aubier et cœur non différenciés.

D. = 0,316.

Ecorce cendrée, finement fendillée, sans plaquettes.

Us. — Le bois peut-être employé pour la fabrication de la pâte à papier.

Hab. — Makouié (n° 16164, janvier), commun le long du chemin de fer.

Description :

Jeunes rameaux et inflorescences glabres.

Feuilles composées de 25 cm. à 35 cm. de long, imparipennées, composées de 5 à 13 folioles, le plus souvent 7 ou 9. Folioles très coriaces, obovales ou elliptiques-oblongues, rétuses au sommet, ou faiblement apiculées ou obtuses, opposées, très entières, cunéiformes à la base, à nervation peu visible, longues de 6 cm. à 12 cm. sur 3 cm. à 6 cm. de large, parfois plus grandes. Pétiolule de 8 mm. à 12 mm. de long, renflé, canaliculé à l'état adulte.

Pétiole commun de 5 à 8 cm. Fleurs.... Fructifications en longues grappes terminales pendantes, de 30 cm. à 60 cm. de long, rameuses, dépassant longuement les feuilles. Drupes 1 à 5 par fleur, oblongues, arrondies aux deux extrémités, de 25 mm. de long, sur 12 mm. à 15 mm. de large au milieu, noires à maturité, indéhiscentes, avec un exocarpe charnu et un mésocarpe épais, ligneux, contenant une seule graine sans albumen ; cotylédons gros, charnus, verdâtres, amers, plan-convexes ; radicule petite.

Irvingia ?

Noms vernac. — Akwabu (mbonoi), Lubigniati (adioukrou).
. Arbre de 40 mètres de haut, à tronc de 0 m. 70 à 1 m. 10 de diamètre.
Bois rouge-brun, excessivement dense et dur.

$$D. = 1,089.$$

Ecorce grise, mince, s'enlevant par petites plaquettes minces.
Hab.— Mbago (n° 16191, février) et dans l'Indénié.

Mannia africana Hook. f.

Noms vernac. — Akodo (mbonoi), Sotibia (fanti), Bomoku (agni), Haté (attié).
Arbre de 20 à 30 mètres de haut, à tronc de 0 m. 40 à 0 m. 50 de diamètre, s'élevant jusqu'à 20 mètres sans branches.
Bois blanc-jaunâtre, à grain fin avec de nombreuses bandes étroites de parenchyme.

$$D. \text{ pour } 16212 = 0,581. \qquad D. \text{ pour } 16318 = 0,488.$$

Ecorce grise ou d'un gris-cendré, tantôt fendillée, tantôt rugueuse sans plaquette.
Hab. — Dabou (n° 16212, février), Assinie (n° 16318, avril).

STERCULIACÉES.

Famille comptant de très nombreux représentants arborescents en Afrique occidentale, principalement dans la forêt de la

Côte d'Ivoire. Nos études jusqu'à présent n'ont porté que sur un nombre restreint de ces espèces. Dans la plupart le bois est mou et de peu de valeur, cependant il existe des exceptions comme le montre la liste suivante :

Cola cordifolia (Cav.) R. Br. var. Maclaudi A. Chev.

Syn. — *Stercutia cordifolia* Cav., *Cola laterifia* K. Schum.

Noms vernac.— Ntaba (bambara), Amhio (bondoukrou), Awa (attié), Dabu-dabu (agni).

Arbre de 25 à 35 mètres de haut, à tronc de 0 m. 40 à 0 m. 60 de diamètre, long de 15 à 20 mètres sans branches.

Bois blanc, légèrement gris, bien maillé avec d'assez jolis dessins.

D. pour 16149 = 0,511.   D. pour 16317 = 0,591.

Ecorce cendrée, profondément crevassée longitudinalement, se détachant en plaquettes.

Us. — Bois commun en Afrique occidentale, fréquemment employé dans la menuiserie africaine.

Hab. — Commun dans l'ouest africain depuis la Guinée française jusqu'au Gabon. Dans la forêt de la Côte d'Ivoire, se rencontre par individus dispersés mais assez fréquents.

Fruits de septembre à janvier (n° 16149). Fleurs en avril (n° 16317).

Remarque :

Dans la Sénégambie, on trouve une seconde forme, *Cola cordifolia* R. Br. var. *puberula* Pierre in A. Chev.. *Mém, Soc. Bot. France*, 8 (1908), p. 31 (= *Cola cordifolia* var. *nivea* A. Chev., l. c., p. 33), bien distincte par ses feuilles blanches en-dessous. Elle est très fréquente au Soudan, y est connu sous le nom de Ntaba et est très fréquemment utilisée pour la construction des postes.

Cola mirabilis A. Chev.

Noms vernac. — Gnibi (attié), Komou aguiré (agni).

Petit arbre de 4 à 8 mètres de haut, à tronc de 5 cm. à 15 de diamètre, non ramifié ou à peine ramifié à feuilles très grandes, composées digitées, comprenant 5 à 9 folioles. Ces feuilles forment un bouquet au sommet des rameaux. Au sommet s'insèrent les fruits formés de 7 à 12 follicules.

Bois blanc, très fibreux, de médiocre qualité. Pourrait peut-être servir pour la fabrication de la pâte à papier, l'arbre étant commun.

$$D. = 0,732.$$

Ecorce mince, grisâtre, un peu rugueuse.

Hab. — Dans toute la forêt de la Côte d'Ivoire ; mûrit ses fruits en décembre janvier. Alépé (n° 16241), Comoé, chemin de fer, Sassandra.

Description :

Plante monoïque. Feuilles très grandes de 40 cm. à 50 cm. de long, avec un long pétiole cylindrique, subligneux.

Fleurs subsessiles par petits fascicules de 3 à 8 fleurs, groupées le long du tronc sur le bois déjà âgé. Fl. mâles : calice campanuliforme, long de 25 mm. au moment de la floraison, écailleux et d'un gris rougeâtre à l'extérieur, d'un pourpre noirâtre à l'intérieur, blanc au fond et taché de jaune à hauteur des anthères, parsemé en-dedans de poils simples ; lobes 5, étalés au-dehors, subtriangulaires, un peu aigus au sommet, épais, longs de 10 à 12 mm., larges de 8 à 9 mm. à la base. Androphore long de 8 mm., épais de 2 mm. 5 à 3 mm., blanc, portent une couronne d'anthères à loges parallèles serrées les unes contre les autres et formant par leur ensemble une cupule concave, haute de 5 mm. ; au centre de la cupule se trouve une petite expansion formée de 8 à 10 lobes légèrement pubescents. Fleurs ♀ ? Fruits très gros formés de 7 à 12 follicules rayonnant autour d'un pédoncule au-dessus duquel ils sont relevés et incurvés de manière à former une sorte de disque aplati délimitant une cupule presque close, l'extrémité des follicules venant s'adosser les uns contre les autres. Chaque follicule est incurvé-falciforme, haut de 10 à 12 cm. sur 5 à 6 cm. de large, il a la forme d'une banane. Chacun contient 20 à 24 graines disposées sur deux rangs et à 2 cotylédons. Ces graines ne sont pas utilisées par les indigènes. Elles sont petites comme celles du *Cola cordifolia* et ne ressemblent pas aux noix de Kola.

Remarque :

Cette espèce ressemble beaucoup par ses feuilles au *Cola pachycarpa* K. Schum., mais dans ce dernier les fleurs sont glabres et l'ovaire n'a que 4 carpelles contenant chacun 10 à 12 ovules.

Cola proteiformis A. Chev.

Noms vernac. — Kouanda (attié), Gniangon (agni), Kokotsi (fanti).

Arbre de 25 à 30 mètres de haut, à tronc de 15 à 20 mètres sans branches, mesurant 50 à 75 cm. de diamètre.

Bois rouge, de la même couleur que l'acajou, bien maillé, moyennement dur.

$$D. = 0,583$$

Ecorce d'un gris-roussâtre, épaisse, fendillée longitudinalement.

Us. — Bois intéressant, ressemblant beaucoup comme aspect au Cailcédrat du Sénégal et qui peut certainement remplacer l'acajou proprement dit, surtout si on peut le livrer au commerce à un prix inférieur de 40 francs par tonne au cours de de l'acajou.

Hab. — Çà et là à travers la forêt, commun aux environs d'Alépé (jeunes fruits en mars, n° 16232).

Description :

Arbre à feuilles coriaces très polymorphes, les unes simples et entières, les autres composées-digitées à 3 ou 5 folioles. Pétiole grêle, rigide, long de 2 à 12 cm. Limbe (dans les feuilles simples) ou folioles lancéolées ou ovales-lancéolées, cunéiformes à la base, longuement acuminées et très aigues, longues de 12 à 15 cm., larges de 5 à 9 cm., glabres et luisantes en dessus, couvertes en dessous d'écailles ferrugineuses brillantes (couleur bronzée).

Inflorescences en longues panicules rigides, ascendantes, faiblement ramifiées au sommet, à rachis couverts aussi d'écailles ferrugineuses.

Fleurs ?

Jeunes fruits composés de 2 à 5 follicules obovales ascendants, couverts d'écailles ferrugineuses comme le dessous des feuilles, composés d'une partie basale renflée qui est le carpelle proprement dit et terminés chacun par une aile allongée, élargie et arrondie au sommet, ressemblant à un carpelle d'érable. Graines ?

Remarque.

C'est avec doute que nous rapportons cette espèce au genre *Cola*, n'ayant vu ni les fleurs ni les fruits adultes.

Cependant les feuilles trifoliolées ressemblent beaucoup à celles de *C. lepidota* K. Schum. que nous avons vu à l'Herbier de Kew, mais elles diffèrent surtout par l'enduit ferrugineux-bronzé en dessous et par leur forme plus allongée. Sur certains rameaux on ne trouve que des feuilles simples, sur d'autres des feuilles à 3, 4 ou 5 folioles ; enfin sur certains rameaux ces différentes formes de feuilles sont réunies.

Cola vera K. Schum.

Syn. — *C. acuminata* Heckel et mult. auct. (non P. Beauv.), *C. nitida* et *C. grandiflora* Vent. ?

Noms vernac. — Ngoro (mandingues), Awassé (abé), Buessé (mbonoi), Halu (adioukrou), Hapo (ébrié), Lo (attié), Guéré (néyau), Gurésu (bété), Huré (plabo), Wé (trépo). Kolatier.

Arbre de 15 à 25 mètres de haut, à tronc de 0 m. 40 à 0 m. 50 de diamètre, s'élevant de 5 à 8 mètres sans branches.

Bois d'un gris clair, légèrement rougeâtre, à cœur un peu plus foncé, d'un rose clair à l'état frais.

$$D. = 0,588.$$

Ecorce grise fendillée longitudinalement.

Us. — Le bois peut servir dans la menuiserie et a attiré l'attention des constructeurs de voitures de chemins de fer.

Hab. — Entre Guébo et Mbago (n° 16187, février). Répandu dans toute la forêt, mais en exemplaires très dispersés qu'il serait regrettable de détruire, cet arbre fournissant les meilleures *noix de Kola*.

Remarque :

Le Kolatier de la Côte d'Ivoire est trop connu pour que nous en donnions la description ici. Nous renvoyons les personnes que sa culture intéresse au fascicule VI des *Végétaux utiles*, actuellement sous presse.

Pterygota cordifolia A. Chev.

Noms vernac. — Waré, Borfo waré (agni), Apé (attié), Sounoun (fanti).

Arbre de 30 à 35 mètres. Tronc ailé à la base, de 0 m. 50 de diamètre, long de 20 mètres sans branches.

Bois blanc prenant une teinte gris-clair sitôt abattu, léger.

Ecorce grisâtre-cendrée, rugueux, non fendillée.

Hab. — Observé seulement à Zaranou (en fruits, n° 16271).

Description :

Jeunes rameaux pubescents, ensuite glabres rugueux. Feuilles longuement pétiolées, à limbe coriace, profondément cordé à la base, ovale-allougé, à bords très entiers jamais lobés, long de 16 à 25 cm. sur 10 à 16 cm. de large, avec 7 nervures partant de la base, glabres sur les deux faces, sauf les nervures qui sont pubérulentes en dessous.

Follicules jeunes stipités à la base, couverts d'une pubérulence roussâtre, épaisse, les adultes épais, suborbiculaires, de 10 à 12 cm. de diamètre, renfermant un grand nombre de graines aplaties-ailées, insérées sur deux rang.

Les graines (aile comprise) sont oblongues, longues de 10 cm. L'aile roussâtre, est élargie et arrondie au sommet et mesure 3,5 à 4 cm. 5 de largeur. Elle est constituée par un tissu roussâtre analogue à la moelle de sureau. Les graines proprement dites sont elliptiques-aplaties, longues de 20 à 22 mm. sur 10 à 12 mm. de largeur et 4 mm. d'épaisseur, tégument parcheminé, dur, mince, extérieurement brun–roussâtre, nervié longitudinalement, comme pubérulent. Albumen amylacé formant deux lames plan-convexes entourant les cotylédons. Cotylédons plans, foliacés, occupant toute la largeur de la graine, blanchâtres.

Sterculia oblonga Mast.

Syn. — *Eriobroma Klaineana* Pierre.

Nom vernac. — Azodô (abé).

Arbre de 25 à 35 mètres de haut, à tronc de 0 m. 50 à 1 mètre de diamètre.

Bois blanc-jaunâtre, mou, avec d'assez jolis reflets, mais s'échauffant facilement.

$$D. = 0,521.$$

Ecorce blanchâtre, cendrée, non fendillée, mais s'enlevant un peu en plaquettes à la surface.

Hab.— Assez commun dans la forêt : Chemin de fer (n° 16137), Comoé, Sassandra. Connu aussi au Cameroun, à Fernando-Pô et au Gabon.

Description :

Feuilles oblongues, aiguës ou arrondies, rarement subacuminées, entières, glabres sur les deux surfaces, longues de 5 à 14 cm. sur 3 à 7 cm. de large. Pétiole de 2 cm. 5 à 5 cm. de long. •

Fleurs nombreuses, en panicules axillaires ou insérées au-dessous des feuilles ; boutons floraux obtus. Calice pubescent sur les deux côtés, à 5 lobes profonds, obtus, étalés en étoile, d'un jaune fauve avec une tache verte au milieu de chaque lobe.

Follicules gros ellipsoïdes acuminés, ligneux, épais, de 10 cm. de long. Graines nombreuses. Fleurs en mars ; fruits mûrs à la même époque.

Sterculia Tragacantha Lindl.

Syn.— *S. pubescens* G. Don., *S. obovata* R. Br.

Noms vernac. — Poré-poré (abé), Lomburu (bondoukou), Botopia (attié), Kotokié (indénié).

Arbre de 20 à 35 mètres de haut, à tronc de 0 m. 45 à 0 m. 75 de diamètre, long de 15 à 20 mètres sans branches, perdant ses feuilles après les pluies, aux mois de novembre et décembre, les reprenant en janvier et février.

Bois d'un blanc-mat ou d'un blanc-jaunâtre, d'un blanc légèrement rosé au cœur, mou s'échauffant facilement.

D. pour 16142 = 0,295.   D. pour 16275 = 0,407.

Ecorce grise, légèrement fendillée, laissant fréquemment exsuder une gomme blanche (gomme adragante).

Hab. — Commun à travers la forêt, un des bois tendres les plus fréquents. Répandu en outre dans toute l'Afrique occidentale depuis la Casamance jusqu'à l'Angola. Bouroukrou (n° 16142), Zaranou (n° 16275).

Description :

Branches disposées au sommet de l'arbre, étalées horizontalement, grisâtres-cendrées. Deux sortes de rameaux, les uns courts, assez gros, portant les inflorescence à leur extrémité, munis de grosses cicatrices rapprochées correspondant aux traces foliaires de l'année précédente, les autres destinés à l'élongation, allongés, assez grêles, à feuilles distantes, à écorce d'un vert blanchâtre parsemée de nombreux lenticelles blancs et recouverte d'un fin tomentum roussâtre formé par des poils étoilés.

Feuilles pétiolées, d'un vert clair à l'état jeune, ensuite d'un vert sombre et coriaces. Pétiole assez grêle, cylindrique, renflé aux extrémités, recouvert d'un pubérulum roussâtre, long de 3 à 6 cm. Limbe coriace oblong ou subelliptique, entier, arrondi ou légèrement cordé à la base, à sommet arrondi ou brièvement acuminé obtus, long de 15 à 20 cm. à l'état adulte, large de 8 à 15 cm. Surface supérieure parsemée à l'état jeune de quelques poils étoilés, ensuite glabre, d'un vert mat ou un peu luisante ; surface inférieure constamment tomenteuse par la présence de nombreux poils blancs-roussâtres pressés les uns contre les autres. Nervure médiane et nervures secondaires (au nombre de 7 à 9 paires) très saillantes en-dessous. Stipules lancéolées, aiguës, roussâtres, très velues et très promptement caduques.

Fleurs apparaissant avant les feuilles en panicules fournies, rameuses, groupées par paquets de 8 à 12 branches à l'extrémité de rameaux spéciaux, terminés par une jeune pousse feuillée (feuilles non encore épanouies au moment de la floraison) surmontant l'inflorescence. Panicules pédonculées, rameuses, formant des épis strobilacés avant la floraison, longues de 8 à 12 cm. lorsque s'épanouissent les fleurs. Rameaux de l'inflorescence insérés à l'aisselle de larges bractées spatulées, acuminées au sommet, très promptement caduques.

Bractéoles petites, lancéolées, également caduques. Pédicelles plus courts que les fleurs, grêles, longs de 3 à 5 mm., couverts ainsi que les rachis, les bractées et les fleurs de nombreux poils étoilés rougeâtres, donnant un aspect rouge-velouté à toutes les inflorescences.

Fleurs unisexuées, les rameaux inférieurs de l'inflorescence portant ordinairement des fleurs mâles et les supérieurs des fleurs femelles.

Fleurs mâles et femelles réduites à un calice campanulé, long de 6 à 7 mm. à 5 lobes linéaires (parfois 6), soudés à leur extrémité.

Fleurs mâles à androcée globuleux, porté sur un androphore plus court que le calice, recourbé au sommet, glabre.

Fleurs femelles à ovaire très poilu, roussâtre, 5-lobé, surmonté par un style grêle, terminé par un stigmate lobé, papilleux. Au-dessous de l'ovaire existent deux rangs de sacs staminaux.

Follicules 3 à 5, groupés en étoile, subsessiles, d'un rouge-orangé à maturité, longs de 5 à à 8 cm., larges de 3 à 4 cm. lorsqu'ils sont ouverts, oblongs stipités, contenant de 3 à 5 graines munies d'une arille blanchâtre enveloppant complètement le tégument et recouverte extérieurement d'une pellicule noirâtre s'enlevant facilement faisant défaut au hile, muni d'une expansion jaunâtre.

Ces graines sont ovoïdes et mesurant 12 à 14 mm. de long sur 8 à 9 mm. de large. Tégument noir, mince, cartilagineux.

Albumen blanchâtre, mou, entourant complètement un embryon formé d'une grosse radicule et de deux cotylédons aplatis.

Triplochiton scleroxylon K. Schum.

Syn. — *T. Johnsoni* Wright.

Noms vernac. — Sam'ba, Sankamba, Sama, Sérama (bondou-kou), Hôfa (abé), Patabua (agni), Wa-wa (apollonien et indénié), Owa-wa (Côte-d'Or, d'après W. H. JOHNSON).

Un des plus gros et des plus remarquables arbres de la forêt, s'élevant de 25 à 40 mètres de haut, ayant parfois un tronc de 2 mètres de diamètre avec de puissants contreforts à la base comme l'*Eriodendron*.

Ce tronc s'élève jusqu'à 35 mètres sans branches et l'intérieur est parfaitement sain, de sorte que certains arbres peuvent don-ner jusqu'à 50 m³ de bois ouvrable.

Epaississements aliformes s'élevant jusqu'à 3 ou 4 mètres au dessus du sol, différant de ceux de l'*Eriodendron* parce qu'ils n'ont pas d'épines. Rameaux étalés. Ces arbres perdent leurs feuilles à la fin de la saison sèche (mars-avril).

Bois blanc très léger et de très bel aspect, élastique, mou dans l'aubier, mais plus ferme et de teinte légèrement jaunâtre dans le duramen.

D. = environ 0,40 quand on vient de l'abattre ;
0,283 à l'état sec.

Ecorce blanchâtre, s'enlevant par écailles irrégulières. A l'in-térieur, cette écorce est rouge mucilagineuse.

Us. — Les indigènes en font des pirogues. C'est un des bois les plus intéressants pour la menuiserie européenne. Il est bien supérieur au tilleul et au peuplier qu'il peut remplacer avanta-geusement. Les ébénistes pensent qu'il ne peut pas servir à la décoration de l'ameublement à cause de ses veines creuses. Ce-pendant il se travaille très bien et se tient ferme sous l'outil,

On pense qu'il serait aussi très utilisable pour la fabrication de la pâte à papier.

Hab. — Assez répandu en pleine forêt depuis le Libéria jusqu'au Cameroun. L'arbre ne se trouve ordinairement pas à proximité de la mer.

A la Côte d'Ivoire il devient commun à partir de 70 kilomètres de la mer et persiste jusqu'à la lisière nord de la forêt, car nous le possédons en herbier du Haut-Cavally où il avait été récolté en 1899 par C. Van Cassel, membre de la mission Vœlffel.

L'arbre fleurit en janvier. Bouroukrou (n° 16105).

Les fruits mûrs seraient à rechercher en mai.

Description :

Jeunes rameaux glabres, verts ; rameaux plus âgés cendrés, striés longitudinalement. Stipules lancéolées, linéaires, caduques.

Feuilles alternes, pétiolées, à limbe palmatilobé (3 à 7 lobes), cordiforme à la base, entièrement glabre, long de 12 à 15 cm. sur 15 à 18 cm. de large (parfois plus petit sur les vieux rameaux) ; lobes demi-elliptiques, brièvement acuminés, à acumen obtus, ayant le tiers de la longueur totale du limbe ; surface supérieure vert-foncé et luisante, l'inférieure très pâle, 5 à 7 nervures palmées, très saillantes en dessous, glabre ; nervilles formant un fin réticulum très saillant. Pétiole cylindrique, grêle, un peu épaissi à la base, très élargi au sommet (naissance des nervures), long de 5 à 7 cm.

Fleurs hermaphrodites en petites panicules panciflores de 2 à 5 cm. de long, insérées sur les rameaux ayant déjà perdu leurs feuilles.

Calice gamosépale, long de 7 à 8 mm., à 5 lobes libres presque jusqu'à la base, long de 6 à 7 mm., larges de 3,5 à 4 mm., triangulaires, subaigus, d'un vert-brunâtre à l'extérieur, brun à l'intérieur, couverts sur les deux deux faces de poils abondants.

Corolle rotacée, à 6 pétales libres, très velus des deux côtés, largement obovales, plus ou moins émarginés au sommet, à onglet court, cunéiforme, à bords ciliés-pubescents, de 10 à 13 mm. de long et de large. Surface supérieure des pétales blanc-jaunâtre, avec une large tache d'un noir-pourpre couvrant tout l'onglet et une partie de la lame. Surface inférieure d'un blanc légèrement jaunâtre, sauf de petites taches rouge sang sur l'onglet.

Androgynophore, s'insérant au centre d'un disque verdâtre, long de 2 à 3 mm., épais, pubescent, blanc avec 5 lignes pourpres, formant une colonne pentagonale.

Etamines 30, accouplées 2 à 2, insérées au sommet de la colonne et en dehors du périanthe carpellaire.

Filets blancs de 2 mm. de long, libres, soudés 2 à 2 seulement à la base, anthères de 1 mm. de long, ovales elliptiques, à 2 loges ; pollen jaune.

En dedans des étamines s'insèrent 5 écailles pétaloïdes (périanthe du gynécée) blanches, scarieuses, ovales, concaves, longues de 3 mm., finement pubescentes glanduleuses au dehors, luisantes, glabres au dedans, imbriquées et constamment appliquées sur le pistil qu'elles cachent. Ovaire de 3 mm. de long, ovoïde, formé de 5 carpelles libres, rapprochés côte à côte et semblant soudés, d'un jaune-verdâtre, couverts de poils courts glanduleux sauf suivant une ligne dorsale saillante glabre partant de la base du style et descendant 2/3 du carpelle.

Styles courts, filiformes, verdâtres, pubescents, longs de 1 mm. 5, glabres et un peu glanduleux au sommet.

Les styles des 5 carpelles sont agglutinés ensemble et soudés en un seul stigmate. Chaque carpelle renferme 6 à 8 ovules insérés sur deux lignes à la face dorsale (interne) du carpelle.

Fruits inconnus.

Observation :

Cet arbre n'est pas seulement intéressant au point de vue de son utilisation. C'est aussi l'une des essences les plus curieuses au point de vue botanique, que l'on ait découvertes en Afrique tropicale dans ces dernières années. A la même époque, on découvrait en Birmanie une autre plante assez voisine dont on a fait le *Mansonia Gagli* J.-R. Drumm.

Du *Triplochiton*, K. Schumann avait fait une famille nouvelle, les *Triplochitées* qu'il plaçait dans les *Malvales* (K. Schumann, *Engl. Bot. Jahrb.*, XXVIII, 1900, 330-331).

Plus récemment, M. D. Prain a montré que les deux genres *Triplochiton* et *Mansonia* devaient former sous le nom de *Mansoniées* une tribu aberrante qu'il rattache aux Sterculiacées (*Journ. linn. Soc.*, XXXVII, 1905, 250-262).

Entre temps, M. C.-H. Wright, décrivait un *Triplochiton* de la Gold Coast sous le nom de *T. Johnsoni*, le considérant comme une espèce distincte de la plante de K. Schumann et il en publie un bon dessin (in *Hooker Icones plantarum*, vol. VIII, 1903, p. 3 et pl. 2758).

Nous croyons que les deux plantes ne font qu'une seule espèce, les différences que relève Wright, proviennent vraisemblablement d'observations inexactes de K. Schumann. En raison des règles de priorité, nous maintenons donc le nom spécifique de ce dernier botaniste, bien qu'il soit mauvais, *Scleroxylon* désignant un bois dur, alors qu'il s'agit au contraire d'un bois très tendre.

TILIACÉES.

Famille comprenant de nombreux arbustes communs en Afrique occidentale (surtout du genre *Grewia*) et quelques arbres seulement.

Dubosola macrocarpa Bocq.

Noms vernac.— Pianro (agni).

Arbre de 15 à 20 mètres de haut, à tronc de 0 m. 20 à 0 m. 35 de diamètre, rameaux pendants.

Bois blanc-jaunâtre, demi-dur, cœur un peu plus clair.

$$D. = 0,541.$$

Ecorce grise, fibreuse, s'enlevant sous forme de fibres étroites mucilagineuses.

Hab. — Zaranou (n° 16272, mars).

URTICACÉES.

(9 espèces).

Famille comprenant un grand nombre d'arbres spéciaux à l'Afrique.

Le genre *Ficus* à lui seul compte plus de 30 espèces en A. O. F. Au point de vue du bois, nous n'avons examiné encore qu'un petit nombre d'espèces.

Le bois de ces arbres est généralement blanc, facile à travailler et conviendrait pour la menuiserie, mais il est souvent attaqué par les insectes.

Il faut toutefois en excepter le *Chloraphora*, dont le bois est un des plus beaux pour la charpente, et des plus résistants qui soient au monde.

Antiaris toxicaria Lesch., var. africana Scott. Elliot.

Noms vernac. — Ako (mbonoi), Mutié ? (abé).

Arbre de 35 à 40 mètres de haut, à tronc de 0 m. 90 à 1 m. 30 de diamètre, avec ailes d'appui à la base s'élevant à 2 mètres de haut.

Bois blanc tendre et un peu fibreux, aubier et cœur non différencié.

D. pour 16107 = 0,408.   D. pour 16217 = 0,362.

Ecorce d'un gris-roussâtre avec des plaques planches s'enlevant en larges bandes avec lesquelles les indigènes se vêtissent, laissant écouler quand on l'entaille un peu de latex blanchâtre aqueux.

Us. — La Société centrale des Architectes tout en reconnaissant la beauté et la qualité de ce bois, ne peut donner aucun avis au sujet de son utilisation, avant que des applications réelles aient été faites, soit en sculpture, en moulures ou en lambris et qu'on connaisse comment il s'est comporté après un certain temps.

Pourrait être utilisé en ébénisterie en remplacement du tulipier pour contre-plaquage, et pour la menuiserie.

Hab. — Bouroukrou (n° 16107, janvier), Dabou (n° 16217, février). Assez commun en forêt.

Description :

Jeunes rameaux roussâtres très finement pubescents-veloutés. Feuilles alternes, distiques, ovales ou ovales-elliptiques, cordées à la base, arrondies ou très brièvement acuminées au sommet, de 13 à 15 cm. de long, sur 8 à 9 cm. de large, rugueuses et fortement réticulées sur les 2 faces, à réticulum déprimé en dessus, jaunâtre et très saillant en dessous. Surface supérieure luisante à poils courts rudes, visibles à la loupe seulement. Surface inférieure très pubescente surtout sur les nervures et les nervilles. Pétiole de 6 à 8 mm., tomenteux-ferrugineux. Bourgeons roussâtres tomenteux. Fleurs et fruits?

Celtis integrifolia Lamk.

Noms vernac. — Tongo (bondoukrou), Mgua (abé).

Arbre de 25 à 30 mètres de haut, à tronc de 0 m. 40 à 0 m. 65 de diamètre, cylindrique.

Bois blanc-jaunâtre, demi-dur à l'état frais, d'un blanc-gris en vieillissant.

D. pour 16130 = 0,772.   D. pour 16144 = 0,852.
D. pour 16152 = 702.

Ecorce gris-cendrée, non fendillée, écailleuse.

Hab. — Bouroukrou (n⁰ˢ 16130, 16144 et 16152, janvier).

Description :

Jeunes rameaux très pubescents ferrugineux.

Feuilles pétiolées, alternes, entières ou subentières à limbe oblong ou oblong-lancéolé, acuminé, à acumen apiculé au sommet à base cunéi-forme, très coriace, papyracé, glabre ou presque glabre, rugueux, mesu-rant en moyenne 8 à 10 cm. de long, sur 3,5 à 4 cm. de large ; Ner-vure médiane déprimée en dessus, très saillante en dessous, couverte au moins dans le jeune âge d'une pubescence roussâtre ferrugineuse ; ner-vures latérales : 3 à 5 paires très ascendantes, la paire inférieure naissant à la base du limbe de sorte que la feuille est trinerviée. Toutes les ner-vures latérales et la nervure médiane sont réunies entre elles par des trabécules perpendiculaires à celles-ci.

Pétiole grêle, pubescent, de 4 à 6 mm. de long. Inflorescences isolées à l'aisselle des feuilles inférieures des rameaux âgés, à pédicelles grêles, ne portant qu'une seule fleur.

Fruit porté sur un pédicelle glabrescent, long de 10 mm. avec les lobes du calice desséchés et persistant à la base du fruit ; celui-ci est une noix indéhiscente ovoïde-aplatie, carénée sur les bords, bosselée-rugueuse, atténuée aux deux extrémités, terminée au sommet par 2 longs styles bifurqués persistants, long de 10 à 12 mm., large de 7 mm., l'enveloppe (exocarpe) est d'abord verte et prend à maturité une teinte rouge, au-des-sous se trouve une coque dure de la grosseur d'un petit noyau de cerise ; une seule graine dans le noyau.

Observation :

L'arbre varie beaucoup comme port. En forêt, il se compose souvent d'un long tronc grêle, terminé par un petit panache de branches

Les jeunes pieds croissant sous bois ont des feuilles de très grandes dimensions et sont tantôt complètement glabres, tantôt fortement pubescentes en dessous. Nous avons vu de ces feuilles qui mesurent 18 à 20 cm. de long, sur 9 à 10 cm. de large ; elles sont alors munies de grosses dents au sommet.

Chlorophora excelsa (Welw.) Benth. et Hook.

Noms vernac. — Guenlé (bondoukou), Bonzo (bambara), Akédé (abé), Agui (ébrié), Elui (agni), Odum (apollonien), Coke Wood (anglais), Rokko (dahomey), Bakana ? (fanti).

Arbre de 25 à 40 mètres de haut, à tronc de 0 m. 80 à 1 m. 70 de diamètre, très droit et cylindrique.

Bois d'un jaune-brun avec des lignes longitudinales moins foncées, un peu tourmentées, dur, mais se travaillant bien. Lorsqu'il est fraîchement coupé, il est d'un rouge pâle, mais brunit dès qu'il est exposé à l'air.

D. = 0,721.

Ecorce blanchâtre, marbrée de gris, et laissant écouler un latex jaunâtre, se concrétant facilement.

Us. — Très beau bois, pouvant remplacer le Teck de Birmanie, déjà exploité à Lagos.

Serait très bon pour les voitures de chemin de fer, et pour les traverses, il pourrait être vendu comme chêne, surtout s'il est inaltérable, car on peut l'employer sans le créosoter.

Hab. — Bouroukrou (n° 16139, janvier). Commun dans la forêt.

Description :

Jeunes rameaux verts, glaucescents, glabres. Feuilles alternes, distiques, entières ou très légèrement ondulées, roncinées sur les bords, complètement glabres, longuement pétiolées ; limbe ovale ou ovale-elliptique, arrondi aux deux extrémités, parfois légèrement cordé à la base, longues de 12 à 15 cm., sur 6,5 à 8 cm. de large ; nervure médiane jaunâtre, très saillante en dessous et un peu déprimée en dessus ; nervures secondaires parallèles en disposition pennée au nombre de 12 à 18 paires, allant jusqu'au bord de la feuille. Pas de réticulum visible ; surface supérieure luisante, l'inférieure glaucescente. Pétiole de 3 à 4 cm. de long, subcylindrique avec canalicule près de la naissance du limbe.

Ficus Goliath A. Chev.

Nom vernac. — Abono (mbonoi).

Arbre de 30 à 35 mètres de haut, à tronc de 0 m. 80 à 1 m. 10 de diamètre.

Bois d'un blanc-jaunâtre, légèrement maillé.

$$D. = 0,621$$

Ecorce grisâtre, à petits points superficiels roussâtres, épaisse, un peu rugueuse, non fendillée.

Hab. — Dabou (n° 16211, février), dans la Lagune Potou et dans l'Attié.

Ficus guineensis (Stapf.) Miq.

Noms vernac. — A-turu (mbonoi).

Petit arbre de 15 mètres de haut, à tronc de 0 m. 30 à 0 m. 40 de diamètre.

Bois d'un blanc-noirâtre, avec des reflets moins foncés, tendu.

$$D. = 0,486.$$

Ecorce d'un blanc-grisâtre, très mince et un peu rugueuse.

Hab. — Attéou (n° 16184, janvier).

Ficus sp.

Noms vernac. — Diangué (agni), Mékhi (attié), Karfa bili (bambara du sud).

Arbre de 30 mètres de haut, à tronc de 0 m. 30 à 0 m. 60 de diamètre.

Bois blanc, légèrement rosé, avec des lignes longitudinales plus foncées, tendre.

$$D. = 0,540$$

Ecorce grise, à peine fendillée, épaisse, avec de nombreuses lenticelles, laissant exsuder un latex à demi-gluant pouvant cependant être utilisé pour faire du caoutchouc de second ordre.

Hab. — Aboisso (n° 16293, avril).

Pontya excelsa A. Chev.

Noms vernac. — Triwa (agni), Metchi (attié).

Arbre de 20 à 25 mètres de haut, à tronc de 0 m. 35 à 0 m. 45 de diamètre.

Bois blanc, avec des taches rosées au cœur, demi-dur.

$$D. = 0,628.$$

Ecorce grise, rugueuse, finement fendillée, laisse exsuder à la longue une matière brune se concrétant et devenant dure, peu gluante. Les indigènes la mettent dans le caoutchouc pour le frauder.

Hab. — Zaranou (n° 16278, mars). Çà et là dans la forêt.

Observation :

Cette espèce constitue le nouveau genre *Pontya* qui se place près des *Dorstenia*.

Morus mesozygia Stapf.

Noms vernac. — Cécérûi (agni), Bona (attié).

Arbre de 25 à 30 mètres de haut, à tronc de 0 m. 40 à 0 m. 70 de diamètre et de 15 à 20 mètres sans branches.

Bois à aubier blanc-grisâtre et à cœur jaune, demi dur.

$$D. = 0,810.$$

Ecorce d'un gris-cendré comme farineuse, creusée de sillons longitudinaux assez profonds.

Hab. — Zaranou (n° 16267, mars).

Observation :

C'est le premier mûrier connu en Afrique tropicale. La description de STAPF n'a pas encore été publiée.

Musanga Smithii R. Br.

Noms vernac. — Loho (abé), Gûima, Djuna (bondoukou), Egûi (agni), Parasolier (colons), Congo-Congo (gabonais).

Arbre de 20 à 25 mètres de haut, avec racines adventives à la base, à tronc de 0 m. 30 à 0 m. 60 de diamètre et de 5 à 15 mètres sans branches.

Bois blanc un peu rosé, très tendre et filandreux, peut facilement se débiter en planches, aubier et cœur non différencié.

$$D. = 0,262$$

Ecorce cendrée, presque lisse, finement fendillée longitudinalement.

Us. — Les indigènes se servent de ce bois pour faire des enclos pour leurs cases. Peut être employé pour la fabrication de la pâte à papier.

Hab. — Makouié (n° 16155, janvier). Très commun dans toute la forêt. Apparait de préférence sur l'emplacement des anciennes cultures.

Myrianthus arboreus Pal. Beauv.

Noms vernac. — Agnon (abé), Atolaïé (mbonoi), Agniéré (ébrié).

Arbre de 15 à 25 mètres de haut, à tronc de 0 m. 30 à 0 m. 50 de diamètre, muni de racines adventives à la base.

Bois blanc-jaunâtre, demi-dur, très difficile à travailler, s'enlevant par petits morceaux à cause de la présence des plages fibreuses alternatives avec parenchyme mou.

$$D. = 0,685$$

Ecorce cendrée-grisâtre, presque lisse.

Hab. — Voguié (n° 16174, janvier), Lagune Potou et dans l'Attié.

Myrianthus serratus (Tréc.) Benth. et Hook.

Noms vernac. — Nianga-magni (indénié), Diancongûé (attié), Nianga (agni).

Arbre de 15 à 25 mètres de haut, à tronc de 0 m. 30 à 0 m. 50 de diamètre, et de 5 à 10 mètres sans branches.

Bois blanc-jaunâtre, tendre, aubier et cœur non différenciés.

$$D. = 0,543$$

Ecorce d'un gris-roussâtre, presque lisse, très mince.

Hab. — Zaranou (n° 16276, mars), sur le chemin de fer et dans le Sassandra.

Treculia africana L.

Noms vernac. — Yukugo (bondoukou), Izaquente (colons portugais). Arbre à pain d'Afrique (colons).

Arbre de 20 à 35 mètres de haut, à tronc de 0 m. 50 à 0 m. 80 de diamètre, très anguleux depuis la base jusqu'au sommet, paraissant formé d'un grand nombre de petits troncs soudés autour d'un tronc central plus fort.

Bois blanc à grain fin.

Ecorce d'un gris-cendré, presque lisse.

Hab. — Bouroukrou (n° 16110 bis, janvier). Commun dans la forêt.

VERBÉNACÉES.

Famille renfermant de nombreuses plantes herbacées, quelques arbustes et très peu d'arbres. Le vrai Teck appartient à cette famille. Il est spécial à l'Asie tropicale, mais nous avons trouvé à la Côte d'Ivoire un arbre très gros d'un genre voisin, l'Esouné (agni), nouvelle espèce de *Cordia* dont le bois est très beau et inattaquable aux insectes d'après les indigènes. Nous ne l'avons pas encore abattu.

Vitex micrantha Gurke.

Arbre de 20 à 25 mètres de haut, à tronc de 0 m. 30 de diamètre. Ramure étalée arrondie. L'arbre perd ses feuilles et les
reprend en février-mars ?

Bois blanc, assez tendre, aubier et cœur non différenciés.

$$D. = 0,770.$$

Ecorce cendrée, très mince, finement fendillée longitudinalement.

Hab. — Alépé (n° 16229, fevrier), dans l'Agniéby et dans le
Sanwi. Floraison en avril.

Description :

Jeunes pousses finement pubescentes-grisâtres, ensuite glabres. Feuilles à 3 ou 5 folioles, peu fermes, papyracées, vertes et glabres sur les 2
faces, caduques. Folioles obovales-cunéiformes, présentant ordinairement quelques grosses dents sur les bords, la médiane cuspidée, les latérales souvent arrondies-obtuses, très inégales, la médiane mesurant 2,5 à
6 cm, de long, sur 1,5 à 2 cm. 5 de large, les latérales parfois très petites,
ayant à peine 1 cm. de long. Pétiolules de 3 à 8 mm. de long. Pétiole grêle
de 3 à 6 cm. de long, finement canaliculé en dessus, glabre. Cymes grêles,
pauciflores, à pédoncules de 3 cm., finement pubérulents ou glabres. Calice fructifère finement glanduleux, campanulé-allongé, à dents à peine
marquées, long de 5 mm., sur 4 mm. de large.

Jeune fruit subcylindrique de 15 mm. de long, sur 4 mm. de diamètre.

ESPÈCES INDÉTERMINÉES.

(19 espèces).

Sous cette rubrique nous réunissons un certain nombre d'espèces dont nous n'avons pas encore pu déterminer la place dans
la classification botanique, soit parce que nous n'avons pu
trouver ces arbres en fleurs ou en fruits, soit parce que nous
n'avions pas de moyens d'études suffisants.

Quelques-uns ont pu être rattachés à diverses familles.

Euphorbiacée.

Nom vernac. — Kianga (mbonoi).

Arbre de 20 mètres de haut, à tronc de 0 m. 30 à 0 m. 40 de diamètre.

Bois d'un brun-rougeâtre, à reflets.

$$D. = 0,683$$

Ecorce s'enlevant par petites plaquettes.

Hab. — Dabou (n° 16214, février).

Euphorbiacée ?

Nom vernac. — Porono (agni).

Arbre de 20 à 35 mètres de haut, à tronc de 0 m. 30 à 0 m. 60 de diamètre.

Bois blanc-jaunâtre, d'un brun-noirâtre au cœur.

$$D. = 0,624$$

Ecorce finement fendillée, d'un gris-roussâtre, mince.

Hab. — Zaranou (n° 16286, mars).

Légumineuse.

Noms vernac. — Sankoromé, Sanromé (mbonoi).

Arbre de 40 mètres de haut, à tronc de 0 m. 50 à 0 m. 60 de diamètre.

Bois rouge-clair, à jolis dessins, demi-dur.

$$D. = 0,643$$

Ecorce grise, finement fendillée et formant des petites plaquettes.

Hab. — Yébo (vallée de l'Agniéby) (n° 16186, février).

Légumineuse.

Arbre de 20 à 25 mètres de haut, à tronc de 0 m. 40 à 0 m. 50 de diamètre.

Bois blanc-jaunâtre, à aubier et cœur non différenciés, demi-dur.

$$D. = 0,750$$

Ecorce grisâtre, un peu rugueuse, légèrement fendillée.

Hab.— Bouroukrou (n° 16150, janvier).

Légumineuse.

Noms vernac. — Kuapa (agni), Béréguan (attié), Papa (fanti).

Arbre de 15 à 25 mètres de haut, à tronc de 0 m. 30 à 0 m. 40 de diamètre, s'élevant de 10 à 15 mètres sans branches.

Bois d'un blanc-jaunâtre, dur, légèrement maillé.

$$D. = 0,844$$

Ecorce d'un gris-roussâtre, presque lisse.

Hab. — Zaranou (n° 16281, mars).

Légumineuse.

Noms vernac. — Adinam (agni), Awa (attié).

Arbre de 25 à 30 mètres de haut, à tronc de 0 m. 35 de diamètre, s'élevant à 15 mètres sans branches.

Bois rouge-clair, rappelant l'acajou, très maillé, demi-dur.

$$D. = 0,622$$

Ecorce grisâtre-cendrée, lisse ou finement rugueuse.

Hab. — Zaranou (n° 16270, mars).

Légumineuse ?

Noms vernac. — Faisso (attié), Assoséka (agni).

Arbre de 15 à 20 mètres de haut, à tronc de 0 m. 25 à 0 m. 30 de diamètre, s'élevant à 15 ou 20 mètres sans branches.

Bois blanc-rosé, à cœur et aubier non différenciés, demi-dur, légèrement maillé.

$$D. = 0,718$$

Ecorce grisâtre, finement fendillée.

Hab. — Zaranou (n° 16265, mars).

Méliacée.

Arbre de 25 mètres de haut, à tronc de 0 m. 40 à 0 m. 50 de diamètre.

Bois d'un rouge-pâle avec de jolies figurations, à aubier et cœur non différenciés, demi-dur.

$$D. = 0,741$$

Ecorce grise, assez profondément entaillée longitudinalement par petites rainures.

Hab. — Bouroukrou (n° 16131, janvier). Paraît rare en forêt.

Olacinée ?

Noms vernac. — Motékioro (abé), Haisan (mbonoi), Ncalfué (attié), Kiuangua (agni).

Arbre de 15 à 20 mètres de haut, à tronc de 0 m. 15 à 0 m. 25 de diamètre.

Bois blanc-jaunâtre, demi-dur.

$$D. = 0,843$$

Ecorce grise, finement rugueuse, très mince.

Hab. — Voguié (Agniéby, n° 16176, janvier).

Description :

Feuilles alternes, ovales-lancéolées, acuminées au sommet, cunéifor-
formes à la base, pétiolées, coriaces, grandes, de 15 à 25 cm. de long, sur
4 à 9 cm. de largeur, entières, un peu ondulées sur les bords, sans stipules, glabres ; 5 à 7 paires de nervures naissant près de la base.

Fruits isolés ou fasciculés par 2 ou 3, portés sur des pédoncules glabres, longs de 25 mm., épaissis au sommet, jaunâtres-ovoïdes, indéhiscents, contenant une seule graine fixée au sommet, munie d'un petit sillon
d'un seul côté. Albumen épais ; cotylédons foliacés.

Calice vert, persistant, à 4 pétales ovales, verdâtres, très courts (2 mm. 5).

Sapindacée ?

Noms vernac. — Sai (attié), Kérendja (agni), Eguéré baka
(bambara du sud).

Arbre de 25 à 30 mètres de haut, tronc de 0 m. 25 à 0 m. 40
de diamètre s'élevant de 15 à 20 mètres sans branches.

Bois d'un blanc-rosé, avec reflets rougeâtres, à grain fin,
cœur un peu plus foncé.

$$D. = 0,828$$

Ecorce d'un blanc-grisâtre, légèrement rugueuse, mince.

Hab. — Aboisso (n° 16294, avril).

Sapotacée.

Noms vernac. — Sonzakué (attié), Esson baka (agni).

Arbre de 20 mètres de haut, à tronc de 0 m. 60 à 0 m. 80 de
diamètre.

Bois rouge-sang-brun, très dur et très dense.

$$D. = 1,171.$$

Ecorce grise, presque lisse, s'enlevant par petites plaquettes,
riche en latex blanc.

Hab. — Entre la Rivière Bia et Yaou (Sanwi) (n° 16289,
mars).

Stercullacée ?

Noms vernac. — Kotié, Koti (abé), Balaké (bondoukou), Red wood (anglais), Baka-Bakoué (apollonien).

Arbre de 25 à 30 mètres de haut, à tronc de 0 m. 50 à 0 m. 80 de diamètre.

Bois rouge-clair, dur.

    D. pour 16108 = 0,850   D. pour 16122 = 0,785

Ecorce gris-roussâtre, finement fendillée, épaisse.

Us. — Trop lourd et trop dur, ne saurait passer pour de l'acajou en ébénisterie, assez dur et assez compact pour l'outillage en bois, mais possède une irrégularité de texture qui consiste en longues flaches, s'écorchant sous le rabot, qui le fait rejèter.

Peut être employé pour faire des voitures de chemins de fer et des cloisons intérieures de paquebots.

Hab. — Bouroukrou (n° 16108-16123, janvier). Commun le long du chemin de fer.

Famille incertaine.

Noms vernac. — Aséna emba (fant), Pué (attié), Awasain

Arbre de 25 mètres de haut, à tronc de 0 m. 30 à 0 m. 35 de diamètre.

Bois rouge-clair.

$$D. = 1,101.$$

Ecorce grise, lisse.

Hab. — Assinie (n° 16320, avril).

Famille incertaine.

Arbre de 20 à 25 mètres de haut, à tronc de 0 m. 30 à 0 m. 40 de diamètre.

Bois d'un blanc-brunâtre, moyennement dur.

$$D. = 0,923$$

Ecorce grisâtre, laissant exsuder une gomme blanchâtre, presque inodore.

Hab. — Lagune Potou (n° 16222, février). Revu à Alépé.

Famille incertaine.

Arbuste de 5 à 8 mètres de haut, à tronc de 0m. 10 à 0 m. 15
de diamètre.

Bois blanc à grain très fin, un peu rosé.

Ecorce grisâtre, très brune, mince.

Hab. — Aboisso (n° 16296, avril).

Famille incertaine.

Noms vernac. — Akumedua (agni), Bello (attié), Sinani
(fanti).

Arbre de 30 à 35 mètres de haut, à tronc de 0 m. 40 à 0 m. 60
de diamètre, de 20 à 25 mètres sans branches, n'ayant qu'une
tête de rameaux étalés au sommet, perdant ses feuilles. Base du
tronc ailée.

Bois rouge-pâle, assez joli, à grain fin.

$$D. = 0,837$$

Ecorce grise, striée longitudinalement.

Hab. — Zaranou (Indénié) (n° 16273, mars).

Famille incertaine.

Noms vernac. — Arombo (mbonoï), Amasoban (attié), Odum
(fanti).

Arbre de 30 à 35 mètres de haut, à tronc de 0 m. 60 à 0 m. 80
de diamètre.

Bois rouge, bien veiné, dur, imputrescible d'après les indigènes.

$$D. = 0,785$$

Ecorce grise-fibrilleuse, fendillée longitudinalement, mince.

Us. — Ne peut passer pour de l'acajou, mais peut être employé en menuiserie.

Hab. — Dabou (n° 16215, février), Malamasso (n° 16248, mars).

Famille incertaine.

Noms vernac. — Faux Kolatier (colons). Guagua (mbonoi), Torocûin Yacuru (ébrié), Wakiû (adioukrou).

Arbre de 20 à 25 mètres de haut, tronc de 0 m. 30 à 0 m. 45 de diamètre.

Bois blanc-jaunâtre, cœur plus foncé, demi-dur.

$$D. = 0,838$$

Ecorce grise, finement rugueuse, non fendillée.

Hab. — Mbago (n° 16189, février).

Description :

Jeunes rameaux dressés, glabres, mais couverts de petits lenticelles saillants serrés les uns contre les autres. Feuilles alternes, lancéolées-oblongues, acuminées, cunéiformes à la base, de 18 à 22 cm. de long, sur 6 à 8 cm. de large, pétiolées, coriaces parcheminées, raides, glabres, rappelant un peu les feuilles de Cacaoyer, 10 à 12 paires de nervures latérales. Pétiole cylindrique lignifié, de 15 mm. de long. Les fruits isolés ou par 2 ou 3) sont portés sur des pédoncules latéraux de 5 à 6 cm. de long, pendants ; ce sont de grosses capsules grises-verruqueuses à surface subérisée, subsphériques de 5 à 7 cm. de diamètre transversal, haute de 4 à 5 cm., le sommet présente un long bec aigu surmontant brusquement le milieu du fruit, à la base du fruit existe une sorte de demi collerette laciniée, soudée à la partie inférieure de l'exocarpe ; une seule graine avec deux gros cotylédons de 2,5 à 3 cm. de diamètre, d'un rouge vif extérieurement, rappelant la noix de Kola.

Famille incertaine.

Noms vernac. — Mussa ncué (abé), Adjansé (mbonoi).

Petit arbre de 15 à 20 mètres de haut, à tronc de 0 m. 25 à

0 m. 60 de diamètre, branches étalées horizontalement, à feuilles tombées lorsque les fruits arrivent à maturité.

Bois blanc-rosé, à fibres très droites, se travaillant bien.

$$D. = 0,672.$$

Ecorce grise-fibrilleuse, mince.

Hab. — Voguié (n° 16179, janvier).

LISTE DES BOIS

RÉCOLTÉS

au cours de la mission forestière (1906-1907)

~~~~~~~~~~

Chaque numéro correspond au numéro d'ordre des échantillons d'herbier, des échantillons de bois et d'écorces conservés dans la collection déposée au Muséum d'Histoire naturelle.

Les densités ont été calculées sur des plaques prélevées ordinairement dans le cœur du bois, plaques complètement desséchées (les mensurations et les pesées ont été faites 20 mois après l'abattage).

Les indications relatives à l'utilisation ont été données par divers industriels et marchands de bois de Paris qui ont fait un examen attentif des plaques travaillées.

Comme nom indigène, nous avons adopté celui qui etait le plus répandu ou qui nous a semblé le plus facile à retenir.

16101	*Pycnanthus Kombo* Warb............................
16102	*Petersia viridiflora* A. Chev........................
16103	*Strombosia pustulata* Oliv.........................
16104	*Terminalia altissima* A. Chev.......................
16105	*Triplochiton scleroxylon* K. Schum ....
16106	*Khaya ivorensis* A. Chev...........................
16107	*Antiaris toxicaria* Lesch. var. *africana* Scott-Elliot......
16108	Indéterminé (Sterculiacée ?)........................
16109	*Eriodendron guineense* Schum. et Thonn.............
16110	*Treculia africana* L...............................
16111	*Enantia chlorantha* Oliv...........................
16112	*Trichilia acutifoliolata* A. Chev....................
16113	*Albizzia rhombifolia* Benth........................
16114	*Alstonia congensis* Engl...........................
16115	*Ochrocarpus africanus* Oliv........................
16116	*Pentaclethra macrophylla* Benth....................
16117	*Piptadenia africana* Benth.........................
16118	*Xylopia parviflora* Benth..........................
16119	*Chrysophyllum africanum* A. D. C...................
16120	*Lophira procera* A. Chev...........................
16121	*Uapaca bingervillensis* Beille......................
16122	*Tetrapleura Thonningii* Benth......................
16123	Indéterminé (Sterculiacée).........................
16124	*Bombax buonopozense* P. Beauv......................
16124 bis	*Bombax buonopozense* Pal. Beauv. var. *cristata* A. Chev.
16125	*Trichilia cedrata* A. Chev..........................
16126	*Entandrophagma septentrionalis* A. Chev.............
16127	*Trichilia cedrata* A. Chev..........................
16128	*Ongokea Klaineana* Pierre.........................
16129	*Porphyranthus Zenkeri* Engl.......................
16130	*Celtis integrifolia* Lamk..........................
16131	Indéterminé (Méliacée).............................
16132	*Entandrophragma* sp..............................
16133	*Lannea acidissima* A. Chev.........................
16134	*Malacantha robusta* A. Chev........................
16135	*Uapaca bingervillensis* Beille ....

NOM INDIGÈNE	UTILISATION	DENSITÉ
Hétré........	menuiserie.......................	0.473
Koti.........	....	0.741
Patabua......	....	0.778
Fram........	menuiserie.......................	0.704
Wawa.......	menuiserie.......................	0.283
Dukuma.....	ébénisterie......................	0.461
Ako.........	....	0.408
Balahé......	traverses de chemin de fer (bois rouge).	0.850
Fromager....	....	0.308
Isaquente.....	....	.....
Esûro.......	teinture jaune...................	0.576
....	traverses de chemin de fer (bois rouge).	0.747
Pranpran....	menuiserie.......................	0.713
Lerol........	menuiserie.......................	0.391
Abriestier d'Afrique.	menuiserie.......................	0.695
Gvala.......	ébénisterie et menuiserie...........	0.426
Nainvi.......	menuiserie.......................	0.736
....	....	0.889
....	menuiserie et ébénisterie..........	0.590
Eseré.......	traverses de chemin de fer (bois rouge).	1.110
Orobo.......	menuiserie.......................	0.847
....	menuiserie.......................	0.536
Balahé......	traverses de chemin de fer (bois rouge).	0.785
....	menuiserie.......................	0.483
à		.....
Nbessé......	ébénisterie......................	0.608
Tiama-tiama...	ébénisterie......................	0.517
Nbessé......	ébénisterie......................	0.575
Sô.........	....	0.789
Tébo.......	....	0.684
Tengo.......	....	0.772
....	....	0.741
....	charpente (teck)..................	0.753
Durgo.......	....	0.564
Awané.......	menuiserie.......................	0.509
Orobo.......	menuiserie.......................	0.753

16136	*Entandrophagma macrophylla* A. Chev...............
16137	*Sterculia oblonga* Mast............................
16138	*Terminalia altissima* A. Chev.....................
16139	*Chlorophora excelsa* Benth. et Hook.................
16139 bis	*Chlorophora excelsa* Benth. et Hook...............
16140	*Entandrophragma* sp..............................
16141	*Pseudocinchona africana* A. Chev..................
16142	*Sterculia Tragacantha* Lindl......................
16143	*Morinda citrifolia* L.............................
16144	*Celtis integrifolia* Lamk.........................
16145	*Entandrophragma septentrionalis* A. Chev...........
16146	*Entandrophragma macrophylla* A. Chev..............
16147	*Entandrophragma macrophylla* A. Chev..............
16148	*Blighia sapida* Kon..............................
16149	*Cola cordifolia* R. Br. var. *Maclaudi* Cornu..........
16150	Indéterminé (Légumineuse).........................
16151	*Albizzia ? gigantea* A. Chev.......................
16152	*Celtis integrifolia* Lamk.........................
16153	*Terminalia ivorensis* A. Chev.....................
16154	*Parkia agboensis* A. Chev.........................
16155	*Mussanga Smithii* R. Br..........................
16156	*Anthocleista nobilis* G. Don......................
16157	*Carapa microcarpa* A. Chev.......................
16158	*Entandrophragma septentrionalis* A. Chev...........
16159	*Fagara macrophylla* (Oliv.) Engl.. ....
16159 bis	*Fagara macrophylla* (Oliv.) Engl.................
16160	*Baphia nitida* Afzel....... ....
16161	*Allamblackia parviflora* A. Chev..................
16162	*Ricinodendron africanus* Müll. Arg................
16163	*Uupaca benguelensis* Mül. Arg....................
16164	*Hannoa Klaineana* Pierre.........................
16165	*Anogeissus* sp. ?................................
16166	*Entandrophragma rufa* A. Chev....................
16167	*Homalium molle* Stapf............................
16168	*Lannea* sp......................................
16169	*Milletia* sp....................................

NEROS ordre	NOM INDIGÈNE	UTILISATION	DENSITÉ
136	Tiama-tiama...	ébénisterie........................	0.622
137	Azodô.......	....	0.521
138	Fram.......	menuiserie......................	0.690
139	Odum.......	menuiserie et charpente (teck).......	0.721
139 bis	Téké........	menuiserie et charpente (teck)........	.....
140	....	traverses de chemin de fer (bois rouge).	0.618
141	Mbrahu......	....	0.816
142	Poré-poré....	pâte à papier...................	0.295
143	Alongua......	....	0.632
144	Tongo.......	menuiserie......................	0.852
145	Tiama-tiama...	ébénisterie (acajou)................	0.606
146	Tiama-tiama...	ébénisterie (acajou)................	0.509
147	Tiama-tiama...	ébénisterie (acajou).................	.....
148	Finzan.......	....	0.817
149	Ntaba......	....	0.511
150	....	....	0.750
151	Turu dogo....	....	0.598
152	Tongo.......	menuiserie......................	0.702
153	Framiré......	ébénisterie (bois de fantaisie)........	0.641
154	Asama.......	....	0.466
155	Eggi........	pâte à papier....................	0.262
156	Buro-buro....	pâte à papier....................	0.365
157	Kobi........	traverses de chemin de fer (bois rouge)	0.843
158	Tiama-tiama...	ébénisterie (acajou)................	0.526
159	Kengué......	....	0.992
159 bis	Id........	....	0.776
160	Camwood.....	bois de teinture (campêche)..	0.981
161	Wotobé......	carosserie (moyeux de voitures)......	0.675
162	Poposi......	pâte à papier...................	0.346
163	Orobo.......	menuiserie......................	0.689
164	Hétébaké....	....	0.316
165	Kakaléka....	....	0.781
166	Makûa.......	ébénisterie (acajou)................	0.844
167	Bembé......	....	0.797
168	Ebruhé......	....	0.724
169	Ekimi.......	....	0.781

16170 *Hæmatostaphis Barteri* Hook. f.........................

16171 *Trichilia cedrata* A. Chev.....................

16172 *Khaya ivorensis* A. Chev.....................

16173 *Erythrophlæum guineense* G. Don.................

16174 *Myrianthus arboreus* P.-Beauv.....................

16175 *Albizzia rhombifolia* Benth.....................

16176 Indéterminé (Olacinée ?).....................

16177 *Spondias lutea* L.....................

16178 *Strombosia pustulata* Oliv.....................

16179 Indéterminé (famille incertaine).....................

16180 *Chrysophyllum obovatum* Sabine.....................

16181 *Entandrophragma macrophylla* A. Chev ....

16182 *Scottellia kamerunensis* Gilg.....................

16183 *Khaya ivorensis* A. Chev.....................

16184 *Ficus guineensis* Miq.....................

16185 *Ricinodendron africanus* Müll. Arg.....................

16186 Indéterminé (Légumineuse).....................

16187 *Cola vera* K. Schum.....................

16188 *Dracæna Perrottetii* Baker.....................

16189 Indéterminé (famille incertaine).....................

16190 *Alchornea* sp.....................

16191 *Irvingia* ?.....................

16192 *Rhaptopetalum Thieghemi* A. Chev.....................

16193 *Aphanocalyx* ?.....................

16194 *Omphalocarpum anocentrum* P. Beauv.....................

16195 *Saccoglotis gabonensis* Urban.....................

16196 *Anthocleista nobilis* G. Don.....................

16197 *Macaranga Heudelotii* H. Bn.....................

16198 *Symphonia globulifera* L. var. *africana* Pierre.....................

16199 *Uapaca bengervillensis* Beille.....................

16200 *Pachystela cinerea* Pierre.....................

16201 *Eugenia* (*Syzygium*) *Rowlandi* Sprague.....................

16202 *Rauwolfia vomitoria* Afzel.....................

16203 *Sarcocephalus esculentus* Afzel.....................

16204 *Parinarium tenuifolium* A. Chev.....................

16205 *Parinarium robustum* Oliv.....................

NUMÉROS l'ordre	NOM INDIGÈNE	UTILISATION	DENSITÉ
5170	Vi.........	....	0.881
5171	Mbossé......	ébénisterie (okoumé, cèdre).........	0.636
5172	Dukuma......	acajou......................	0.543
5173	Tali........	carrosserie (moyeux de voitures).....	0.821
5174	Ognon......	pâte à papier....................	0.685
5175	Pran-pran	menuiserie.....................	0.589
5176	....	....	0.843
5177	Mingo	....	0.438
5178	Patabua.....	....	0.912
5179	....	....	0.672
5180	Ananyo	....	0.994
5181	Tiama-tiama...	ébénisterie (acajou)..	0.677
5182	Eddé........	....	0.658
5183	Dukuma......	ébénisterie (acajou)................	0.505
5184	Aturu	....	0.486
5185	Poposi......	pâte à papier....................	0.318
5186	....	....	0.643
5187	Kolatier......	carrosserie....................	0.588
5188	Nkiébé......	....	0.343
5189	....	....	0.838
5190	Tata Iro.....	....	0.516
5191	Akwobu.....	....	1.089
5192	Moropié.....	....	0.847
5193	Tacéribé....	.	1.004
5194	Ayaya	.....
5195	Amuan.......	....	0.955
5196	Buro-buro....	Pâte à papier....................	.....
5197	Ako.........	....	0.477
5198	Arouané......	menuiserie.....................	0.519
5199	Orobo.......	menuiserie..	0.681
5200	Kaka.......	....	0.818
5201	Asafra......	....	0.711
5202	Embi-siembi...	....	0.361
5203	Tétéré......	....	0.676
5204	Cotésima....	....	0.788
5205	Oroba......	....	0.957

16206	*Dialium Dinklagei* Harms......................
16207	*Afzelia microcarpa* A. Chev....................
16208	*Conopharyngia crassa* Stapf....................
16209	*Pynaertia occidentalis* A. Chev..................
16209 bis	*Pynaertia occidentalis* A. Chev..................
16210	*Gardenia viscidissima* S. Moore.................
16211	*Ficus Goliath* A. Chev.........................
16212	*Mannia africana* Hook. f.......................
16213	*Cælocaryum oxycarpum* Stapf...................
16214	Indéterminé (Euphorbiacées)....................
16215	Indéterminé (famille incertaine).................
16216	*Spathodea campanulata* P. Beauv...............
16217	*Antiaris toxicaria* Lesch. var. *africana* Scott-Elliot.....
16218	*Albizzia ferruginea* Benth......................
16219	*Hasskarlia didymostemon* H. Bn................
16220	*Erythrophlæum ivorense* A. Chev...............
16221	*Omphalocarpum anocentrum* Pierre..............
16222	Indéterminé (famille incertaine).................
16223	*Ochrocarpus africanus* Oliv....................
16224	*Pachypodanthium Standtii* Engl. et Diels.........
16225	*Piptadenia africana* Hook. f....................
16226	*Mimusops micrantha* A. Chev...................
16227	*Monodora Myristica* Dun......................
16228	*Bersama paullinioides* Baker...................
16229	*Vitex micrantha* Gürke........................
16230	*Milletia* sp..................................
16231	*Scottellia coriacea* A. Chev....................
16232	*Cola proteiformis* A. Chev.....................
16233	*Carapa velutina* C. D C.......................
16234	*Mitragyne macrophylla* Hiern..................
16235	*Sarcocephalus Pobeguini* Hua..................
16236	*Canarium occidentalis* A. Chev.................
16237	*Khaya ivorensis* A. Chev......................

NOM INDIGÈNE	UTILISATION	DENSITÉ
....	....	0.807
Asémignirî....	....	0.672
Apukur	....	0.636
Kassekui	....	0.931
Kassékui	....	0.961
....	....	0.658
Abono	....	0.621
Akodo.......	....	0.581
Kukunawon....	ébénisterie.....................	0.391
Kianga......	....	0.683
Arombo	....	0.785
Tulipier du Gabon	pàte à papier....................	0.363
Ako........	menuiserie.....................	0.362
Pranpran	menuiserie	0.589
Nguépé.......	ébénisterie (contre-placage).........	0.473
....	charronnage (moyeux de voitures).....	0.901
....	....	0.574
....	....	0.923
Abricotier d'Afrique.	traverses de chemin de fer (bois rouge)	⎱ 0.721 dans l'aubier 0.825 dans le cœur
....	....	0.837
Mainvi.......	menuiserie	.....
Diangué.....	....	1.102
Elouen.......	....	0.517
Ngofu	....	0.770
....	....	0.578
Ekimi.......	....	0.792
Bakaza	...........›................	0.713
Kuanda	ébénisterie (acajou)...............	0.583
Sorowa.....	....	0.822
Bahia	menuiserie..	0.574
Boisima......	menuiserie.....................	0.767
Okoumé de la Côte d'Ivoire.	ébénisterie et menuiscrie...........	0.625
Dukuma......	ébénisterie (acajou)................	0.557

16238	*Bucholzia macrophylla* Engl............................
16239	*Allamblackia parviflora* A. Chev........................
16240	*Daniella oblonga* Oliv..................................
16241	*Cola mirabilis* A. Chev................................
16242	*Placodiscus pseudostipularis* Radkf.....................
16243	*Phyllocosmus africanus* Klotsch ....
16244	*Macrolobium Palisoti* Benth?...........................
16245	*Berlinia* sp ?..
16246	*Octocnema affinis* Pierre..............................
16247	*Mimusops clitandrifolia* A. Chev.......................
16248	Indéterminé ....
16249	*Mæsobotrya Stapfiana* Beille...........................
16250	*Oldfieldia africana* Benth.............................
16251	*Leptaulus daphnoides* Benth............................
16252	*Rhaptopetalum Tieghemi* A. Chev.......................
16253	*Dumoria Heckeli* A. Chev..............................
16254	*Mimusops lacera* Baker................................
16255	*Charia indeniensis* A. Chev............................
16256	*Dialium guineense* Willd...............................
16257	*Pterocarpus esculentus* Schum. et Thom................
16258	*Pachystela cinerea* Pierre.............................
16259	*Cynometra Vogelii* Hook. f.............................
16260	*Coula edulis* H. Bn....................................
16261	*Entandrophragma ferruginea* A. Chev...................
16262	*Trichilia Candollei* A. Chev...........................
16263	*Zanthoxylum parvifolia* A. Chev.......................
16264	*Lannea acidissima* A. Chev............................
16265	Indéterminé (Légumineuse)..............................
16266	*Albizzia fastigiata* E. Meyer..........................
16267	*Morus mesozygia* Stapf................................
16268	*Hasskarlia didymostemon* H. Bn........................
16269	*Ricinodendron africanus* Müll. Arg.....................
16270	Indéterminé (Légumineuse)..............................
16271	*Pterygota cordifolia* A. Chev..........................
16272	*Duboscia macrocarpa* Bocq.............................
16273	Indéterminé (famille incertaine)........................

NÉROS ordre	NOM INDIGÈNE	UTILISATION	DENSITE
238	Amizi		.....
239	Wotobé		0.697
240	Frakuan		0.521
241	Cnili		0.732
242	Paradakué		.....
243			1.038
244	Palissandre d'Afrique	ébénisterie (palissandre)	0.781
245		ébénisterie (acajou)	0.707
246	Nguangua		0.696
247	Bois de fer		1.172
248	Arombo		0.685
149	Sénon		0.651
150	Fu	charpente (teck)	0.951
151	Parandédi		0.829
152	Mosangui		.....
153	Makoré	carrosserie, ébénisterie (dŭka)	0.716
154	Ntaguaya		1.045
155	Zacoba		0.750
156	Fé		1.015
157	Totohoté		0.509
158	Kaka		0.852
159	Tiupé		0.997
60	Bogué		1.097
61	Lokobo	menuiserie	0.547
62	Ténuba		0.568
63	Mbon		.....
64	Durge		0.601
65	Faisse		0.718
66	Pranpran	menuiserie	0.625
67	Bona		0.810
68	Nguépé		0.545
69	Poposi	pâte à papier	0.327
70	Adinam		0.622
71	Apé		0.579
72	Pianro		0.541
73	Bello		0.837

16274   *Deinbollia indeniensis* A. Chev.............................

16275   *Sterculia Tragacantha* Lindl..............................

16276   *Myrianthus serratus* (Tréc.) Benth et Hook..............

16277   *Albizzia rhombifolia* Benth..............................

16278   *Pontia excelsa* A. Chev..................................

16279   *Macaranga Heudelotii* H. Bn.............................

16280   *Cleistopholis patens* Engl. et Diels......................

16281   Indéterminé (Légumineuse)................................

16282   *Funtumia elastica* Stapf.................................

16283   *Cynometra* sp..

16284   *Diospyros Sanza-Minika* A. Chev.........................

16285   *Linociera Mannii* Solered................................

16286   Indéterminé (Euphorbiacée)..............................

16287   *Omphalocarpum Ahia* A. Chev............................

16288   *Alstonia congensis* Engl.................................

16289   Indéterminé (Sapotacée)..................................

16290   *Pentadesma leucantha* A. Chev..........................

16291   *Anthocleista nobilis* G. Don............................

16292   *Milletia* sp...

16293   *Ficus* sp..

16294   Indéterminé (Sapindacée).................................

16295   *Uapaca* sp..

16296   Indéterminé (famille incertaine)........................

16297   *Baccaurea Bonneti* Beille...............................

16298   *Bingeria africana* (Welw.) A. Chev......................

16299   *Memecylon polyanthemos* Hook. f.........................

16300   *Berlinia acuminata* Soland..............................

16301   *Sarcocephalus Pobeguini* Hua............................

16302   *Bridelia speciosa* Müll. Arg............................

16303   *Piptadenia Chevalieri* Harms............................

16304   *Piptadenia africana* Hook. f............................

16305   *Funtumia africana* Stapf................................

16306   *Stenanthera hamatha* (Benth.) Engl. et Diels............

16307   *Mimusops micrantha* A. Chev.............................

16308   *Terminalia ivorensis* A. Chev...........................

ÉROS rdre	NOM INDIGÈNE	UTILISATION	DENSITÉ
274	Ngua		.....
275	Poré-poré		0.407
276	Niangama		0.543
277	Pranpran	menuiserie	0.787
278	Triwa		0.628
279	Ako		0.409
280	Ofu		0.290
281	Papa		0.844
282	Arbre à caout-chouc		0.467
283	Patapara		0.947
284	Sanza-minika	ébénistérie (ébène)	0.973
285	Agua		.....
286	Porono	menuiserie	0.624
287	Ahia		0.568
288	Lerol	menuiserie	.....
289	Sonzakué		1.171
290	Lami	ébénisterie (green hearth)	0.850
291	Egüi	pâte à papier	.....
292	Ekimi		0.816
293	Mékhi		0.540
294	Sai		0.828
295	Oroba		0.714
296			.....
297	Kuatrékualé		.....
298	Hagué	menuiserie	0.588
299	Tai		1.029
300	Béguan		0.670
301	Boisima	menuiserie	0.784
302	Chikué		0.577
3	Lô		0.522
	Nainvi		0.529
	Pri		0.488
	Surua		.....
	Diangué		.....
	Framiré	menuiserie	0 306

NUMÉROS d'ordre	NOM SCIENTIFIQUE
16309	*Garcinia polyantha* Oliv...........................
16310	*Picralima Elliotii* Stapf...........................
16311	*Rhizophora racemosa* C. F. Meyer....................
16312	*Borassus flabellifer* L. var. *æthiopum* Warb...........
16313	*Porphyranthus Zenkeri* Engl.......................
16314	*Conopharyngia crassa* (Benth.) Stapf.................
16315	*Grumilea venosa* Benth...........................
16316	*Homalium africanum* Benth.........................
16317	*Cola cordifolia* R. Br. var. *Maclaudi* Pierre A. Chev.......
16318	*Mannia africana* Hook. f..........................
16319	*Lannea acidissima* A. Chev... ....
16320	Indéterminé ....
16321	*Xylopia æthiopica* A. Rich.........................
16322	*Lonchocarpus sericeus* H. B. K.....................
16323	*Chrysobalanus ellipticus* Soland......................
16324	*Morinda citrifolia* L............................

NUMÉROS d'ordre	NOM INDIGÈNE	UTILISATION	DENSITÉ
309	Mamiékini	. . . .	0.888
310	Hakana	. . . .	0.910
311	Endé	. . . .	. . . . .
312	Ekubé	. . . .	. . . . .
313	Tébo	. . . , ...	0.611
314	Apukur	. . . .	0.302
315	Aburésé.	. . . .	0.691
316	Akoïma	. . . .	0.992
317	Ntaba	. . . .	0.591
318	Akodo.	. . . .	0.488
319	Durgo.	. . . .	0.651
320	Pué	. . . .	1.001
321	Efomu	. . . .	0.323
322	Ekopa	ébénisterie (gaïac).	0.973
323	Hanfuru.	. . . .	1.147
324	. . . .	menuiserie.	0.593

———

Les échantillons de bois mentionnés dans la liste précédente ont été récoltés dans les régions variées de la Colonie et pendant la saison sèche.

Nous donnons ci-après la date et le lieu de la récolte :

Du n° 16101 au n° 16153.— Bouroukrou, sur la ligne du Chemin de fer, au kilomètre 92, du 20 décembre 1906 au 20 janvier 1907.

Du n° 16154 au n° 16173.— Pont de l'Agniéby sur le Chemin de fer au kilomètre 82, Makouié et Erymakouié au kilomètre 72, du 22 au 27 janvier 1907.

Du n° 16174 au n° 16194.— Vallée de l'Agniéby entre la gare de Makouié et Dabou, du 28 janvier au 5 février.

Du n° 16195 au n° 16218.— Dabou, du 5 au 10 février.

Du n° 16219 au n° 16220.— Bingerville, du 11 au 22 février.

Du n° 16221 au n° 16226.— Lagune Potou, du 23 au 24 février.

Du n° 16227 au n° 16228.— Entre la lagune Potou et Alépé, du 25 au 28 février.

Du n° 16229 au n° 16246.— Alépé, du 28 février au 3 mars.

Du n° 16247 au n° 16264.— Rives du Comoé, depuis Alépé à Mbasso, du 4 au 17 mars.

Du n° 16265 au n° 16286.— Zaranou, du 18 au 24 mars.

Du n° 16287 au n° 16289.— Entre Zaranou et Aboisso, du 24 au 31 mars.

Du n° 16290 au n° 16310.— Aboisso, du 1er au 9 avril.

Du n° 16311 au n° 16323.— Assinie, du 10 au 14 avril.

Le n° 16324 . . . . Bingerville, le 24 avril.

Pendant les mois de mai, juin, juillet et août 1907, la Mission poursuivit ses recherches dans les bassins des rivières Sassandra et Cavally, mais, la saison des pluies étant survenu, il ne fut plus possible de procéder à des abattages d'arbres et nos recherches se bornèrent à relever les espèces d'arbres constituant les peuplements dans cette partie de la colonie qui nous paraît une des plus riches contrées au point de vue forestier.

L'avenir de l'exploitation des bois à la Côte d'Ivoire.

CONCLUSIONS.

De l'inventaire détaillé des bois de la forêt africaine que nous venons de faire, il est nécessaire de tirer quelques conclusions.

Il faut d'abord noter que cet inventaire est loin d'être complet, même pour la Côte d'Ivoire. Aux 160 espèces citées, il faudrait ajouter encore un nombre presque égal d'essences que nous avons seulement aperçues ou étudiées an point de vue botanique, sans qu'il nous ait été possible de les abattre pour examiner leur bois. Et ces trois cents espèces ne représentent probablement que la moitié des arbres de l'ouest africain !

Cependant nous pouvons affirmer que les espèces passées en revue dans les pages précédentes sout de beaucoup les plus fréquentes et c'est parmi elles, sans aucun doute, que se trouvent les sortes les plus intéressantes au point de vue industriel.

Parmi les autres espèces que nous nous proposons d'étudier au cours d'une prochaine mission, on rencontrera probablement encore quelques espèces nouvelles de bois ayant une réelle valeur commerciale, mais il est très probable que ce nombre sera relativement restreint.

Aussi bien la quantité des espèces déjà énumérées et qu'il serait possible d'utiliser en France est considérable. Nous en avons cité environ 50 espèces.

Par suite du mélange de toutes essences dans la forêt, l'exploitation en est très difficile. Mais l'écoulement de ces bois deviendra facile lorsqu'ils seront bien connus et lorsque les forestiers exploitants seront assez expérimentés pour les classer par catégories ou par lots bien uniformes.

Ils sont en effet appropriés à quantité d'industries, de sorte qu'ils ne se concurrenceront pas les uns les autres et si l'exploitation se fait en tirant parti de tous les arbres susceptibles d'être abattus dans un secteur, le marché mondial ne se trouvera pas obstrué, comme cela arrive quand on fait la *râfle* d'une seule essence à travers toute la forêt. C'est ce qui s'est déjà produit pour l'acajou et pour l'okoumé.

Passons rapidement en revue les bois dont on peut tirer parti en les rangeant par catégories commerciales.

Ce sont les bois recherchés par l'ébénisterie qui conserveront toujours les cours les plus élevés.

Dans les tableaux précédents et dans le chapitre *Acajou*, nous avons montré combien étaient nombreuses les sortes d'arbres qui peuvent fournir ce bois. Il en existe des qualités nombreuses depuis les billes de choix et de gros volume fournies par le *Khaya ivorensis* (*Dukuma*), et par quelques espèces d'*Entandrophragma* (*tiama-tiama*) jusqu'aux sortes de moindre valeur produites par le *Kuanda*, les *Kobi*, etc.

Enfin, c'est à côté de ces acajous secondaires qu'il faut placer les bois rappelant l'*okumé* du Gabon. Dans cette nouvelle catégorie, nous placerons le *mbossé* ou cèdre d'Afrique et plusieurs espèces de *Canarium*.

La Côte d'Ivoire possède, outre l'acajou, beaucoup d'autres sortes de bois d'ébénisterie non encore exploités. Tels sont l'*ekopa* qui rappelle le gaïac, le *Macrolobium* tout à fait identique au palissandre de Madagascar, l'*Hétré* qui pourrait probablement remplacer le noyer, etc., etc.

Pour l'ameublement de fantaisie, on peut choisir entre les divers *Albizzia* et *Piptadenia* rappelant le bois d'acacia, le *framiré* donnant un bois moiré d'un blanc-jaunâtre du plus agréable effet.

Les bois propres à la charpente et aux constructions navales vivent aussi en assez grand nombre dans la forêt africaine. Citons principalement le *téké*, le *lokobo*, le *fu*, qui pourront vraisemblablement remplacer le teck. D'autres sont similaires du chêne et peuvent trouver de grands débouchés en Europe. Tels sont l'*aruané*, le *fram*, la plupart des *Uapaca*.

Enfin nous devons mentionner des bois blancs qui existent en assez grand quantité; le *Bahia* surnommé « tilleul d'Afrique », le *leroï*, le *wawa* qui rappelle le peuplier, mais a le grain plus fin.

Une dernière catégorie comprend les bois très légers, riches en fibres et qui paraissent très propres à la fabrication de la pâte à papier. De ce nombre sont : le *Musanga*, les *Anthocleista*, la plupart des *Sterculia*, le *Ricinodendron*, le tulipier du Gabon, etc.

Nos recherches ont montré qu'environ la moitié des bois africains, quand ils sont secs, ont une densité inférieur à 0,50. Quant aux bois durs et denses, également nombreux, ils peuvent pour la plupart être employés pour la fabrication des traverses de chemin de fer ou pour la fabrication des pavés de bois à l'usage des grandes villes.

Pour que la plupart de ces bois puissent parvenir sur nos marchés dans des conditions économiques, il faut que leur exploitation se fasse d'une façon rationnelle et par les procédés les moins onéreux.

Ces procédés nouveaux d'exploitation sont exposés très clairement dans un article que publiait, le 14 août 1907, le *Journal du Commerce des Bois*, et qu'il est intéressant de reproduire tout entier :

« La grande forêt de l'Afrique Occidentale subéquatoriale n'a été exploitée jusqu'ici que sur les rives des rivières flottables. La partie la plus dense de cette forêt est dans la Côte d'Ivoire française où l'on construit actuellement un chemin de fer pour la mise en valeur.

« Si l'on doit continuer à employer pour la traction des billes abattues les méthodes actuellement usitées, ce chemin de fer ne sera pas d'une très grande utilité, à raison des difficultés pour le desservir.

Pourquoi ne suivrait-on pas l'exemple des ingénieurs anglais des mines d'or de la Gold Coast, lesquels ayant besoin d'énormes quantités de bois pour la construction de leurs usines de broyage et de lavage, ont songé à utiliser le système de treuils à vapeur appliqué dans l'Amérique du Nord pour l'exploitation des forêts.

« Le matériel utilisé pour la traction des billes consiste en un treuil à vapeur d'environ 50 chevaux de force, hâlant un câble de traction ayant une longueur d'environ trois kilomètres dont une moitié, d'un diamètre de 25 millimètres, sert de câble de traction et l'autre moitié, qui n'a que 15 millimètres de diamètre, sert de cable de retour, et d'un second treuil de 40 chevaux tirant un câble d'un diamètre uniforme de 18 millimètres et d'une longueur de 600 mètres.

« La première opération consiste à établir une piste convenablement nivelée, perpendiculaire à la rivière qui doit servir à flotter les bois. Cette piste aussi droite que possible doit avoir environ 3 mètres de large. Des ponts établis simplement avec des troncs d'arbres sont jetés sur les ruisseaux et sur les dénivellations trop importantes. Des traverses de 2 m. 50 de long et de 30 à 40 centimètres de diamètre sont placées au travers de la piste à environ 1 m. 80 les unes des autres. Elles sont enterrées à moitié mais elles sont creusées en leur milieu jusqu'au niveau du sol : les billes que l'on tire glissent sur ces traverses. De cette route principale partent des pistes auxiliaires non nivelées et qui sont de simples éclaircies : elles ne doivent pas avoir plus de 300 mètres de long.

« Le câble de traction qui s'enroule sur le tambour du treuil placé à l'extrémité de la voie principale, glisse sur le sol du chemin de halage ou sur des rouleaux de fer lorsqu'une bosse du terrain le rend nécessaire. A l'extrémité du chemin de halage est placée une poulie sur laquelle passe le câble de traction qui revient s'enrouler sur le tambour du treuil à vapeur. La moitié de ce câble ne servant pas à la traction des billes mais simplement à assurer le va-et-vient est, comme déjà dit, d'un diamètre plus petit.

« Le second treuil à vapeur placé sur le chemin de halage dessert successivement chacune des pistes qui forment les chantiers d'abatage. Le câble de traction qui part de ce treuil est établi comme le câble principal, en passant sur une poulie à l'extrémité de la piste. Son diamètre est uniforme à cause de sa faible longueur. Parallèlement à ces câbles sont installés des fils de fer qui aboutissent aux sifflets des chaudières de manière à pouvoir transmettre des signaux aux mécaniciens.

« Les arbres sont abattus avec des haches et sciés avec des passe-partout maniés par deux hommes ; un léger échafaudage est construit de manière à pouvoir parvenir au-dessus des contreforts. Les troncs sont entaillés à la hache d'un côté et sciés de l'autre. Une équipe de deux hommes abat trois ou quatre arbres par jour. Les arbres sont coupés en billes de 5 à 10 mètres de long qui sont appointées à une extrémité et, si elles sont très volumineuses, écorcées d'un côté pour faciliter le glissement sur les traverses. Une bille est entourée d'un bout de câble attaché lui-même au câble de traction. On signale au mécanicien du treuil que tout est prêt et la bille est tirée jusqu'à la voie principale. Lorsque plusieurs billes ont été ainsi réunies, elles sont reliées les unes à la suite des autres à l'aide de crochets et de câbles (la première est attaché au câble de traction), le signal est donné au treuil placé au terminus et le train de bois est amené jusqu'à la rivière.

« Les ingénieurs de la Gold Coast assurent que quel que soit le prix élevé des treuils et des câbles, l'économie réalisée grâce à leur emploi est grande.

« Les Anglais ont eu soin de faire venir des Canadiens habitués à ce mode d'exploitation et l'on ne saurait trop conseiller à ceux qui voudront exploiter la forêt de la Côte d'Ivoire d'en faire autant.

« Cette exploitation de la forêt par des procédés mécaniques ne sera en fait avantageuse que si l'on trouve le moyen d'utiliser les bois d'un diamètre plus petit que ceux que l'on exporte actuellement de ce pays, le grand obstacle étant le prix de revient élevé des transports : Chemins de fer et treuils résoudront une partie des difficultés. Il restera le passage de la barre et le taux du fret par mer. La percée de Port Bouet aura raison de la barre et la grande quantité de produits exportés amènera automatiquement l'abaissement du prix du fret. »

Malheureusemeut la percée de Port-Bouet dont il est ici question n'a pas donné les résultats qu'on attendait. La question de l'ouverture d'un port permettant aux grands bateaux de franchir la barre et de venir prendre les bois à quai est de nouveau à l'étude et tant qu'elle ne sera pas résolue on pourra difficilement exporter les bois de faible valeur, mais dont la consommation serait illimitée.

Même avec un port d'embarquement parfaitement accessible, beaucoup de ces bois ne pourront probablement parvenir sur les marchés d'Europe que le jour où il sera possible de faire des chargements entiers sur voiliers et même, pour les bois à pâte à papier, les frais de transport (même sur voiliers) et surtout d'embarquement demeureront longtemps encore trop élevés pour qu'on puisse songer à les utiliser.

En terminant cette monographie, notons que beaucoup d'améliorations pourraient cependant être déjà apportées à l'exploitation des bois de la Côte-d'Ivoire.

Nous sommes ainsi amené à formuler à ce sujet les conseils suivants :

I.— Procéder d'une façon aussi méthodique que possible à l'abattage des arbres. Il est absolument indispensable qu'un européen expérimenté surveille les abattages sur place et ne laisse pas ce soin aux indigènes.

II.— N'exploiter que là où on est sûr de pouvoir évacuer les billes ; avec les moyens rudimentaires dont disposent les coupeurs il n'est pas prudent de s'écarter à plus de deux kilomètres des voies d'évacuation.

III.— Abattre le plus grand nombre de sortes de bois ; mais ne jamais abattre que les sortes dont on a le placement assuré en Europe.

IV.— Ne pas faire l'abattage en toute saison. Les essences des pays tropicaux ont des périodes de repos dans leur végétation exactement comme les chênes de nos forêts. Ces périodes sont plus courtes, parfois même l'arbre ne perd pas ses feuilles, mais il n'en existe pas moins un ralentissement dans la circulation de la sève et c'est ordinairement à cette saison qu'il est préférable de faire l'abattage.

Toutefois beaucoup d'observations restent encore à faire sur cette question, beaucoup de problèmes sont seulement posés et ne sont pas résolus. Ce qu'on sait seulement de positif, c'est qu'à la Côte d'Ivoire comme dans les autres contrées tropicales, il n'y a point d'hiver pendant lequel la végétation s'arrête et de printemps pendant lequel elle reprend. Chaque espèce d'arbre présente sous les tropiques une adaptation saisonnière particulière. Telle espèce perd ses feuilles au moment où telle autre est en pleine végétation. A chaque espèce d'arbre correspond donc une saison particulièrement favorable pour l'abattage et les exploitants doivent s'efforcer de faire les coupes seulement aux périodes convenables. Pour l'Acajou commun, c'est de décembre à février qu'il est préférable d'opérer.

V. — Pour beaucoup d'essences, il serait sans doute très utile d'arrêter la circulation de la sève trois semaines ou un mois avant l'abattage. Pour cela on enlève à un mètre de hauteur, ou plus haut si le tronc est ailé à la base, un anneau complet d'écorce large de 30 cm. à 40 cm. Cette mutilation a pour résultat d'amener un commencement de dessication du bois qui prend ainsi un aspect apprécié dans l'industrie.

Pour certaines essences, il est nécessaire de faire cet écorçage plus de trois mois à l'avance ; enfin pour certaines essences à bois léger, l'écorçage non seulement n'est pas utile, mais on le dit même nuisible, car certains insectes perceurs ont tendance à s'attaquer à certains bois blancs ainsi traités.

L'écorçage avant la coupe des arbres se pratique aujourd'hui dans beaucoup de contrées tropicales, notamment en Birmanie, à Java, dans la Guyanne hollandaise.

Aucun essai de ce genre n'a encore été fait à notre connaissance en Afrique occidentale où il y aurait cependant grand intérêt à entrependre quelques expériences préliminaires.

VI. — Ce n'est pas seulement pour le choix des arbres a abattre que des surveillants européens sont nécessaires en forêt. Une grande économie de temps et de main d'œuvre pourrait probablement être faite si on employait des procédés de coupe moins primitifs.

Les scies tronçonneuses que les officiers de génie attachés au chemin de fer de la Côte d'Ivoire avaient essayé d'utiliser pour couper les arbres croissant sur le tracé de la voie n'ont pas donné de résultats pratiques et on a dû les abandonner. Nous croyons par contre que l'emploi de câbles porte-amarres qui permettraient d'ébranler l'arbre lorsqu'il est à moitié sectionné, déterminant sa chute beaucoup plus rapidement. On éviterait aussi les accidents assez fréquents.

Enfin on dirigerait la chute de chaque gros arbre de manière qu'en tombant il renverse aussi les arbres voisins plus petits,

également destinés à l'abattage et qui préalablement auraient
eu leur tronc légèrement entaillé.

Il y aurait peut-être aussi intérêt à donner de meilleurs outils
aux abatteurs indigènes ainsi qu'aux manœuvres équarrissant
les billes et les tronçonnant.

Cependant il faut agir avec prudence, car les noirs sont souvent inhabiles à manier un outil perfectionné et parfois ils produisent davantage à l'aide d'un mauvais outil auquel ils sont habitués.

VII. — Les arbres, après leur abattage, doivent être tron-
çonnés le plus tôt possible, mis sur des rondins de manière à
ne pas porter sur le sol ; enfin pour beaucoup d'essences et notamment pour l'acajou, il y a certainement intérêt à pratiquer
l'équarrissage sur place. On diminue ainsi le tronc d'une masse
d'écorce et d'aubier qui allège la bille et en facilite le transport
au port d'embarquement où de toutes façons on devra équarrir
la bille pour l'embarquer, si cette opération n'a pas déjà été
faite.

D'autre part, on assure — mais n'avons pu le contrôler —
que les tronçons équarris sont moins exposés à être attaqués
par les insectes que s'ils sont conservés à l'état naturel. L'écorce
est, en effet, un revêtement où beaucoup de ces animaux trouvent à se réfugier et sont amenés à faire leur ponte.

VIII. — Il y aurait de grands perfectionnements à apporter
au transport des billes depuis le lieu d'abattage jusqu'à la voie
d'évacuation. Mais ces perfectionnements ne peuvent être appliqués que par des groupements disposant d'assez gros capitaux. Dans la Nigeria du sud et dans certaines concessions minières de la Gold-Coast, on a retiré de très sérieux avantages
de l'emploi de treuils pour la traction par cables susceptibles de
tirer les billes à environ un kilomètre de distance.

On a tenté l'emploi de camions automobiles fonctionnant au
pétrole pour amener les billes de la profondeur de la forêt à la
voie d'évacuation. Nous pensons que le sol de la forêt se prêtera
mal à ce mode de transport. En tout cas, c'est une expérience
intéressante dont les résultats peuvent être profitables à l'exploitation forestière tropicale.

IX. — Avant l'embarquement, les billes de bois d'ébénisterie

subissent une dernière toilette ayant pour but de rafraîchir la
section et surtout destinée à faire disparaître les fentes parfois
profondes produites dans les billes exposées au soleil. On avait
l'habitude autrefois de recouvrir les billes d'acajou d'une épaisse
couche de peinture rouge qui avait pour but, disait-on, d'empêcher le bois de se fendre. Très souvent elle cachait les fissures
survenues dans la bille et comme la fraude était très facile à
déceler sur les marchés le bois perdait une partie de sa valeur,
car outre ce défaut il était difficile à l'acheteur de se rendre
compte de la coloration naturelle et de l'aspect des dessins du
bois pour l'ensemble de la bille. Quels que soient les sortes que
l'on expédie, il y a tout intérêt à les présenter telles qu'elles sont.

Quand une bille équarrie reste exposée seulement quelques
jours au soleil, elle peut en effet se détériorer beaucoup. Le mieux
est de mettre les billes à l'abri du soleil. Pour cela, les marchands de bois de Grand-Bassam se contentent ordinairement
de les recouvrir de feuilles de cocotier. A notre avis cet abri
n'est pas suffisant et il serait bien préférable de les recouvrir,
si elles sont en plein air, de vieilles toiles d'emballage recouvertes d'un vernis noir ou mieux encore de les abriter jusqu'au moment de leur embarquement, soit dans des hangars privés où
se ferait l'embarquement, soit dans des docks publics.

X. — Nous savons que les compagnies de navigation françaises sont disposées à faciliter l'exportation des bois même les
plus ordinaires en leur appliquant des tarifs minima.

Il serait urgent de demander l'application de ces tarifs. Il est
certain que les bois de charpente et menuiserie ne peuvent supporter le même fret que les acajous. Tout récemment encore la
Compagnie des Chargeurs-Réunis prenait 40 fr. par tonne de
10.000 kilog. pour des *Okoumé* du Gabon qui se sont vendus à
peine ce prix en Europe. Le jour où la quantité de bois à exporter
sera assez grande pour qu'on puisse affréter des voiliers spéciaux
pour leur transport, un grand nombre d'espèces, non exploitables actuellement, pourront être transportées en Europe dans
des conditions rémunératrices.

XI. — Enfin il est urgent d'organiser la vente des bois exotiques en Europe. La plupart des bois coloniaux ne trouvent

pas d'acquéreurs parce qu'ils ne sont pas encore connus et il faut bien reconnaître que la plupart des colons exploitants n'ont fait aucun effort pour les faire apprécier.

Actuellement on se contente d'expédier sur les grands marchés : Liverpool, Hambourg, le Hâvre, les billes équarries ou non et on laisse à des courtiers le soin d'écouler cette marchandise. Lorsque le bois expédié est d'une catégorie bien connue et en lots bien uniformes, la vente ne présente pas de difficultés, mais lorsqu'il s'agit d'un bois nouveau, le courtier ignore presque toujours la valeur de ce bois et l'usage qui peut en être fait. Bien souvent il n'ose pas en pousser la vente, par crainte de déprécier les autres sortes qu'il a l'habitude d'écouler. Il en résulte que ces bois se vendent à des prix dérisoires ne couvrant pas les frais d'exploitation et de transport.

Nous pensons que tous les exploitants d'une colonie auraient le plus grand intérêt à s'organiser en syndicat qui aurait un agent très expérimenté dans chacun des trois grands marchés d'Europe pour la vente des bois.

A l'arrivée de chaque chargement, le représentant du syndicat, grouperait les billes par catégories commerciales parfaitement classées, c'est-à-dire sans mélanges. Au bout de très peu de temps, les bois de valeur seraient connus des acheteurs et ces derniers pourraient passer à l'avance des commandes pour les sortes qu'ils auraient commencé à utiliser et qu'ils seraient toujours certains de retrouver.

Par cette organisation des plus simples, le marché des bois d'Afrique s'accroitrait rapidement et tendrait à se régulariser. Des stocks considérables de billes mélangées, la plupart sans utilisation connue, ne risqueraient pas de s'entasser dans les grands ports de commerce, jetant un discrédit immérité sur les bois de la côte occidentale d'Afrique et apportant d'inquiétantes perturbations au commerce africain.

Les forêts vierges de l'Afrique tropicale renferment de riches réserves de bois utilisables convenant à tous les genres d'industrie, mais on n'en tirera tout le parti désirable que le jour où ces bois seront parfaitement connus en Europe.

ANNEXE.

Modifications et adjonctions survenues au cours de l'impression.

Page 150, supprimer le *Combretodendron viridiflora* A. Chev. et toute la partie concernant cette plante.

MYRTACÉES.

Petersia viridiflora A. Chev.

Noms vernac.— Kati (abé), Esivé (mbonoi).

Arbre de 20 à 30 mètres de haut, à tronc de 0 m. 70 à 0 m. 90 de diamètre.

Bois rouge-pâle au cœur, à aubier blanc.

$$D. = 741.$$

Ecorce blanche, jaune à l'intérieur.

Us. — Trop lourd et trop dur, ne saurait passer pour de l'acajou, pas assez dur et trop poreux pour l'outillage en bois.

Hab. — Bouroukrou (n° 16102, janvier). Assez commun le long du chemin de fer, dans l'Attié et le Sanwi.

Description :

Rameaux d'un blanc cendré, très noueux, terminés au sommet par des faisceaux de 3 à 5 branches portant des feuilles seulement à leur extrémité. Jeunes pousses et axes des inflorescences très finement pubescents. Feuilles d'un vert sombre, coriaces, un peu ondulées et relevées en gouttière, réunies au sommet des rameaux, alternes mais rapprochées les unes des autres, brièvement pétiolées, obovales, arrondies au sommet ou très brièvement acuminées et obtuses, rarement émarginées, cunéiformes à la base, entièrement ou faiblement crénelées dans la moitié supérieure, limbe entièrement glabre sauf à la partie inférieure qui dans le jeune âge est très finement ciliée, dépourvu de poils glanduleux en écusson, surface supérieure d'un vert sombre, luisante, surface inférieure d'un vert plus clair. Nervure médiane, fortement saillante et aiguë en dessous, presque plane en dessus. Nervures secondaires au nombre de 5 à 7 paires, arquées au sommet, présentant à leur intersection avec la nervure médiane un petit renflement convexe se traduisant en dessous par un crypte cilié sur les bords. Pétiole plan en dessus, convexe en dessous, avec une légère bordure latérale provenant de la décurrence du limbe très finement pubérulent dans le jeune âge, ensuite glabre. Inflorescences en panicules groupées au sommet des rameaux formées de 3 à 5 épis courts, pauciflores dressés à rachis pubescents ainsi que les pédicelles, ceux-ci sont très courts, arqués d'un côté et épaissis au sommet. Pédoncules et pédicelles finement pubescents. Bractées petites très fugaces. Fleurs verdâtres. Calice à tube soudé à l'ovaire glabre, long de 5 mm. à peine, muni de 4 ailes d'un vert foncé, décurrentes sur le pédicelle et alternes sur les lobes du calice, ciliées ; lobes ovales arrondis de 2 mm. 5 de long et de large, glabres, sauf les bords ciliés, imbriqués et opposés deux à deux. Corolle à 4 pétales imbriqués, ovales-arrondis, très concaves, de 5 mm. de large et de 5 à 6 mm. de long, glabres, sauf le sommet qui présente quelques poils glanduleux d'un vert-jaunâtre avec des nervilles assez apparentes sur les 2 côtés. Disque épais glanduleux, n'arrivant pas à la hauteur de la partie supérieure du tube du calice, vert-jaunâtre, glabre, glanduleux. Etamines très nombreuses (plus de 50) jaunâtres, à filets jeunes, longs, grêles, tous soudés en *une lame unique* haute de 2 mm. et entourant le style. Anthères à 2 loges, les filets les plus internes ne portant pas d'anthères. Ovules 12 répartis des deux côtés d'une lame placentaire blanche formant une cloison complète divisant la chambre ovarienne en 2 loges. Fruits très grands pendants, glabres, portés sur un long pédoncule glabre, munis de 4 ailes formant deux à deux un angle aigu, demi cordées au sommet et dépassant longuement le calice persistant, arrondies à la base et légèrement décurrentes sur le pédicelle, un peu ondulées sur les bords, d'un vert-jaunâtre, parfois légèrement rosées sur les bords.

INDEX ALPHABÉTIQUE DES NOMS SCIENTIFIQUES

(Familles, genres, espèces, synonymes)

Acanthacées 37
Adenanthera tetraptera 184
Afzelia africana 95
  — *microcarpa* 172
Albizzia 76
  — *fastigiata* 169
  — *ferruginea* 170
  — *malacophylla* 170
  — *gigantea* 171
  — *rhombifolia* 171
Alchornea sp 157
Allamblackia parviflora 163
Alstonia congensis 121
  — *scholaris* 121
Aphanocalyx ? sp 172
Apocynées 120
Anacardiacées 113
Andropogon 86
Anogneissus sp 149
Anonacées 115
Anona Myristica 117
Anthocleista 46
  — *nobilis* 187
Antiaris toxicaria var. *africana* 259
Aubrya gabonensis 167
Aucoumea 74-146
  — *Klaineana* 74
Baccaurea Bonneti 158
Baphia nitida 69-173
  — *pubescens* 69
Baryxylon 68
Berlinia acuminata 173
  — sp. 174

Bignoniacées 144
Bingeria africana 189
Bixacées 147
Blighia sapida 234
Bombax 47
  — *buonopozense* 187
  — — var. *cristata* 187
Borassus flabellifer var. *æthiopum* 223
Boswellia Klaineana 74
Bridelia speciosa 158
Bucholzia macrophylla 148
Bumelia Afzelius 245
Burséracées 145
Cælocaryum oxycarpum 216
Cælocline parviflora 120
Canarium 74
  — *occidentalis* 145
  — *Schweinfurthii* 146
  — *Chevalieri* 145
Capparidées 148
Carapa 79
  — *Gogo* 80
  — *microcarpa* 191
  — *velutina* 192
Castilloa elastica 132
Celtis integrifolia 260
Cephalina esculenta 230
Charia indeniensis 194
Chlorophora 77
  — *excelsa* 261
Chrysobalanus ellipticus 224
Chrysophyllum africanum ... 236
  — *obovatum* 237

Chrysophyllum cinereum 245
Cleistopholis patens........ 116
Clitandra elastica 38
Clusiacées............... 163
Cola vera............... 39-251
— *cordifolia* var. *Maclaudi* 248
— *mirabilis* 249
— *proteiformis*........... 250
Coffea humilis 42
Combrétacées............ 149
Conopharyngia crassa....... 121
— *Jollyana*..... 121
Coula edulis............... 218
Cratæva religiosa.......... 148
Cupania edulis 234
Cynometra.................. 75
— *Vogelii* 175
— ? an *Cryptosepalum?* 176
Dalbergia boinensis........ 67
— *melanoxylum*..... 67
Daniella oblonga........... 176
Deinbollia indeniensis....... 235
Dialium Dinklagei.......... 177
— *guineense*.......... 177
Diptérocarpées.......... 153
Diospyros Perrieri......... 67
— *mespiliformis*..... 72
— *sanza-minika*.. 72-155
Dracæna Perrottetii........ 185
Duboscia macrocarpa...... 258
Dumoria Heckeli........ 75-237
Dysoxylum Loureiri........ 68
Ebénacées 155
Elæis guineensis 38
Enantia chloranta 116-119
Entandrophragma..... 79-89-200
— *septentrionalis*.... 80-205
— *macrophylla* 80-196
— *Pierrei* 80
— *ferruginea*......... 195
— *Candollei* 200
— *rufa*............... 201
— *marcrocarpa*....... 203
— (espèces du genre)... 204
— sp................. 207

Eriobroma Klaineana....... 252
Eriodendron 141
— *guineense*...... 187
— *anfractuosum*... 188
Erytroplæum ivorensis...... 178
— *guineense*...... 179
— *purpurascens* .. 179
Espèces indéterminées.. 266
Euphorbiacées........... 157
Euphorbiacée 267
Euphorbiacée............ 267
Eugenia (*Syzygium*) *Rowlandi* 217
Fagara macrophylla........ 332
Famille incertaine 271-272-273
Ficus.................... 22-141
— *Goliath*................ 262
— *guineensis* 262
— sp.................... 262
— *Vogelii* 127
Fillæa suaveolens 179
Fromager................ 46
Funtumia................. 40-46
— *africana*...... 122-126
— *elastica*......... 38-124
Gardenia................. 74
Gardenia viscidissima....... 226
Garcinia polyantha 164
Geophila 37
Grumilea venosa 227
Guarea africana............ 189
Guttifères 163
Habzelia æthiopica.......... 119
Hæmatostaphis Barteri...... 113
Hannoa Klaineana.......... 246
Hasskarlia didymostemon... 159
Homalium africanum........ 233
— *molle*............. 234
Humiriacées 167
Inga ferruginea............. 170
Irvingia?................... 247
Khaya 21-48-79-86
— *madagascariensis*.... 67
— *senegalensis* 70-79
— *ivorensis*...... 79-197-207
— *anthotheca*........... 80

Khaya grandiflora.......... 80
— Klainei.............. 80
— (espèces actuellement
connues)................. 211
Kickxia africana........... 122
— elastica,.......... 124
Landolphia owariensis...... 38
Lannea acidissima 114
— sp.................. 115
Légumineuse . 169-267-268-269
Leioptyx.................... 200
— congensis........... 203
Leptaulus daphnoides...... 219
Liliacées................. 185
Linées.
Linociera Mannii 222
Loganiacées............... 186
Lonchocarpus sericeus....... 180
Lophira.................... 75
— alata....:.......... 153
— procera............. 154
Maba buxifolia............. 74
Macaranga Heudelotii 159
Macrolobium Palisoti....... 180
Mæsobotrya floribunda...... 159
— Stapfiana....... 159
Malacantha robusta......... 241
Malvacées 187
Mannia africana ,......... 247
Melastomacées 189
Méliacées 79-189
Méliacée 269
Memecylon polyanthemos.... 189
Milletia sp.................. 181
Mimosa adianthifolia........ 169
Mimusops................. 75
Mimusops Pierreana 75
— clitandrifolia 242
— lacera........... 243
— micrantha 244
Mitragyne macrophylla...... 228
Monodora borealis 117
— Myristica........ 117
Morinda citrifolia........... 227
— macrophylla....... 228

Morinda quadrangularis 228
Morus mesozygia............ 263
Mussanga............ 39-46-141
— Smithii............ 264
Myrianthus................. 141
— arboreus.......... 264
— serratus 265
Myristicacées 116
Myrtacées ...,......... 217-301
Nauclea 77
— macrophylla 228
— stipulacea.......... 228
— stipulosa........... 228
— latifolia 230
Ochrocarpus africanus...... 165
Octocnema affinis 220
Ongokea Klaineana........ 220
Omphalocarpum Ahia....... 244
— anocentrum. 245
Olacinées................. 218
Olacinée?.................. 269
Oldfieldia africana 70-160
Oléacées.................. 222
Oxymitra hamata.......... 119
Pachylobus................. 74
Pachypodanthium Standtii... 118
Pachystela cinerea.......... 245
— conferta 245
Palmiers.................. 223
Parinarium robustum........ 225
— tenuifolium...... 225
Parkia agboensis........... 181
Pausinystalia 230
Picralima Elliotii........... 143
Piptadenia................. 76
— africana.......... 182
— Chevalieri 183
Pentaclethra............... 76
— macrophylla..... 182
Pentadesma leucantha....... 166
Petersia viridiflora.......... 301
Phyllocosmus africanus..... 185
Placodiscus pseudostipularis. 236
Polyadoa Elliotii............ 143
Pontya excelsa.............. 263

20

Porphyranthus Zenkeri 147
Pseudocinchona africana 229
Psychotria ? chrysortiza 228
Pterigota cordifolia 252
Pterocarpus erinaceus 70
   —   *Cabræ* 76
   —   *Dekindtianus*.... 76
   —   *tinctorius* 76
   —   *esculentus* 184
Pycnanthus Kombo 217
Pynærtia occidentalis.... 211-213
   — *calaensis* 212
Raphia 38-41
Rauwolfia vomitoria 144
Rhaptopetalum Tieghemi 220
Rhizophoracées.. 223
Rhizophora 75
Rhizophora racemosa 223
   — *mangle* 224
Ricinodendron africanus ..... • 161
Robinia argentiflora 180
   — *violacea* 180
   — *sericea* 180
Rosacées 224
Rubiacées 226
Rutacées 232
Saccoglottis gabonensis 167
Samydacées 233
Sapindacées 234
Sapindacée ? 270
Sapotacées 236
Sapotacée 270
Sarcocephalus 76
   —   *Diederichii* ... 76
   —   *Pobeguini*.. 76-231
   —   *Trillesii* 76
   —   *esculentus*..... 230
Scotellia coriacea 147
   — *kamerunensis* 148
Sideroxylon 75
Simarubées 246
Spathodea campanulata 145
Spondias aurantiaca 115
   — *lutea* 115

Stenanthera hamata 119
Sterculiacées 247
Sterculia oblonga 252
   —   *obovata* 253
   —   *pubescens* 253
   —   *tragacantha* 253
Sterculiacée ? 271
Strombosia pustulata 221
Swietenia Mahagoni 79
Symphonia globulifera var.
  gabonensis 167
Terminalia 77
   — *altissima* 154
   — *ivorensis* 152
   — *superba* 152
Tetrapleura Thonningii 184
Tieghemella ? Heckeli 237
Tiliacées 258
Treculia africana 265
Trichilia 77-79
   — *acutifolia* 213
   — *Candollei* 214
   — *cedrata* 215
Triplochiton 89
   — *Johnsoni* 255
   — *scleroxylon* 255
Uapaca Bingervillensis 162
   — *benguelensis* 162
Unona æthiopica 119
Urticacées 258
Uvaria Staudtii 118
   — *æthiopica* 119
   — *parviflora* 120
Verbénacées 265
Vitex micrantha 266
Xylopia undulata 117-117
   — *æthiopica* 119
   — *acutiflora* 120
   — *Elliotii* 120
   — *longipetala* 120
   — *parviflora* 120
Zanthoxylum ? macrophyllum 232
    parvifolium ... 233

INDEX ALPHABÉTIQUE

DES

Noms vernaculaires (Noms indigènes par dialecte et autres)

ABÉ.

Akédé	261
Akosica	148
Anninguéri	241
—	237
Azodò	252
Awassé	251
Baka-biringui	166
—	205
Ekuié, Ecguéhié	207
Haiefai?	246
Hobo, Hapi	161
Hôfa	255
Kaka	245
Kati	301
Kotié, Koti	271
Lo	181
Loho	264
Mbawé	116
Mbrahu	229
Mgua	260
Motékioro	269
M'pohé, Polé	221
Mussa neué	273
Mutié	259
Ngolo ngoloti	114
Ngua	115
Nguanabé	215
Ognon	264
Owohotélimon	163
Pè	151
Poré-poré	253

Rikio	162
	162
Sô	220
Vi,	113
Wa lélé	217

ADIOUKROU.

Arabmétu	172
Halu	251
Lubigniati	247
Main	185
Mbob	161
Moropié	220
Tata iro	157
Tibri	245
Wakiü	273

AGNI.

Aborobié	245
Aburésé baka	227
Adinam	268
Agua, Egbua	222
Akuana	147
Akoïma	233
Akumedua	272
Alabenun	163
Allahbanunu	166
Améréré	178
Amizi	148
Assa bogñié	159
Assihaoteau	184

Assoséka 269
Awamé............... 241
Awasain 271
Bahia....................... 228
Bakahéhessi 181
Bérétué?..................... 245
Bogüié...................... 218
Boisima.................... 231
Bomoku 247
Boré-poré.................. 114
Cécérüi 263
Dabu-dabu 248
Diangüé 244
     —   262
Dumori..................... 237
Dukuma, Dugura........... 207
Eborodumuen........ 219
Echirua.................... 159
Efomu 119
Efuen............... 117
Efurumundu. 124
Egna...................... 187
Egüi...................... 264
Ekopa...................... 180
Ekosuba, Zéma Kérenya.... 235
Ekua...................... 159
Ekubé..................... 223
Elékhua 162
Eluï 261
Embi-siembi.............. 144
Emien..................... 121
Endé......... 223
Erüi..... 179
Esoré...................... 154
Essom baka................ 270
Essin..................... 173
Etana..................... 217
Etüi...................... 160
Eutié..................... 116
Frahé 154
Framiré'................... 152
Gniangon.................. 250
Güeguiro wa baka ?........ 173
Hagué..................... 189
Haindé 211

Haipi..................... 171
Hanfuru 224
Hendjé, Hengué............ 233
Isonguin.................. 243
Kakana....'.............. 143
Kétibu.................... 244
Kérendja 270
Kiuangua.................. 269
Komou aguiré 249
Krendja Haigüé 145
Kuangua 176
     —   iniama............ 182
     —   169
Kuapa..................... 268
Kuatiécualé................ 158
Kuré 171
Mamié Kini............... 164
Mbosoé.................... 215
Nianga.................... 265
Pakié-pakié, Kuakié-kuakié.. 121
Patabua 255
Patapara 176
Pianro.................... 258
Porono 267
Sonza-minika, Asum-séka... 155
Sorowa.................... 192
Surua 119
Tai....................... 189
Ténuba, Tanuba 214
Tiama-tiama............... 195
Triwa 263
Üarié..................... 177
Waré, Borfo waré.......... 252
Zacoba 194

AGNI DE BONDOUKOU.

Alongua.................... 227
Amhio..................... 248
Balahé 271
Dogo..................... 181
Durgo, Duruko, Duko....... 114
Fram..................... 415
Guenlé 261
Guima, Djima............. 264

Haipi...... 161
Hanwgo...... 382
Hétéré...... 217
Kaigŭigo...... 205
—...... 201
Kakaléka...... 149
Kayo...... 162
Kélipé...... 165
Kiumba...... 229
Kulipia...... 191
Lerué, Leroï...... 121
Lomburu...... 253
Manan wala.....s...... 122
Nainvi...... 182
Niondoli...... 162
Onhidjo...... 152
Patabua...... 221
Sama, Sam'ba, Sankamba, Sérama...... 255
Sugo...... 234
Tongo...... 260
Tonko...... 187
Turu dogo, Dossolo...... 171
Yŭhngo...... 265

AGNI DE L'INDÉNIÉ.

Akoriŭé...... 222
Kaŭsa...... 235
Kotokié...... 253
Niangamagni...... 264
Tanua...... 214
Wa-wa...... 255

APOLLONIEN ou FANTI.

Aburuki...... 147
Akaankusuma...... 147
Akokotsua...... 222
Akonibia...... 233
Akotompo...... 148
— Atsim...... 121
Akumasé...... 163
Akumassé...... 192
Akuosi Amba...... 180
Amuan...... 167

Aséna emba...... 271
Baka-Bakoré...... 271
Bakana?...... 261
Bofu...... 116
Dubiri...... 207
Edua...... 217
Ekuro...... 173
Ekusamba...... 231
Emuinquim...... 159
Eson...... 159
Kako, iron Wood...... 242
Kakoro...... 114
Kanton...... 233
Kéguigo...... 207
Koghia béra...... 223
Kokotsi...... 250
Makaru, Makoré...... 237
Makubé...... 223
Mbossa...... 215
Odum...... 261
—...... 272
Ofuntum...... 124
Papa...... 268
Poyu dua...... 124
Pranbran...... 169
—...... 171
Sinani...... 272
Sosaŭ...... 161
Sotibia...... 247
Sounoun...... 252
Tiama-Tiama...... 196
—...... 205
Wa-wu...... 255

ATTIÉ.

Abo...... 159
Adan...... 244
Ahia...... 244
Akodiombi...... 222
Alokwotiŭmon...... 241
Amasoban...... 272
Apé...... 252
Atsan...... 218
Awa...... 248
Awa...... 268

Bakaza	147
Béguan	173
Bello	272
Béréguan	268
Bibi abé	192
Bissaboko	183
Bohamamun	242
Bona	263
Botopia	253
Bouna	152
Chikŭé	158
Choha	121
Dendo	223
Diancongŭé	265
Ebruhé	115
Esanhé	113
Esangŭé	113
Esuro	116
Faisso	269
Fé	177
Fé	214
Fondé	119
Fou	160
Frakuan	176
G'Bon	182
Gnili	249
Habi zacŭé	158
Hainfain	143
Hakué	189
Haté	247
Kiukiuésin	176
Kokué	121
Kotopuan	116
Kuanda	250
Kŭé	171
Kusiburu	155
Lô	182
Lokobo	195
—	196
Lokobua	207
Mbahu	237
M'Bon	233
Mbong	117
Mboti	152
Mekhi	262

Metchi	263
Mfantu	245
M'Guangua	220
Mon	148
Mosangŭi	220
Na	162
Ncafué	269
Ncubé	246
Ndébéré	231
Ngua, Abô	235
Nguéhié	187
Nguépé	159
Nguobi	155
Nokŭé	154
Ntaguaya	243
Ntagué hié	223
Paradakué	236
Parandédi	219
Pé sin	122
Piché aboko	166
Pri	122
Pué	271
Sai	270
San	169
Ségna	145
Sénan	159
Simua	225
Sofo	228
Sonzakŭé	270
Taisin	189
Tchiat Kottsé	227
Tchiko	114
Tébo	147
Tiupé	175
Totohoté	184
Tré	173
Tsain	161
T'Sainfi	119
Vandakŭé	181
Zacoba	194
Zakuébiombi	222

BÉTÉ.

Garésu	237
Uruba su	124

EBRIÉ.

Adjondé.................... 185
Agniérè.................... 264
Aguaya.................... 157
— , Guéia.............. 245
Agui...................... 261
Akion.................... 218
Hané...................... 117
Hapo...................... 251
Humpé.................... 207
Poposi.................... 161
Torocûim, Yacuru 273

MBONOI.

Abono.................... 262
Adjansé................... 273
Ako...................... 259
Akodo.................... 247
Akwabu.................... 247
Anaküé.................... 217
Anandjo, Ananyo 237
Anokué.................... 215
Apukur.................... 121
Arombo 272
Aronhé.................... 179
Aruané.................... 167
Asafra, Esafra.............. 217
Asama.................... 181
Asémigniri................. 172
Atolaïe................... 264
A-turu...... 262
Bonyuromé.............. 157
Buro-buro................. 187
Cauri...................... 162
Cotésima.................. 225
Djo arbi.................... 220
Eddé 148
Ekimi.................... 181
Esémé.................... 173
Esivé.................... 301
Fognian 227
Gonguonkiur............... 144
Guagua..... 273
Haisan.................... 269

Haperrié.... 115
Hété baké 246
Kassékui...·.. 211
Kengûé........... 332
Kerengué.......... 245
Kiagua....... 245
Kiangua.................. 267
Kiukuma-uon........ 216
Kokomayur............. ... 145
Makua.................... 201
Mbuessé.............. ... 251
Nkiébé,.................... 185
Oroba 225
Orobo 162
Popossi.............. 161
Sankoromé, Sanromé....... 267
Sannaba............... 162
Ta ceribé 172
Tétéré.................. ... 230
Wotobé. Ewotébo.......... 163

MOYEN-CAVALLY.

Bebéti 124

NÉYAU.

Butusu 237
Twi...................... 124

PALPO.

Dorosé populû 124
Yatu 145

TRÉPO.

Dô........................ 148

DIVERS.

Abricotier d'Afrique........ 165
Acacia du Gabon........... 180
Acajou d'Afrique....·....... 207
— frisé............... 205
African teak (angl.) 160
Bembé (bambara)........... 115
Biruba (bariba du Dahomey).. 207

Bois de fer................ 242
— satiné 152
Bonzo (bambara)........ ... 261
Bugüink kabo (diola de Casa-
mance) 176
Camwood (anglais)......... 173
Cédrat 201
Cèdre d'Afrique........... . 215
Chêne d'Afrique 162
Coke Wood (anglais)........ 261
Cosomon (bambara)... 162
Cotton-bree (anglais)..... ... 187
Egueré baka (bambara du sud) 270
Faux colatier 273
Féla (bambara du sud)...... 152
Finzan (bambara) 234
Fromager.................. 187
Izaquente (portugais)... ... 265
Karfa bili (bambara du sud).. 262

Kobi (bambara)..... 191
Krékété   —   149
Ndiar (wolof).... 119
Ngoro (mandingue)......... 251
Ningo (bambara)........... 115
Ntaba   —   248
Okumé de la Côte d'Ivoire... 145
Palétuvier rouge 223
Palissandre d'Afrique 180
Poivre d'Ethiopie......... .. 119
Reed wood (anglais) 271
Ronier.................... 223
Rokko (Dahomey)........... 261
Sangongo (bambara).....·.. 227
Santal d'Afrique 215
Satineed wood (anglais) 152
Téli (bambara) 179
Tulipier du Gabon 145
Zerongo (bambara)......... 231

ERRATA.

Au lieu de *X. Ellistii* p. 120, lire *X. Elliotii*.
—   *Daniella oblong* p. 176, lire *Daniella oblonga*.
—   *Kahya ivorensis* p. 207, lire *Khayr ivorensis*.
—   *Chloraphora* p. 258, lire *Chlorophora*.

TABLE DES MATIÈRES.

Pages,

Introduction 5

PREMIÈRE PARTIE.

Historique et procédés d'études de la forêt et des bois.

CHAPITRE I.

Historique des travaux antérieurs à la Mission............ 9

CHAPITRE II.

Les travaux de la Mission forestière (1905-1907)......... .. 20

CHAPITRE III.

La forêt vierge et sa composition.......... 30
Caractères des principales régions forestières.... 39

CHAPITRE IV.

L'appauvrissement de la forêt vierge et les régions exploitables 43

DEUXIÈME PARTIE.

L'exploitation actuelle.

CHAPITRE I.

La consommation des bois en France 55

CHAPITRE II.

Les bois d'exportation des colonies françaises et principalement de l'Afrique occidentale........   67

CHAPITRE III.

L'exploitation de l'Acajou en Afrique occidentale...........   78

TROISIÈME PARTIE.

Etude spéciale des arbres les plus remarquables de la Côte-d'Ivoire........   109
Liste des bois récoltés au cours de la Mission forestière (1906-1907).....................   276

QUATRIÈME PARTIE.

L'avenir de l'exploitation des bois à la Côte-d'Ivoire et conclusions..   291

Annexe. — Modification et adjonction survenue au cours de l'impression... .   301

Index des noms scientifiques (Familles, espèces, genres. synonymes...   303
Index des noms vernaculaires (Noms indigènes et autres)....   307
Errata...   312

IMPRIMERIE ET LITHOGRAPHIE LUCIEN DECLUME, LONS-LE-SAUNIER.

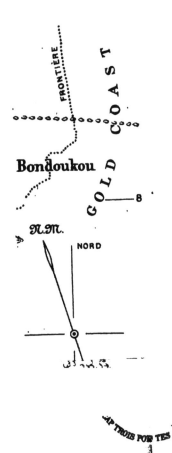

FRONTIÈRE

GOLD COAST

Bondoukou

B

𝔑.𝔐.

NORD

JOU

AP TROIS PORTES

1.000ᵉ

LES VÉGÉTAUX UTILES

DE

L'AFRIQUE TROPICALE FRANÇAISE

FASCICULE VI

Fascicule VI. Mai 1911.

LES VÉGÉTAUX UTILES

DE

L'AFRIQUE TROPICALE FRANCAISE

PUBLICATION FAITE SOUS LE PATRONAGE DE MM.

EDMOND PERRIER
De l'Institut et de l'Académie de Médecine
Directeur du Muséum d'Histoire naturelle

W. PONTY
Gouverneur général
de l'Afrique occidentale française

E. ROUME
Gouverneur général honoraire

MERLIN
Gouverneur général de l'Afrique
équatoriale française

DIRIGÉE PAR

M. Aug. CHEVALIER

Docteur ès-sciences
Chargé de Missions

FASCICULE VI

LES KOLATIERS & LES NOIX DE KOLA

PAR

Aug. CHEVALIER et Ém. PERROT.

PARIS
Augustin Challamel, Éditeur,
Rue Jacob, 17

—

1911

Prix : 20 Fr.

TABLE DES MATIÈRES.

Préface (Aug. Chevalier) xv

Introduction (Aug. Chevalier et Em. Perrot) xxi

PREMIÈRE PARTIE.

Historique général.

CHAPITRE PREMIER.— Notes historiques et géographiques sur le Kola avant le xix⁸ siècle .... ᴧ

CHAPITRE II.— Le Kola et les Kolatiers au xix⁸ siècle 12

CHAPITRE III. — Histoire botanique des principaux Kolatiers jusqu'à la création du genre *Cola* 31

DEUXIÈME PARTIE.

Les Kolatiers : Etude botanique, géographique et biologique.

CHAPITRE IV. — Position systématique et divisions du genre *Cola* 45
Autocola K. Schum, 52. — *Macrocola* A. Chev., 54. — *Eucola* A. Chev., 54.

CHAPITRE V. — Caractères généraux des espèces de la section *Autocola* (*Eucola*) 53
Port, 53.— Gemmules, 56.— Feuilles, Répartition, 56.— Pétiole, 58.— Limbe, 60.— Inflorescences, 62.— Fleurs, 63. — Fruit, 66. — Déhiscence des fruits, 68. — Graines, 70.

Chapitre VI.— Caractères histologiques des Kolatiers   72
Racine, 72.— Tige, 73.— Feuille, 77. — Pétiole, 77. —
Renflement basilaire, 79. — Renflement moteur, 83. —
Organes floraux, 87.— Ovaire, 91.— Graine, 92.

Chapitre VII.— Révision des anciennes espèces de la section
Eucola d'après les types conservés dans les Herbiers...   98
Types des espèces de Ventenat. *Sterculia nitida* Vent.,
99. — La plante de Michaux, 100. — L'échantillon de
l'Herbier de Lamarck,|100.—de l'Herbier général du Mu-
séum, 102. — *Sterculia grandiflora* Vent., 103.— Echantillon de l'Herbier de Jussieu, 103. — Echantillons de
l'Herbier de Lamarck, 104. — Type du *Sterculia acuminata* P. Beauv., 105. — Type du *Sterculia verticillata*
Thonning in Schumacher, 107.— Type du *Cola macrocarpa* G. Don, 109. — Type du *Syphoniopsis monoica*
Karst., 109. — Types des *Cola* du Flora of tropical
africa, 110. — Type du *Cola Ballayi*, 110.— Types des
espèces décrites par K. Schumann, O. Waburg et W.
Busse, 111.

Chapitre VIII.— Etude systématique des espèces de la section
Eucola   119
Cola nitida A. Chev.,120.— *Cola rubra* A. Chev., 123.
— *Cola alba* A. Chev., 124.— *Cola mixta* A. Chev., 126.
— *Cola pallida* A. Chev., 128.— *Cola acuminata* (Pal.
Beauv.) Schott et Endl., 129. — *Cola verticillata* Stapf
Mss., 136.— *Cola Ballayi* Cornu, 139.— *Cola sphæro-
carpa* A. Chev.. 142.

Chapitre IX.— Distribution géographique.   146
Guinée française : Rivières du Sud, 146. — Fouta-Dja-
lon, 150.— Kouranko et région du Haut-Niger, 151. —
Le Kissi, 153. — Pays des Tomas et des Guerzés, 156.
— Haut-Sénégal-Niger, 159. — Côte d'Ivoire, 159. —
Zône au nord du 8ᵉ parallèle, 160. — Le Baoulé, 162. —
Zône Nord de la forêt de 6°30 et 7°45, 163. — Pays des
Dyelas ou Dans, 164. — Pays des Touras ou Touradou-
gou, 168. — Pays des Bétés, 169. — Pays des Lôs ou
Gouros, 170. — Pays des Ngans, 172. — Zône sud.et
moyenne de la Côte d'Ivoire, 175. — Dahomey, 178. —
Afrique équatoriale française, 180. — Colonies étrangè-

res de l'Afrique occidentale : Sierra-Léone, 188.— République de Libéria, 189.— Gold-Coast, 190.— Togo, 192. — Nigeria, 194.— Cameroun, 196.— Congo belge, 197. — Fernando-Po, 198. — San-Thomé, 198. — Angola, 199. - Les Kolatiers en dehors de l'Ouest africain, 199.

CHAPITRE X.— Ecologie et Biologie des Kolatiers............ 202
Rapports avec les différents milieux, 202. — Milieu climatique, 202.— Milieu édaphique, 204.   Milieu biologique, 205. — Rapports des Kolatiers entre eux : les races, 206. — La vie végétative, 208. — La fonction de reproduction, 209.— Les races, 213.— Dissémination et multiplication, 218.— Philogénie des Kolatiers, 218.

TROISIÈME PARTIE.

Etude chimique et pharmacologique de la noix de Kola.

CHAPITRE XI.— Composition chimique des noix de Kola 219
Dosages de la caféine dans les noix de Kola, 227. — Extraction de la Kolatine (Goris), 242. — Préparation de la matière première, 242.— Conservation, 242. — Procédé à l'alcool bouillant, 243. — Stérilisation (Procédé Goris et Arnould), 244.— Extraction de la Kolatine, 245. - Purification, 246.— Propriétés de la Kolatine, 246.

CHAPITRE XII.— Action physiologique de la noix de Kola..... 253
Action sur le système nerveux, 257.— Système digestif. 258. — Appareil circulatoire, 259. — Système musculaire, 259. — Doses de Kola à ingérer, 260. — Action pharmacodynamique de la caféine, 262. — Action de la caféine sur le système nerveux central, 263.— Action de la caféine sur le système musculaire, 264. - Action de la caféine sur l'appareil circulatoire, 264. - Action de la caféine sur l'appareil respiratoire, 265.— Action de la caféine sur les échanges nutritifs, 265.— Action physiologique de la Kolatine, 267.

CHAPITRE XIII. — Usages du Kola. — Formes pharmaceutiques,......... 274
Modes d'emploi, formes pharmaceutiques, 276. — Extrait de Kola sec, 277. — Extrait de Kola frais stérilisé,

278. — Kola frais stérilisé, 278. — Comprimés et tablettes de Kola frais stérilisé, 279. — Préparations alimentaires, 279. — Masticatoire au Kola, 280. — Granulé au Kola, 280. — Vin de Kola, 280. — Extrait fluide de Kola, 281. — Emploi du Kola dans la ration alimentaire des animaux, 283.

QUATRIÈME PARTIE.

Le Kola et les Kolatiers au point de vue économique.

CHAPITRE XIV. — La culture des Kolatiers.................   285
Procédés de culture indigène, 289. — Bouturage, 295. — Renseignements fournis par les plantations européennes, 296. — Semis, 297. — Plantation, 297. — Culture rationnelle, 303. — Choix des graines, 303. — Choix et préparation du terrain, 305. — Soins à donner aux Kolatiers pendant leur croissance, 310. — Problèmes à résoudre, rôle des Jardins d'essai, 311.

CHAPITRE XV. — Age de la production et rendement des Kolatiers...........................   313
Durée de la croissance et âge de la première production, 313. — Rendement, 316, 316. — Nombre des récoltes annuelles, 323. — Durée des Kolatiers, 326.

CHAPITRE XVI. — Ennemis et maladies du Kolatier et des noix de Kola............................   327
Animaux, 327. — Notes sur quelque essais en vue de la destruction du Charençon de la noix de Kola (P. LESNE et Joanny MARTIN), 336. — Végétaux, 338.

CHAPITRE XVII. — Récolte, préparation et emballage des noix de Kola............................   343
Procédés de récolte, 343. — Extraction des noix, 344. — Préparation des noix pour le transport, 344. — Conservation des noix dans les pays de production, 345. — Emballage pour le transport par caravanes, 345. — Principaux Orofira, 346. — Soins à donner aux Kolas en cours de route, 351. — Emballage pour les expéditions de Kolas frais en Europe, 351. — Préparation du Kola séché, 353.

CHAPITRE XVIII. — Le commerce et la géographie commerciale des noix de Kola............................ 355

Le commerce des caravanes. Les Dioulas, 359. — Les transports par caravanes, 361. — Les transports par eau, 362. — Les transports par chemins de fer, 363. — Monnaies employées pour les achats de Kola, 363. — Droits de douane et taxes sur les Kolas dans les Colonies françaises, 366.— Colonies françaises. Pays producteurs de Kolas : Guinée française, 367. — Région littorale, 369. — Le Kissi, 370. — Pays Tômas et Guerzés et frontière libérienne, 372. — Kolas rouges, 381. — Kolas rosés, 381. — Kolas blancs, 381. — Haute Côte d'Ivoire, 384.— Bas-Dahomey, 396. — Afrique équatoriale française, 396. — Principaux pays producteurs étrangers. Sierra-Léone, 399.— Gold-Coast, 400.— Cameroun, 403. — Togo allemand, 404. — San-Thomé, 404. — Principaux pays consommateurs : Colonies françaises. Sénégal, 405.— Haut-Sénégal et Niger, 408. — Haut-Dahomey, 425.— Territoire du Tchad, 428. — Pays consommateurs étrangers : Gambie anglaise, 429. — Guinée portugaise, 429.— Nigéria anglaise, 430. — Importation et consommation des Kolas en Europe, 483.

CHAPITRE XIX. — Amandes considérées à tort comme remplaçant les Kolas. Substitutions frauduleuses. Succédanés.   436

CHAPITRE XX.— Rôle du Kola dans la vie des Indigènes......   448

Croyances, rites, superstitions, usages, régime de la propriété, 448. — Propriétés réelles attribuées au Kola par les indigènes, Comme excitant et tonique, 449.— Comme aphrodisiaque, 452. — Les Kolas dans la vie sociale et domestique, 453. — Rôle du Kola au point de vue religieux, 456.— Superstitions, 459.— Formes sous lesquelles le Kola est consommé par les indigènes, 460. Régime de la propriété des Kolatiers, 461.

TABLE DES FIGURES.

Figure 1. — *Cola nitida*. Un arbre sur une place de la ville
Conakry (hors texte).....................

— 2. — *Cola nitida*. Rameaux, fleurs et amandes (h. t.)..   32 bis

— 3. — *Cola verticillata* Stapf. Rameau en fleurs
(h. t.)..................... ....   48 bis

— 4. — *Cola verticillata* dans un sous-bois au Bas-
Dahomey............................   43

— 5. — *Cola nitida* dans une plantation chez les Bétés
de la Côte d'Ivoire (conservé sur l'emplacement de la forêt défrichée)...............   57

— 6. — *Cola Ballayi*. Rameau portant un pseudo-ver-
ticille de feuilles. Une partie des feuilles ont
été détachées (h. t.).. ....   40 bis

— 7. — *Cola Ballayi*. Rameau âgé chargé d'inflorescences (h. t.)............. ....   41 bis

— 8. — *Cola acuminata*. Feuilles anormales avec des
lobations   59

— 9. — *Cola proteiformis* A. Chev. Sur le même
rameau on voit une feuille à une foliole, une
autre à 3 folioles et enfin une feuille à 5
folioles...........   61

— 10 — *Cola nitida*. Rameau en fleurs, follicules coupés longitudinalement, inflorescences.......   69

— 11. — *Cola nitida*. Jeune sujet vivant (h. t.)........   56 bis

— 12. — *Cola* sp. des Serres du Muséum de Paris
(h. t.)....... ....   56 bis

— 13. — *Cola acuminata*. Follicules à différents âges..   57 bis

— 14. — Coupe transversale d'un fragment d'écorce du
tronc de *C. nitida*, passant par la région libérienne............................   73

— 15. — Coupe transversale du pétiole, à la base du
limbe   75

— 16. — Coupe schématique au niveau du renflement
basiliaire, au point d'insertion des pétioles sur
la tige..................................   80

— 17. — Figures schématiques du système fasciculaire du pétiole, au niveau du renflement moteur . .   81

— 18. — 1. Coupe transversale du limbe de *C. Ballayi* ; 2, épiderme inférieur vu de face avec stomate légèrement enfoncé ; 3, coupe schématique de la nervure médiane vers le tiers supérieur du limbe chez *C. nitida*   86

— 19. — 1 et 2, poils étoilés du calice et d'une feuille prise sur un bourgeon ; 3, poils glanduleux vus de profil   88

— 20. — Schéma de la coupe transversale de l'ovaire de *C. nitida*   89

— 21. — Coupe d'un ovule et du placenta   90

— 22. — Portion du tégument de la graine de *Cola nitida*   92

— 23. — Coupe transversale d'une jeune graine de *C. nitida*, passant au-dessus du point d'insertion des cotylédons   93

— 24. — Fleur, fruits et graine de Kola   95

— 25. — *Sterculia acuminata*. Type de l'Herbier du British Muséum. Androcées des fleurs mâles et poils étoilés (croquis communiqué par M. le Dʳ STAPF)   105

— 26. — *Cola Supfiana* Busse. Type de l'Herbier de Berlin   115

— 27. — Fleurs de *C. alba* et *C. mixta*   125

— 28. — *Cola mixta* forma *lutifolia* A. Chev. et *Cola mixta* forma *angustifolia* A. Chev. (h. t.) . . .   128 bis

— 29. — Fleurs de *Cola acuminata*   131

— 30. — *Cola acuminata*. Fruits de la forme de San-Thomé   135

— 31. — *Cola mixta* et *C. pallida*. Follicules étalés en étoile (h. t.) . . . .   136 bis

— 32. — *Cola nitida* des Iles Scherbro. Follicules vus en-dessous (h. t.) . . . .   137 bis

— 33. — *Cola Ballayi*. Follicules (h. t.) . . . .   144 bis

— 34. — *Cola sphærocarpa* A. Chev. Follicules   143

— 35. — Philogénie des *Cola* de la section *Eucola*   217

— 36. — Cristaux de Kolatine (GORIS), d'après une microphotographie   247

— 37. - Cristaux de Kolatéine (GORIS), d'après une microphotographie.   250

— 37 bis.— Grenouille 20 gr. Injection de 0,01 gr. de kolatine sous la peau de la cuisse. Arrêt du cœur
au bout de 18 heures. Cardiographe VERDIN-
VIBERT 268

— 38.— Chien 5 kg. chloralosé. Pression fémorale avec
le Kymographion de LUDWIG. Injection intraveineuse d'une solution de kolatine dans le
sérum physiologique à 37°, 5 gr. de kolatine
à intervalle de 40 minutes. Survie du chien.. 269

— 39. — Phosphorus Jansoni Thomps. (coléoptère)..... 329

— 40.— Balanogastris Kolæ (coléoptère), état parfait... 331

— 41.— Balanogastris Kolæ (coléoptère), larve 332

— 42.— Balanogastris Kolæ (coléoptère). nymphe.... 333

— 43.— Clinogyne Schweinfurthiana K. Schum (h. t.). 336 bis

— 44.— Clinogyne ramosissima K. Schum (h. t.)..... 344 bis

— 45.— Sarcophrynium brachystachyum K. Schum
(h. t.)..................................... 445 lis

— 46.— Panier pour le transport des Kolas par mer... 352

— 47.— Mitragyne macrophylla Hiern.............. 352 bis

— 48.— Monnaies servant à l'achat des Kolas........ 365

— 49. — Couffins préparés pour le transport des Kolas
par mer.................................. 401

— 50.— Carte des routes suivies par les caravaniers
transportant les Kolas...... 419

— 51.— Garcinia Kola Heckel. Rameau (h. t.)........ 440 bis

— 52.— Garcinia antidysenterica A. Chev. (h. t.)..... 441 bis

CARTES.

---

1. — Cartes des routes suivies par les caravanes transportant les Kolas à travers le Soudan nigérien. Echelle $\frac{1}{16.000.000}$ .... Page 419

2. — Distribution géographique du *Cola nitida* et des *Cola* à plus de deux cotylédons. Echelle $\frac{1}{17.800.000}$ à la fin de l'ouvrage

3. — Distribution géographique et répartition des plantations de *Cola nitida* en Guinée françaises et à la Côte d'Ivoire. Echelle $\frac{1}{3.000.000}$ à la fin de l'ouvrage

---

PLANCHES

(Phototypies à la fin de l'ouvrage).

Planche   I.— *Sterculia nitida* Vent. Type de Ventenat. (Herb. Delessert, Genève).

—   II.— *Sterculia nitida* Vent. Type de l'Herbier de Lamarck cité par Ventenat. (Herb. Mus. Paris).

—   III.— *Sterculia nitida* Vent. Echantillon de Commerson. (Herb. Mus. Paris).

—   IV.— *Sterculia grandiflora* Vent. Type de l'Herbier de Jussieu. (Herb. Mus. Paris).

—   V.— *Sterculia grandiflora* Vent. Type de l'Herbier Lamarck. (Herb. Mus. Paris).

—   VI.— *Sterculia acuminata* Pal. Beauv. Type de l'Herbier de Palisot de Beauvois. (Herb. Delessert, Genève).

—   VII.— *Sterculia verticillata* Thonn. Type de l'Herbier de Schumacher. (Herb. Mus. Copenhague).

Planche VIII.— *Cola Ballayi* Cornu. Type vivant de Maxime Cornu. (Serres Mus. Paris).

— IX.— *Cola astrophora* Warb. (= *Cola acuminata* Schott et Endl.). Type de Warburg. (Herb. Mus. Berlin).

— X.— *Cola nitida* sub-sp. *C. rubra* A. Chev. Forme sauvage de la forêt vierge de la Côte d'Ivoire. (Herb. Aug. Chevalier).

— XI.— *Cola nitida* Vent. A. Chev. Forme sauvage de la Côte d'Ivoire, à grandes fleurs et à petites fleurs sur le même rameau. (Herb. Aug. Chevalier).

— XII.— *Cola nitida* sub-sp. *C. pallida* A. Chev. Forme sauvage de la Côte d'Ivoire. Rameau d'un arbre ne portant que des fleurs mâles. (Herb. Aug. Chevalier).

— XIII.— *Cola nitida* sub-sp. *C. mixta* A. Chev. forma *latifolia*. Plante cultivée par les indigènes à Conakry, en Guinée française. (Herb. Aug. Chevalier).

Planche XIV.— *Cola acuminata* (Pal. Beauv.). Schott et Endl. Forme cultivée par les Kroumen, à Grabo, dans la Côte d'Ivoire. (Herb. Aug. Chevalier).

— XV.— *Cola nitida* (Vent.) A. Chev. Différentes formes de follicules ouverts.

— XVI.— Noix de Kola de différentes espèces.

PRÉFACE.

Depuis 1898, il ne s'est guère écoulé d'années sans que nous ayons été amené, au cours de nos explorations, à faire quelques observations relatives aux Kolatiers et aux noix de Kola.

En février et mars 1899, nous observions pour la première fois ces arbres cultivés par les indigènes dans les cercles de Siguiri, Kouroussa et Kankan, constituant à cette époque la région sud du Soudan français. Nous fûmes alors frappé de l'intérêt que les indigènes leur attachaient.

Pendant toute l'année 1899 et une partie de l'année 1900, il nous fut donné aussi d'étudier sur place l'importance commerciale de la noix de Kola en observant les transactions auxquelles cette amande précieuse donne lieu sur les grands marchés africains de St-Louis, Dakar, Kayes, Médine, Bamako, Sikasso, Bobo-Dioulasso, Djenné, Tombouctou, Ségou, etc.

Quelques mois après notre retour en Europe, nous fûmes mis en rapport par G. Schweinfurth avec le professeur K. Schumann, de Berlin, qui venait de publier sa belle monographie des Sterculiacées africaines.

Le savant botaniste nous montra dans l'Herbier de Berlin les matériaux restreints qu'il avait eus à sa disposition pour faire l'étude de la section *Autocola*. Il nous assura que la lumière était loin d'être faite sur ce groupe intéressant et nous encouragea à faire des recherches sur ces plantes au cours du voyage que nous devions effectuer peu de temps après.

Pendant la *Mission Chari-lac Tchad* (1902-1904), notre attention fut de nouveau attirée sur les *Kolatiers*.

A notre passage à Conakry, en juin 1902, les beaux exemplaires de l'espèce *C. nitida* qui sont répandus dans toute la ville étaient en pleine floraison et le marché était bien approvisionné de noix de cette espèce.

Quelques jours plus tard, nous constations à Porto-Novo (Dahomey) la présence presque exclusive sur le marché de cette localité d'un Kola très différent. L'amande était petite, rosée et constamment à 4 ou 5 cotylédons. C'était la graine de l'espèce que nous nommons *C. acuminata* Schott et Endl.

Sur les marchés indigènes de Libreville, Matadi, Leopold-ville, Brazzaville, nous revîmes des noix à peu près identiques.

En remontant le Congo et l'Oubangui, en août 1902, nous rencontrions un Kolatier encore différent de l'espèce côtière et qui s'identifiait complétement avec le *Cola Ballayi* Cornu, dont les graines avaient été rapportées d'abord du Gabon, excellente espèce que le Prof. K. Schumann avait mal connue.

Malheureusement ce savant allemand venait d'être enlevé à la science au moment où nous nous proposions de lui communiquer nos matériaux, après notre retour en France.

Au cours de notre voyage en Afrique centrale, nous avions aussi constaté que les caravaniers Haoussas continuaient toujours à apporter les noix de Kola au Baguirmi et au Ouadaï. Ce commerce donnait lieu à des transactions moins importantes qu'à l'époque des voyages de Barth et de Nachtigal, le pays ayant été ruiné par des guerres fréquentes ; pourtant la noix de Kola était toujours un article très recherché des peuplades musulmanes.

Mais c'est surtout au cours de nos nouveaux voyages effectués durant les années 1905, 1906 et 1907, puis de 1908 à 1910 que nous avons pu étudier d'une manière plus approfondie les espèces productrices de noix de Kola, leur distribution géographique, leur culture et le commerce auquel les noix donnent lieu.

Pendant un séjour de plus de 10 mois en Guinée française, il nous a été possible d'examiner en détail et à tous les points de vue l'espèce cultivée dans cette colonie par les indigènes et de relever sa distribution géographique.

Un séjour d'un mois en 1905, de 9 mois en 1906-1907, puis de 9 mois encore en 1909, nous a permis d'effectuer une étude analogue à la Côte d'Ivoire, colonie particulièrement riche en Kolatiers cultivés et spontanés.

Dès 1905, nous visitions un certain nombre de colonies étrangères produisant des Kolas.

Un séjour de près d'un mois à la Gold-Coast nous a permis d'examiner les intéressants essais de culture entrepris aux jardins d'Aburi et de Tarkwa.

Continuant notre exploration vers le sud, nous avons été amené à examiner enfin les Kolatiers qui vivent à Lagos, dans la Nigéria du Sud (Old-Calabar), enfin à l'île de San-Thomé. En 1909 nous avons en outre examiné ces arbres dans la partie de Sierra-Leone avoisinant les sources du Niger.

Les spécimens botaniques du genre *Cola*, recueillis au cours de nos diverses expéditions, remplissent actuellement plus de six gros cartons d'herbier. Nous avons en outre pris sur place de nombreuses notes et nous avons décrit sur le vif les espèces observées.

Mais c'est surtout dans les colonies françaises de l'Ouest africain que nous avons pu faire au cours de notre voyage 1908-1910, d'importantes constatations relatives à la distribution des Kolatiers et à leur culture : la région des sources du Niger, le Kissi, le Kouranko, le Pays des Tômas et des Guerzés, les hauts bassins de la Nuon, du Cavally et du Sassandra, habités par les Dans ou Dyolas et par les Touras, enfin le pays des Ngans sont par excellence les pays producteurs de noix de Kolas, aussi leur prospection botanique a été des plus intéressantes.

Dans le Bas-Dahomey nous avons visité les plantations indigènes de *Cola acuminata* et observé en outre le rare *Cola verticillata*, méconnue jusqu'aux dernières années.

Enfin, notre voyage s'est terminé par la traversée du Haut-Dahomey et du Mossi où les noix de Kola donnent lieu à un très grand trafic.

Pour élaborer une monographie complète des Kolatiers et des noix de Kola, il nous a semblé qu'il ne suffisait pas de coordonner les résultats de nos études en Afrique.

Il était tout d'abord indispensable de dépouiller une copieuse bibliographie concernant cette question. L'ouvrage du Professeur E. HECKEL, qui constituait une mise au point complète en 1893, a été suivi de la publication de nombreuses notes concer-

·nant les Kolas. Dans les périodiques français ont paru les renseignements de CAZALBOU, SAUSSINE, TEISSONNIER, SAVARIAU, J. et H. VUILLET. H. FILLOT, etc.

En Allemagne, des observations sur les Kolatiers ou sur les Kolas ont été publiées par K. SCHUMANN, O. WARBURG, BERNEGAU, W. BUSSE. En Angleterre, le Dr O. STAPF, conservateur de l'Herbier du Jardin royal de Kew a apporté aussi d'intéressantes contributions à l'étude des *Cola*.

Enfin d'importantes recherches sur la Chimie, la Pharmacologie et la Physiologie des Kolas ont été faites dans ces dernières années surtout en France, notamment par M. GORIS, sous la direction du Professeur PERROT.

Personne n'était plus qualifié que ce dernier pour présenter les travaux relatifs à cette branche. Aussi avons-nous accueilli avec joie la collaboration de notre ami, pour cet ouvrage. Les chapitres VI (Anatomie), XI (Chimie), XII (Action physiologi-·que), XIII (Usages et formes pharmaceutiques) ont été entièrement rédigés par lui. Sa collaboration nous a été aussi précieuse pour nous aider à rechercher dans les nombreux travaux antérieurs, tous les renseignements qui paraissaient avoir quelque intérêt. Nous avons donné ainsi à la partie historique une grande ampleur.

Nous espérons que cet ouvrage apportera des données précises aux médecins, aux naturalistes, aux colons et aux fonctionnaires coloniaux qui cherchent de plus en plus à tirer parti des ressources de nos colonies.

· Puisse-t-il contribuer à rendre celles-ci plus prospères, et servir à faire mieux connaître un produit dont l'Europe ne tire pas suffisamment parti.

Nous souhaitons aussi qu'il incite les personnes s'occupant d'agriculture coloniale à élucider certains problèmes relatifs à la culture et qu'il puisse enfin servir de guide aux administrateurs et les amener à faire étendre les plantations des indigènes là où elles sont susceptibles de réussir.

Il nous est agréable d'exprimer nos remerciements à tous ceux qui ont soutenu ou aidé les missions au cours desquelles ont été accomplis les travaux exposés ici. Notre gratitude va en outre à M. CLOZEL, ancien Gouverneur de la Côte d'Ivoire et à

son successeur M. Angoulvant. Tous les deux, avec une sollicitude éclairée ont facilité par tous les moyens nos études dans
la belle colonie qu'ils administraient, colonie si riche en ressources agricoles et forestières de toutes sortes.

Nous remercions aussi tous les fonctionnaires et officiers de
l'Afrique Occidentale qui, par l'autorité dont ils disposent auprès des populations indigènes, nous ont permis d'étendre beaucoup notre documentation sur place.

Aug. Chevalier.

INTRODUCTION.

————

Avant d'exposer méthodiquement, dans les chapitres qui vont suivre, les faits acquis concernant l'histoire naturelle et l'histoire économique et médicale des Kolas, il nous paraît indispensable d'indiquer sommairement les principales questions qui ont sollicité notre examen et les problèmes à l'éclaircissement desquels nous avons apporté toute notre attention.

Première Partie.

Historique général.

Nombreux sont les auteurs qui ont parlé du Kola et des Kolatiers avant le xxe siècle, mais beaucoup n'ont fait que citer, sans en contrôler les sources, les récits plus ou moins fantaisistes rapportés par les voyageurs. Il nous a paru indispensable de compulser tous les vieux textes et de reproduire, chaque fois que cela nous a semblé avoir de l'intérêt, les observations les plus anciennes concernant ce sujet.

Nous avons dû aussi lire toutes les notes des auteurs récents afin de retenir les renseignements encore nouveaux, chaque fois qu'il nous ont paru exacts.

Deuxième Partie.

Etude botanique, géographique et biologique.

Cette partie est incontestablement celle qui nous a fourni le plus d'études et d'observations inédites, exposées pour la première fois dans cet ouvrage. Les principaux problèmes abordés sont les suivants : délimitation de la section *Eucola* renfermant les vrais Kolatiers ; étude morphologique, anatomique et systématique de ces espèces. Des renseignements sur la biologie des Kolatiers — étude de la plus haute importance pour la culture et qu'aucun auteur n'avait encore abordée — complètent cette monographie botanique.

Mais c'est surtout à la différenciation des diverses espèces de Kolatiers que nous avons apporté la plus grande attention. On savait, depuis la publication de l'ouvrage du célèbre explorateur BARTH, qu'il existe en Afrique tropicale diverses sortes de Kola auxquelles les indigènes attribuent des propriétés très différentes, mais les botanistes qui ont abordé l'étude de ces espèces n'ont fourni jusqu'à ce jour que des renseignements incomplets ou erronés. A la monographie de E. HECKEL, qui rapportait à une espèce tous les bons Kolas à deux cotylédons (espèce inexactement dénommée *Cola acuminata*) et à une seule autre espèce tous les bons Kolas à plus de deux cotylédons, ont succédé d'autres études où étaient décrites de nouvelles espèces mal définies, établies à l'aide de matériaux incomplets et qu'il est impossible de reconnaître d'après les descriptions. Des questions de synonymie sont venues s'ajouter à ces difficultés et les botanistes ne sont plus d'accord, par exemple, sur l'espèce qu'il convient de dénommer *Cola acuminata*. A l'Herbier de Kew, on appelle *Cola acuminata* l'espèce produisant le vrai Kola à deux cotylédons (*Cola vera* K. Schum.). A l'Herbier de Berlin, on donne le nom de *Cola acuminata* à un groupe de deux espèces, dont l'une est le *Cola Ballayi* et l'autre le *Cola acuminata* véritable, c'est à dire le *Sterculia acuminata* Pal. Beauv. Problème encore plus complexe : le *Cola acuminata* var. *Ballayi* K. Schum., n'est pas le *Cola Ballayi* M. Cornu.

Ce dernier doit être identifié au *Cola acuminata* var. *kamerunensis* K. Schum.

L'imbroglio est devenu si grand que récemment O. WARBURG a considéré comme espèce nouvelle, qu'il nomme *Cola astrophora*, une plante qui nous semble s'identifier au type même de PALISOT DE BEAUVOIS.

Pour faire la lumière sur ce sujet il était indispensable :

1° D'examiner les types mêmes des auteurs qui ont créé des espèces de *Sterculia* ou de *Cola* rentrant aujourd'hui dans notre section *Eucola*.

2° Etudier de nombreux matériaux en bon état et si possible à l'état frais, avec des fleurs et des fruits à plusieurs âges de leur développement, afin de définir clairement les diverses espèces ainsi que leurs variations.

C'est ce que nous avons fait et nous pensons avoir mis un peu de clarté dans une question jusqu'alors très confuse.

Enfin, en parcourant plus de 15.000 kilomètres dans les régions où vivent les Kolatiers, nous avons pu indiquer d'une manière précise l'aire où vivent les diverses espèces d'*Eucola* soit à l'état spontané, soit à l'état cultivé.

Troisième Partie.

Etude chimique et pharmacologique.

Les travaux publiés sur la composition chimique des Kolas, sont excessivement nombreux, mais de valeur très inégale. Il était donc indispensable de les soumettre à une analyse critique très serrée et d'entreprendre de nouvelles recherches. C'est ce que fit A. Goris en 1907, à l'instigation de l'un de nous. Cet auteur est parvenu à isoler des Kolas deux composés cristallisés nouveaux susceptibles de se combiner avec la caféine en donnant des composés solubles. Les travaux de Goris sont dispersés dans plusieurs périodiques scientifiques.

Il nous a donc paru utile de faire ici un exposé méthodique des découvertes les plus récentes relatives à cette question et nous avons indiqué toutes les sources bibliographiques concernant les nombreuses études antérieures.

Les travaux concernant l'action physiologique des Kolas sont eux aussi extrêmement nombreux et nous avons dû nous borner à exposer les plus récents, les travaux plus anciens ayant été longuement analysés par Heckel et Schlagdenhauffen.

Il fallait enfin examiner les formes sous lesquelles le Kola est employé aujourd'hui et les usages auquel il convient.

Quatrième Partie.

Etude économique.

Tout ce qui concerne, la culture, la multiplication, la production et les maladies des Kolatiers, intéresse au plus haut point l'agronomie tropicale. A ces questions nous avons consacré des chapitres aussi documentés que possible.

Le commerce et la géographie commerciale sur lesquels nous avons aussi recueilli de nombreux renseignements inédits ont été exposés avec un développement en rapport avec leur importance dans nos colonies de l'Afrique occidentale.

Quant aux résultats scientifiques et pratiques découlant de notre travail, nous avons cru utile de les résumer dans des *Conclusions générales*

Nous n'ignorons pas que notre étude présente encore des lacunes bien que nous y ayons travaillé presque sans relâche pendant cinq années.

Nous ne voulons pas en retarder davantage la publication, persuadés qu'elle suscitera de nouvelles recherches et que si incomplète quelle soit, elle fournira des indications utiles à divers spécialistes et notamment aux fonctionnaires de l'agriculture coloniale et aux industriels et commerçants qui voudront contribuer à vulgariser en Europe un des produits les plus précieux du règne végétal.

Aug. CHEVALIER, Emile PERROT.

Paris, le 24 avril 1911.

Fig. 1. — **Kolatier sur une place de la ville de Conakry** (Guinée française).

PREMIÈRE PARTIE.

Historique général

CHAPITRE PREMIER.

Notes historiques et géographiques sur le Kola avant le XIXᵉ siècle.

Malgré les rapports indiscutables qui existèrent à l'époque romaine entre les peuples de la Méditerranée et les peuplades vivant au-delà du Sahara (Æthiopiens et Leucæthiopiens), il semble bien certain que la noix de Kola fut complètement ignorée du monde civilisé ancien. A notre connaissance, aucun auteur de l'époque latine n'a fait mention d'un produit végétal qui puisse lui être assimilé. Les anciens auteurs arabes, eux aussi, sont tous restés muets sur cette question.

Cependant il est non moins évident qu'à une époque très reculée, le Kolatier était domestiqué dans certaines régions de l'Afrique tropicale et ses amandes faisaient déjà l'objet d'un commerce florissant au Soudan lorsque l'Islam y pénétra.

Les premiers renseignements sur ce produit précieux parvinrent en Europe au XVIᵉ siècle, peu de temps après le début des grands voyages sur la côte d'Afrique, voyages inaugurés par les Normands, les Portugais et les Gènois, plus d'un siècle avant la découverte de l'Amérique.

Du XVI⁰ au XVIII⁰ siècle, de nombreux voyageurs, ainsi que des géographes et des naturalistes, ont cité les Kolas au nombre des productions curieuses rencontrées en Afrique ; mais, à vrai dire, les renseignements de ces auteurs sont bien vagues : la légende et les anecdotes racontées aux navigateurs par les indigènes trouvent la plus grande place dans leurs « Relations ».

LAMARCK, écrivant l'histoire du règne végétal dans l'*Encyclopédie* (1), pouvait donc dire, avec juste raison, que l'arbre produisant le Kola était encore totalement inconnu à son époque (1789).

Pour montrer combien étaient incertains les renseignements publiés jusque-là sur ce produit, nous n'avons pas cru superflu de compulser tous les textes anciens dans lesquels il en est fait mention.

Nous donnerons ci-après le répertoire bibliographique précis de ces textes ainsi que la traduction littérale ou la citation de ceux qui nous ont paru les plus intéressants, afin d'épargner à d'autres une perte de temps assez sérieuse (2).

Le plus ancien ouvrage édité en Europe, dans lequel il est question de la plante qui nous intéresse, est le livre de LÉON l'AFRICAIN qui visita, au commencement du XVI⁰ siècle, une grande partie de l'Afrique du Nord, du Sahara et du Soudan occidental, entre le Niger et le Tchad. Fixé plus tard en Europe, il publia, en 1556, une relation de ses voyages dans laquelle il fit connaître quelques-uns des produits de l'Afrique. Ce qu'il dit du Kola est si imprécis qu'il serait impossible de reconnaître la précieuse noix sans l'appellation de Goro (3) qu'il lui donne et qui est encore le nom sous lequel la désignent les indigènes du Soudan. D'ailleurs, il est certain que LÉON L'AFRICAIN n'avait pas atteint le pays des Kolatiers et qu'il en avait

(1) DE LAMARCK.— Encycl. méthodique. Bot., III, 1789, p. 370.

(2) Nous avons été grandement aidés dans ce travail par M. DORVEAUX, l'érudit bibliothécaire de l'Ecole supérieure de Pharmacie de Paris.

(3) JOANNIS-LEONIS AFRICANI. — De totius Africæ descriptione. Lib. IX, Anvers, 1556, p. 29. Voir aussi : *Edition française* du même auteur annotée par SCHEFFER, Paris, 1896, I, p. 110 et enfin l'ouvrage suivant : De l'Afrique, contenant la description de ce pays par LÉON L'AFRICAIN, édition TEMPORAL. 1830, I, 87-88.

seulement vu les amandes apportées par les caravaniers dans la région qu'il a parcourue.

TEMPORAL donne la traduction suivante du paragraphe relatif à ce produit :

« Toutes les régions qui sont autour d'icelui (fleuve Niger) ont fort bonnes terres, qui produisent des graines en grande abondance et du bétail une infinité ; mais il n'y croît aucune espèce de fruits, hors quelques-uns que portent certains arbres d'une merveilleuse grandeur, et leur fruit ressemble aux chataignes tenant quelque peu de l'amer. Ces arbres croissent assez loin de la mer, en terre ferme et le fruit est nommé *Goro*. »

Dans la littérature arabe la plus ancienne, on aurait trouvé également une citation concernant la noix de Kola. C'est ainsi qu'un médecin EL GHAFFKI vantait déjà ses propriétés reconstituantes, disent certains ouvrages. Nous avons pu nous assurer qu'il y a là une erreur commise par le traducteur du célèbre auteur arabe IBN-EL-BEITHAR (1) qui donne en effet, d'après ce médecin dont les écrits ne sont point parvenus jusqu'à nous, la description incomplète et invraisemblable d'une plante qui fut rapportée par le traducteur à un *Sterculia*. Nous n'hésitons pas à nous inscrire en faux contre cette assertion. Il s'agit sans doute d'une espèce de Zingibéracée.

Quarante-neuf ans plus tard, DALECHAMPS (2), dans son *Histoire des plantes*, reprit les notes de LÉON L'AFRICAIN.

C'est au portugais Eduardo LOPEZ (3), qu'est due la première description exacte du fruit et de l'amande du Kolatier. La relation originale de ce navigateur n'est malheureusement point parvenue jusqu'à nous, mais, il en fut fait par PIGAFETTA

---

(1) IBN-EL-BEITHAR. — Traité des Simples. Notices et Extraits des manuscrits de la Bibliothèque nationale, Paris, 1877, XXIII, p. 383 (Trad. française de L. LECLERC).

(2) DALECHAMPS.— Hist. gen. plantarum, Lyon, 1586, liv. XVIII, chap. LXXII, p. 1838 (Art. *Gor*).

Voici le texte de DALECHAMPS: « Ad fluvium, qui Niger dicitur, nullæ arbores fructiferæ præter pauces admodum. Interquas una, cujus fructus castanea similis, sed amarus. *Gor* vocant incolæ. Joannes Leo (lib. I, Descriptionis Africæ) tradit has arbores mirandæ esse procoritates, satis procul a mari, in continente. »

(3) Fileppo PIGAFETTA.— Relatione del Reame di Congo e delle Circonvicine Contrade. Tratta dalli scritti oragionamenti di Odoardo LOPEZ, portoghese. Roma, 1593, 41.

deux traductions, l'une en italien, l'autre en latin, qui ont été conservées. Voici la transcription du texte italien :

« .... Il y a d'autres arbres qui produisent des fruits nommés *Cola*. Ces fruits sont grands comme des pommes de pin et ont à l'intérieur d'autres fruits semblables à des châtaignes dans lesquels il y a quatre pulpes séparées de couleur rouge et incarnat. On les met dans la bouche, on les mâche et on les mange pour éteindre la soif et rendre l'eau sapide. Ils soutiennent l'estomac et lui sont agréables. Ils sont bons surtout pour le mal de foie. L'on disait qu'en aspergeant de cette matière le foie déjà putréfié de poule ou d'un autre oiseau semblable, le foie recouvre sa fraîcheur et presque son état primitif. Cet aliment est d'un usage commun à tous, en grande quantité et c'est à cause de cela une **bonne** denrée. »

A part la fable de la fin qui est dans le goût de l'époque, cette courte note renferme des renseignements intéressants dont l'exactitude fut reconnue par la suite. Les fruits semblables à des pommes de pin dont parle l'auteur sont des follicules et les autres fruits contenus à l'intérieur des premiers, semblables à des châtaignes et dans lesquels « il y a quatre pulpes séparées de couleur rouge » ne sont autres que les amandes.

Il est curieux de constater que PIGAFETTA faisait ainsi connaître la noix de *Kola à quatre cotylédons* qui ne devait être signalée à nouveau que trois siècles plus tard. C'est en effet cette espèce qui existe dans la région du Congo où Eduardo LOPEZ avait navigué.

Quelques années seulement après cette publication, Charles DE L'ECLUSE (CLUSIUS) donnait de nouveaux renseignements sur le Kola.

Il avait en effet reçu d'un médecin hollandais, nommé ROELSIUS, deux morceaux d'une noix ainsi que la curieuse lettre traduite ci-après, qu'il publia dans ses *Mémoires* sur les végétaux exotiques (1).

(1) C. CLUSIUS.— Exoticorum, Leyde, lib. III, 1605, p. 65. Avant le passage que nous traduisons, CLUSIUS dit qu'un nommé Jacob GORETO lui avait déjà envoyé une sorte de grosse fève, dont il donne le dessin, qui permet facilement de reconnaître une noix de l'espèce de Kola à deux cotylédons (fig. V, p.64) et qui est le *Coles* de cet auteur.

« Le *Coles*, dit-il, est le fruit d'un arbre, lequel a des feuilles de poirier, mais plus longues. Toutefois l'arbre qui porte les Coles doit appartenir aux arbres ou arbustes à silique, car ce fruit ressemble à nos fèves ou haricots, sauf que les siliques sont plus longues et plus grandes et de couleur blanche. Il y a dedans quatre ou cinq fruits semblables aux deux que je vous donne, chacun d'eux est recouvert d'une écorce blanche ; celle-ci étant enlevée, la partie intérieure du fruit est rouge incarnat, possédant la couleur du cinabre et du minium, que le chirurgien qui m'a donné ces noix appelait « vermillon » dans notre langue. Le fruit, facilement décortiqué, se sépare en deux moitiés, comme nos fèves.

« Les deux que je vous envoie étaient unis. Le fruit de Cola desséché est solide et très dur, de sorte que l'on s'étonne d'entendre dire qu'il convient à l'estomac et qu'étant mâché, il donne de la saveur à n'importe quelle boisson que l'on prend ensuite. Les habitants de la région du Cap-Vert les prennent toujours à jeun et, à ce qu'ils disent, supportent le jeûne un jour entier, dès qu'ils en ont mangé trois ou quatre.

« Voilà ce que je sais de ce fruit, non par expérience, mais pour l'avoir entendu dire et que, dans mon musée de Middelburg, vous m'avez demandé de vous écrire. »

Et CLUSIUS ajoute :

« C'est là tout ce que dit ROELSIUS. J'ai observé que les fruits envoyés par ROELSIUS étaient troués par le milieu et avaient dû être traversés d'un fil pour être suspendus et (ainsi que je le suppose) plus facilement desséchés et facilement conservés. »

Le fruit couleur *rouge incarnat* qui se sépare en deux moitiés, suivant l'expression de ROELSIUS, est bien certainement le *Kola à deux cotylédons*. C'est du reste, encore aujourd'hui, la seule espèce qui soit importée et consommée par les indigènes de la région du Cap-Vert.

En 1605, les deux groupes d'espèces fournissant de bonnes noix de Kola — *Cola acuminata* et *Cola nitida* — avaient donc déjà été observées, mais personne ne songea à les différencier tant les renseignements recueillis à leur sujet étaient imprécis.

Les observations qui suivent concernent le groupe du *Cola acuminata* lorsqu'elles ont été faites le long de la côte au sud et à l'est du Golfe de Guinée, et le *Cola nitida* quand elles se rapportent à la Sénégambie, au Soudan et aux pays côtiers situés à l'ouest de la Côte d'Or.

On lit également dans le *Pinax* (1), de G. Bauhin, publié en 1620, une courte note se rapportant à ces graines décrites sous la mention suivante : *X. — Arbor fructu nucis pinæ specie.*

J. Bauhin, un peu plus tard, en 1651, résume dans son *Histoire Universelle des Plantes* ce que l'on sait du Kola, et il en est fait mention dans plusieurs chapitres. Nous pensons qu'il est inutile de les reproduire (2).

Dans les relations des missionnaires apostoliques du Congo, le P. Carli, en 1668, signale qu'on lui apporta à Bamba « quantité de racines rondes semblables à des truffes, mais qui croissent sur des arbres et qui sont de la grosseur des limons. Elles renferment quatre ou cinq noix dont l'intérieur est rouge. L'usage des nègres est de les couvrir de terre pour les conserver fraîches. S'ils veulent les manger, ils les lavent soigneusement et ne manquent point de boire un peu d'eau après les avoir avalées. Le goût en est amer, mais cette amertume fait trouver l'eau délicieuse. On les appelle *Kola* et les Portugais de Loanda les aiment beaucoup. Carli envoya une caisse de ces noix à ses amis de l'Europe qui lui marquèrent leur reconnaissance par divers présens (3) ».

L'*Histoire Générale des Voyages*, d'où provient la citation ci-dessus publiée par l'abbé Prevost en 1748, renferme de curieux renseignements sur les Kolas. L'auteur a rassemblé dans

---

(1) G. Bauhin.—Pinax, Liv. XII, section VI, p. 507. Dans ce groupe, il range d'abord un premier arbre : *Melenken Theveti in necumarc maris Indici insula* Ludg. Cette phrase ne se rapporte pas au Cola.

G. Bauhin continue : Huc referri possunt. Palmæ aliæ, quarum fructus Cola dicitur nuci pinæ majoris similis..... etc. (D'après Pigafetta).

(2) J. Bauhin.— Historia plantarum universalis, voir t. I, 1651 ; p. 210, chap. XXVI : *Cola fructus ad sitim...* et chap. VII, p. 425, *Coles, Cacao firmam quodam.*

(3) Abbé Prevost, A. Deleyre, etc. — Histoire Générale des Voyages, III, 1746, 224.

cette encyclopédie à peu près tout ce que les voyageurs anté-
térieurs ont dit sur ces fruits. Aux indications de Lopez et de
Roelsius sont jointes celles de Merolla, Dapper, Fuich,
Jobson, Brüe, etc...

D'après Lopez, « le Kola est d'un usage fort commun au
Congo et son abondance en rend le prix très vil. » Le même
auteur met l'arbre qui le produit au rang des palmiers. Merolla
dit que la première écorce, ou plutôt la cosse du Kola renferme
plusieurs fruits et que sa couleur est d'un rouge cramoisi. Les
Portugais font tant de cas de cette espèce de noix, continue-t-
il, que s'ils rencontrent une dame dans les rues leur première
civilité consiste à lui offrir du Kola. Dapper a compté jusqu'à
10 ou 12 noix dans une même cosse. Il ajoute que « ce fruit ne
vient qu'une fois l'année et que si l'on en mange le soir, il trouble le sommeil (1). »

Cette collection de Relations de voyages rapporte aussi l'usage
du Kola, d'après Moore, en 1735. Ce voyageur (2) signale
que, chez certains nègres, les noix de Kola entrent dans la série
des cadeaux dus au père de la fiancée par le fiancé. Fuich, dans
son exploration du Sierra Leone, en 1607, avait déjà signalé
des faits analogues que nous rapportons :

« Plus loin dans l'intérieur des terres, il croît un fruit nommé Cola ou Kola, dans une coque assez épaisse. Il est dur, rou-
geàtre, amer, à peu près de la grosseur d'une noix, et divisé
par divers angles. Les nègres font des provisions de ce fruit et
le mâchent, mêlé avec l'écorce d'un certain arbre. Leur manière de s'en servir n'a rien d'agréable pour les Européens.
Celui qui commence à le mâcher le donne ensuite à son voisin,
qui le mâche à son tour et qui le donne au nègre suivant. Ainsi
chacun le mâche successivement, sans rien avaler de la substance. Ils le croient excellent pour la conservation des dents et
des gencives. Les chevaux n'ont pas les dents plus fortes que la
plupart des nègres. Ce fruit leur sert aussi de monnoye courante, et le pays n'en a pas d'autre.

« L'auteur du *Golden Trade* observe que le Kola est fort estimé des nègres qui habitent les bords de la Gambie, et que

(1) Abbé Prevost.— Loc. cit., V, p. 72. — (2) id. p. 168.

les Anglais ne lui donnent pas d'autre nom que celui de noix.
Elles ressemblent, dit-il, aux châtaignes de la plus grosse espèce, mais leur coque est moins dure. Le goût en est amer. On
en fait tant de cas parmi les nègres, que dix noix de Kola font
un présent digne des plus grands rois. Après en avoir mâché,
l'eau la plus commune prend le goût de vin blanc et paraît mêlée de sucre. Le tabac même en tire une douceur singulière. On
n'attribue d'ailleurs aucune autre qualité au Kola. Les personnes âgées, qui ne sont plus capables de le mâcher, le font
broyer pour leur usage. Mais ce n'est pas le peuple qui peut se
procurer un ragoût si délicieux, car 50 noix suffisent pour acheter une femme. On en fit présent de six à Jobson, mais il n'eut
jamais l'occasion d'en voir croître sur l'arbre. Les Portugais
prétendent que le Kola vient du pays de l'Or, et que les nègres
de la Gambie le reçoivent dans une grande baye au delà de
Cachac, où ils trouvent d'autres nègres qui leur apportent de
l'or et quantité de Kola. Cependant Jobson remarque qu'on le
trouve plus cher à mesure qu'on descend la rivière et que, plus
haut, les nègres l'ont avec plus d'abondance, sans qu'il ait pu
découvrir d'où ils le reçoivent. Ils paraissaient surpris que les
Anglais ne l'estimassent pas autant qu'eux. Jobson se proposait d'en apporter quelques noix en Angleterre, mais il s'aper-
çut qu'il s'y forme des vers, et qu'elles ne peuvent se conserver.

« Barbot décrit l'arbre qui produit cette fameuse noix. Il lui
donne le nom de *Frogolo*. Il assure que la région de Sierra
Leone en est remplie ; qu'il est d'une hauteur médiocre ; que la
circonférence du tronc est de 5 ou 6 pieds ; que le fruit ressemble aux châtaignes, et qu'il croît en pelotons de dix ou douze
noix, dont quatre ou cinq sont sous la même coque, divisées
par une peau fort mince ; que le dehors de chaque noix est rouge
avec quelque mélange de bleu ; que si elle est coupée, le dedans
paraît d'un violet foncé. Les nègres et les Portugais en demandent sans cesse, comme les Indiens ne demandent que leur arrak
et leur bétel. Il ne vient qu'une fois chaque année, continue
Barbot ; il est d'un goût qui tire sur l'amer ; il fait trouver
l'eau fort agréable ; et il est fort diurétique. Les nègres en font
un commerce considérable dans les terres. Ils en fournissent

une race d'hommes blancs (1) qui viennent le prendre de fort loin; et le même auteur apprit des Anglais de l'Isle de Bense, qu'il en passe tous les ans par terre une fort grosse quantité à Tunis et à Tripoli. »

Le P. Labat, historiographe du chevalier de Brüe, le directeur de la Compagnie des Indes au Sénégal, dans la relation de voyage de ce dernier, fournit, à plus d'un siècle d'intervalle, un certain nombre de renseignements qui confirment les dires de Fuich et d'autres qui les infirment (2).

De Brüe remarqua, pour la première fois, des Kolas entre les mains des indigènes, en 1701, en se rendant de la rivière Gambie au rio Cacheo. Il s'arrêta au village de Bintan sur la rivière de Saint-Grigou, — aujourd'hui Songrougou en Casamance.

« Là il fut reçu par la femme d'un capitaine anglais nommé Agis, une mulâtresse veuve d'un Portugais et après « quelques instants de conversation, une de ses esclaves, jeune et belle, mais vêtue fort immodestement, présenta à M. de Brüe et à sa compagnie un bassin rempli de *colles* ».

« Ce sont des fruits qui approchent beaucoup pour la figure, l'odeur, la grosseur, la couleur et le goût des marrons d'Inde. Ce ne sont pourtant pas des marrons d'Inde, du moins de l'espèce de ceux que l'on voit si commun à Paris. Je suis fâché que mes mémoires ne me descrivent pas assez clairement l'arbre qui les porte, pour en faire part au public. Ce que j'en sçai, c'est que ces fruits viennent de plus de trois cents lieues à l'est de Bintan. On en trouve encore à Serre-Lionne, mais en plus petite quantité, et par cet endroit on les estime plus que ceux qui viennent de plus loin et qui sont plus rares. Ce fruit est environné de deux écorces: la première est grise, assez forte, dure et cassante ; la seconde qui est la plus proche de la chair, n'est qu'une pellicule blanchâtre, mince et peu adhérente quand le fruit est un peu sec.

« Ce fruit est amer, et n'a, ce me semble, d'autre vertu que d'imprégner la bouche d'une amertume que les Portugais et les

---

(1) Il est probablement fait allusion aux Maures qui voyagent parfois avec les dioulas (caravaniers) soudanais.

(2) R. P. Labat. — Nouvelle relation de l'Afrique Occidentale ; 1728, vol. 4 et 8.

Voir aussi Lémery. — Dict. univ. des Drogues simples, Paris, 1733, 3ᵉ éd., 259.

Nègres du païs disent être excellente pour faire trouver l'eau que l'on boit ensuite des plus délicieuses. Il est vrai qu'il faut que l'eau soit bien mauvaise pour ne pas paraître bonne après un tel manger. Les gens sages disent que l'usage fréquent de ce fruit gâte l'estomac ; je n'en sçai rien de bien assuré : ce que je sçai et qui est connu de tout le monde, c'est qu'il rend la salive et les dents toutes jaunes ; on peut tirer de là telle conjecture qu'on voudra ».

Il est curieux de constater le peu d'intérêt que DE BRÜE et le P. LABAT attachaient à cette époque à la noix de Kola. Ce produit, bien qu'il fût consommé dès le xvie siècle au Cap-Vert, devait être encore relativement peu apprécié par les indigènes du Sénégal proprement dit, puisque DE BRÜE, qui vivait depuis longtemps en Afrique occidentale, ne semble pas l'avoir observé avant son voyage dans les pays colonisés par les Portugais.

Nous pensons que les colons portugais contribuèrent beaucoup à développer la consommation de cette denrée, de même qu'ils avaient déjà contribué à introduire et à développer tant de cultures intéressantes le long de la côte occidentale d'Afrique.

Lorsque le célèbre botaniste ADANSON parcourut le Sénégal de 1750 à 1755, les noix de Kola étaient encore probablement inconnues au Sénégal, car il n'y fait aucune allusion dans ses récits de voyage.

Pour compléter cette première partie, il convient de citer encore J. MATHEWS qui explora Sierra-Leone à la fin du xviiie siècle (1) :

« Le fruit par excellence suivant les indigènes, c'est le *Kóia*. L'arbre comme le fruit ressemble beaucoup au noyer. Le fruit se présente en grappes serrées de 6 ou 8. Il est recouvert au dehors d'une écorce épaisse et coriace, en dedans d'une écorce plus mince et blanche. Dégagé de ses enveloppes, il se divise en deux lobes. Sa couleur est pourpre ou blanche : la première espèce obtient la préférence. Son goût tient de celui du quinquina et on lui assigne les mêmes vertus. Ceux qui peuvent s'en procurer en mâchent toute l'année. On l'offre à ses hôtes à

(1) J. MATHEWS (Trad. BELLART). — Voyage à la rivière de Sierra-Leone. Paris, 1789, p, 57.

leur arrivée et à leur départ. C'est le présent qu'on fait aux chefs. On l'envoie aussi dans les grandes occasions, soit pour sceller la paix, soit pour déclarer la guerre. Aussi en fait-on un très grand commerce avec l'intérieur de l'Afrique et avec les Portugais de Basson (2). Le rivage du Bulland opposé à la Sierra-Leone et les bords de la rivière Scarcie sont les lieux qui le produisent meilleur et en plus grande abondance ».

Thonning, conseiller d'Etat au Danemark, qui séjourna à Christianburg, aujourd'hui Accra (Gold Coast), vers la fin du XVIIIᵉ siècle, recueillit quelques notes et des échantillons d'un kolatier qui fut décrit en 1827. par Schumacher, sous le nom de *Sterculia verticillata*. Ces observations ne portent donc point sur la période qui nous occupe et nous en reparlerons dans l'un des chapitres suivants.

(2) Il s'agit vraisemblablement de Bissao (Guinée portugaise).

CHAPITRE II.

Le Kola et les Kolatiers au XIXᵉ siècle.

La connaissance de la noix de Kola à la fin du xviiiᵉ siècle se réduisait donc à quelques relations de voyageurs ayant surtout trait aux qualités hygiéniques et médicinales qu'on attribuait à la noix.

La plante productrice n'était point connue ; on ne soupçonnait même pas à quel groupe du règne végétal appartenaient les arbres producteurs de l'amande si renommée en Afrique. C'est au botaniste PALISOT DE BEAUVOIS qui séjourna aux royaumes d'Oware et de Benin en 1786 et 1787, que l'on doit les premiers renseignements précis sur le Kolatier de ce pays, espèce qu'il dénomma *Sterculia acuminata* (1).

Est-ce à dire qu'il fut le premier à décrire une espèce de *Cola* comestible ? Cela est extrêmement difficile à établir et nous nous sommes livrés à ce sujet à des recherches particulièrement délicates que nous exposerons dans le chapitre suivant, en traitant de l'Histoire botanique des Kolatiers.

Nous montrerons que c'est le botaniste VENTENAT qui a donné à une espèce de ce groupe de Kolatiers, les premières dénominations scientifiques de *Sterculia nitida* et *S. grandiflora*.

Toutefois VENTENAT n'eût point connaissance des propriétés des graines des espèces qu'il décrivit et ne soupçonna même point qu'elles pouvaient être la source des noix de Kola.

(1) PALISOT DE BEAUVOIS, Flore d'Oware et de Bénin, I, 1804, p. 41. — Cette espèce n'est d'ailleurs pas, comme nous l'établirons plus loin, le véritable Kolatier fournissant les noix à deux cotylédons, mais une espèce à graines ayant plus de deux cotylédons.

En revanche, PALISOT DE BEAUVOIS n'avait pas ignoré les usages du Kola, puisqu'il rapporte que « les nègres d'Oware mangent ce fruit avec une sorte de délices, avant leur repas, non pas à cause de son bont goût puisqu'il laisse dans la bouche une espèce d'apreté acide, mais à raison de la propriété singulière qu'il a de faire trouver bon tout ce qu'on mange après en avoir mâché. »

« Il n'y a pas de doute, continue-t-il, que le *Sterculia acuminata*, dont le fruit et les amandes ressemblent à ceux du Kola dans la description des anciens voyageurs et botanistes qui croit à Oware où il porte aussi le nom de *Kola* et dont les propriétés sont à peu près les mêmes, ne soit le Cola mentionné dans les ouvrages des deux BAUHIN ; mais *il faut rejeter le merveilleux qu'on lui attribue* ».

Il s'attache donc à réfuter les assertions de l'auteur de l'Histoire des Voyages... « la noix, dit-il, n'est ni rare ni précieuse, j'en ai échangé plusieurs fois 20 à 30 noix pour une poignée de cauris dont deux ou trois tonnes pleines n'auraient pas payé la femme la moins parfaite ».

PALISOT DE BEAUVOIS exagérait le prix des négresses — à moins qu'elles n'aient beaucoup perdu de leur valeur depuis la suppression de la traite côtière des esclaves ! — suppression qui, d'après ses prévisions aussi erronées que celles de Mme de Sévigné en ce qui concernait l'avenir du café, devait entraîner la ruine de l'Afrique.

Nous reproduirons plus loin ce que raconte cet auteur dont les assertions furent reprises par POIRET en 1806, pour la rédaction de l'article *Sterculier* de l'Encyclopédie botanique qu'il continuait après LAMARCK (1). Disons cependant de suite que des erreurs scientifiques assez importantes sont à relever dans la diagnose botanique de PALISOT DE BEAUVOIS et qu'il ne faut pas prendre à la lettre sa critique des récits des voyageurs qui avaient parlé du Kola avant lui.

C'est qu'en effet, il voyagea dans une région où ne croit pas l'arbre producteur de la graine estimée au Soudan, la noix de Kola à deux cotylédons ; il ne put observer que l'arbre produisant la noix de Kola à quatre cotylédons que les nègres consom-

(1) POIRET. — Encyclopédie Bot., Paris VII, 1806, 433.

ment seulement quand ils n'ont pu se procurer l'autre espèce qu'ils considèrent comme bien supérieure.

A l'époque où Mungo-Park fit son premier (1793-1797) et son deuxième voyage (1805), les Kolas étaient encore probablement peu connus sur les marchés de la Sénégambie et du Niger moyen, puisque le célèbre voyageur ne cite pas cette denrée parmi les produits vendus au marché de Sansanding (1), ni même dans la mercuriale des produits d'Afrique. Sa relation ne fait mention qu'une seule fois des fameuses noix : à Julikunda (dans le Dentilia), le roi lui offrit quelques noix de Kola.

Vers la même époque cependant, Durand (2) le directeur de la Compagnie du Sénégal (1784-1785), à l'occasion de son voyage au Serre-Lionne, parle du commerce du « Colles » fruit « que les Portugais trouvent excellent, malgré son amertume, parce qu'il a la propriété de faire trouver une grande saveur à l'eau » et il ajoute plus loin : « Le Cola, fruit fameux dans ce pays, est très estimé par les naturels et par les Portugais qui l'emploient comme le quinquina. Ces derniers envoient de petits navires le long de la côte pour en ramasser le plus possible ».

Le même produit est également signalé par Tuckey en 1818 (3) comme fréquent sur la côte du Congo, où il porte le nom de Cola (*Sterculia acuminata* Pal. de Beauv.).

G. Don, qui explora, en 1822, la côte occidentale d'Afrique, rapporta des échantillons botaniques nombreux parmi lesquels se trouvait la plante qu'il décrivit sous le nom de *Sterculia macrocarpa* et dont il sera question plus loin.

Avec le grand voyageur R. Caillié (4), les renseignements, jusqu'ici très clairsemés, se font un peu plus précis.

Cet explorateur parcourut une grande partie du Soudan, de 1824 à 1828, et son journal de voyage publié en 1830 renferme de nombreuses citations concernant le Kola.

(1) Houghton et Mungo-Park. — Voyages dans l'intérieur de l'Afrique (Trad. Lallemant), an VI, I, 177, 202 et II, 1820, 51.

(2) Durand. — Voyage au Sénégal en 1784-1785, depuis le Cap-Blanc jusqu'à Sierra-Leone. Paris, 1802, pp. 137 et 176.

(3) Tuckey. — Relation d'une expédition pour reconnaître le Zaïre (1816). Paris, 1818, 2 vol. et atlas (Voir ce dernier, p. 78).

(4) René Caillié. — Voyage à Tombouctou. Paris, 1830.

Il parle d'abord de cette graine à propos des mœurs des Nalans et des Landanas de la Guinée française. Pour le mariage (1, 236), « le jeune homme envoie un dernier présent de rum, de tabac et de *quelques noix de Colats* (1) très communs sur les bords du Rio-Nunez et qui doivent toujours être de couleurs différents ». Il raconte ensuite que « le père de la prétendue prend deux des Colats, l'un blanc, l'autre rouge ; il les coupe par le milieu et jette en l'air la moitié de chacun pour en tirer un augure favorable. Après avoir examiné la manière dont ils sont tombés, s'il est satisfait sur ce point, il appelle sa fille qui n'est pas encore instruite des demandes qu'on a faites pour l'obtenir et qui le plus souvent ne connaît point l'amant qui la recherche.

« Il lui fait manger un morceau de chaque moitié des Colats dont il a tiré un présage et la prévient, en présence des assistants, qu'elle va devenir l'épouse de celui qui a envoyé les présents et, le jour même, sans consulter son goût on emmène la malheureuse chez l'époux qu'elle n'aimera peut-être jamais ».

René CAILLIÉ se servit du Kola, comme monnaie ou comme cadeau, à maintes reprises au cours de son voyage et le cite comme drogue d'échange commerciale à Jeinné (Djenné) et aussi chez les piroguiers du Niger.

« Le 5 août, dit-il (II, 5), les marchands mandingues destinés à faire le voyage de Djenné, mirent des feuilles fraîches à leurs Colats pour les tenir dans l'humidité ; ils les visitèrent tous et les comptèrent : ils ont aussi coutume de les humecter avec un peu d'eau pour les conserver.

« Le 6, la caravanne se mit en route quoiqu'il plût à verse.

« Les voyageurs étaient au nombre de 15 à 20, hommes et femmes emportant chacun sur sa tête une charge de 3.500 colats, fardeau que je soulevais à peine. Les habitants m'ont assuré que le produit en sel des 3.500 colats vendus à Timé était le prix de deux esclaves, mais leur bénéfice comme j'ai pu en juger plus tard, n'est pas considérable, parce qu'ils sont obligés de faire de grandes dépenses le long de la route, non seulement pour subvenir à leur subsistance, mais encore pour

(1) C'est le nom, dit en note R. CAILLIÉ, que donnent à ce fruit les Européens dans les colonies d'Afrique. Les Mandingues l'appellent *Ourou*.

payer les droits de passe. La vente de leurs Colats varie beaucoup, comme je l'ai vu par la suite : ces fruits ne croissent pas
dans ce pays... ».

Plus loin (II, p. 17), il ajoute : « Les habitants de Timé sont
mandingues, ils font tous des voyages à Jeinné », mais ils ne
peuvent faire « que deux voyages par année parce qu'ils sont
obligés d'aller à Tenti et à Cani, situés à 15 jours au sud de
Timé pour acheter leurs Colats. Ils me dirent que les habitants de ces villages vont eux-mêmes bien loin au sud dans un
pays appelé Toman (1), pour se les procurer.

« A leur retour, ils enfouissent les Colats, les recouvrent de
feuilles puis de terre, pour les conserver. Ce fruit a la propriété
de se maintenir frais pendant 9 à 10 mois en prenant la précaution de renouveler les feuilles. L'arbre à Colats est très répandu
dans la partie du sud : il y en a beaucoup dans le Kissi, le
Couranco, la Sangaran et le Kissi-Kissi.

« Ce commerce est généralement répandu dans l'intérieur ;
car les habitants, presque privés de toute espèce de fruits attachent un très grand prix à celui ci et mettent une sorte de
luxe à en avoir. Les vieillards qui n'ont plus de dents, se servent, pour le réduire en poudre, d'une petite râpe, qui est tout
uniment un morceau de fer blanc auquel ils font des trous
très rapprochés. Les Bambaras aiment beaucoup ce fruit ; mais
comme ils n'ont pas la facilité d'aller dans le pays où on le
récolte, ils en achètent pour du coton et autres produits de leur
industrie agricole.

« L'arbre à Colats vient à la hauteur d'un prunier et en a le
port ; les feuilles sont alternes et larges deux fois comme celles
du prunier ; la fleur en est petite, blanche, à corolle polypétale.

« Le fruit est couvert d'une première enveloppe, couleur
jaune de rouille ; après l'avoir enlevée, on trouve une pulpe
rose, ou d'un blanc qui devient verdâtre en acquérant sa parfaite maturité : *le même arbre porte des fruits de deux couleurs.* La noix de Colat a la grosseur du marron et la même
consistance : elle paraît d'abord très amère au goût ; mais après

(1) Il s'agit certainement du pays des Tomâs dans la Haute-Guinée française.

qu'on l'a mangée, elle laisse une saveur très douce, qui plait beaucoup aux nègres ; en buvant un verre d'eau par dessus, il semble qu'on ait pris soin de le sucrer. La noix se sépare facilement sans se casser ni changer de couleur, mais si l'on brise l'une des deux moitiés et qu'on la laisse un instant à l'air, on s'aperçoit que la pulpe, de rose ou blanche qu'elle était, devient couleur de rouille ».

Parvenu à Tombouctou, le même auteur dit enfin (II, 303) : « J'étais surpris du peu d'activité, je dirais même de l'inertie qui régnait dans la ville. Quelques marchands de noix de Colats criaient leur marchandise comme à Jenné... ».

Le botaniste Heudelot, directeur des cultures royales au Sénégal, chargé de mission par le Museum d'Histoire naturelle, se rendit de 1836 à 1837, du Sénégal à la Gambie et au Rio-Nunez puis au Rio-Pongo. C'est dans cette dernière région qu'il put observer les Kolatiers de la bonne espèce. Il en rapporta des spécimens botaniques accompagnés d'une étiquette portant d'excellents renseignements publiés par Baillon (1). L'arbre fut inexactement dénommé *Sterculia acuminata* (n° 896), et voici les renseignements qu'il donne à son sujet :

« Croît en petite quantité sur les bords du Rio-Pongo, la véritable époque de la floraison est de septembre à novembre. Je n'ai rencontré qu'un seul arbre qui eut quelques fleurs pendant le mois de mai.

« Cet arbre, qui est désigné sous le nom de *Cola* par les diverses peuplades qui habitent le littoral de la mer au-delà de la Casamance, et sous celui de *Ngourou* par les habitants du Fouta-Djalon et ceux des bords de la Gambie, jouit d'une grande célébrité dans toute cette partie de l'Afrique. Son fruit, d'un goût d'abord amer et laissant à la bouche, après l'avoir mâché, une saveur semblable à peu près à celle du jus de réglisse, fait trouver l'eau excellente. Il est l'objet d'un commerce considérable dans tout l'intérieur de cette partie de l'Afrique. Les Mahométans le regardent comme un fruit divin apporté par le Prophète, aussi est-il exhorbitamment cher dans les contrées éloignées de celles où cet arbre croît, tels que dans le Boundou et le Gabon. Il y aurait une foule de choses intéressantes à

(1) *Adansonia*, X, 1871-1872, p. 161-164.

dire au sujet de cet arbre dont il ne peut être fait mention. Il existe deux variétés, l'une à noix rouges, l'autre à noix blanches ».

Dans le supplément du remarquable ouvrage de F. V. Mérat publié en 1846, qui complète les renseignements contenus dans son Dictionnaire de Matière médicale (1), il est simplement fait mention que le Dʳ Busseuil lui a remis, « à son retour d'Afrique, des notes manuscrites sur différents végétaux de ce pays: ce qui concerne la noix de Gourou, fruit du *Sterculia acuminata*, diffère par quelques détails de ceux des autres voyageurs ; ainsi il dit que l'amande, qui se divise en deux parties, a la saveur du gland et qu'elle est blanche au dedans. Il en a usé pour rendre la sapidité de l'eau plus agréable, et il a éprouvé qu'effectivement elle est plus douce après avoir mâché cette amande que sans cette mastication ».

Ce fut aux explorateurs de la dernière moitié du xixᵉ siècle qu'il appartenait de nous faire connaître les principales régions de croissance des Kolatiers et l'importance commerciale qu'ont acquis les fruits de ces arbres dans les régions soudanaises, tandis que de leur côté, après Palisot de Beauvois, les botanistes Schumacher, Rob. Brown, Barter, Heckel, K. Schumann devaient essayer de nous révéler successivement la véritable place dans la classification et l'histoire naturelle des arbres produisant les noix de Kola.

Les renseignements les plus précieux furent fournis par le botaniste de l'expédition de la Pléiade, le Dʳ Barter, dans une lettre adressée à Sir W. J. Hooker, datée de Fernando-Po, le 2 janvier 1859 et qui fut communiquée à la Société Linnéenne de Londres (2) :

« J'ai remarqué particulièrement deux espèces de noix de Cola, produites par deux arbres différents ; les unes avec 4 cotylédons appelés « *Fatak* » par les Foulahs, les autres avec 2 cotylédons appelées « *Gonja* » par le même peuple. Je n'ai vu aucun arbre producteur de ces dernières, mais on raconte

(1) F.-V. Mérat.— Supplément au Dict. univ. de Mat. médicale et thérapeutique générale. Paris, 1846. *Art. Sterculia*, p. 676.
(2) On the vegetation of tropical Western Africa. *Journal of the Proceedings of the Linnean Society of London*. Botany, London, IV, 1860, p. 17-18.

qu'elles proviennent de la contrée des Ashantis. La noix que je présente a été prélevée à Rabba, dans le stock d'une caravane revenant à la côte.

« L'espèce à 4 cotylédons est l'arbre que j'ai précisément mentionné comme existant à Fernando-Pô. Je l'ai· rencontré communément dans plusieurs endroits du Bas-Niger ; il est abondant à Onitsha ; il apparaît aussi à l'Ile du Prince et il est évidemment commun sur toute la côte (1).

« Les fleurs, comme chez les autres Sterculiacées de ce pays, sont de couleur variable. crême, jaune-verdâtre ou rouge pâle. Chaque fruit paraît porter un nombre sensiblement égal de graines à l'intérieur, mais la noix avec 2 cotylédons a plus de valeur. Chaque noix *Gonja*, dans le pays de Nupe, est évaluée à peu près à 100 cauris tandis le *Fatak* vaut seulement 80 cauris en moyenne.

« Une grande quantité de Colas passe pendant la saison chaude des côtes vers l'intérieur. Les caravanes qui vont à Rabba sur le Kworra, à peu près pendant la moitié de l'année, emportent chaque mois les charges de 1.000 ânes transportées dans des paniers, un de chaque côté de l'animal et pesant chacun environ 50 livres (20 à 25 kg.). D'autres routes existent pour les caravanes dans cette partie de l'Afrique ; la principale coupe le Kworra (ou Niger) au dessus de Boussa et pénètre directement dans le pays des Haoussas. Les noix de Cola ne sont pas transportées dans leur enveloppe, cette méthode serait trop encombrante, aussi il est nécessaire de les garder humides et de les protéger contre les vents secs. Pour cela. les paniers sont entourés à l'intérieur de feuilles d'une espèce de *Phrynium* qui conservent l'humidité et empêchent leur dépérissement. Les bateaux navigant sur cette rivière peuvent transporter quelques tonnes de Colas dans la partie basse du Niger et les apporter à Rabba avec profit.

« La plante appelée « *Bitter-Cola* ou *Cola amère* » est très différente du Cola ordinaire. J'ai acheté des noix séchées depuis longtemps sur le marché de Borgou dans le pays de Nupe, mais je ne puis rien certifier au sujet de leur origine. Ces noix

(1) L'espèce à 4 cotylédons dont parle BARTER est *Cola acuminata*.

ont une très grande valeur pour la population à cause de leurs propriétés médicinales et atteignent un prix plus élevé que celle du Cola ; elles sont très amères mais non astringentes comme ces dernières. Cet arbre que je n'ai pas vu croîtrait à Onitsha et à Fernando-Pô ; il porte des fruits à peu près de la grosseur d'une petite pêche, très jolis et de couleur rouge. »

Cette relation de BARTER est très intéressante, car elle renferme des renseignements précis non seulement sur le Kola, mais aussi sur son succédané le Bitter-Cola, sur lequel nous aurons à revenir dans la suite de ce travail.

Dans la relation des voyages de BARTH (1), on rencontre bon nombre de notes concernant le Kola. A Kano, dit-il, (II, 15), « tantôt passait la nombreuse caravane de quelque marchand retournant au lointain pays de Gondja, chargée de noix de Gouro, ce produit si généralement estimé, qui est le *café du Soudan.* »

Et plus loin (II, 26), il ajoute : « la noix de Gouro, fruit du *Sterculia acuminata*, constitue un article des plus importants du marché de Kano. La valeur moyenne de l'importation qui s'en opère peut s'élever à 100 millions de Kourdi (2).

« La moitié passe par transit et l'autre moitié se consomme dans la province où la noix de Gouro est devenue un objet d'usage général, comme chez nous le café ou le thé. »

Dans l'Adamaoua, « Tibati, situé à l'extrême frontière sud-ouest, paraît être l'endroit le plus favorisé au point de vue de la végétation ; on y trouve en effet diverses sortes de Gouro (*Sterculia acuminata*). »

Dans le royaume foulbé de Gando, entre Sokoto et Saï, BARTH rencontre « une caravane de marchands de Gouro qui se rendaient dans les contrées du Haoussa, transportant sur quelques centaines d'ânes les noix du Gondja (la province tributaire la plus septentrionale du royaume d'Aschanti), ce produit qui remplaçait pour nous le café dans les pays de l'Afrique centrale.»

Enfin, parlant encore plus loin (VI, p. 103) du commerce de Tombouctou, il ajoute :

(1) H. BARTH.— Voyages et découvertes dans l'Afrique septentrionale et centrale, 1849-1855. Edition française, 4 vol., Paris-Bruxelles, 1861-1863.
(2) Soit 120.000 francs. Au temps de BARTH, 2500 Kourdi valaient 1 thaler.

« Un troisième article important pour Tombouctou est la
noix de Kola ou Gouro, qui forme l'un des plus grands objets
de luxe en Nigritie. Cette noix, fort semblable à une châtaigne,
tient lieu de café chez les indigènes, qui l'emploient à l'état brut,
ce qui en rend la mastication assez laborieuse ; tous les gens
aisés, pour leur premier déjeuner, et, comme le disent les Haous-
saoua « afin de détruire l'amertume du jeûne » en prennent une
en tout ou en partie. Ils servent ce fruit aux étrangers en signe
de bienvenue et l'offrent le plus fréquemment possible à leurs
hôtes... La sorte de noix de Kola, qui arrive au marché de
Tombouctou, vient des contrées occidentales du Manding, qu'ar-
rosent les affluents supérieurs du Niger ; celle qui se trouve à
Kano se tire de la province septentrionale de l'Assianti voisin.
Les arbres qui produisent ce fruit appartiennent à diverses espèces telles que le *Sterculia acuminata*, qui porte la noix rouge
qui s'expédie vers l'Orient et le *Sterculia macrocarpa*, dont
le fruit blanc et plus gros est celui que l'on trouve à Tombouctou ; toutefois la fleur et la feuille de ces deux arbres sont presque entièrement semblables. On trie les fruits pour la vente en
trois ou quatre catégories. J'ai déjà eu plusieurs fois l'occasion
de parler du transport qu'en opèrent du midi vers le Niger
moyen les Mossi idolâtres, à l'aide de leurs excellents ânes. »

SCHWEINFURTH (1), le savant et célèbre explorateur allemand
qui de 1868 à 1871 parcourut l'Afrique centrale, eût aussi
l'occasion de voir employer le Kola, chez MOUNZA, le roi des
Monbouttous du pays des Niams-Niams, marchand d'esclaves
des plus redoutés, qui le reçut avec une pompe inaccoutumée.
« Près du trône, dit-il, avaient été placés deux petits guéri-
dons chargés de noix de Kola, de bananes sèches, de bouteilles
de cassave et de farine de banane, soigneusement couvertes
de serviettes en écorce de figuier. » SCHWEINFURTH offrit à ce
potentat des cadeaux variés et après les avoir examinés,
MOUNZA revint à ses friandises « prenant quelques tranches
de noix de Kola et les mâchant après avoir fumé... » Malgré
tous ses efforts, le distingué voyageur ne put obtenir aucun
renseignement sur la plante productrice de cette graine, qu'il

(1) G. SCHWEINFURTH. — Au cœur de l'Afrique (1868-1871). Paris, trad. LOREAU,
II, 1875, p. 44-46.

savait venir de l'ouest ; il apprit seulement « qu'on trouvait la noix de Cola dans le pays à l'état sauvage, que les indigènes l'appelaient *Nangoué* et qu'ils en mangeaient des tranches pendant qu'ils fumaient (1). »

Malgré ces rapports intéressants, le Kola devait rester long-temps encore inutilisé en Europe, et aucun des auteurs des grands traités classiques de Matière médicale n'en fait mention: ni GUIBOURT, ni PLANCHON dans son ouvrage de 1875, ni FLUCKIGER et HANBURY.

Mais, en 1883, le professeur HECKEL, de Marseille, qui depuis quelques années déjà se préoccupait de l'étude des matières premières des colonies, fit paraître une Monographie des Kolas africains qui est le premier travail d'ensemble sur cette drogue. Ce mémoire, publié en collaboration avec le professeur SCHLAGDENHAUFFEN de Nancy (2), pour la partie chimique, fut récompensé par l'Institut (Académie des Sciences), qui leur accorda le Prix Barbier.

C'est véritablement de cette époque et grâce aux efforts du Directeur du Musée colonial de Marseille, que le Kola s'im-posa à l'attention des thérapeutes.

Dix ans plus tard, le même auteur reprit la question et fit paraître tout un volume (3), dans lequel on trouve cette fois, non seulement un résumé détaillé des connaissances acquises sur l'histoire naturelle et la composition du Kola, mais encore un exposé des recherches physiologiques et des tentatives d'application qui s'étaient produites pendant cette période.

Bien que nous ayons plus loin, l'occasion de citer bien fré-quemment ce travail de M. HECKEL, si remarquable pour son époque, il est indispensable, dans ce chapitre, d'en exposer les lignes principales.

Comme tous les auteurs, jusqu'à K. SCHUMANN, M. HECKEL rapporte au *C. acuminata* Pal. Beauv., la plante mère du Kola

(1) Il s'agit probablement de *Cola Ballayi*, que l'un de nous a observé à Bangui dans le même bassin fluvial.

(2) HECKEL et SCHLADENHAUFFEN. — Sur les Kolas africains. *J. Ph. et Ch.* 5ᵉ série, VIII, 1883, 81, 177, 289.

(3) Les Kolas africains. Monographie botanique, chimique, thérapeutique et pharmacologique. Paris, 1893. Soc. éd. scient., 1 vol. in-8°, 406 p. avec nomb. figures et planches.

à deux cotylédons ; il en donne une description détaillée et il groupe ensuite les rapports qu'il a pu réunir sur l'usage du Kola et sur l'habitat du Kolatier, d'après les récits des explorateurs récents, ce qui nous évite de nous étendre trop longuement sur ces détails qui, répétés en trop grand nombre, deviendraient fastidieux.

Après description de la noix connue surtout en Europe sous la forme sèche, il discute les opinions de MM. CHODAT et CHUIT (1) sur les variétés de Kolas du commerce, qui en effet ne reposent sur aucune base sérieuse ; les analyses faites par ces derniers auteurs montrent cependant que la teneur en caféine peut être extrêmement variable et sans doute avec elle, les qualités de la drogue.

On trouve en outre dans ce livre la description d'une nouvelle espèce de *Cola* du Gabon produisant des noix à quatre cotylédons reconnue par Maxime CORNU · et nommée *Cola Ballayi* dans les serres du Muséum de Paris. Malheureusement à cette espèce furent rapportés à tort des échantillons botaniques et des noix du véritable *C. acuminata*.

Ainsi que nous le montrerons par la suite, le *Cola Ballayi* est caractérisé surtout par ses feuilles groupées en faux verticille ; la graine possède 3 à 5 cotylédons, mais cette particularité existe aussi dans les *Cola acuminata* et *Cola verticillata*, espèces très différentes.

HECKEL a aussi décrit un certain nombre de graines substituées ou mélangées aux noix de Kola expédiées en Europe à cette époque, substitutions accidentelles ou frauduleuses qui ne se renouvellent plus de nos jours. Au premier rang de ces graines intéressantes, il faut placer le *Bitter-Kola*, sur lequel nous reviendrons dans un chapitre spécial, réservé aux succédanés et substitutions du Kola.

Nous ferons plus loin un historique complet de la question chimique comme de l'étude physiologique ; ce qui nous dispense de résumer le livre d'HECKEL, pour ce qui concerne ces questions.

Il n'est pas inutile d'ajouter que M. HECKEL, par sa persévé-

(1) CHODAT et CHUIT. — Etude sur la noix de Kola, *Arch. Sc. phys. et naturelles.* Genève, 1888, p. 505.

rance et sa foi en l'activité du produit, a amené, depuis la publication de son livre, une série de travaux dont l'ère n'est pas close.

Il était réservé à BINGER de parcourir le premier les terri- toires situés à l'est de la Côte d'Ivoire où certaines peuplades recueillent des Kolas exportés dans les régions soudanaises. Au cours de la belle exploration qu'il accomplit de 1887 à 1889, comme lieutenant d'infanterie de marine, pour se rendre de la boucle du Niger à la Côte d'Ivoire, il traversa le pays de Kong et y recueillit d'intéressants renseignements sur le commerce de la noix et sur l'habitat de l'arbre producteur.

« Le Kolatier, écrit-il dans sa relation (1), existe à l'état spontané sur toute la côte occidentale d'Afrique ; on le trouve jusque par 10° de latitude nord, mais il reste stérile à cette latitude. Son véritable habitat est situé entre 6° et 7°30', et près de Groumania dans l'Anno (8°).

« Les premiers arbres en rapport se trouvent à Kamélinso (près Groumania par 7°50') et les derniers près d'Attakrou par 7° ; la zone où l'arbre est en plein rapport semble donc être très limitée et comprise entre le 7° et le 8° pour l'Anno et le Ouorodougou.

« Bien que je n'aie pas visité ce dernier pays, il m'a été donné de calculer assez facilement par quelle latitude se trouvait le Kola. De Tengréla partent des itinéraires bien connus des marchands sur Touté, Siana, Kani et Sakhala.

« Les deux premières localités se trouvent, d'après les indi- gènes voyageant avec des ânes chargés (faisant 16 kilomètres en moyenne par jour), à environ 25 jours de marche, à peu près 550 kilomètres dans une direction sud-sud-ouest, ce qui place ces marchés par 7°40' de latitude nord. Sakhala, d'après les mêmes calculs se trouverait par 7°20'.

« Mais nous avons vu, au chapitre Samory, que ces marchés étaient situés à une trentaine de kilomètres au nord des lieux de production ; nous pouvons donc en inférer que les Kolas se trouvent environ à 7°15'.

« Dans l'Achanti, l'habitat du Kola est sensiblement le même ;

(1) BINGER.— Du Niger au Golfe de Guinée, Paris (1892), t. I, p. 311.

les missionnaires de Bâle et le docteur Mohly, qui ont exploré
la basse Volta, signalent le Kola dans l'Akam et l'Okouawan ;
or ces deux régions se trouvent précisément entre 6°30' et
7°30' : on peut donc en déduire que le Kola se trouve en plein
rapport dans une zone comprise entre 6°30' et 7°30' et, par
extension, dans certaines régions du 6° au 8° et qu'à l'état
isolé et stérile, il est rencontré jusque par 10° de latitude
nord. »

Auparavant, dans la région de Sikasso, Binger avait déjà
recueilli des renseignements sur les Kolas exportés par la haute
Côte d'Ivoire occidentale (1). « Le Ouorodougou (pays des
Kolas) et le Ouorocoro (pays à côté des Kolas) ne sont pas des
pays à production du Kola comme le fait supposer l'étymologie
de leur nom. Ces pays ne se trouvent que sur les confins nord
des pays à Kolas...

« Voici comment se fait... le commerce des Kolas dans cette
région.

« Arrivés à Tiong-i, Tengréla, Maninian, Sambatiguila, que
j'appellerai marchés à Kolas de la première zône, les marchands
font scier leur barre de sel en douze morceaux de trois doigts de
longueur que l'on nomme *Kokotla*... Cette opération terminée,
on achète les paniers et les nattes à l'aide desquelles on doit
emballer les Kolas ; tout ceci est payé en sel. Là, les caravanes
s'informent du cours des Kolas, et, si leurs ressources ou l'état
de leurs animaux le leur permettent, elles poussent plus au
sud pour se procurer ce fruit à meilleur compte.

« Arrivés sur les marchés de la deuxième zône (zône plus
proche des lieux de production), à Odjenné, Touté, Kani,
Siana ou Sakhala, les marchands du nord s'adressent aux
indigènes qui font tous le métier de courtier. Ce sont des
Siène-ré ou des Mandé-Dioula ; les premiers paraissent être
les autochtones, les seconds n'y sont venus qu'à une époque
relativement récente, mais leur autorité s'est affirmée au point
que ce sont eux les maîtres réels du pays...

« Ces courtiers conviennent avec les marchands du prix du
sel et fixent la quantité de Kolas qu'ils recevront en échange

(1) *L. c.*, t. I, p. 141.

d'un kokotla (cette fraction de barre de sel étant devenue depuis Tengréla l'unité d'échange).

« Le prix du Kola sur les marchés du Ouorodougou varie entre 200 et 600 fruits pour un kokotla. Ce qu'il y a de curieux dans cette partie du Soudan, c'est que, dès qu'il s'agit de Kolas, la première grosse unité est 100, tandis que partout dans les états de Samory elle n'est que 80. Ces deux nombres portent le même nom, on fait précéder la dénomination commune du mot *Kémé* (cent) par le mot *Ourou* (kola) quand il s'agit de Kolas, de sorte que l'on dit pour cent Kolas, *ourou-kémé*.

« Généralement il y a assez de Kolas en réserve dans ces marchés pour contenter les acheteurs, mais il arrive quelquefois que pour des raisons multiples, guerres, pillage, mauvaise saison, il vient une trop grande quantité d'acheteurs à la fois. Alors il se passe le fait suivant : le prix convenu, les acheteurs remettent leurs *kokotlas* aux courtiers, les femmes de tout le village (les femmes seulement) partent au moment où le soleil disparaît à l'horizon, sous la conduite de deux ou trois hommes du village préposés à cet effet et vont chercher plus au sud la quantité de Kolas nécessaires. Ces femmes ne reviennent que le surlendemain à la nuit tombante.

« En admettant qu'elles marchent douze heures sur les quarante-huit qu'elles mettent à faire le trajet, elles parcourraient 60 kilomètres: donc c'est au maximum à 30 kilomètres au sud de ces marchés que se trouvent les lieux d'échange entre les femmes des courtiers et les habitants des lieux de production.

« Kéléba Diara, mon dioula ânier, me dit que les Lô apportent les Kolas en des lieux d'échange situés en pleine brousse. Jamais, lui, qui est resté à Sakhala jusqu'à l'âge de vingt-trois ans environ, n'a pu en savoir plus long. « J'étais bien marabout, mais cela ne suffit pas, il faut faire partie de cette confrérie et je n'ai jamais été initié. Je n'ai pas cherché à en savoir davantage, ni à m'aventurer par là, mon affaire eût été vite réglée, on vous coupe tout bonnement le cou (1). »

(1) BINGER. — *L. c.*, I, p. 143. C'est seulement 15 ans plus tard que nos officiers purent enfin pénétrer en pays Lô et voir de près ces marchés de la première zone, où les commerçants indigènes du Ouorodougou n'avaient eux-mêmes pas le droit de se rendre. Nous ferons connaître dans la deuxième partie de cet ouvrage le fonctionnement actuel de ces marchés.

BINGER a publié, tome I, page 143, un excellent dessin du rameau de Kolatier en fleurs, accompagné du croquis du fruit et d'une noix recouverte du tégument. Dans tous les pays où il a voyagé, il n'a certainement rencontré que la noix de l'espèce à deux cotylédons, désignée par nous sous le nom de *Cola nitida*. S'il a ignoré l'existence des sortes à plus de deux cotylédons, il a par contre fourni les seuls renseignements exacts publiés jusqu'à ce jour sur les variétés commerciales de noix à deux cotylédons. Voilà ce qu'il dit sur ces variétés :

« Le Kola de Sakhala est le plus gros que l'on connaisse, il est toujours blanc, se conserve très longtemps, et, de préférence, est porté à Djenné et à Tombouctou. Ce Kola est aussi le plus cher.

« Le Kola d'une grosseur moyenne, rouge ou blanc, se trouve surtout à Kani, Siana et Touté ; il est également recherché, particulièrement le rouge.

« Enfin il existe une autre variété qui s'achète en majeure partie à Djenné [1] et Tiomakhandougou ; elle est rouge et très petite ; on la connait dans cette partie du Soudan sous le nom de *Maninian Ourou* (Kola de Maninian), parce qu'on en trouve beaucoup sur ce marché [2]. »

Plus loin, le même auteur signale les autres sortes de Kolas qu'il rencontra sur le marché de Kong : le Kola blanc de l'Anno et le Kola rouge de l'Achanti :

« Le Kola blanc de l'Anno est de deux variétés : l'une d'un blanc jaune pâle, analogue à la couleur du Kola de Sakhala du Ouorodougou, mais plus petite que ce dernier ; l'autre de même grosseur, ne diffère que par sa teinte d'un rose si pâle qu'il n'est pas classé dans le Kola rouge par les indigènes ; on le vend mélangé aux blancs sans différence de prix, ce qui n'aurait pas lieu s'il était plus foncé, car le Kola rouge est toujours plus cher que le Kola blanc de même grosseur.

« Le goût du Kola de l'Anno est bien moins fort que celui du Kola rouge, mais il renferme une teinture rouge, qui est usitée par l'indigène en concurrence avec celle du Kola rouge. Comme

[1] C'est probablement Odjenné qu'il faut lire.
[2] BINGER.— *L. c.*, I, p. 142.

teinture, le Kola blanc de l'Anno a donc les mêmes qualités que le Kola rouge de l'Achanti... Partout le Kola rouge de l'Achanti atteint le prix le plus élevé (1). »

La seule erreur grave que l'on trouve dans le livre de BINGER (et elle n'est que la réédition d'une erreur analogue commise par BARTH) est relative à la détermination botanique des arbres producteurs. Selon ces auteurs, les noix rouges sont fournies par le *Cola acuminata* et les noix blanches de l'Anno par le *Cola macrocarpa*. Nous verrons dans un autre chapitre : 1° que ces noms correspondent à des plantes très différentes ; 2° que les noix rouges et les noix blanches sont très fréquemment fournies par le même arbre, ainsi que l'avait signalé pour la première fois René CAILLIÉ.

BINGER a le grand mérite d'avoir le premier montré l'importance du Kola dans les transactions soudanaises et le rôle qu'il joue dans la vie des indigènes. La plupart des voyageurs ou des fonctionnaires français, qui ont publié depuis des notes sur les Kolas, n'ont fait que reproduire les renseignements recueillis par le grand explorateur. RANÇON, en particulier, qui parcourut les territoires de la Haute Gambie, en 1892, dans le but d'étudier les produits végétaux utilisables, note seulement les indications nouvelles suivantes :

« Sur le littoral, les deux principaux marchés sont Gorée et et les établissements de la Gambie ; le prix des Kolas y varie de 225 à 560 francs les 100 kilogs... Saint-Louis qui lui-même les reçoit de la Gambie et de Sierra-Leone n'en exporte au Soudan, par Bakel et Médine, que dans de très faibles proportions. C'est surtout par Mac-Carthy que se fait l'importation pour tous les pays situés au nord de la Gambie : Ouli, Kalou-Kadougou, Sandougou, Bondou, Bambouck, etc... La seconde voie importante par laquelle le Kola pénètre au Soudan français est celle du Fouta-Djalon. La ville où se pratiquent le plus les transactions commerciales concernant ce produit est Kédougou dans le Niocolo. De tous les points des régions situées entre le

(1) BINGER. — *L. c.*, I, p. 312. En réalité, les diverses sortes de Kolas de ces régions, toujours à deux cotylédons et ne différant que par le goût et la coloration, blanche, rosée ou rouge, sont toutes fort appréciées par les indigènes. C'est la grosseur des noix et non la coloration qui détermine le prix.

Niger et la Faldemé, les dioulas affluent et vont y faire leurs achats » (1).

Rançon n'observa pas le Kolatier dans les régions soudanaises qu'il parcourut, mais il crut qu'il serait possible de l'y cultiver, notamment dans les environs de Bamako et de Sikasso. Il s'appuyait sur cette constatation qu'un arbre du même genre le Ntaba (*Cola cordifolia* R. Br.) y prospère. Les essais malheureux tentés, notamment à Kati et à Koulicoro, ont montré combien cette conception était erronée. Les différentes espèces d'un même genre vivent souvent dans des conditions très différentes, et si le Ntaba s'accomode du climat soudanais, le kolatier, au contraire, comme nous le montrerons par la suite ne peut guère s'éloigner de la zône des grandes forêts tropicales.

La partie nord-ouest de la forêt de la Côte d'Ivoire et le haut Liberia qui sont par excellence les pays producteurs de bonnes sortes de noix de Kolas, étaient encore vierges de toute exploration en 1897. La pénétration commencée, à cette époque, par Esseyric, Blondiaux, Woelffel, Hostains, d'Ollone, Thomann, Schiffer, Laurent, Joulia, se poursuit encore aujourd'hui, mais déjà les régions les plus riches sont accessibles et l'un de nous a pu les parcourir pendant plusieurs mois en 1909, de sorte que même pour cette partie de nos possessions, où se trouvent réunies les conditions optima favorables à la culture et à l'exploitation du Kolatier, nous pourrons donner des renseignements recueillis sur place.

L'arrivée de nos troupes au Soudan à la lisière nord de la forêt vierge en 1898, marque donc en quelque sorte le commencement d'une nouvelle période de recherches relatives aux arbres à Kola. Désormais, ce n'est plus seulement en questionnant les indigènes, comme l'avaient fait René Caillié, Binger et Rançon, sur les pays producteurs de Kola qu'on pourra obtenir de nouveaux renseignements, mais il sera enfin possible d'aller recueillir des documents sur les lieux même de production, et c'est ce qui a été fait pour les diverses colonies françaises.

(1) Rançon. — Dans la Haute-Gambie, Voyage d'exploration scientifique, 1891-1892, *Ann. Inst. Colonial Marseille*, II, 1894, p. 452-467.

Il n'est pas utile de faire ici un exposé historique de cette troisième période, puisque nous donnons dans chacun des chapitres suivants des renseignements bibliographiques détaillés pour les résultats acquis dans ces dernières années.

Ajoutons seulement que pour les Colonies anglaises des notes intéressantes ont été publiées à plusieurs reprises dans le *Bulletin de Kew* et dans le *Bulletin de l'Impérial Institut*.

En Allemagne on doit citer principalement les noms du Prof. O. WARBURG et du Dr BERNEGAU comme s'étant plus particulièrement occupés de l'étude des questions se rapportant au Kola. En 1897, dans la 2e édition du *Traité d'Agriculture tropicale* de SEMLER, WARBURG a exposé, en quelques pages, les connaissances acquises à cette époque ; tout le chapitre concernant le Kolatier dans cette publication a du reste été traduit en français (1).

Nous devons enfin mentionner une nouvelle mise au point (2) faite en 1908 par E. DE WILDEMAN à qui l'on doit quelques renseignements intéressants sur la dispersion des Kolatiers au Congo belge.

(1) O. WARBURG. — La culture du Kolatier, *Rev. Cult. colon.*, VI, 1er sem. 1900, p. 269-275.

(2). E. DE WILDEMAN. — Plantes tropicales de grande culture, I, 1908, p. 281-308.

CHAPITRE III

Histoire botanique des principaux Kolatiers jusqu'à la création du genre Cola.

Si la plante produisant la noix de Kola n'était pas connue à l'époque où Lamark rédigeait l'article *Kola* (1) dans l'*Encyclopédie botanique*, des rameaux en fleurs existaient déjà dans plusieurs herbiers français, notamment dans celui de Laurent de Jussieu et aussi dans celui de Lamark lui-même. Toutefois c'est en 1804 qu'ils furent décrits pour la première fois par Ventenat et c'est aussi en 1804 que Palisot de Beauvois révéla la véritable origine du Kola.

Le genre *Sterculia*, dans lequel les botanistes devaient tout d'abord classer ce végétal, avait été créé en 1747 par Linné (2).

Georg. Don (3) a publié une note curieuse établissant l'étymologie de ce nom ; en voici la traduction littérale : « *Sterculia*, de Sterculius, une divinité romaine dont le nom dérive de *stercus* (excrément). Les Romains à la fin du paganisme avaient déifié les choses les plus dégoûtantes et les actions les plus immorales. Ils avaient les dieux Sterculius, Crépitus et les déesses Caca et Pertunda. Les fleurs et parfois les feuilles de quelques espèces de *Sterculia* sont fétides ».

Ajoutons, en effet, qu'un des premiers *Sterculia* connus fut dénommé par Linné : *S. fœtida*.

Laurent de Jussieu, avec beaucoup de perspicacité, plaça ces *Sterculia* dans son ordre naturel des Malvacées.

(1) Encyclopédie méthodique. — Botanique, Paris, III, 1789, p. 370.
(2) Linné. — Flora Zeylanica, 1ʳᵉ éd,, 1747, p. 166. Voir aussi : Amœnit. I, 1749, p. 412 et Species, 1753.
(3) G. Don. — General System of Gardening and Botany, I, 1831, p. 515.

VENTENAT, en même temps qu'il décrivait, en 1804, plusieurs espèces nouvelles de ce genre, notamment le *Sterculia nitida*, produisant les noix de Kola à deux cotylédons, créa pour elles la famille autonome des Sterculiacées (1). Ce botaniste a donc assigné, pour la première fois, une dénomination binaire conforme à la nomenclature linnéenne, à l'arbre produisant la bonne noix de Kola, en même temps qu'il constituait la famille végétale dans laquelle les espèces de ce genre sont encore classées aujourd'hui.

Disons de suite également qu'en 1832 SCHOTT et ENDLICHER (2), les premiers, séparèrent ces espèces des *Sterculia* pour en faire un genre nouveau sous le nom de *Cola*. Douze ans plus tard, ROBERT BROWN (3) reprit ce genre qui fut ensuite définitivement adopté par les botanistes BENTHAM et HOOKER, MASTERS, BAILLON, K. SCHUMANN, etc.

Ce n'est pas, comme on pourrait le croire, à la côte occidentale d'Afrique, mais à l'Ile de France (Maurice), où le Kolatier avait été introduit, que furent récoltés les premiers spécimens botaniques de cet arbre et c'est au naturaliste-voyageur COMMERSON qu'en revient tout l'honneur.

L'un des plus grands colonisateurs auxquels la France ait donné le jour, Pierre POIVRE, intendant aux Iles de France et de Bourbon (1766-1773), à qui l'on doit l'introduction de presque toutes les plantes à épices dans les îles de la côte orientale d'Afrique, s'était attaché, comme collaborateur, COMMERSON (1768). Ce botaniste revenait à cette époque de faire le tour du monde avec BOUGAINVILLE.

« POIVRE l'avait engagé à rester à l'Ile de France pour en faire l'histoire naturelle et apprendre aux colons à employer les richesses de leur territoire » (4).

COMMERSON et POIVRE collaborèrent très activement à l'étude

(1) VENTENAT.— Jardin de la Malmaison, II, 1804. Pl. 91 adnot.— Dans Son Tableau du Règne Végétal, an VII, vol. III, p. 202, VENTENAT maintenait encore les *Sterculia* dans la famille des Malvacées.

(2) SCHOTT et ENDLICHER. — Meletemata bot. (1832), p. 33.

(3) Robert BROWN. — In BENN. Pl. jav. rar. (1844), p. 236.

(4) DUPONT DE NEMOURS. — Notice sur la vie de POIVRE (1719-1786), Paris, 1786, in-octavo, p. 27, et Dr HŒFER, Nouvelle biographie générale, art. POIVRE, Paris, Firmin-Didot, XL. 1862, p. 583.

FIG. 2. — **Cola nitida** A. Chev.

1, rameau en fleurs ; *2*, fleur entière vue en dehors : *3*, fleur hermaphrodite ;
4, 5, deux formes de pistil dans la même inflorescence ; *6*, fleur mâle ;
7, amande (Kola) ; *8*, Kola au début de la germination.

et à l'extension des cultures tropicales aux Iles de Maurice et de la Réunion. « Commerson, botaniste passionné mettait le même intérêt à toute plante, pourvu qu'elle fut curieuse et nouvelle. Poivre, administrateur et philosophe, ne dédaignait pas la curiosité. mais fixait principalement ses regards sur l'utilité. C'était aux plantes utiles qu'il prodiguait ses soins ».

On sait en effet que Poivre introduisit ou fit introduire dans les deux îles, alors françaises, l'Arbre à pain, le Thé de Chine, les Cannelliers de Ceylan et de Cochinchine, le Muscadier, le Giroflier et quantité d'autres végétaux économiques. Commerson joua un rôle non moins important en étudiant toutes ces plantes et en les faisant parvenir au Cabinet du Roy (Jardin des Plantes). Ces spécimens constituent l'un des plus anciens noyaux de l'Herbier du Muséum de Paris.

Dans le premier fascicule des « Végétaux utiles » (1), nous signalions la pomme de terre de Madagascar, plante de la famille des Labiées, produisant des tubercules alimentaires et nous montrions que cette plante décrite par Maxime Cornu en 1900, comme espèce nouvelle sous le nom de *Plectranthus Coppini*, existait en réalité dans l'Herbier du Museum depuis près de 130 ans. Elle provenait également des envois de Commerson et avait été longtemps après nommée *Germanea rotundifolia* par Poiret. C'est le *Coleus rotundifolius* A. Chev.

Est-ce Poivre qui avait importé le *Coleus* et le *Cola* aux Iles Mascareignes ? Nous l'ignorons, mais cela nous semble très vraisemblable. On sait qu'il avait visité les Iles Malaises qui sont probablement la patrie du *Coleus*, et d'autre part les Portugais et les Hollandais qui avaient des possessions aussi bien sur la côte occidentale d'Afrique que dans l'Océan Indien avaient probablement transporté le Kolatier d'une région dans l'autre.

Au cours de ses nombreux voyages, Poivre mit un zèle d'apôtre à importer des pays étrangers dans les possessions françaises des graines de toutes les plantes intéressantes qu'il pouvait recueillir « sentant qu'il peut être plus utile d'acquérir une plante qu'une province » (2).

(1) A. Chevalier et Em. Perrot. — Les pommes de terre des pays chauds, In *Vég. ut. Afr. trop.*, I, 1905, p. 100.
(2) Notice sur la vie de Poivre, p. 33.

Il avait réuni tous ces végétaux dans un magnifique jardin nommé « Montplaisir, enclos peu distant du port de l'Ile de France ». Le Kolatier faisait très probablement partie des plantes qu'on y cultivait (1).

Toujours est-il qu'entre 1768 et 1778, COMMERSON y récoltait des rameaux en fleurs très ressemblants à ceux ayant servi, comme il a été dit plus haut, à VENTENAT pour décrire son *Sterculia nitida* dont le type existe dans l'Herbier du Musée botanique de Genève (Voir Pl. I).

VENTENAT, ancien abbé, était devenu conservateur à la bibliothèque du Panthéon, puis également intendant du palais de la Malmaison où vivait Joséphine, la future impératrice des Français. Il publia, sous ses auspices, un magnifique atlas de plantes « peintes par REDOUTÉ ». Cet ouvrage, daté de l'an XI (1803) (2) pour le 1ᵉʳ volume et 1804 pour le 2ᵉ volume, est intitulé « Jardin de la Malmaison » et dédié par l'auteur à « Madame Bonaparte » (3).

(1) Le *Sterculia grandiflora* existait encore près d'un siècle plus tard à l'Ile de France « cultivé au Réduit et aux Plaines » (BOJER. Hortus Mauritianus, 1837, p. 24).

(2) Le *Moniteur Universel*, an XI (1803), p. 888 (art. de JUSSIEU), p. 1222 (n.s.); an XII, pp. 166, 978, 1538; an XIII, p. 330, renseigne sur les dates d'apparition des livraisons du *Jardin de la Malmaison*, au nombre de 20, contenant chacune six planches et douze pages. Le *Sterculia monosperma* est figuré p. 91, correspondant à la 16ᵉ livraison de l'ouvrage et à la 5ᵉ du t. II, commençant p. 61 et daté de 1804. Le livre de PALISOT DE BEAUVOIS qui contient, p. 40-42, le *Sterculia*, fut publié à partir de 1804, également en 20 livraisons, mais très lentement, car dans son numéro d'août 1805, le *Magasin Encyclopédique* (IV, p. 408) dit que VENTENAT en est à sa 19ᵉ livraison, alors que PALISOT DE BEAUVOIS n'en est encore qu'à sa 5ᵉ. On doit donc déduire de la comparaison de ces dates que la planche 91 de VENTENAT est probablement antérieure à la description de PALISOT DE BEAUVOIS touchant le Kolatier.

Nous ne saurions trop remercier M. DE NUSSAC, sous-bibliothécaire du Muséum, de l'empressement avec lequel il s'est mis à notre disposition pour nous aider à fixer ce point d'histoire.

(3) La préface du livre montre que VENTENAT, qui avait quitté les ordres pendant la Révolution, était aussi habile à tourner galamment un compliment qu'à décrire des plantes comme en témoigne le passage suivant extrait de la préface :

« Si, dans le cours de cet ouvrage, je viens à décrire quelqu'une de ces plantes modestes et bienfaisantes qui semblent ne s'élever que pour répandre autour d'elles une influence aussi douce que salutaire, j'aurai bien de la peine, Madame, à me défendre d'un rapprochement qui n'échappera point à mes lecteurs ».

Après avoir longuement décrit le *Sterculia monosperma*, VENTENAT expose que, par la même occasion, il a été conduit à étudier, dans divers herbiers, six nouvelles espèces de *Sterculia* qui n'avaient pas encore reçu de noms et dont il donne une diagnose latine succinte.

Deux de ces plantes, *S. nitida* et *S. grandiflora*, que l'auteur considérait comme des espèces distinctes, et qui n'en forment en réalité qu'une, nous intéressent au plus haut point, car elles sont la source des bonnes noix de Kola, ce que du reste VENTENAT a complètement ignoré.

Voici les descriptions de cet auteur dans l'ordre où elles se trouvent (1) :

« *Sterculia nitida* (6), *Foliis lanceolato-oblongis, acuminatis* ; *laciniis calicinis patentibus* ; *ureeolo subsessile* (il s'agit de l'urcéole formée par les anthères groupées en cupule). *Ex Africa. Culta in Insula Mauritii.*

« (6) Je présume que cette plante dont MICHAUX m'avait envoyé de beaux exemplaires est dioïque puisque je n'ai trouvé aucune apparence d'ovaire dans les fleurs que j'ai analysées. Cette espèce est-elle congénère de *Sterculia?* N'appartiendrait-elle pas à quelque autre genre de la famille ?

« *Sterculia grandiflora* (7), *Foliis ovatis, acuminatis, glabris ; laciniis calicinis patentibus* ; *urceolo subsessile* ; *Stylis 5, reflexis. Isle de France ex. Herb. D. de Jussieu. Ex. India orientali,* juxt. à Herb. D. DE LAMARK.

« (7) Cette espèce semble s'éloigner du genre par l'absence du pivot et par les 5 styles qui surmontent l'ovaire. Ces cinq styles ne pourraient-ils pas être considérés comme les stigmates d'un seul style qui ne serait pas encore développé ? »

Sans être bien précis, le texte de VENTENAT concorde avec les caractères des arbres producteurs de Kolas. Ce que l'auteur appelle *urcéole* est sans aucun doute l'androcée. Il nous apprend aussi que, dès le XVIIIe siècle, les Kolatiers étaient déjà cultivés dans les Indes orientales, et aux îles Mascareignes, ce qui n'est pas fait pour nous surprendre d'après ce que nous avons dit précédemment.

Une troisième espèce, décrite par VENTENAT le *S. longifolia*, n'est pas un *Cola*, mais un vrai *Sterculia*, dont nous avons pu voir le type de VENTENAT conservé dans l'herbier Delessert, à Genève, obligeamment communiqué par M. J. BRIQUET. C'est

(1) VENTENAT.— *Jardin de la Malmaison.* Adnot. Tab. 91.

donc à tort que l'Index de Kew identifie les 3 espèces ci-dessus au *Sterculia acuminata* Palisot de Beauvois. Deux se rappor-bien à un vrai *Cola* que nous nommerons désormais *Cola nitida* mais aucune n'est identique au *Sterculia acuminata*.

Il n'y a guère de doute que VENTENAT fut le premier bota-niste descripteur d'un arbre à Kola ; mais il n'en connut ni les fruits ni les graines et ne soupçonna même pas que les végé-taux qu'il venait de décrire produisaient les fameuses amandes sur lesquelles de nombreux voyageurs avaient déjà attiré l'atten-tion.

PALISOT DE BEAUVOIS allait bientôt faire la lumière sur cette question; mais, en décrivant son *Sterculia acuminata*, il prit l'espèce produisant les noix à quatre cotylédons, la seule qui existe au Bénin, comme la source des noix à deux cotylédons recherchées par les noirs et déjà connues à Sierra-Leone.

PALISOT DE BEAUVOIS était déjà depuis longtemps de retour en France lorsque parut le travail de VENTENAT. Il avait accom-pagné dans le delta du Niger, pour y faire la traite des escla-ves, un négrier célèbre, le capitaine LANDOLPHE (1), et, au cours de cette campagne, il avait séjourné deux ans (1786-1787) au pays d'Oware (Wari aujourd'hui) et de Bénin. Il rapporta de ce voyage de nombreuses collections, et, de 1804 à 1807, il publia sa célèbre *Flore des Royaumes d'Oware et de Bénin* en Afrique.

La Pl. XXIV, parue en 1804 et très probablement posté-rieure de quelques semaines à la livraison du *Jardin de la Malmaison* où VENTENAT décrit ses *Sterculia* est consacrée au *Sterculia acuminata*. Elle est accompagnée d'un texte assez étendu. Nous croyons utile de reproduire les parties les plus importantes (2):

« **Sterculie**. *Sterculia*.

« **Sterculia**, *Linn.*, *Juss.*, *Cavan.*, *Lam.*, *Vent.*, *Schreb.*, *Gmel.*— Fam. desMalvacées. *Jus.*, *Vent.*, Dodecandrie Monogynie. *Linn*, *Schreb.*, *Gmel.*

« *Sterculie acuminée.* Fleurs axillaires : calice à six divisions égales colorées ; capsules monospermes ; feuilles entières, oblongues, terminées

---

(1) P. GAFFAREL.— Le capitaine Landolphe. *Ann. Inst. col. Marseille*, VIII, 2, 1901, p. 45-74.

(2) P. DE BEAUVOIS.— *Flore d'Oware et de Bénin en Afrique*, Paris, I, p. 40-43.

par une longue pointe aigüe et portées sur un long pétiole. Obs. *Cola,*
G. Bauh. *Pin.*, p. 507 ; J. Bauh., *Hist. Plant.* Vol. I, p. 210. Kola ou Cola,
Lam. *Dict. Encycl.* Cet arbre croît dans le royaume d'Oware dans l'inté-
rieur et sur les bords de la mer.

« Cette espèce offre un caractère très particulier, une disparate (*sic*)
qui se trouve rarement parmi les plantes d'un même genre et d'une même
famille. Le nombre des divisions du calice ou de la corolle est ordinairement égal, double, triple ou quadruple, de celui des autres organes de la
fleur ; mais, dans la *Sterculie acuminée,* le calice porte six divisions lorsque les anthères, au nombre de dix ou de vingt, forment le double ou le
quadruple de cinq et que les capsules sont encore au nombre de cinq.

« L'amande est d'un rouge tendre, tirant un peu sur le violet ; on la
nomme, dans le pays, Kola ou Cola ».

Le même naturaliste trouve exagérées la valeur et les propriétés
merveilleuses attribuées à cette graine par quelques-uns des anciens auteurs, et il ajoute : « J'ignore si, à Sierra-Leona, ce fruit a
été et s'il est encore aussi précieux que le prétend l'auteur de
l'*Histoire des Voyages* ; j'ignore si, dans ce pays, il sert uniquement de monnaie et si les nègres qui, partout ailleurs, ne
vendent leurs esclaves que pour des marchandises européennes,
dont ils se sont fait un objet de première nécessité, les prisent
assez peu à Sierra-Leona pour changer une femme contre
cinquante noix de Kola ; enfin, j'ignore si, dans cette partie de
l'Afrique, les Cauris (petits coquillage de la famille des *Cyprœa*)
ne sont pas, comme dans tout le reste, la seule petite monnaie
courante ; mais je suis assuré qu'à Oware et à Bénin, le Kola
estimé en raison de la propriété qu'il a de faire trouver bonne
l'eau la plus commune après qu'on a mâché de ce fruit, n'est ni
aussi précieux, ni aussi recherché qu'on a voulu le faire croire.
Si nous jugeons de tous ces détails par l'exagération avec
laquelle on donne aux nègres de Sierra-Leona des dents plus
fortes que celles des chevaux, nous devons les regarder comme
très apocryphes.

« Mais, d'après toutes les assertions hasardées et controu-
vées que l'on a débitées sur l'Afrique, contre le commerce des
noirs et contre les habitants des Antilles, à la fin du dix-huitième
siècle, on ne doit pas s'étonner de l'inexactitude de tous les
rapports des anciens sur l'Afrique Equinoxiale. Ce pays a
toujours été et est encore très peu connu. Il n'a été qu'impar-

faitement visité par des capitaines de navires plus occupés de
leur commerce que de recherches sur les mœurs des habitants
et sur les productions du lieu. Nous ne pouvons en avoir que
des relations imparfaites, exagérées, et dont les faits se déna-
turent sous la plume des historiens qui copient et cherchent
souvent à faire briller leur éloquence, la chaleur de leur ima-
gination et leur mauvaise foi aux dépens de la vérité. Pour
donner une preuve récente de cette assertion, je ne citerai,
pour le moment, que le rapport astucieux, mensonger et
calomnieux fait à la Convention Nationale, en l'an IV, et imprimé
en quatre volumes in-8°, en l'an V. Ce rapport est le coup le
plus fatal porté contre Saint-Domingue ; il a décidé sa
perte totale ; il a creusé toutes les sources d'où ont jailli plus de
ruisseaux de sang dans les colonies que l'esclavage n'a
fait verser de gouttes de sueur depuis plus de deux
siècles qu'elles sont cultivées. Quoi qu'il en soit, au surplus, et
pour rectifier tout ce qui concerne le Kola, je dirai ce que j'ai
vu et éprouvé par moi-même.

« Les nègres d'Oware mangent ce fruit avec une sorte de
délice avant leur repas, non pas à cause de son bon goût, puisqu'il laisse dans la bouche une sorte d'âpreté acide, mais en
raison de la propriété singulière qu'il a de faire trouver bon
tout ce que l'on mange après en avoir mâché.

« C'est surtout sur les différentes liqueurs et principalement
sur l'eau, que cet effet se manifeste sensiblement. Si, avant
d'en boire, on a mâché du Kola, elle acquiert une saveur des
plus agréables. Pour vérifier ce fait, j'ai souvent bu de l'eau
saumâtre après avoir mâché du Kola : elle m'a toujours paru
bonne et agréable à boire. Mais cet effet ne dure qu'autant que
l'intérieur de la bouche est empreinte de cette âpreté qu'y laisse
le Kola.

« Les naturels ne mâchent pas la même noix alternativement ; elle n'est ni assez rare ni assez précieuse. Le cas qu'ils
en font est bien éloigné de celui que suppose l'auteur de
l'*Histoire des Voyages* ; j'en ai échangé plusieurs fois vingt à
trente noix pour une poignée de *Cauris*, dont deux ou trois
tonnes pleines n'auraient pas payé la femme la moins parfaite.
Je ne sais pas comment se faisait autrefois le commerce des

noirs à Sierra-Leone ; mais aujourd'hui il ne s'opère dans toute l'Afrique qu'en échange des marchandises européennes ; encore faut-il qu'un capitaine soit assorti de toutes celles qu'on est en usage d'y porter. Un capitaine qui manquerait d'une seule de ces marchandises, peut faire une fausse traite et un voyage très onéreux, pour ses armateurs, au lieu du bénéfice qu'ils s'étaient proposé.

« Je traiterai plus au long, dans la Relation de mon voyage, de tout ce qui a rapport aux idées fausses que l'on a de l'Afrique équinoxiale et au commerce qu'on y fait. Je dévoilerai toutes les erreurs que l'on a mises en avant contre ce pays, les mensonges et les calomnies employés pour faire valoir un système absurde, auquel nous devons la destruction de nos colonies et les massacres qui s'y sont faits (1). »

La description et les assertions de Palisot de Beauvois ne méritent certainement pas toute l'admiration que Poiret leur prodigua (2). De graves erreurs se sont glissées dans sa diagnose. Palisot indique constamment six divisions à la fleur, alors que dans la plupart des fleurs des échantillons qu'il a récoltés (Herbier Delessert, herbier du British Museum), elles sont à cinq divisions ; les fleurs à six divisions sont même exceptionnelles dans les Kolatiers. En outre, il ne décrit pas de fleurs exclusivement mâles.

Enfin, en indiquant les capsules monospermes, il commet une erreur sérieuse ; on rencontre bien parfois des follicules ne renfermant qu'une seule graine par avortement, mais c'est un cas très rare et il est plus probable que Palisot n'avait pas vu de fruits ou qu'il a rédigé sa description d'après des souvenirs qui l'ont trahi.

La planche XXIV, représentant un rameau et les principaux organes de la reproduction, laisse elle-même beaucoup à désirer. La figure C représente une fleur mâle et dans l'explication de la Planche (p. 43) le texte indique : *calice avec les anthères et le germe* (germe est ici synonyme d'ovaire). La figure D

(1) Extrait de Palisot de Beauvois, Flore d'Oware et de Bénin, *loc. cit.* Son Herbier, réuni pendant son séjour en Afrique en 1786 et 1787, fut acheté par Delessert en 1820.
(2) J.-M. Poiret. — Encycl. Bot., vol. VII (1806), Article Sterculier, 128-13...

représente une fleur hermaphrodite dégagée du calice. Les
étamines placées dans ces fleurs à la base des ovaires sont
même très exactement figurées ; cependant, comme explication
de cette figure, l'auteur dit : *germe détaché*. La figure *F* est
mentionnée comme « amande de grosseur naturelle ». Il est
probable que PALISOT DE BEAUVOIS n'ayant pas rapporté de noix
de Kola, le dessinateur a représenté sur ses indications une
masse ovoïde, se rapprochant plus ou moins grossièrement de
la forme réelle de la noix ; en tous cas, la ligne de séparation
des cotylédons n'est pas figurée, et il serait tout aussi impossible d'y voir une noix à deux cotylédons qu'une noix à quatre
lobes.

Cet auteur fut aussi mal inspiré en cherchant à faire passer
pour erronés les récits des voyageurs qui avaient parlé du
Kola avant lui. Ces voyageurs, quoi qu'il ait écrit, n'avaient
rien exagéré. Ils avaient observé les noix de Kola à Sierra-
Leone où elles sont très estimées et d'où on les transporte vers
le Soudan. Les caravaniers qui apportaient des esclaves à la
côte troquaient sans aucun doute, comme l'assure le compagnon
de LANDOLPHE, leur troupeau humain surtout contre des marchandises européennes, mais il est non moins certain que les
dioulas soudanais venaient échanger aussi des esclaves contre
des charges de Kolas, notamment dans les pays situés au sud
de Beyla. L'un de nous a visité le Soudan à l'époque où ce
trafic se faisait encore et nous n'oserions affirmer que de tels
échanges ne se pratiquent pas encore dans le nord de la République de Libéria. La valeur d'un esclave dans cette région
équivaut naturellement aujourd'hui à de nombreuses charges de
Kolas, mais il est très possible qu'après certaines razzias il
fut autrefois aisé de se procurer un esclave pour une faible
quantité de Kolas de l'espèce *C. nitida*.

Au contraire, PALISOT rencontra les noix de l'espèce qui produit d'ailleurs les amandes de moindre valeur dans une région
où, encore aujourd'hui, les indigènes en font un usage modéré.
Enfin, ce botaniste, en annonçant que la suppression de la
traite des noirs entraînerait la ruine de l'Afrique, fut, nous le
répétons, aussi mauvais prophète que Madame de Sévigné pré-
disant la faillite du café.

Fig. 6.— **Cola Ballayi** Cornu.— Rameau portant un pseudo verticille de feuilles (une partie des feuilles ont été enlevées). — Moyen Oubangui (Herb. A. Chevalier).

Fig. 7. — **Cola Ballayi** Cornu. — Rameau âgé chargé d'inflorescences.
Moyen. Oubangui (Herb. A. Chevalier).

Nous avons, après Karl Schumann, acquis la certitude que la plante de Palisot de Beauvois était le Kolatier produisant des noix à 4 ou 5 cotylédons. D'abord, cette espèce est la seule espèce du groupe *Autocola* actuellement connue au Bénin ; en outre, l'échantillon de l'Herbier Delessert, avec ses feuilles alternes luisantes en-dessus, terminées par un long acumen, ne peut appartenir qu'à cette espèce très répandue sur la côte depuis le Togo jusqu'à l'Angola. Quant à l'amande figurée à la planche XXIV de son livre, elle ne représente pas, comme le pense Stapf (1), une noix à deux cotylédons. Le dessinateur a figuré grossièrement une masse ovoïde, compacte, sans indication de cotylédons et dont la forme ne correspond nullement à celle d'une noix de Kola. Il est probable que ce dessin a été fait d'après les vagues souvenirs du voyageur.

Poiret se contenta de maintenir dans l'Encyclopédie les *Sterculia nitida*, *S. grandiflora* et *S. acuminata* comme espèces distinctes, mais de nouveaux noms allaient bientôt être créés.

Avec le *Prodromus* de A.-P. de Candolle, la confusion s'accroit en effet. Dans le volume I, à la famille des *Sterculiacæ*, cet auteur décrit comme distinctes l'espèce de Palisot de Beauvois et les trois espèces de Ventenat. Dans le volume II, paru en 1825, il décrit dans la famille des *Terebinthaceæ*, sous le nom de *Lunanea Bichy*, une plante signalée par Rafinesque, qui l'avait appelée *Edwardia lurida* ; elle provenait d'un arbre cultivé à la Jamaïque, qui est certainement un Kolatier et probablement l'une des races du *C. nitida* (Vent.) A. Chev.

Sans remonter aux descriptions de Rafinesque (2), datant de 1814, et à celles de Lunan, nous nous contenterons de reproduire les renseignements de ces auteurs, rapportés par

(1) Stapf.— *Kew Bull.*, 1906, p. 90.
(2) Rafinesque.— *Specchio del Science*, II (n° XI), (1ᵉʳ novemb. 1814), p. 158. Le nom d'*Edwardia* fut abandonné par A.-P. de Candolle, parce qu'il existait déjà un genre *Edwardsia*, ce qui aurait pu prêter à confusion. O. Kuntze, se basant sur ce que le genre *Edwardia* est antérieur de huit ans au genre *Cola*, a rétabli ce nom, et il désigne le Kolatier proprement dit, sous le nom de *E. acuminata* O. Kuntze (Revis., I, p. 79). W.-P. Hiern, partisan également de l'observation stricte des règles de priorité, mais admettant le plus ancien binôme et non la plus ancienne dénomination spécifique, a nommé les Kolatiers de l'Angola recueillis par Welwitsch, *Edwardia lurida* Rafinesque — Cf. W.-P. Hiern, *Welwitsch's Catalogue of the African Plants*, I (1896), p. 84.

DE CANDOLLE en créant le genre *Lunanea*, rejeté à la fin des
Térébinthacées (p. 92) :

LIII. *Lunanea*, Petala 0. Stamina 10-13. *Edwardia* RAFIN. *Specch.*, I,
p. 158. Non SAL. *Bichy* LUNAN, JAM., I, p. 86.
    Flores polygami. Calyx coloratus 5-partibus, lobis crassis extus pilosis
erecto-patentibus. Petala 0. Discus concavus 10-dentatus. Stamina 10 e
disco exserta, antheris extus dentibus coalitis. Ovarium subrotundum.
Stigmatibus 5-coronatum. Capsula subovata gibba, 1-locularis evalvis
(ex RAFIN.) ; semilocularis, bivalvis (ex LUN.). Semina dorsa affixa (ex
RAFIN.) ; imbricata angulata (ex LUN.). Genus affine *Poupartiæ* (ex RAFIN.).
Dicatum cl. LUNAN ob alterum genus *Edwardsia* dictum.
    I. *L. Bichy.* in Guinea unde sub nomine Bichy in ins. Caribæis
introducta. Edwardia lurida RAFIN., *l. c.* Folia alterna petioluta oblonga
acuminata glabra undulata venosa ; Racemi compositi. Flores flavi
purpuro striati, odoris ingrati (Rafin.) (1).

    Là ne devrait pas s'arrêter l'imbroglio.
    La description erronée de PALISOT entraîna Georg DON à
créer encore un nouveau nom pour désigner l'arbre produisant
le Kola.
    En 1831, il décrivit un *Sterculia macrocarpa* avec la diag-
nose suivante traduite en français :

« *Sterculia macrocarpa*. Feuilles oblongues acuminées, entières, lisses, portées sur des longs pétioles ; fleurs axillaires paniculées ; anthères
sur deux rangs sessiles (?) Carpelles à 4 et 6 graines.
    Originaire de Guinée. Fleurs blanches ; follicules ordinairement deux
par avortement, opposés. Les graines de cet arbre sont aussi connues sous
le nom de Cola en Guinée. Elles possèdent les mêmes qualités que celles
du *Sterculia acuminata*. Arbre de 40 pieds (2) ».

    D'après cette diagnose, il est impossible de savoir si DON a
voulu décrire le *Cola* à graines à deux cotylédons. L'habitat
« Guinée » qu'il donne à son *S. macrocarpa* est trop imprécis,
car on sait qu'à Sierra-Leone existe exclusivement l'espèce produisant le Kola à deux cotylédons et à San-Thomé l'espèce produisant les noix à quatre cotylédons. Malheureusement l'auteur

(1) A.-P. DE CANDOLLE, *Prodromus*, II (1825), p. 92.
(2) G. DON.— General System of Gardening and Botany, I, 1831, p. 515.
Georg. DON avait séjourné un mois et demi à Sierra-Leone, puis quelque
temps à San-Thomé, en 1822-23. Ses plantes existent à l'Université de Cam-
bridge dans l'Herbier Lindley et aussi au British Museum.

a omis de noter dans lequel de ces deux pays il a observé sa
plante.

Cliché Noury.

Fig. 4. — *Cola verticillata* dans un sous-bois au Bas-Dahomey.

Au British Museum où existe le type de Don qu'a vu Stapf,
la plante est donnée comme provenant de San-Thomé où on
n'observe aujourd'hui comme appartenant au groupe que le *Cola
acuminata*. Ce qui paraît bien probable, c'est que Don a vu les
follicules de l'une et l'autre espèces de *Cola,*' et comme Palisot

DE BEAUVOIS avait inexactement attribué à son *Sterculia acu-minata* des fruits *monospermes*, DON, constatant que chaque carpelle renfermait quatre ou six graines, ce qui est en effet la règle dans toutes les espèces fournissant des noix, n'hésita pas à créer un nom nouveau. Le même auteur donne aussi des détails sur l'arbre décrit par PALISOT DE BEAUVOIS ; il lui attribue 40 pieds de hauteur et à chaque carpelle du *Sterculia acuminata* une ou deux graines. Il ajoute ensuite au sujet de cette dernière plante :

« Originaire des parties tropicales de l'Afrique, particulièrement de la côte ouest. Fleurs blanches, avec des segments étalés ; carpelles, ordinairement deux, opposés par avortement. Il existe deux variétés de Cola, l'une avec des graines blanches et l'autre avec des graines rouges. Les graines sont environ de la taille d'un marron d'Inde.

« Les graines de cette espèce sont connues à travers l'Afrique tropicale sous les noms de Cola ou Kola. Elles ont depuis longtemps été citées par les voyageurs comme possédant une grande valeur chez les noirs de la Guinée qui en prennent un fragment avant leur repas parce qu'ils pensent que cela augmente le bon goût de ce qu'ils mangent ou boivent.

« Autrefois les graines avaient une très haute valeur chez les indigènes de la Guinée, puisqu'il en suffisait de cinquante pour acheter une femme; mais à présent vingt ou trente graines peuvent être obtenues pour une poignée de cauris. Deux ou trois tonnes de cauris ne seraient pas aujourd'hui suffisants pour acheter une femme parfaite (1).

« Nous avons goûté des graines : elles ont un goût très amer ; elles ont environ la taille d'un œuf de pigeon avec une couleur brune. Elles sont supposées posséder les mêmes propriétés que le Peruvian Bark (2) ».

Enfin DON maintient encore comme espèces distinctes des précédentes les *S. nitida*, *S. grandiflora* et *S. longifolia* et il reproduit les descriptions publiées par VENTENAT.

Au moment où l'auteur anglais du *General System* publiait sa revision des *Sterculia*, il ne connaissait sans doute pas un important travail danois paru dès 1827 dans les « *Mémoires de l'Académie des Sciences de Copenhague* ».

Nous voulons parler de la *Flore de Guinée*, par THONNING et SCHUMACHER, dans laquelle se trouve décrite une autre espèce

---

(1) Ces notes, il est facile de le remarquer, sont une compilation très incomplète des renseignements publiés par PALISOT DE BEAUVOIS.

(2) Sans doute l'écorce de quinquina.

de *Sterculia* (*S. verticillata*), espèce réelle, négligée par les botanistes et que nous rétablissons dans ce travail (1).

THONNING, conseiller d'Etat au Danemark, avait séjourné vers la fin du XVIIIᵉ siècle à la Gold Coast, au poste de Christianburg (près d'Accra) où les Danois avaient établi un fort et un comptoir. Il avait décrit sur le vif les plantes qui croissaient dans le voisinage de sa résidence. Il avait fait aussi des herbiers expédiés fort heureusement en double à VAHL et à SCHUMACHER, car son propre herbier fut détruit au cours du bombardement de Copenhague en 1807.

F.-C. SCHUMACHER décrit donc, d'après les notes de THONNING, au tome II, page 14 de l'ouvrage cité, un *Sterculia verticillata*. Nous donnons la traduction de la diagnose latine et des notes en suédois qui l'accompagnent :

Sterculia verticillata ; Feuilles verticillées par 4, lancéolées très entières (TH.).

Kjælæ des indigènes.

Çà et là dans l'Aquapim.

Arbre de taille médiocre, jeunes rameaux tétragones, glabres. Feuilles verticillées par 4, lancéolées, acuminées, très entières, à nervures secondaires écartées, les inférieures opposées, rapprochées près de la base du limbe, parallèles près des bords, réticulées, très glabres, de 5 à 10 pouces de long. Pétiole 3 fois plus court que les feuilles. Stipules nulles. Inflorescences axillaires, pauciflores en grappes, d'à peine un pouce de longueur, à pédicelles de deux lignes de long. Bractées deux, subarrondies, aiguës insérées sur le pédoncule. Périanthe d'une seule pièce, étalé profondément divisé en 5 lobes aigus, d'un blanc tomenteux en dehors, pourpre à l'intérieur. Corolle nulle. Etamines constituées par une petite urcéole très brièvement stipitée, couverte à l'extérieur par les anthères disposées en deux séries sur l'urcéole.

Anthères 20, disposées en deux séries de dix, déhiscentes par une seule fente, plus tard paraissant biloculaires par l'existence d'une cloison longitudinale.

Ovaire situé au fond de l'urcéole, oblong, petit, présentant à la longue 5 sillons. Style presque nul. Stigmates 5, obtus. Fruit non mûr composé de 5 follicules oblongs, atténués aux deux extrémités et comprimés gibbeux en dessous, présentant une suture longitudinale en-dessus, rugueux-scabres, blancs, fixés au pédoncule commun et étalés horizontalement.

(1) Le titre exact de l'ouvrage est : Beskrivelse af Guineiske Planter som ere fundne af danske botanikere især af Etatsraad THONNING, Copenhagen, 1827. — L'ouvrage est publié sous le nom de SCHUMACHER, mais il fut rédigé en grande partie à l'aide des notes de THONNING.

, Graines 3 à 6, fixées aux bords de la suture, subarrondies, déformées par compression, à amande arrondie, tétragone pourpre avec les angles blancs, se divisant en quatre lobes cotylédonaires (Th.).

Fruits mangés par les indigènes ; ils ont une saveur amère et astringente et colorent la salive en rouge carmin (1).

Cette plante, que les auteurs les plus récents ont complètement méconnue, constitue en réalité une espèce de premier ordre, ainsi que nous le montrerons par la suite (Fig. 4).

Nous continuerons aux Chapitres IV et V, la suite de cet historique. Quelques années en effet après la publication de l'ouvrage général de G. Don, le genre *Cola* était créé par Schott et Endlicher.

Sa véritable place est désormais fixée dans la classification.

C'est à l'étude de cette classification et à l'histoire des espèces établies postérieurement et qui pour la plupart n'avaient pas leur raison d'être que nous consacrerons les chapitres suivants.

Disons toutefois que Karsten, étudiant en 1862-1868, la flore de la Colombie, rencontra des spécimens de *Cola* appartenant probablement à l'espèce *C. nitida* et qui provenaient sans doute d'une ancienne introduction, puisqu'aucune espèce du genre n'est connue en Amérique à l'état spontané.

Il fit de cette plante un genre nouveau qu'il rattacha à la famille des Euphorbiacées sous le nom de *Siphoniopsis* Karst.

La belle planche qui accompagne l'ouvrage de Karsten permet de reconnaître au premier coup d'œil l'identité du *Siphoniopsis* avec le genre *Cola*. Aussi Baillon, dans son *Histoire des Plantes*, n'hésita pas à identifier le premier genre au second.

(1) Schumacher. — *L. c.*, II, p. 15.

DEUXIÈME PARTIE.

Les Kolatiers : Étude botanique, géographique et biologique.

CHAPITRE IV.

Position systématique et divisions du genre Cola.

Le genre *Cola* appartient à la famille des Sterculiacées créée par VENTENAT en 1804. Cette famille comprend aujourd'hui plus de 800 espèces renfermées dans une cinquantaine de genres, répartis dans les diverses régions chaudes du globe.

Deux de ces genres : le genre *Theobroma* (Cacaoyer) et le genre *Cola* sont les seuls qui contiennent des plantes ayant une grande importance économique.

Au moment où VENTENAT fit des Sterculiacées une famille autonome, détachée des Malvacées parmi lesquelles Antoine-Laurent DE JUSSIEU avait placé les deux ou trois espèces de *Sterculia* connues de son temps, elle était réduite à quelques espèces de ce dernier genre.

Les grands voyages d'exploration botanique dans les contrées tropicales du XIXe siècle, amenèrent la découverte de nombreux représentants de ce groupe, ce qui entraîna le morcellement de la famille.

Quand le genre *Cola* fut créé en 1832 par SCHOTT et ENDLI-
CHER, les quelques espèces alors connues avaient été réunies,
jusqu'à cette époque dans le genre *Sterculia* établi par LINNÉ
en 1737. Les premières espèces décrites, qui plus tard, devaient
devenir des *Cola*, furent le *Sterculia cordifolia* CAVANILLES
(1799) et les *Sterculia nitida* et *S. grandiflora* de VENTENAT
(1804) et le *S. acuminata* de PALISOT DE BEAUVOIS (1804).

Le *S. verticillata* THONNING (in SCHUMACHER) date seulement de 1827.

A la vérité, comme nous l'avons antérieurement établi, trois
appellations génériques sont antérieures à la dénomination
Cola (1832) et s'appliquent aux plantes qui font l'objet de cette
étude.

La première, celle de *Bichy* ou *Bichea*, est due à STOKES (1)
en 1812, la deuxième fut créée par RAFINESQUE, c'est celle
d'*Edwardia* ; et la troisième, celle de *Lunanea*, due à A.-P.
DE CANDOLLE, date de 1825.

Plusieurs botanistes, et notamment Otto KUNTZE (2) et
HIERN (3), ont récemment substitué au nom de *Cola* la deuxième
de ces appellations anciennes. En vertu des règles de priorité,
en usage dans la nomenclature botanique, ce n'est nullement le
nom admis par ces auteurs, mais c'est évidemment le terme de
Bichea qu'il faudrait adopter aux lieu et place de celui de *Cola*;
c'est ce qu'avait fait le savant botaniste PIERRE dans ses notes
manuscrites.

Si toutefois nous nous rangeons à la manière de voir de K.
SCHUMANN, en adoptant le nom de *Cola* pourtant moins ancien,
il n'est pas douteux que le nom de *Bichea* s'appliquait bien au
Cola et que l'appellation d'*Edwardia lurida* Raf. = (*Lunanea
Bichy* P. DC. désignait également bien un vrai Kolatier (pro-
bablement *C. nitida*), cultivé à la Jamaïque dès le XVIIIe siècle.

D'autre part, les indications de STOKES, de RAFINESQUE et
de A.-P. DE CANDOLLE prêtent trop à confusion. Ce dernier
botaniste en particulier, connaissait en effet si mal la plante en
question qu'il la décrivit à la fin de la famille des Anacardia-

(1) STOKES. — Bot. mat. méd., II, 1812, p. 564.
(2) O. KUNTZE. — Rev. gen. plant., I, p. 79.
(3) W.-P. HIERN. — *Welwitsch's Catal. of the african Plants*, I, 1896, p. 84.

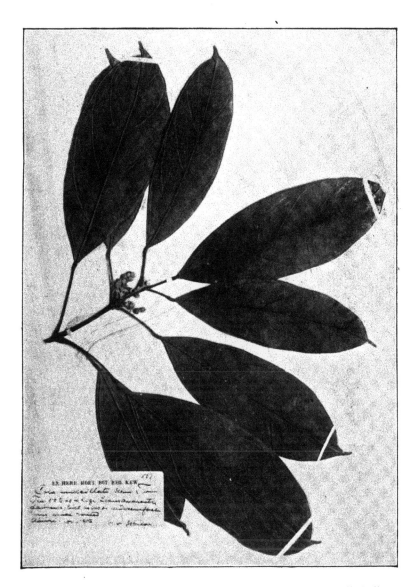

Fig. 3. — **Cola verticillata** Stapf. — Rameau en fleurs . — Gold-Coast (*Herb. Kew*)

cées, alors qu'il avait décrit les *Sterculia* et en particulier le *S. acuminata* à leur véritable place, c'est-à-dire dans la famille des Sterculiacées.

Mais la substitution d'une des dénominations *Bichea*, *Edwardia* ou *Lunanea* à celles de *Cola* amènerait un changement trop profond dans la nomenclature, changement qui risquerait de n'être pas accepté par la majorité des botanistes. Nous conserverons donc ce dernier nom qui a reçu la consécration de l'usage.

C'est d'ailleurs la conclusion à laquelle est arrivée la *Commission internationale de nomenclature* au Congrès botanique de Vienne en 1905, aussi le nom de *Cola* figure dans la colonne de l'*Index nominum genericorum utique conservandorum secundum articulum visesimum regularum nomenclaturæ botanicæ internationalium.*

⁎⁎

ENDLICHER et SCHOTT, puis Rob. BROWN n'admettent encore que deux espèces du genre *Cola*; MASTERS, dans le tome I du *Flora of tropical Africa*, paru en 1868, en cite déjà 11, tandis que BAILLON, en 1873, n'en mentionne que 6 dans son *Histoire des Plantes*.

K. SCHUMANN, en 1900, dans sa *Monographie des Sterculiacées africaines*, après avoir étudié les matériaux rapportés à l'Herbier de Berlin par les explorateurs du dernier quart du XIXᵉ siècle, fut amené à étendre considérablement le nombre des espèces connues. Il en porte le total à 32 et si l'on y joint les espèces décrites depuis cette époque par DE WILDEMAN, W. BUSSE et par l'un de nous, ce chiffre s'élève aujourd'hui à 40 espèces environ. Ajoutons enfin que l'intérieur du continent africain est encore trop mal exploré pour qu'on puisse nier la possibilité de découvrir encore de nombreuses espèces nouvelles, dépourvues probablement, il est vrai, d'un réel intérêt économique, car il est peu probable qu'on découvre encore de nouveaux Kolatiers produisant des amandes très appréciées par les indigènes.

K. SCHUMANN eut le grand mérite, non seulement de décrire beaucoup d'espèces nouvelles du genre *Cola*, mais il les groupa encore méthodiquement en sections en s'appuyant sur des caractères importants qu'il fut le premier à mettre en relief.

La séparation des *Sterculia* et des *Cola* est aujourd'hui admise par tous les botanistes.

Dans le dernier genre, spécial à l'Afrique occidentale et centrale, les fleurs mâles ont les *loges des anthères régulièrement disposées* sur un ou deux rangs et forment une couronne simple ou double ; de plus, la graine adulte est *privée d'albumen*.

Dans les *Sterculia*, répandus dans tous les pays tropicaux, les fleurs mâles ont les *loges des anthères rapprochées irrégulièrement* et réunies le plus souvent en boutons ; les graines *présentent toujours un albumen*.

« On peut facilement, dit K. SCHUMANN, séparer le genre *Cola* ainsi défini en deux groupes. Le premier comprendra les espèces dont les anthères longues et linéaires sont rangées en anneau simple ; le second renfermera les espèces avec loges des anthères ellipsoïdales superposées, c'est-à-dire réunies en deux groupes annulaires, situés l'un au-dessus de l'autre. Dans ce dernier, les botanistes systématiciens disent *antheris maximi divaricatis* ; il serait préférable de dire *antheris superpositis*. »

Le même auteur partage ensuite le premier groupe en quatre sections ou sous-genres

La première, comprenant seulement le *Cola caricifolia* (G. Don) K. Schum., se différencie facilement par une duplicature des carpelles en relation avec le nombre des dents du calice ; il y a 8 à 10 feuilles carpellaires pour un calice à 4 ou 5 lobes. Le savant botaniste de Berlin voit dans ce caractère un peu anormal, un stade ancestral, d'où le nom de *Protocola* qu'il donne à cette section.

La deuxième, qui ne comprend également qu'un seul représentant (*C. Chlamydantha* K. Schum.), a aussi un gynécée pléiomère (à feuilles carpellaires doubles des divisions du calice), mais elle diffère de la section *Protocola* par le nombre considérable de loges d'anthères qui s'élève à 30 au minimum. Dans le genre *Cola* comme dans la plupart des Sterculiacées, les anthères sont à deux loges (l'anthère est à trois loges seulement chez le *Ayenia*) et dès lors le *C. chlamydantha* aurait donc 15 étamines. L'auteur adopte pour cette section le nom de *Chlamydocola*, pour rappeler que la fleur est enveloppée d'un grand involucre à 3 folioles.

Ces deux sous-genres diffèrent encore par les feuilles, lobées chez *Protocola* et digitées chez *Chlamydocola*.

Viennent ensuite deux autres sous-genres qui, avec les précédents, constituent le premier groupe principal; ils possèdent seulement 3 à 5 carpelles : la section *Haplocola* est pourvue de feuilles simples, entières ou lobées ; celles des espèces de la section *Cheirocola* sont au contraire digitées.

« Ce dernier sous-genre subira peut-être, par suite d'études « plus approfondies, un nouveau démembrement : les grosses « graines du *C. pachycarpa* K. Schum. entourées d'un tégu- « ment épais et charnu sont bien particulières et, d'autre part, « le *C. digitata* Mast., avec ses petites graines renfermées « dans des carpelles déhiscentes de bonne heure et portées sur « un long stipe, est aussi très spécial. ».

Le deuxième groupe principal, remarquable par la double rangée de loges staminales, comprend les deux sections ou sous-genres *Autocola* et *Anomocola*.

Dans le premier se rangent les espèces fournissant les vraies noix de Kola, d'où sa dénomination. Le sous-genre *Anomocola* en différerait par les feuilles verticillées ; en outre, les feuilles accompagnant les fleurs (préfeuilles ou bractées recouvrantes) sont groupées en un organe en forme de bonnet se détachant par une fente annulaire basale, caractère qui ne se rencontre chez aucun des autres représentants de la famille des Sterculiacées. Une seule espèce y est actuellement rangée, le *C. anomala* K. Schum. Bien que nous n'ayons pas vu le type, nous pensons que cette espèce n'est autre que le *Cola verticillata* et ce dernier présente des analogies trop grandes avec les autres espèces de la section *Autocola* pour que nous l'en séparions.

Les caractères de ces 5 sections ont été résumés par K. Schumann dans un tableau dont voici la traduction :

A. Androcée sur un seul rang, c'est-à-dire avec loges des anthères étroites, parallèles et placées à côté les unes des autres en formant une seule couronne qui entoure un rudiment de pistil.

   A. Carpelles en nombre double des dents du calice.

      α Etamines en même nombre que les car-
        pelles. Feuilles simples, lobées.......   1. *Protocola.*

      β Etamines (15) plus nombreuses que les
        carpelles. Feuilles digitées..........   2. *Chlamydocola*

   B. Seulement de 2 à 5 carpelles.

      α Feuilles entières ou lisses.............   3. *Haplocola.*

      β Feuilles digitées....................   4. *Cheirocola.*

B. Androcée sur deux rangs, c'est-à-dire que les loges des anthères, relativement courtes, sont placées l'une au-dessus de l'autre sur deux rangs (antheræ maximi divaricantes vel superpositæ).

   A. Feuilles parfois verticillées sur les jeunes rameaux, mais plus tard toujours disposées en spirales. Bractées de l'inflorescence petites, ouvertes ; de petites préfeuilles ....   5. *Autocola.*

   B. Feuilles également disposées en verticilles sur les axes florifères ; bractées relativement grandes réunies entre elles et formant une sorte de bonnet se détachant par une fente annulaire................   6. *Anomocola.*

L'étude de toutes les espèces ainsi réparties nous entraînerait hors du sujet que nous avons choisi. Nous nous contenterons d'examiner en détail les espèces qui constituent la section *Autocola* qui, dans le travail de K. SCHUMANN, sont au nombre de 5 caractérisées comme il suit :

AUTOCOLA K. Schum.

A. Feuilles lancéolées ou oblongues, cunéiformes ou arrondies à la base, jamais lobées, plus ou moins distinctement trinerviées.

A. Feuilles sèches de couleur cuir clair, pau-
cinerviées, calice glabre (nu) à l'intérieur ;
seulement 6 graines par carpelle ; embryon avec deux cotylédons qui restent
fermés pendant la germination.......... *Cola vera* K. Schum.

B. Feuilles sèches la plupart brun sombre,
plurinerviées. Calice velu à l'intérieur ; 10
à 12 semences par carpelle; embryon avec
4-6 cotylédons qui s'écartent à la germi-
nation.............................. *C. acuminata* (Pal. Beauv.) R. Br.

B. Feuilles entières, ovales arrondies, jusqu'à former
un cercle, largement aiguës à la base ou rétrécies
ou arrondies, plurinerviées, jamais profondément
cordiformes.

A. Feuilles glabres ; inflorescences très ramifiées, lâches. Fleurs ayant au plus 14
loges d'anthères..................... *C. lateritia* K. Schum.

B. Feuilles pourvues en-dessous de belles
écailles dorées, à rameaux longs portant
de nombreuses fleurs................ *C. hypochrysea* K. Schum.

C. Feuilles ovales, d'ordinaire lobées, profondément
cordées à la base............................ *C. cordifolia* (Cav.) R. Br.

Tel était l'état de la question à l'époque de la publication de
la remarquable monographie de K. Schumann. Nous n'avons
reproduit ce tableau qu'à titre documentaire, car nous montrerons plus loin qu'il est tout à fait insuffisant pour différencier
les diverses espèces de la section *Autocola*.

Le sectionnement du genre *Cola*, lui aussi, doit être légèrement modifié. Nous avons déjà dit que la section *Anomocola*
devait être fondue avec la section *Autocola* ce qui réduisait à
quatre le nombre des sections ; mais il devient nécessaire,
d'après nos recherches, de scinder en deux la section *Autocola*,
la seule dont nous ayons à nous occuper ici.

Les deux premières espèces citées dans le tableau ci-dessus
constitueront la nouvelle section *Eucola*, qui comprendra
les cinq espèces étudiées dans un prochain Chapitre. Les trois
dernières espèces du tableau précédent formeront une dernière
section que nous nommons *Macrocola*, ce nom rappelant qu'elle
renferme les plus grands arbres du genre.

Sect. **MACROCOLA** A. Chev.

Tous les représentants connus de cette section sont de très grands arbres s'élevant parfois de 25 mètres à 40 mètres de hauteur. Feuilles alternes, grandes ; limbe à contour suborbiculaire, parfois lobé, souvent plus large que long, arrondi ou cordé à la base. Carpelles 3 ou 4 (rarement 5). Stigmates formant un écusson lobé recouvrant l'ovaire. Follicules mûrs *rouges* ou d'un vert-jaune marbré de pourpre, *toujours déhiscents à maturité*, pubescents à l'intérieur. Graines peu volumineuses, entourées d'un tégument externe épais devenant à maturité charnu-mucilagineux et très sucré. Cotylédons 2. Espèces : *Cola cordifolia* (Cav.) R. Br., *C. cordifolia* var. *nivea* Pierre (A. Chev.), *C. cordifolia* var. *Maclaudi* (Cornu) A. Chev., *C. gigantea* A. Chev., *C. lateritia* K. Schum., *C. hypochrysea* K. Schum., et d'autres espèces décrites par DE WILDEMANN.

Sect. **EUCOLA** A. Chev.

Arbres de petite taille (le plus souvent de 6 à 15 mètres de hauteur, dépassant rarement 20 mètres). Feuilles alternes parfois verticillées ou subverticillées ; limbe lancéolé ou oblong, jamais plus large que long. Carpelles 5 rarement 6 à 8, stigmates oblongs réfléchis sur les ovaires. Follicules souvent indéhiscents à maturité, de couleur grisâtre, verte ou blanchâtre, lisses à l'intérieur. Graines grosses, entourées d'un tégument externe blanchâtre membraneux et consistant à maturité, non sucré. Cotylédons presque toujours plus de deux, ou deux dans la seule espèce *C. nitida*. Amandes comestibles, ordinairement riches en caféine.

Espèces : *Cola nitida* (Vent.) A. Chev. et ses races, *C. acuminata* (Pal. Beauv.) Schott et Endl., *C. verticillata* (Thonn. in Schum. Stapf.), *C. Ballayi* Cornu in Hort. Paris.

Espèce douteuse : *C. sphærocarpa* A. Chev.

Dans tous les chapitres qui suivront, nous ne nous occuperons plus désormais que des espèces de cette section.

CHAPITRE V.

Caractères généraux des espèces
de la section *Autocola*.

Port.— Tous les Kolatiers de la section *Autocola* sont des arbres de deuxième grandeur atteignant leur port définitif vers la quinzième ou la vingtième année. Dans l'ensemble, ils rappellent un peu les Noyers ou mieux encore peut-être les Pommiers à cidre. Les branches s'étalent à partir d'une hauteur de 3 à 4 mètres et il est rare que le tronc atteigne 6 à 8 mètres sans ramifications (Fig. 4). La hauteur totale des Kolatiers adultes est de 15 à 20 mètres et exceptionnellement dans la forêt vierge leurs dimensions peuvent s'élever jusqu'à 25 mètres de hauteur avec un tronc mesurant jusqu'à 60 cm. de diamètre à la base.

Les Kolatiers plantés dans les endroits éclairés, par exemple autour des villages, restent toujours plus petits et souvent se ramifient à moins de 2 mètres au-dessus du sol. Au contraire ceux qui croissent dans les sous-bois de la forêt ont souvent un tronc grêle et lorsque les arbres environnants sont abattus, ils se présentent avec un tronc élancé (Fig. 5).

L'écorce du tronc est brune et s'enlève par écailles ; sur les jeunes rameaux, l'épiderme persiste jusqu'à la troisième ou quatrième année ; ces mêmes rameaux sont pourvus d'une moelle abondante et à l'état frais sont cylindriques, de couleur brun-verdâtre, luisants, sans trace de lenticelles. Les cicatrices foliaires produisent des écussons sub-circulaires, très saillants, au-dessus desquels on observe souvent les *gemmules* dont il sera question plus loin.

A l'état sec, les rameaux les plus jeunes sont anguleux et cannelés, par suite de la course des faisceaux libéro-ligneux des feuilles qui descendent en cordons apparents à l'extérieur sur un assez long parcours dans l'écorce avant de se joindre à la couronne libéro-ligneuse de la tige.

Gemmules. — Louis PIERRE, dans les notes manuscrites jointes à son Herbier, donne ce nom à des organes très particuliers qui ne paraissent pas avoir été signalés encore et qui existent chez toutes les espèces de la section *Autocola* (sensu stricto).

Ce sont de gros bourgeons qui naissent à l'aisselle de certaines feuilles lorsque celles-ci sont parvenues à l'état adulte. Ces bourgeons sont protégés extérieurement par un grand nombre d'écailles se recouvrant les unes les autres. L'extérieure est très brune, parcheminée, coriace ; ses bords sont soudés de sorte qu'elle affecte la forme d'un cornet abritant le bourgeon tout entier.

Les gemmules persistent après la chute des feuilles, puis au lieu de donner naissance à des rameaux ou à des inflorescences, elles se détachent parfois à leur tour en laissant au-dessus de la cicatrice foliaire une autre cicatrice circulaire, plus petite et fortement concave.

L'abondance, la forme et les dimensions de ces gemmules varient d'un arbre à l'autre. Mais on les trouve particulièrement abondantes sur certains individus végétant dans des conditions défavorables.

Il s'agit en réalité de bourgeons dormants pouvant produire des inflorescences ou pouvant tomber avant leur épanouissement pour des causes encore mal connues.

Feuilles. — RÉPARTITION. — Les feuilles sont, après les graines et les fruits, les parties les plus importantes pour distinguer les espèces de la section *Eucola*. Les variations, d'une espèce à l'autre, portent surtout sur leur répartition, leur forme générale, la disposition des nervures et sur l'acumen. Par contre, des différences individuelles parfois considérables s'observent souvent dans la même espèce ; elles se rapportent plus particulièrement aux dimensions du pétiole, longueur et diamètre, à l'articulation de ce dernier avec le limbe, aux dimensions et à la consistance de celui-ci, au nombre des nervures. Tous ces

FIGURE 11.

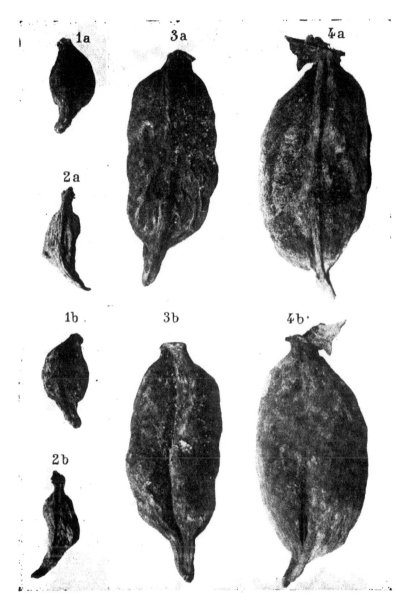

Fig. 13. — **Cola acuminata** Schott. et Endl. — Follécules à différents âges.
a, vues par la face supérieure ; *b*, vues par la face inférieure ;
Gabon (*Herb. Mus. Paris*).

caractères d'ordre secondaire sont fonction de l'àge et de la vigueur des rameaux sur lesquels sont insérées les feuilles.

(Cliché Schiffer)

FIG. 5. — *Cola nitida* dans une plantation chez les Bétés à la Côte d'Ivoire (conservé sur l'emplacement de la forêt défrichée).

Presque toujours isolées, elles sont cependant, dans le *C. verticillata* Stapf, nettement verticillées par 3 ou par 4 à l'extrémité des rameaux et parfois opposées à leur base (fig. 3). Chez quelques formes d'autres espèces, on observe parfois de 2 à 6 feuilles insérées presque à la même hauteur à l'extrémité de certains rameaux et dans ce cas elles sont très brièvement pétiolées. Un examen plus attentif permet de constater que ce sont des feuilles isolées en disposition spiralée, mais sur une spire à tours très rapprochés vers l'extrémité et s'écartant progressivement au fur et à mesure que l'on se rapproche de la base du rameau où leur disposition redevient normale.

Le *C. Ballayi* porte ses feuilles groupées par *faux verticilles* de 5 à 15 feuilles, formant ainsi des panaches très écartés (Pl. VIII et fig. 6) les uns des autres et donnant à cet arbre un aspect particulier. Un gros rameau privé de feuilles sur une grande partie de sa longueur se termine par 2 ou 3 de ces faux verticilles très rapprochés les uns des autres et les feuilles qui s'y insèrent sont dressées, formant ainsi un seul gros bouquet à son extrémité. Tout le reste du rameau est complètement dénudé ou parfois porte deux ou trois bouquets de feuilles en faux verticilles, espacés de 5 cm. au moins les uns des autres.

Pétiole. — Parfois presque nul pour les feuilles terminant les rameaux, il peut mesurer 15 à 20 cm. chez les feuilles inférieures et son diamètre est également très variable. Sur les rameaux grêles, le diamètre n'est guère que de 2 mm., tandis qu'elle atteint 4 mm. sur les pousses très robustes. Il est toujours presque cylindrique et présente à ses deux extrémités des renflements moteurs en forme de bourrelet épais et allongé.

Le rôle de ces renflements est de régler par turgescence l'inclinaison de la feuille, d'après l'éclairage qu'elle reçoit. Au jour et à la grande lumière, le limbe est très incliné par rapport au pétiole (Fig. 11); dans les parties ombragées, le limbe est disposé de manière à recevoir le maximum d'éclairage. Dans le chapitre consacré à l'anatomie, nous montrerons comment s'effectue ce mouvement.

Le pétiole forme souvent un angle de 90° avec l'axe du rameau, sauf dans le *C. Ballayi* où il est très ascendant. Au contraire, dans une espèce encore inédite cultivée dans les Serres du Muséum de Paris, il est pendant et les rameaux ont ainsi un port très spécial.

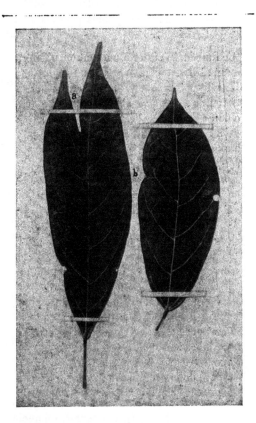

Fig. 8. — *Cola acuminata*. Feuilles anormales avec des lobations.

Quant au limbe, il est rare qu'il se continue dans la direction du pétiole. Le plus souvent il est pendant et forme un angle très ouvert avec ce dernier (Fig. 2) ; seules les feuilles des pousses terminales, à pétiole court, ont la nervure médiane dans son prolongement et, d'une façon générale, plus le pétiole est long, plus le limbe est incliné. Le pétiole semble donc s'allonger de manière à assurer à la feuille un éclairage suffisant. Il est accompagné à sa base dans les jeunes pousses de très petites stipules linéaires ou lancéolées tombant bien avant que les feuilles soient complètement épanouies.

Limbe.— Le limbe très entier a un contour oblong, ou oblong-lancéolé ; rarement il est plus large par rapport à la longueur et dans ce cas il présente une forme ovale-lancéolée. Très rarement le contour est assez étroit pour que le limbe soit nettement oblong-linéaire. C'est le cas pour le *Cola mixta* forma *angustifolia* A. Chev.

Presque toujours cunéiforme à la base, il est cependant parfois arrondi, ainsi qu'on le constate sur le type même du *Sterculia grandiflora* Ventenat (Pl. IV). Au sommet, il se termine plus ou moins brusquement par un acumen obtusiuscule mesurant de 5 mm. à 25 mm. de long, assez étroit, tantôt droit, tantôt incliné d'un côté.

En résumé, toutes les espèces de la section *Eucola* ont une forme générale identique et ne présentent point les grandes variations qu'on observe dans certaines sections du même genre. Nous avons parfois trouvé sur *Cola acuminata*, parmi un grand nombre de feuilles normales, quelques feuilles plus ou moins lobées au sommet (Fig. 8). Cette anomalie permet d'expliquer l'existence à l'état normal, chez certaines espèces d'autres sections, de feuilles lobées ou même de feuilles composées-digitées. Enfin, nous avons découvert dans la forêt vierge de la Côte d'Ivoire, une espèce de la section *Cheirocola*, récemment décrite (*Cola proteiformis* A. Chev.) (1), qui réunit, en quelque sorte à l'état normal, les différentes formes de feuilles qu'il est possible d'observer dans le genre *Cola*. A côté des feuilles lancéolées acuminées dont la forme rappelle celles des *Eucola*, on trouve en assez grand nombre sur le même rameau ou sur des rameaux séparés des feuilles composées, tantôt à 3, tantôt à 5 folioles. Nous avons cru utile de figurer un rameau de cette espèce pour montrer les affinités qui peuvent exister entre des espèces

(1) CHEVALIER. — *Végét. util.*, V (1909), p. 250.

d'apparence parfois très dissemblables, ce qui est le cas pour les *Eucola* par rapport aux *Cheirocola* (Fig. 9).

Le bord du limbe dans les *Eucola* [est un peu épaissi et légèrement incurvé en dessous.

FIG. 9. — *Cola proteiformis* A. Chev.

Sur le même rameau on voit une feuille à une foliole, une autre à 3 folioles et enfin une feuille à 5 folioles.

Mesurant en moyenne 10 cm. à 15 cm. de long sur 3 cm. à 5 cm. de large, il peut atteindre jusqu'à 25 cm., parfois 30 cm. de longueur et 12 cm. de largeur et dans des cas exceptionnels (pousses très vigoureuses) il peut avoir 50 cm. de longueur chez *C. Ballayi.*

La nervure médiane est légèrement saillante en-dessus et

très saillante en-dessous; les nervures latérales I, au nombre de
5 à 8 paires, sont ascendantes toujours dépourvues d'acarodomaties à leur aisselle, réunies à l'extrémité par des arceaux
plus ou moins visibles et plus ou moins réguliers ; elles sont
parfois entremêlées de quelques nervures latérales II. Enfin,
entre ces nervures existent des nervilles formant des réseaux
plus ou moins apparents à la face inférieure.

Les feuilles très jeunes sont recouvertes d'un léger tomentum
roussâtre formé de poils étoilés, plus ou moins nombreux,
promptement caducs. Les feuilles adultes sont glabres et
coriaces, plus ou moins luisantes en-dessus ; la face inférieure
est d'un vert pâle. La dessiccation change la coloration : dans
les herbiers, le limbe est noirâtre ou d'un brun-verdâtre en-dessus
et d'un brun-fauve en-dessous.

Les feuilles sur les rameaux stériles et les jeunes pousses
ont sensiblement la même forme que sur les rameaux fertiles,
mais elles sont beaucoup plus grandes et terminées par un
acumen plus allongé. Sur les rameaux stériles du *Cola nitida*,
on observe assez souvent des feuilles dont le limbe atteint
30 cm. de long sur 12 cm. de large. Sur *Cola Ballayi*, ces
feuilles sont encore beaucoup plus grandes.

Inflorescences.— Elles naissent seulement sur les rameaux de
deuxième, de troisième ou quatrième année et rarement sur les
rameaux plus âgés ayant perdu leurs feuilles depuis longtemps.

Parfois cependant, par exemple dans le *C. Ballayi*, on observe
des inflorescences sur des rameaux non feuillés ; dans ce cas,
elles s'insèrent au-dessus ou sur les côtés des cicatrices
foliaires (Fig. 7).

On observe aussi assez fréquemment, notamment chez les
C. verticillata et *C. nitida*, des rameaux de l'année fleuris
(Pl. III et Pl. IV) ; les inflorescences sont alors courtes, ramas-
sées et presque toujours réduites à des fleurs mâles, de sorte que
des fruits ne naissent jamais de ces organes. Il est à peine nécessaire de faire remarquer qu'un jeune rameau aurait de la peine à
supporter une fructification de Kolatier, puisqu'une seule fleur
fécondée peut produire 5 ou 6 carpelles d'un poids à l'état adulte
de deux à trois kilogs.

On sait du reste que, chez la plupart des représentants de la familles des Sterculiacées, les fleurs naissent non sur les jeunes rameaux, mais sur les branches déjà assez âgées. Chez le Cacaoyer en particulier, c'est sur le tronc et sur les vieilles branches latérales que s'insèrent les cabosses. Les inflorescences sont des grappes composées, pauciflores ou plus ou moins denses, à rachis un peu comprimé, avec des pédicelles ayant de 6 mm. à 12 mm. de long, mais pouvant atteindre jusqu'à 18 mm. et portant des bractées et bractéoles très caduques, ovales, très concaves, plus ou moins couvertes d'un tomentum roussâtre ou brun-rouille.

Chaque racème principal atteint de 2 cm. à 6 cm. de long ; il est souvent accompagné à sa base de deux petits racèmes courts subsessiles. Les fleurs s'épanouissent successivement et la floraison dure très longtemps. Il n'est pas rare d'oberver certains arbres de ce groupe en fleurs presque toute l'année.

Du reste le calice est marcescent et persiste longtemps après la floraison, même si les fleurs ont avorté.

Pendant l'anthèse, les fleurs dégagent un parfum nauséeux.

Fleurs. — Les espèces de la section *Eucola* présentent une hétérogamie des plus remarquables. Certains arbres ne produisent exclusivement que des fleurs mâles ; la plupart des individus produisent un grand nombre d'inflorescences exclusivement mâles, puis quelques grappes avec des fleurs hermaphrodites à la base et des fleurs mâles au sommet. Quelques plants ont des fleurs mâles et des fleurs hermaphrodites entremêlées sur toutes les inflorescences et quelquefois une grappe de fleurs mâles est surmontée d'une ou plusieurs fleurs hermaphrodites ; il est très rare de rencontrer des Kolatiers portant plus de fleurs hermaphrodites que de fleurs mâles. Enfin nous n'avons jamais rencontré un Kolatier chargé exclusivement de fleurs hermaphrodites.

Dans toutes les espèces, même avant leur épanouissement, les fleurs mâles sont faciles à distinguer des hermaphrodites. Le calice, qui a une préfloraison valvaire dans les deux cas, forme un petit bouton subglobuleux et blanc tomenteux chez les premières. Chez les secondes, il est plus gros, nettement obovoïde et un peu apiculé au sommet. Quand les fleurs s'épanouissent, on constate un dimorphisme encore plus accusé : les mâles ont un calice de petite taille et rotacé: dans les hermaphrodites, il est souvent beaucoup plus grand et toujours campanuliforme.

Les premières, lorsquelles sont épanouies, mesurent souvent que 12 à 20 mm. de diam., les secondes peuvent atteindre 30 à 40 mm. Dans les deux sortes de fleurs et dans toutes les espèces, les lobes sont ovales, lancéolés, longs ordinairement de 5 à 9 mm., plus ou moins aigûs au sommet, blancs-tomenteux à l'extérieur, recouverts en dedans de quelques poils étoilés, jamais complètement glabres sur l'une ou l'autre face.

Un autre caractère de peu d'importance mais d'une constance remarquable se retrouve chez toutes les espèces de la section: nous voulons parler de la coloration. Le calice est d'un blanc-crême, mais il présente en dedans au fond du tube une tache d'un pourpre noirâtre qui se prolonge jusqu'à mi-hauteur des lobes, le long des 3 nervures, visibles à la face interne de chaque lobe. Ces stries pourpres n'existent pas à l'extérieur, mais elles sont constantes à la face interne; une seule race en est privée et a les fleurs complètement blanches, c'est le *Cola nitida* A. Chev. s.-sp. *C. alba* A. Chev. du Kissi.

La forme de l'androcée est assez constante dans toutes les espèces, mais elle varie suivant le degré d'épanouissement de la fleur: du fond du calice s'élève un petit stipe grêle, pubescent, parfois presque nul, parfois atteignant 3 mm. de long. Ce stipe se dilate brusquement et se termine par un écusson orbiculaire, aplati ou même concave en-dessus ; sur son bord, cet écusson (qui n'est autre qu'un connectif commun adné à un pistil central avorté réduit à 5 ou 6 petits points faisant saillie au centre de l'écusson et en-dessous) porte vingt logettes (1) considérées comme des anthères. Ces logettes sont disposées en deux séries de 10, superposées.

Chacune constitue une loge à déhiscence longitudinale, mais lorsque celle-ci est opérée, il reste à l'intérieur un petit dissépiment longitudinal qui pourrait faire croire à l'existence d'une anthère à deux loges.

(1) Le nombre des logettes est parfois réduit.

Le sagace observateur qu'était Pierre, a interprété de la manière suivante l'androcée des *Eucola*. Il correspondrait à 5 étamines seulement, ces étamines étant verticales (comme dans d'autres sections du genre *Cola*) et chacune à deux loges avec déhiscence longitudinale : les étamines auraient leurs loges écartées ; en outre, il se serait produit une cloison transversale dans chaque loge amenant ainsi la constitution d'un thèque supérieur et d'un thèque inférieur, c'est-à-dire la formation des 20 logettes existantes. Cette transformation a pu se produire pendant l'évolution des ancêtres des *Eucola*, mais dans les espèces actuelles, même à l'état très jeune les 20 thèques sont bien distincts et écartés les uns des autres.

Les logettes staminales de l'étage supérieur font saillie au-dessus du disque qu'elles entourent ; avant leur déhiscence, elles convergent vers le centre en formant une masse capitée ; plus tard cette masse s'ouvre et forme une urcéole, enfin elle s'étale en disque ; la pointe des loges fait saillie sur les bords du disque en produisant 10 crénelures et 10 dents dont 5 parfois plus profondes. Ainsi que nous l'avons exposé dans un chapitre précédent, ces dispositions se retrouvent dans toutes les espèces d'*Eucola* dont les fleurs sont connues.

Les fleurs hermaphrodites portent un gros gynécée ovoïde formé de 5 ou 6 carpelles (parfois moins et parfois aussi jusqu'à 8) libres, mais pressés les uns contre les autres, blancs-tomenteux à l'extérieur, oblongs, surmontés chacun d'un stigmate sessile, étroit, courbé en crosse dès sa base et descendant le long du carpelle jusqu'à mi-hauteur de celui-ci, parfois en s'en écartant un peu, le plus souvent en s'appuyant à sa surface sans lui adhérer ; l'extrémité de chaque stigmate est subaiguë ou obtusiuscule, mais jamais en large écusson, comme l'a figuré à tort Schumann pour *C. vera* (Monographie, fig. 2, C, p. 125).

A l'intérieur de chaque carpelle, à l'angle interne, c'est-à-dire sur la face supérieure lorsqu'il sera étalé, s'insèrent 6 à 16 ovules disposés sur deux lignes et en ordre alternant. Ces ovules sont anatropes, pendants dans la cavité ovarienne, sessiles et insérés par un large ombilic.

Quant aux organes mâles des fleurs hermaphrodites, ils se

réduisent à 20 logettes (parfois plus ou moins suivant le nombre des carpelles) insérés sur deux rangs à la base du gynécée. A la partie basale de chaque carpelle et intimement soudées à lui on observe, en effet, 4 logettes disposées en X, c'est-à-dire deux supérieures divergentes par le haut et deux inférieures divergentes par le bas. Ces logettes sont normalement constituées et renferment des grains de pollen. Cependant Tschirch et Œsterle ne pensent pas que le pollen soit normal, de sorte que les fleurs seraient exclusivement femelles.

Ces logettes staminales desséchées persistent longtemps à la base des jeunes carpelles. Ceux-ci, à mesure qu'ils se développent, s'étalent en étoile tout autour du réceptacle leur donnant insertion. Le plus souvent ils sont étalés dans un plan, parfois au contraire ils sont décombants ou même ascendants.

Fréquemment les poils qui les recouvrent tombent rapidement, mais dans certaines races, les carpelles restent jusqu'à un âge avancé couverts d'une pulvérulence d'un blanc de neige.

L'organogénie des ovules après la fécondation mérite d'être signalée :

Lorsque la jeune graine n'a encore que la taille d'un petit pois, sous un double tégument membraneux existe une poche remplie de mucilage qui n'est autre que le sac embryonnaire.

La membrane qui le limite est tapissée de petites écailles brunes paraissant provenir du nucelle résorbé et plus ou moins analogues aux écailles tapissant la paroi interne des carpelles. Nous reviendrons sur ces écailles dans l'étude anatomique.

A l'intérieur du sac embryonnaire et dès le jeune âge, on trouve de très bonne heure l'embryon coloré en rouge (si la noix doit être rouge plus tard); il est ovoïde, plus renflé du côté du hile et dans le *C. acuminata* présente une section tetra ou pentagonale correspondant aux quatre ou cinq cotylédons. Après résorption du sac embryonnaire, la graine doit encore rester plusieurs mois sur l'arbre avant d'arriver à complet développement.

Fruit. — On sait que chaque fleur femelle fécondée peut donner en général 5 follicules dérivant des 5 carpelles de l'ovaire, rarement plus de 5 et assez souvent moins. La forme et les dimensions de ces fruits varient beaucoup d'une espèce à l'autre, aussi fournissent-ils d'excellents caractères de classification.

Ces follicules sont insérés en verticille autour du pédoncule de la fleur devenu ligneux et considérablement accru pendant la maturation.

Les graines s'insèrent sur deux larges lignes placentaires situées tantôt sur les bords de la feuille carpellaire dans les espèces de la section *Cheirocola* ; au contraire, dans les espèces de la section *Eucola*, elles s'insèrent sur deux lignes rapprochées de part et d'autre de la crête dorsale qui correspond à la nervure médiane de la feuille carpellaire ; elles sont par conséquent opposées à la suture inférieure ou ventrale par où se fait la déhiscence du fruit (Fig. 13).

Chaque follicule presque adulte présente dans les espèces de ce groupe :

1° Une crête dorsale ou interne ou supérieure correspondant à la face placentaire ; 2° un sillon ventral, externe ou inférieur correspondant à la ligne de déhiscence, chez les espèces qui s'ouvrent à maturité ; ce sillon ventral est souvent à son tour bordé par deux rebords ou fausses crêtes ; 3° les côtés sont tantôt lisses ou grossièrement bombés par la protubérence des noix ; dans certaines races, ils sont fortement verruqueux-scoriacés et les verrues s'étendent parfois jusqu'au sillon ventral.

La forme générale d'un carpelle adulte est ovoïde-allongée avec la face dorsale ordinairement beaucoup plus bombée que l'autre, la dimension est de 5 à 12 cm. de long sur 3 à 7 cm. de large. Certains carpelles très robustes dans *C. acuminata* et dans *C. Ballayi*, atteignent jusqu'à 15 et 20 cm. de long.

Le follicule, dans la partie basilaire qui ne renferme pas de graines, s'amincit plus ou moins en stipe ; le sommet se termine par un rostre (base du stigmate accrescent) qui a souvent dans le jeune âge la forme d'un bec d'oiseau et qui parfois se prolonge en pointe recourbée vers la face ventrale.

En outre, la forme de ces fruits varie énormément d'une espèce à l'autre comme aussi leur disposition par rapport à l'axe du pédoncule : ils sont parfois étalés horizontalement, parfois refléchis, rarement un peu ascendants.

Déhiscence des fruits. — Tous les Kolatiers de la section *Eucola* que nous avons observés en Afrique tropicale, soit dans les plantations, soit dans la forêt vierge, produisent des fruits qui nous ont paru toujours indéhiscents. Les indigènes reconnaissent que les noix sont mûres quand l'exocarpe prend une teinte vert-jaunâtre ou gris-terreux dans certaines formes de *C. acuminata.* Ils les cueillent dans cet état et les ouvrent avec un couteau pour retirer les noix. Les fruits qui ont passé la maturité restent adhérents à l'arbre, les fourmis creusent souvent des galeries dans le péricarpe pour se nourrir du mucilage qui en découle, elles attaquent même le tégument des graines et mettent les noix à nu; mais, dans ce cas encore, nous n'avons jamais vu le follicule s'ouvrir en deux valves, comme cela se produit dans les espèces de la section *Macrocola.*

Tous les colons et agents de culture que nous avons questionnés nous ont eux aussi assuré que les fruits des Kolatiers ne s'ouvraient pas à maturité pour mettre les graines en liberté.

Cependant, d'après d'autres témoignages, la déhiscence peut s'opérer soit dans certaines races encore mal connues, soit dans des conditions spéciales que pour notre part nous n'avons pas observées. Pour l'*Ombéné* du Gabon, qui n'est autre que *Cola acuminata,* H. BAILLON rapporte, d'après GRIFFON DU BELLAY, que les follicules s'ouvrent longitudinalement suivant leur bord interne ou supérieur. Cette affirmation aurait besoin d'être contrôlée, car l'un de nous a observé, soit à San-Thomé, soit au Dahomey, des follicules mûrs de cette espèce qui n'étaient pas ouverts et du reste, dans tous les *Cola* d'autres sections à fruits connus, c'est par la suture ventrale que s'opère la déhiscence.

Enfin, E. HECKEL a publié, en 1898 (1), une très belle photographie de M. GUESDE, montrant une négresse qui vend des Kolas à la Guadeloupe. Elle tient dans ses mains une corbeille remplie de cabosses (ou follicules) de Kolatier dont la face ven-

(1) *Ann. Inst. Colonial, Marseille,* IV, 1898, en face la page 16.

trale est entrouverte, de sorte qu'on aperçoit par l'entrebaille-
ment les noix contenues à l'intérieur. Ces fruits, qui paraissent
appartenir à une variété du *Cola nitida*, sont donc incontestablement déhiscents. Nous n'avons jamais rien vu de semblable
en Afrique, où, même sur les lieux de production, on vend les
noix de Kola sorties de la cabosse et même débarrassées de leur
tégument.

FIG. 10. — *Cola nitida* A. Chev.
Rameau en fleurs, follicules coupés longitudinalement, inflorescences.

Dans le *C. sphærocarpa*, la déhiscence s'opère suivant deux
lignes opposées partant du rostre du follicule et se rejoignaut
peu à peu vers la base. Il se forme ainsi deux valves et le
plan de la déhiscence est perpendiculaire au plan médian du
carpelle.

Graines.— Les graines s'insèrent sur deux rangs correspondant aux deux lignes placentaires de chaque côté de la crête supérieure ou dorsale du follicule. Comme celui-ci est plus ou moins étalé, elles sont donc comme suspendues dans sa cavité et fixées à la paroi de l'endocarpe par un large hile arrondi qui peut avoir jusqu'à 4 à 5 cm. de diamètre. En dehors du placenta, ce hile présente une légère échancrure et du côté interne il donne attache à une lame blanche mince, courte, mais large et qui se soude, d'une part au placenta, et de l'autre à la graine. C'est, sans aucun doute, une dernière trace du raphé.

Les graines insérées sur les deux lignes placentaires ne sont pas opposées, mais le plus souvent alternes, de telle sorte que la section transversale d'un follicule passant par le milieu d'une noix ne fait qu'effleurer celle qui est placée à côté (Fig. 10).

Dans toutes les espèces de la section *Autocola* que nous connaissons, l'amande (embryon) est enveloppée par une membrane blanchâtre, spongieuse, facile à déchirer, dont l'épaisseur peut atteindre jusqu'à 3 mm. ou 4 mm. Dans cette membrane, on distingue nettement deux parties : une mince pellicule interne entourant l'embryon sans y adhérer, c'est le *tégument interne de la graine*, tapissé à l'intérieur de petites ponctuations provenant des restes du nucelle, et une couche externe plus épaisse, spongieuse à l'intérieur, entourant toute la graine, très lisse à la surface, sauf à la hauteur du hile et qui se continue sur la paroi carpellaire dont elle a l'aspect. C'est, d'après nos observations, *un tégument externe* enveloppant toute la graine. Ajoutons que c'est ce même tégument qui se gélifie et devient très sucré au point d'être comestible dans *Cola cordifolia* et dans d'autres espèces de la section *Macrocola*.

Chez ces espèces, quelques botanistes ont pris à tort pour une arille, le tégument gélifié. C'est certainement parce qu'il n'avait pas vu de Kola à l'état naturel que BAILLON assimile « le veritable Kola à la graine d'une sterculiacée souvent réduite à un gros embryon, plus ou moins globuleux, charnu, à 2, 3 ou 4 cotylédons épais (1) ». En réalité, la graine possède toujours un tégument blanc que les indigènes enlèvent après sa récolte.

(1) BAILLON.— Histoire des Plantes, IV, p.   .— Voir aussi *Adansonia*, X, p. 169.

Ce que nous appelons une noix de Kola est un *embryon*, c'est-à-dire une graine sans albumen débarrassée de son tégument.

Le nombre des cotylédons épais et charnus, constituant l'amande, varie de 2 à 7. Dans le *C. nitida* et toutes ses variétés, il est constamment de deux, dans les races cultivées. Dans les formes sauvages de la forêt de la Côte d'Ivoire, appartenant à la race *C. pallida*, c'est à peine si on trouve, sur 1.000 graines, une noix à 3 cotylédons.

Dans les quatre autres espèces qui nous sont connues, chaque noix compte au moins 3 cotylédons, le plus souvent 4 ou 5 et parfois jusqu'à 7 dans *Cola Ballayi*.

Il serait intéressant de rechercher si les hybrides qui doivent probablement apparaître là où les *Cola nitida*, *Cola acuminata* et *Cola verticillata* vivent en mélange, ne produisent pas des noix à deux cotylédons et d'autres noix de 3 à 5 cotylédons sur les mêmes arbres.

Une communication de JOHNSON, ancien directeur du Jardin d'Aburi, faite au Jardin de KEW, permet de le supposer.

L'embryon, chez toutes les espèces productrices de Kola, est rouge ou blanc, parfois rose-jaunâtre ou verdâtre. Nous reviendrons sur ces colorations dans un prochain chapitre.

Ajoutons, pour terminer, que les amandes de Kola sont de taille très variable dans une même espèce et parfois dans une même variété. Elles pèsent ordinairement de 8 grammes à 25 grammes, mais on rencontre aussi des noix qui ne pèsent que 2 ou 3 grammes et quelques-unes atteignent le poids de 100 grammes.

Nous n'avons observé ces grosses amandes que très rarement et dans certaines parties de la Côte d'Ivoire seulement.

Le nombre des noix par cabosse est très variable : on en observe de 1 à 12, le plus fréquemment, il en existe 5, 7 ou 9.

Une seule fleur peut produire de 1 à 7 follicules, soit de 30 grammes à 200 grammes de noix fraîches, mais il est rare d'observer sur un même arbre plus de 20 à 30 groupes de follicules parvenus simultanément à complet développement.

CHAPITRE VI.

Caractères histologiques des Kolatiers.

L'histologie des organes végétatifs des arbres du genre *Cola* n'a fait l'objet jusqu'alors d'aucun travail d'ensemble, c'est pourquoi nous donnerons ici, en résumé, les résultats de l'étude comparée à laquelle nous nous sommes livrés.

Quelques auteurs ont cependant traité des fruits et des graines et parmi eux nous citerons : Chodat et Chuit (1), Zohlen-hofer (2), Heckel (3), Hartwich (4) et plus particulièrement une très consciencieuse étude du fruit et de la graine des *C. vera* et *Ballayi* de MM. Tschirch et Œsterlé dans leur Atlas classique de Pharmacognosie (5).

Quelques observations générales sont également notées dans l'ouvrage de Solereder (6), et en ce qui concerne l'appareil gommifère, si spécialement caractéristique des Sterculiacées, nous renverrons pour la bibliographie au mémoire de M. Dous-sot (7). Nous rappelerons seulement que ces poches à mucilage ont été tout d'abord étudiées par Trécul en 1867, puis par Van Tieghem en 1884-1885.

RACINE.

L'étude histologique de la racine est d'intérêt secondaire, car cet organe présente la structure normale des racines de Dico-

---

(1) Chodat et Chuit.— *Loc. cit.*

(2) Heckel.— Les Kolas africains, *loc. cit.*

(3) Zohlenhofer.— Die Kolanuss, *Arch. d. Pharm.*, 1884, 3ᵉ s., XXII, p. 344.

(4) Hartwich. — Einige Bernerkunger über die Kolanüsse. *Zeitsch. d. allg. œst. Apot. Verein*, 1906, XLIV, pp. 119-131.

(5) Tschirch et Œsterlé. — *Anat. Atlas d. Pharmacognosie.* Leipsig, 1900, 2ᵉ partie, p. 347, Pl. 80 a et 80 b.

(6) Solereder.— *Syst. Anat. d. Dicotyledonen.* Stuttgart, 1899, p. 173.

(7) J. Doussot.— Contribution à l'étude de l'appareil gommifère des Sterculiacées. *Thèse Doct. Un. Pharmacie*, Paris, 1902.

tylédons, avec périderme péricyclique exfoliant l'écorce et poches
à mucilage réparties dans les rayons médullaires de la région
libérienne. Plus tard, de nouvelles formations subérophelloder-
miques, exfolient successivement les couches externes précédemment formées en même temps qu'elles donnent de nouveaux
tissus. Dans les jeunes racines, le nombre des poches à mucilage
est variable avec les espèces ou variétés considérées.

TIGE.

La tige jeune des Kolatiers étudiés présente un épiderme à
cuticule épaisse sur lequel s'appuient de deux à quatre assises
de cellules à parois minces, limitées en-dedans par une couche

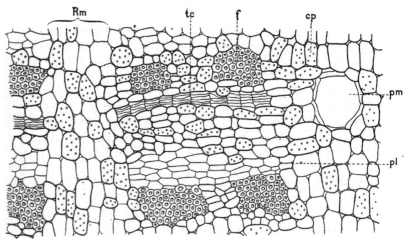

Fig. 14. — **Coupe transversale d'un fragment d'écorce du tronc de
C. nitida, passant par la région libérienne.** — *Rm*, rayon médullaire ;
tc, plages de tubes criblés ; *f*, fibres libériennes ; *pm*, poche à mucilage ;
pl, parenchyme libérien ; *cp*, cellules ponctuées à parois légèrement lignifiées.

de collenchyme à épaississements caractéristiques, se sclérifiant
dans les tiges plus âgées. Dans le parenchyme cortical sous-
jacent, les poches à mucilage sont nombreuses et réparties
généralement sur un seul rang ; la plupart ont leurs cellules de

bordure très régulièrement disposées et entières ; mais parfois ces poches à mucilage s'agrandissent par gélification et rupture des cellules de bordure, et il n'est pas rare de trouver deux de ces éléments confluents l'un avec l'autre. Le liber est partagé par de larges rayons médullaires en lames minces, coiffées extérieurement par des amas de fibres correspondant au péricycle ; de très bonne heure, ce tissu libérien se découpe par l'apparition de bandes transversales fibreuses formant un liber stratifié dont la structure est typique pour les plantes du groupe des Malvales. Les tubes criblés se différencient par un cloisonnement des cellules issues du cambium qui découpe de petites cellules compagnes, très visibles dans les jeunes tissus. Plus tard, ces éléments criblés épaississent leurs parois et constituent des lames de tissu aplati, comprimé entre les bandes fibreuses de soutien (Fig. 14).

Le bois est riche en vaisseaux rayés ou ponctués, et, de bonne heure, le parenchyme ligneux, comme celui des rayons médullaires, se lignifie plus ou moins fortement pour former un cylindre assez compact ; le centre est occupé par une moelle parenchymateuse ou un peu scléreuse composée de grands éléments et donnant asile également à de nombreux canaux à mucilage. Quelques-uns de ces derniers se montrent inclus dans la zone externe médullaire sclérifiée, mais leurs cellules de bordure restent le plus souvent parenchymateuses.

L'oxalate de calcium, toujours abondant et cristallisé en mâcles, est réparti dans les parenchymes, surtout dans l'écorce et la moelle et plus particulièrement autour du collenchyme externe et des amas fibreux périlibériens ; cette disposition est surtout facile à observer en coupe longitudinale.

Des péridermes, dont le premier est sous-épidermique, apparaissent successivement dans la partie externe de l'écorce et donnent naissance à des lames subéreuses et à des phellodermes très développés, dans lesquels de nouvelles formations se développent qui exfolient les précédentes. Cette écorce secondaire renferme de nombreuses poches à mucilage.

En même temps, les lames libériennes s'accroissent radialement et leur tissu conserve la structure stratifiée qu'il affectait dans le début.

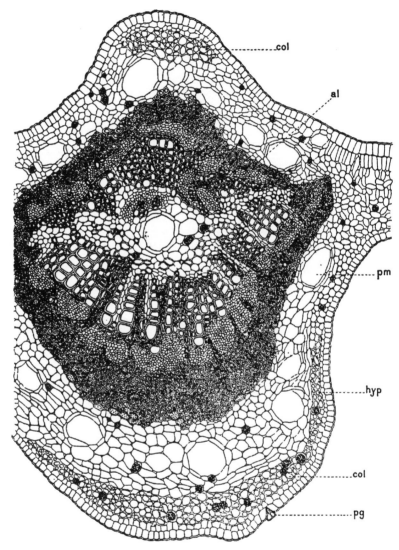

Fig. 15. — **Coupe transversale du pétiole, à la base du limbe.** — *al*, amas libérien péridesmique ; *col*, collenchyme ; *hyp*. hypoderme ; *pm*, poche à mucilage ; *pg*, poil glanduleux. G = 100 d. environ.

On remarque également des bandes de parenchyme libérien et, dans les rayons médullaires, des canaux mucilagineux (*pm*, Fig. 15).

Les variations de structure de la tige chez les diverses espèces ou variétés sont peu importantes et ne paraissent avoir aucune valeur systématique.

FEUILLE.

L'étude anatomique de la feuille est plus intéressante et doit surtout porter sur les particularités de structure du système conducteur dans le pétiole et dans le limbe.

1° *Pétiole*. — Le pétiole des Kolatiers est toujours relativement long et présente à son point d'attache avec la tige, un renflement très accentué. De même à son extrémité, il se renfle à nouveau pour permettre au limbe foliaire ses mouvements nyctitropiques, fonction ici de l'éclairement solaire (1). L'histologie comparée de cet organe est donc délicate, car on constate dans la répartition et le développement des divers tissus, des modifications assez profondes suivant que l'examen microscopique porte sur telle ou telle de ses parties.

Le système fasciculaire est composé typiquement d'un petit nombre de faisceaux libéro-ligneux, généralement de cinq à neuf, qui se rallient à un faisceau détaché du cylindre central de la tige, par de longues cellules annelées ou réticulées.

Il est à noter aussi que l'examen histologique est rendu plus délicat par la difficulté éprouvée à faire des coupes minces, sur des échantillons secs d'herbier, à cause de l'abondance chez certaines espèces ou variétés, des poches et des cellules à mucilage.

Si l'on peut disposer de matériaux frais, il convient de les placer, aussitôt leur récolte, dans l'acool assez fort, ce qui rendra la préparation des coupes beaucoup plus aisée, le mucilage étant ainsi coagulé.

La caractéristique histologique générale du pétiole devra tou-

(1) Voir Chapitre X, *Biologie des Kolatiers.*

jours être recherchée dans la partie moyenne de cet organe à égale distance des deux renflements (1, Fig. 17).

La section est alors arrondie, avec un épiderme assez fortement cuticularisé, interrompu çà et là, par quelques *stomates* et surtout par des *poils capités courts* pluricellulaires, munis d'un pied formé d'une seule cellule. La membrane de ces poils est assez épaissie et ils sont toujours très enfoncés dans l'épiderme, dépassant à peine la surface (*pg.*, Fig. 15) ; il n'existe pas de poils tecteurs sur le pétiole adulte.

Dans la plupart des espèces, le collenchyme de soutien qui forme une lame circulaire est séparé de l'épiderme par une à trois assises de cellules parenchymateuses, sorte d'hypoderme nettement apparent ; le collenchyme à membrane plus ou moins épaissie est naturellement plus abondant vers la partie qui correspond à la face inférieure du limbe (*hyp.* et *col.*, Fig. 15).

Dans le parenchyme conjonctif qui vient ensuite, il n'y a à signaler que la présence de poches sécrétrices à mucilage, toujours avec cellules de bordure bien apparentes ; ces poches sont le plus souvent réparties en un seul cercle autour du système conducteur central, mais on trouve parfois quelques-unes de ces mêmes formations en dehors de ce cercle.

Le système fasciculaire débute par une bande de tissu mécanique, formé de deux séries d'éléments. Les uns, très allongés, fibreux, répartis en amas irréguliers de forme et de dimension, sont réunis entre eux par d'autres éléments de diamètre beaucoup plus grand, ponctués, sclérifiés aussi, mais à peu près isodiamétriques. L'ensemble forme ainsi une bande fibroscléreuse périlibérienne irrégulière, dont les prolongements s'avancent vers le corps ligneux pour délimiter extérieurement et protéger les amas de tissu criblé.

Le liber comprend donc une série de ces amas répartis au milieu du parenchyme, formant une lame qui peut n'être pas continue par suite de la pénétration des prolongements de la bande sclérenchymateuse qui vient d'être décrite.

Quant au bois, il est surtout vasculaire, en anneau complet, mais dans lequel se distinguent des amas plus ou moins apparents ; l'un de ces amas vasculaires, toujours plus volumineux, correspond à la face inférieure et indique la symétrie bilatérale de l'organe.

La région centrale du péridesme, correspondant à la moelle, renferme toujours soit des ilots de tissu criblé accompagnés de quelques vaisseaux, soit une ou plusieurs lames libéro-ligneuses, dont il faut rechercher l'origine dans l'invagination de fragments de l'anneau libéro-ligneux normal (*al*, Fig. 15 et *fp*, Fig. 17).

Il ne s'agit pas ici de formations surnuméraires analogues à celles qui sont bien connues chez les plantes des nombreuses familles à tissu conducteur médullaire surnuméraire ; la tige des Kolatiers ne renfermant, en effet, jamais de semblables formations dans la moelle (1), elles ne sauraient donc passer de la tige au pétiole.

Au centre, on trouve enfin dans le parenchyme une, deux ou trois poches à mucilage.

Quant à l'oxalate de calcium, il est très abondant et toujours en mâcles cristallines ; quoique réparti çà et là, et en apparence sans ordre, il se localise cependant de préférence dans deux régions : au pourtour du sclérenchyme périlibérien et autour du collenchyme externe.

Le mucilage n'est pas non plus uniquement excrété par les poches caractéristiques des Sterculiacées, mais encore dans des cellules un peu hypertrophiées dont l'examen permet aisément de se rendre compte de l'origine de cette formation. De la paroi interne partent, en effet, des amas laissant apercevoir de fines stries, qui indiquent les couches successives du dépôt de la matière (*cm*, Fig. 18).

L'amidon est abondant, et l'orcanette acétique décèle dans un très grand nombre de cellules de gros globules ou un contenu transparent, sur la nature desquels il est difficile d'émettre une opinion.

Renflement basilaire.— Des coupes pratiquées vers le point d'insertion sur la tige, montrent un certain nombre de modifications dans la structure type.

(1) Em. PERROT.— Sur le tissu conducteur surnuméraire. *J. de Bot.*, XI, 1897, pp. 374-390.

On remarque d'abord que la sclérification périlibérienne n'existe pas, et c'est à peine si des amas cellulaires réagissent à la matière colorante, de façon différente des éléments du parenchyme qui les entoure. Néanmoins, les cellules qui le composent sont plus allongées, à parois plus épaisses, et au fur et à mesure que le renflement diminue, celles-ci commencent à prendre les colorants ce qui indique que la sclérification s'opère et bientôt les paquets de fibres apparaissent nettement différenciés. Plus on s'éloigne de la base, plus le phénomène s'accentue, et peu à peu, les cellules avoisinantes s'épaississent à leur tour

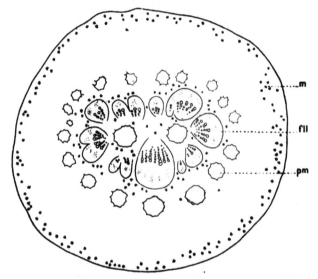

FIG. 16. — **Coupe schématique au niveau du renflement basilaire, au point d'insertion des pétioles sur la tige.** — *m*, mâcles d'oxalate de calcium ; *fll*, amas libéro-ligneux ; *pm*, poche à mucilage.

pour réunir les premières, en formant un anneau de soutien complet, mais le plus souvent très inégal d'épaisseur (1, Fig. 17).

Le système vasculaire est, à la base du pétiole, divisé en un certain nombre de faisceaux isolés, formés de lames de vaisseaux, séparées par des rayons médullaires parenchymateux ; l'un d'entre eux, plus volumineux, indique le plan de symétrie.

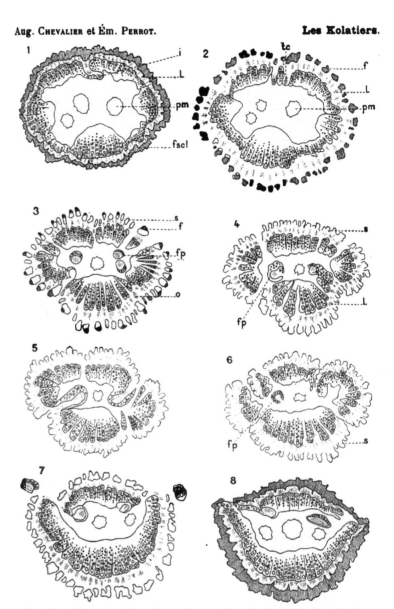

FIG. 17.— **Figures schématiques du système fasciculaire du pétiole,
au niveau du renflement moteur.** — *L*, liber ; *f*, amas fibreux ; *fscl*,
anneau mécanique fibro-scléreux ; *pm*, poches à mucilage ; *s*. gaine périlibérienne non sclérifiée mais épaissie et différenciée ; *fp*, faisceaux péridesmiques. Les coupes vont du pétiole (*1*) vers le limbe — (*2*) et montrant
en 2, *3*, *4*, *5*, *6*, *7*, les modifications de structure facilitant les mouvements
de l'organe ; nervure médiane à la base du limbe.

Quant au liber, il ne forme pas une lame homogène, mais se compose des amas de tissu criblé correspondant aux faisceaux ligneux et répartis au milieu du parenchyme ; souvent il existe plusieurs îlots de tissu criblé par faisceau vasculaire.

Si les coupes ont été faites aussi près que possible de la tige, le pétiole ne présente généralement pas de faisceaux libériens ou libéro-ligneux dans le péridesme central, mais dès qu'on s'écarte quelque peu de cette région, on voit apparaître des invaginations de la bande libérienne qui pénètrent vers le centre et ne tardent pas à y former un faisceau qui s'isole de l'anneau normal et entraîne avec lui quelques vaisseaux (Fig. 2, 3, 4, 5, 17).

Le plus généralement, ces faisceaux restent petits et n'acquièrent un développement véritablement important que plus tard et surtout dans la zône motrice ; néanmoins, il en existe toujours en nombre variable avec les espèces ou peut-être aussi avec les individus, sur toute la longueur du pétiole. Pour affirmer leur valeur systématique, il sera nécessaire de compléter cette étude par l'examen de nombreux échantillons de provenances les plus variées.

Renflement moteur. — Au sommet du pétiole dans le renflement moteur, les modifications sont importantes et nous les avons étudiées sur de nombreux échantillons, provenant soit des serres de l'Ecole supérieure de Pharmacie, soit de celles du Muséum d'Histoire naturelle, soit enfin de l'herbier de l'Afrique Occidentale dressé par les soins de l'un de nous.

A quelques détails près, on peut ramener ces modifications aux points suivants : augmentation du tissu parenchymateux, disparition du tissu de soutien, dislocation du cylindre central et augmentation du nombre et du volume des faisceaux conducteurs dans la région péridesmique.

La série de coupes ci-jointe, choisies au milieu d'une cinquantaine effectuées dans le renflement moteur du *C. nitida* montre ces différentes modifications qu'il n'est pas inutile de décrire un peu plus en détail. Dans les dessins schématiques reproduits, nous ne nous sommes occupés que du système fasciculaire, car le parenchyme périfasciculaire externe ne présente, en dehors de son volume, aucun autre intérêt histologique (Fig. 17).

La figure 1 montre la structure type décrite plus haut : anneau fibro-scléreux complet ; liber avec nombreux amas de tissu criblé; bois en anneau compact, coupé seulement par des rayons médullaires étroits, et, vers la face supérieure, une invagination de tissu libérien (1, Fig. 17). Il n'y a pas de faisceaux péridesmiques à cet endroit.

Dès que l'on pénètre dans le renflement, les cellules scléreuses ponctuées, servant de lien aux îlots fibreux du tissu mécanique externe, disparaissent ; elles sont restées parenchymateuses, quoique plus volumineuses en général que leurs voisines.

Les îlots libériens s'allongent, et, dans l'échantillon examiné, deux d'entre eux pénètrent (2, *tc*) vers le centre. Les éléments lignifiés du bois n'existent plus, et il ne reste que les rangées radiales de faisceaux, formant encore une sorte d'anneau régulier.

Dans la coupe suivante (3, Fig. 17), la dislocation fasciculaire s'est accentuée, des masses de tissu libéro-ligneux, s'écartent et sont séparées par du parenchyme, en même temps que, dans la zone centrale péridesmique, on remarque la présence de quatre amas libériens, ayant à leur centre quelques fibres et à un certain endroit de leur périphérie quelques vaisseaux ligneux. Le nombre des poches à mucilage est passé de trois à une.

Remarquons, enfin, que le tissu de soutien périlibérien n'est plus constitué que par des amas non sclérifiés, sauf dans leur zone externe où quelques fibres subsistent encore ; néanmoins, comme nous l'avons dit, ces éléments se différencient de leurs voisins par leur électivité spéciale pour certaines matières colorantes, mais ils ne prennent plus le vert d'iode, dans la méthode de double coloration avec cette substance et le carmin boraté ou aluné.

Dans la figure 4, les fibres ont totalement disparu ; des filaments libéro-ligneux plus importants ont glissé vers le centre en même temps que deux masses vasculaires se sont quelque peu rejetées latéralement. Ces phénomènes qui s'accentuent (Fig. 5 et 6) *persistent sur la plus grande longueur du renflement.*

On remarquera combien cette disposition est favorable au mouvement de haut en bas que subit cette portion du pétiole. La masse inférieure résistante, forme un cordon rigide, mais élastique et la dislocation du reste de l'anneau libéro-ligneux en amas séparés par de larges espaces parenchymateux rendent les oscillations du pétiole faciles à s'effectuer. Grâce à ces modifications dans la structure fasciculaire, la feuille possède un dispositif mécanique, sorte de véritable articulation, des mieux adaptées aux nécessités physiologiques de l'organe.

Le renflement se prolonge presque dans la nervure médiane du limbe et la figure 6 accuse déjà une disposition nouvelle des différents tissus qui fait pressentir celle qui se rencontre plus tard dans la nervure médiane, c'est-à-dire groupements des fragments libéro-ligneux, en deux arcs, l'un volumineux et inférieur, l'autre plus réduit et supérieur. De chaque côté se détache un petit faisceau se rendant aux nervures latérales. A cette hauteur, la coupe ne présente pas encore de tissu fibreux périlibérien, mais une deuxième poche à mucilage a pris naissance. Un peu plus loin, la disposition est celle de la nervure ; l'anneau de tissu de soutien est de nouveau entièrement sclérifié ; plusieurs faisceaux péridesmiques ont repris leur rang et le nombre des poches à mucilage est redevenu ce qu'il était avant le renflement.

Telles sont les intéressantes tranformations histologiques subies par les diverses régions constitutives de l'anatomie du pétiole. Dans les différentes espèces, elles sont du même ordre, c'est ce que l'on constate, par exemple, dans l'espèce sauvage de la Côte d'Ivoire, le *C. Ballayi*, sur lequel a porté plus spécialement l'étude de ces particularités ; la complication est parfois plus grande par suite de l'augmentation du nombre des faisceaux péridesmiques et des variations dans leur répartition et leur forme. Une étude de chacune des espèces de Kolatiers dépasserait le cadre de cet ouvrage et ne présenterait sans doute qu'un intérêt systématique médiocre, nous aurons sans doute l'occasion de la reprendre ailleurs à bref délai.

Limbe.— Il est à noter tout d'abord que les jeunes feuilles du bourgeon sont recouvertes d'un tomentum apparent formé de nombreux poils étoilés à la face supérieure, rares à la face inférieure où abondent au contraire les poils glanduleux. Ce revêtement est comparable à ce que l'on observe sur les pièces du périanthe floral (Fig. 19).

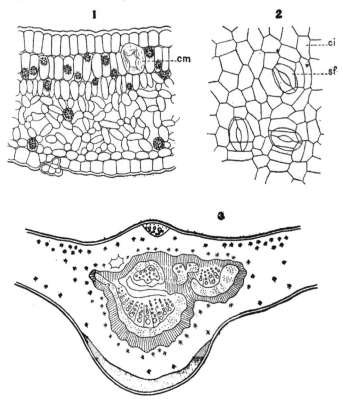

Fɪɢ. 18. — *1*, coupe transversale du limbe de *C. Ballayi* : *cm*, cellule à mucilage ; *2*, épiderme inférieur vu de face avec stomate *sf* légèrement enfoncé : *3*, coupe schématique de la nervure médiane vers le tiers supérieur du limbe chez *C. astrophora.*

Dans la feuille adulte, le limbe foliaire possède une structure bifaciale très nette. L'épiderme supérieur à cellules allongées dans le sens perpendiculaire à l'axe, assez fortement cuticularisées, est interrompu çà et là par de larges cellules ovoïdes, hypertrophiées remplies de mucilage (*cm*, Fig. 20) ; il est dépourvu de stomates et de poils.

Le parenchyme chlorophyllien comprend deux assises, dont la première est formée d'éléments allongés assez serrés et la deuxième, au contraire, de cellules à angles plus arrondis et laissant entre elles d'assez larges méats. Le mésophylle lacuneux se compose de cellules rameuses groupées en un tissu lâche qui repose à la face inférieure sur un épiderme à cellules, à peu près isodiamétriques, avec parois rectilignes, pourvues d'une cuticule assez mince ; les stomates sont nombreux, enfoncés, avec des cellules annexes dont les plus proches s'orientent dans le sens de l'ostiole (2, Fig. 18) ; les poils glanduleux répartis sans ordre, paraissent cependant plus nombreux en face des nervures. Les plus grosses de ces dernières possèdent encore des faisceaux péridesmiques qui disparaissent dans les plus petites, en même temps que se réduit beaucoup l'arc supérieur libéro-ligneux ; il en est de même des poches à mucilage, mais les cellules remplies de cette substance sont nombreuses et les cellules épidermiques se colorent facilement par l'hématoxyline. Quant à l'oxalate de calcium, il est particulièrement abondant dans le tissu chlorophyllien. Ajoutons enfin que le système fasciculaire est protégé par une bande épaisse de tissu mécanique scléro-fibreux.

ORGANES FLORAUX

Calice. — L'organogénie et la structure histologique des organes floraux ont été particulièrement bien étudiés par Tschirch et Oesterlé (1). Toutefois, il restait encore à décrire quelques détails d'organisation de la fleur mâle et à fixer certains points du développement du tégument séminal.

L'histologie du verticelle externe (calice) n'a rien de bien saillant. Les épidermes à cuticule très mince présentent d'assez nombreux poils étoilés aux deux faces, surtout en face des ner-

(1) Loc. cit., pp. 347-351. Pl. 80 a et 80 b.

vures, et de rares poils capités. Le mésophylle homogène est rempli de cellules et poches courtes à mucilage et les faisceaux des nervures sont réduits à quelques amas libéro-ligneux sans trace de tissu de soutien. Trois nervures sont toujours très volumineuses et sont fortement apparentes ; entre elles le limbe forme une sinuosité très accentuée. Le système fasciculaire de ces grosses nervures est réduit à un cercle de petites lames vasculaires avec îlots criblés correspondants et sans lignification du parenchyme. Il n'existe point non plus de tissu mécanique périlibérien.

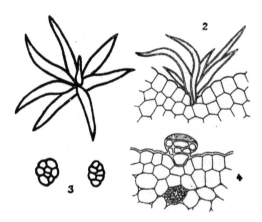

Fɪɢ. 19. — *1* et *2*, poils étoilés du calice et d'une feuille prise sur un bourgeon ; *3*, poils glanduleux vus de face ; *4*, poils glanduleux vus de profil.

La structure de l'appareil sexuel est un peu variable suivant que l'on s'adresse aux fleurs mâles ou aux fleurs femelles. Dans les échantillons que nous avons examinés, ces fleurs ne présentent, en réalité, d'autre différence qu'un avortement plus ou moins complet des étamines ou des carpelles, suivant que la fleur donnera ou non des fruits (1, 2, Fig. 24).

Une coupe transversale de la colonne staminale d'une fleur mâle se présente comme un disque, composé de 5 pièces, rayonnant régulièrement autour d'une colonne centrale formée des 5 carpelles réduits. Chaque pièce staminale est divisée plus ou moins profondément en deux loges renfermant chacune 2 sacs polliniques (thèques) (4, Fig. 24).

La coupe longitudinale montre que l'anthère supérieure est reliée à l'anthère inférieure par une masse parenchymateuse (connectif), dépassant à peine la surface de l'organe, et de l'examen de coupes en série il semble que l'on puisse conclure au groupement de ces anthères au nombre de 4 par groupe staminal.

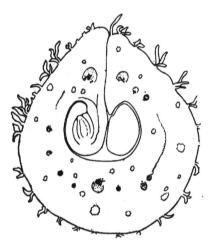

FIG. 20.— Schéma de la coupe transversale de l'ovaire de *C nitida*.

Il s'ensuit que l'androcée pourrait en somme être considéré comme composé de 5 étamines bifurquées, dont chaque ramification porterait 2 anthères superposées à déhiscence longitudinale.

Dans les fleurs femelles, les anthères persistent, mais sont le plus souvent de dimension très réduite. Quant au pollen, il est presque toujours petit, formé de grains d'apparence ridée et il peut même manquer dans les loges plus ou moins avortées des anthères de la rangée inférieure. De plus, le groupement par 4 est d'ordinaire très apparent : les anthères, au lieu d'être parallèles, se rapprochent plus ou moins en forme d'X.

La coupe demi-schématique (2, Fig. 24), montre un ovaire à carpelles volumineux avec ovales assez nombreux et au-dessous, des anthères groupées et de volume réduit.

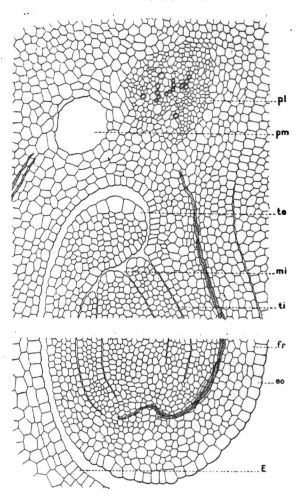

Fig. 21.— **Coupe d'un ovule et du placenta** ; *pl*, zone placentaire avec poche à mucilage ; *pm*, poche à mucilage ; *te, ti*, téguments ovulaires ; *mi*, micropyle ; *eo*, épiderme de l'ovule ; *E*, épiderme interne de l'ovaire. G = 120 d. environ.

L'axe de l'inflorescence est occupé par une longue poche sécrétrice formée de cellules larges, hypertrophiées et fusionnées en un organe continu de formation lysigène.

L'épiderme externe de tous ces organes est couvert de nombreux poils étoilés.

Ovaire. — L'ovaire est composé généralement de 5 carpelles indépendants régulièrement rangés autour de l'axe et surmontés chacun d'un stigmate épais s'insérant le long de la ligne de soudure de la feuille carpellaire. Ces lames stigmatiques, recourbées sur l'ovaire, disparaissent de bonne heure.

La coupe transversale d'un *jeune ovaire* montre un épiderme à cuticule mince, couvert de poils tecteurs ressemblant à ceux du calice et formés de cellules en général très allongées, onduleuses et groupées par 3 à 8 en massifs étoilés (Fig. 20). Le tissu du carpelle est parenchymateux, homogène et parcouru par une rangée de faisceaux conducteurs, dont trois plus volumineux, correspondant à la nervure dorsale et à la région placentaire; on y trouve également quelques poches à mucilage. L'épiderme interne est normal. La soudure des bords carpellaires est intime et les cellules des deux épidermes restent accolées, même dans la suite du développement.

Les ovules, anatropes, bitégumentés, naissent sur un mamelon placentaire développé normalement sur la ligne de bordure des bords carpellaires et sont insérés perpendiculairement sur 2 rangs, les raphés dos à dos et en alternance assez régulière.

Le tégument interne ne recouvre pas entièrement le nucelle; dans la région micropylaire; une assez large surface de ce tissu n'est protégée que par le tégument externe, plus épais et même encore renflé à cet endroit (Fig. 21).

Les faisceaux conducteurs du raphé viennent s'épanouir à la chalaze pour envoyer les ramifications dans tout le tégument.

Quant le fruit mûrit, la paroi ovarienne s'épaissit considérablement, reste charnue et il s'y développe de vastes poches à mucilage, quelques-unes visibles à l'œil nu, plusieurs devenant souvent confluentes (Fig. 20). Quant à l'endocarpe, il ne se sclérifie point et bon nombre de ses cellules se transforment en poils capités ne formant pas toutefois de revêtement tomenteux, apparent ; ces poils sont de forme identique à ceux de l'épiderme inférieur des feuilles ou des pétioles antérieurement décrits. Ces poils ne sont pas indiqués sur les figures données par ZOHLENHOFER (1) et par PLANCHON et COLLIN (2).

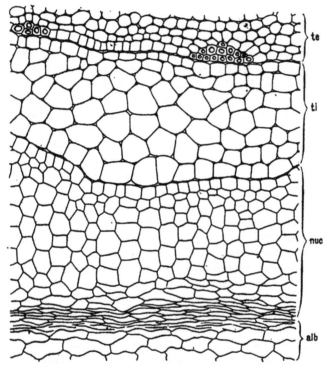

FIG. 22. — **Portion du tégument de la graine de** *Cola nitida*. — *te, ti*, téguments externe et interne ; *nuc, alb*, tissus en voie de résorption qui formeront la pellicule papyracée enveloppant l'embryon. G = 160 d.

Graine. — Une très jeune graine ne mesurant encore que quelques millimètres de diamètre se montre recouverte d'un tégument charnu assez épais, avec faisceaux libéro-ligneux et

(1) ZOHLENHOFER.— *Arch. de Pharm.*, 1884, 3e série, XXII, p. 314.
(2) PLANCHON et COLLIN. — *Hist. nat. des Drogues simples*, Paris, 1896, p. 717.

poches à mucilage et enveloppant entièrement la graine. Il est ici extrêmement difficile de déterminer même à cet âge, la part qui revient dans cette enveloppe séminale aux deux téguments et MM. Tschirch et Oesterlé ont déjà attiré l'attention sur ce point.

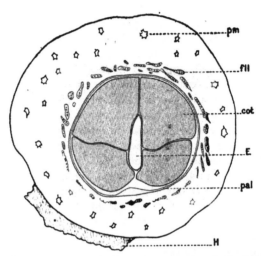

Fig. 23. — **Coupe transversale d'une jeune graine de** *C. nitida,* passant au-dessus du point d'insertion des cotylédons ; *pm,* poche à mucilage; *fll,* faisceaux libéro-ligneux; *cot,* cotylédon ; *E,* embryon ; *H,* hile.

L'examen de nombreuses préparations faites sur des graines à des âges différents nous permet de corroborer l'opinion de ces observateurs au sujet de la disparition rapide par résorption directe du tégument interne.

Toutefois, nous croyons pouvoir affirmer que ce tégument interne est représenté dans les jeunes fruits par des fragments de tissu imprégné d'une matière colorante brune, visible à l'œil nu quand on sépare avec soin l'enveloppe externe charnue, de la membrane translucide incolore qui recouvre immédiatement les cotylédons (10, Fig. 24).

La coupe ci-contre (Fig. 22), montre en effet que le tégument externe se termine par une assise épidermique qui, par endroits, se sclérifie et donne même jusqu'à 3 épaisseurs de cellules scléreuses. Dans les espaces situés entre ces plages sclérifiées, les cellules de ce tégument sont intimement soudées à celles du tissu sous-jacent et il reste une lame de tissu parenchymateux qu'on ne saurait rapporter à autre chose qu'au tégument interne.

Très rapidement, ce dernier se résorbe, sauf en certains endroits, correspondant généralement aux plages scléreuses, où les cellules qui le composent épaississent quelque peu leurs parois, s'imprègnent de matière colorante brune : c'est ainsi que se constituent ces écailles roussâtres, dont nous avons parlé. Ce sont ces cellules qu'a également figurées TSCHIRCH (5, Fig. 35 et 37, Pl. 80 b). L'épiderme du parenchyme nucellaire (*nuc*, Fig. 22), est indiqué seulement par la disposition régulière de ses éléments et les granulations nombreuses qu'ils renferment ; il se termine à son tour par une zone de cellules écrasées, puis par quelques autres de forme encore bien déterminées, qu'il faut sans doute rapporter à l'albumen (1).

Chez les graines âgées, l'enveloppe séminale externe, blanchâtre, parenchymateuse, s'épaissit sans changer de caractère et se sépare facilement de la tunique interne toujours très mince qui enveloppe intimement l'embryon, auquel elle n'est cependant pas soudée. Cette tunique représente les restes des tissus nutritifs, nucelle et albumen.

La partie comestible, connue sous le nom de noix ou semence de Kola dans le commerce, est donc uniquement constituée par un très petit embryon pourvu de deux ou plus de deux cotylédons relativement énormes.

Même dans le Kola à deux cotylédons seulement, ceux-ci présentent une fente basale souvent très accentuée.

C'est pourquoi, si l'on fait une coupe transversale dans un plan perpendiculaire à l'embryon, dans la région de la radicule, on trouve alors, dans le *C. nitida*, 4 fragments cotylédonaires séparés (Fig. 23).

L'examen d'une germination montre que les feuilles cotylédonaires d'abord sessiles, ne tardent pas à développer leur pétiole (13, Fig. 24) et la fente basale se prolonge précisément jus-

(1) Les phénomènes de résorption et de transformation qui s'opèrent dans le tégument séminal sont très rapides et nous nous réservons de fixer définitivement leur marche quand nous serons en possession de très jeunes fruits frais.

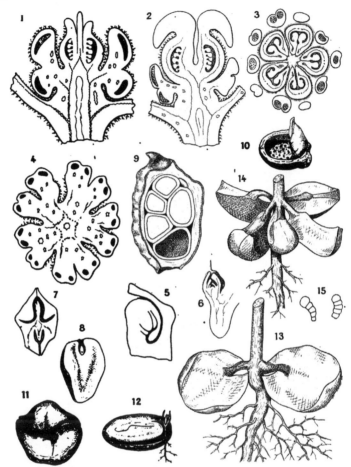

Fig. 24. — **Fleur, fruits et graine de Kola** ; les numéros 2, 3. 5, 6, 7, 8, 10, 11, 12 d'après Tschirch, les autres d'après des dessins originaux ; *1,* coupe longitudinale de la fleur mâle ; *2,* et *3,* fleur femelle ; *4,* coupe schématique transversale dans la partie-supérieure de la colonne staminale d'une fleur mâle ; *5,* ovule ; *6, 7,* embryon privé de ses cotylédons ; *8,* un cotylédon avec son embryon ; *9,* follicule ouvert montrant les graines coupées, l'embryon de l'une d'entre elles a été enlevé ; *10,* jeune graine : la membrane papyracée interne du tégument a été enlevée pour montrer les écailles brunes restes du tégument interne appliqués au tégument externe épais ; *11,* graine privée de ses téguments ; *12,* id. en germination ; *13,* jeune plantule de *Cola nitida* ; *14, C. Ballayi* ; *15,* poils gl anduleux de l'épiderme embryonnaire.

qu'au point d'insertion de ce dernier. La feuille cotylédonaire présente ainsi l'aspect d'une feuille cordée ou plutôt hastée.

Le long des fentes, le tissu extérieur du cotylédon se subérifie et ce fait a été étudié particulièrement par HARTWICH (1). Les cellules parenchymenteuses de cet organe sont gorgées de substances de réserve et surtout d'amidon. L'épiderme de l'embryon est garni de poils étoilés et porte aussi d'assez nombreux poils sécréteurs unisériés, analogues à ceux que MITSCHERLICH a signalés le premier sur l'embryon du Cacao (15, Fig. 24).

Chez le *Cola Ballayi*, les cotylédons sont nombreux, ou mieux fragmentés et chaque fragment, de forme très irrégulière, est pourvu de son pétiole. Dans ce cas, la disposition hastée est disparue; il n'y a plus de fente basale, mais le pétiole s'insère toujours vers le 1/3 de la longueur du fragment cotylédonaire (14, fig. 24).

Dans le Kola à 2 cotylédons, nous avons pu observer plusieurs fois la formation de 3 feuilles cotylédonnaires.

Il ne serait pas téméraire de voir, dans cette disposition à la fragmentation chez le cotylédon, une disposition spéciale tendant à donner un verticille, et il faudrait alors admettre que la disposition verticillée des feuilles chez les Kolatiers est un caractère ancestral.

(1) Loc. cit., p. 120.

CHAPITRE VII.

Revision des anciennes espèces de la section *Eucola* d'après les types conservés dans les Herbiers.

En exposant, au Chapitre III. l'histoire de la découverte des plus anciennes espèces de Cola et en présentant un résumé ou une traduction des descriptions botaniques consacrées à ces espèces par leurs auteurs, il est apparu qu'il n'était pas toujours possible à l'aide de ces seuls documents de dire quelles plantes avaient eu en vue les premiers descripteurs. Il nous a donc semblé indispensable d'examiner en détail non seulement les descriptions originales publiées, mais aussi chaque fois que cela était possible les spécimens-types à l'aide desquels ces descriptions furent élaborées. Nous avons été ainsi amenés à étudier les matériaux relatifs aux *Cola* de la section *Eucola* conservés dans les principaux herbiers d'Europe.

Au Muséum de Paris, l'Herbier général, l'Herbier de LAMARCK, l'Herbier de JUSSIEU, l'Herbier du Gabon formé par PIERRE, nous ont fourni de précieux documents. Dans les serres même du Muséum, nous avons trouvé les jeunes plantes encore vivantes pour lesquelles Maxime CORNU a créé l'appellation *Cola Ballayi*. A l'Herbier des Jardins royaux de Kew, nous avons passé en revue les échantillons étudiés autrefois par MASTERS pour la *Flora of tropical Africa* et les annotations inédites récentes de M. le Dr STAPF, annotations qui nous ont été très aimablement communiquées. Ce dernier botaniste a bien voulu aussi nous envoyer des renseignements sur les *Cola* de PALISOT DE BEAUVOIS et de Georg DON conservés au British Museum.

M. le professeur A. ENGLER, directeur du Muséum botanique

de Dahlem-Steglitz (Berlin), a eu aussi l'obligeance de nous envoyer en communication les types des espèces récemment créées par les botanistes de cet établissement, ce qui nous a permis de voir qu'elles étaient synonymes d'espèces déjà connues.

Que M. J. BRIQUET, directeur de l'Herbier de Genève et son assistant M. HOCHREUTINER veuillent bien agréer nos remerciements pour l'empressement qu'ils ont mis à nous confier les précieux types de VENTENAT et de PALISOT DE BEAUVOIS conservés dans l'Herbier DELESSERT, propriété de la ville de Genève.

Enfin nous devons aussi une particulière gratitude à M. le Professeur E. WARMING, de Copenhague, qui nous a communiqué, par l'intermédiaire de M. GUIGNARD, de Paris, le type du *Sterculia verticillata* de SCHUMACHER, conservé à l'Herbier de l'Université de Copenhague.

Presque toujours les matériaux qui ont servi aux descriptions originales sont extrêmement incomplets et parfois en mauvais état. En outre, les organes les plus importants pour distinguer les espèces du genre *Cola*, c'est-à-dire les fruits développés et les graines, font presque constamment défaut dans les collections. Mais la très grande quantité de matériaux en bon état que nous avons recueillis dans les diverses régions de l'Afrique tropicale, nous ont permis très souvent de différencier les diverses espèces de Kolatiers par le seul examen des feuilles. C'est pourquoi nous avons pu, néanmoins, faire l'identification précise de la plupart des types anciens.

Il nous a semblé utile de publier à la fin de cet ouvrage un atlas photographique des types les plus intéressants, afin de permettre au lecteur d'examiner lui-même les documents sur lesquels ont porté nos études.

TYPES DES ESPÈCES DE VENTENAT.

1° Sterculia nitida Vent. — L'auteur signale que cette espèce est cultivée à l'île Maurice ; de beaux spécimens lui ont été envoyés par MICHAUX. Ce collecteur, connu surtout par son exploration des forêts de l'Amérique du Nord, visita en effet l'île Maurice. Il faisait partie de l'Expédition Baudin envoyée à la Nouvelle-Hollande en 1901. MICHAUX séjourna 6 mois à Maurice et mourut à Madagascar fin 1901 (1).

a) *La plante de Michaux* manque dans les Herbiers de Paris, mais il existe dans l'Herbier VENTENAT, à Genève, un échantillon très incomplet (Planche I), portant l'étiquette suivante de l'écriture de VENTENAT :

> *Les feuilles sont 2 fois plus*
> *longues dans l'herb. de Mr.*
> *De La Mark*
> laurifolia
> *à emprunter pour figurer*
> *sous le n° 572*
> Isle de France. Michaux. HERBIER DE VENTENAT.

Il n'est pas douteux que c'est là le type du *Sterculia nitida* Vent.; la provenance et le nom du collecteur correspondent à ceux mentionnés dans le *Jardin de la Malmaison*.

D'après le nom porté sur l'étiquette, il semble que VENTENAT ait voulu nommer la plante *Sterculia laurifolia*. Dans sa publication, il a changé le nom spécifique en « *nitida* », et c'est ce nom publié qui doit être maintenu.

Bien que l'échantillon en mauvais état soit une extrémité de rameau stérile réduite à 5 feuilles, l'inférieure portant une gemmule à son aisselle, il est possible de reconnaître, d'après la forme, la nervation et la consistance des feuilles, que ce rameau appartient à l'espèce produisant les noix comestibles à 2 cotylédons, nommée plus tard *Cola vera* par K. SCHUMANN.

C'est d'ailleurs cette espèce qui est cultivée aujourd'hui encore dans les îles de l'Océan Indien, notamment à Java (TSCHIRCH).

b) *L'échantillon de l'herbier de Lamarck*, à feuilles deux fois plus longues, auquel il est fait allusion sur l'étiquette précédente, est probablement celui dont nous publions la photographie (Planche II).

(1) LASÈGUE.-- Mus. Bot. Delessert, p. 302.

Il est étiqueté comme provenant des Indes Orientales, mais on sait qu'on désignait sous ce nom tous les pays tropicaux situés à l'est de l'Afrique, par opposition à l'appelation « Indes Occidentales », qu'on appliquait à l'Amérique tropicale et spécialement à l'archipel des Antilles.

Sur une petite étiquette qui semble être de l'écriture de LAMARCK, on lit :

Arbor foliis alternis
Indes orient. S.

Cette petite étiquette est fixée sur une autre beaucoup plus grande portant les inscriptions suivantes en trois écritures différentes :

1° *Gynandria decandria-*
Helicteres ?
Pentagyna, cal. nullus, corolla quinquefida,
nectar. nulla, fructus ?

2° Sterculia.

3° *C'est le collier du Sénégal,*
le fruit est curieux, mais ne se mange pas ».

Sterculia seul paraît avoir été écrit par LAMARCK.

Ce spécimen de l'Herbier LAMARCK en parfait état pour l'étude est une extrémité de rameau munie de 5 feuilles et portant à l'aisselle de la feuille inférieure une grappe de fleurs toutes mâles. Il paraît en effet bien identique à celui de l'Herbier VENTENAT et il cadre également avec la description de cet auteur. Dans les deux cas, les feuilles sont bien *lancéolées-oblongues* acuminées ; les inférieures ont un pétiole qui mesure de 5 à 6 cm. et les supérieures sont presque sessiles ; le limbe atteint 13 cm. à 22 cm. de long sur 4 cm. à 8 cm. de largeur. La fleur est de petite taille. Les lobes du calice sont étalés en étoile, glabrescents en dedans, nettement tomenteux en dessous. L'androcée est une petite cupule (urcéole) subsessile.

En somme, cet échantillon est tout à fait identique à notre n° 17.740 (Pl. XII), récolté dans la forêt de la Côte d'Ivoire, à fleurs aussi toutes mâles et appartenant indubitablement au groupe des bons Kolas à 2 cotylédons.

Conformément aux règles de la nomenclature, l'appellation *Cola nitida* (Vent.) A. Chev. devra donc être substituée à l'appellation *Cola vera* K. Schum. .

c) *L'Herbier général du Muséum* renferme un troisième échantillon (Pl. III), non étiqueté *Sterculia nitida*, mais tellement semblable à celui de l'Herbier de LAMARCK, qu'il est probable que les deux échantillons ont été recueillis sur le même arbre et le même jour.

Le spécimen dont il s'agit est accompagné d'une étiquette très instructive qui nous renseigne sur la provenance et sur un caractère biologique important. Elle est ainsi libellée :

> Bois de Sagaye *vulgo*
> *Indigènes* de l'Ile de
> France. Mâle et femelle
> sur des pieds séparés
> STERCULIA.

Les quatres premières lignes semblent être de l'écriture de COMMERSON.

Sterculia est probablement de la main de LAURENT DE JUSSIEU.

Enfin l'étiquette du Muséum porte en impression :

> *Ile de France*
> COMMERSON.

Sur laquelle H. BAILLON a ajouté :

> Cola acuminata R. Br.
> *Ngourou* senegalensum.

Le rameau présente à son extrémité 5 feuilles très rapprochées, mais alternes, portant à leurs aisselles des cymes courtes et denses de fleurs mâles. Les feuilles sont brièvement pétiolées, le pétiole mesurant de 10 à 25 mm. au plus. Le limbe de texture assez coriace est lancéolé-oblong, acuminé et mesure de 11 à 15 c. de longueur sur 3 c. 5 à 5 c. 5 de largeur ; la base est assez fortement cunéiforme et l'acumen relativement court. La face supérieure de la feuille est un peu luisante et l'inférieure d'un brun-mat finement réticulée montre 7 à 9 paires de nervures secondaires. Inflorescences roussâtres, à rachis très tomenteux. Calice rotacé de 15 à 17 mm. de diamètre à l'état sec, à 5 lobes oblongs-triangulaires, de 6 à 7 mm. de long, très tomenteux et roussâtres au dehors, beaucoup moins au dedans, principalement dans leur extrémité supérieure.

Androcée ayant la forme d'une petite cupule fortement concave à l'état sec.

2° **Sterculia grandiflora Vent.** — Le « Jardin de la Malmaison » indique cette espèce *a*) à l'Isle de France, d'après l'Herb. de Jussieu, *b*) dans les Indes orientales, d'après l'Herb. de Lamarck.

a) *Echantillon de l'Herbier de Jussieu* (Pl. IV). — Le spécimen auquel Ventenat fait allusion existe en effet dans l'Herbier Laurent de Jussieu ; une petite étiquette écrite probablement par Ventenat porte seulement le mot « *grandiflora* ». Une seconde écrite de la main de Laurent de Jussieu est ainsi libellée :

Sterculia grandiflora V.

Ile de France.— *Herb. de Commerson. — Sans étiquette*

« *grandiflora* » à la suite de *Sterculia* a été ajouté plus tard avec une autre encre, sans aucun doute après l'étude de Ventenat.

L'échantillon qui accompagne cette étiquette est un rameau vigoureux, muni de 5 feuilles rapprochées, en partie détachées et portant près de son extrémité une inflorescence dont les fleurs fort grandes sont en partie mangées par les insectes.

Ainsi que l'indique la description, les feuilles sont bien ovales acuminées. Le pétiole mesure, de 3cm à 5cm de long ; le limbe est très coriace, fortement réticulé, arrondi ou à peine cunéiforme à la base, longuement acuminé au sommet, présentant 7 ou 8 paires de nervures secondaires. Inflorescence à rachis très robuste, ramifié en panicule pauciflore, presque glabre dans la partie inférieure, parsemé dans la partie supérieure de poils étoilés roussâtres. Fleurs toutes hermaphrodites de 2 à 3cm. environ de diamètre, calice divisé en 5 lobes pourvus de poils roussâtres étoilés sur les deux faces, mais à poils plus clairsemés sur la face interne. Ovaire gros, subsphérique, formé de 5 carpelles pubescents portant chacune un petit sillon médian roussâtre; stigmates assez longs, aigus, bien détachés de l'ovaire vers leur extrémité.

b) Echantillons de l'Herbier de Lamarck (Pl. V). — Outre le *Cola* rattaché au *C. nitida*, dont nous avons parlé plus haut, il existe dans l'Herbier LAMARCK un autre échantillon accompagné de deux petites étiquettes. L'une porte l'inscription :

Sterculia grandiflora.
J. de Malmaison.

l'autre :

Sterculia ?

Cette dernière inscription est l'écriture de LAMARCK lui-même. L'échantillon est aussi une extrémité de rameau portant 7 feuilles et à 2 cm. 5 de l'extrémité une cyme axillaire peu rameuse. formée de quelques grandes fleurs hermaphrodites, la plupart détachées et renfermées dans un sachet. Ces fleurs présentent les mêmes caractères que celles du spécimen de l'Herbier de JUSSIEU.

Les feuilles par contre sont moins ovales et plus nettement oblongues, bien cunéiformes à la base ; le limbe mesure 20 cm. à 25 cm. de long sur 6 cm. 5 à 7 cm. 5 de large. Malgré ces légères différences, ce rameau qui provient aussi probablement des récoltes de COMMERSON, s'identifie avec l'échantillon *a)* mentionné ci-dessus.

L'examen attentif que nous avons fait de ces deux spécimens nous a convaincu que non seulement ils devaient être rapportés au même type spécifique mais encore ils rentrent dans le même groupe que les spécimens décrits par VENTENAT sous le nom de *Sterculia nitida*. La nervation et la consistance des feuilles sont très semblables, quant aux différences dans la forme et la dimension des feuilles, dans la dimension des fleurs, on observe parfois ces différences groupées sur un même arbre. La Planche XI (n° 19.849 de notre herbier) représente un échantillon de cette même espèce que nous avons recueilli dans la forêt de la Côte d'Ivoire et qui porte à la partie inférieure deux racèmes de grandes fleurs hermaphrodites semblables à celle de *Sterculia grandiflora* et plus haut, sur le même rameau, deux groupes de fleurs mâles beaucoup plus petites et ayant tous les caractères, ainsi que les feuilles du *Sterculia nitida*.

Cette planche montre d'une manière irréfutable que les deux espèces n'en forment qu'une et comme l'appellation de *Sterculia nitida* précède l'autre, c'est celle que nous conserverons en nous conformant aux règles de la nomenclature.

C'est pour cette raison que nous avons adopté le nom de *Cola nitida* (Vent.) A. Chev. pour désigner l'espèce produisant les noix à deux cotylédons.

Type du Sterculia acuminata P. Beauv.

L'explorateur de la flore de Benin récolta en 1789, plusieurs échantillons de son *Sterculia acuminata* qui se trouvent aujourd'hui dans l'Herbier de Genève et au British Museum. Les

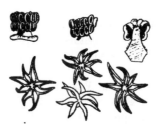

FIG. 25. — **Sterculia acuminata**, Pal. Beauv. Type de l'Herbier du British Muséum. Androcées des fleurs mâles et poils étoilés (Croquis communiqué par M. le Dr STAPF).

caractères que présentent ces échantillons authentiques ne concordent pas complètement avec ceux qui sont attribuées à l'espèce dans la flore du royaume d'Ovare et de Bénin, ainsi que nous l'avons montré dans un Chapitre précédent.

Nous reproduisons (fig. 25) le croquis que nous a aimablement communiqué M. STAPF, croquis représentant les principaux organes du *Sterculia acuminata* type du British Museum. Nous avons examiné nous-même les fleurs du spécimen du Museum de Genève, contenu dans l'Herbier DELESSERT (Planche VI), fixé sur une feuille de papier portant la mention :

Herbier Palisot de Beauvois.

C'est ce dernier échantillon que l'on doit considérer comme le type le plus authentique. Du reste, il paraît bien identique à celui de Londres que nous connaissons d'après les dessins de STAPF.

Ce type de Genève porte l'étiquette suivante :

Sterculia nitida.
Oware en Afrique,
Envoyé par M. de Beauvois, 1789, n° XIV... 5.
sans nom.

Au milieu est épinglé un fragment de papier avec l'inscription :

« nitida »

qui paraît avoir été écrit par VENTENAT. Sur l'étiquette même, *Sterculia* et *nitida* sont d'écritures différentes, de sorte que le nom spécifique n'a été ajouté qu'après la détermination de VENTENAT.

Il ne faut pas s'étonner si VENTENAT ou un autre botaniste de son époque a cru reconnaître, dans la plante du Bénin, l'espèce de l'Ile Maurice qui venait d'être décrite. Les matériaux diffèrent par des caractères très difficiles à discerner, mais il est cependant possible, avec quelque attention, de différencier le rameau avec fleurs mâles de l'Herbier LAMARCK rapporté à *Sterculia nitida* par VENTENAT et les échantillons recuellis par PALISOT DE BEAUVOIS.

Dans l'Herbier DELESSERT l'échantillon que nous avons photographié (Planche VI), se compose d'une branche portant deux rameaux repliés et munis chacun de six feuilles environ. Celles-ci sont peu coriaces, assez régulièrement écartées et non groupées en rosette terminale ; pétiole grêle, dressé, long de

1 cm. à 6 cm. Limbe oblong-lancéolé, long de 11 cm. à 18 cm. sur 3 cm. à 6 cm. de large, cunéiforme à la base, terminé au sommet par un acumen assez long et grêle ; 7 à 8 paires de nervures secondaires ; nervilles formant des réticules peu apparentes ; surface supérieure très luisante. Inflorescences courtes, pauciflores, à fleurs de petite dimension ; les fleurs mâles et les fleurs hermaphrodites entremélées. Calice urcéolé-campaguliforme profondément divisé en 5 ou 6 lobes, parsemés de poils étoilés en dedans et en dehors, avec une marge blanchâtre épaissie. Fleurs mâles à androcée brièvement stipité, le bord supérieur des loges des anthères faisant un peu saillie au-dessus du disque un peu pubescent.

En rapprochant la plante que nous venons de décrire de notre n° 19.715 (Planche XIV), recueilli à la Côte d'Ivoire où elle est cultivée par les Kroumen (Bas-Cavally), on verra l'analogie frappante qui existe entre les deux exsiccata et le n° 19.715 appartient indubitablement au *Cola* produisant des noix à plus de deux cotylédons.

En résumé, le Kolatier découvert par PALISOT DE BEAUVOIS au Bénin est une espèce bien distincte du Kolatier cultivé à l'Ile Maurice au XVIIIᵉ siècle. Le premier est le véritable *Cola acuminata* (Pal. Beauv.) Schott et Endl. (1).

Le second devra être nommé désormais, comme nous l'avons déjà dit, *Cola nitida* (Vent.) A. Chev. = *Cola vera* K. Schum.

Type du Sterculia verticillata Thonning in Schumacher.

Nous avons pu examiner deux spécimens récoltés par THONNING à la Gold-Coast, dans le district d'Aquapim. Tous les deux sont certainement authentiques, mais stériles et réduits à un ou deux verticilles de feuilles. La description que SCHUMACHER a donnée de cette plante est suivie de la mention T, indiquant que la description a été faite sur place par THONNING, or l'on sait que l'herbier de ce voyageur fut détruit par un incendie lors du bombardement de Christianburg. Il ne reste donc que les

---

(1) Il est certain qu'en créant le binôme *Cola acuminata* SCHOTT et ENDLICHER avaient en vue la plante de PALISOT DE BEAUVOIS. (Voir : *Kew Bulletin*, 1906, p. 90, une observation de STAPF à ce sujet).

spécimens incomplets adressés probablement à Vahl et à
Schumacher.

Le premier se trouve dans l'herbier des Jussieu, au Muséum,
et porte l'étiquette suivante :

Sterculia
verticillata
Nonne Sterculia acuminata
Beauv. Fl. ow. tab. 24
Misit d. Vahl, 1804
e Guinea

Le second (Planche VII), qu'on peut considérer comme le type,
se trouve à Copenhague et provient de l'herbier Schumacher.

Bien qu'ils soient dépourvus de fleurs, ces spécimens se distinguent de tous les *Cola* connus aujourd'hui encore par la disposition des feuilles verticillées par 4. Dans chacun des
deux herbiers, on ne trouve qu'un court rameau réduit à
deux verticilles de feuilles, en partie détachées dans l'herbier
des Jussieu, mais dont on retrouve les insertions.

Par suite de la disposition verticillée des feuilles, l'extrémité
des rameaux est subquadrangulaire avec des sillons (à l'état
sec) entre chaque angle sur le dernier entre-nœud. Le bourgeon
terminal porte quelques poils blanchâtres et présente de petites
stipules.

Les pétioles longs de 2 cm. à 6 cm. sont grêles et étalés. Le
limbe est mince, lancéolé ou lancéolé-oblong, long de 12 cm. à
20 cm. sur 4 cm. 5 de large, cunéiforme à la base, terminé au
sommet par un acumen court (de 5 à 7 mm. de long), mais très
étroit ; texture papyracée-coriace ; nervures secondaires 6 ou
8 paires régulièrement courbées en arceaux ; surface supérieure
d'un vert mat, l'inférieure brune (à l'état sec), fortement réticulée.

Par les caractères que nous venons d'énoncer, la plante en
question s'identifie complètement avec un *Cola* à feuilles verticillées, recueilli en fleurs et en fruit dans ces dernières années
par Johnson, aux environs d'Aburi et nommé dans l'Herbier de
Kew *Cola Johnsoni* Stapf Mss.

Nous avons retrouvé récemment la même plante à l'état

spontané, au Dahomey, où elle est connue sous le nom de *Kola abidan* ou *Kola d'eau*.

Cette espèce sera désignée désormais sous le nom de *Cola verticillata* (Thonn in Schum.) Stapf.

Type du Cola macrocarpa G. Don.

Ce type existerait au British Museum, mais nous ne l'avons pas observé. D'après STAPF, il provient de San Thomé. Nous connaissons dans cette île que nous avons parcourue *Cola acuminata* et *Cola sphærocarpa* A. Chev. Or, il ne peut s'agir de cette dernière puisque DON attribue à son espèce des graines également connues en Guinée sous le nom de Kola et jouissant des mêmes qualités que le Kola ordinaire.

Il est donc très probable que la plante de ce botaniste doit être rapportée à *Cola acuminata*. Il la distingue surtout parce qu'elle a 4 à 6 graines, alors que PALISOT DE BEAUVOIS avait, par erreur, attribué à son espèce des follicules monospermes.

M. RENDLE, directeur du Département botanique au British Museum, nous écrit que « l'herbier du British renferme divers spécimens de *Cola* provenant de G. DON et qu'il est difficile de dire quel est celui qui doit être regardé comme type de son espèce. »

Type du Syphoniopsis monoica Karst.

Nous ne connaissons pas le type et nous ignorons s'il se trouve dans quelque herbier européen. C'est BAILLON qui le premier a rattaché le *Syphoniopsis* au *Cola acuminata*. K. SCHUMANN a maintenu ce rattachement en spécifiant que le *Syphoniopsis monoica* était identique à la plante de PALISOT DE BEAUVOIS à plus de deux cotylédons. Cette assertion devra être contrôlée, car nous savons au contraire que c'est ordinairement le *Cola nitida* à deux cotylédons qui est cultivé dans l'Amérique tropicale et aux Antilles.

Types des Cola du Flora of Tropical Africa.

Ces types existent dans l'Herbier de KEW, où nous les avons examinés. Aucun ne nous intéresse, tout le groupe *Eucola* étant fondu en une seule espèce *Cola acuminata* R. Brown.

Type du Cola Ballayi M. Cornu. in Heckel.

Principal collaborateur de SAVORGNAN DE BRAZZA au Congo depuis 1875, le Docteur BALLAY fit parvenir vers 1885 au service des Cultures du Muséum, un lot de noix de Kola, qui furent ensemencées dans les serres de cet établissement. Le Professeur MAXIME CORNU constata de profondes différences dans la forme des noix, le mode de germination et la disposition des feuilles sur les jeunes sujets, entre les plantes venant des graines de Kolatiers recueillis au Gabon par BALLAY et celles provenant des graines à deux cotylédons reçues de la côte de Guinée, considérées alors comme provenant du *Cola acuminata* alors que ces noix à deux cotylédons étaient en réalité fournies par le *Cola nitida*.

MAXIME CORNU étiqueta ce nouveau Kolatier des serres du Muséum *Cola Ballayi*, mais il n'en publia pas la description et le nom serait resté inédit si le Professeur HECKEL n'avait décrit et figuré la plante de CORNU (1).

Malheureusement HECKEL a confondu deux espèces et la description qu'il donne de *Cola Ballayi* se rapporte à la fois au *Cola Ballayi* Cornu in Hort. Mus. et au *Cola acuminata* P. Beauv. (non Heckel). C'est bien au *Cola Ballayi* qu'appartiennent les figures 8 et 9 de la monographie de HECKEL et la première partie de la description, « Feuilles verticillées à l'état jeune » (2) et aussi la planche II.

(1) *Cola Ballayi* Cornu in Heckel. nom. emend. Les Kolas africains. *Annales l'Institut botanico-géologique colonial de Marseille*, vol. I (1893), p 104 et fig. 8.

(2) Chez les véritables *Cola acuminata*, comme chez les *Cola nitida*, les jeunes plants de même que les adultes ont les feuilles éparses ou groupées par paquets de 4 à 6 feuilles assez rapprochées, mais elles n'ont jamais une apparence verticillée.

Presque tout le reste de la description se rapporte presque certainement au *Cola acuminata* (P. B.) Schott et Endl. (non Heckel) et il ne faut pas s'en étonner puisque cette espèce donnant aussi des noix à quatre cotylédons est beaucoup plus commune au Gabon que le véritable *Cola Ballayi*, ce dernier étant surtout répandu dans la région de l'Oubangui. On sait d'autre part que HECKEL considérait les noix à deux cotylédons comme fournies par le *Cola acuminata* et les noix à plus de deux cotylédons comme fournies exclusivement par le *Cola Ballayi*.

C'est ce qui explique sans doute pourquoi K. SCHUMANN dans sa monographie a décrit une plante du Gabon sous le nom de *Cola acuminata* var. *Ballayi*, qui n'est certainement pas le véritable *Cola Ballayi* Maxime Cornu et qui n'est probablement qu'une forme insignifiante du *Cola acuminata*.

Nous avons eu la bonne fortune de retrouver dans les serres du Muséum quelques exemplaires du vrai *Cola Ballayi*, mis en cultures il y a plus de 15 ans par le Professeur CORNU. Ce sont des arbustes de 2 à 3 mètres de haut ; l'un d'eux s'est ramifié. Nous reproduisons (Pl. VIII) la photographie de l'un de ses rameaux ; il est étiqueté encore *Cola Ballayi* ; d'autre part, le véritable *Cola acuminata* à 3 ou 4 cotylédons ne paraît pas exister dans ces serres. On peut donc considérer l'exemplaire photographié comme étant le type même de CORNU. C'est du reste certainement la même plante qui est représentée dans l'ouvrage d'HECKEL (Fig. 8) et qui est très reconnaissable par ses faux verticilles de feuilles. Nous avons recueilli exactement la même espèce en fleurs et en fruits dans l'Oubangui, en 1902, et c'est encore elle que E. DE WILDEMAN a décrite et figurée en 1907 sous le nom nouveau de *Cola subverticillata* De Wild., chose très compréhensible, puisque, sans l'examen du type vivant de l'espèce créée par CORNU, il était impossible de la reconnaître dans les descriptions de HECKEL et de K. SCHUMANN.

Types des espèces décrites par K. Schumann, O. Warburg et W. Busse.

La systématique des espèces produisant les noix de Kola était donc très confuse quand K. SCHUMANN entreprit la monographie du groupe.

Il ne réussit pas à y mettre de l'ordre et O. Warburg ne fut pas plus heureux.

En décembre 1902, ce dernier publia une étude sur les noix de Kola du Togo (1), mais ses recherches basées sur des documents incomplets, loin de faire la lumière, ne font qu'augmenter la confusion. Il propose la création d'une appellation nouvelle, *Cola sublobata* Warb., pour désigner l'arbre produisant le Kola des Achantis qu'il croit différent du *Cola vera* K. Schum., mais la description botanique qu'il donne s'applique pour les graines au *Colavera* et pour les branches florifères probablement au *Cola acuminata*. Toutefois, d'après Busse, ces rameaux appartiennent à une forme que cet auteur distingue sous le nom de *Cola vera* K. Sch. var. *sublobata* (Warb.) Busse.

Sous le nom nouveau *Cola astrophora*, Warburg a décrit une seconde espèce qui n'est elle aussi que le *Cola acuminata* avec les fleurs mâles à androcée bien épanoui. Il lui attribue aussi deux cotylédons (Pl. IX).

Warburg, ainsi que K. Schumann l'avait tenté avant lui, essaie de distinguer tous les *Autocola* (sensu stricto), d'après la disposition et la forme de l'androcée des fleurs mâles ; suivant ces auteurs :

Dans *Cola acuminata*, l'androcée est une sorte de cupule subsessile.

Dans *Cola acuminata* var. *trichandra* K. Schum., c'est une plaque divisée en dessus en 5 lobes bifides, subtomenteux.

Dans *Cola sublobata* Warb., l'androcée est légèrement lobé et le stipe est à peine ébauché.

Dans *Cola astrophora* Warb., l'androcée est constitué par une sorte de plaque longuement et finement stipitée, de sorte que « les anthères relativement petites sont disposées par paires sur les lobes de l'androcée, au nombre de 10 environ et de telle façon qu'elles ne peuvent être aperçues du dessus ; tout l'organe est finement velu ».

Enfin le *Cola vera* K. Schum. posséderait un androcée constitué par une masse capitée non divisée et subsessile.

L'examen de très nombreux matériaux vivants appartenant

(1) *Tropenpflanzer*, 1902, p. 626-631. — Voir aussi la même étude traduite en français : *Rev. Cult. Col.*, XII, 1903, 1er sem., p. 141-145.

aux espèces : *Cola nitida*, *Cola Ballayi* et *Cola acuminata*, étudiés sur place et avec des fleurs à tous les états d'avancement, nous a montré que les caractères énumérés n'avaient aucune valeur spécifique. Dans les jeunes fleurs, alors que les loges des anthères sont encore loin de l'époque de leur déhiscence, l'androcée forme une masse arrondie sessile, les loges supérieures sont recourbées sur le disque jusqu'à se toucher, de sorte que l'androcée est alors subglobuleux et sessile ; plus tard, il s'épanouit et prend une forme cupuliforme. Enfin, à un âge avancé, lorsque les loges ont effectué leur déhiscence, le connectif s'étale en disque plan ou légèrement concave et plus ou moins profondément divisé par 10 fentes dont 5 plus profondes. La pubescence de l'androcée et l'allongement du stipe qui le porte quand la fleur est bien épanouie, sont des caractères qui varient d'une fleur à l'autre, parfois sur le même arbre, et nous avons observé ces variations sur toutes les espèces examinées.

Schumann a invoqué d'autres caractères pour distinguer les deux espèces productives de noix de Kola.

Il attribue au *Cola vera* un calice à 5 lobes, subpulvérulent-tomenteux à l'extérieur, glabre en dedans sauf à la base du tube. Le *Cola acuminata* aurait un calice à 5 ou 6 lobes et serait subtomenteux à l'intérieur et à l'extérieur.

Le nombre des lobes est généralement de 5 dans toutes les espèces que nous avons examinées, mais il peut être accidentellement aussi de 4 ou de 6 et parfois même de 7 ou de 8.

Quant à la pubescence, elle varie aussi et il n'y a point de différence notable d'une espèce à l'autre.

K. Schumann croyait aussi pouvoir distinguer *Cola vera* de *Cola acuminata* par la forme et la disposition des stigmates dans les fleurs femelles. Dans la première espèce, les stigmates seraient courts, obtus et apprimés « stigmatibus latis, appressis obtusis » ; dans *Cola acuminata*, ils seraient acuminés et recourbés, et distants de l'ovaire, « stigmatibus acuminatis, recurvatis ». Et les figures accompagnant le mémoire de K. Schumann exagèrent encore la description. Elles montrent en effet, chez *C. vera* (Fig. 25 de l'ouvrage de Schumann), des stigmates dilatés à l'extrémité et apprimés sur l'ovaire, comme s'ils lui étaient soudés dans toute leur longueur. La figure relative à *C. acuminata* (Fig. 26 de Schumann), montre au contraire des stigmates courbés en crochet, effilés, très aigus et bien écartés de l'ovaire. Ces dessins sont tous les deux certainement inexacts et l'étude de très abondants matériaux dans les herbiers et à l'état vivant ne nous a montré aucune différence notable dans la disposition du gynécée de ces deux espèces.

Enfin le même auteur pensait que, dans *Cola vera*, il existait toujours 6 ovules par loge, tandis que *Cola acuminata* en posséderait 10 à 12. Ce caractère différentiel lui-même ne résiste pas à l'examen de nombreux matériaux et, ainsi que nous le verrons, le nombre des ovules — et des graines — se rencontrant dans les deux espèces est sensiblement le même et très variable suivant la robustesse des carpelles et des follicules.

En définitive, le seul caractère valable, mis en relief par le savant botaniste berlinois, est l'existence constante de deux cotylédons dans les graines du *C. vera* et de 4 à 6 cotylédons dans les graines de son autre espèce. Mais cette différenciation avait déjà été faite par Barter, Cornu et Heckel.

En 1904, W. Busse tente aussi l'étude des *Cola* de la section *Eucola* vivant au Togo. Il décrit le *Cola Supfiana* Busse, qu'il considère comme une nouvelle espèce à plus de 2 cotylédons.

Nous avons pu examiner la plupart des types des espèces dont il vient d'être question. En 1901, le regretté professeur K. Schumann, nous montra les matériaux existant alors dans l'Herbier de Berlin et qu'il venait d'étudier. Il nous encouragea à poursuivre, au cours du voyage que nous allions entreprendre à travers l'Afrique, de nouvelles recherches sur les arbres producteurs de noix de Kola. Il estimait, en effet, que la systématique de ce groupe était encore très confuse.

Comme type de son *Cola vera*, il cite en première ligne le spécimen récolté par Afzelius à Sierra-Leone et un autre spécimen récolté par Gürich, à l'île Tumbo, en face Bulbiné. Cette île n'est autre chose que la ville actuelle de Conakry, visitée par nous et elle ne renferme à notre connaissance que des *Cola nitida* s.-sp. *C. mixta* A. Chev. C'est donc cette forme qu'il

FIG. 26. — **Cola Supfiana** Busse. Type de l'Herbier de Berlin.

faudrait considérer comme étant plus particulièrement le type du *C. vera* K. Schum. En second lieu, le même auteur cite le spécimen de Cummins provenant de l'Achanti. Il est probable qu'il appartient à la race *Cola nitida* s.-sp., *C. rubra* A. Chev.

K. Schumann considère naturellement comme type du *Cola acuminata*, le spécimen de Palisot de Beauvois qu'il n'a pas vu et qu'il indique à tort comme existant dans l'Herbier du Muséum de Paris.

A cette espèce il rattache les 5 variétés suivantes :

α. *kamerunensis* K. Schum., β. *Ballayi* K. Schum., γ. *grandiflora* K. Schum., δ. *latifolia* K. Schum., ε. *trichandra* K. Schum.

Nous avons déjà dit ce que nous pensions des variétés *Ballayi* et *trichandra*.

La variété *grandiflora* ne nous parait pas pouvoir être distinguée même comme simple variété, d'après ce que nous savons sur les variations dans la forme des feuilles et dans la dimension des fleurs parfois sur un même rameau. La variété *kamerunensis* semble pouvoir s'identifier avec le *Cola Ballayi* Cornu.

Quant au *Cola acuminata* var. *latifolia* K. Schum., récolté par Mann à Fernando-Pô et dont nous avons vu un bon spécimen à l'herbier de Kew, il nous parait mieux caractérisé et nous y reviendrons dans un prochain chapitre.

K. Schumann n'eut pas connaissance de l'existence du *Cola acuminata* au Togo, du moins il ne l'y mentionne pas dans sa monographie. Dans un rapport du comte Zech (1), le *Cola vera* est signalé au Togo en 1901 ; le *Cola acuminata*, au contraire, qui semble être l'espèce dominante cultivée dans cette colonie, n'y est pas indiqué.

L'année suivante, Warburg décrit le *Cola sublobata* et le *Cola astrophora*, provenant aussi du Togo et dont nous avons déjà parlé. Dans les matériaux incomplets qui nous ont été communiqués sous ces noms par l'Herbier de Berlin, nous avons cru reconnaître seulement le *Cola acuminata*. Du reste,

(1) Wissenchaftliche Beihefte zum Deutsch-Kolonialblatt Mittheil. v. Forschungsreis. u. *Gelehrten an den Deutsch. Schutzgeb.* Bd XIV, h. I, p. 8-14. Traduit en franç. *Rev. cult. col.* VIII. 1901, 1ᵉʳ sem., p. 366.

W. Busse identifie le *Cola astrospora* Warb. au *Cola acuminata* var. *trichandra* K. Schum. Pour le *Cola sublobata*, il y a doute dans notre esprit, le spécimen que nous avons vu étant très incomplet.

Le *Cola astrophora*, dont nous donnons la photographie (Pl. IX), est bien lui-même identique au *Cola acuminata*.

Quant au *Cola Supfiana* Busse (1), nous n'avons eu en main qu'un rameau stérile que nous reproduisons (fig. 26). D'après l'aspect et la nervation des feuilles, il ne nous semble point douteux qu'il s'agit du *Cola acuminata* ordinaire. L'espèce de Busse aurait les rameaux retombants et c'est le caractère le plus important invoqué par son auteur pour la distinguer de celle de Palisot de Beauvois. Or, le véritable *Cola acuminata* a souvent le port *pleureur*. Busse indique en outre que sa plante donne des Kolas mucilagineux connus sous le nom de *Wasser Kola*. Ce dernier caractère ferait penser qu'il s'agit de *Cola verticillata*, nommé *Cola d'eau* ou *Cola mucilagineux* au Dahomey et qui existe probablement aussi au Togo. Toutefois l'exemplaire d'herbier de Busse ne correspond certainement pas à cette dernière espèce.

Nous n'avons pas eu en main le type du *Cola subverticillata* De Wild. ; toutefois la description très précise de M. De Wildeman ainsi que les deux belles planches qui accompagnent son travail ne laissent aucun doute sur son identité avec le *Cola Ballayi* Cornu.

L'Herbier du Gabon, de Pierre, renferme de nombreux matériaux relatifs aux espèces *Cola acuminata* et *Cola Ballayi* Cette dernière est étiquetée *Bichea sulcata* Pierre Mss. Nous nous en occuperons dans un des prochains chapitres.

(1) W. Busse. — Beiträge zur Kola (chap. VIII Bericht. über die Pflanzen pathol. Expedition nach Kamerun und Togo 1904-1905) *Beihefte z. Tropenpflanzer* 1906, p. 22-228 et p. 60-66 du tirage à part.

CHAPITRE VIII.

Etude systématique des espèces de la section Eucola.

Tous les *Cola* de la section *Eucola* actuellement connus peuvent se classer de la manière suivante :

A. Graines toujours à deux cotylédons......... 1 **C.nitida** A.Chev˙
Arbre produisant exclusivement des noix rouges............................... 1 a. sub-sp. *C. rubra* A. Chev.

Arbre produisant exclusivement des noix blanches............................ 1. b. sub-sp. *C. alba* A. Chev.

Arbre produisant à la fois des noix rouges et des noix blanches et parfois aussi des noix roses .... 1 c. sub-sp. *C.mixta* A. Chev.

Arbre produisant de petites noix rose-pâle ou des noix blanches et des petites noix rose-pâle en mélange.................. 1 d. sub-sp. *C. pallida* A. Chev.

B. Graines toujours à plus de deux cotylédons.
O Follicules oblongs ou oblongs-allongés avec une crête dorsale bien marquée,
＋ Feuilles alternes .... 2 **C. acuminata** Schott et Endl.

＋ Feuilles verticillées par 3 ou par 4, rarement opposées................. 3 **C. verticillata** Stapf.

＋ Feuilles subverticillées par groupes de 5 à 15 .... 4 **C. Ballayi** M. Cornu.

O Follicules subglobuleux, de la grosseur du poing........................... 5 **C sphærocarpa** A. Chev.

Les quatre premières espèces sont aujourd'hui complètement connues.

Pour la cinquième, nous ne possédons encore que des documents incomplets et il n'est pas certain qu'elle doive être maintenue dans la section *Eucola*, lorsque ses feuilles et ses fleurs seront étudiées.

1. *Cola nitida* A. Chev. (comb. nov.).

Sterculia nitida Vent. ! Jard. Malmaison (1804) tab. 91, adnot.

Sterculia grandiflora Vent. ! *loc. cit.*, t. 91, adnot.

Sterculia acuminata mult. auct. (non Pal Beauv.).

Cola acuminata mult. auct. (Masters ! Baillon, etc.), *pro parte*.

Cola acuminata Heckel ! (non Schott et Endl.,). Ann. mus. Marseille, I (1893), p. 22 et suiv. et fig. 2.

Cola vera K. Schum. ! *Notizbl. bot. Gart. Berl.*, III (1900), p. 10, Monograph. afric. Pflanz. V.Sterculiacæ (1901), p. 124.

Cola sublobata et *C. astrophora* Warb. *pro parte*, *Tropenpfl.*, 1902 (pour la description des noix seulement).

Arbre de moyenne grandeur, ayant de 6 mètres à 15 mètres de haut et parfois de 20 à 25 mètres au milieu de la forêt, à tronc de 25 cm. à 50 cm. de diam. et de 3 mètres à 12 mètres de long, souvent bifurquée à mi-hauteur. Branches étalées ou ascendantes.

Jeunes rameaux verts, glabres.

Feuilles grandes, glabres, assez longuement pétiolées, toujours alternes, rarement subopposées, à insertions souvent rapprochées à l'extrémité et formant des rosettes terminales, mais non de faux-verticilles comme dans *C. Ballayi*.

Limbe coriace-parcheminé, d'un vert mat en-dessus, rarement luisant, oblong, cunéiforme à la base, rarement arrondi, acuminé et obtusiuscule au sommet (acumen plus ou moins long et ordinairement droit), long de 18 cm. à 28 cm., sur 6 cm. 5 à 10 cm. 5 de large. Nervure médiane très saillante sur les deux faces ; nervures secondaires de 5 à 8 paires, très ascendantes. Inflorescences en petites grappes, longues de 2 cm. à 5 cm. pédoncules compris, insérées à l'aisselle des feuilles ou des cicatrices foliaires. Rachis pulvérulent-blanchâtre par la présence de poils étoilés.

Les grappes sont composées exclusivement de fleurs mâles ou comprennent des fleurs mâles et des fleurs hermaphrodites ; parfois les deux sortes d'inflorescences existent sur un même rameau ; dans ce cas, un rameau produit des grappes mâles avant de produire des grappes hermaphrodites.

Pédicelles longs de 6 mm. à 12 mm., blancs-tomenteux. Boutons floraux tomenteux-blanchâtres, subglobuleux. Calice de 15 mm. à 30 mm. de diam. (et jusqu'à 40 mm. pour quelques fleurs hermaphrodites), à tube urcéolé ou subcampanulé de 3 à 5 mm. de long, donnant insertion à 5 lobes (très exceptionnellement 4 ou 6) ovales lancéolés, d'abord soudés par le haut, ensuite étalés, parsemés de poils blancs-étoilés en dedans, couverts en dehors de poils analogues, plus nombreux et formant un revêtement laineux. Toute la fleur est d'un blanc-jaunâtre à l'exception de 15 nervures d'un pourpre noirâtre, très saillantes, s'étendant du fond du tube jusqu'au milieu des lobes (3 nervures pourpres par lobe) ; seule une race peu répandue, a les fleurs entièrement d'un blanc-crême sans stries pourpres.

Fleurs mâles : androcée porté sur un stipe grêle de 0 mm. 5 à 1 mm. 5, terminé en cupule, d'abord subglobuleux, plus tard étalée en disque un peu concave avec 10 dents plus ou moins profondes où s'insèrent au centre 5 stigmates rudimentaires.

Fleurs hermaphrodites : anthères petites sur deux rangs de 10 loges superposées et souvent divergentes, insérées tout au fond du calice, autour de la base de l'ovaire ; celui-ci est subsphérique, à 5 (ou parfois 6) carpelles ovoïdes, blancs ou roux, tomenteux, terminés par autant de styles linéaires, subulés ou obtusiuscules, réfléchis et descendant presque au niveau des étamines mais sans être soudés aux ovaires. Ovules 6 à 12 par carpelle, disposés sur deux rangs.

Jeunes fruits comprenant 4 ou 5 carpelles (rarement 6), ovoïdes, étalés en étoile, parfois un peu pendants ou au contraire ascendants, verts ou blanchâtres, glabres de bonne heure.

Fruits adultes formés de 1 à 5 carpelles oblongs, ou ellipsoïdes, parfois asymétriques, renflés sur les côtés, longs de 8 cm. à 12 cm. sur 4 cm. à 8 cm. de large, d'un vert clair ou lavés de blanc à la base, parfois d'un roux-ferrugineux, très brièvement stipités à la base, terminés au sommet en bec court obtus ou émarginé. Surface supérieure avec crête étroite et très saillante, surface inférieure avec un sillon ventral plus ou moins profond ; péricarpe épais de 6 à 10 mm., à paroi externe lisse ou bombée, parfois scoriacée et couverte de grosses verrues très rapprochées les unes des autres ; paroi interne lisse et blanche. Graines, 3 à 10 par carpelle (très rarement une ou deux), ovoïdes ou subglobuleuses, plus ou moins anguleuses par compression, munies d'un tégument blanc, spongieux, épais de 3 mm. à 5 mm.

Amandes de couleur et de taille très variables suivant les races, mais toujours à deux cotylédons, pouvant peser à l'état frais, de 3 grammes à 100 grammes, prenant en quelques minutes, dès qu'elles sont brisées, une couleur jaune safran. Saveur agréable, d'abord un peu amère, puis sucrée après salivation.

Cette espèce fournit les noix les plus appréciées.

DISTRIBUTION GÉOGRAPHIQUE. — Incontestablement spontané dans la forêt vierge de la Côte d'Ivoire et du Libéria entre le 5ᵉ et le 7ᵉ parallèles. Les diverses races énumérées ci-après (sauf la quatrième) sont en outre cultivées en grand, non seulement au Libéria et à la Côte d'Ivoire, mais aussi dans la Guinée française (jusqu'à 1200 mètres d'altitude), à Sierra-Leone, dans le Gold-Coast, dans quelques villages de la Nigéria anglaise et au Togo allemand.

Depuis quelques années, l'espèce est en outre introduite dans les plantations européennes au Togo, au Dahomey, à Lagos, au Cameroun et au Gabon.

Figures et Planches relatives à cette espèce : Figures 1 (hors texte), 5, 10, 11, 27, 28 (hors texte), 31 et 32 (hors texte).
Planches : I, II, III, IV, V, X, XI, XII, XIII. XV, XVI (3 à 9).

OBSERVATIONS. — Comme toutes les plantes cultivées depuis une époque très reculée, le *Cola nitida* présente un très grand nombre de variétés, l'organe sur lequel portent les variations étant surtout l'amande. Ces variations sont d'autant plus nombreuses et désordonnées que les indigènes ne savent pas multiplier les variétés pures les plus intéressantes et ne pratiquent ni la sélection méthodique des semences, ni le greffage.

Du reste, ils ne distinguent pas ces variétés et disent que les qualités qu'ils attribuent aux noix de certains arbres sont dues de la nature du sol, au climat, etc. Sur les marchés, les amandes sont classées sous les appellations de *Kolas blancs*, *Kolas rouges*, *Kolas roses*, *Kolas verts*, *petits Kolas*, etc. appellations qui ne servent nullement à désigner des variétés d'arbres producteurs, mais exclusivement la denrée commerciale vendue. Pour différencier ces variétés, il faudrait en faire sur place une étude attentive, et encore il serait nécessaire de suivre les mêmes exemplaires à toutes les étapes de leur développement. Cela n'était pas possible au cours des voyages que nous avons effectués, mais toutes les formes que nous avons observées peuvent néanmoins être reparties dans les quatre sous-espèces décrites ci-après (le mot sous-espèce ayant ici plutôt le sens de *race culturale*) :

s.-sp. 1 a. Cola rubra A. Chev. (s.-sp. nov.)

Floribus albo-tomentosis cum lineolis purpureis ; nucleis omnibus purpureis.

Fleurs de taille très variable, à calice constamment strié de pourpre-noirâtre. Urcéole staminal des fleurs mâles lavé de pourpre. Follicules ordinairement gros, renflés, dépourvus de tubercules à leur surface, lisses ou grossièrement bosselés. Amandes, toutes d'un rouge sombre à maturité, prenant avant complet développement une teinte d'un rouge cerise ou carmin. Chair rosée non mucilagineuse. Amandes fraîches ayant un poids variant de 7 grammes à 100 grammes, pesant d'une manière courante 10 grammes à 25 grammes.

DISTRIBUTION GÉOGRAPHIQUE. — Guinée française : quelques exemplaires çà et là dans les plantations du Kissi et des pays Tômas et Manons (région de Lola).

Côte d'Ivoire : assez répandu dans le nord-ouest de la forêt (Pays Diola, Pays Bété). Çà et là dans l'intérieur de la forêt : Pays Los ou Gouros, Pays Abé !

Gold Coast : Pays Achanti où cette race existerait à l'exclusion de toutes les autres.

Noms vernac. — *Kola rouge, noix de Gondja, Kola de l'Achanti* (Colons), *Gonja* (dans la Nigéria, d'après Barter).

s.-sp. 1 b, Cola alba A. Chev. (s.-sp. nov).

Floribus integiter luteo-albidis, sine lineolis purpureis, nucleis omnibus albidis.

Cola alba A. Chev. *C. R. Acad. Sc.*, 7 mars 1910.
.*Cola macrocarpa* Barth. ; Binger, du Niger au Golfe de Guinée, I, p. 312 (non G. Don), pour les noix de l'Anno.

Fleurs de taille moyenne (18 mm. de diam. environ dans les fleurs mâles) à *calice entièrement d'un blanc-jaunâtre* sans stries rouges à la base sur la face interne ; lobes formant un bouton subglobuleux avant l'anthèse, couverts de poils blancs étoilés en dedans et en dehors. Fleurs mâles : androcée complètement blanc, porté par un stipe très court ou presque nul, connectif commun terminé par un disque, correspondant aux 10 loges supérieures des anthères. Au centre du disque, le gynécée avorté fait saillie sous forme de 5 petits mamelons accolés et blanchâtres. Fleurs hermaphrodites inconnues.

Fruits mûrs composés de follicules vert-pâle à maturité, ovoïdes-ellipsoïdes. brièvement stipités à la base, terminés au sommet par un bec court et obtus, portant en-dessus un crête dorsale peu saillante et en-dessous un sillon ventral très peu accusé ; la surface du péricarpe est légèrement bosselée, mais non profondément scoriacée-tuberculeuse. Graines 3 à 9 par follicule, assez grosses, avec un tégument peu épais, noix grosses (pesant 25 à 30 grammes en moyenne), toutes d'un blanc de neige lorsqu'elles viennent d'être dépouillées du tégument, prenant longtemps après une teinte blanc sale ou blanc-jaune pâle. *Chair blanche* non mucilagineuse, prenant une teinte jaune-safran sitôt brisée et exposée à l'air.

Saveur un peu moins âpre que dans la race précédente et dans la race suivante.

DISTRIBUTION GÉOGRAPHIQUE. — Guinée française : Banga-
dou dans le Kissi ! et dans quelques autres villages de la
même région. Cette race est rare et on en rencontre seulement
quelques individus dans un petit nombre de points.

D'après des renseignements indigènes, elle existerait aussi
dans le Samo et dans le Pays Toma au sud de Diorodougou.

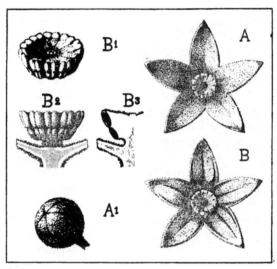

E. Baronnet. del.

FIG. 27. — **Fleurs de Cola nitida** A. Chev. — A et A¹, sous-espèce *C. alba*
A. Chev. A, fleur épanouie ; A¹, fleur en bouton ; B, sous-espèce *C. mixta*
fleur épanouie ; B¹ et B², androcée d'une fleur mâle vu au dessus et de profil
B³, le même en coupe longitudinale.

Côte d'Ivoire : Daloa dans le Pays Bété (d'après le lieutenant
RIPERT).

Figure relative à cette sous-espèce : Fig. 27, A et A¹.

OBSERVATION. — Le *Kola blanc* du pays des Ngans à la Côte
d'Ivoire connu des dioulas soudanais sous le nom de *Kola blanc
de l'Anno*, et sur lequel BINGER a le premier attiré l'attention,
est produit par un arbre que nous avons étudié sur place et qui

se différencie assez sérieusement de la race que nous venons de décrire. Les fleurs ne sont pas complètement blanches, mais le périanthe est strié de pourpre comme dans les autres races. Les follicules mûrs ont la forme de ceux du *Cola alba* du Kissi et ils renferment aussi de 3 à 9 graines de grosse taille. Les noix sont extérieurement d'un blanc-jaunâtre, plus ou moins lavées d'un vert pâle surtout sur les bords des cotylédons et sur les faces cotylédonaires en contact. Cette teinte verte domine même sur toute la surface quand les noix ont été cueillies avant maturité. Les noix non encore mûres contenues dans le fruit sont entièrement *vertes* à leur surface, mais blanches à l'intérieur. Certaines amandes mûres sont, à l'état frais, d'un jaune-verdâtre, légèrement lavées de rose. Dans tous les cas, la chair est blanche et très ferme ; brisée, elle prend aussitôt une teinte jaune-safran dans la partie déchirée. L'embryon est constitué par 2 cotylédons légèrement fendus du côté de la radicule. On rencontre accidentellement des noix à 3 ou même à 4 cotylédons mais à peine dans la proportion de 1 pour 1.000. A l'encontre du Kola blanc du Kissi (qui est le plus estimé de tous les Kolas) la noix blanche de l'Anno n'est pas prisée par tous les dioulas et certains affirment qu'elle ne se conserve jamais plus de 2 à 3 mois. Il ne faut pas confondre ces noix blanches avec les petites noix roses de l'Anno, vendues souvent en mélange et dont il sera question à propos du *Cola pallida* (1).

s.-sp. 1 c, **Cola mixta** A.Chev. (s.-sp. nov.)

Floribus albo-tomentosis cum lineolis purpureis ; nucleis albidis et purpureis intermixtis in singulos folliculis.

Mêmes fleurs que *C. rubra*. Follicules ovoïdes, oblongs, tantôt lisses ou un peu bosselés, tantôt assez fortement tuberculeux à la surface. Noix rouges et noix blanches (et parfois des noix rosées) sur le même arbre, ordinairement en mélange dans les mêmes follicules, parfois portées sur des follicules différents.

(1) Au moment de mettre sous presse, nous recevons une lettre de M. R. BARTHÉLEMY nous disant, d'après les indigènes, qu'il n'existe pas chez les Ngans de Kolatiers donnant exclusivement des noix blanches. Les cabosses contenant seulement des noix blanches que nous y avons vues seraient mélangées à quelques cabosses contenant des noix blanches et des noix rouges.

DISTRIBUTION GÉOGRAPHIQUE. — Cette race est de beaucoup la plus répandue dans les cultures de l'Afrique occidentale (à l'exception de la Gold-Coast où domine *C. rubra*). D'après le rapport officiel publié dans l'*Agriculture pratique des Pays chauds*, 1907, 1er sem., elle existe, à l'exclusion de toutes les autres, dans la région littorale de la Guinée française. C'est aussi la seule que nous ayons observée dans les cercles de Faranna ! de Konroussa ! et Kankan ! Enfin elle domine dans le Kissi ! le pays Tòma ! et dans le Nord-Ouest de la forêt de la Côte d'Ivoire ! Dans le centre et le nord de la forêt, surtout loin des villages, c'est *C. pallida* qui prend sa place, mais *C. mixta* s'y rencontre néanmoins.

OBSERVATION I. — Dans le *Cola mixta*, les noix rouges sont en général dans la proportion de 2/3 ou 3/4 ; les noix blanches ou roses ne formant que le tiers ou le quart. Ces proportions se rapprochent de celles qui sont admises pour le retour aux caractères des parents dans les descendants d'hybrides (*loi de Mendel*). Aussi avons nous récemment émis l'hypothèse que le *Cola mixta* était un hybride de *C. rubra* et *C. alba*. Cependant il convient d'observer que suivant la loi de MENDEL, dès la 2e génération, une partie des arbres devraient donner exclusivement des noix rouges et une partie des autres exclusivement des noix blanches. Or, il n'en est pas ainsi puisque presque partout c'est *C. mixta* qui prédomine. Nous reviendrons sur ce point dans le chapitre relatif à la biologie.

Les noix rouges et les noix blanches sont disposées sans ordre dans les follicules. Dans une cabosse comprenant 9 graines, nous avons trouvé, par exemple, en allant du pédoncule vers l'extrémité : 1re paire, noix rouge à gauche, noix rouge à droite ; 2e paire, noix rouge à gauche, noix blanche à droite ; 3e paire, noix rouge à gauche et noix blanche à droite ; 4e paire, noix blanche à gauche, noix rouge à droite ; 5e une noix rouge à gauche, rien à droite. Soit 3 noix blanches et 6 noix rouges.

OBSERVATION II. — La forme des feuilles varie beaucoup d'un arbre à l'autre. En Guinée française, outre le type (Fig. 2), nous avons distingué deux variations assez différenciées, mais nous ignorons si elles sont héréditaires. L'une, *forma angusti-folia* A. Chev. (Fig. 28 hors texte), observée dans le Haut-Niger (cercle de Kouroussa) a les feuilles étroites, presque oblon-gues-linéaires ; l'autre, recueillie à Conakry : *forma latifolia* A. Chev., a au contraire les feuilles larges nettement obovales.

Aucun autre caractère ne nous parait distinguer ces formes.

s.-sp. 1 d. Cola pallida A. Chev. (s.-sp. nov.).

Floribus albo-tomentosis, cum lineolis purpureis ; nucleis minoribus roseo-pallidis, vel roseis et albidis intermixtis.

Race fréquemment dioïque ou plutôt comprenant des indivi-dus ne portant que des fleurs mâles et d'autres individus portant à la fois des fleurs mâles et des fleurs hermaphrodites, soit sur les mêmes inflorescences soit sur des racèmes séparés.

Calice ordinairement de petite taille dans les fleurs mâles. Stipe de l'androcée court, disque staminal en soucoupe avec 10 crénelures un peu inégales.

Follicules jeunes presque toujours entièrement couverts d'une pulvérulence blanchâtre disparaissant rapidement ou persistant presque jusqu'à maturité. Follicules adultes d'un vert jaunâtre, de 8 cm. à 10 cm. de long sur 5 cm. à 7 cm. de large, ovoïdes ou oblongs, terminés par un appendice en bec d'oiseau. Les follicules sont ordinairement ascendants et constituent dans leur ensemble un groupe concave en-dessus. Suture dorsale formant une crête faisant saillie de 2 mm. à 5 mm , souvent sillonnée au milieu ; su-ture ventrale plus ou moins profondément sillonnée au milieu, le sillon étant fréquemment bordé de deux bourrelets peu proémi-nents et plus ou moins ondulés et mamelonnés. En outre, les bords et la face inférieure présentent des tubercules scoriacés très saillants, réunis les uns aux autres et donnent au follicule un aspect très spécial. Graines, 1 à 12 par follicule et parfois jusqu'à 20, d'après des renseignements d'indigènes (le plus souvent 5 ou 7), à amandes ordinairement d'un rose pâle, parfois rouges comme dans *Cola rubra*, mais constamment plus petites et dans ce cas ayant une teinte d'un rose-vif avant maturité ; la chair est également d'un rose-vif ou d'un rouge-foncé ; enfin on trouve parfois en mélange de petites noix blanches ou

c KASTNER del

Fig. 28.— **Cola mixta** A. Chev.

1, forma latifolia A. Chev. avec de jeunes fruits ;
2, forma angustifolia A. Chev. en fleurs.
3, Fleur femelle du précédent grossie.

plutôt d'un jaune-verdâtre à l'état frais. Les noix prennent une teinte jaune-safran dès qu'elles sont brisées : elles pèsent le plus souvent de 3 à 12 grammes. Leur saveur est agréable, mais elles sont pourtant peu estimées par les soudanais.

DISTRIBUTION GÉOGRAPHIQUE. — Côte d'Ivoire : Assez commun dans la forêt, spécialement dans le moyen Sassandra et le moyen Cavally, dans le Pays Abé, le Morénou et dans la région d'Akouakoumékrou sur le moyen Comoë.

NOM VERNAC.— *Oua na* (Abé) m. à m. *Kola du sanglier* (ou du potamochère), à cause de la couleur des noix.

Figures et Planches relatives à cette sous-espèce : Fig. 31 dessins 3 et 4, Planche XII.

2. *Cola acuminata* (Pal. Beauv.) Schott et Endl.

Sterculia acuminata Pal. Beauv.! Fl. Oware et Bénin, I (1804), 41, Pl. XXIV.
Sterculia acuminata mult. auct. *pro parte*, BAILLON! *Adansonia*, X, p. 69, Hist., Pl. IV, MASTERS!
Sterculia macrocarpa G. Don, Syst. I (1831), p. 515-516.
Cola acuminata Schott et Endlicher, Meletemata bot. (1832), p. 33.
Cola acuminata R. Brown., *pro parte*, in BENNETT, Pl. Jav. rar., p. 237 (1).
K. Schum.! (inclus. var. *Ballayi, grandiflora, trichandra*), in ENGLER., Monograph. Afrik. Pflanz. Sterculiaceæ, p. 125.
Cola Ballayi Heckel, *pro parte, l. c.*, p. 33, 101 et 104 et Pl. III.
Bichea sulcata Pierre, Mss. in Herb. Mus. Paris.
Cola sublobata! et *Cola astrophora* Warb., *pro parte*! *Tropenpflanz.*
Cola Supfiana W. Busse! Beihefte *Tropenpflanz.*, 1906, n° 4 et 5, p. 63 et fig. 5.

Arbre de 6 m. à 12 m. de haut, atteignant très exceptionnellement 15 m. à 20 m., à tronc de 15 cm. à 40 cm. de diamètre, souvent fourchu à 1 m. ou 2 m. au-dessus du sol ; rameaux

(1) Les *Cola* cultivés au Jardin de Buitenzorg (Java) appartiennent, d'après TSCHIRCH, à l'espèce à deux cotylédons ; c'est probablement ces plantes que BROWN avait en vue et qu'il identifia à tort à la plante de PALISOT DE BEAUVOIS.

étalés irrégulièrement de sorte que le port n'est pas uniforme ; parfois les branches sont en partie retombantes. L'aspect rappelle *C. nitida*, mais le feuillage est beaucoup plus clairsemé ; jeunes rameaux verts ou parfois glauques, glabres, à entre-nœuds courts. Feuilles alternes (ou rarement quelques-unes subopposées), à limbe subcoriace, oblong, ou parfois oblong-linéaire ou elliptique, mesurant 7 cm. à 22 cm. de long et 3 cm. à 10 cm. de large ; base tantôt arrondie, tantôt cunéiforme, parfois très aiguë ; extrémité plus ou moins longuement acuminée (à acumen étroit, obtusiuscule, long de 8 à 15 mm., presque toujours déjeté d'un côté) ; surface supérieure vert-sombre, luisante, l'inférieure vert-pâle ou vert-jaunâtre, également un peu luisante. Nervure médiane saillante des deux côtés ; nervures latérales I, 6 à 10 paires moyennement ou très ascendantes, peu en relief, souvent entremêlées avec des nervures latérales II, *non régulièrement arquées*, mais souvent en zig-zag à leur extrémité ; réticules assez larges, peu apparents. Inflorescences débutant par des gemmules globuleuses, enveloppées à l'extérieur par de nombreuses bractées ovales-concaves, très imbriquées, promptement caduques ; gemmules disposées à l'aisselle de feuilles inférieures ou des cicatrices foliaires ou insérées sans ordre le long des entre-nœuds. Inflorescences épanouies formant de petits racèmes très rameux dès la base, longs de 4 cm. à 7 cm., à rachis couverts de petits poils blancs très apprimés. Pédicelles de 4 mm. à 10 mm.

Fleurs ordinairement assez petites, d'un *blanc-jaunâtre*, *légèrement verdâtre*, à calice rotacé ou subcampanulé, de 12 à 15 mm. de diamètre quand il est épanoui, mais pouvant atteindre une taille beaucoup plus grande, surtout pour les fleurs hermaphrodites, divisé en *5 ou 6 lobes* profonds, lancéolés, à bords relevés et très amincis vers le dessus, longs de 5 à 7 mm. portant 3 stries d'un pourpre-noirâtre à la base ; surface externe couverte de fins poils étoilés, l'interne glabrescente ou avec quelques poils blancs entremêlés avec des poils étoilés.

Fleurs ♂ à calice rotacé ; stipe staminal adulte long de 1 mm. à 2 mm., finement pubescent. Androcée d'abord urcéolé, les dix loges supérieures groupées 2 à 2 et incurvées en-dessus de manière à limiter une cupule de 2 mm. de diamètre ; après

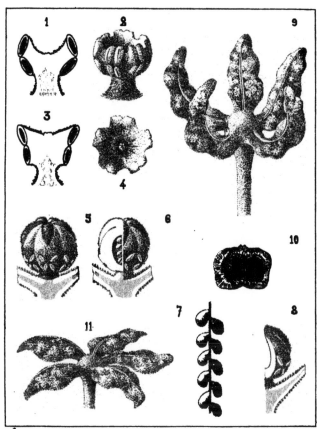

E. Baronnet, del.

FIG. 29.— **Cola acuminata** Schott et Endl.

1 à *4*, androcée d'une fleur mâle ; *1* et *2*, à l'état jeune ; *3* et *4* quand la fleur est épanouie ; *5* et *6*, fleur femelle ; *7*, disposition des ovules dans une loge carpellaire ; *8*, un carpelle isolé ; *9*, carpelles ascendants commençant à se développer après la fécondation d'une fleur ; *10*, un carpelle coupé transversalement ; *11*, carpelles étalés normalement au pédoncule floral et commençant aussi à se développer.

leur déhiscence, les loges supérieures s'étalent en un disque légèrement concave formé de cinq branches bifides un peu relevées et limitant un connectif commun orbiculforme, pubérulent, au centre duquel se trouvent les cinq pistils rudimentaires.

Fleurs hermaphrodites à calice *plus ou moins companulé,* pouvant atteindre jusqu'à 25 mm. de diamètre, à 5 (parfois 4) carpelles pubescents - blanchâtres, surmontés de stigmates recourbés, non adnés, étroits, aigus, l'ensemble du gynécée formant une masse ovoïde-tronquée. Etamines composées de 20 loges, à raison de 4 à la base de chaque carpelle, superposées 2 à 2.

Jeunes fruits composés de 3 à 5 carpelles oblongs-linéaires, ordinairement redressés et limitant une sorte d'urcéole ; parfois aussi ils sont étalés dans un plan normal au pédoncule et ils forment ainsi une étoile à 3 ou 5 branches, mais jamais ils ne sont décombants comme dans certaines formes de *C. nitida.* Follicules jeunes (longs de 6 cm. sur 1 cm. 8 de diamètre) étroitement oblongs, non stipités à la base, plus ou moins atténués au sommet en bec obtus, comprimé, droit, occupant environ le tiers de la longueur totale du follicule. Face supérieure munie d'une crête supérieure peu saillante, un peu sillonnée ; face ventrale avec un sillon évasé peu profond ; faces latérales sans tubercules, plus ou moins lisses, couvertes jusqu'à un âge avancé d'une pulvérulence roussâtre ou cendrée formée de petits poils étoilés. Follicule adulte ovoïde-oblong, pouvant avoir 12 cm. à 20 cm. de long sur 6 cm. à 8 cm. de large au milieu, étalé ou ascendant, stipité à la base, terminé au sommet par un bec très allongé, subtriquêtre, pouvant atteindre 2 cm. à 4 cm. à l'état adulte, d'un vert pâle souvent parsemé de plaques roussâtres à maturité. Face supérieure et face inférieure presque toujours profondément sillonnées (d'où le nom *Bichea sulcata* Pierre Mss.). Faces latérales à peine bosselées, non verruqueuses, scoriacées. Péricarpe épais de 3 à 5 mm., lisse et d'un blanc légèrement jaunâtre à l'intérieur.

Graines 1 à 9 (le plus souvent 5 à 8) par follicule, insérées sur deux rangs par un hile pouvant atteindre 5 cm. de large, les plus grosses mesurant 5 cm. 5 de long sur 4 cm. de diamètre et pouvant peser de 40 à 60 grammes (tégument compris).

Tégument blanc-jaunâtre à l'extérieur, épais de 3 mm., spongieux. Amandes ovoïdes, polyédriques par compression, pouvant atteindre 3 cm. à 4 cm. de diamètre et un poids de 5 grammes à 50 grammes , *roses ou d'un blanc légèrement rosé* (dans ce cas, la teinte rose est plus accusée à l'extrémité des cotylédons à l'opposé du hile), les blanches plus ou moins lavées de vert lorsque les graines sont cueillies depuis longtemps on en voie de germination, ayant toutes 4 à 5 cotylédons avec une fente à leur base de 4 à 8 mm. *Chair rose ou d'un blanc très légèrement rosé* dans les noix blanches, prenant une teinte violacée quand on les brise puis tournant au brun ferrugineux. Noix à saveur agréable, mais un peu mucilagineuses, beaucoup moins appréciées que les noix de *Cola nitida.*

DISTRIBUTION GÉOGRAPHIQUE. — **Côte d'Ivoire**: cultivé sur la côte de Krou dans le Bas-Cavally, depuis la mer jusqu'à Taté et Grabo! (L'espèce a été introduite depuis quelques années seulement par les Kroumen, retour de San-Thomé et de Fernando-Pô; mais dans tout le Bas-Cavally le *Cola nitida* prédomine). — **Togo** (Comte Zech, W. Busse), —**Bas-Dahomey**: quelques exemplaires plantés dans la plupart des villages depuis la côte jusqu'au septième parallèle. — **Nigéria anglaise** : cultivé autour des villages depuis Lagos jusqu'à Ibadan. Bénin (Palisot de Beauvois). Commun depuis le delta du Niger jusqu'à la province de Nupé (Barter!), Old-Calabar! — **Cameroun** : A. C. à travers la forêt, parfois planté.— **Afrique équatoriale française** : C. dans presque tout le Gabon : Libreville! Mayumbe! Forme en certains endroits l'essence dominante de la forêt. **Fernando-Pô** (Barter!)—**Ile de San-Thomé**, çà et là dans les plantations depuis le niveau de la mer jusqu'à 800 mètres d'altitude. Y semble cultivé et naturalisé plutôt que spontané. — **Angola** (Welwitsch!).

NOMS INDIGÈNES.— Kola à 4-5 lobes, Petit Kola du Dahomey, *Kola du Gabon* (colons), *Hobi* (nago), *Guiti* (dahoméen), *Kola mâle* (indigènes du Dahomey), *Abata Kola* (Lagos), *Fatak* (Nigéria, d'après BARTER), *Ombéné* (mpongoué), *Abel* (pahouin).

Figures et Planches relatives à cette espèce : Figures 13 (hors texte), 25, 26, 29, 30 ; Planches VI, IX, XIV.

OBSERVATIONS.— La plus répandue de toutes les espèces de la section *Eucola*, elle se rencontre à l'état spontané ou cultivé depuis le 7° de latitude Nord (au Dahomey et au Togo)

FIG. 30. — **Cola acuminata** Schott et Endl. Forme de San-Thomé.

Follicules à deux états de développement vus par la face ventrale ; celui de gauche est encore jeune, celui de droite est presque mûr.

jusqu'au 4° de latitude Sud (Angola). Dans ces régions, elle présente vraisemblablement les races analogues à celles que nous avons décrites pour le *C. nitida*, mais elles nous sont encore trop imparfaitement connues pour que nous cherchions à les différencier ici. Au Dahomey, les arbres produisant exclusivement des noix d'un rouge vineux sont les plus abondants, mais on rencontre aussi des Kolatiers dont les follicules renferment des noix rouges et des noix blanches ou d'un rose très pâle. Nous avons observé à San-Thomé, à la roça de San-Miguel, un Kolatier, du groupe *C. acuminata*, produisant exclusivement de grosses noix blanches à peine rosées. Nous avons figuré deux follicules de cette race (Fig. 30). D'après le P. KLAINE, il n'y a pas de Kolas blancs à Libreville, mais il en existe à 15 heures au Nord-Ouest, ainsi que dans le Haut Ogoué (in litt. ad L. PIERRE).

3. *Cola verticillata* STAPF Mss. (comb. nov.).

Sterculia verticillata Thonning in SCHUM. Beskr. Guin., II, 1827, p. 14.
Cola Johnsoni Stapf Mss. in Herb. Kew. (olim).
Cola anomala K. Schum. in ENGLER. Monograph. afrik. Pflanz. v. Stercul. (1901), p. 134 et pl. XVI, fig. B.

Arbre atteignant une *grande taille* (jusqu'à 25 m. de hauteur), à tronc droit, régulier, de 4 m. à 8 m. de hauteur sans branbres et de 30 cm. à 50 cm. de diam. ; branches formant une tête arrondie ; rameaux la plupart pendants. Ramules dressées, vertes, glabres ou présentant de très rares poils étoilés roussâtres ; entre-nœuds longs de 2 cm. à 12 cm. *Feuilles verticillées, par 3 ou plus souvent par 4*, parfois opposées aux nœuds inférieurs, à limbe subcoriace, oblong ou oblancéolé, parfois obovale elliptique, ordinairement très aigu à la base, terminé au sommet par un acumen très étroit aigu ou rarement obtusiuscule, de 6 à 10 mm. de long, à bords légèrement incurvés en dessous, long de 12 à 25 c., large de 4 cm. 5 à 12 cm., glabre sur les deux faces, à surface supérieure vert-sombre, luisante, l'inférieure d'un vert-jaunâtre, à nervure médiane saillante des deux côtés; nervures latérales I : 5 à 8 paires, saillantes sur les deux faces,

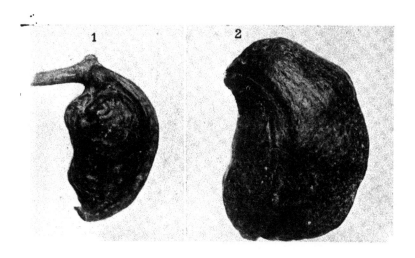

Fig. 31.— **Cola nitida** A. Chev.

1. Un follicule de la sous-espèce *C. mixta* encore fixé à son pédoncule.
2, Autre follicule parvenu à maturité et à valves inégales.
3 et 4, Un fruit jeune de *Cola pallida,* vu de profil et vu en-dessus.

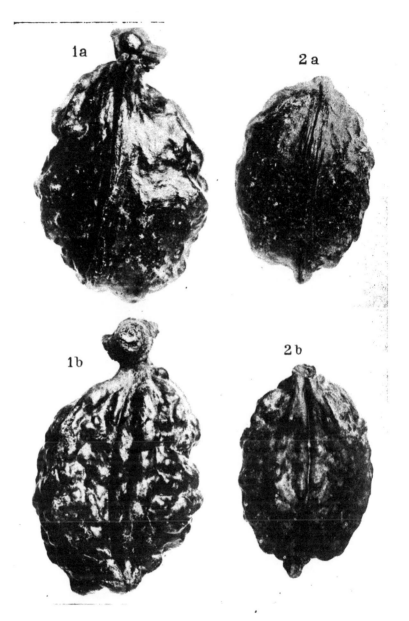

FIG. 32. — **Cola nitida** A. Chev. s. sp.; **C. mixta** A. Chev., forme des Iles Scherbro (Sierra-Léone).

(Follicules presque mûrs communiqués par M · H. FILI OT).

très ascendantes, à courbes régulières, en arceaux à l'extrémité, passant tout près des bords ; nervures latérales II ordinairement absentes ; réticules des nervilles étroits, très apparents en dessous. Pétioles étalés presque horizontalement aux
nœuds inférieurs, très grêles, longs de 2 cm. à 5 cm. 5, renflés
aux deux extrémités formant un angle très obtus avec le plan du
limbe. Stipules linéaires très aiguës, de 5 mm. de long, formant
un bourgeon pointu à l'extrémité des rameaux.

Grappes courtes (de 1 cm. à 3 cm. de long), insérées à l'aisselle
des feuilles, isolées ou groupées par deux ou trois, à rachis
couvert d'un tomentum fauve ; fleurs accompagnées jusqu'à un
âge avancé de bractées ovales, aiguës, très concaves ; calice de
12 mm. à 18 mm. de diamètre, à 5 divisions deltoïdes, aiguës, pubescentes des deux côtés. Fleurs mâles à périanthe formant un
bouton subglobuleux avant l'épanouissement ; androcée subsessile portant deux rangs de 10 anthères, celles du rang supérieur faisant un peu saillie au dessus du disque en formant 10
petits créneaux. Fleurs femelles à gynécée subglobuleux, pubescent, formé le plus souvent de 5 carpelles ; jeunes carpelles longs
de 11 cm. sur 5 cm. de large au milieu, finement rugueux et
blanchâtres à la surface par la présence d'un tomentum ara-
néeux.

Fruits adultes, portés sur des pédoncules de 3 cm. à 4 cm. de
long sur 10 mm. de diamètre. Carpelles, 3 à 5, étalés normalement au pédoncule, *obovoïdes*, ventrus sur les bords, *non tu-
berculeux-scoriacés à la surface*, longs de 10 cm. à 14 cm. sur
6 cm. 5 à 8 cm. de large, à peine stipités à la base, terminés au
sommet par un bec comprimé obtus de 15 mm. de long. Chaque
carpelle à maturité porte *sur la face supérieure un sillon très
évasé* ; la face inférieure est aplatie ou légèrement sillonnée au
milieu. Graines 4 à 9 par carpelles, disposées sur deux rangs,
ovoïdes-comprimées, ordinairement plus grosses à l'état adulte
que les graines de *C. acuminata*, croissant dans les mêmes conditions ; surface externe du tégument luisante, *blanche, marbrée
de rose clair. Amandes d'un rouge-vineux, comprenant 3 à 5
cotylédons*, dont un cotylédon souvent beaucoup plus court que
les autres (parfois atteignant à peine la moitié de la hauteur de
l'amande). Chair d'abord rouge-vif, puis devenant violacée aus-

sitôt qu'on la brise, enfin prenant à la longue une teinte d'un brun-ocracé, présentant un liséré blanc sur le bord externe des cotylédons.

DISTRIBUTION GÉOGRAPHIQUE. — Gold-Coast : dans l'Aquapim (THONNING !), environs d'Aburi (JOHNSON, n° 1051 !). Bas Dahomey : environs de la gare de Sakété, dans un îlot de forêt vierge où quelques plantes ont été observées par M. NOURY qui nous les a montrées. Forêts de Brouadou et de Saouro dans la même région ! Au dire des indigènes, la plante existerait encore dans les forêts du Mono et des environs d'Allada. Cette espèce se rencontrerait aussi dans la Nigéria du Sud, entre Lagos et la frontière du Dahomey (renseignements d'indigènes). Au Dahomey, la plante croît à l'état spontané le long des cours d'eau et dans les parties marécageuses des forêts. Parfois on rencontre quelques exemplaires plantés par mégarde au milieu des Cola acuminata ; les indigènes les abattent fréquemment.

Enfin nous pensons que c'est à cette espèce que se rapporte la plante nommée par K. SCHUMANN Cola anomala, découverte par CONRAU au Cameroun, station de Bangoué ; l'aire serait donc assez étendue.

NOMS VERNAC.— Kola d'eau (colons). C'est probablement le Wasser Kola du Togo. Abidan (nago). Ne pas confondre avec Abidoum qui est le nom de l'amande du Carapa procera au Dahomey. Holovi (dahoméen), mot à mot Kola mucilagineux.

Figures relatives à cette espèce : Figures 3 (hors texte) et 4.

OBSERVATIONS.— L'amande fraîche et non complètement mûre a une saveur qui rappelle la noix de Cola nitida non mûre. Elle est un peu amère, mais laisse une saveur agréable dans la bouche, de sorte qu'elle contient sûrement de la caféine (1). D'ailleurs quelques dahoméens mangent la noix quand ils la

(1) Les analyses de graines faites postérieurement à la rédaction de ces notes l'ont confirmé (voir la 3ᵉ partie de cet ouvrage).

rencontrent, mais elle est considérée comme ayant très peu de valeur et ne se vend pas sur les marchés.

La jeune noix ne paraît pas plus mucilagineuse que les autres sortes de Kolas.

L'arbre même, dépourvu de fleurs et de fruits, se différencie facilement de *Cola acuminata*, avec lequel il croît souvent, par les feuilles verticillées, les nervures secondaires plus ascendantes et mieux marquées en dessous, à arceaux plus réguliers et plus rapprochés des bords, les réticules plus fins et beaucoup plus apparents.

4. Cola Ballayi Cornu.

Cola Ballayi M. Cornu ! Mss. in Hort. Mus. Paris ; A. Tschirch et O. Œsterlé, Anatomisch Atlas der pharmacog. (1900), p. 347.
Cola Ballayi Heckel, *pro parte*, l. c., p. 101, fig. 8 et 9 !
Cola acuminata var. *kamerunensis* K. Schum., l. c., 1901 ! p. 127.
Cola subverticillata De Wild., Etud. fl. Bas et Moy. Congo, II (1908), p. 306 et Pl. XXXI et XXXII.

Arbre de 8 m. à 20 m. de haut, avec tronc de 3 m. à 5 m. sans ramifications, à branches étalées, à rameaux terminaux ascendants, légèrement pubescents à l'état jeune.

Feuilles *très grandes*, (atteignant de 20 cm. à 50 cm.· de long), *subverticillées, à faux verticilles composés de 6 à 15 feuilles et souvent rapprochés par deux et alternant avec de longs entrenœuds dénudés.*

Limbe trinervié à la base, très *coriace*, oblong ou oblancéolé, cunéiforme à la base, brusquement acuminé au sommet (à acumen long de 10 à 15 mm., très étroit et aigu), mesurant habituellement 20 cm. à 30 cm. de long sur 7 cm. 5 à 15 cm. de large. Nervure médiane saillante sur les deux faces ; nervures latérales, 7 à 9 paires, assez régulières, ascendantes et formant des arceaux passant près des bords. Réticules très fins, visibles sur les deux faces. Pétioles robustes, très inégaux comme longueur, les uns mesurant 1 cm. à 4 cm., les autres atteignant 10 cm. à 20 cm.

Inflorescences en grappes axillaires robustes, longues de 5 cm.

à 12 cm., moyennement florifères, parsemés de poils étoilés roussâtres ; pédicelles grêles pubescents, longs de 5 à 10 mm. Fleurs
grandes, à parfum nauséeux, à calice campanulé, de 3 cm. à 4 cm.
de diamètre à l'état frais, assez profondément divisé en 5 à 8
lobes, parsemé en dedans et en dehors de petits poils étoilés
roussâtres, d'un *rose clair en dehors,* plus pâle en dedans,
avec une tache pourpre-noirâtre au fond, s'étendant sur les 3
crêtes très saillantes de chaque lobe du calice. Fleurs mâles à
androcée porté sur un stipe pourpre, grêle et court portant au
centre les rudiments de la fleur femelle composés de 5 petites
pointes, les loges des anthères divergentes formant, vues par le
haut, une sorte de *cupule rosée* à 10 pointes émoussées. Fleurs
hermaphodites à calice ordinairement plus grand que dans les
fleurs mâles, à ovaire tomenteux subglobuleux, *composé de 5
à 8 carpelles* (ordinairement 6) surmontés de stigmates linéaires aigus, recourbés en hameçon.

Fruits *composés de 5 à 7 follicules* étalés en étoile, non ascendants, pubescents à l'état jeune, plus tard glabres, dépourvus de revêtement blanc ou de revêtement ferrugineux, ovoïdes-allongés et de la grosseur du poing à maturité, mesurant
alors 8 cm. à 14 cm. de long, sur 5 cm. à 8 cm. de largeur et
4 cm. à 5 cm. de hauteur. A complète maturité, ils sont extérieurement verdâtres, plus ou moins teintés de brun-pourpré. Ils
présentent sur la face dorsale une large crête peu saillante et sur
la face ventrale un léger sillon ; faces latérales dépourvues de
verrues ou de tubercules et présentant seulement quelques rides
obliques ; sommet terminé par un bec court formé par le prolongement de la crête dorsale, non courbé mais brusquement tronqué
suivant toute la hauteur du follicule. Péricarpe vu en section
blanc, spongieux, épais de 4 mm. à 12 mm., lisse et d'un blanc
légèrement rosé sur la face interne. Chaque follicule renferme
5 à 15 graines (le plus souvent 10 à 13 dans les follicules de
belle taille). Graines entourées d'un tégument spongieux,
lisse et légèrement jaunâtre (couleur crème) à l'extérieur, avec
des plages rosées, moucheté de points noirs sur la face interne,
attachées à l'endocarpe par un hile très large, pouvant atteindre 3 cm. de long et 2 cm. 5 de large, blanc avec un liseré rose
sur le pourtour de l'insertion. Noix roses à l'extérieur (couleur

de radis rose) avec un liseré blanc sur les bords des cotylédons visible à l'extérieur, largement ovoïdes, atteignant dans les beaux spécimens 3 cm. 5 de long sur 2 cm. 5 de diamètre transversal, comprenant 4 à 6 cotylédons un peu inégaux, ayant chacun une fente médiane dans le tiers inférieur.

Chair des cotylédons rose, à saveur agréable, devenant violacée aussitôt qu'on la coupe, puis environ deux minutes plus tard prenant une teinte d'un brun-roussâtre, teinte plus claire (lavée de jaune-roux) près des faces de contact des cotylédons. Parfois les graines sont avortées et le tégument ne renferme plus qu'une masse uniforme brune, plus ou moins sclérifiée.

. DISTRIBUTION GÉOGRAPHIQUE. — Afrique équatoriale française : Gabon (BELLAY!) Région de Libreville (R. P. KLAINE!), mais beaucoup plus rare que le *C. acuminata*. Pays Batéké (THOLLON ! in Herb. Mus. Paris). Youmba, sur les rives de l'Oubangui, près du confluent du Congo par 0°30' de latitude N. ! Impfondo, sur les rives de l'Oubangui, par 1°40' de lat. N., très commun sur les rives du fleuve et au milieu de la forêt, août 1902 ! Revu en 1910 par M. A. BAUDON, qui nous a fait parvenir de là des graines et des échantillons botaniques. — Isasa, sur l'Oubangui par 3°30' de lat. N.! — Bangui, dans le moyen Oubangui, par 4°20' et çà et là dans les bouquets de forêts ! Dans les galeries au sud des Sultanats, près du confluent de la Kotto et du Mbomou (par renseignements).

Congo belge : Lindende (sur les rives du moyen Congo ?) (BUTAYE in GILLET sec. DE WILDEMAN !) C'est vraisemblablement aussi cette espèce qui produit les noix vues par SCHWEINFURTH dans le Haut Ouellé et par STANLEY, à l'intérieur de la grande forêt congolaise.

NOMS VERNAC.— Kola de l'Oubangui (colons), *Mabérou* (Basindji d'Impfondo, d'après BAUDON).

Figures et Planches relatives à cette espèce : Figures 6, 7 et 33 (hors texte). Planche VIII et Planche XVI, Figure 2.

Observations. — Les noix ont une saveur assez agréable; elles sont cependant moins appréciées que les noix de *C. nitida* par les Sénégalais de nos postes du moyen Congo qui les achètent à défaut d'autres aux Mangala et aux Bondjo. Les Basindji consomment aussi ces noix (Baudon).

5. *Cola sphærocarpa* A. Chev. (*sp. nov.*).

Arbor elata..., folliculis subglobosis breviter acuminatis; seminibus 2-6 pro folliculo, magnis, subrotundis vel oviformibus, cotyledonis 4-5 perfecte discretis munitis; nucleis albidis.

Arbre élevé. Fruits : follicules subsphériques, de la taille du poing ou même atteignant la grosseur d'une tête d'enfant (mesurant 6 cm. à 12 cm. de diamètre frais et adultes), d'un gris-ocracé, dépourvus de sillons ou de crêtes à la face supérieure et à la face inférieure, s'ouvrant à maturité partiellement ou complètement en deux valves ; paroi externe lisse à l'état frais, puis chagrinée lorsqu'elle se dessèche, paroi interne glabre. Chaque follicule est brusquement atténué à la base en un court stipe articulé sur le pédoncule, au sommet il se termine par un bec aigu droit, long de 8 à 12 mm. Il renferme 2 à 6 grosses graines (le plus souvent 4) insérées sur deux rangs au sommet du follicule, les insertions étant opposées et non alternes. Graines grosses, ovoïdes, arrondies aux extrémités, aplaties sur les faces en contact, entourées d'un épais tégument lisse et membraneux blanchâtre, roussâtre en vieillissant, mesurant 6 cm. de long, 4 cm. de large et 2 cm. 5 à 3 cm. d'épaisseur. Amandes blanches, brunes à l'état sec, formées de 4 à 5 gros cotylédons inégaux, blancs, non comestibles.

Distribution géographique. — Centre de l'île de San-Thomé, à la base du Pico, dans la forêt vierge, entre San-Pédro et Lagua Amélia (de 1200 à 1400 m. alt.), août 1905 : en fruits !

Figures et Planches relatives à cette espèce : Figure 34 et Planche XVI, Figure 1.

Observations.— La plante n'appartient à aucune des espèces connues du genre *Cola*.

Fig. 34. — **Cola sphærocarpa** A. Chev. de l'Ile de San-Thomé.
Deux carpelles adultes (Coll. Aug. Chevalier).

Les fruits que nous avons décrits étaient tombés sur le sol et l'arbre les produisant était si élevé qu'il ne nous fut pas possi-

ble d'en examiner un rameau. Les graines sont bien semblables
aux graines des espèces de la section *Eucola*, mais il est pourtant possible que l'examen des feuilles et des fleurs révèle plus
tard d'autres affinités.

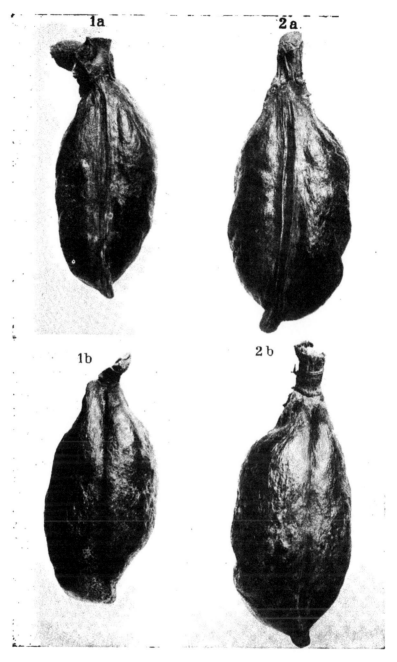

FIG. 33. — **Cola Ballayi** Cornu.— Follicules presque mûrs.
1a et *2a*, vus par la face supérieure ; *1b* et *2b*, vus par la face inférieure.
Moyen Oubangui (Herb. A. CHEVALIER).

CHAPITRE IX.

Distribution géographique.

Dans le chapitre consacré à la systématique, nous avons énuméré après la description de chaque espèce et variété, les pays et les localités où elle avait été observée.

Il convient d'examiner plus en détail la répartition des *Eucola* dans les diverses colonies du continent africain, ainsi que dans les autres pays où certaines espèces ont été introduites.

On sait que toutes les espèces de *Cola* sont spéciales à l'Afrique tropicale.

Les cinq espèces de la section *Eucola* sont localisées dans l'Ouest africain, mais l'une d'elles pénètre fort loin dans le centre de l'Afrique, puisque nous l'avons observée sur les rives du moyen Congo et de l'Oubangui et qu'elle existe probablement beaucoup plus à l'est encore.

Toutes ces espèces sont connues à l'état spontané ; l'une d'elles, *Cola nitida*, présente de nombreuses races culturales vivant dans les plantations indigènes, au delà de l'aire occupée à l'état naturel, mais elle se rencontre réellement à l'état sauvage dans certaines parties inhabitées de la forêt vierge de la Côte d'Ivoire, par exemple, entre le moyen Sassandra et le moyen Cavally, ainsi que l'un de nous a pu le constater.

En dehors de la forêt vierge, elle n'est nulle part spontanée.

Il en est de même du *Cola acuminata*. Il est incontestablement spontané (et même parfois abondant) dans certaines parties de la grande forêt vierge équatoriale, principalement au Cameroun et au Gabon. Mais dans les pays de savanes, comme

10

au Togo, au Dahomey, dans la plus grande partie de la Nigéria, à San-Thomé, dans l'Angola, il existe seulement à l'état cultivé ou domestiqué.

Les 3 autres espèces : *C. verticillata*, *C. Ballayi*, *C. sphærocarpa*, peuvent être considérées comme spontanées partout où on les rencontre, quoique quelques exemplaires de *C. verticillata* et de *C. Ballayi* soient parfois plantés autour des villages, là où manquent les deux premières espèces.

I.— GUINÉE FRANÇAISE.

Tous les Kolatiers observés dans cette colonie, que l'un de nous a parcourue dans tous les sens, appartiennent à l'espèce *C. nitida* et la plupart à sa race *C. mixta* qui est peut-être d'origine hybride, ainsi que nous l'avons déjà mentionné.

Ils paraissent n'exister dans cette colonie qu'à l'état cultivé.

Dans les bouquets de forêts où on les entoure de soins, ils peuvent accidentellement devenir subspontanés, c'est-à-dire que des graines entraînées par les animaux peuvent germer et donner des arbres dans des parties de forêts impénétrées, mais de tels cas sont rares et les Kolatiers ainsi développés sont habituellement presque stériles.

On peut grouper les régions productrices de Kola de la Guinée en cinq provinces principales :

1° Région maritime ou des Rivières du Sud : 2° Plateau central ou Fouta-Djalon ; 3° Chaîne du Kouranko et cercles du Haut-Niger ; 4° Le Kissi ; 5° Massifs boisés des Pays Tomas et Guerzés. Nous les examinerons à tour de rôle.

1° *Rivières du Sud*.— Cette province géographique très naturelle borde l'Océan Atlantique depuis la Guinée portugaise jusqu'à la frontière de Sierra-Leone. Elle s'étend à une cinquantaine de kilomètres à peine dans l'intérieur. Certains massifs comme le Kakoulima qui s'avancent à proximité de la mer, appartiennent déjà à la province suivante. La province des Rivières du Sud doit son nom aux fleuves originaires du versant occidental du Fouta-Djalon et qui viennent déboucher à la mer par de larges estuaires : le Rio Compony ou Cogon, le Rio-Nunez, le Rio-Pongo, le Konkouré ou rivière de Dubreka, le Mellocorée, plus au sud encore les deux Scarcies qui ont presque tout leur cours sur le territoire de Sierra-Léone où elles se jettent à la mer.

Le climat est très spécial : la saison des pluies dure de mai à novembre; pendant les autres mois, il tombe à peine quelques pluies, mais en hivernage les averses sont très violentes, puisqu'à Conakry on enregistre de 3 m. à 5 m. d'eau par an. Les températures moyennes mensuelles dans cette même localité sont comprises entre 25°5 et 28°2 ; les minima descendent rarement au-dessous de 20°.

Toutes ces conditions sont favorables au Kolatier. Par contre, la grande sécheresse qui sévit dans la journée en saison sèche, surtout lorsque souffle l'alizé N.-E., lui est défavorable. Aussi pour bien réussir dans cette zône, il doit être cultivé de préférence dans les vallées abritées, dans les petits bouquets de forêts, enfin au-dessous des grands arbres ombrageant les villages. Nous verrons dans un autre chapitre que c'est ainsi que procèdent les indigènes. Dans ces conditions, le Kolatier donne de très belles récoltes et sa culture doit être particulièrement encouragée dans cette province, d'autant plus que la vente s'effectue le long de la côte pour l'exportation par mer dans des conditions très rémunératrices.

Dans cette région, nous n'avons pu observer que les Kolatiers existant à Conakry, à Camayenne et aux îles de Lôs. Ils sont en général robustes, productifs, mais bien souvent atteints d'une maladie occasionnant la formation de balais de sorciers. Dans la ville même de Conakry existent quelques individus donnant de forts rendements, en général tous les deux ans.

Pour les autres cantons de cette zône, des renseignements intéressants ont été rassemblés par les soins de l'administration et publiés en 1907 (1) :

« Les districts qui possèdent le plus d'arbres sont dans le cercle de Rio-Nunez : le Mékhiforé, le Bagaforé et le Toubakaye, les deux premiers principalement. Les chefs Mekhiforés

(1) Le Kolatier en Guinée. *Agr. Pays chauds*, 1907, 1ᵉʳ sem., p. 401.

et Kansikaïe et de Sanguia, les alcalis Landoumans de Dou-
maya et de Comené ont de belles plantations. Dans le cercle
du Rio-Pongo, tous les villages soussous de Colisakho et du
Pongo et les villages Bagas du Manchou, du Bikoré, du Sobaneh et du Coyah, sont entourés d'une enceinte de verdure, formée en moyenne partie par des Kolatiers ; d'après M. l'administrateur BRIÈRE, il en existerait 90.000. Le Colisokho est le
grand centre producteur. Larata, Thia et Khissing sont aussi
bien pourvus. Les Kolatiers remontent la vallée du Fatalla à
travers le Lissa jusque dans les Timbis, à moins d'un jour de
marche de Télimélé. Il y a peu d'années, les Portugais de Bissao et Boulam venaient en goëlette acheter des Kolas à Tobo-
riah, capitale du Coyah, dont la production n'a baissé que depuis peu de temps.

« Dans le cercle de Dubréka, les Kolatiers existent dans les
villages de Foullacoundgi et du Bacoundgi, mais c'est surtout
au Fotenta (Bramaya) et au Kabitaye qu'ils sont abondants.
Les anciens villages Bagas du Kaloum, des îles de Lôs et de
Tumbo en possèdent beaucoup. Sur le territoire de la commune
de Conakry, on compte encore un grand nombre de Kolatiers
sur l'emplacement des villages de Boulbiné et de Conakry, malgré le nombre de ceux abattus pour le percement des rues de
la ville.

« Sur la route de Kakoulina à la Mellacorée, les gros villages de Manéah, Coïa, Fandia, Forécariah, Farmoréah et Tag-
bée ont peu de Kolatiers. Ils sont plus nombreux à Mangata et
à Dandaya et deviennent très abondants au Samoh. Cette province peuplée par les Mendengués, exporte beaucoup de noix ;
les Kolatiers n'y poussent pas à l'état spontané, mais sont tous
plantés et cultivés autour des agglomérations. Les Soussous et
les Timenés du Benna possèdent moins de ces précieux arbres
que leurs voisins Mendengués. On rencontre encore les Kolatiers en bosquets dans le Lumban, resté français, près de Yo-
maya (FAMECHON).

« Le Kolatier n'est probablement pas originaire de la côte de
Guinée. Les plaines basses qui la bordent sont de formation
récente et furent longtemps inhabitées. La première émigration
Baga eut lieu au début du XVII° siècle et seuls les Mendengués

s'étaient fixés au Samoh peu de temps auparavant. Venus du Haut-Niger, ces peuples, dont les coutumes et les cultures sont identiques, emportèrent les Kolas du Kouranko où ils se récoltent dans la forêt. Les Mendengués semblent être, comme le suppose M. FAMECHON, les premiers introducteurs de ces graines ; leur pays s'étendait jusqu'au Kakoulima, et les Bagas, leurs voisins, arrivés après eux, peuvent être leurs tributaires.

« Il est certain que les Soussous, population d'origine Malinké, n'ont pas introduit le Kolatier. Leurs villages, surtout au Colisokho et au Pongo, où ils se fixèrent en premier, possèdent beaucoup de ces arbres.

« Ce sont d'anciennes agglomérations Bagas qu'ils conquirent lors de leurs émigrations successives, et les arbres qu'on rencontre au Calisokho en pleine brousse, occupent certainement l'emplacement de villages détruits. »

En 1907, à notre demande, M. G. POULET, gouverneur par intérim de la Guinée, a bien voulu de nouveau adresser aux administrateurs un questionnaire relatif à la distribution et à la culture des Kolatiers dans cette région.

Dans le cercle de Rio-Pongo, d'après les renseignements fournis par M. HAUET, les Kolatiers, principalement dans le Koulissokho, forment des plantations de 1.500 à 2.000 pieds autour de chaque village ; dans le Lakhata, le Lisso et la province de Thié, ils sont également nombreux. Dans le Koba, les graines sont envahies par le *Sangara*, « ver », dont nous parlerons plus loin, qui détruit très rapidement toute la provision de noix. Aussi n'en fait-on pas le commerce ; ce fait nous a été confirmé maintes fois, et malgré cela les indigènes continuent à planter des Kolatiers.

A Boffa, il existe auprès de la Résidence un Kolatier qui n'a jamais produit que des Kolas rouges aussi gros que le poing. Dans la grande majorité des cas, on trouve généralement ensemble, dans une même gousse, des graines blanches et des graines rouges.

Dans le cercle voisin de Dubreka, les renseignements qui nous ont été officiellement communiqués sont identiques ; les Kolatiers ne reçoivent guère de soins et sont peu nombreux, cependant il n'existe guère de famille indigène qui n'ait en sa possession une centaine de ces arbres. La production est, en grande partie, dirigée vers le Fouta, achetée par les caravanes qui descendent la récolte de caoutchouc à la côte. C'est surtout au Fotenta (Bramaya) et au Kabitaye qu'ils sont abondants. Les anciens villages Bagas du Kaloum, les îles de Los et de Tumbo (Conakry) en possèdent encore de nombreux exemplaires.

Pour la Mellacorée, l'administrateur de ce cercle nous écrivait de Benty, en 1905, que les Kolas font l'objet d'un trafic important, mais le plus grand nombre des noix dites *Kolas du Samo* provient de Sierra-Léone ; elles sont généralement plus petites que celles du pays Toma (1), mais plus lourdes, plus actives et se conservant bien plus longtemps.

2º *Fouta-Djalon.*

— Bien qu'il existe quelques Kolatiers dans beaucoup de villages du Fouta-Djalon (rarement plus d'une vingtaine d'individus par village), la culture du précieux arbre a peu de chances de s'y développer. Les conditions défavorables que nous énoncions pour la région littorale (sécheresse depuis novembre jusqu'à mai, et action du vent d'Est) y sont beaucoup plus prononcées. En outre, par suite de l'altitude, le climat est beaucoup plus froid.

D'après les observations météorologiques encore très incomplètes faites à Kindia, à Kouria, à Mamou et à Delaba, il tombe au Fouta de 1 m. 50 à 2 m. 50 d'eau par an ; la moyenne annuelle des températures est très variable suivant les altitudes ; bien que des observations suivies n'aient pas encore été faites, nulle part, elle n'est pas inférieure, croyons-nous, à 20°.

A Dalaba, à 1200 m. d'altitude, il existe encore quelques Kolatiers produisant des noix de petite taille. A l'Est et au Sud-Est de Timbo, les Kolatiers sont un peu plus répandus, mais on n'en voit encore que quelques exemplaires par village, vers l'ouest, notamment dans la région de Kindia, il en existe aussi mais ils sont peu productifs. En résumé, le Fouta-Djalon est loin de suffire à sa consommation ; le chemin de fer de Conakry

---

(1) Cependant les noix du Samo sont considérées comme les plus grosses de la région côtière. Ce sont aussi les plus cotées.

y déverse aujourd'hui les noix qui étaient autrefois apportée par les caravaniers du pays soussou ou de Sierra-Léone.

3° *Kouranko et région du Haut-Niger.*— On donne le nom de Kouranko à un pays très montagneux compris entre 9°30 et 10°30 de lat. N. et qui s'étend du 11° au 14° de long. O. de Paris. C'est un peu au sud que le Niger prend sa source. Au sud-est, il confine au Kissi dont nous parlerons plus loin. Les pluies y sont plus précoces qu'au Fouta-Djalon. Le Kolatier est cultivé dans tous les villages du Kouranko, principalement dans le Bamaya. Chez les Lélés, il existe au plus quelques centaines d'arbres par village et un petit nombre seulement sont vraiment des plants de rapport. Ceux qui croissent dans les basses vallées très boisées aux alentours des villages, de 400 m. à 500 m. d'altitude, sont les plus productifs, mais on trouve encore quelques beaux plants vers 700 m. d'altitude, par exemple à Dandafarra, près du Mont Kola. Malgré les faibles rendements de ces Kolatiers, les Kourankos tirent une partie de leurs ressources de la vente des noix de Kola pour l'exportation vers Bamako. On en tire aussi une certaine quantité du district de Kérouané.

Au nord du 10° parallèle, les Kolatiers dans les villages deviennent clairsemés, on en en trouve encore çà et là dans le Nord du cercle de Faranna, surtout dans les petits îlots de forêts avoisinant quelques villages.

On en signale aussi quelques exemplaires en plusieurs villages du cercle de Denguiray.

Dans les cercles de Kouroussa et Kankan, des Kolatiers existent dans beaucoup de villages, mais ils sont peu nombreux et donnent de très faibles rendements ; ils sont loin de suffire à la consommation locale.

« Au Sankaran, ils n'existent que dans le Sud de la province, un peu au-dessus du 10°. Les villages des cercles de Kouroussa, compris dans cette zone, qui possèdent les peuplements les plus importants, sont ceux de Sikaro, Bassokouria, Simbo, où l'on peut compter de 150 à 200 arbres, les autres villages n'en possèdent que de 20 à 40. La partie comprise dans les cercles de Kouroussa n'est guère plus riche, on y compte au total 950 arbres, dont 600 seulement sont en rapport ; ils se répartissent ainsi entre les différents districts : Ouroubé 450, Moussadougou 310, Finamora 120, Bassando 25, Dienné 20, Torodougou 20, Divers 20. Les arbres sont surtout nombreux dans le territoire compris entre la frontière du Kissi et l'affluent du Niandan, le Balé. Les principales plantations sont celles de Gualako, 125 arbres, Sirékouroumaya 50, Talikoro 40, Mamoria 25, Koudou 20. (*Rapport du commandant du cercle de Kouroussa, conservé dans les archives du Gouvernement à Conakry* où nous en avons eu communication. Ce rapport, en partie publié par l'Inspection d'Agriculture de l'Afrique occidentale (1) qui n'en mentionne pas la provenance est probablement dû à M. Pobéguin, qui a rassemblé de 1900 à 1910 de nombreux documents sur la flore et l'agriculture de la Guinée.)

Au cours du premier voyage que nous avons effectué dans ces cercles en 1899, alors qu'ils constituaient encore la région sud du Soudan français, nous avons noté la présence des Kolatiers dans d'assez nombreux villages.

Les premiers que nous ayons vus en venant de Siguiri se trouvaient à Balato, sur les bords du Niger, par 11° environ ; mais, d'après Pobéguin, on en trouverait encore plus au N., au village de Sansando, près du confluent du Niger et du Milo, c'est bien là certainement la limite Nord extrême, non de la culture, car on ne peut dire qu'il y a culture puisqu'il n'existe dans quelques villages que de rares exemplaires constituant une curiosité, mais la limite géographique où peut vivre et fructifier le Kolatier. Plus à l'ouest en effet, à proximité de la mer, le Kolatier ne dépasse pas le Rio-Nunez, dont l'embouchure est située un peu en dessous du 11° parallèle. C'est à tort que Pobéguin le mentionne au Casamance (2). Il y a peut-être été introduit depuis peu par les Européens, mais il n'y existait pas en 1900.

Plus à l'Est aussi, le Kolatier ne monte pas à cette latitude.

Au sud des pays Sénoufo, Mandé-Dioula et de Kong, on ne le rencontre plus au N. du 8° et même sous cette latitude on ne cultive que de rares exemplaires.

---

(1) *Agricult. Pays Chauds*, 1907, 1er sem., p. 400-401.
(2) Pobéguin.— Flore Guinée, p. 76.

Enfin entre le 10°30 et le 9° de lat., dans la région du Niger, nous avons encore rencontré des Kolatiers à Babéla (où l'un d'eux est entretenu avec beaucoup de soins par les indigènes qui ont élevé tout autour une levée de terre, (n° 371 de notre Herbier), à Kouroussa, à Moussaïa (n° 400 Herb. Chevalier), à Saréya, à Diaragouéla, à Ouassaïa, à Kankan, etc. Nous avons rarement vu plus de 4 ou 5 arbres par village. Ils sont du reste entourés de soins et considérés comme arbres sacrés par les indigènes. Nulle part ils n'auraient été plantés intentionnellement, mais sont nés de graines perdues. Du reste, dans toute cette contrée, les noirs se gardent bien d'en planter d'autres, car ils sont persuadés que quiconque ensemence un Kolatier meurt l'année où celui-ci commence à fleurir.

Ces Kolatiers produisent quelques follicules chaque année, surtout si la plante vit dans un endroit bien abrité, soit à l'ombre des fromagers, dans les villages, soit dans les galeries forestières voisines. Dans chaque cabosse, on trouve habituellement des noix blanches et des noix rouges. Cependant à Diaragouéla on m'a montré un Kolatier qui produirait exclusivement des noix blanches, d'après les indigènes.

Dans les provinces dont nous venons de parler, le Kolatier ne trouve plus les conditions climatériques optima favorables à sa croissance, sauf peut-être dans certains vallons bien abrités du Kouranko ; il n'y a donc aucun intérêt à le multiplier, d'autant que beaucoup de cultures plus appropriées et aussi intéressantes peuvent être entreprises dans ces régions.

4° *Le Kissi.*— Cette province, un des plus beaux coins de notre domaine colonial africain, est un des pays les plus favorables à la culture du Kolatier, et un de ceux qui produisent les noix les plus estimées. Le cercle comprend 65 cantons et 34 villages indépendants. Son chef-lieu, Kénéma ou Kissidougou, est un gros village situé à proximité du Niandan (affluent du Niger), par 490 m. d'altitude. Le poste fut créé par le colonel Combes, le 24 mars 1893, pour empêcher l'installation des Sofas de Samory dans le pays ; le premier commandant fut le capitaine Valentin.

Le Kissi proprement dit s'étend depuis le Kouranko jusqu'à

la frontière de Libéria non encore abornée ; il est à cheval sur les hauts affluents de droite du Niger d'une part et d'autre part sur le bassin de la Makona (avec son affluent la rivière Méli), fleuve qui pénètre dans le territoire de Sierra-Léone et tombe à la mer à Soulima. La mission de délimitation, dirigée par M. RICHAUD en 1908-1909, a adopté une partie du cours de la rivière Makona comme frontière du Libéria. Cette frontière qui avait déjà été admise par la convention franco-libérienne de 1907, ampute malheureusement le Kissi de territoires habités également par des Kissis et où la France avait incontestablement plus de droits que les 12.000 ou 15.000 noirs Libériens cantonnés le long de la côte. Nous voulons espérer que notre pays saura défendre les intérêts et les droits que nous avons dans cette contrée pleine de promesses pour l'avenir. Ce qui fait en effet la richesse du Kissi, c'est la variété des terrains propres à quantité de cultures et l'habileté de ses habitants comme cultivateurs et commerçants.

C'est un pays de transition entre la forêt dense du Sud et la brousse du Nord, entre les plaines basses situées à moins de 300 m. au dessus de la mer dans la vallée de la Makona et les coteaux boisés et souvent habités dépassant souvent 600 mètres d'altitude et très propres à la culture des Caféiers. Les trois espèces : Caféier du Libéria, Caféier d'Arabie et Caféier de Rio Nunez introduites en 1899 par un membre de la mission du général de TRENTINIAN, M. ROSSIGNOL, forment aujourd'hui des arbustes superbes au poste de Kissidougou. Au sud de la rivière Makona, la forêt vierge fait son apparition entre 7°30 et 8° de lat.

Mais au nord de cette forêt, la savane est constamment coupée par des îlots de hautes futaies denses souvent reliés les unes aux autres et se continuant jusqu'au 9°30 où existent encore de belles galeries forestières. Les savanes sont utilisées pour la culture des céréales et en particulier du riz ; les îlots de forêt abritent des plantations de Kolatiers, de Bananiers, d'Ignames, de méléguette ou Graine de Paradis. Les noix de Kola du Kissi sont exportées vers Siguiri, Bamako et Ségou où elles sont très appréciées.

Quelques observations météorologiques ont été faites à Kissidougou, ce qui nous permet de donner un aperçu sur le climat de cette belle province. Il tombe chaque année de 2 m. à 2 m. 50 d'eau, mais la saison des pluies est beaucoup plus précoce qu'au Fouta-Djalon, puisqu'il tombe déjà d'assez nombreuses averses en février et en mars. Les pluies diminuent un peu soit en mai, soit en juin, mais elles reprennent avec plus d'intensité en juillet, août et septembre pour continuer parfois jusqu'en décembre.

La moyenne annuelle de la température est comprise entre 25° et 26°.

Les températures extrêmes constatées sont 9° le 6 janvier 1904 comme minimum et 38° les 4 et 5 mai 1903 comme maxima. Il n'existe qu'un écart relativement faible entre les moyennes de maxima et les moyennes de minima. C'est en somme un climat approprié à presque toutes les cultures équatoriales.

Les Kolatiers sont cultivés dans les îlots de forêts entourant ou avoisinant tous les villages. Chaque année, les indigènes plantent quelques nouveaux arbres. La principale récolte se fait en novembre et décembre.

La race la plus répandue est le *Cola mixta*, à noix rouges et blanches, mais on trouve aussi des arbres donnant exclusivement des noix rouges (*Cola rubra*) et aussi le rare *Cola alba* à noix et à fleurs entierement blancs.

« Chaque forêt du Kissi, écrit judicieusement CASTÉRAN (1), dénonce un village mystérieusement campé au milieu d'une vaste clairière ; c'est dans cette forêt vraiment équatoriale, surmontée de palmiers à huile et des cîmes géantes des Fromagers, que se dressent, bien abrités du soleil, les Kolatiers élégants avec leurs troncs gris et leurs feuilles lancéolées ». C'est aussi là qu'on trouve d'assez nombreuses lianes à caoutchouc des genres *Landolphia* et *Clitandra*.

Ajoutons que le village de Kissidougou est aujourd'hui à quelques jours de marche du railway de Conakry au Niger, et il est vraisemblable que dans un avenir peut-être peu éloigné, il sera relié par une voie ferrée au rail déjà existant. Nos fonctionnaires coloniaux ayant à charge l'administration du Kissi ne fe-

(1) CASTÉRAN.— Les Kolatiers du pays de Kissi, *Bull. Soc. Acclim.*, LVI, (1909), p. 275.

·ront donc jamais trop d'efforts pour étendre la culture des Kolatiers chez les indigènes, et si une partie des peuples de race
Kissi échappe à notre autorité, nos diplomates devront veiller à
ce que dans les arrangements pris, les doulas soudanais continuent à trouver en deçà de la frontière, les avantages qu'ils s'y
·sont déjà créés.

On peut évaluer à 300 tonnes la quantité de noix exportées
actuellement chaque année par le Kissi vers notre Soudan.

5° *Pays des Tomas et des Guerzés.*— A l'est du Kissi s'étend
le Konian, territoire également·très accidenté et d'altitude élevée, mais d'aspect très différent, dévasté par les incendies
d'herbes depuis des siècles, dénudé et incultivable sur d'immenses espaces. Les galeries forestières sont rares, et nulle
part le Kolatier n'est cultivé en grand.

Cette province présente assez d'analogies avec le Fouta-
Djalon, et l'élevage pourrait vraisemblablement y être développé.

Au centre du Konian se trouve la ville de Beyla, avec son
faubourg de Diakolidougou, fondé d'après Liurette, dès l'an
1230, par des nomades venus du nord pour faire le commerce des
esclaves et des noix de kola. Beyla encore aujourd'hui est une
place importante pour la précieuse denrée. On évalue à 400 tonnes de kolas, 400 tonnes de caoutchouc, 2 tonnes d'ivoire, la
quantité de denrées principales qui y passent chaque année. Des
traficants, la plupart indigènes de nos territoires, vont chercher
ces produits principalement aux grands marchés de Diorodougou, Boola, Gouéké, Lola et Nzo, marchés fréquentés par les
populations de la forêt dense (située un peu plus au sud et habitée par deux peuplades importantes, les Tòmas et les
Guerzés).

On a représenté ces peuplades comme très sauvages et encore anthropophages. C'est une erreur. En général, Tòmas et
Guerzés ont des mœurs frustes et primitives, mais ils sont
beaucoup plus travailleurs et « administrables » que les peuples
du centre de la forêt.

Les Tòmas ont fourni de bons manœuvres pour la construction du railway de la Guinée.

Les Manons de la zône libérienne, qui semblent apparentés aux Guerzés et aux Dyolas, sont venus de leur propre initiative en 1909 offrir leurs services pour la construction de la belle route reliant les deux grands marchés de Kolas, Lola et Nzo et ouverte par M. l'administrateur GUYOT-JANIN, lors de mon passage dans cette région.

Il suffit de voir comment sont achalandés les deux marchés de Lola et de Nzô, sur lesquels nous reviendrons dans un autre chapitre, pour juger des qualités déployées par les Guerzés comme commerçants et comme cultivateurs. Les Guerzés du Karagoua (entre Lola et Guéaso), placés sous l'autorité d'un potentat à demi-civilisé, Gargaoulé, chef puissant et redouté, sont devenus des cultivateurs ou des guerriers disciplinés, mais souvent pressurés. Ils se sont mis depuis peu à exploiter le caoutchouc de lianes et surtout celui du *Funtumia elastica*, généralement commun partout où se trouvent des forêts jusqu'à la montagne de Boola qui est sa limite Nord extrême.

Les Tômas habitent une contrée étendue située à l'est et au sud-est du Kissi et à l'ouest de Lola.

Dans la partie nord de ce pays naît la rivière Saint-Paul ou Diani et ses affluents.

Le peuple Toma s'étendrait jusqu'au cœur du Libéria, mais dans les territoires qui nous ont été reconnus par le récent arrangement franco-libérien, ils forment aussi des groupements mportants.

C'est surtout au sud du 7"30 qu'ils cultivent des Kolatiers, Dans les territoires où s'étend aujourd'hui notre administration militaire, territoires situés au sud et au sud-est de Sampouyara et de Diorodougou, les Kolatiers sont en général clairsemés, bien que la forêt s'étende presque partout et que le climat soit des plus favorables. Les villages de cette région ont été souvent en guerre les uns contre les autres ou contre les Sofas de Samory et sont encore mal remis à la culture. En outre, une taxe exorbitante, plus élevée que la valeur intrinsèque des Kolas sur place était jusqu'à ces derniers temps prélevée sur les noix produites dans les régions que nous administrions et il n'était guère possible d'amener ainsi les indigènes à étendre leurs plantations.

Les noix apportées sur nos marchés viennent donc en partie des territoires plus au sud, considérés comme relevant du Libéria, mais dont les Libériens ne s'occupent point et où ils n'ont jamais pénétré (1).

Les Kolas apportés au marché de Boola provenant de contrées situées à 100 ou 200 kilomètres dans le sud-ouest et occupés par les Tômas et les Bouziés dans le haut bassin de la rivière St-Paul.

Une grande partie des noix apportées à Boola sont blanches. A Mabouan, entre Zébéla et Gouéké, c'est-à-dire dans la même région, on ne trouve aussi, d'après le lieutenant Gauvain, que des Kolas blancs.

Notre ami, Liurette, l'administrateur qui connait le mieux ces régions pour les avoir parcourues en tout sens, nous a assuré que le village de Nsapa où fut massacré, en 1893, le lieutenant Lecerf et que les négociations de la commission de délimitation franco-libérienne ont réussi à nous conserver, se trouve au centre d'une région riche en Kolatiers cultivés. Il existe aussi des plantations étendues dans les territpires situés sur la rive gauche du Diani.

Dans le Kabaradongou, on trouve aussi, d'après Liurette, 300 à 400 pieds par village, soit 1.800 à 3.000, occupant 15 hectares. Il existe aussi de petites plantations dans le Simandougou.

Les Kolas apportés au marché Lola, presque tous rouges, viennent surtout des pays Manons situés à quelques heures au sud de ce village, et aussi de quelques cantons Guerzés.

Ceux vendus au marché de Nzô, rouges aussi pour la plupart, sont en grande partie originaires des pays Dans ou Dyolas de la haute Côte d'Ivoire.

A Boola et dans les environs, nous n'avons observé que quelques Kolatiers autour de chaque village.

Entre Gaéuso et Lola commence la grande forêt qui n'est interrompu que par le massif montagneux des monts Nimba (environ 1.800 m. d'altitude), en partie couverts de savane.

(1) Le prétendu voyage de Benjamin Anderson, en 1868, est sans doute une légende ; le fameux village de Mousardou qu'il aurait atteint en plein Soudan na pas été retrouvé et d'autre part son itinéraire ne mentionne aucune des rivières allant à la côte libérienne qu'il eût dû nécessairement couper.

Cette forêt que nous avons traversée pour aller de Guéaso à Lola et de ce point à Nzô, est encore peu riche en arbres de rapport. Au carrefour des sentiers, on observe seulement quelques Kolatiers qui ont été sûrement plantés et sont la propriété de quelques familles. Dans cette région, comme au Kissi, il sera nécessaire que nos administrateurs agissent sur les indigènes pour leur faire constituer des plantations étendues de cette précieuse essence.

Dans ces régions, le Kolatier porte les noms suivants :

Touré (toma et guerzé Konomenou), *Tougoulé* (guerzé gouaka), *Tougouré* (guerzé Kono), *Ouoro* (Koniankévi).

II. — HAUT-SÉNÉGAL-NIGER.

Le Kolatier n'est pas cultivé dans cette colonie et ne saurait certainement y réussir. S'il y est mentionné dans diverses publications datant de quelques années, cela tient à ce que le vieux Soudan français possédait autrefois des territoires à Kolatiers, mais au moment de sa dislocation ces territoires ont été rattachés les uns à la Guinée française, les autres à la Côte d'Ivoire. On trouve peut-être quelques exemplaires du précieux arbre dans les villages situés au sud du cercle de Bougouni, rattaché au Ht-Sénégal-Niger, de même qu'on en trouve quelques-uns dans ceux d'Odienné et de Kong qui appartiennent à la Côte d'Ivoire et l'avoisinant, mais ces arbres sont en très petite quantité et donnent des rendements insignifiants.

Des essais de plantation, faits par l'administration aux stations agricoles de Kati et de Koulicoro, ont donné de mauvais résultats.

Dans tout le Soudan, les noix de Kola sont connues sous les noms de *Ouoro, Oro, Gouro, Goro.* C'est toujours la même appellation avec une prononciation qui varie d'un district à l'autre.

III. — CÔTE D'IVOIRE.

Cette riche colonie, grâce à son immense forêt vierge couvrant 120.000 kilomètres carrés et large en certains endroits de

300 kilomètres, est par excellence le pays de prédilection pour la culture des Kolatiers. Le *Cola nitida*, qui fournit les noix les plus estimées, croît à l'état spontané à travers presque toute la forêt à l'exclusion de toutes les autres espèces.

Il a été presque partout domestiqué par les peuplades forestières et il est cultivé sur une bande de 50 à 80 kilomètres de large située près de la limite IV de la forêt, c'est-à-dire là où elle est encore très dense. Une autre espèce, le *C. acuminata*, a été introduite par les Kroumen dans la région du Bas-Cavally. Elle a une faible valeur, et c'est incontestablement le *C. nitida* qui doit être partout multiplié. Aussi bien on le trouve presque dans tous les districts forestiers à l'état sauvage, et, même en pleine forêt, il donne parfois d'aussi belles noix que dans les plantations.

Nous passerons en revue les principales régions de cette colonie, en examinant successivement :

1° La zone située au nord du 8ᵉ parallèle ;

2° Le Baoulé ;

3° La zone nord de la forêt allant du 6°30 au 7°30 de latitude nord ;

4° La zone sud et la zone moyenne de la forêt s'étendant depuis la mer jusqu'au 6°30.

1° Zone au nord du 8ᵉ parallèle. — Cette région présente de grandes analogies avec le Kouranko et les territoires de la Hte-Guinée, traversés par le Niger et par ses affluents les plus occidentaux, mais par suite de l'éloignement de la mer et de la plus faible altitude du relief, la sécheresse y est beaucoup plus accentuée. Dans les cercles de Touba et d'Odienné qui confinent à la Guinée, il existe encore, disséminés de loin en loin à proximité des villages, de rares Kolatiers plantés appartenant à la race *C. mixta;* mais ils sont sans intérêt est ne doivent être mentionnés qu'à titre de curiosité. Bien plus, si l'on descend encore au sud en poussant toujours plus à l'est, et en suivant le 8ᵉ degré, en traversant les grands centres qui sont de l'ouest à l'est : Touna, Séguéla, Mankono, Marabadiassa, Dabakala et Bondoukou, on constate l'absence presque complète des Kola-

tiers, alors que sous la même latitude, en Guinée et à Sierra-
Léone ils sont très répandus.

Ainsi, à Séguéla et à Marabadiassa, nous n'avons pas vu un
seul Kolatier ; à Mankono, il en existe quelques uns plantés depuis peu par notre administration, mais les indigènes n'en possèdent point ; à Boudoukou, on n'en trouve pas.

Au Chapitre II, page 25, nous avons reproduit un passage du
récit de voyage de BINGER, relatif à la limite des Kolatiers dans
cette région.

Considérant Tangréla, Maninian et Sambatiguila comme marchés de la première zône et Touté, Kani, Sakala comme marchés
de la seconde zône, dite du Ouorodougou, l'explorateur estimait
que les Kolas devaient provenir d'une troisième zône située
30 kilomètres plus au sud où « les Lôs apportent les Kolas en
des lieux d'échanges situés en pleine brousse ».

Les informateurs de BINGER étaient mal renseignés ; d'après
les distances indiquées, cette troisième zône coïnciderait avec
les grands marchés de Touba, Touna, Séguéla, Mankono, Marabadiassa et on sait aujourd'hui que ces centres sont encore
situés à 60 ou 80 kilomètres des lieux de production ; il existe
encore plus au sud une quatrième et même une cinquième zône
où les Kolas doivent transiter. A Mankono où viennent les femmes de Sakala, ce sont d'autres femmes mandé-dioulas qui vont
les chercher au sud et là elles rencontrent des femmes Lôs qui
elles-mêmes se sont avancées jusqu'en plein pays Bété pour se
procurer ces noix.

Nous étudierons ce trafic avec tout le développement qu'il
comporte dans le chapitre consacré au commerce.

La province du Ouorodougou doit son nom à sa situation sur
les routes suivies par les colporteurs de Kola venant s'approvisionner de noix récoltées plus au sud, mais elle ne produit pas
de Kolas pour l'exportation.

Il existe bien dans quelques villages mandé-dioulas, avoisinant le pays des Lôs, quelques Kolatiers plantés, mais le nombre en est faible et ils produisent peu. Le climat pourrait pourtant convenir à cet arbre précieux au sud du 9e parallèle et s'il
était planté dans les étroites forêts bordant les rivières ou dans
les futaies plus ou moins étendues qui avoisinent certains vil-

11

lages, notamment dans la région de Séguéla, il est probable
qu'ils donnerait des rendements normaux.

A Mankono même, une quinzaine de Kolatiers plantés depuis
11 ans dans le jardin du poste, sur les bords d'un ravin où coule
l'eau toute l'année et à l'abri d'une grande plantation de bananiers, forment aujourd'hui de beaux arbustes vigoureux, hauts
de 5 à 8 mètres et n'ayant pas de maladies. L'un d'eux a produit des cabosses pour la première fois en 1909.

Mais les habitants du Ouorodougou n'ont aucun désir de se
livrer à cette culture, les femmes étant habituées depuis des
siècles à aller chercher des noix au sud chez les Lòs, chez les
Ouobés et même chez les Bétés.

2º *Le Baoulé.*— On donne ce nom à une région très naturelle
en forme de triangle, ayant sa base marquée au N. par le 8ᵉ
parallèle et son sommet au confluent du Bandama et du Nzi,
près de la gare de Nzivillc, récemment créée à l'extrémité actuelle du railway de la Côte d'Ivoire. Les deux rivières forment
les côtés du triangle. Cette région très spéciale est constituée
par un pays plat, accidenté seulement à l'est et au sud, d'une
altitude de 100 m. au sud et atteignant progressivement 300 m.
au nord. Il est couvert d'une savane parsemée d'arbres rabougris et çà et là dans le sud de forêts claires de rôniers (*Borassus æthiopum*) et de plantations étendues d'Ignames constituant la base de l'alimentation des indigènes ; les îlots de forêt
y sont rares ; il n'y a pas de cours d'eau permanent en dehors
des deux grandes artères limitant le Baoulé; aussi les galeries
forestières font défaut ; la flore de la savane rappelle celle du
moyen Dahomey dans les parties situées sous la même latitude.

Les habitants, nommés Baoulés, appartiennent à la famille
Achanti-Agni et sont certainement d'origine forestière. Ils ont
commencé à envahir le pays il y a 2 ou 3 siècles et ont absorbé
ou refoulé vers le nord les premiers possesseurs du sol qui devaient être des Gouros au sud et des Sénoufos au nord. Ils ont
conservé les cultures des premiers autochtones (riz et mil dans
le nord) et ont aussi introduit les leurs.

Les plantations de Kolatiers n'existent pas et ne paraissent
pas avoir existé dans ce pays trop découvert. Nous pensons

qu'il serait cependant possible de faire prospérer cette culture dans des terrains choisis aux abords des villages en plantant préalablement des arbres abris : fromagers, grandes légumineuses, *Ficus*, *Blighia*.

Les Baoulés qui constituent une population d'environ 200.000 habitants, consomment actuellement très peu de Kolas, mais dans un avenir peu éloigné, le railway de la Côte d'Ivoire va traverser leur pays dans toute son étendue; d'une part il pourra transporter les noix au cœur du Soudan, de l'autre il pourra les amener à la Côte.

On trouve des Kolatiers en petit nombre seulement à proximité de quelques villages. Les noix vendues au marché de Bouaké viendraient de villages situés à une dizaine de kilomètres à l'ouest.

On en trouve aussi près de Sakassa ; à Mbayakro il en existe dans la forêt sur la rive gauche du Nzi, mais ils ne sont pas cultivés ; les noix qu'on consomme dans le pays sont apportées du Pays des Ngans.

3° *Zone Nord de la forêt de 6°30 et 7°45.* — Cette bande, large d'une centaine de kilomètres seulement et interrompue à hauteur du Baoulé, est la région la plus importante de production des noix de Kola du monde entier. A l'est, elle se continue à travers la Gold Coast et couvre une partie du pays Achanti.

A la vérité, les Kolatiers ne sont pas répartis régulièrement sur toute cette étendue: dans des cantons entiers, ils font presque complètement défaut et dans d'autres, au contraire, ils foisonnent autour de tous les villages. On trouve presque partout les quatre races que nous avons distinguées ; cependant, dans chaque région une race domine sur les autres ; tantôt c'est *Cola mixta*, tantôt *Cola rubra*, rarement *Cola alba*; le *Cola pallida* pur, c'est-à-dire bien caractérisé, est rare dans les plantations. On trouve bien ça et là quelques petites noix roses sur les marchés, mais elles proviennent des mêmes cabosses que les trois autres sortes : les arbres produisant exclusivement les petites amandes roses, ne se trouvent que dans la forêt et parfois dans les plantations de la zone située plus au sud.

Certaines peuplades de la forêt se sont réellement spécialisées dans la production des noix de Kola : nous passerons les principales en revue.

a) *Pays des Dyolas ou Dans*. — L'existence de cette importante tribu a été révélée par l'exploration du lieutenant BLONDIAUX (1) en 1897 et en 1899 par la mission WŒLFFEL-MANGIN, qui y créait en plein sud le poste de Nouantogloin qu'on dut évacuer en 1900 après la mort du lieutenant SÉNAC, successeur de WŒLFFEL.

Egalemént en 1899, la mission HOSTAINS et d'OLLONE, partie de la Côte, traversait le même pays à l'ouest pour se rendre au Soudan. C'est de la publication des travaux de ces missions que datent les premiers renseignements sur la contrée (2).

Elles apprirent, entre autres choses, qu'une partie des Kolas transportés dans le Soudan occidental proviennent de cette région.

Un poste fut créé à Danané (Fort-Hittos) en 1905, en plein pays dyola, dans le bassin de la Nuon ou Rio-Cestos ; il est aujourd'hui le chef-lieu de la circonscription de Danané. Plus à l'est, notre administration a constitué une seconde circonscription ayant pour chef-lieu Man, poste créé en 1907.

Des renseignements géographiques et ethnographiques importants ont été publiés (3) sur cette contrée copieusement arrosée

(1) ZIMMERMANN (M.).— Résultats des missions BLONDIAUX et EYSSERIC dans le N.-O. de la Côte d'Ivoire. *Ann. Geogr.* 1899, p. 252-264.

(2) Rapport du lieutenant WOELFFEL sur la mission envoyée par le Soudan dans le bassin du Cavally (S. l. n. d.— Paris, 1900. Presse régim.).

C. VAN CASSEL (membre de la mission Woelffel). — La Haute Côte d'Ivoire Occidentale. *Bull. Muséum*, fév. 1901.

Ibid. — Géographie économique de la Haute Côte d'Ivoire occidentale. *Ann Géogr.*, XII, 1903, p. 145-158.

Aug. CHEVALIER.— Notes sur les observations botaniques et les collections recueillies dans le bâssin du Haut Cavally par la mission Woelffel en 1899. *Bull. Muséum*, 1901, p. 83.

D'OLLONE. — De la Côte d'Ivoire au Soudan et à la Guinée, Paris, 1901.

(3) Voir notamment : LAURENT. — Les Diolas, *Bull. Soc. géogr. Afrique oct. franç,*, I (1907), pp. 201-222, 268-286.

JOULIA (J.).— Deux missions dans le Haut-Cavally. *Renseig. et Docum. Afr. franç.*, XIX (1909), pp. 113-125, 136-146.

CHEVALIER (Aug.).— Dans le nord de la Côte d'Ivoire. *La Géograph.*, XX (1909), p. 25-29.

Ibid. — Les massifs montagneux du nord-ouest de la Côte d'Ivoire. *La Géogr.*, XX (1909), p. 207-224.

par la Nuon, par le Haut Cavally et ses affluents et surtout par un important éventail de rivières tributaires du Bafing, principal affluent du Sassandra. Plus au sud, d'autres rivières et notamment le Zô vont directement au Sassandra.

Dans les grandes vallées le pays est plat, et son altitude ne dépasse pas 200 à 300 mètres, mais entre le Moyen Sassandra et le Haut Cavally se dressent d'une manière presque ininterrompue des pâtés de montagnes dont les pics, en nombre incalculable, s'élèvent de 800 m. à 1400 m. au-dessus du niveau de la mer, sur un ruban large de plus de 50 km. (allant du 7°20 au 7°50 de lat. N. et couvrant une superficie de 6.000 km². La forêt vierge couvre une grande partie de cette contrée et ne fait défaut que sur certaines crêtes de montagnes.

Au sud de 7°30, elle s'étend d'une manière ininterrompue, et c'est surtout sous cette latitude, dans les régions peu élevées, que le Kolatier est cultivé en grand. La saison des pluies y est de longue durée et pendant les mois secs, de novembre à mars d'une part, en mai ou juin d'autre part, il est rare qu'il ne tombe pas au moins une averse par semaine.

Presque tout le pays est habité par les Dans, encore nommés Dioulas ou Dyolas, ou Yapoubas. (L'appellation de Dioulas ou Dyolas, aujourd'hui employée dans les rapports administratifs et dans la littérature géographique devrait, à notre avis, être proscrite, car elle prête à une trop grande confusion. Le mot *dioula* devrait être réservé pour désigner les colporteurs soudanais ordinairement d'origine Mandé, mais pouvant appartenir aussi à un autre peuple et qui circulent aujourd'hui à travers toute l'Afrique occidentale).

Ces Dans s'étendent dans la forêt et à sa lisière, depuis le 6° de lat. N. jusqu'au Bafing, sur les rives duquel ils sont mélangés aux Soudanais. *Dan* est le nom qu'ils portent dans leur langue même. Les Guerzés et les Mandés du Karagoua les nomment *Kerrés* ou *Guerrés*, mais ce nom qui signifie *sauvages* est aujourd'hui appliqué pour désigner les peuplades d'origine *Bakoué* qui vivent dans le bassin du Cavally au sud du 6° parallèle. Les Tômas les appellent *Manons*. A l'est, ils s'étendent presque jusqu'à la rive droite du Sassandra. A l'ouest, on les trouve très loin dans le cœur du Libéria et d'après Sir HARRY

Johnston, ils iraient jusqu'au fleuve St-Paul. Tous ceux qui vivent dans le bassin du Cavally et dans le bassin de la Nuon sont encore anthropophages.

Les Dans auxquels se rattachent les *Touras* et peut-être les *Ouobés* seraient, d'après Laurent, venus de pays situés plus au N., au delà de Bafing, constituant le canton actuel du Mahou, au S.-E. de Touba. Delafosse admet l'existence d'une race Mandé-Fou qui renfermerait ces peuplades et quelques autres de la Côte d'Ivoire : les *Gbins*, au S. de Bondoukou, les *Ngans* du Mango, les *Monas*, au S. de Mankono, les *Lôs*, les *Gourôs*, au S.-O. de Séguéla. Toutes ces peuplades se livrent à la culture du Kolatier.

Le district de Danané, que nous avons traversé de l'ouest à 'est en 1909, est une des régions de nos possessions produisant le plus de noix de Kola.

Nous avons recueilli sur place d'assez nombreux renseignements sur cette question, mais nous avons surtout puisé de précieuses données dans les archives du poste rassemblées par le capitaine Laurent, qui a parcouru depuis 1905 toute la contrée et visité les moindres villages et a aussi pénétré fort loin à l'ouest dans les pays rattachés au Libéria.

Le lieutenant Gauvain qui l'avait remplacé à Danané lors de notre voyage, continuait avec le même zèle et la même compétence l'occupation et l'étude de la région ; il nous a aussi fourni d'intéressants renseignements :

« Les Dyolas, écrit Laurent, sont attachés au sol par la culture des Kolatiers. Ces Kolatiers, on les rencontre partout où il y a des villages, aussi bien sur les sommets ou sur les flancs dénudés des montagnes, que sous la galerie verdoyante de la forêt plate. Leur culture atteint son maximum d'intensité sous le 7e degré, dans les cantons de Lolé, Blossé, Hyré, Blouno, Oua sud. Ils ne poussent pas au hasard dans la forêt qui est beaucoup trop dense et où ils étoufferaient. Tous ont été plantés. Si une noix perdue arrive à germer en pleine forêt, l'arbre qui en résulte ne rapporte pas, la forêt des régions inhabitées étant trop épaisse.

« Les innombrables Kolatiers des Mandé-Fou ont donc été plantés et sont régulièrement entretenus comme le sont en

France les arbres de nos vergers. La tradition rapporte que le Kolatier est originaire du Sud. Ce sont les gens de Koulinlé qui, les premiers, en ont connu la culture sans jamais s'y donner beaucoup, sans doute à cause du manque de débouchés. Les Kolatiers sont de trois espèces : ceux à fruits blancs, ceux à fruits rouges et ceux à fruits par moitié blancs et rouges. Lolé, Houné, Blossé apprécient davantage et cultivent les rouges, Oua les blancs ».

Les principaux centres de production sont Té, Dioandougou, Togouapolé, Oua, Flampleu, Bounda, Fineu. Danané, sur lesquels nous reviendrons à propos du commerce).

D'après GAUVAIN, Kahounien, dans le moyen Cavally, par 6°57 de lat., est le marché limite des Kolas vers le Sud. Les *Guerrés* de race Bakoué, vivant du 6° au 6°30, c'est-à-dire plus au sud et qui ne cultivent pas les Kolatiers, viennent, paraît-il, y faire des achats.

De son côté, D'OLLONE dit qu'en venant du sud il n'a trouvé les Kolatiers en abondance qu'à partir du pays Kopo, par 6°40.

Bounda, par 7°7, est aussi un marché important pour les Kolas qui iraient de là à Flampleu.

Vers le nord nous les avons observés encore abondants à Sampleu, près des sources de la Nuon et à Oua par 7°45 environ.

A l'époque où nous avons effectué notre voyage, en avril et mai, beaucoup de Kolatiers étaient en pleine floraison, mais il y en avait très peu à porter quelques fruits. La grande floraison dans cette région commence vers le 15 mai et se continue jusqu'au 15 juin. A cette époque, on ne voit que très rarement des cabosses sur les arbres, 2 ou 3 bouquets au maximum par arbre et les 19/20 des Kolatiers n'en ont pas. La principale récolte se fait en octobre et novembre en même temps que la récolte du riz, mais les indigènes conservent plusieurs mois des réserves de noix dans leurs cases ou même dans la forêt et ne les vendent qu'au fur et à mesure de leurs besoins.

C'est entre 250 m. et 350 m. d'altitude que les Kolatiers sont plus nombreux. On les observe habituellement en plein massif forestier, le long des sentiers de la forêt aboutissant à chaque village et surtout dans les carrefours de ces sentiers. Il est rare d'en rencontrer à plus de 500 mètres des villages.

Ces Kolatiers sont généralement en très bon état, mais ils supportent une végétation d'épidendres très abondante : orchidées, fougères, *Calvoa*, *Begonia*, *Urera* ; les branches sont fréquemment chargées d'une chevelure de mousses et de lichens.

Les Kolatiers se nomment *Go* (1) (en dyola), *Hié* (en guerré).

b) **Pays des Touras ou Touradougou**. — Le Touradougou est situé à l'est et au nord-est du pays Dan. Il est extrêmement montagneux et la plupart des villages sont bâtis au sommet de dômes granitiques très escarpés, dressés souvent de plusieurs centaines de mètres au-dessus des villages. Il forme avec la partie orientale du Pays Dyola le district de Man, que nous avons traversé dans presque toute sa longueur en 1909. Ce district était alors administré par le lieutenant RIPERT, qui eut l'amabilité de nous accompagner durant notre voyage. Observateur attentif, il nous a fourni aussi des renseignements précieux sur les Kolatiers de ce district et sur ceux des régions comprises entre le moyen Sassandra et le Bandama, qu'il avait aussi parcourues.

Dans le district du Man, il y a relativement peu de Kolatiers. La ligne des marchés du sud : Man, Gouékangoui, Tiéni (en pays Ouobé), Sépolé, Blo, Gouogouré (en pays Guéré), Sémien (en pays Ouobé) est alimentée de noix récoltées au sud.

Au marché de Sémien en particulier, on vend des Kolas récoltés dans les pays Dyolas, Ouobés, Bétés, Ouayas et Lôs.

La presque totalité des Kolas sont rouges. On ne trouve que de rares Kolas blancs sur les marchés (2). D'après RIPERT, on trouverait dans ces régions un nombre relativement élevé de noix à trois cotylédons, appartenant néanmoins à l'espèce *C. nitida*.

Dans le Touradougou proprement dit, il n'existe que quelques Kolatiers dans chaque village et il est rare que les Touras séden-

(1) Ou plutôt : *Godi* est le nom de l'arbre et *Go* celui de la noix.
(2) Sur les charges de Kola apportées à Man, on ne compte que 1 à 2 °/. de Kolas blancs, et une proportion un peu plus forte de noix d'un blanc-rosé (RIPERT). Au cours de notre voyage de Danané à Sémien, les indigènes n'ont pas pu nous montrer un seul Kolatier produisant des noix blanches. C'est le *Cola rubra* qui prédomine et le *C. mixta* présente aussi quelques exemplaires·

taires fassent le trafic des noix. Certains *Cola rubra* encore
vigoureux et productifs s'observent dans des villages perchés
dans les rochers jusqu'à 900 mètres d'altitude.

c) *Pays des Bétés.* — Le pays Bété proprement dit comprend
presque toute la partie moyenne du bassin du Sassandra et les
parties les plus occidentales du bassin moyen du Bandama. Au
sud, il commence vers 5°30' à hauteur de Boutoubré. Au nord,
il s'étend jusque vers le 7°45, puisque, d'après Thomann, les
Ouayas ou *Bobouas* proviendraient du croisement des Bétés
et des Bakoués. A l'ouest, ce pays est bien limité par le cours
du Sassandra qui sépare les Bétés des *Bakoués* ou *Guerrés*.
A l'est et au sud-est, les Bétés confinent aux *Lôs* ou *Gourôs*.
La pénétration du pays par nos soldats est toute récente. C'est
seulement en 1903 que l'administrateur Thomann réussit à se
rendre de la Côte jusqu'à Séguela en suivant la vallée du
Sassandra ; il quitta le fleuve à partir de Soubré et s'enfonça
dans la forêt des Bétés d'où il ne sortit qu'à hauteur de Vavoua,
pour venir déboucher chez les Mandé-Dioulas au Soudan. Des
postes furent établis par la suite en Pays Bété à Guidéko, à
Issia et à Daloa, mais ce n'est en réalité qu'en 1906, après la
première révolte des Bétés, que la pénétration européenne a
commencé. Au commencement de 1907, les officiers qui sillon-
nèrent toute la partie nord de cette province purent constater
l'importance donnée par les Bétés à la culture des Kolatiers.

En 1907, nous avons visité Soubré et Guidéko dans la partie
sud de la région, c'est-à-dire celle qui n'exporte pas de noix
de Kolas. Les *Cola pallida* sont communs à travers la forêt,
mais les indigènes n'en tirent aucun parti. La culture du précieux arbre commence seulement à hauteur d'Issia, par 6°30
environ et c'est entre ce village et Daloa qu'elle atteint son plus
grand développement.

D'intéressants renseignements nous ont été communiqués
par le capitaine Schiffer et par le lieutenant Ripert, qui ont,
le premier surtout, beaucoup circulé entre la Sassandra et le
Bandama.

Les races de Kolatiers qui dominent sont le *C. mixta* et
le *C. rubra.* D'après Ripert, on trouve aussi dans les environs

de Daloa un certain nombre de Kolatiers donnant exclusivement des noix blanches. Ces arbres sont toujours cultivés dans
la forêt dense, à proximité des villages, le long des sentiers
et sur les terrains occupés autrefois par les cultures de bananiers, de manioc et d'aroïdées. D'après les notes obligeamment
communiqués par le capitaine Schiffer, au nord de la forêt,
dans le pays de transition où les îlots de forêts alternent avec
de grandes clairières, les Kolatiers sont peu abondants. On
le constate en particulier dans le Yokolo, appelé par les *Bétés*
Sokuya ou Sokuea, par les *Gouros* : Kuya-Fla, par les *Los* et
les *Dioulas* : Ouaya ou Wuya. Les Kolas ne font qu'y transiter
pour aller dans le nord. En réalité, ces noix proviennent des
cantons du Leblé, du Balo, du Yokolo et du Bogué qui sont les
seuls du pays Bété se livrant à la culture et à la récolte du
Kola. La culture doit être très développée dans ces régions,
puisque Ripert qui a parcouru presque tous les pays à Kolas
de la Côte d'Ivoire n'hésite pas à assurer que c'est dans ces
cantons qu'il a vu les Kolatiers en plus grande abondance et
c'est là qu'il a observé les plus belles noix : certaines, en très
faible quantité il est vrai, atteindraient et même dépasseraient
le poids de 100 grammes.. Il ne serait pas rare de voir des lots
entiers renfermant des amandes pesant de 20 à 40 grammes,
avec lesquelles sont mélangées quelques autres encore plus
lourdes.

Vers le nord, d'après Schiffer, les Kolatiers deviennent déjà
rares dans le Balogué; de même vers le sud la véritable culture
du Kolatier s'arrête au 6ᵐᵉ degré, c'est-à-dire à hauteur de
Bitri.

De son côté, Thomann dit n'avoir pas vu de Kolatiers dans
le moyen Sassandra, ni chez les Los, ni chez les Babouas, mais
seulement dans le Bogué et le Bala.

d) *Pays des Lôs ou Gouros*. — Les Gouros, auxquels
Delafosse (1) attribue le nom de *Koueni* et qui sont nommés *Lôs*
par les Mandés et *Gouros* par les Agnis, habitent une région
forestière située à la bordure ouest du Baoulé, par conséquent

(1) Delafosse, M. — Vocabulaires comparatifs de plus de 60 langues ou
dialectes parlés à la Côte d'Ivoire, Paris, 1904, p. 145.

sur la rive droite du Bandama, principalement entre la Marahoué ou Bandama rouge et le Bandama blanc (rivière de Marabadiassa). Ils s'étendent en longueur du 6° au 8° parallèle. A l'ouest, ils sont limités par les Bétés, au nord par les Mandés-Dioulas, à l'est par les Baoulés avec lesquels ils sont mélangés sur la frontière.

J. EYSSERIC (1) le premier a pénétré dans ce pays en 1897. Quelques années plus tard, en 1901, le capitaine SCHIFFER en commençait l'occupation. Divers postes militaires : Béoumi, Zuénoula, Bouaflé, Sinfra, Oumé, sont aujourd'hui installés dans cette contrée. L'état troublé dans lequel elle se trouvait en 1907 et 1909 ne nous a pas permis d'y pénétrer.

Depuis longtemps, BINGER a fait connaître qu'une grande partie des Kolas transportés par les Dioulas du Soudan proviennent de cette contrée.

D'après le lieutenant BEIGBEDER, ancien chef de poste de Sinfra, la principale province productive est le Koyaradougou. Les tribus qui se livrent à la récolte des Kolas sont les *Lôs Sia* au sud et les *Lôs Mona* au nord. Les Kolatiers sont plantés aux abords des villages, le long des chemins de la forêt et surtout aux carrefours, ces carrefours étant souvent l'emplacement d'anciens lieux habités. On ne les rencontre jamais en véritables plantations. Les arbres sont la propriété de la communauté du village. La principale récolte se fait en novembre et décembre. Il y aurait aussi une petite récolte en avril et mai.

Le lieutenant RIPERT qui a parcouru aussi cette région assure qu'il y a peu de Kolatiers dans le pays Lô proprement dit ; des cantons entiers n'en produisent pas et dans toute la partie sud du pays Gouro, les noix de Kola sont inconnues comme produit d'échange. En réalité, les noix de Kola, considérées comme venant du pays Lô, viennent du pays des Bétés. Les Lôs sont des intermédiaires qui vont chercher les noix chez les Bétés pour les vendre sur leurs marchés aux femmes Mandé-Dioulas. Nous nous étendrons davantage sur cette question dans le chapitre consacré au commerce.

(1) EYSSERIC. — Rapport sur une mission scientifique à la Côte d'Ivoire. *Nouv. archiv. Missions scient.* IX (1899).

Selon SCHIFFER, dans la partie septentrionale du pays des
Lôs, il n'existe encore que quelques arbres isolés vers Kamalo,
Koussana, Diorolé, Mankoro, Goaka. En pays Lô, le canton
de Lueno ne possède qu'une cinquantaine d'arbres ; on en
compte une centaine dans le canton de Mieole, quelques centaine dans ceux de Karagnian, Digougou, Naté. Ceux de
Boromo, Gokomo n'en ont que quelques pieds. C'est seulement
dans le canton de Niogor que les Kolatiers deviennent nombreux, mais ils ne sont véritablement abondants que dans le
pays des Ouayas, principalement au sud, dans le nord du pays
des Bétés et chez les Gouros vivant sur la rive droite de
la Marahoué.

e) *Pays des Ngans.* — Dans le récit de son exploration BINGER
rapporte qu'une partie des Kolas exportés sur Kong et sur
Bobo-Dioulosso proviennent de l'Anno ou Mango. Cette province que nous avons traversée est située au sud-ouest du grand
centre de Bondoukou, mais les Agnis qui l'habitent ne produisent qu'une faible quantité d'amandes. En réalité, les noix de
Kola dites de l'Anno proviennent en majeure partie du pays des
Ngans situé au nord-est du Baoulé, entre 7°30 et 8° de lat. N.
d'une part et entre le moyen Nzi et le moyen Comoë, d'autre
part. Dans le pays des Ngans, on distingue deux régions : 1°
les Ngans du Guiamala, rattachés au cercle de Kong ; 2° les
Ngans du Mango, dépendant du cercle du Nzi-Comoé, secteur
d'Akouakoumékrou. Au N.-E.,ils confinent au Bini ; plus au N.
encore, vers le 8° parallèle commence le pays Barabo qui ne
produit pas de Kolas. Les Ngans parlent presque tous la langue mandé-dioula ; au contact du Mango proprement dit, ils
parlent aussi agni. D'après DELAFOSSE, ils seraient apparentés
aux Lôs ou Gouros.
Notre itinéraire de Bongouanou à Akouakoumékrou nous a
conduit à proximité des Ngans du Mango et nous avons pu nous
procurer des spécimens de rameaux en fleurs, de cabosses et
de noix des Kolatiers de cette région. On y trouve des *Cola
mixta*, des *Cola pallida* et probablement aussi des *Cola* ne
produisant que des noix blanches mais non complètement identiques au *Cola alba* du Kissi, car ce dernier a les fleurs entière-

ment blanches, tandis que le Kola blanc des Ngans aurait
des fleurs rayés de pourpre. Ses noix ne sont pas du reste complètement blanches, mais d'un blanc-verdâtre à l'état frais, d'où
le nom de *Biguendé oro* (*Kola vert*) que lui donnent quelques
soudanais.

Dans les lots de Kolas achetés dans le pays par les dioulas,
on trouve ordinairement mélangées aux noix blanches, un cinquième de noix rouges et de noix roses, tout à fait semblables
à celles du Haut-Cavally ou de l'Achanti.

Toutefois les arbres produisant exclusivement des noix rouges ou exclusivement des noix blanches n'existeraient pas au
dire des indigènes. Mais cette assertion aurait besoin d'être
contrôlée, car un Agni nous a montré aux environs d'Akouakoumékrou, où existent peu de Kolatiers, un arbre qui donnerait
exclusivement des noix blanches.

C'est cet arbre dont les fleurs présentaient trois raies pourpres
sur chaque sépale en dedans du calice.

Le passage du livre de BINGER que nous avons reproduit au
2ᵉ chapitre page 27 et qui assure que le Mango ne produit que
des noix blanches et des noix rosées n'est en tout cas pas tout
à fait exact.

Dans une cabosse fraiche et parvenue à maturité, cabosse à
forte crête dorsale et tuberculeuse-scoriacée à la face inférieure
nous avons trouvé quatre noix rouges et une noix blanche. Par
contre, nous avons examiné cinq cabosses qui ne renfermaient
que des noix blanches.

Les indigènes assurent que sur les arbres qui les produisent
on trouve aussi quelques cabosses contenant des amandes blanches et roses en mélange, mais nous sommes loin d'en avoir la
certitude.

Les Ngans né paraissent point disposés à fournir beaucoup
de renseignements sur un végétal qui fait, en somme, toute leur
richesse. Ils assurent qu'il n'existe qu'une seule race de Kolatiers dans leur pays, donnant des noix blanches, rouges et roses.
Les variations constatées dans la taille des fruits, la coloration
et la dimension des amandes, tiendraient seulement aux différences de sol, d'abri, de soins culturaux. Bien plus, ils assurent que des différences dans la coloration des amandes d'un

arbre se produiraient parfois d'une année à l'autre : ainsi un Kolatier qui ne donne que des noix blanches et des noix rosées pourra produire aussi une autre année quelques noix rouges.

Contrairement à l'assertion de BINGER, les dioulas que nous avons interrogés assurent que les Kolas des Ngans ne sont pas inférieurs à ceux des Achantis. Ils se vendent aujourd'hui aussi cher sur les marchés et se conservent aussi longtemps s'ils sont bien emballés.

Seuls les Kolas blancs très lavés de vert, seraient de médiocre qualité et ne se conserveraient pas longtemps. Nous nous demandons si cette coloration ne proviendrait pas de ce que les amandes auraient été récoltées avant maturité.

Les noix du Kissi, qu'on laisse mûrir sur les arbres, sont les plus estimées.

La principale récolte des Ngans se fait en septembre et octobre. En décembre, il ne reste plus de cabosses sur les arbres; une deuxième récolte, plus faible a lieu en juin. En dehors de ces périodes, les Kolatiers donnent quelques fruits tout au long de l'année. Ils sont presque constamment en fleurs.

M. l'administrateur BARTHÉLEMY nous a communiqué d'intéressants renseignements sur les Ngans du Guiamala dont nous n'avons pu visiter le pays et sur la manière dont ils cultivent les Kolatiers :

« Les Ngans sont arrivés dans le pays depuis trois ou quatre générations. Ils venaient des rives d'un grand fleuve (Comoë ou Volta ?), fuyant devant des voisins envahisseurs. Ils s'établirent sur la rive gauche du Nzi, là où le plateau central, qui sépare les deux bassins Comoë et Nzi, vient mourir en croupes peu élevées. A l'origine, ils étaient, sans nul doute, peu nombreux puisqu'ils ne purent fonder que deux villages, mais vivant dans la paix la plus complète ils se multiplièrent, si bien qu'à l'heure actuelle le pays des Ngans du Guiamala renferme 24 villages et plus de 2.500 habitants. A l'encontre de tous leurs voisins, ils échappèrent, vers 1895, aux ruines et aux massacres accumulés par les Sofas (soldats) de Samory et c'est surtout parce qu'ils étaient les producteurs des noix de Kola qu'ils furent épargnés.

« Ils feraient trois récoltes de Kolas par an : la principale en octobre-novembre, une autre en février et mars et enfin une troisième en juin et juillet. Les cabosses sont de taille très variable : elles renferment 4, 6, parfois 10 noix ; on m'a affirmé en avoir vu qui en contenaient jusqu'à 20. La noix est blanche ou rouge ; la même cabosse peut contenir des noix de différentes couleurs, mais chez les Ngans, les Kolas blancs dominent. Les arbres sont ordinairement groupés en petites plantations de 250 à 300 Kolatiers espacés sans aucune symétrie ».

Nous reviendrons plus loin sur ces plantations.

4° *Zône sud et moyenne de la Côte d'Ivoire.* — Bien que le Kolatier n'y soit l'objet d'aucune exploitation et que la culture en soit rudimentaire, il existe partout dans la partie méridionale de la Côte d'Ivoire, depuis la mer jusqu'au 6°30 de latitude. Non seulement on le trouve à l'état spontané à travers la forêt — et par endroits il constitue environ $\frac{1}{100}$ des peuplements — mais presque toujours aussi on observe quelques Kolatiers plantés aux abords des villages.

La consommation des noix de Kolas dans cette zone est très restreinte.

Les autochtones en font rarement usage et en mâchent en petite quantité ; les sénégalais et soudanais employés de l'administration ou des maisons de commerce, recueillent souvent eux-mêmes sur les arbres existant aux abords des postes, les noix dont ils ont besoin.

Depuis quelques années seulement, des dioulas soudanais achètent çà et là dans les villages de la forêt, des charges de noix de Kola et vont les vendre dans les principaux centres côtiers ou bien remontent dans le nord par les routes créées par l'administration ou même par le chemin de fer. C'est ainsi que nous avons constaté en 1909 que des achats assez sérieux de Kolas se faisaient déjà dans le Morenou, dans l'Attié, dans le pays Abé et ce trafic était tout à fait inconnu les années précédentes. Il est bien certain qu'en multipliant les routes, dont un beau réseau a déjà été créé depuis peu à travers la forêt, on développera de plus en plus l'exportation des Kolas, soit vers la côte, soit vers les régions soudanaises ; mais, sans se contenter d'exploiter les arbres sauvages qui donnent généralement des rendements faibles, il deviendra très utile de faire effectuer aux indigènes des plantations autour de chaque village. C'est à cette condition qu'on pourra suffire à la consommation qui se développe de plus en plus au Soudan.

Il n'est probablement pas un canton dans toute la partie forestière de la basse Côte d'Ivoire où les Kolatiers ne se rencontrent déjà plantés en petite quantité. Les formes les plus fréquentes sont *Cola mixta* et *Cola pallida*.

Dans les forêts comprises entre le moyen Sassandra et le moyen Cavally, ainsi que dans tout le bas Cavally, nous avons remarqué fréquemment des Kolatiers à travers la forêt. On en trouve également à l'état cultivé chez les Tébo, les Trépo, les habitants de Grabo, et chez les Kroumen de la Côte.

Dans ces régions, en juin, les Kolatiers ne portent pas de fleurs ; une abondante floraison commence vers le 15 juillet et continue pendant tout le mois d'août. C'est probablement cette floraison qui donne la grande récolte d'octobre et novembre.

Dans les langues de ces régions, le Kola porte les noms suivants : *Oué* (trépo), *Houré* (plabo, langue de Bériby), *Gouéré* (néyau, langue du bas Sassandra).

Il a été aussi signalé dans le cercle de Grand-Lahou et dans celui de Tiassalé.

Le Kolatier est commun dans le grand massif forestier constituant le cercle des Lagunes et il y porte les noms suivants :

Bouessé (langue de Mbonoi), *Hapo* (ébrié), *Halou* (adioukrou), *Na* (abé), *Hahouessé* (agni), *Lô* (attié).

De Dabou, M. JOLLY avait envoyé à PIERRE des spécimens d'un *Kola nitida*, qu'il considérait comme la source des Kolas blancs de la région ; ces spécimens sont conservés dans l'herbier du Muséum. Plus au N., dans la vallée de l'Agniéby et sur tout le parcours de la voie ferrée depuis Abidjan jusqu'à Nziville, nous avons observé partout des Kolatiers, soit à travers la forêt, soit plantés à proximité des villages. Très souvent ces arbres donnent de petites noix rosées, mais aux environs d'Agboville en pays *Abé*, on nous a apporté aussi des noix rouges pesant de 60 grammes à 100 grammes (1) et considérées par les soudanais comme étant de toute première valeur.

(1) A. CHEVALIER. Notes sur la Kola dans la forêt de la Côte d'Ivoire, *Agric. Pays chauds*, 1907, 1er sem., pp. 253-256.

Dans cette région les indigènes distinguent :

1° Un Kolatier donnant exclusivement des amandes rouges, atteignant parfois une très grosse taille, nommé *Na hé* (*Kola rouge*). Assez commun.

2° Un Kolatier donnant à la fois des amandes rouges et des amandes blanches. Assez commun à l'état cultivé.

3° Un Kolatier donnant exclusivement des amandes blanches. *Na fo* (*Kola blanc*). Très rare et vraisemblablement importé.

4° Un Kolatier donnant exclusivement des petites noix rosées. Assez rare. Les Abés le nomment *Oua Na*, Kola du sanglier. Il croît dans la forêt et les sangliers (potomochères) en seraient friands. D'autres indigènes assurent qu'on le nomme ainsi parce que sa couleur rappelle la robe fauve de ce sanglier.

Les Abés laissent perdre encore beaucoup de Kolas dans la forêt.

Cependant ils commencent à en recueillir les noix pour les vendre aux caravaniers soudanais circulant sur la voie ferrée.

Dans le Morénou et spécialement dans la région de Sahoua, les Kolatiers sont assez répandus autour des villages. Nous y avons observé :

1° des Kolas d'un beau rouge-brun (bons Kolas du Soudan);

2° des Kolas moyens d'un jaune-rosé, parfois d'un blanc-jaune au sommet;

3° des Kolas d'un blanc-jaunâtre, légèrement verdâtres au sommet. Ces dernières noix sont dans la proportion d'un tiers environ et paraissent identiques aux *Kolas verts* du Pays des Ngans. Certains soudanais ne les mangent pas, prétendant qu'ils donneraient la fièvre.

Dans l'Indenié, le Sanwi, l'Attié, les Kolatiers existent çà et là le long des sentiers à l'entrée des villages. Dans ces provinces très boisées et fort humides ils sont souvent couverts d'épiphytes ; c'est ainsi qu'aux environs d'Alepé, leurs branches sont chargées d'une belle cactée, le *Rhipsalis Cassytha* Gaertn. dont les rameaux verts sans feuilles rappellent des touffes de gui.

Il n'est pas douteux que ces provinces remplissent les meilleures conditions pour la réussite de la culture du Kolatier.

12

IV. — DAHOMEY.

« La Kolah du Dahomey, écrivait J. Fonssagrives (1), est facilement reconnaissable à ce que chaque fruit se divise en quatre ou cinq parties. Elle est principalement récoltée à Abomey-Calavi et dans les environs, en septembre et octobre. Les plus gros fruits sont d'une couleur rose, les petits sont rouge vif ; on en trouve même quelques-uns blancs. »

L'espèce donnant des noix à deux cotylédons (C. nitida) n'existait pas en effet au Dahomey jusqu'à ces dernières années, mais elle a été introduite depuis par le Service d'agriculture.

Celle qui se rencontre dans tout le Bas-Dahomey jusqu'à hauteur de la bande marécageuse nommée Lama est le C. acuminata (Pal. Beauv.) Schott et Endl. ; c'est du reste à une faible distance plus à l'est dans la province du Bénin, dépendant aujourd'hui de la Nigéria anglaise, que Palisot de Beauvois avait découvert son espèce. Ce Cola acuminata ne nous paraît exister qu'à l'état cultivé au Dahomey. Nous l'avons observé à Porto-Novo même, à Adjara, aux environs de Sakété, à Ouidah, aux environs d'Allada, à Zagnanado où il est à sa limite nord extrême. Il croît soit sur la bordure des palmeraies d'Elæis, soit dans les rues des villages, ou dans les cours-vergers avoisinant souvent les cases des indigènes, soit encore dans de petits bouquets de forêts où les Kolatiers sont souvent plantés en lignes et ombragent des Méléguettes (Aframomum Melegueta K. Schum) également cultivés.

Nous empruntons à Savariau, qui lui-même les tenait des administrateurs du Dahomey, les renseignements suivants sur la répartition des Kolatiers :

Les principaux peuplements se rencontrent :

1° Dans le cercle de Porto-Novo, au voisinage de la rivière Iguidi, de la lagune d'Adjara, du Bas-Ouémé, existent toujours

---

(1) J. Fonssagrives. — Notice sur le Dahomey, *Exp. Univ. de 1900*, p. 356.
(2) Savariau. — Le Kolatier du Dahomey *Agr. pr. des pays chauds*, 1906, 6ᵉ année, 1ᵉʳ sem., p. 208.

quelques pieds autour des nombreux petits villages du cercle ; on
y rencontre aussi parfois des *Garcinia Kola* Heckel.

2° Dans le cercle de Cotonou, les plantations sont, d'après
PROCHE, presque toutes localisées dans une bande de terrain
nord-sud bordant les parties marécageuses à proximité de la
rive droite de la rivière Sô, entre Agassa-Godomey et Abomey-
Calavi. Sur 20.000 arbres environ, 15.000 étaient en rapport,
il y a cinq ou six ans. Il existe encore de nombreux Kolatiers
près de la lagune qui s'étend à l'est de la voie ferrée depuis
Pahou jusqu'à Arané.

3' Dans le cercle de Ouidah, les plus importants des peuplements se rencontrent à Adjara, sur la lagune Toho (7.000
pieds) et à Domé (1.000), et quelques centaines de pieds se
rencontrent à Savi et sur la rive du lac Ahémé de Segborouhé
à Pomassi et Nazoumé.

Dans le cercle de Grand-Popo, il n'y a pas de Kolatiers ou
un petit nombre seulement ; on en rencontrerait toutefois encore
un assez grand nombre dans les bas-fonds du cercle d'Allada
et dans presque tous les thalvegs fortement boisés. Le cercle
de Zagnanado n'en posséderait qu'à Gbaouté sur la rive gauche
de l'Ouémé et à Dori-Cogbé dans le canton de Coyé.

Avec le *Cola acuminata*, on rencontre parfois dans les petits
bouquets de forêts du Bas Dahomey quelques exemplaires de
Cola verticillata, qui ne paraissent pas avoir été plantés et
seraient spontanés dans le pays. SAVARIAU qui avait observé le
premier cette espèce dans un petit bois près de la gare de Sakété,
désignait l'espèce sous le nom de *Kola fade du Dahomey*.
M. NOURY nous a montré ces arbres que nous avons pu identifier avec les spécimens de la Gold-Coast du *C. verticillata*.
Les noix sont ordinairement dédaignées des indigènes qui
nomment l'espèce *Vigpó* en dahoméen et *Abidan* en nago.

Nous avons donné la répartition géographique de cette espèce
à la suite de sa description botanique.

Cola nitida ferait complètement défaut au Dahomey d'après
des renseignements verbaux du regretté E. POISSON, qui avait
exploré tout le Bas Dahomey au point de vue agricole.
Quelques graines de cette espèce furent ensemencées, il y a
environ sept années, au Jardin d'essai de Porto-Novo. Les

plants qui en sont sortis sont aujourd'hui de petits arbres ayant pour la première fois porté des fruits en 1910.

D'autres Kolatiers, ensemencées en divers points de la colonie, notamment à Cabolé, n'ont pas réussi.

Peu de temps avant sa mort, SAVARIAU avait fait planter des Kolatiers de l'espèce *C. nitida* dans divers bouquets de la forêt, notamment à Sakété et à Bokoutou dans le cercle de Porto-Novo, enfin à Niaouli, près Allada. Ces jeunes plantations, quand nous les avons vues en 1910, étaient en bonne voie.

Il nous paraît toutefois peu probable qu'une essence aussi nettement adaptée à la vie des sous-bois des grandes forêts tropicales que l'est le *Cola nitida* puisse prospérer au Dahomey. Il arrivera peut-être à vivre dans les bouquets de forêts qui existent çà et là jusqu'au 7me parallèle, mais il est douteux qu'il donne des rendements rémunérateurs.

Il ne faut pas espérer le voir croître dans les villages du nord, comme Abomey, Savalou ou Djougou, où l'administration locale, mal renseignée, a tenté vainement de l'acclimater.

Le Dahomey a d'autres essais agricoles beaucoup plus intéressants à poursuivre.

V. — AFRIQUE ÉQUATORIALE FRANÇAISE.

Les Kolatiers de la grande forêt congolaise sont encore très mal connus.

On ne peut y signaler pour le moment, d'une manière certaine, que les deux espèces *Cola acuminata* et *Cola Ballayi*, que nous y avons observées en 1902-1904 et qui sont généralement confondues par les indigènes de la région gabonaise sous les noms de *Ombéné* ou *Abèl*.

Quelques voyageurs, dont nous rapportons les observations plus loin, auraient rencontré d'autres sortes de Kolatiers, mais rien ne prouve qu'il s'agit de plantes de la section *Eucola*, et ce point restera obscur tant que la question n'aura pas été étudiée sur place par un botaniste. Notre propre expérience nous a appris en effet qu'il était presque impossible de diffé-

rencier des échantillons d'herbiers de ce groupe, à moins d'avoir
une connaissance approfondie des espèces qu'on étudie : c'est
la raison pour laquelle *Cola acuminata* et *Cola nitida* ont été
confondus dans les Herbiers jusqu'à nos jours par presque tous
les botanistes.

L'espèce la plus répandue dans tout le Gabon et probablement jusqu'au Moyen-Congo est le *Cola acuminata*. La forme
de cette région, complètement identique avec celle de San-
Thomé, que nous avons étudiée plus en détail, paraît différer
un peu de la forme typique du Bénin et du Dahomey. C'est
pour cette forme du Gabon que le savant PIERRE avait créé
l'appellation de *Bichea carinata* (1). Nous ne pensons pas
pour notre part qu'on puisse les séparer spécifiquement.

Le *Cola acuminata* a été depuis longtemps découvert au Gabon
par GRIFFON DU BELLAY, AUBRY-LECOMTE, le P. DUPARQUET
ainsi qu'en témoignent les exemplaires conservés à l'Herbier
du Muséum. C'est une espèce qui doit être très répandue au
Gabon si l'on en juge par le nombre des spécimens de cet
Herbier. Le P. KLAINE en particulier en a récolté beaucoup dans
toute la région de Libreville.

Nous avons vu nous-même la plante très abondante autour
de Mayumbe où elle vit à travers la forêt.

G. BERTHELOT DU CHESNAY a donné des renseignements intéressants sur la dispersion dans la région côtière du Gabon et
spécialement près de Kakamoéka de cet arbre nommé *Makenso*
par les indigènes de race fiote et qu'il rapporte inexactement
au *Cola Ballayi* :

« Il est une des essences constitutives des brousses de haute
futaie dans tout le Gabon-Congo.

« On le trouve poussant toujours avec une très grande
vigueur, aussi bien sur les pentes fortes que sur les terrains
plats, sur les bords des cours d'eau comme sur les sommets
des montagnes (lesquels ne sont jamais situés au-dessus de
450 mètres), enfin dans les sous-bois très fourrés et les futaies
clairsemées.

(1) Nous avons dit précédemment que PIERRE avait substitué au nom générique *Cola* le nom de *Bichea* plus ancien.
(2) G. BERTHELOT DE CHESNAY. — Le Kolatier du Congo français, *Jour.
d'Agr. trop.*, 1903, p. 38.

« Il ne parait exiger que deux choses : d'abord un sol profond, argilo-ferrugineux, ensuite un bon drainage qui laisse ses racines en dehors de l'eau stagnante. Sa présence dans un endroit est un criterium certain que ce terrain n'est pas inondé lors des crues ; sur les bords du Kouilou-Niari, ils peuvent servir à indiquer les limites d'inondation du fleuve.

« On conçoit dans ces conditions les indications précieuses que la simple vue de l'arbre donne au colon qui cherche dans la brousse un endroit à défricher.

« Enchevêtré de lianes, privé de lumière et d'air dans la forêt, il donne une récolte relativement faible, à peine trois cents fruits à cinq noix par gousse, ce qui ferait trois mille noix de Kola pesant 45 à 50 kilogs. »

Le Kolatier a été aussi signalé dans beaucoup d'autres régions de l'Afrique équatoriale, mais les renseignements fournis par les voyageurs sont très imprécis pour qu'on puisse dire s'il s'agit toujours du *Cola acuminata* ou aussi du *Cola Ballayi* dont nous nous occuperons plus loin. C'est la première espèce qui domine au Gabon ; dans la région du moyen Congo où le *Cola Ballayi* est fréquent, on observerait aussi, d'après Baudon, mais plus rarement, une seconde espèce qui est très probablement le *Cola acuminata*.

Casimir Maistre signale le Kolatier aux environs de Loudima, au confluent des rivières Niari et Loudima. « Le chef des Bakounis, dit-il, offrit des Kolas aux européens et aux sénégalais de la mission (1) ».

Lecomte a vu aussi des Kolatiers dans la région du Mayumbe et du Kouilou.

Le docteur Voulgre, en 1877, notait le Kolatier comme existant sur les plateaux du Pays Batéké (2).

Le docteur Spire, qui a parcouru la grande forêt congolaise pendant la mission Fourneau-Fondère, depuis l'Ogoué jusqu'à la Sangha, signale aussi l'existence de ces arbres. « Comme fruits comestibles, écrit-il, il faut encore parler de certaines variétés de Kolas, le *Ngoafou*, le *Ngoma* des Pahouins. Je n'ai pas rencontré sur le sentier le Kolatier ; il existe cependant

(1) C. Maistre.— A travers l'Afrique centrale, 1895, p. 10.
(2) Dr Voulgre.— Le Congo français, 1877, p. 78.

dans le pays des Ossyébas où les indigènes nous en apportaient incessamment des gousses (1) ».

AUTRAN indique que le Kolatier est très abondant dans le Congo français et surtout dans le Como, l'Ogoué et le Fernan-Vaz. Il recherche surtout les endroits humides et le plus souvent le bord des ruisseaux (2). Aux localités déjà citées, CAMBIER ajoute comme habitat : la Likouala-Mossaka, la Sangha, la Likouala-aux-Herbes. L'arbre vit, dit-il, non seulemedt dans les endroits humides, mais aussi sur les plateaux (3).

Remarquons enfin que toutes les régions que nous venons de mentionner sont comprises dans les parties de l'Afrique équatoriale occupées par la forêt Vierge.

Cola Ballayi Cornu. -- Quoique moins fréquente que la précédente, cette espèce existe aussi au Gabon et l'Herbier du Muséum en possède plusieurs exemplaires provenant du Mayumbe et de la forêt intérieure, mais c'est surtout dans le Moyen Congo et dans l'Oubangui qu'elle est répandue. C'est sans nul doute à cette espèce que DYBOWSKI (4) et FOUREAU (5) font allusion dans leur récit de voyage.

En remontant de Brazzaville à Bangui, nous l'avons rencontrée aux abords de presque tous les villages à partir du 2º de lat. S. et elle remonte jusqu'à 4º15 N., un peu plus haut que Bangui. Quelques-uns de ces arbres, vivant au carrefour des sentiers de forêt, à l'entrée et parfois même à l'intérieur des villages, paraissent avoir été plantés.

Kolatiers d'espèces indéterminées. — En dehors des deux espèces énumérées, la forêt équatoriale recèle d'autres espèces du genre *Cola* à noix utilisables, mais il est impossible, en

(1) Dr SPIRE. — Contribution à l'étude de la flore du Congo. *Agr. Pays Chauds.* I, 1901-1902, p. 204.

(2) V. AUTRAN.— Etude sur les bois du Congo, *Agr. Pays Chauds*, I, 1901-1902, p. 581.

(3) CAMBIER. — Les richesses forestières du Congo français. *Mois colon. et marit.*, 1907, p. 748.

(4) DYBOWSKI.— La route du Tchad de Loango au Chari, Paris. 1893.— Voir aussi SALMON, Mission Dybowski, p. 101.

(5) FOUREAU. — Documents scientifiques de la mission Saharienne, 1905, p. 465.

l'absence de documents, de dire si ces arbres appartiennent à
des espèces ou des races étudiées plus haut ou s'il s'agit d'espèces nouvelles.

Nous devons d'abord mentionner un Kolatier à larges feuilles
retombantes, à limbe elleptique, arrondi à la base, présentant
7 ou 8 paires de nervures secondaires. Il existe dans les serres
du Muséum un exemplaire de cette plante obtenu de semences
originaires du Congo et dont nous avons publié la photographie.

Il semble que c'est à cette même plante qu'il faut rattacher
le n° 1209 du P. KLAINE, recueilli aux environs de Libreville et
conservé dans l'Herbier PIERRE au Muséum.

En 1908, BUCHET a signalé au Gabon l'existence d'une espèce
de Kolatier donnant des noix à deux cotylédons dont on peut
faire usage. Cette espèce serait spontanée dans la région du
moyen Como, à environ 150 kilomètres du littoral de Libreville.
Les noix sont de belle dimension, aplaties sur les deux faces et
de couleur rose, parfois d'un rouge assez vif, mais jamais
blanches.

Elles germent comme celles du *Cola nitida* et chaque cotylédon porte aussi une légère fente. La principale récolte a lieu de
janvier à mars ; une petite récolte survient probablement vers
septembre ou octobre. Les Pahouins en font à peine usage ; ils
confondent l'espèce avec le Kolatier ordinaire (1).

D'autre part, BAUDON écrit à l'un de nous qu'il a observé 3 espèces de Kolatiers sauvages au Congo : l'une produit des amandes à deux cotylédons, une seconde donne des graines volumineuses et presque toujours à quatre cotylédons, enfin une troisième fournit des noix à 5 ou 6 cotylédons, qui sont couramment consommées par les indigènes. Nous avons vu des spécimens de cette dernière : c'est sans nul doute le *Kola Ballayi*.

Enfin, le P. TRILLES signale aussi une grande variété de Kolatiers dans la partie du Gabon qu'il a explorée. La lettre qu'il
nous écrivait en 1909 à ce sujet doit être publiée :

« Dans tout le pays que l'on pourrait appeler région de
l'Ogowé, située tout au long de ce fleuve et allant jusqu'aux
Monts de Cristal où la végétation devient différente et se rap-

(1) BUCHET. — Note sur le Kolatier au Gabon, *Agr. Pays Chauds*, 1908, 1ʳ
sem., p. 521.

proche de celle du Cameroun, on trouve en assez grande abondance le *Cola acuminata*. Ainsi, dans les forêts qui s'étendent de Libreville au cap Esterios, il est fréquent sauf au bord de la mer. Les Mpongoués le désignent sous le nom d'*Ombéné*. A cette occasion, il est fort regrettable que l'on donne presque toujours à propos de la flore gabonaise, les noms indigènes mpongoués ; cette tribu est presque éteinte et de nulle importance, à peine 400 à 500 individus mâles aujourd'hui.

Les Fang lui donnent le nom d'*Abel*. Il présente toujours de 4 à 6 cotylédons.

De cet *Abèl* ils distinguent deux variétés, d'après le goût du fruit âcre et moins âcre ; la première porte le nom d'*Abelayôl* — ou *Abèl* qui fait vomir ; l'autre le nom d'*Abèl* simplement.

« L'*Abèl* simple n'est pas employé ; l'*Abèlayol*, au contraire, est très recherché, non pour son fruit, aucune de nos populations de la région de l'Ogowé ne s'en servant — mais pour les racines et l'enveloppe du fruit, employés dans la gonorrhée et la syphilis. On donne également l'enveloppe du fruit broyée aux femmes enceintes pour faciliter l'enfantement.

« L'*Abèl* est, je crois, le *Cola acuminata* ; avec sa variété, c'est le seul *Cola* de ce groupe connu dans la région de l'Ogowé.

« Lorsqu'on remonte un peu plus haut et que l'on atteint la région montagneuse, on trouve outre l'*Abèl*, deux autres espèces de *Cola* : l'une porte le nom de *Nkork*, l'autre de *Ngwang*.

« Le *Nkork* est à deux cotylédons. On en compte 3 variétés qui doivent, je crois, tenir plutôt à la station. La première a deux gros cotylédons blancs qui bleuissent au contact de l'air. La saveur est sucrée, puis amère. Les Sénégalais qui étaient avec moi l'estimaient peu.

« L'arbre est *très fréquent* sur le bord des ruisseaux, marais, etc.

« Une deuxième espèce de *Nkork* a des fruits roses beaucoup moins gros, mais très abondants sur le tronc qui en était parfois entièrement recouvert.

« Ces fruits ne changeaient guère au contact de l'air. On le trouvait à flanc de colline, dans les terrains pierreux. Les Sénégalais l'appréciaient beaucoup.

« Enfin une troisième variété dite *Nkorketshork*, porte des fruits tantôt rouges, tantôt blancs, tantôt les deux réunis sur le même arbre.

« Cette dernière forme est fréquente et dans ce cas les Fangs disent que *l'arbre est marié*, ou « *alongha* » ; c'est le seul dont ils emploient la racine contre la syphilis.

« Enfin une troisième espèce est connue sous le nom de *Ngwang*. C'est un bel arbre à bois blanc très dur et dont les Fangs du Nord estiment beaucoup les fruits. J'ai expliqué dans mon récit « *Mille lieues dans l'Inconnu* », les accidents nerveux, tics de la face, etc., caractéristiques des mangeurs de ce Kola. Le *Ngwang* comprend également deux variétés assez distinctes. Il vous sera d'ailleurs facile de le retrouver, car j'en ai envoyé un échantillon complet de la rivière Ebé, au regretté PIERRE qui l'a nommé *Cola Trillesiana* (1) ». (P. TRILLES, in litt.).

D'autre part CHALOT, a signalé qu'il existait dans la forêt de Mayumbe et dans les environs de Brazzaville un arbre à Kola donnant des fruits plus gros que le Kolatier ordinaire du Gabon. Ce dernier est connu entre Loango et Brazzaville sous le nom de *Makassou* (2).

Nous ne savons presque rien sur les Kolatiers des territoires de la haute Sangha, situés en bordure de l'Adamaoua et où les caravaniers haoussas et foulbés viennent depuis longtemps (ce commerce était déjà ancien à l'époque du voyage de BARTH) acheter des Kolas. Le seul document de quelque valeur sur les noix de cette région est la lettre de A. GOUJON, publiée par HECKEL. « On trouve les Kolas, écrit-il, dans tous les pays situés entre Brazzaville et Koundé (Adamaoua), mais ce sont surtout les forêts qui bordent les ruisseaux de la contrée entre Kadou et Mambéré qui semblent être leur pays d'élection.

J'en ai trouvé dans tous les villages ou à peu près et lorsque j'en demandais, on allait chercher quelques amandes enterrées dans un endroit humide pour les conserver, mais ce n'est que dans les pays en relations avec l'Adamaoua qu'ils font l'objet d'un

---

(1) Dans les *Cola* de l'Herbier PIERRE, nous n'avons pas vu d'espèce désignée sous ce nom.

(2) CHALOT in HECKEL, l. c., p. 83.

grand commerce. Là ils sont classés par crus, comme les grands vins, portent les noms de leurs lieux de provenance et se vendent à des cours qui résultent de la qualité et des quantités existantes sur le marché.

« J'ai vu à Gaza le prix de l'amande varier de 15 à 60 cauris. Le Kola le plus estimé est celui de Bayanda, dit *Kola Bafio*. Il doit cette préférence à la durée de sa conservation à • l'état frais qui dépasse 3 mois et à l'absence d'âpreté. A partir de Bem-Nasoury, le Kola n'est plus exporté vers le nord, parce qu'il ne se conserve pas. Celui de Koundé est même à peine consommé dans le pays à cause de son âcreté qui tient, je suppose, à ce que, à l'altitude de ce point, il ne mûrit qu'imparfaitement (1). Je n'ai rencontré à Bania que la grosse variété de Libreville qui, lorsqu'elle est parfaitement mûre, est d'un rose assez vif. Je n'ai pas vu de Kola blanc (2) ».

Le lieutenant P. Charreau, qui a séjourné aussi dans la Haute-Sangha, écrit que « c'est avec les noix de Kola venant de Nola, Bania, Cambé, que les Haoussas achètent à Ngaoundéré leurs bestiaux ». (3)

D'après ce même auteur, les noix de Kola monteraient par Carnot et Koundé vers le Nord, en paiement des importations.

Tout à l'est de nos possessions, d'après quelques voyageurs, il existerait encore des Kolatiers dans le haut Oubangui, notamment chez les Yakomas, entre Mobaye et Les Abiras. De là les noix sont transportées dans les Sultanats du Haut-Oubangui où les caravaniers islamisés venus du Ouadaï et du Darfour s'en approvisionnent. Récemment P. Prins a signalé l'existence d'un Kolatier à noix rouges à Rafaï sous le 5ᵐᵉ parallèle, près du confluent du Mbomou et de la Chinko (4)

Il est possible qu'il existe encore quelques Kolatiers dans le sultanat de Tamboura, au sud duquel le Mbomou prend sa source. On sait que c'est tout près de là, mais légèrement au

(1) D'après Charreau. Koundé est à 935 m. d'altitude.
(2) A. Goujon in Heckel, l. c. p. 156.
(3) P. Charreau.— Le cercle de Koundé. *Mém. Soc. Sc. nat. Cherbourg* XXXV, 1905-1906, p. 182.
(4) P. Prins. — Observations géographiques en Pays Zandé, Bonda.... *Bull. Soc. Géogr. commerc.*, XXXI, 1909, p. 570.

S.-E., chez les Monbouttous ou Mangbettous, que Schweinfurth observa des noix de Kola.

Il n'est pas sans intérêt de faire remarquer que les arbres de la section *Eucola* ont leur limite septentrionale reportée de plus en plus vers le sud quand on s'avance de la côte Ouest vers le centre du continent. En Afrique occidentale ils sont spontanés jusqu'au 6°30, puis cultivés en grand jusqu'au 8° parallèle et plantés çà et là jusqu'au 11°.

A hauteur du Dahomey, on ne les rencontre plus au delà du 7°30.

Dans la Haute-Sangha, ce n'est qu'au sud du 4° parallèle qu'ils sont abondants. D'après Goujon, ils montent encore jusqu'à Koundé par 6° de latitude, mais là ils ne produisent plus. Dans le Haut-Oubangui on n'en observe plus au delà de 4°30' et même les arbres ne donnent une bonne production que du 2° de lat. S. au 4° de lat. N.

D'ailleurs l'un de nous a depuis longtemps fait remarquer que l'aire d'un grand nombre de végétaux de la forêt africaine a une limite septentrionale de plus en plus rapprochée de l'équateur à mesure qu'on s'avance de l'ouest à l'est.

II. Colonies étrangères de l'Afrique occidentale.

I. — SIERRA-LÉONE.

Les Kolatiers sont extrêmement répandus à l'état cultivé dans presque toute l'étendue de la colonie anglaise de Sierra-Léone qui en consomme beaucoup et en exporte chaque année des quantités de plus en plus élevées. Ils appartiennent à l'espèce *Cola nitida* et presque tous à la race *C. mixta*. Nous avons observé ces arbres dans presque tous les villages de Sierra-Léone avoisinant notre frontière de la Guinée française, notamment dans la région montagneuse de Timbikounda, aux sources du Niger.

Il en existe aussi beaucoup aux îles Scherbro.

Son Excellence, le gouverneur de Sierra-Léone a communiqué à l'un de nous une note intéressante sur cette culture. Le Kolatier est principalement planté sur les bords des rivières et dans les cours des villages ; il existerait aussi à l'état sauvage. Les districts de Kogbotoma, de Hills, de Bagrou, de Koinadungou, situés dans la zone forestière sont les plus riches en Kolatiers.

II. — RÉPUBLIQUE DE LIBÉRIA.

Cet immense territoire, peuplé de 2 millions d'habitants, est un des pays les plus favorables à la culture du Kolatier ; il y vit du reste à l'état spontané dans toute l'étendue de la grande forêt, aussi épaisse qu'à la Côte d'Ivoire.

Malheureusement les 12.000 noirs Américo-Libériens (1) qui constituent toute la République, ne tirent aucun parti de cette richesse.

La seule espèce se rencontrant çà et là est le *Cola nitida*, c'est-à-dire celle qui produit les meilleurs noix de Kola.

Les diverses sous-espèces signalées déjà à la Côte d'Ivoire y existent vraisemblablement. Nous avons vu surtout les *Cola mixta* et *Cola rubra* dans les parties du haut Libéria que nous avons effleurées aux environs des monts de Nzô. En quelques villages de la rive droite du Bas-Cavally, que nous avons aussi visités, existent des *Cola pallida*.

Pour la partie du territoire habitée par les Libériens, Sir HARRY JOHNSTON a publié quelques renseignements relatifs à la dispersion de l'arbre. Il est généralement planté dans la région côtière, les noix donnent lieu à un petit commerce local ordinairement entre les mains des Sierra-Léonais (2).

(1) Ces chiffres, concernant la population du territoire et le total des vrais Libériens, ont été donnés, en 1906, par Sir HARRY JOHNSTON, l'ancien gouverneur de l'Ouganda et du Nyassaland et l'explorateur le mieux renseigné sur Libéria.

(2) Sir HARRY JOHNSTON. — Libéria, 1906, p. 89, 400, 413, 414 et 530.

Mais c'est principalement dans les territoires situés au N. du 7° parallèle, là où très peu d'explorateurs ont pénétré, que les Kolatiers deviennent communs. Ces territoires sont habités par des peuples *de même race que ceux qui vivent dans le sud-est de la Guinée française et dans le nord-ouest de la Côte d'Ivoire.* C'est également avec les territoires qui nous appartiennent aujourd'hui et que nous administrons depuis quelques années que les populations du centre de la forêt libérienne trafiquent le plus, de sorte que des échanges commerciaux continuels se font à travers la frontière artificielle qui vient d'être tracée. Chaque jour les indigènes de nos territoires apportent du bétail pour la boucherie et des articles de traite et emportent en échange, du cœur de la forêt, du caoutchouc et des noix de Kola. Il est difficile de fixer les quantités de marchandises qui s'échangent ainsi tout au long de l'année, mais le chiffre en est certainement fort élevé.

III. — GOLD-COAST.

La Gold-Coast est aujourd'hui une des colonies les plus florissantes de l'Ouest africain. La culture du Cacaoyer faite exclusivement par les indigènes y a pris un admirable développement. La production des noix de Kola s'est aussi considérablement étendue.

Ce développement agricole et commercial intense a été la conséquence de l'administration prudente et active qu'un certain nombre de gouverneurs ont pratiquée depuis surtout Sir Alfred GRIFFITCH et qui a été continuée ensuite avec un remarquable esprit de suite.

Comme efforts de ces dernières années, nous citerons seulement : la construction du chemin de fer de Sekondie à Coumassie avec une rapidité inaccoutumée en Afrique ; le développement de l'enseignement indigène ; l'importance de plus en plus grande prise par les services agricoles de cette colonie ; l'enrichissement du Jardin d'Aburi, constituant aujourd'hui une des plus belles stations botaniques de l'Afrique tropicale, enfin récemment encore, la belle mission forestière accomplie par

H.-N. THOMPSON et qui a eu pour résultat la publication d'un remarquable rapport (1).

Aujourd'hui, la Grande-Bretagne récupère largement les sacrifices consentis. Elle exporte pour plus de 20 millions de francs de Cacao par an. L'exportation des Kolas par mer, qui était évaluée à 33.200 francs seulement en 1892, s'élevait déjà en 1903 à 1.264.025 kilos.

L'exportation des noix de Kola par la frontière N. a pris aussi une très grande extension, puisqu'on l'évaluait en 1908 à 2.000 tonnes ou 70.000 charges estimées sur place 2 millions, mais ayant déjà augmenté de valeur lorsqu'elles passent la frontière du Haut-Sénégal-Niger ou celle du Togo. La production totale du Pays Achanti, d'après un supplément de la *Gazette* du gouvernement paru en 1909, serait d'environ 2.250 tonnes ; car, outre les 2.000 tonnes qui passent en territoire français ou allemand, 250 tonnes descendent par le chemin de fer pour être embarquées à Sekondée à destination de Lagos. Cette même année 1908, il a été exporté par mer 2.004 tonnes de noix estimées 2.109.050 francs.

Le Pays Achanti n'est pas, en effet, la seule province de la Gold-Coast produisant des noix de Kola. L'Akyem (ou Akam, ou Akim), l'Akouavou, le Prahsi, l'Adansi, en produisent aussi beaucoup.

Les principaux marchés à Kolas de l'Akim sont : Insuaim, Essamang, Kwaben, Tumfa et Kankan (2).

Enfin, d'après THOMPSON, le pays boisé compris entre Abetiti et Aburi serait aussi très propre à cette culture (3).

Mais les plus belles plantations de Kolatiers se trouvent dans l'Achanti même, entre le 6°30 et 7°30, notamment entre Coumassie et Nkoranza. C'est cette région que les caravaniers désignent sous le nom de Pays de Gonja (ou Gonsha).

Le *Cola nitida* est la seule espèce cultivée ; dans l'Achanti, on rencontre, à l'exclusion de toutes les autres, la race ne produisant que des noix rouges, c'est-à-dire le *Cola rubra*. Dans

(1) H.-N. THOMPSON. — Gold-Coast, Report on forests (Colonial reports, miscellaneons, n° 66). London, 1910.

(2) *Kew Bullelin*, 1906, p. 91.

(3) THOMPSON. — *L. c.*, p. 97.

l'Akim, existerait aussi le *Cola mixta* à noix rouges et noix blanches sur le même arbre (1).

Dans les parties les plus orientales de la colonie anglaise, notamment dans le bassin de la Basse Volta, sur la frontière du Togo, il est probable qu'on rencontre aussi le *Cola acuminata*; toutefois il n'a point encore été signalé.

Enfin, dans l'Aquapim et principalement aux environs d'Aburi, existe le *Cola verticillata*, dont les noix ne sont pas exportées.

IV. — TOGO.

La colonie allemande du Togo est surtout un pays de transit pour les Kolas allant de l'Achanti à la Nigéria du Nord.

Quelques petites plantations indigènes y existent bien çà et là au sud du 8ᵉ parallèle, mais elles sont d'une faible importance et ne renferment pour la plupart que des *Cola acuminata* produisant des noix de faible valeur commerciale.

Les premiers renseignements sur les Kolas du Togo sont dus au lieutenant PLEHN.

« La seule région du district de Misahöhe où le Kola de valeur se rencontre est celle de Tapa, qui se trouve dans la région montagneuse, vers 7°30 de latitude N., à environ 400 mètres d'altitude et à une journée de marche de la Volta » (2).

Peu de temps après le Dʳ GRÜNER, chef de la station agricole de Misahöhe, a appris l'existence de divers autres centres de culture, situés plus au sud jusqu'à 6°43' de lat., notamment aux villages de Kwamikrum, Govieve-Klubi, Ouvusata (3) dont les arbres appartiendraient au *Cola vera*.

En 1900, le comte ZECH, alors chef de district, plus tard gouverneur du Togo, publie de nouveaux renseignements sur les Kolatiers de Tapa rapportés par K. SCHUMANN à son *Cola vera*.

« Dans les environs de Tapa, écrit ZECH, se rencontrent un grand nombre de Kolatiers dont le dénombrement a été fait par

(1) Kola seeds from the Gold-Coast, *Bull. Imper. Institute*, V, 1907, p. 20-23.
(2) PLEHN. — *Tropenpflanz.* II, 1898, p. 53.
(3) GRÜNER. — *Tropenpflanz.* IV, 1900, p. 460 et V, 1901, p. 17. — Voir aussi: *Rev. cult. col.*, VIII, 1901, 1ᵉʳ sem., p. 214.

l'assistant de la station, M. MISCHLICH, actuellement chef de la station de Kete-Kratyi ; ce dénombrement comprend 2.308 jeunes sujets et les arbres portant des fruits sont au nombre de 1.209. Un petit nombre de Kolatiers existe aussi au Togo près des mines de Kwawn dans le voisinage de la route de Ahamansen-Kagyehi, près des villages de Gbowiri. Dans toutes ces stations, j'ai pu remarquer que les Kolatiers recherchent de préférence les bois et qu'ils se développent surtout bien dans le voisinage des cours d'eau (1).

D'après cet auteur, les Kolatiers de Tapa proviendraient de graines importées de l'Achanti.

ZECH signale aussi une deuxième espèce de Kola croissant aux environs d'Avatime, à une journée de marche au S. O. de Misahöhe. « Une autre sorte de noix de Kola du Togo, dit-il, est dénommée *hanurua* par les Haoussas ; PLEHN la désigne sous le nom de *Goro nrua*, mais je n'ai jamais entendu employer cette dénomination par des Haoussas. Cette noix se sépare en plus de deux cotylédons, elle se rencontre aux environs d'Avatime et existerait aussi dans le Yorubaland de même que dans certaines parties du Nufé où elle serait assez répandue. Elle est souvent mâchée par les femmes des tribus mahométanes et employée pour la coloration en rouge des dents et des lèvres. Ce *hanurua* est également amené sur le marché à Kete-Kratyi. Il n'est pas fort prisé par les indigènes, car dans une chanson haoussa on fait la comparaison que le vautour n'est pas de la viande et le *hanurua* pas un Kola. »

Il est presque certain que l'espèce à laquelle ZECH fait allusion ici est le *Cola acuminata*.

En 1902, O. WARBURG, revient sur les Kolatiers du Togo, il signale que d'après HUPFELD, il existe aussi 500 Kolatiers dans le pays de Boem. Mais dans tout le Togo les Kolatiers sont en definitive peu nombreux puisque la région de Tapa qui est la plus riche fournit à peine 20 charges de 25 kilos de noix par an.

Les Kolatiers de Tapa seraient identiques à ceux du pays Achanti: WARBURG les nomme *Cola sublobata*. D'autre part

(1) *Wissenchaftl. Beihexte Deutsch-Kolonialb. Mittheil.* Bd., XIV, h. 1, p. 8-14 et *Rev. cult. col.*, XIII, 1901, 1er sem , p. 367.

13

attire l'attention sur les Kolatiers de Owusutang dans
le district de Kpandu qui, d'après BERNEGAU, donneraient des
noix à deux cotylédons d'un rouge rubis, ayant le goût et la
forme des noix rouges du Libéria « et donnant les mêmes réactions que le Kola de *Oberbonjongo* au Cameroun ». WARBURG
nomme cette plante *Cola astrophora*.

Enfin le *Cola* d'Avatime, étudié deux ans plus tard par BUSSE,
est considéré par ce dernier auteur comme une espèce nouvelle:
Cola Supfiana.

En réalité, ainsi que nous l'avons indiqué dans un autre
chapitre, tous les exemplaires d'herbier qui nous ont été communiqués par le Muséum botanique de Berlin, comme types
des 3 espèces ci-dessus mentionnées, appartiennent au *Cola
acuminata*. L'existence au Togo d'arbres donnant des noix à
deux cotylédons ne saurait être mise en doute après les observations de GRÜNER et de ZECH, mais ces Kolatiers appartiennent
probablement à l'espèce *Cola nitida*.

Il est vraisemblable que le *Cola verticillata* existe au Togo,
mais cette espèce a peu de valeur.

V. — NIGÉRIA.

Dans les parties boisées de la Nigéria du sud, notamment au
Bénin, dans le delta du Niger et aux environs de Old-Calabar,
le *Cola acuminata* et probablement aussi le *Cola verticillata*
vivent à l'état spontané. Dans les provinces situées au sud de
la forêt et aussi dans les régions occidentales confinant au
Dahomey et qui constituaient jusqu'à ces derniers temps la
colonie du Lagos, le *Cola acuminata* est cultivé dans beaucoup
de villages. Il remonte assez loin dans l'intérieur puisque
BARTER l'a observé il y a plus de 50 ans dans le royaume de
Nufé ou Noupé et il y existerait encore d'après les renseignements fournis à ZECH. Cette espèce est connue dans la Nigéria
sous les noms d'*Abata* et de *Fatak*. A l'époque du voyage de
BARTER, elle était, au dire de ce voyageur, la seule espèce
existant dans le pays ; les *noix de Gonja* ou Kolas à deux
cotylédons étaient apportées de la Gold-Coast, mais le pays

n'en produisait pas. Aujourd'hui des *Cola nitida* sont cultivés dans quelques villages du Noupé. Le comte ZECH a le premier attiré l'attention sur ces Kolatiers, donnant, d'après les indigènes, des noix supérieures à celles de l'Achanti.

« Un indigène de Nufé m'indiqua les neuf stations suivantes dans lesquelles on pouvait rencontrer cette espèce de Kolatier. Laboshi, Tashi, Yakudi, Pagyi, Pagyiko, Kijiboku, Bété, Bida (capitale du Nupé) et Koda.

« Tous ceux qui connaissent bien les noix de Kola, à qui je me suis adressé pour obtenir des renseignements sur ce *Laboshi* considèrent cette espèce comme beaucoup supérieure au *Goro de Gonsha* ; elle serait aussi un peu plus grande et plus rouge.

« Tous les arbres de *Laboshi* du Nupé appartiendraient au roi.

« Ce dernier aurait dans toutes les stations des gardes spéciaux, qui veillent à ce que l'on ne vole aucun fruit. Le roi emploirait lui-même une partie des noix et en utiliserait une autre partie pour offrir aux grands du pays ou pour donner en cadeau à des citoyens de son royaume auxquels il veut faire une grâce particulière. Bien que le vol de noix soit puni de mort, il semble que des noix détournées ou volées arrivent assez souvent dans le commerce. Un indigène de Kano m'a raconté qu'il avait vu lui-même à Kano offrir pour 100 noix *Laboshi* une valeur de 50 Mks (1). »

En janvier 1904, l'Herbier de Kew reçut des spécimens botaniques du Kolatier de Labogie, qui permirent à O. STAFF d'identifier la plante avec le *Cola nitida* de Sierra-Léone, mais les graines étaient plus petites. D'après W.-R. ELLIOTT, forestry officer de la Northern Nigeria, les plantations de ce Kolatier sont situées au fond des vallées humides et abritées, riches en humus, à une altitude comprise entre 450 et 550 pieds. Ils vivent parmi des palmiers *Elæis*, dans une région où il tombe de 1 m. à 1 m. 25 d'eau par an et où la saison sèche sévit de décembre à avril (2).

(1) ZECH.— *L. c.*, trad. franç., p. 369.
(2) Labogie Cola, *Kew. Bull.*, 1906, p. 89.

Dans la Nigéria du sud, les indigènes cultivent presque exclusivement l'*Abata Kola*. Il a été notamment signalé en 1904 par M. C. Mac-Leod, dans le district d'Eket, à l'est de Old-Calabar, « vraisemblablement cultivé sur le bord des routes (1). »

Il est en outre répandu dans les districts côtiers du Lagos. Le Kolatier donnant des noix à deux cotylédons n'existe que dans de rares villages du Lagos ; il est connu des Yorubas sous le nom de *Gbanja Kola*. Beaucoup de noix de cette espèce sont importées et vendues à Lagos et à Ibadan.

Depuis quelques années, le *Cola nitida* a été planté par l'administration anglaise, spécialement aux jardins d'Ebute-Metta, d'Olokoméji, d'Old-Calabar.

Nous ferons connaître dans un autre Chapitre l'importance du commerce des Kolas dans la Nigéria, et les quantités élevées de noix qui y sont importées chaque année.

VI. — CAMEROUN.

D'après la monographie de K. Schumann, il existait trois espèces de Kolatiers au Cameroun : le *Cola acuminata*, le *Cola Ballayi*, synonyme de *Cola acuminata* var. *kamerunensis*, enfin le *Cola verticillata*, synonyme de *Cola anomala*. Le *Cola nitida* a été introduit depuis une dizaine d'années par Bernegau dans les plantations européennes. Ce dernier auteur rapporte que Conrau a vu encore des Kolatiers à 1.200 mètres d'altitude.

On est encore très mal renseigné sur la répartition de ces Kolatiers et sur leur degré de fréquence. Seul le *Cola acuminata* serait répandu à travers la forêt.

Il est possible du reste qu'il existe dans cette grande forêt d'autres espèces non dénommées. C'est ainsi que Zech signale qu'il a vu des noix venant de Yaunde au Cameroun qui avaient deux cotylédons, mais étaient de couleur un peu plus pâle que les noix de *C. nitida*. Il s'agit probablement du *Cola* à amandes à deux cotylédons, signalé aussi au Gabon par Buchet et par

(2) *Protectorate S. Nigeria. Govern. Gazette,* janv. 1905, p. 20.

le P. TRILLES. ZECH a montré cette noix à des Haoussas qui l'ont reconnue comme étant le *dankwatoffu*, qui est transporté de l'Adamaoua dans la Nigéria.

D'après ZECH, on importerait un autre Kola de la région de l'Adamaoua sous le nom de *gandshigaga* : « cette noix serait blanchâtre et aurait deux cotylédons. Elle n'aurait pour le goût rien de commun avec une vraie noix de Kola et serait encore moins bonne que le *hanurua* ».

BERNEGAU a bien publié aussi une note sur les Kolatiers du Cameroun (1), mais il ne donne aucun renseignement nouveau sur les espèces de ce pays ; il dit seulement que les noix du Cameroun se divisent en 4 ou 5 cotylédons ; mais il n'a pas fait la lumière sur les intéressantes noix à deux cotylédons mentionnées par le comte ZECH.

VII. — CONGO BELGE.

Le Kolatier de PALISOT DE BEAUVOIS fut découvert par Christian SMITH, botaniste de l'expédition anglaise commandée par le capitaine TUCKEY et qui reconnut le Bas-Congo en 1816. Il est sans doute commun dans une grande étendue du Congo belge, mais comme le faisait remarquer récemment encore E. DE WILDEMAN, les documents concernant les Kolas utilisables du Congo existent en très petits nombre dans les riches collections du Jardin botanique de Bruxelles. Tout ce que l'on sait sur la distribution de ces espèces est résumé dans le récent travail de T. et H. DURAND (2). Ce que ces auteurs appellent *Cola acuminata* var. *Ballayi* K. Schum. est la forme de *C. acuminata* courante déjà signalée au Gabon et commune aussi au Congo. Le véritable *Cola Ballayi* existe aussi dans la colonie belge et a été nommé *Cola subverticillata* par E. DE WILDEMAN.

T. et H. DURAND rapportent que le Kolatier commun est nommé *Ligo* (en magago) et *Soro* (en azandé).

(1) BERNEGAU.— *Tropenpflanz.* 1900. (Voir la même note traduite en français : Le Kolatier au Cameroun. *Rev. cult. col.*, VII, 1900, p. 558-561).

(2) Th. DURAND et Hélène DURAND. — Sylloge Floræ Congolanæ, 1908, p. 61.

Les Kolatiers sont signalés dans les provinces de Banana, du Mayumbe, du Stanley-Pool, du Kasaï, du Lac Léopold II, de l'Equateur et de l'Ouellé ; d'après E. LAURENT, il existeraient aussi dans l'Aruwimi. Enfin, ainsi qu'il en est rapporté plus haut, SCHWEINFURTH a vu aussi des noix de Kola nommées *Nangoué* dans le Haut Ouellé. Ces noix étaient probablement les amandes du *Cola Ballayi* observé par nous dans le Haut Oubangui. Il ne saurait en tout cas s'agir, ainsi que le pense E. DE WILDEMAN, du *Sterculia tomentosa*. Ce dernier arbre, que l'explorateur allemand avait observé dans tout le bassin du Bahr-el-Ghazal, s'arrête à l'entrée de la forêt congolaise ; de plus, il produit de petites graines de la taille d'un gros haricot, très dures à maturité et tout à fait immangeables. D'autres auteurs ont voulu considérer comme espèce productive de noix de Kola la sterculiacée géante que SCHWEINFURTH signale dans sa relation de voyage sous le nom de *Koukourou*. Cette dernière n'est autre que le *Cola gigantea* A. Chev., voisin du *Cola cordifolia* et produisant comme lui des graines immangeables.

VIII. — FERNANDO-PO.

Le *Cola acuminata* à 4 ou 5 cotylédons a été signalé depuis longtemps par BARTER dans cette possession espagnole. MANN l'y a retrouvé et a en outre récolté dans l'île de Fernando-Pô, un Kolatier très remarquable, désigné par K. SCHUMANN sous le nom de *Cola acuminata* var. *latifolia* K. SCHUM., et sur les amandes duquel nous manquons malheureusement de renseignements. Il est caractérisé par des feuilles larges, ovales-elliptiques, arrondies à la base ; les fleurs sont grandes et renferment ordinairement dix ovules par carpelle. La Guinée espagnole (Rio-Muni et Rio-Bénito) située entre le Cameroun et le Gabon, possède vraisemblablement les espèces signalées au Congo.

IX. — SAN-THOMÉ.

Le *Cola acuminata* est commun à San-Thomé et croît principalement à travers les plantations de Cacaoyers, depuis le niveau de la mer jusqu'à 800 mètres d'altitude. D'après quelques auteurs, il n'y est pas spontané, mais aurait été apporté de l'Angola ou du Congo depuis une époque reculée. Les Portugais ne le propagent pas et n'en tirent qu'une très faible parti. Les graines transportées par les animaux ont amené la naturalisation de l'arbre jusque dans les forêts montagneuses non encore défrichées et on l'y rencontre en compagnie des Avocatiers et des *Psidium* également naturalisés.

Au sud de l'île, la principale floraison a lieu en janvier et les cabosses sont mûres en août-septembre. Dans le sol riche des cacaoyères les noix de Kola atteignent un très beau développement et il n'est pas rare d'en rencontrer du poids de 30 à 40 grammes, particularité rare pour cette espèce.

Une seconde espèce, *Cola sphærocarpa* A. Chev., a été rencontré par nous sur les hauteurs, à proximité du cratère de Lagua Amélia, mais elle n'a aucune valeur économique.

X. — ANGOLA.

De 1854 à 1856, WELWITSCH a récolté des Kolatiers dans de nombreuses régions de l'Angola, notamment dans le Galungo-Alto. Suivant une note de cet explorateur publiée par W. H. HIERN, « la plante est à la fois indigène et cultivée dans les districts montagneux et offre un article lucratif pour l'exportation au Brésil. »

Tous les spécimens de cette provenance appartiennent à l'espèce *Cola acuminata* Schott et Endl.

III. Les Kolatiers en dehors de l'Ouest africain.

Les Kolatiers ont été propagés dans presque toutes nos colonies tropicales où ils pouvaient s'acclimater, et il semble que presque partout c'est le *Cola nitida*, c'est-à-dire l'espèce produisant les meilleures noix qui a été introduite. Dans les Antilles et à la Guyane le Kolatier a été sans doute apporté à l'époque de la traite des esclaves. Dans la période de 1880 à 1895, M. E. HECKEL a fait de nombreux envois de graines dans les pays où la plante n'était pas signalée. C'est ainsi qu'il en existe aujourd'hui en plusieurs points de l'Indo-Chine ; à la Réunion, on en comptait en 1891 dix mille pieds. A Madagascar, on trouve des Kolatiers dans les jardins d'essais et en quelques centres européens ; la culture pourrait être étendue, car les noix de ce pays sont grosses et assez riches en caféine.

Dans l'Afrique orientale allemande, le Kolatier a aussi fait son apparition. On l'a signalé enfin dans les Jardins botaniques de l'Inde, de Java et même en Australie.

Il serait assez répandu au Brésil, au Vénézuéla et en Colombie, mais il est probable que, dans ces pays, existe le *Cola acuminata* ; les Portugais et les Espagnols qui l'ont acclimaté fréquentaient surtout sur la côte d'Afrique les pays où vit cette dernière espèce à l'exclusion des autres. Il en existe un spécimen dans l'Herbier du Muséum, récolté par POITEAU en 1826, à Cayenne.

Dans les Antilles anglaises et françaises, au contraire, on rencontre exclusivement le *Cola nitida*. C'est à cette espèce qu'appartient un rameau de l'Herbier du Muséum recueilli par PERROTTET vers 1820. Il porte exclusivement des fleurs mâles à androcée presque sessile, ce qui est fréquent dans *Cola nitida*. Cette particularité prouve que les bons Kolas existent depuis longtemps aux Antilles.

M. W. HARRIS (1), superintendant du Jardin de Kingston à la Jamaïque, nous apprend que la noix de Kola est un article d'exportation intéressant pour ce pays ; on y cultive seulement l'espèce produisant les noix à deux cotylédons ; elle fut introduite dans la colonie vers 1680. Les noix ont presque toujours deux cotylédons, parfois cependant il se développe un troisième cotylédon réduit.

A la Trinidad, comme le Muscadier, mais en plus petite quantité cependant, on trouve dans les plantations de Cacaoyers, des Kolatiers qui se cultivent d'ailleurs dans les mêmes conditions comme sol, climat, abris et façons (2).

(1) Lettre du 6 mai 1909.
(2) ELOT.— Une mission à la Trinidad. *Rev. cult. col.*, 1900, VI, 367.

Ces plantes fructifient vers la dixième année ; la récolte est facile ; mais à cause de la petite quantité de produits obtenus jusqu'à ce jour, aucun cours n'a été encore établi sur place pour cette denrée. Cette culture semble être en voie d'extension.

M. HART en recommande la culture dans cette île « dans les mêmes conditions et les mêmes terres que le cacaoyer. »

LECOMTE a vu des Kolatiers de très belle venue dans les Jardins botaniques de Sainte-Lucie et de Port-d'Espagne.

M. VERMOND, d'autre part, nous a récemment affirmé qu'il en existait encore quelques pieds à la Guadeloupe et il en est de même à Haïti. CHALOT a signalé récemment l'existence de kolatiers produisant des noix à deux cotylédons à la Martinique (1).

(1) CHALOT. — Note sur le Cola, *Agr. Pays Chauds*, 1909, 1ᵉʳ sem. p. 341-343.

CHAPITRE X

Ecologie et Biologie du Kolatier.

RAPPORTS AVEC LES DIFFÉRENTS MILIEUX.

En 1866, Ernst HAECKEL, l'illustre savant d'Iéna, dans sa Morphologie générale, a appliqué le nom d'*Ecologie* à la science des rapports des êtres vivants avec le milieu dans lequel ils sont placés.

E. WARMING a relevé la fortune de ce mot en insistant sur la valeur de l'idée à laquelle il répond ; depuis, la plupart des biologistes l'ont adopté et Ch. FLAHAULT, en particulier, l'a admis dans son essai de nomenclature en géographie botanique. « Le milieu, écrit ce botaniste, c'est l'ensemble des conditions physico-chimiques qui composent le climat ; c'est aussi le sol, ce sont encore les êtres avec lesquels un être vivant quelconque est en rapport nécessaire ou non. On doit donc distinguer le milieu climatique, le milieu édaphique, le milieu biologique ». (1)

Passons en revue ces divers facteurs en ce qui concerne les Kolatiers.

1° *Milieu climatique*. — La climatologie des régions qu'affectionne les Kolatiers est assez bien connue. Il faut à ces arbres pour prospérer un climat chaud et humide, de longues saisons de pluies interrompues par de courtes périodes sèches pendant lesquelles les arbres peuvent fleurir, enfin un éclairage peu intense. Quoique le ciel soit souvent gris dans les pays producteurs de

_____

(1) C. FLAHAULT.— Les progrès de la géogr. bot. depuis 1884, *Progress. rei botan.*, I, p. 244.

Kolas, les arbres se développent mal en plein air, il leur faut l'abri partiel de la forêt.

Nous possédons les données suivantes sur le climat des principaux centres où on trouve des Kolatiers de belle venue:

A Conakry (Guinée française), les températures moyennes mensuelles sont comprises entre 24° et 28°; la température descend très rarement au dessous de 20°. La moyenne annuelle des pluies oscille autour de 4 m. ou 4 m. 50. Une période de sécheresse complète s'étend du 15 novembre au 15 avril : les Kolatiers vivant sur un sol mal abrité contre le rayonnement souffrent beaucoup pendant cette période. L'humidité atmosphérique pendant la nuit, même en saison sèche, reste très grande et presque tous les matins on observe dans les lieux découverts une abondante rosée qui fait presque toujours défaut dans les lieux couverts où vit le *Cola nitida*. Bien que l'alizé du Nord-Est souffle parfois dans cette région, les Kolatiers, presque toujours plantés dans des endroits bien abrités, n'ont guère à en souffrir; les plus atteints perdent une partie de leurs feuilles à l'époque du vent d'Est.

Dans la partie de la Guinée avoisinant le N. du Libéria (Kissi), où prospère le Kolatier, les conditions sont un peu différentes. Les températures moyennes mensuelles sont comprises entre 23° et 27°. Il tombe environ 2 m. d'eau par an, mais les pluies se répartissent sur une plus longue période. L'hivernage commence parfois en février ; il est interrompu souvent en mai ou en juin par une petite saison sèche pendant laquelle l'air reste néanmoins humide dans les parties boisées. L'alizé du nord-est souffle parfois plusieurs semaines, mais il ne cause des dégâts que dans les lieux découverts.

La forêt de la Côte d'Ivoire est, par excellence. le pays des Kolatiers. A la côte même (Grand-Bassam), on note de 24 à 29° comme moyenne mensuelle des températures, et environ 2 m. de pluies par an; l'atmosphère est presque constamment humide et le ciel peu lumineux.

Dans l'intérieur de la forêt, les pluies sont fréquentes même en saison sèche. Dans les régions montagneuses du Haut-Cavally, les sous-bois restent mouillés longtemps après les pluies; un brouillard épais enveloppe souvent le sommet ou les flancs

des montagnes; cette très grande humidité ne parait pas très favorable au Kolatier, en outre elle favorise le développement
des lichens, des mousses et des autres épiphytes qui envahissent parfois toutes ses branches et empêchent le développement
des inflorescences.

Dans la partie du Congo située au sud de l'Equateur, les
conditions climatériques sont à peu près les mêmes qu'à la Côte
d'Ivoire, mais les saisons sont renversées ; c'est-à-dire que la
saison des pluies commence en novembre et dure jusqu'en mai.
Le Kolatier, comme tous les arbres vivant dans l'un et l'autre
hémisphère,'est parfaitement adapté à ce jeu des saisons.

Ainsi les Kolatiers du sud du Congo mûrissent la plupart de
leurs fruits environ 6 mois après ceux de l'Afrique occidentale
française. Dans l'une et l'autre région, les arbres fleurissent
ordinairement aux saisons sèches et c'est ce qui explique les
variations observées dans les époques de maturation des
fruits.

2° *Milieu édaphique.*— Sous ce nom, on groupe les facteurs
relatifs au sol et qui jouent aussi un grand rôle dans la distribution des plantes. Ce sont : la disposition topographique du
terrain, la composition physique et chimique des terres, leur
degré d'humidité.

Il est rare que le Kolatier croisse à l'état spontané dans les
montagnes rocheuses très en pente; il abonde au contraire dans
les plaines occupées par la forêt vierge. Dans la région Libé-
ria-Côte d'Ivoire, c'est le *Cola nitida* qu'on rencontre; au Congo
et au Cameroun, ce sont surtout les *Cola acuminata* et *Cola
Ballayi.* Les Kolatiers se plaisent surtout dans les terres recouvertes d'une épaisse couche d'humus. Pourtant, à la Côte
d'Ivoire, cette couche est, par endroits, bien mince et la plupart
des racines plongent dans la terre ocracée qui constitue le sol de
presque toutes les régions de l'Afrique tropicale. Cette terre est
généralement assez pauvre en éléments fertilisants. La teneur
en azote varie de 0,50 à 1,50 p. 1000 ; teneur en acide phosphorique faible: 0,20 à 1 $^0/_0$; teneur en potasse, parfois assez élevée, 0,50 à 1,50 $^0/_0$; teneur en calcaire des plus faibles. Dans
presque toute l'Afrique tropicale, les terres sont essentiellement

siliceuses; ce n'est qu'à proximité de certaines roches primitives et par suite de leur décomposition que la proportion de carbonate de chaux contenu dans le sol devient plus élevée.

Au point de vue physique, ces terres se font remarquer par la forte proportion d'argile mélangée à des graviers et à des sables grossiers, ce qui les rend néanmoins perméables. Les Kolatiers n'enfoncent pas à une grande profondeur le pivot de leur racine principale. Celle-ci produit un grand nombre de ramifications dont les extrémités forment un chevelu dans l'humus superficiel de la forêt.

Les sols compacts qui ne retiennent pas l'humidité sont défavorables au Kolatier; les terres mélangées d'humus et ombragées par la forêt, qui gardent même pendant les périodes de longue sécheresse, une forte proportion d'eau, lui conviennent particulièrement.

Il ne faut pas cependant que cette humidité soit exagérée.

Le *Cola nitida*, par exemple, vit souvent dans la forêt de la Côte d'Ivoire, au bord des dépressions qui inondent à la saison des pluies, mais il ne se rencontre pas au centre de ces dépressions occupées par des îlots de *Raphia* et où l'eau reste à l'état stagnant pendant plusieurs mois.

3° **Milieu biologique.** — A l'état naturel, les Kolatiers sont au nombre des essences constituantes de la forêt vierge de l'Afrique tropicale occidentale : ils entrent dans la formation du deuxième étage de cette forêt ; de grands arbres, comme les *Eriodendron*, diverses espèces appartenant aux familles des Mimosées, des Artocarpées, des Euphorbiacées, etc., les dominent ; de leur côté, ils abritent un sous-bois d'arbustes et de petits arbres. Les lianes qui s'épanouissent au sommet des grands arbres enveloppent très rarement le tronc et les branches des *Cola* ; elles leur seraient nettement défavorables. Par contre, de nombreux épiphytes vivent souvent sur le tronc et dans la fourche des branches.

Au pied des Kolatiers, si l'ombrage n'est pas trop épais, on trouve souvent des Zingibéracées et les indigènes plantent parfois dans cette station l'*Aframomum Melegueta*, qui y prospère.

Dans les parties les plus profondes de la forêt, le sol est souvent nu ; la demi obscurité qui s'étend sur le sol empêche le développement des plantes à chlorophylle ; les feuilles et les brindilles mortes tombées à la surface du sol sont clairsemées et promptement détruites par les champignons saprophytes.

Dans les clairières de la forêt, créées par les déboisement des indigènes, le Kolatier ne reste vigoureux que s'il est bien abrité ; enfin, il fait toujours défaut à travers les savanes, même si elles sont très boisées.

Quant aux parasites animaux ou végétaux, ils occasionnent des préjudices surtout aux Kolatiers cultivés. Nous les passerons en revue dans les chapitres relatifs à la culture.

RAPPORTS DES KOLATIERS ENTRE EUX.

Les Races.— Les quatre espèces de la section *Eucola* actuellement bien connues : *Cola nitida*, *C. acuminata*, *C. verticillata*, *C. Ballayi*, constituent un ensemble homogène, une unité systématique de valeur bien définie, dérivant de ce que HUGO DE VRIES appelle *un type primitif*. Chacune forme une *espèce élémentaire*, nettement caractérisée par un ensemble de différences dans la forme des différents organes. Toutes les quatre présentent cependant un grand nombre de caractères communs : même mode de vie, même forme générale des feuilles, mêmes inflorescences, même périanthe. Toutes les quatre sont cultivées, mais elles vivent aussi à l'état sauvage dans les forêts de l'Afrique occidentale.

Les plantes sauvages présentent pour une même espèce élémentaire de Kolatier des variations profondes permettant de supposer que chacune est formée d'un mélange de races différentes, mais l'étude de la flore africaine n'est pas encore assez avancée pour qu'il soit possible de distinguer toutes ces races ou *espèces jordaniennes*. C'est seulement dans la *Cola nitida* étudié par nous plus en détail qu'il a été possible de caractériser les quatre formes décrites dans un chapitre précédent.

Deux de ces sous-espèces, *Cola pallida* et *Cola rubra*, sont les seules qui aient été rencontrées jusqu'à ce jour à l'état sauvage.

Presque partout c'est le *Cola mixta* à noix rouges et à noix blanches qui est cultivé. Cette culture date de temps immémorial et à l'époque où l'Islam pénétra dans les régions soudanaises, vers le xɪᵉ siècle, il est probable qu'elle était déjà ancienne.

Chose inattendue, ce n'est pas au milieu de la zône, où le *Cola nitida* est spontané, que sa culture s'est développée, mais à la lisière nord de cette zône, sur les confins de la forêt et même en pleine zône des savanes. Cette anomalie s'explique par le voisinage de la région soudanaise. Les peuples de race soudanaise sont ceux qui apprécient davantage les noix de Kola.

La culture des Kolatiers n'étant pas possible dans leur pays ils sont venus chercher les précieuses noix dans les pays producteurs les plus rapprochés, c'est-à-dire à la limite nord de la forêt vierge et c'est ainsi que la culture de l'arbre a pris naissance dans ces contrées. Il n'y a pas eu de véritable culture à l'origine. Quand les peuplades forestières ont abattu la forêt pour cultiver des ignames, des bananiers ou du sorgho, ils ont respecté les arbres qui leur donnaient des produits utilisables directement et dont ils pouvaient tirer parti par des échanges commerciaux. Les graines abandonnées sur le sol produisaient en outre des germinations qu'on conservait ainsi et qu'on a fini par transporter dans des lieux plus appropriés. C'est à cela que se réduit encore de nos jours la culture du Kolatier chez la plupart des peuplades de la forêt.

L'arbre ainsi transplanté, non sélectionné, privé des soins qu'on donne habituellement aux arbres cultivés s'est très peu amélioré dans un sens utile. Nous avons rencontré dans la forêt vierge du Pays Abé une forme sauvage du *Cola rubra*, qui donne des amandes beaucoup plus grosses que les Kolatiers cultivés.

Cependant la culture a probablement fait naître, par mutation, des races nombreuses qui ont été conservées sans discernement, alors qu'elle ne constituaient pas toujours des variations intéressantes pour la production des noix de Kola.

Comme le fait remarquer un auteur cité dans un chapitre précédent, les indigènes arrivent à reconnaître dans les noix de Kola des variétés nombreuses, exactement comme nous recon-

naissons des crûs très divers dans nos vins. Les Kolas du
Samo, des îles Scherbro, du pays Tôma, du Kissi, de l'Achanti,
de Labogie ne sont pas identiques par leur saveur et leurs
propriétés, au dire des indigènes, et cependant ils appartiennent
à la même espèce globale, de la même manière que tous les
pommiers cultivés qui produisent des fruits à saveur si variable
dérivent d'une seule espèce globale *Pyrus Malus*, qui comprend
aussi, comme le *Cola nitida*, un certain nombre d'espèces élémentaires.

En résumé, comme chez la généralité des plantes cultivées et
notamment chez les arbres, l'espèce botanique serait un groupe
d'espèces *élémentaires*, pour la plupart déjà existantes dans la
nature et que l'homme a seulement sélectionnées. Cette interprétation des faits, formulée par HUGO DE VRIES pour les arbres
fruitiers des pays tempérérés (1), nous paraît s'appliquer aussi
aux Kolatiers, cultivés de temps immémorial en Afrique occidentale.

La vie végétative. — Les Kolatiers se comportent comme la
plupart des arbres des forêts tropicales à saisons sèches et à
saisons pluvieuses différenciées. Ils sont halophiles, c'est-à-
dire qu'ils peuvent supporter quelque temps un climat sec.
Cependant leurs organes sont adaptés surtout aux climats
humides et s'accomodent mal des sécheresses prolongées.

Les feuilles sont coriaces et persistantes. Dans les endroits
mal abrités, elles peuvent tomber simultanément en saison
sèche sur la plupart des rameaux, mais cette défoliation est de
très courte durée.

Ces feuilles dans le jeune âge sont excessivement sensibles à
la lumière et nous avons décrit, dans un chapitre précédent, le
mécanisme par lequel le limbe s'incline plus ou moins, de manière à recevoir l'éclairage optimum.

Comme toutes les Sterculiacées, les espèces du genre *Cola*
présentent dans leurs divers organes des canaux et des *cellules
à mucilage.* Dès qu'une blessure intéressant les tiges ou les
racines découvre les tissus sous-épidermiques, une quantité

---

(1) HUGO DE VRIES (trad. L. BLARINGHEM). — Espèces et variétés, leur naissance par mutation, p. 49.

plus ou moins abondante de mucilage est extravasée et en se
solidifiant forme une masse gommeuse recouvrant la plaie.
Pendant ce temps la plante cicatrise la blessure, à moins qu'elle
ne soit trop profonde. C'est ce qui arrive pour les galeries
creusées par le *Phosphorus Jansoni* dans les jeunes branches,
qui ne tardent pas à se dessécher malgré l'exsudation de mucilage.

La fonction de reproduction.— Les Kolatiers fleurissent pendant une grande partie de l'année, mais surtout pendant les
saisons sèches. Les fleurs sont cachées sur les parties de l'arbre
les moins éclairées et dans les mêmes inflorescences elles ne
s'épanouissent que lentement, les unes après les autres.

Ces fleurs présentent une remarquable particularité biolo-
logique.

Le polymorphisme sexuel est des plus compliqués.

Nous avons étudié ce polymorphisme chez les diverses races
de *Cola nilida*. Elles possèdent comme toutes les espèces du
genre *Cola* deux sortes de fleurs :

1° des fleurs exclusivement mâles avec un gynécée rudimentaire ;

2° des fleurs hermaphrodites ou plus exactement d'*apparence*
hermaphrodite, constituées par un gynécée normal, entouré à
la base d'une double couronne de 10 étamines (20 thèques au
total) paraissant normalement constituées et renfermant des
grains de pollen. Heckel assure que ces anthères contiennent
un pollen souvent avorté. Tschirch et Œsterlé sont moins
affirmatifs.

Pour être fixé, il faudrait faire des expériences de pollinisa-
tion qui n'ont pas encore été tentées. Plusieurs raisons nous
font cependant supposer que l'autofécondation ne se produit
pas : 1° dans les fleurs d'apparence complète, les anthères sont
disposées de telle sorte que les grains de pollen peuvent parvenir difficilement aux stigmates ; 2° les fleurs mâles sur un
arbre normal sont 20 fois plus nombreuses que les fleurs
d'apparence complète et l'on ne comprendrait pas l'utilité de
ces fleurs si l'autofécondation était possible ; 3° au moment où

14

la déhiscence des sacs polliniques va s'opérer, un peu avant l'ouverture des lobes du périanthe, les fleurs du Kolatier dégagent un parfum spécial que l'on a comparé à l'odeur cadavérique ou à l'odeur d'excréments et ce parfum doit attirer les insectes qui ont pour fonction de transporter les grains de pollen d'une fleur à l'autre. Effectivement dans les fleurs mâles de Kolatier non complètement ouvertes on trouve habituellement nombre de petits insectes.

Nous pensons donc que la fécondation croisée est la règle dans les Kolatiers. Par fécondation croisée, il faut entendre l'apport du pollen d'une fleur à une autre fleur qui peut néanmoins appartenir à un même arbre.

Nous avons dit plus haut que les fleurs mâles sont environ 20 fois plus nombreuses que les fleurs d'apparence complète. Ces fleurs mâles sont distribuées de différentes manières.

D'abord il existe des Kolatiers qui produisent, au moins à un stade de leur vie, exclusivement des fleurs mâles et c'est sans doute ce qui explique cette affirmation des indigènes qu'il y a des Kolatiers toujours stériles.

Les noirs les conservent malheureusement dans leurs plantations, ce qui peut amener la fixation de cette race à sexes séparés ou au moins l'augmentation des individus mâles, à moins toutefois que les pieds constituent un état physiologique spécial. Nous n'avons jamais séjourné assez longtemps dans une région pour savoir si ces Kolatiers restaient mâles et improductifs de graines tous les ans, ou si au contraire cette unisexualité ne constitue qu'un stade dans la vie de l'arbre. Nous avons observé pour la première fois des Kolatiers cultivés à fleurs toutes mâles dans le Fouta-Djalon, au-dessus de 700 m. d'altitude, en 1905. Les arbres étaient tout aussi vigourenx qu'aux bords de la mer, mais à cette altitude, au dire des indigènes, ils sont souvent stériles et cela tient, selon nos observations, à ce qu'ils ne produisent presque plus que des fleurs mâles.

En 1907, nous avons revu, dans la forêt de la Côte d'Ivoire, des Kolatiers, ceux-là spontanés, ne produisant que des fleurs mâles.

Le plus souvent, c'étaient de jeunes arbustes, poussant dans l'épaisseur de la forêt. Les plantes s'étaient démesurément allongées alors que leur tronc était resté très grêle. Grâce à cette élongation, la plante condamnée à disparaître sous la voûte sombre de la forêt finit par amener quelques rameaux feuillés à hauteur de cette voûte. A ce moment, elle est sauvée et elle peut lutter contre les autres végétaux qui vivent dans son voisinage. Or, la plupart des Kolatiers vivant dans ces conditions ne portent que des fleurs mâles et souvent en très grande abondance. Le périanthe des fleurs est aussi très réduit, ce qui nous avait fait croire tout d'abord que nous nous trouvions en présence d'une espèce distincte du *C. nitida.*

Le plus souvent les *Cola* sauvages ou cultivés portent au moins quelques fleurs d'apparence complète (fleurs femelles). Sur ces arbres, certains rameaux donnent exclusivement insertion à des inflorescences mâles, puis quelques branches, cachées dans l'épaisseur de la ramure de l'arbre, portent quelques inflorescences mixtes.

Sans des études expérimentales, il est impossible d'expliquer cette disjonction des sexes, tendant à la dioïcité.

Si l'on multipliait par greffe ou bouture ces rameaux ne portant que des fleurs mâles en obtiendrait-on un Kolatier mâle ? HUGO DE VRIES cite un grand nombre d'arbres et d'arbustes cultivés dans les jardins, constituant des variétés horticoles, qui dérivent ainsi d'un rameau aberrant né sur une plante normale et multipliés ensuite par la culture. Plus tard, les arbres ainsi sélectionnés produisent parfois un ou plusieurs bourgeons qui donnent des rameaux ayant repris les caractères de la plante normale d'où ils dérivent. C'est ce que HUGO DE VRIES nomme des *bourgeons ataviques.*

Nous pensons que nos Kolatiers à fleurs toutes mâles sont des anomalies dont certains bourgeons font parfois retour au type d'origine en produisant des inflorescences bisexuées.

En général, on observe quelques fleurs femelles dans chaque inflorescence mâle. Le plus souvent les choses se passent de la manière suivante : sur un rameau florifère, issu d'un bourgeon, on observe quelques racèmes de fleurs toutes femelles (ou complètes ?) à la base du rameau. Plus haut se montrent des grappes de fleurs mâles qui portent à leur extrémité quelques fleurs femelles, enfin l'extrémité du rameau ne donne plus insertion qu'à des grappes de fleurs toutes mâles.

Il est très rare de constater l'inverse, c'est-à-dire des grappes mâles à la base et femelles au sommet.

Cette production, par le même arbre, à des stades successifs, de fleurs femelles et de fleurs mâles, a sans doute pour but d'empêcher l'autofécondation. Lorsqu'un Kolatier épanouit ses grappes de fleurs mâles, ordinairement les grappes de fleurs femelles ont leur pistil fécondé depuis longtemps, de sorte que le pollen a dû être apporté d'arbres voisins qui se trouvaient à un autre stade de végétation.

Nous n'avons que très rarement observé des Kolatiers produisant des fleurs femelles en plus grande quantité que des fleurs mâles. Enfin, nous n'avons jamais vu ni dans les cultures, ni à l'état sauvage, des Kolatiers produisant exclusivement des fleurs femelles ou plus exactement des fleurs d'apparence hermaphrodite.

Les faits que nous venons d'exposer montrent qu'il y aurait le plus grand intérêt à greffer le Kolatier en prélevant des greffons sur des arbres produisant beaucoup de fleurs femelles, puisque souvent la stérilité provient vraisemblablement de l'absence ou de la rareté des fleurs pistillées.

On rencontre dans les régions tropicales un assez grand nombre de végétaux dont le polymorphisme floral ressemble à celui des Kolatiers. Nous avons déjà eu l'occasion de signaler le Palmier à huile (*Elæis guineensis*) qui est dans ces conditions (*Végét. ut.*, VII, p. 37).

Si nous adoptons la terminologie admise par R. CHODAT, le Kolatier est normalement *andromonoïque*, c'est-à-dire qu'à côté des fleurs hermaphrodites, il y a aussi des fleurs mâles.

Enfin, dans certains cas, il peut devenir *androdioïque*, c'est-à-dire qu'à côté des individus monoïques, on en trouve d'autres exclusivement mâles. Ce dernier cas constitue sans doute une anomalie. Des Kolatiers à fleurs toutes mâles ne s'observent, comme nous l'avons dit, que dans les parties très ombragées de la forêt ou sur les montagnes. CHODAT a déjà observé, à propos d'autres plantes, que « les expériences de culture montrent qu'on peut, par une diminution de la fertilité du sol ou une luminosité amoindrie, augmenter considérablement la proportion de fleurs unisexuées sur les andromonoïques » (1). La prédominance des fleurs mâles, ou même l'existence de ces fleurs, à l'exclusion des autres, s'expliquerait donc par des conditions climatiques ou édaphiques défavorables au Kolatier.

Entre l'épanouissement des fleurs et la maturation des fruits des Kolatiers, il s'écoule ordinairement 6 mois. Ainsi que nous l'avons signalé, les fruits se développent ordinairement dans les parties les plus touffues de l'arbre non exposées à la lumière et ils s'insèrent sur des branches assez fortes.

Dès le jeune âge, le petit embryon contenu dans le sac embryonnaire est divisé en autant de cotylédons qu'il en aura à l'état adulte et il possède déjà la coloration de la noix adulte: il est rouge si elle doit être rouge, blanc ou rosé dans le cas contraire.

Les races. — Nous devons nous borner à signaler la présence de noix rouges et de noix blanches sur les mêmes arbres et souvent dans les mêmes follicules *chez la majorité des Kolatiers spontanés* ou *cultivés* en Afrique occidentale, ainsi que l'hérédité constante de ce caractère, mais nous n'avons pu trouver encore aucune explication de cette curieuse particularité dont nous ne connaissons pas d'analogue dans le règne végétal.

C'est cette considération qui nous a amené à diviser le *Cola nitida* en 4 sous-espèces, se différenciant par des caractères minimes; mais, d'après les indigènes, ces caractères seraient constants et héréditaires.

Une des sous-espèces, le *Cola pallida*, se différencie par des caractères autres que la coloration des noix, mais les autres, *Cola rubra*, *C. alba*, *C. mixta*, ne présentent pas de différence en dehors de la coloration des noix ou des fleurs.

Ces Kolatiers peuvent se grouper, ainsi que nous l'avons déjà dit, de la manière suivante :

1° Kolatiers produisant exclusivement des noix rouges : *C. rubra*, (rares, sauf dans le pays Achanti);

2° Kolatiers produisant exclusivement des noix blanches : *C. alba* (très rares) ;

(1) R. CHODAT. — Principes de Botanique, Genève, 1911, p. 659.

3° Kolatiers produisant des fruits dont les uns renferment seulement des noix rouges et les autres exclusivement des noix blanches, ou arbres produisant des follicules dans lesquelles les noix rouges et les noix blanches sont en mélange : *C. mixta*. Les Kolatiers de cette 3° catégorie forment les 99 °/₀ des plantations.

Toujours les noix sont rouges, blanches ou rosées ; on trouve très accidentellement des embryons ayant une coloration moitié rouge et moitié blanche ou des marbrures des deux couleurs.

Nous avions pensé tout d'abord que les noix blanches étaient simplement un *lusus*, un de ces cas d'albinisme qui sont si fréquents dans la nature et qui ne sont ordinairement pas héréditaires. Mais comme les noix blanches se reproduisent tous les ans chez les mêmes arbres et en assez grande proportion, dans plusieurs régions à la fois, nous avons cherché une autre explication.

On peut d'abord supposer que les deux sortes de graines sont destinées à produire des arbres ayant des rôles physiologiques différents à remplir au point de vue de la conservation de l'espèce : les unes, par exemple, seraient destinées à la production du pollen fécond et les autres destinées à produire plus particulièrement des arbres à fleurs femelles. Hugo de Vries a cité des cas de différenciation sexuelle de ce genre.

Ce serait un cas de dimorphisme sexuel où les sexes pourraient se différencier dès l'embryon qui aurait une coloration différente suivant qu'il serait destiné à produire l'un ou l'autre sexe.

On peut aussi supposer que les Kolatiers produisant des noix blanches et des noix rouges, sont des descendants de lignées d'origine hybride. On ne connaît pas à l'état sauvage des Kolatiers à noix blanches, mais rien ne s'oppose à ce qu'il en existe ou à ce qu'il en ait existé. Il a donc pu se produire dans la nature ou dans les plantations des croisements entre ces deux races.

Le *Cola mixta* serait le résultat de cette hybridation et sa propriété curieuse de produire des noix rouges (dans la proportion moyenne de 66 à 75 °/₀) ainsi que des noix blanches et parfois aussi quelques noix de teinte intermédiaire, l'aurait fait multiplier par les indigènes, à l'exclusion des parents dont il serait issu.

Mais si ce *Cola* a vraiment une origine hybride, on devrait, suivant la loi de MENDEL, observer constamment dans les générations successives, le retour partiel à l'un et l'autre des parents.

Si la loi de MENDEL était applicable aux Kolatiers, les choses devraient se passer de la manière suivante :

La coloration rouge des noix étant sans aucun doute le *caractère dominant* par rapport à la coloration blanche, c'est ce caractère qui persisterait au premier croisement, celui de l'autre sous-espèce serait masqué ou *latent*. La première fécondation croisée donnerait donc exclusivement des noix rouges. Dès la deuxième génération, suivant la loi de MENDEL, notre hybride devrait fournir :

1° 1/4 de noix blanches qui, ensemencées, donneraient des Kolatiers produisant ainsi que tous leurs descendants, exclusivement des noix blanches.

2° environ 3/4 de noix rouges. Si on ensemence ces noix rouges et si on empêche toute fécondation croisée, on devrait constater que les arbres qui en proviendront renferment aussi 25% d'arbres fournissant ainsi que leurs descendants, exclusivement des noix rouges et 50% conservant leur nature hybride, c'est-à-dire produisant 1/4 de noix blanches et 3/4 de noix rouges.

Ces proportions se répètent pendant les générations successives, de sorte qu'après un certain nombre de générations la plupart des lignées seraient retournées à l'un ou à l'autre parent, si bien que les Kolatiers à noix rouges et les Kolatiers à noix blanches seraient en très grande prédominance par rapport aux Kolatiers produisant à la fois des noix rouges et des noix blanches.

Or, il n'en est pas ainsi dans la réalité.

Les formes donnant à la fois des noix rouges et des noix blanches, c'est-à-dire appartenant au *Cola mixta*, sont en très grande prédominance.

En Guinée française, on trouve à peine 1% des arbres à noix toutes rouges (*Cola rubra*). Quant aux arbres à noix toutes blanches (*Cola alba*), ils font généralement défaut et même au Kissi il en existe à peine 1‰.

Du reste, dans cette dernière sous-espèce, il existe un second caractère différentiel combiné avec l'albinisme des embryons, c'est l'albinisme complet du périanthe. Certains hybrides :

Cola alba ♂ × *C. rubra* ♀ ou *Cola rubra* ♀ × *C. alba* ♂

devraient aussi reproduire l'albinisme de la fleur, et nous n'avons cependant jamais observé ce caractère quoique ayant examiné la fleur de *Cola mixta* sur des milliers d'arbres en chaque région où cette sous-espèce existe.

Si le *Cola mixta* est le résultat d'une ancienne hybridation, on se trouve donc en présence d'un cas qui fait exception à la loi de MENDEL.

Ce n'est, en réalité, que par l'expérimentation qu'on arrivera à élucider ces points qui ont un réel intérêt au point de vue de la culture.

Bien qu'il s'agisse de groupes morphologiques plus éloignés, l'hybridation du *Cola nitida* avec l'une des espèces à trois. quatre ou cinq cotylédons, ne nous paraît pas impossible et c'est probablement ce croisement qui expliquerait des faits signalés par JOHNSON, ancien directeur du Jardin d'Aburi (Gold-Coast), à M. le Dr STAPF, de l'Herbier de Kew, duquel nous les tenons in litt. ad auct.). Il s'agirait d'un « Cola vrai » qui produirait 68 % de graines à deux cotylédons, les autres graines 32 %, étant à plus de deux cotylédons. Pour notre part, nous n'avons jamais rencontré dans tous nos voyages que des Kolatiers produisant toujours soit exclusivement des noix à deux cotylédons, soit exclusivement des noix à plus de deux cotylédons. Le fait qui nous est signalé par M. STAPF s'explique d'autant mieux par l'hypothèse de l'hybridation, que nous savons qu'il existe à la Gold Coast des Kolatiers produisant des noix à deux cotylédons (Kola Achanti) et des Kolatiers produisant des noix à plus de deux cotylédons.

En résumé, les Kolatiers sont des arbres dont l'homme s'est occupé probablement depuis des époques très reculées, mais qui n'ont pas été améliorés avec autant d'habileté que les arbres fruitiers des pays tempérés. La culture rationnelle appliquée à ces arbres pourrait donc les transformer considérablement dans un sens avantageux.

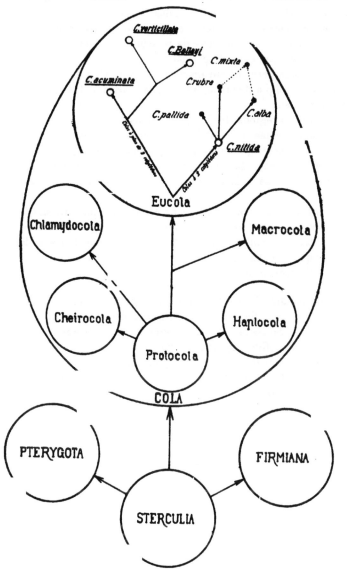

FIG. 35. — Philogénie des *Cola* de la sect'on *Eucola*.

Dissémination et multiplication. — Les Kolatiers spontanés en forêt ne produisent que rarement des fruits. A maturité, ceux-ci tombent, entraînés par leur propre poids et les graines sont mises en liberté, soit par suite de la déhiscence du follicule, soit par la destruction lente du péricarpe.

Les graines germent sur place, à moins qu'elles ne soient entraînées à quelque distance, soit par le charriage des eaux, soit par les animaux.

En diverses régions, les indigènes nous ont affirmé que toutes les noix, même très fraîches, n'étaient pas susceptibles de germer. Par contre, nous avons vu parfois des charges entières de Kolas renfermés dans des couffins tenus trop humides, dont presque toutes les noix entraient simultanément en germination.

Dans les plantations indigènes on cueille presque toujours les cabosses sur l'arbre avant complète maturité. Quelques fruits cachés dans les feuilles échappent parfois aux récolteurs et les graines qu'ils renferment, en se semant d'elles-mêmes, contribuent à l'extension de la plantation.

Philogénie des Kolatiers. — Il est bien difficile dans l'état actuel de la science, de présenter le phyllum des espèces du genre *Cola* et leurs rapports avec les Sterculiacées voisines. Le tableau ci-contre (Fig. 35) est un essai dans ce sens.

Il est assurément très hypothétique, mais il a l'avantage de résumer sous forme de schéma, les faits présentés dans les chapitres précédents.

TROISIÈME PARTIE

Étude chimique et pharmacologique de la noix de Kola

CHAPITRE XI.

Composition chimique des noix de Kola.

La noix de Kola ne fut vraiment utilisée d'une façon courante en médecine européenne que depuis la communication de HECKEL et SCHLAGDENHAUFFEN (1) en 1883.

Les recherches chimiques concernant cette drogue sont donc relativement récentes, quoique très nombreuses. Jusqu'à ces dernières années, la composition du Kola fut l'objet de maintes dissertations scientifiques et même de discussions qui attestaient que cette question restait somme toute, fort mal connue.

La faute initiale en revient entièrement à KNEBEL (2), qui en donnant le nom de *Kolanine* à un produit extractif, amorphe et

---

(1) HECKEL et Fr. SCHLAGDENHAUFFEN. — Des Kolas africains aux points de vue botanique, chimique et thérapeutique. *J. Ph. et Ch.*, 5ᵉ série, 1883, VII, pp. 556-568 ; VIII, pp. 81-96, 177-208, 289-306.

(2) KNEBEL.— Die Bestandtheile der Kolanuss. *Inaug. Diss.* Erlangen, 1892. — Zur chemischen Kenntniss der Kolanuss. *Apotek. Zeit.* 1892, VII, p. 112.

nullement défini, a faussé les connaissances de ses contempo-
rains et paralysé l'effort de ceux que l'attrait de la recherche des
composés actifs du Kola aurait poussés dans cette voie. Le travail
si intéressant de KNOX et PRESCOTT (1) n'est pas même arrivé à
détruire, dans l'esprit des pharmacologistes, l'impression causée
par l'opinion si légèrement avancée par le chimiste allemand (2).
Il importe donc d'exposer rigoureusement l'histoire analytique
des recherches chimiques publiées par les divers auteurs.

L'action physiologique de la noix de Kola, présentant quelques analogies avec celle du thé et du café, amena F. DANIELL
(3) à y rechercher la caféine et, le premier, il y caractérisa la
présence de ce composé xanthique. Il put l'isoler par les procédés employés à cette époque, c'est-à-dire par décoction, précipitation des composés tanniques par l'acétate de plomb et élimination du plomb par l'hydrogène sulfuré. La solution obtenue
évaporée donna des cristaux de caféine dont la présence fut
confirmée peu après par LIEBIG (4).

DANIELL remit, pour recherches analytiques plus complètes,
des matériaux à J. ATTFIELD (5), qui fit une analyse détaillée
(voir tableau) des noix de Kola sèches, *tout en regrettant de ne
pouvoir étudier les noix fraiches dont la composition serait,
dit-il, des plus intéressantes.*

D'autres chimistes se sont également occupés de la composi
tion centésimale de la noix de Kola ; ce sont tout d'abord HECKEL

(1) KNOX et PRESCOTT. — The Coffein compound of Kola. *Pharm*. *Review*,
1897, XV, pp. 172-176, 191-195, 214-219 et *Journ. Am. Chem. Soc.* 1907, XIX, pp. 63-
90 ; 1908, XX, pp. 34-78.

(2) La mise au point de cette question a été faite récemment par MM. PERROT
et GORIS (*Bull. des Sc. pharmacologiques*, Paris, 1907, XIV, pp. 576-593). Nous
faisons ici à cette revue, les plus larges emprunts.

(3) F. DANIELL.— On the Kola-nut of tropical West-Africa (The Guru-nut of
Soudan), *Pharm. Journ.*, 1864-65, VI, pp. 450-457.

(4) LIEBIG in ROHLFS G. — Reise durch nordafrika vom mittellandischen
Meere bis zum Busen von Guinea, 1865-1867, in KNEBEL, *Inaug. Diss.* loc.
cit., pp. 8.

(5) ATTFIELD.— On the food-value of the Kola-nut. A new source of theine.
Pharm. Journ., VI, 1864-65, p. 457-460.

et SCHLAGDENHAUFFEN (1) (1884), puis LASCELLES-SCOTT (2)
(1886), CHODAT et CHUIT (3) (1888), UFFELMANN et BÖMER (4),
KNOX et SCHLOTTERBECK (5) (1895), KŒNIG (6) (1904).

Mais ces recherches ont eu surtout pour objectif une détermination *quantitative* des divers éléments signalés dans la noix
de Kola sèche et malheureusement elles laissent beaucoup à
désirer au point de vue de la détermination de la nature chronique de ces divers principes.

Par la seule inspection des tableaux ci-contre, on pourra se
rendre compte des différences énormes qui existent entre les
dosages effectués par les auteurs cités. C'est ainsi que des divergences très grandes peuvent être constatées dans la proportion
des substances classées sous la rubrique *gomme, sucre*, etc.
Il en est de même pour celles que ces chimistes ont désignées
sous le nom de *tanin, rouge de Kola, acide kolatannique*.

Peut-être eût-il été préférable d'effectuer seulement des analyses
qualitatives, qui eussent sans doute permis de connaître la
nature exacte des composés avant de les doser en bloc sous une
dénomination n'ayant aucune valeur scientifique.

Ces tableaux analytiques ne peuvent donc pas en général
servir à établir des comparaisons réelles des résultats trouvés
par les différents auteurs. En un mot, ils doivent se lire de haut
en bas et non horizontalement, chaque analyse n'étant intéressante qu'individuellement. MM. PERROT et GORIS ne les avaient
groupées ainsi que pour mieux faire ressortir la nécessité d'études
nouvelles en vue d'une meilleure connaissance des constituants
chimiques complexes de la noix de Kola fraîche.

---

(1) HECKEL et SCHLAGDENHAUFFEN. — Loc. cit., VIII, p. 188.

(2) LASCELLES-SCOTT.— New commercial plants, 1886. In HECKEL, Kolas africains. *Ann. Inst. col.* Marseille, 1893, I. p. 169.

(3) CHODAT et CHUIT.— Etude sur les noix de Kola. *Arch. des Sc. Phys. et nat.*
Genève, 1888, XIX. p. 498-518.

(4) UFFELMANN et BÖMER — Die chemische Zusammensetzung der Colanus.
Zeitsch. f. angew-Chem., VII, 1894, p. 710.

(5) KNOX et SCHLOTTERBECK.— Analyse von Kola. *Pharm. Rundschau.* XIII,
1895, p. 204.

(6) KŒNIG. — Chemie der menschlichen Nahrungs und Genussmittel. Berlin,
Springer, 1903-04, I, p. 1041 ; II, p. 1120.

SUBSTANCES	ATTFIELD (1864)	HECKEL et SCHLAGDENH. (1884)		LASCELLES-SCOT (1886)
Eau.............	13,65	11,919		9,722
Cellulose	20, »	19,831		27,395
Cendres	3,20	3,395	Soluble dans l'eau.	4,718
Amidon.......... ..	42,50	33,754		28.990 (amidon), 2.130 (mat. amylacée se colorant par l'iode.
Gomme...........	»	3,040		4,876
Matières protéiques.	6,33	6,760		8,642
Matières colorantes .	»	2,565		3,670
Glucose, gomme, sucre et autres matières organiques ...	10,65	2,875	Soluble dans l'alcool.	3,312
Saccharose	»	»		0,612
Tanin	»	1,620		1,204 (ac. kolatannique).
Rouge de Kola......	»	1,290		
Huile fixe... ·	1,52	0,585	CHCl³ Soluble dans le	0,734
Huile volatile.......		»		0,612
Caféine...........	2,13	2,346		2,710
Théobromine.......	»	0,023		0,084
Azote total........	»	»		
Matières extractives sans azote	»	»		
Matières azotées....	»	»		

SUBSTANCES	CHODAT et CHUIT (1888)	UFFELMANN et BÖMER (1895)	KNOX et SHLOTTER. (1904)	KŒNIG (1904)
Eau..............	11,59	13,35	6,30	12,22
Cellulose	8,67	7,01	»	7,85
Cendres	3,31	2.90	3,35	3,05
Amidon...........	46,73	45,44	35,26	43,83
Gomme...........	»	»	»	»
Matières protéiques.	10,12	5,91	7,225	»
Matières colorantes.	»	»	»	»
Glucose, gomme, su-cre et autres matiè-res organiques ...	»	traces	3,872	2,75
Saccharose........	»	traces		=
Tanin	»	»	3,15	3,42
Rouge de Kola......	»	»	»	1,25
Huile fixe..........	0,17	1,35 (extrait éthéré).	0,735	1,35 (extrait éthéré)
Huile volatile.......	»		0,09	
Caféine...........	1,69 à 2,34	2,08	1,83	2,16
Théobromine.......	»		0,0357	0,0503
Azote total........	2,19	1,53	1,675	»
Matières extractives sans azote........	»	18,21		15,06
Matières azotées....	»	9,56	»	9,22

L'examen de ces tableaux est très instructif, car les chiffres trouvés par ces différents auteurs variant dans d'assez grandes proportions en ce qui concerne les matières peu actives, telles que la cellulose, l'amidon ; sont, en revanche, sensiblement d'accord quant à la teneur en caféine et théobromine. Ces différences peuvent s'expliquer par l'emploi de méthodes de dosage variant avec les auteurs. La teneur en caféine et en théobromine ne varie jamais d'ailleurs dans de bien grandes limites, ainsi que le prouve cette série d'analyses de J. JEAN (1) portant sur des semences d'origines différentes :

	Caféine et théobromine	Kolanine de Knebel
Noix de l'Inde.................	1,635	1,640
— du Congo	1,485	1,040
— du Congo A..............	1,170	1,250
— du Congo B.............	1,482	0,987
— fraiches (eau 57,35 %)	0,624	0,294
— séchées C................	1.464	0,609
— — du Soudan	1,330	1,200
— — du Niger A........	1,230	1,006
— — du Niger B........	0,902	0,650
— — de Sierra-Léone A..	2,273	1,175
— — de Sierra-Léone B..	2,410	1,209
— avariées	2,170	0,435
— moisies	1,210	0,067
— moisies	2,029	0,131
— de la Côte d'Ivoire........	1,864	1,300

DOHME et ENGELHART (2) trouvent des résultats identiques en s'adressant à des noix de Kola d'Afrique et à des noix provenant d'arbres cultivés à la Jamaïque : 2,04 et 2,25 de caféine pour les noix d'Afrique ; 1,75 et 1,95 pour celles de la Jamaïque.

THOMSON (3), à son tour, donne les résultats suivants:

(1) J. JEAN. — Les préparations pharmaceutiques à base de noix de Kola. *Répert. de pharm.*, 1896, 3e série, VIII, p. 50.
(2) DOHME et ENGELHART. — Some observations regarding Kola-nuts. Amer. *Journ. of pharm.*, 1896, LXVIII, p. 5.
(3) THOMSON. — Estimation of tanin and Alkaloids of Kola. *Amer. Journ. of pharm.*, 1895, LXVII, p. 518.

	H²O	Tanin	Cendres	Chloroforme	Ether	Méthode Lloyd
				Caféine par		
Noix sèche........	7,55	1,87	3,19	1,22	1,62	»
— sèche	6,95	1,86	3,20	1,84	1.96	1,73
— fraiche........	56,65	2,85	3,66	0,59	0,80	»
— en partie sèche	38,50	2,47	3,66	1,08	1,46	1,46

Il n'en est pas de même de Bernegau (1) dont les analyses accusent des écarts assez forts :

	Caféine
Botika.................	1,374
Mayumba Uyanga......	1,724
Togo	2,16
Gold-Coast	1,60
Cameroun	0,70

La dessiccation et même la torréfaction amènent peu de changement dans la teneur en caféine, ainsi que le montre le tableau suivant extrait des recherches de Dieterich (2).

	Fraiches	Séchées	Torréfiées
Caféine par éther........	1.43	1,777	1,04
— chloroforme...	1,15	1,76	1,35
Eau	57,29	13,86	4,42
Matières grasses.........	3.33	1,67	0,63
Cendres.................	1,56	2,50	3,86
Carbonate de potasse des cendres......	47,55 %	45,55 %	49,16 %

M. Balland (3), pharmacien principal de l'armée, dont les travaux analytiques concernant de nombreuses denrées alimentaires sont bien connus, donne aussi une analyse du Kola, effectuée sur des noix provenant d'Alépé (Côte d'Ivoire) :

(1) L. Bernegau. — Ueber Kolanûsse. *Apotek. Zeit.*, 1898, XIII, p. 680.
(2) Dieterich. — Ueber die Bestandtheile des frischen, getrockneten und gebrannten Kolanuss. *Pharm. Centralh.*, 1896, XXXVII, p. 544.
(3) A. Balland, — Les aliments, Paris, 1907, p. 115.

	Etat normal	Etat sec
Eau................	11,70	0,00
Matières azotées.....	10,25	11,61
— grasses	1,25	1,41
— amylacées..	64,60	73,16
Cellulose......	8,90	10,08
Cendres............	3,30	3,74
	100, »	100, »
Teneur en caféine ...	2,75	3,11

Cet auteur, avec MM. Knox et Prescott, comme on le verra plus loin, signale une proportion de caféine considérable et dépassant de beaucoup les chiffres obtenus par tous les chimistes qui se sont occupés de cette question ; il est impossible de fournir une explication satisfaisante de cette divergence. Nous nous contentons d'exposer les faits.

Cette teneur en caféine, théobromine et tanin dans les diverses espèces de Kola arrivant sur les marchés, *C. acuminata* R. Br., et *C. Ballayi* Cornu (1), a été étudiée par O. Topping (2), qui résume ses recherches dans le tableau suivant :

		Alcaloïde total	Caféine	Théobromine	Tanin
C. acuminata..	2 cotylédons....	1,424	1,384	0,0354	1,226
	2 cotylédons....	1,123	1,094	0,02805	0,817
C. Ballayi.....	5 cotylédons ...	1,240	1,0208	0,0309	3,26
	5 cotylédons ...	0,841	0,8205	0,0209	4,07
	5 cotylédons ...	1,305	1,3508	0,0346	3,27

Des recherches identiques de Knox et Prescott (3) sur la teneur des Kolas frais en caféine libre et combinée ont donné les résultats suivants :

(1) *C. acuminata* est le synonyme de *C. nitida* et *C. Ballayi* est le vrai *Cola acuminata* Schott et Endl.
(2) Topping. — Examination of Kola. *Proced. of the Amer. pharm. Assoc.* 1894, XLII, p. 176.
(3) Knox et Prescott. — Loc. cit. *Journ. Amer. Soc.*, XIX, p. 74.

	Eau	Alcaloïde libre	Alcaloïde combiné	Total
Kola sec.................	6,16	1,84	1,82	3,66
Kolas frais, rouges et blancs...............	53,90	1,158	1,920	3,078
Kolas frais blancs......	51,20	1,180	2,085	3,265
Kolas frais rouges......	57,20	1,120	1,625	2,745
Kolas frais, blancs et rouges, mais moisis...	53,90	1,235	1,854	3,089

L'un de nous a également, depuis quelques années, effectué dans son Laboratoire un certain nombre de dosages de caféine sur des échantillons frais ou secs, d'origines les plus diverses ; en voici les principaux résultats :

Dosages de caféine dans les noix de Kola

(Laboratoire de Pharmacognosie de l'Ecole supérieure de Pharmacie).

			Caféine p. 100. de noix sèche
Noix à deux cotylédons (*C. nitida* et variétés).	*Kola sauvage de la Côte d'Ivoire (C. rubra)* (Envoi Aug. CHEVALIER)		2,285
	Kola rose du Sassandra (C. pallida). (Envoi SCHIFFER).	1er échantillon..	1,46
		2e —	1,53
	Kola de Madagascar (en moyenne)........		1,70
	Kola de Java	1er échantillon..	1,70
		2e —	1.55
		3e —	1,59
	Kola de la Guadeloupe.................		1,75
	Kola de la Jamaïque		1,58
Noix à plus de deux cotylédons	*Kola du Congo* (Imp fondo) *(C. Ballayi).* (Envoi BAUDON).	1er échantillon..	1,53
		2e —	1,21
	Kola du Dahomey (C. acuminata)........ (Envoi du cap. COURTET).		1,42
	Kola mucilagineux du Dahomey (C. verticillata). (Envois SAVARIAU et NOURY).	1er échantillon..	1,10
		2e —	1,13

Les cendres n'ont été analysées que par Heckel et Schlagdenhauffen (1) et par Chodat et Chuit (2) ; les résultats sont
peu concordants en ce qui concerne la teneur en base alcaline et
alcalino-terreuse.

Analyse des Cendres (Heckel et Schlagdenhauffen.)

Cendres solubles :
2,720

Acide phosphorique..	0,386
— sulfurique......	0,175
Chlore..............	0,165
CO_2	0,014
Potassium	0,008
Sodium.............	1,972
Total.......	2,720

Cendres
insolubles : 0,605

Acide phosphorique...	0,015
— sulfurique......	0,002
Silice...............	0.004
CO_2	0,282
Calcium.............	0,302
Total......	0,605

Total : 3.325

Ce qui fait en ramenant à 100 :

Acide phosphorique	12,05
— sulfurique..........	5,30
Chlore..................	4,90
CO_2.....................	8.90
Potassium...............	0,24
Silice...................	0,12
Calcium	9,10
Sodium.................	59,40
Total..........	100,01

(1) Heckel. — Les Kolas africains. *Ann. Inst. col.*, Marseille, 1893, I. p. 167.
(2) Chodat et Chuit. — *Loc. cit.*, p. 514.

Analyses de MM. Chodat et Chuit :

Acide phosphorique......	14,62
— sulfurique.........	8,50
Chlore.................	1,30
CO*.....................	8,75
Potassium..............	54,96
Silice................'..	1,07
Calcium......'.........	traces
Sodium................	0
Magnésie..............	8,54
Oxyde de manganèse....	1,29
Oxyde de fer...........	1,38
Total........	100,41

Dans la plupart des travaux, les auteurs ont eu surtout en vue la composition centésimale de la noix de Kola, sans se préoccuper de la recherche des principes actifs autres que les composés caféiniques. En effet, alors que chacun de ces auteurs reconnaît que les noix fraîches ont une activité physiologique différente de celle des noix sèches, presque tous attribuent cette action à la Kolanine (rouge de Kola), qui cependant est un principe, non défini, extrait des noix sèches.

Dans les travaux de Waage (1), Kilmer (2), Poskin (3), Dieterich(4), O. Schumm (5), Thoms(6), Schurmayer(7), Warin(8),

(1) Waage.— Ueber Verunreinigungen von Drogen. *Ber. d. d. pharm. Gesells.*, 1893, III, p. 167.

(2) Kilmer. — Bissy nuts. the Kola of the West Indies. *Amer. Drug. and pharm. Rec.*, 1894, XXV, p. 356.

— Kola and kolanin. *Amer. Drug. and pharm. Rec.*, 1896, XXVIII, 88-92.

(3) Poskin. — Das Rotten der Kolanusse. *Journ. der. pharm. von Elsass-Lothringen*, 1895, XXV, p. 356.

(4) Dieterich.— Ueber Kolanüsse. *Apotek. Zeit.*, 1896, XI, p. 810.

— Ueber Wertbestimmung der Kolanus und des Kolaextraktes. *Apotek. Zeit,*, 1897, XII, p. 638 ; *Pharm. Zeit.*, 1897, XLII, p. 647.

(5) Schumm.— Ueber Prufung von Kolanussen und Kolanussextraken, ihren Gehalt an Gesamtalkaloid. *Apotek. Zeit.*, 1898, XIII ; et *Naturf. Versamml. Dusseldorf 1898.*

(6) Thoms. — Untersuchung eines Bernegau'schen Kolapräparates. *Ber. d. d. pharm. Gesells.*, 1898, VIII, p. 125.

(7) Schurmayer.— Ueber die Vervendung frischer Kolanüsse. *Apotek. Zeit ,* 1898, XIII, p. 683.

(8) J. Warin.— Dosage des alcaloïdes de la noix de Kola et de son extrait fluide. *Journ. pharm. chim.*, 6e série, 1902, XV, p. 373.

nous n'avons guère à relever de faits intéressant la composition chimique du Kola. Notons cependant l'opinion de Waage, qui dit, sans le prouver toutefois, que les noix cultivées seraient meilleures que les noix sauvages, et celle de Poskin prétendant que le goût des noix de Kola fraîches est plus agréable lorsque les nègres les ont enterrées trois semaines à la façon du cacao.

*
**

Après avoir ainsi passé en revue tous les travaux analytiques concernant la noix de Kola, examinons plus spécialement les recherches qui ont eu pour but l'extraction des principes actifs de cette drogue.

Attfield fut donc le premier qui en isola la caféine ; Heckel et Schlagdenhauffen, dans leur analyse centésimale, signalent la présence de théobromine. Ce sont les deux seuls corps cristallisés dont la présence fut affirmée jusqu'en 1906.

Il est toutefois à noter que la présence des bases xanthiques a été également signalée dans les feuilles par J. Dekker (1), contrairement à l'opinion émise par Heckel et Schlagdenhauffen (loc. cit., p. 294). Le savant allemand trouve 0,049 % de caféine et 0,101 % de théobromine dans les feuilles jeunes, c'est-à-dire une plus grande proportion de cette dernière base que celle trouvée dans les cotylédons.

Les feuilles âgées ne renferment que des traces de bases xanthiques.

Au cours de leurs recherches, Heckel et Schlagdenhauffen ont également fait mention d'un corps spécial qu'ils désignent sous le nom de *rouge de Kola*. Il n'est pas inutile de reproduire *in extenso* la partie de ce travail consacrée à l'extraction de ce composé, à qui l'on attribua pendant longtemps un rôle important dans l'action thérapeutique du Kola.

« En épuisant la poudre de Kola par l'alcool à chaud, on obtient un liquide qui ne fournit que 6 % d'extrait sec. Cet extrait est jaune-clair et renferme une grande quantité de tanin ainsi que des matières grasses et résineuses jaunes. Quand on

---

(1) J. Dekker. — ¡Untersuchung der Blätter von Theobroma Cacao und Sterculia Cola auf darin enthaltene Xanthinbasen. *Schweiz. Woch. f. Chem. u. Pharm.*, 1902, XI, p. 159.

reprend par l'eau cet extrait alcoolique, on perçoit une odeur très agréable qui rappelle celle du cacao ; la caféine se dissout. et le mélange des matières grasses et résineuses surnage. En traitant ce résidu un grand nombre de fois par l'eau bouillante et en le desséchant au bain-marie, il finit par se réduire en une masse sèche et friable presque insoluble dans le chloroforme, soluble entièrement dans l'alcool et la potasse, qu'elle colore en rouge vif. Soumise à l'action de la chaleur, cette substance laisse dégager des vapeurs empyreumatiques et fournit dans la partie refroidie du tube dans lequel se fait l'essai une abondante cristallisation d'aiguilles de caféine. D'un autre côté, en la traitant par la potasse caustique, on obtient un liquide rouge intense comme avec le tanin. On serait donc tenté de conclure à la présence de caféine, mais il n'en est rien, car l'alcaloïde n'existe que dans la noix de Kola à l'état de combinaison, ainsi que nous le verrons plus tard ; il s'y trouve à l'état de liberté. De ce que les aiguilles de caféine se subliment dans ces conditions. il faut en conclure que l'alcaloïde est retenu mécaniquement par cette matière résineuse. Celle-ci, sans aucun doute, n'est autre chose qu'un produit d'oxydation du tanin et présente la plus grande analogie avec le rouge cinchonique ; nous donnons à ce composé particulier le nom de *rouge de Kola* et nous indiquons plus loin en quelle proportion il existe dans la graine. »

Plus loin, en effet, MM. HECKEL et SCHLAGDENHAUFFEN (1) reviennent sur le mode de préparation.

Ils épuisent tout d'abord la poudre par le chloroforme, puis après s'être assurés que cette poudre ne cédait plus rien à ce dissolvant, ils l'ont épuisée avec de l'alcool.

La solution alcoolique obtenue est évaporée en consistance d'extrait et reprise par l'eau bouillante qui la dissout presque en totalité, mais abandonne par le refroidissement une grande quantité de flocons bruns (qui constituent le rouge du Kola). La liqueur surnageante renferme du glucose, une petite quantité de sels fixes et un tanin de nature particulière dont l'auteur étudie l'action sur les réactifs des tanins.

(2) HECKEL.— Kolas africains. *Loc. cit.*, 159.

« Les flocons bruns qui se déposent par le refroidissement semblent être un produit d'oxydation de tanin et présentent les plus grandes analogies avec le rouge cinchonique. Cette poudre soumise à la dessiccation, se présente sous la forme d'une masse brillante presque noire. Elle est très soluble dans l'alcool, la potasse caustique, la soude caustique et l'ammoniaque. Les solutions alcalines sont brun-rouge ; mais chauffées au bain-marie, elles affectent une couleur rouge-sang. Leur solution alcoolique n'agit pas sur les sels ferriques, mais elle est précipitée en totalité par l'acétate de plomb.

« Pour purifier la substance, nous la dissolvons dans la potasse et nous la précipitons de nouveau par l'acide chlorhydrique faible. Préparée de la sorte et chauffée dans un tube à essai, elle fournit une huile empyreumatique qui se solidifie au bout d'un certain temps sous forme de tables aplaties : *On ne reconnait pas trace de caféine dans le produit de la sublimation, elle se comporte donc d'une manière différente de celle du produit brut dont il a été question plus haut.*

« Nous donnons à ce composé le nom de *Rouge de Kola* pour le distinguer de la matière colorante rouge qui est mélangée au ligneux et qu'on ne parvient pas à extraire, même au bout de trois fois vingt-quatre heures, à l'aide de l'alcool bouillant. Ce rouge de Kola renferme une petite quantité de matières grasses que l'on peut enlever par le chloroforme, l'éther ou le sulfure de carbone, après avoir préalablement desséché la matière. L'extrait alcoolique réduit la liqueur cupro-potassique d'une manière notable, « ce qui indique par conséquent la présence d'une certaine quantité de glucose. »

Il est bon de faire remarquer que MM. Heckel et Schlagdenhauffen auraient dû pour cette recherche, déféquer la liqueur, car le rouge de Kola, qui est du groupe des tanins, pouvait de lui-même réduire la liqueur de Fehling. Or, en aucun endroit de cette partie de leur travail consacré au rouge de Kola, ces deux savants ne font allusion à la présence possible de caféine ; ils font même remarquer, au contraire, que le composé obtenu est différent de celui qu'on isole par sublimation et qui, dans leurs premiers essais leur avait donné de la caféïne. Nous verrons tout à l'heure comment Heckel est revenu sur son idée après le travail de Knebel (1).

Quelques années plus tard, Knebel retira du Kola le même produit que Heckel (2) et Schlagdenhauffen et le considéra comme un glucoside de la caféïne. Voici textuellement sa méthode d'extraction :

« La matière finement pulvérisée était d'abord complètement épuisée avec de l'éther qui enlève la matière grasse, la caféïne et la théobromine ; on épuise ensuite avec de l'alcool ; la solution alcoolique filtrée est distillée dans le vide jusqu'à siccité. Le produit ainsi obtenu, mélange de rouge de Kola, d'acide tannique, de sucre et de sels, est dissous dans de l'eau additionnée d'un peu de lessive de soude ; on filtre et on précipite par l'acide chlorhydrique. Le précipité est recueilli après filtration, redissous à nouveau dans l'eau alcaline et reprécipité à nouveau. On le sèche finalement sur l'acide sulfurique. »

Pour obtenir ce produit encore plus pur, Knebel emploie la méthode suivante un peu différente :

« La poudre de Kola est épuisée directement par de l'alcool. La solution alcoolique est filtrée, puis distillée dans le vide et évaporée à siccité, on épuise l'extrait par le chloroforme dans un appareil Soxhlet. Le résidu ainsi débarrassé de la caféïne libre est mélangé avec du sable et épuisé avec de l'eau jusqu'à ce que l'eau passe colorée, ce qui a pour but d'enlever le tanin, les matières colorantes, le glucose, les sels ; on épuise ensuite à l'alcool et on évapore à siccité ; on obtient ainsi la Kolanine absolument pure, car dans le premier cas les traitements à l'eau alcaline l'altèrent un peu » (Knebel).

La matière ainsi obtenue (*rouge de Kola de Heckel*), analogue au rouge cinchonique, est une poudre rouge-brune, amorphe, d'une saveur amère, à peine soluble dans l'eau froide, très peu dans l'eau bouillante, et s'agglomérant pour former une masse résineuse à cassure brillante. En la chauffant fortement il se sublime de la caféïne. Knebel admet que cette *caféïne n'est pas entraînée lors de la précipitation par l'eau, mais forme un composé très stable*. Ce composé serait formé de ca-

(1) Heckel.— Kolas africains. *Loc. cit.*, p. 163.
(2) Knebel.— *Inaug. Diss.*, Loc. cit., p. 15.

féïne, glucose et rouge de Kola et constituerait un glucoside
que Knebel appelle *Kolanine*. Le dédoublement de ce composé
serait très difficile, on ne pourrait l'obtenir complètement ni par
l'eau bouillante, ni par les acides dilués même après plusieurs
jours d'ébullition. Il n'y aurait que l'acide sulfurique à 20 % qui
puisse décomposer le glucoside après quatre heures d'ébullition.
Du produit de dédoublement, l'auteur a pu séparer la caféine, puis
le sucre sous forme de poudre blanche, en l'extrayant au moyen
de l'alcool méthylique et le précipitant par l'éther. La poudre
blanche ainsi obtenue était en faible quantité, mais suffisante
d'après Knebel, pour la caractériser comme du glucose.

L'action du chlorure d'acétyle a pour effet de séparer la caféine du rouge de Kola et de former avec ce dernier un dérivé
pentacétylé non cristallisé.

Ce rouge de Kola provenant du dédoublement de la Kolanine
aurait pour formule $C^{14}H^{13}(OH)^5$; fondu avec les alcalis, il donnerait de l'acide protocatéchique. L'oxydation par le permanga-
nate de potasse donne une masse noirâtre qui n'a pas été examinée; avec l'acide azotique, on obtient de l'acide oxalique.

Pour Knebel, l'identité chimique de la Kolanine ne fait aucun
doute, c'est un corps glucosidique se dédoublant d'après l'équation suivante :

Kolanine (rouge de Kola de Heckel + H^2O = caféine + glucose + rouge
de Kola).

Un ferment existant dans la noix aurait la propriété de
provoquer ce dédoublement. Cette opinion est défendue par
Schweitzer (1), qui montre que les proportions de caféine et de
glucose dans la Kolanine sont en proportions simples et que
pour une molécule de caféine et de rouge de Kola, il y a trois
molécules de glucose. Il donne à la Kolanine la formule suivante:
$C^{40}H^{56}N^4O^{21}$.

se dédoublant comme suit :

$$(C^{40}H^{56}N^4O^{21} + 4H^2O = 3C^6H^{12}O^6 + C^{14}H^{13}(OH)^5 + C^8H^{10}N^2O^2).$$

(1) G. Schweitzer.— Zur Kenntniss der coffein und theobrominhaltigen Gly-
coside in den Pflanzen. *Pharm. Zeit.*, 1898, XLIII, p. 380.

Aussitôt après l'apparition des travaux de Knebel, Heckel reprit la question et admit que la Kolanine de Knebel était bien son rouge de Kola, et que le dédoublement lent par les acides, tels les acides du suc gastrique, devait produire dans l'estomac une certaine quantité de caféine à l'état naissant. Alors qu'il avait écrit quelques années auparavant : « Ce rouge de Kola est un principe mal connu comme fonction chimique, mais d'une préparation facile, il peut être rapproché du rouge cinchonique... »; il est grand dommage, d'après l'avis de MM. Perrot et Goris, — sans que cela constitue le moindre reproche pour le savant professeur, — que Heckel (1) n'ait pas soumis le travail de Knebel à un examen plus approfondi. Le corps obtenu par Knebel *n'était pas cristallisé, donc pas défini*; la présence de glucose, ainsi que l'a fort bien établi Carles (2), n'était pas suffisamment démontrée, et Heckel pouvait aussi bien conclure que le corps trouvé par Knebel n'était en rien différent de son rouge de Kola. Il n'y avait entre les deux travaux qu'une simple différence : Heckel croyait la caféine entraînée lors de la précipitation, tandis que Knebel affirmait qu'elle existait sous forme de combinaison chimique. Dans la *Kolanine* ou le *rouge de Kola*, la caféine est fortement retenue, puisque, seule, l'action prolongée des acides peut la séparer, mais de là à conclure à la présence d'un composé chimique scientifiquement établi, il y a loin. La dénomination *rouge de Kola* donné par Heckel, sans préjuger de rien, était moins prétentieuse que celle de *Kolanine*, et, tout en exprimant le même fait, la première au moins, n'avait pas l'inconvénient de faire croire à l'existence d'un composé bien défini.

Cette Kolanine de Knebel (3) a de suite été industrialisée et mise sous forme de pastilles de 0 gr. 20 de kolanine, par la maison Krewel et Cⁱᵉ, de Cologne.

G. François, en 1897 (4), montra que, contrairement à

(1) E. Heckel. — Sur la constitution chimique et l'action physiologique du rouge de Kola ; comparaison avec la caféine. *Répert. pharm.*, 1892, 3ᵉ série, IV, p. 433-439.

(2) Carles.— Pharmacologie des Kolas. Titrage des Kolas et formes pharmaceutiques. *Bull. Soc. pharm. Bordeaux.*, 1896, XXV, pp. 193-212.

(3) Kolanin Knebel.— *Apotek. Zeit.*, 1897, XII, p. 500.

(4) G. François. — De l'influence de la kolanine sur la richesse en alcaloïde de la noix de Kola. *Journ. de Pharm. d'Anvers*, 1897, LIII, pp. 445-46.

l'opinion de KNEBEL, les noix séchées, c'est-à-dire oxydées,
n'étaient pas plus riches en principes actifs que les noix fraiches. D'un autre côté, l'individualité chimique de la kolanine
fut mise en doute par KNOX et PRESCOTT (1), puis par DIETE-
RICH (2), qui prétendit même que le produit de KNEBEL n'était
qu'un mélange des principes actifs de la noix de Kola. Ces critiques obligèrent KREWEL et Cie (3) à défendre leur produit ;
mais cependant ils avouent : « qu'à cause du dédoublement
facile de la kolanine, Knebel renonce à donner la description de la kolanine pure et se contente d'obtenir par sa méthode, une kolanine brute qui contient de 80 à 90 % de kolanine pure ».

Une méthode de préparation de la kolanine a été également
indiquée par J. JEAN (4) ; c'est à elle que DIETERICH (5) et
BERNEGAU (6) ont recours pour le dosage de ce produit. « Après
avoir épuisé par le chloroforme le mélange de poudre de Kola
et de chaux, dans le but d'extraire la caféine et la théobromine,
la poudre de Kola est épuisée dans un appareil Soxhlet par
l'alcool à 90°. L'alcool dissout la totalité de la kolanine, le
tanin et la matière colorante. Pour séparer ces dernières matières de la kolanine, l'alcool est évaporé au bain-marie et le
résidu est repris par l'eau distillée bouillante, qui dissout le
tanin et la matière colorante. On filtre : la kolanine insoluble
reste sur le filtre ; on lave à l'eau chaude. Le filtre est ensuite
séché et pesé ».

M. CARLES (7) donne un procédé un peu différent : « Pour
doser la kolanine dans une graine de Kola ou dans un extrait,
on épuise cette graine ou cet extrait par l'eau distillée froide et
on continue séparément avec de l'alcool à 70°. L'extrait alcoo-

(1) KNOX et PRESCOTT. — Pharm. Rev., loc., cit., p. 215.

(2) DIETERICH. — Pharm. Zeit., loc. cit., p. 647.

(3) KREWEL. — Zur chemischen Characteristik des Kolanin KNEBEL. Pharm.
Zeit., 1897, XLII, p. 794.

(4) J. JEAN. — Les préparations pharmaceutiques à base de noix de Kola.
Répert. de Pharm., 1896, 3e série, VIII, pp. 49, 54, 99.

(5) DIETERICH. — Pharm. Centralh., loc. cit.

(6) BERNEGAU. — Die Kolanuss als Arznei und Genussmittel. Apotek. Zeit., 1897,
XII, pp. 404-406. Ueber kolanin. Pharm. Zeit.,1897, XLII, p. 803.

(7) CARLES. — Pharmacologie des Kolas. Journ. Pharm. Chim., 1896, 6e série,
IV, p. 104.

lique obtenu, lavé de nouveau à l'eau froide, laissera la kolanine brute insoluble ; on devra la dessécher à une douce chaleur jusqu'à poids constant avant de fixer son poids, pour y doser les alcaloïdes, on pèse 1 gr. de chaux éteinte et 3 gr. de carbonate de chaux, on triture avec une trace d'alcool, on dessèche et on épuise au chloroforme alcoolisé d'après la méthode indiquée par l'auteur ».

La kolanine purifiée se présente sous l'aspect d'une substance d'un brun noir amorphe, à reflets brillants, susceptible de fondre à 50°-60° quand elle est humide. CARLES (1) se refuse à voir en cette substance un glucoside, et, dit-il, « chaque fois que nous avons agi sur une kolanine purifiée, renfermant de 14 à 20 % d'alcaloïdes, ces alcaloïdes ont bien été séparés par les acides chlorhydrique et sulfurique étendus, avec une merveilleuse blancheur, mais dans la liqueur saturée par la baryte et déféquée par l'acétate basique de plomb, nous n'avons jamais pu déceler, par les moyens ordinaires, *aucune trace de glucose* ».

La kolanine ne semblerait pas exister dans la noix fraiche et ne prendrait naissance que par dessiccation, sous l'action d'un ferment oxydant (koloxydase).

Le produit comparable de la noix fraiche serait la *kolanine vraie*, ou *rouge kolanique soluble*, qui, par oxydation se transformerait en un produit insoluble (kolanine KNEBEL, rouge de Kola HECKEL), produit mort, pathologique et inactif. Cette dernière hypothèse, émise par le pharmacologiste bordelais, a le grand tort de ne pas s'appuyer sur des expériences chimiques et physiologiques précises qui en augmenteraient la valeur.

Outre l'exploitation de la kolanine par la maison KREWEL de Cologne, d'autres brevets concernant le rouge de Kola furent pris en Allemagne. Citons celui-ci, pris en 1892, qui visait un procédé spécial d'extraction des substances utiles de la noix de Kola (2). Il consiste dans les opérations suivantes :

1° On broie à la meule, en évitant le contact des objets de

---

(1) CARLES. — Pharmacologie des Kolas. *Bull. Soc. pharm. Bordeaux*, loc. cit., p. 205.

(2) E. WILSDORFF. — Brev. allemand W. 8382, 1892. *Journ. Pharm. Chim.*, 5ᵉ série, XXVIII, 1893, p. 26.

fer, la noix de Kola fraiche et triée, juteuse et colorée ; on obtient un suc rouge trouble et une masse grossièrement concassée que l'on traite dans un appareil à déplacement par l'alcool à 93 %. Après distillation du solvant, il reste un extrait rouge foncé, d'où il se sépare par refroidissement une masse résineuse qui constitue le rouge de Kola. On le purifie par extraction successive au chloroforme, à l'éther, et enfin à l'eau bouillante. Les extraits chloroformiques et éthérés sont traités suivant le paragraphe 2.

Le *rouge de Kola* ainsi obtenu est exempt de caféine, de théobromine, de tanin, de substances grasses ou cireuses, etc., il est insoluble dans l'eau, l'éther et le chloroforme, neutre aux réactifs colorés, indifférent aux acides étendus, et soluble dans l'alcool seulement en une belle couleur rouge.

2° Le suc obtenu lors du broyage est mis à digérer avec l'éther pendant plusieurs jours ; on agite et on sépare l'éther que l'on distille. Il abandonne une cire que l'on ajoute à celle obtenue par l'évaporation des extraits chloroformiques et éthérés, et une matière colorante jaune que l'on dissout dans l'eau. Elle possède l'odeur, la saveur et le bouquet de la noix de Kola fraiche.

3° L'extrait rouge foncé du paragraphe 1er, d'où s'est séparé le rouge de Kola, est clarifié par filtration, puis évaporé en consistance d'extrait. Il renferme la caféine et la théobromine. Le reste de ces substances s'obtient en traitant par l'eau bouillante le résidu du traitement à l'alcool du n° 1.

4° En distillant à la vapeur d'eau la noix de Kola fraiche, on obtient une eau distillée, sur laquelle nage une mince couche

N.-B. — Nous devons également signaler les résultats obtenus au moyen d'un procédé spécial, par M. le professeur A. GAUTIER, dans l'analyse des noix de Kola fraiches qui lui avaient été remises par M. G. LE BON. « Les noix de Kola ayant été transformées en extrait concentré dans une atmosphère d'acide carbonique pour éviter l'action de l'air, cet extrait précipité par le sulfate de magnésie, donna un produit qui rougissait rapidement en s'oxydant au contact de l'air. Ce produit se décomposerait en présence de l'eau et des acides étendus en trois corps différents : une matière rouge et deux alcaloïdes qui ne furent pas déterminés. L'un d'eux est probablement de la caféine, et je ne serais pas étonné que l'autre fut de la théobromine ». (G. LE BON. — Les recherches récentes sur la noix de Kola. *Rev. scient.*, 1893, III, pp. 527-551).

huileuse, l'essence de Kola. Cette huile essentielle rappelle par son odeur et son goût l'odeur de l'essence de Sassafras.

BERNEGAU (1), qui, à son tour industrialisa ses recherches compléta toutes ses publications par la prise d'un brevet pour‚ l'obtention d'un produit qui serait employé avec les aliments tels que le lait, les jaunes d'œufs, le cacao à titre d'excitant et aussi comme médicament et matière colorante. Il obtient ce produit « en traitant les noix de Kola une heure à l'eau bouillante, séchant et pulvérisant le produit. Le produit est épuisé à l'alcool à 90° jusqu'à épuisement complet. Le rouge de Kola ainsi obtenu est sirupeux et de couleur rubis, soluble dans un peu d'eau, d'alcool et la glycérine » (2).

Beaucoup d'auteurs, et en particulier SIEDLER (3), n'ont guère cru à l'utilité et à l'emploi de la Kola BERNEGAU comme aliment.

Toutes les recherches que nous venons de signaler ont été faites en opérant sur la noix de Kola sèche, ou bien encore sur la noix fraiche, sans tenir compte de l'action oxydante d'un ferment existant dans la noix et agissant sur les composés chimiques qui y sont contenus.

En 1896, BOURQUELOT (4) attirait incidemment l'attention sur l'action de la Koloxydase et montrait qu'en opérant de façon à détruire celle-ci par l'action de l'alcool bouillant on pouvait obtenir un extrait blanc de Kola, que M. CHOAY prépara également plus tard, en s'inspirant des mêmes principes

Cette diastase oxydante n'est d'ailleurs pas la seule dont on ait signalé la présence dans la noix de Kola, car M. MASTBAUM (5) a trouvé une enzyme dédoublant les graisses,

(1) L. BERNEGAU. — Studien über die Kola. *Ber. d. d. pharm. Gesells.*, 1900, X, p. 80. — Mittheilungen über eine Reise nach West-Africa. *Apotek. Zeit.*, 1901, XVI, p. 725. — Ueber die Isolierung der Alkaloïd aus der Kolanuss. *Ber. d. d. pharm. Gesells.*, 1898, VIII, p. 403. — Die Bedeutung der Kolanuss als Futterstoff. *Jahrb. d. Pharm.*, 1897, p. 221.

(2) L. BERNEGAU. — Ueber die Darstellung von Kolarot. Brev. allemand, 137060, 1902. *Apotek. Zeit.*, 1902, XVII, p. 841.

(3) SIEDLER. — Ueber die eingegangener Drogen. *Ber. d. a. pharm. Gesells.*, 1898, VIII, pp. 16-18.

(4) BOURQUELOT. — Ferments solubles oxydants et médicaments. *Journ. Pharm. Chim.*, 55e série, 1896, IV. p. 484.

(5) H. MATSBAUM. — *Chem. Rev. über d. Fett - u. Harzindustrie* 1907, IV. p‚ 1 (d'après *Pham. Centralh.* 1907, p. 704).

qui se distingue des lipases végétales décrites jusqu'ici, par ce fait, que les acides dilués et même l'eau seule entravant considérablement son action en la détruisant complètement.

KNOX et PRESCOTT (1), l'année suivante, opéraient d'une façon identique, employant l'alcool bouillant pour détruire l'oxydase, ce qui permettait de traiter ensuite plus facilement la noix de Kola Ils retirèrent ainsi de la noix fraiche un composé tannique qu'ils appelèrent *Kolatanin*. Leur mode d'extraction est le suivant :

« Les noix de Kola fraiches sont coupées et jetées dans l'alcool bouillant, où on les maintient pendant quelque temps. On sèche dans une étuve et on pulvérise. On épuise ensuite avec de l'alcool à 50°. Les liquides alcooliques sont distillés dans le vide pour chasser l'alcool ; on filtre.

« Le résidu insoluble est surtout constitué par du *kolatanate de caféine.* La solution renferme : caféine, théobromine, kolatanin, kolatanate de caféine, matières grasses, glucose et matières colorantes provenant de la transformation du tanin pendant la distillation de l'alcool. On ajoute du chlorure de sodium à saturation, ce qui fait précipiter le kolatanate de caféine. Le résidu sirupeux rouge introduit dans une ampoule est agité avec du chloroforme qui enlève caféine et matières grasses ; on épuise ensuite à l'éther. Le kolatanin étant insoluble dans le chloroforme et l'éther, il s'enlève peu de ce produit. On agite enfin avec de l'éther acétique à de nombreuses reprises. On réunit les liquides éthérés et on distille sous pression réduite.

« Le tanin obtenu est poreux, blanc rosé, très friable et facilement soluble dans l'eau. On y ajoute une solution de NaCl et on reprend par l'éther acétique. On répète plusieurs fois ce traitement ; finalement l'éther acétique étant distillé complètement, on reprend la masse de kolatanin par l'éther et on le distille dans le vide. Le résidu est séché dans le vide sulfurique ».

Le kolatanin est une poudre crème légèrement rosée, complètement soluble dans l'eau, l'alcool, l'acétone, l'éther acétique, légèrement soluble dans l'éther, insoluble dans le chloro-

(1) KNOX et PRESCOTT. — *Pharm. Rev.*, loc. cit., p. 172.

forme et la benzine. Il aurait pour formule $C^{16}H^{20}O^8$. Il colore en vert l'acétate ferrique, précipite en brun le bichromate de potasse, en blanc la quinine; l'acétate de plomb ne précipite ni l'émétique, ni l'albumine. Avec le chlore et le brome, il donne des précipités blancs ou légèrement jaunes ; avec la formaldéhyde, en présence d'acide chlorydrique comme agent de condensation, il donne un précipité rose devenant rouge. Ces réactions font que ce composé s'éloigne de l'acide gallotanique pour se rapprocher plutôt du tanin de chêne.

Par ébullition avec HCl ou SO^4H^2 dilué, il se forme un précipité rouge devenant peu à peu noir ; l'analyse montre qu'il ne se forme pas là un composé défini ; il ne renferme pas de glucose. En chauffant le kolatanin dans l'eau à des températures différentes et supérieures à 100°, on obtient une série d'anhydrides.

MM. Knox et Prescott ont fait également avec ce corps une série de composés de substitution, tels que les dérivés acétylés et bromés nombreux, et des dérivés à la fois acétylés et bromés (Pent cétylkolatanin, Hexabromokolatanin, Pentacétylpentabromokolatanin, etc.).

Fondu avec les alcalis, ce tanin donne de la phloroglucine et de l'acide protocatéchique.

Pour expliquer ce dédoublement et ses nombreux composés, les auteurs admettent la formule suivante :

$$CH^3 - C^6H - CO$$
$$(OH)^3$$
$$O$$
$$CH^5 - C^6H - OCH^3$$
$$(OH)^2$$

qui en ferait un dérivé hydro-benzénique : ce serait un éther de l'acide monométhyltrihydroxydihydrobenzoïque, éthérifié avec un monométhylméthoxydihydrotriphénol.

16

Malheureusement, tous ces dérivés bromés, acétylés, ainsi que le kolatanin lui-même, ne sont pas cristallisés, et sont d'un intérêt bien limité. Les auteurs n'ont eu entre les mains qu'un mélange de composés taniques, parmi lesquels se trouvait très probablement en grande quantité le corps retiré en 1907, par A. Goris (1), dans le laboratoire de l'un de nous et nommé *Kolatine..*

Enfin MM. Chevrotier et Vigne, quelques mois après cette découverte, ont prétendu avoir extrait de la noix de Kola, un tannoglucoside, au moyen de l'éther acétique (2). Ils avouent n'avoir pu retirer le corps signalé par A. Goris ; cependant l'étude faite par ce dernier du tannoglucoside en question, ne permet pas de le considérer comme autre chose qu'un extrait obtenu par une méthode spéciale et renfermant une assez grande proportion de cette kolatine, dont il convient de rappeler la préparation et les caractères chimiques.

Extraction de la Kolatine (Goris).

1° *Préparation de la matière première.* — Au début de son travail, l'auteur insiste sur ce point, qu'il est indispensable pour ces recherches d'avoir constamment à sa disposition des noix fraîches ou traitées de telle façon que le principe actif ne s'y trouve pas altéré. Il a donc tout d'abord essayé de conserver les noix fraîches pendant un certain laps de temps et de la façon suivante.

Conservation. — Les noix de Kola, exemptes de toutes traces d'altération sont déposées par couches dans des boîtes en fer blanc de la contenance de 500 à 1.000 gr. que l'on garde dans un endroit sec. Ces graines peuvent ainsi se conserver un laps de temps variable (deux, trois et même quatre mois), pendant

(1) A. Goris.— Sur un nouveau principe retiré de la Kola fraîche. *C. R. Ac. Sc.*, Paris, 1907, CXLIV p. 1162 et *Bull. Sc. pharmacol.*, 1907, XIV, p. 646.

(2) Chevrotier et Vigne. — Sur la noix de Kola fraîche. *Bull. Sc. pharmacol.*, 1906, XIII, p. 620 et aussi : Notes pharmacologiques sur la noix de Kola. *C. R. Ac. Sc.*, 1907, CLIII, pp. 175-178.

lequel on vérifie leur état tous les 4 ou 5 semaines, en ayant soin d'enlever les noix qui commencent à se tacher.

Dans ces *conditions d'obscurité*, la graine continue à vivre ; elle absorbe l'oxygène de l'air et *exhale de l'acide carbonique* qui s'accumule dans la boite et ralentit encore la vitalité de ces graines.

A la lumière, dans des flacons de verre bouchós, par exemple, les résultats sont moins bons. Il y a bien, comme précédemment, absorption d'oxygène et mise en liberté d'acide carbonique, mais peu à peu le gaz carbonique est absorbé, et les cotylédons ne tardent pas à verdir.

Lorsque les graines ainsi conservées sont près de mourir, leur transpiration est énorme et les parois des vases ruissellent d'eau ; la mort arrive alors très rapidement, et avec elle apparaît immédiatement la couleur rouge rouille caractéristique des noix de Kola sèches.

Ce mode de conservation n'est pas sans présenter quelques aléas dans la réussite ; de semblables recherches ne pouvaient être poursuivies avec fruit qu'à la condition d'être sûr du réapprovisionnement en noix fraîches, à moins de trouver un procédé amenant leur dessiccation sans que ce phénomène fut accompagné d'aucune transformation chimique, ce qui pouvait sans doute être obtenu en détruisant les ferments de la graine. A cette époque, une seule méthode avait été préconisée qui reposait sur l'emploi de l'alcool bouillant, décrite par BOURQUELOT, puis KNOX et PRESCOTT.

Procédé à l'alcool bouillant.— Ce procédé bien connu consiste à laisser tomber les noix de Kola coupées au fur et à mesure dans l'alcool à 95° bouillant.

Mais il n'est pas sans offrir dans la pratique divers inconvénients :

1° la noix de Kola renfermant 50 à 60 % d'eau, le titre de l'alcool se trouve très vite considérablement diminué et on ne saurait atteindre le but [poursuivi en opérant en milieu trop aqueux ;

2° ce traitement préalable à l'alcool bouillant crée de nombreuses difficultés quand on veut par la suite faire agir sur les noix de Kola d'autres solvants tels que chloroforme, éther, acétone, éther acétique, etc., car l'alcool a évidemment enlevé aux semences une partie des principes qui y sont solubles.

Il était donc absolument indispensable de trouver une autre méthode et M. Goris pensa dès lors au procédé classique de stérilisation.

Stérilisation (Procédé Goris et Arnould). — Le procédé consiste à détruire, par la chaleur au moyen de l'autoclave, la koloxydase, aussi bien d'ailleurs que les autres ferments qui peuvent exister dans la noix.

Pour cela, les noix de Kola entières et ouvertes (ce qui s'obtient facilement, sans froisser les tissus, en introduisant un petit coin de bois dans la fente cotylédonaire), sont disposées par couches de faible épaisseur dans des paniers en fil métallique. On chauffe un autoclave à 100°, et on laisse fluer abondamment la vapeur. On y introduit alors les paniers, et le couvercle étant revissé, on purge l'appareil d'air (1).

On élève la température à 110°, et, on la maintient pendant 5 à 10 minutes, suivant la quantité de graines introduite. La stérilisation terminée, on retire les noix, on les coupe en menus fragments, qu'il ne reste plus qu'à faire sécher à l'air libre ou à l'étuve. Les noix primitivement blanches gardent cette couleur ; leur surface externe seule est devenue faiblement roussâtre, les noix rouges, au contraire, changent de teinte et deviennent violettes.

Il est indispensable d'effectuer ces opérations très rapidement et d'introduire les noix de Kola dans l'autoclave préalablement chauffé à 100° ; Pour que l'oxydase ne puisse agir, il faut que la température des noix *passe rapidement* de la température ordinaire, à celle de 70° ; quand la température est de 110° à la surface des graines, elle ne dépasse probablement pas 70 à 80° à l'intérieur des cotylédons ; en tout cas, les principes actifs de la noix de Kola fraîche ne se trouvent pas altérés. C'est avec des noix ainsi stérilisées, que A. Goris a pu préparer, avec

(1) Goris et Arnould. — Conservation et stérilisation des noix de Kola fraîches. *Bull. Sc. pharmacol.*, 1907, XIV, p. 159.

aussi bon rendement que par le procédé à l'alcool bouillant, la *Kolatine*, principe cependant très altérable.

A l'aide de ces noix stérilisées, on peut obtenir une *poudre blanchâtre* avec les noix blanches, ou rouge violacée avec les noix rouges, mais de conservation indéfinie et constituant une matière première toujours à la disposition du chimiste ou de l'industriel à toute époque de l'année et qui de plus, possède l'avantage de présenter une composition invariable, ce qui ne saurait être assuré par aucun autre procédé de conservation.

Extraction de la Kolatine.— Cette substance fut tout d'abord obtenue par Goris, en traitant les noix de Kola fraîches par l'alcool bouillant, mais l'auteur abandonna presque aussitôt ce procédé, pour des raisons que nous venons d'exprimer et préféra se servir de la *poudre de Kola frais stérilisé.*

Celle-ci est épuisée par de l'alcool à 80° à chaud, ou mieux encore à froid par lixiviation et, les solutions alcooliques filtrées, distillées dans un courant d'Hydrogène jusqu'à consistance sirupeuse, *sans addition de carbonate de chaux* (les rendements étant meilleurs en gardant l'acidité naturelle des liqueurs alcooliques) fournissent une colature qu'on introduit alors dans une ampoule à décantation avec du chloroforme. Ce solvant dissout la caféine à l'état libre et une substance résineuse qui nuit à la cristallisation du corps que l'on veut obtenir. On décante et on continue les épuisements jusqu'à ce que le chloroforme ne se colore plus en jaune, ce qui demande trois ou quatre opérations. Finalement on laisse un excès de chloroforme en contact avec la colature et on abandonne le tout au frais. Au bout d'un nombre de jours variable, des cristaux apparaissent dans le liquide sirupeux qui, très rapidement alors, se prend en une masse blanchâtre cristalline. On filtre à la trompe et on lave avec de l'eau légèrement alcoolisée. Le gâteau blanchâtre de cristaux, après dessiccation dans le vide sulfurique, et pulvérisation, épuisé à plusieurs reprises par le chloroforme bouillant, qui enlève très peu de caféine. On le redissout ensuite au bain-marie dans de l'alcool à 30° et on abandonne à la cristallisation sous la cloche sulfurique.

Ce corps blanc cristallisé est une *combinaison faible de caféine et de kolatine*, désignée sous le nom de *kolatine-caféine*. Pour en extraire la kolatine, on le dissout, à chaud, dans une petite quantité d'eau, et on épuise ensuite en *milieu aqueux* par du chloroforme jusqu'à ce que ce dernier n'enlève plus trace de caféine. La solution aqueuse placée dans le vide sulfurique, ne tarde pas à donner des cristaux de Kolatine.

Purification.— On traite la kolatine à purifier par de l'éther rectifié du commerce, qui la dissout, et il reste, à l'état insoluble, avec les impuretés, un autre corps cristallin.

La solution éthérée de kolatine est distillée au Bain-Marie en ayant soin de ne pas aller jusqu'à l'évaporation complète, qui est terminée à l'air libre sans chauffer. On reprend le résidu éthéré par l'eau faiblement alcoolisée et on abandonne à la cristallisation sous la cloche à vide sulfurique. On obtient ainsi la kolatine très pure, que l'on sépare et sèche dans le vide le plus rapidement possible, car humide, elle s'oxyde assez facilement en donnant un rouge phlobaphémique (rouge de Kola).

Propriétés de la Kolatine.

La Kolatine est un composé de formule $C^6H^8O^4$, elle cristallise en aiguilles prismatiques fragiles. Elle est assez peu soluble dans l'eau, d'autant moins soluble qu'elle est plus pure. Très soluble dans les alcools méthylique et éthylique, l'acide acétique, l'acétone, extrêmement peu soluble dans l'éther, pratiquement insoluble dans la benzine, le chloroforme, la ligroïne.

Elle fond à 148° (fusion instantanée au Bloc MAQUENNE) ; elle ne possède pas de pouvoir rotatoire. Elle est très difficile à purifier, car aucun dissolvant saturé à chaud ne donne la Kolatine par refroidissement et de plus elle reste facilement en saturation.

Par le perchlorure de fer, elle fournit une coloration vert émeraude devenant rouge par l'ammoniaque ou la soude et violette par le carbonate de soude ; cette coloration est identique à celle que donnent les dérivés pyrocatéchiques.

Ce corps n'est pas acide, il ne décompose pas le bicarbonate de potasse en solution, et cependant sa solution aqueuse colore très faiblement le papier bleu de tournesol. Il réduit à froid et complètement le nitrate d'argent ammoniacal ; il réduit également la liqueur de Fehling à chaud.

Fig. 36. — Cristaux de Kolatine (Goris),d apres une microphotographie.

Pur, il précipite l'acétate de plomb, le bichromate de potasse, l'acétate de cuivre ; sans réaction sur l'émétique ni l'albumine. Il précipite la gélatine en solution concentrée, mais le précipité est soluble à chaud ou par addition d'eau. La solution aqueuse absorbe l'iode en le décolorant ; avec le brôme, elle donne un précipité jaunâtre. Contrairement au Kolatanin de Knox et Prescott, il ne précipite pas la quinine. La solution mère d'où est retirée la Kolatine précipite au contraire abondamment cet alcaloïde. Ce fait permet d'affirmer que le produit isolé par Knox et Prescott est un mélange de composés tanniques renfermant ce composé.

La solution aqueuse de Kolatine rougit peu à peu en présence des alcalis, même d'une trace d'ammoniaque.

On sait que la noix de Kola fraîche coupée et abandonnée à l'air ne tarde pas à s'oxyder et à prendre une couleur rouille caractéristique ; nous avons essayé de reproduire cette oxydation *in vitro* sur la kolatine.

La solution de kolatine additionnée de suc de Russule (laccase et tyrosinase) et de suc d'artichaut (cynarase) et abandonnée à l'air ne se colore pas. La solution reste couleur jaune paille.

Si avant d'ajouter les ferments oxydants, on prend soin d'additionner la solution de kolatine d'un peu de CO^3Ca et que l'on filtre, la solution ne tarde pas à rougir et au bout d'un temps variable, quelquefois assez long (plusieurs jours), il se forme un dépôt rougeâtre qui serait un « rouge ».

La formation de ce rouge est encore plus rapide si l'on fait bouillir la solution de kolatine avec une goutte d'SO^4H^2 ou HCl dilué avant d'ajouter du carbonate de chaux et les sucs fermentaires.

Cette différence dans les réactions ne pourra s'expliquer que lorsque l'on connaîtra la constitution chimique de la kolatine. Or, jusqu'à maintenant, les essais entrepris en vue de l'établissement de cette constitution, n'ont donné aucun résultat appréciable.

On peut seulement dire que la kolatine est un corps à fonction phénolique, se rapprochant des tanins, et que les réactions données par ce corps font envisager la possibilité de le ranger parmi les composés ayant des relations chimiques avec les *catéchines* (1), dont la formule n'a pas encore été établie d'une façon certaine.

Tel était l'état de la question, il y a quelques semaines encore, lorsque M. Goris isola de la *noix fraîche*, un deuxième corps cristallisé appartenant comme le premier au groupe des catéchines, la *Kolatéine* (2). C'est ce composé qui existait dans la Kolatine et qui restait insoluble en traitant cette dernière par l'éther ; dans ses publications sur la Kolatine, cet auteur avait déjà laissé entrevoir la présence de cette substance qu'il put obtenir cristallisée de la manière suivante :

Dans les eaux-mères de cristallisation de Kolatine abandonnées au repos, il remarqua qu'il se formait une certaine quantité de cristaux volumineux, atteignant jusqu'à un centimètre de

(1) Goris et Fluteaux.— Etat actuel de nos connaissances sur les plantes renfermant de la caféine. *Bull. Sc. pharmacol.*, XVII, 1910, p. 606-609.

(2) A. Goris.—Sur un second composé cristallisé de nature phénolique retiré de la Kola fraîche ou stabilisée. *Bull. Sc. pharmacol.* XVIII, 1911, p. 138.

longueur et 2 à 5 millimètres d'épaisseur. Ces cristaux groupés en masse volumineuse ont été séparés à la main très facilement. Malheureusement, placés trop précipitamment sous une cloche à acide sulfurique, ils ont effleuri et sont tombés en poussière.

Cette propriété a fait de suite supposer que l'on pouvait être en présence de la *phloroglucine*, signalée par BERNEGAU, mais l'étude poursuivie montre que les propriétés de ce corps l'éloignent complètement de ce polyphénol.

Les cristaux étant purifiés soit par cristallisations successives dans l'eau après décoloration au noir animal, soit par dissolution dans l'acétone absolu et addition ménagée de chloroforme, on obtient, dans le premier cas, des cristaux aiguillés analogues à ceux de la Kolatine, dans le second, des prismes assez volumineux.

Ce corps brûle sans résidu, il ne dégage pas de CO^2 avec le bi-carbonate de potasse, il précipite par l'acétate de plomb, se colore en vert par le perchlorure de fer et la solution devient rouge violacé par addition d'ammoniaque.

Il est très soluble dans l'eau chaude, moins dans l'eau froide, soluble dans l'alcool, l'acétone, l'alcool méthylique, insoluble dans l'éther, le chloroforme, l'éther de pétrole, le xylol. Il cristallise à l'état hydraté dans l'eau et à l'état anhydre dans l'acétone.

Il se rapproche de la phloroglucine par sa propriété de perdre facilement son eau de cristallisation. De plus, lorsqu'on évapore une solution alcoolique de vanilline et de ce composé en présence d'HCl, le résidu se colore en rouge intense, et enfin le réactif sulfo-vanillique de RONCERAY le colore également en rouge comme la phloroglucine.

Mais au contraire il diffère complètement de ce triphénol : 1° *par sa saveur amère*, celle de la phloroglucine étant franchement sucrée, par la coloration verte qu'il donne avec Fe^2Cl^6, le phloroglucine dans ces conditions dans une coloration bleu violacé ; *par son point de fusion*, car la phloroglucine fond nettement à 127°, et ce composé instantanément au bloc Maquenne à 257°-258°. Quand on opère sur le corps hydraté, il commence d'abord par perdre son eau de cristallisation, puis à 240° semble s'altérer, car il se colore en rouge et ne fond instanta-

nément que 20° plus haut. Les deux produits provenant
des deux traitements signalés plus haut se sont comportés de la
même façon.

La trop petite quantité de produit a empêché M. Goris de
pousser plus loin cette étude délicate et de déterminer quelle
est la nature exacte de ce composé chimique nouveau pour le
Kola. Il n'existe aucun doute que l'on ne se trouve encore en pré-

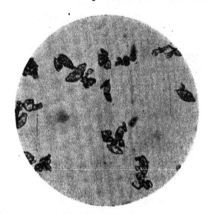

Fig. 37. — Cristaux de Kolatéine (Goris) d'après une microphotographie.

sence d'un corps du groupe des catéchines, entrant dans la composition du *complexe actif de la noix de Kola fraiche*. Quelles
sont ses relations avec la caféine et la kolatine ? C'est sans
doute ce que les recherches en cours nous apprendront un jour
En tous cas, la découverte de ces composés du groupe des
catéchines permet d'expliquer (ou tout au moins de concevoir)
les causes des divergences d'opinion de savants chimistes sur
la substance dénommée « *rouge de Kola* ». Celle-ci ne saurait
être autre chose qu'un mélange des produits de dédoublement
et d'oxydation de ceux-là et, partant, sa composition et aussi
son action, varient avec les méthodes d'extractions et l'état de
conservation des noix servant aux expériences.

Signalons enfin, pour terminer cet exposé de nos connaissances chimiques sur la noix de Kola, que O. Görte (1) y a

_____

(1) O. Görte. — *Inaug. Diss.*, Erlangen, 1902.

signalé la présence de *Bétaïne* dans la proportion de 0,25 à 0,45 %, fait récemment confirmé par POLSTORFF (1).

En résumé, on connaît maintenant un certain nombre de corps définis entrant dans la composition de la noix de Kola. C'est d'abord la *caféine* en proportion variable, généralement de 0,80 à 2,40 %, et une petite quantité de *théobromine* ; ces deux bases xanthiques se rencontrent dans différents végétaux tous utilisés comme aliments de luxe ou comme médicaments (Café, Thé, Cacao, *Paullinia*, Maté) et sous des combinaisons présentant les plus grandes analogies (2).

A ces deux corps, il faut ajouter les deux substances découvertes par A. GORIS, appartenant au groupe des catéchines, dont le rôle est sans doute de solubiliser la caféine dans la graine fraîche. La *kolatine-caféine* se rapproche évidemment des corps étudiés par BRISSEMORET et tout particulièrement de la combinaison de l'acide protocatéchique avec cette même base.

Ces recherches éclairent d'un jour nouveau la question de l'action physiologique spéciale de la noix fraîche et nous aurons l'occasion de revenir sur ce point important. Il n'est pas non plus jusqu'à la présence de la *bétaïne* qui ne puisse, sous ce rapport, entrer en ligne de compte.

Quant au *rouge de Kola* et à la *Kolanine* obtenue de la noix sèche, en précipitant d'une façon générale par l'eau, l'extrait alcoolique, débarrassé de caféine libre par le chloroforme, ce sont des poudres amorphes formées de substances de la nature des *tanins* dits *phlobaphéniques*, insoluble dans l'eau et contenant encore de la caféine combinée. Leur nature glucosidique est plus que douteuse, car il n'est pas prouvé que les sucres réducteurs trouvés, après hydrolyse, par M. BOURDET (3), dans la proportion de 3,25 %, proviennent du complexe renfermant la caféine dans sa molécule.

La nature du tanno-glucoside de MM. CHEVROTIER et VIGNE

(1) POLSTORFF. — Ueber das Vorkommen von Betaïnen und von Cholin in Coffeïn und Theobromin enthaltenden Drogen. *Festsch.* OTTO WALLACH, Göttingen, 1909, pp. 569-578.

(2) A. GORIS et FLUTEAUX.— Plantes renfermant de la caféine. Loc. cit.

(3) P. BOURDET.—Les sucres de la noix de Kola fraîche. *Bull. Sc. pharmacol.*, XVI, 1906, p. 650.

reste encore à établir, et quant au *Kolatanin* de Knox et
Prescott, on peut le considérer comme de la Kolatine impure,
mélangée à d'autres composés tanniques. Il est donc encore
impossible d'établir, avec exactitude, la composition chimique
de la noix de Kola, on peut seulement résumer ce que nous
savons dans les chiffres suivants :

POUR 100

(rapportées à la matière sèche)

Eau	50 à 60 gr.	
Cellulose	10 à 12	
Cendres	1,5 à 2	
Amidon	18 à 25	
Sucre réducteur	0,74	(Bourdel)
— (après hydrolyse)	3,25	(Bourdel)
Matières tanniques	1,5 à 2	
Kolatine-Caféine	0,60 à 0.70	
Kolatéine	? ?	
Autres combinaisons de *Caféine*	0,50 à 0,60	
Théobromine	traces	
Bétaïne	0,15 à 0,45	

CHAPITRE XII.

Action physiologique de la noix de Kola.

Les premières recherches sur l'action physiologique de la noix de Kola ont été faites à l'instigation du Dᵣ E. HECKEL qui fut, nous l'avons dit, le véritable introducteur de cette drogue dans l'alimentation et la thérapeutique européennes. De nombreuses controverses et parfois même d'âpres discussions se sont élevées dès les premières publications de ce savant, qui eurent un retentissement considérable, jusqu'au sein de l'Académie de Médecine.

Il serait fastidieux de reprendre ici l'historique complet de ces discussions, exposées tout au long dans l'ouvrage du Dᵣ HECKEL ; nous les résumerons très brièvement et nous analyserons ensuite les principaux travaux parus depuis cette époque. Hâtons-nous de dire que la question de la pharmacodynamie du Kola doit aujourd'hui se diviser en deux parties, suivant que l'on s'adresse à la noix fraîche ou au produit sec qui, à cette époque, sauf de rares exceptions, parvenait seul sur nos marchés. Ce que nous venons de dire sur les différences de composition chimique montre qu'il n'y a pas lieu de s'étonner des variations constatées dans l'action de la drogue, et BINGER (1) avait certes bien raison d'écrire :

« Jusqu'à présent, les expériences faites en France sur l'emploi du Kola ont donné peu de résultats. Cela tient à ce que l'on

(2) BINGER.— Loc. cit.

se sert du Kola desséché. Il serait cependant bien facile d'en faire venir du frais en se servant de l'emballage de feuilles ».

Ce fut cependant beaucoup plus tard seulement que l'on devait s'apercevoir de la véracité de cette assertion.

Le premier travail d'ensemble sur cette question est dû au Dr MONNET (1), élève de DUJARDIN-BEAUMETZ ; quelques années plus tard, parut celui de PARISOT (2), élève de GERMAIN SÉE. Ces auteurs (3), suivant la pensée de leurs maîtres, ne voyaient dans l'action du Kola que le rôle joué par la caféine et c'est de cette époque que date la principale discussion entre HECKEL et GERMAIN SÉE, au cours de laquelle le premier dut s'élever avec la plus grande énergie contre les conclusions trop excessives de l'autre. HECKEL attribuait au *rouge de Kola* une activité particulière qui devait s'ajouter à celle de la caféine et les études récentes sur la composition chimique lui donnent évidemment raison, puisque cette substance renferme sans doute encore une petite quantité de caféine combinée au tanin, et que ce composé tannique peut n'être pas sans influence sur l'organisme.

De nombreux essais furent entrepris dès cette époque dans l'armée, dans les clubs d'alpinistes, dans certaines sociétés sportives, et partout on confirma l'action excitante du Kola, qui permet à l'organisme de supporter pendant un temps relativement long des fatigues supplémentaires.

Aux conclusions de HECKEL (4), exposées dans différents mémoi-

(1) MONNET.— De la Kola, étude physiologique et thérapeutique. *Thèse Fac. Méd.*, Paris, 1885.

(2) PARISOT.— Etude de la Caféine sur les fonctions motrices. *Th. Fac. méd.*, Paris, 1890.

(3) DUJARDIN-BEAUMETZ, dans sa *Leçon d'introduction* de 1886, passant en revue les médicaments caféiques, signale plus spécialement le Kola, qui renfermant de la caféine et de la théobromine, lui paraît présenter de réels avantages. Ses essais ont été faits avec des *noix fraîches* envoyées de Dakar par le Dr GUILLET. C'est la première mention médicale de l'emploi du Kola frais qui soit à notre connaissance.

(1) E. HECKEL.— Sur l'action du Kola à propos des effets de la caféine. *Bull. gen. thérap.*, 1890, CXVIII, p. 345.—Expériences comparatives concernant l'action du Kola et de la caféine sur la fatigue et l'essoufflement déterminé par les grandes marches. *Marseille médical*, 1890.— Voir aussi les communications à l'Ac. de Médecine, séances des 8 et 22 avril 1890.

res, vinrent s'ajouter celles de R. DUBOIS (1) qui attribuaient au *rouge de Kola* une action comparative à celle de la caféine, mais bien supérieure, et cèla fut. encore confirmé par MM. MONNA. VON et PERROUD (2), et ensuite par le Docteur MARIE (3), médecin stagiaire au Val de Grâce, et enfin le Dr KOTLAR (4), de Saint-Pétersbourg.

Une note un peu discordante fut jetée dans le débat par M. le Dr RODET (5), mais il ne semble pas que ses conclusions puissent controuver les déductions tirées de ses belles expériences par le Dr MARIE.

Le lecteur intéressé trouvera tous détails qu'il serait superflu de répéter ici, dans l'ouvrage de HECKEL.

Mosso, le célèbre physiologiste de Turin, prouve également que la noix de Kola, dépouillée de sa caféine, conserve encore une activité manifeste, mais il démontre que la Kolanine et le rouge de Kola sont inactifs, ce qui controuve en partie les faits énoncés ci-dessus et rend inexplicable cette action du Kola privé de sa caféine ; mais on sait aujourd'hui qu'il doit y avoir là une erreur, à moins que Mosso ne se soit adressé à un rouge de Kola préparé de telle façon qu'il ne renferme plus de traces de caféine, ce qui est très peu vraisemblable.

En 1894, WALTER BARR (6), de Quincy (Illinois), publie à son tour une magistrale étude sur l'action physiologique du Kola, dans laquelle, influencé par les recherches chimiques de KNÉBEL, il part de ce principe que c'est de la kolanine que dépend l'action physiologique du Kola. Mais, d'autre part, comme il croit aussi à la possibilité de l'action d'autres sub-

(1) R. DUBOIS.— Action physiologique comparée de la caféine, du Kola et du *rouge de Kola* sur la contraction musculaire. *Ass. Fr. pour Av. Sc.*, Marseille, 1891.

(2) MONNAVON et PERROUD.— Nouvelles expériences comparatives entre lu caféine, la poudre. le rouge et l'extrait complet de Kola. *Lyon médical*, 1891.

(3) MARIE.— Etude expérimentale comparée du rouge de Kola, de la caféine et de la poudre de Kola sur la contraction musculaire. *Th. Fac. Méd.*, Lyon, 1892.

(4) KOTLAR.— L'action physiologique de la noix de Kola. *Th. Université, Saint-Pétersbourg*, 1891.

(5) P. RODET. — De l'action comparée du Kola et de la caféine. *Soc. méd. pr.*, Paris, 1891, pp. 468-478.

(6) G. WALTER BARR.— The physiological action of Kola. *Ther. Gazette*, 1896, XX, p. 221.

stances, il emploie pour ses expériences à la fois des noix fraîches ou leurs préparations et des noix sèches ou leurs préparations.

L'action de ces dernières fut, dit-il, de même ordre que celle obtenue des premières, mais cependant plus actives et ce n'est qu'occasionnellement, d'après lui, que l'action bien connue de la caféine s'ajouta à celle du principe actif du Kola. Comme le travail de ce savant thérapeute est peu connu, il nous a paru utile d'y faire de larges emprunts.

W. BARR pense que les résultats contradictoires obtenus jusque-là, par les cliniciens ne sont en somme « qu'un tissu d'erreurs nettement apparentes et provenant d'une généralisation trop hâtive. Ils confirment cette évidence chimique que la noix de Kola est quelque chose de plus que de la caféine pure et simple ». Mais ces contradictions rappellent à l'auteur celles tout à fait comparables découlant des travaux sur les *Pilocarpus* avant la découverte de la jaborine, comme facteur de leur pouvoir dynamique.

« Les cliniciens, ajoute-t-il, ont bien noté les effets du Kola sur le fonctionnement du cœur, sur les muscles, sur la tension artérielle, sur son pouvoir de prévenir ou d'amoindrir pour une plus ou moins longue durée, la fatigue, mais ils n'ont fait aucun travail sérieux touchant à l'analyse de son action sur l'économie humaine et spécialement de son effet sur le système nerveux. »

Malgré les difficultés d'une pareille recherche, difficultés que WALTER BARR n'ignorait point, il a établi pendant plusieurs années, dans ce but, des séries d'expériences en prenant les plus grandes précautions pour se mettre à l'abri de toute cause d'erreur.

Après avoir choisi un nombre suffisant d'individus de différents types, au physique et au moral, parfaitement éduqués pour servir de sujets d'observation, on leur administra dans des conditions aussi semblables que possible, la même dose et au même moment.

Chaque expérience dura plus d'un mois et l'on s'appliqua spécialement à varier les doses. Aucun sujet ne pouvait entrer en communication avec un autre et chacun adressait à l'auteur un rapport écrit de ses observations de chaque jour. Et, pour

bien montrer la valeur de son travail, celui-ci insiste particulièrement sur ce point, qu'il n'eut jamais dans ces rapports à
constater d'invraisemblances flagrantes.

Action sur le système nerveux. — « Quand l'expérience fut
terminée, on put constater que chaque variation d'effet provenait d'une variation correspondante de dosage, d'une équation
personnelle constante de sensibilité, ou de variations de conditions ou de circonstances ».

Un grand nombre d'observations du même genre furent également faites sur des gens sans instruction, qui ignoraient ce
qu'ils prenaient : les indications ainsi fournies n'ont fait que
confirmer les résultats des expériences et l'on put ainsi établir
l'action dynamique du Kola.

Les doses moyennes amènent une stimulation de l'intelligence, légère en ce qui concerne la rapidité et la clarté de la
pensée, mais profonde si l'on envisage la capacité de l'effort
soutenu. A doses élevées, l'effet est renversé ; on constate dans
ce cas, de la fatigue mentale et un malaise cérébral, d'où résulte
de la paresse mentale ayant un effet frappant sur la mémoire.

« Un sujet à table à qui l'on demandait de passer un plat, se
trouvait dans l'impossibilié de se rappeler quel objet on venait
de lui demander ; un autre faisait des efforts énormes pour se
souvenir d'une ligne lue dans un livre après avoir refermé ce
dernier et, il n'y pouvait parvenir ; etc. ».

Mais on n'enregistra jamais de dépression consécutive.

« Depuis quelques années, dit le distingué praticien, j'enseigne
que le mot « stimulation » doit être considéré comme exprimant
deux idées différentes: soit une suractivité, toujours suivie d'une
dépression, soit une action tonique qui accroît la puissance de
rendement, mais qui n'est jamais suivie de dépression. Au
point de vue du cerveau, la première classe de stimulants
amène toujours une « accoutumance » ; la seconde classe,
jamais. Le Kola appartient au groupe des *toniques cérébraux
stimulants* (un mot nouveau serait utile) et il n'y a certainement
pas trace d'accoutumance dans ses effets.

« Les doses moyennes produisent l'insomnie, sans excitation,
par manque du besoin ou du désir apparent de sommeil, ressem-

17

blant à l'impossibilité qu'on éprouverait de dormir le matin une heure après son réveil.

« De fortes doses, au contraire, entraînent l'apparition de langueur mentale, de tristesse, d'insomnie suivie d'un sommeil profond, qui n'est pas du tout physiologique et qui dure 12 heures et plus, sans qu'on éprouve ensuite la sensation de repos. Elles produisent également du vertige, des lourdeurs de tête, des migraines, et cela est en rapport constant avec l'importance de la dose ingérée ; bref, une suite de symptômes qui rappellent l'intoxication par la valériane.

« L'acétanilide reste sans effet sur cette douleur qui persiste jusqu'à ce que le sommeil ou l'exercice en amènent la disparition.

« Les réflexes et les désirs sexuels sont augmentés par de faibles doses, mais diminués par de fortes doses ; le désir de fumer est en général amoindri, mais sans répugnance pour le tabac et cela pour ainsi dire sans s'en apercevoir. A doses fortes, le désir de fumer est plus intense, dans le but qui n'est pas atteint, d'arrêter la dépression mentale ou physique.

« Logiquement la drogue agit sur les cellules du cerveau, car les effets ne sont pas du tout proportionnés à ceux qu'on observe sur la circulation et ils en diffèrent totalement. Le sommeil qui en résulte est un coma provenant d'une paralysie succédant à l'excitation exagérée « overstimulation paralysis », ce qui au point de vue thérapeutique est plutôt nuisible. L'action stimulante constatée sur les réflexes et les désirs sexuels est suivie d'une paresse de l'excitabilité et d'une paralysie de certaines parties du système sympathique.

Système digestif.— Deux heures après son administration, le Kola cause une accélération marquée des mouvements péristaltiques comme aussi de la sécrétion ; des doses de plus en plus fortes peuvent amener d'abord de l'effet laxatif, puis purgatif, et même une forte diarrhée avec coliques. Les selles sont normales comme couleur, à la période laxative, plus foncées pendant diarrhée ; la langue est chargée et les symptômes d'une surproduction biliaire apparaissent. L'administration de liqueurs alcooliques ou aromatiques atténue la douleur, mais non la diarrhée. Les effets sont absolument identiques quand le Kola est administré à un estomac vide ou à un estomac plein. Après les repas, l'ingestion de Kola accroît le pouvoir digestif d'une façon manifeste, aussi bien sur les graisses et les matières protéiques que sur les hydrates de carbone.

W. Barr conclut que le Kola affecte les nerfs sympathiques de l'assise musculaire de l'appareil digestif et des glandes sécrétrices. Cette action n'est pas une irritation locale, puisqu'elle ne débute que deux heures après l'ingestion et qu'elle est indépendante de la quantité d'aliments ingérés. C'est sans doute à cette augmentation du pouvoir digestif qu'est due l'augmentation consécutive de l'appétit.

Appareil circulatoire.— Il est manifestement impossible, dit l'auteur, de déterminer par expérience quels sont les effets de la drogue sur les mouvements du cœur de l'être humain. La tension s'accroît notablement ; il n'y a pas d'effet constant sur la température et l'on constate seulement parfois une élévation en rapport direct avec l'augmentation de l'activité cardiaque.

On peut conclure que l'effet du Kola n'est pas centralisé sur le cœur, car cet effet n'est pas proportionnel à l'accroissement cérébral de l'activité fonctionnelle et dure plus longtemps que l'excitation cérébrale. Au point de vue de la stimulation du sympathique, il est probable que les ganglions cardiaques sont le siège de l'action sur le cœur (1).

Système musculaire.— Des doses moyennes amènent la diminution de la fatigue, sans dépression consécutive. On ne constate pas cette augmentation de la puissance que produisent les vrais stimulants, mais seulement *une aptitude plus grande à l'activité. La quantité de force par unité de temps n'est pas accrue* (2), *mais le temps est prolongé.* Un fait important

(1) En réalité, l'influx nerveux moteur volontaire part du cerveau avec une plus grande énergie et exerce son action maximum sur les centres moteurs médullaires plus excitables.

(2) Les travaux récents semblent démontrer qu'il y a non seulement une augmentation de résistance à la fatigue, mais également une augmentation du du travail produit dans l'unité de temps, ce qui n'est pas tout à fait d'accord avec cette affirmation de W. Barr.

est dûment constaté : c'est que l'activité musculaire est le plus
grand antagoniste de l'action générale de la drogue. L'effet
dynamique est exactement en raison directe de la dose et en
raison inverse de la quantité d'activité musculaire dépensée
pendant le temps de l'action ; les effets toxiques de doses
élevées, au début de leur apparition, peuvent disparaître par
un simple exercice violent.

Le volume et la teneur en matières solides de l'urine diminuent et la durée de l'action dynamique de la dose, quoique
très variable, est d'environ six heures. Une seconde dose administrée avant que les effets de la première aient disparu,
produit les mêmes manifestations qu'une dose double. Plus la
dose est forte, plus l'action dynamique dure longtemps, les
doses toxiques agissant pendant douze heures et même plus.

L'action du Kola commence environ trente minutes après
l'absorption, quand il s'agit de préparations liquides et l'action
dynamique atteint à peu près son maximum une heure et demie
ou deux heures après.

Doses de Kola à ingérer. — W. BARR se garde bien de
donner les poids de Kola administrés ; car, dit-il, cela pourrait
induire en erreur et conduire à des expériences dangereuses.
Une quantité relativement faible, qui produit chez un individu
des effets à peine sensibles, peut provoquer des phénomènes
pathologiques chez un autre.

Chez sept personnes prenant la même dose dans les mêmes
conditions et au même moment, on a observé sept variations
graduées dans l'intensité de l'action. « *La dose de Kola pour
chaque individu est la quantité suffisante pour produire
l'action désirée* ; il est inutile d'en dire plus », conclut l'auteur.

Les variations dans l'action du Kola chez différents individus.
les conditions d'administration étant les mêmes, sont fréquentes, mais « chacune de ces variations est due à une variabilité
de l'intensité de l'action sur une partie quelconque de l'appareil
sympathique ». On peut donc prévoir un grand nombre d'actions
individuelles.

Une chose importante encore constatée par W. BARR, c'est

l'antagonisme de la noix vomique ou de la strychine (1) envers les effets toxiques de fortes doses de Kola, et l'auteur résume ainsi ses expériences :

« Le Kola a une action spéciale sur les systèmes cérébro-spinal et sympathique, action qui n'est pas du tout celle de la caféine et est due à un autre principe actif. L'action primitive est une augmentation du pouvoir actif du système cérébro-spinal et une augmentation de l'activité du système sympathique ; une hyperexcitabilité renverse l'action, comme c'est la loi en physiologie, mais il n'y a pas de dépression consécutive du système cérébro-spinal, ni du sympathique, excepté lorsque la dose est forte et, dans ce cas, la dépression se manifeste seulement dans la partie la plus sensible à l'action de la drogue (certains réflexes et les désirs sexuels).

« Le ralentissement de l'hyperexcitabilité du cerveau amène des effets physiologiques marqués qui sont dangereux si l'intoxication continue. L'action du Kola sur le système cérébro-spinal retentit nettement sur le système musculaire. L'action sur le sympathique provoque une accentuation des mouvements péristaltiques et une augmentation de sécrétion, ainsi que la contraction des artérioles. L'élévation de la tension sanguine que l'on constate, étant due en partie à cette vaso-constriction périphérique comme aussi à l'augmentation de l'activité cardiaque, qui est elle-même une manifestation de l'excitabilité des ganglions sympathiques.

« Il y a d'abord une augmentation des réflexes et du pouvoir vénérien qui disparaît par suite d'une hyperexcitabilité de cette partie du sympathique avant que les autres portions moins sensibles ne soient déprimées. Il ne se produit aucune accoutumance ; l'euphorie (sensation de bien-être psychique et physique) est marquée ; l'urine est moins abondante et l'élimination de la drogue ne dure guère plus de six heures ».

« Les variations individuelles sont telles qu'aucune donnée posologique n'a pas de valeur pour cette drogue qui doit être

(1) Cela n'a rien d'étonnant étant donné que les phénomènes toxiques déterminés par la noix de Kola se traduisent surtout par de la paralysie bulbo-médullaire.

employée avec circonspection et peut produire chez certains individus des effets véritablement extraordinaires.

« La mort peut survenir, mais il faut pour cela des doses très élevées et elle provient probablement de la paralysie du cœur.

« *Les noix sèches produisent sensiblement les mêmes effets que les fraîches, mais il faut en absorber une plus grande quantité et les effets particuliers de la caféine se manifestent en même temps que ceux du principe actif particulier du Kola.* »

Tels sont les résultats des remarquables expériences du docteur W. BARR ; on nous pardonnera de les avoir rapportées en détail, car il semble qu'elles aient, tout au moins en France, passé un peu inaperçues.

Certes, on peut leur reprocher de n'être point rigoureusement scientifiques en se plaçant au point de vue du physiologiste, mais il n'en est pas moins vrai qu'elles présentent un très grand intérêt au point de vue thérapeutique et cela nous suffit.

Somme toute, dans l'étude des phénomènes physiologiques produits par l'ingestion de la noix de Kola et surtout des préparations faites avec la noix desséchée, ou retrouve au moins dans l'ensemble, la plupart des caractères pharmacodynamiques de la caféine, il importe donc de rappeler ici brièvement ce que l'on sait de l'action particulière de cette substance.

Action pharmacodynamique de la Caféine. — La caractéristique pharmacodynamique de la Caféine consiste dans l'action toni-musculaire et toni-nervine qu'elle exerce et dont la constatation empirique a été la cause de l'emploi alimentaire des caféiques avant que ceux-ci ne fussent utilisés en médecine. Tout le monde est d'accord sur un point : la caféine facilite grandement le travail musculaire et, dans une mesure également fort appréciable, le travail intellectuel ; elle augmente le rendement énergétique de l'individu, permet la prolongation de l'effort et retarde l'apparition de la fatigue et de l'essoufflement ; mais, où les interprétations diffèrent, c'est sur le mécanisme de la production de cet état particulier et cela, parce que, comme toujours en pharmacodynamie, certains expérimentateurs ne se sont pas attachés à spécifier d'une manière assez précise les doses employées, d'autres n'ont pas mis en évidence d'une manière assez nette que les effets obtenus étaient totalement différents suivant qu'il s'agissait de doses faibles ou, au contraire, de doses fortes et même parfois toxiques ; d'autres, enfin, ont appliqué à l'homme des résultats expérimentaux obtenus chez l'animal, dans des conditions tout à fait spéciales et ne permettant pas cette comparaison. Enfin, des questions de théorie pure sont venues se greffer sur cette question, si bien que, pour certains, la caféine est surtout un toni-musculaire, alors qu'en réalité cette action n'est que secondaire et sous la dépendance intime du système nerveux central.

Action de la caféine sur le système nerveux central. — La caféine est surtout un stimulant nervin dont le pouvoir excitant sur le cerveau est surtout évident chez l'homme, alors qu'il est dominé par une exagération du pouvoir excito-réflexe médullaire chez les animaux.

Par suite de cette action cérébrale, la caféine se classe parmi les modificateurs intellectuels et se rapproche de la morphine.

Comme elle, elle est susceptible de déterminer de l'excitation cérébrale suivie de dépression et même de narcose, mais elle s'en différencie nettement par ce fait que l'excitation cérébrale de la caféine est toujours secondaire et précédée d'une période de dépression que, d'autre part, la période de narcose est inconstante et en tous cas toujours plus fugace et moins intense que celle déterminée par la morphine.

Dans la plupart des cas, avec des doses thérapeutiques, même fortes, ce phénomène n'est pas obtenu et l'on n'observe qu'une exaltation de l'excitabilité réflexe plus ou moins intense, ne se transformant en tétanos que chez l'animal.

L'effet des doses utiles de caféine se traduit simplement par l'augmentation de l'excitabilité du système nerveux central retentissant sur l'action musculaire. L'influx nerveux moteur part du cerveau avec une plus grande énergie et vient agir sans résistance sur des centres médullaires plus excitables ; or, en

même temps, les muscles sont disposés à passer plus facilement
de l'état de relachement à l'état de contraction, il s'en suit que
la caféine se conduit comme un sthénique tout à fait remarquable.

Action de la caféine sur le système musculaire.

— L'action mus-
culaire de la caféine est le phénomène qui attire le plus l'attention
et qui a été le plus étudié. Il semble qu'à l'heure actuelle le mécanisme de l'augmentation du travail produit soit parfaitement
élucidé. Les dernières recherches de JOTEYKO sur la fatigue musculaire au moyen des courbes ergographiques chez l'homme,
montrent que l'action nerveuse est surtout à considérer et qu'à
doses modérées, physiologiques, l'action de la caféine sur le
muscle se limite à une simple augmentation de l'énergie des contractions. Elle a surtout pour résultat de mettre les muscles dans
des conditions meilleures pour, sous l'influence du système nerveux stimulé, passer facilement et rapidement de l'état de repos à
l'état d'activité. Elle permet, en outre, d'obtenir un rendement
meilleur, l'amélioration de la circulation locale du muscle
en travail favorisant à la fois une consommation plus considérable d'hydrocarbonés et un enlèvement également plus
rapide des matériaux de déchets, produits de cette combustion.

Si, au point de vue pratique, l'action nerveuse est surtout importante à envisager, il n'en est pas moins vrai que la caféine
possède réellement une électivité musculaire très nette se traduisant par action locale par les modifications histologiques de
la fibre lisse ou striée et par les phénomènes de rigidité et de
contracture qui apparaissent sous l'influence des doses fortes et
qui, comme l'ont démontré PASCHKIS et PAL constituent la caractéristique pharmacodynamique du noyau xanthique.

Action de la caféine sur l'appareil circulatoire.

— L'action
exercée par la caféine sur la circulation n'est que la conséquence
de ses actions toni-nervine et musculaire. Elle se rapproche de
celle de la digitaline à l'intensité près, déterminant, à doses
thérapeutiques : du ralentissement du poids et de l'augmentation
de l'énergie de contraction cardiaque et une augmentation de la

tension sanguine ; à doses fortes et toxiques, au contraire, de l'accélération et de l'affaiblissement des contractions cardiaques, de l'arythmie, de la chute de la tension sanguine et finalement l'arrêt systolique brusque par contracture myocardique.

La caféine exerce à la fois une action excitante tonique sur le myocarde et les appareils d'innervation centrale et périphérique du cœur, prédominante surtout sur les appareils accélérateurs et à dose forte sur les ganglions cardiaques.

Les vaso-moteurs sont diversement influencés par la caféine suivant les organes considérés et les doses employées. G. Sée avait montré que des doses thérapeutiques déterminent de la vaso-dilatation des vaisseaux du cerveau ; Plumier constate le même phénomène pour les vaisseaux du rein, mais l'effet inverse se produit pour la circulation périphérique générale et la caféine détermine au contraire, sauf à doses toxiques, de la vaso-constriction des vaisseaux des membres.

L'action excito-sécrétoire de la caféine est essentiellement variable suivant les individus. Son action diurétique provient certainement, comme l'ont montré G. Sée, Schmiedeberg et Anten, de l'action directe de la caféine sur les épithéliums des canalicules urinaires lors de son élimination à l'état de mono-méthylxanthine par cette voie, mais elle est favorisée également par l'augmentation de vitesse du sang et la vaso-dilatation qui se produit dans cet organe.

Action de la caféine sur l'appareil respiratoire.— Les phéno-mènes sont parallèles à ceux observés sur la circulation. Des doses thérapeutiques de caféine déterminent du ralentissement et de la régularisation des mouvements respiratoires dus surtout à l'action bulbaire de la caféine. Cette influence est surtout nette sous l'influence du travail, ou, comme l'avaient montré G. Sée, Lapicque, Parizot, l'essoufflement ne se produit pas ou se pro-duit plus tardivement par suite de l'amélioration de l'hématose sous l'influence de l'augmentation de la vitesse du courant san-guin et de l'élévation de la pression sanguine.

Action de la caféine sur les échanges nutritifs. — Depuis long-temps on a reconnu que la caféine modifiait les échanges organiques, mais par suite de la diversité des conditions expérimentales et des doses employées, quelques pharmacologues se sont mépris sur le sens de cette action et ont voulu la considérer comme un *aliment d'épargne*, comprenant par là qu'elle avait le pouvoir de suppléer à une alimentation insuffisante en modérant les dépenses organiques. Ils avaient cru que, tout en possédant la propriété de stimuler l'organisme et de faciliter le travail nerveux et musculaire, elle réduisait les échanges nutritifs au point d'empêcher les effets fâcheux du jeûne.

Cette contradiction si choquante avec les propriétés générales de la caféine est à l'heure actuelle absolument abandonnée et l'on a reconnu, au contraire, que si la caféine permet d'exécuter un travail plus considérable et plus prolongé, augmentant la résistance à la fatigue, c'est qu'elle permet à l'organisme de brûler plus facilement ses réserves hydrocarbonées, économisant en partie ses albuminoïdes lorsque l'individu est suffisamment alimenté. Dans le cas contraire, lorsque l'albumine doit être consommée, elle lui permet encore de brûler ses albuminoïdes de réserve et même tissulaires ; mais, dans ce dernier cas, l'amaigrissement est rapide et la période de déchéance organique se manifeste avec une intensité beaucoup plus grande qu'à l'état normal. Loin d'être un aliment d'épargne, c'est donc un médicament qui facilite la désassimilation.

Les expériences très précises de RIBAUT ont, en effet, montré que, sous l'influence de doses faibles, il se produit toujours une augmentation dans la production de chaleur.

Lorsque l'organisme ne doit pas faire face à ses dépenses uniquement au moyen des albuminoïdes de ses tissus, la caféine abaisse le chiffre de l'urée ; à doses fortes, elle l'augmente, au contraire. L'équilibre azoté normal peut être rompu par la caféine et la durée de la période d'établissement peut être modifié par elle ; le besoin absolu de destruction de l'albumine à l'état normal peut être diminué.

Les pertes en hydrates de carbone sont plus élevées et les pertes en graisses plus faibles. Ces faits expliquent l'augmentation de la production d'acide carbonique exhalé.

En ce qui concerne les éléments minéraux : l'excrétion du phosphore est augmenté par de fortes doses et diminué par des doses faibles ; la quantité de chlorure diminué est généralement moindre (1).

Il faut donc se souvenir que, dans aucun cas, les caféiques ne réparent les pertes de l'organisme ; ils permettent seulement l'utilisation de réserves, lorsqu'on les emploie en temps voulu ; ils conservent l'aptitude à la réintégration et à la reconstitution rapide des réserves, mais cela à une condition indispensable, c'est que l'individu soit suffisamment alimenté, car, dans l'hypothèse contraire, loin de reconstituer ses réserves et de permettre de faire face à un travail déterminé, la caféine amènera, après une phase d'énergie factice, une véritable incapacité de travail, une impotence générale du sujet et en même temps une véritable combustion de l'organisme. L'individu, non alimenté, se consume, sous l'influence de la caféine, beaucoup plus rapidement qu'il ne le ferait dans le cas d'inanition simple.

.*.

Mais les recherches de Goris ont montré que la caféine dans les noix fraîches existait à l'état de combinaison avec des corps du groupe des tanins et il a pu isoler deux de ces derniers, la Kolatine et la Kolatéine, tous deux se rapprochant des Catéchines. Il était donc utile de savoir si ces substances étaient douées d'une action pharmacodynamique propre et l'étude en a été faite par l'auteur en collaboration avec le Dr J. Chevalier au moins pour l'un des deux, la kolatine.

Le deuxième, isolé à l'état cristallisé, il y a quelques semaines à peine, n'a pas été encore soumis à cette série d'investigations ; il nous est donc impossible de rien préjuger, mais nous retiendrons toutefois ce qui a été publié au sujet de la kolatine.

Action physiologique de la Kolatine (2). — La kolatine est un corps peu toxique, et elle peut être injectée par voie intraveineuse, à la dose de 1 gr. par kilogr. d'animal, sans déterminer d'accidents graves.

(1) Pouchet. — Précis de pharmacologie et de matière médicale, Paris, 1907.
(2) J. Chevalier et A. Goris. — Action pharmacologique de la Kolatine C. R. Ac. Sc., 1907, CXLV, p. 354 et Bull. Sc. pharmacol., 1907, XIV, p. 645.

Contrairement à la caféine, son action est nulle sur la contrac-
tilité musculaire, et la courbe de contraction n'est modifiée ni
dans sa forme, ni dans sa grandeur, sous l'influence de doses
même fortes, susceptibles de déterminer tardivement la mort de
l'animal (injection de 0.02 gr. à une grenouille de 20 gr.).

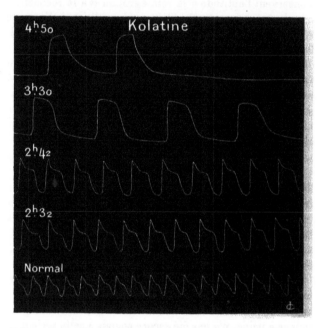

Fig. 37 *bis*.— Grenouille 20 gr. Injection de 0,01 gr. de kolatine sous la peau de
la cuisse. Arrêt du cœur au bout de 17 heures. Cardiographe Verdin-Vibert.

Chez les animaux à sang froid (grenouille), l'injection de la
kolatine dans les sacs lymphatiques dorsaux (0,01 gr. pour un
animal de 15 gr.) détermine rapidement une augmentation de
l'énergie systolique et une légère accélération des mouvements
cardiaques ; puis, au bout de peu de temps, l'énergie des contractions cardiaques augmente encore, mais leur nombre diminue, la diastole se faisant d'ailleurs plus lente. Ultérieurement surviennent des pauses diastoliques de plus en plus prolongées et le cœur finit par s'arrêter sans avoir présenté d'irré-

gularités de rythme, la systole s'effectuant' avec une énergie considérable jusqu'à la fin.

Le cœur s'arrête en diastole, il est encore excitable, comme du reste les autres muscles, mais, par contre, les nerfs sont complètement paralysés et ne répondent plus aux excitations électriques.

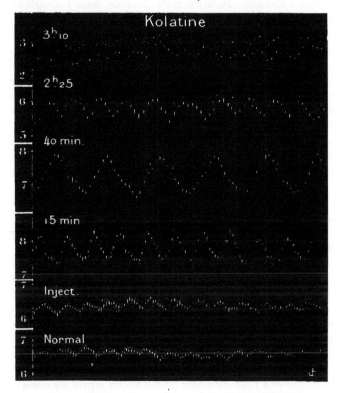

Fig. 38. — Chien 5 kg. chloralosé. Pression fémorale avec le Kymographion de Ludwig. Injection intraveineuse d'une solution de kolatine dans le sérum physiologique à 37°, 5 gr. de kolatine à intervalle de 40 minutes. Survie du chien.

Chez les animaux à sang chaud, l'injection intraveineuse de la kolatine détermine un léger ralentissement des contractions.

cardiaques, une augmentation de leur énergie et une légère
augmentation de la pression sanguine. Ces divers phénomènes
persistent plus ou moins longtemps suivant la dose injectée et,
sous l'influence de fortes doses (0,60 gr. à 0,70 gr. par kilogramme d'animal), on voit se produire une chute progressive de
la pression sanguine ; le ralentissement des contractions cardiaques s'accentue encore à cette période, mais l'énergie cardiaque reste encore supérieure à la normale.

Il est important de remarquer l'espèce d'antagonisme partiel
qui existe entre l'action de la caféine et celle de la kolatine,
aussi bien sur les muscles que sur le système nerveux central,
antagonisme probablement susceptible d'empêcher l'action con-
tracturante des fortes doses de caféine sur les muscles et, en
particulier, sur le myocarde, qui constitue l'une des principales
contre-indications de son emploi en thérapeutique.

Cette étude montre donc que les composés taniques existant
dans la noix de Kola fraîche jouissent d'une activité physiologique réelle et spéciale dont on n'a pas toujours assez tenu
compte. Elle apporte aux auteurs qui préconisent l'emploi de
la noix fraîche, un précieux appoint en faveur de leur manière
de voir.

L'usage qu'en font les nègres qui méprisent la noix sèche
est donc tout à fait rationnel au point de vue scientifique.

Ajoutons, pour terminer que MM. J. CHEVALIER et ALQUIER (1)
se sont occupés de l'action du Kola frais sur le travail et leurs
expériences paraissent probantes.

« Des observations empiriques, écrivent ces auteurs, avaient
permis de constater que, chez le cheval à l'entraînement, on
pouvait sous l'influence de la noix de Kola fraîche augmenter
sensiblement le rendement de l'animal et obtenir à la fois une
accélération de la vitesse et une augmentation de la résistance
à la fatigue et à l'essoufflement. Nous avons repris ces essais et
pu constater que, sous l'influence de 100 à 200 gr. de farine de
noix de Kola fraîche (préparée par le procédé de VIGNE et CHE-
VROTTIER) soit seule, soit additionnée d'une certaine quantité de
sucre, on obtenait une accélération de la vitesse et par consé-

(1) J. CHEVALIER et ALQUIER. — Action de la noix de Kola fraîche sur le
travail. C. R. Ac. Sc., 13 janvier 1908.

quent une augmentation du travail fourni dans l'unité de temps
sans voir se produire une augmentation proportionnelle des
mouvements respiratoires et des battements cardiaques :

« Chez un cheval nivernais, demi-sang, bon trotteur; attelé, à l'état
normal, on note au repos par minute 37 pulsations, 10 respirations et une
température de 37°,8. Après une course de 4 km. en 13 minutes (soit
333 m. à la minute, 20 km. à l'heure), on note à l'arrivée 87 pulsations,
52 respirations et une température de 39°,2; 5 minutes après, 70 pulsations et 40 respirations.

« Deux jours après, le même parcours fut effectué après addition de
150 gr. de farine de Kola à sa ration alimentaire. Les 4 km. furent couverts en 11 minutes (soit 360 m. à la minute, 21 km. 500 à l'heure). On
note à l'arrivée 80 pulsations, 46 respirations et une température de 39°,4;
5 minutes après, 60 pulsations, 35 respirations. Voulant nous rendre
compte nettement de l'augmentation du travail et des conditions dans
lesquelles elle s'obtient sous l'influence de cet aliment, nous avons opéré
sur des chevaux de trait léger, notablement déprimés, qui exécutaient
régulièrement, tous les jours, un travail auxquels ils étaient habitués de
longue date. Ils traînaient une certaine charge, au trot, sans que le conducteur intervint pour exciter leur allure, toujours sur la même piste, et
pendant exactement 16 km. 500, avec un arrêt de 3 heures environ à la
moitié du parcours.

« Ils reçurent durant les essais un mélange alimentaire homogène
dont ils consommaient ce qu'ils voulaient et auquel on ajouta à certaines
périodes par 24 heures tantôt 100 gr., tantôt 200 gr. de farine de noix
de Kola fraîche (2,57 pour 100 de caféine, 48,20 pour 100 d'amidon et de
glucose). Ces doses distribuées par moitié au cours de chacun des repas
précédant les deux séances quotidiennes de travail ont toujours été intégralement absorbées.

Ces expériences amènent MM. J. Chevalier, et Alquier à
formuler les conclusions suivantes :

« Sous la seule influence de la noix de Kola fraîche, le travail
produit dans l'unité de temps par le cheval, fatigué ou non,
augmente, mais ce surcroît de travail se produit aux dépens des
des réserves de l'organisme (abaissement du poids vif et
perte de poids plus élevée pendant le travail lors du régime à
la Kola). Cet aliment n'a aucune influence sur la diminution
classique d'appétit des organismes fatigués chez lesquels l'apport alimentaire pris volontairement couvre rarement les dépenses nécessitées par le travail produit ; par contre, il augmente la

tonicité intestinale. Les moteurs animés soumis au régime du
kola travaillent en outre d'une façon moins économique. Chez
eux, l'accomplissement d'un travail déterminé s'accompagne
d'une plus forte production de chaleur et d'une augmentation de
l'évaporation d'eau cutanée et pulmonaire (accroissement de la
quantité d'eau de boisson); par conséquent, l'énergie disponible
de la ration alimentaire se transforme en travail mécanique utile
dans une plus faible proportion, et, pour obtenir des résultats
réellement utiles, la noix de Kola fraîche ne doit être employée
que sur les sujets ingérant une ration appropriée et proportion-
née au travail qu'ils effectuent et seulement pendant les périodes
courtes de travail forcé ».

« De tous les caféiques, dit le Prof. POUCHET (1), celui qui
justifierait le mieux l'appellation d'*antidéperditeur*, c'est la
Noix de Kola fraîche. Sa composition chimique nous montre
qu'elle renferme plus de la moitié de son poids de matériaux
nutritifs, dont la valeur est d'autant moins négligeable qu'ils
sont associés à la caféine et à la théobromine. Chez les indigènes, la noix de Kola est regardée comme un vivre de réserve,
un excitant de la marche et un aliment permettant de résister à
la fatigue. Les graines fraîches mâchées préservent de la faim
et de la soif. On peut, grâce à leur emploi, utiliser les eaux
saumâtres pour la boisson. Elles permettent, sous l'influence
de l'alimentation et du repos, une prompte et facile réparation
de l'organisme ; de plus, tandis qu'un individu, à jeun depuis
un certain temps ne peut ingérer sans inconvénient qu'une faible quantité de matières alimentaires, un sujet qui aura fait
usage de noix de Kola fraîches pendant la durée de son jeûne,
pourra ingérer d'énormes quantités d'aliments sans éprouver la
moindre gêne.

« Les expériences de HECKEL, R. DUBOIS et MARIE, de FÉRÉ,
ont de plus montré que le travail, sous l'influence du rouge de
Kola et *bien plus encore sous l'influence de la noix fraîche*,
était augmenté dans une proportion beaucoup plus considérable et d'une manière plus durable que sous l'influence de la
caféine seule, le dédoublement lent du tanno-glucoside main-

(1) *Loc. cit.*, p. 389.

tenant plus longtemps l'organisme sous l'influence de la caféine.

« On constate également, avec la noix de Kola fraîche, que l'action excitante commence à se faire sentir plus rapidement qu'avec les autres préparations de caféïques. *En définitive*, au point de vue pratique, *c'est le caféïque de choix* ».

Sous la réserve d'une interprétation une peu différente en ce qui concerne la composition chimique mieux connue aujourd'hui, nous ne saurions mieux faire, en matière de conclusion, que de souscrire entièrement aux déductions du savant professeur de la Faculté de Médecine de Paris.

Il en résulte que, si l'on veut obtenir la véritable action du Kola, l'on devrait voir disparaître à jamais ou tout au moins restreindre de plus en plus toutes les préparations à base de noix sèches. La thérapeutique ne devrait employer que les noix fraîches ou les remplacer par des noix fraîches stérilisées à l'aide des procédés antérieurement indiqués, puis séchées ensuite convenablement. La preuve semble faite par les études entreprises sur les Kolas frais stérilisés que ceux-ci conservent à peu près intégralement les propriétés des noix fraîches.

CHAPITRE XIII.

Usages du Kola. — Formes pharmaceutiques.

Connaissant maintenant quels effets physiologiques produit la noix de Kola sur l'organisme ; il reste à passer en revue les emplois de la drogue dans l'alimentation et la thérapeutique soit chez l'homme, soit chez les animaux.

Walter BARR, à la suite de son remarquable exposé clinique, n'a pas négligé d'émettre son opinion sur l'usage thérapeutique qu'on en peut faire.

Ce n'est pas seulement, dit-il, un tonique musculaire; le Kola peut rendre des services dans de nombreux cas pathologiques. D'abord chez les alcooliques, employé à dose normale, il fait disparaître les signes et les symptômes de l'intoxication, et cela plus vite que tous les autres agents préconisés jusqu'alors.

Dans la dipsomanie (satisfaction d'une sensation anormale de soif), il agit utilement par la sensation de bien-être qu'il procure, et aussi par son action bienfaisante sur le pouvoir digestif.

Contre l'abus du tabac, il sera prescrit avec chances de succès, grâce à l'euphorie qui suit son ingestion et qui facilite au patient la perte de sa fâcheuse habitude.

Les crises, dans certains cas de folie, sont vaincues par l'administration du Kola à haute dose qui paralyse les réflexes, mais c'est surtout son action tonique sur le système nerveux qui fait dans ce cas, la grande valeur de ce médicament.

On en fera également usage avec succès dans le traitement de la mélancolie, de la neurasthénie, contre les névralgies, pour combattre les insomnies, en ayant soin de ne pas atteindre la dose qui produit le sommeil comateux dont il a été question dans le chapitre précédent.

Pendant la convalescence de maladies aiguës, l'emploi de la noix de Kola est de réelle valeur, à doses convenables et surtout si on l'associe à la strychnine.

. Dans la grippe, administrée avec précaution et en observant la sensibilité du sujet à ce médicament, elle combat utilement la sensation de faiblesse qui est un des symptômes constants de la maladie.

Dans les cas de dyspepsie atonique, c'est, dit cet auteur, « la meilleure drogue simple que l'on possède actuellement : elle accroît la sécrétion et les mouvements péristaltiques, elle relâche l'intestin, fortifie la couche nerveuse de l'appareil digestif ; bref, c'est un médicament parfait ».

Quand elle est bien administrée, la noix de Kola produit des effets des plus heureux dans les cas de fatigue nerveuse profonde issue du surmenage. Prise à petites doses pendant une ou deux semaines, elle fait disparaître, avec tout symptôme nerveux, l'insomnie et l'irritabilité auxquelles fait place une réelle sensation de bien-être en même temps que l'aptitude au travail redevient normale, mais un léger excès ferait du mal, et l'auteur conseille encore l'emploi simultané de la noix vomique ou de la strychnine.

Le savant américain ajoute à cette liste quelques cas dans lesquels l'administration du Kola peut être conseillée avec chances de succès : dans l'état asthénique de la pneumonie, contre certaines diarrhées ou troubles digestifs et termine par quelques considérations sur l'usage qui en est fait abusivement de temps à autre ou tout au moins inconsidérément par les individus faisant profession de l'exercice de sports athlétiques ; il rappelle que si l'usage bien compris du Kola permet incontestablement un effort physique plus considérable, il ne faut pas oublier que, pris inconsidérément, il peut en découler des résultats inverses désastreux.

On nous permettra de ne rien ajouter à cet exposé, tiré du travail de W. BARR; il ne nous appartient pas de discuter ou d'émettre personnellement une opinion sur la valeur médicamenteuse de cette drogue, ce qui serait d'ailleurs superflu, car à la suite de nombreuses formes spécialisées de médicaments à base de Kola qui existent dans le commerce pharmaceutique, l'usage s'en est répandu de plus en plus et l'on peut dire qu'il est sorti du domaine purement médical pour prendre place parmi ces substances comme le thé, le café, le maté, sortes d'aliments de luxe, que le public consomme aujourd'hui couramment sans aucune crainte ; c'est surtout à cause de ses qualités excitantes et toniques qu'il est universellement apprécié.

Modes d'emploi. — Formes pharmaceutiques. On sait que les noirs africains consommateurs de Kola n'emploient les fameuses noix que fraîches, et en les mastiquant lentement, de façon à mettre peu à peu les principes utiles ou actifs en liberté et à obtenir ainsi, la sensation de bien-être et l'excitation physique qu'ils recherchent. Pour eux surtout, le Kola est un aliment de luxe et dans certains cas spéciaux un stimulant physique de premier ordre.

La difficulté de se procurer, en France, des noix fraîches, autrefois simple curiosité de laboratoire, entraîna les industriels à ne se préoccuper uniquement que des noix sèches et celles-ci, venues du marché africain qui ne savait les utiliser, ont trouvé en Europe un débouché assez important.

La plupart des formes pharmaceutiques actuelles sont donc obtenues à l'aide de noix sèches.

La fréquence et la rapidité des moyens de transport existant actuellement entre la côte occidentale d'Afrique et les ports d'Europe, permet aujourd'hui d'apporter facilement en Europe des Kolas frais en prenant quelques soins dans l'emballage. On peut ainsi utiliser dans la pharmacopée européenne, soit des noix fraîches, soit des extraits de noix fraîches.

Les récentes recherches que l'un de nous a particulièrement provoquées dans son laboratoire montrent, comme il vient d'être établi précédemment, que l'activité des noix fraîches, ne saurait être entièrement comparée à celles des noix sèches; aussi convient-il de chercher maintenant à obtenir des préparations dont l'action puisse se rapprocher le plus possible du produit frais et ce résultat est actuellement atteint, grâce au procédé de stérilisation de GORIS et ARNOULD qui a permis à l'industrie de fabriquer des produits nouveaux, et d'un gros intérêt économique.

L'industrie pharmaceutique utilise, pour ainsi dire, les amandes de toutes les espèces de *Cola* de la section *Eucola*, aussi bien les noix à deux cotylédons (*C. nitida*), que l'on désigne, du moins en France, sous le nom de Kola-demis, que celles qui présentent plus de deux cotylédons (*C. acuminata*, *C. Ballayi*, *C. verticillata*) connues sous la dénomination de Kola-quarts.

La Pharmacopée officielle française décrit seulement la noix à deux cotylédons, et ne la reconnait comme officinale que si elle renferme 1,25 gr. $^0/_0$ de caféine (1).

Les préparations inscrites dans cette pharmacopée sont : l'extrait ferme de Kola, l'extrait fluide, la teinture alcoolique, le vin et le saccharure granulé, mais on peut en faire un grand nombre d'autres suivant les usages particuliers auxquels on les destine.

Extrait de Kola sec. — La préparation de cet extrait, qu'on obtient en épuisant la poudre de Kola par l'alcool à 60°, a donné lieu à de nombreuses controverses dues à l'obligation officielle imposée par le Codex, d'après laquelle l'extrait ferme de Kola doit renfermer 10 $^0/_0$ de caféine.

Les études de MM. WARIN (2), JAVILLIER et GUÉRITHAULT(3), ALLARD (4), ceux du Laboratoire de la maison BOULANGER-DAUSSE (5) à Paris ont montré que, dans la préparation de cet extrait, une partie de la caféine restait dans les résidus et qu'il était impossible d'obtenir, en partant de la noix sèche, le titre exigé par la pharmacopée.

Cela n'a rien qui doive surprendre, puisque l'on a vu que la caféine, combinée à des tanins, se libérait au cours de la dessiccation, d'une façon partielle : une quantité variable avec les

(1) *Codex medicamentarius gallicus*, Paris, 1908, p. 167.

(2) WARIN. — Note sur l'extrait de Cola (Codex 1908). *J. Ph. et Ch.*, 1910, [7], I, p. 543 et 1910, [7], II. p. 350.

(3) JAVILLIER et GUÉRITHAULT. — Sur la préparation de l'extrait ferme de Cola. *Bull. Sc. pharmacol.*, 1910, XVII, p. 337.

(4) ALLARD. — Teneur en caféine de l'extrait de Cola. *J. Ph. et Ch.*, 1910, [7], II, p. 122.

(5) BOULANGER-DAUSSE. — L'extrait de Kola. *Bull. Sc. pharmacol.*, 1910, XVII, pp. 639-645.

conditions de cette dessiccation restant toujours combinée au mélange dit « rouge de Kola », complètement insoluble dans les véhicules employés. Peut-être a ussi, comme le pensent MM. BOULANGER-DAUSSE, le mucilage abondant chez certaines sortes de Kolas empêche-t-il le contact intime de l'alcool avec les éléments de la poudre employée.

En tous cas, il faut éviter les filtrations destinées à rendre le liquide alcoolique clair pendant l'épuisement, car la partie tanno-résineuse en suspension renferme de la caféine.

Extrait de Kola frais stérilisé. — Industrialisant le procédé de stérilisation décrit par GORIS et ARNOULD, MM. BOULANGER-DAUSSE ont obtenu une forme extractive dite « intrait de Kola» qui renferme tous les principes actifs de la noix et ce procédé permet seul d'extraire intégralement toute la caféine des semences employées (1). De plus, le rendement total en extrait est environ d'un poids double.

Il n'est donc pas téméraire de penser que la solution du problème industriel est trouvée et qu'au point de vue pharmaceutique, on devra, dans l'avenir, ne se servir exclusivement que de Kola frais stérilisé par la vapeur d'eau sous pression ou par tout autre procédé pratique arrivant au même résultat.

Kola frais stérilisé. — La stérilisation est, on le sait des plus simples. Les noix stérilisées sont ensuite desséchées puis pulvérisées et la poudre obtenue est de couleur grisâtre pâle si elle provient de noix blanches, ou violacée si elle provient de noix rouges. En aucun cas, la poudre obtenue ne présente la couleur rouge acajou si caractéristique des noix desséchées spontanément à l'air. Cette couleur acajou indique que des oxydations ont eu lieu, qui modifient la composition chimique en mettant en liberté de la caféine, des tanins et du rouge Kola. C'est la formation du rouge de Kola qui donne, dans ce cas, la coloration rouge.

La poudre de Kola frais stérilisé se conserve indéfiniment, si on la place en un endroit sec et autant que possible à l'abri

(1) On peut également préparer une forme extractive de Kola stérilisé par le procédé BOURQUELOT à l'alcool bouillant, mais l'extrait obtenu ne renferme pas non plus toute la caféine.

de la lumière ; elle peut servir à tous usages et remplacer la noix fraîche, dont elle possède l'activité physiologique.

Dans les pays plus éloignés de l'Europe que la côte occidentale d'Afrique où les Kolas provenant de plantations ne sont pas l'objet d'une forte consommation locale, comme à Madagascar ou à la Jamaïque, par exemple, il serait sans doute particulièrement avantageux de stériliser les noix fraîches avant leur expédition sur le marché européen. La drogue, ainsi préparée par le procédé simple que nous avons indiqué, trouverait certainement un excellent débouché dans le commerce de la droguerie pharmaceutique.

Passons maintenant en revue les diverses formules de préparations qui peuvent être employées :

Comprimés et tablettes de Kola frais stérilisé.— A l'aide de la poudre stérilisée, on peut faire, par exemple, des comprimés du poids de 0,25 à 0,50 cg., qui représentent 0,50 cg. à 1 gr. de substance fraîche. Une noix de Kola pesant en moyenne 10 à 12 gr., il sera donc aisé de prendre la dose qui conviendra le mieux. La poudre de Kola pourra également être associée à du sucre, du cacao ou toute autre substance que l'on voudra y incorporer et dès lors on pourra faire des tablettes alimentaires au Kola de composition et de poids variables, suivant l'effet recherché.

Préparations alimentaires. — Mais, si l'on veut obtenir un produit alimentaire de luxe très actif, il sera préférable d'employer l'extrait ordinaire ou mieux encore la forme extractive obtenue en partant du Kola stérilisé qui sous un faible volume est extrêmement active.

D'après MM. Boulanger-Dausse, le Kola frais stérilisé et réduit en poudre, donne environ 26 % de son poids d'extrait par l'alcool à 70° ; 26 gr. représentent donc physiologiquement 100 gr. de noix desséchée après stérilisation, soit 200 gr. environ de substance fraîche, ou 17 à 18 noix.

En résumé, 1 gr. 40 à 1 gr. 50 d'extrait physiologique préparé par la méthode que l'un de nous a préconisée avec M.

Goris (1) représentent une noix fraîche du poids moyen de 12 gr. Cet extrait pourra à son tour servir à toutes les combinaisons médicinales ou alimentaires possibles.

On a préparé ainsi, des *tablettes de chocolat au Kola*, représentant chacune une demi-noix fraîche, des *biscuits*, des *dragées* etc..

Masticatoire au Kola. — Mais nous donnerions volontiers la préférence à la forme dite « masticatoire ». Rien n'est plus aisé, en effet, que d'incorporer aux substances ordinairement employées dans la préparation des « shevin gum » américains, par exemple, une dose de poudre ou mieux d'extrait de Kola stérilisé. On se rapprocherait ainsi davantage de la manière. indigène en mettant lentement en contact avec la sécrétion salivaire, les principes actifs du Kola qui abandonnent pour ainsi dire leur caféine à l'état naissant, en même temps que la mastication provoque une abondante salivation qui n'est pas sans action sur la digestion.

Granulé au Kola. — Une des formes commerciales les plus courantes sous laquelle on emploie le Kola en pharmacie est le saccharose granulé.

Pour le préparer, on prend de l'extrait de Kola qu'on fait dissoudre dans du sirop de sucre et auquel on ajoute du sucre pour faire une pâte qu'on force ensuite à passer à travers les mailles d'un tamis. On obtient ainsi des fragments cylindriques (vermiculés) qu'on dessèche et conserve en flacons. On règle la dose de façon que le granulé obtenu représente son poids de Kola sec.

Là encore on substituera avec avantage l'extrait de Kola stérilisé, dont l'activité est, on. ne saurait trop le répéter, toujours plus grande et différente du produit officinal.

Vin de Kola. — La préparation du vin de Kola est des plus simples. Le Codex recommande de prendre 60 *gr.* de noix de

(1) Perrot et Goris. — Le stérilisation des plantes médicinales dans ses rapports avec leur activité physiologique. *C. R. Ac. Médecine*, séance du 22 juin 1909 et *Bull. Sc. pharmacol.*, 1909, XVI, p. 384.

Kola pulvérisée (demi-fine) que l'on fait macérer 8 jours dans un litre de vin de Malaga ; il suffit alors de filtrer.

On pourrait également faire du vin de Kola non seulement en remplaçant la poudre de noix desséchée du commerce, par le même produit préparé avec des noix fraîches préalablement stérilisées, mais encore à l'aide des noix fraîches elles-mêmes.

Pour cela, on en prendra 80 à 100 gr. environ, soit 6-8 noix fraîches, qu'on découpera en petits morceaux, placés immédiatement dans l'alcool à 60° ou dans du tafia, si l'on n'a que ce liquide alcoolique à sa disposition, et en quantité juste suffisante pour que le Kola soit imbibé ; on laissera ainsi 5 ou 6 jours et l'on versera sur le tout un litre de vin.

Dans ce cas, il sera inutile d'employer des vins à titre alcoolique élevé, c'est-à-dire les vins de liqueurs et l'on s'adressera aux vins ordinaires, l'alcool de macération relevant très largement le titre de ces derniers.

Extrait fluide de Kola. — Les extraits fluides, fabriqués de façon à représenter leur poids de plante employée, pénètrent chaque jour davantage dans la pratique pharmaceutique et le Codex a donné la formule d'un *extrait fluide de Kola*, au sujet duquel, nous ferons en ce qui concerne la substitution du Kola frais stérilisé la même remarque que pour l'extrait ferme ; 1 gr. d'un tel extrait fluide correspondra dès lors à 2 gr. de drogue fraîche, et il en faudra de 5 à 6 grammes, soit une cuillerée à café environ pour représenter une noix fraîche.

*
* *

Les préparations à base de Kola peuvent être multiples et ne sont pas l'apanage exclusif du pharmacien. En effet, dans le Guide de l'Inspecteur de pharmacies de MM. Roux, chef du service de la répression des fraudes et Guignard, directeur honoraire de l'Ecole supérieure de pharmacie de Paris (1), on lit :

« Certaines préparations, telles que l'extrait de Café, de Kola ont évidemment un caractère alimentaire et ne doivent pas être

(1) E. Roux et L. Guignard. — Guide de l'Inspecteur des Pharmacies, Paris, 1909, p. 65.

considérées comme des préparations pharmaceutiques pas plus
que le chocolat à la Kola ou à l'extrait de Kola ».

Mais il n'en sera pas de même des préparations dans lesquelles entreront d'autres substances médicamenteuses ou toniques. Nombre de vins médicinaux composés sont dans ce cas
et, à fortiori, quand il s'agira d'associer, comme on le fait, le
Kola à la noix vomique ou à la strychnine.

On emploie le plus généralement dans ce cas, et *seulement
sur ordonnance médicale*, les mélanges suivants donnés ici à
titre de simple renseignement :

> Extrait fluide de Kola (Codex) ou de Kola frais
>   stérilisé .... 60 gr.
> Teinture de noix vomique (Codex 1908) .... 5 —

Dose : 50 gouttes, de 3 à 5 fois par jour.

ou bien encore :

> Extrait fluide de Kola........................ 60 gr.
> Gouttes amères de Baumé (Codex 1908)....... 3 —

Enfin on peut associer, dans le même but, à la poudre de
noix de Kola fraîche stérilisée, la poudre de noix vomique ou de
Fèves de St-Ignace.

> Poudre de Kola frais stérilisé....... 60 gr.
> Poudre de noix vomique........... 1 —

Diviser en cachets ou pastilles comprimées de 0,50 cg.

Dose moyenne : de 5 à 10 cachets par jour.

Pour rendre cette dernière préparation plus active, on peut
remplacer un tiers de la poudre par de l'extrait sec de Kola pur
stérilisé et prendre de 3 à 5 cachets en augmentant la teneur
de poudre de Noix vomique qui sera portée à 1 gr. 50 dans la
formule ci-dessus.

D'ailleurs le médecin reste seul juge des proportions, car on
a vu combien était variable l'action du Kola avec les individus.

On peut enfin fabriquer des élixirs de Kola, dont voici deux
formules :

1° Extrait fluide de Kola.......   50 gr.
Alcool à 60°.............,.   100 —
Sirop simple..............   100 —
Vin de Lunel.............   250 —

On peut ici remplacer avantageusement, à notre avis, le sirop de sucre par les sirops de groseilles, de cerises ou de framboises.

2° Extrait fluide de Kola.......   50 gr.
Glycérine.................   60 —
Alcool à 90°..............   60 —
Vin de Malaga blanc.......   500 —
Sirop de sucre............   200 —
Teinture de vanille........   10 —
Eau distillée, Q. S. pour....   1000 —

Cette dernière formule est celle du Formulaire des pharmaciens français.

Emploi du Kola dans la ration alimentaire des animaux.

Il est à peine besoin d'ajouter que tout ce qui vient d'être dit concernant les usages thérapeutiques du Kola chez l'homme, peut s'appliquer également à la médecine vétérinaire, mais il est nécessaire d'insister sur quelques essais spéciaux intéressants.

Si le Kola administré sagement est un excellent adjuvant pour obtenir un rendement meilleur des forces humaines et permet un effort soutenu des plus intéressants pour le soldat et tous ceux qui s'occupent des sports, on conçoit qu'il ait été accueilli favorablement par les entraîneurs de chevaux de course.

Les expériences de J. Chevalier et Alquier rapportées dans le chapitre précédent sont concluantes, et bien qu'il soit très difficile de se documenter sur ce terrain spécial, nous savons que bon nombre d'entraîneurs font usage depuis longtemps déjà de la poudre de Kola. Le Kola frais est même employé et les produits obtenus de noix fraîches stérilisées sont actuellement très en faveur dans certaines écuries.

Des expériences ont également été faites en France et en

Allemagne, sur le cheval de guerre, et les résultats sont de même ordre physiologique que ceux qui ont été constatés chez l'homme.

Une autre application assez curieuse est à signaler encore, c'est celle qui a trait à l'alimentation des vaches laitières. Ces expériences ont été faites par M. MEINERT (1), fermier à Hammertrof, en Allemagne, avec un fourrage préparé par la Société de produits alimentaires d'Altona et ont été rapportées en France par le professeur GRANDEAU. Les résultats paraissaient excellents, mais à notre connaissance ils n'ont pas été contrôlés et confirmés dans ces dernières années.

(1) *Deutsche Landw. Presse,* 1898, n° 41.

QUATRIÈME PARTIE.

Le Kola et les Kolatiers au point de vue économique.

CHAPITRE XIV.

La Culture des Kolatiers.

Jusqu'à ces dernières années, la littérature coloniale est demeurée excessivement pauvre en renseignements sur la culture des Kolatiers. Dans sa Monographie, E. HECKEL dût passer ce chapitre presque sous silence. O. WARBURG, dans le *Traité d'Agriculture tropicale* de SEMLER (2ᵉ édition) (1), réunit pour la première fois un faisceau d'observations sur ce sujet, mais il constate combien sont rares encore les indications précises et signale de nombreux problèmes à résoudre :

« Ce qu'on sait aujourd'hui de la culture du Kolatier ne pèse pas lourd, écrit-il. Il n'y a nulle part de grandes plantations... La culture en grand n'existe pas encore, et cependant en présence de la consommation toujours croissante, il aurait été tout indiqué, depuis longtemps déjà, de s'en occuper très sérieuse-

(1) Article traduit en français : O. WARBURG.— La culture du Kolatier, *Rev. Cult. col.*, VI, 1900, 1ᵉʳ sem., p. 270.

ment : il aurait fallu, pour le moins, organiser de vastes cultures expérimentales afin de tirer au clair les détails pratiques de
la culture industrielle. Exemple : nous savons qu'au Soudan les
grandes transactions commerciales ne portent que sur quelques
sortes de Kola bien définies, et qui ne se rencontrent que dans
une région étroitement limitée Serait-ce dû uniquement à des
circonstances climatériques ? N'y aurait-il pas là des variétés
botaniques distinctes, susceptibles de fournir, même sous un
climat identique, chacune un produit différent ? Les recherches
de K. Schumann faites depuis, semblent donner raison à la dernière supposition. A quelle variété appartiennent les Kolatiers
des divers Jardins botaniques ? C'est que chacun de ces individus conservés dans les Jardins botaniques est susceptible de
devenir le point de départ d'une culture industrielle, le jour où
on arrivera à en faire. Il faudrait tout de même savoir ce que
valent toutes ces espèces-là. Sont-elles bonnes ? Ou bien n'ex-
posent-elles pas plutôt à des déboires les planteurs qui s'y fie-
raient ?

« Voilà des questions qui demandent à être résolues par des
stations botaniques avant d'aborder la culture du Kolatier in-
dustriellement et en grand.

« Le plus simple et le plus sûr serait de créer une plantation
d'essai d'abord dans l'Afrique occidentale même : par exemple,
dans l'hinterland du Togo. Il faudrait absolument ne prendre
pour cet essai que les noix les meilleures en les faisant venir
directement des centres de production renommés ; il faudrait
qu'elles soient toutes fraîches ; on pourrait simultanément envoyer à la côte une partie de ces noix de qualité supérieure, afin
d'y faire des essais parallèles.

« J'ai la ferme conviction qu'il est temps d'aborder d'une fa-
çon plus sérieuse que cela n'a été fait, la culture industrielle du
Kolatier dans les colonies européennes de l'Ouest de l'Afrique.
On prendrait pour modèles la culture du Cacaoyer et celle du
Caféier.

« L'Afrique même offre pour le Kola un débouché sûr et de
toute première importance...

« Une fois démontrée, la possibilité d'une culture industrielle,
d'importants centres nouveaux de production ne tarderaient pas

à se créer ; ils auraient sur ceux d'aujourd'hui (Achanti, Sources du Niger, etc.), divers avantages, entre autres celui d'être bien plus facilement accessibles à la côte.

« D'ailleurs la consommation du Kola en Europe et en Amérique va, elle aussi, en croissant.

« Pour le marché européen et américain, il y aurait lieu peut-être un jour de rechercher, par la sélection, la création de nouvelles variétés qui n'aient pas cet arrière-goût de moisi qui nous est désagréable dans la noix de Kola actuelle ; on aura avantage à créer d'autres variétés qui soient particulièrement riches en principes actifs.

« Il est vrai, la culture en vue de l'exportation en Europe de la noix sèche ne deviendrait avantageuse que le jour où les prix seraient montés ; mais il faut bien se dire que cela arrivera fatalement dans un avenir assez rapproché, si la consommation européenne et américaine continue à progresser dans les mêmes proportions que par le passé.

« Le transport en Europe de la noix fraîche même est chose fort aisée dès aujourd'hui ; les arrivages de noix de Kola fraîches à Marseille et à Londres augmentent, en effet, d'année en année et sont déjà fort appréciables.

« Il est certain que les précieuses propriétés de la noix de Kola lui frairont, le temps aidant, une large route ; la nation qui, la première, aura abordé avec énergie et succès la culture du Kolatier, retirera naturellement la plus grande part des profits de cette nouvelle branche d'industrie agricole tropicale.

« Lorsque des noirs plantent en terre, en quelque endroit propice, une noix de Kola pour venir recueillir ensuite les fruits de l'arbre qui aura poussé, cela ne mérite pas le nom de *culture.*

« Pas davantage, d'ailleurs, que la pratique des propriétaires d'esclaves en Amérique qui avaient coutume de planter un Kolatier dans quelque coin de leur exploitation et le laissaient se débrouiller tout seul sans y apporter guère plus de soins que les noirs en Afrique.

« L'élevage de Kolatier dans une serre en Angleterre n'est toujours pas encore de la « culture » dans le sens que nous entendons.

«· Nous proposons ci-dessous un petit questionnaire auquel on
ne saura donner des réponses qu'après que des blancs auront
fait des cultures d'essai sur une vaste échelle, et ceci pendant
un certain temps :

« Quels sont les sols et les expositions dans lesquels le Kolatier pousse et ceux où il réussit le mieux ?

« Sa végétation peut-elle être réglée au moyen de la taille ?
Supporte-t-il la forme naine comme c'est le cas du cacaoyer et
du caféier ? Une irrigation régulière lui serait-elle profitable?

« Quels perfectionnements pourrait-on utilement apporter aux
procédés actuels de préparation du fruit pour la consommation ?

« Une fois ces principales questions résolues, ce sera le moment de passer à l'amélioration de la noix par une sélection
attentive de la semence. Il n'y a pas lieu de douter de la possibilité d'un anoblissement de la noix de Kola par une culture
digne de ce nom ; ce serait nier toute l'histoire de l'industrie
agricole.

« Pour ce qui est des conditions naturelles de la culture du
Kolatier, tout ce que nous savons pour le moment est que l'arbre réclame un climat tropical et assez humide ; qu'il ne redoute
d'ailleurs pas une période de sécheresse retournant tous les ans,
pourvu qu'elle ne soit pas très longue ».

Warburg énumère ensuite tous les renseignements qu'il a pu
recueillir sur la culture du Kolatier. Ils sont peu nombreux et
une partie ne sont pas exacts.

Depuis 1898, un très grand nombre de notes ont été publiées
sur la culture du Kolatier, mais elles laissent encore quantités
de problèmes dans l'ombre ; elles apprennent très peu de faits
nouveaux et la plupart des auteurs se sont copiés les uns les
autres. Des plantations expérimentales ont bien été entreprises
dans quelques Jardins d'essais, mais ces plantations ont été faites ou sur une très petite échelle ou dans des conditions défavorables au point de vue des solutions à attendre. D'autres ont
été abandonnées presque aussitôt commencées et ne peuvent
donner de résultats intéressants.

Il serait, croyons-nous, oiseux de reproduire dans ce chapitre
tout ce qui a été publié sur la culture du Kolatier. Beaucoup de

renseignements rapportés par divers auteurs ont été controuvés par nos propres observations.

Nous nous bornerons donc à signaler les constatations faites par l'un de nous *de visu* ainsi que les renseignements recueillis sur place au cours de nos pérignations en Afrique. Nous rappellerons seulement les renseignements d'autres sources quand elles seront en concordance avec nos propres observations.

Nous voulons éliminer ainsi un grand nombre de faits inexacts déjà trop souvent publiés.

I. — PROCÉDÉS DE CULTURE INDIGÈNE.

WARBURG se trompe en refusant l'épithète de *cultivés* aux Kolatiers appartenant aux indigènes. En certaines parties de l'Afrique occidentale, ces arbres reçoivent de véritables soins. Mais, en beaucoup de régions, le plus grand obstacle à l'extension des plantations, est une croyance absurde. Les indigènes prétendent que quiconque plante un Kolatier, doit mourir lorsque l'arbre commence à rapporter des fruits. Cette légende est entretenue par les dioulas, dont l'intérêt est de conserver le monopole du commerce des Kolas ; ils doivent par conséquent empêcher la propagation de l'arbre producteur en dehors des régions visitées par eux.

Il est donc très rare que l'on sème des graines.

Dans le sud du Soudan, par exemple, les quelques Kolatiers que l'on rencontre, proviennent presque toujours de graines qui ayant été perdues, se sont trouvées enterrées naturellement et ont produit des germinations qui ont poussé sans l'intervention de l'homme. Dès que le propriétaire de la case près de laquelle se développe ce Kolatier découvre la jeune germination, il se contente de l'entourer d'un petit enclos formé de bâtons pour empêcher les passants ou les animaux de détruire la précieuse plante.

Dans le sud de la forêt de la Côte d'Ivoire où on cultive réellement le Kolatier sur des espaces restreints, autour des villages, les noirs recueillent les graines tombées des arbres vivant à l'état sauvage dans la forêt et ayant commencé à germer et ils transportent ces germinations dans les cultures près de leurs habitations. On déterre même parfois les jeunes Kolatiers qu'on rencontre à travers la forêt pour les transplanter autour des villages; mais, à notre connaissance, on fait rarement des semis de graines.

Cela se pratique dans certaines régions au cours de quelques cérémonies rituelles. Ainsi on a raconté qu'à la naissance d'un enfant, au sud du Soudan, on enterrait une noix à côté du cordon ombilical du nouveau-né. L'arbre qui se développe et tous ceux issus de ses fruits tombés à terre forment le patrimoine, tous les autres biens du père passent, après la mort de ce dernier, à l'aîné des oncles.

Si cet usage existe réellement, il est très local, car nous avons parcouru les mêmes régions sans qu'il nous ait jamais été rapporté.

Chez les Dans ou Dyolas, on ensemence réellement des Kolatiers, d'après le capitaine LAURENT. Toutes les graines, écrit-il, ne sont pas propres à la reproduction et aucun signe extérieur ne permet de reconnaître, parmi les noix fraîches, celles qui germeront. Il faut, avant de les planter, les laisser germer soit à l'air libre, soit enfouies à une faible profondeur. Le plus souvent d'ailleurs, au lieu de les planter de cette façon, les Dyolas repiquent les plants nés spontanément de graines tombées.

Les Bétés, d'après RIPERT, apportent aussi beaucoup d'attention à la culture de leurs arbres. On sème parfois des amandes, mais plus souvent on ramasse les graines germées à la surface du sol.

Les branches retombantes sont soutenues à l'aide de perches; on n'enlève pas les épiphytes qui vivent sur les rameaux et sur le tronc. A la base de celui-ci, on supprime la végétation et on remue un peu la terre.

Nulle part, il n'existe de grands vergers de Kolatiers. On trouve de petits groupes de cette essence autour des villages, le long des sentiers de forêt, spécialement aux carrefours, autour des cases de culture et très souvent sur l'emplacement d'anciens villages détruits depuis longtemps et réenvahis par la forêt.

C'est également dans ces conditions que nous avons toujours rencontré les Kolatiers cultivés dans les diverses régions forestières de la Côte d'Ivoire.

Aux environs de Diorodougou, chez les Tômas, avant de mettre la noix germée en terre, on en retrancherait la partie inférieure opposée au germe (1). Nous ne voyons pas la raison de cette pratique, si toutefois elle existe. Le même rapport renseigne sur les procédés de culture des Bagas. Les amandes, bien mûres, sont disposées en pépinière à 8 ou 10 cm. de profondeur, dans un coin du village ou en pleine brousse. La germination se produit un mois après et la transplantation a lieu l'année suivante en plein hivernage, au mois d'août. Les arbres, placés sans ordre et toujours trop rapprochés (2 ou 3 m. d'écart seulement), sont plantés dans des endroits légèrement humides et ombragés, parfois même trop sombres et trop couverts, de sorte qu'un certain nombre en souffrent et restent chétifs. Le même fait s'observe pour les plantes de semis naturel. Les pieds isolés sont protégés contre l'ardeur du soleil par des abris en feuilles de palmier portés sur quatre piquets.

Au Fouta-Djalon, on fait aussi germer les noix de Kola dans une galerie forestière, au bord d'un marigot et quand l'arbuste est âgé de 5 à 6 ans on le transplante dans une *roundé* (terrain cultivé sur l'emplacement d'une ferme) ou dans une *margha* (ferme habitée).

Le document cité plus haut rapporte une opération de culture assez curieuse, qui serait pratiquée par les indigènes du Samo (2) (Guinée française).

Dans cette province, lorsque les Kolatiers atteignent 2 ou 3 mètres de hauteur, à l'âge de quatre ou cinq ans, on écorce la tige sur une hauteur de 0 m. 20. La plaie est ensuite recouverte, jusqu'à cicatrisation, d'un morceau de toile qu'on évite de trop serrer. On arriverait ainsi à hâter la fructification et à la rendre plus abondante. Il serait nécessaire d'expérimenter cette méthode dans les jardins d'essais, afin de déterminer si elle est réellement efficace.

(1) Rapport. *Agr. Pays Chauds*, 1907, 1ᵉʳ sem., p. 405.
(2) *Ibid.*, p. 406.
(1) *Ibid.*, p. 407.

A Sierra-Léone, les noirs cultivent assez méthodiquement le précieux arbre.

D'après les renseignements qu'a bien voulu nous envoyer le Gouvernement de la colonie, il existerait environ 4.500 principaux villages à Kolas; cultivant en moyenne 50 arbres par village ; ceux-ci espacés de 20 pieds les uns des autres, sont en moyenne au nombre de 109 par acre (ou 272 à l'hectare) ; ils couvriraient donc une surface de 2.065 acres dans toute la colonie : en général, la culture est confinée au bord des rivières.

En Mellacorée, où il existe habituellement une douzaine de Kolatiers par village de 30 cases, quelques indigènes ont assuré à E. BAILLAUD, que si l'on plantait quelques touffes de *Sanseviera guineensis* (plante textile rarement utilisée par les indigènes, mais souvent considérée comme fétiche), autour du précieux arbre, on le faisait prospérer.

Le Kissi est un des rares pays où nous ayons vu les Kolatiers entourés de très grands soins par les indigènes. Dans cette province, on ensemence réellement l'arbre et on en plante régulièrement chaque année au bord des sentiers aboutissant aux divers villages.

On fait habituellement germer les noix d'une manière assez originale.

Il existe dans chaque case d'habitation un grand récipient en terre plus ou moins poreuse (*canari*), dans lequel les femmes apportent chaque jour de l'eau pour les usages domestiques. Ce vase est entouré d'un lit de sable humide qui le maintient droit. On dépose sur ce lit de sable les noix dont on veut obtenir la germination. Dès que celle-ci s'opère, c'est-à-dire, lorsque les cotylédons s'écartent et laissent poindre la radicule, on transporte le jeune plant à son emplacement définitif qui est toujours situé au bord d'un sentier dans l'îlot de forêt entourant le village.

On creuse préalablement un trou profond de 60 cm. ; on le remplit de fumier, de cendres, et de cette terre noire très riche en matières organiques, qui forme souvent de gros tas à l'entrée des villages. Au fur et à mesure que le Kolatier grandit, on élève au pied un petit monticule formé de détritus végétaux ou de balayures et de temps en temps on remue la terre au pied des arbres. Les rameaux inclinés par le poids des fruits sont étayés à l'aide de fourches en bois

L'habitant du Kissi et du Kouranko soigne ses Kolatiers presque avec autant d'attention que le paysan français soigne ses vignes, ses pommiers ou ses oliviers. Malheureusement le noir ne sait pas régler l'éclairage des Kolatiers : l'ombrage modéré est bienfaisant pour ces arbres, mais dès qu'il devient épais, il produit une demi-obscurité favorable au développement des épiphytes. Les arbres d'essences diverses environnant le précieux végétal ne sont jamais émondés, de sorte que leurs branches s'enchevêtrent souvent dans celles du Kolatier, qui devient dès lors presque stérile. Lui-même n'est jamais taillé, les indigènes prétendent qu'un outil en fer ne doit jamais être mis en contact d'une partie quelconque de l'arbre sacré. Aussi les branches sont souvent étalées d'une manière très défectueuse. Certains Kolatiers sont ramifiés au ras du sol et d'autres ont un tronc qui n'émet des branches qu'à 6 ou 7 mètres de hauteur.

M. l'administrateur BARTHÉLEMY nous a fourni des renseignements démontrant que les Ngans du cercle de Dabakala (Côte d'Ivoire) se livrent réellement aussi à la culture de l'essence qui nous intéresse.

Les hommes ne s'occupent guère que des plantations de Kolatiers, tandis que les femmes soignent les lougans d'ignames, de riz, de coton et de tabac. Pour établir une plantation de Kolatiers, on débroussaille entièrement un endroit de la forêt soigneusement choisi, toujours sur une pente, afin que le drainage soit parfait ; tout est coupé, même les arbres de haute futaie qu'on laisse habituellement dans les autres lougans de riz ou d'ignames. Ce gros travail accompli, les Ngans plantent d'abord des *Bans* ou Palmiers d'eau (*Raphia*) et ensuite seulement on ensemence les noix de Kola. Selon M. BARTHÉLEMY, les *Raphia* (1) seraient destinés à protéger les Kolatiers contre les dégâts des Rats palmistes (*Sciurus*), communs dans le pays. Les rats palmistes sont très friands des fruits du Palmier et

(1) Appartenant probablement à l'espèce *R. sudanica* A. Chev.

tant qu'ils ont ces fruits à leur disposition, ils n'attaquent pas les graines du *Kolatier* (1).

Dans les plantations de Kolatiers qui comprennent habituellement 250 à 300 arbres, plantés sans symétrie, les indigènes entretiennent aussi habituellement une plante nommée *Béla*, à feuilles en forme de fer de lance, destinées à faire les *froufrous* dans lesquels on enferme les noix de Kola. Cette plante est sans aucun doute une des Maratancées dont il sera question dans un des prochains chapitres. Tous les arbustes et les mauvaises herbes sont constamment arrachés.

M. SAVARIAU a donné aussi des détails intéressants sur la manière dont les indigènes cultivent le *Cola acuminata* au Dahomey :

« L'arbre à Kola, existant à l'état spontané au Dahomey, a été de tout temps l'objet de quelques soins de la part des indigènes. Les plus prévoyants de ces derniers font annuellement des semis de noix de Kola. Ils choisissent les noix de Kola fraiches les plus belles, les sèment à trois, quatre centimètres de profondeur dans un terrain léger, très humifère et très humide, bien ombragé, au bord des lagunes de préférence. Les noix quotidiennement arrosées germent au bout d'une vingtaine de jours et les jeunes plants sont laissés en pépinière. On les arrose fréquemment pendant cette période et on bine de temps à autre la terre qui les porte. La transplantation est effectuée au début de la saison pluvieuse dans les sous-bois humides et les indigènes ont bien soin, pour mettre les Kolatiers en place, de faire des trous d'assez grandes dimensions, qu'ils remplissent, en grattant la couche superficielle avoisinante, évidemment plus riche en principes fertilisants.

« Malheureusement les indigènes n'ont aucune notion de la distance à laisser entre les arbres. Ils les plantent toujours trop rapprochés ; beaucoup sont à deux ou trois mètres les uns des autres et cela nuit considérablement à leur développement.

(1) L'abondance des *Raphia* devrait alors amener le pullulement des *Sciurus* qui finiraient par attaquer les Kolas. Il est plus probable que le *Raphia* est cultivé pour le vin de palme qu'il fournit, ainsi que pour les rachis de ses feuilles utilisés pour faire la charpente des toitures de cases.

« Les soins donnés aux Kolatiers en croissance varient légèrement suivant les régions. En certains points, on se contente de débrousser sur un rayon de 1 m. 50 à 2 m. autour de chaque arbre ; on ne pratique aucune taille, on ne coupe même pas les branches mortes ou brisées, on laisse les arbres mourir de vétusté, parce que les croyances fétichistes interdisent de faire subir le contact du fer aux Kolatiers. Dans les régions où cette superstition n'existe point, les indigènes débarrassent les arbres des branches mortes ou brisées afin d'empêcher celles-ci d'endommager par leur chute les branches voisines » (1).

II. — BOUTURAGE.

D'après de nombreux auteurs, les indigènes de l'Afrique tropicale multiplient fréquemment le Kolatier par bouturage ou par marcottage.

Cette pratique a été signalée pour la première fois par E. HECKEL en 1893, d'après les observations faites par le jardinier E. PIERRE, qui dirigea le Jardin d'essai de Libreville de 1887 à 1892.

Elle doit être pratiquée rarement en Afrique occidentale : nous ne l'avons pas constatée, pour notre part, au cours de nos voyages. Cependant M. Charles VAN CASSEL, membre de la mission WŒLFFEL (1899), nous a assuré que « certains porteurs de la mission, dans le Pays des Dans ou Dyolas, emportaient des boutures prélevées sur les arbres des villages qu'ils traversaient, mais ils n'en prenaient pas sur les pieds de leur propre village ». Le comte ZECH mentionne aussi ce procédé de multiplication au Togo. « D'après mes renseignements et les observations que j'ai pu faire, la propagation se fait aux environs de Tapa au moyen des boutures » (2).

M. NICOLAS nous a assuré dans une communication verbale que dans le nord de la Côte d'Ivoire les indigènes courbaient souvent les rameaux de certains Kolatiers, de manière à en en-

(1) SAVARIAU. — Le Kolatier au Dahomey. *Agr. Pays Chauds*, 1906, 2ᵐᵉ sem., p. 211.

(2) ZECH.— *Rev. cult. col.*, VIII, 1901, 1ᵉʳ sem., p. 367.

terrer l'extrémité. Au bout de quelque temps, des racines se forment et on n'a plus qu'à séparer et transplanter le nouveau plant.

Dans d'autres régions de la Côte d'Ivoire, on procède différemment. D'après l'administrateur Salvan, qui commandait le cercle de Koroko (ancien territoire de Kong), en 1905-1906, « quand on désire établir une plantation, on coupe une branche d'environ 1 m. 50 à un Kolatier voisin. On la recourbe ensuite en forme d'arceau en enfonçant en terre les deux extrémités. Lorsque l'on juge les racines assez profondes et suffisamment fortes, l'on sépare l'arceau en deux par le milieu et l'on obtient de cette manière deux Kolatiers au lieu d'un. »

Enfin, E. Baillaud a observé en Mellacorée que les Kolatiers étaient habituellement propagés par des drageons enlevés à la base des arbres adultes.

Si réellement les marcottes et les boutures de Kolatiers sont préférées aux semis, c'est que les indigènes ont reconnu que ces procédés étaient avantageux pour conserver les qualités acquises.

A notre connaissance, aucun Jardin d'essais n'a encore tenté d'expérience en vue de contrôler le degré de créance qu'il faut donner à ces renseignements. Il serait pourtant du plus haut intérêt de multiplier par bouturage les Kolatiers les plus productifs et donnant les plus grosses noix.

III. — RENSEIGNEMENTS FOURNIS PAR LES PLANTATIONS EUROPÉENNES.

Diverses plantations de Kolatiers ont été entreprises par quelques européens, surtout depuis une quinzaine d'années. La plupart ont été abandonnées avant d'avoir donné aucun résultat. On en signale actuellement seulement quatre ou cinq en Afrique occidentale et à Madagascar, et elles comprennent chacune quelques milliers d'arbres au plus.

Peu de renseignements ont été publiés sur ces plantations et sur celles dès Jardins d'essais, de sorte qu'il est difficile d'en tirer des données pratiques.

Nous signalerons cependant les faits les plus importants mis en relief.

. Le document le plus ancien, et aujourd'hui encore des plus. précis sur la manière d'établir ces plantations, est dû à l'infortuné Saussine (1), qui résida longtemps aux Antilles comme professeur de chimie au lycée St-Pierre et périt dans l'éruption de la montagne Pelée :

· « On trouve le Kolatier depuis le voisinage de la mer jusqu'à des altitudes de 1.000 à 1.500 mètres ; mais les altitudes qui lui conviennent le mieux sont comprises entre 300 et 600 mètres. Il lui faut un climat chaud et humide ; il appartient à la même zône de culture que la banane et le cacao.

« Il semble s'accomoder de sols assez variés, redoute seulement les terres marécageuses ou sujettes à des inondations. Le meilleur sol est un sol profond, légèrement argileux et bien drainé.

« *Semis.* — On le propage à partir de graines, en choisissant les plus grosses et les plus mûres. Le semis peut se faire soit en place, soit sur bandes ; ce dernier procédé est toujours préférable. Les graines doivent être semées fraîches ; si on doit les transporter au loin, on les met dans des caisses à jour, après les avoir enveloppées de feuilles fraîches qu'on humecte de temps en temps.

« Les bandes seront établies autant que possible à l'ombre et près d'un filet d'eau ; elles auront environ un mètre de largeur ; on y trace le grand axe et les deux autres à 20 cm. des bords ; on y dépose les graines à 30 cm. l'une de l'autre et on les recouvre de terre. On arrose fréquemment et on tient la surface très propre.

« *Plantation.* — Les jeunes plantes apparaîtront au bout de trois à cinq semaines ; on les laisse croître jusqu'à 30 cm. ; il faut alors éclaircir les rangs en repiquant la moitié des plantes sur une nouvelle bande jusqu'à ce qu'ils aient atteint près d'un mètre.

(1) G. Saussine. — La culture du Kolatier dans les Antilles,. *Rev. cult. col.,* II, 1898, 1ᵉʳ sem., p. 39-43.

« La plantation définitive qui a lieu au commencement de la saison des pluies, se fait en trous carrés de 30 cm. de largeur et 50 à 60 cm. de profondeur, à 7 m. 50 les uns des autres. La méthode est toujours la même : préparer le trou un peu avant la plantation et le remplir de terreau bien fait. Quand on y met le plant, on étale les racines avec soin et on tasse la terre légèrement. Il est également nécessaire de mettre un fort tuteur.

« Comme les jeunes plants doivent pousser à l'ombre, il est nécessaire, s'il n'existe pas déjà d'ombrage naturel, de planter des bananiers, quelques mois auparavant. On a ainsi l'avantage d'avoir des récoltes d'attente, mais les bananiers épuisent le sol. On les plante à 3 m. ou 3 m. 50 l'un de l'autre en intercalant les Kolatiers entre eux.

« Dans les endroits ombragés, on supprime les bananiers au centre de chaque carré ; on les retire d'ailleurs graduellement à mesure que les arbres poussent.

« La plantation, une fois établie dure longtemps et peut même constituer à son tour un ombrage pour d'autres cultures, en particulier certaines cultures vivrières.

« Le Kolatier épuise peu le sol, mais les cultures intercalaires de bananiers avant la plantation ou de légumes après, sont par elles-mêmes assez épuisantes pour qu'il soit nécessaire de fumer de temps à autre. »

A Madagascar, on recommande de procéder de la manière suivante : Le semis en pépinière doit être fait sous ombrage, sur un sol bien défoncé, bien fumé et fréquemment arrosé. La germination se produit au bout de 3 à 5 semaines.

La mise en place définitive se fait sous ombrage lorsque les plants atteignent 40 cm. à 50 cm. de haut. Elle est très délicate et doit être faite au moment des grandes pluies. L'écartement préconisé varie de 6 m. à 7 m. 50. Il est inutile de faire plusieurs mois à l'avance des trous mesurant au minimum 0 m. 70 de côté sur 0 m. 80 de profondeur.

En Guinée française, il a été fait d'assez nombreux essais de plantations, mais presque toutes ont été abandonnées. Dès

1897, un colon, M. Génot, recommandait de faire la transplantation deux ou trois mois seulement après la germination, alors que la jeune plante n'a encore que 0 m. 10 de hauteur au maximum.

Un an plus tard, la racine longuement pivotante atteint déjà 1 m. ou 1 m. 50 de longueur ; aussi l'arrachage est toujours défectueux et la reprise des plants âgés se fait très mal (1).

En 1901, P. Teissonnier insiste encore sur les difficultés de la transplantation. Malgré les soins apportés à l'arrachage des plants restés un an en pépinière, il est impossible de conserver le pivot dans toute sa longueur. La reprise se fait difficilement ; un grand nombre de plants périssent pendant la saison sèche et ceux qui survivent restent languissants. Certains arbustes ainsi transplantés atteignaient à peine 30 cm. à 40 cm. de hauteur, tandis que les Kolatiers plantés en germination et provenant du même semis avaient une hauteur moyenne de 1 m. 60 à leur deuxième année. C'est pourquoi le directeur du Jardin d'essais de Camayenne recommande de procéder de la manière suivante :

« Après avoir fait choix du terrain, on sème en planches en mettant entre les rangs 0 m. 20 et en conservant une distance de 0 m. 10 sur le rang. Les noix sont recouvertes de 2 cm. à 3 cm. de terre ; les planches sont ombragées avec des feuilles de palmiers et arrosées chaque fois que le besoin se fait sentir. La levée a lieu au bout de 50 ou 60 jours et la mise en place doit se faire dès que la tige à 10 cm. à 12 cm. de hauteur.

« En semant fin février, les Kolatiers lèvent dans la deuxième quinzaine d'avril et on peut procéder à la mise en place dans la première quinzaine de mai.

« Par cette méthode, il n'y aura aucun vide dans la plantation ; on obtiendra dès la deuxième année des plantes de 1 m. 60 et la fructification se trouvera avancée dans de notables proportions » (2).

En Guinée encore, un colon nommé Vacher, avait fait il y a quelques années des plantations de Kolatiers assez étendues

---

(1) *Rev. cult. col.*, I, 1907, p. 221.
(2) P. Teissonnier.— De la mise en place du Kolatier, *Rev. cult. col.*, VIII, 1901, 1ʳ sem., p. 360.

dans le Bramaya et dans la Mellacorée. D'après les renseignements qu'il nous communiquait en 1905, peu de temps avant sa
mort, il faudrait :

1° Clôturer les terrains où croissent les jeunes Kolatiers pour
les soustraire à la dent des animaux domestiques et des mammifères sauvages ;

2° En Guinée, on doit arroser les jeunes Kolatiers en saison
sèche ;

3° C'est en hivernage qu'il faut pratiquer la taille.

Dans la colonie allemande du Togo, des essais de culture ont
été faits par M. PLEHN et par le Dr GRÜNER. Ce dernier observateur insiste sur la nécessité d'ombrager le Kolatier et de le
planter dans des terrains non pierreux. Dans les terrains pierreux, si l'on veut absolument créer une plantation, il faudra pri-
ver, au moins jusqu'à un mètre de profondeur, la terre de toutes
les pierres qu'elle contient. Malgré ces conseils, il ne semble
pas que les tentatives faites au Togo aient donné de grands résultats (1).

On planta en 1904, en deux endroits différents 100 Kolatiers,
au Jardin de Victoria au Cameroun.

A l'un des endroits, le sol fut profondément creusé et l'on
installa des cultures intercalaires. Plus tard on fuma deux fois
avec un compost. Les arbres mesurent maintenant à un mètre
au-dessus du sol 0 m. 50 à 0 m. 60 de circonférence.

Le diamètre moyen de la couronne des arbres varie de 3 à
4 m. 50, et ils ont, déjà en 1907, porté des fruits. Cette année
(1908), ces derniers ont été abondants et ont atteint leur complète maturité.

La deuxième plantation, abandonnée sans soins, n'a donné
que des arbres rabougris, atteignant à peine la hauteur de
l'homme.

La meilleure méthode consiste à placer les semences en pla-
tes-bandes exposées au sec, mais arrosées matin et soir. Les
plantules sont mises en place trois mois après la germination à

(1) Dr GRÜNER.— Sur l'état des plantations de Kola et sur leur dispersion
dans le district de Misahöhe. *Rev. cult. col.*, VIII, 1901. 1er sem., p. 214 (traduit de *Tropenflanz.*, 1901, n° 1, p. 17).

des distances de 6 mètres, en les ombrageant à la façon des Cacaoyers et des *Funtumia*.

40.000 à 50.000 Kolatiers sont ainsi plantés au Cameroun (1).

Dans les colonies anglaises de l'Ouest africain, les Jardins d'essais officiels ont fait aussi des plantations expérimentales étendues relatives aux Kolatiers, mais ces stations n'ont publié que des renseignements succincts sur les résultats obtenus. A Sierra-Léone, on a reconnu que l'arbre, planté en forêt, croît mieux que dans les terrains déboisés ; il est bon de remuer le sol pour l'empêcher de durcir au-dessus des racines qui seraient ainsi privées d'air. Le Kolatier rapporte plus ou moins promptement, et cela dépend de la sélection des graines ; quelques arbres, en effet, commencent à produire vers 7 ans et pour d'autres il faut 25 ans (2)

A la Gold Coast, plus de 10.000 pieds de *Cola rubra* avaient déjà été plantés en 1905 dans le Jardin botanique d'Aburi et à la station de Tarkwa. Une courte notice sans intérêt pour nous a été publiée par les soins de l'Administration et est destinée à être distribuée aux indigènes (3).

Dans le Nigéria du Sud, spécialement aux jardins d'Olokomeji, d'Ebute-Metta, de Old-Calabor, un grand nombre de noix de Kola ont été ensemencées antérieurement à 1905, mais nous ne connaissons point le résultat des essais poursuivis.

Nous ne sommes pas beaucoup plus renseignés sur les colonies françaises. Dans le Jardin de Camayenne, nous avons observé une cinquantaine de Kolatiers plantés, de 1898 à 1900, par TEISSONNIER. Quelques-uns avaient déjà fructifié à l'âge de 7 ou 8 ans en 1907. Ce qui frappe dans ce jardin, c'est l'irrégularité de développement de Kolatiers de même âge et croissant dans le même terrain ; à côté des arbres bien développés, il en existe de rabougris et qui demeureront probablement constamment stériles. Il y aurait sûrement intérêt, dans les plantations de rapport, à remplacer, dès les premières années, les

---

(1) *Amtsblatt für den Schutzgebut Kameran*, analysé in *Tropenpflanzer* n° 5, mai 1909, p. 230.

(2) D'après des renseignements inédits communiqués par l'administration de la Colonie.

(3) A. E. EVANS.— Hints on the Cultivation and preparation of Kola-Nuts. *Govern. Printing Press, Gold-Coast*, 1904.

arbres qui croissent mal, par d'autres individus enterrés à un emplacement un peu différent.

Nous avons observé au Bas-Dahomey, spécialement au Jardin d'essai de Porto-Novo et aux stations d'essai de Sakété et de Brouadou, de nombreux Kolatiers plantés sous la direction de SAVARIAU. Ces arbres ont pris un développement normal, et beaucoup, à Porto-Novo, ont fleuri dès la 5ᵐᵉ année; mais NOURY a constaté que la plupart des plants appartenant au *Cola nitida* ont leurs rameaux creusés de galeries par les larves du *Phosphorus Jansoni*, coléoptère sur lequel nous reviendrons dans un prochain chapitre.

Les plants de l'espèce *Cola acuminata* sont ordinairement indemnes. Il convient de signaler les méthodes de plantation pratiquées par le Service d'Agriculture à Sakété et à Brouadou. En ces deux localités, existent de petits bouquets de forêts où les indigènes ont l'habitude de cultiver le *Cola acuminata*. On a ouvert, dans la forêt, des trouées rectilignes distantes d'une quinzaine de mètres les uns des autres; chaque trouée est large de 3 ou 4 mètres et la végétation spontanée a été enlevée sur toute la largeur. Les Kolatiers ont été plantés en lignes droites au milieu de la tranchée et avec un écart de 6m. à 8m. d'un pied à l'autre. Les jeunes arbustes, âgés de 2 ans environ, étaient en bonne voie de croissance quand nous les avons vus en janvier 1910.

Pour terminer, nous devons dire que nous avons vu à San-Thomé, à travers les cacaoyères, des Kolatiers très beaux appartenant à l'espèce *Cola acuminata*. Ils ne sont l'objet d'aucun soin, mais le sol volcanique de San-Thomé est si riche et la surface de la terre est si bien entretenue que la grande production de ces arbres ne saurait nous étonner. Les terres noires profondes, au bord de la mer, dans les endroits bien abrités, semblent très favorables.

Au-dessus de 700 mètres d'altitude, le Kolatier, de même que le Cacaoyer, réussit mal dans l'île.

IV. — CULTURE RATIONNELLE.

Il résulte donc, de ce qui a été dit, qu'aucune plantation européenne n'est encore suffisamment étendue et assez ancienne pour que l'on puisse en déduire des méthodes générales concernant les procédés de culture de cet arbre intéressant.

C'est donc d'après la manière dont se comporte l'arbre dans la forêt à l'état spontané, en nous basant sur son mode de vie et ses affinités botaniques, que nous allons chercher à déduire quelques principes de culture rationnelle.

Disons de suite que les diverses espèces de *Cola* qui nous intéressent s'accomodent très bien des terrains où prospèrent les Cacaoyers. C'est aussi sous le climat approprié à ce végétal qu'elles trouvent pour leur bon développement les conditions *optima*.

Par suite, nous tiendrons compte également de l'expérience acquise dans la culture du Cacaoyer pour formuler les conseils qui suivent.

1° Choix des graines.

Ce choix a une très grande importance.

Le planteur fera bien de récolter lui-même les semences sur des Kolatiers vigoureux produisant des amandes de réelle valeur et aussi fertiles que possible. Il ne sera jamais certain d'obtenir des arbres réunissant les qualités des portes-graines, mais malgré tout, en procédant ainsi, il aura de plus sérieuses possibilités d'obtenir des Kolatiers à grand rendement que s'il se contente de semer des amandes quelconques achetées au marché.

Sur les arbres ainsi choisis, on récoltera seulement les plus belles cabosses, lorsqu'elles commenceront à brunir, mais, avant que les valves commencent à s'entrouvrir si elles sont déhiscentes. On les mettra en tas dans un endroit *ombragé, mais aéré et à l'abri de l'humidité.* On ouvrira ces cabosses pour en retirer les graines seulement lorsqu'elles seront parvenues à maturité très complète.

On ne retiendra pour la semence que les plus belles amandes situées au milieu de chaque cabosse. Les noix rouges étant les plus demandées par les caravaniers, on sèmera exclusivement celles-ci, car en faisant une sélection en sens opposé, on risquerait d'avoir plus tard des Kolatiers produisant avec prédominance des noix blanches.

On éliminera également les graines endommagées par le couteau en ouvrant les cabosses ainsi que celles qui sont attaquées par les insectes.

Les noix germent facilement, qu'elles soient nues ou entourées de la membrane blanche qui les enveloppe dans la cabosse et qui n'est autre que le tégument de la graine. Nous conseillons de laisser cette membranne sur les graines destinées à la semence, car elle met l'embryon à l'abri des intempéries et des insectes aussi longtemps que la germination n'est pas effectuée.

Dans le *Fasc. IV des Végétaux utiles* (Chapitre VI, *Procédés de culture du Cacaoyer à San-Thomé*), on trouvera beaucoup de renseignements qui peuvent aussi s'appliquer aux Kolatiers.

On peut semer les noix en place. On peut aussi les placer en pépinière ; mais, dans ce cas, il faudra les transplanter très peu de temps après leur germination, car la jeune plante acquiert très rapidement un long pivot et le sectionnement de ce pivot entraine presque toujours la mort des Kolatiers.

Aussi, nous recommandons de semer les graines dans de petits paniers tressés en feuilles de palmiers, paniers qu'on installe dans un endroit ombragé et qu'on remplit de terre de première qualité. La transplantation se fera en enterrant les paniers lorsque les arbustes auront un centimètre ou deux de hauteur.

Quelle que soit la méthode adoptée, on enterrera les graines à 2 ou 3 centimètres de hauteur en les plaçant de telle sorte qu'elles soient couchées sur le côté ou placées obliquement, les quatre lobules cotylédonaires en bas. Le sol ainsi ensemencé sera maintenu constamment ombragé et tenu toujours frais, sans exagérer toutefois les arrosages qui pourraient entrainer la pourriture des noix enterrées.

La germination se fait beaucoup plus lentement que celle des graines de Cacaoyer. On compte ordinairement qu'il faut 50 à 60 jours pour que la tigelle commence à pointer. Nous avons même vu des noix de Kola, placées en terre depuis 5 ou 6 mois, restées parfaitement saines et qui n'avaient pas encore commencé à germer.

On a recommandé divers procédés pour activer la germination. Le meilleur consiste à abandonner un lot de graines dans un endroit frais et ombragé (par exemple dans une cave d'habitation), en les humectant de temps en temps. Au bout de quelques semaines, les cotylédons commencent à s'écarter et la radicule s'étale et se ramifie bientôt à l'extérieur (1). A ce moment, on enterre chaque noix en germination dans un petit panier rempli de terreau, lequel sera lui-même transporté à demeure lorsque la germination aura acquis quelques feuilles.

On peut aussi stratifier les graines dans des caisses remplies de terreau ou de sable légèrement frais et tenu à l'ombre dans un endroit aéré. La germination pour certaines graines s'effectue parfois au bout de 3 ou 4 semaines, mais on nous a signalé, à Conakry, des noix enterrées depuis 1 an 1/2 restées parfaitement saines et qui n'avaient pas encore germé. Les cotylédons avaient seulement verdi (ce verdissement précède toujours la germination). Au dire des indigènes, les noix qui ont pris cette teinte sont toxiques.

2° Choix et préparation du terrain.

La transplantation du jeune Kolatier se fera dans un endroit à *sol profond, riche en humus* et planté de quelques grands arbres donnant de l'ombrage. La forêt équatoriale, là où elle offre des terrains riches en humus, sans eau stagnante à la saison des pluies est évidemment le genre de station le plus favorable. A défaut de forêt, on utilisera dans la Guinée française, dans le nord de la Côte d'Ivoire et au Bas-Dahomey les galeries forestières longeant les rivières et les bosquets forestiers souvent assez importants qui avoisinent certains villages.

(1) Il arrive souvent que les amandes transportées en ballots par les caravaniers germent ainsi spontanément.

20

La forêt où doit s'effectuer une plantation de Kolatiers sera en grande partie déboisée. On abattra toutes les broussailles et essences secondaires qui constituent le sous-bois, ainsi qu'un certain nombre d'arbres formant le peuplement du massif, de façon à ne laisser que le nombre strictement nécessaire pour former au sol un abri léger, tamisant les rayons directs du soleil et donnant aux végétaux qui constituent la plantation un ombrage approprié.

On supprimera radicalement les arbres qui ont un feuillage trop épais et des branches trop étendues pour laisser filtrer la lumière dans la plantation ; on éliminera aussi ceux, comme les *Eriodendron*, les *Mussanga*, les *Ficus*, qui ont des racines puissantes et épuisent rapidement le sol.

On conservera de préférence les arbres donnant des produits utiles. S'il existe déjà dans la forêt des Kolatiers donnant des amandes à deux cotylédons, on les gardera quand bien même ils détruiraient la symétrie de la plantation. Par contre, on éliminera (au Gabon par exemple), tous les Kolatiers des espèces à quatre ou cinq cotylédons qui pourraient donner lieu plus tard à des mélanges de graines préjudiciables è la vente.

On pourrait, à la rigueur, conserver les jeunes plants de cette espèce pour les greffer plus tard, mais nous ne le conseillons pas, car au bout de quelque temps on pourrait confondre les arbustes appartenant à la bonne espèce avec les autres.

De même on gardera les palmiers à huile (*Elæis*), les Nsafou (*Pachylobus edulis*), les Owala (*Pentaclethra macrophylla*), etc. Les arbres-abris recommandés pour le cacaoyer conviennent aussi pour le Kolatier, mais il faut les choisir de plus grande dimension, afin qu'ils ne gênent pas le Kolatier, cette essence atteignant, comme l'on sait, une taille double ou triple du cacaoyer.

Par suite du grand développement que prend le Kolatier, nous estimons qu'il faut planter les sujets avec un écart de 10 à 12 mètres en tous sens.

A l'inverse de ce qui se pratique généralement pour le cacaoyer, on ne plantera jamais qu'une seule plante par fosse. Ces dernières auront au moins 1 m. de dimension en largeur et en profondeur et on les remplira de matières fertilisantes sur lesquelles nous reviendrons.

L'écartement que nous préconisons est tel qu'on ne peut planter au maximum que 80 à 100 Kolatiers à l'hectare.

Nous devons faire remarquer que tous les agronomes ne sont pourtant pas partisans de plantations aussi espacées.

Ainsi, d'après SAUSSINE, aux Antilles, « la plantation définitive qui a lieu au commencement de la saison des pluies, se fait en trous carrés de 30 cm. de largeur et 50 à 60 cm. de profondeur, à 7 m. 50 les uns des autres. La méthode est toujours la même: préparer le trou un peu avant la plantation et le remplir de terreau bien fait. Quand on y met les jeunes plantes, on étale les racines avec soin et on tasse la terre légèrement. Il est également nécessaire de mettre un fort tuteur. Comme les jeunes plants doivent pousser à l'ombre, il est nécessaire, s'il n'existe pas déjà d'ombrage naturel, de planter des bananiers quelques mois auparavant.

On a ainsi l'avantage d'avoir des récoltes d'attente, mais les bananiers épuisent le sol. On les plante à 3 m. ou 3 m. 50 les uns des autres. Dans les endroits ombragés on supprime les bananiers au centre de chaque carré ; on les retire d'ailleurs graduellement à mesure que les arbres poussent. » (1).

L'auteur anonyme du rapport sur le Kolatier en Guinée (2), signale bien comment les indigènes font leurs plantations, mais il ne donne pas son avis sur la meilleure méthode.

TEISSONNIER n'indique pas l'écart à adopter pour les plantations définitives. Il insiste seulement sur la nécessité de semer les noix en place ou bien de les semer en pépinière et de les transplanter très jeunes et au début de la saison des pluies.

En Guinée française, en semant fin février, les Kolatiers lèvent dans la deuxième quinzaine d'avril et on peut procéder à la mise en place dans la première quinzaine de mai (3).

VUILLET donne les renseignements suivants qui concordent avec les nôtres :

La transplantation étant très délicate, on devra semer à demeure en une place soigneusement ameublie et amendée, sur un mètre de diamètre et de profondeur.

(1) *Revue cult. col.*, t. II, 5 fév. 1898, p. 39-43.
(2) *Agr. prat. Pays chauds*, 1907, p. 405.
(3) TEISSONNIER. — *Rev. cult. col.*, t. VIII, 1901, p. 361.

« On pourra aussi le semer en pépinière ombragée et le transplanter en grosses mottes au bout de quelques mois, avant que
sa racine ait pu prendre un développement important, dans des
trous préparés dans les mêmes conditions.

« Il demande un ombrage modéré qu'on peut lui procurer facilement en plantant avec lui des *Albizzia Lebbeck* et des bananiers de la façon suivante : les Kolatiers à 10 m. en tous sens,
à raison de un *Albizzia* pour quatre Kolatiers, et les bananiers
sur les lignes des Kolatiers à 1 m. 50 environ des arbres qu'ils
devront protéger. Les touffes de bananiers devront être émon-
dées soigneusement et souvent, pour permettre aux Kolatiers
de recevoir la lumière nécessaire : ils seront arrachés complètement dès que l'ombrage des *Albizzia Lebbeck* dont la croissance est rapide sera suffisant. Les bananes seront un appoint
sérieux pour la nourriture des ouvriers (1) ».

Au Togo, d'après Bernegau, les Kolatiers sont plantés dans
la forêt dans le but d'éviter les frais de déboisement. Cette forêt
est plutôt buissonnante ; on y trace tous les 7 m. des sortes de
tranchées parallèles de 1 m. de largeur. Dans ces tranchées,
on fait tous les 7 m. des trous dans lesquels la terre est enlevée
sur 50 c. de largeur et de profondeur. De cette façon, la plante
a suffisamment d'ombre, et, au fur et à mesure de sa croissance,
on enlève d'autres arbres jusqu'à ce que le fourré primitif soit
remplacé par une forêt de Kolatiers.

L'expérience a appris qu'il vaut mieux planter les arbres à
une distance de 30 pieds (2).

Plus loin, le même auteur conseille de faire des plantations
intercalaires entre les Kolatiers et il conseille de planter parmi
les Kolatiers, du coton, des ignames, du maïs, des patates dou-
ces, des ananas et comme arbres d'ombrage des bananiers et
des papayers. M. Bernegau montre qu'il n'est ni biologiste ni
agronome. Il est impossible que toutes ces plantes vivent
sous l'ombrage épais du Kolatier et si on les plante pendant la
jeunesse de l'arbre, il en est comme le coton, le sésame, les ananas, qui gêneront sa croissance.

Ce sont des cultures incompatibles.

(1) J. VUILLET.— *Agr. prat. Pays chauds*, 1906, 1er sem., p. 135.
(2) BERNEGAU.— *Tropenpflanzer*, d'après E. DE WILDEMAN, l. c., p. 290.

E. De Wildeman pense aussi qu'on peut faire de la culture intercalaire avec le Kolatier, « celle du caoutchoutier *Funtumia elastica* est particulièrement recommandable (1) ».

Nous ne voyons pas bien l'utilité de l'association *Cola* et *Funtumia*. Ces deux arbres ont un port et une taille à peu près identiques. Si on plante le *Funtumia* entre deux plants de *Cola* d'écartement normal, il les génera et pour éviter qu'il leur porte préjudice, il faudrait écarter les *Cola* de 20 ou 25 m.

Il n'y a, croyons-nous, aucun intérêt à procéder ainsi et mieux vaut cultiver les Kolatiers et les *Funtumia* sur des emplacements distincts.

Warburg conseille l'emploi comme arbres d'ombrage des mêmes légumineuses que pour le cacaoyer, c'est-à-dire les *Erythrina* (Dadap ou Immortelle), les *Inga*, les *Albizzia* (2).

On devra donc utiliser le sous-bois du Kolatier pour faire une culture, et celle qui nous paraît la plus appropriée est la culture du Cacaoyer. La plantation donnera ainsi deux produits qui ne se concurrenceront pas et quand l'une des récoltes sera compromise, on pourra encore espérer retirer de la seconde culture un rendement rémunérateur.

Dans les plantations indigènes, nous conseillerons même l'apport d'une troisième essence utile : le palmier *Elæis*, dont le rendement en palmistes et huile de palme est des plus appréciables. La culture en association de ces trois plantes : *Kolatier*, *Elæis*, *Cacaoyer*, se recommande particulièrement à la Côte d'Ivoire.

Enfin dans d'autres régions on pourrait essayer l'association : *Kolatier*, *Caféier Libéria* ou encore *Kolatier*, *Elæis*, *Caféier Libéria*.

Le revenu du terrain sera par conséquent relativement minime, si l'on tient compte de l'amortissement du capital indispensable pour le déboisement préliminaire et l'établissement de la plantation. Ce que nous disions récemment pour le Cacaoyer dans nos colonies de l'Ouest africain est vrai aussi pour la culture qui nous occupe : pour la mise en valeur d'un terrain vierge, il n'est pas exagéré de compter l'emploi d'un ca-

(1) E. De Wildeman.— L. c., p. 293.
(2) O. Warburg.— *Tropenpflanzer*, déc. 1902.

pital de 2.000 francs par hectare, avant que ce terrain soit en état de rapporter si la plantation est faite par une entreprise européenne (1).

Nous insistons sur la nécessité de donner aux Kolatiers un ecartement de 10 m. au moins en disposant autant que possible les trous en quinconce.

Que le semis se fasse à demeure ou qu'on effectue la transplantation au début de l'hivernage, il faudra dans les deux cas avoir planté des bananiers 6 mois à l'avance.

Il est également indispensable dans tous les cas de creuser des fosses ayant au minimum un mètre de diamètre dans tous les sens. Ces fosses seront remplies de débris végétaux de toutes sortes, de terreau rapporté, de cabosses de Kolatiers ou de Cacaoyers ; à la partie supérieure de la fosse, où s'étaleront d'abord les racines du jeune arbre, on fera bien de placer du fumier de ferme si on peut s'en procurer.

Les indigènes remplaceront cet engrais par les immondices de toutes sortes accumulées autour des villages. Dans les pays où les noirs pratiquent l'élevage, on leur conseillera aussi de recueillir les bouses de vaches desséchées qui se perdent à travers la brousse.

Le choix du terrain a aussi une grande importance. On doit rechercher les sols présentant un couvert forestier imposant qui sont profonds, perméables et recouverts d'une épaisse couche d'humus.

3º Soins à donner aux Kolatiers pendant leur croissance.

Dès les débuts de la plantation, il sera nécessaire, en Guinée française notamment, d'arroser les Kolatiers pendant la saison sèche au moins une fois par semaine. Si on dispose d'une rivière voisine, un filet d'eau amené à travers la plantation serait de la plus grande utilité.

On doit supprimer les troncs des bananiers à mesure qu'ils deviennent gênants. Lorsqu'il aura une certaine taille, le Kolatier parviendra du reste à les éliminer lui-même.

(1) *Végét. util.*, fasc. IV, p. 234.

On fera sarcler deux fois par an le terrain de la plantation et les débris végétaux provenant de cette opération seront accumulés aux pieds des jeunes arbres.

A partir de 5 ou 6 ans, le Kolatier ne demande presque plus de soins. Nous sommes toutefois convaincus qu'en béchant la terre une fois par an autour de l'arbre sur un rayon de un mètre et en accumulant, autour, des brindilles de bois qui facilitent l'aération du sol, on n'aura pas à le regretter.

On aura soin de supprimer les épiphytes, les lianes qui pourraient s'étaler sur l'arbre, enfin les *Loranthus* et les *Balais de sorcières* qui apparaissent fréquemment sur les rameaux du Kolatier et dont il sera question plus loin.

Il est enfin deux opérations culturales sur lesquelles nous ne possédons encore aucune donnée et qui pourraient cependant avoir la plus haute importance pour accroître le rendement en fruits et la dimension des noix.

Nous voulons parler de la taille et du greffage.

On ne doit pas hésiter à supprimer les gourmands qui se développent sur le tronc ou au pied de l'arbre.

On ne peut pas songer à tailler le Kolatier lorsqu'il est adulte, mais quand il est jeune on peut fort bien diriger la formation de sa ramification pour l'empêcher de s'élever trop haut ou pour l'amener à avoir les branches principales suffisamment écartées les unes des autres, afin que la lumière tamisée vienne baigner les petites branches médiocrement feuillées situées en dedans de la voûte formée par les rameaux terminaux. On sait que c'est sur ces branches enfouies dans l'épaisseur des ramifications que se développent presque toujours les fruits, souvent très loin les uns des autres.

4° Problèmes à résoudre. — Role des Jardins d'essai.

Nous montrerons, dans le prochain chapitre, qu'il n'est pas possible, dans l'état actuel, à une entreprise européenne de trouver des bénéfices dans la culture exclusive du Kolatier. Cet arbre n'ayant jamais été soumis à une culture attentive et intensive ne produit qu'à un âge avancé et d'une manière irrégulière. Aussi, les Jardins d'essais situés dans la zône où prospère le Kolatier devraient-ils se mettre sans retard à l'étude des problèmes nombreux de la solution desquels dépend le perfectionnement de la culture du Kolatier, perfectionnement qui permettra peut-être d'en faire un jour une culture rénumératrice pour des Européens et dont les indigènes, en tout cas, tireront toujours profit. Au milieu des milliers de Kolatiers existant dans les plantations indigènes, on observe parfois quelques individus que l'indigène ne songe pas à sélectionner, mais qui présentent des qualités spéciales. Certains pieds produisent des noix beaucoup plus grosses ou sont plus fertiles, ou mûrissent leurs fruits à des époques plus favorables à la vente. Il en est qui donnent des noix plus recherchées des indigènes par le goût ou par la couleur ou encore qui contiennent plus de caféine. Il en existe aussi dont les noix ne sont presque jamais attaquées par le ver du Kola, alors que d'autres ont leurs graines envahies sur l'arbre même. Enfin, ainsi que nous l'avons vu, certains pieds produisent quelques fruits dès la cinquième année, alors que d'autres restent stériles jusqu'à la 25me année. Il est très vraisemblable que toutes les bonnes sortes pourraient être multipliées par la greffe, le bouturage ou le marcottage et elles conserveraient ainsi, au moins en partie, les avantages acquis. Mais la greffe, le bouturage et le marcottage sont-elles des opérations pratiques pour le Kolatier ? Dans quelles conditions peut-on faire ces opérations pour réussir ? Personne ne peut encore répondre à ces questions.

Par des sélections de graines bien choisies sur les arbres bons producteurs, par des hybridations artificielles faites avec méthode, on pourrait aussi sans doute améliorer le Kolatier, mais dans cette voie rien encore n'a été tenté.

Qui peut dire aussi de quelle manière il faut tailler le Kolatier, à quel âge il faut pratiquer cette opération, et si même elle est toujours utile ?

Nous ignorons enfin s'il faut pratiquer la fumure du précieux arbre et, dans ce cas, les sortes et les proportions d'engrais qui conviennent.

Des expériences de longue haleine, méthodiquement conduites, peuvent seules résoudre tous ces problèmes. C'est le rôle des Jardins d'essais de les entreprendre.

CHAPITRE XV.

Age de la production et rendement des Kolatiers.

I. — DURÉE DE LA CROISSANCE ET AGE DE LA PREMIÈRE PRODUCTION.

Il importe, tout d'abord, de détruire une légende au sujet de la rapidité avec laquelle se développent les Kolatiers. Contrairement aux assertions répandues dans la plupart des ouvrages relatifs à l'agriculture tropicale, ces arbres croissent très lentement, quelles que soient l'espèce botanique et la région où on les cultive.

Même dans les forêts où il vit à l'état spontané, le Kolatier demeure longtemps chétif et stérile dans les sous-bois où ses graines parviennent fréquemment à germer. Il en est du reste de même de tous les arbres à bois dur croissant à l'état sauvage dans ces forêts tropicales.

Dans la forêt de la Côte d'Ivoire, d'après nos propres observations, un Kolatier n'atteint son plein développement qu'à 25 ou 30 ans.

Cultivé dans des terrains de bonne qualité et sous un ombrage approprié, c'est-à-dire laissant passer la quantité optimum de lumière, il se développe un peu plus vite et nous pouvons donner aussi des chiffres à ce sujet.

Aux environs de Conakry, dans un endroit où prospère cette culture, nous avons vu de jeunes Kolatiers, âgés de deux ans, qui ne mesuraient encore que 0^m50 de hauteur ; c'est seulement vers la cinquième année que cette plante prend l'aspect d'un arbuste de 2 m. environ de hauteur et se ramifie en formant une tête arrondie. Jusqu'à cet âge, elle n'a produit que de courts verticelles de 2 à 4 branches comme le Cacaoyer. Pour peu que la pousse terminale soit détruite par un accident, ce qui est fréquent, la croissance est encore retardée.

A partir de 5 ans, l'arbuste se développe plus vite, mais il est rare, en Guinée française, qu'il produise quelques fleurs avant l'âge de 8 ou 10 ans.

A Faranna (Guinée française), quelques Kolatiers âgés de 6 ans, plantés dans le Jardin du poste, exposés au soleil il est vrai, mais arrosés tous les deux ou trois jours, ne s'élevaient encore qu'à 3 m. de hauteur lors de notre passage.

Des cinquante Kolatiers plantés en 1897 et en 1898 par M. TEISSONNIER, la plupart, en 1907, c'est-à-dire à l'âge de neuf ou dix ans, n'avaient pas encore fleuri ; quelques-uns seulement portaient des fleurs pour la première fois.

D'autre part, en 1905, nous avons vu, au Jardin d'Aburi, des Kolatiers âgés de 15 ans qui atteignaient de 8 à 10 mètres de hauteur et les plus gros mesuraient 0,25 cm. de diamètre à un mètre au-dessus du sol. Ils portaient en moyenne, par arbre, une trentaine de fructifications composées, chacune, de 5 cabosses, soit environ 750 noix.

Dans le même jardin, existaient des Kolatiers âgés de 12 ans qui n'avaient pas encore fleuri.

De même, d'après les renseignements que nous avons recueillis sur place, les Kolatiers du Kissi produisent rarement avant la dixième année et ne donnent un rendement sérieux que vers la quinzième année.

Chez les Dans ou Dyolas aussi, le Kolatier ne commence à produire que vers la dixième année. Pour Touba, le capitaine LAURENT cite des Kolatiers repiqués en 1897 et qui n'avaient pas encore produit de fruits en 1907.

Dans le Jardin de Mankono, nous avons vu en 1909 une quinzaine d'arbres très vigoureux, plantés depuis 9 ans, s'élevant de 6 à 8 mètres de hauteur. Quelques-uns avaient commencé, cette même année, à produire quelques cabosses ; les autres étaient stériles.

D'après une communication manuscrite de M. l'administrateur HAUET, concernant le Cercle du Rio-Pongo, l'âge où un Kolatier commence à rapporter dans cette région est très variable et dépend du terrain. La moyenne est de 10 années, mais les uns rapportent vers 7 ans et les autres vers 15. A la mission de Boffa, un Kolatier de 10 ans n'a pas encore produit.

Une communication du Gouvernement de Sierra-Léone nous apprend, enfin, que certains Kolatiers produisent à partir de 7 ans, mais d'autres n'ont pas encore fructifié à l'âge de 25 ans.

Ces faits sont complètement en désaccord avec tous ceux qui ont été publiés sur le Kolatier.

Citons, par exemple, l'opinion de Heckel (1) qui rapporte que « sur la côte occidentale d'Afrique, le *Cola acuminata* (lire *C. nitida*) commence à donner une récolte vers l'âge de 4 à 5 ans, mais elle est peu abondante ; c'est seulement vers 10 ans que l'arbre est en plein rapport ». D'après Famechon, l'arbre commence seulement à rapporter à huit ans.

Au Dahomey, où vit *C. acuminata*, la première fructification, selon Savariau, aurait lieu au cours de la 6ᵉ et de la 7ᵉ année de végétation.

Warburg rapporte qu'à la Martinique quelques individus de 6 ans atteignent 5 à 6 mètres de haut. La première floraison a lieu généralement dans la 4ᵉ ou la 5ᵉ année ; toutefois, on a vu fructifier, au Cameroum, des arbres qui n'avaient guère que 1 mètre à 1 m. 50 de haut.

« Il semble donc, ajoute Warburg (2), qu'on ne doive compter sur une production de plein rapport qu'à partir de la 10ᵉ année. Toutefois, il est permis d'espérer qu'on arrivera à abaisser cet âge d'entrée en plein rapport par une culture appropriée, peut-être aussi par le moyen de la fumure ou encore par la taille qui sera probablement bien supportée ».

Nous pensons nous-même que, comme il a été indiqué au chapitre précédent, par une sélection judicieuse des graines destinées à l'ensemencement et par une culture soignée, on obtiendra la fructification des Kolatiers plus tôt que dans la nature, mais, dans l'état actuel des choses, nous pouvons affirmer que les Kolatiers ne produisent pas avant la dixième année et ce n'est que vers la 15ᵉ qu'ils donnent un rendement déjà appréciable.

(1) Heckel. — *Loc. cit.*, 1893, p. 48.
(2) Warburg.— *Rev. cult. col.*, 1902, 1ᵉʳ sem., p. 272.

L'arbre n'atteint la hauteur normale et son port définitif que de la 20ᵉ à la 30ᵉ année. C'est ce qui explique que les indigènes le plantent si rarement.

II. — RENDEMENT.

Les renseignements publiés sur le rendement du Kolatier sont aussi très exagérés et la plupart sont en contradiction les uns avec les autres.

Passons en revue les indications fournies par les divers auteurs et, pour rendre comparables les chiffres donnés, ramenons toutes les évaluations au nombre de graines, en estimant la valeur de 1 kg. de noix fraîches à 1 fr. et en prenant pour poids moyen d'une noix 12 gr. 5 en Guinée française et 25 gr. à la Côte d'Ivoire où les Kolas sont ordinairement plus gros.

Suivant Heckel, le rendement annuel d'un pied, après la 10ᵉ année, serait de 45 kg. dans les Rivières du Sud, soit 3.600 noix. D'après Famechon (1), en Guinée française, « les noix produites par un arbre de belle taille peuvent être vendues 30 fr. les mauvaises années et 60 fr. les bonnes ». C'est donc un rendement moyen de 30 à 60 kg., soit 2.400 à 4.800 noix suivant les années. « Le poids moyen des graines, dit ce même auteur, est de 80 au kg., soit 12 gr. 5 par unité. Leur valeur est de 250 à 400 pour 5 fr., à la côte, tandis qu'elle est déjà de 80 à 100 pour la même somme de 5 fr. à Siguiri et que le prix augmente à mesure que l'on s'élève dans le nord.

« Je crois, ajoute-t-il qu'une plantation de Kolatiers serait d'un rapport beaucoup plus sûr qu'une plantation de Caféiers, bien que les arbres ne commencent à produire qu'à 8 ans ».

D'après M. Pobéguin (2), le rapport pour un arbre de belle taille peut être évalué à 20 fr. pour les mauvaises années et à 40 à 50 fr. pour les bonnes ; le chiffre donné plus haut est ainsi un peu réduit.

(1) Famechon. — Notice sur la Guinée française. *Exp. univ. 1900*, p. 100-102.

(2) Pobéguin. — Flore de la Guinée, p. 77.

Plusieurs colons de Conakry nous ont raconté que les Kolatiers de la région donnaient en moyenne une récolte de noix
évaluée à 25 fr., soit 2.000 graines environ, et cela après la 15ᵉ
année. Mais les indigènes leur auraient assuré que les très gros
arbres leur donnaient pour 60 fr. de Kolas par an, soit 6.400
graines, et l'on montrait dans la ville de Conakry, près des
magasins du Service des Travaux publics, quelques arbres
qui, avant la fondation de la capitale de la Guinée, rapportaient
à l'heureux propriétaire la valeur d'un esclave, c'est-à-dire environ 150 fr. par an (12.000 graines, soit plus de 2.000 cabosses).

A Sierra-Léone, le rendement serait de 50 fr. par an, soit de
4.000 graines environ (1).

A la Côte d'Ivoire, d'après M. Lambert (2), un arbre peut
donner 1.500 à 1.800 Kolas par récolte, ce qui fait 3.000 à
4.000 graines par an ; le même auteur rapporte que le capitaine
Conrad a signalé des sujets donnant jusqu'à 6.000 Kolas par an
dans le pays des Ngans et le commandant Chasle porte ce
chiffre, d'après des renseignements indigènes, à 10.000 pour le
district de Kokumbo dans le Baoulé.

D'après l'article déjà cité du Service de l'Agriculture de
l'Afrique occidentale, au Sankaran, on estime qu'un Kolatier
donne trois ou quatre charges de Kolas par an, ce qui, à 80 noix
au kilogramme, représente de 7.000 à 10.000 noix, chiffre sans
doute très exagéré.

Au Sobaneh, les évaluations sont moins fortes ; d'après les
indigènes toujours, un arbre donnerait au minimum 4.000 noix
par an et il n'est pas rare d'en récolter 6.000. Les Mendengués
regardent comme une année tout à fait mauvaise, celle où un
Kolatier ordinaire ne rapporte que 5 francs ; en temps normal,
il donne de 20 à 30 francs. Certains arbres rapportent exceptionnellement jusqu'à 50 et 70 francs.

Un rapport de M. l'Administrateur du cercle de Dubréka
(Guinée) s'exprime, au sujet du rendement, de la façon suivante :

(1) E. De Wildeman. — Loc. cit., p. 287.
(2) Lambert. — La Côte d'Ivoire, 1906, p. 731.

« Il est difficile de fixer d'une façon certaine le rendement annuel d'un Kolatier, qui, pour diverses raisons échappant à l'observation, soit en raison de son âge, soit en raison de la récolte, peut varier d'une année à l'autre. Il est permis cependant de prendre comme rendement moyen la somme de 50 fr. par arbre adulte, pour se maintenir dans une juste limite et fournir un renseignement à peu près exact... ».

M. Hauët, dans un rapport analogue concernant le cercle du Rio-Pongo pense que le rendement annuel d'un arbre peut être évalué à 15 ou 20 francs, « mais il est irrégulier : une année l'arbre produit beaucoup et l'autre relativement peu ».

D'après O. Warburg (Traité d'Agriculture tropicale de Semler, 2ᵉ éd., 1897), à la Jamaïque on compte 500 à 600 fruits par cueillette et par arbre, soit 45 à 50 kilogs de noix sèches ou environ le double comme poids de noix fraîches. Dans le Moréah (Guinée française), ajoute le même auteur, il y a des arbres qui produisent tous les ans jusqu'à 100 kilog. de noix fraîches, ce qui représente une valeur d'environ 425 fr., car cette noix est de qualité supérieure et se paie en conséquence (1).

Dans les Antilles, d'après Saussine, on évalue le rendement, dans les bonnes conditions, à 50 à 60 kilog. de noix sèches par arbre et par an. ce qui correspond à 100 ou 150 kilog. de noix fraîches (2).

L'*Ombéné* du Gabon produit, suivant Berthelot du Chesnay, 20 à 25 kilog. de noix fraîches par an.

Les mêmes assertions sont rapportées par De Wildeman. Saussine, Warburg et De Wildeman ont vraisemblablement pris ces indications, sans citer la source, dans Heckel, auquel on doit en effet le renseignement suivant :

« M. Fauwcet, parlant de ses observations à la Jamaïque, dit (*Indische Mercuur*, Amsterdam, 29 nov., 1890) :

« L'arbre à Kola se reproduit par les graines et commence à produire des fruits à l'âge de 4 ou 5 ans.

« Il y a des arbres de Kola dans le Jardin botanique de Castleton qui sont plantés là il y a plus de 50 ans et qui portent

(1) O. Warburg. — L. c. et trad. *Rev. cult. colon.*, I, 1897.
(2) Saussine. — *Rev. cult. colon.*, loc. cit.

régulièrement des fruits. Ces arbres doivent être plantés à une distance de 20 pieds l'un de l'autre, ce qui fait un nombre de 108 arbres par acre. Ces arbres atteignent une hauteur d'environ 40 pieds. Ceux de Castleton produisent à chaque récolte 500 à 600 gousses. Si chaque gousse, en calculant sans exagération, contient 4 graines et nous calculons par « quart », un arbre de 800 gousses produira alors 50 quarts de noix par récolte, ce qui fait 100 quarts par arbre pendant une année. Un quart de noix sèches aura à peu près un poids de 1/4 de livre, ce qui donne 125 livres par arbre ».

Et HECKEL ajoute : la production à la Jamaïque est donc comparable à celle de la côte occidentale d'Afrique, ce qui n'a rien de surprenant, les climats de ces deux régions étant comparables (1).

Nous ne sommes point surpris de voir quelques Kolatiers « âgés de plus de 50 ans » et cultivés dans un Jardin botanique donner un rendement aussi élevé, presque sextuple de ce que peut produire un Kolatier normal. De tels faits s'observent pour les Cacaoyers plantés dans certaines conditions, mais c'est à tort, croyons-nous, que HECKEL et WARBURG ont généralisé ces observations.

On pourrait citer encore quantité d'autres auteurs qui ont attribué au Kolatier un rendement très exagéré. M. BERNEGAU rapporte qu'à Agege (au Togo) un arbre de 7 ans donne annuellement 50 marks de rente, c'est-à-dire 3.500 noix, tandis qu'un Cacaoyer du même âge, exigeant plus de soins et par suite plus de frais, a rapporté un mark (2).

L'erreur est d'autant plus flagrante que les Kolatiers ne fleurissent pas ordinairement avant la dixième année.

Quant à l'évaluation du rendement du Cacaoyer, elle est au moins risquée, puisque le Togo n'exportait pas encore de cacao dans ces dernières années.

SAVARIAU donne pour le Dahomey, qui confine au Togo, des renseignements beaucoup plus vraisemblables. Un arbre d'une vingtaine d'années planté en terrain riche et suffisamment hu-

(1) HECKEL. — L. c., 1893, p. 48.
(2) Voir E. DE WILDEMAN, l. c., p. 293.

mide, donnerait une trentaine de fruits composés de cinq follicules contenant chacun six ou sept noix en moyenne, soit une
moyenne de mille noix. Avec beaucoup d'optimisme, Savariau
évalue ces noix à 0 fr. 075 pièce, ce qui ferait un revenu de 75fr.
par an. C'est peut-être la valeur locale lorsque les Kolatiers
existent en petit nombre dans une région, mais s'ils étaient nombreux, en prenant le dizième de ce chiffre comme valeur réelle,
o nserait plus près de la vérité.

· Il ne faut pas oublier, en effet, qu'il s'agit du *C. acuminata*.

Nulle part, au cours de nos voyages, nous n'avons constaté de rendements aussi élevés et nous avons la conviction
que tous ces auteurs se sont influencés les uns les autres ou
bien ont recueilli, sans les vérifier, les assertions des indigènes,
toujours sujets à caution en pareil cas.

Le Kolatier, en réalité, produit peu et très irrégulièrement.
S'il donnait toujours des rendements élevés, les planteurs de
San-Thomé ou de la Jamaïque auraient cherché à en tirer un
plus grand parti depuis longtemps.

Même en admettant que tout le Kola soit exporté à l'état de
Kola sec qui a beaucoup moins de valeur que la noix fraîche,
un arbre fournissant 45 kilos de Kolas frais, soit 20 kilogs de
Kola sec, valant en moyenne 0 fr. 30 à 0 fr. 40 la livre anglaise
sur le marché de Liverpool, rapporterait donc environ 12 à 15
francs par arbre. Or il faudrait 8 à 12 Cacaoyers pour fournir le
même rendement annuel.

La consommation de Kola sec est déjà assez étendue, puisque le port de Liverpool en reçoit environ 300 tonnes par an,
valant environ 150.000 ou 180.000 fr., qui trouvent leur utilisation dans la fabrication de nombreux produits pharmaceutiques.
Si le rendement de 45 kilos de noix fraiches était exact, les
planteurs de Cacaoyers auraient donc beaucoup plus d'intérêt
à cultiver le Kolatier.

Cependant tous ceux que nous avons interrogés à San-Thomé
sont unanimes à déclarer qu'il n'en est rien et les faits que nous
avons constatés montrent qu'ils sont dans la vérité.

Aussi résumerons-nous notre manière de voir de la façon suivante :

1° Le rendement des Kolatiers est extrêmement irrégulier :

a) Dans une localité, certains pieds demeurent toute leur vie rachitiques et c'est à peine s'ils produisent quelques cabosses chaque année.

b) Certains arbres, mêmes vigoureux, sont constamment stériles. Ces pieds produisent exclusivement des fleurs mâles.

c) D'autres arbres adultes et parfaitement constitués donnent peu de fruits, soit par suite de la rareté des fleurs femelles, soit pour toute autre cause encore indéterminée.

d) Enfin les pieds donnant une production normale se reposent ordinairement une année sur deux : à une année pendant laquelle la production a été élevée, succède souvent une année durant laquelle les récoltes sont faibles.

La culture intensive perfectionnée des Kolatiers (et notamment la sélection des graines et le greffage), aurait sans doute pour résultat d'accroître et de régulariser la production, mais comme nous l'avons vu, rien n'a été encore tenté dans ce sens.

2° Les cabosses étant répandues dans des parties de l'arbre, fort éloignées les unes des autres, la cueillette est lente et difficile. De plus, les fructifications arrivent successivement à maturité et souvent à de longs intervalles. La cueillette de ces fruits serait donc des plus dispendieuses si elle devait être faite par une main-d'œuvre aussi coûteuse que celle qu'emploient les planteurs européens.

Dans les plantations de Caféiers et de Cacaoyers à San-Thomé, il existe çà et là des Kolatiers de l'espèce *C. acuminata* ; les colons portugais n'en tirent aucun parti et les statistiques de l'île accusent ordinairement une exportation annuelle de Kola séché qui s'élève seulement à quelques centaines de francs.

A la Jamaïque, à Grenade et à la Trinidad, où les Kolatiers sont également fréquents dans les plantations de Cacaoyers, les choses se passent exactement de la même manière.

Plusieurs planteurs de San-Thomé nous ont assuré que les Kolatiers les plus vigoureux ne pouvaient donner que quelques kilos de noix sèches par an et le temps qu'il faudrait passer à récolter et préparer ces noix sera, selon eux, plus rénumérateur si on le consacre à la culture du Cacaoyer.

En Guinée française et à la Côte d'Ivoire, le problème se pose différemment, le Kolatier appartenant à une autre espèce et ses noix pouvant se vendre à l'état frais ; mais là encore, il ne faut pas compter sur les rendements merveilleux rapportés par divers auteurs cités plus haut.

Il est possible que, certaines années, un Kolatier adulte et isolé, cultivé au milieu d'un village, dans un terrain riche en humus, arrive à produire quelques milliers de noix, mais de telles récoltes dans l'état actuel nous semblent très exceptionnelles et si, dans une plantation régulière, on arrive à récolter en moyenne 1.000 noix par arbre adulte et par an, on devra s'estimer très heureux.

Pour notre part, nous n'avons jamais compté plus de 50 fruits à la fois sur un arbre et souvent il n'y avait que 10 à 20 fructifications simultanément.

En admettant que chaque fruit contienne en moyenne 3 follicules renfermant chacun 5 graines, on arriverait pour un arbre portant 50 fruits à un rendement de 750 noix par an dont le poids, à la Guinée, équivaut à 9 k. 375 environ.

Un rendement de 10 kilog. de noix fraîches nous paraît donc être le maximum de ce que l'on peut obtenir en une année du *Cola nitida, cultivé dans les meilleures conditions* (1). Plus fréquemment la récolte s'élèvera à la moitié de ce poids à peine. Les Kolatiers vivant à l'état sauvage dans l'intérieur de la forêt de la Côte d'Ivoire fournissent des rendements encore beaucoup plus faibles.

Les constatations que nous avons faites au cours de nos voyages sont donc en contradiction avec la plupart des indications rapportées plus haut. Dans les pays où le climat est le plus approprié et dans la saison la plus favorable, il est très rare de voir des Kolatiers *couverts de fruits* ; les arbres portant 20 à 50 groupes de carpelles sont les plus communs ; enfin d'assez nombreux individus ne portent que quelques rares fruits ou sont mêmes stériles. Nous ne pensons pas qu'on puisse compter dans

(1) De telle sorte qu'en supposant une plantation de 100 pieds environ à l'hectare, le rendement serait d'environ 1.000 kilogs en moyenne, soit 1.000 francs par an, mais cela seulement à partir de la 15e ou de la 20e année.

Le chiffre de 2 tonnes à l'acre (ou 5 tonnes à l'hectare), qui nous a été donné par l'administration de Sierra-Léone, nous semble très exagéré.

l'état actuel sur un rendement moyen par arbre et par an de plus de 30 groupes de carpelles comprenant chacun 3 à 4 cabosses de 5 noix, soit 600 noix par arbre adulte ou 5 à 8 kilog. de noix fraîches.

C'est la proportion moyenne que nous avons observée à Conakry, à Grand-Bassam et à Aburi.

Au Kissi, on voit très exceptionnellement des Kolatiers donner certaines années une charge, c'est-à-dire environ 2.000 noix de Kolas, mais l'arbre se repose l'année suivante. J'ai eu dans cette région un interprète intelligent et à la bonne foi duquel on pouvait se fier, près duquel j'ai recueilli les indications suivantes :

Il possédait à Kissidougou 5 Kolatiers lui appartenant personnellement et qui lui avaient fourni au total, pour la récolte de 1908-1909, 850 noix.

L'année précédente, les mêmes arbres avaient produit 1.500 noix. Le même interprète affirmait qu'un Kolatier adulte et en bon état, c'est-à-dire âgé de 25 à 30 ans, produisait au Kissi environ 400 noix par an que l'on pouvait vendre de 5 fr. à 10 fr., suivant la saison.

Cependant il survient des années pendant lesquelles on ne récolte presque pas de noix. Les années pluvieuses seraient les plus favorables, surtout si les pluies sont précoces.

III. — NOMBRE DES RÉCOLTES ANNUELLES.

Mais, objectera-t-on, on peut faire plusieurs récoltes par an ? On trouve en effet cette affirmation dans presque toutes les études traitant du Kolatier, mais elle ne résiste pas à l'observation. Pour cette question, comme pour le rendement, les auteurs se sont copiés les uns les autres.

On sait que, dans les régions où ils trouvent réalisés les conditions climatériques qui leur conviennent, les Kolatiers sont en fleurs presque toute l'année, mais, dans la zône tropicale nord, la floraison est particulièrement abondante en mars, avril et mai, au début de la saison des pluies. A cette floraison succède une fructification plus ou moins riche. Pendant la sai-

son des pluies, les jeunes fruits s'accroissent, mais il est rare
de trouver des follicules développés en cette saison ; ils ne parviennent à complète maturité qu'après la mousson d'automne.

Au Kissi, les arbres, fleurissant en mars et avril, ont leurs
fruits mûrs en novembre et décembre, c'est-à-dire 7 à 8 mois
après la floraison. La maturité de tous les fruits d'un arbre
s'échelonne ordinairement sur une période de 2 ou 3 mois,
comme chez le Cacaoyer et, en dehors de cette saison, il n'y a
plus que de rares cabosses arrivant à complet développement.

A la Côte d'Ivoire, la principale période de maturation des
fruits va du 15 octobre au 15 janvier. Quelques follicules mûrissent un peu avant et un peu après, mais cela est toujours
exceptionnel. De même, dans la période allant de février à juin,
le Kolatier ne fournit presque aucune cabosse adulte, mais certaines fleurs femelles peuvent encore produire quelques follicules qui mûrissent en juin et juillet. Toutefois, cette récolte
est généralement très maigre, ainsi que nous l'avons constaté à
la Côte d'Ivoire et, dans la plupart des régions de cette colonie,
on ne trouve que très peu de cabosses mûres à cette époque.

Suivant Heckel, en Guinée française « la floraison de juin
porte ses gousses en octobre et novembre, celle de novembre et
décembre aux mois de mai et juin » (1).

D'après l'auteur anonyme de l'étude sur le Kolatier en Guinée française, que nous avons déjà plusieurs fois citée, « la
récolte se fait ordinairement à la fin de l'hivernage, de novembre à décembre ; elle est surtout abondante pendant ce dernier
mois. Les Kolas se vendent alors sur toute la côte, à raison de
5 francs les 300 ou les 400 suivant la grosseur et l'année ; le
prix est le même en pays Tòma. En fin de saison, au début de
l'hivernage, on peut encore recueillir quelques Kolas ; mais ils
sont petits et, pour 5 francs, on n'en donne plus que 150 et
même 100, en juillet et août (2).

Un rapport du 11 septembre 1907 de l'administrateur du
Cercle de Dubréka nous informe aussi que le Kolatier donne
deux récoltes par an. La première, généralement très belle et

(1) Heckel. — Loc. cit., p. 48.
(2) *Agr. Pays Chauds*, 1907, 1er sem., p. 407.

très abondante avec de grosses noix, a lieu en décembre ; l'autre, très médiocre, donnant de petites noix, a lieu en juillet. Un autre rapport officiel du Cercle de Beyla ne mentionne qu'une seule récolte au commencement de la saison des pluies.

Ces divers renseignements, concernant la Guinée française, sont donc contradictoires.

Au Dahomey, écrit SAVARIAU, « chaque arbre (il s'agit du *C. acuminata* à 3-5 cotylédons), donne deux récoltes par an ; la première a lieu de mars à mai, la seconde de septembre à novembre. Les vieux arbres ne se comportent plus de la même façon : d'après les indigènes, ils donneraient une récolte seulement tous les deux ou trois ans. » (1).

BERNEGAU rapporte qu'à Agege (Togo) les arbres portent dès l'âge de six à sept ans et donnent deux récoltes par an: la plus forte, de septembre à janvier ; la seconde, plus faible, de mai à juillet.

Dans les Cercles de Kouroussa et Kankan (Haute-Guinée), nous avons remarqué des Kolatiers qui portaient des fruits mûrs en février et mars, mais ils en restaient privés tout le reste de l'année.

Dans la zone tropicale australe, les choses se passent différemment.

A l'île de San-Thomé, les pieds de *Cola acuminata*, dispersés à travers les plantations, donnent habituellement leurs fruits soit en août, soit en janvier, mais nous avons vu certains individus qui portaient, en septembre, des fruits complètement mûrs et qui n'en portaient même pas d'autres. De même dans la forêt vierge qui se trouve au-dessus de Monte-Café, nous avons vu, en août, le sol tout jonché de fruits là où vit l'espèce sauvage *C. sphærocarpa*. Les mois d'août et septembre sont donc l'époque de la pleine maturation.

Pour le Gabon, HECKEL cite le renseignement de GOUJON, d'après lequel « l'Ombéné (c'est aussi le *Cola acuminata*) mûrit ses fruits à l'approche de la petite saison sèche (janvier-février). Sa principale récolte dure 3 ou 4 mois, mais les indigènes en apportent à Libreville toute l'année, par très petites quantités, il est vrai » (2).

(1) SAVARIAU. — *Agr. pr. Pays Chauds*, 1906, 1ᵉʳ sem., p. 213.

D'après un autre observateur, le Kolatier fournit deux récoltes au Gabon : l'une en février et l'autre en octobre.

Sur les bords du fleuve Congo, près de l'Equateur, nous avons vu des Kolatiers de l'espèce *C. Ballayi* qui portaient beaucoup de fruits mûrs au mois d'août.

Il se produit, croyons-nous, pour le Kolatier, ce qui arrive pour la plupart des essences forestières tropicales. La majorité des arbres d'une même espèce fructifie une seule fois par an, en une saison bien déterminée, mais certains individus de cette espèce, pour des causes encore mal déterminées, entrent en végétation certaines années avant ou après la période normale, de sorte que leur fructification est reportée à une saison toute différente de celle où s'effectue habituellement la maturation des fruits de cette espèce. De telles aberrations de végétation sont extrêmement fréquentes chez les arbres qui peuplent la forêt vierge tropicale. Nous avons constaté que cette anomalie s'observe souvent chez le Kolatier ; mais, indépendamment, certaines espèces de la section *Autocola* peuvent arriver, comme le Cacaoyer, à mûrir quelques fruits pendant toute l'année ; il n'en est pas moins vrai qu'il n'y a qu'une seule saison par an, pour chaque région, pendant laquelle la plupart des fruits arrivent à maturité.

IV. — DURÉE DES KOLATIERS.

Dans les terrains favorables, les Kolatiers peuvent vivre jusqu'à un âge extrêmement avancé.

D'après les renseignements recueillis par M. HAUET, dans le Rio-Pongo les Kolatiers durent de 60 à 70 ans. Ils peuvent aussi atteindre 100 ans et même un âge plus avancé.

Dans le Haut-Cavally, suivant le capitaine LAURENT, l'arbre vit très vieux, sans jamais atteindre une grande taille.

Enfin, SAVARIAU rapporte que le *Cola acuminata*, au dire des indigènes du Bas-Dahomey, vivrait à peu près autant que quatre générations humaines, ce qui représenterait approximativement 120 ans.

D'après ces indications, on peut penser que les Kolatiers sont en pleine production de 25 à 75 ans.

CHAPITRE XVI.

Ennemis et maladies du Kolatier et des noix de Kola.

ANIMAUX.

La jeune plante, aussitôt après sa germination, paraît avoir peu à souffrir des insectes et des limaces.

M. FAMECHON nous a fait connaître qu'à Conakry un ver (larve de quelque insecte indéterminé) dévore souvent le bourgeon terminal des germinations, parfois même avant que les premières feuilles soient épanouies. De nouvelles pousses repartent ordinairement, mais la croissance est retardée.

Mais un autre grand danger menace les jeunes arbres : c'est la dent des herbivores. En Guinée française et à la Côte d'Ivoire, les animaux domestiques : bœufs, chèvres, moutons, broûtent avec avidité les pousses de la plante qui nous intéresse. Les cochons sauvages (phacochères) déterrent même, dit-on, les racines du Kolatier jeune pour s'en nourrir. Ailleurs, ce sont les antilopes du genre *Cephalophus* qui dévorent les parties aériennes des Kolatiers récemment semés.

A un âge plus avancé, d'autres animaux s'attaquent à la précieuse plante.

Les Rats palmistes (*Sciurus*) sont friands des graines et en font une grande consommation (1). Les Singes, communs dans la forêt, n'y touchent ordinairement pas.

(1) D'après un rapport communiqué par Son Excellence le Gouverneur de Sierra-Léone, il existe dans cette colonie un petit rongeur (probablement aussi un *Sciurus*) qui transporte les Kolas pour manger le tégument sucré qui entoure les amandes ; il ne touche pas à celles-ci et aide au contraire à leur dissémination.

En 1905, à Faranna, les *sauterelles* avaient dévoré les feuilles des jeunes Kolatiers qui ne portaient plus qu'une dentelle de nervilles.

Lorsque l'arbre fleurit, divers insectes s'attaquent aux organes de la reproduction. L'arbre est d'autant plus visité que les moindres accidents dans les tissus jeunes déterminent d'abondantes extravasions de sève très chargée de substance mucilagineuse.

A côté des insectes utiles qui facilitent la fécondation croisée (1) en transportant le pollen d'un arbre à l'autre, il en est d'autres qui interviennent pour commettre des déprédations dans les fleurs, notamment plusieurs espèces de fourmis attirées peut-être par des pucerons vivant souvent sur les axes des inflorescences.

Les fourmis déterminent aussi des lésions à la surface des carpelles : les unes sont attirées par les pucerons ou les coccides qui pullulent parfois sur certains rameaux ou certains groupes de fruits et nuisent à leur croissance ; les autres viennent pour se nourrir de mucilage et de sucre qui existent dans la paroi carpellaire peu de temps avant la maturation. Il n'est pas rare de voir les carpelles, parvenus à leur maturité, percés ainsi d'un grand nombre de galeries qui pénètrent jusqu'à la cavité ovarienne et d'où découle, à l'extérieur, un abondant mucilage. Ces déprédations seraient sans importance, car les fourmis ne s'attaquent jamais à l'amande du Kola ; mais c'est vraisemblablement par les perforations ainsi pratiquées dans le péricarpe que s'introduit le *Sangara* dont nous parlerons plus loin.

La fourmi rousse (*Œcophylla smaragdina* Fab.) de l'Afrique tropicale vit fréquemment sur les diverses espèces de Kolatiers ; elle se construit un abri en agglutinant les bords des feuilles vivantes rapprochées qui restent attachées sur leurs branches et continuent à vivre. Nous ne pensons pas que cet insecte soit nuisible aux arbres sur lesquels il habite.

(2) Il est rare que les fleurs mâles et les fleurs femelles d'un Kolatier s'épanouissent en même temps. Il est donc nécessaire, pour que la fécondation s'opère, que le pollen frais d'un arbre soit transporté sur les stigmates de fleurs femelles d'un autre arbre épanouies au même moment.

Les termites occasionnent, par contre, de grands ravages quand ils s'attaquent aux jeunes sujets qu'ils peuvent faire mourir et dont ils retardent au moins la croissance. Ils sont surtout redoutables pour les plants transplantés en saison sèche.

Borers. — Les jeunes troncs et les rameaux des Kolatiers sont parfois perforés par des larves d'insectes perceurs (*borers* des colons anglais).

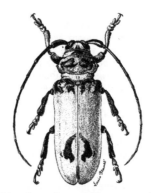

Fig. 39. — *Phosphorus Jansoni* Thoms., var. du Dahomey.
Grossi une fois et demie.

Tous les borers du Kolatier n'ont pas encore été étudiés. Ce sont vraisemblablement, pour la plupart, des insectes appartenant à des espèces identiques à celles qui attaquent les Cacaoyers dans l'Ouest africain. Nous leur avons consacré un paragraphe dans le Fascicule IV, p. 159, des *Végétaux utiles*, et nous avons indiqué les moyens préconisés pour les détruire.

Nous devons, toutefois, attirer l'attention sur l'un de ces insectes qui n'avait pas encore été signalé comme commettant des déprédations dans les plantations tropicales.

En 1910, nous constations que la plupart des Kolatiers de l'espèce *Cola nitida*, âgés de 5 ou 6 ans et cultivés dans le Jardin d'essai de Porto-Novo (Dahomey), présentaient dans le tronc et dans certains rameaux vivants des galeries larges et profondes. Beaucoup de branches ainsi atteintes s'étaient complètement desséchées. M. C. Noury, directeur du Jardin, voulut bien rechercher l'insecte coupable, et nous communiqua un exemplaire adulte. Cet insecte a été étudié par M. P. Lesne, assistant au Muséum de Paris ; il se rapproche du *Phosphorus Jansoni* Thomson et n'en serait qu'une race dahoméenne (Fig. 39). C'est un Coléoptère de la famille des Cérambycides et de la tribu des Lamiaires.

L'espèce, connue depuis Sierra-Léone jusqu'au Cameroun, est polymorphe. La forme du Dahomey présente, d'après M. P. Lesne, les caractères suivants :

Longueur 28 mm. à 32 mm. Corps presque cylindrique, couvert d'une pubescence d'un jaune terre de Sienne avec des reliefs d'un noir brillant sur le prothorax, deux taches à la base de chaque élytre et une autre tache de même couleur en forme de χ sur la partie postérieure du disque de chaque élytre. Milieu des segments abdominaux d'un noir brillant. Pattes et antennes cendrées. Ces dernières sont minces et longues surtout chez le mâle où elles dépassent la longueur du corps, tandis que, chez la femelle, elles n'atteignent pas l'extrémité des élytres.

Les dégâts causés par le *Phosphorus Jansoni* à Porto-Novo sont très sérieux. Le seul moyen d'empêcher l'extension des ravages est de couper et brûler les rameaux atteints. Les *Cola acuminata* vivant dans les environs sont beaucoup moins atteints.

Le plus redoutable insecte pour les noix de Kola et celui qui cause les plus grands préjudices aux dioulas transportant cette précieuse amande à travers le Soudan est certainement le *Balanagastris Kolæ* (Desbr.) Faust = *Balaninus Kolæ* Desbr., petit coléoptère de la famille des Curculionides.

C'est seulement en 1895 que cet insecte fut découvert par M. J. Perez, professeur à la Faculté des sciences de Bordeaux, dans un lot de noix de Kola importées de l'Afrique occidentale par un droguiste de Bordeaux (Fig. 40).

L'insecte adulte communiqué à M. J. Desbrochers des Loges, fut décrit la même année dans le *Bulletin des séances de la Société entomologique de France*, 1895, p. CLXXVI (Séance du 27 mars 1895).

Nous en reproduisons la description originale :

« **Balaninus kolæ**, n. sp. — Long. 4 mill. (rostro excluso) ; lat. 2 mill.
— *Ovatus, rufo-ferrugineus, squamulis paucis flavescentibus vage varie-*
gatus, rostro valido, curvato, thorace vix longiore, concolore, antennis
articulis 2-primis parum elongatis, obconicis, cæteris subtransversis,
thorace subconico, creberrime fortiter punctato, medio carinato, elytris
punctato subsetatis, interstitiis planis, crebre punctatis, femoribus omni-
bus valide dentatis, apice infuscatis, tibiis latioribus compressis, curvatis
— Sénégal.

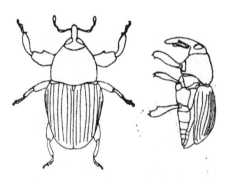

FIG. 40. — Le Charançon de la Noix de Kola (*Balanogastris Kolæ* Desbr.)
Adulte vu de dos et de profil, grossi 6 fois.

« Coloration, taille et forme générale de *B. cerasorum* Herbst et de *B.*
rubidus Gyll. Le rostre est bien moins grêle et plus court que chez le
premier, la ponctuation du prothorax et des élytres plus forte que chez
les deux espèces, et la squamosité ne forme pas, sur les élytres, de bandes ondulées. Les antennes, chez *B. cerasorum* et *B. rubidus*, ont les premiers articles du funicule très longs, les derniers même aussi longs que
larges. Le prothorax, chez *B. Kolæ*, est légèrement sinué dans son milieu
latéral. La dent des cuisses en triangle subéquilatéral, à son côté interne
aussi long que l'épaisseur du reste de la cuisse.

« Le mâle m'a semblé à peine différent de l'autre sexe, par le rostre un
peu moins long et par les strioles et la ponctuation du dessus plus étendue postérieurement.

« Cette espèce a été trouvée dans des noix de Kola, chez un droguiste de
Bordeaux, par M. J. Pérez, professeur à la Faculté des sciences de cette
ville, qui a bien voulu m'en communiquer plusieurs exemplaires ».

En même temps, M. J. Pérez publiait les renseignements suivants sur la biologie de l'insecte (1) :

(1) *Bull. séances Soc. Entomol. France*, 1895, p. CLXXVII.

« — *Note sur un Curculionide* (Balaninus Kolæ *Desbr.*) *trouvé dans des fruits de Kola*, par J. Pérez (de Bordeaux) :

Deux fruits de Kola seulement, sur un grand nombre qui furent examinés, contenaient le Charançon dont M. Desbrochers des Loges a bien voulu donner la diagnose.

« On sait qu'un fruit de Kola se compose de quatre amandes irrégulièrement pyramidales, à face extérieure convexe, les deux autres, par lesquelles elles sont accolées, étant à peu près planes.

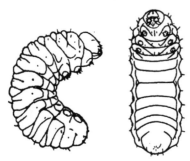

Fig. 41. — Larve du *Balanogastris Kolæ* Desbr.
Vue de profil et de dessous, grossie 6 fois.

« C'est vers la partie centrale du fruit qu'étaient logés les Curculionides, parfaitement développés, bien qu'un peu immatures, quelques-uns du moins. Les cavités où ils s'étaient métamorphosés n'étaient, en général, séparées de la surface des noix que par une mince cloison ; un petit nombre seulement se trouvaient reculées dans une partie plus ou moins profonde des galeries creusées par les larves, élargies en ce point en une logette ovalaire. Toute le reste de la galerie était obstrué par les déjections des larves fortement tassées.

« En sculptant ces déjections fort dures, opération qu'un peu d'eau rendait plus aisée, il était facile de dégager entièrement les galeries, et l'on se rendait ainsi compte de leur forme et de leur parcours. La partie la plus large, celle qui correspondait au dernier âge de la larve, se trouvait non loin de l'arête axiale commune aux deux faces planes de la noix. En se rétrécissant, la galerie mène à son origine, sur la face convexe extérieure. Son trajet, tout à fait irrégulier et sinueux, présente cependant ce caractère constant, que sa terminaison, interne par rapport à l'axe du fruit, est toujours placée plus bas que son origine extérieure. La larve, en creusant sa galerie, tend donc toujours à avancer dans une direction générale, oblique de haut en bas et de dehors en dedans. Souvent la galerie atteint la surface plane et l'absorbe, entamant légèrement la face accolée de l'amande juxtaposée. Je n'ai pas vu qu'elle passe d'une amande à l'autre.

« L'origine de chaque galerie est une petite ponctuation de la surface extérieure, large d'un demi-millimètre ou un peu plus, ombiliquée, souvent creusée à son centre. C'est le trou par lequel fut introduit l'œuf, et qu'avait pratiqué la mère à l'aide de son rostre, comme font nos espèces européennes.

« Ces trous de ponte sont assez nombreux à la surface convexe de la noix, jusqu'à 10 à 12 parfois, distribués sans aucun ordre, du sommet vers le milieu, qu'ils ne dépassent guère. Beaucoup d'œufs doivent avorter, car, dans les noix examinées, le nombre des galeries était bien loin de correspondre à celui des trous de ponte.

« Le Charançon, pour éclore, a sans doute besoin d'attendre la séparation naturelle des quatre amandes, puisque la cellule où on le trouve n'est, en général, séparée de la surface plane que par une mince épaisseur de la substance de l'amande respectée, soit par les déjections entassées dans la galerie ».

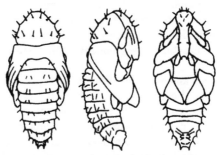

Fig. 42. — Nymphe du *Balanogastris Kolæ* Desbr.
Vue de dessus, de profil et de dessous, grossie 6 fois.

En 1898, M. P. Lesne, assistant au Muséum, complétait les renseignements fournis par M. J. Desbrochers des Loges, en décrivant avec beaucoup de détails la larve (Fig. 41) et la nymphe (Fig. 42) du charançon de la noix de Kola (1).

A la même époque, un entomologiste russe, M. J. Faust, montrait que l'insecte en question n'était pas un *Balaninus* et il en faisait le type du genre nouveau *Balanogastris* (2).

Les belles figures, qui accompagnent la note de M. Lesne et qu'il a bien voulu nous autoriser à reproduire, nous dispenseront de nous étendre longuement sur les descriptions.

(1) Description de la larve et de la nymphe de Charançon de la noix de Kola (*Balanogastris Kolæ* Desbr.), *Bulletin Muséum*, 1898, p. 140.
(2) *Deutsche Entomologische Zeitschrift*, 1898, h. 1.

La larve mesure 6 mm. environ de longueur. Le corps présente l'aspect habituel des larves de curculionides, épais, assez court, courbé en croissant, atténué aux deux extrémités, blanchâtre, charnu, à l'exception de la tête qui forme une capsule chitineuse testacée ; mandibules brunes. Tête plus longue que large avec la région buccale en saillie. Corps composé de 12 segments.

Une grande partie de la surface du tégument est garnie de très petites spinules chitineuses dirigées en arrière et destinées à fournir des points d'appui pendant le forage et la progression.

Des soies tactiles peu développées existent aussi sur les différentes parties du corps.

Quant à la nymphe, elle a le corps atténué en avant et en arrière, blanchâtre, à tégument membraneux.

Nous pouvons donner quelques renseignements complémentaires sur cet insecte, renseignements recueillis au cours de nos voyages.

Il vit dans les amandes des différentes espèces de Cola de la section *Eucola*. Il est commun sur le *Cola nitida* en Guinée française. Chose, curieuse, il ne se trouve pas partout, mais par certains groupes de villages formant des îlots et les indigènes le savent bien, car les Kolas provenant des villages non contaminés sont cotés à un prix plus élevé. Le ver devient plus fréquent en Guinée depuis quelques années, les Kolas du Koba, jadis inattaqués, le sont aujourd'hui. M. Bernegau l'a observé au Togo et au Cameroun, sur le *Cola acuminata*. Nous l'avons rencontré nous-même à l'île de San-Thomé sur le *Cola acuminata*. Il vit dans les fruits adhérents à l'arbre, non ouverts, mais cependant presque mûrs.

A l'intérieur de ces follicules on trouve parfois un grand nombre de femelles adultes qui viennent y faire leurs pontes.

Nous ne pensons pas que ces insectes puissent perforer le péricarpe épais du fruit, mais ils pénètrent par les galeries que creusent fréquemment les fourmis pour aller chercher le mucilage extravasé de la paroi du fruit par les moindres lésions.

La ponte s'effectue en dedans du tégument séminal, sur la paroi même de l'embryon. Nous avons vu à San-Thomé des follicules non encore ouverts, renfermant des noix dont les cotylédons étaient déjà creusées de galeries profondes dans lesquelles on rencontrait des larves complètement développées et même des nymphes.

Le charançon de la noix de Kola est connu et redouté des indigènes.

Les Soussous le nomment *Sangara* ou *Sangaran*. D'après un correspondant de M. HECKEL, on le nommerait *Tembouc* en Mellacorée. Enfin, d'après M. LAMBERT, les Dioulas de la Côte d'Ivoire le nomment *Sambara* et les Achantis *Koutia*.

Dans les pays que nous avons visités, le ver en question porte les noms suivants :

Sangara (en bambara), *Sangouara* (en konianké), *Dérouda Kolo* (en kissien), *Kouakoua* (en langue des Ngans).

M. J. SURCOUF, en examinant de nombreuses larves vivantes dans des amandes provenant de Guinée, en a observé qui étaient parasitées par un très petit hyménoptère. « Il y a lieu d'espérer, ajoute cet entomologiste, que ce parasite se développera à son tour et établira un équilibre entre l'hôte et le parasite, comme cela se produit fréquemment dans la nature. En outre, il serait bon de recueillir les premières noix tombées et de les détruire ; ce sont celles qui contiennent les parasites qui se reproduisent. Il y aurait lieu aussi de surveiller les paniers de séchage pour s'assurer que les *Balanogastris Kolæ* n'y viennent pas pondre ; dans ce cas, il suffirait de recouvrir d'une gaze quelconque les paniers pour les préserver de la contamination (1) ».

Les noix attaquées sont irrémédiablement perdues. Le mieux est de les trier soigneusement et de les brûler. M. P. LESNE et le regretté Joanny MARTIN, préparateur au Muséum, avaient proposé de détruire les larves en les asphyxiant par le gaz d'éclairage, mais, outre que ce procédé n'est pas applicable aux colonies, il n'a pas sa raison d'être, puisque, nous le répétons, les noix attaquées sont sans valeur. En outre, le gaz d'éclairage ne tue sans doute pas les œufs et l'éclosion de ceux-ci peut amener de nouvelles invasions dans les ballots de noix trans-

(1) J. SURCOUF.— Note sur le Charançon parasite de la noix de Kola en Guinée. *Journ. Agr. trop.*, 1908, p. 350.

portés par les indigènes. Nous reproduisons cependant, à titre documentaire, quelques passages de la note de P. LESNE et J. MARTIN.

P. LESNE et JOANNY MARTIN. — **Note sur quelques essais en vue de la destruction du Charançon de la noix de Kola** *(Balanogastris Kolæ* Desbr.) (1).

« Les noix fraîches attaquées par le *Balanogastris* sont généralement très faciles à reconnaître. Presque toujours, en effet, les galeries creusées par les larves dans l'épaisseur du parenchyme se rapprochent de la surface de l'amande sur une portion plus ou moins étendue de leur parcours. En cette portion superficielle, elles ne sont guère séparées de l'extérieur que par le tégument de la graine qui se dessèche, durcit et prend, en ces points, une coloration brune tranchant sur sa couleur normale rose lie-de-vin ou blanc-jaunâtre (2). La largeur de ces taches brunes, plus ou moins allongées, sinueuses et souvent ramifiées, est d'environ 2 millimètres. Elles sont quelquefois assez nombreuses, car il arrive que deux ou trois larves cohabitent dans la même noix (3).

« Nous citerons très brièvement les premiers essais : séjour des noix dans une atmosphère de vapeur de sulfure de carbone pendant deux ou trois jours, traitement parfaitement efficace quant à la destruction des insectes, mais altérant les noix, les durcissant en leur donnant une teinte brun terreux sale. Mêmes résultats obtenus en un espace de temps très court avec la vapeur de chloroforme.

« Des essais plus intéressants furent ceux tentés en faisant agir le gaz d'éclairage.

« Des noix attaquées furent disposées sous une cloche dont l'atmosphère pouvait être raréfiée à l'aide d'une trompe à eau. Un robinet à trois voies permettait de la mettre en communication, soit avec le gaz, soit avec la trompe...

« Au sortir de la cloche, les noix traitées, bien que légèrement brunies, avaient conservé leur fraîcheur et n'avaient pas ou à peine durci. Leur saveur n'était pas altérée. Malheureusement nous ne trouvâmes qu'une seule larve dans ces noix attaquées. Cette larve était raidie et comme engourdie, et, le lendemain, elle entrait déjà en décomposition.

« Ce dernier essai, nous le répétons, n'est pas suffisamment concluant, Mais il montre la profonde différence qui existe entre l'action du gaz

(1) *Bull. Soc. Entomol. France*, 1898, p. 280-282.

(2) Il ne faut pas confondre ces taches avec la suture, brune, des cotylédons.

(3) Nous ne pensons pas que les trous de ponte puissent servir à reconnaître les noix attaquées, car ces blessures, peu caractéristiques, ressemblent à celles que font les *Balanogastris* lorsqu'ils veulent consommer le parenchyme de la graine. Il semble en effet que, dans certains cas, les Charançons percent l'amande uniquement pour satisfaire leur faim (Note des auteurs cités).

Fig. 43. — **Un Orofira.**
Clinogyne Schweinfurthiana K. Schum.

d'éclairage et celle de la vapeur du sulfure de carbone ou de chloroforme sur certaines graines vivantes. »

C'est sans doute en vue d'éliminer les noix déjà attaquées par le *Sangara* que les colporteurs indigènes ouvrent si fréquemment leurs paniers de Kolas et en passent l'inspection. Il suffirait d'une noix envahie pour perdre toute la charge, car l'insecte évolue très rapidement, et plusieurs générations peuvent se succéder dans les mêmes amandes.

Divers moyens préventifs sont usités par les indigènes pour soustraire les Kolas aux ravages du *Balanogastris Kolæ*. Rappelons d'abord qu'au dire des dioulas certaines variétés de noix ne sont jamais attaquées. Ce serait, par exemple, le cas des graines provenant de certains villages du Samo (Guinée française). Les coussins de feuilles formant des lits épais soigneusement imbriqués les uns sur les autres servent non seulement à empêcher la dessication des Kolas, mais ils ont aussi probablement la propriété d'arrêter les *Balanogastris* qui seraient tentés de venir effectuer leurs pontes à l'intérieur des ballots.

En Guinée française et dans la Haute Côte d'Ivoire, on lave toujours les Kolas à l'eau de savon de Marseille avant de les emballer : ce lavage aurait pour but de soustraire les noix ainsi traitées à l'invasion du *Sangara*.

Plusieurs dioulas nous ont assuré que ce moyen n'était pas suffisant, à moins qu'on emploie, au lieu du savon des Blancs (savon de Marseille), le savon indigène obtenu à l'aide de cendres et de graisse de Kobi (diverses espèces du genre *Carapa*).

On obtiendrait le même résultat en lavant les Kolas avec la macération d'une plante encore inconnue.

Heckel cite, en effet, les renseignements obtenus par un administrateur colonial qui rapporte que les indigènes du Samo lavent l'amande, au moment où elle vient d'être cueillie, avec une eau chargée, par macération, des principes d'une plante dont ils utilisent la racine pilée fraîche. Les Kolas pourraient se conserver ensuite toute une année (1).

Enfin, chez les Ngans de la Côte d'Ivoire, pour soustraire les noix de Kola aux ravages du charançon, on attache les paquets

(1) Heckel.— Loc. cit., p. 54.

22

de noix dans des cases enfumées constamment. L'insecte ne
vient point faire de pontes dans ces ballots que l'on peut conserver ainsi un mois ou deux avant de les transporter au
Soudan.

Au Gabon, on enterre parfois dans des termitières les grains
du *Cola Ballayi* et du *C. acuminata* et c'est sans doute aussi
pour les soustraire aux piqûres du *Balanogastris*. Il est certain
qu'un charençon qui s'aventurerait dans une termitière serait
vite mis en pièces. Mais ce moyen de conservation, qui peut à
la rigueur être employé sur place par les indigènes, ne saurait
convenir pour la conservation des Kolas destinés au commerce.
Le jour où l'exportation des Kolas frais vers l'Europe prendrait
une grande extension, il serait de toute nécessité de stériliser
ces graines par un procédé aussi peu onéreux que possible et
qui n'altère pas les amandes.

On a signalé aussi que M. Bouvier, professeur au Muséum,
avait constaté que d'autres insectes appartenant au groupe des
teignes attaquaient aussi les noix de Kola, mais à notre connaissance aucune étude n'a été publiée à ce sujet (1).

VÉGÉTAUX.

Plusieurs espèces de *Loranthus* s'implantent fréquemment sur
les Kolatiers et à la longue ils épuisent les branches-support
à la manière du gui qui fait dépérir les pommiers. Ces *Loranthus* ne sont pas seulement communs dans la forêt, on les trouve
aussi dans les plantations autour des villages et les administrateurs de cercles agiront sagement en les faisant détruire par
les indigènes.

Dans la forêt et même à sa lisière, les arbres sont aussi
gênés par les épiphytes. Au cours de sa mémorable expédition
botanique, Welwitsch avait déjà noté que les troncs de Kolatiers sont fréquemment envahis par des lichens, des mousses,
des orchidées et même par une cactée épiphyte, le *Rhipsalis
Cassytha* Gærtn.

Dans la forêt de la Côte d'Ivoire, on trouve ces mêmes plan-

(1) A. Milne Edwards.—Relations entre le Jardin des Plantes et les colonies
françaises. *Rev. cult. col.*, IV, 1899, 1er sem., p. 11.

tes, ainsi que des aroïdées et de nombreuses fougères en plus.

Ces plantes sont très nuisibles, cependant on ne les enlève jamais.

Dans les parties boisées de la haute Guinée et de la haute Côte d'Ivoire, on observe sur les Kolatiers, outre la chevelure épaisse des mousses et des lichens, les touffes ou les rhizomes grimpants de plusieurs espèces de fougères, principalement des *Asplenium*, des Polypodiacées (*Polypodium lycopodioides* L. *P. phymatodes* L., *P. irioides* Lamk.). Les grosses mottes formées par les *Platycerium Stemmaria* (P. Beauv.) Desv. et *P. angolense* Welw., pesant parfois plus de 10 kilog. et servant de refuge à de nombreux insectes, sont surtout dangereuses.

De nombreuses orchidées épiphytes, notamment des *Angræcum*, des *Listrostachys*, l'*Eulophia lurida* Lindl., sont aussi au nombre des espèces supportées par les Kolatiers en Afrique occidentale. Ajoutons enfin à cette liste : un *Rhipsalis*, un *Peperomia*, assez fréquent au Kissi, et de nombreuses espèces d'Aroïdées grimpantes. Enfin les branches du Kolatier supportent parfois les rameaux de diverses lianes croissant au voisinage dans la forêt.

Il existe, sans nul doute, de nombreux champignons attaquant les différentes parties du Kolatier, mais on n'en a pas encore signalé.

Nous avons eu l'occasion d'observer en Guinée française une maladie probablement causée par un champignon, qui occasionne de grands dégâts. Quelques colons la désignent sous le nom de *chancre des Kolatiers*. C'est en réalité une infection analogue aux *balais de sorcières*, qui se développent sur nos cerisiers, en France ; elle rappelle aussi les ramifications irrégulières qui se forment sur certains Cacaoyers à Surinam et à la Trinidad, ramifications occasionnées par un champignon, l'*Exoascus theobromæ*.

Cette maladie sévit indistinctement sur les jeunes plantes s'élevant seulement de quelques mètres, ou sur les arbres adultes atteignant 15 m. à 20 m. de hauteur. Le Kolatier malade présente, sur quelques-unes de ses branches ou sur tous les rameaux, des buissons très épais et très ramifiés, arrondis, de 20 cm. à 40 cm. de diamètre, portant quelques feuilles plus ou moins déformées et parfois de grandes fleurs hypertrophiées. Si la maladie est ancienne, on observe en outre des branches mortes ainsi que des buissons desséchés.

En examinant de plus près chaque bouquet de rameaux malades, on constate que la branche sur laquelle ils s'insèrent est hypertrophiée. Son parenchyme cortical est très épaissi.

L'épiderme et parfois l'écorce toute entière sont fortement fendillés.

Dans ces fentes on observe fréquemment de petites coccides recouvertes d'une matière cireuse blanche qui les fait ressembler à certaines moisissures. Il s'agit vraisemblablement du *Pseudococcus citri* Risso, si commun sur les oranges et les citrons dans les pays chauds.

Ces animaux ne sont certainement pas la cause de la maladie, mais ils vivent en commensaux sur les branches malades et ils émettent un liquide sucré sous forme de gouttelettes blondes, liquide qui attire un grand nombre de petites fourmis appartenant à deux espèces, l'une à corps noir, l'autre à corps roussâtre.

Les rameaux malades formant le buisson sont épaissis et très rapprochés par suite de la brièveté des entre-nœuds ; leur épiderme est crevassé. A l'aisselle de chacune des nombreuses feuilles s'insère un gros bourgeon (*gemmule*) qui produit très rapidement un rameau court chargé de feuilles.

Chaque rameau hypertrophié se termine par un grand nombre de bourgeons très rapprochés produisant les uns des feuilles, les autres des fleurs, et le plus souvent seulement des écailles recouvertes de poils bruns.

Presque tous les buissons produisant des fleurs hypertrophiées stériles dont le calice, très rapidement desséché, est persistant et d'une longueur double de celle qu'il a dans les fleurs normales.

L'hypertrophie du parenchyme cortical rempli de mucilage exsudant à la moindre blessure, permet de supposer qu'un champignon habite dans les tissus vivants de la plante qui réagissent en produisant un grand nombre de bourgeons vite arrêtés dans leur développement. D'autre part, nous avons recueilli au moins cinq espèces de petits animaux sur ces rameaux malades:

petits cocons indéterminables, *Pseudococcus*, pous de bois, une araignée, un petit coléoptère. En outre, le bois vivant est souvent aussi percé de galeries creusées par un coléoptère.

Cette maladie est fréquente à Conakry et dans presque toute la Guinée ; elle est beaucoup plus rare dans la forêt vierge de la Côte d'Ivoire. Elle affaiblit les arbres qui en sont atteints et les rend moins producteurs. Si elle envahit les principaux rameaux d'un arbre, elle peut le tuer en quelques années.

Pour arrêter sa propagation, il faut couper toutes les branches atteintes et recouvrir ensuite la section de poix à greffer. Lorsqu'un arbre est trop atteint, il est préférable de l'abattre et de le brûler pour l'empêcher de contaminer les pieds sains.

Comme autre maladie parasitaire, nous devons signaler les moisissures qui se mettent dans les noix fraîches et humides emballées dans des paniers hermétiquement clos. Ces champignons ne tardent pas à détruire le tissu de la noix. Ce dernier est à la longue remplacé par une masse noire ou blanche remplie de spores.

G. NACHTIGAL, l'illustre explorateur du Soudan central, a signalé depuis longtemps, dans son ouvrage *Sahara et Soudan*, les maladies qui se mettent dans les noix de Kola transportées par les caravanes au cœur de l'Afrique :

« Si l'extérieur de la noix accuse des taches, des macules disposées comme les signes de la variole, il est urgent d'enlever la noix pour la sauver, elle et surtout ses voisines.

Quelquefois les taches sont d'un jaune-brunâtre : c'est la maladie dite *hillé*, nom qui a pour origine le hennâ (*el hennâ*, Henné), qui donne une coloration analogue.

Cette maladie rend l'intérieur de la noix blanc et pâle et complètement insipide : elle perd toute valeur. Lorsque les noix sont maintenues trop humides, la surface se pique de tache foncées, l'intérieur se durcit, perd toute vie et toute sève ; les gens disent alors : la noix est atteinte de *dasemséra*. Une autre maladie encore, dite *tûlo*, produit des taches noires qui s'étendent lentement et convertissent l'intérieur de la noix en poussière noire-brunâtre.

(1) G. NACHTIGAL, d'après WARBURG, l. c., *Rev. Cult. col.*, VI, 1900, 1ᵉʳ sem., p. 274.

Enfin il existe deux vers qui parfois se logent dans les noix et les détruisent ; tous les deux sont désignés sous le nom commun de *zankera* ; l'un est blanc et allongé, l'autre est gris et plus court. »

CHODAT et CHUIT ont étudié les causes de la maladie du *Hillé* due à des bactéries. Ces organismes détruisent tout d'abord la substance colorante et le tanin qui imprègnent les parois cellulaires des cotylédons ; elles deviennent alors blanches, mais si l'action des bactéries continue, la paroi cellulaire est attaquée, détruite et l'amidon contenu dans la cellule devient libre ; c'est alors seulement qu'il commence à être plus ou moins corrodé.

D'autre part, M. LUTZ, professeur agrégé à l'Ecole de Pharmacie, à qui nous avions remis des noix de Kola arrivées en mauvais état en France, a observé les moisissures banales des fruits décomposés.

Enfin, il convient de citer comme autre champignon vivant sur le Kolatier, un pyrénomycète, le *Micropeltis depressa* Cooke et Massee (1), observé sur des feuilles de *Cola acuminata* provenant de Fernando-Pô.

(1) *Grevillea*, XVII, p. 43.

CHAPITRE XVII.

Récolte, préparation et emballage des noix de Kola.

I. — PROCÉDÉS DE RÉCOLTE.

On n'attend ordinairement pas que les noix de Kola soient mûres pour cueillir les fruits. On reconnaît que la cabosse est à point quand elle a acquis une teinte d'un vert-brun avec de légères marbrures jaunâtres. Dans le Kissi, on laisse les graines mûrir sur l'arbre; aussi le Kola du Kissi est plus ferme, moins aqueux et surtout moins amer et c'est ce qui explique pourquoi il est si prisé sur les marchés.

Au sud de Beyla, au contraire, on récolte les Kolas avant maturité, quand la cabosse est encore toute verte. Le principal avantage est qu'on évite la contamination par le *Sangara* qui, comme nous l'avons vu, attaque les Kolas pendant qu'ils sont encore sur l'arbre, mais ces noix cueillies hâtivement sont âpres dans la bouche par suite de l'abondance des tannoïdes. On éviterait ces inconvénients en cueillant les Kolas un peu avant maturité et en laissant les graines quelques jours dans les cabosses non ouvertes, celles-ci étant abritées dans des locaux protégés par des toiles métalliques, pour empêcher les insectes adultes de venir y faire leurs pontes.

La cueillette des cabosses est faite à la main. On arrache les fruits en tordant le pédoncule. Jamais celui-ci n'est sectionné au couteau.

Pour enlever les fruits insérés hors de portée, les hommes grimpent sur les arbres ou se servent de longues perches à l'aide desquelles ils gaulent les cabosses.

On pourrait utilement employer pour cette opération les outils servant à la cueillette des cabosses de Cacaoyers.

Extraction des noix.

Aussitôt cueillies, ou quelques jours après, les cabosses sont ouvertes pour en extraire les noix.

Lorsque la maturité est déjà assez avancée, on peut briser le péricarpe à la main; dans le cas contraire, il faut se servir d'un couteau, en prenant des précautions pour que les noix ne soient point entamées par la lame.

Ordinairement on laisse en tas quelques jours les graines extraites, encore recouvertes de leur tégument d'un blanc de neige. Celui-ci brunit peu à peu et ses tissus se décomposent. On lave les noix pour enlever les restes du tégument et les Kolas peuvent dès lors être mis en vente. On fait disparaitre plus rapidement le tégument en laissant trois jours les semences plongées dans l'eau.

Dans le Kissi, les graines aussitôt extraites. sont enveloppées dans des feuilles spéciales (*Orofira*); au bout de 6 à 8 jours, on ouvre le paquet. L'enveloppe blanche est devenue noire et est en partie détruite par suite de la fermentation qui s'est opérée; on lave ensuite les noix dans une eau légèrement savonneuse et on les met sécher sur une couverture à l'intérieur d'une case. On remet ensuite les noix nettoyées dans des *Orofira*.

Préparation des noix pour le transport.

Nous avons dit, au chapitre précédent, que, pour soustraire les Kolas aux ravages du *Sangara*, on les lavait parfois soit avec du savon indigène, soit avec la macération de racines d'une plante encore inconnue (D'après GODEN *in* HECKEL).

Dans la région de Beyla, on nous a assuré que le lavage au savon indigène [confectionné avec la graine de *Kobi* ou *Touloucouna* (*Carapa procera*) et le lessivage de certaines cendres], n'était pas suffisant pour protéger les noix contre le *Sangara*. Il a seulement pour but de donner un plus bel aspect aux noix

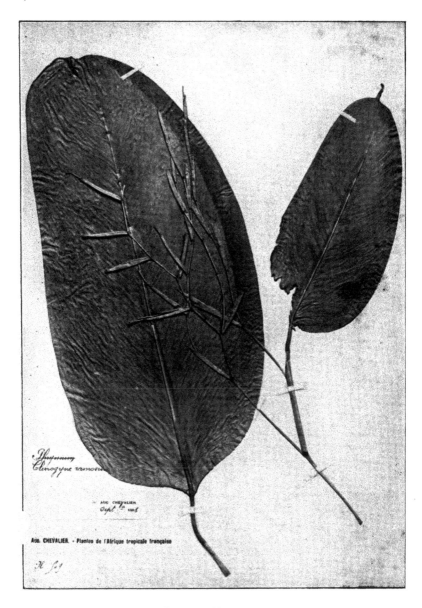

Fig. 44. — **Un Orofira.**

Clinogyne ramosissima (Benth.) K. Schum.

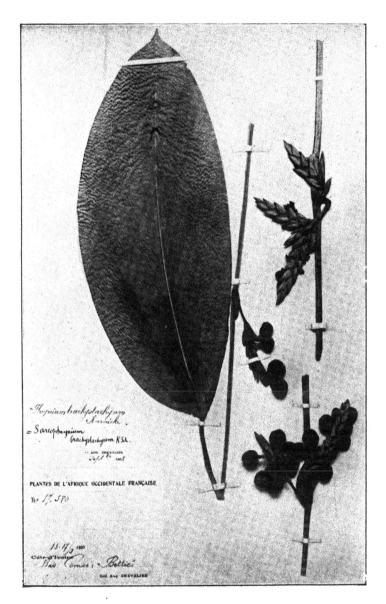

FIG. 45. — **Un Oroflira.**

Sarcophrynium brachystachyum (Kœrnicke) K. Schum.

rouges. Les noix blanches ne peuvent, parait-il, être soumises à ce traitement qui les endommagerait.

Au dire des dioulas, le seul moyen efficace de détruire les larves de *Sangara*, quand elles existent déjà dans les noix, consiste à laver celles-ci avec une mixture composée de vin de palme, additionné de jus de citron et dans lequel on délaye du piment pilé (*Foronto*) et du Poivre d'Ethiopie (*Kanifing*) également réduit en poudre(1). Au Kissi, on se contente de répandre dans les charges de Kola du *Foronto* et du Kanifing, pulvérisés à sec.

Conservation des noix dans les pays de production.

Au Gabon et dans quelques autres régions, les indigènes, d'après les dires de divers voyageurs, enterrent les noix de Kola dans les termitières pour les conserver plusieurs mois.

Chez les Tômas et chez les Dyolas, on réunit les noix séparées par des lits de feuilles dans des paniers que l'on enfouit dans le sol, ou qu'on garde sous la vérandah des cases en les visitant souvent. On peut conserver ainsi les noix pendant des mois et parfois d'une récolte à l'autre. C'est ainsi que, chez les Dyolas, les premiers Kolas d'une saison sont souvent vendus mélangés à ceux de l'année précédente. Les indigènes prélèvent dans ces réserves ce qu'il leur faut pour leur consommation et pour la vente au fur et à mesure de leurs besoins.

Ces réserves sont toujours tenues soigneusement cachées. Chez les Dyolas, elles se trouvent habituellement dans les cases de culture en pleine forêt.

Emballage pour le transport par caravanes.

Le bon emballage pour le transport des Kolas à distance et leur conservation est d'une importance capitale.

(1) Le vin de palme est la sève fermentée soit de l'*Elæis guineensis*, soit du *Raphia sudanica* ou du *Borassus flabelliformis* var. *æthiopum* Warb. Le citron des pays à Kola est un petit fruit très acide fourni par une variété du *Citrus medica*, fréquemment cultivé par les indigènes. Le *Foronto* ou Piment enragé est le fruit du *Capsicum frutescens*. Quant au Poivre d'Ethiopie, c'est le fruit de l'*Uvaria æthiopica* et en certaines régions celui de l'*U. Emini* Engler.

Dans le Kissi, dans les pays du sud de Beyla et chez les Dyolas, les noix sont placées dans des paniers à très larges mailles, tressées soit avec les tiges flexibles du roting d'Afrique occidentale nommé *Timbi* en malinké (*Calamus Barteri*), soit avec les roseaux d'une marantacée *(Hybophrynium Braunianum* K. Schum), ou avec les lanières d'écorce de diverses espèces de *Costus*.

Ces paniers allongés mesurent de 60 cm. à 80 cm. de longueur et environ 25 cm. de profondeur et de largeur ; en-dessus ils sont ouverts dans toute leur longueur ; en-dessous et sur les côtés les baguettes sont assemblées à l'aide de folioles de Palmier à huile. On garnit ces paniers à l'intérieur d'*Orofira*, les feuilles formant plusieurs lits et s'imbriquant les unes sur les autres. Chaque panier représente une charge de 25 à 30 kilog. et est porté à tête d'homme.

Parvenus dans les régions soudanaises, les dioulas confectionnent des emballages plus sérieux. Aux paniers en rotin et en lanières de Palmier à huile on substitue des couffins tressés avec les lanières de feuilles de *Phœnix reclinata*, d'*Hyphœne thebaica*, ou de *Borassus* à l'intérieur. Les noix sont encore maintenues dans leur lit d'*Orofira*, mais les diverses feuilles sont complètement desséchées.

Principaux Orofira.

On donne le nom d'*Orofira* (mot à mot *Feuilles à Kola* en langue mandé) aux feuilles de certaines plantes employées pour l'emballage des noix de Kola destinées à être transportées par les caravanes loin des régions productrices. On n'emploie pour cet usage que les feuilles d'espèces bien déterminées et ce sont toujours les mêmes qui sont usitées dans les contrées les plus diverses.

Ces feuilles, disposées en plusieurs couches, forment un revêtement imperméable maintenant une humidité constante autour des noix.

En tête des *Orofira* il faut placer diverses espèces de *Marantacées* et surtout celles du genre *Clinogyne* Benth.

Le *Clinogyne Schweinfurthiana* (O. Kze) K. Schum =
Donax cuspidata Baker, est le plus usité ; partout où il existe,
il est employé à l'exclusion de toutes les autres plantes.

La photographie ci-contre (Fig. 43) nous dispense de nous
étendre longuement sur sa description. Il croît en grosses touffes dans les sous-bois humides de la forêt vierge et des galeries
forestières.

Les feuilles s'élevant à une hauteur de 1 mètre à 1 mètre 50
sont glabres, à l'exception de la partie supérieure du pétiole,
légèrement pubescente.

Le limbe, employé pour l'emballage des Kolas, est membraneux, papyracé, ovale-oblong, arrondi à la base, brusquement
acuminé-subulé au sommet, d'un beau vert brillant, avec reflets
métalliques en dessus, d'un vert pâle en-dessous ; sur l'un des
bords il présente une marge plus lustrée large de 2 cm. envi-
rsn. Sur les beaux exemplaires il mesure 30 cm. à 40 cm. de long
sur 14 cm. à 16 cm. de large. L'inflorescence est un épis grêle,
dépassé par la feuille engainante, composé à la base, mais
contracté et non étalé en panicule. Les fleurs disposées par
paires à l'aisselle des bractées dressées, mesurent de 16 mm. à
18 mm. de long. Les sépales ovales lancéolés sont longs de
9 mm. et larges de 5 mm. Les pétales, d'un blanc rosé, ont
leur extrémité libre ovale acuminée, longue de 10 mm. Les
staminodes sont pétaloïdes, obovales elliptiques et d'un jaune
vif. Fruit globuleux, pubescent dans le jeune âge, rouge-clair
à maturité, renfermant trois graines.

L'espèce est très répandue depuis la Casamance jusqu'au
centre de l'Afrique (Haut-Chari, Haut-Oubangui, Haut-Nil).
Elle croît à la fois dans la zône des forêts et dans celle des
galeries forestières, c'est-à-dire partout où le Kolatier peut
être cultivé.

A la Côte d'Ivoire, la plante se nomme *Kra Bobo* (en
néyau). Aux environs de Beyla, on la nomme *Nangouan boulo*
(malinké).

Une deuxième espèce dont les feuilles sont aussi très employées est le *Clinogyne ramosissima* (Benth.) K. Schum. =
Phrynium ràmosissimum Baker (Fig. 44).

La plante s'élève à 2 m. ou 2 m. 50 de hauteur et, à l'encontre de la précédente, elle est très ramifiée; le pétiole est entièrement glabre. Le limbe ovale-oblong, arrondi à la base et brusquement acuminé au sommet mesure habituellement 25 cm. à 30 cm. de long, sur 14 cm. à 16 cm. de large, mais il atteint parfois des dimensions encore plus grandes que dans *C. Schweinfur-thiana*. Il est d'un vert brillant, sans reflets métalliques en-dessus. Les inflorescences sont simples, plus souvent très rameuses et dépassant longuement les feuilles. Le bractées étalées normalement mesurent 3 cm. 5 de long; les fleurs, longues de 12 mm. à 15 mm., sont entièrement d'un pourpre violacé. Les fruits sont roses et restent pubescents jusqu'à maturité.

Cette espèce vit dans les mêmes stations que la précédente, mais elle monte plus au nord et on la trouve encore aux environs de Bamako. Ses feuilles sont très reconnaissables par une marge de 2 cm. d'un vert plus foncé, visible sur un des bords du limbe ainsi que le montre l'exemplaire photographié. Elles sont aussi très recherchées par les colporteurs de Kolas ; mais la plante étant en général clairsemée, elles sont peu employées, sauf dans le nord.

Le *Sarcophrynium brachystachyum* (Kœrnicke) K. Schum. donne de grandes feuilles assez semblables aux espèces précédentes, mais elles sont un peu plus fermes et par suite moins appréciées. Cependant comme cette espèce est très abondante dans la forêt vierge où on l'a constamment sous la main, les dioulas en font aussi parfois usage.

La plante entièrement glabre vit par touffes dans les sous-bois épais; la tige est réduite à un axe dans le prolongement duquel se trouve une seule feuille portée sur un pédoncule de 20 cm. à 30 cm. de long.

Le limbe est oblong ou oblong-lancéolé, arrondi ou cunéiforme à la base, long de 30 cm. à 50 cm. sur 15 cm. à 25 cm. de large (Fig. 45).

Les inflorescences forment un épi isolé ou une panicule de 2 ou 3 épis insérés à la base de la feuille, sessiles ou subsessiles, longs de 2 cm. à 5 cm., à bractées très rapprochées. Fleurs blanches plus ou moins teintées de violet ou de rouge-vineux. Capsules globuleuses, charnues, de 10 mm. à 15 mm. de diamètre, d'un rouge vif à maturité, glabres, même dans le jeune âge.

Cette Marantacée est bien connue dans tous les pays forestiers africains, notamment à la Côte-d'Ivoire. Les feuilles cousues les unes aux autres forment de véritables tuiles végétales à l'aide desquelles on couvre les cases.

Nous devons enfin signaler une autre Marantacée dont les feuilles sont aussi parfois employées et qui est particulièrement abondante dans les régions forestières de la Côte d'Ivoire où vit le Kolatier. C'est le *Thaumatococcus Danielli* (Benn.) Benth.

Ses caractères sont les suivants :

Plante de 1 m. 50 à 3 m. 50 de haut, avec un long rhizome rampant près de la surface du sol, émettant de 1 à 3 très grandes feuilles et un épi florifère aphylle inséré près de l'une d'elles. Feuille à pétiole cylindrique, long de 1 m. 50 à 3 m. 50, à callus de 14 cm. à 20 cm. de long, glabre. Limbe papyracé ovale ou largement oblong, arrondi à la base, brièvement apiculé au sommet, long de 35 cm. à 50 cm. sur 22 cm. à 36 cm. de large. Epis florifères simples ou rameux, courts, denses, portés sur des pédoncules pubescents de 3 cm. à 4 cm. de long. Bractées oblongues de 25 mm. de long, promptement caduques. Fleurs d'un blanc-lilas, légèrement violacées ou pourprées, longues de 30 mm., insérées par deux à l'aisselle de chaque bractée, à sépales oblongs libres jusqu'à la base. Fruits insérés au ras du sol et parfois à demi enterrés, trigones indéhiscents, de 4 cm. à 4 cm. 5 de diamètre, d'un rouge-vif à maturité, à angles ailés. Graines subtriquètres, longues de 20 mm. à 22 mm., à tégument scléreux, noir, très dur, épais de 1 mm. 5, complètement enveloppé par une arille blanche, translucide, ressemblant à de la gélose.

Plante excessivement commune dans la forêt vierge africaine, surtout sur l'emplacement des anciennes plantations établies dans la forêt. Elle est, en certains endroits caractéristiques des clairières, à la lisière de la forêt et des sous-bois clairsemés. Son arille extrêmement sucrée rappelle la saveur du réglisse ou de la saccharine. Cette saveur persiste plusieurs heures dans la bouche et si l'on met seulement un fragment sur la langue, tous les liquides que l'on boit et surtout l'eau paraissent sucrés encore longtemps après.

Noms indigènes. — *Urugua méremné* (bakoué); *Bobo abi* (néyau); *Bogridjia* ou *Bobruidja* (bété).

Les feuilles de Marantacées que nous venons de décrire sont de beaucoup les plantes les plus recherchées pour l'emballage des Kolas, surtout celles du *Clinogyne Schweinfurthiana*. Ces feuilles se vendent par charges entières sur tous les marchés du Pays Dyola ou des environs de Beyla. On n'a que la peine de les cueillir dans les bois environnants. A Beyla même, on donne 50 feuilles de *Clinogyne* pour une noix de Kola. A Lola, Nzo, Oua, ce commerce est fait par les enfants qui circulent à travers des groupes de vendeurs de Kolas, portant les bottes de feuilles *d'Orofira* à la main, et criant leur marchandise.

D'autres confectionnent des emballages tout préparés avec plusieurs lits de feuilles imbriquées les unes sur les autres. Ce travail est fait avec une très grande dextérité. Dans les pays à Kolas, les feuilles sont toujours employées à l'état frais ; celles qui ont servi à apporter les noix au marché sont jetées et aban-données sur la place du marché qui finit par en être encom-brée. Comme les plantes produisant ces feuilles manquent dans le Nord, les dioulas conservent l'emballage *d'Orofira* pendant toute la durée de leur voyage. Lorsque les feuilles sont deve-nues sèches et grisâtres, on se contente de les humecter chaque fois qu'on ouvre la charge.

Dans certaines régions, notamment à Beyla, on emballe aussi parfois les Kolas qui ne doivent pas être exportés très loin avec les larges feuilles de certains arbres répandus dans la forêt ou dans les galeries forestières.

Une des feuilles les plus employées pour cet usage est celle du *Mitragyne macrophylla* Hiern. = *Nauclea stipulosa* DC., grand et bel arbre de la famille des Rubiacées, s'élevant à 30 m. ou 35 m. de hauteur et fournissant un bois utilisé dans l'ébénis-terie sous le nom de *Bahia* ou *Tilleul d'Afrique* (1). Les feuil-les obovales, entières, fortement nerviées et coriaces, atteignent de 30 cm. à 50 cm. de long sur 15 cm. à 30 cm. de large (Fig. 47) Les fleurs sont en petites boules pédonculées, réunies en panicule terminale.

A. Chevalier.— Première étude sur les Bois de la Côte d'Ivoire, *Végét. ut. Afr. trop.*, V, 1909, p. 228.

La plante porte les noms suivants : *Popo* (malinké), *Powo* (Kissi), *Poboï* (toma), *Kwo-Kwo* (baoulé), *Bahia* (agni), *Sofo* (attié). La charge de ces feuilles se vend 0 fr. 30 au marché de Beyla.

Parfois enfin, on garnit l'intérieur des paniers destinés au transport des Kolas à l'aide des feuilles de plusieurs espèces d'*Anthocleista*, plantes remarquables de la famille des Loganiacées, à rameaux étalés en candélabre et terminés par des bouquets de feuilles qui peuvent dépasser 1 m. de longueur.

D'autres végétaux ont encore été cités comme fournissant des feuilles servant à l'emballage des Kolas; mais, comme nous ne les avons jamais vus employer, nous les passons sous silence.

Soins à donner aux Kolas en cours de route.

Les noix de Kola doivent être l'objet de soins attentifs pendant que dure le transport par caravanes. Les paniers doivent être ouverts tous les 5 ou 6 jours et humectés avec de l'eau que le dioula met dans la bouche et pulvérise en projetant le jet sur les noix qu'on remue en même temps. On les laisse un peu à l'air avant de fermer le panier. Les noix avariées sont retirées et jetées ou vendues de suite. Celles qui se fanent sont mises quelque temps dans l'eau où elles reprennent leur turgescence primitive.

Emballage pour les expéditions de Kolas frais en Europe.

Les noix bien emballées, expédiées de la Côte Occidentale d'Afrique, parviennent très fraîches en Europe, sans qu'il soit nécessaire de s'en occuper pendant les 10 ou 15 jours que dure la traversée. A plus forte raison, les noix expédiées par mer, de Sierra-Léone vers la Gambie ou le Sénégal, y arrivent en bon état, de même que celles qui sont expédiées de la Gold-Coast à Lagos.

Pour les expéditions d'une colonie à l'autre, on se contente ordinairement de garnir l'intérieur des paniers d'*Orofira*. Parfois, cependant, on intercalle entre les lits de noix des lits de sable ou d'*Orcfira*. Les paniers employés pour l'emballage des noix de Sierra-Léone sont ronds ou en forme de cigare et leur poids, quand ils sont remplis, ne dépasse pas 80 kilogs (environ 186 livres net). Parfois aussi. on emploie des paniers d'un quintal (112 livres).

De la Gold-Coast pour Lagos, les expéditions se font dans de grands paniers très solides, pesant 450 kilogs environ et munis à la partie supérieure d'une oreille qui permet de les embarquer et de les débarquer à l'aide d'une grue (Fig. 46).

(Cliché communiqué par M. H. Pillot)

Fig. 46. — Grands couffins pour le transport des Kolas par mer.

Les petites quantités de noix fraîches arrivant chaque année en Europe y parviennent différemment emballées. Souvent on se contente de mettre les noix dans des paniers garnis d'*Orofira* ou dans du sable. C'est ce qui explique qu'elles arrivent parfois avec un goût de moisi ou même qu'elles soient davan-

FIG. 47.— **Un Orotira**

Feuille et rameau de *Mitragyne macrophylla* Hiern.

tage avariées. Parfois les noix arrivent aussi en Europe, enrôbées dans la terre glaise (Christy in Heckel).

Dans ces dernières années, on a importé des noix en Allemagne, emballées dans la *Tourbe*. Elles sont toujours arrivées à Hambourg en parfait état. C'est ce procédé d'emballage qu'il convient de recommander ; il est très peu coûteux et protège en outre les noix contre la gelée si l'importation se fait en hiver.

On a aussi conseillé l'utilisation des glacières sur les paquebots, mais nous pensons que les noix, ainsi conservées à l'état frais, ne tarderaient pas à s'avarier dès qu'elles seraient ramenées à la température ordinaire.

Préparation du Kola séché.

On sait qu'une grande partie du Kola expédié en Europe est préalablement séché avant d'être emballé. Il en arrive ainsi environ 300 tonnes, chaque année, par le port de Liverpool, provenant principalement de la Nigéria, du Congo (autrefois, plus maintenant), de l'Angola, de Sierra-Léone, de la Jamaïque.

On emploie ordinairement pour cette préparation les amandes ayant 3 à 6 cotylédons, fournies par le *C. acuminata* et le *C. Ballayi*, beaucoup moins appréciés des indigènes.

Les amandes sont étendues sur des aires, au soleil. Les cotylédons se séparent pendant que la dessication s'opère. Ordinairement, pour faciliter celle-ci, on casse d'abord l'amande en petits morceaux qui sèchent plus vite, ou plus simplement on les sépare de leurs cotylédons qui se vendent alors sur le marché européen sous les dénominations de Kolas-demis pour les sortes à deux cotylédons et Kolas-quarts pour les sortes à 4-6 cotylédons.

Il faut éviter, en tous cas, les moisissures, les Kolas moisis n'ayant plus de valeur et pouvant contaminer les morceaux bien séchés dans les sacs où on les emballe pour les transporter en Europe.

Une certaine quantité de Kolas ainsi apportés en Europe ne sont autre chose que des Kolas destinés primitivement à être vendus comme noix fraîches et qu'on n'a pas su protéger contre la dessication. L'indigène des régions côtières du golfe de Guinée apporte ces noix à la factorerie.

Saussine recommande de faire sécher les noix au soleil ou dans une sécheuse artificielle. « Certains auteurs, ajoute-t-il, recommandent de couper les noix fraîches en cossettes minces et les sécher, à l'étude, à 60°, en élevant progressivement la température de manière à finir vers 100°. » (1)

Il est certain que ce procédé serait beaucoup plus rationnel, mais il ne peut être pratiqué que dans des exploitations européennes, par exemple à la Jamaïque et à La Trinidad, où des Kolatiers existent fréquemment dans les Cacaoyers.

(1) Saussine.— Culture du Kolatier dans les Antilles. *Rev. Cult. Colon.*, II, 1898, 1er sem., p. 41.

CHAPITRE XVIII.

Le commerce et la Géographie commerciale des noix de Kola.

Dans une grande partie du Soudan, les noix de Kola constituaient déjà un article commercial important au xii° siècle de
notre ère. C'est très probablement le trafic de cette denrée qui
attira vers le xiii° siècle, à l'époque de la prospérité de l'Empire de Mali, des commerçants mandés vers les contrées méridio-
nales du Soudan, à proximité des pays producteurs de la précieuse noix (1). Ces commerçants, originaires du moyen Niger,
ont fait souche dans les pays où ils avaient émigré. Ils ont formé
les colonies importantes de *dioulas* des régions de Beyla,
Boola, Touba. Dans tous les pays compris entre le Ouorodougou et Séguéla à l'ouest, entre Bobo-Dioulasso et Bondoukou à
l'est, ils ont constitué l'importante confédération des *Mandés-*

---

(1) M. LIURETTE raconte, dans ces termes, l'origine des peuplades habitant
la région de Beyla :

« Entre le vii° et le xi° siècle de notre ère, la race *Sérère* aurait été disloquée
et les *Tómas* en seraient une fraction.

« Quant aux *Mandés* originaires du Niger, ils vinrent au xiii° siècle se fixer
dans le pays des Kolas. Toumané Kouroula, originaire des pays mandingues,
quitta son village vers 1320, accompagné de ses deux frères. Ils se livrèrent
pendant deux années au commerce des Kolas, puis ils s'installèrent dans un
petit village abandonné qu'ils nommèrent Tomandougou (village *Tóma*), où ils
appelèrent d'autres compatriotes qui vinrent grossir le village situé sur le versant ouest de la montagne Tourou, près de la rivière Milo. Le plus jeune des
trois frères fut envoyé par son aîné à la recherche d'une nouvelle terre et fonda
le village de Tina, situé dans le Ouorodougou et dont Kérouané est la capitale.

« Un poste français fut installé à Kérouané en 1892 et devint chef-lieu de ce
Cercle. Le Cercle de Beyla fut créé en 1894, mais ce n'est qu'en 1898 que nos
troupes, poursuivant les hordes de Samory, parvinrent sur les confins Sud du
Cercle, dans le pays produisant les Kolas. »

(LIURETTE, Archives de Beyla. *Mss.*, 1908).

Dioulas qui vit encore aujourd'hui en grande partie du commerce des Kolas. Plus à l'est encore, au nord de l'Achanti, les traficants mandés forment, dans le Mossi, de nombreux groupements, mais ils n'y seraient venus qu'au XVIII° siècle. On les nomme *Yarsés* ; ils n'ont presque aucun contact avec les Mossis et ils ont conservé encore l'usage de la langue Mandé. Enfin, au sud-est, dans les contrées comprises entre le Pays Achanti et la Nigéria, spécialement dans le nord du Togo et du Dahomey, de nombreux *Haoussas* venus de l'est, à une époque également reculée et pour y faire aussi le commerce des Kolas, ont de leur côté constitué divers villages sur les routes suivies par les caravanes allant à la Nigéria. Enfin, au cœur même de l'Afrique, dans l'Adamaoua, les Haoussas et les Foulbés ont été aussi depuis longtemps attirés par le commerce des Kolas.

C'est par milliers que les caravanes, transportant parfois des centaines de charges de Kolas, circulent chaque année sur les sentiers du Soudan.

Ce commerce n'est pas resté localisé à l'Afrique occidentale. Chaque année, les noix de *gouro* sont encore apportées au centre de l'Afrique centrale, dans les provinces du Baguirmi, de l'Ouadaï et du Darfour. A l'heure actuelle, ce trafic est insignifiant dans ces États, mais il a dû être très développé à l'époque de leur pleine prospérité.

Les noix de Kola pénètrent encore dans les oasis sahariens, puis à Tripoli et à Benghazi, enfin à l'oasis de Koufra, mais elles n'y arrivent qu'à l'état de Kola sec.

D'Afrique, le commerce est passé dans l'Amérique du sud. Les descendants des esclaves importés au Nouveau-Monde, sont devenus friands de la denrée prisée par leurs ancêtres. Vers 1850, d'après F. WELWITSCH, la province d'Angola exportait une grande quantité de noix de Kolas au Brésil.

Enfin, vers le milieu du siècle dernier, les noix de Kola à l'état frais et surtout à l'état sec ont commencé à être importées en Europe ; elles ont trouvé des débouchés d'abord restreints pour certaines préparations pharmaceutiques ; en 1895, l'usage en a été admis au *Codex français* ; puis l'utilisation de la noix pour la fabrication de certaines liqueurs apéritives ou fortifiantes a permis, depuis une quinzaine d'années, l'importation de quantités de plus en plus élevées et il n'est point douteux que ce commerce ira en s'étendant d'année en année.

Cependant c'est en Afrique tropicale, chez la plupart des peuples de race noire, que la consommation des Kolas atteint depuis longtemps le chiffre de beaucoup le plus élevé et elle est susceptible d'y prendre, dans l'avenir, une extension presque illimitée.

Déjà dans la plupart des colonies où les nations européennes ont apporté la paix et la liberté commerciale et surtout là où elles ont amélioré les voies de communication et accru les ressources indigènes, le commerce dont il s'agit a pris un développement prodigieux ; la noix de Kola est la denrée de luxe par excellence. Tout accroissement de richesse chez le noir amène presque inévitablement l'accroissement de la consommation des Kolas.

M. H. Fillot a donné pour l'année 1903, dans le tableau suivant, publié en 1906, le montant de la valeur des Kolas consommés ou exportés par les pays bordant le golfe de Guinée

Valeur en francs des Kolas produits par les divers pays de l'Ouest africain (d'après Fillot).

	XPORTÉS par mer	EXPORTÉS par terre	CONSOMMÉS sur place	TOTAUX
Guinée française........	50.000	1.000.000	500.000	1.550.000
Sierra-Léone ...·.......	1.954.000	1.000.000	1.000.000	3.954.000
Liberia................	225.000	1.000.000	500.000	1.725.000
Côte d'Ivoire..........	1.836	1.000.000	1.000.000	2.001.836
Gold-Coast.............	1.124.025	4.000.000	1.000.000	6.124.025
Togo.	181.000	500.000	200.000	881.000
Dahomey..............	65.835	116.610	100.000	292.445
Nigeria...............	»	»	500.000	500.000
Cameroun	60.200	»	100.000	160.200[1]
Totaux.....	3.360.396	8.616.610	4.900.000	117.177.006

(1) Ce chiffre ne comprend pas les Kolas du district de Tibati, exportés dans l'Adamaoua.

L'Afrique équatoriale française, qui exporte une assez grande quantité de Kolas par la Haute-Sangha, n'est pas mentionnée dans ce tableau. D'autre part, le Togo produit moins de Kolas que ne l'indique ce tableau.

« On peut dire sans aucune exagération, ajoutait le même auteur, que cette somme est doublée par les transactions successives survenant par suite de ventes, c'est-à-dire qu'il se fait annuellement sur les Kolas, en Afrique occidentale, un chiffre d'affaires de *plus de 34 millions de francs* (1) ».

Les chiffres donnés par M. H. FILLOT sont aujourd'hui au-dessous de la réalité pour plusieurs colonies citées.

Pour notre part, nous pensons que la production annuelle mondiale de noix de Kola peut être évaluée actuellement à environ 20.000 tonnes, se répartissant ainsi par pays :

Guinée française...............	2.000 tonnes
Sierra-Léone..................	2.000
Libéria.......................	1.000
Côte d'Ivoire.................	3.000
Gold-Coast...................	5.000
Togo.........................	100
Dahomey.....................	500
Nigéria......................	2.000
Cameroun	1.400
Congo français...............	1.000
Colonies portugaises.........	1.000
Autres pays..................	1.000
Total........	20.000 tonnes

Nous mentionnons dans ce tableau les quantités de noix qui sont consommées sur place ou qui donnent lieu à un trafic d'exportation.

Quant à la provenance botanique de ces noix, elle se répartit ainsi :

Cola nitida..................	15.000 tonnes
Cola acuminata..............	4.000
Colla Ballayi et divers........	1.000

La consommation de nos colonies peut être ainsi évaluée :

Sénégal et Mauritanie.........	1.000 tonnes
Haut-Sénégal-Niger..........,	2.500
Guinée française..............	1.500
Côte d'Ivoire.................	1.000
Dahomey.....................	500
Afrique équatoriale et Tchad. .	500
Total..... ...	6.500 tonnes

(1) Henry FILLOT.— La noix de Kola. *Bull. Soc. Acclim.*, LIII, 1906, p. 257.

L'Afrique occidentale française doit importer chaque année
environ 1.500 tonnes de noix de Kola provenant de Sierra-
Léone, de l'hinterland de Libéria et de la Gold-Coast.

D'après les statistiques publiées par le *Gouvernement général de l'Afrique occidentale française* pour 1908, les importations et exportations de noix de Kola constatées officiellement,
ont atteint les chiffres suivants (valeur en francs) :

	Sénégal et Ht-Sén. Nig.	Guinée française	Côte d'Ivoire	Dahomey	Total
Importations...	2.799.544	282.928	1.843	114.906	3.199.221
Exportations...	5.724	64.008	2.748	65.052	137.352

Le commerce (importation) des Kolas en Afrique occidentale
représenterait 2,7 % de la valeur totale des importations et le
commerce (exportation) 0,2 % de la valeur des exportations.

LE COMMERCE DES CARAVANES. LES DIOULAS.

Nous devons consacrer un paragraphe spécial aux caravaniers qui détiennent le monopole du commerce indigène en Afrique Occidentale et Centrale, qu'il s'agisse de noix de Kola, du
bétail ou de toute autre marchandise.

Ces commerçants ambulants sont aujourd'hui connus dans
toute l'Afrique occidentale sous le nom de *dioulas*. On donne
au contraire le nom de *traitants* aux commerçants indigènes
installés à poste fixe en certains points importants et recevant
leurs marchandises soit des dioulas, soit des factoreries européennes.

Le *dioula* est l'âme du commerce soudanais ; c'est lui qui dis-
sémine la richesse à travers toutes nos possessions africaines.
Sa vie se passe à transporter des marchandises depuis les centres habités par les Européens, jusqu'aux villages les plus éloignés dans la brousse ou dans la forêt.

La vie précaire menée par le *dioula* a été décrite avec beaucoup de précision par BINGER (1) et aujourd'hui encore il y a peu
à modifier à l'esquisse qu'il traçait en 1892.

« Il faut envisager l'existence que mènent ces gens-là. Ils

(1) BINGER.— L. c., I, p. 313.

marchent chargés chacun avec 30 ou 40 kilogrammes, et cela pendant la plus grande partie de la journée.

« Arrivés à l'étape, il faut piler et préparer les aliments, couper du bois, chercher de l'eau souvent à plusieurs kilomètres de distance. S'il y a un enfant dans le ménage, souvent la femme le porte sur le dos. Ils vivent sans feu ni lieu.

« Surpris par les pluies, ils voyagent quand même, supportant toutes les intempéries sans se plaindre.

« Quand le noir a travaillé avec sa femme pendant un an, il achète un esclave ; c'est la meilleure acquisition qu'il puisse faire ; c'est un auxiliaire de plus pour travailler ; il vivra de la même façon que ses maîtres ; le bien-être des uns rejaillit sur les autres dans cette vie en commun.

« Quand le cas se présente où l'esclave se sauve, le maître n'en est pas découragé pour cela. « C'est la volonté du Tout Puissant », dit-il avec résignation. « Je vais aller chercher la fortune, *in chi Allaho*, « si Dieu le veut ». Et il recommence.

« Ne blâmons pas trop ce malheureux nègre. S'il y en a qui attendent paisiblement allongés sur leur natte l'occasion d'agrandir leur famille et d'augmenter leur bien-être par des rapines ou une guerre, il y en a d'autres qui sont bien méritants, et ce ne sont pas les moins nombreux. »

On pouvait croire, il y a quelques années, que la création d'importants moyens de transport modernes (chemins de fer et bateaux à vapeur) et la suppression définitive de la traite des esclaves allaient désorganiser cette intéressante corporation des dioulas et tuer le commerce des caravanes.

Il n'en a rien été heureusement.

Avec une admirable souplesse, les caravaniers indigènes se sont adaptés aux nouvelles conditions sociales et économiques que nous avons créées en Afrique. Ils ont déserté les grandes routes, parcourues aujourd'hui par les locomotives, où ils n'avaient plus rien à faire ; beaucoup ont cessé de venir chercher à la côte les marchandises indispensables qu'ils trouvent à bon compte dans les maisons européennes, installées dans l'intérieur ou à l'extrémité actuelle des voies ferrées.

Par contre, ils se sont répandus dans tous les points de l'immense domaine que nous avons pacifié. Chez toutes le peuplades qui leur fermaient autrefois leur territoire, ils viennent aujour-d'hui apporter leurs objets de pacotille et drainer les produits naturels d'exportation. Ils pénètrent jusqu'au cœur de la forêt vierge, jusqu'au sommet des falaises rocheuses des Habés de la Boucle du Niger, ou jusqu'au haut des pitons granitiques difficilement accessibles, habités par les Touras du Haut-Sassandra.

S'ils n'ont plus la possibilité d'acheter de nouveaux esclaves, ils trouvent, par contre, des hommes devenus libres ou des familles entières qui consentent à associer leur fortune à des chefs de caravane, moyennement une rénumération proportion-nelle aux bénéfices réalisés en commun.

Sans ces caravaniers, une grande quantité de produits, comme le caoutchouc, la gomme copal, le bétail, ne pourraient pas affluer vers la côte. Ils sont aujourd'hui, comme autrefois, l'âme de la vie économique du Soudan et ainsi que nous le constatons au cours de notre récent voyage, jamais leur nombre n'a été aussi grand et leur action aussi féconde pour le grand com-merce.

LES TRANSPORTS PAR CARAVANES.

Les transports de noix de Kolas se font presque toujours à tête d'homme. Les noirs transportent de 25 à 35 kilog. et par-courent de 25 à 35 kilomètres par jour; en saison de pluies, ils font des étapes beaucoup plus courtes; pendant cette période employée à cultiver la terre, les trànsactions sont fort ralenties et peu de caravaniers circulent à travers la brousse.

Ce sont presque toujours des jeunes hommes de 15 à 35 ans qui font les transports; la femme porte seulement les enfants et les ustensiles du ménage. Cependant dans le moyen et le haut Dahomey, ainsi qu'à la Gold-Coast et dans la forêt de la Côte d'Ivoire, les femmes portent aussi des charges de Kolas.

En beaucoup de régions de la Boucle du Niger, spécialement chez les Mandé-Dioulas et au Pays Mossi, on emploie le bœuf comme animal porteur. La charge d'un animal en bon état est de 150 kilogrammes; ils parcourent 30 kilomètres environ par jour.

L'âne est aussi très employé comme animal de transport, spécialement au Mossi. « Il ne va pas très vite (3 kilomètres à l'heure), mais il se nourrit facilement et supporte bien la soif. Sa charge est de 70 à 80 kilogrammes » (1).

« Le cheval sert à peu près uniquement de monture ; il n'y a guère d'exception que pour les petits chevaux *Kotokoli* du Dahomey (taille : 1 mètre), qui servent fréquemment au transport des Kolas dans cette région ».

Dans le nord de la boucle du Niger, on emploie aussi parfois au transport des Kolas le chameau, mais cet animal ne rend véritablement de services que dans le Sahara ; la limite extrême où il peut s'avancer vers le sud en saison sèche est située entre Dori et Ouagadougou. Le long du Niger, il vient parfois jusqu'à Say.

CHUDEAU pense que l'on pourra un jour utiliser la voiture en Afrique tropicale, pour effectuer les petits parcours à droite et à gauche des voies ferrées. « L'expérience a déjà montré que l'on peut atteler les bœufs du Soudan. La grosse difficulté provient de la rareté des routes. La plupart des pistes sont encore inabordables même à des voitures légères comme les *araba* » (2).

LES TRANSPORTS PAR EAU.

Les paquebots anglais, qui touchent fréquemment à Sierra-Léone et à la Gold-Coast, transportent des noix de Kolas soit vers Lagos, soit vers la Gambie et vers le Sénégal.

Certaines grandes voies navigables sont aussi utilisées pour le transport à l'intérieur du continent. Les Kolas destinés à la région de Kayes et au Sahel, remontent le fleuve Sénégal depuis St-Louis, sur des bateaux à vapeur.

Les petits bateaux à vapeur et les chalands installés sur le moyen Niger et sur ses principaux affluents, le Milo et le Bani, sont aussi parfois utilisés pour effectuer des transports de Kolas dans le Soudan occidental.

Enfin un trafic indigène intense se fait par de grandes pirogues indigènes pouvant porter plusieurs tonnes, circulent fré-

---

(1) CHUDEAU. — Le grand commerce indigène de l'Afrique occidentale. *Bull Soc. Geogr. commerc.*, XXXII, 1910, p. 404.

(2) CHUDEAU. — *L. c.*, p. 412.

quemment sur le Niger entre Koulicoro, Ségou, Djenné, Mopti, Tombouctou, Gao.

Sur tous les autres fleuves de l'Afrique occidentale, on ne trouve que de petites pirogues peu stables et peu. étanches, rarement employées pour convoyer les précieuses amandes.

LES TRANSPORTS PAR CHEMINS DE FER.

La construction des voies ferrées en Afrique tropicale, commencée depuis 1880, a doté le continent noir, dépourvu jusqu'alors de routes, de moyens de transports perfectionnés.

Aussi, dans tous les pays traversés par le rail, le commerce indigène a pris rapidement un grand essor. Des maisons européennes se sont installées à l'intérieur de l'Afrique. Le dioula y trouve les denrées qu'il allait chercher autrefois à des milliers de kilomètres. Le bien-être de l'indigène s'est aussi développé dans certains pays, de sorte que la puissance d'achat des denrées de luxe et notamment des noix de Kola s'est accrue beaucoup.

Aujourd'hui les Pays produisant des noix de Kola ou en consommant sont desservis par environ 6.000 kilomètres de voies ferrées. En Afrique Occidentale française, il en existe plus de 2.000 kilomètres. Par ces voies les Kolas sont transportés de la Côte jusqu'au cœur des pays de consommation. Le chemin de fer de la Gold-Coast qui pénètre dans les pays de production de l'Achanti, apporte les noix au port de Sekondee où elles sont embarquées à destination de Lagos.

Lorsque le chemin de fer de la Guinée sera prolongé dans la direction de l'hinterland de Libéria, il drainera lui aussi vers le Soudan et vers le Sénégal, les quelques milliers de tonnes de noix que produisent actuellement la Haute-Côte d'Ivoire occidentale, le Haut-Libéria et le territoire militaire de la Guinée française.

MONNAIES EMPLOYÉES POUR LES ACHATS DE KOLAS.

Les espèces monnayées d'Europe, les monnaies françaises en bronze et en argent, dans nos colonies, tendent de plus en plus à remplacer même dans les transactions entre indigènes, les objets qui servaient de monnaie dans les diverses régions de l'Afrique tropicale avant l'occupation européenne.

Cependant, en plusieurs régions de l'Ouest africain, l'emploi de certains de ces objets a encore persisté et ils servent en particulier à acheter les noix de Kola sur les lieux de production.

Les plus courantes de ces monnaies sont les *cauris* (1), les *guenzés*, les *sombés* et les *manilles*.

On sait que les *cauris* (*kourdi* de la Nigéria) sont les coquilles d'un petit mollusque gastéropode, le *Cypræa moneta*, que l'on recueillait en grande quantité sur la côte de Zanzibar aux XVIIIᵉ et au XIXᵉ siècles, pour les importer à la Côte occidentale d'Afrique comme monnaie. Ce sont des grains blancs, de la taille d'une grosse noisette, plans d'un côté, convexes de l'autre (Fig. 48, 3, 3', 3"). En beaucoup de régions, notamment en Guinée française, au Dahomey, les cauris ont perdu presque toute valeur marchande, mais ils ont encore cours dans la Nigéria anglaise et en diverses parties de notre Soudan. Le cours, très différent suivant les régions, varie de 800 à 2.000 cauris pour un franc. En beaucoup d'endroits, ils ne s'emploient plus que comme objets de parure.

Le *guenzé* est un morceau de fer grossièrement forgé, ayant la forme d'une petite tige aplatie, courbée à l'extrémité et pesant 100 à 150 grammes. Il vaut de 0 fr. 15 à 0 fr. 40 suivant les régions et les cours. C'est la monnaie la plus courante depuis le sud du Kissi jusqu'au cœur du Pays Dyola et c'est lui qu'on emploie comme moyen de transaction dans tout l'hinterland de Libéria.

Le *sombé* (Fig. 48, *1*) n'est qu'une variété de guenzé. C'est une petite barre de fer de 10 à 15 centimètres de longueur, d'une forme particulière. Pour les gros achats on les emporte par paquets de 20 pesant environ 2 kilogs. Les sombés se fabriquent dans la région de Touba. Une somme de 15 ou 20 francs en sombés représente la charge d'un homme. Cette monnaie a cours dans tout le Pays Bété et chez les Lôs ou Gouros.

Tout le long de la Côte d'Ivoire, jusqu'à 100 ou 150 kilomètres dans l'intérieur, on se sert dans les transactions de *manil-*

(1) Se nomment encore suivant les régions : Koris, Kouris, Kourdis.

les (Fig. 48, 2), sortes de bracelets ouverts formés d'un alliage de cuivre et de fer et qu'on peut passer autour du bras en guise de bracelets.

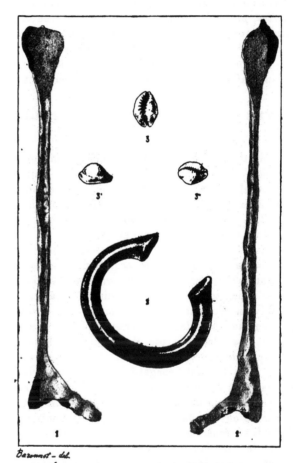

FIG. 48. — Monnaies pour l'achat des Kolas (demi-grandëur). 1, *Sombé* ; 2, *Manille* ; 3, 3', 3'', *Cauris*.

La valeur des manilles est de 0 fr. 20 environ pièce ; on les transporte par paquets de 20 et 40 francs de cette monnaie représentent la charge d'un homme (1). Dans certaines parties de l'Afrique équatoriale française, on emploie comme monnaie des bracelets analogues connus sous le nom de *barrettes*.

Enfin, dans beaucoup de régions du même pays, ce sont des *verroteries*, *perles bayakas* ou autres, qui servent d'unité de monnaie. Dans la Haute-Sangha, les Haoussas achètent les Kolas contre des *thalers*, pièces de monnaie en argent, valant environ 3 francs, frappées à l'effigie de Marie-Thérèse et ayant cours dans l'Afrique centrale et orientale jusqu'à l'Abyssinie.

DROITS DE DOUANE ET TAXES SUR LES KOLAS DANS LES COLONIES FRANÇAISES.

Les droits de douane sur les Kolas entrant dans nos diverses colonies de l'Afrique Occidentale sont loin d'être uniformes.

Au Sénégal, les Kolas provenant des pays étrangers sont astreints à un tarif d'importation de 0 fr. 75 par kilog. Il est fait exception pour les Kolas entrant en Casamance, qui paient seulement un droit de 0 fr. 40 par kilog.

Les Kolas destinés au Haut-Sénégal-Niger, ainsi que ceux entrant dans la Guinée française, acquittent le même droit que ceux entrant au Sénégal. Les noix provenant de l'hinterland de Libéria et pénétrant soit dans la Guinée française, soit dans la Côte d'Ivoire, doivent acquitter le même droit de 0 fr. 75 par kilog., bien que leur valeur dans ces régions soit très inférieure par rapport à la valeur à la côte. Il en résulte que la taxe s'élève parfois à plus de 100 % *ad valorem*. Les Kolas de l'Achanti pénétrant dans le Haut-Sénégal-Niger par l'hinterland de la Gold-Coast sont taxés à 10 % *ad valorem*, la taxe étant établie d'après la valeur des noix à la frontière même (cette valeur est de 1 franc environ par kilog. de noix). Les noix provenant de l'Achanti et transitant dans l'hinterland du Dahomey, à destination de la Nigéria ne paient pas de taxe.

Le droit d'entrée dans les ports de la Côte d'Ivoire, colonie soumise à la convention du 15 juin 1898, est de 0 fr. 50 par kilog.

(1) Voir MARAVAL.— *La Géographie*, XXI, 1910, 1ᵉʳ sem., p. 209.

Enfin, au Dahomey, pays soumis à la même convention, les Kolas sont exempts de droits à l'entrée.

Les noix de Kola, produites par nos colonies de l'Ouest-Africain et circulant dans ces colonies, sont exemptes de taxe. Il faut, toutefois, faire une exception pour les noix produites par la Côte d'Ivoire. Celles-ci étaient, jusqu'à ces dernières années, soumises à une taxe de circulation de 0 fr. 50 par kilog., taxe prélevée en vertu d'un arrêté du Gouverneur de la Côte d'Ivoire en date du 24 novembre 1906, arrêté substitué à celui du 3 juin 1905, qui avait fixé un droit de consommation de 10 % *ad valorem* sur les Kolas récoltés et consommés. En 1908, cette taxe a été abaissée au taux beaucoup plus rationel de 0 fr. 25 par kilog.

Dans les pages qui vont suivre, nous examinerons en détail les procédés de commerce et l'importance des transactions en passant en revue d'abord les pays producteurs de Kolas, ensuite les pays où s'en fait la plus grande consommation.

I. — COLONIES FRANÇAISES.

A. — *Pays producteurs de Kolas.*

1° GUINÉE FRANÇAISE.

La Guinée produit des Kolas pour l'exportation ; dans toute la zône littorale, dans le Kouranko, dans le Kissi, enfin dans les pays Tômas et Guerzés. Elle en importe sur tous les marchés de l'intérieur de la colonie dans les régions qui n'en produisent pas, notamment dans le Fouta-Djalon, dans les Cercles de Duinguiray, Siguiri, Kouroussa, Kankan, Beyla. Ils proviennent du sud-est de la colonie ou de la région côtière. Beaucoup de Kolas, provenant de Liberia ou de la Côte d'Ivoire, transitent aussi à travers les Cercles précédents pour être ache minés ensuite vers le Sénégal et le Soudan. Les statistiques douanières n'enregistrent que les quantités qui sortent par mer, quantités s'élevant à environ 50.000 kilogs par an, d'une valeur d'environ 100.000 francs.

Le tableau suivant, communiqué par l'administration de l'Office colonial, donne les chiffres pour les époques les plus récentes :

Exportation totale en 1907........	21.575	kilos	
—	1908........	30.662	
—	1909........	59.932	valant 119.864 fr.
1ᵉʳ trimestre de	1910........	50.953	101.906 fr.

Exportations mensuelles de janvier 1909 à mars 1910.

1909 Janvier........	9.945	kilos	19.890 francs.
Février........	16.453		32.906
Mars...........	16.992		33.984
Avril	7.249		14.498
Mai...........	1.826		3.652
Juin...........	1.191		2.382
Juillet.........	1.307		2.614
Août...........	»		»
Septembre......	238		476
Octobre.........	47		94
Novembre.......	102		204
Décembre.......	4.932		9.864
1910 Janvier.........	66.883 (1)		133.766
Février.........	10.282		20.564
Mars...........	18.788		38.576
	95.953		192.906

D'après les renseignements compulsés par Chudeau dans le *Bulletin du Comité de l'Afrique française*, la Guinée a importé en 1904 pour 2.007.793 francs de Kolas ; en 1905, seulement pour 772.000 francs; en 1907, pour 544.000 francs.

En 1908, l'importation n'a plus été que de 282.928 francs.

Ces chiffres n'ont pas grand valeur ; ils ne correspondent qu'à une estimation approximative des importations par la frontière

(1) Ce chiffre paraît anormal et excède les exporta tions habituelles de la Guinée.

du Libéria et par la frontière intérieure de Sierra-Léone (1),
puisqu'aucune importation appréciable ne se fait par les ports.
Or, comme nous le verrons plus loin, une grande quantité de
Kolas entre en fraude par la frontière libérienne et d'autre part
les noix qui acquittent la taxe sont mercurialisées par la douane
à un chiffre tout à fait arbitraire.

1° *Région littorale.* — Ainsi que nous l'avons déjà dit, les
Kolatiers sont communs autour des villages Soussous, dans les
vallées chaudes et humides de la région maritime, surtout dans
les vallées du Rio-Pongo et de la Mellacorée (2). Ce sont ces
régions qui fournissent à elles seules les Kolas exportés par le
port de Conakry et figurant dans la liste précédente. Les exportations par mer atteignent 50 tonnes environ ; les bonnes années ce chiffre est dépassé.

Les noix les plus estimées et les plus grosses sont celles du
Samo dans la Mellacorée et celles du Kaloum.

Les plus belles noix vendues à Conakry pèsent de 30 à 40
grammes. Les noix rouges sont dans la proportion des 3/4 ou
des 4/5.

Celles du Koba sont plus petites et sujettes à être attaquées
par le *Sangara*. Il en est de même dans tout le Bramaya. Dans
la Mellacorée, les noix font l'objet d'un très grand commerce ;
elles constituent surtout un article d'échange. Achetées dans le
bas pays au moment de la récolte, au prix de 5 francs les 400
noix, elles sont revendues dans le haut contre du caoutchouc à
un prix élevé. Les noix du Rio-Pongo sont assez petites et attaquées par le *Sangara* dans certains villages. D'après l'administrateur A. HAUËT, les indigènes du Rio-Pongo, vendaient
autrefois toute leur production aux maisons de commerce de la
région, mais actuellement les dioulas viennent en chercher une
grande partie pour les transporter soit sur Conakry, soit surtout sur Boké. En 1908, on payait les noix, à Boffa, 5 francs les

(1) Les statistiques officielles de la Guinée, pour 1909, accusent une importation totale de 63.663 kilog. des provenances suivantes :
Libéria : 48.583 kilog., Sierra-Léone : 14.362 kilog ; autres pays : 718 kilog.
(2) D'après FAMÉCHON, les populations Baga et Mandenyi, qui habitaient la
contrée avant l'invasion soussou, avaient probablement répandu autrefois le
Kolatier dans la région et elles devaient s'adonner à sa culture, beaucoup plus
activement que ne le font aujourd'hui les Soussous.

300, soit environ 1 franc le kilog. Parvenues à Conakry, les noix sont embarquées soit à destination du Sénégal, soit à destination de la Guinée portugaise. Une notable quantité est aussi chargée sur le chemin de fer, à destination du Fouta-Djalon ou même de Kouroussa.

Le port de Conakry exporte chaque année 20 à 50 tonnes de noix de Kola, estimées de 40.000 à 75.000 fr.

En 1908, la Guinée a importé, par la frontière libérienne ou par celle Sierra-Léone, pour 282.928 francs de Kolas, alors que la valeur de ses exportations de noix pour cette même année n'atteignait que 64.008 francs.

2° *Le Kissi.* — La production du Kissi, en y comprenant aussi le Kouranko, qui lui est rattaché administrativement, est d'environ 400 tonnes de noix par an.

Les noix du Kissi sont très renommées dans tout le moyen Niger.

D'après la coloration, on distingue sur les marchés :

Noms français.	Noms kissiens.	Noms en kouranko.
Kola blanc.	*Kolo oumbo.*	*Oro gué.*
Kola rouge.	*Kolo sanga.*	*Oro oulé.*
Kola rosé.	*Kolo Kalo.*	*Oro saoura.*

Les noix ne pèsent en moyenne que 8 à 15 grammes, mais les plus grosses peuvent atteindre le poids de 40 grammes.

Le village où les dioulas concentrent la plus grande partie de la récolte avant de l'exporter vers le nord, est Kénéma ou Kissi-dougou.

Après la cueillette, qui se fait habituellement en novembre, les noix sont ordinairement triées ; celles qui sont déjà attaquées par le *Sangara* sont mises de côté et consommées par le producteur.

L'autre lot est à son tour divisé en deux parts : l'une comprenant les plus belles noix; l'autre, celles de petite et de moyenne grosseur. Celles-ci sont vendues à Kénéma et sur les marchés locaux aux dioulas et aux habitants du pays.

Le prix de vente est très variable suivant l'époque de l'année et suivant que la récolte a été bonne ou mauvaise. Les années de fort rendement, on cède, à Kénéma, 250 à 260 noix moyennes pour 5 fr. Les années de faible récolte, le prix peut doubler : on n'obtient plus que 100 à 150 noix pour 5 fr. et même si les noix sont grosses, on n'en a plus que 80. Parfois les dioulas arrivent en grand nombre au Kissi, ce qui détermine une concurrence effrénée. Les transactions se font souvent la nuit et le cultivateur en profite pour vendre les noix attaquées par le *Sangara* dont il dissimule les défauts. Par contre, à l'époque de la rentrée de l'impôt, le marchand à son tour exploite le producteur. L'indigène, toujours imprévoyant, n'a pas conservé d'argent pour acquitter sa taxe ; pour s'en procurer, il a comme seule ressource la vente des Kolas. A ce moment (c'est ordinairement pendant les premiers mois de l'année et en quelques semaines que l'administration fait rentrer tout l'impôt), le cours des noix devient très bas et on peut les obtenir à raison de 300 ou 350 pour 5 fr.

Quant aux plus grosses noix, le Kissien les conserve ordinairement quelque temps dans sa case et à la morte saison il va les vendre lui-même au marché de Bamako. Une charge, comprenant 1.500 à 2.000 noix (très rarement 3.000), peut rapporter 100 à 150 fr.

Les grosses noix se vendent en effet, à Bamako, 5 francs le lot de 50 Kolas.

Si les amandes sont très belles, elles s'écoulent très rapidement ; au contraire, les noix de petite taille se vendent lentement, car à Bamako, il en vient de toutes parts : de Conakry, de Beyla, du Ouorodougou, rarement du Kissi.

Les petites et les moyennes noix de cette province, ainsi que celles du Kouranko, s'écoulent habituellement dans les cercles de Faranna, de Kouroussa, de Kankan et jusqu'à Siguiri. Là elles se rencontrent avec les noix apportées par le Sénégal et par le chemin de fer de Kayes au Niger.

Le Kissien qui porte de grosses noix à Bamako, s'il n'en a point donné en cours de route et s'il n'en a pas perdu par le *Sangara*, peut rapporter à son village 150 fr. par charge. Son voyage a duré 45 jours (aller et retour). S'il avait vendu la

même charge à un dioula au Kissi même, il n'en eut retiré que
40 à 50 fr.

3° *Pays Tômas et Guerzés et Frontière libérienne.* — Dans
tous les pays compris dans les bassins supérieurs des rivières
Makona, Loffa et St-Paul (ou Diani), les noix de Kola donnent
lieu à un commerce considérable.

Elles constituent l'unité de monnaie la plus courante et aussi
bien pour les plus menus achats que pour le gros trafic, c'est
avec des noix qu'on solde tous les comptes. Les Kolas mis en
vente pèsent habituellement de 10 à 20 grammes ; dans la partie ouest, les noix blanches prédominent ; à l'est, on trouve surtout des noix rouges.

La principale cueillette se fait en octobre et novembre, mais
quelques noix mûrissent aussi tout au long de l'année. En outre
les indigènes conservent aussi dans des cachettes des noix
cueillies depuis longtemps et les vendent au fur et à mesure
suivant leurs besoins. Elles sont ordinairement apportées par
des femmes sur les principaux grands marchés.

Certains de ces marchés ont eu, jusqu'à ces dernières années,
une importance prodigieuse.

Les plus achalandés de la zone sud étaient ceux de : Kabaro,
de Nsapa, de Léné, de Boola, de Lola, de Nzo.

Dans la zone nord, située à 100 ou 150 kilomètres des lieux
de production sont les importants centres de Bofosso, de Diorodougou et de Beyla.

En tous ces points, les marchés ont lieu à jour fixe, une fois
par semaine. Les marchés de la zône sud se tiennent habituellement sur une place bien nettoyée située à l'entrée, mais en dehors du village et ombragée par de grands arbres. Souvent cette
place se trouve à la lisière même de la forêt, et quelques sentiers seulement cachés sous les arbres y aboutissent. Il y a peu
d'années encore, les villages étaient fortifiés par une enceinte
en terre (*tata*) et les marchés se tenaient toujours en dehors de
l'enceinte. Ils sont fréquentés par tous les habitants des petits
villages voisins situés dans un rayon de 50 kilomètres et parfois à plus grande distance ; aussi ce n'est qu'à partir de 10
heures du matin qu'une certaine activité commence à régner sur

la place ; le trafic bat son plein entre midi et deux heures de l'après-midi. Les gros traficants qui visitent périodiquement ce pays, sont pour la plupart des Koniankés, des Malinkés et des Bambaras venus des régions de Beyla, de Kérouané ou de Touba.

Ils viennent du Nord, avec des marchandises européennes achetées à Bamako, à Kankan ou à Beyla, parfois aussi à Conakry.

Ce sont des cotonnades à bas prix, du tabac, du sel en barre, des outils en fer (machètes, couteaux, rasoirs), des verroteries, de la poudre, des capsules, des fusils, des bracelets en cuivre, en bronze, en étain, en aluminium, voire même des petits flacons de parfums ou des bouteilles d'absinthe de traite. D'assez nombreux traitants et dioulas d'origine malinké se sont fixés dans le pays pour se livrer au commerce et ont constitué quelques petits villages musulmans en plein pays Guerzé.

Ils vivent en bonne intelligence avec les autochtones ; malgré l'état d'insécurité du pays pour les étrangers des peuplades voisines qui s'y aventureraient, les commerçants reçoivent toujours l'accueil le plus loyal. Outre les noix de Kola, ils achètent aussi depuis quelques années le caoutchouc.

Le marché se tient le jeudi à Boola, le lundi à Lola, le jeudi à Nzo, le samedi à Lané. Nous avons visité ces divers centres commerciaux.

A Kabaro, chaque année, transitent environ 60 tonnes de Kolas. Leur valeur est de 150 à 350 noix pour 5 fr.

Ce marché est très fréquenté par les dioulas malinkés circulant à travers la Guinée. Un rapport administratif explique ainsi le trafic auquel se livrent ces commerçants :

Après avoir vendu contre de l'argent ses marchandises apportées de Conakry dans la région de Diorodougou, le dioula se rend à Kabaro et obtient en moyenne 240 kolas pour 5 fr. Il en prend une ou plusieurs charges et repart vers le nord jusqu'à ce qu'il trouve à les échanger contre du caoutchouc, ce qui le mène dans la région de Kouroussa. Contre 120 Kolas on lui donnera là un kilogramme de caoutchouc (1), c'est avec ce produit

---

(1) Ces renseignements remontent à 1906 ou 1907. La valeur du caoutchouc sur place oscille aujourd'hui dans de larges limites, à Kouroussa même, suivant les cours d'Europe.

qu'il va prendre le chemin de Conakry pour y reconstituer sa pacotille. « Connaissant le prix du caoutchouc, dit le rapport, on peut aisément apprécier le bénéfice réalisé.

« En prenant le cycle de ces diverses opérations, autrement dit en ramenant notre homme au point où nous l'avons pris, on arrive aux conclusions suivantes que l'on peut résumer graphiquement :

Diorodougou : 5 francs (en espèces);
Kabaro : 240 Kolas (valeur moyenne);
Cercle de Kouroussa : 2 kilogs de caoutchouc;
Conakry : 18 francs en espèces échangés contre 6 pagnes à 3 francs;
Diorodougou : 6 pagnes vendus 5 fr., soit 30 fr.
La mise de fonds aurait donc sextuplé.

« Toutes ces données n'ont rien de rigoureux ; bien des circonstances particulières peuvent les faire varier. Nous avons seulement considéré le cas le plus général en prenant comme point de départ une somme de 5 fr. pour plus de facilités. »

Nous n'avons rapporté ces renseignements qu'à titre documentaire. Ils sont manifestement inexacts. Le rapport ne tient compte ni des Kolas qui s'avarient en cours de route, ni des dépenses de la caravane, ni des aléas auxquels est exposé le dioula (marchandises volées, noyées au passage des rivières, détériorées par les tornades ; fluctuations fréquentes dans le cours du caoutchouc qui ont leur répercussion jusque dans les villages producteurs).

En réalité, comme nous l'avons dit plus haut, les opérations du dioula sont beaucoup moins rénumératrices.

Au marché de Lola, on vend surtout des Kolas rouges. Ce n'est pas le producteur, mais un premier intermédiaire appartenant à la race des *Manons* qui les apporte au marché. Les noix sont étalées par petits lots (1) et vendues contre marchandises, c'est donc d'abord un troc. Les principaux articles utilisés pour ces échanges sont le fer, le sel, la guinée, les bandes de toile indigène.

(1) Le vendeur n'apporte ordinairement que 50 à 150 noix par marché. Il est rare qu'il en apporte 200 ou 300 à la fois ; moins fréquemment encore il met en vente des lots de 8 à 10 kilogs.

Pour une petite barre de fer, sorte de lame aplatie longue de 35 cm. et pesant 200 à 300 grammes, lame nommée *konkourou* dans le pays, on obtient 100 noix. Le *konkourou* est estimé 0 fr. 50 par les dioulas. Le *guenzé*, morceau de fer plus petit, est évalué 0 fr. 33 à Lola.

Pour une pièce de Guinée estimée à Beyla 8 fr. à 9 fr., on obtient, au moment de la récolte 1500 Kolas, soit 166 noix pour 1 fr. Les Kolas les plus communs pèsent 10 gr. à 15 gr. D'après les pesées que nous avons effectuées à Lola même, il en faut 75 pour faire un kilog. (1); dans ce cas, les 166 noix payées 1 fr. (en Guinée) reviennent donc à 0 fr. 45 le kilog. De même, si on achète contre du fer, on obtient 100 Kolas pour un *konkourou* de 0 fr. 50, de sorte que dans ce cas le kilog. revient à 0 fr. 37. Mais si on veut obtenir des Kolas contre des espèces monnayées, il faut s'adresser aux dioulas Koniankés qui ont effectué le troc et dès ce moment ils prélèvent dès Lola un bénéfice sérieux (2).

Pour 5 fr., on obtient 400 Kolas. Nous avons nous-même acheté 40 noix pesant 536 gr. pour une pièce de 0 fr. 50. Dans ces conditions, le prix de revient du kilog. est de 0 fr. 90.

Le dioula a donc tout intérêt à venir à Lola effectuer ses achats contre des marchandises.

En résumé, les noix sont échangées par petits lots contre des objets de traite variés ; les commerçants accumulent ainsi des stocks importants de noix qu'ils transportent ensuite vers le nord ou qu'ils cèdent aussitôt à d'autres dioulas contre des espèces.

Le marché de Nzo se tient tous les jeudis, sur une place en dehors du village. On y trouve des Guerzés, des Dans ou Dyolas, des Manons. En 1909, il était fréquenté par 2.000 personnes environ et on y apportait 100 à 150 charges de noix par marché, mises en vente par petits lots de 50 à 500 noix, rarement par lots plus forts. Les achats se font surtout contre du

---

(1) A la fin de la saison sèche, les noix sont plus petites et il en faut parfois jusqu'à 120 pour peser un kilog.

(2) En 1909, les autochtones de la forêt : Tômas, Guerzés, Manons, commençaient à accepter les pièces françaises en argent avec lesquelles ils faisaient ensuite des achats aux dioulas.

Les Musulmans apportent aussi dans le pays des vaches et des moutons qu'ils échangent contre des Kolas.

sel, des bracelets, des bandes de toile indigène. Les principaux acheteurs sont des traitants installés à demeure, tenant leur étal sur des peaux de bête, à l'écart du marché. De temps en temps, leurs employés apportent des charges de noix achetées au détail contre marchandises et se réapprovisionnent en objets de pacotille.

Ces noix de Kolas sont ensuite cédées contre argent (en mars 1909, 410 Kolas pour 5 fr.) aux dioulas venus du sud avec des ânes et des bœufs porteurs. Immédiatement, on en constitue des charges de 25 à 35 kilogs et les noix sont de suite emballées après avoir été préalablement comptées.

Une très grande animation règne, sur le marché de Nzo, de 10 heures du matin à 3 heures du soir. La précieuse noix est la base de toutes les transactions : c'est avec les Kolas qu'on paie l'huile de palme, le riz et les autres produits alimentaires. Les noix servant aux achats sont toujours comptées. Des enfants parcourent le marché dans tous les sens, poussant des cris pour offrir des bottes d'*Orofira* ou des paniers destinés à l'emballage de la précieuse denrée. On leur achète ces objets contre quelques noix. A 4 heures, la place du marché est évacuée ; elle est alors toute jonchée de vieilles feuilles d'*Orofira* ayant servi à apporter les noix vendues. Les dioulas rentrent dans leurs cases, comptent et emballent leurs recettes.

La plus grande partie des marchés dont nous venons de parler ont été presque anéantis dans ces dernières années par l'installation de postes douaniers prélevant des droits d'entrée disproportionnés à la valeur des noix de Kola dans ces régions.

C'est sous l'administration du général de TRENTINIAN qu'un premier poste de douane, ou plus exactement d'*oussourou* (1), fut créé à Boola en 1899.

A cette époque, la taxe sur les Kolas venant du Libéria était de 0 fr. 10 par kilog. Ce droit était en rapport avec la valeur réelle des Kolas. Les colporteurs payaient, en outre, un droit de circulation de 0 fr. 10 par kilog. de noix transportées. Le district de Boola ayant été rattaché à la Guinée, le poste

(1) On a conservé, dans le Soudan Nigérien, le nom d'*oussourou* pour désigner le droit de place que payaient les caravaniers arrivant dans les centres importants, soit comme droit de transit, soit comme droit de place.

d'*oussourou* fut supprimé à partir du 1ᵉʳ janvier 1900 ; mais,
à la suite d'un voyage effectué dans ces régions par l'inspecteur des douanes de la Guinée, une série de postes douaniers
furent installés, en 1903, non pas le long de la frontière du Libéria qui n'existait pas, mais à côté de nos postes militaires les
plus avancés : les plus importants étaient ceux de Diorodougou, de Guéaso, de Boola. En 1905, le gouverneur FRÉZOULS,
considérant les postes douaniers de la zône libérienne comme des
entraves au commerce, en proposa la suppression ; elle fut
acceptée à la fin de 1905 ; mais, dès le milieu de 1906, ces postes étaient de nouveau rétablis ; un arrêté de février 1909 les a
maintenus en les reportant plus au sud.

Nous avons sous les yeux les recettes effectuées par le poste
de Boola, de 1904 à 1908 :

1904	1905	1906	1907
86.195 fr. 25	59.661 fr. 18	27.992 fr. 94	156.157 fr. 40

L'année 1907 a donné des recettes plus élevées, parce que le
contrôle a fonctionné constamment et, à cette époque, la plupart des caravanes n'avaient pas encore détourné leur route
pour éviter les taxes (1).

Dès le début de l'installation des postes douaniers, la fraude
a commencé à être pratiquée et elle a été en s'accroissant d'année en année.

Alors que les Kolas achetés contre des morceaux de fer
valaient à Lola, en avril 1909, 0 fr. 37 le kilog., le droit prélevé
sur les Kolas, à Boola, était de 0 fr. 75 par kilog., et cette anomalie était d'autant plus étrange qu'elle était perçue en un
point situé à l'intérieur de nos territoires à plus de 50 kilo-

---

(1) En admettant que ce chiffre de 156.157 fr. 40 ait été prélevé exclusivement sur des Kolas, ce qui est peu éloigné de la vérité, on aurait introduit cette
année-là, par Boola, 208.210 kilog. de Kolas, soit environ 8.328 charges ou 160
charges par semaine. Le produit le plus important après les Kolas, importé du
Libéria dans la Haute-Guinée, est l'huile de palme qui acquitte une taxe de
0 fr. 04 par litre. Cette taxe est normale, l'huile de palme valant, dans le pays,
de 0 fr. 50 à 1 franc le litre.

Nous avons le poids officiel des Kolas, entrés en Guinée par la frontière
libérienne en 1906 ; il est de 48.583 kilog. Une quantité au moins dix fois plus
élevée a dû passer en fraude.

mètres de la frontière. Les Kolas de la zône française des hauts
bassins libériens acquittaient donc la même taxe que ceux qui
provenaient de la zône qui n'était ni française ni libérienne
(l'administration du Libéria ne s'exerçant pas, comme on le sait,
sur l'hinterland).

Cette taxe, extraordinairement prohibitive puisqu'elle s'élevait sur les lieux de production à plus de 200 %, eut pour
résultat de favoriser la fraude dans des proportions inatten-
dues. Les postes douaniers, réduits à un préposé européen et à
quelques gardes-frontière par poste, sont demeurés impuisants
à assurer la surveillance des routes et, en définitive, une quantité énorme de Kolas de l'hinterland de Libéria pénètre dans la
Guinée sans acquitter de droits ; mais ces noix ne passent plus
par les grands marchés de notre territoire : ceux-ci sont en
partie anéantis. Ce n'est pas seulement le trafic des noix de
Kola, dans ces régions, qui a été atteint. On sait que les précieuses amandes, dans tous les pays situés au sud de Beyla et
de Touba, servent d'unité de monnaie. Chaque semaine, de
nombreuses femmes du Konian (environs de Beyla) venaient à
Boola et à Guéso pour y écouler les produits vivriers de
leurs plantations. Ces produits vivriers étaient échangés contre
diverses denrées, mais, en définitive, à la fin de la journée toute
la recette était réalisée en noix de Kola que les femmes rapportaient à Beyla. Elles effectuaient ainsi un voyage de 3 ou 4
jours de marche (aller et retour) pour rapporter seulement
quelques centaines de noix à chaque voyage. Tous les jeudis,
outre de nombreuses charges de dioulas pesant 35 à 40 kilog.,
il partait du Boola vers le nord une centaine de petites charges
de 15 à 20 kilog., transportées par des femmes qui les reven-
daient ensuite à Beyla.

Les postes douaniers prétendirent faire acquitter la taxe aux
noix achetées ainsi à Boola et transportées à Beyla. Mais la
douane se trouva en présence de la difficulté suivante : les
femmes, qui se livraient à ce petit trafic, ne se servaient pas
d'espèces monnayées, il fallut donc faire payer la taxe en
nature, et comme les Kolas avaient parfois une valeur moindre
que la taxe exigible, les prélèvements se firent d'une manière
tout à fait arbitraire. Au début de 1909, à Guéaso, une femme

qui rapportait 200 Kolas comme produit de la vente de ses denrées, devait en abandonner 150 au fisc pour avoir le droit d'en rapporter 50 à Beyla. A Boola même, un préposé des douanes nous citait le cas suivant : la femme d'un douanier indigène, qui avait acheté au marché de cette localité 6 kilogs de Kolas pour 5 francs acquitta une taxe de 4 fr. 50 : les Kolas valaient donc 9 fr. 50 ; mais ils se vendirent à Beyla, ville située à 45 kilomètres plus loin, seulement 6 francs. La traficante, outre son temps, avait donc perdu 3 fr. 50.

Ces faits expliquent l'affaiblissement du commerce de ces régions. A Boola, où se rencontraient à chaque marché, il y a peu d'années encore, plusieurs milliers d'acheteurs, il n'en vient que quelques centaines chaque jeudi (1).

A la fin de 1909, les postes douaniers ont été déplacés et portés plus au sud, à la frontière même, aux villages de Lola, de Nzo et de Danané. Ces centres, encore prospères en 1909, seront probablement atteints à leur tour, malgré les efforts déployés par quelques administrateurs et par quelques officiers pour concilier les droits du fisc et les intérêts du commerce local.

Nous pensons, pour notre part, qu'il faudrait abaisser la taxe sur les Kolas importés par la frontière libérienne, à 0 fr. 20 par kilog. ou même la supprimer complètement. En outre, si on la maintient en la réduisant, il faudrait accorder la franchise aux lots inférieurs à 200 noix ; ces petits lots constituent souvent exclusivement de la monnaie pour les transactions locales.

Nous reviendrons sur cette question dans nos conclusions.

Avant de nous éloigner de ces régions, nous devons mentionner le marché de Beyla, bien qu'il soit situé assez loin en dehors de la zône de production.

Ce marché, créé depuis quelques années seulement par l'autorité militaire, se tient tous les dimanches sur une place de Diakolidougou, faubourg commercial situé à environ un kilomètre de la résidence administrative. C'est de 9 heures à midi que les transactions atteignent toute leur intensité ; on compte alors, sur la place, 1.000 à 1.500 personnes venues de tous les

(1) D'après Arcen, il n'était pas rare de trouver au marché de Boola, il y a quelques années, 3.000 à 4.000 indigènes par marché.

villages de la région avoisinante sur un rayon de 3 journées de marche. Outre les Kolas, les principales denrées mises en vente sont : de la viande de boucherie, de la viande boucanée, du poisson sec, des crevettes fumées, des chenilles et des fourmis blanches desséchées, de l'huile de palme, du riz, de nombreux autres produits alimentaires : riz, mil, maïs, haricots, *soumbara* (fromage de graines de nété ou *Parkia biglobosa*), légumes indigènes, épices du pays, sel en pierre, un peu de coton, de l'indigo brut, des bandes de coton tissées, des peaux, etc.

Les produits venus d'Europe : tissus, quincaillerie, verroterie, etc., se vendent surtout dans les boutiques et aux étalages installés en bordure du marché (1).

C'est également à ces comptoirs que l'indigène porte le caoutchouc et les défenses d'ivoire, sans les exposer sur la place publique.

. Les achats se font, depuis longtemps déjà, contre de l'argent monnayé français. Sur la place, c'est également contre de l'argent et de la monnaie de billon que se traitent les petites affaires. Ce n'est que pour de très faibles achats qu'on se sert des noix de Kola, dont le cours varie souvent : au cours le plus normal, 20 noix équivalent à 0 fr. 50. On achète une pincée de piment contre une noix, une petite mesure de riz contre 5 noix, etc.

Autrefois on se servait, comme monnaie divisionnaire, des *guenzés*, morceaux de fer dont nous avons parlé précédemment, mais ils n'ont plus cours aujourd'hui à Beyla, tandis qu'on s'en sert toujours à Nzo, à Lola, à Lané.

Les *cauris*, ces petits coquillages blancs dont il a été aussi question, ne servent pas de monnaie dans la région de production des Kolas. Les indigènes de ce pays les utilisent, en petite quantité, comme objets d'ornement en les portant dans leur chevelure, en en faisant des colliers ou en les fixant sur la crosse de leurs fusils.

Les noix de Kolas mises en vente à Beyla, sont habituellement plus grosses que celles du Kissi. Les noix vendues en mars pèsent en moyenne de 15 à 18 grammes ; les plus belles

_____

(1) Quatre grandes maisons françaises étaient installées à Beyla en 1909. La plus ancienne, la maison Gobinet frères, y est depuis 1904.

atteignent le poids de 25 à 28 grammes et les plus petites une dizaine de grammes. A la même époque, les noix vendues au Kissi ne pèsent en moyenne que 8 à 12 grammes. Nous avons déjà expliqué cette anomalie, en montrant que les plus belles noix du Kissi étaient triées et exportées vers Bamako.

Il faut de 55 à 65 Kolas de Beyla pour peser un kilog.; à Kissidougou, il en faut parfois une centaine.

La charge de Kolas de Beyla renferme 1.500 à 2.000 noix, tandis que la charge de petites noix du Kissi comprend jusqu'à 3.000 amandes. Malgré la différence de taille, les noix du Kissi sont plus estimées que celles de Beyla par les connaisseurs indigènes qui savent les différencier en les dégustant. On assure que les noix vendues à Beyla ont été cueillies avant maturation, ce qui les rendrait moins agréables au goût. Par contre, elles sont moins exposées aux attaques du *Sangara*.

Comme au Kissi, on trouve au marché de Beyla des noix de trois colorations différentes :

1° *Kolas rouges* (*Oro oulé* des dioulas). — Leur coloration est d'un rouge-brun, rappelant la couleur de certains vins épais. Ils forment au moins les 2/3, et plus souvent les 3/4, des lots mis en vente (certains lots ne renferment même que des Kolas rouges) ; les Kolas blancs et les Kolas rosés entrent pour 1/3 ou pour 1/4 au maximum et sont mélangés.

2° *Kolas rosés*. — Dans une charge de Kolas de Beyla, on trouve ordinairement toutes les gammes entre les Kolas franchement rouges et les Kolas blancs. Les malinkés nomment ces Kolas de teinte intermédiaire *Sa oura*. Il paraît qu'il existe des arbres qui produisent exclusivement cette sorte de coloration : nous n'en avons pas observé. Parmi ces Kolas de teinte claire, la coloration la plus fréquente est une teinte d'un rose très clair un peu lavée de blanc-jaunâtre.

3° *Kolas blancs* (*Oro goué* des dioulas). — Ne se rencontrent qu'en très petite quantité à Beyla. La noix est d'un blanc de neige au sortir du tégument ; mais, au bout de quelque temps, elle prend à l'air une teinte blanc-jaunâtre ou jaune légèrement verdâtre. C'est cette dernière teinte qu'elle a sur tous les marchés.

Il est très difficile d'évaluer la quantité de Kolas apportés chaque année au marché de Beyla. Les patentes de dioulas délivrées aux caravaniers pourraient fournir des indications à ce sujet; mais l'administration, avec raison, laisse passer en franchise une grande quantité de charges (1). En 1908, le cercle de Beyla avait encaissé seulement 4.000 francs de patentes, correspondant à 1.300 charges (de 30 kilog.), circulant dans le pays. En réalité, il en circule beaucoup plus.

D'après M. LIURETTE, il passerait à Beyla, chaque année, environ 400 tonnes de noix de Kola, soit 16.000 charges.

Selon l'administrateur LEPRINCE, c'est à 12.000 charges qu'il faudrait évaluer la quantité de Kolas produites par le cercle de Beyla ou transitant sur son territoire.

Il nous reste à dire quelques mots sur la valeur réelle des Kolas au marché de Beyla.

Au marché de Lola, comme nous l'avons vu, les dioulas les achètent habituellement à raison de 500 Kolas pour 5 fr. ou 15 francs la charge de 25 à 27 kilog.

Rendus à Beyla, à 8 jours au N. de Lola, les Kolas ne valent encore que 25 fr. la charge de 1.500 noix ou 1 fr. 66 le cent en moyenne, soit 300 noix pour 5 fr. Nous-même les avons payées, sur la place publique, le 7 février 1909, c'est-à-dire à l'époque où ils sont déjà rares, sur le pied de 250 à 270 noix pour 5 fr.

Les gros Kolas rouges triés se vendaient à raison de 200 noix pour 5 fr.

Pour que cette marchandise puisse se vendre à Beyla à un prix aussi faible, il est nécessaire qu'elle n'ait point acquitté de droits d'entrée, car, en ajoutant au prix d'achat à Lola la taxe de colportage et le droit d'entrée de 0,75 par kilog., la charge à Lola même reviendrait déjà à 36 fr.; il serait donc tout à fait impossible qu'elle se vende 25 fr. à Beyla.

Ce seul fait montre sur quelle étendue se pratique aujourd'hui la contrebande.

---

(1) Jusqu'à ces derniers temps, les colporteurs indigènes (dioulas) de l'Afrique Occidentale devaient acquitter une patente de 3·fr. par charge, patente renouvelable tous les trois mois.

Pour encourager le développement du commerce indigène, le Gouvernement général de l'A. O. F. a supprimé récemment ces patentes.

Le colporteur indigène répugne à acquitter des taxes. Commè il est presque toujours insolvable, en fraudant il s'expose seulement à voir confisquer sa marchandise. Les postes de douane n'ayant qu'un personnel très restreint, il est facile de passer sans être surpris.

En 1909, le poste de douane qui a été installé à Danané dans la haute Côte d'Ivoire, n'existait pas encore et il était très aisé d'éviter les postes de la haute Guinée, en passant d'abord sur le territoire de la Côte d'Ivoire.

Les caravaniers se rendaient à Ouaninou, dans le cercle de Touba, puis faisant un détour sur Kouroukoro et Maninian, ils venaient tomber à Kankan.

Ces colporteurs contrebandiers ont droit, selon nous, à de sérieuses circonstances atténuantes, car le bénéfice qu'ils réalisent, même en évitant la taxe, est très minime.

Pour se rendre de Lola à Bamako ou à Banemba, où il écoule ses Kolas, le dioula doit marcher environ 30 jours en faisant des étapes d'une vingtaine de kilomètres par jour et en portant sur sa tête (à moins qu'il n'ait quelques baudets, qui meurent fréquemment en route), une lourde charge de 25 à 30 kilog.

Parvenu à destination, il ne reste plus au dioula que 1.000 Kolas environ. Il a dû en sacrifier environ 500 en cours de route : certaines noix étaient avariées par le *Sangara* ou germées et il a fallu les jeter; d'autres ont été distribuées aux hôtes et aux amis pour prix du logement et de la nourriture. Les 1.000 Kolas qui restent sont mis en vente sur le marché. Il faudra plusieurs jours pour les écouler.

Supposons que les 3/5 de la charge comprennent de petites noix et les 2/5 des grosses noix. A Bamako, les premières se vendront 0 fr. 05 pièce ; les 600 rapporteront 30 fr., les 400 autres pourront se vendre 0 fr. 10 pièce et auront rapporté 40 fr. ; la charge aura donc été écoulée à raison de 70 fr. (1), et comme elle a coûté environ 15 fr. à Lola, elle aura procuré un bénéfice de 55 fr. au colporteur contrebandier; si toutes les

(1) D'après M. Liurette, une charge complète de 30 kilog. de noix de Kolas vendues au détail doit produire : 62 fr. à Beyla ; 110 fr. à Kankan ; 150 fr. à Bamako ; 200 fr. à Médine ; 210 fr. à Kayes. Mais M. Liurette suppose que les noix arrivent *toutes en bon état* et se vendent toutes au cours le plus élevé. En réalité, il n'en est jamais ainsi.

taxes avaient été acquittées, le bénéfice serait de 35 fr. seulement.

Pour réaliser un bénéfice aussi maigre, 40 journées environ se sont écoulées entre la date de l'achat et la date de la vente et le caravanier a dû parcourir 600 kilomètres lourdement chargé et en menant une existence de privations.

Avec les 70 fr. retirés de la vente des Kolas, le dioula soudanais, achetait autrefois à Banemba du sel de Taoudéni venu par Tombouctou et Nioro. A Bamako, il faisait l'acquisition de tissus d'Europe. Aujourd'hui il trouve ces marchandises à meilleur compte à Kankan où existent une vingtaine de maisons européennes. Il peut s'y procurer non seulement des étoffes, mais aussi du sel gemme en tables, provenant de Roumanie, presque semblable à celui de Tombouctou, et se vendant seulement 0 fr. 75 à Kankan, environ 1 fr. à Beyla. Sur ces marchandises le dioula ne réalise que de maigres bénéfices. Seul le bétail donne parfois d'assez belles recettes ; il est amené du cœur du Soudan et vendu soit à Beyla, où de nombreux troupeaux se sont développés grâce à ces introductions, soit même aux peuplades forestières chez lesquelles on le débite comme viande de boucherie en l'échangeant contre du caoutchouc. Mais le convoyage des troupeaux de Bamako vers Lola et Nzo est lent, les maladies à trypanosomes sont fréquentes. de sorte qu'il y a souvent des déchets nombreux. Aussi le pécule du dioula s'accroit lentement.

2o HAUTE COTE D'IVOIRE.

Nous avons fait connaître dans un chapitre précédent l'importance de la production des noix de Kola dans la partie N.-O. de la forêt de la Côte d'Ivoire, spécialement chez les Dyolas ou Dans, chez les Bétés et chez les Lôs ou Gouros.

« Le commerce des Kolas, écrit le capitaine LAURENT, est le seul auquel se livrent les Dyolas. Ils s'y sont adonnés de tout temps, car il est leur seul moyen de se procurer tout ce qui leur manque. Le commerce se fait soit isolément dans les villages, l'acheteur traitant directement avec le récolteur, soit sur des marchés périodiques où colporteurs et vendeurs se rendent en grand nombre. Les objets les plus divers tiennent lieu de monnaie. Les plus appréciés sont le sel, les pagnes, la toile, le cuivre en baguettes ou bracelets, les coupes-coupes, les instruments de culture, les bœufs, les articles de verroterie.

« Les marchés sont hebdomadaires et se font toujours aux mêmes endroits. Les plus importants sont ceux de :

Noms des marchés	Jour	Provenance des indigènes qui les fréquentent
Té	»	Cantons du N.-E. et Touras.
Dioandougou	»	Cantons du S.-E.
Togouapolé	mardi	Canton de Plépolé, Végoui, Nuanlé, Iésé.
Oua	mardi	Canton de Gouro, Sé, Ouansoménou, Oua nord.
Flampleu	dimanche	Canton d'Oua (centre et sud), Doualé, Koualeu, Iorolé, Gouané, Nuanlé et divers groupements Guérés ; très important.
Bounda	samedi	Canton de Blossé, Lolé, Koulinlé, très important.
Fineu	mardi	Canton de Blossé, Iorolé, Koulinlé, Folé.
Danané	jeudi	Canton de Houné.

« Tous ces marchés sont fréquentés par les colporteurs mandingues de Touba et Beyla et par des Guerzés. Ceux du bassin de la Nuon : Zoualé (le jeudi), Gapleu (le mardi), ne reçoivent que de rares Guerzés.

« Les étrangers venant acheter les Kolas sont toujours bien accueillis.

« D'une façon générale, les trafics se font sans la moindre difficulté. Les Dyolas sentent qu'ils ont besoin des étrangers et les ménagent. Ils ne leur font pas payer le logement, mais simplement la nourriture et encore les colporteurs s'en tirent-ils à bon compte s'ils savent s'y prendre. Pour peu qu'ils soient habiles et beaux parleurs, ils s'installent en maîtres et sont bien traités partout où ils passent ; leurs conseils sont écoutés, généralement suivis, et leur influence est grande. »

Jusqu'à ces dernières années, les Dyolas vendaient leurs Ko-

25

las sur place aux Mandés. Rares étaient ceux qui faisaient le colportage.

Ils s'y mettent un peu maintenant que nous leur assurons la sécurité des routes. Ils se risquent jusqu'à la lisière N. de la forêt, faisant le petit commerce d'intermédiaires, aux marchés de Nzo, Oua, Gouro, Iuro. Flampleu, Danané, Bounda, Fineu. Aux marchés importants de Bounda (Blossé) et Flampleu (Oua), il se vend une moyenne de plus de 100.000 noix par semaine.

Les marchés se tiennent presque toujours en dehors du village, sur une place bien nettoyée située dans la forêt, au point de rencontre de plusieurs sentiers et souvent à quelques centaines de mètres de toute habitation.

« Ils durent, en général, écrit LAURENT, de 8 h. du matin à 2 h. de l'après-midi. Ils commencent par le trafic des céréales, des poulets et de menus objets entre indigènes du voisinage. Puis vers 10 heures, une fois disparus les femmes et les enfants, le commerce des Kolas pratiqué exclusivement par les hommes fait son début.

« Les vendeurs s'installent pêle-mêle à l'ombre, exposent leurs fruits, soigneusement enveloppés dans des feuilles et attendent. Les colporteurs s'approchent tenant à la main un objet de troc quelconque et le présentent à la ronde en criant « Eh ! Eh ! » Quand ils ont trouvé un amateur, ils s'arrêtent et négocient.

« Quand les deux parties sont d'accord, le colporteur dépose à terre l'objet qu'il cède et se fait compter les Kolas dans un pagne. Il les examine avec soin, présente ses observations, refuse ceux qui lui paraissent suspects. Acheteur et vendeur ont jusqu'au dernier moment le droit de se dédire. Les comptes terminés, ils se consultent une dernière fois du regard et si l'accord persiste, le vendeur donne un Kola supplémentaire qui est le signe de la conclusion définitive du marché.

« L'acheteur, non plus que le vendeur, ne répond pas des vices cachés de sa marchandise. C'est à la partie adverse à examiner sérieusement et à ne pas s'engager à la légère. »

LAURENT fournit la mercuriale des Kolas à Danané (pour 1907) :

Un coupe-coupe (machète)	=	200 Kolas.
Un bracelet en cuivre	=	30 à 40
Un pagne mandingue	=	300 à 500
Un bila (petit pagne)	=	100
Un collier de perles	=	80
Un bœuf de belle taille	=	9.000 à 10.000

La valeur de chaque noix pesant 12 à 15 grammes serait de 0 fr. 05.

En avril 1909, au marché de Oua, le prix des Kolas était notablement moins élevé et les pièces de monnaie commençaient à avoir cours.

Les dioulas obtenaient pour 5 francs 320 à 350 noix. La valeur des Kolas était donc d'environ un franc le kilog. Contre des marchandises, le prix était encore moins élevé : pour un pagne valant deux francs à Touba on obtenait 200 noix.

Kahounien, par 6°57' de lat., est le marché limite des Kolas vers le sud dans le bassin du Cavally ; les caravaniers du Nord s'y rencontrent avec les Guerzés du Sud qui viennent aussi y acheter des Kolas, car eux-mêmes n'en produisent pas.

Plus à l'est, entre le cours du Sassandra, à partir de l'endroit où il s'incurve vers le sud et le cours du Marahoué, affluent du Bandama, il existe encore des marchés de Kolas très importants sur lesquels nous reviendrons.

Les Pays situés au sud de Man produisent aussi une assez grande quantité de Kolas, principalement en pays Guéré. D'après les renseignements inédits qu'a bien voulu nous communiquer le lieutenant RIPERT, on doit distinguer dans ces régions deux lignes de marchés.

La première ligne, située au N., comprend les marchés de Dioandougou (Dioanpré), Té, Banankoro.

La seconde ligne située au S., comprend les marchés de Man, Gouékangoui, Tiéni (en pays Ouobé), Sépolé, Blo, Gouogouré (en pays Guéré), Sémien (en pays Ouobé).

A Man, on apporte par marché hebdomadaire, en mai, c'est-à-dire en dehors de la grande récolte, 60 à 80 charges de 1.500 à 2.000 noix. A Té et à Dioandougou, on apporte 100 à 150 charges par jour de marché en mauvaise saison.

A Gouékangoui, à Gouagouré et à Blo, on apporte 5.000 à 10.000 Kolas par marché.

La grande récolte des noix dans ces pays a lieu en octobre et novembre, mais les marchés les mieux approvisionnés se tiennent en décembre, janvier et février.

Les dioulas du Soudan fréquentent seulement les marchés de la ligne N.; un assez grand nombre viennent aujourd'hui jusqu'à Man. Les marchés de la ligne sud sont fréquentés par des Dyolas et des Ouobés, qui vont vendre leurs acquisitions aux dioulas visitant les marchés du Nord.

Après avoir franchi le Sassandra ou le Bafing, les dioulas soudanais passent par le grand marché de Touna ou par celui de Ouaninou, puis ils se dirigent sur Touba ou sur Beyla.

Le capitaine SCHIFFER, qui a vécu dans les pays Bétés et Gouros de 1906 à 1909, a fourni dans ses rapports inédits d'intéressants renseignements sur la manière dont se fait le trafic des noix de Kola dans ces pays.

« C'est, écrit-il, un commerce continu de tribu à tribu vers le Nord, mais il n'existe pas de routes ou d'artères commerciales d'un long parcours. Par exemple, les femmes du Bogué apportent leurs Kolas dans le Balo, vont dans le Zéblé et chez les groupes où les attirent quelques liens de parenté, mais elles s'arrêtent généralement à Daloa et depuis la création d'un poste dans cette région à Idéblé; les femmes du Zéblé vont dans le Balogué et celles de ce groupe se rendent chez les Kouyas qui transportent à leur tour les Kolas chez les Lôs ou Gouros du Nord.

« De cette façon, les Kolas qui dans le Bogué et le Balo ont une valeur approximative de cinq pour un sombé, soit environ un centime pièce, se vendent déjà à Touna, Diorolé et Toubalo 5 centimes pièce; il ne s'agit naturellement que des plus belles noix. Celles-ci augmentent de prix entre les deux récoltes de juin et novembre, même sur les lieux de production où le prix monte alors : on n'obtient plus pour un sombé que 3 ou même 2 noix. Les marchandises les plus prisées par les Gouros, les Kouyas et les Bétés en échange de leur Kolas, sont les pagnes, dits Gouros, mais en réalité d'origine Mandé-dioula, le sel en barres, les sombés (rougou en Bété) et les bœufs.

« Jusque chez les Ouayas et même dans les villages situés au nord du Balogué, pénètrent les grands et beaux bœufs du

Korodougou et du Koyaradougou (Séguéla et Mankono), espèce sans bosse, intermédiaire comme taille entre les grands bœufs du Soudan et les petits bœufs de la forêt dense.

« Grâce à la sécurité que va assurer aux colporteurs (*dioulas*) l'intervention de nos armes en Pays Gouro et en Pays Bété, les Lôs et Gouros ne pourront plus conserver le monopole d'intermédiaires et empêcher comme ils le faisaient auparavant, les colporteurs Mandés-Dioulas de venir s'approvisionner directement dans les pays de production. Il nous appartiendra à ce moment de canaliser ce nouveau courant et de l'attirer par la création de marchés vers nos postes de Daloa et d'Issia. Les Kouyas et les Lôs seront alors obligés de récolter le caoutchouc de la forêt pour assurer leur existence. »

Nous avons signalé, dans un chapitre précédent, l'importance de la production des Kolas dans le Pays Bété. Dans cette province, ainsi que dans une partie du Pays Lô ou Gouro, les Kolas sont transportés sur les marchés du N. où ils sont achetés par les indigènes de la région de Séguéla ; mais le transport n'a lieu qu'à la suite d'achats successifs de tribu à tribu. Ce sont les femmes qui transportent et vendent les Kolas dans la tribu voisine d'où ils sont ensuite portés et vendus un peu plus loin. Ces passages de tribu à tribu amènent une forte majoration de prix. « C'est ainsi qu'une charge de 2.000 Kolas qui vaut à Daloa 50 francs, atteint à Balogué 65 francs, 85 francs à Vavoua, 100 francs au sud du Pays Nati et 120 francs sur l'important marché de Ténéfero où s'approvisionne Séguéla. Or, Ténéfero se trouvant à 5 jours seulement de Daloa vers le N., une charge de 2.000 Kolas achetée à Daloa, transportée au tarif officiel, ne vaudrait que 55 francs à Ténéfero (1) ».

Le lieutenant RIPERT nous a communiqué des renseignements très intéressants sur le commerce des Kolas dans les Pays Gouros ou Lôs et Bétés qu'il a parcourus dans tous les sens.

Ce sont généralement les femmes Lôs qui transportent les

(1) D'après le *Journal officiel de la Côte d'Ivoire*, 15 mai 1909, p. 229.
Les chiffres donnés plus haut sont certainement très exagérés. La charge de Kolas rendue à Séguéla vaut à peine 60 fr. Nous estimons que le prix d'achat de la charge à Daloa doit être de 20 à 30 francs au maximum, et beaucoup moins si les achats se font contre des sombés apportés de Séguéla. A Daloa, un sombé vaut 9 fr. 05.

Kolas du Pays des Bétés vers le N. Une partie des intermédiaires habitent les villages bétés d'Ideblé, sur la frontière du Pays Gouro. Toutes les femmes Lôs d'un village viennent en groupe sous la conduite de quelques hommes armés et, parvenues sur les marchés de la zone sud, elles achètent les Kolas aux Bétés et surtout aux Kouyas et aux Gouros qui sont déjà allés s'approvisionner en plein pays Bété.

D'Ideblé, les Kolas passent à Niabéloufra (Niabéloa), en pays Gouro. Ils ont été achetés contre des sombés, des pagnes, quelques bœufs. Presque toutes les noix remontent ensuite vers le Pays Ton (gouro) ou Tonfra. Les Tons les revendent aux Mangouroufra ou aux Yansouas (gouros). C'est là que commencent les grands marchés du Pays Lô où des Mandés-Dioulas sont installés en permanence. On y trouve aussi des commerçants Lôs.

Les principaux marchés du Pays Lô de l'est à l'ouest sont : Besiéka (Pays Yansoua), Govlégonoma (Bogolofié des Mandés), deux autres marchés en Pays Niananfla (Niangoro), Bandiaï (Sasamba), Dananéï (Danono), Gouétifla (Sokoulaso), Pays Gononfla (Gotono) ; Vavoua, en Pays Ouaya ou Kouya, était aussi un marché jusqu'à ces derniers temps. On cite encore comme marchés à Kolas importants du Pays Lô : Bébalo (Toubalo), Dantero (Séguiri), Bologofia.

Les points énumérés portent généralement deux noms, un nom Gouro et un nom Mandé.

A trois à cinq jours au N. des points qui viennent d'être énumérés, on trouve quatre grands marchés situés loin en dehors de la zone productrice des Kolas, mais fréquentés par de nombreux dioulas du Soudan qui ne s'avancent pas plus loin vers le sud.

Ces marchés sont ceux de Diorolé, de Touna (Gouaran), de Séguéla et de Mankono. Ces marchés se tiennent à jour fixe, une fois par semaine, sur une place au milieu du village. Diorolé est fréquenté par des Mandés-Dioulas et par des Lôs.

On y apporte principalement des Kolas blancs, très estimés et très chers. On les achète à Diorolé jusqu'à 40 fr. à 60 fr. les 1.000 suivant l'époque de l'année.

800 à 1.000 charges sont mises en vente à chaque marché.

Le marché de Touna que nous avons visité est situé près du confluent du Sassandra et du Bafing. Outre les Mandé-Dioulas, des Lôs, des Ouabés et des Touras le fréquentent. On y vend surtout des Kolas rouges ; 400 à 500 charges sont apportées à chaque marché.

Séguéla est aussi un marché très important. En novembre 1908, on faisait payer aux dioulas une taxe de circulation de 2 francs par 1.000 Kolas : on encaissait ainsi 8.000 fr. par mois et beaucoup de charges passaient cependant en fraude.

Mankono, situé en plein pays soudanais, a une importance commerciale comparable ; on y apporte surtout des Kolas blancs provenant du marché Lô de Tubalo (Bébalo).

En juin 1909, les grosses noix se vendaient à Mankono à raison de 200 noix pour 5 fr., et les petites noix, 300 Kolas pour la même somme. Au détail, on obtenait 25 noix mélangées pour 20 sombés et les sombés se payaient alors à raison de 14 pour 0 fr. 50. Les caravaniers, qui vont au pays Lô échanger des marchandises contre des Kolas, trouvent à Sakala, à Kani, à Touna, à Séguéla, à Mankono, des tissus, des verroteries, du sel, de la quincaillerie et d'autres produits européens importés de Kankan et de Bamako par caravanes et vendus par les dioulas à prix relativement bas.

Dans son rapport, qui remonte déjà à 1901, le capitaine SCHIFFER a exposé avec beaucoup de précision les changements survenus dans le commerce des Kolas de cette région, depuis le voyage de BINGER.

Les voies commerciales suivies le plus habituellement ne sont plus transversales de l'est à l'ouest, sauf les routes de Kankan-Maninian et Sakala-Kong. Le mouvement se fait maintenant presque tout entier du sud au nord. Chaque canton Lô a désormais un marché, quelquefois deux s'il est important. Ces marchés sont restés longtemps fermés aux étrangers et ne sont encore visités que par les femmes Lôs d'autres cantons et les femmes Mandé-Dioulas des régions de Séguéla et Munkona. Les femmes des Mandés-Dioulas se livrent à ce commerce avec une activité inlassable. Plusieurs fois par mois elles quittent leurs villages, vont chercher des Kolas chez les Lôs et les rapportent sur les marchés de Touna, Kounana, Séguéla, Diorolé,

Magnani, Tubalo et Bimbalo. En ces points, elles rencontrent des dioulas du Soudan auxquels elles cèdent leurs noix après avoir prélevé un bénéfice élevé. Beaucoup, dit-on, font aussi trafic de leurs charmes en accomplisssant ce courtage qui est, en définitive, fort rénumérateur et qui permet à l'époux de mener, dans le village de culture ou dans les villes de Mankono, Seguéla, etc., une vie oisive.

Les Kolas sont cédés par les producteurs ou par les courtiers contre de l'argent monnayé ou contre certains articles d'échange.

A hauteur de Touna, Séguéla, Mankono, les *cauris* du Soudan n'ont plus cours comme monnaie locale : ils sont remplacés par les *sombés* fabriqués dans les régions de Touna et de Sakala. Les marchandises de traite les plus fréquemment apportés du Soudan sont : le bétail (bœuf et moutons), les chevaux, quelques cotonnades et de la verroterie, enfin du sel.

Cette dernière denrée est apportée du Sahel en barres de 25 à 28 kilog. : « ces barres mesurent un mètre de long sur 0 m 40 de largeur et 0 m. 05 ou 0m. 06 d'épaisseur ; elles sont maintenues par des baguettes longitudinales en bois et des cordes ou des lanières en peaux de bœufs, et transportées à dos de bœufs porteurs ou d'ânes, plus rarement à tète d'homme.

« Malgré cet emballage primitif et peu soigné, ce sel résiste très bien à la longueur des routes et ne craint ni la poussière, ni par suite de sa grande densité les pluies légères.

« Mais il revient très cher et les conditions mêmes dans lesquelles il voyage en hivernage, en font une marchandise rare et souvent introuvable dans la région.

« Arrivés à Maninian, Odienné, Kani, Sakala, les dioulas débitent leurs barres de sel en douze petites barres de trois à quatre doigts d'épaisseur nommés « Kokotla » (de Koko sel et tla ou tala, partager) ou *Kokoti* (dans les régions de l'est).

« Cette fraction de barre devient maintenant unité d'échange ; elle pèse environ deux kilog. et atteint comme valeur en monnaie française 5 francs, en saison sèche et 7, 8 et même 10 francs en hivernage ; par suite aussi sa valeur en kolas se modifie profondément. Sur les marchés de Touna, Séguéla, Mankono, les dioulas obtiennent des courtiers 400 ou 500 Kolas, ce qui met le cent à environ un franc ; en hivernage, c'est-à-dire vers le mois

d'octobre, ils obtiennent 700 à 800 Kolas pour la même barre,
ce qui réduit la valeur de 100 Kolas à 0,70 ou 0,80.

« Enfin, sur les marchés de Toubalo et Bimbalo, la demande
pendant l'hivernage dépasse beaucoup l'offre ; une barre de sel
arrive à valoir 1.000 à 1.200 Kolas, ce qui procure aux courtiers un gain immédiat de 25 à 30 % » (Schiffer, *Mss.*).

Dans toute la première zône des marchés à Kolas signalés par
Binger, il ne reste plus comme grand marché que Maniman.
Encore ce point doit-il être considéré comme un vaste entrepôt
où viennent s'approvisionner les marchands peu désireux de
s'aventurer trop au sud ou dont les voyages sont interrompus
par l'hivernage. Il en est de même des importants marchés de
Tengréla, Tombougou, Odienné et Sambatiguila, qui ne sont
que des points d'entrepôt ou de passage, comme le sont devenus aussi les marchés de la deuxième zône, Toté et Sakala ;
celui de Siana a complètement disparu au profit de Séguéla.

Les véritables marchés pour le trafic des Kolas se trouvent
reportés aujourd'hui sur la ligne Touna, Séguéla, Mankono,
Bouandougou, marchés qui ne furent pas indiqués à Binger et
qui n'existaient peut-être pas encore lors de son voyage.

Notre occupation a enlevé aux habitants d'Odienné, Toté,
Kani et Sakala le monopole du courtage, de sorte que ce monopole s'est trouvé reporté chez les peuplades vivant plus au
sud ; c'est ainsi que s'est fait le déplacement des marchés que
nous avons signalé. Les centres de Kounana, Bogolo, Diorolé,
Dahantogo, Goaka et Toulé sont devenus à leur tour les marchés terminus où s'arrêtent les dioulas venus du nord et que
fréquentent surtout les femmes Lôs et les femmes Mandé-
Dioulas.

Il est certain que ce recul des marchés à Kola vers le sud ne
s'arrêtera pas là et le jour prochain où la pacification des Pays
Lôs et des Pays Bétés sera complète, les dioulas soudanais
viendront s'approvisionner dans les pays de production.

Aussi, à plusieurs reprises, les Lôs ont cherché à s'opposer à
la pénétration des européens et des soudanais, afin de conserver
le courtage des Kolas qui est leur principal négoce et leur
assure, sans grand effort, une source précieuse de bénéfices.

.·.

La production des pays de la Côte d'Ivoire que nous venons
de passer en revue est considérable. Il est impossible de l'évaluer avec certitude et nous ne pouvons donner que des indications. Nous pensons qu'elle atteint 2.000 tonnes par an.

Le droit de circulation de 0 fr. 25 par kilog. n'est payé que par
un nombre infime de caravaniers, de sorte qu'on ne peut tabler
sur les recettes de cette taxe pour évaluer la production.

En 1909, les recettes mensuelles de la région pour la taxe
des Kolas étaient les suivantes :

Touba, 2.000 francs; Séguéla, 1.500 francs; Mankono, 500
francs, soit au total 4.000 francs par mois ou 48.000 francs
par an, somme correspondant à 192 tonnes de noix ou 7.700
charges.

.·.

Les autres régions de la Côte d'Ivoire desquelles il nous
reste à parler sont moins riches en Kolatiers, de sorte que le
commerce des noix y est plus restreint.

Le seul canton donnant une production de quelque importance
est le Pays des Ngans, dans l'Anno. Il produit principalement
de grosses noix blanches du poids de 20 à 35 grammes et de
petites noix roses pesant 8 à 15 grammes souvent vendues en
mélange. La charge, comprenant 1.500 à 2.000 noix, est achetée sur place 15 francs à 30 francs par les dioulas, suivant que
la récolte a été bon ou mauvaise et aussi suivant la saison.
Cette même charge, transportée à Sikasso, y vaut 80 francs à
120 francs. C'est surtout en novembre, décembre et janvier que
se font les achats sur place. La taxe de 0 fr. 25 par kilog. n'est
perçue que sur une partie minime de la production. M. l'administrateur BARTHÉLEMY a eu l'obligeance de nous communiquer
le relevé de fin 1908 et de 1909 donnant la taxe payée au poste
de Dabakala par les colporteurs transportant les noix.

MOIS	Montant des taxes sur les Kolas	Poids des Kolas
Octobre 1908............	245 fr. 75	983 kil.
Novembre	1.175 25	4.701
Décembre	1.712 50	6.850
Janvier 1909.........	1.732 50	6.930
Février...............	30 »	120
Mars.................	675 »	2.700
Avril.....	491 25	1.965
Mai	90 »	360
Juin.................	37 50	150
Juillet	» »	»
Août	7 50	30
Septembre...........	57 50	230
Octobre	142 5	570
Novembre	120 50	482
Décembre	102 »	408
Totaux pour 1909...	3.486 fr. 25	13.945 kil.

Soit 14 tonnes à peine, mais ce chiffre ne représente probablement pas la dixième partie de ce qui sort par le cercle de
Dabakala et comme des sorties importantes se font aussi par
Bondoukou et par le Baoulé, il n'est pas exagéré d'évaluer la
production de cette région à 300 tonnes par an. Bondoukou est
un marché de Kolas très important qui reçoit des noix non seulement de l'Anno, mais aussi du Pays Achanti.

Dans la Basse-Côte d'Ivoire, dans le sud-ouest du Baoulé,
et dans la partie traversée par le chemin de fer, les dioulas qui
drainent le caoutchouc de ces régions, achètent aussi aujour-
d'hui autant de charges de noix de Kola qu'ils peuvent en trouver. Les indigènes de la forêt les leur procurent à un prix infime
mais ces noix sont revendues presque aussitôt sur place de
1 fr. 50 à 2 fr. 50 le kilog. Les régions qui en fournissent le
plus aujourd'hui sont le pays de Kokoumbo, la région de Sahoua
dans le Morénou, quelques villages du pays Abé, enfin l'Attié.
Ces noix sont vendues au détail dans les centres de la colonie, à
Grand-Bassam et à Bingerville, à Abidjan, à Nziville, à Grand-
Lahou, à Tiassalé ; d'autres sont emportées par les caravaniers
vers le nord.

A travers le Baoulé, transitent les charges de Kolas achetées
dans le bas Bandama et le long de la voie ferrée. Des noix

rouges et des noix blanches (²/₃ de rouges environ) sont apportées tous les mercredis à Bouaké, mais il ne s'en vend pas plus d'une centaine de kilogs par journée de marché. Ces noix sont consommées sur place par les Soudanais ou exportées vers le Nord par Mankono.

Nous évaluons la production actuelle de la Côte d'Ivoire à 3.000 tonnes, se répartissant ainsi par régions :

Noix sortant par le cercle de Touba............ 1.000 tonnes
    Sortant par le district de Séguéla......... 700
    Sortant par Mankono.................... 500
    Production de l'Anno (Ngans)............. 300
    Production du Baoulé, du Morenou, de
      l'Attié et de la Basse Côte d'Ivoire...... 500

La production peut être considérablement développée dans cette colonie.

3° BAS-DAHOMEY.

Le Bas-Dahomey produit une assez grande quantité de noix de Kola à 4 ou 5 cotylédons, qui sont consommées sur place ou exportées à Lagos. De ce point, arrivent par contre au Dahomey des Kolas à 2 cotylédons importés de la Gold-Coast.

Les importations de Kolas au Dahomey, par la lagune de Lagos, atteignent quelques tonnes chaque année.

Les exportations, en 1908, ont été de 32.536 kilog., estimés 65.052 francs ; en 1909, 29.738 kilogs valant 59.476 francs.

Les noix se vendent au détail sur tous les marchés de la côte : ceux de Porto-Novo, Cotonou, Adjara, Abomey, en sont particulièrement bien approvisionnés.

Les noix du Bas-Dahomey ne dépassent pas Savé et Savalou, de sorte que le Haut-Dahomey est approvisionné exclusivement de noix de la Gold-Coast à deux cotylédons, venues par l'hinterland du Togo.

4° AFRIQUE ÉQUATORIALE FRANÇAISE.

Le bassin de la Haute-Sangha, habité par les Bayas, produit une certaine quantité de noix de Kola que viennent acheter des caravaniers Foulbés et Haoussas. Ces noix sont transportées dans l'Adamaoua. Il en parviendrait même jusque dans la Nigéria du Nord.

Nous ne possédons que des renseignements très incomplets sur ce commerce. Seul, le lieutenant CHARREAU a fourni quelques indications :

« Bien avant notre arrivée, les Foulbés et les Haoussas avaient établi des marchés à Koundé... Les échanges commerciaux se faisaient en nature, en cauris ou en esclaves... Pour 200 à 500 Kolas (1), ou 20.000 à 40.000 cauris, le Foulbé donnait un bœuf (2) ». Les caravaniers, après avoir dépassé Koundé, se dirigent vers le sud en passant par Gaza (sur la rivière Kadéï) ou par Bertoua, près de la Mambéré. « C'est avec les Kolas venant de Nola, Bania, Cambé, que les Haoussas achètent à Ngaoundéré leurs bestiaux, et ce trafic est tel que les Européens ont songé à réclamer comme pour le caoutchouc le monopole de l'achat à l'indigène, afin de revendre les Kolas aux Haoussas » (3). Notre administration s'est heureusement opposée aux prétentions des Sociétés concessionnaires, prétentions qui non seulement auraient porté atteinte aux droits des indigènes Bayas, puisqu'en général les Kolas sont des produits de culture, mais elles risquaient aussi d'anéantir le commerce local des Haoussas qui est des plus intéressants.

« Le Haoussa, écrit CHARREAU, échange contre tout. Se rendant de Ngaoundéré à Carnot, il transformera son pécule plusieurs fois en traversant les divers villages. Partant avec des bœufs, il les échangera contre du caoutchouc qu'il vendra ensuite à l'Européen pour de l'argent ou pour des nattes et des perles troquées à Carnot contre des Kolas. De retour à Ngaoundéré, il revendra ses noix au détail, achètera des bœufs et entreprendra un nouveau voyage et la même série d'échanges. A chaque transformation, son pécule augmente. Il n'est pas rare qu'un Haoussa se dépouille de ses vêtements pour acheter un ou deux

(1) Il doit y avoir un lapsus. Le prix d'un bœuf équivaut vraisemblablement à 2.000 à 5.000 Kolas. A Ngaoundéré, un bœuf de moyenne taille vaut 8 à 18 thalers (pièce d'argent à l'effigie de Marie-Thérèse, valant environ 3 francs).

(2) P. CHARREAU.— Loc. cit., in *Mém. Soc. Sc. Cherbourg.*, XXXV, 1905-1906, p. 167.

(3) P. CHARREAU.— Loc. cit., p. 182.

animaux et qu'il revienne au voyage suivant avec un troupeau
de quatre ou six bœufs. » (1)

Il a existé, jusqu'à ces dernières années, au Gabon, un intéressant commerce de noix de Kola sèches qui étaient exportées
en Europe et notamment à Liverpool. D'après les statistiques
officielles, les dernières exportations furent les suivantes :

Exportations de Kolas secs au Gabon.

Années	Poids (kilos)	Valeur (francs)
1896	21.972	22.191
1897	17.802	22.483
1898	10.340	29.308
1899	4.481	3.875
1900	2.235	1.836
1901	4.890	2.510
1902	néant	néant

La disparition de ce commerce a coïncidé avec la substitution du régime des grandes concessions au régime du commerce libre. Les Noirs du Gabon avaient pris l'habitude de
venir vendre aux factoreries, pour la plupart anglaises et hol-
landaises, divers produits de cueillette: Kolas, piassava, copal,
noix palmistes.. Le jour où les concessionnaires émirent la pré-
tention de payer ces produits au-dessous de leur valeur réelle,
ou contre des marchandises inusitées dans le pays, l'indigène
renonça à recueillir les produits qu'il exploitait depuis longtemps.

Ce régime a eu pour résultat d'arrêter l'essor commercial
d'une de nos colonies les plus riches en ressources naturelles.
De nouvelles mesures administratives actuellement en voie
d'application pourront seules la tirer de sa stagnation. Là,
comme dans tous les autres pays du monde, ce n'est que le
commerce libre avec le jeu de la concurrence qui peut inciter
l'indigène au travail et, partant, assurer la prospérité économique de notre colonie.

(1) P. Charreau.— Loc. cit., p. 185.

II. — PRINCIPAUX PAYS PRODUCTEURS ÉTRANGERS.

1° SIERRA-LÉONE.

Nul, il y a une trentaine d'années, le commerce d'exportation des noix de Kola par mer a pris un grand développement depuis une dizaine d'années.

Les colonies qui reçoivent la plus grande quantité des Kolas de Sierra-Léone sont la Gambie (474 tonnes en 1909), le Sénégal (652 tonnes en 1909), la Guinée portugaise (314 tonnes en 1909).

Nous avons pu nous procurer les chiffres suivants donnent l'exportation totale par mer depuis 1895 :

	Quantités (tonnes de 1016 kilos)	Valeur (francs)
1895................	499	
1896................	504	971.300
1897................	646	1.138.775
1898................	548	1.241.750
1899................	488	1.536.375
1900................	»	1.980.475
1904................	798	2.018.550
1905................	769	1.893.200
1906................	1.255	2.602.100
1907................	1.374	2.831.850
1908................	1.162	2.622.375
1909................	1.324	3.846.225

Suivant l'abondance des noix et les demandes dans les colonies qui font l'importation par mer, les cours des noix subissent parfois des sauts très brusques.

Habituellement les noix se vendent 16 livres sterling (400 fr.) la tonne (1016 kilogs), dans les villages producteurs et à Free-Town elles valent déjà 1 fr. ou 1 fr. 25 le kilog. Toutefois ce prix est parfois dépassé et en janvier 1910 la tonne se payait 64 livres sterling (1600 fr.).

D'après le rapport commercial qu'a eu l'obligeance de nous communiquer Son Excellence le Gouverneur de Sierra-Léone, les noix de Kola viennent en deuxième ligne dans les exportations de la colonie et en 1907, elles représentaient 16,83 °/₀ de la valeur totale des exportations de la colonie.

Les cantons de Mano, Salija et Sulima, du district de Sherbro, sont particulièrement riches en Kolas et s'ils pouvaient être atteints par le chemin de fer, une grande impulsion serait donnée au commerce de toute la contrée. L'expédition des noix par des embarcations légères présente des aléas, de sorte que les indigènes ne recueillent qu'une partie des fruits.

L'exploitation de cette denrée est faite exclusivement par les commerçants indigènes qui circulent entre les ports du Nord et les localités de l'intérieur.

Depuis 1906, quelques maisons européennes tentent aussi de se livrer à ce négoce. On estime que 5 °/₀ seulement de la population de Sierra-Léone emploie le Kola comme article d'alimentation et qu'il n'en est pas consommé plus de 10 tonnes par an dans toute la colonie.

Durant les années favorables, la colonie peut produire actuellement 2.000 tonnes de noix (8 quintaux par acre), mais les plantations indigènes sont en voie d'extension. Une grande quantité de Kola est transportée par terre en Guinée française et ne se trouve pas comprise dans les statistiques du Département des Douanes.

2° GOLD-COAST.

Les noix de Kola sont une des principales ressources de la Gold-Coast qui en produit pour 5 ou 6 millions de francs par an.

La plus grande partie des amandes exportées provient du Pays des Achantis et de l'Akyem. Le *Cola rubra* est la seule race cultivée dans ces régions.

Suivant un *Supplément de la Gazette du Gouvernement de la Gold-Coast* pour 1909, on estime que les 4/5 des importations dans le Pays des Achantis, sont échangées contre des noix de Kola dont le prix serait d'environ 10 livres sterling la tonne (soit 0 fr. 25 le kilog.). Or, la valeur des exportations de ce produit pour l'Achanti atteignait, en 1908, 90.000 livres sterling ou 2.250.000 francs. Au prix de 0 fr. 25 le kilog., cela correspondrait à 9.000 tonnes de Kolas, et sur cette quantité il passerait vers le Nord pour 80.000 livres sterling de Kolas (1). Le

(Cliché communiqué par H. FILLOT).

Fig. 49. — Couffins de Kolas préparés pour l'embarquement à Sekondee (Gold-Coast).

chemin de fer de Coumassie en emporterait pour 250.000 francs à Sekondee. Cette valeur correspond, d'après nos évaluations, à environ 250 tonnes.

(1) Il est possible que les Kolas exportés par le nord représentent une valeur de 80.000 livres sterling ou 2 millions de francs, mais en les estimant à 0 fr. 25 le kilog., on arrive à un poids de 8.000 tonnes correspondant à plus de 300.000 charges.

Ce chiffre doit être considérablement réduit. Nous ne pensons pas que l'exportation par l'hinterland dépasse 2.000 tonnes, soit environ 70.000 charges.

La valeur des Kolas serait alors de 1 fr. le kilog. à la sortie, ce qui correspond en effet à la réalité.

Ces 250 tonnes s'ajoutent aux quantités beaucoup plus élevées produites par l'Akyem et par les régions avoisinant la
mer et le tout est embarqué principalement à destination de
Lagos.

Les marchés de Séhara et de Halata fournissent de grandes
quantités destinées à l'exportation par mer.

Le commerce d'exportation des Kolas par mer a commencé il
y a 30 ans seulement. Les statistiques douanières signalent en
1899 une sortie évaluée à 2.125 francs et en 1892 l'exportation
n'était encore de 33.200 francs. Nous publions, d'après *The
Gold Coast Civil service List 1904-05*, le tableau des exporta
tions de 1886 à 1903 inclus :

Gold-Coast.

Kolas frais exportés par mer.

Années	Nombre de Couffins	Valeur en francs
1886	114	18.950
1887	206	25.250
1888	261	36.475
1889	13	2.125
1890	607	82.850
1891	347	55.600
1892	91	33.200
1893	979	642.900
1894	1.202	712.800
1895	2.352	764.150
1896	3.156	835.950
1897	4.278	946.750
1898	3.092	894.725
1899	2.671	1.425.525
1900	1.907	1.078.325
1901	1.979	875.600
1902	1.923	936.875
1903	2.773	1.264.025

Pour les dernières années, M. Emile BAILLAUD nous a communiqué les chiffres suivants :

Années	Quantités (couffins de 450 kg. environ)	Valeur en francs
1905...............	»	1.502.775
1906...............	4.703	1.840.800
1907...............	6.278	1.972.525
1908...............	4.484 (1)	2.109.050

L'exportation actuelle par mer doit osciller entre 2.000 et 2.500 tonnes.

En 1903, l'exportation totale de 2.773 couffins par mer se répartissait ainsi par les divers ports :

Accra.....................	1.571 couffins
Cape Coast	849
Saltpond..................	147
Winneba.................	26
Total.......	2.773 couffins

Depuis la construction du chemin de fer de Coumassie, de nombreux ballots sont également embarqués à Sekondee.

3° CAMEROUN.

L'hinterland du Cameroun dans les parties boisées situées au sud du 6° de lat. N. produit des noix de Kola que des Haoussas de l'Adamaoua allemand et de la Nigéria du Nord viennent acheter. Elles se vendent dans les pays producteurs en passant par Ngaoundéré et Tibati, centres caravaniers importants. Nous n'avons aucun renseignement sur ce trafic.

Les districts côtiers du Cameroun exportent aussi par mer de petites quantités de noix de Kola embarquées à Douala et à Victoria et destinées au Togo ou à la Nigéria anglaise. Ce commerce atteint quelques dizaines de mille francs par an et il ne fera sans doute que se développer, diverses plantations de Kolatiers ayant été faites dans ces dernières années.

En 1899, le Cameroun a exporté 25.111 kilog. de Kolas valant 9.286 Mks. ; en 1900, 24.057 kilog. valant 6.994 Mks. ; en 1905, 62.789 kilog. valant 34.564 Mks. ; en 1906, 37.068 kilog.

(1) Ce chiffre correspondrait à un poids de 4.420.815 livres anglaises ou 2.002 tonnes 629. Les noix sont donc estimées à 1 fr. le kilog. environ.

valant 21.707 Mks. ; en 1907, 80.411 kilog. valant 21.997 Mks.
et en 1908, 83.469 kilog. valant 34.265 Mks. Une grande partie de ces Kolas sont à l'état sec et destinés au port de Hambourg.

4° TOGO ALLEMAND.

Le Togo produit de petites quantités de noix de Kola, notamment aux environs de Tapa (*Cola nitida*) et de Misahöhe (*C.
acuminata*), mais la production ne suffit pas à la consommation.

Dans le nord du Togo, le transit des Kolas, allant du Pays
Achanti à la Nigéria du Nord ou aux territoires français de la
boucle du Niger, donne lieu à un trafic très intense. Au poste
de Kétékratyi, situé sur la route des caravanes, pendant le premier semestre 1899, le Comte ZECH a recensé 233 tonnes de
Kola transitant. « Cette statistique, ajoute-t-il, ne présente
qu'une partie de la totalité du trafic ; il y a encore plus d'une
voie commerciale allant du Pays Achanti au Soudan. Le commerce du Soudan se dirigera de plus en plus vers le pays produisant le plus de bons Kolas, c'est-à-dire vers la Côte d'Or. Si
le Togo veut participer en une certaine mesure à ce commerce,
il faudra qu'on y installe des plantations d'une bonne espèce de
Cola. Heureusement, ces cultures sont commencées et déjà en
bel état (1) ». Nous savons que les résultats obtenus par la suite
n'ont pas été en rapport avec l'optimisme de l'ancien Gouverneur du Togo et nous pensons, pour notre part, que le Togo
privé de grandes forêts ne parviendra pas à concurrencer les
pays approvisionnant en Kolas le Soudan, c'est-à-dire la Côte
d'Ivoire et la Gold-Coast.

5° SAN THOMÉ

Ainsi que nous l'avons constaté, de nombreux Kolatiers sont
disséminés à travers les plantations de Cacaoyers de l'île portugaise, mais on n'en tire presque aucun parti.

(1) Comte ZECH.— L. c. Voir *Revue Cult. col.*, VIII, 1901. 1er sem., p. 367.

Dans quelques *roças* seulement, « les noix de Cola sont cassées en morceaux et séchées au soleil (1) ».

En 1898, il en a été exporté 374 kilog. valant 1.185 francs ; en 1899, on en exporte encore pour 3.500 fr. En 1905, ces exportations avaient cessé.

Prix sur le marché de l'île : 0 fr. 30 le kilog.

Droits à destination du Portugal...... 1 % *ad valorem*
— des pays étrangers. 15 % —

La culture du Cacaoyer est beaucoup plus rémunératrice que celle du Kolatier.

Dans la notice sur l'Exposition Coloniale de Paris de 1906 (2) il est dit à propos de la culture du Kolatier : « Il s'agit là d'une culture qui rapporte peu, c'est vrai, mais qui, étant à la portée des indigènes et des européens — vu le peu de soins qu'elle exige — a encore cet avantage de ne causer aucun préjudice aux meilleures essences de l'île : le Caféier et le Cacaoyer ».

III. — PRINCIPAUX PAYS CONSOMMATEURS. COLONIES FRANÇAISES.

1° SÉNÉGAL.

Notre plus ancienne colonie africaine consomme des quantités de Kolas qui vont en s'accroissant d'année en année, ainsi que le montrent les chiffres suivants :

(1) DE ALMADA NEGREIROS.— Ile de San Thomé, Paris 1900, p. 81.
(2) DE ALMADA NEGREIROS.— Les Colonies portugaises. Etudes documentaires, produits d'exportation, 1907, p. 207.

Importations de Kolas au Sénégal (par mer).

Année	Poids (kilogs)	Valeur (francs)
1889..............	108.797	543.984
1890..............	149.860	699.522
1891..............	170.165	596.342
1892..............	335.360	1.998.229
1893..............	176.361	528 784
1894..............	274.609	768.732
1895..............	231.469	906.459
1896..............	284.301	1.388.004
1897..............	304.090	1.580.457
1898..............	232.375	1.163.625
1899..............	177.274	1.418.194
1900..............	195.187	1.544.316
1901..............	442.911	3.521.894
1902..............	426.879	3.396.896
1903..............	311.632	4.065.736
1904..............	489.905	3.882.099
1905..............	453.222	2.380.104
1906..............	510.478	2.041.914
1907..............	646.773	2.535.480
1908..............	666.590	2.799.544
1909..............	779.683	3.118.735

Une grande partie de ces noix sont consommées au Sénégal même ; les autres remontent le fleuve Sénégal et pénètrent dans la colonie du Haut Sénégal-Niger pour alimenter les marchés approvisionnés par Kayes.

La presque totalité des noix importées par mer au Sénégal proviennent de Sierra-Léone. Pendant les dernières années, cette colonie anglaise a envoyé aux divers ports du Sénégal les quantités suivantes (en tonnes) :

Importations de Kolas de Sierra-Léone au Sénégal.

	St-Louis	Rufisque	Dakar	Gorée	Pour l'ensemble
1905..........	3	53	211	23	290
1906..........	5	47	369	36	457
1907..........	12	21	485	40	558
1908..........	2	54	470	28	554
1909..........	16	29	606	1	652

En 1906, le Sénégal a reçu de la Guinée française 16 tonnes 5 de Kolas ; en 1907, il en a reçu 9 tonnes ; depuis, cette quantité a été en diminuant par suite de la construction du chemin de fer de Conakry au Niger, qui permet l'exportation plus rémunératrice vers l'intérieur du Soudan.

Comme le montre le tableau précédent, Dakar est le principal port d'approvisionnement. Les noix y sont importées par quelques firmes européennes, par des traitants indigènes et par des syriens ayant des correspondants à Free-Town ou à Conakry. Elles arrivent dans des paniers, 50 kilog. environ, emballées dans des feuilles ou séparées par des lits de sable.

Les mercuriales de la douane attribuaient aux Kolas rendus au Sénégal, jusqu'à ces dernières années, une valeur de 8 francs le kilog. ; actuellement encore, ils sont mercurialisés à 4 francs le kilog. Les noix débarquées à Dakar ne valent en réalité que 2 fr. 50 le kilog. après avoir acquitté la taxe de 0 fr. 75 par kilog.

C'est surtout dans les villes, notamment à Dakar, à Saint-Louis, à Rufisque, à Thiès, à Podor, que la consommation des Kolas prend de l'extension. Outre l'apport par mer, d'assez nombreuses charges, destinées aux régions de l'intérieur pénètrent aussi dans notre colonie soit par la Gambie anglaise, soit par la frontière de la Guinée française. Les villes de l'intérieur sont en outre approvisionnées par des caravanes qui viennent faire leurs achats soit aux villes de la côte, soit dans les escales du fleuve.

Grâce au bien-être que nous leur avons apporté, les diverses peuplades de la Sénégambie, et surtout les Wolofs et les Toucouleurs sont devenus, en moins de 50 ans, de grands consommateurs.

Une quantité considérable de noix se vend chaque jour au détail à Dakar. Au tournant des rues et sur chaque place, on rencontre, depuis l'aube jusqu'à une heure avancée de la nuit, le marchand de Kolas accroupi devant son étal formé d'une peau tannée étendue sur le sol. Il offre, au passant, ses noix blanches et ses noix rouges, constamment à deux cotylédons. Elles sont présentées, habituellement, par petits tas de 4 à 5 noix, valant un *tanca* (pièce de 0 fr. 50). On peut aussi acheter une seule noix vendue de 0 fr. 05 à 0 fr. 20, parfois jusqu'à 0 fr. 30

si elle est exceptionnellement grosse. Comme au Soudan, il n'y a point ici de morte saison : le commerce est prospère d'un bout à l'autre de l'année.

2° HAUT-SÉNÉGAL ET NIGER.

Bien que le *Tarick-es-Sudan*, la plus ancienne chronique relative à l'histoire du Soudan, ne fasse pas mention des noix de Kola, nous savons par Léon l'Africain que le commerce de cette denrée existait déjà dans la région du Niger au xv° siècle.

Cuny rapporte qu'au xviii° siècle c'était un article d'échange courant.

« Les marchands du Fezzan font avec ces peuples du Niger un commerce qui consiste en couteaux, lames de sabre, tapis et corail ; en verroteries, miroirs, musc et divers autres objets de quincaillerie. Les marchands d'Agadez leur apportent du sel et reçoivent en échange de l'or, des esclaves, des étoffes de coton, des peaux de chèvres peintes, des cuirs de vaches et de buffles, et des *noix de Gonvan* (1) ; cette noix est le fruit d'un arbre très élevé dont la feuille est large. Ces noix sont au nombre de 7 à 9 dans une enveloppe de 18 pouces de long : leur couleur est d'un jaune-verdâtre. Elles sont de la grosseur de la châtaigne ; leur goût, quoiqu'un peu amer, n'est cependant pas désagréable. On s'en sert pour corriger les eaux du pays qui sont nauséabondes et malsaines (2) ».

Ce n'est cependant qu'à la suite des grands voyages de Réné Caillié, de Barth et de Binger, que l'importance des noix de Kola dans les transactions soudanaises est révélée.

En 1900, E. Baillaud publie la *Carte économique des Pays français du Niger* (3), montrant le tracé des principales routes caravanières du Soudan et leur importance relative. Jusqu'à nos jours, ces routes sont restées ce qu'elles étaient du temps de

(1) Gonvan est probablement un des noms de Kong, encore désigné par les anciens auteurs sous les noms de Gonja (Beaufoi), Gongé (Delisle), Conché (Danville).

(2) Cuny. — Découvertes en Afrique, 1809, I, p. 204.

(3) *La Géographie*, II, 1900, 2° sem., p. 9, et : Sur les routes du Soudan. Toulouse, 1902.

BARTH. Seul, l'aménagement des voies de communication rapides (chemins de fer et navigation à vapeur sur le Sénégal et le Niger) en a modifié quelques-unes.

Les Kolas qui circulent dans le Soudan nigérien sont de trois provenances différentes. Ils arrivent :

1° Par le fleuve Sénégal et le port de Dakar ; il en vient ainsi de Sierra-Léone et de la Guinée française.

2° Par Siguiri, Kankan (ou Kouroussa) et Beyla (ou Kissidougou) ; ils proviennent de la Haute Guinée française, du Haut Libéria et de la Haute Côte d'Ivoire occidentale.

3° Par Bobo-Dioulasso, par Léo ou par Salaga ; ils proviennent du Pays Achanti (Gold-Coast).

La quantité de noix arrivant chaque année dans notre colonie n'est pas inférieure à 2.500 tonnes.

Les marchés de Kayes et Médine, de Banemba et de Nioro, ainsi que les provinces qu'ils desservent sont presque exclusivement approvisionnés de noix importées du Sénégal. Le chemin de fer de Kayes au Niger en transporte aussi jusqu'à Bamako. Ce sont les bateaux des *Messageries fluviales* qui effectuent la montée des noix de Kola de St-Louis à Kayes. Tout au long de l'année, les places que nous venons de citer sont largement approvisionnées de la précieuse denrée.

Les noix pesant de 10 à 20 grammes se vendent au détail 0 fr. 10 pièce, parfois 2 noix pour 0 fr. 15 ; les très belles noix valent 0 fr. 15 et 0 fr. 20 pièce.

A Bamako, les noix ont sensiblement la même valeur. Ce grand centre reçoit annuellement, par caravanes, environ 200 tonnes de noix provenant de la haute Côte d'Ivoire et de la haute Guinée.

Ségou en reçoit de Bamako et de Djenné (provenant du Pays Achanti). Nous n'avons pu nous procurer les évaluations relatives à ce commerce pour les dernières années, mais nous savons qu'en 1898 il arrivait déjà 3 millions de noix à Ségou par an, soit environ 40 tonnes.

A Sikasso, près de la limite du bassin du Niger et de la Comoé, il passe aussi d'importantes caravanes de Kolas, spécialement de janvier à mai. Ces noix proviennent soit du pays Lô, soit du pays Dyola et ont traversé le Ouorodougou. Elles sont pour la plupart rouges et de belle taille. Lors de notre passage dans cette ville, elles se vendaient 0 fr. 03 pièce, soit de 1 fr.75 à 2 fr. le kilog.

Bobo-Dioulasso est aussi un marché important où les dioulas de la boucle de Niger et même de la région de Tombouctou viennent se mettre en rapports avec les Mandé-Dioulas et les Haoussas fréquentant les marchés de la Gold-Coast et de Bondoukou (Côte d'Ivoire).

D'autres Haoussas se rendent directement de la Nigéria dans l'Achanti y faire des achats de Kola. La plupart retournent dans leur pays par le Togo septentrional et par le N. du Dahomey ; un certain nombre passent par le sud du Mossi et par le Gourma en traversant les villages Navaro (Gold-Coast), Bittou, Tenkodogo, Koupéla ; de là, les uns vont sur Niamey et d'autres traversent le Gourma en passant par Fada, Konkobiri, Say ou Karimama.

Le *Moniteur officiel du Commerce*, année 1907, après avoir rappelé l'importance des noix de Kola au Soudan français, donne les renseignements suivants :

« L'importation a atteint l'an dernier (soit en 1906), les chiffres suivants :

Kayes.............	30.301 fr.
Région nord.......	181.724
Région nord-est....	248.486
Bougouni.........	381.623
Région sud.... ...	507.462
Total......	1.349.596 fr.

représentant 24 millions et demi de noix (1), d'un prix très variable à l'entrée, mais ne dépassant pas 15 fr. le cent dans la région Nord où elles valent le plus cher. A Bougouni au contraire, leur valeur ne dépasse pas 2 fr. 50 le cent.

A San, on les achète à raison de 7 ou 8 noix pour un franc ; pour la même somme, on en obtient 6 à Djenné.

Au cours de notre récent voyage en Afrique occidentale,

---

(1) Ce chiffre corresdond à 300 ou 350 tonnes. Il est bien certain que la quantité de noix de Kola importées chaque année au Haut Sénégal et Niger est beaucoup plus considérable.

nous avons rassemblé des renseignements beaucoup plus nombreux sur le commerce des noix de Kola dans la partie orientale de la boucle du Niger et spécialement au Mossi.

L'importance de cette province, peuplée de plus de 2 millions d'habitants, a été révélée par BINGER, mais c'est seulement depuis 1900 que les officiers et administrateurs qui y ont vécu ont mis en relief son grand intérêt économique. L'élevage des bovins et des moutons est pratiqué sur une très large échelle par les Peuls et par les Mossis ; une belle race de chevaux y prospère également.

Malgré l'irrégularité des pluies, les diverses céréales africaines et spécialement le sorgho y donnent presque chaque année de bonnes récoltes dans de vastes plaines transformées, sur de grandes étendues, en terrains de culture : « Tout cela, plus tard, devra n'être qu'un immense champ de coton », écrivait déjà il y a 10 ans, à la suite de son voyage de 1899, Emile BAILLAUD (1). Nous revenons aussi du Mossi avec la même conviction.

Le Mossi avait acquis il y a plusieurs siècles une grande renommée dans tout l'Ouest africain. Dans la seconde moitié du XVIII° siècle, des *Mandés-Dioulas* de la région de Ségou vinrent s'établir dans le pays. Ils ont formé la souche des *Yarsés*, disséminés dans tout le Mossi, parlant encore la langue mandé et monopolisant le commerce de ces régions.

Le Mossi doit son importance commerciale actuelle au transit des noix de Kola et à l'exportation du bétail vers le Gold-Coast.

Peu de temps après l'occupation française, BAILLAUD put parcourir le centre de la boucle du Niger et nous révéla ce remarquable trafic.

...... « Jusqu'à ces derniers temps, c'était avec des captifs que les Mossis se procuraient les Kolas sur les marchés en relation avec le pays de production, parce que le sel de Taodéni était d'un prix trop élevé pour pouvoir lutter sur ces marchés avec le sel marin qui venait de la côte.

« Dans ces dernières années, ce commerce s'est transformé. Depuis l'établissement des Anglais dans l'arrière-pays de

(1) E. BAILLAUD. — L. c., p. 260.

l'Achanti, ceux-ci ont eu besoin pour leur alimentation d'un nombre assez considérable d'animaux de boucherie. Les terres qu'ils occupaient ne pouvaient les leur fournir. Les troupeaux du centre de la boucle ont trouvé là un important débouché.

« Les indigènes qui s'adonnent au commerce ont donc à traiter avec les marchandises suivantes : sel, captifs, Kolas, animaux domestiques, produits divers du Mossi, bandes de coton, fer. Ce commerce s'exerce du nord au sud d'une façon très définie que l'on peut analyser succinctement ainsi :

« Les Mossis se rendent chargés de Kolas dans le nord, soit qu'ils aillent jusqu'à Tombouctou, soit qu'ils s'arrêtent dans les différents marchés de cette région situés entre Djibo, Hombori et le Niger. Là, ils échangent leurs Kolas contre du sel et s'en reviennent dans leur pays. Avec leur sel, ils se procuraient autrefois des captifs ; c'était le seul article demandé sur les marchés de Kolas ; aujourd'hui, ils achètent, en outre, des bestiaux ; ils les conduisent dans le sud, se procurent de nouveaux Kolas et recommencent l'opération.

« On peut aisément se rendre compte des bénéfices que ces commerçants peuvent ainsi réaliser. Supposons qu'un Mossi prenne sur les marchés du sud une charge de Kolas (2.500). Lors de notre passage à Ouagadougou, les Kolas valaient en moyenne 0 fr. 10 pièce. On peut en déduire que les marchands Mossis se procuraient sur les marchés de Kolas une charge pour 150 fr. Rendue à Tombouctou, cette charge augmente considérablement de valeur. On peut fixer le prix moyen actuel des Kolas sur ce marché à 0 fr. 25 la pièce. Parfois le prix subit une hausse extraordinaire : on est allé jusqu'à les payer 1 fr. pièce ; mais ces prix-là ne profitent qu'aux commerçants de Tombouctou ; ils sont simplement, en effet, de la spéculation.

« Sur une charge de Kolas, il n'y en a guère plus de deux mille qui restent en bon état après un si long voyage. A raison de 0 fr. 25 la pièce, c'est donc une somme de 500 fr. que le Mossi a réalisé après avoir écoulé sa marchandise ; avec cela il achète du sel. La barre vaut en moyenne 25 fr. ; il peut donc s'en procurer 20 barres. Rendues dans le Mossi, ces barres valent à peu près 50 fr. chacune, soit 1.000 fr. qu'ont rapporté les 150 fr. de première mise.

« Avec ce sel, les commerçants se procuraient autrefois des captifs qui, lors du voyage de M. BINGER, valaient de 70 à 80 fr. Ils ont beaucoup augmenté de valeur depuis. Les commerçants achètent maintenant des moutons, des bœufs. Dans le Mossi, un très beau mouton vaut 3 fr. et un bœuf 40 à 50 fr.

« Sur les marchés du sel, ces moutons valent 8 fr. en moyenne et les bœufs de 80 à 100 fr.

« Notre marchand liquide donc son opération en revendant ses bêtes près de 2.500 fr.

« Il faut déduire de cette somme les frais de route ; mais ils ne dépassent guère 200 fr., même en tenant compte des animaux qui ont péri.

« Nous faisons cette évaluation en francs et non en cauris, parce qu'il nous faudrait entrer dans le détail des différentes valeurs de cette monnaie.

« On le voit, le bénéfice de l'opération ne laisse pas que d'être très considérable ; aussi dans tous les villages du centre de la boucle du Niger on s'est adonné à ce commerce (1)..... »

Les officiers qui ont séjourné au Mossi ont complété ces informations et nous avons eu la bonne fortune de pouvoir, en août 1910, dépouiller dans les archives des postes de Ouagadougou et Ouahigouya, tous les documents relatifs aux questions économiques du Mossi.

En 1900, on achetait encore les Kolas à Salaga contre des bandes de coton, des pagnes, des moutons, des bœufs, des ânes, du sel, du savon. Un mouton de 5.000 cauris à Ouagadougou valait 1.000 Kolas ou 15.000 cauris à Salaga. Un bœuf valant 30.000 cauris se vendait 100.000 à 120.000 cauris (soit 120 fr.) à Salaga. Tout le commerce du Mossi se fait avec la Côte d'Or et spécialement avec les marchés de Oua, Kintampo, Ouanki, Gambaka. Quelques dioulas, surtout ceux du Bousangsé, vont parfois au marché allemand de Sansanné-Mango.

L'officier, qui rapportait ces faits intéressants, ajoutait judicieusement dans son rapport inédit de 1900 :

« *Nous pourrons arriver un jour à détourner ce commerce de la Côte d'Or au profit de la Côte d'Ivoire. Pour arriver à*

(1) E. BAILLAUD — L. c., p. 240-242.

ce résultat, il faudrait : 1° *Que les dioulas trouvent sur les marchés de l'hinterland de la Côte d'Ivoire les marchandises qu'ils désirent et surtout les Kolas ;* 2° *qu'ils puissent passer en toute sécurité du Mossi et du Gourounsi sur la rive droite de la Volta Noire et descendre dans le sud sans courir le risque d'être dévalisés ;* 3° *qu'ils n'aient que de faibles droits à payer, comparables à ceux établis par les Anglais* ».

A une époque plus rapprochée de nous, le lieutenant Marc a publié des renseignements très précis sur le trafic des Kolas dans le Mossi. Il nous paraît utile de reproduire intégralement ses notes :

« Nous avons dit ce qu'étaient les Yarsés et quelle était leur situation dans le Mossi. Ce sont eux qui sont les plus nombreux à se livrer au commerce dans la région qui nous occupe.

« Il vient également des Haoussas, mais probablement depuis peu d'années. Des Maures viennent parfois de Dori jusqu'à Ouagadougou. On ne rencontre presque pas de Mandés-Dioulas. Quant aux Mossis purs, ce n'est que depuis très peu de temps qu'ils se mettent, eux aussi, à suivre les caravanes. Voici, en ce qui concerne le commerce des Kolas et du bétail, ce que nous avons observé sur place :

« Vers la fin de l'hivernage, en septembre ou en octobre, les Yarsés commencent à rassembler le bétail pour partir vers le sud. Dans certaines grandes places commerciales comme Kaya, Pouitenga, Rakay, on trouve vers cette époque les propriétaires de bétail : chefs Mossis, Peuls ou riches indigènes, disposés à vendre leurs animaux.

« Ce sont les beaux bœufs à bosse du Yatenga et du Nord du Mossi qui sont les plus demandés. On rassemble aussi des moutons de l'espèce du Mossi qui est assez chétive. Les gros moutons à longue laine du Macina ne s'exportent guère.

« Une fois le bétail rassemblé, le chef de caravane doit également s'approvisionner de toile en bandes. Cette étoffe indigène a été souvent décrite ; elle est d'un usage courant sur les routes de caravanes pour payer la nourriture des passagers(1).

---

(1) Si l'on demande à un Yarsé à quoi lui serviront les gros rouleaux de toile qu'il emporte, il répond invariablement : « C'est pour manger ».

« Avant notre occupation, les chefs de caravanes se groupaient de façon à constituer une force suffisante pour être respectés et aussi pour pouvoir garder le bétail pendant la nuit contre les voleurs et contre les fauves. Maintenant les caravanes s'arrêtent dans les villages et trouvent des parcs où elles mettent leur bétail en sûreté chaque nuit.

« La vitesse de marche est d'une vingtaine de kilomètres par jour. Des marchés du sud du Mossi aux marchés voisins de la forêt, on compte environ vingt-cinq jours.

« Le bétail, à son arrivée à destination, est acheté par des courtiers interprètes, intermédiaires entre les bouchers et marchands de viande, à qui les caravaniers sont en quelque sorte forcés de s'adresser. Ces individus achètent aux indigènes de la forêt tout ce qu'ils apportent de Kolas et ils sont les maîtres des cours sur le marché.

« Jusqu'à ces dernières années, l'unité monétaire était le mille de cauris et le prix des Kolas était invariablement fixé à 10.000 cauris le mille. Actuellement le schelling et le franc commencent à servir d'étalon et c'est le cours des cauris qui varie par rapport à la monnaie d'argent.

« Le prix du bétail est sujet à des fluctuations considérables.

« D'après les renseignements qui nous ont été fournis par des officiers anglais ayant administré à Kintampo et à Salaga et aussi par de nombreux chefs de caravanes, il semble que ces courtiers interprètes spéculent sur le bétail d'une façon extrêmement curieuse. Ils ont des pisteurs qui vont au devant des caravanes quelquefois à deux jours de marche vers le Nord.

« Ceux-ci cherchent par des renseignements tendancieux à inquiéter les propriétaires de bétail et à les amener à céder leur troupeau à vil prix. Parfois, au plein de la saison des affaires, c'est-à-dire en janvier et février, les fluctuations du cours du bétail, varient de cent pour cent en quelques semaines. Les Mandés-Dioulas font assaut d'éloquence, les Yarsés et les Mossis de politesse, les Haoussas de bonhomie. En réalité, il y a, avec des méthodes exclusivement indigènes, tout un embryon de place de commerce, une véritable Bourse.

« Les Kolas ainsi achetés sont ramenés au Mossi, soit par

porteurs, soit sur des ânes. Ils sont concentrés sur les principales places commerciales et y deviennent de nouveau une valeur
de spéculation.

« Une grande partie de ces Kolas sont consommés sur place,
et cédés à des revendeurs qui les font écouler sur les marchés
par des femmes. Mais le reste est destiné à l'exportation vers
le Nord et depuis qu'ils n'ont plus les captifs, les Yarsés ont
beaucoup développé le commerce des Kolas avec Tombouctou.
Maintenant, c'est par rapport à la barre de sel que sont
évalués les Kolas et la spéculation se donne libre cours, soit
au Mossi, soit avec les commerçants qui reviennent du Nord,
soit à Tombouctou et à Saraféré, aux portes du pays du sel, où
les Kolas atteignent jusqu'à 0 fr. 20 la pièce.

« Un bœuf acheté cinquante francs au Mossi peut se vendre
le double à Salaga et, avec les cent francs ainsi obtenus, on
peut se procurer 10.000 Kolas qui valent au Mossi environ 500
francs.

« Mais il y a des faux-frais considérables. 10.000 Kolas exigent deux ânes ou quatre porteurs dont il faut payer la nourriture pendant près de deux mois. Il y avait autrefois un certain
nombre de coutumes indigènes à payer, chaque fois que l'on traversait un nouveau pays. Il y a maintenant les taxes sur les
caravanes en Gold-Coast et en territoire français. Il faut également payer le passeur qui fait franchir la Volta au bétail. Il y
a des risques, et, parfois, les bœufs fatigués par le voyage, arrivent en si mauvais état qu'ils sont vendus moins cher qu'ils
n'ont coûté.

« Enfin la réalisation des bénéfices est souvent malaisée, le
cours des Kolas étant, sur les places commerciales du Mossi,
sujet à des fluctuations considérables au moment du retour des
caravanes. Nous avons eu souvent l'occasion de séjourner dans
un de ces grands marchés du Mossi, celui de Rakay. L'aspect
extérieur de ce village, qui a plusieurs milliers d'habitants, n'a
rien qui attire le regard et le passant n'y voit qu'une grande
plaine couverte à perte de vue de cases rondes à toits pointus.
En réalité, Rakay joue chez les Mossis un rôle tout à fait comparable à celui d'un port de commerce.

(1) MARC.— Le Pays Mossi, 1909, p. 170-175.

« L'envoi d'une caravane est une opération comparable à ce qu'était autrefois l'armement d'un navire ; et le retour des marchands, lorsque ceux-ci ont réussi dans leur entreprise, donne lieu à des manifestations de joie qui rappellent les bordées de matelots rentrant de campagne.

. « Aussi Rakay est-il, en même temps qu'une qu'une grande place d'affaires, une ville de plaisirs. On y trouve des changeurs, des courtiers, des loueurs d'ânes, en même temps que des entrepreneurs de caravanes. On y trouve aussi des musiciens, des chanteurs, et les plus belles danseuses de la région. Et pendant toute la saison des caravanes, le marché est toujours abondamment fourni de bière de mil. »

Au moment de notre passage à Ouagadougou (août 1910) les Kolas se vendaient au marché 2 fr. 50 les 75. Les noix mises en vente sont de gros Kolas rouges de l'Achanti. On n'observe pour ainsi dire jamais de noix blanches.

D'après les nombreuses pesées que nous avons effectuées, les noix vendues en cette saison pèsent en moyenne 27 g. 20. Il faut donc 58 noix pour faire un kilog. et la valeur du kilog. à Ouagadougou est de 1 fr. 93.

Les noix se vendent en gros ordinairement contre argent, à raison de 20 fr. à 30 fr. le 1.000 suivant la saison. Au moment de notre voyage, on les échangeait aussi contre des cauris dont le cours était 5.500 à 6.000 cauris correspondant à 5 fr.

A cette époque, un bœuf moyen valait 30 fr. au centre du Mossi.

On achète le bétail contre argent et on va le vendre à Salaga à raison de 60 à 125 fr. par animal, ce prix étant payé en or anglais (livres sterling). Les Anglais ne prélèvent pas de droit d'entrée, mais les frais occasionnés par le péage et les droits de stationnement s'élèvent à 5 fr. par animal.

Pour aller chercher les Kolas, les caravaniers partant de Ouagadougou passent habituellement par les villages de :

Koïnda, Nahartenga, Pomdogo, Linangoin. Ouiya, Rapadama, Bagaré, Zorogo, Zoungou, Sapara, Koupéla, Tenkodogo, Ningaré, Bana, Bilo, Badéma, Pougounabili, Gambaka, Raboniri, Kortengua, Sacoya, Sarago, Salaga (capitaine SCAR).

D'autre part, d'après M. l'administrateur VIDAL, il existe

27

trois routes de retour pour les acheteurs de Kolas revenant de la Gold-Coast.

La première part de Gambaka (Gold-Coast), passe par Bitou, Tenkodogo, Koupéla, Dori et Niamey ; entre Tenkodogo et Koupéla, certains caravaniers obliquent sur Fada-Ngourma, Say et Niamey ; d'autres, à partir de Yaya, voisin du Liptako, se dirigent sur Niamey.

Une seconde route part de Salaga et passe par Navaro (Gold-Coast), Kombisiguiri, Kaya au N.-E. de Ouagadougou, enfin Ouagadougou.

Une troisième part aussi de Salaga et se continue par Léo et Rakay sur Ouagadougou.

Un autre chemin caravanier part de Salaga, passe par Kalinda entre Léo et la Volta Noire, puis, au lieu de venir aboutir à Ouagadougou, se poursuit à l'ouest, sur Borromo, Kouri, Djenné et Sofara.

Une partie des caravaniers parvenus à Ouagadougou s'y arrêtent peu de temps ; ils poursuivent leur route vers le N. ou vers l'E.

Trois routes commerciales s'offrent à eux.

L'une se dirige sur Yako, Ouahigouya, Sofara ou Bandiagara et vient aboutir à Mopti sur le Niger. Une seconde file sur Douentza, Saraféré ou Tombouctou, enfin une troisième va à Dori et Niamey.

Les Kolas forment les 4/5 des charges apportées de la Gold-Coast au Mossi par les caravaniers, l'autre cinquième étant constitué par des tissus, des verroteries, du cuivre, de la quincaillerie.

L'*oussourou* est le droit d'entrée sur les marchandises dû par les caravanes venues des colonies étrangères par voie de terre. Il correspond à la taxe douanière et est du dizième de la valeur des marchandises *à leur entrée dans nos territoires.* Il n'y a pas de doute que cette valeur doit être comprise à la frontière même et non sur les grands marchés de l'intérieur du Soudan où l'*oussourou* est perçu. C'est ainsi qu'à Ouagadougou la taxe, avec juste raison, a été fixée à 1 fr. pour 1.000 Kolas, alors que ces Kolas valent sur ce marché 25 à 30 francs, mais on estime qu'ils ne valaient que 10 fr. à leur entrée au

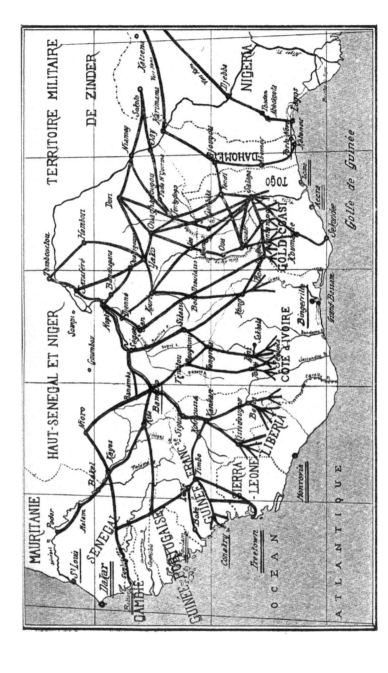

Fig. 50. — Carte des routes suivies par les caravanes transportant les Kolas à travers le Soudan nigérien (échelle $\frac{1}{16.000.000}$)

Soudan. Par contre, en quelques points, la taxe est perçue sur un taux exagéré. Il y a peu de temps encore, le poste de Boromo demandait aux caravaniers 3 fr. et même 4 fr. par 1.000 Kolas. A notre avis, si l'on veut encourager l'apport des Kolas de la Côte d'Ivoire au Mossi, il faudra percevoir l'*oussourou* à la frontière même et non sur les marchés de l'intérieur, de manière que les Kolas de nos territoires échappent à cette taxe.

L'*oussourou* est perçu au profit du Budget local du Haut-Sénégal-Niger. Les *dioulas* acquittaient, en outre, récemment encore une patente de 2 francs par charge pour une durée de 3 mois.

Nous avons déjà dit que cette patente avait été récemment supprimée par le Gouvernement général de l'Afrique occidentale.

Enfin, pour la vente au détail, les traficants paient un droit de place de 0 fr. 20 par jour de marché (1).

Notre vieux Soudan, à l'encontre de la Guinée, a eu l'heureuse inspiration d'appliquer aux Kolas venant de la Gold-Coast une taxe très faible, qui n'a apporté aucune perturbation au commerce local (2). De son côté, l'administration de la Gold-Coast s'est abstenue de mettre des droits sur l'entrée du bétail venant du Soudan français. Grâce à ces méthodes de libre-échange, le commerce indigène a pris, depuis 10 ans, une grande extension (3).

En 1903, on traitait à Ouahigouya 441.800 Kolas, et 929,820 transitaient vers le nord.

Ces chiffres se sont considérablement accrus, comme le montrent les tableaux publiés plus loin. De même, le trafic du bétail vers la Gold-Coast a pris aussi une grande extension et, chaque année, 20.000 bovins du Mossi arrivent dans la colonie anglaise.

(1) Pour plus de renseignements sur ces points, consulter : W. PONTY, *Instructions à l'usage des administrateurs du Haut-Sénégal-Niger*, Imprimerie du Gouvernement, Kayes, 1906 : p. 86, oussourou ; p. 90, marchés ; p. 83, patentes de colportage.

(2) L'administration se montre en outre très tolérante pour la perception de ces taxes. On estime que les 2/3 des Kolas passent sans acquitter de droits.

(3) En 1900, le capitaine SCAR écrivait dans un rapport officiel : « Il importe de ne pas se presser d'établir une taxe douanière qui détournerait un mouvement commercial qui doit logiquement passer par le Mossi ».

Le grand marché de Ouagadougou a lieu tous les trois jours.

Il est habituellement fréquenté par 1.800 à 2.000 personnes.

Les noix de Kolas sont vendues sur la place publique et à l'entrée des cases.

L'administration nous a communiqué les statistiques suivantes relatives au trafic des noix de Kola dans le Mossi :

Kolas provenant de la Gold-Coast et entrant dans le cercle de Ouagadougou.

	Quantité de noix par trimestre	Quantité de noix par semestre	Valeur par trimestre	Valeur par semestre	Prix du 1.000
3e trimestre 1909 ...	1.292.000		38.760		30 fr.
4e — 1909 ...	1.675.000		50.250		30
2e semestre 1909 ...		2.967.000		89.010	
1er trimestre 1910 ...	2.876.000		86.280		
2e trimestre 1910 ...	2.960.000		87.000		
1er semestre 1910...		5.836.000		173.280	
Totaux du 1er juillet 1909 au 30 juin 1910.....................		8.803.000	noix valant	262.290 francs.	

Kolas importés et consommés à Ouahigouya (1).

	Nombre de noix
3e trimestre 1909.......	291.500
4e — 1909.......	279.000
1er — 1910.......	126.600
2e — 1910.......	203.000
Total......	900.900

Kolas passant en transit à Ouahigouya.

3e trimestre 1909......	1.816.500
4e — 1909......	1.373.500
1er — 1910......	939.500
2e — 1910......	2.627.420
Total....	7.625.920

Soit en réunissant, la consommation et le transit, 8.526.820 noix.

(1) Ouahigouya est le chef lieu du Yatenga, province rattachée aussi au Mossi et en constituant la partie N.

Mais la plus grande partie des noix arrivant à Ouahigouya ont déjà passé par le cercle de Ouagadougou.

Les charges sont de 2.000 Kolas environ et si l'on admet qu'il existe 60 noix par kilogramme, 33 kilog. représentent le poids d'une charge. La quantité apportée chaque année à Ouagadougou serait donc de 146.716 kilog. ou 4.400 charges. En admettant que les arrivages se répartissent régulièrement chaque année, la Gold-Coast enverrait au Mossi 366 charges par mois. En réalité, ce chiffre est beaucoup trop faible. D'après M. VIDAL, il ne représente que le tiers de ce qui passe. On peut admettre, croyons-nous, qu'il entre dans le cercle de Ouagadougou 1.000 charges de Kolas par mois, pendant 8 mois de l'année (de janvier à août inclus), soit 8.000 charges par an ou environ 264 tonnes.

Les Kolas de la Gold-Coast entrent aussi au Soudan français par les cercles de Bobo-Dioulasso et de Fada-N'Gourma. Rappelons que, d'après MARC, l'importation des Kolas au Mossi est d'au moins 500 tonnes par an (ce chiffre comprenant ce qui est consommé sur place et ce qui transite vers le N. et vers l'E.).

La plus grande partie de noix transitant à Ouahigouya sont transportées ensuite dans le N. ; les unes vont à Sofara, les autres à Saraféré.

CHUDEAU a fourni récemment d'intéressants renseignements sur ces marchés :

« Au marché de Sofara (1) (sur le Bani, au Nord de Djenné), on rencontre, au milieu des gens de la région qui vendent des produits locaux (Sonr'aïs, Bambaras, Peuls, Habbés, etc...), des Maures venus du Sahel et des habitants du Mossi et de Bobo-Dioulasso arrivés du Sud. Malgré l'importance des transactions sur la place du marché qui, chaque mardi, est aussi animé que celle d'un gros chef-lieu de canton de France les jours de foire, le gros commerce a lieu dans les cases ; le Kola craint le soleil et le sel, la pluie. D'après les chiffres qu'a bien voulu me communiquer M. BARRIÉTY (en mai 1909), on recensait, à Sofara, environ 1.000 barres de sel par mois, valant de 18 à 20 francs, et environ 1 million de Kolas à

---

(1) R. CHUDEAU.— Le marché indigène de Sofara, *Ann. de Géograph.*, XIX. n° 103, 15 janv. 1910, p. 47-48.

50 francs le mille. Pendant le premier trimestre 1909, il avait
été recensé un chiffre d'affaires de 180.000 francs.

« Sofara, déjà cité par BARTH, a pris un grand développement depuis une quinzaine d'années ; il compte 2.500 habitants ; son prompt développement tient à ce que, aussi bien
situé que Djenné au point de vue des communications par eau,
il a l'avantage d'être constamment relié par une route, prati-
cable en toute saison, avec le Mossi et les régions voisines.
Avant que notre présence n'imposât la paix et la sécurité aux
pays noirs, cet avantage était un danger, et tout le commerce
indigène de cette région était centralisé à Djenné.

« Par une route différente qui traverse le plateau de Bandiagara au col de Douenza, les Mossis apportent sur leurs bœufs
des Kolas à Saraféré, sur le Niger ; de Saraféré à Tombouctou,
ils louent des pirogues aux indigènes. Saraféré est un gros village (3.000 habitants) peuplé de Sonr'aïs, de Bambaras et de
Peuls. Pendant le trimestre juillet-août-septembre 1909, il y
est passé 1.400.000 Kolas ; à ce moment, la barre de sel y valait 12 francs (G. GIRAUD).

« Il existe encore d'autres routes passant à Hombori et
aboutissant à Bamba. » (1).

Une partie des noix transitant par le Mossi parviennent à
Tombouctou environ 3 mois après avoir été achetées à la Gold-
Coast.

Selon BAILLAUD, d'avril 1895 à mai 1896, pour une importation totale de un million de Kolas à Tombouctou, 800.000
venaient du Mossi et 200.000 d'autres provenances (2).

En 1898, le commerce annuel des Kolas à Tombouctou se
chiffrait à 400.000 francs. Ce trafic aurait périclité dans ces
dernières années. L'apport de sel de Taoudéri, qui servait de
base aux transactions, a beaucoup baissé, le sel de Roumanie
étant venu le concurrencer sur les marchés Soudanais. Il en est
résulté une réduction dans la puissance d'achat des Kolas à
Tombouctou.

D'après M. VIDAL, Tombouctou reçoit, aujourd'hui, à la fois
des Kolas de l'Achanti et des Kolas de la Haute-Guinée et de

(1) CHUDEAU. — *Bull. Soc. géogr. commerc.*, 1910. p. 407.
(2) E. BAILLAUD. — *Loc. cit.*, p. 138.

la Haute-Côte d'Ivoire, venus par Bamako ; ces derniers sont beaucoup plus prisés et se vendent plus cher. Les Kolas de l'Achanti se conservent au Soudan moins longtemps que les autres ; ils sont fréquemment attaqués par le *Sangara*, d'autres sont détruits par la *pourriture*.

Les caravanes de Tombouctou n'emportent pour ainsi dire pas de Kolas dans le désert. Ils viennent au Moyen Niger échanger leur sel contre des grains, mais Tombouctou est la dernière ville vers le Nord où on fait une grande consommation des précieuses noix.

« On peut fixer le prix moyen actuel des Kolas sur ce marché à 0 fr. 25 la pièce. Parfois, le prix subit une hausse extraordinaire : on est allé jusqu'à les payer 1 franc pièce ; mais ces prix-là ne profitent qu'aux commerçants de Tombouctou ; ils sont simplement un effet de la spéculation » (1).

Actuellement, on peut se procurer, à Tombouctou, des Kolas pour 0 fr. 15 et 0 fr. 20 pièce.

3° HAUT-DAHOMEY.

Les Pays Baribas et Dendis, situés dans la partie Nord du Dahomey reçoivent les Kolas qu'ils consomment de l'hinterland de la Gold-Coast et non de la région côtière du Dahomey.

Djougou, au sud des monts Atacora, est le grand marché où sont apportés les noix par les caravaniers. La quantité consommée dans le pays est insignifiante, mais il s'opère par cette région un très gros transit de noix apportées de la Gold-Coast et dirigées sur la Nigéria anglaise. Il n'est point exagéré d'évaluer ce trafic à 800 tonnes par an.

Nous devons à M. l'administrateur Dehné la communication du tableau ci-contre, mentionnant les charges de Kolas passant à Djougou chaque année et contrôlées par l'administration :

(1) E. Baillaud.— Loc. cit., p. 241.

Tableau indiquant par mois le nombre de charges de Kolas venant de l'ouest passant à Djougou (Dahomey).

ANNÉES	JANVIER	FÉVRIER	MARS	AVRIL	MAI	JUIN	JUILLET	AOUT	SEPTEMBRE	OCTORBE	NOVEMBRE	DÉCEMBRE	TOTAUX	OBSERVATIONS
1906...	»	»	»	»	»	»	»	»	»	»	477	437	914	Chiffres approximatifs.
1907...	752	753	1.105	1.265	111	356	324	412	202	65	265	657	6.116	
1908...	1.041	1.415	2.105	1.745	1.034	533	685	463	120	56	235	506	10.089	
1909...	1.280	1.442	2.005	1.720	1.585	1.470	786	645	376	178	383	718	12.536	Chiffres exacts déclarés.
1910...	1.123	2.082	3.144	2.726										

En 1910. notre administration a dû enregistrer environ 15.000 charges de noix de Kolas arrivant à Djougou, soit 450 tonnes si on évalue chaque charge à 30 kilog.

Mais, d'après M. DEHNÉ, pour éviter de payer la taxe de colporteurs, environ 15.000 charges diverses passent en contrebande, à travers les sentiers des Monts Atacora et du Pays Somba. Sur ces 15.000 charges, les ⁴/₅ sont constituées par des Kolas. Les Kolas arrivant à Djougou sont toujours des noix rouges à deux cotylédons, pesant en moyenne de 12 à 18 grammes. Le prix du kilog. au détail est de 1 fr. 75.

Les caravaniers qui transportent les noix de Kola de Salaga (Gold-Coast) dans la Nigéria du Nord sont presque tous des Haoussas du Sokoto. Ils ont fondé des villages sur tout le parcours, notamment à Say, à Djougou, à Sansanné-Mango, à Salaga.

Ceux qui passent par Djougou suivent la voie : Samaré, Ouafilo, Bassari, Zangiogo et Salaga.

Ceux qui veulent se soustraire à la taxe évitent Djougou et passent par Konkobiri, Maka, Tanguéta, Makoua ; ils entrent en territoire allemand vers Sansanné-Mango.

Leur trafic de transit comporte des dépenses assez élevées. A la Gold-Coast, ils n'ont aucune taxe à acquitter, mais, pour la traversée de Togo, ils doivent payer un droit de 3 marcks par charge ; au Dahomey, ils étaient, jusqu'à ces derniers temps, munis d'une patente de 2 francs par charge, valable trois mois, ne pouvant donc servir que pour un voyage ; enfin, dans la Nigéria, ils doivent encore acquitter un droit de 4 schellings par charge.

Aussi, ce trafic des caravanes est appelé à diminuer d'année en année. Beaucoup de Haoussas vont déjà faire leurs approvisionnements de Kolas dans les grands centres sur le parcours de la voie ferrée de Lagos-Nigéria, où les Kolas sont apportés par la mer et le chemin de fer.

La colonie du Dahomey voudrait détourner les caravaniers de la voie Djougou et les amener par Parakou et Savé, à l'extrémité du rail du Dahomey, où les maisons européennes pourraient accumuler des provisions de noix importées par mer.

Nous pensons, pour notre part, que ce projet a peu de chances de se réaliser. Les caravaniers qui renonceront à aller s'approvisionner en Kolas dans le Pays Achanti, iront plutôt au chemin de fer du Lagos, plus rapproché d'eux et où ils trouvent déjà des noix de Kola à très bon compte.

Conservons donc le marché de Djougou et cherchons à le développer en assurant, aux dioulas de passage, le plus de bien-être possible.

4° TERRITOIRE DU TCHAD.

Il n'arrive plus que rarement des noix de Kola fraîches dans le bassin du Tchad. En juillet 1903, pendant que nous nous trouvions à Corbol, sous le 10ᵐᵉ parallèle, à environ 300 kilomètres au sud du lac Tchad, il en parvint quelques charges au Sultan de Baguirmi. C'étaient des Kolas rouges à deux cotylédons, pesant 10 gr. à 20 gr. chacun et provenant du Pays Achanti. Ils étaient emballés dans un panier rond, tressé en lanières de feuilles de palmier Doum, panier nommé *Keskir* en Kotoko. Elles étaient encore très fraîches et on nous raconta qu'il en arrivait parfois de plus loin. Peu de temps avant notre voyage, une caravane de Bambaras, qui étaient venus par Siguiri et Bamako, en avait apporté quelques charges à Tchecna, et des pélerins du Soudan se rendant à la Mecque en emportent parfois au-delà du Ouadaï comme denrée d'échange. Ces pélerins, à leur passage à Kousri ou à Fort-Lamy, écoulent ordinairement les noix fraîches à raison de 10 pour un thaler, soit 0 fr. 50 pièce. Si ces Kolas se dessèchent en cours de route, ils les emportent parfois jusqu'au terme de leur voyage, ce qui explique qu'on puisse se procurer à La Mecque même des noix de Kola desséchées.

IV.— PAYS CONSOMMATEURS ÉTRANGERS.

1° GAMBIE ANGLAISE.

La Gambie importe chaque année de grandes quantités de noix de Kola provenant surtout de Sierra-Léone et vendues aux comptoirs de Bathurst et Mac-Carthy.

Une partie est consommée dans le pays ; l'autre est emportée dans le Soudan par les caravanes.

Les chiffres d'importations pour les dernières années sont :

Importations de Kola.

Années	Poids (kilog.)	Valeur (francs)
1902.............	»	714.425
1903.............	»	820.500
1907.............	460.009 (1)	998.550
1908.............	409.985	993.100

Par une autre source, nous savons que la colonie de Sierra-Léone aurait expédié en Gambie : 335 tonnes en 1905, 456 en 1906, 515 en 1907, 433 en 1908, 474 en 1909.

2° GUINÉE PORTUGAISE.

La Guinée portugaise reçoit par ses ports de Bissao et Boulam les noix de Kolas qu'elle importe de Guinée française et de Sierra-Léone.

Cette dernière colonie, d'après les statistiques anglaises, aurait expédié en Guinée portugaise les quantités suivantes de Kolas frais :

1905.........................	122 tonnes
1906.........................	216
1907.........................	256
1908.........................	140
1909.........................	314

(1) Ce chiffre ne concorde pas avec celui fourni par les statistiques de Sierra-Léone qui mentionnent, pour 1907, 515 tonnes de Kolas destinées à la Gambie.

En 1904, la Guinée française expédiait en Guinée portugaise 15 tonnes 706.

Ce chiffre s'est abaissé dans les dernières années.

3° NIGÉRIA ANGLAISE.

La Nigéria anglaise est, avec notre Soudan, le pays qui consomme la plus grande quantité de noix de Kola.

Au sud, s'étend la Southern Nigéria qui en produit et en consomme; au nord, se trouve la Northern Nigéria qui en produit très peu, mais en consomme de très grandes quantités.

La Nigéria du sud possède presque exclusivement le *Cola acuminata*; le *Cola nitida* est d'introduction récente. Les noix à plus de deux cotylédons produites dans tout le delta du Niger et sur une bande littorale s'étendant à environ 100 kilomètres au N. de Lagos, ne suffisent pas à la consommation locale des grands centres comme Lagos, Abeokouta, Ibadan. Le bas Dahomey expédie à Lagos chaque année pour environ soixante mille francs de noix de *Cola acuminata*. Mais ce sont surtout les colonies anglaises de Sierra-Léone et de la Gold-Coast qui envoient à Lagos des quantités considérables de Kolas, ceux-ci appartenant à la bonne espèce *Cola nitida*. Nous manquons de renseignements précis sur les chiffres de ces importations, mais ils paraissent considérablement élevés.

Mais c'est surtout la Nigéria du Nord, avec ses 10 millions d'habitants et de grands centres comme Kano, Sokoto, Yola, qui absorbe une très grande quantité d'amandes de Kola. La province de Noupé et peut-être le sud de la province de Yola en produisent de petites quantités fournies surtout par le *Cola acuminata* (*Abata Kola*), mais la Northern Nigéria s'approvisionne surtout par des importations de noix de la Gold Coast (*Ganbja Kola*), arrivant par les voies les plus diverses.

Chaque année, les caravanes haoussas vont s'approvisionner de Kolas au Pays Achanti en suivant la route signalée autrefois par BARTH. La plupart passent par le N. du Togo et du Dahomey et se dirigent ensuite sur Kano. Nous avons déjà dit que 800 tonnes de Kolas pour cette destination transitaient par la région de Djougou (Dahomey). D'autres caravanes suivent des routes plus septentrionales ; elles traversent le sud du Mossi et par la Gourma ou par la région de Dori, elles viennent tomber au Niger et de là elles se dirigent soit sur Sokoto, soit sur Kano. Enfin, d'autres caravaniers vont chercher des Kolas jusqu'en plein cœur du Cameroun ou même dans la Haute-Sangha (Afrique équatoriale française) ; ils traversent l'Adamaoua et reviennent à Yola. Des villes que nous venons de citer, certaines charges de Kolas sont portées encore bien plus à l'est, au cœur du Bornou, à Kouka et à Dikoua, ou même jusque dans le Baguirmi et dans l'Ouadaï ; l'un de nous en a même vu en 1903, à Corbol, dans le moyen Chari où le sultan du Baguirmi était de passage.

Kano, « la grande cité haoussa, le plus grand foyer industriel et commercial du centre africain » (1), ville comptant 70.000 âmes, chef-lieu d'un Etat peuplé de 3 millions d'habitants, avait reçu jusqu'à ces dernières années tous les Kolas qu'elle consommait par les caravanes allant au pays Achanti. A l'époque du voyage de BARTH (1852), Kano recevait par cette voie pour 100 millions de cauris (2) de noix, chiffre correspondant à environ 40.000 fr. et vraisemblablement à 300.000 noix. Ce chiffre a a été en s'accroissant d'année en année ; mais, en même temps, de nouvelles voies de pénétration ont été créées. Aujourd'hui la plus grande partie des noix destinées à l'Etat de Kano sont importées par mer soit à Lagos, soit par le Bas Niger (via Forcados, Bouroutou, Baro).

Les premières prennent ensuite le chemin de fer Lagos-Ibaban-Ilorin et le deuxième jour elles parviennent à Djebba, sur le Niger.

Prochainement le railway arrivera à Kano et cette ville ne sera plus qu'à quatre jours de Lagos. Les Kolas de l'Achanti ne seront plus qu'à neuf jours de Kano, comme le montre le tableau suivant :

Koumassie à Sekondee..... 2 jours (par chemin de fer).
Sekondee à Lagos........ 3 jours (par mer).
Lagos à Kano (via Djebba).. 4 jours (par chemin de fer).

(1) J. MENIAUD.— *Dépêche coloniale illustrée*, IX, 15 sept. 1909, p. 217.
(2) H. BARTH.— Voyages et découvertes, *trad. franç.*, II, 1860, p. 26.

Les caravaniers qui effectuent ce trajet par l'intérieur de l'Afrique mettent environ 6 mois pour faire le voyage aller et retour. Aussi la grande route de Kano-Djougou-Salaga est-elle appelée à être abandonnée des caravanes.

Les transports par animaux à travers la Nigéria se faisant à très bon compte, beaucoup d'Haoussas renoncent cependant à employer le chemin de fer et viennent chercher les Kolas et les autres marchandises dont ils ont besoin à Lokodja ou à Lagos.

En 1904, les importations, par mer, des Kolas dans la Nigéria du Sud atteignent le total de 1.033 tonnes, évaluées 1.026.600 francs, et la Gold-Coast, à elle seule, en avait fourni 1.024 tonnes. En 1905, les importations de Kolas à Lagos s'élevaient à 1.139.175 francs. Les importations par mer se font surtout de novembre à avril. Il n'est pas fait mention des Kolas importés dans la Nothern Nigéria en cette même année.

Pour la période 1906-1907, on estime les importations de cette dernière colonie à 21.924 livres-sterling, soit 548.100 francs. Ce chiffre représente sans doute les importations faites par Forcados-Bouroutou. Les importations par mer de ces deux colonies réunies, en 1906, étaient donc d'environ 1.600 tonnes.

Il est bien certain qu'au fur et à mesure que se développera la prospérité de la Nigéria, appelée à un très grand avenir, la consommation des Kolas ira en s'accroissant, et la production de la Gold-Coast ne suffira plus pour alimenter en Kolas les pays que nous venons de passer en revue.

La ville de Lagos est un des plus gros entrepôts de Kolas de toute l'Afrique. On y trouve à la fois les petits Kolas indigènes à 4 ou 5 cotylédons, et les gros Kolas rouges de l'Achanti importés par mer. Ceux-ci se vendent à un prix très abordable. D'une valeur de 50 francs les 50 kilog. à leur embarquement à Cape-Coast-Castle, la même charge vendue à Lagos revient à 57 fr. 50, et le prix de vente en gros ne dépasse guère 1 fr. 25 le kilog. Seuls, les Yorubas consomment encore des Kolas indigènes.

IMPORTATION ET CONSOMMATION DES KOLAS EN EUROPE.

L'Europe ne reçoit encore presque exclusivement que des Kolas secs. On les divise en *Kolas-demis* ou Kolas à deux cotylédons produits par le *Cola nitida* et en *Kolas-quarts* ou Kolas à quatre ou cinq cotylédons produits par les autres espèces. Leur prix varie de 0 fr. 75 à 1 fr. 15 le kilog. pour les noix à deux cotylédons et de 0 fr. 40 à 0 fr. 75 pour les noix à quatre cotylédons.

La première importation remonte à une époque très reculée, puisque, d'après le Bulletin de Kew, 1880 (1), les importations, en Angleterre, étaient déjà :

         En 1860......   environ 55.960 kil.
         En 1870......   145.168
         En 1879......   378.625

Nous ne possédons que des renseignements très incomplets sur l'étendue actuelle de ce commerce.

Nous pensons, toutefois, que les importations de Kola sec en Europe et aux Etats-Unis s'élèvent annuellement à environ 1.000 tonnes.

Ces noix sont utilisées soit dans la droguerie pharmaceutique pour la préparation d'extraits, soit en liquorerie dans la fabrication de vins toniques, liqueurs variées, apéritifs spéciaux. Le commerce apprécie surtout les noix faiblement mucilagineuses, donnant des extraits homogènes et bien solubles.

Les exigences de la Pharmacopée française ont entraîné les industriels à acheter les Kolas sur leur teneur en caféine qui ne doit pas être inférieure à 1,25 %, l'extrait obtenu devant, d'après le Codex 1908, renfermer 10 % de caféine.

La France, l'Angleterre, l'Allemagne, le Portugal sont les seuls pays qui font l'importation directe.

En France, ce produit entre par les ports de Marseille et du Hâvre, mais comme il est exempt de droits de douane et qu'il ne figure pas sur les statistiques, il est impossible d'évaluer les quantités introduites.

(1) D'après HECKEL, Loc. cit.,

En Angleterre, on n'est pas plus documenté. L'entrée dans les ports est également libre. On l'annonce dans les listes de cargaisons, quelquefois comme noix de Kola, quelquefois comme droguerie ou épicerie ; parfois on indique le poids, parfois simplement la valeur. Certaines statistiques annoncent qu'il entre environ 300 tonnes de Kola sec par an dans le port de Liverpool ; par contre, les renseignements qui nous ont été communiqués par la maison SUTELIFF et GOSDEN, de Londres, l'évaluent à 150 ou 200 tonnes par an pour toute la Grande-Bretagne, mais ils disent que c'est seulement une estimation et il n'est pas tenu compte des arrivages directs au consommateur. « En outre, ajoutent-ils, les arrivages de Ceylan pèsent ordinairement 50 kilog. environ chacun, tandis que les arrivages de Barbades, de Grenade, de la Jamaïque, pèsent environ 87 à 100 kilog. chacun. On les déclare comme colis. Aussi, nos renseignements auraient seulement pour résultat de dérouter, au lieu de donner l'information qui pourrait être utile. »

D'après une note manuscrite de M. DE LA VAISSIÈRE, l'importation des noix fraîches à Liverpool ne doit pas dépasser une ou deux tonnes par an; elles proviennent de Sierra-Léone. Leur prix varie de 5 pence à 10 pence par livre (453 grammes) suivant leur état, car la plupart du temps les amandes arrivent avariées ou piquées.

Pour les noix sèches, les paiements se font à la livraison de la marchandise, avec escompte de 2,5 %.

Suivant la même note, le marché de Hambourg offre d'assez grands débouchés aux Kolas provenant de la Côte Occidentale d'Afrique, mais il est absolument impossible d'évaluer la quantité exacte importée chaque année, de même que les pays de provenance, les statistiques de Hambourg ne contenant aucune rubrique spéciale pour cet article. Toutefois, on ne pense pas qu'il soit exagéré de dire que la quantité importée chaque année s'élève à plusieurs centaines de tonnes.

Les cours varient, pour les Kolas secs, de 70 francs à 90 francs les 100 kilog. franco Hambourg. Les ventes, en général, ont lieu aux 100 kilog. net, paiement comptant moins 2 % d'escompte ou à 1 mois net.

Les quantités de noix de Kola qui entrent en Belgique sont

très minimes. Il n'est pas possible d'évaluer les petits stocks qui entrent dans le port d'Anvers, aucune spécification n'étant faite pour cet article dans les documents statistiques des douanes belges. Cette importation est à coup sûr sans importance, car une cote officieuse de tous les produits africains est établie chaque jour, à Anvers, par les courtiers de la Bourse, et la noix de Kola n'y est pas mentionnée.

Au Portugal, Lisbonne reçoit quelques tonnes à peine, par an, de Kolas secs provenant de l'Angola, du Congo portugais et de San-Thomé.

Les arrivages de Kola sec dans la plupart des ports d'Europe paraissent avoir plutôt tendance à diminuer. Par contre, les Kolas frais, en France du moins, sont importés en plus grande quantité depuis quelques années. Les arrivages se font par Marseille, par Bordeaux et par La Palice.

Les principaux importateurs sont quelques Pharmacies et une ou deux maisons spécialisées dans le commerce des fruits tropicaux.

Grâce à leurs arrivages, on peut actuellement trouver à Paris, pendant presque toute l'année, des Kolas frais vendus au détail de 0 fr. 10 à 0 fr. 30 pièce, suivant la taille, soit de 8 francs à 20 francs le kilog. Ce prix pourra être considérablement abaissé le jour où la consommation des Kolas deviendra plus régulière, et où il y aura moins de déchets par suite d'emballages mieux conditionnés.

Nous avons vu, en effet, que le prix de revient des Kolas dans les ports d'embarquement des pays producteurs, oscille entre 1 fr. 25 et 2 fr. 50 le kilog., suivant les saisons et suivant les localités.

Quand le grand public connaîtra mieux les propriétés remarquables de ce produit, quand les médecins seront plus expérimentés dans son application, enfin quand la noix sera à un prix plus abordable, ce qui sera facile à obtenir en faisant des emballages soignés dans la tourbe, on peut espérer que le Kola frais trouvera dans les pays civilisés, sinon une vogue comparable à celle qu'il a dans le Soudan, au moins des débouchés très étendus.

CHAPITRE XIX.

Amandes considérées à tort comme remplaçant les Kolas. — Substitutions frauduleuses. — Succédanés.

Dans sa monographie, E. Heckel cite un assez grand nombre de plantes dont les graines seraient substituées dans diverses régions aux noix de Kola.

« Il est très probable, écrit cet auteur, si l'on s'en rapporte aux données fournies sur les espèces connues par H. Baillon, que les plantes africaines, capables de donner des graines similaires de celles du vrai Kola sont *Cola Duparquetiana* Baillon, *Cola ficifolia* Mast., *Cola heterophylla* Mast., *Cola cordifolia* R. Br. et peut-être le *Sterculia tomentosa* Guil. et Perr. (1).

Le *Cola Duparquetiana* Bn. qui vit au Gabon ne nous est pas connu, mais nous savons qu'il appartient à la section *Cheirocola*. Il se rapproche beaucoup du *Cola Trillesii* Pierre et du *Cola dasycarpa* Pierre, espèces non encore décrites de l'Herbier du Muséum. Le spécimen de *Cola Trillesii* de cet Herbier est accompagné d'une note manuscrite du P. Trilles, indiquant que les fruits insérés sur le tronc sont comestibles (2), mais il nous parait probable que c'est le tégument seul qui peut être mangé.

Le *Cola ficifolia* Mast., petit arbre de Fernando-Pô, appartient à la section *Haplocola*. Il est fort douteux qu'il donne des graines utilisables.

(1) Heckel. — Les Kolas africains, p. 91. Toutefois M. Heckel a fait prudemment observer que ces graines ne renfermaient probablement pas de caféine.

(2) Cette plante est très vraisemblablement le *Cola Trillesiana* que nous avons cité à la page 186 de cet ouvrage,

Le *Cola heterophylla* (P. Beauv.) Schott et Endl. est aussi
un petit arbre assez répandu depuis la Guinée française jusqu'au Delta du Niger.

Nous avons eu fréquemment l'occasion de l'observer. Chaque
follicule renferme de 7 à 11 graines ovoïdes-polyédriques, de 20
à 26 mm. de long sur 15 mm. à 18 mm. de large. L'amande
n'est pas comestible, mais la graine a un tégument qui comprend une couche externe, blanche-charnue, sucrée, légèrement
acidulée, que les enfants sucent parfois.

De même, la graine de *Cola cordifolia* R. Br. (nommé *Ntaba*
au Soudan), que nous avons eu fréquemment l'occasion d'examiner, comprend une amande rose de 20 mm. à 25 mm. de long
sur 12 mm. à 15 mm. de large, formée de 2 (parfois 3) cotylédons, bifides dans le quart inférieur, et d'un blanc-rosé. On ne
les mange pas, mais le tégument, épais de 3 mm. à 4 mm.,
devient à maturité très pulpeux et très sucré et les enfants en
sont friands.

Enfin, le *Sterculia tomentosa* Guil. et Perr., ainsi que nous
avons eu déjà l'occasion de le signaler, produit des graines tout
à fait inutilisables.

Dans ces dernières années le *Bulletin de Kew* a appelé l'attention sur un autre *Sterculia*, le *S. rhinopetala* K. Schum,
connu au Lagos sous les noms de *Orodu* et *Oro*, d'après Punch,
et dont les graines, d'après Zenker (1), seraient employées en
guise de Kola à Yaunde au Cameroun. K. Schumann a montré
combien une telle assertion était peu vraisemblable, mais le
Bulletin de Kew rappelle que les *Sterculia fœtida*, *S. guttata*,
S. urens de l'Inde produisent des graines qu'on mange rôties
comme des châtaignes et le Dr Hochreutiner a mangé à Buitenzorg les fruits de plusieurs *Sterculia* vrais et les a trouvés
excellents (2). Nous croyons pour notre part que, quand bien
même les graines de *Sterculia rhinopetala* K. Schum. seraient
comestibles (ce qui est douteux), il est très peu vraisemblable
qu'elles aient des propriétés analogues à la noix de Kola.

E. Heckel a appelé aussi l'attention sur diverses autres espèces de *Cola* du Gabon.

(1) K. Schumann in Engler. — *Monogr. Afr. Pflanz.*, V, 1901, p. 102.
(2) *Kew Bulletin*, 1907, p. 408-409.

L'une est vraisemblablement le *Cola gabonensis* Masters et appartient à la section *Haplocola*. Elle est connue au Gabon sous les noms d'*Ereré* ou d'*Orindé* rouge (3). Les follicules, d'un beau rouge à l'état frais, renferment environ 6 à 8 graines ayant chacune deux cotylédons.

Dépouillées de leur tégument et sèches, elles se réduisent à une petite amande verdâtre rappelant celle du grain de café desséché ; elles ne sont pas alimentaires ; la pulpe constituant le tégument est sucrée et un peu acidulée et peut être consommée. Dans les amandes, HECKEL n'a pas trouvé trace de caféine ou de théobromine (1).

Le produit employé comme aphrodisiaque serait l'écorce.

Sous le nom de *Cola digitata*, E. HECKEL mentionne un arbre de la section *Cheirocola* nommée *Ombéné nipolo appopo* (gros Kola blanc) par les Gabonais. D'après A. JOLLY (in HECKEL), le fruit est d'un beau rouge carmin velu. Les graines ont une amande d'une couleur rouge-amarante et sont de très grosse taille, puisque, dépouillées du tégument, elles pèsent 100 grammes en moyenne.

Ces graines ne sont pas utilisables ; elles ne contiennent pas trace de caféine. « La partie comestible du fruit est le testa très développé qui enveloppe la graine ; il est de couleur blanche et un peu sucré ; les indigènes seuls s'en nourrissent et encore rarement » (2). La description et les figures que HECKEL a publiées de cette espèce, montre qu'il ne s'agit certainement pas du *Cola digitata* Mast. ; celui-ci a des fruits et des graines toutes différentes. Nous ne pensons pas davantage que le gros Kola blanc des Gabonais soit le *Cola pachycarpa* K. Schum., ainsi que l'a supposé le savant botaniste berlinois. Au contraire, la description des cotylédons dont la face interne « se fait remarquer par le développement énorme de poils recouvrant sa surface entière » nous fait supposer que la plante signalée par

(1) Les Gabonais donnent le nom d'*Orindé* à diverses plantes considérées par eux comme jouissant de propriétés aphrodisiaques. L'une des plus réputées et des mieux étudiées est une apocynée, le *Tabernanthe Iboga* Bn. dont les racines renferment un alcaloïde l'*ibogaïne* (LANDRIN).

(2) E. HECKEL. — L. c., p. 148.

(3) E. HECKEL. — L. c., p. 138.

HECKEL est soit *Cola Duparquetiana* Bn., soit *Cola Trillesii* Pierre ou *C dasycarpa* Pierre.

Ces trois espèces paraissent du reste extrêmement voisines et n'en constituent probablement qu'une seule.

E. HECKEL a signalé un autre *Cola* provenant de Franceville (Gabon), auquel il donne le nom de *Cola sphærosperma* Heckel. Il est malheureusement très incomplètement décrit, puisque la diagnose ne comporte que la description des graines ; elle est accompagnée d'une figure représentant une jeune plante à feuilles oblongues acuminées.

K. SCHUMANN en a fait un *Haplocola*, mais n'a fourni aucun renseignement nouveau à son sujet. La plante, du reste, n'a pas d'intérêt économique, HECKEL n'ayant trouvé ni caféine, ni théobromine dans les graines. Enfin, le même auteur signale un Kolatier de Libreville appelé par les Mpongoués *Ombéné attèna-téna*, à petites graines, « dont chacun des deux cotylédons est divisé en plusieurs lobes (deux ou trois) (1) »

Il a trouvé que les graines sèches renfermaient 0,263 de caféine. « De plus, cette graine ne parait renfermer ni théobromine, ni rouge de Kola. C'est donc une qualité très inférieure, bien au-dessous du Kola, dit du Gabon. Il faut en rejeter l'emploi soit médical, soit bromatologique (2). »

L'un de nous a observé au cours de ses voyages une autre espèce de *Cola* dont les indigènes mangent réellement les graines, bien qu'elles n'aient point les propriétés des amandes des *Eucola* et qu'elles ne puissent leur être substituées.

Elle appartient à la section *Haplocola* et constitue probablement une espèce inédite.

C'est un arbuste de 3 m. à 6 m. de haut, à feuilles oblongues acuminées, obtuses au sommet, cunéiformes aiguës à la base, fortement réticulées en dessous. Les fruits insérés à l'extrémité bes branches comprennent 1 à 5 carpelles (souvent 3), d'un beau rouge écarlate à maturité, ovoïdes, longs de 4 cm. à 6 cm., terminés brusquement par un long bec obtus. Chaque follicule

_____

(1) HECKEL.— L. c., p. 150.

(2) HECKEL suppose que l'*Ombéné atténa-téna* constitue une variété de son *Cola Ballayi* (qui renferme, comme nous l'avons montré, le *Cola Ballayi* vrai et le *Cola acuminata* Schott et Endl.). Dans aucune espèce de la section *Eucola*, les graines ne nous ont donné un si faible rendement en caféine.

renferme 3 à 6 graines ovoïdes-subsphériques de 15 mm. à 18 mm. de long sur 12 mm. à 15 mm. de diam. transversal.

Les cotylédons, au nombre de deux, sont blancs, fendus à la base. Leur saveur rappelle celle du gland et ils sont immangeables à l'état cru, mais les indigènes de race Dan ou Dyola pilent ces graines après les avoir dépouillées du tégument et la pulpe obtenue est ajoutée au riz que l'on fait cuire. Nous pensons que c'est pour ses propriétés mucilagineuses que cette graine est utilisée. Elle jouerait dans la confection de la sauce le même rôle que le Gombo (*Hibiscus esculentus* L.).

L'arbuste est commun dans la forêt de la Côte d'Ivoire et se nomme *Séran* en dyola.

*
* *

Il découle des pages précédentes qu'aucune espèce de Sterculiacée, en dehors des *Eucola*, ne produit de graines pouvant être substituées aux noix de Kola (1).

Quelques espèces de *Sterculia* fournissent des graines dont les propriétés alimentaires sont dues à leur richesse en amidon. Plusieurs espèces de *Cola* ont leurs graines recouvertes d'un tégument externe (souvent pris pour une arille), charnu et sucré, de sorte qu'on peut le manger. Une autre espèce produit des amandes que l'on peut utiliser dans la préparation des aliments par suite de leur richesse en mucilage, mais en dehors des quatre espèces *Cola nitida*, *C. acuminata*, *C. Ballayi*, *C. verticillata*, on n'en connaît aucune, d'une manière certaine, produisant des amandes pouvant être employées comme noix de Kola.

*
* *

D'après Heckel, on trouvait parfois, il y a quelques années, dans les lots de Kolas qui parvenaient en Europe, des graines d'*Heritiera littoralis* Ait., de *Pentadesma butyracea* Don, (le *Lamy*, graine oléagineuse de la Guinée française), de *Physostygma venenosum* Balfour (la Fève de Calabar), de jeunes

----

(1) On a cité le aussi *Kola lapidota* K. Schum., espèce du Cameroun, appartenant à la section *Cheirocola*, comme pouvant donner des noix utilisables. (Voir E. De Wildeman. Plantes tropicales, I, p. 295).

Il est fort douteux que ce renseignement soit exact.

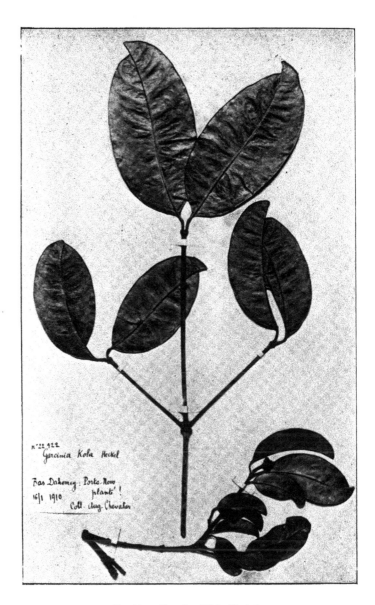

FIG. 51. — **Garcina Kola** Heckel

Fig. 52.— **Garcinia antidysenterica** A. Chev.

fruits de *Coco*; enfin les graines de *Napoleona imperialis* P.
Beauv. auraient parfois été considérées comme un faux Kola
médicinal. Et il besoin de faire remarquer que toutes ces graines n'ont aucune des propriétés des noix de Kola. Elles sont
du reste tellement dissemblables que la fraude n'est pas possible
aujourd'hui.

**

Il nous reste à faire connaître deux plantes qui n'ont aucune
analogie avec les Kolatiers, mais qui fournissent chacune un
produit dont les Noirs, mangeurs de Kolas, sont très avides. Les
indigènes de l'Afrique occidentale n'attribuent nullement à ces
produits, comme on l'a dit à tort, pour l'une de ces plantes, des
propriétés analogues aux noix de Kola, mais ils les recherchent
au contraire parce qu'ils leur permettent de manger une plus
grande quantité de la précieuse amande.

Ces plantes appartiennent à la famille des Guttifères et au
genre *Garcinia*.

L'une est le *Garcinia Kola* Heckel, l'autre une espèce encore
inédite du même genre.

Garcinia Kola a été décrit par Heckel en 1883 et 1884 (1).
Julien Vesque, le monographe des Guttifères, l'a admis à
son tour, mais les fleurs n'ont jamais été décrites. Nous avons
rencontré la plante en 1910 dans le Bas-Dahomey et nous com-
plèterons les données acquises en reprenant la description complète de cette espèce.

Garcinia Kola Heckel (Fig. 51). — Petit arbre de 8 m. à 15 m. de
haut. Tronc de 3 m. à 5 m. de long et de 25 cm. à 50 cm. de
diam., à écorce brune s'enlevant par grosses écailles. Branches
plus ou moins fastigiées. Jeunes rameaux cylindriques, verts, un
peu élargis aux nœuds, glabres ou les plus jeunes parsemés
d'une légère pubérulence ferrugineuse, présentant à l'extrémité de
chaque entre-nœud deux sillons opposés. Feuilles opposées, entières, oblongues ou oblancéolées, cunéiformes à la base, arrondies ou obtuses, parfois un peu émarginées au sommet, tou-

_____

(1) *Journ. Pharm. et Chim.*, VII, p. 88 — et in Heckel et Schlagdenhauffen,
Les Kolas, 1884, p. 33.

jours sans acumen, coriaces et fortement pliées en gouttière
suivant la nervure médiane, longues de 6 cm. à 15 cm. sur
2 cm. 5 à 7 cm. de large. Surface supérieure vert-sombre et très
luisante, l'inférieure vert-jaunâtre. Nervure médiane déprimée
en dessus, saillante en dessous ; nervures secondaires 8 à 15
paires non saillantes, à peine visibles, même par transparence;
nervilles très fines, visibles seulement par transparence. Pétiole canaliculé en dessus, convexe en dessous. long de 8 mm.
à 15 mm., légèrement pubérulent-ferrugineux. Fleurs dioïques,
les femelles isolées, terminales ou axillaires, de 8 mm. à 10 mm.
de diamètre. Pédicelle robuste, de 3 mm. à 10 mm. de long et
de 3 mm. de diamètre, vert, finement pubérulent, articulé à la
base qui porte 4 petites bractées lancéolées-linéaires. Calice à
tube hémisphérique charnu ; lobes 4, opposées deux à deux,
verdâtres, finement pubescents à l'extérieur, les externes en
forme de croissant, beaucoup plus larges que longs (7 mm. de
large sur 3 mm. à 4 mm. de long), les internes suborbiculaires
de 6 mm. de diamètre. Pétales 4, d'un blanc-verdâtre, glabres ou finement pubérulents, dépassant les sépales, suborbiculaires, concaves, jamais étalés, longtemps persistants. Staminodes formant 4 phalanges de 5 fausses-étamines chacune,
à filets soudés dans presque toute leur longueur, beaucoup
plus courtes que l'ovaire. Phalanges séparées par 4 masses
glanduleuses, jaunâtres, pubescentes, de 3 mm. de diamètre
(disque tétra-lobé). Ovaire subsphérique, finement pubescent à
l'extérieur, divisé en quatre loges renfermant chacune un seul
ovule. Style très court ; stigmate légèrement divisé en 4 lobes
plans. Fleurs mâles et fruits inconnus.

HECKEL attribue à son espèce des feuilles ovales avec un
mucron très accusé au sommet et mesurant jusqu'à 30 cm. de
long. Malgré cette différence, il nous paraît probable que notre
plante et la sienne sont identiques. D'après le même auteur, le
fruit est une baie du volume d'une petite pomme, à épiderme
rugueux, recouvert complètement sur toute sa surface de poils
âpres et offrant 3 ou 4 loges contenant chacune une graine volumineuse ovale, cunéiforme, à face externe arrondie et à face
interne anguleuse. Cette graine est recouverte d'une pulpe très
abondante, d'une couleur jaunâtre, de saveur aigrelette qui est

une véritable arille, très adhérente au péricarpe et au tégument de la graine. Le fruit est entouré, à sa base, par le calice persistant et pubescent ; la corolle est souvent aussi persistante (1).

Les graines que nous avons observées sur tous les marchés de l'Afrique Occidentale, depuis St-Louis jusqu'à Lagos, se vendent toujours à l'état frais et retirées du fruit. Elles sont ovoïdes-allongées, un peu asymétriques, légèrement atténuées à une extrémité, longues de 3 cm. à 3 cm. 5 et de 2 cm. à 2 cm. 5 de diamètre transversal. Leur couleur est blanc-jaunâtre ; leur surface un peu rugueuse. L'amande est massive, sans cotylédons différenciés ; son parenchyme est ferme et rempli de poches à résine, dégageant un léger arôme. Elle est recouverte d'un mince tégument rouge brique, facile à enlever.

Ainsi que nous l'avons montré dans notre Historique, c'est le Dr BARTER qui a, le premier, attiré l'attention sur le *Garcinia Kola*, en 1860.

La plante a été signalée à Sierra-Léone (HECKEL), à Ouidah (Dahomey) (d'après HECKEL), dans le Bas-Dahomey et au Lagos (SAVARIAU), à Onitscha et à Fernando-Pô (BARTER).

L'amande porte les noms suivants : *Bitter-Kola* (english pigeon), Kola mâle (colons).

Dans le Bas-Dahomey, l'arbre croît dans les mêmes bouquets de forêts que le *Cola acuminata*. Il est aussi fréquemment planté autour des habitations. Il fleurit de janvier à mars ; les fruits mûrissent à la fin de l'hivernage. L'amande donne lieu à un commerce assez important. La production du Bas-Dahomey est loin de suffire à la consommation ; d'après SAVARIAU, on en importe beaucoup de Lagos. Les femmes de race Nago, qui font ce commerce, emportent du Dahomey des Kolas et du poisson fumé qu'elles échangent dans la colonie anglaise contre des noix de *Garcinia*. A Porto-Novo, ces dernières semences se vendent habituellement à raison de 4 à 8 semences pour 0 fr. 05. Elles pèsent habituellement de 3 à 6 grammes.

Les noix de *Garcinia* du Lagos et du delta du Niger pénètrent jusqu'sur les marchés de la Nigéria du Nord. Les Haoussas en vendent de petites quantités à Djougou et jusqu'au

(1) HECKEL. — Loc. cit., 1893, p. 108.

Mossi, mais les amandes de ces marchés sont importées de la Nigéria, ce qui semble indiquer que l'arbre n'existe pas dans le pays Achanti ; nous ne l'avons jamais rencontré dans la forêt de la Côte d'Ivoire.

Les graines mises en vente au Sénégal et en Guinée française proviennent de Sierra-Léone ; elles valent de 0 fr. 10 à 0 fr. 20 pièce, par conséquent plus cher que les noix de Kola. Il ne faut pas confondre ces graines avec d'autres semences de forme analogue, mais se divisant facilement en deux cotylédons, importées aussi sur les marchés du Sénégal, de Sierra-Léone ou de la Basse-Guinée et connues des indigènes sous le nom de Tola (soussou). Ce sont les graines d'un arbre de la famille des Lauracées, le *Tylostemon Mannii* Stapf. (= *Beilschmiedia elata* Scott Elliot). On les emploie comme condiment, dans les préparations du couscous, après les avoir pilées.

Les amandes de *Garcinia* se mangent toujours à l'état crû.

Ainsi que nous l'avons dit, les indigènes savent fort bien qu'elles n'ont pas les propriétés des noix de Kola. Contrairement à ce que pensait SAVARIAU, si ces graines sont consommées sur une grande échelle, ce n'est pas parce qu'elles coûtent moins cher que les noix de Kola et qu'elles donnent par leur amertune, au consommateur peu fortuné, l'illusion de manger de vrais Kolas, mais c'est parce qu'on leur attribue des propriétés très spéciales. D'après les Noirs, le *Bitter-Kola* facilite la dégustation des vrais Kolas et les fait trouver plus agréables. Il arrête les coliques et il suffit de croquer une graine de *Garcinia* pour pouvoir manger une grande quantité de noix de Kola sans être incommodé. Aussi, les amateurs de Kola de Dakar apprécient-ils beaucoup cette semence et ils n'hésitent pas à l'acheter à un prix double de la noix de Kola quand elle est rare sur le marché. D'autre part, E. HECKEL rapporte que, d'après le Consul WOHSEN, il suffirait de mâcher 4 ou 5 graines pour apaiser les rhumes.

Des analyses de graines de *Kola-bitter* ont été faites par HECKEL et SCHLAGDENHAUFFEN, mais elles n'ont révélé la présence d'aucun principe spécial (1).

· (1) HECKEL.— Loc. cit., 1893. p. 220.

Est-ce la résine contenue dans les poches sécrétrices qui agit ?
On sait que d'autres *Garcinia*, et notamment le *G. Hamburyi*
Hook., donnent une gomme gutte qui est un purgatif drasti-
que (1).

La seconde espèce de *Garcinia*, mentionnée plus haut, est
encore inédite. Nous l'avons rencontrée au cours de notre
voyage de 1909, dans la forêt vierge de la Côte d'Ivoire. Ce
n'est plus la graine, mais la racine, qui jouirait de propriétés
merveilleuses, comparables mais non identiques à celles de la
noix de Kola. Les Mandés la nomment *Ko ouoro* (Kola d'eau),
parce qu'au nord de la forêt l'arbre croît parfois dans les galeries forestières, au bord des cours d'eau.

Les porteurs de notre mission, emmenés de Beyla vers Danané, dans la forêt, chaque fois qu'ils passaient sous un de ces
arbres, déposaient leurs fardeaux pour déterrer, souvent avec
beaucoup de difficultés, les précieuses racines. Ils en taillaient
de petites baguettes longues de 10 cm. environ et de la grosseur
d'un doigt et ils mâchaient ces baguettes tout le long de la
route. A défaut de racines, ils utilisaient les branches considérées comme ayant beaucoup moins de valeur. Les fruits de
l'arbre ne sont pas employés. Nous donnons ci-après la description de cette intéressante espèce.

Garcinia antidysenterica A. Chev. (*sp. nov.*) (Fig. 52).— Groupe
du *G. punctata* Oliv. Arbre de 10 m. à 30 m. de haut, dioïque,
entièrement glabre, à racines traçantes, rampant près de la surface du sol, jaunâtres. Tronc cylindrique de 5 m. à 15 m. de long
et de 20 cm. de diam., à écorce grisâtre, un peu fendillée, laissant exsuder un peu d'oléo-résine blanche, aqueuse. Jeunes
rameaux grêles, flexibles, alternes ou opposés, nn peu compri-

(1) Les mangeurs de Kola de la Sénégambie et de la Guinée française font
aussi usage du *Gingembre*, nommé *Niamacou* en Mandé, *Guinyar* ou *Guiyar*
en Wolof. On mâche les rhizomes après avoir mâché la noix. Sa saveur, dit-
on, fait apprécier davantage les qualités du Kola et comme il passe pour aphrodisiaque, il stimulerait activement, combiné avec le Kola, la fonction génésique.
Il est cultivé en grand à Sierra-Léone, dans certaines parties de la Guinée
française (Rio-Pongo) et en petite quantité dans le sud du Soudan. Les caravaniers, transportant les noix de gouro, emportent avec eux, vers le nord, ce
Gingembre et, parvenus sur le Niger, vendent chaque griffe 0 fr. 10 ou 0 fr. 05,
c'est-à-dire aussi cher que l'amande de Kola.

més ou subquadrangulaires. Feuilles opposées, fermes-membraneuses, oblongues, ou oblongues-elliptiques, cunéiformes ou parfois presque arrondies à la base, brusquement acuminées, obtuses ou subaigues au sommet, longues de 6 cm. 5 à 12 cm., sur 3 cm. à 5 cm. 5 de large, à bords parfois un peu ondulés; surface supérieure vert-sombre, l'inférieure vert-glauque. Nervure médiane non visible en-dessus, saillante en-dessous ; nervures latérales non apparentes, remplacées par de légères sinuosités visibles par transparence.

Pétiole de 6 mm. à 10 mm. de long. Inflorescence ♂ en petits fascicules axillaires et terminaux, composés de 1 à 5 fleurs (dont l'une terminale et les autres opposées 2 à 2) portées sur des pédicelles de 2 mm. à 3 mm. de long insérés sur un pédoncule commun presque nul. Bractées connées à leur base, arrondies, longues de 2/3 de mm. à peine. Fleurs inodores, de 12 mm. à 15 mm. de diam. Sépales 4, opposés deux à deux, jaune-verdâtres, suborbiculaires-concaves, souvent très inégaux, les deux externes longs de 2 mm., larges de 2 mm. 5, les deux internes longs de 4 mm. sur 6 mm. de large. Pétales 4, obovales-suborbiculaires, rarement oblongs, entiers, ou retus, ou découpés au sommet, d'un blanc-jaunâtre, longs de 6 mm. à 8 mm., sur 3 mm. à 6 mm. de large. Etamines en 4 phalanges recourbées sur le disque, longues de 3 mm. ; filets de chaque phalange connés dans toute leur longueur ; anthères 6 à 8 par phalange, disposées en éventail sur le bord interne d'une dilation subréniforme de la phalange large de 2 mm. 5, elliptiques, divisées chacune en deux loges déhiscentes longitudinalement bien avant l'ouverture de la fleur, dépourvues de septa transversaux. Disque hémisphérique divisé en 4 lobes par les raquettes staminales qui s'appliquent à sa surface, d'un jaune-safran, finement rugueux à sa surface, très résinifère-glanduleux. Inflorescences ♀ à fleurs isolées ou par faisceux de 2 à 5, à l'aisselle des feuilles et des cicatrices foliaires et parfois sur le bois âgé ; pédicelles plus longs que dans les fleurs mâles, mesurant 8 mm. à 10 mm., articulés un peu au-dessus de la base, présentant au-dessus de l'articulation deux petites bractées opposées, largement deltoïdes-apiculées, longues de 1/2 ᵐᵐ à peine. Sépales souvent subégaux, de 3 mm· de diamètre.

Pétales comme dans les fleurs mâles. Etamines et staminodes nuls. Ovaire lisse, d'un vert-pâle, subquadrangulaire, haut et large de 2 mm. 5, divisé en 4 loges contenant chacune un ovule, surmonté d'un large stigmate glanduleux, jaudâtre, sessile, suborbiculaire ou un peu rhomboïdal, légèrement déprimé au centre. Jeune fruit ovoïde-subsphérique, tronqué et surmonté du stigmate desséché, contenant une seul graine, les trois autres ovules étant avortés.

Distribution géographique. — *Côte d'Ivoire* : dans le N. de la forêt vierge, entre Nzo et Danané. Entre le Morénou et l'Indénié, dans le bassin du moyen Comoé. — *Haute-Guinée française* : d'après des renseignements indigènes existerait dans le Kissi, dans le Konian et dans le Pays Tôma, le long des galeries forestières.

Noms vernaculaires. — *Ko ouoro* (malinké) ; *Kollopello* (kissien) ; *Gon* (dan ou dyola) ; *Harou Kouayo* (agni).

Usages. — Les indigènes mâchent l'écorce amère, prétendant qu'elle a des propriétés comparables à la noix de Kola. Elle guérirait aussi les diarrhées les plus rebelles et la dysenterie. Pour l'administrer, on enlève les lames d'écorce de la racine ; on les fait sécher au soleil ; ensuite, on les broie au pilon , la poudre obtenue est mélangée avec des piments également pulvérisés et le mélange est absorbé matin et soir. A défaut des écorces de racines, on peut employer des feuilles de la même plante, mais l'action est moins active.

.*.

Les propriétés des *Garcinia Kola* et *Garcinia antidysenterica* sont connues des peuplades vivant très loin les unes des autres et n'ayant pas de rapports entre elles. Il est donc très probable que leur efficacité est réelle. De nouvelles recherches chimiques sont donc indispensables pour élucider ce problème d'un haut intérêt pharmacologique.

CHAPITRE XX.

───────

Rôle du Kola dans la vie des Indigènes.

───────

CROYANCES, RITES, SUPERSTITIONS, USAGES,
RÉGIME DE LA PROPRIÉTÉ.

Nous ne croyons pas qu'il existe, dans toute l'Afrique, un produit végétal qui jouisse chez les noirs d'une réputation comparable à la noix de Kola. Une grande partie des propriétés attribuées à cette amande sont du reste fondées ainsi que l'ont établi les recherches de HECKEL et SCHLAGDENHAUFFEN et comme l'ont confirmé encore les travaux exposés dans la troisième partie de notre ouvrage.

Les vertus merveilleuses des Kolas sont apparues aux peuples primitifs comme une manifestation de la puissance divine. Les peuples primitifs vénèrent toutes les forces de la nature; n'est-ce pas par une de ces forces qu'on obtient d'une graine de saveur peu agréable au premier abord un état de bien-être absolument réel ?

Les féticheurs ont entretenu soigneusement la croyance à l'origine divine du Kola et la religion de Mahomet non seulement a laissé à la précieuse noix le rôle social et religieux qu'elle avait avant les conquêtes de l'Islam, mais elle lui a attribué des vertus encore plus grandes.

Aussi la semence du Kolatier tient une place immense dans les légendes, dans les mythes, dans les cérémonies du culte et dans les cérémonies profanes ; en un mot dans tous les actes importants de la vie des populations soudanaises.

Le Kola est l'excitant par excellence des noirs africains. Il tient chez eux la place donnée au thé chez la race jaune ; au Soudan, il a une importance comparable à celle qu'a aujourd'hui en Europe le café.

Il convient d'ailleurs de remarquer que son emploi est d'autant plus répandu et ses vertus appréciées, que les peuplades sont parvenues à un degré de civilisation plus avancé. Chez les races du Sénégal et du Soudan, converties depuis longtemps à l'Islam, il a acquis une notoriété supérieure à celle de toutes les plantes dont le Prophète a recommandé l'usage dans le Coran, et, selon un dicton répété par tous les marabouts noirs, celui qui sera engraissé de noix de Kola ira droit au ciel.

Il est regardé partout comme la source ou l'emblème de la vigueur et de la puissance. C'est l'orgueil de beaucoup de chefs de ces pays d'avoir fait leur alimentation exclusive de Kolas pendant des périodes excessivement longues.

L'usage de ce produit a pris une extension très grande depuis qu'a commencé la pénétration européenne. La noix de Kola s'est en quelque sorte démocratisée ; aussi on peut espérer qu'au fur et à mesure que les diverses régions de l'Afrique tropicale s'ouvriront à la civilisation, la consommation de la précieuse amande s'accroîtra encore dans des proportions considérables.

Propriétés réelles attribuées au Kola par les indigènes.

Comme excitant et tonique. — Tous les Noirs, dans les régions où existe le Kola connaissent ses propriétés stimulantes.

Il supprime la fatigue résultant d'un effort prolongé et permet de soutenir cet effort sans défaillance pendant des heures.

Il permet de supporter longtemps la soif et la faim.

Il procure un état de bien-être général. Il stimule l'activité des traitants qui en font généralement une consommation abondante. Le Kola possède toutes les vertus, au dire de tous les Soudanais et Sénégalais avec lesquels nous avons vécu.

« Il est pour nous ce qu'est pour vous le café », me disait un jour un notable ayant vécu longtemps au contact des blancs. Nous trouvons, dans une lettre du P. KLAINE au botaniste PIERRE, une expression populaire heureuse pour caractériser les propriétés de la noix de Kola : « Les vieux Gabonais, dit-il, aiment mâcher le Kola. Ils prétendent qu'il les *ravigotte* et qu'il donne plus de vigueur à leurs membres. »

Chose très curieuse, toutes les peuplades forestières vivant dans les régions où la noix est abondante, en font un usage très modéré et y attachent peu d'importance. On sait que ces peuples sont parmi les plus primitifs de l'Afrique.

Au contraire, les peuples soudanais parvenus à une véritable civilisation, s'en montrent extrêmement friands. A cause de la cherté de la noix, la classe des notables est presque seule à en consommer, mais dès qu'un Noir de condition modeste s'élève à une situation lui permettant de satisfaire ses goûts, il devient un mangeur de Kolas. Nos tirailleurs, nos miliciens, nos interprètes, nos boys même, s'ils sont du Soudan, en consomment de grandes quantités.

Demandez à un jeune Noir ce qu'il fera s'il devient riche un jour. S'il est d'un centre européanisé depuis longtemps et s'il est franc, il répondra — c'est probable — « qu'il voudrait vivre comme les blancs et commander ou ne rien faire » ; mais s'il est Soudanais et s'il ne s'est pas encore trop frotté à notre civilisation, vraisemblablement, il vous dira :

« J'achèterai beaucoup de femmes, j'aurai des chevaux et des *griots* (musiciens), et je mangerai beaucoup de noix de Kola. »

Les populations de la grande forêt vierge, si elles font peu de cas de la noix de Kola, en connaissent fort bien les propriétés, mais ils ne la dégustent pas à la manière des Soudanais.

Elle se mange ordinairement fraîche et saupoudrée de poivre et de sel. On prétend qu'elle agit ainsi beaucoup plus énergiquement.

Chez les Trépo de la Côte d'Ivoire, par exemple, l'absorption du Kola sous cette forme est un fait courant. Les hommes se réunissent par petits groupes pour l'absorption. La femme de l'un d'eux pile un mélange de sel du commerce et de petits fruits de Piment enragé (*Capsicum frutescens*). La poudre ainsi préparée est placée sur un fragment de feuille de bananier au milieu du groupe des hommes réunis pour manger les Kolas ensemble. Ils n'absorbent qu'une petite quantité de noix à la fois, non point par privation, puisque ce produit est commun autour de chaque village, mais pour la raison qu'il suffit d'un petit fragment pour obtenir l'effet désiré. Habituellement, une belle noix suffit pour 5 ou 6 hommes qui s'accroupissent en cercle autour de la poudre de sel et de piment. Un des hommes coupe la noix avec ses dents en autant de parts qu'il y a d'assistants. Chacun plonge le morceau qu'il a en main dans la poudre épicée, puis le grignotte en le plongeant plusieurs fois dans le mélange de sel et de piment. Il est en outre recommandé pendant qu'on se livre à ce festin, de boire une bouteille d'alcool de traite (le *gin* de la Côte occidentale d'Afrique), ce qui faciliterait l'absorption du principe actif. Les hommes adultes seuls dégustent ainsi le Kola en société, mais les jeunes gens et les femmes mariées ont aussi la liberté d'en manger.

Les Trépo n'attribuent point comme les Soudanais des propriétés aphrodisiaques à ce produit, mais ils sont unanimes à le considérer comme un aliment d'épargne qui stimule les forces lorsqu'il se présente un travail pénible à accomplir ou une longue marche à effectuer. « Avec des noix de Kola on peut rester des jours sans manger et on n'a jamais faim », prétendent-ils, et les Soudanais sont tous aussi de cet avis.

Au Gabon, suivant le P. KLAINK (*Lettre* du 7 sept. 1898 à PIERRE), on fait des Kolas deux sortes d'usages. « Quand un indigène a un long voyage à effectuer, il ne se sert guère que des graines de *Cola* qu'il suce en mâchant et en alternant avec du Piment mélangé de sel (1). Cela lui permet d'empêcher la faim et de trouver l'eau agréable. Il a un effet moins enivrant que l'Iboga ».

Les mangeurs de Kola ne font ordinairement pas usage du tabac. L'usage de ce dernier produit, vraisemblablement importé dans l'Afrique noire depuis quelques siècles seulement, s'est généralisé jusqu'au centre de l'Afrique et les régions où on fume le moins sont habituellement celles où on consomme le plus de Kolas.

Les fumeurs de chanvre de l'intérieur de la forêt congolaise se servent à peine de la noix de Kola.

(1) Il est curieux de constater le même procédé de dégustation dans des régions aussi éloignées que la Côte d'Ivoire et le Gabon.

Comme médicament. — 1° La noix de Kola est fréquemment employée pour combattre la diarrhée (DANIELL).

2° On l'emploie parfois contre la fièvre paludéenne. Dans le Bas-Niger, écrit le commandant MATTEI, « les rois, les grands chefs et les gens riches, mâchent des Kolas toute la journée, n'avalent que le sucre du fruit; ils disent que c'est un fébrifuge » (1). CHALOT a relaté ce curieux procédé de traitement en usage dans le moyen Congo. « Le féticheur-médecin (Nganga) fait une quantité de petites incisions sur le front du fiévreux ; ensuite il mâche le Kola mélangé de piment indigène à petit fruit; quand le tout est bien malaxé, il le jette sur le front du malade qui ensuite va se reposer; c'est une sorte de cataplasme composé de Kola et de Piment. Plusieurs tribus emploient cette méthode : les Bakounis, Bakembas, Bakongos, Batékés..., déclarent que ce moyen est infaillible » (2).

3° Les Abés de la forêt de la Côte d'Ivoire quand ils toussent mangent des fragments de Kola avec du sel. Ils considèrent la noix comme un médicament et non comme un excitant. Ils ne lui attribuent pas de propriété aphrodisiaque.

4° Au Soudan, beaucoup de Noirs croquent un fragment de noix de Kola quand ils ont la migraine.

Comme aphrodisiaque. — Dans quelques régions du Soudan, le Kola est considéré comme aphrodisiaque, mais, dans ces régions même il est loin d'être regardé par les indigènes comme un vert-galant aussi merveilleux que l'ont rapporté divers explorateurs.

Par contre beaucoup d'indigènes disent qu'il n'a point d'action sur le sens sexuel, mais *il rend heureux* et c'est à ce titre qu'il prédispose à la recherche du plaisir.

Cependant, ainsi que nous l'avons montré dans le chapitre consacré à la physiologie, la noix de Kola à faible dose serait plutôt un excitant du sens génésique.

Le Dr RANÇON est très affirmatif à ce sujet : « Les Noirs, dit-il, regardent le Kola comme un puissant aphrodisiaque. On sait combien les peuples primitifs tiennent à conserver le plus

(1) Bas-Niger Soudan, p. 102.
(2) CHALOT in HECKEL. — L. c., p. 283.

longtemps possible leur vigueur génésique. Aussi les peuples du Soudan font-ils, dans ce but, une ample consommation de Kolas. Jeunes, les hommes en mangent pour augmenter leur virilité ; vieux pour la voir reparaître s'ils l'ont perdue. Il donne surtout aux jeunes gens une excitation assez durable et génésiquement utilisable si je puis parler ainsi. Je doute qu'il agisse de même sur les vieillards épuisés ».

A Djenné et à Tombouctou, les jeunes garçons et les femmes se dissimulent pour manger les Kolas afin d'éviter les quolibets des hommes. Certains dandys au contraire les mangent avec ostentation. Tout jeune Wolof de marque en porte constamment avec lui pour en offrir à ses amis de rencontre et il est de bon ton de garder la pulpe de Kola mâchée aux commissures des lèvres pour indiquer qu'on en est repu. Cela est considéré par les jeunes Noirs, comme aussi distingué que d'avoir à la bouche une cigarette comme en fument les européens. Nous croyons toutefois que beaucoup de Noirs mangent des Kolas en grande quantité soit par vanité, soit par fanfaronnade.

Pendant sa captivité à Kayes en 1898, Samory racontait volontiers qu'il s'en était alimenté exclusivement pendant de longues périodes et un autre jour un nègre bambara nous affirma être d'essence supérieure parce que son père, pendant des mois entiers, en avait fait toute sa nourriture.

Le Kola est considéré, en beaucoup d'endroits, comme un produit si précieux que les hommes libres seuls ont le droit d'en manger. Il nous souvient qu'en 1899, alors que l'esclavage existait encore dans la Boucle du Niger, les porteurs auxquels nous offrions parfois des noix de Kola comme gratification, se cachaient ordinairement pour les croquer, ce fruit divin n'étant permis qu'aux seuls hommes libres, « les fils préférés du Prophète ».

Les Kolas dans la vie sociale et domestique.

Ce n'est pas seulement au point de vue médical que les Kolas jouent un rôle important en Afrique occidentale. On les utilise dans presque toutes les circonstances de la vie.

« Ils sont tour à tour, écrivent J. et H. VUILLET : cadeau de
fiançailles ou de mariage, gage d'amitié ou d'amour, amulette,
offrande aux féticheurs, objet d'échange remplaçant la monnaie,
tribut, surpaye, fétiche d'épreuve que l'on mange en prêtant
serment » (1).

Dans les Pays Bambaras et dans le Kissi, quand un homme
veut demander une jeune fille en mariage, il envoie au père un
panier de Kolas contenant à la fois des noix blanches et des
noix rouges. Si la demande est acceptée, le père garde les Kolas ;
dans le cas contraire, il retourne à l'envoyeur des Kolas rouges. De même si un jeune homme au Kissi veut obtenir les
faveurs d'une jeune fille, il lui envoie en cadeau, sans autre
explication, un lot de Kolas blancs.

Si la jeune fille accepte une entrevue, elle garde les Kolas et
n'envoie rien en échange ; si, au contraire, l'offre n'est pas
agréée, elle conserve les Kolas blancs, mais envoie en échange
des Kolas rouges. Le don de noix blanches au jeune homme
correspondrait à une insulte.

Les Kolas blancs et les Kolas rouges se trouvant ordinairement réunis dans les mêmes fruits, l'échange d'amandes de
couleurs variées est devenu le symbole du mariage ; mais, là
comme en toutes choses, il y a des usages à suivre qui varient
d'un pays à l'autre. C'est ainsi qu'au Fouta-Djalon et dans la
Boucle du Niger, il est de bon goût d'offrir à un étranger des
Kolas blancs, et, si l'on n'en possède que des rouges, en les
offrant on ajoute ordinairement : « Si cela dépendait de moi, ils
seraient blancs ».

« Lorsqu'un étranger de distinction, écrivait en 1890 le
commandant MATTEI, vient leur faire visite, les rois et les
princes lui offrent une poignée de Kolas en signe d'alliance et
d'amitié » (2).

Les premiers explorateurs qui pénétrèrent au cœur du Soudan trouvèrent en effet des provisions de Kolas frais chez tous
les chefs. C'était le plus agréable et le plus précieux des
cadeaux.

(1) J. et H. VUILLET. — Les Kolatiers et les Kolas. *Agr. Pays Chauds*, 1908,
1er sem., p. 326.
(2) MATTEI. — L. c., p. 102.

Dès qu'une caravane de dioulas en apportait dans un village éloigné, le chef qui s'en rendait acquéreur distribuait cette friandise à ses amis et à ses hôtes.

Le Kola est, dans tout le Soudan, le symbole de l'amitié et comme il a une grande valeur commerciale, il est aussi pour celui qui l'offre l'expression de la richesse.

Le Kola, aux yeux de tous les Soudanais, est un fruit noble. Le premier devoir de l'hospitalité est d'en offrir à l'hôte qu'on reçoit. Lorsque je rencontrai pour la première fois le sultan actuel du Baguirmi, Gaourang, à Corbol, sur le moyen Chari, en plein cœur du Soudan, où il était venu en expédition, il m'invita à boire du thé (du véritable thé d'une marque anglaise apporté à travers le Sahara) et pendant qu'un esclave versait le thé et du lait frais, un autre faisait circuler sur un plateau en cuivre des Kolas rouges très frais, dont plusieurs charges avaient été apportées quelques jours auparavant par une caravane de Haoussas. Le sultan avait voulu me donner ainsi un témoignage d'amitié sincère.

Même quand on ne possède qu'une seule noix de Kola les lois de l'hospitalité exigent, au Soudan, qu'on la brise avec les dents en autant de morceaux qu'il y a d'amis présents.

Manger des Kolas ensemble équivaut, chez les Soudanais, à l'échange du sang chez d'autres peuplades.

La plus grosse insulte, de la part d'un indigène, serait de refuser les Kolas qu'on lui offre : le partage d'un Kola est un symbole de confiance.

C'est sur la précieuse noix que se scellent les amitiés, que se signent les traités, que se prêtent les serments. Mangé en commun avec un homme, il vous lie indéfiniment à lui. Même si par surprise vous avez été amené à le partager avec un ennemi, vous devez rester réciproquement attachés l'un à l'autre et vous n'avez plus le droit de vous combattre.

Les Noirs oublient du reste fréquemment de telles obligations; mais un témoin pourra un jour venir rappeler aux deux adversaires qu'il les a vus manger le Kola en commun, et ce simple souvenir sera souvent une cause de réconciliation.

Le Kola blanc jouit particulièrement d'un prestige considérable au Soudan nigérien. « Il est d'usage, pas exemple d'échanger des noix de Kola blanches en guise de sympathie, d'en offrir aux personnes qui se marient en signe d'amitié, d'en présenter aux parents d'un défunt en signe de deuil, d'en donner à ceux qui ont fait preuve de courage ou de force en telle circonstance » (1).

Rôle du Kola au point de vue religieux.

Le Kola est considéré comme un produit sacré par tous les musulmans. Une légende, répandue dans le Sokoto et dans le Pays Haoussa, dit « que Prophète s'est assis sous un Kolatier et qu'il a offert des noix à tous ses disciples. Tous les musulmans du centre africain vénèrent donc cet arbre à cause de la légende qui a traversé les siècles et qui est encore aujourd'hui en honneur. » (1)

Dans d'autres parties du Soudan, on raconte que celui qui mourra engraissé de Kolas, ira tout droit au paradis d'Allah.

Ce sont évidemment les traficants musulmans qui ont répandu ces légendes d'autant plus absurdes que les Kolatiers n'ont jamais existé dans les pays où vécut Mahomet.

Les premiers musulmans du Soudan occidental (Soninkés et Mandés-Dioulas) qui s'avancèrent au sud de la région nigérienne, répandirent dans toutes les terres d'Islam de la zône soudanaise la précieuse noix qui, avec le commerce des esclaves, celui de l'or et de l'ivoire, constituait le principal trafic de ces contrées.

Djenné était alors l'un des principaux centres où ces riches produits étaient apportés, pour être ensuite dirigés dans toutes les contrées converties à la religion du Prophète.

« Cette ville Sonraï, peuplée fort peu de temps après sa conversion, en 1050, de tous les éléments musulmans du Nord et spécialement de *Mandé-Só*, devint la grande métropole musulmane en même temps que la ville commerciale la plus fréquentée de l'Afrique Occidentale, et même une des grandes places de commerce de l'Islam. » (2)

(1) SAVARIAU. — L. c., p. 214.
(2) Commandant MATTEI. Bas-Niger, Bénoué, Dahomey, 1890, p. 101.
(3) A. ARCIN.— Guinée française, Paris, 1907, p. 485.

La création de Tombouctou, quelques siècles plus tard, étendit la réputation du fruit fameux plus loin vers le nord, et cette réputation s'étendit, certainement, jusque dans l'antique Gaô (Gana), à Oualata et jusque dans les oasis du Touat.

Les approvisionneurs de ces marchés étaient installés dans le Haut-Niger. Dès une époque très ancienne, ainsi que nous l'avons vu précédemment, ils étaient déjà fixés non seulement au Bouré, mais aussi à Kankan, Touba, Odienné, Beyla, Moussadougou, Sambatiguila, d'où des colonnes partaient constamment vers le sud, soit pour y faire des razzias d'esclaves, soit simplement pour s'y procurer, par voie d'échange, des produits commerciaux. Ces musulmans étaient venus du nord, dans ces régions, en marchands, « attirés, écrit ARCEN, par l'or jaune du Bouré, par les bienfaisantes noix de Kola de la forêt, par la robustesse des païens Bamana (Bambara), que les vainqueurs d'un jour leur vendaient comme esclaves ».

Dès cette époque, le Kolatier était sans doute comme aujourd'hui domestiqué (au même titre que l'*Elæis*) sur les confins nord de la forêt de l'Afrique Occidentale. Pour empêcher la propagation de cet arbre vers le Nord, ce qui aurait rendu leurs expéditions inutiles et par conséquent arrêté leur commerce, les Dioulas répandirent cette légende, aujourd'hui ancrée chez toutes les populations soudanaises que *quiconque plantait un Kolatier devait mourir lorsque cet arbre commençait à rapporter.*

Le commerce était très fructueux, car, pour transporter les ballots de noix, on employait les esclaves, achetés aussi à la lisière de la forêt pour un prix infime, souvent pour quelques morceaux de sel de Tombouctou, et on n'avait pas à se préoccuper de leur nourriture en route. Pour étendre leur trafic, les dioulas présentèrent le Kola comme un fruit cher au Prophète : cela leur était d'autant plus facile qu'ils étaient pour la plupart des sortes de missionnaires marabouts, analogues à ces razzieurs d'esclaves qui, vers le milieu du xix° siècle, avaient porté leurs opérations jusque sur les confins du Nil, du Chari et même de Haut-Oubangui et que nous avons vus nous-même, il y a très peu de temps encore, dans le Haut-Chari, le Coran d'une main et le fusil de l'autre faire la guerre sainte (le *djeha*) contre les païens ou *Fertit*, en réalité cherchant à capturer des esclaves pour les vendre et cachant sous un prétexte religieux la plus lâche et la plus brutale vénalité. Revenus en terre d'Islam au milieu de leurs corréligionnaires, ces razzieurs passaient pour des ouvriers de la sainte cause, pour des *Ouali* (saints), et leur parole était d'autant mieux accueillie qu'ils circulaient souvent dans des pays nouvellement convertis à l'Islam. Ils n'hésitèrent pas, pour écouler leur marchandise, à dire que les Kolas étaient la nourriture la plus sacrée aux yeux de Mahomet, et c'est certainement ainsi que naquirent les croyances rapportées plus haut.

L'anecdote suivante montre en quel respect on tient les arbres producteurs. Nous trouvant, en 1899, dans un petit village des environs de Kankan où existait un superbe Kolatier en fleurs, nous fîmes demander au chef du village l'autorisation d'en couper un rameau pour nos études. Grand émoi ! Le chef ne voulait pas refuser, mais il n'osait pas permettre ! Ne voulant pas se prononcer lui-même, il fit venir quelques vieillards ainsi que les représentants de la famille à laquelle appartenait l'arbre. Après un long palabre, on décida qu'en ma qualité d'Européen je pouvais me permettre de prélever les spécimens demandés, mais je dus les couper moi-même, personne n'ayant osé faire cette opération, et tous les assistants jurèrent par Allah qu'ils n'étaient pas responsables des malheurs qui allaient sans doute m'atteindre.

Même dans les Pays fétichistes, les Kolas jouent un rôle important dans les cérémonies religieuses.

En Guinée française, « le Kola, écrit FAMECHON, était mêlé aux cérémonies de la religion des esprits que pratiquaient les Noirs avant d'être musulmans » (1).

Chez les Bagas, on plante un Kolatier pour commémorer la naissance de chaque enfant ou tout évènement mémorable pour la famille.

« Mélangée à du sang de poulet, la noix de Kola entre dans beaucoup de sacrifices en usage chez les Kissiens : offrandes aux morts, offrandes aux statuettes (*pombdo*) représentant

---

(1) FAMECHON. — La Guinée française. *Exposition de 1900*, p. 100.

l'image des défunts. Les instruments de musique sont même imprégnés de ce bizarre mélange qui éloignerait une foule d'esprits malfaisants » (1).

Dans la région de Diorodougou quand un chef fait la cérémonie du *Baptême* d'un de ses enfants (lui donne un nom), il plante ce jour-là un Kolatier qui appartiendra plus tard à l'enfant. Dans ce pays aussi, sur les tombeaux des chefs, à la tête on plante un Kolatier qui est la propriété du fils ainé du mort. Les indigènes attribuent à l'arbre ainsi planté une croissance plus rapide qu'aux autres.

Enfin, pour communiquer avec les parents morts, on répand sur la tombe de l'eau où ont séjourné des Kolas.

D'autre part, au Dahomey, le Kola joue aussi le rôle d'offrande au fétiche ou aux féticheuses. Pour rendre les dieux favorables, on mâche une noix et on crache le produit de la mastication sur l'idole. « Dans les cérémonies fétichistes, assure SAVARIAU, le Kola joue un certain rôle. On en offre aux fétiches à l'occasion des fêtes funéraires, des mariages, des naissances, etc. ; dans ces circonstances, on emploie toujours le Kola blanc. On en offre au fétiche du tonnerre, à la fin de la saison sèche, de façon à se le rendre favorable et à l'engager à faire tomber beaucoup d'eau pour assurer le succès des récoltes » (2).

Les danseuses-féticheuses de ce pays (*Vodousi*) en ont constamment avec elles ; ils proviennent d'offrandes et elles les offrent à leurs amis.

Superstitions.

Bien des croyances absurdes ont cours aussi au sujet des Kolatiers et des noix de Kola. Nous en citerons seulement quelques-unes :

Dans les régions sud du Soudan, d'après CAZALBOU, pour réussir les semis de Kolatiers, il est nécessaire d'arroser le terrain ensemencé avec du sang de mouton. Ensuite on place

(1) CASTÉRAN. — Les Kolatiers du Pays de Kissi. *Bull. Soc. Acclim.*, 1909, p. 277.

(2) SAVARIAU. — L. c., *Agr. Pays Chauds*, 1906, 2ᵉ sem., p. 213.

auprès de la noix germée qnelques graines de coton indigène
et de fonio (*Paspalum exile* Kit.) (1).

Pour jurer sur les Kolas, les Kissiens « fabriquent un médicament (*Kamelila* en malinké) composé d'une pâte de Kola
râpé et d'un féculent quelconque. La personne qui doit faire un
serment avale cette pâte en présence de témoins et si plus tard
elle viole son serment, le pouvoir du médicament agira aussitôt.
Le parjure tombera malade pour mourir ensuite. Heureusement
qu'elle peut se délier de son serment en rejetant le *Kamelila*
au moyen d'un vomitif. Encore faut-il, pour que ce deuxième acte
réussisse qu'il se passe devant les témoins du premier » (2).

D'après le P. Klaine, les vieux Gabonais ne laissent pas
habituellement les jeunes gens user du Kola « pour les empêcher
d'être trop excités et de devenir sorciers ».

« Dans les endroits où on enterre le Kola pour le conserver,
on prétend, ajoute le P. Klaine, que quand le tonnerre gronde,
les noix recouvertes de sable s'en dégagent et se mettent à
sauter ».

Formes sous lesquelles le Kola est consommé par les indigénes.

C'est sous forme de Kola frais que les Noirs de la zône soudanaise et des régions forestières consomment toujours le produit
dont nous nous occupons. Fréquemment ils mastiquent en
même temps soit des rhizomes de Gingembre, soit des amandes
de *Garcinia Kola*. Nous avons vu précédemment qu'en certaines
régions on assaisonnait aussi les noix crües avec du sel, du
piment et parfois avec du poivre.

Au Kissi, d'après Castéran, « les vieillards qui n'ont plus les
dents solides absorbent les Kolas après les avoir râpés » (3).

Le rapport commercial de Sierra-Léone pour 1909, rapporte
que, dans les pays situés dans l'Hinterland de la Gambic, les
noix fraîches sont parfois écrasées, mélangées avec du miel et

---

(1) Cazalbou. — Les jardins d'essai au Soudan français. *Rev. cult. col.*, IV,
1899, 1ᵉʳ sem., p. 87.
(2) Castéran. — *Bull. Soc. Acclim.*, 1909, p. 277.
(3) Castéran. — *Bull. Soc. Acclim.*, 1909, p. 277.

assaisonnées avec du gingembre, du poivre et d'autres condiments. « On dit que cette composition forme un aliment très
complet et très nutritif ».

Dans les parties du Soudan, les plus éloignées de la zône de
production, par exemple au Sokoto, au Bornou, au Baguirmi, une
partie des noix ne parvient qu'à l'état desséché.

Elles sont considérées par les indigènes comme ayant beaucoup moins de valeur sous cet état, mais les dioulas les mettent
néanmoins en vente.

Les noix sèches sont pilonnées par les indigènes et réduits en
poudre impalpable que l'on consomme en la délayant dans du
lait ou en l'ajoutant à du miel.

A la Jamaïque, depuis longtemps, d'après le *Bulletin de
Kew* (2), sur les indications du Dr NEISH, on a essayé d'en faire
« un breuvage stimulant préférable au cacao, parce que la noix
de Kola contient moins d'amidon et moins de matière grasse et
donnerait ainsi un produit plus facile à digérer ».

Enfin, en Europe, la préparation du Kola au lait dont font
usage quelques indigènes du Soudan, a été recommandée par
le Dr SCHUMBURG comme un produit alimentaire de première
valeur.

A titre documentaire ,ajoutons qu'en beaucoup de régions
africaines, la noix de Kola est employée pour fabriquer une
teinture rouge (1).

Régime de la propriété des Kolatiers.

Il existe chez divers peuples des usages particuliers au sujet
de la propriété des Kolatiers et de leur transmission par suc-
cession.

Chez les peuplades des régions côtières, ils sont ordinairement en propriété individuelle et ils se transmettent par héritage
suivant les mêmes règles que les autres biens.

Il en est encore ainsi dans le Kissi.

Dans les cercles de Kouroussa et de Kankan où ils sont souvent nés de graines perdues, les Kolatiers appartiennent à celui

---

(1) *Bull. of miscell. inform.*, 1890, p. 253.
(2) BINGER. — L. c., I, p. 312.

qui les a semés ou à celui près de l'habitation duquel ils sont apparus et qui les a soignés pendant qu'ils étaient jeunes. Alors que les autres biens passent par héritage aux collatéraux (frères ou neveux), les Kolatiers appartiennent toujours au fils aîné ou à la fille aînée.

Chez les Dans ou Dyolas, les chefs et certains notables peuvent seulent posséder des Kolatiers. D'après le capitaine LAURENT, ces arbres demeurent tant qu'ils durent, la propriété de celui qui les a plantés. « Les femmes, écrit-il, peuvent posséder toutes sortes de biens, excepté des Kolatiers. En cas de mort, le frère aîné du chef de famille hérite des Kolatiers et de tous les autres biens, mais il doit à chaque récolte répartir les fruits entre ses frères. »

Chez les Bétés, les Kolatiers sont surtout la propriété des chefs.

Même lorsqu'ils se rencontrent au loin dans la forêt, ils sont toujours la propriété de familles déterminées et il est très rare que les fruits existant sur ces arbres difficiles à surveiller, soient pillés par les étrangers. Il est aussi très rare que des contestations surviennent au sujet de la possession de cette essence précieuse, et ces contestations n'entrainent jamais de guerre.

Chez les Lôs, d'après le lieutenant BEIGBEDER, ces arbres seraient en communauté.

Dans l'ancien Dahomey, les rois étaient seuls possesseurs des bouquets de forêts dans lesquels sont habituellement cultivés les Kolatiers. Aujourd'hui ces arbres appartiennent à ceux qui les ont plantés.

D'après SAVARIAU (1), beaucoup de Dahoméens ont pris l'habitude « de planter, lorsqu'il leur naît un enfant, un ou plusieurs Kolatiers qui deviennent la première propriété du nouveau-né. A la mort d'un chef de famille qui possède des arbres à Kola, ceux-ci sont répartis également entre tous les descendants, de sorte qu'un Kolatier a parfois plusieurs propriétaires. »

Tout en respectant les usages locaux, notre administration devra s'efforcer dans les diverses colonies de l'Ouest africain, de développer la propriété privée des Kolatiers. Les arbres ensemencés doivent appartenir à celui qui les plante (à moins qu'il

1) SAVARIAU.— L. c., p. 213.

ne soit employé rémunéré d'un 'autre Noir) et ils doivent être transmis par héritage suivant les règles habituelles à chaque peuplade.

C'est en répandant cette notion chez les tribus où elle n'existe pas encore, que nous arriverons à développer la culture de l'essence précieuse.

Chez presque toutes les tribus primitives, le sentiment de la propriété des Kolatiers existe réellement déjà.

Ainsi dans tout le Pays Bakoué (Basse Côte d'Ivoire), bien que les Kolas ne donnent lieu à aucun commerce, on trouve des Kolatiers plantés aux abords de chaque village, mélangés aux orangers, aux corosoliers, aux arbres à pain. On attache à ces arbres une sorte de culte ancestral. Il en coûterait à un indigène d'être obligé de couper un de ces Kolatiers, non point qu'on lui attache la moindre valeur pécuniaire, mais on respecte l'arbre planté par quelque ascendant et qui perpétue le souvenir de l'ancêtre disparu. L'emplacement des villages change fréquemment dans la région forestière de la Côte d'Ivoire, mais à de longs intervalles les diverses familles d'une tribu reviennent cependant réhabiter au même endroit, à moins qu'elles n'aient été chassées au loin par une guerre. Chaque chef de famille retrouve alors l'endroit où il doit bâtir sa case, grâce aux arbres que ses aïeux ont planté autrefois. Il n'y a presque jamais de contestation à ce sujet et c'est un fait social bien remarquable que de retrouver chez ces peuples extrêmement primitifs, le respect de ce qui vient des aïeux ; la notion de propriété concerne seulement le produit de la culture et non la terre elle-même ; celle-ci appartient à la collectivité du village, mais elle n'est ni individuelle ni familiale. Quant à l'arbre planté par un ancêtre, il constitue une propriété inaliénable, et c'est seulement en l'absence d'héritiers qu'il échoit au chef du village, lequel en dispose à sa guise.

CONCLUSIONS.

Nous nous bornerons à résumer ici les principaux faits nouveaux qui découlent de l'étude précédente en nous étendant surtout sur les conséquences pratiques qu'on peut en tirer.

I. — La noix de Kola est utilisée par les indigènes de l'Afrique occidentale depuis une très haute antiquité.

Léon l'Africain est le premier auteur qui en ait fait mention en 1556. Le Portugais Edoardo Lopez et l'Italien Pigafetta signalent, en 1593, les propriétés des noix rouges à quatre cotylédons. En 1605, Clusius indique la noix rouge à deux cotylédons comme venant de la région du Cap-Vert. De nombreux voyageurs des xviie, xviiie et xixe siècles, dont nous avons cité les textes, ont aussi appelé l'attention sur ce produit ; mais, comme le remarquait Lamarck, l'arbre producteur était encore inconnu en 1789.

En 1804, furent publiées les descriptions : 1° de l'un des arbres donnant des noix à quatre cotylédons, par Palisot de Beauvois; 2° de l'arbre donnant les noix à deux cotylédons, par Ventenat, mais ce dernier auteur ne soupçonna pas que la plante dont il donnait la description succincte était la véritable source des bonnes noix de Kola. Nous l'avons, pour la première fois, démontré au cours de cette étude en examinant attentivement les types originaux conservés aux Herbiers de Genève et de Paris.

Barter est le premier botaniste qui ait signalé d'une manière précise, en 1860, qu'il existait une espèce de *Cola* du Pays Achanti donnant des noix à deux cotylédons et une autre espèce du delta du Niger et de Fernandó-Pó, donnant des noix à quatre cotylédons. Le premier aussi il attira l'attention sur le *Bitter-Kola,* drogue employée comme succédané du Kola et que les botanistes de Kew reconnurent, quelques années plus tard, comme étant la graine d'un *Garcinia*.

II. — Il n'existe qu'un petit nombre d'espèces botaniques dans la section *Eucola*, la seule section du genre *Cola* produisant des amandes utilisables. Faute de documents complets, tous les auteurs qui se sont occupés de la systématique de ce groupe n'ont pas su les différencier et ont créé un grand nombre de noms qui doivent tomber dans le domaine de la synonymie. Les travaux récents de K. Schumann, O. Warburg, W. Busse, loin de faire la lumière sur ce sujet, ont encore accru la confusion. En reprenant l'étude en Afrique de nombreux matériaux frais et à différents âges et en examinant en Europe les types originaux des auteurs anciens, types conservés dans divers herbiers, nous avons pu distinguer dans la section *Eucola* cinq espèces principales faciles à distinguer :

1° *Cola nitida* (Vent.) A. Chev. — Synonyme de *Sterculia grandiflora* Vent. et de *Cola vera* K. Schum.

C'est l'espèce la plus généralement cultivée et celle qui donne presque toutes les noix commerciales. Ses graines sont constamment à deux cotylédons. Elle présente de nombreuses variations que nous avons réunies en quatre groupes ou sous-espèces :

a) *Cola rubra* A. Chev. — Fournit exclusivement de grosses noix rouges.

b) *Cola alba* A. Chev. — Fournit exclusivement de grosses noix blanches.

c) *Cola mixta* A. Chev. — Fournit de noix rouges, des noix blanches et parfois des noix rosées en mélange sur le même arbre. C'est la forme la plus répandue à l'état cultivé.

d) *Cola pallida* A Chev. — Fournit des noix de petite taille, souvent de coloration rosée. Vit dans la forêt de la Côte d'Ivoire.

2° *Cola acuminata* (Pal. Beauv.). Schott et Endl.

Cette espèce qui vit le long de la Côte de Guinée jusqu'à l'Angola, donne constamment des noix à plus de deux cotylédons. Elles sont mucilagineuses et moins estimées que celles de l'espèce précédente.

3° *Cola Ballayi* Cornu. Synonyme de *Cola acuminata* var. *kameru-nensis* K. Schum. et de *Cola subverticillata* De Wild.

Espèce donnant, comme la précédente, des noix à quatre ou cinq cotylédons, mais facile à distinguer par ses très grandes feuilles groupées en faux verticilles. Elle vit principalement dans l'intérieur de la grande forêt du Cameroun et du Congo et se rencontre encore au centre de l'Afrique, le long du moyen Oubangui.

4° *Cola verticillata* (Thonn. in Schum.) Stapf.

Espèce facile à distinguer par ses feuilles verticillées par 3 ou par 4, produisant des noix rouges très mucilagineuses à plus de deux cotylédons. Elle vit à la Gold-Coast, au Dahomey, dans la Nigéria et au Cameroun. Elle est rarement cultivée et ses noix de peu de valeur sont généralement dédaignées par les indigènes.

5° *Cola sphærocarpa* A. Chev.

Espèce encore très incomplètement connue, donnant de grosses noix blanches à plus de deux cotylédons qui ne sont probablement pas comestibles. Elle vit sur le pic de San-Thomé.

Les deux cartes placées à la fin de cet ouvrage nous dispensent de nous étendre sur la distribution géographique de *Cola nitida* et de *Cola acuminata*, les deux seules espèces offrant un grand intérêt économique.

Pour la première fois sont exposées dans cet ouvrage les conditions édaphiques et biologiques favorables à la vie des Kolatiers. Nous avons aussi ¡pour la première fois signalé le polymorphisme floral compliqué des Kolatiers qui sont généralement andromonoïques, mais qui peuvent devenir aussi androdioïques. Lorsque le *Cola nitida* croît dans des conditions défavorables, soit sous le couvert épais de la forêt, soit à des altitudes dépassant 800 mètres au-dessus de la mer, il ne produit plus que des fleurs mâles.

Un tableau placé à la page 217, montre la philogénie présumée des diverses espèces de la section *Eucola*. Les caractères morphologiques de cette section ont été précisés.

Nos recherches histologiques montrent l'intérêt qui s'attacherait à l'étude comparée de toutes les espèces du genre *Cola*. Si l'anatomie de la racine et de la tige est sensiblement normale, celle des diverses régions du pétiole est des plus intéres-santes. Les modifications de structure constatées sont fonction de la physiologie spéciale de cet organe, comme le montre en particulier l'examen des dessins schématiques de la fig. 17 se rapportant exclusivement au renflement moteur.

Quant à la valeur taxinomique des particularités histologiques constatées, elle se dégagerait seulement d'une étude monographique. Notons encore que le développement des téguments de la graine offre aussi un certain intérêt.

III. — Au point de vue chimique, les faits nouveaux relatés éclairent la question jusqu'alors passablement obscure.

Les recherches de Goris, entreprises sous les auspices de l'un de nous, ont contribué à apporter un peu de précision dans nos connaissances sur la composition de la noix fraîche. Si la caféine contenue dans l'amande en est le principe chimique défini le plus important, il n'en reste pas moins acquis que la forme sous laquelle ce produit xanthique entre en combinaison dans la semence fraîche, doit être considérée comme ayant un intérêt de premier ordre.

On a désigné sous les noms de kolanine, de gluco-tanin du Kola, de rouge de Kola, des corps non définis, ne représentant en réalité aucune entité chimique réelle.

On doit réserver la dénomination de *rouge de Kola* aux produits d'oxydation des combinaisons tannoïdes de la caféine qui existent dans le Kola frais ; mais il est certain que, suivant les circonstances qui ont présidé à ces oxydations, les produits obtenus, qui sont des *rouges de Kola*, sont de constitution un peu différente. Il sera bon de ne pas oublier que ces substances renferment toujours dans leurs molécules une quantité, en général assez faible, de caféine.

Cette caféine se trouve solubilisée dans la noix fraîche sous forme de combinaison tannoïde et Goris a pu, en prenant toutes précautions pour éviter les oxydations, en isoler deux composés cristallisés nouveaux, voisins des catéchines et qui ont reçu de leur auteur les noms de *Kolatine* et *Kolatéine*. Tous deux sont susceptibles de se combiner avec la caféine en donnant des composés solubles, et ces découvertes chimiques ont permis des observations physiologiques également nouvelles et intéressantes.

La dessiccation des noix entraînant, par suite de la deshydratation et des actions diastasiques un changement considérable dans la composition chimique, dont le plus important est la mise en liberté de la plus grande partie de la caféine, on conçoit aisément qu'on ait attribué à cette dernière substance l'action du Kola sur l'organisme.

En effet, la majeure partie des expériences ont été faites sur des noix desséchées, et cependant malgré cela il existe des différences sensibles, qui s'accentuent encore si l'on s'adresse aux produits frais; c'est ce qui découle de l'exposé que nous avons fait dans le Chapitre XII.

Sans revenir sur ce qui a été dit, nous rappellerons seulement, sous forme de conclusion, que la noix de Kola détermine une excitation passagère agréable au début de son action, qui correspond à la période de début de l'excitation nerveuse, ce qui ne se produit pas avec la caféine; l'action diurétique est plus faible qu'avec cette dernière et, seule, la noix de Kola produit une action tonique intestinale.

Enfin, le travail fourni sous l'influence du Kola est beaucoup plus considérable que celui obtenu par l'usage de la quantité de caféine correspondante; de même l'action tonique est plus durable.

Toutefois, si le Kola est l'aliment de luxe antidéperditeur par excellence, il importe de se souvenir qu'on ne saurait faire abus de son usage.

L'un de nous a fréquemment fait usage du Kola frais au cours de ses voyages dans l'intérieur de l'Afrique et en a toujours apprécié les bienfaisants effets.

Il permet d'accomplir sans fatigue des travaux pénibles et de supporter des marches très longues. Il éloigne le sommeil et permet de consacrer au travail les heures réservées habituellement au repos. Dans les pays tropicaux, on éprouve fréquemment le besoin de faire la sieste après les repas. En prenant avant le déjeuner, en même temps que la quinine, une demi-noix de Kola, nous avons pu perdre très facilement cette habitude. De même le soir, lorsque nous avions à veiller pour mettre des travaux au point ou pour rédiger un courrier urgent, en mâchant une noix de Kola nous parvenions non seulement à veiller facilement, mais l'activité intellectuelle était stimulée et les pensées se précisaient au courant de la plume. Le Kola nous procurait cette impression de bien-être que VOLTAIRE appréciait tant quand il avait absorbé une tasse de café pour se livrer à quelque travail intellectuel pénible. Le travail accompli, nous nous endormions aussi facilement que d'habitude et nous ne ressentions aucune dépression le lendemain. Nous avons constaté, comme NACHTIGAL, qu'une demi-noix, une noix au maximum, devait suffire pour ne pas amener une fatigue consécutive.

Sous la réserve d'un usage modéré et non continu, le Kola est sans nul doute l'excitant cérébral le meilleur à la disposition des intellectuels, et c'est également un agent remarquable pour les hommes de sport.

Quant aux formes sous lesquelles il peut être consommé, il faut placer en première ligne la noix fraîche elle-même mastiquée à la manière des Noirs africains ; on pourra lui substituer pour des Européens les diverses formes pharmaceutiques décrites dans cet ouvrage, en tenant compte de ce fait que seules certaines préparations provenant des noix fraîches stérilisées sont susceptibles de donner sinon d'une façon totale, tout au moins d'une façon très approchée, la véritable action de la drogue fraîche.

IV. — Quoiqu'il n'existe pas encore dans les colonies de plantations de Kolatiers assez importantes et assez anciennes pour fournir des renseignements précis sur les procédés de culture à pratiquer par les Européens, on peut néanmoins profiter des expériences déjà réalisées dans quelques Jardins pour orienter la culture pratiquée par les indigènes, suivant des méthodes rationnelles. La zône où peuvent prospérer ces arbres est bien délimitée et les soins qui leur conviennent ont été précisés. Nous avons en outre signalé les races de *Cola nitida* qu'il convient d'ensemencer.

Les rendements à attendre sont moins élevés que ceux indiqués par divers auteurs. Il est rare qu'un Kolatier fleurisse avant la 7e ou la 8e année. Il est rare aussi qu'il donne des rendements sérieux avant la quinzième année. La production du

même arbre est très variable d'une année à l'autre. Un rendement de 10 kilog. de noix fraîches paraît être le maximum de ce
que l'on peut obtenir en une année du *Cola nitida* cultivé dans
les meilleures conditions. Le rendement annuel moyen d'un
arbre adulte cultivé en terrain favorable ne doit pas s'éloigner
beaucoup de 600 noix fraîches pesant 5 à 8 kilog., de sorte que
le revenu d'une plantation comprenant 100 pieds à l'hectare, au
prix de 1 fr. le kilog. (valeur moyenne des noix fraîches sur
place), serait de 500 à 800 francs et cela à partir seulement de
la quinzième ou de la vingtième année. Si les noix sont vendues
à l'état sec, il faut réduire ce chiffre de moitié.

Il va sans dire que les arbres croissant près des habitations,
dans des terrains riches en humus et bien abrités, rapportent
davantage, mais ce sont des cas exceptionnels sur lesquels un
planteur ne peut compter.

Les Kolatiers ont à souffrir des déprédations d'ennemis nombreux, encore incomplètement connus. Au Dahomey, des galeries profondes sont creusées dans les branches et les troncs du
Cola nitida par un coléoptère, le *Phosphorus Jansoni*. De
tous les insectes qui attaquent les amandes des Kolas, le plus
connu et le plus dangereux est un curculionide, le *Balaninus
Kolæ*, sur lequel nous avons réuni des documents nombreux.
Nous avons en outre indiqué les méthodes de préservation usitées par les indigènes.

Enfin, pour la première fois, nous avons fait connaître une
maladie sévissant sur les Kolatiers de la Guinée française et
se manifestant par la production de *balais de sorcières*. Cette
maladie qui cause des dégâts parfois sérieux est vraisemblablement occasionnée par un champignon non encore étudié.

Pour être transportées à de grandes distances sans subir
d'avaries sérieuses, les noix de Kola doivent être emballées
avec beaucoup de soins. Nous avons fait connaître les principaux modes d'emballage. Les caravaniers garnissent généralement l'intérieur des paniers avec les feuilles de certaines marantacées, surtout celles de *Clinogyne Schweinfurthiana* K.
Schum. et *C. ramosissima* K. Schum. Quand les noix ne doivent
pas être conservées longtemps, on les enferme entre les larges
feuilles d'un arbre de la famille des *Rubiacées*, le *Mitragyne
stipulacea* Hiern.

Enfin, pour les transports en Europe, c'est l'emballage dans la *tourbe* qui est recommandé.

En dehors des *Eucola*, il n'existe aucun arbre produisant des amandes pouvant être substituées aux noix de Kola. Toutes les autres espèces de *Cola*, les *Sterculia* et divers autres végétaux signalés comme produisant des graines pouvant jouer le rôle de succédanés du Kola sont sans intérêt pour le sujet qui nous occupe. Au nombre de ces plantes est le *Garcinia Kola*. Les indigènes attribuent à ces graines une grande valeur, mais ils ne les considèrent nullement comme pouvant remplacer les Kolas. Ils estiment, au contraire, que l'amande de *Garcinia* ou *Kola-bitter* est un adjuvant du Kola : il permet aux mangeurs de Kola d'absorber de grandes quantités de vraies noix sans être incommodés. Une autre espèce de *Garcinia*, que nous avons décrit sous le nom de *G. antidysenterica*, fournit des racines que les indigènes mâchent et auxquelles ils attribuent des propriétés analogues, mais non identiques, aux noix de Kola.

Dans un dernier chapitre, nous avons groupé méthodiquement les coutumes et les croyances des indigènes relativemeut aux noix de Kola, et nous avons signalé les usages qui régissent la propriété des Kolatiers. Mais c'est surtout au commerce et à la géographie commerciale des Kolas que nous avons donné un très grand développement. Ce chapitre comprend 80 pages et peut difficilement être résumé.

La production mondiale des Kolas frais atteint actuellement environ 20.000 tonnes. L'Afrique Occidentale française, à elle seule, produit 4.500 tonnes ; elle consomme 6.000 tonnes ; elle doit donc importer 1.500 tonnes provenant de la Gold-Coast, de Sierra-Léone et de l'hinterland de Libéria. En outre, environ 1.000 tonnes de noix fraîches provenant de la Gold-Coast et destinées à la Nigéria du Nord transitent à travers les possessions françaises de l'Afrique Occidentale, en passant soit par le Haut-Sénégal-Niger (200 tonnes), soit par le Haut-Dahomey (800 tonnes). C'est, en définitive, un total de 2.500 tonnes de Kolas frais qui arrivent des possessions étrangères dans nos territoires.

Les importations de Kolas secs en Europe et aux Etats-Unis n'atteignent encore que 1.000 tonnes par an. De très petites quantités de noix fraîches arrivent depuis quelques années en France, en Angleterre et en Allemagne. Ce commerce devra prendre une grande extension lorsque les propriétés du Kola seront mieux connues en Europe.

Mais c'est surtout en Afrique que la consommation des noix de Kola est susceptible d'un très grand accroissement.

Un Noir habitué à cette denrée consomme aisément 600 à 700 noix par an, soit environ 10 kilog., et plus de la moitié des habitants de l'Afrique Occidentale française, soit environ 5 millions d'individus, en sont déjà très friands. La consommation est limitée par suite de la rareté et de la cherté du produit. Au fur et à mesure que le bien-être des indigènes se développera et que se multiplieront les voies de pénétration à travers les régions soudanaises, il est certain que de nouveaux débouchés s'ouvriront à ce commerce. Les moyens de communication permettront de transporter rapidement et à bon compte la précieuse amande. Elle pourra alors être vendue à bas prix et au lieu d'être, comme aujourd'hui, une denrée de luxe réservée aux riches, elle se trouvera mise à la portée de toutes les bourses.

Ce qui entraîne la cherté des Kolas, ce n'est pas en effet leur prix de revient sur place, mais c'est la distance des pays de consommation et la difficulté des transports. Les noix ne valent parfois que 0 fr. 25 le kilog. dans les villages de production. Parvenu à la Côte, le kilog. atteint déjà le prix de 1 franc à 2 fr. 50. Plus loin encore, dans l'intérieur de la Sénégambie ou du Soudan, il se vend au détail 4 fr., 6 fr., et parfois jusqu'à 12 fr.

La construction d'un réseau étendu de chemins de fer amènera donc un grand accroissement dans la consommation des Kolas, et cet accroissement ne pourra qu'être profitable à notre commerce. A ce propos, nous pensons qu'il y aurait intérêt à exonérer de droits d'entrée les Kolas qui pénètrent dans nos territoires par les frontières intérieures et surtout par l'hinterland du Libéria. Outre que la surveillance de ces frontières est très difficile, nous avons le plus grand intérêt à développer le mouvement des caravanes disséminant les richesses de l'Afrique Occidentale à travers nos diverses possessions. Les caravanes qui vont chercher des Kolas au Sud y emportent en échange les produits de nos possessions, principalement le bétail dont il existe déjà une surproduction dans nos territoires.

Du reste, une grande quantité de Kolas pénétrant dans nos possessions ne font qu'y transiter et il est impossible de faire à la frontière la démarcation entre ce qui sera consommé chez nous et ce qui ira dans d'autres colonies.

Nous serions aussi partisan de la suppression des taxes de circulation sur les Kolas dans les colonies où ces taxes existent. Elles ne procurent qu'un maigre revenu aux budgets locaux et les indigènes qui veulent s'y soustraire éprouvent les plus grandes facilités. C'est un encouragement à la fraude.

Les droits de place pour la vente des Kolas sur les marchés des grands centres, droits fixés à un taux modéré, pourraient remplacer avantageusement ces taxes. Quant aux taxes douanières prélevées dans les ports sur les Kolas importés par mer, elles ont leur raison d'être, mais il serait désirable que ces taxes soient unifiées, dans la mesure du possible, dans nos différentes colonies.

Mais le premier de tous les desiderata à réaliser par nos colonies est d'étendre la culture des Kolatiers par les indigènes dans tous les pays où elle peut réussir, notamment dans les régions littorales de la Guinée française, dans celles qui avoisinent l'hinterland de Libéria, enfin dans la partie forestière de la Côte d'Ivoire.

Nous savons que des efforts dans ce sens sont déjà tentés en différentes régions et spécialement à la Côte d'Ivoire.

Puisse notre ouvrage servir de guide à ceux qui s'efforcent d'accroître la production dans nos colonies d'une des denrées les plus capables d'enrichir le cultivateur indigène !

INDEX ALPHABÉTIQUE DES AUTEURS
et des Observateurs cités.

A.

ADANSON 10.
AFZELIUS, 114.
ALLARD, 277.
ALQUIER, 270, 271, 283.
ANDERSON, 158.
ARCIN (A.), 379, 456.
ARNOULD, 244, 276, 278.
ATTFIELD, 220, 222, 230.
AUBRY-LECOMTE, 181.
AUTRAN (V.), 183.

B.

BAILLAUD (E.), 292, 296,
 402, 408, 411, 413,
 424, 425.
BAILLON (H.), 17, 32, 46,
 49, 68, 70, 102, 109,
 129, 436.
BALLAND (A.), 225.
BALLAY (Dr), 110.
BARBOT, 8.
BARR (Walter G.), 255,
 256, 259, 260, 262,
 274, 275.
BARRIÉTY, 433.
BARTER (Dr), 18, 19, 20,
 114, 124, 134, 194,
 198, 443, 467.
BARTH, 20, 28, 408, 409,
 424, 430, 431.
BARTHÉLEMY (R.), 126,
 174, 293, 394.
BAUDIN, 100.

BAUDON (A.), 141, 142,
 182, 184, 227.
BAUHIN (G.), 6, 13.
BEAUFOI, 408.
BEIGBEDER, 171, 462.
BELLART, 10.
BELLAY, 141.
BENTHAM, 32.
BERNEGAU (Dr), 30, 194,
 196, 197, 225, 236,
 239, 249, 308, 325,
 334.
BERTHELOT DU CHESNAY
 (G.), 181, 318.
BINGER, 24, 26, 27, 28,
 124, 125, 161, 171,
 172, 173, 174, 253,
 359, 391, 393, 408,
 413, 461.
BLARINGHEM (L.), 208.
BLONDIAUX, 29, 164.
BOJER, 34.
BÖMER, 221, 223.
BOUGAINVILLE, 32.
BOULANGER-DAUSSE, 277,
 278.
BOURDET, 251.
BOURQUELOT, 239, 278.
BOUVIER, 338.
BRAZZA (Savorgnan de),
 110.
BRIÈRE, 148.
BRISSEMORET, 251.
BROWN (Rob.), 18, 32, 49,
 110, 129.
BRÜE (de), 7, 9, 10.
BUCHET, 184, 196.

BUSSE (W.), 49, 112, 114,
 115, 118, 129, 134,
 194, 468.
BUSSEUIL (Dr), 18.

C.

CAILLIÉ (René), 14, 15,
 28, 408.
CAMBIER, 183.
CANDOLLE (A. P. de), 41,
 42, 48.
CARLES, 235, 236, 237.
CARLI (P.), 6.
CASTÉRAN, 155, 459, 460.
CAVANILLES, 48.
CAZALBOU. 459, 460.
CHALOT, 186, 201, 452.
CHARREAU (P.), 187, 397,
 398.
CHEVALIER (Aug.), 33,
 60, 153, 164, 176,
 227, 350.
CHEVALIER (J.), 267, 270,
 271, 283.
CHEVROTIER, 242, 251,
 270.
CHODAT, 23, 72, 212, 213,
 221, 223, 228, 229,
 342.
CHRISTY, 353.
CHUDEAU (R.), 362, 368,
 423, 424.
CHUIT, 23, 72, 221, 223,
 228, 229, 342.
CLUSIUS (C.), 4, 5, 467.
COLLIN, 92.
COMBES, 153.

COMMERSON, 32, 33, 34, 102, 104.
CONRAU, 138, 196.
CORNU (Maxime), 23, 33, 98, 110, 111, 114, 139, 183, 226.
CÖRTE (O.), 250.
COURTET, 227.
CUMMINS, 117.
CUNY, 408.

D.

DALECHAMPS, 3.
DANIELL (F.), 220, 452.
DANVILLE, 408.
DAPPER, 7.
DEHNÉ, 425, 427.
DEKKER (J.), 230.
DELAFOSSE, 166, 170, 172.
DELESSERT, 41, 99, 106.
DELEYRE, 6.
DELISLE, 408.
DESBROCHERS DES LO-GES, 330, 332, 333.
DIETERICH, 225, 229, 236.
DOHME, 224.
DON (G.), 14, 31, 42, 43, 44, 46, 98, 109, 129.
DORVEAUX, 2.
DOUSSOT (J.), 72.
DUBOIS (R.), 255, 272.
DUJARDIN - BEAUMETZ, 254.
DUPARQUET, 181.
DUPONT DE NEMOURS, 32.
DURAND (T. et H.), 14, 197.
DYBOWSKI, 183.

E.

ÉLLIOT (W.-R), 195.
ELOT, 200.
ENDLICHER, 32, 46, 48, 49, 107.
ENGELHART, 224.
EVANS (A.-E.), 301.
ESSEYRIC, 29, 164, 171.

F.

FAMECHON, 148, 149, 136, 317, 369, 458.
FAUST (J.), 333.
FAUWCET, 318.
FÉRÉ (de), 272.
FILLOT (H.), 352, 357, 358, 401.
FLAHAULT (Ch.), 202.
FLUCKIGER, 22.
FLUTEAUX, 248, 251.
FONDÈRE, 182.
FONSSAGRIVES (J.), 178.
FOUREAU, 183.
FOURNEAU, 182.
FRANÇOIS (G.), 235.
FRÉZOULS 377.
FUICH, 7, 9.

G.

GAFFAREL (P.), 36.
GAUTHIER (A.), 238.
GAUVAIN, 158, 166, 167.
GÉNOT, 299.
GHAFFKI (El.), 3.
GIRAUD (G.), 424.
GOBINET, 380.
GODEN, 344.
GORETO (Jacob), 4.
GORIS (A.), 220, 221, 235, 242, 244, 247, 248, 250, 251. 267, 276, 278, 280, 470.
GOSDEN, 434.
GOUJON (A.), 186, 187, 188, 325.
GRANDEAU, 284.
GRIFFON DU BELLAY, 68, 181.
GRÜNER (Dr), 192, 194, 300.
GUÉRITHAULT, 277.
GUESDE, 68.
GUIBOURT, 22.
GUIGNARD, 99, 281.
GUILLET (Dr), 254.

H.

HAECKEL (Ernst), 202.
HANBURY, 22.

HARRIS (W.), 200.
HART, 201.
HARTWICH, 72, 97.
HAUET, 149, 314, 318, 326, 369.
HECKEL (E.), 18, 22, 23, 68, 72, 110, 111, 114, 129, 179, 186, 187, 200, 209, 219, 221, 222, 228, 230, 231, 232, 233, 235, 237, 253, 254, 255, 272, 285, 295. 315, 316, 319, 324, 325, 335. 337. 344, 353, 433, 436, 437, 438, 439, 440, 441, 443, 444, 448, 452.
HEUDELOT, 17.
HIERN (W.-P.), 41, 48, 199.
HŒFER (Dr), 32.
HOOKER (W.-J.), 18, 32.
HOSTAINS, 29, 165.
HUGO DE VRIES, 208, 211, 214.
HUPFELD, 193.

I.

IBN-EL-BEITHAR, 3.

J.

JAVILLIER, 277.
JEAN (J.), 224, 236.
JOBSON, 7, 8.
JOHNSON, 71, 108, 216.
JOHNSTON (Harry), 166, 189.
JOLLY (A.), 176, 438.
JOTEYKO, 264.
JOULIA, 29, 164.
JUSSIEU (Laurent de), 31. 34, 35, 47, 98, 102, 108.

K.

KARSTEN, 46.
KILMER, 229.
KLAINE (P.), 136, 141, 181, 184. 449, 451, 460.

KNEBEL. 219, 220, 233, 234, 235, 236, 237, 255.
KNOX, 220, 221, 223, 226, 236, 240, 241, 243, 247, 252.
KŒNIG, 221, 223.
KREWEL (et Cⁱᵉ), 235, 236, 237.
KUNTZE (Otto), 48.

L.

LABAT (P.), 9, 10.
LALLEMANT, 14.
LAMARCK (de), 2, 13, 31, 35, 98, 101, 102, 103, 104, 467.
LAMBERT, 317, 335.
LANDOLPHE, 36.
LAPICQUE, 265.
LASCELLES - SCOTT, 221, 222.
LESÈGUE, 100.
LAURENT, 29, 164, 166, 198, 290, 314, 326, 384, 386.
LE BON (G.), 238.
LECERF, 158.
LECOMTE, 182, 201.
LÉMERY, 9.
LÉON L'AFRICAIN, 2, 3, 408, 467.
LEPRINCE, 382.
LESNE (P.), 330, 333, 336.
LIEBIG, 220.
LIANÉ, 31, 48.
LIURETTE, 156, 158, 355, 382, 383.
LOPEZ (Eduardo), 3, 4, 7, 467.
LUNAN, 41.
LUTZ, 342.

M.

MAC-LÉOD (C.), 196.
MAISTRE (Casimir), 182.
MANGIN, 165.
MANN, 117, 198.
MARAVAL, 366.
MARC, 414, 416, 423.
MARIE (Dʳ), 255, 272.

MARTIN (Jonnny), 335, 336.
MASTERS, 32, 49, 98, 438.
MATTEI, 452, 454, 455.
MATHEWS (J.), 10.
MATSBAUM (H.), 239.
MEINERT, 284.
MENDEL, 127, 215, 216.
MENIAUD, 431.
MÉRAT (F.-W.), 18.
MEROLLA, 7.
MICHAUX, 35, 99, 100.
MILNE-EDWARDS (E.), 335.
MISCHLICH, 193.
MITSCHERLICH, 97.
MONNAVOND, 255.
MONNET, 254.
MOORE, 7.
MOSSO, 255.
MUNGO-PARK, 14.

N.

NACHTIGAL (G.), 341, 472.
NEGREIROS (Almada de), 405.
NEISH, 461.
NICOLAS, 295.
NOURY, 138, 179, 227, 302, 329.
NUSSAC (de), 34.

O.

OESTERLÉ, 66, 72, 87, 93, 139, 209.
OLLONE (d'), 29, 165, 167.

P.

PAL, 264.
PALISOT DE BEAUVOIS, 12, 13, 18, 34, 36, 39, 40, 41, 44, 48, 98, 99, 106, 107, 109, 117, 118, 129, 134, 178, 197, 467.
PARIZOT, 265.
PASCHKIS, 264.
PEREZ (J.), 330, 331, 332.
PERROT (Em.), 33, 79, 220, 221, 235, 280.
PERROTTET, 200.

PERROUD, 255.
PIERRE, 56, 65, 96, 118, 129, 136, 176, 181, 184, 186, 295, 436, 449, 451.
PIGAFETTA (Fileppo), 3, 4, 6, 467.
PLANCHON, 22, 92.
PLEHN, 192, 193, 300.
PLUMIER, 265.
POBÉGUIN, 152, 316.
POIRET (J.-L.-M.), 13, 33, 39, 41.
POISSON (E.), 179.
POITEAU, 200.
POIVRE (Pierre), 32, 33.
POLSTORFE, 251.
PONTY (W.), 421.
POSKIN, 229, 230.
POUCHET, 267, 272.
PRESCOTT, 220, 226, 236, 240, 241, 243, 247.
PRÉVOST (l'abbé), 6.
PRINS (P.), 187.
PROCHE, 179.
PUNCH, 437.

R.

RAFINESQUE, 41, 48.
RANÇON, 29, 452.
RENDLE, 109.
RIBAUT, 266.
RICHAUD, 154.
RIPERT, 168, 169, 170, 171, 290.
RODET (P.), 255.
ROELSIUS, 4, 5, 7.
ROHLFS (G.), 220.
RONCERAY, 249.
ROSSIGNOL, 154.
ROUX (E.), 28.

S

SALVAN, 296.
SAVARIAU, 178, 179, 180, 227, 294, 295, 302, 315, 319, 320, 325, 326, 443, 444, 455, 459, 462.

SAUSSINE (G.), 297, 307, 318, 354.
SCAR (capitaine), 417, 421.
SCHEFFER, 2.
SCHIFFER, 29, 169, 170, 171, 172, 227, 388, 391, 393.
SCHLAGDENHAUFFEN, 22, 219, 221, 222, 228, 230, 231, 232, 233, 441, 444, 448.
SCHLOTTERBECK; 221,223.
SCHMIEDEBERG, 265.
SCHOTT, 32, 46, 48, 49, 107.
SCHUMACHER, 11, 18, 44, 45, 99, 107, 108.
SCHUMANN (K.), 18, 22, 32, 41, 48, 49, 51, 65, 100, 109, 111, 112, 113, 114, 117, 138, 192, 196, 198, 286, 437, 439, 468.
SCHURMAYER, 229.
SCHUMBURG, 461.
SCHUMM (O.), 229.
SCHWEINFURTH (G.), 21, 141, 188, 198,
SCHWEITZER (G.), 234.
SÉE (Germain), 254, 265.
SEMLER, 30, 285, 318.
SÉNAC, 165.
SIEDLER, 230.
SMITH (Christian), 197.
SOLEREDER, 72.
SOXHLET, 233.

SPIRE (Dr), 182, 183.
STANLEY, 141.
STAPF, 41, 43, 98, 105, 106, 108, 109, 195, 216.
STOKES, 48.
SURCOUF (J.), 335.
SUTELIFF, 434.

T

TCHIRCH, 72.
TEISSONNIER (P.), 299, 301, 307, 314.
TEMPORAL, 3.
THOLLON, 141.
THOMANN, 29, 169, 170.
THOMPSON (H.-N.), 191.
THOMS, 229.
THOMSON, 224.
THONNING, 11, 44, 45, 48, 107, 138.
TOPPING (O.), 226.
TRILLES (P.), 184, 186, 197, 436.

U

UFFELMANN, 221, 223.

V

VACHER, 299.
VAHL, 108.
VAISSIÈRE (de la), 434.
VALENTIN, 153.
VAN CASSEL (Ch.), 164, 295.

VENTENAT, 12, 32, 34, 35, 36, 41, 44, 47 48, 99, 100, 101, 103, 104, 106, 467.
VERMOND, 201.
VIDAL, 417, 423,
VIGNE, 242, 251, 270.
VOULGRE, 182.
VUILLET (J. et H.), 307, 308, 454.

Z

ZERCK (comte), 117, 134, 192, 193, 194, 195, 196, 197, 295, 404.
ZENKER, 437.
ZIMMERMANN (M.), 164.
ZOHLENHOFER, 72, 92.

W

WAAGE, 229, 230.
WARBURG (O.), 30, 112, 117, 193, 194, 285, 288, 289, 309, 315, 318, 319, 341, 468.
WARIN (J.), 229, 277.
WARMING (E.), 99, 202.
WELWITSCH, 41, 134, 199, 338, 356.
WILDEMAN (E. De), 30, 49, 111, 118, 197, 198, 309, 317, 318, 319, 440.
WILSDORFF (E.), 237.
WŒLFFEL, 29, 164, 295.
WOLSSEN, 444.

INDEX ALPHABÉTIQUE DES MATIÈRES.

A.

Abèl, 185.
Abidan, 138.
Acide kolatanique, 221.
Achanti, 124, 401.
Action physiologique, 253.
Afrique équator. franç., 180, 396.
Angola, 199.
Animaux nuisibles, 327.
Anomocola, 51, 52.
Anthocleista, 351.
Antilles, 199, 200.
Aphrodisiaque 442.
Attié, 175.
Autocola, 51, 52.
Ayenia, 50.

B.

Balais de sorcières, 339.
Balaninus Kolæ, 330.
Bakoués, 165.
Baoulé, 162.
Bétail, 411, 413, 417.
Betaïne, 251.
Bétés, 169.
Beyla, 379.
Bichea, 48.
— sulcata, 118, 129.
Biguendé oro, 173.
Blighia, 163.
Boola, 158, 376.
Borers, 329.]
Bouturage, 295.

C.

Caféine, 224, 225, 227.
Cameroun, 196, 403.

Caractères généraux, 55.
Carapa procera, 138.
Caravanes, 361.
Catéchine, 248.
Cauris, 37, 38, 364, 380.
Chancre, 339.
Cheirocola, 51, 52.
Chimie, 219.
Climats, 202.
Clinogyne ramosissima, 347.
Clinogyne Schweinfurthiana, 347.
Clitandra, 155.
Cola Schott et Endl.
Cola acuminata, 53, 117, 129.
C. acuminata Heckel, 120.
C. acuminata var. kamerunensis, 139.
C. alba, 124.
C. anomala, 51, 136.
C. astrophora, 112, 120, 129.
C. Ballayi, 110, 129, 139, 183.
C. caricifolia, 50.
C. chlamydantha, 50.
C. cordifolia, 58, 437.
C. dasycarpa, 436.
C. digitata, 438.
C. Duparquetiana, 436.
C. ficifolia, 436.
C. gigantea, 198.
C. heterophylla, 437.
C. hypochrysea, 53.
C. Johnsoni, 136.
C. lateritia, 53.

C. macrocarpa, 109.
C. mixta, 126.
C. nitida, 120.
C. pachycarpa, 438.
C. pallida, 71, 128.
C. proteiformis, 60.
C. rubra, 123.
C. sphærocarpa, 54, 69, 142.
C. sublobata, 112, 120, 129.
C. subverticillata, 111, 139.
C. Sapflana, 114, 129.
C. thomensis, 4.
C. Trillesiana, 186.
C. Trillesii, 436.
C. vera, 53, 113, 114, 120.
C. verticillata, 137.
Coleus rotundifolius, 33.
Commerce, 355.
Comprimés, 279.
Congo belge, 197.
Conservation, 345.
Côte d'Ivoire, 159, 394.
Croissance, 313.
Croyances, 448.
Culture, 285.
— indigène, 289.

D.

Dahomey, 178, 396, 425.
Dans, 164, 384.
Diastase, 239.
Dioulas, 359.
Distribution géographique, 145.
Djougou, 425.

Doses, 260.
Douane (droits de), 365.
Durée, 313, 326.
Dyolas, 164, 384.

E.

Ecologie, 202.
Edwardia lurida, 41, 42.
Emballage, 351, 345.
Eucola, 53, 54.
Extraction, 344.
Extrait fluide, 281.
— de Kola sec, 277.

F.

Fernando-Pô, 198.
Feuilles, 56.
Fleurs, 63.
Ficus, 163.
Firmiana, 217.
Formes pharmacologiques, 274.
Fouta-Djalon, 150.
Fruits, 66.

G.

Gabon, 398.
Gambie anglaise, 429.
Garcinia antidysenterica, 345.
Garcinia Kola, 441.
Gbins, 166.
Géographie commerciale, 355.
Gemmules, 55, 56.
Gold-Coast, 190, 400.
Gouros, 166, 170.
Graines, 70.
Granulé au Kola, 280.
Guenzés, 364.
Guerrés, 165.
Guerzés, 156, 372.
Guinée française,146, 367.
Guinée portugaise, 429.
Guyane, 189.

H.

Haïti, 201.
Haphocola, 51, 52.

Haut - Sénégal - Niger, 159, 408.
Hillé, 341.
Histologie, 72.
Historique, 1, 12, 31.

I.'

Importations en Europe, 433.
Indo-Chine, 200.
Inflorescences, 62.

J.

Jamaïque, 200.
Java, 200.

K.

Kabaro, 373.
Kokotia, 25, 392.
Kola Bafio, 187.
Kola frais stérilisé, 278.
Kolanine, 219, 224, 234.
Kolas rosés, 381.
Kolatanate, 240.
Kolatéine, 242, 245, 247.
Kola vert, 173.
Kissi, 153, 370.
Kouranko, 151.
Kouyas, 388.
Kroumen, 176.

L.

Labogie, Laboshi, 195.
Landolphia, 155.
Libéria, 189.
Limbe, 60.
Loi de Mendel, 127, 215.
Lola, 374.
Loranthus, 338.
Lôs, 166, 170.
Lunanea Bichy, 41.

M.

Macrocola, 53, 54.
Malvacées, 31.
Mango, 172

Mandé-Dioulas, 355.
Manilles, 364.
Manons, 157, 165.
Masticatoire au Kola, 280.
Médecine, 253.
*Micropeltis depressa,*342.
Milieu biologique, 205.
Milieu édaphique, 204.
Mitragyne macrophylla, 350.
Modes d'emploi, 276.
Monas, 166, 171.
Monnaies, 363.
Mossi, 411.
Morénou, 175.

N.

Napoleona imperialis, 441.
Ngans, 172, 394.
Niger, 151.
Nigeria, 194, 430.
Kkork, 185.
Nombre des récoltes, 323.
Nomenclature, 49, 118.
Nzô, 375.

O.

Ombéné, 185.
Ombrage, 306.
Organes floraux, 87.
Oroffra, 346.
Oussourou, 376, 421.
Ouorodougou, 161.

P.

Patentes, 382.
Pentadesma butyracea, 404.
Pétiole, 58.
Philogénie, 217.
Phloroglucine, 249.
Phosophorus Jansoni, 329, 330.
Physiologie, 253.
Plantation, 297.

Plantes nuisibles, 338.
Plectranthus Coppini, 33.
Port, 55.
Préparations alimentai-
res, 279.
Préparation de Kola sec.
353.
Production m o n d i a l e,
358.
Protocola, 50, 52.
Pterygota, 217.

R.

Races, 206, 213.
Raphia, 293, 294.
Ration pour animaux,
283.
Rat palmiste, 293, 327.
Récolte, 343.
Régime de la Propriété,
461.
Rendement, 316.
Renflement foliaire, 79.
Reproduction, 209.
Réunien (La), 200.
Rhipsalis Cassytha, 177.
Rites, 448.
Rôle des Jardins d'essai,
311.
Rôle religieux, 456.
Rôle social, 453.
Rouge de Kola, 221,
230, 238.

S.

Sangara, 335.
Sankaran, 151.
San-Thomé, 403.
*Sarrophrynium brachys-
tachyam*, 348.
Sauterelles, 328.
Sel, 25, 392.
Sénégal, 405.
Semis, 297.
Sierra-Léone, 188, 399.
Siphoniopsis, 46.
Siphoniopsis monoica,
109.
Sombés, 364.
Soussous, 369.
Sterculia, 31.
S. *acuminata*, 44, 105,
129.
S. *fœtida*, 437.
S. *grandiflora*, 35, 103,
120.
S. *guttata*, 437.
S. *longifolia*, 35.
S. *nitida*, 34, 35, 99, *106*.
S. *macrocarpa*, 42.
S. *monosperma*, 34.
S. *rhinopetala*, 437.
S. *tomentosa*, 198, 437.
S. *urens*, 437.
S. *verticillata*, 45, 107,
136.
Sterculier, 13.

Superstitions, 459.
Systématique, 47.

T.

Tableau dichotomique,
119.
Tablettes, 279.
Tanins, 251.
Taxes, 366.
Tchad, 428.
Teignes, 338.
Terrain, 305.
*Thaumatococcus Daniel-
li*, 348.
Théobromine, 224.
Togo, 192, 404.
Tômas, 156, 355, 372.
Touras, 168.
Tourbe, 353.
Transports, 361.
Trinidad, 200.
Type de Cornu, 110.
Type de Palisot, 105.
Type de Thonning, 107.
Types de Ventenat, 99.

U.

Usages, 274.

V.

Végétaux parasites, 338.
Ver du Kola, 330.
Vin de Kola, 280.

ERRATA ET ADDENDA.

Page 30, lignes 5 et 8, *lire* : LAMARCK, *au lieu de* LAMARK.

Page 48, ligne 7, *ajouter* : ainsi que le *S. heterophylla* Pal. Beauv.

Page 49, ligne 17, *lire* : trois espèces, *au lieu de*: deux espèces.

Page 49, ligne 27, *après* W. BUSSE, *ajouter* : par A. ENGLER.

Page 55, ligne 3, *lire* : **Section Eucola**, *au lieu de* : **Section Autocola**.

Page 85, ligne 31, *lire* : dans l'espèce sauvage de la Côte d'Ivoire et dans le *C. Ballayi*, *au lieu de* : dans l'espèce sauvage de la Côte d'Ivoire, le *C. Ballayi*.

Page 86, ligne 10, *lire*: *C. acuminata*, *au lieu de* : *C. astrophora*.

Page 95, ligne 11, *lire* :

> 14, *C. acuminata*, *au lieu de* : 14, *C. Ballayi*.

Page 97, ligne 10, *après* : chez le *C. Ballayi*, *ajouter* : ainsi que chez *C. acuminata* et *C. verticillata*.

Page 129, à la liste des synonymes de *C. acuminata*, *ajouter* :

> *C. thomensis* A. Chev. in ALMADA NEGREIROS. Colonies portugaises, études documentaires, Paris, 1906, p. 207.

Page 226, ligne 29, renvoi (1), *lire* :

> les noix rapportées à *C. Ballayi* appartiennent probablement au *C. acuminata* Schott. et Endl., *au lieu de* : *C. Ballayi* est le vrai *C. acuminata*.

Page 299, ligne 36, note (1), *lire* :

> 1897, *au lieu de*: 1907.

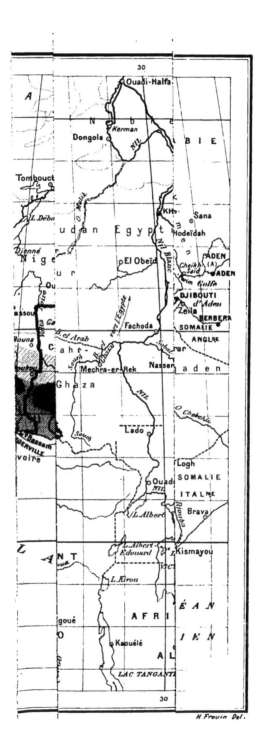

H. Frouin Del.

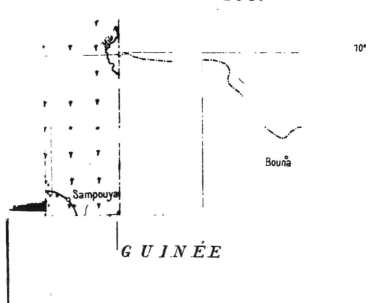

Babila
ussa

Banfora

Diebougou

Gaoua

L O B I

10°

Bouna

Sampouya

G U I N É E

12°

6°

4°

.Challamel,Editeur,17 R Jacob,Paris

Itinéraires Ch
Chemins de fer
Frontières d'F
Limites de Col
Noms d'Etats ou

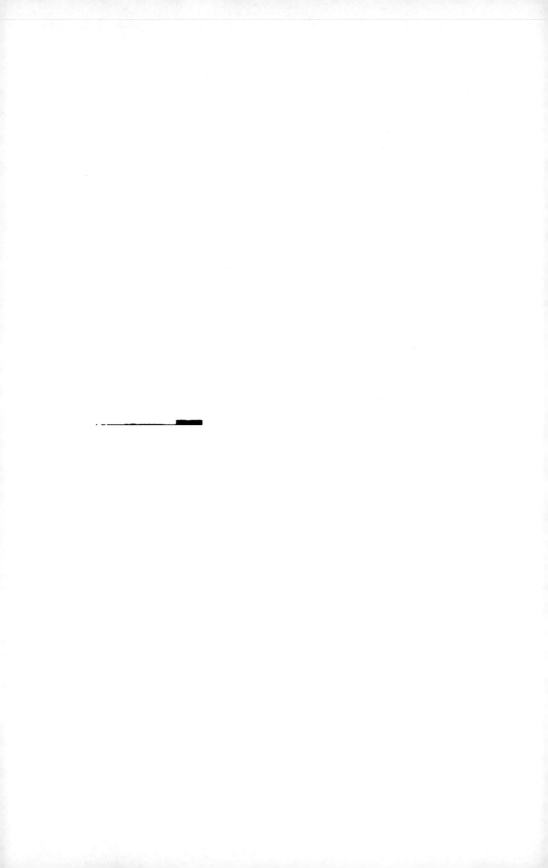

Sterculia nitida Vent. Type de Ventenat.

(HERB. DELESSERT, GENÈVE).

Phototypie Alary-Ruelle, Paris

Sterculia nitida Vent.
Type de l'Herbier de Lamarck cité par Ventenat
(HERB. MUS. PARIS).

Phototypie Alary-Ruelle, Paris

Sterculia nitida Vent. Echantillon de Commerson.
(HERB. MUS. PARIS).

Sterculia grandiflora Vent. Type de l'Herbier de Jussieu.

Sterculia grandiflora Vent. Type de l'Herbier Lamarck.
(ʜᴇʀʙ. ᴍᴜs. ᴘᴀʀɪs).

Sterculia acuminata Pal. Beauv.
Type de l'Herbier de Palisot de Beauvois
(HERB. DELESSERT, GENÈVE).

Sterculia verticillata Thonn. Type de l'Herbier de Schumacher.
(HERB. MUS. COPENHAGUE).

Phototypie Alary-Ruelle, Paris

Cola Ballayi Cornu. Type vivant de Maxime Cornu.
(SERRES MUS. PARIS).

Cola astrophora Warb. (= *Cola acuminata* Schott et Endl).
Type de Warburg.
(HERB. MUS. BERLIN).

Phototypie Alary-Ruelle, Paris

Cola nitida sub-sp. *C. rubra* A. Chev.
Forme sauvage de la forêt vierge de la Côte d'Ivoire
(HERB. AUG. CHEVALIER).

Phototypie Alary-Ruelle, Paris

• *Cola nitida* (Vent.). A. Chev. Forme sauvage de la Côte d'Ivoire,
à grandes fleurs et à petites fleurs sur le même rameau.
(HERB. AUG. CHEVALIER).

Phototypie Alary-Ruelle, Paris

Cola nitida sub.-sp. *C. pallida* A. Chev. Forme sauvage de la Côte d'Ivoire.
Rameau d'un arbre ne portant que des fleurs mâles
(HERB. AUG. CHEVALIER).

Phototypie Alary-Ruelle, Paris

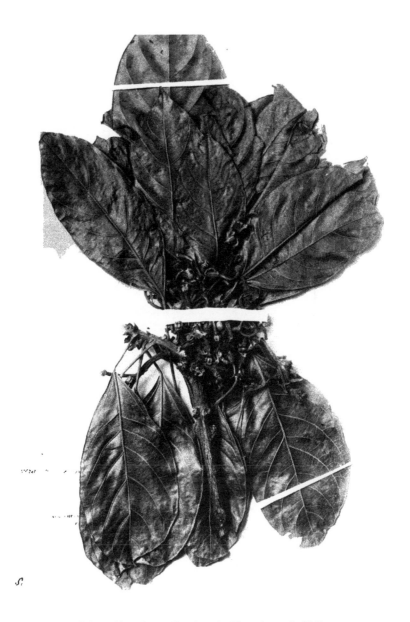

Cola nitida sub-sp. *C. mixta* Λ. Chev. forma *latifolia*.
Plante cultivée par les indigènes à Conakry, en Guinée française.
(HERB. AUG. CHEVALIER).

Cola acuminata (Pal. Beauv.). Schott et Endl.
Forme cultivée par les Kroumen, à Grabo dans la Côte d'Ivoire.
(HERB. AUG. CHEVALIER).

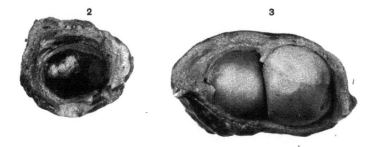

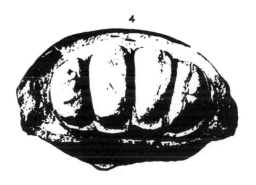

Cola nitida (Vent.) A. Chev.

Différentes formes de follicules ouverts : *1*, follicule à cinq graines
encore enveloppées dans leur tégument avec le hile visible à la face
supérieure ; *2*, follicule avec une seule graine ; *3*, avec deux graines ;
4, avec quatre graines en partie débarrassées de leur tégument.

Phototypie Alary-Ruelle, Paris

Noix de Kola de différentes espèces.

1, C. sphærocarpa ; 2, C. Ballayi ; 3, C. nitida s.-sp, *C. mixta ; 4,* forme
à petites graines du Soudan en voie de germination ; *4, C. nitida* sub.-
sp. *C. mixta,* noix blanche des îles Sherbro (Sierra-Leone) ; *5 et 6,* id.,
noix rouges de même provenance ; *7,* id., noix blanches de Sekondee
(Gold Coast) ; *8 et 9,* id., noix rouges de même provenance.

Phototypie Alary-Ruelle, Paris